전산응용기계제도

기능사 필기

시대에듀

합격에 윙크[Win-Q]하다

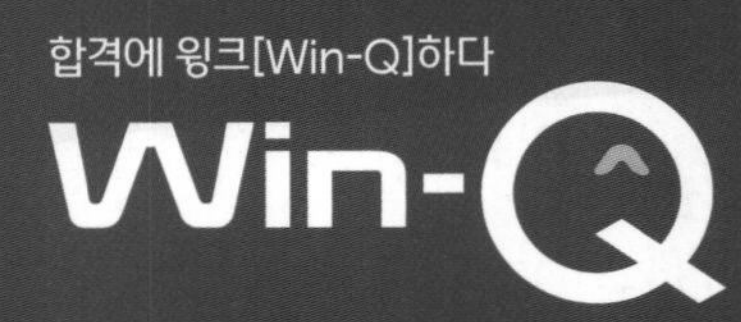

[전산응용기계제도기능사] 필기

Always with you

사람이 길에서 우연하게 만나거나 함께 살아가는 것만이 인연은 아니라고 생각합니다.
책을 펴내는 출판사와 그 책을 읽는 독자의 만남도 소중한 인연입니다.
시대에듀는 항상 독자의 마음을 헤아리기 위해 노력하고 있습니다.
늘 독자와 함께하겠습니다.

PREFACE

머리말

전산응용기계제도 분야의 전문가를 향한 첫 발걸음!

이 교재는 전산응용기계제도기능사를 취득하고자 하는 수험생들이 제도 및 기계 관련 이론 서적들을 참고하지 않고도 필기시험에 합격할 수 있도록 구성하였습니다.

한국산업인력공단의 전산응용기계제도기능사 필기시험 출제기준이 2022년부터 NCS 기반으로 대폭 개정되어 이에 따라 핵심이론을 대폭 수정 · 보완하였으며, 10년간의 기출문제 및 기출복원문제를 분석하여 해설을 상세히 수록하였습니다.

문제은행방식으로 출제되는 국가기술자격의 필기시험은 기출문제가 반복적으로 출제되기 때문에 기출문제를 분석해서 풀어보고 이와 관련된 이론들을 학습하는 것이 효과적인 학습방법입니다.

이 교재는 전산응용기계제도라는 분야를 처음 접하는 수험생들이 쉽게 이해할 수 있도록 풀어서 설명하였고, 꼭 알아야만 하는 기계 및 제도 관련 이론들만을 엄선해서 핵심이론으로 수록했기 때문에 이 교재를 통해서 한 번에 전산응용기계제도기능사 필기시험에 합격하고자 한다면 다음과 같은 교재활용 방법을 이용하시기 바랍니다.

첫째, 빨간키의 내용을 하루에 한 번씩 암기하십시오.
국가기술자격시험은 60문제 중에서 최소 36문제를 맞히면 되므로 자주 등장하는 기출 어휘들에 노출되는 횟수를 증가시켜 익숙해질 필요가 있습니다.
둘째, 1년치의 기출문제 및 기출복원문제를 1시간 안에 빠른 속도로 여러 번 반복학습하십시오.
셋째, 최근 기출복원문제에 수록된 문제와 해설을 더 꼼꼼하게 학습하십시오.

위와 같은 방법으로 이 교재를 활용한다면 분명 단기간에 전산응용기계제도기능사 필기시험에 합격하실 수 있을 것이라고 자신합니다. 이 교재가 수험생 여러분의 자격증 취득으로 가는 길에 길잡이가 되길 희망합니다.

마지막으로 본 교재가 출간될 수 있도록 도움을 주신 동료 선생님들과 시대에듀 회장님, 임직원 여러분들께도 감사드립니다.

편저자 씀

시험안내

개 요

전자 · 컴퓨터 기술의 급속한 발전에 따라 기계제도 분야에서도 컴퓨터에 의한 설계 및 생산시스템(CAD/CAM)이 광범위하게 이용되고 있다. 그러나 이러한 시스템을 효율적으로 적용하고 응용할 수 있는 인력은 부족한 편이다. 이에 따라 산업현장에서 필요로 하는 전산응용기계제도 분야의 기능인력을 양성하고자 자격을 제정하였다.

진로 및 전망

기계, 조선, 항공, 전기, 전자, 건설, 환경, 플랜트엔지니어링 분야 등으로 진출한다. 최근 기계제도 분야에서는 CAD 시스템 사용 보편화와 CAD 기술의 지속적인 발전으로 전산응용기계제도 방식이 주류를 이루고 있다. 이에 따라 향후 시스템 운용을 담당할 기능 인력이 꾸준히 증가할 전망이다.

시험일정

구 분	필기원서접수(인터넷)	필기시험	필기합격(예정자)발표	실기원서접수	실기시험	최종 합격자 발표일
제1회	1월 초순	1월 하순	1월 하순	2월 초순	3월 중순	4월 중순
제2회	3월 중순	3월 하순	4월 중순	4월 하순	6월 초순	7월 초순
제3회	5월 하순	6월 중순	6월 하순	7월 중순	8월 중순	9월 하순
제4회	8월 중순	9월 초순	9월 하순	9월 하순	11월 초순	12월 중순

※ 상기 시험일정은 시행처의 사정에 따라 변경될 수 있으니, www.q-net.or.kr에서 확인하시기 바랍니다.

시험요강

❶ 시행처 : 한국산업인력공단

❷ 시험과목
- ㉠ 필기 : 기계설계제도
- ㉡ 실기 : 기계설계제도 실무

❸ 검정방법
- ㉠ 필기 : 객관식 4지 택일형 60문항(60분)
- ㉡ 실기 : 작업형(5시간 정도, 100점)

❹ 합격기준 : 100점을 만점으로 하여 60점 이상 득점자(필기, 실기)

검정현황

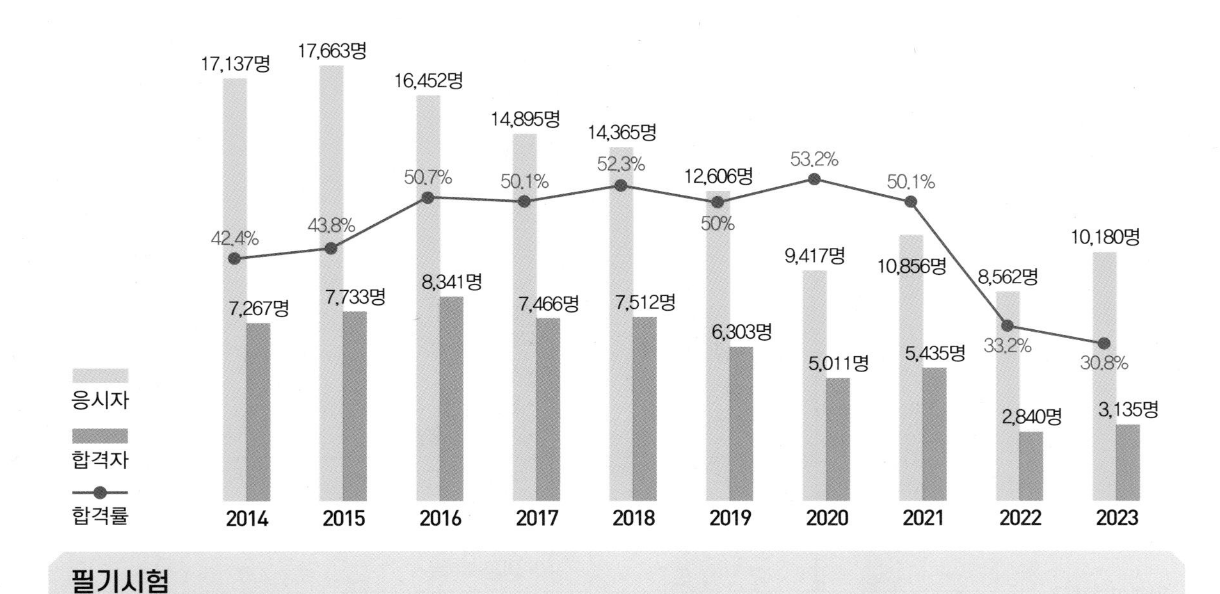

필기시험

	2014	2015	2016	2017	2018	2019	2020	2021	2022	2023
응시자	7,901명	8,668명	9,161명	7,908명	8,248명	6,976명	5,369명	5,464명	3,557명	3,234명
합격자	3,672명	3,934명	4,755명	3,703명	3,604명	3,352명	2,336명	2,475명	1,817명	1,620명
합격률	46.5%	45.4%	51.9%	46.8%	43.7%	48.1%	43.5%	45.3%	51.1%	50.1%

실기시험

시험안내

출제기준

필기과목명	주요항목	세부항목	세세항목
기계설계제도	2D 도면작업	작업환경 설정	• 도면영역의 크기 • 선의 종류 • 선의 용도 • KS 기계제도통칙 • 도면의 종류 • 도면의 양식 • 2D CAD 시스템 일반 • 2D CAD 입출력장치
		도면 작성	• 2D 좌표계 활용 • 도형 작도 및 수정 • 도면 편집 • 투상법 • 투상도 • 단면도 • 기타 도시법
		기계재료 선정	• 재료의 성질 • 철강재료 • 비철금속재료 • 비금속재료
	2D 도면관리	치수 및 공차관리	• 치수 기입 • 치수 보조기호 • 치수공차 • 기하공차 • 끼워맞춤 공차 • 공차관리 • 표면거칠기 • 표면처리 • 열처리 • 면의 지시기호
		도면 출력 및 데이터 관리	• 데이터 형식 변환(DXF, IGES)
	3D 형상모델링 작업	3D 형상모델링 작업 준비	• 3D 좌표계 활용 • 3D CAD 시스템 일반 • 3D CAD 입출력장치
		3D 형상모델링 작업	• 3D 형상모델링 작업
	3D 형상모델링 검토	3D 형상모델링 검토	• 조립구속조건 종류
		3D 형상모델링 출력 및 데이터 관리	• 3D CAD 데이터 형식 변환(STEP, STL, PARASOLID, IGES)

필기과목명	주요항목	세부항목	세세항목
기계설계제도	기본측정기 사용	작업계획 파악	• 측정방법 • 단위 종류
		측정기 선정	• 측정기 종류 • 측정기 용도 • 측정기 선정
		기본측정기 사용	• 측정기 사용방법
	조립도면 해독	부품도 파악	• 기계 부품도면 해독 • KS 규격 기계재료 기호
		조립도 파악	• 기계 조립도면 해독
	체결요소 설계	요구기능 파악 및 선정	• 나사 • 키 • 핀 • 리벳 • 볼트, 너트 • 와셔 • 용접 • 코터
		체결요소 선정	• 체결요소별 기계적 특성
		체결요소 설계	• 체결요소 설계 • 체결요소 재료 • 체결요소 부품 표면처리방법
	동력 전달요소 설계	요구기능 파악 및 선정	• 축 • 기어 • 베어링 • 벨트 • 체인 • 스프링 • 커플링 • 마찰차 • 플랜지 • 캠 • 브레이크 • 래칫 • 로프
		동력 전달요소 설계	• 동력 전달요소 설계 • 동력 전달요소 재료 • 동력 전달요소 부품 표면처리방법

CBT 응시 요령

기능사 종목 전면 CBT 시행에 따른

CBT 완전 정복!

"CBT 가상 체험 서비스 제공"

한국산업인력공단
(http://www.q-net.or.kr) 참고

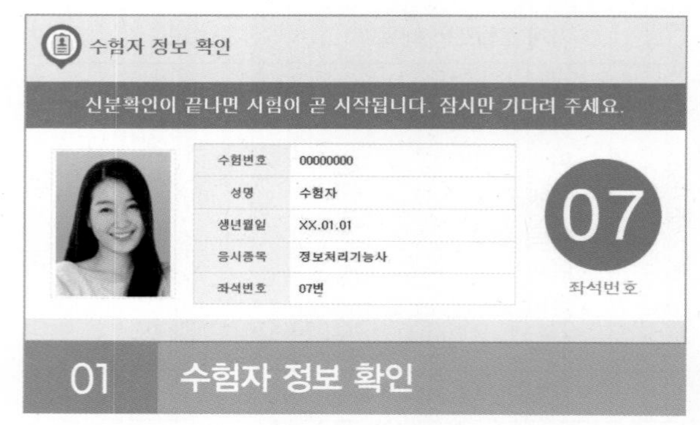

시험장 감독위원이 컴퓨터에 나온 수험자 정보와 신분증이 일치하는지를 확인하는 단계입니다. 수험번호, 성명, 생년월일, 응시종목, 좌석번호를 확인합니다.

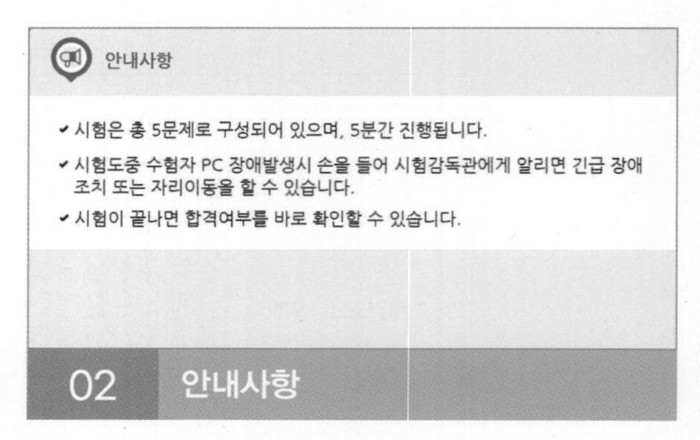

시험에 관한 안내사항을 확인합니다.

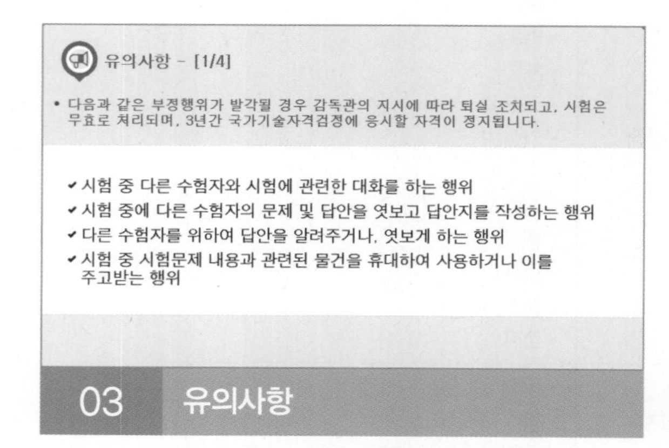

부정행위에 관한 유의사항이므로 꼼꼼히 확인합니다.

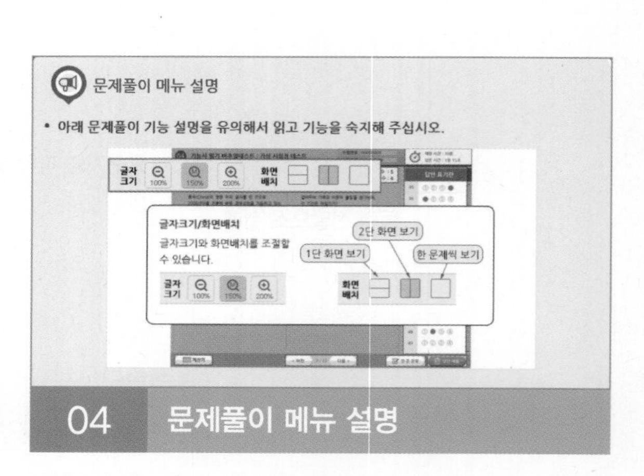

문제풀이 메뉴의 기능에 관한 설명을 유의해서 읽고 기능을 숙지해 주세요.

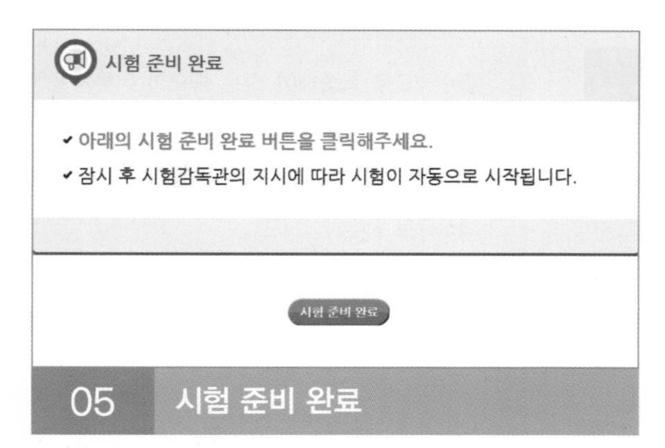

05 시험 준비 완료

시험 안내사항 및 문제풀이 연습까지 모두 마친 수험자는 시험 준비 완료 버튼을 클릭한 후 잠시 대기합니다.

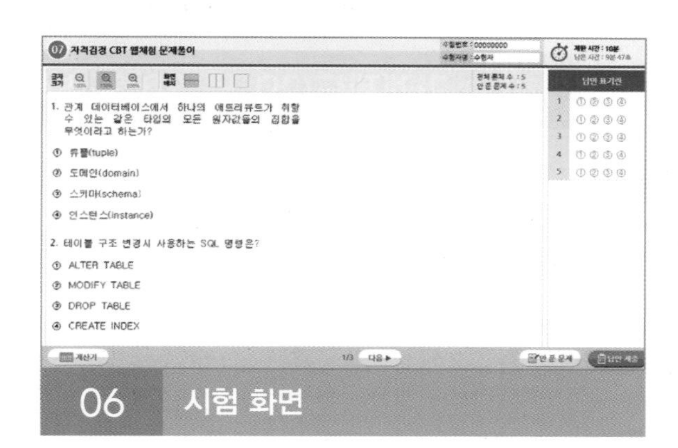

06 시험 화면

시험 화면이 뜨면 수험번호와 수험자명을 확인하고, 글자크기 및 화면배치를 조절한 후 시험을 시작합니다.

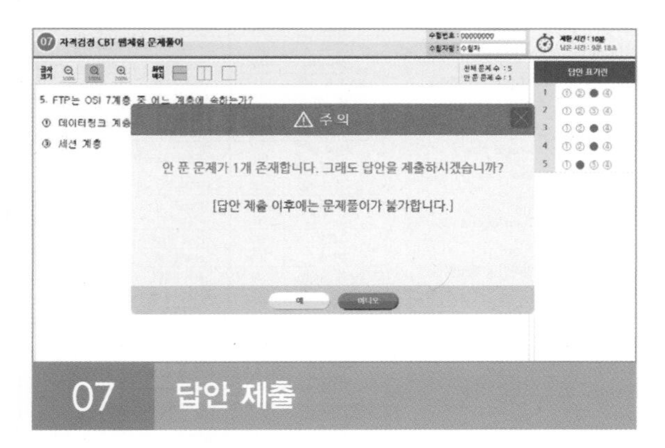

07 답안 제출

[답안 제출] 버튼을 클릭하면 답안 제출 승인 알림창이 나옵니다. 시험을 마치려면 [예] 버튼을 클릭하고 시험을 계속 진행하려면 [아니오] 버튼을 클릭하면 됩니다. 답안 제출은 실수 방지를 위해 두 번의 확인 과정을 거칩니다. [예] 버튼을 누르면 답안 제출이 완료되며 득점 및 합격여부 등을 확인할 수 있습니다.

CBT 완전 정복 Tip

내 시험에만 집중할 것

CBT 시험은 같은 고사장이라도 각기 다른 시험이 진행되고 있으니 자신의 시험에만 집중하면 됩니다.

이상이 있을 경우 조용히 손을 들 것

컴퓨터로 진행되는 시험이기 때문에 프로그램상의 문제가 있을 수 있습니다. 이때 조용히 손을 들어 감독관에게 문제점을 알리며, 큰 소리를 내는 등 다른 사람에게 피해를 주는 일이 없도록 합니다.

연습 용지를 요청할 것

응시자의 요청에 한해 연습 용지를 제공하고 있습니다. 필요시 연습 용지를 요청하며 미리 시험에 관련된 내용을 적어놓지 않도록 합니다. 연습 용지는 시험이 종료되면 회수되므로 들고 나가지 않도록 유의합니다.

답안 제출은 신중하게 할 것

답안은 제한 시간 내에 언제든 제출할 수 있지만 한 번 제출하게 되면 더 이상의 문제풀이가 불가합니다. 안 푼 문제가 있는지 또는 맞게 표기하였는지 다시 한 번 확인합니다.

구성 및 특징

01 기계제도(2D 및 3D 도면작업)

제1절 KS 및 ISO 제도 통칙

핵심이론 01 기계제도의 일반 사항

① 기계제도의 목적

기계제도는 설계자의 제작 의도를 기계 도면에 반영하여 제품 제작 기술자에게 말을 대신하여 전달하는 제작도로서, 이는 제도 표준에 근거하여 제품 제작에 필요한 모든 사항을 담고 있어야 한다. 그러나 설계자가 도면에 임의의 창의성을 기록하면 제작자가 설계자의 의도를 정확히 이해하기 어렵기 때문에 창의적인 사항을 기록해서는 안 된다.

② 기계요소(물체)의 스케치 방법

㉠ 프린트법 : 스케치할 물체의 표면에 광명단 또는 스탬프 잉크를 칠한 다음 제도용지에 찍어 실형을 프린트하는 방법

㉡ 모양뜨기법(본뜨기법) : 물체를 종이 위에 올려놓고 그 둘레의 모양을 직접 제도연필로 그려 본뜨는 방법

㉢ 프리핸드법 : 운영자나 컴퍼스 등의 제도용품을 사용하지 않고 손으로 자유롭게 그리는 방법

㉣ 사진법 : 물체를 사진 찍는 방법

③ 스케치할 때 재질 판정법

㉠ 불꽃검사에 의한 방법

㉡ 경도시험에 의한 방법

㉢ 색깔이나 광택에 의한 방법

④ 한국산업규격(KS)의 부문별 분류기호

분류기호	분야	분류기호	분야	분류기호	분야
KS A	기본	KS H	식품	KS Q	품질경영
KS B	기계	KS I	환경	KS R	수송기계
KS C	전기전자	KS J	생물	KS S	서비스
KS D	금속	KS K	섬유	KS T	물류
KS E	광산	KS L	요업	KS V	조선
KS F	건설	KS M	화학	KS W	항공우주
KS G	일용품	KS P	의료	KS X	정보

⑤ 국가별 산업표준

국가	표준	
한국	KS	Korea Industrial Standards
미국	ANSI	American National Standards Institutes
영국	BS	British Standards
독일	D	
중국	G	
일본	J	
프랑스	N	
스위스	S	

⑥ 가공방법의 기

기호
L
B
BR
CD
D
FB
FF
FL
FR

핵심이론

필수적으로 학습해야 하는 중요한 이론들을 각 과목별로 분류하여 수록하였습니다.
시험과 관계없는 두꺼운 기본서의 복잡한 이론은 이제 그만! 시험에 꼭 나오는 이론을 중심으로 효과적으로 공부하십시오.

핵심이론 04 주요 기계재료의 기호 해석

① 일반구조용 압연강재 – SS400의 경우

㉠ S : Steel(강-재질)

㉡ S : 일반구조용 압연재(General Structural Purposes)

㉢ 400 : 최저 인장강도(41kgf/mm^2 × 9.8 = 400N/mm^2)

② 기계구조용 탄소강재 – SM45C의 경우

㉠ S : Steel(강-재질)

㉡ M : 기계구조용(Machine Structural Use)

㉢ 45C : 평균 탄소 함유량(0.42~0.48%) – KS D 3752

③ 탄소강 단강품 – SF390A

㉠ SF : Carbon Steel Forgings for General Use

㉡ 390 : 최저 인장강도 390N/mm^2

㉢ A : 어닐링, 노멀라이징 또는 노멀라이징 템퍼링을 한 단강품

④ 회주철품 – GC200

㉠ GC : Gray Cast

㉡ 200 : 최저 인장강도 200N/mm^2

⑤ 합금공구강(냉간금형) : STD11

㉠ STD : Steel Tool Dies

㉡ 11 : 프레스 금형(용도)

⑥ 탄소강 주강품 : SC360

㉠ SC : Steel Cast

㉡ 360 : 최저 인장강도 360N/mm^2

⑦ 기타 KS 재료기호

명칭	기호	명칭	기호
알루미늄 합금주물	AC1A	니켈-크롬강	SNC
알루미늄 청동	ALBrC1	니켈-크롬-몰리브덴강	SNCM
다이캐스팅용 알루미늄 합금	ALDC1	판스프링강	SPC
청동 합금주물	BC(CAC)	냉간압연 강판 및 강대(일반용)	SPCC
편상흑연주철	FC	드로잉용 냉간압연 강판 및 강대	SPCD
회주철품	GC	열간압연 연강판 및 강대(드로잉용)	SPHD

명칭	기호	명칭	기호
구상흑연주철품	GCD	배관용 탄소강판	SPP
구상흑연주철	GCD	스프링용 강	SPS
인청동	PBC2	배관용 탄소강관	SPW
합 판	PW	일반구조용 압연강재	SS
피아노선재	PWR	탄소공구강	STC
보일러 및 압력용기용 탄소강	SB	합금공구강(냉간금형)	STD
보일러용 압연강재	SBB	합금공구강(열간금형)	STF
보일러 및 압력용기용 강재	SBV	일반구조용 탄소강관	STK
탄소강 주강품	SC	기계구조용 탄소강관	STKM
기계구조용 합금강재	SCM, SCr 등	합금공구강(절삭공구)	STS
크롬강	SCr	리벳용 원형강	SV
주강품	SCW	탄화텅스텐	WC
탄소강 단조품	SF	화이트메탈	WM
고속도 공구강재	SKH	다이캐스팅용 아연 합금	ZDC
기계구조용 탄소강재	SM	–	–
용접구조용 압연강재	SM 표시 후 A, B, C 순서로 용접성이 좋아짐		

10년간 자주 출제된 문제

4-1. 강재의 KS 규격기호 중 틀린 것은?

① SKH – 고속도 공구강 강재
② SM – 기계구조용 탄소강재
③ SS – 일반구조용 압연강재
④ STS – 탄소공구강 강재

4-2. 다음 중 알루미늄 합금주물의 재료 표시기호는?

① ALBrC1 ② ALDC1
③ AC1A ④ PBC2

|해설|

4-1

STS는 합금공구강을 나타내는 기호이다.

4-2

알루미늄 합금 중에서 AC로 시작하면 주조 제품을 표시한다. 따라서 AC1A는 알루미늄 합금주물을 의미한다.

정답 4-1 ④ 4-2 ③

10년간 자주 출제된 문제

출제기준을 중심으로 출제 빈도가 높은 기출문제와 필수적으로 풀어보아야 할 문제를 핵심이론당 1~2문제씩 선정했습니다. 각 문제마다 핵심을 찌르는 명쾌한 해설이 수록되어 있습니다.

과년도 기출문제

지금까지 출제된 과년도 기출문제를 수록하였습니다. 각 문제에는 자세한 해설이 추가되어 핵심이론만으로는 아쉬운 내용을 보충 학습하고 출제경향의 변화를 확인할 수 있습니다.

2015년 제1회 과년도 기출문제

01 가단주철의 종류에 해당하지 않는 것은?

① 흑심 가단주철
② 백심 가단주철
③ 오스테나이트 가단주철
④ 펄라이트 가단주철

해설
가단주철의 종류
- 흑심 가단주철 : 흑연화가 주목적
- 백심 가단주철 : 탈탄이 주목적
- 펄라이트 가단주철
- 특수 가단주철

※ 가단주철은 백주철을 고온에서 장시간 열처리하여 시멘타이트 조직을 분해하거나 소실시켜 인성과 연성을 개선한 주철이다. 고탄소 주철로서 회주철과 같이 주조성이 우수한 백선의 주물을 만들고 열처리함으로써 강인한 조직이 되기 때문에 단조작업이 가능하다.

02 비자성체로서 Cr과 Ni를 함유하며 일반적으로 18-8 스테인리스강이라 부르는 것은?

① 페라이트계 스테인리스강
② 오스테나이트계 스테인리스강
③ 마텐자이트계 스테인리스강
④ 펄라이트계 스테인리스강

해설
스테인리스강의 분류

구분	종류	합금성분	자성
Cr계	페라이트계 스테인리스강	Fe + Cr 12% 이상	자성체
	마텐자이트계 스테인리스강	Fe + Cr 13%	자성체
Cr + Ni계	오스테나이트계 스테인리스강	Fe + Cr 18% + Ni 8%	비자성체
	석출경화계 스테인리스강	Fe + Cr + Ni	비자성체

03 8~12% Sn에 1~2% Zn의 구리합금으로 밸브, 콕, 기어, 베어링, 부시 등에 사용되는 합금은?

① 코르손 합금
② 베릴륨 합금
③ 포금
④ 규소 청동

해설
③ 포금 : 구리에 8~12%의 주석과 1~2%의 아연이 합금된 구리합금으로 밸브나 기어, 베어링용 재료로 사용된다.
① 코르손(Corson) 합금 : 구리에 3~4% Ni, 약 1%의 Si가 함유된 합금으로 인장강도와 도전율이 높아 통신선, 전화선으로 사용되는 구리-니켈-규소 합금이다.
② 베릴륨 합금 : 베릴륨을 기본으로 한 합금재료로 내열성이 뛰어나서 항공
④ 규소 청동
성질을 저
을 개선할

04 주철의 여
가하는 특
것은?

① 경도를
② 흑연화
③ 탄화물
④ 내열성

해설
크롬(Cr)이 주

2024년 제1회 최근 기출복원문제

01 공구용 합금강을 담금질 및 뜨임처리하여 개선되는 재질의 특성이 아닌 것은?

① 조직의 균질화
② 경도 조절
③ 가공성 향상
④ 취성 증가

해설
공구용 합금강은 칼날, 바이트, 커터, 게이지의 제작용으로 사용되는 재료로 이들 공구는 각각 알맞은 특성을 가진 재료로 만들어져야 하므로 담금질과 뜨임처리를 한다. 공구용 합금강에 담금질과 뜨임처리를 하면 공구의 가공성이 향상되고 강도와 경도가 강화된다. 그리고 내부의 조직이 균일화되고 안정화되어 절삭성도 향상되며 취성이 감소하므로 큰 절삭력이 발생하는 공작물도 가공할 수 있다.
공구용 합금강의 특징
- 가공하기 쉽다.
- 인성과 마멸저항이 크다.
- 열처리에 의한 변형이 작다.
- 상온 및 고온에서 경도가 크다.
- 가열에 의한 경도의 변화가 작다.

02 금속재료를 고온에서 오랜 시간 외력을 걸어 놓으면 시간의 경과에 따라 서서히 그 변형이 증가하는 현상은?

① 크리프 ② 스트레스
③ 스트레인 ④ 템퍼링

해설
크리프란 재료가 고온에서 오랜 시간동안 외력을 받으면 시간의 경과에 따라 서서히 변형되는 성질이다. 템퍼링은 열처리방법 중의 하나로 뜨임을 의미한다.
금속재료의 용어
- 탄성 : 외력에 의해 변형된 물체가 외력을 제거하면 원래 상태로 돌아가려는 성질
- 소성 : 물체에 변형을 준 뒤 외력을 제거해도 원래 상태로 돌아가지 않는 성질
- 전성 : 넓게 펴지는 성질
- 취성 : 물체가 변형에 견디지 못하고 파괴되는 성질로, 인성에 반대되는 성질
- 인성 : 충격에 대한 재료의 저항
- 연성 : 잘 늘어나는 성질
- 크리프 : 금속이 고온에서 오랜 시간동안 외력을 받으면 시간의 경과에 따라 서서히 변형되는 성질
- 강도 : 외력에 대한 재료 단면의 저항력
- 경도 : 재료 표면의 단단한 정도
- 스트레인 : 물체에 외력을 가했을 때 대항하지 못하고 모양이 변형되는데 이 외력에 의해 외형적으로 그 모양이 바뀌는 정도
- 스트레스(Stress) : 응력을 의미하는 것으로 그 종류에는 인장응력, 압축응력, 전단응력, 비틀림응력 등이 있다.

정답 1 ④ 2 ①

최근 기출복원문제

최근에 출제된 기출문제를 복원하여 가장 최신의 출제경향을 파악하고 새롭게 출제된 문제의 유형을 익혀 처음 보는 문제들도 모두 맞힐 수 있도록 하였습니다.

최신 기출문제 출제경향

2021년 1회

- 성크키의 정의
- 선의 우선순위
- 한쪽 단면도의 정의
- 서피스 모델링의 특징

2021년 2회

- 축의 도시방법
- 부분단면도의 정의
- 표면거칠기의 기호
- 치수보조기호의 특징

2022년 1회

- 두랄루민의 정의
- 다이얼게이지의 특징
- 삼각나사의 역할
- 한쪽 단면도(반단면도)의 특징

2022년 2회

- 마우러조직도의 특징
- 마이크로미터의 구조 및 원리
- 리벳에 작용하는 전단응력(τ) 구하기
- 기하공차의 종류

2023년 1회

- 마우러조직도의 정의
- 버니어 캘리퍼스의 측정기준
- 마이크로미터의 측정값 읽기
- 기하공차 중 단독 형체가 적용 가능한 것

2023년 2회

- 형상기억합금의 특징
- 한계게이지의 종류
- 마찰차를 밀어붙이는 힘 구하기
- 도면 작성 시 투상도 선정방법

2024년 1회

- 크리프(Creep)의 정의
- 한계게이지의 종류 및 기능
- 두 스퍼기어 간 중심거리 구하기
- CAD/CAM 시스템 사이에서 데이터 상호 교환방식

2024년 2회

- 풀림 열처리의 목적
- 표면경화 열처리법인 질화법의 특징
- 나사의 종류 및 특징
- 구멍의 최소허용치수가 주어졌을 때 최소죔새 구하기

D-20 스터디 플래너

20일 완성!

D-20	D-19	D-18	D-17
시험안내 및 빨간키 훑어보기	CHAPTER 01 기계제도(2D 및 3D 도면작업) 1. KS 및 ISO 제도 통칙~ 3. 치수 기입방법	CHAPTER 01 기계제도(2D 및 3D 도면작업) 4. 치수공차 및 끼워맞춤 공차, 기하공차~ 6. 동력 전달용 기계요소 제도	CHAPTER 01 기계제도(2D 및 3D 도면작업) 7. 산업설비 제도~ 8. 2D 및 3D CAD 작업

D-16	D-15	D-14	D-13
CHAPTER 02 기계재료 1. 기계재료 일반~ 3. 공구재료	CHAPTER 02 기계재료 4. 탄소강~ 6. 합금강 및 특수강	CHAPTER 02 기계재료 7. 비철금속재료~ 11. 표면처리	CHAPTER 03 기계요소 설계 1. 기계 설계 기초

D-12	D-11	D-10	D-9
CHAPTER 03 기계요소 설계 2. 결합용(체결용) 기계요소 설계	CHAPTER 03 기계요소 설계 3. 동력 전달용 기계요소	CHAPTER 04 측정 1. 측정에 관한 일반 이론~ 3. 각도측정기	CHAPTER 04 측정 4. 비교측정기, 한계게이지~ 6. 측정기 유지관리

D-8	D-7	D-6	D-5
이론 총 복습	2015~2016년 과년도 기출문제 풀이	2017~2018년 과년도 기출복원문제 풀이	2019~2020년 과년도 기출복원문제 풀이

D-4	D-3	D-2	D-1
2021~2022년 과년도 기출복원문제 풀이	2023년 과년도 기출복원문제 풀이	2024년 최근 기출복원문제 풀이	기출복원문제 오답 정리 및 복습

깔끔하게 2주 동안 공부해서 60점 후반대 점수로 합격했습니다.

저는 곧 외국에 나가야 되는 상황이라 단기에 끝낼 수 있는 책을 찾다가 Win-Q 책을 골랐습니다. 내용을 많이 몰랐던 터라 걱정했는데 책에 기출문제들을 풀어보니 문제가 같거나 비슷한 것들이 많이 출제가 되는 편이라 할만 했습니다. 깔끔하게 2주 동안 공부해서 60점 후반대 점수로 합격했습니다.

책상에 앉아서 공부하는 게 그때 너무 안 돼서 제 나름대로의 계획을 세워서 공부했습니다. 계획을 짜서 그런지 공부한 기간 동안 나름 열심히 했습니다. 이론만 보면 지루하니까 하루에 내용 조금 보고 기출문제 한 회나 두 회 푸는 식으로 공부했습니다. 하루 공부 시간을 다 채우면 나 스스로에게 노력에 대한 보답을 하는 시간도 가졌습니다. 그러면서 2주가 지났고 시험 보러갔는데 공부를 엄청 열심히 한 건 아니지만 역시 시험이라 긴장이 되더군요. 뭐 오랜만에 보는 거라 그런 것 같기도 하구요. 그렇지만 익숙한 문제들을 보니 마음이 한결 편해졌습니다.

시험 앞두고 긴장이 되는 분들도 있겠지만 마음 편하게 볼 수 있기를, 합격하기를 바랍니다.

2021년 전산응용기계제도기능사 합격자

다들 합격하시고 건승하십시오.

컴기계 관련 업무를 하는데 사장님의 제안으로 이 자격증에 도전하게 되었습니다. 처음에는 일하면서 할 수 있을까 걱정하기도 했지만 나를 위한 일이고 뭔가 더 큰 도약을 할 수 있는 계기가 될 것 같아서 공부를 시작했습니다. 책을 구입하고 처음부터 훑어보는데 내용은 제가 정말 공부해야 되는 내용도 많았고 조금 아는 내용도 있었습니다.

자격증에 도전한다고 하니 사장님이 배려해 주셔서 준비기간 동안 좀 더 저의 시간을 쓸 수 있었습니다. 그 시간동안 즐거운 마음으로 공부하였고 합격의 기쁨을 맛보았습니다.

뭐 노하우나 공부 방법이라는 건 딱히 없고 앞에서부터 차근차근 정독하면서 공부했습니다. 이론 4과목 내용을 몇 번 정독하고 나서 문제를 풀었습니다. 새로운 문제 말고는 술술 풀 정도로 공부했습니다. 시험날 사장님께 말씀드리고 평일 오후에 나와서 시험장으로 갔습니다. 문제 풀어보니 확실히 노력은 배신하지 않는다는 말이 맞는 것 같습니다. 다들 공부하는 것이 힘들겠지만 나 자신이 발전하고 더 즐거운 미래를 생각하며 공부하는 건 어떨까 합니다. 그럼 다들 합격하시고 건승하십시오.

2022년 전산응용기계제도기능사 합격자

이 책의 목차

빨리보는 간단한 키워드

#합격비법 핵심 요약집 #최다 빈출키워드 #시험장 필수 아이템

CHAPTER 01 기계제도 및 측정

■ 제도용지의 세로와 가로의 비는 1: $\sqrt{2}$ 이며, 복사한 도면은 A4용지로 접어서 보관한다.

■ **비례척이 아님(NS)**

Not to Scale의 약자로써 척도가 비례하지 않을 경우에 기입하는데 '비례하지 않음'이나 치수 수치의 아래에 실선(50)을 긋기도 한다.

■ 가는 선 : 굵은 선 : 아주 굵은 선 = 1 : 2 : 4

■ **도면의 종류별 크기 및 윤곽 치수(mm)**

크기의 호칭			A0	A1	A2	A3	A4
a × b			841 × 1,189	594 × 841	420 × 594	297 × 420	210 × 297
도면 윤곽	c(최소)		20	20	10	10	10
	d (최소)	철하지 않을 때	20	20	10	10	10
		철할 때	25	25	25	25	25

■ **척도**

종류	의미
축척	실물보다 작게 축소해서 그리는 것으로 1 : 2, 1 : 20의 형태로 표시
배척	실물보다 크게 확대해서 그리는 것으로 2 : 1, 20 : 1의 형태로 표시
현척	실물과 동일한 크기로 1 : 1의 형태로 표시
척도 A : B = 도면에서의 크기 : 물체의 실제 크기	

▮ 도면에 마련되는 양식

표제란	도면 관리에 필요한 사항과 도면 내용에 관한 중요 사항으로서 도명, 도면 번호, 기업(소속명), 척도, 투상법, 작성 연월일, 설계자 등을 기입한다.
중심마크	도면의 영구 보존을 위해 마이크로필름으로 촬영하거나 복사하고자 할 때 굵은 실선으로 표시한다.
비교눈금	도면을 축소하거나 확대했을 때 그 정도를 알기 위해 도면 아래쪽의 중앙 부분에 10mm 간격의 눈금을 굵은 실선으로 그려 놓은 것이다.
재단마크	인쇄, 복사, 플로터로 출력된 도면을 규격에서 정한 크기로 자르기 편하게 하기 위해 사용한다.

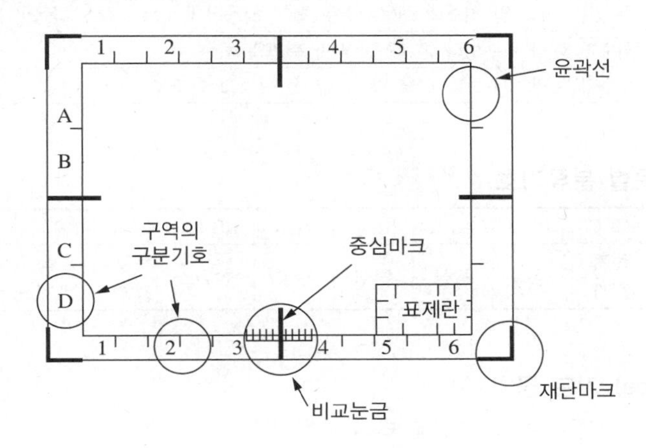

▮ 틈새와 죔새값 구하기

최소틈새	구멍의 최소허용치수 − 축의 최대허용치수
최대틈새	구멍의 최대허용치수 − 축의 최소허용치수
최소죔새	축의 최소허용치수 − 구멍의 최대허용치수
최대죔새	축의 최대허용치수 − 구멍의 최소허용치수

▮ 두 종류 이상의 선이 중복되는 경우, 선의 우선순위

숫자나 문자 > 외형선 > 숨은선 > 절단선 > 중심선 > 무게중심선 > 치수보조선

▮ 가공 전이나 후의 모양은 2점 쇄선으로 물체의 모양을 그린다.

공차 용어

용어	의미
실치수	실제로 측정한 치수로 mm 단위를 사용
치수공차(공차)	최대 허용한계치수 – 최소 허용한계치수
위 치수 허용차	최대 허용한계치수 – 기준 치수
아래 치수 허용차	최소 허용한계치수 – 기준 치수
기준치수	위 치수 및 아래 치수 허용차를 적용할 때 기준이 되는 치수
허용한계치수	허용할 수 있는 최대 및 최소의 허용치수로 최대 허용한계치수와 최소 허용한계치수로 나눔
틈새	구멍의 치수가 축의 치수보다 클 때, 구멍과 축과의 치수 차
죔새	구멍의 치수가 축의 치수보다 작을 때, 조립 전 구멍과 축과의 치수 차

한국산업규격(KS)의 부문별 분류기호

분류기호	KS A	KS B	KS C	KS D	KS E	KS F	KS I	KS K	KS Q	KS R	KS T	KS V	KS W	KS X
분야	기본	기계	전기 전자	금속	광산	건설	환경	섬유	품질 경영	수송 기계	물류	조선	항공 우주	정보

IT(International Tolerance) 기본 공차

IT 01, IT 00, IT 1 ~ IT 18까지 총 20등급으로 구분된다.

용도	게이지 제작 공차	끼워맞춤 공차	끼워맞춤 이외의 공차
구멍	IT 01~IT 5	IT 6~IT 10	IT 11~IT 18
축	IT 01~IT 4	IT 5~IT 9	IT 10~IT 18

구멍기준 끼워맞춤 시 축의 끼워맞춤 정도

헐거운 끼워맞춤	중간 끼워맞춤	억지 끼워맞춤
b, c, d, e, f, g	h, js, k, m, n	p, r, s, t, u, x

치수 보조 기호

기호	구분	기호	구분
ϕ	지름	Sϕ	구의 지름
R	반지름	SR	구의 반지름
□	정사각형	C	45° 모따기
t	두께	p	피치
$\overset{\frown}{50}$	호의 길이	$\underline{50}$	비례척도가 아닌 치수
$\boxed{50}$	이론적으로 정확한 치수	(50)	참고 치수
~~50~~	치수의 취소(수정 시 사용)	–	–

▮ 제1각법과 제3각법

제1각법	제3각법
투상면을 물체의 뒤에 놓는다.	투상면을 물체의 앞에 놓는다.
눈 → 물체 → 투상면	눈 → 투상면 → 물체
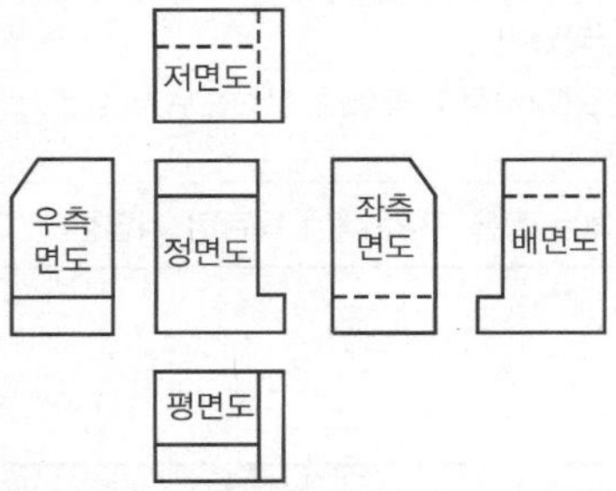 저면도 우측 면도 정면도 좌측 면도 배면도 평면도	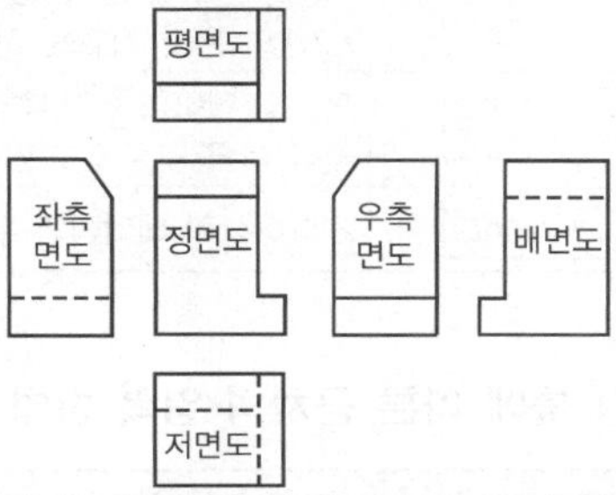 평면도 좌측 면도 정면도 우측 면도 배면도 저면도
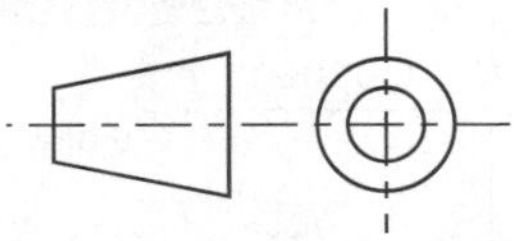	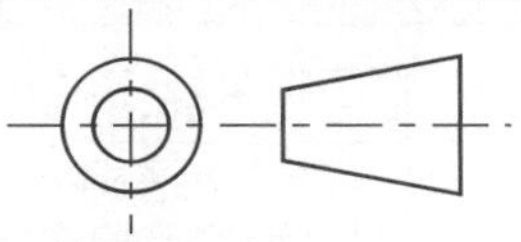

▮ 기하공차 종류 및 기호

공차	특성	기호
모양 공차	진직도	⏤
	평면도	▱
	진원도	○
	원통도	⌭
	선의 윤곽도	⌒
	면의 윤곽도	⌓
자세 공차	평행도	//
	직각도	⊥
	경사도	∠
위치 공차	위치도	⌖
	동축도(동심도)	◎
	대칭도	⌯
흔들림 공차	원주 흔들림	↗
	온 흔들림	⌰

데이텀(DATUM)의 도시 방법

종류	의미
A	1개를 설정하는 데이텀은 1개의 문자 기호로 나타낸다.
A–B	• 2개의 데이텀을 설정하는 공통 데이텀이다. • 2개의 문자 기호를 하이픈(–)으로 연결한 기호로 나타낸다.
A | B	복수의 데이텀을 표시하는 방법으로 데이텀에 우선순위를 지정할 때에는 우선순위가 높은 것을 왼쪽부터 쓰며 각각 다른 구획에 기입한다.
AB	2개 이상의 데이텀의 우선순위를 문제 삼지 않을 때에는 같은 구획 내에 나란히 기입한다.

공차 기입 틀에 따른 공차의 입력 방법

2칸 형식	3칸 형식
— | 0.011 공차값 공차의 종류기호	// | 0.05/100 | A 데이텀 문자기호 공차값 공차의 종류기호

기하공차의 해석

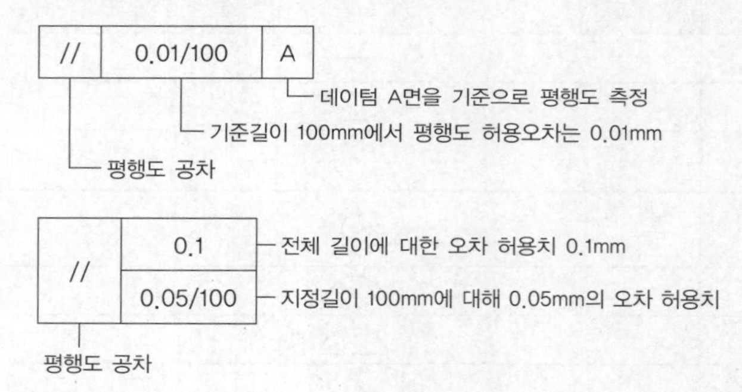

가공면을 지시하는 기호

종류	의미
	제거 가공을 하든, 하지 않든 상관없다.
	제거 가공을 해야 한다.
	제거 가공을 해서는 안 된다.

투상도의 종류

회전 투상도	각도를 가진 물체의 실제 모양을 나타내기 위해서 그 부분을 회전해서 나타낸다.	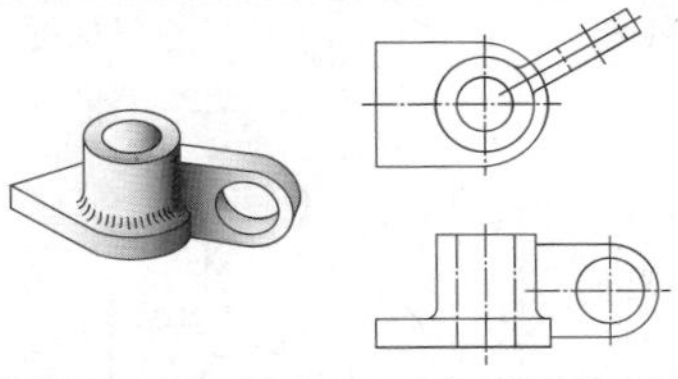
부분 투상도	그림의 일부를 도시하는 것만으로도 충분한 경우에는 필요한 부분만 투상하여 그린다.	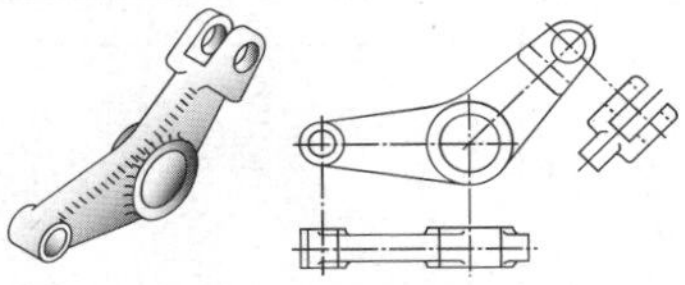
국부 투상도	대상물이 구멍, 홈 등과 같이 한 부분의 모양을 도시하는 것으로 충분한 경우에 사용한다.	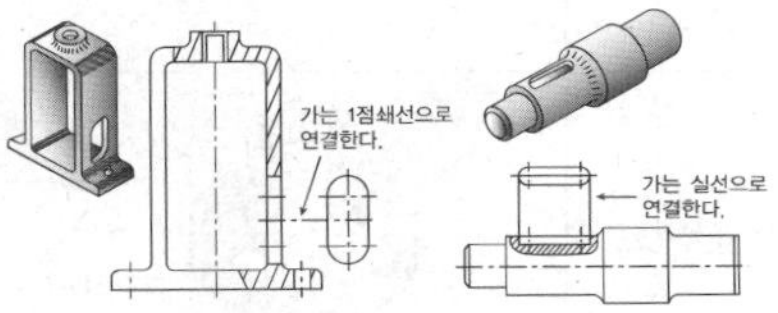 가는 1점쇄선으로 연결한다. 가는 실선으로 연결한다.
부분 확대도	특정한 부분의 도형이 작아서 그 부분을 자세하게 나타낼 수 없거나 치수 기입을 할 수 없을 때에는 그 부분을 가는 실선으로 둘러싸고 한글이나 알파벳 대문자로 표시한다.	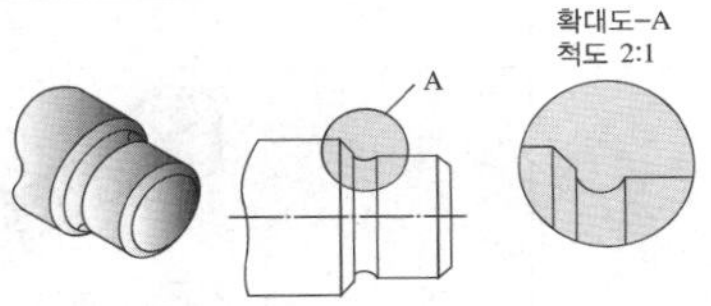 A 확대도-A 척도 2:1
보조 투상도	경사면을 지니고 있는 물체는 그 경사면의 실제 모양을 표시할 필요가 있는데, 이 경우 보이는 부분의 전체 또는 일부분을 나타낼 때 사용한다.	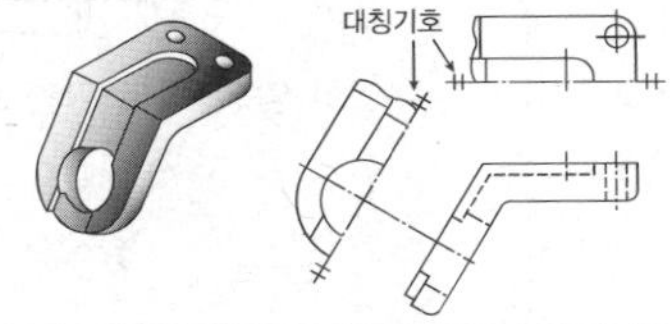 대칭기호

단면도의 종류

단면도명	도면	특징
온단면도 (전단면도)		• 전단면도라고도 한다. • 물체 전체를 직선으로 절단하여 앞부분을 잘라내고 남은 뒷부분의 단면 모양을 그린 것이다. • 절단 부위의 위치와 보는 방향이 확실한 경우에는 절단선, 화살표, 문자 기호를 기입하지 않아도 된다.
한쪽단면도 (반단면도)		• 반단면도라고도 한다. • 절단면을 전체의 반만 설치하여 단면도를 얻는다. • 상하 또는 좌우가 대칭인 물체를 중심선을 기준으로 1/4 절단하여 내부 모양과 외부 모양을 동시에 표시하는 방법이다.
부분단면도	파단선 떼어 낸 부분의 단면	• 파단선을 그어서 단면 부분의 경계를 표시한다. • 일부분을 잘라 내고 필요한 내부의 모양을 그리기 위한 방법이다.
회전도시 단면도	(a) 암의 회전 단면도(투상도 안) (b) 훅의 회전 단면도(투상도 밖)	• 절단선의 연장선 뒤에도 그릴 수 있다. • 투상도의 절단할 곳과 겹쳐서 그릴 때는 가는 실선으로 그린다. • 주투상도의 밖으로 끌어내어 그릴 경우는 가는 1점쇄선으로 한계를 표시하고 굵은 실선으로 그린다. • 핸들이나 벨트 풀리, 바퀴의 암, 리브, 축, 형강 등의 단면의 모양을 90°로 회전시켜 투상도의 안이나 밖에 그린다.
계단단면도	A B C D A-B-C-D	• 절단면을 여러 개 설치하여 그린 단면도이다. • 복잡한 물체의 투상도수를 줄일 목적으로 사용한다. • 절단선, 절단면의 한계와 화살표 및 문자 기호를 반드시 표시하여 절단면의 위치와 보는 방향을 정확히 명시해야 한다.

축에 평면 표시하기

기계 제도에서 대상으로 하는 부분이 평면인 경우에는 단면에 가는 실선을 대각선 표시를 해준다. 만일 단면이 정사각형일 때는 해당 단면의 치수 앞에 정사각형 기호를 붙여 '□16'과 같이 표시한다.

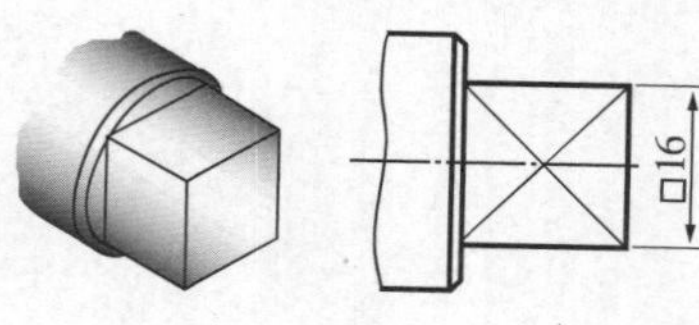

길이와 각도의 치수 기입

현의 치수 기입	호의 치수 기입	반지름의 치수 기입	각도의 치수 기입
40	$\overset{\frown}{42}$	R8	105°

일반적인 표면의 지시기호

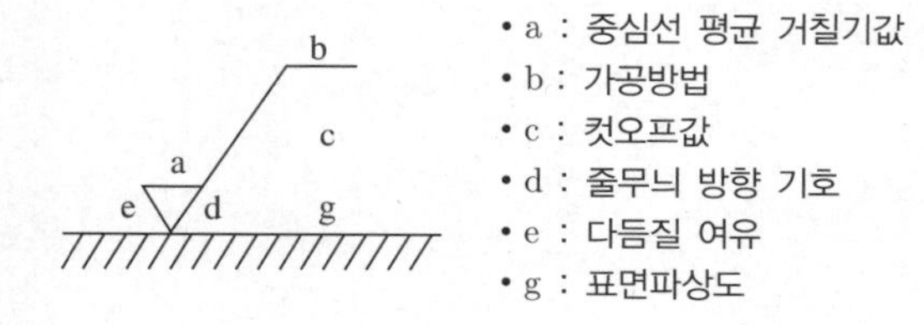

- a : 중심선 평균 거칠기값
- b : 가공방법
- c : 컷오프값
- d : 줄무늬 방향 기호
- e : 다듬질 여유
- g : 표면파상도

나사의 호칭지름 : 수나사의 바깥지름으로 나타냄

나사의 제도 방법

- 수나사와 암나사 결합부의 단면은 수나사 기준으로 나타낸다.
- 완전 나사부와 불완전 나사부의 경계선은 굵은 실선으로 그린다.
- 수나사와 암나사의 측면도시에서 골지름과 바깥지름은 가는 실선으로 그린다.
- 암나사의 단면 도시에서 드릴 구멍의 끝 부분은 굵은 실선으로 120°로 그린다.
- 불완전 나사부의 골밑을 나타내는 선은 축선에 대하여 30°의 경사진 가는 실선으로 그린다.

기어의 도시법

- 이끝원은 굵은 실선으로 한다.
- 피치원은 가는 1점쇄선으로 한다.
- 맞물리는 한 쌍의 기어의 이끝원은 굵은 실선으로 그린다.
- 헬리컬기어의 잇줄 방향은 통상 3개의 가는 실선으로 그린다.
- 이뿌리원은 가는 실선으로 그린다. 단, 축에 직각 방향으로 단면 투상할 경우에는 굵은 실선으로 한다.

스프로킷 휠의 도시방법

- 호칭번호는 스프로킷에 감기는 전동용 롤러 체인의 호칭번호로 한다.
- 축직각 단면으로 도시할 때는 톱니를 단면으로 하지 않으며 이뿌리선은 굵은 실선으로 한다.
- 바깥지름 – 굵은 실선, 피치원 지름 – 가는 1점쇄선, 이뿌리원 – 가는 실선이나 굵은 파선으로 그리며 생략도 가능하다.

치수 기입의 원칙

- 중복 치수는 피한다.
- 치수는 주 투상도에 집중한다.
- 관련되는 치수는 한곳에 모아서 기입한다.
- 치수는 계산해서 구할 필요가 없도록 기입한다.
- 치수 숫자는 치수선 위 중앙에 기입하는 것이 좋다.
- 도면에 나타나는 치수는 특별히 명시하지 않는 한 다듬질 치수로 표시한다.

축의 도시방법

- 긴 축은 중간을 파단하여 짧게 그릴 수 있다.
- 축은 길이 방향으로 절단하여 단면을 도시하지 않는다.
- 축은 일반적으로 중심선을 수평 방향으로 놓고 그린다.
- 축의 일부 중 평면 부위는 가는 실선으로 대각선 표시를 한다.
- 긴 축은 중간 부분을 파단하여 짧게 그리고 실제 치수를 기입한다.
- 축 끝의 모따기는 폭과 각도를 기입하거나 45°인 경우 C로 표시한다.
- 널링을 도시할 때 빗줄인 경우 축선에 대하여 30°로 엇갈리게 그린다.

스프링 제도의 특징

- 스프링은 원칙적으로 무하중 상태로 그린다.
- 그림 안에 기입하기 힘든 사항은 일괄하여 요목표에 표시한다.
- 코일의 중간 부분을 생략할 때는 생략한 부분을 가는 2점쇄선으로 표시한다.
- 스프링의 종류와 모양만 도시할 때는 재료의 중심선만 굵은 실선으로 그린다.
- 스프링은 특별한 단서가 없는 한 모두 오른쪽 감기로 도시하며, 왼쪽 감기로 도시할 경우에는 '감긴 방향 왼쪽'이라고 명시해야 한다.

겹판(판) 스프링 제도

스프링 제도 시 원칙적으로 상용하중 상태에서 그리는 스프링은 겹판 스프링으로서 항상 휘어진 상태로 표시된다.

평벨트 및 V벨트 풀리의 표시 방법

- 암은 길이 방향으로 절단하여 도시하지 않는다.
- V벨트 풀리는 축 직각 방향의 투상을 정면도로 한다.

이끝원 지름(바깥지름)을 구하는 식

D = PCD + $2m$ = 피치원지름 + (2 × 모듈)

계기 표시의 도면 기호

- T는 온도계로서 Temperature
- F는 유량계로서 Flow Rate
- V는 진공계로서 Vacuum
- P는 압력계로서 Pressure

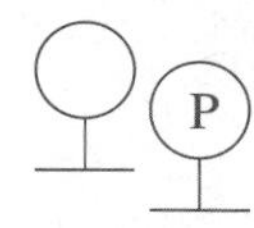

유니파이 나사의 호칭방법

나사의 지름을 표시하는 숫자 또는 호칭	–	1인치당 나사산의 수	나사 종류의 기호	나사의 등급
$\frac{3}{8}$	–	16	UNC	2A
인치, 호칭지름	–	나사산수 16개	• UNC : 유니파이 보통 나사 • UNF : 유니파이 가는 나사	• 수나사 : 1A, 2A, 3A • 암나사 : 1B, 2B, 3B ※ 낮을수록 높은 정밀도

육각 볼트의 호칭

규격번호	종류	부품 등급	나사부의 호칭지름 × 호칭길이	–	강도 구분	재료	–	지정사항
KS B 1002	육각볼트	A	M12 × 80	–	8.8	SM20C	–	둥근 끝

배관 기호 도시

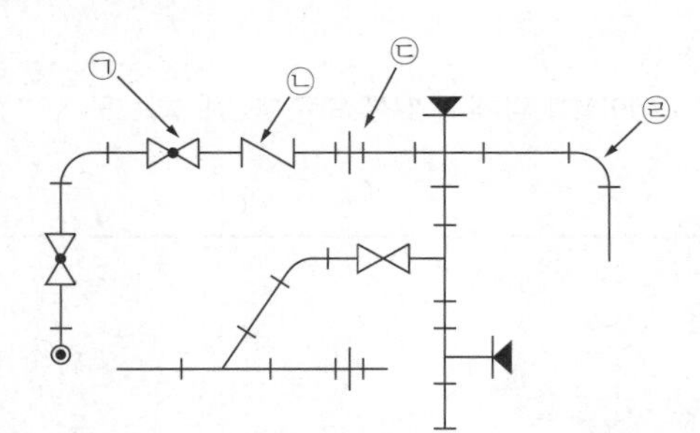

㉠ 글로브 밸브
㉡ 체크 밸브
㉢ 유니언 연결
㉣ 엘보의 나사이음

■ 파이프 안에 흐르는 유체의 종류

- A : Air, 공기
- G : Gas, 가스
- O : Oil, 유류
- S : Steam, 수증기
- W : Water, 물

■ 3차원 모델링 중에서 중량, 무게중심, 관성모멘트 등의 물리적 성질의 계산이 가능한 모델링은 솔리드 모델링이다.

■ 컴퓨터 하드웨어의 분류 및 종류

분류	종류	용도
입력장치	마우스	CPU에 여러 가지 데이터를 입력하는 장치
	키보드	
	태블릿	
	조이스틱	
	트랙볼	
	스캐너	
	라이트 펜	
	디지타이저	
중앙처리장치 (CPU)	연산장치	입력장치로부터 입력받은 데이터를 처리하는 곳
	제어장치	
	주기억장치	
출력장치	디스플레이장치 (LCD, LED, OLED, PDP, UHD 등)	중앙처리장치에서 처리된 결과를 종이 도면이나 모니터에 이미지로 나타내주는 장치
	플로터	
	프린터	
보조기억장치	USB 메모리	데이터를 임시나 영구적으로 저장해 놓는 곳
	하드디스크	
	외장하드	
	CD, DVD	
	플로피디스켓	

버니어 캘리퍼스

- 버니어 캘리퍼스의 크기를 나타내는 기준은 측정 가능한 치수의 최대 크기이다.
- 보통으로 사용되는 표준형 버니어 캘리퍼스는 본척의 1눈금은 1mm, 버니어의 눈금 19mm를 20등분하고 있으므로 최소 $\frac{1}{20}$ mm(0.05mm)까지 읽을 수 있다.

예 어미자의 눈금 간격이 1mm이고 아들자를 20등분한 버니어 캘리퍼스의 최소 측정값 구하기 $\frac{1mm}{20} = 0.05mm$, 최소 측정값은 0.05mm

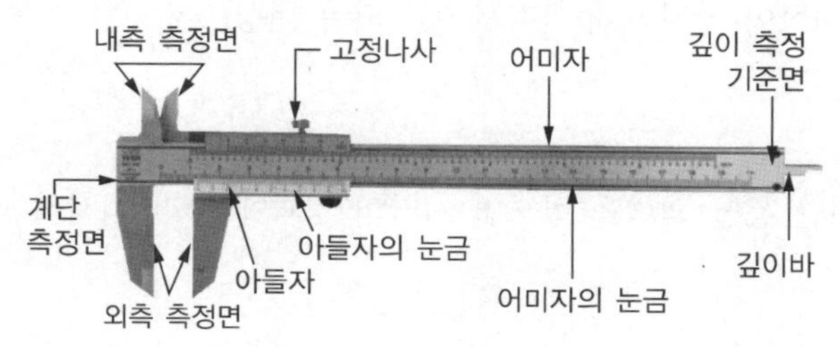

마이크로미터

- 측정 범위 : 0~25mm, 25~50mm, 50~75mm와 같이 25mm씩의 차를 둔 여러 단계의 것이 있으며, 일반적으로 0.01mm와 0.001mm까지 측정할 수 있는 것이 많이 사용된다.
- 마이크로미터의 최소 측정값을 구하는 식

마이크로미터의 최소 측정값 $= \frac{\text{나사의 피치}}{\text{심블의 등분수}}$(mm)

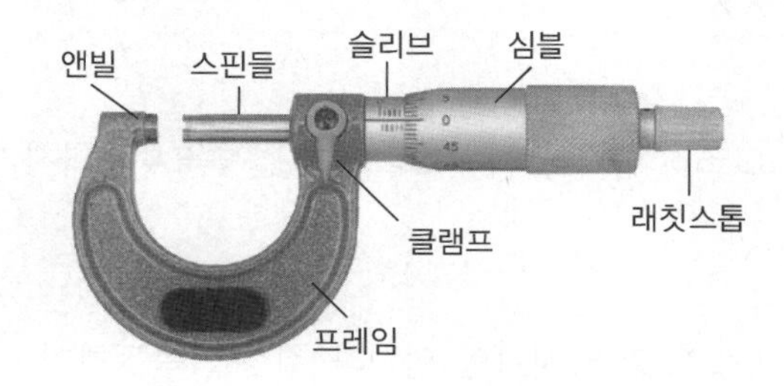

CHAPTER 02 기계재료

초전도 현상

어떤 임계온도에서 전기저항이 완전히 없어져서 0이 되는 현상

크리프

금속이 고온에서 오랜 시간 동안 외력을 받으면 시간의 경과에 따라 서서히 변형되는 성질

형상기억합금

일정온도에서 재료의 형상을 기억시키면 상온에서 재료가 외력에 의해 변형되어도 기억시킨 온도로 가열만 하면 변형 전의 형상으로 되돌아오는 합금

비정질합금

일정한 결정구조를 갖고 있지 않는 아모르포스(Amorphous) 구조로 자기적 특성이 우수하여 변압기용 철심 재료로 활용한다.

Na(나트륨)

Al-Si계 합금인 실루민의 주조 조직에 나타나는 Si의 거친 결정을 미세화시키고, 강도를 개선하기 위하여 개량처리를 하는 데 사용한다.

충격시험 : 충격력에 대한 재료의 충격 저항인 인성과 취성을 측정하기 위한 시험

열전도율이 높은 순서

Ag > Cu > Au > Al > Mg > Zn > Ni > Fe > Pb(※ 열전도율이 높을수록 고유저항이 더 작음)

코엘린바

탄성률의 변화가 매우 작고, 공기나 수중에서 부식되지 않으며 스프링, 태엽용 재료로 사용되는 불변강이다.

콘스탄탄

Cu(구리)에 Ni(니켈)을 40~45% 합금한 재료로 온도 변화에 영향을 많이 받으며 전기저항성이 커서 저항선이나 전열선, 열전쌍의 재료로 사용한다.

고속도강

W-18%, Cr-4%, V-1%이 합금된 공구용 재료로서 600℃에서도 경도 변화가 없다. 탄소강의 2배 이상의 절삭 속도로 가공이 가능하기 때문에 강력 절삭 바이트나 밀링 커터 등에 사용되는 금속 재료이다.

배빗메탈

Sn, Sb계 합금의 총칭으로, 발명자 Issac Babbit의 이름을 따서 배빗메탈이라 하며 화이트메탈이라고도 불린다. 내열성이 우수하여 내연기관용 베어링 재료로 사용된다.

서멧(Cermet)

분말야금법으로 만들어진 금속과 세라믹스로 이루어진 내열재료로, 고온에 잘 견디며 가스터빈이나 날개, 원자로의 재료로 사용한다.

주철의 특징

- 압축강도가 크고 경도가 높다.
- 기계가공성이 좋고 값이 싸다.
- 고온에서 기계적 성질이 떨어진다.
- 용융점이 낮고 유동성이 좋아서 주조가 쉽다.

주철의 성장

주철에 600℃ 이상의 온도에서 가열과 냉각을 반복하면 부피가 증가하여 파열되는 현상을 말한다.

■ 탄소강에 함유된 원소들의 영향

종류	영향
탄소(C)	• 경도를 증가시킨다. • 인성과 연성을 감소시킨다. • 일정 함유량까지 강도를 증가시킨다. • 함유량이 많아질수록 취성(메짐)이 강해진다.
규소(Si)	• 유동성을 증가시킨다. • 용접성과 가공성을 저하시킨다. • 인장강도, 탄성한계, 경도를 상승시킨다. • 결정립의 조대화로 충격값과 인성, 연신율을 저하시킨다.
망간(Mn)	• 주철의 흑연화를 방지한다. • 고온에서 결정립성장을 억제한다. • 주조성과 담금질효과를 향상시킨다. • 탄소강에 함유된 황(S)을 MnS로 석출시켜 적열취성을 방지한다.
인(P)	• 상온취성의 원인이 된다. • 결정입자를 조대화시킨다. • 편석이나 균열의 원인이 된다. • 주철의 용융점을 낮추고 유동성을 좋게 한다.
황(S)	• 절삭성을 양호하게 한다. • 편석과 적열취성의 원인이 된다. • 철을 여리게 하며 알칼리성에 약하다.
수소(H_2)	• 백점, 헤어크랙의 원인이 된다.
몰리브덴 (Mo)	• 내식성을 증가시킨다. • 뜨임취성을 방지한다. • 담금질 깊이를 깊게 한다.
크롬(Cr)	• 강도와 경도를 증가시킨다. • 탄화물을 만들기 쉽게 한다. • 내식성, 내열성, 내마모성을 증가시킨다.
납(Pb)	• 절삭성을 크게 하여 쾌삭강의 재료가 된다.
코발트(Co)	• 고온에서 내식성, 내산화성, 내마모성, 기계적 성질이 뛰어나다.
구리(Cu)	• 고온취성의 원인이 된다. • 압연 시 균열의 원인이 된다.
니켈(Ni)	• 내식성 및 내산화성을 증가시킨다.
타이타늄(Ti)	• 부식에 대한 저항이 매우 크다. • 가볍고 강력해서 항공기용 재료로 사용된다.

열처리의 기본 4단계

- 담금질(Quenching) : 재질을 경화시킬 목적으로 강을 가열한 후 급랭시켜 강도와 경도를 증가시킨다.
- 뜨임(Tempering) : 담금질로 경화된 재료에 인성을 부여하고 내부응력을 제거한다.
- 풀림(Annealing) : 재질을 연하고 균일화시킬 목적으로 완전풀림은 A_3변태점(968℃) 이상의 온도로 가열한 후 서랭한다.
- 불림(Normalizing) : 결정입자가 조대해진 강을 표준화 조직으로 만들기 위해 실시한다.

담금질액 중 냉각속도가 가장 빠른 순서 : 소금물 > 물 > 기름 > 공기

흑연화촉진제 : Si, Ni, Ti, Al

알루미늄 합금의 종류

분류	종류	구성 및 특징
주조용 (내열용)	실루민	• Al + Si(10~14% 함유), 알팍스로도 불린다. • 해수에 잘 침식되지 않는다.
	라우탈	• Al + Cu 4% + Si 5% • 열처리에 의하여 기계적 성질을 개량할 수 있다.
	Y합금	• Al + Cu + Mg + Ni • 내연기관용 피스톤, 실린더 헤드의 재료로 사용된다.
	로엑스 합금 (Lo-Ex)	• Al + Si 12% + Mg 1% + Cu 1% + Ni • 열팽창 계수가 작아서 엔진, 피스톤용 재료로 사용된다.
	코비탈륨	• Al + Cu + Ni에 Ti, Cu 0.2% 첨가 • 내연기관의 피스톤용 재료로 사용된다.
가공용	두랄루민	• Al + Cu + Mg + Mn • 고강도로 항공기나 자동차용 재료로 사용된다.
	알클래드	• 고강도 Al합금에 다시 Al을 피복한 재료이다.
내식성	알민	• Al + Mn, 내식성, 용접성이 우수하다.
	알드레이	• Al + Mg + Si, 강인성이 없고 가공변형에 잘 견딘다.
	하이드로날륨	• Al + Mg, 내식성, 용접성이 우수하다.

스테인리스강의 종류 : 페라이트계, 마텐자이트계, 오스테나이트계 스테인리스강

오스테나이트계 18-8형 스테인리스강 : Cr-18%와 Ni-8%가 합금된 것이다.

질량효과 : 탄소강을 담금질하였을 때 재료의 질량이나 크기에 따라 냉각속도가 다르기 때문에 경화의 깊이도 달라져서 경도에 차이가 생기는 현상

▮ 표면경화법

- 하드페이싱 : 금속 표면에 스텔라이트나 경합금 등의 금속을 용착시켜 표면경화층을 만드는 방법
- 쇼트피닝 : 강이나 주철제의 작은 강구를 고속으로 표면층에 분사하여 표면을 경화시키는 방법

▮ **피닝** : 강구를 모재의 표면에 지속적으로 충격을 가해줌으로써 재료 내부에 있는 잔류응력을 완화시키는 기계적인 열처리법이다.

▮ 공구 재료의 종류

종류	특징
탄소공구강	절삭열이 300℃에서도 경도의 변화가 작고 열처리가 쉬우며 값이 저렴하지만 강도가 부족해서 고속 절삭용 공구재료로는 사용이 부적합하다.
합금공구강	탄소강에 W, Cr, W–Cr 등의 원소를 합금하여 제작하는 공구용 재료로, 절삭열이 600℃에서도 경도 변화가 작아서 바이트나 다이스, 탭, 띠톱 등의 재료로 사용된다.
고속도강	W–18%, Cr–4%, V–1%이 합금된 것으로 600℃ 정도에서도 경도 변화가 없다. 탄소강보다 2배의 절삭속도로 가공이 가능하기 때문에 강력 절삭 바이트나 밀링 커터에 사용된다.
주조경질합금	스텔라이트라고도 하며 800℃까지도 경도변화가 없어 청동이나 황동의 절삭 재료로 사용된다. 열처리가 불필요하며 고속도강보다 2배의 절삭속도로 가공이 가능하나 내구성과 인성이 작다.
소결 초경합금	고속·고온 절삭에서 높은 경도를 유지하며, WC, TiC, TaC 분말에 Co를 첨가하고 소결시켜 만든다. 진동이나 충격을 받으면 쉽게 깨지는 특성이 있는 공구용 재료이다. 고속도강의 4배 정도로 절삭이 가능하며 1,100℃의 절삭열에도 경도 변화가 없다.
세라믹	무기질의 비금속 재료를 고온에서 소결한 것으로 1,200℃의 절삭열에도 경도 변화가 없다. 초경합금에 비해 충격 강도가 낮으므로 거친 가공물의 절삭에는 적당하지 않다.
다이아몬드	절삭공구 재료 중에서 가장 경도가 높고(HB 7000), 내마멸성이 크며 절삭속도가 빨라서 절삭가공이 매우 능률적이나 취성이 크고 값이 비싸다.

▮ 탄소강에 영향을 미치는 주요인자

탄소(C), 규소(실리콘, Si), 망간(Mn), 인(P), 황(S)

CHAPTER 03 기계요소 설계

▌나사의 종류 및 특징

<table>
<tr><th colspan="2">명칭</th><th>용도</th><th>특징</th></tr>
<tr><td rowspan="3">삼각
나사</td><td>미터 나사</td><td>기계 조립</td><td>• 미터계 나사
• 나사산의 각도 60°
• 나사의 지름과 피치를 mm로 표시</td></tr>
<tr><td>유니파이
나사</td><td>정밀기계 조립</td><td>• 인치계 나사
• 나사산의 각도 60°
• 미국, 영국, 캐나다의 협정으로 만들어 ABC나사라고도 함</td></tr>
<tr><td>관용 나사</td><td>유체기기 결합</td><td>• 인치계 나사
• 나사산의 각도 55°
• 관용 평행 나사 : 유체기기 등의 결합에 사용
• 관용 테이퍼 나사 : 기밀성 유지가 필요한 곳 사용</td></tr>
<tr><td colspan="2">사각 나사</td><td>동력전달용</td><td>• 프레스 등의 동력전달용
• 축방향의 큰 하중을 받는 곳에 사용</td></tr>
<tr><td colspan="2">사다리꼴 나사</td><td>공작기계의 이송용</td><td>• 나사산의 각도 30°
• 애크미 나사라고도 불림</td></tr>
<tr><td colspan="2">톱니 나사</td><td>힘의 전달</td><td>• 바이스, 압착기 등의 이송용 나사
• 힘을 한쪽 방향으로만 받는 곳에 사용</td></tr>
<tr><td colspan="2">둥근 나사</td><td>전구나 소켓</td><td>• 나사산이 둥근 모양
• 먼지나 모래 등이 많은 곳에 사용</td></tr>
<tr><td colspan="2">볼 나사</td><td>정밀공작기계의
이송장치</td><td>• 나사축과 너트 사이에 강재 볼을 넣어 힘을 전달
• 백래시를 작게 할 수 있고 높은 정밀도를 오래 유지할 수 있으며 효율이 가장 좋음</td></tr>
</table>

■ 나사의 종류 및 기호

구분		나사의 종류		기호
일반용	ISO 표준에 있는 것	미터 보통 나사		M
		미터 가는 나사		
		미니추어 나사		S
		유니파이 보통 나사		UNC
		유니파이 가는 나사		UNF
		미터 사다리꼴 나사		Tr
		관용 테이퍼 나사	테이퍼 수나사	R
			테이퍼 암나사	Rc
			평행 암나사	Rp
		관용 평행 나사		G
	ISO 표준에 없는 것	30° 사다리꼴 나사		TM
		29° 사다리꼴 나사		TW
		관용 테이퍼 나사	테이퍼 나사	PT
			평행 암나사	PS
		관용 평행 나사		PF
특수용		미싱 나사		SM
		전구 나사		E
		자전거 나사		BC

■ 나사의 리드(L) : 나사를 1회전시켰을 때 축 방향으로 진행한 거리

$$L = nP(\mathrm{mm})$$

여기서, P : 피치

n : 나사의 줄수

■ 유니파이 나사의 피치(p) 구하는 식

$$p = \frac{25.4}{\text{인치당 나사산수}}$$

■ 인장응력(압축응력, 전단응력) 구하는 식

$$\sigma = \frac{F(W)}{A} = \frac{\text{작용 힘(kgf 또는 N)}}{\text{단위면적}(\mathrm{mm}^2)}$$

압력용기의 파괴 형태 및 응력(σ) 구하는 식

원주 방향의 파괴	축 방향의 파괴
전 압력, σ_1, σ_1, D, t, t, l, 전 압력	전 압력 P_2, σ_2, 전 압력 P_2
$\sigma = \dfrac{PD}{2t}$	$\sigma = \dfrac{PD}{4t}$

※ 여기서, P : 작용하중 또는 압력, D : 안지름, t : 판의 두께

편칭작업에 의한 전단응력(τ) 구하는 식

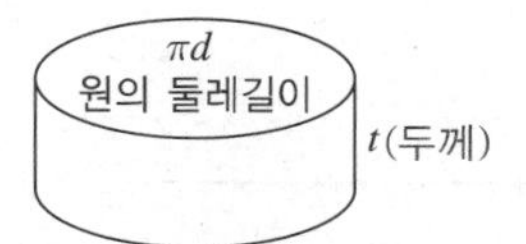

$$전단응력(\tau) = \frac{F}{A} = \frac{F}{\pi dt}$$

여기서, F : 전단력, A : 힘을 가해야 하는 단면적

전단하중만 받을 때 파손되지 않을 키의 길이(L) = 1.5d

두 개의 기어 간 중심거리(C)

$$C = \frac{D_1 + D_2}{2} = \frac{mZ_1 + mZ_2}{2}$$

스퍼기어의 원주피치 구하는 식

$$원주피치(P) = \frac{\pi D}{Z} = \pi M$$

스프링 상수(K)값 구하기

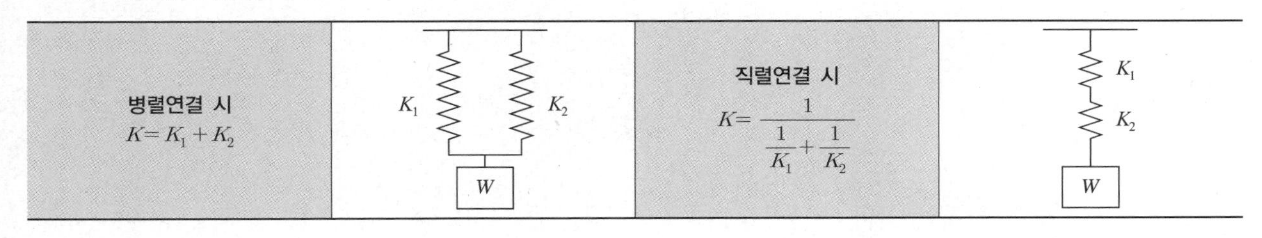

병렬연결 시 $K = K_1 + K_2$	K_1, K_2, W	직렬연결 시 $K = \dfrac{1}{\dfrac{1}{K_1} + \dfrac{1}{K_2}}$	K_1, K_2, W

▮ 핀의 종류 및 용도

종류	용도	그림
평행 핀	리머된 구멍에 끼워서 위치 결정에 사용	
테이퍼 핀	• 키의 대용이나 부품 고정 용도로 사용 • 테이퍼 값은 $\frac{1}{50}$	
분할 핀	너트가 풀리는 것을 방지하는 데 사용	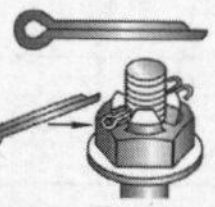
너클 핀	한쪽 포에 아이 부분을 연결하여 구멍에 수직으로 평행 핀을 끼워 두 부분이 상대 각운동을 할 수 있도록 연결한 핀	

▮ 기어의 종류

분류	종류 및 형상			
두 축이 평행한 기어	스퍼기어 	내접기어 	헬리컬기어 	래크와 피니언기어 (피니언기어, 래크기어) 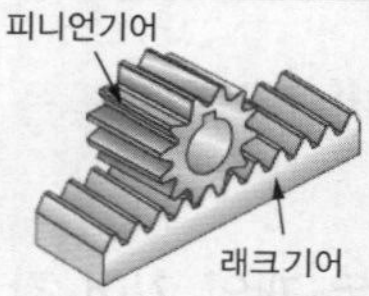
두 축이 교차하는 기어	베벨기어 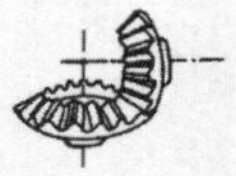	스파이럴 베벨기어 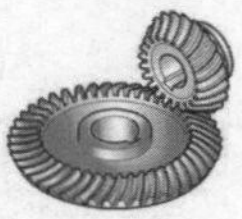	–	–
두 축이 나란하지도 교차하지도 않는 기어	하이포이드기어 	웜과 웜휠기어 (웜 기어, 웜 휠기어) 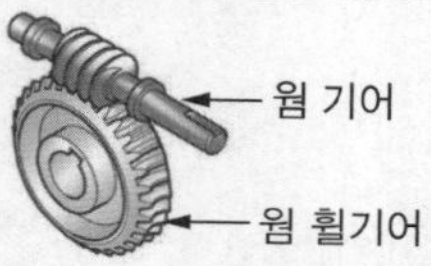	나사기어 	페이스기어 

롤러 베어링의 종류 및 특징

종류	특징
원통 롤러 베어링	• 중하중용으로 사용하며 충격에 강하다. • 하중이 축에 가해지는 경우에 사용된다.
원뿔 롤러 베어링	• 주로 공작기계의 주축에 쓰인다. • 회전축에 수직인 하중과 회전축 방향의 하중을 동시에 받을 때 사용한다.
자동조심 롤러 베어링	• 축심의 어긋남을 자동으로 조정한다. • 충격에 강해 산업용 기계에 널리 사용된다. • 큰 반지름 하중 이외에 양방향의 트러스트 하중도 받친다.
니들 롤러 베어링	• 길이에 비해 지름이 매우 작은 롤러를 사용한다. • 리테이너 없이 니들 롤러만으로 전동하므로 단위 면적당 부하량이 커서 좁은 장소에서 비교적 큰 충격 하중을 받는 내연기관의 피스톤 핀에 사용된다.
테이퍼 롤러 베어링	• 테이퍼가 붙은 롤러 베어링이다. • 자동차나 공작기계의 베어링에 널리 사용된다.

유효장력(P_e) 구하는 식

$$P_e = T_t - T_s$$

동력 전달장치의 속도비(i) 구하는 식

$$i = \frac{n_2}{n_1} = \frac{D_1}{D_2}$$

여기서, n_1 : 원동차의 회전수

n_2 : 종동차의 회전수

D_1 : 원동차의 지름

D_2 : 종동차의 지름

스프링 지수(C)

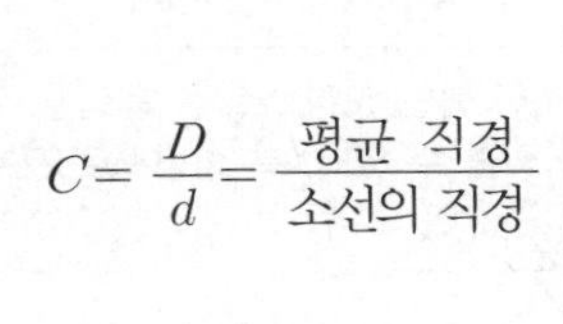

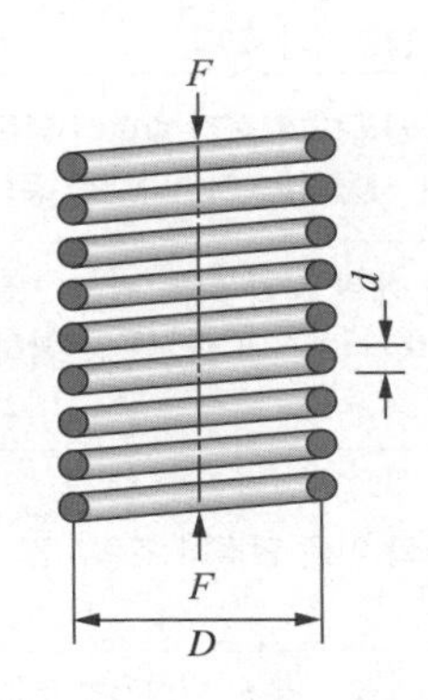

■ **스프링 상수(k)** : 스프링의 단위 길이(mm) 변화를 일으키는 데 필요한 하중(P 또는 W)이다.

$$k = \frac{P \text{ or } W}{\delta}(\text{N/mm})$$

여기서, P : 작용 힘, W : 하중, δ : 코일의 처짐량

■ **겹판 스프링**

스프링 제도 시 원칙적으로 상용하중 상태에서 그리는 스프링은 겹판 스프링으로서, 항상 휘어진 상태로 표시된다. 겹판 스프링은 너비가 좁고 길이가 조금씩 다른 몇 개의 얇은 강철판을 포개어 긴 보의 형태를 만들어 스프링 작용을 하도록 한 것으로 차대와 바퀴 사이에 완충장치로 많이 사용된다.

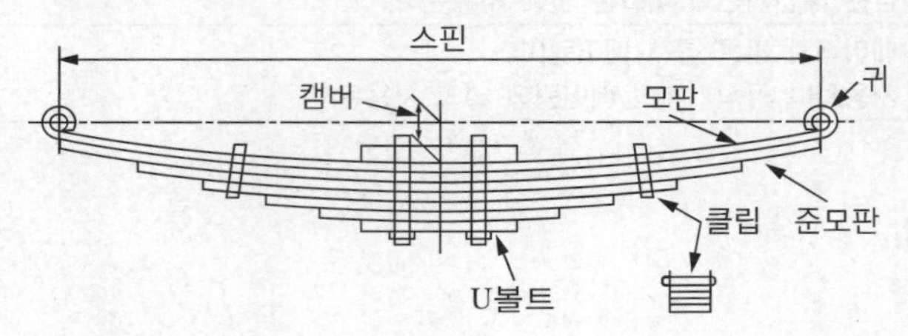

■ **키(Key)의 종류 및 특징**

키의 종류	키의 형상	특징
안장 키 (새들 키)		축에는 키홈을 가공하지 않고 보스에만 키홈을 파서 끼운 뒤 축과 키 사이의 마찰에 의해 회전력을 전달하는 키로 작은 동력의 전달에 적당하다.
평 키 (납작 키)		축에 키의 폭만큼 편평하게 가공한 키로 안장키보다는 큰 힘을 전달한다. 축의 강도를 저하시키지 않으며 $\frac{1}{100}$ 기울기를 붙이기도 한다.
반달 키		반달 모양의 키로 키와 키홈을 가공하기 쉽고 보스의 키홈과의 접촉이 자동으로 조정되는 이점이 있으나 키홈이 깊어 축의 강도가 약하다.
성크 키 (묻힘 키)		가장 널리 쓰이는 키로 축과 보스 양쪽에 모두 키홈을 파서 동력을 전달하는 키이다. $\frac{1}{100}$ 기울기를 가진 경사키와 평행키가 있다.
접선 키		전달토크가 큰 축에 주로 사용되며 회전 방향이 양쪽 방향일 때 일반적으로 중심각이 120°가 되도록 한 쌍을 설치하여 사용하는 키이다. 90°로 배치한 것은 케네디 키라고 한다.
스플라인		보스와 축의 둘레에 여러 개의 사각 턱을 만든 키를 깎아 붙인 모양으로 큰 동력을 전달할 수 있고 내구력이 크며, 축과 보스의 중심을 정확하게 맞출 수 있다. 축 방향으로 자유롭게 미끄럼 운동도 가능하다.
세레이션		축과 보스에 작은 삼각형의 이를 만들어 조립시킨 키로, 키 중에서 가장 큰 힘을 전달한다.
미끄럼 키		회전력을 전달하면서 동시에 보스를 축 방향으로 이동시킬 수 있다. 키를 작은 나사로 고정하며 기울기가 없고 평행하다. 패더 키, 안내 키라고도 한다.

V벨트 단면의 모양 및 크기

종류	M	A	B	C	D	E
크기	최소 ↔ 최대					

V벨트 전동장치의 특징

- 고속운전이 가능하다.
- 벨트를 쉽게 끼울 수 있다.
- 이음매가 없어 운전이 정숙하다.
- 평벨트보다 잘 벗겨지지 않는다.
- 축간거리 5m 이하에서 사용한다.
- 바로걸기로만 동력 전달이 가능하다.

베어링의 호칭방법

형식번호	치수기호	안지름번호	접촉각 기호	실드기호	내부 틈새기호	등급기호
• 1 : 복렬 자동조심형 • 2, 3 : 상동(큰 너비) • 6 : 단열홈형 • 7 : 단열앵귤러콘텍트형 • N : 원통 롤러형	• 0, 1 : 특별경하중 • 2 : 경하중형 • 3 : 중간형	• 1~9 : 1~9mm • 00 : 10mm • 01 : 12mm • 02 : 15mm • 03 : 17mm • 04 : 20mm 04부터는 5를 곱한다.	C	• Z : 한쪽 실드 • ZZ : 안팎 실드	C2	• 무기호 : 보통급 • H : 상급 • P : 정밀 등급 • SP : 초정밀급

나사의 풀림 방지대책

- 분할핀 이용
- 로크너트 이용
- 이붙이 와셔 이용
- 나사 고정제 이용
- 철사로 감아두는 방법 이용
- 작은 나사와 멈춤 나사 이용

구름베어링의 구조

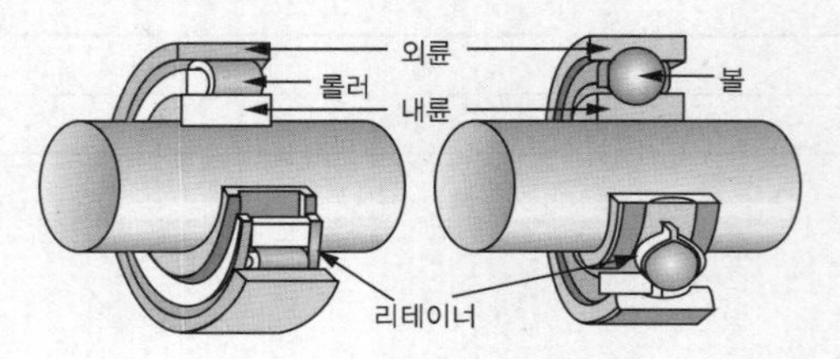

헬리컬기어의 나선각(θ) 구하는 식

$$\theta = \tan^{-1}\frac{\pi d}{L}$$

여기서, d : 일감의 지름

L : 나사의 리드

헬리컬기어의 피치원 지름을 구하는 식

$$\text{피치원지름(PCD)} = \frac{\text{잇수} \times \text{축직각 모듈}}{\text{비틀림각}} = \frac{Zm}{\cos\beta}\text{(mm)}$$

스퍼기어 요목표

스퍼기어 요목표		
기어 치형		표준
공 구	모듈	2
	치형	보통 이
	압력각	20°
전체 이 높이		4.5(2.25m)
피치원 지름		ϕ90(PCD : mZ)
잇수		45
다듬질 방법		호브절삭
정밀도		KS B ISO 1328-1, 4급

※ 여기서, m : 모듈, Z : 잇수, PCD : 피치원 지름

스퍼기어의 바깥지름

$$D = \text{PCD} + 2m = mZ + 2m$$

▮ 길이 방향으로 절단 가능 및 불가능한 기계요소

길이 방향으로 절단하여 도시가 가능한 것	보스, 부시, 칼라, 베어링, 파이프 등 KS규격에서 절단하여 도시가 불가능하다고 규정된 이외의 부품
길이 방향으로 절단하여 도시가 불가능한 것	축, 키, 암, 핀, 볼트, 너트, 리벳, 코터, 기어의 이, 베어링의 볼과 롤러

▮ 구성인선(빌트업에지)의 발생과정

발생	성장	분열	탈락
바이트 칩 발생	성장	분열	탈락

▮ 선반가공에서 회전수(n) 구하는 식

$$n = \frac{1,000v}{\pi d} \text{ (rpm)}$$

여기서, v : 절삭속도(m/min)

d : 공작물의 지름(mm)

n : 주축 회전수(rpm)

π : 원주율

▮ 공작물의 표면 거칠기(H)

$$H = \frac{s^2}{8r}$$

여기서, s : 이송(mm/rev)

r : 바이트 노즈(날끝) 반지름(mm)

▮ **탁상 드릴링 머신(Bench Drill)** : 작업대 위에 고정시켜 구멍을 뚫는 데 사용하는 소형 공작기계로, 지름이 13mm 이하인 드릴을 사용한다.

▮ 가공방법의 기호

가공방법	기호	영문 표기	가공방법	기호	영문 표기
선반가공	L	Lathe	밀링가공	M	Milling
드릴가공	D	Drilling	평면가공	P	Plane
보링	B	Boring	연삭	G	Grinding
호닝	GH	Grinding Horn	용접	W	Welding
단조	F	Forging	압연	R	Rolling
전조	RL	Rolling of Rod	압출	E	Extruding
주조	C	Casting	–	–	–

▮ 줄무늬 방향 기호와 표면형상

기호	커터의 줄무늬 방향	적용	표면형상
=	투상면에 평행	세이핑	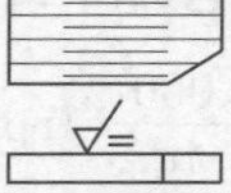 =
⊥	투상면에 직각	선삭, 원통연삭	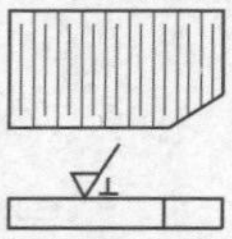 ⊥
X	투상면에 경사지고 두 방향으로 교차	호닝	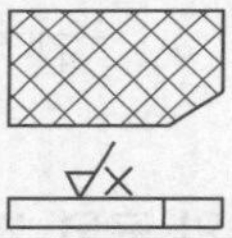 X
M	여러 방향으로 교차되거나 무방향	래핑, 슈퍼피니싱, 밀링	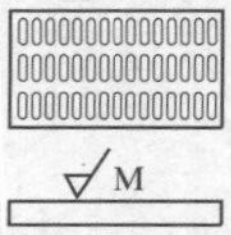 M
C	중심에 대하여 대략 동심원	끝면 절삭	 C
R	중심에 대하여 대략 레이디얼(방사형) 모양	일반적인 가공	 R

교육은 우리 자신의 무지를 점차 발견해 가는 과정이다.

– 윌 듀란트 –

PART 01

핵심이론

#출제 포인트 분석 #자주 출제된 문제 #합격 보장 필수이론

CHAPTER 01

기계제도(2D 및 3D 도면작업)

제1절 KS 및 ISO 제도 통칙

핵심이론 01 기계제도의 일반 사항

① 기계제도의 목적

기계제도는 설계자의 제작 의도를 기계 도면에 반영하여 제품 제작 기술자에게 말을 대신하여 전달하는 제작도로서, 이는 제도 표준에 근거하여 제품 제작에 필요한 모든 사항을 담고 있어야 한다. 그러나 설계자가 도면에 임의의 창의성을 기록하면 제작자가 설계자의 의도를 정확히 이해하기 어렵기 때문에 창의적인 사항을 기록해서는 안 된다.

② 기계요소(물체)의 스케치 방법

㉠ 프린트법 : 스케치할 물체의 표면에 광명단 또는 스탬프 잉크를 칠한 다음 제도용지에 찍어 실형을 프린트하는 방법

㉡ 모양뜨기법(본뜨기법) : 물체를 종이 위에 올려놓고 그 둘레의 모양을 직접 제도연필로 그려 본뜨는 방법

㉢ 프리핸드법 : 운영자나 컴퍼스 등의 제도용품을 사용하지 않고 손으로 자유롭게 그리는 방법

㉣ 사진법 : 물체를 사진 찍는 방법

③ 스케치할 때 재질 판정법

㉠ 불꽃검사에 의한 방법

㉡ 경도시험에 의한 방법

㉢ 색깔이나 광택에 의한 방법

④ 한국산업규격(KS)의 부문별 분류기호

분류기호	분야	분류기호	분야	분류기호	분야
KS A	기본	KS H	식품	KS Q	품질경영
KS B	기계	KS I	환경	KS R	수송기계
KS C	전기전자	KS J	생물	KS S	서비스
KS D	금속	KS K	섬유	KS T	물류
KS E	광산	KS L	요업	KS V	조선
KS F	건설	KS M	화학	KS W	항공우주
KS G	일용품	KS P	의료	KS X	정보

⑤ 국가별 산업표준

국가	표준	
한국	KS	Korea Industrial Standards
미국	ANSI	American National Standards Institutes
영국	BS	British Standards
독일	DIN	Deutsches Institute fur Normung
중국	GB	Guo Jia Biao Zhun
일본	JIS	Japanese Industrial Standards
프랑스	NF	Norme Francaise
스위스	SNV	Schweitzerish Norman Vereinigung

⑥ 가공방법의 기호

기호	가공방법	기호	가공방법
L	선반	FS	스크레이핑
B	보링	G	연삭
BR	브로칭	GH	호닝
CD	다이캐스팅	GS	평면 연삭
D	드릴	M	밀링
FB	브러싱	P	플레이닝
FF	줄 다듬질	PS	절단(전단)
FL	래핑	SH	기계적 강화
FR	리머 다듬질	–	–

⑦ 특수가공(SP ; Special Processing)의 기호

가공방법	기호	기호 풀이
방전가공	SPED	Electric Discharge
전해가공	SPEC	Electro Chemical
전해연삭	SPEG	Electrolytic Grinding
초음파가공	SPU	Ultrasonic
전자빔가공	SPEB	Electron Beam
레이저가공	SPLB	Laser Beam

10년간 자주 출제된 문제

1-1. KS 부문별 분류기호에서 기계를 나타내는 것은?

① KS A
② KS B
③ KS K
④ KS H

1-2. 도면이 구비하여야 할 기본 요건이 아닌 것은?

① 보는 사람이 이해하기 쉬운 도면
② 그린 사람이 임의로 그린 도면
③ 표면 정도, 재질, 가공방법 등의 정보성을 포함한 도면
④ 대상물의 크기, 모양, 자세, 위치 등의 정보성을 포함한 도면

정답 1-1 ② 1-2 ②

핵심이론 02 도면의 크기 및 척도

① 도면의 크기 및 윤곽 치수

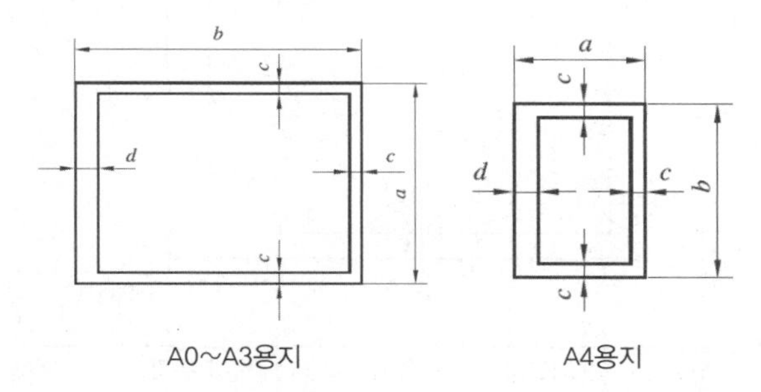

A0~A3용지 A4용지

[단위 : mm]

크기의 호칭			A0	A1	A2	A3	A4
$a \times b$			841×1,189	594×841	420×594	297×420	210×297
도면 윤곽	c(최소)		20	20	10	10	10
	d (최소)	철하지 않을 때	20	20	10	10	10
		철할 때	25	25	25	25	25

※ 제도용지에 대한 기본사항

- A0용지의 넓이 = 1m^2
- 복사한 도면은 A4용지로 접어서 보관한다.
- 제도용지의 '세로 : 가로'의 비는 '$1 : \sqrt{2}$'이다.
- 도면을 철할 때 윤곽선은 제도용지의 왼쪽(d)과 오른쪽(c) 가장자리에서 띄는 간격이 다르다.

② 도면에 반드시 마련해야 할 양식

㉠ 윤곽선
㉡ 표제란
㉢ 중심마크

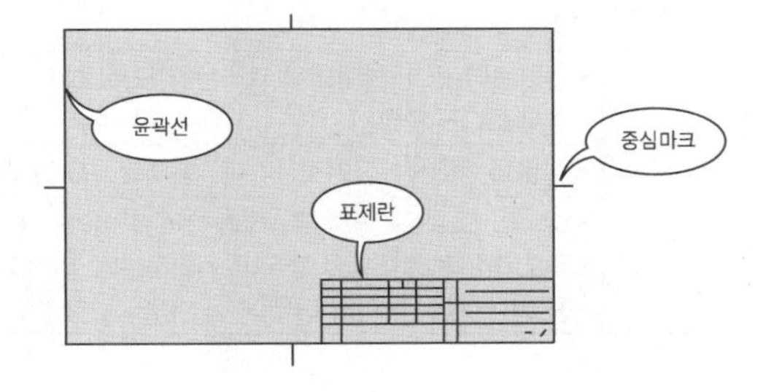

③ 추가로 도면에 마련해야 하는 양식

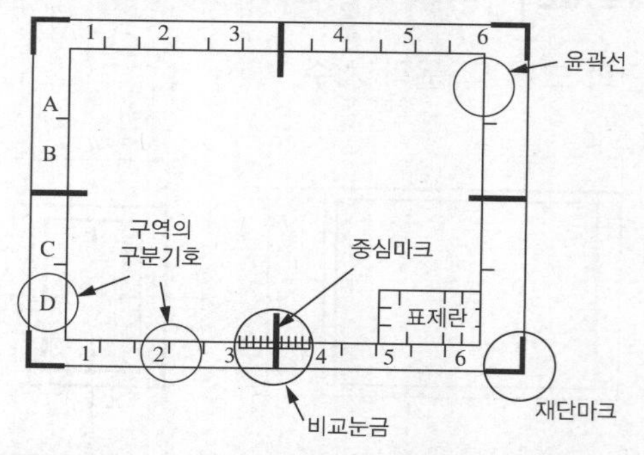

윤곽선	• 제도용지의 안쪽에 그려진 내용이 윤곽선 밖의 여백과 확실히 구분되도록 하기 위해 그리는 선이다. • 종이의 가장자리가 찢어져서 도면의 내용이 훼손되지 않도록 하기 위해 굵은 실선으로 그린다.
표제란	• 도면관리에 필요한 사항과 도면내용에 관한 중요사항을 기재하기 위해 도면의 우측 하단부에 마련한다. • 도명, 도면번호, 기업명(소속명), 척도, 투상법, 작성 연월일, 설계자 등이 기입된다.
중심마크	• 도면의 영구 보존을 위해 마이크로필름으로 촬영하거나 복사하고자 할 때 활용된다. • 도면의 가로 및 세로의 중심점 위치에서 굵은 실선으로 표시한다.
비교눈금	• 도면을 축소하거나 확대했을 때 그 정도를 알기 위해 그리는 선이다. • 도면 하단부의 중앙 부분에 10mm 간격의 눈금을 굵은 실선으로 그려 놓은 것이다.
재단마크	• 인쇄, 복사, 플로터로 출력된 도면을 규격에서 정한 크기로 자르기 편하도록 만든 양식이다.

④ 도면에 사용되는 척도

㉠ 척도의 정의 : 도면상의 길이와 실제 길이의 비이다.

㉡ 척도의 종류

종류	의미
축척	• 실물보다 작게 축소해서 그리는 것으로 1 : 2, 1 : 20의 형태로 표시한다.
배척	• 실물보다 크게 확대해서 그리는 것으로 2 : 1, 20 : 1의 형태로 표시한다.
현척	• 실물과 동일한 크기로 1 : 1의 형태로 표시한다.
NS	• Not to Scale의 약자로, 비례척이 아니라는 뜻이다. • 척도가 비례하지 않을 경우에 기입하는데 '비례하지 않음'이나 치수 수치의 아래에 실선(50)을 긋기도 한다.

㉢ 척도 표시방법 : 척도 표시는 A : B = 도면에서의 크기 : 물체의 실제 크기이므로, '척도 2 : 1'은 실제 제품을 2배 확대해서 그린 그림이다.

예 축척 – 1 : 2, 현척 – 1 : 1, 배척 – 2 : 1

㉣ 우선적으로 사용하는 척도의 종류

1 : 2	1 : 5	1 : 10	1 : 20	1 : 50
2 : 1	5 : 1	10 : 1	20 : 1	50 : 1

㉤ 척도 기입의 위치

- 도면의 전체 부품에 적용되는 기본 척도는 표제란에 마련하는 척도 칸에 표시한다.
- 일부 부품의 척도를 다르게 할 경우의 척도 표시 방법

예 전체 부품의 척도가 1 : 1이지만 1번 부품의 척도만 2 : 1일 경우

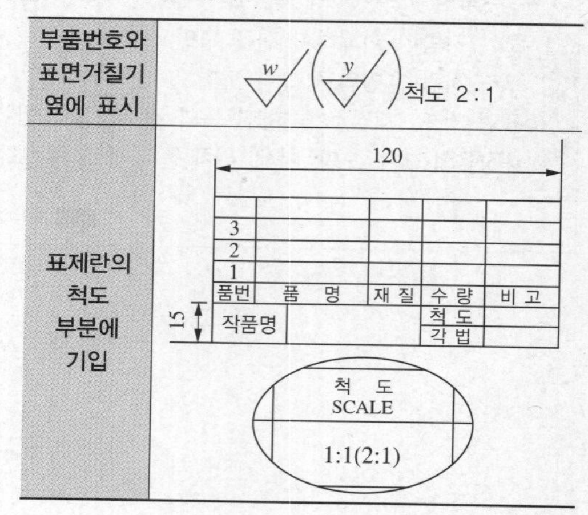

10년간 자주 출제된 문제

2-1. 척도 기입방법에 대한 설명으로 틀린 것은?

① 척도는 표제란에 기입하는 것이 원칙이다.
② 같은 도면에서는 서로 다른 척도를 사용할 수 없다.
③ 표제란이 없는 경우에는 도명이나 품번 가까운 곳에 기입한다.
④ 현척의 척도값은 1 : 1이다.

2-2. 도면을 철하지 않을 경우 A2용지의 윤곽선은 용지의 가장자리로부터 최소 얼마나 떨어지게 표시하는가?

① 10mm ② 15mm
③ 20mm ④ 25mm

2-3. 도면을 마이크로필름으로 촬영하거나 복사할 때의 편의를 위하여 도면의 위치 결정에 편리하도록 도면에 표시하는 양식은?

① 재단마크 ② 중심마크
③ 도면의 구역 ④ 방향마크

|해설|

2-1
같은 도면 내에서도 서로 다른 척도를 적용할 수 있다.
척도란 도면상의 길이와 실제 길이의 비이다. 척도의 표시에서 A : B = 도면에서의 크기 : 물체의 실제 크기이므로 '척도 2 : 1'은 실제 제품을 2배 확대해서 그린 그림이다.

2-2
A2용지를 철하지 않을 때 윤곽선은 용지의 가장자리로부터 최소 10mm는 떨어지게 표시해야 한다.

2-3
중심마크는 도면의 영구 보존을 위해 마이크로필름으로 촬영하거나 복사하고자 할 때 굵은 실선으로 도면에 표시한다.

정답 2-1 ② 2-2 ① 2-3 ②

핵심이론 03 선의 종류 및 문자

① 선의 종류 및 용도

※ KS A ISO 128-20 외 관련 표준을 수험서에 맞게 수정

명칭	기호	선의 종류 및 그 용도	
굵은 실선		외형선	대상물이 보이는 모양의 외형을 표시하는 선
		절단 단면 화살표선	절단 및 단면을 나타내는 화살표의 선
		나사 길이 한계선	나사의 길이에 대한 한계를 나타내는 선
가는 실선		치수선	치수 기입을 위해서 사용하는 선
		치수 보조선	치수를 기입하기 위해 도형에서 인출한 선
		지시선 및 기준선	지시, 기호를 나타내기 위한 선
		회전 단면선	회전한 형상을 나타내기 위한 선
		수준면선	수면, 유면 등의 위치를 나타내는 선
		상관선	서로 교차하는 가상의 상관관계를 나타내는 선
		투상선	투상을 설명하는 선
		격자선	격자를 나타내는 선
		짧은 중심선	짧은 중심을 나타내는 선
		나사골선	나사의 골을 나타내는 선
		구간점 치수선	시작점과 끝점을 나타내는 치수선
		평면 표시선	원형 부분의 평평한 면을 나타내는 대각선
		반복되는 자세한 모양의 생략을 나타내는 선	예 기어의 이 뿌리원
		테이퍼선	테이퍼진 모양을 설명하는 선
		해 칭	단면도의 절단면을 나타내는 선(사선)

명칭	기호	선의 종류 및 그 용도	
가는 파선(파선)	— — — —	숨은선	대상물의 보이지 않는 부분의 윤곽 또는 모서리 윤곽을 나타내는 선
굵은 파선	-----------	열처리 허용부 지시선	열처리와 같은 표면처리의 허용 부분을 나타내는 선
가는 1점쇄선이 겹치는 부분에는 굵은 실선	–·–·┘ ┌–·–	절단선	절단한 면을 나타내는 선
가는 1점쇄선	—·—·—·—	중심선	도형의 중심을 표시하는 선
		기준선	위치결정의 근거임을 나타내기 위해 사용하는 선
		피치선	반복 도형의 피치의 기준을 잡는 선
가는 2점쇄선	—··—··—	무게 중심선	단면의 무게중심을 연결한 선
		가상선	가공 부분의 이동하는 특정 위치나 이동 한계의 위치를 나타내는 선
굵은 1점쇄선	—·—·—	특수 지정선	열처리나 표면처리 등 제한된 면적에 특수한 가공이나 특수 열처리가 필요한 부분을 지시하는 선
가는 자유실선	〰	파단선	대상물의 일부를 파단한 경계나 일부를 떼어 낸 경계를 표시하는 선
지그재그선	—∧∨—∧∨—		
아주 굵은 실선	▬▬▬	개스킷	개스킷 등 두께가 얇은 부분 표시하는 선

② 주요 선의 정의

선의 종류	기호	설명
실선	————	연속적으로 이어진 선
파선	— — — —	짧은 선을 일정한 간격으로 나열한 선
1점쇄선	—·—·—·—	길고 짧은 두 종류의 선을 번갈아 나열한 선
2점쇄선	—··—··—	긴 선 1개와 짧은 선 2개를 번갈아 나열한 선

③ KS에 따른 선의 굵기 기준

0.18mm, 0.25mm, 0.35mm, 0.5mm, 0.7mm, 1mm

④ 선의 굵기에 따른 색상 및 용도

선의 굵기	색상	용도
0.7mm	하늘색	윤곽선
0.5mm	초록색	외형선
0.35mm	노란색	숨은선
0.25mm	흰색, 빨간색	해칭, 치수선, 치수보조선, 중심선, 가상선, 지시선 등

⑤ 숨은선의 올바른 사용법

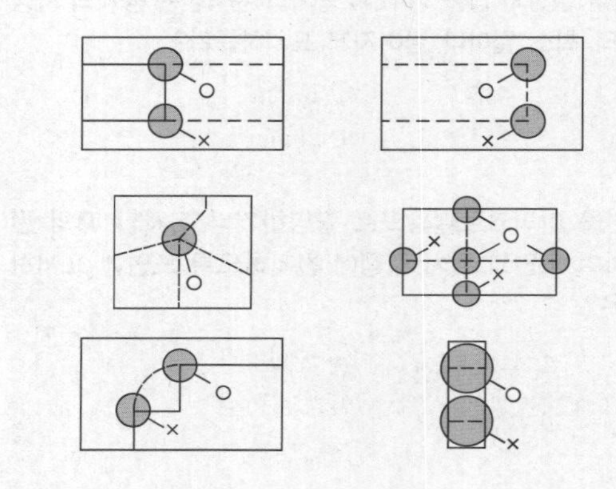

⑥ 가는 2점쇄선(—··—)으로 표시되는 가상선의 용도

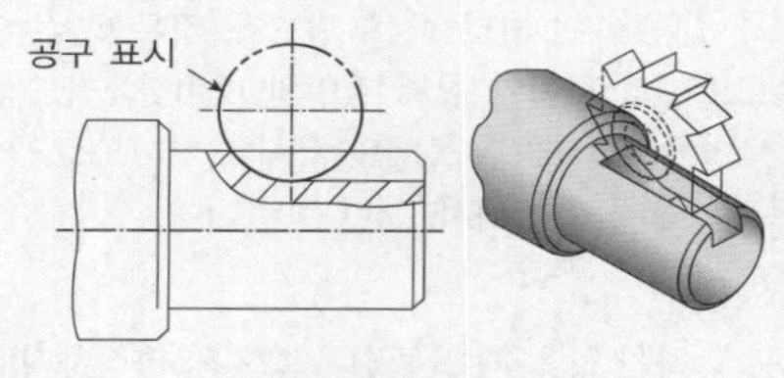

㉠ 반복되는 것을 나타낼 때
㉡ 가공 전이나 후의 모양을 표시할 때
㉢ 도시된 단면의 앞부분을 표시할 때
㉣ 물품의 인접 부분을 참고로 표시할 때
㉤ 이동하는 부분의 운동 범위를 표시할 때
㉥ 공구 및 지그 등 위치를 참고로 나타낼 때
㉦ 단면의 무게중심을 연결한 선을 표시할 때

가공 전후의 모양

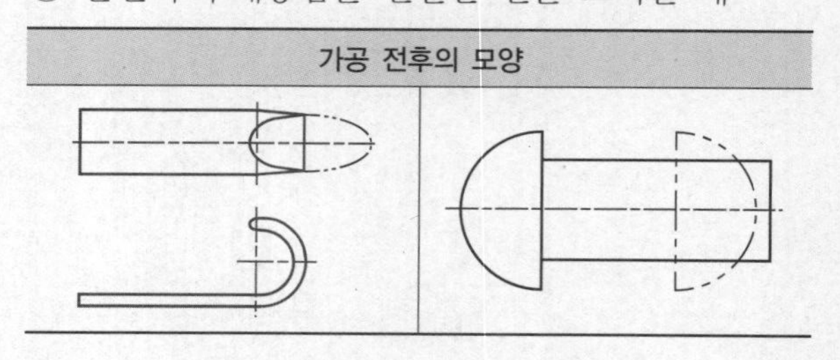

⑦ 원호의 중심위치를 표시할 필요가 있을 때는 둥근 점이나 (+)자로 표시한다.

둥근 점 표시	(+)자 표시
20	20

⑧ 선의 굵기 및 우선순위

제도 시 선 굵기의 비율은 아주 굵은 선, 굵은 선, 가는 선을 4 : 2 : 1로 해야 한다.

⑨ 두 종류 이상의 선이 중복되는 경우 선의 우선순위

숫자나 문자 > 외형선 > 숨은선 > 절단선 > 중심선 > 무게중심선 > 치수보조선

⑩ 평면 표시

기계제도에서 대상으로 하는 부분이 평면인 경우에는 단면에 가는 실선을 대각선 표시를 해 준다. 그리고 단면이 정사각형일 때는 해당 단면의 치수 앞에 정사각형 기호를 붙여 '□20'와 같이 표시한다.

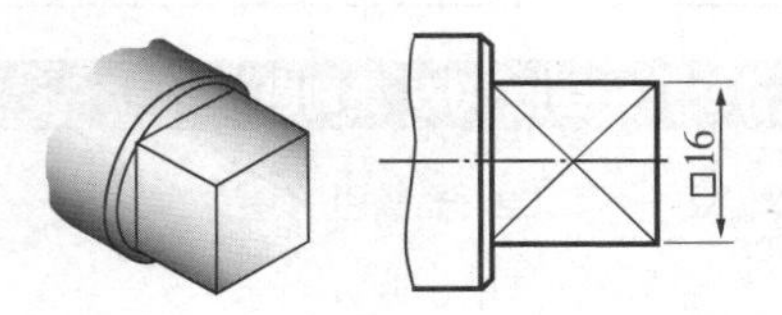

⑪ 모따기(Chamfer) 기호 입력하기

영문의 앞 글자를 따서 'C'로 쓰며, 치수 기입은 모따기 각도가 45°인 경우에는 주로 C7과 같이 한다.

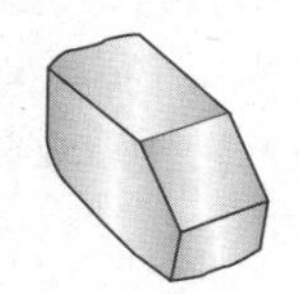

기호 사용 기입	동시 기입	분리 기입
C7	7×45°	7, 45°

10년간 자주 출제된 문제

3-1. 축에서 도형 내의 특정 부분이 평면 또는 구멍의 일부가 평면임을 나타낼 때의 도시방법은?

① '평면'이라고 표시한다.
② 가는 파선을 사각형으로 나타낸다.
③ 굵은 실선을 대각선으로 나타낸다.
④ 가는 실선을 대각선으로 나타낸다.

3-2. 도면에 사용한 선의 용도 중 특수한 가공을 하는 부분 등 특별한 요구사항을 적용할 범위를 표시하는 데 쓰이는 선은?

① 가는 1점쇄선 ② 가는 2점쇄선
③ 굵은 1점쇄선 ④ 굵은 2점쇄선

3-3. 선의 종류에 따른 용도의 설명으로 틀린 것은?

① 굵은 실선 – 외형선으로 사용한다.
② 가는 실선 – 치수선으로 사용한다.
③ 파선 – 숨은선으로 사용한다.
④ 굵은 1점쇄선 – 단면의 무게중심선으로 사용한다.

정답 3-1 ④ 3-2 ③ 3-3 ④

핵심이론 04 | 주요 기계재료의 기호 해석

① 일반구조용 압연강재 – SS400의 경우

㉠ S : Steel(강–재질)

㉡ S : 일반구조용 압연재(General Structural Purposes)

㉢ 400 : 최저 인장강도($41kg_f/mm^2 \times 9.8 = 400N/mm^2$)

② 기계구조용 탄소강재 – SM45C의 경우

㉠ S : Steel(강–재질)

㉡ M : 기계구조용(Machine Structural Use)

㉢ 45C : 평균 탄소 함유량(0.42~0.48%) – KS D 3752

③ 탄소강 단강품 – SF390A

㉠ SF : Carbon Steel Forgings for General Use

㉡ 390 : 최저 인장강도 $390N/mm^2$

㉢ A : 어닐링, 노멀라이징 또는 노멀라이징 템퍼링을 한 단강품

④ 회주철품 – GC200

㉠ GC : Gray Cast

㉡ 200 : 최저 인장강도 $200N/mm^2$

⑤ 합금공구강(냉간금형) : STD11

㉠ STD : Steel Tool Dies

㉡ 11 : 프레스 금형(용도)

⑥ 탄소강 주강품 : SC360

㉠ SC : Steel Cast

㉡ 360 : 최저 인장강도 $360N/mm^2$

⑦ 기타 KS 재료기호

명칭	기호	명칭	기호
알루미늄 합금주물	AC1A	니켈–크롬강	SNC
알루미늄 청동	ALBrC1	니켈–크롬–몰리브덴강	SNCM
다이캐스팅용 알루미늄 합금	ALDC1	판스프링강	SPC
청동 합금주물	BC(CAC)	냉간압연 강판 및 강대(일반용)	SPCC
편상흑연주철	FC	드로잉용 냉간압연 강판 및 강대	SPCD
회주철품	GC	열간압연 연강판 및 강대(드로잉용)	SPHD

명칭	기호	명칭	기호
구상흑연주철품	GCD	배관용 탄소강판	SPP
구상흑연주철	GCD	스프링용 강	SPS
인청동	PBC2	배관용 탄소강관	SPW
합 판	PW	일반구조용 압연강재	SS
피아노선재	PWR	탄소공구강	STC
보일러 및 압력용기용 탄소강	SB	합금공구강(냉간금형)	STD
보일러용 압연강재	SBB	합금공구강(열간금형)	STF
보일러 및 압력용기용 강재	SBV	일반구조용 탄소강관	STK
탄소강 주강품	SC	기계구조용 탄소강관	STKM
기계구조용 합금강재	SCM, SCr 등	합금공구강(절삭공구)	STS
크롬강	SCr	리벳용 원형강	SV
주강품	SCW	탄화텅스텐	WC
탄소강 단조품	SF	화이트메탈	WM
고속도 공구강재	SKH	다이캐스팅용 아연 합금	ZDC
기계구조용 탄소강재	SM	–	–
용접구조용 압연강재	SM 표시 후 A, B, C 순서로 용접성이 좋아짐		

10년간 자주 출제된 문제

4-1. 강재의 KS 규격기호 중 틀린 것은?

① SKH – 고속도 공구강 강재
② SM – 기계구조용 탄소강재
③ SS – 일반구조용 압연강재
④ STS – 탄소공구강 강재

4-2. 다음 중 알루미늄 합금주물의 재료 표시기호는?

① ALBrC1 ② ALDC1
③ AC1A ④ PBC2

|해설|

4-1
STS는 합금공구강을 나타내는 기호이다.

4-2
알루미늄 합금 중에서 AC로 시작하면 주조 제품을 표시한다. 따라서 AC1A는 알루미늄 합금주물을 의미한다.

정답 4-1 ④ 4-2 ③

핵심이론 05 표면거칠기 기호

① 표면거칠기

제품의 표면에 생긴 가공 흔적이나 무늬로 형성된 오목하거나 볼록한 차이다.

② 표면거칠기의 종류 및 산출방법

㉠ 산술평균거칠기(중심선평균거칠기), R_a : 기준 길이(L)의 표면거칠기 곡선에서 기준인 중심선을 기준으로 모든 굴곡 부분을 더한 후 기준 길이로 나눈 것을 마이크로미터(μm)로 나타낸 값

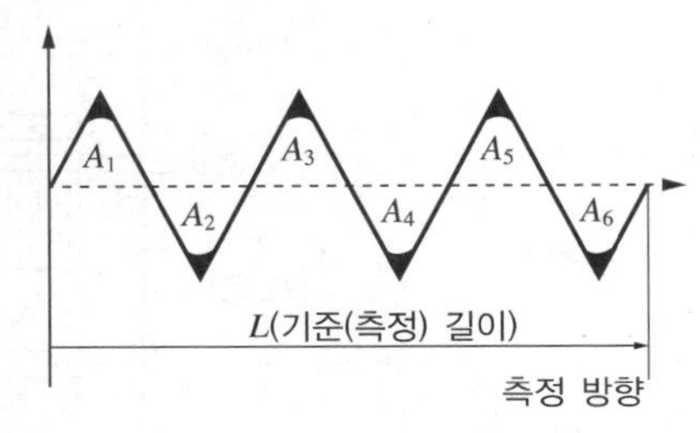

$$R_a = \frac{A\text{(굴곡 부분의 전체 넓이, } A_1 + A_2 \cdots + A_6)}{L\text{(기준 길이)}}$$

㉡ 최대높이거칠기, R_y : 기준 길이(L) 중 가장 높은 산봉우리(R_P)와 가장 낮은 골 바닥선(R_V) 사이의 길이를 마이크로미터(μm)로 나타낸 값

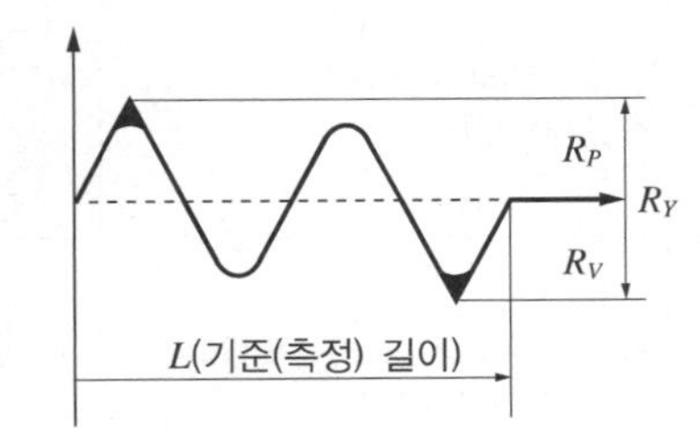

$$R_y = R_P + R_V$$

㉢ 10점 평균거칠기, R_z : 기준 길이(L) 중 가장 높은 산봉우리에서부터 5번째 산봉우리까지의 높이의 평균 합에 대한 절댓값과 가장 낮은 골 바닥에서 5번째 골 바닥의 높이의 평균 합에 대한 절댓값의 합계를 마이크로미터(μm)로 나타낸 값

③ 가공면을 지시하는 기호

종류	의미
	제거가공을 하든, 하지 않든 상관없다.
	제거가공을 해야 한다.
	제거가공을 하면 안 된다.
	투상도의 폐윤곽을 완벽하게 하기 위해 적용
3	기계가공 여유 3mm

※ 만약 표면의 결 특성에 대한 상호보완적 요구사항이 지시되어야 할 경우, 위 3개의 기호선 끝에 가로로 추가선을 그린다.

예 : 재료의 제거가공이 필요한 경우, 추가 보완 문구 작성 시

※ 표면의 결을 도시할 때는 지시기호를 외형선에 붙여서 쓴다.

④ 제거가공할 경우 표면거칠기의 구분값

표면거칠기 기호	용도	표면거칠기 구분값		
		R_a	R_y	R_z
w	다른 부품과 접촉하지 않는 면에 사용	25a	100S	100Z
x	다른 부품과 접촉해서 고정되는 면에 사용	6.3a	25S	25Z
y	기어의 맞물림 면이나 접촉 후 회전하는 면에 사용	1.6a	6.3S	6.3Z
z	정밀 다듬질이 필요한 면에 사용	0.2a	0.8S	0.8Z

'25'란 산술평균거칠기(R_a)값을 나타낸 것으로 거칠기 곡선에서 중심선 윗부분 면적의 합을 기준 길이로 나눈 값의 평균이 25μm 이내가 되어야 한다는 의미이다.

⑤ 도면의 상단에 위치하는 표면거칠기 기호의 해석

25 ( )	부품의 일부분에 다른 표면거칠기값이 주어진다면 그 부분을 제외한 모든 부분의 표면거칠기값은 25 를 나타내는 것이다. ( ) 앞에 위치시킨다.
(6.3, 1.6)	( ) 안에 위치하는 표면거칠기들은 부품상에 어느 부분에 이 기호들을 배치하여 그 부분만은 이 표면거칠기값을 따라야 함을 지시하는 것이다.

10년간 자주 출제된 문제

5-1. 다음의 표면거칠기 기호에서 25가 의미하는 거칠기값의 종류는?

W ▽ = 25 ▽

① 산술평균거칠기
② 최대높이거칠기
③ 10점 평균거칠기
④ 최소높이거칠기

5-2. 다음 중에서 '제거가공을 허용하지 않는다.'는 것을 지시하는 기호는?

①
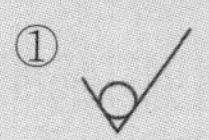

②
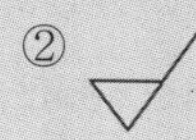

③
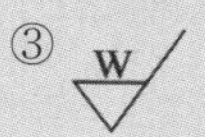

④
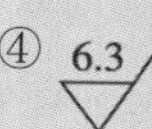

|해설|

5-1

25란 산술평균거칠기(R_a)값을 나타낸 것으로 거칠기 곡선에서 중심선 윗부분 면적의 합을 기준 길이로 나눈 값의 평균이 25μm 이내가 되어야 한다는 의미이다.

5-2

제품 표면을 가공 전의 상태로 그대로 남겨 두는 것으로, 제거가공을 하지 말라는 면의 지시기호는 (기호)이다.

정답 5-1 ① 5-2 ①

핵심이론 06 | 줄무늬 방향기호

① 표면의 지시기호

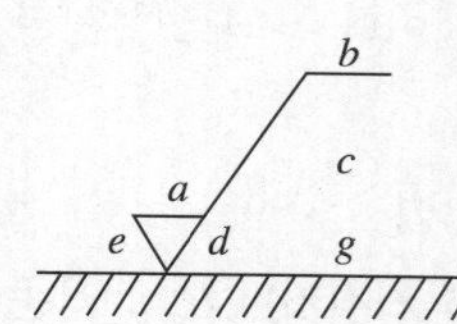

a : 중심선 평균거칠기값
b : 가공방법
c : 컷오프값
d : 줄무늬 방향기호
e : 다듬질 여유
g : 표면 파상도

② 줄무늬 방향기호와 의미

기호	커터의 줄무늬 방향	적용(특징)	표면 형상
=	투상면에 평행	셰이핑	
⊥	투상면에 직각	선삭, 원통연삭	
×	투상면에 경사지고 두 방향으로 교차	호닝	
M	여러 방향으로 교차되거나 무방향이 나타남	래핑, 밀링, 슈퍼피니싱	
C	중심에 대하여 대략 동심원(= 원)	끝면 절삭	
R	중심에 대하여 대략 레이디얼 모양	일반적인 가공	
P	무늬결 방향이 특별하며, 방향이 없거나 돌출(돌기가 있는 경우)	돌기부	

10년간 자주 출제된 문제

6-1. 표면의 결인 줄무늬 방향의 지시기호 'C'의 설명으로 맞는 것은?

① 가공에 의한 커터의 줄무늬 방향이 기호로 기입한 그림의 투상면에 경사지고 두 방향으로 교차
② 가공에 의한 커터의 줄무늬 방향이 여러 방향으로 교차 또는 무방향
③ 가공에 의한 커터의 줄무늬가 기호를 기입한 면의 중심에 대하여 거의 동심원 모양
④ 가공에 의한 커터의 줄무늬가 기호를 기입한 면의 중심에 대하여 대략 레이디얼 모양

6-2. 다음의 내용과 가장 관련이 있는 가공에 의한 커터의 줄무늬 방향기호는?

가공에 의한 커터의 줄무늬가 기호를 기입한 면의 중심에 대하여 거의 방사 모양

① ⊥ ② X
③ M ④ R

6-3. 다음 그림과 같은 지시기호에서 'b'에 들어갈 지시사항으로 옳은 것은?

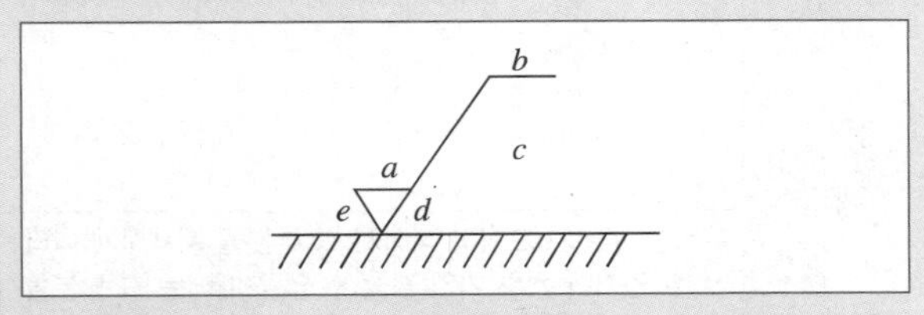

① 가공방법 ② 표면 파상도
③ 줄무늬 방향기호 ④ 컷 오프값・평가 길이

|해설|

6-2
가공 후 제품의 표면에 생기는 줄무늬 방향기호 중에서 방사형의 레이디얼 모양인 커터의 줄무늬 방향기호는 R이다.

6-3
b 위치에는 가공방법을 기입하는데, 가공방법이 M일 경우는 밀링, L일 경우는 선반이다.

정답 6-1 ③ 6-2 ④ 6-3 ①

제2절 투상법과 단면도, 전개도법

핵심이론 01 투상법

① 투상법(Projection)의 정의
도면에 작성하고자 하는 대상물을 일정한 법칙에 의해서 대상물의 형태를 평면상에 도형으로 나타내는 방법이다.

② 투상법의 종류

③ 주요 투상법의 특징

종류	특징
사투상법	• 물체를 투상면에 대하여 한쪽으로 경사지게 투상하여 입체적으로 나타낸 투상법이다. • 하나의 그림으로 대상물의 한 면(정면)만을 중점적으로 엄밀하고 정확하게 표시할 수 있다.
등각 투상법	• 하나의 투상도에서 정면, 평면, 측면을 동시에 볼 수 있도록 그린 투상법이다. • 직육면체의 등각투상도에서 직각으로 만나는 3개의 모서리는 각각 120°를 이룬다. • 주로 기계 부품의 조립이나 분해를 설명하는 정비지침서 등에 사용한다.

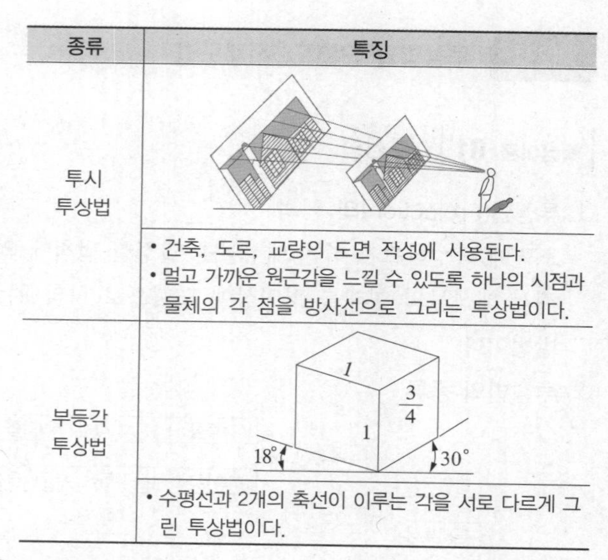

종류	특징
투시 투상법	• 건축, 도로, 교량의 도면 작성에 사용된다. • 멀고 가까운 원근감을 느낄 수 있도록 하나의 시점과 물체의 각 점을 방사선으로 그리는 투상법이다.
부등각 투상법	• 수평선과 2개의 축선이 이루는 각을 서로 다르게 그린 투상법이다.

④ 제1각법과 제3각법

제1각법	제3각법
투상면을 물체의 뒤에 놓는다.	투상면을 물체의 앞에 놓는다.
눈 → 물체 → 투상면	눈 → 투상면 → 물체
저면도 / 우측면도, 정면도, 좌측면도, 배면도 / 평면도	평면도 / 좌측면도, 정면도, 우측면도, 배면도 / 저면도

※ 제3각법의 투상방법은 눈 → 투상면 → 물체의 순이다. 당구에서 3쿠션을 연상시켜 그림의 좌측을 당구공, 우측을 당구 큐대로 생각하면 암기하기 쉽다. 제1각법은 공의 위치가 반대이다.

⑤ 투상도

물체를 도면에 표현하기 위해 물체의 한 면 또는 여러 면을 그리는 것으로, 길이가 긴 물체는 길이 방향으로 놓은 상태로 그려야 한다.

⑥ 투상도의 종류

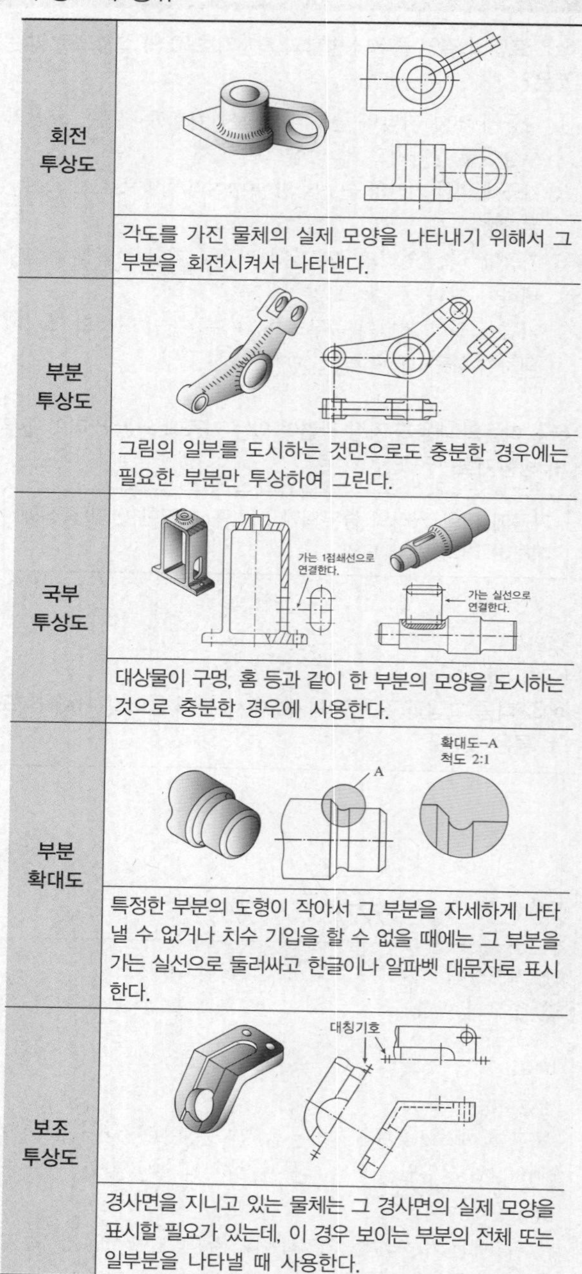

종류	특징
회전 투상도	각도를 가진 물체의 실제 모양을 나타내기 위해서 그 부분을 회전시켜서 나타낸다.
부분 투상도	그림의 일부를 도시하는 것만으로도 충분한 경우에는 필요한 부분만 투상하여 그린다.
국부 투상도	대상물이 구멍, 홈 등과 같이 한 부분의 모양을 도시하는 것으로 충분한 경우에 사용한다.
부분 확대도	특정한 부분의 도형이 작아서 그 부분을 자세하게 나타낼 수 없거나 치수 기입을 할 수 없을 때에는 그 부분을 가는 실선으로 둘러싸고 한글이나 알파벳 대문자로 표시한다.
보조 투상도	경사면을 지니고 있는 물체는 그 경사면의 실제 모양을 표시할 필요가 있는데, 이 경우 보이는 부분의 전체 또는 일부분을 나타낼 때 사용한다.

⑦ 대칭 물체의 투상도를 생략해서 간단히 그리기

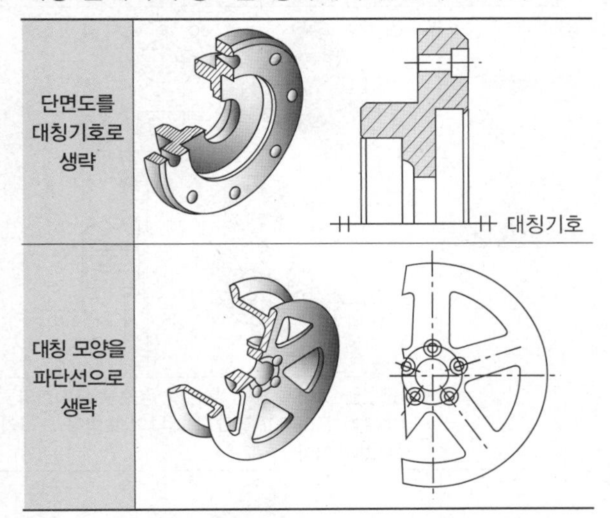

⑧ 모양이 반복되는 투상도를 간략하게 그리기

같은 크기의 모양이 반복되어 여러 개가 있는 경우 모두 그리지 않고 하나의 구멍에서 지시선을 사용하여 구멍의 총수를 기입하고 다음에 짧은 선(-)을 긋고 구멍의 크기 치수를 기입한다.

10년간 자주 출제된 문제

1-1. 제1각법과 제3각법의 설명 중 틀린 것은?

① 제1각법은 물체를 1상한에 놓고 정투상법으로 나타낸 것이다.
② 제1각법은 눈 → 투상면 → 물체의 순서로 나타낸다.
③ 제3각법은 물체를 3상한에 놓고 정투상법으로 나타낸 것이다.
④ 한 도면에 제1각법과 제3각법을 같이 사용해서는 안 된다.

1-2. 투상법의 종류 중 정투상법에 속하는 것은?

① 등각투상법　　② 제3각법
③ 사투상법　　④ 투상도법

|해설|

1-1
제1각법은 눈 → 물체 → 투상면의 순으로 투상면을 물체의 뒤에 놓고 투상하는 방법이다.

1-2
투상법의 종류 중 제1각법과 제3각법은 정투상법에 속한다.

정답 1-1 ② 1-2 ②

핵심이론 02 단면도

① 단면도의 정의

보이지 않는 안쪽의 모양이 간단하면 숨은선으로 나타낼 수 있지만, 복잡한 경우에는 숨은선에 의해 도면을 파악하기 더 어렵기 때문에 물체에 가상의 절단면을 설치하고 그 앞부분을 떼어 낸 후 남겨진 모양을 그린 것을 단면도라고 한다.

절단면 설치	앞부분을 떼어냄	단면도

② 단면도의 해칭방법

㉠ 단면은 필요로 하는 부분만 파단하여 표시할 수 있다.
㉡ 인접한 부품의 단면은 해칭선의 방향이나 간격을 다르게 표시한다.
㉢ 해칭 부분에 문자, 기호 등을 기입하기 위하여 해칭을 일부 절단할 수 있다.
㉣ 해칭을 하지 않아도 단면이라는 것을 알 수 있을 때에는 해칭을 생략해도 된다.
㉤ 보통 해칭선은 45°의 가는 실선을 단면부의 면적에서 2~3mm 간격으로 사선을 긋는다.
㉥ 단면 면적이 넓은 경우에는 그 외형선 안쪽의 적절한 범위에 해칭 또는 스머징을 할 수 있다.

③ 해칭(Hatching)과 스머징(Smudging)

단면도에는 필요한 경우 절단하지 않은 면과 구별하기 위해 해칭이나 스머징을 한다. 그리고 인접한 단면의 해칭은 기존 해칭이나 스머징 선의 방향 또는 각도를 다르게 하여 구분한다.

해칭	스머징
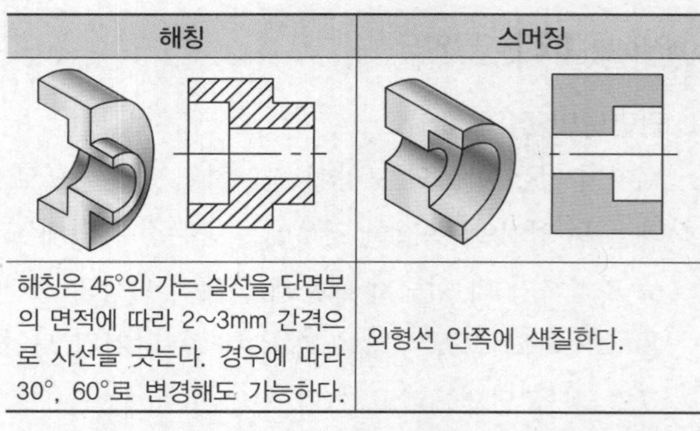	
해칭은 45°의 가는 실선을 단면부의 면적에 따라 2~3mm 간격으로 사선을 긋는다. 경우에 따라 30°, 60°로 변경해도 가능하다.	외형선 안쪽에 색칠한다.

④ 길이 방향으로 절단하여 도시가 가능한 기계요소와 불가능한 기계요소

길이 방향으로 절단하여 도시가 가능한 것	보스, 부시, 칼라, 베어링, 파이프 등 KS 규격에서 절단하여 도시가 불가능하다고 규정된 이외의 부품
길이 방향으로 절단하여 도시가 불가능한 것	축, 키, 암, 핀, 볼트, 너트, 리벳, 코터, 기어의 이, 베어링의 볼과 롤러

⑤ 단면도의 종류

단면도명	특징
온단면도 (전단면도)	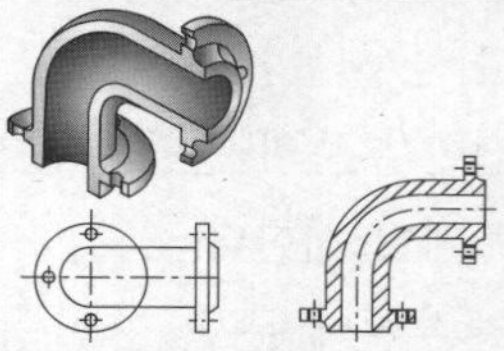 • 전단면도라고도 한다. • 물체 전체를 직선으로 절단하여 앞부분을 잘라내고 남은 뒷부분의 단면 모양을 그린 것이다. • 절단 부위의 위치와 보는 방향이 확실한 경우에는 절단선, 화살표, 문자기호를 기입하지 않아도 된다.
한쪽단면도 (반단면도)	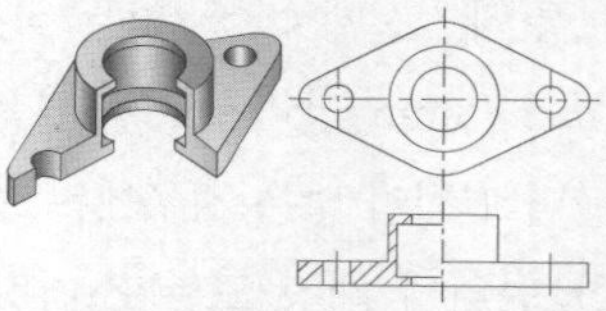 • 반단면도라고도 한다. • 절단면을 전체의 반만 설치하여 단면도를 얻는다. • 상하 또는 좌우가 대칭인 물체를 중심선을 기준으로 1/4 절단하여 내부 모양과 외부 모양을 동시에 표시하는 방법이다.

단면도명	특징
부분단면도	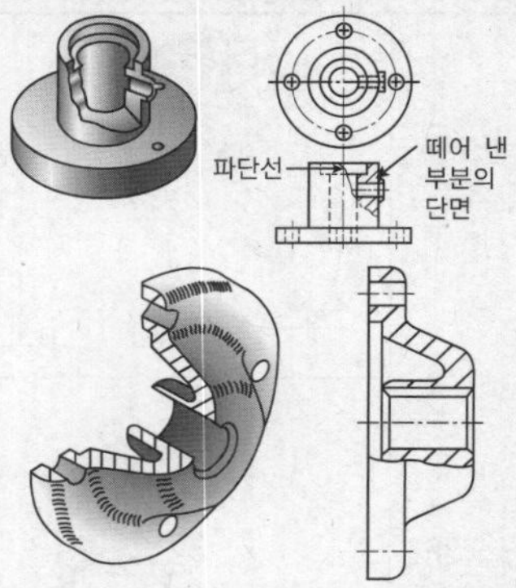 파단선 / 떼어 낸 부분의 단면 • 파단선을 그어서 단면 부분의 경계를 표시한다. • 일부분을 잘라내고 필요한 내부의 모양을 그리기 위한 방법이다.
회전도시 단면도	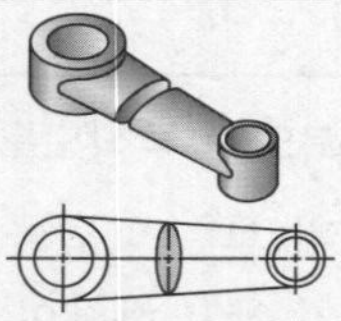 (a) 암의 회전단면도(투상도 안) 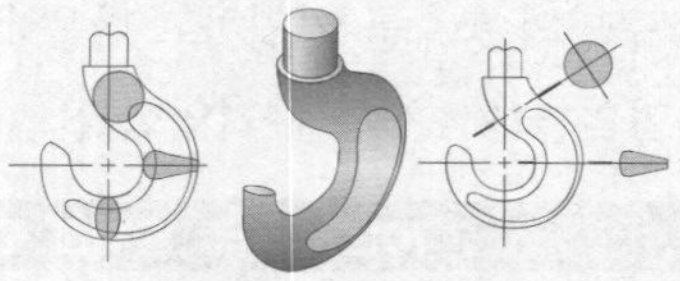 (b) 훅의 회전단면도(투상도 밖) • 절단선의 연장선 뒤에도 그릴 수 있다. • 투상도의 절단할 곳과 겹쳐서 그릴 때는 가는 실선으로 그린다. • 주투상도의 밖으로 끌어내어 그릴 경우는 가는 1점 쇄선으로 한계를 표시하고 굵은 실선으로 그린다. • 핸들이나 벨트 풀리, 바퀴의 암, 리브, 축, 형강 등의 단면의 모양을 90°로 회전시켜 투상도의 안이나 밖에 그린다.
계단단면도	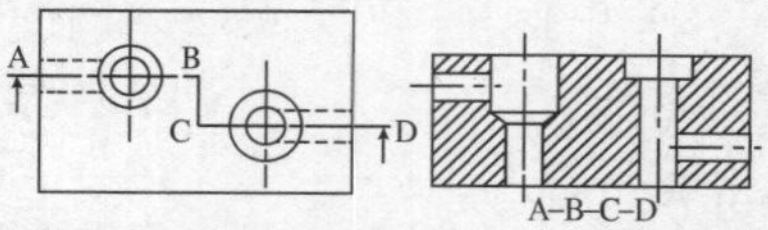 A B C D A-B-C-D • 절단면을 여러 개 설치하여 그린 단면도이다. • 복잡한 물체의 투상도 수를 줄일 목적으로 사용한다. • 절단선, 절단면의 한계와 화살표 및 문자기호를 반드시 표시하여 절단면의 위치와 보는 방향을 정확히 명시해야 한다.

10년간 자주 출제된 문제

2-1. 다음 그림과 같은 단면도(빗금친 부분)를 무엇이라 하는가?

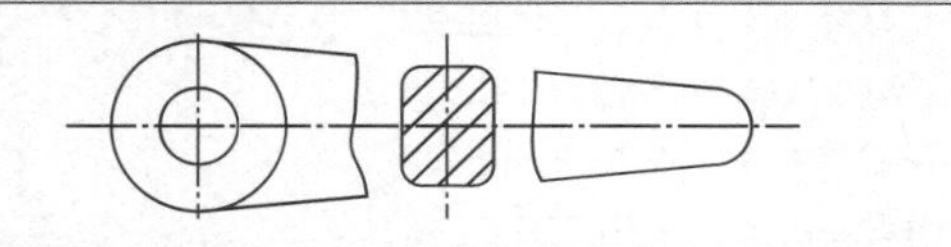

① 회전도시단면도
② 부분단면도
③ 온단면도
④ 한쪽단면도

2-2. 좌우 또는 상하가 대칭인 물체의 $\frac{1}{4}$을 잘라내고 중심선을 기준으로 외형도와 내부 단면도를 나타내는 단면의 도시방법은?

① 한쪽단면도
② 부분단면도
③ 회전단면도
④ 온단면도

|해설|

2-2

한쪽단면도는 상하 또는 좌우가 대칭인 물체를 중심선을 기준으로 $\frac{1}{4}$ 절단하여 내부 모양과 외부 모양을 동시에 표시하는 방법으로 반단면도라고도 한다.

정답 2-1 ① 2-2 ①

핵심이론 03 전개도법

① 전개도법의 정의

전개도는 입체의 표면을 하나의 평면 위에 펼쳐 놓은 그림으로, 투상도를 기본으로 하여 그린 도면이다. 판금작업 시 강판재료를 절단하기 위해서는 전개도를 설계도로서 사용된다.

② 전개도와 투상도의 관계

투상도는 그 입체를 평면으로 표현한 일종의 설계도와 같다. 주로 정면도와 평면도, 측면도로 세 방향에서 그리는데 보이는 선은 실선으로, 보이지 않는 선은 파선으로 그린다. 그렇게 하면 그 입체의 생김새를 알 수 있고 실제 모형을 제작할 수도 있는데, 이 투상도를 기본으로 전개도를 그린다.

③ 전개도법의 종류

㉠ 평행선법 : 삼각기둥, 사각기둥과 같은 여러 가지 각기둥과 원기둥을 평행하게 전개하여 그리는 방법

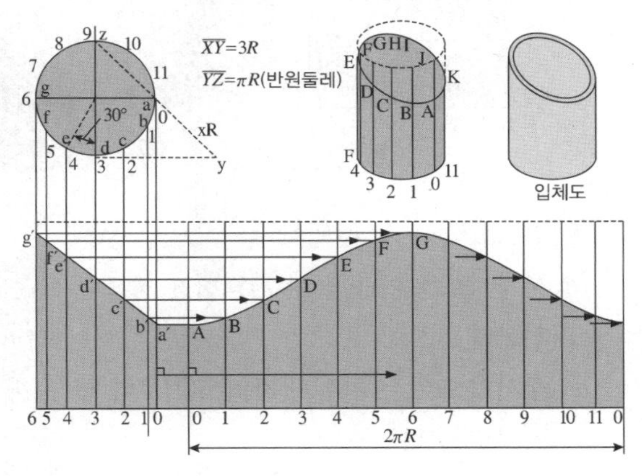

㉡ 방사선법 : 삼각뿔, 사각뿔 등의 각뿔과 원뿔을 꼭짓점을 기준으로 부채꼴로 펼쳐서 전개도를 그리는 방법

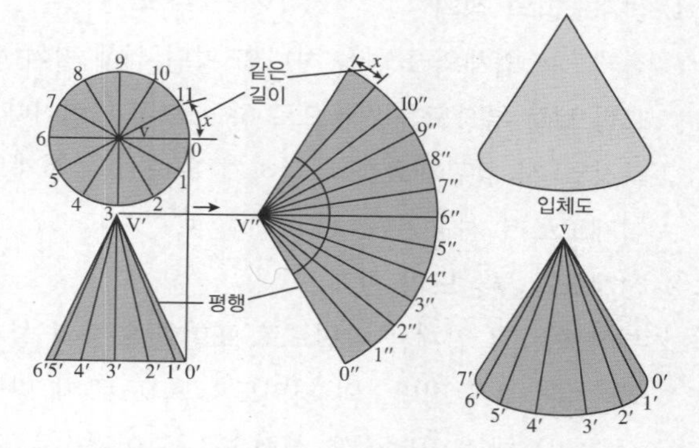

㉢ 삼각형법 : 꼭짓점이 먼 각뿔, 원뿔 등의 해당 면을 삼각형으로 분할하여 전개도를 그리는 방법

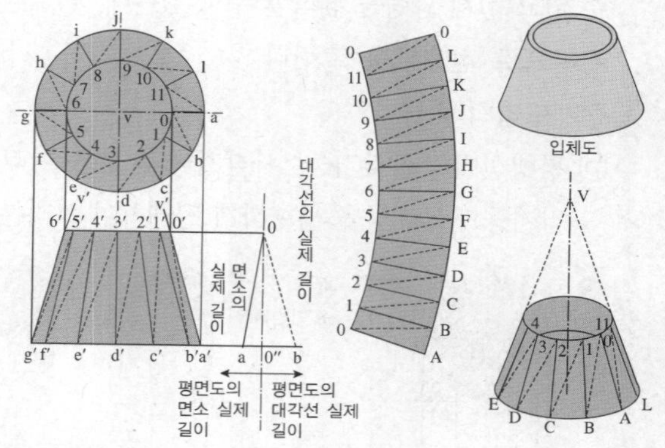

④ 전개도법 작성 시 주의사항

㉠ 문자기호는 가능한 한 간략하게 중요한 부분만 기입한다.

㉡ 주서의 크기는 치수 숫자의 크기보다 한 단계 위의 크기로 한다.

㉢ 제품의 전개도를 그릴 때는 위쪽이나 아래쪽에 '전개도'라고 주서로 기입하는 것이 좋다.

㉣ 전개도에 사용된 작도선은 0.18mm, 외형선은 가능한 한 0.5mm를 넘지 않은 굵기로 긋는다.

10년간 자주 출제된 문제

3-1. 지름이 일정한 원기둥을 전개하려고 한다. 어떤 전개 방법을 이용하는 것이 가장 적합한가?

① 삼각형법을 이용한 전개도법
② 방사선법을 이용한 전개도법
③ 평행선법을 이용한 전개도법
④ 사각형법을 이용한 전개도법

3-2. 다음과 같이 다면체를 전개한 방법으로 옳은 것은?

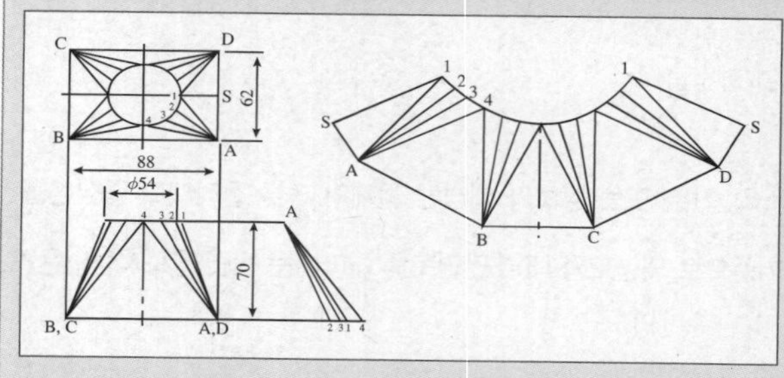

① 삼각형법 전개　② 방사선법 전개
③ 평행선법 전개　④ 사각형법 전개

|해설|

3-1

판금작업 시 강판재료를 절단하기 위해서는 전개도를 설계도로서 사용하는데 원기둥은 평행선법을 이용하여 전개도를 그린다.

3-2

전개도법의 종류

종류	의미
평행선법	삼각기둥, 사각기둥과 같은 여러 가지의 각기둥과 원기둥을 평행하게 전개하여 그리는 방법
방사선법	삼각뿔, 사각뿔 등의 각뿔과 원뿔을 꼭짓점 기준으로 부채꼴로 펼쳐서 전개도를 그리는 방법
삼각형법	꼭짓점이 먼 각뿔이나 원뿔 등의 해당 면을 삼각형으로 분할하여 전개도를 그리는 방법

정답 3-1 ③ 3-2 ①

제3절 치수 기입방법

핵심이론 01 | 치수 기입

① 치수 기입의 원칙(KS B 0001)

㉠ 중복 치수는 피한다.
㉡ 치수는 주투상도에 집중한다.
㉢ 관련되는 치수는 한곳에 모아서 기입한다.
㉣ 치수는 공정마다 배열을 분리해서 기입한다.
㉤ 치수는 계산해서 구할 필요가 없도록 기입한다.
㉥ 치수 숫자는 치수선 위 중앙에 기입하는 것이 좋다.
㉦ 치수 중 참고 치수에 대하여는 수치에 괄호를 붙인다.
㉧ 필요에 따라 기준으로 하는 점, 선, 면을 기준으로 하여 기입한다.
㉨ 도면에 나타나는 치수는 특별히 명시하지 않는 한 다듬질 치수를 표시한다.
㉩ 치수는 투상도와의 모양 및 치수의 비교가 쉽도록 관련 투상도 쪽으로 기입한다.
㉪ 치수는 대상물의 크기, 자세 및 위치를 가장 명확하게 표시할 수 있도록 기입한다.
㉫ 기능상 필요한 경우 치수의 허용한계를 지시한다(단, 이론적 정확한 치수는 제외).
㉬ 대상물의 기능, 제작, 조립 등을 고려하여 꼭 필요한 치수를 분명하게 도면에 기입한다.
㉭ 하나의 투상도인 경우, 수평 방향의 길이 치수 위치는 투상도의 위쪽에서 읽을 수 있도록 기입한다.
㉮ 하나의 투상도인 경우, 수직 방향의 길이 치수 위치는 투상도의 오른쪽에서 읽을 수 있도록 기입한다.

② 치수 기입 시 주의사항

㉠ 한 도면 안에서의 치수는 같은 크기로 기입한다.
㉡ 각도를 라디안 단위로 기입하는 경우 그 단위 기호인 rad을 기입한다.
㉢ cm나 m를 사용할 필요가 있는 경우 반드시 cm나 m를 기입해야 한다.
㉣ 길이 치수는 원칙적으로 mm의 단위로 기입하고, 단위 기호는 붙이지 않는다.
㉤ 치수 숫자는 정자로 명확하게 치수선의 중앙 위쪽에 약간 띄어서 평행하게 표시한다.
㉥ 치수 숫자의 단위수가 많은 경우 3자리마다 숫자의 사이를 적당히 띄우고 콤마는 붙이지 않는다.
㉦ 숫자와 문자는 고딕체를 사용하고, 크기는 도면과 투상도의 크기에 따라 알맞은 크기와 굵기를 선택한다.
㉧ 각도 치수는 일반적으로 도의 단위로 기입하고, 필요한 경우 분, 초를 병용할 수 있으며 도, 분, 초 등의 단위를 기입한다.

③ 길이와 각도의 치수 기입

현의 치수 기입	호의 치수 기입
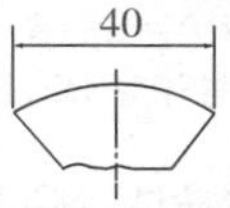 40	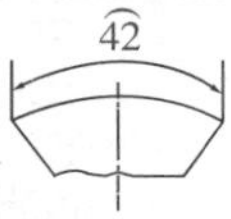 $\frown$42
반지름의 치수 기입	**각도의 치수 기입**
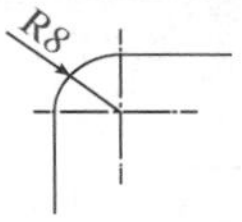 R8	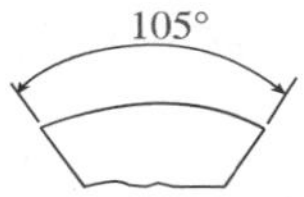 105°

④ 치수의 배치방법

종류	도면상 표현
직렬치수 기입법	(46), 4, 6, 10, 6, 10, 6, 4, 10, 4, 6-φ4 • 직렬로 나란히 연결된 개개의 치수에 주어진 일반공차가 차례로 누적되어도 기능과 상관없는 경우 사용한다. • 축을 기입할 때는 중요도가 작은 치수는 괄호를 붙여서 참고 치수로 기입한다.
병렬치수 기입법	기준면, 46, 42, 36, 26, 20, 10, 4, 6-φ4, 10, 3 • 기준면을 설정하여 개개별로 기입하는 방법이다. • 각 치수의 일반공차는 다른 치수의 일반공차에 영향을 주지 않는다.

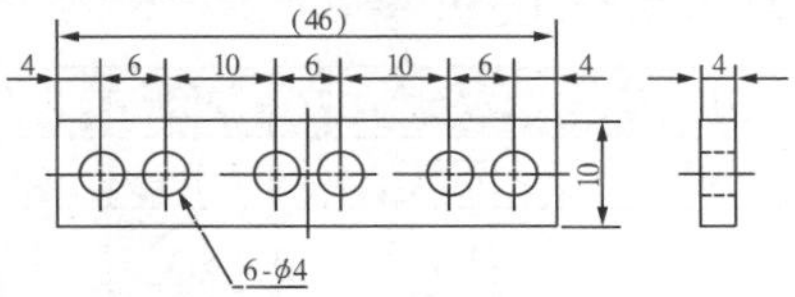

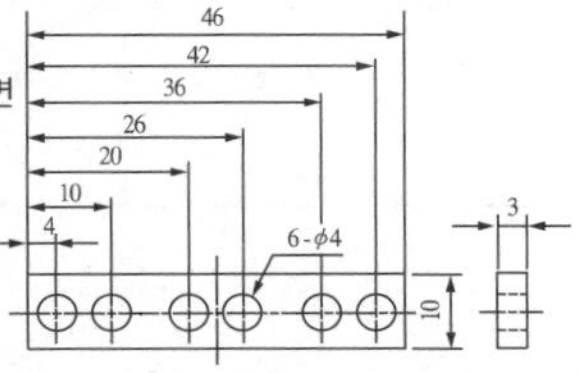

종류	도면상 표현
누진치수 기입법	• 한 개의 연속된 치수선으로 간편하게 사용하는 방법이다. • 치수의 기준점에 기점 기호(o)를 기입하고, 치수보조선과 만나는 곳마다 화살표를 붙인다.
좌표치수 기입법	• 구멍의 위치나 크기 등의 치수는 좌표를 사용해도 된다. • 프레스 금형이나 사출 금형의 설계도면 작성 시 사용한다. • 기준면에 해당하는 쪽의 치수보조선의 위치는 제품의 기능, 조립, 검사 등의 조건을 고려하여 정한다.

⑤ 기계제도에서 치수선을 나타내는 방법

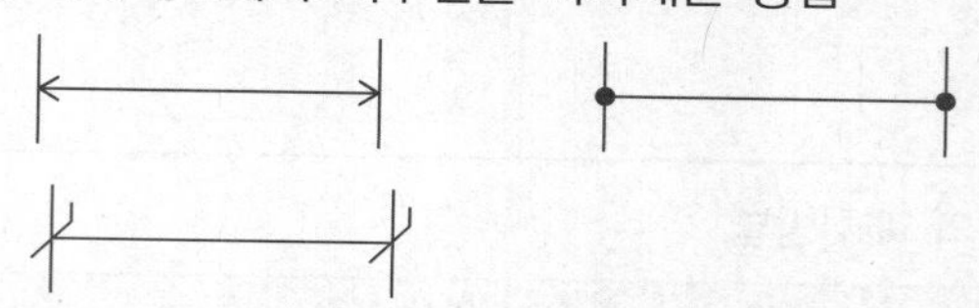

⑥ 치수 보조기호의 종류

기호	구분	기호	구분
∅	지름	p	피치
S∅	구의 지름	$\overset{\frown}{50}$	호의길이
R	반지름	$\underline{50}$	비례척도가 아닌 치수
SR	구의 반지름	$\boxed{50}$	이론적으로 정확한 치수
□	정사각형	(50)	참고 치수
C	45°모따기	~~50~~	치수의 취소 (수정 시 사용)
t	두께	–	–

10년간 자주 출제된 문제

1-1. 다음 중 치수 기입방법으로 맞는 것은?

① 길이의 치수는 원칙적으로 밀리미터의 단위로 기입하고, 단위 기호를 붙인다.
② 각도의 치수는 일반적으로 도, 분, 초 등의 단위를 기입한다.
③ 관련되는 치수는 나누어서 기입한다.
④ 가공이나 조립할 때, 기준으로 하는 곳이 있더라도 상관없이 기입한다.

1-2. 치수 기입의 원칙에 대한 설명으로 틀린 것은?

① 설계자의 특별한 요구사항을 치수와 함께 기입할 수 있다.
② 도면에 나타내는 치수는 특별히 명시하지 않는 한 도시한 대상물의 마무리 치수를 표시한다.
③ 치수는 되도록이면 정면도, 측면도, 평면도에 분산하여 기입한다.
④ 치수는 되도록이면 계산할 필요가 없도록 기입하고 중복되지 않게 기입한다.

1-3. 다음 치수 보조기호에 관한 내용으로 틀린 것은?

① C : 45°의 모따기
② D : 판의 두께
③ □ : 정사각형 변의 길이
④ ⌒ : 원호의 길이

|해설|

1-1
② 각도 치수는 일반적으로 도의 단위로 기입하고, 필요한 경우 분, 초를 병용할 수 있다.
① 길이 치수는 원칙적으로 mm의 단위로 기입하고, 단위 기호는 붙이지 않는다.
③ 관련되는 치수는 한곳에 모아서 기입한다.
④ 가공이나 조립할 때 필요에 따라 기준으로 하는 점, 선, 면을 기초로 하여 기입한다.

1-2
치수는 주투상도에 집중해서 기입하며 관련 치수는 한곳에 모아서 기입한다.

1-3
판의 두께는 t로 표기한다.

정답 1-1 ② 1-2 ③ 1-3 ②

제4절 치수공차 및 끼워맞춤공차, 기하공차

핵심이론 01 공차용어

① 공차 용어

㉠ 치수공차(공차)

최대허용한계치수 − 최소허용한계치수

㉡ 기준치수 : 위치수 및 아래치수허용차를 적용할 때 기준이 되는 치수

최대허용한계치수 − 위치수허용차

㉢ 위치수허용차 : 최대허용한계치수 − 기준치수

㉣ 아래치수허용차 : 최소허용한계치수 − 기준치수

㉤ 허용한계치수 : 허용할 수 있는 최대 및 최소의 허용치수로 최대허용한계치수와 최소허용한계치수로 나눈다.

㉥ 실치수 : 실제로 측정한 치수로, mm 단위를 사용한다.

㉦ 틈새 : 구멍의 치수가 축의 치수보다 클 때 구멍과 축 간 치수의 차

㉧ 죔새 : 구멍의 치수가 축의 치수보다 작을 때 조립 전 구멍과 축의 치수차

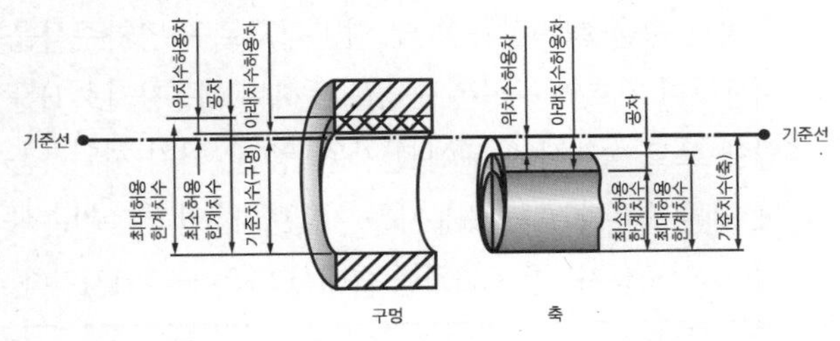

② 실효치수(VS ; Virtual Size)

부품 간 결합 시 가장 극한으로 빡빡한 상태의 결합치수

㉠ 축의 실효치수 = 축의 MMC 치수 + 형상공차수치

㉡ 구멍의 실효치수 = 구멍의 MMC 치수 − 형상공차수치

예 축의 실효치수 구하기

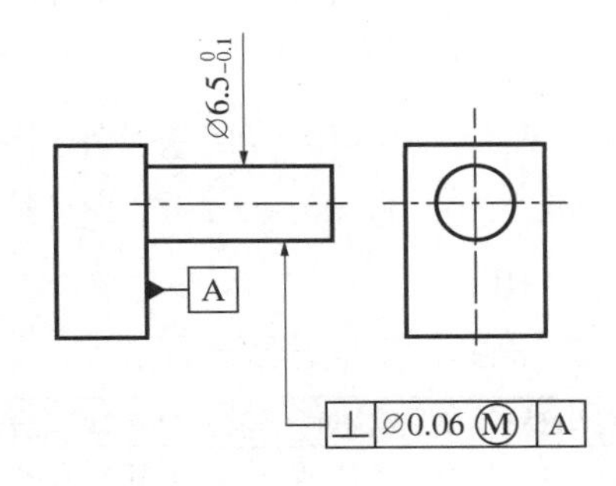

축의 실효치수 : 6.5 + 0.06 = 6.56mm

10년간 자주 출제된 문제

1-1. 기준치수가 30, 최대허용치수가 29.9, 최소허용치수가 29.8일 때 아래치수허용차는?

① −0.1 ② −0.2

③ +0.1 ④ +0.2

1-2. 최대허용치수와 최소허용치수의 차를 무엇이라고 하는가?

① 치수공차

② 끼워맞춤

③ 실치수

④ 기준선

|해설|

1-1

아래치수허용차 = 최소허용한계치수 − 기준치수

= 29.8 − 30 = −0.2

정답 1-1 ② 1-2 ①

핵심이론 02 | IT공차

① IT(International Tolerance)공차

ISO에서 정한 국제표준공차이다. 치수공차와 끼워맞춤에 관한 공차로 IT 01, IT 00, IT 1~IT 18까지 총 20등급으로 구분된다.

② IT공차의 용도별 구멍과 축의 규정 등급

용도	게이지 제작공차	끼워맞춤공차	끼워맞춤 이외의 공차
구멍	IT 01 ~ IT 5	IT 6 ~ IT 10	IT 11 ~ IT 18
축	IT 01 ~ IT 4	IT 5 ~ IT 9	IT 10 ~ IT 18

③ IT 기본공차의 특징

㉠ 공차 등급은 IT기호 뒤에 등급을 표시하는 숫자를 붙여 사용한다.

㉡ IT 기본공차는 구멍인 경우 알파벳 대문자, 축인 경우 알파벳 소문자를 사용한다.

㉢ 구멍일 경우 대문자 A~AZ, 축인 경우는 소문자 a~az의 범위 내에서만 사용해야 한다.

10년간 자주 출제된 문제

2-1. IT공차에 대한 설명으로 옳은 것은?

① IT 01부터 IT 18까지 20등급으로 구분되어 있다.
② IT 01~IT 4는 구멍기준공차에서 게이지 제작공차이다.
③ IT 6~IT 10은 축기준공차에서 끼워맞춤공차이다.
④ IT 10~IT 18은 구멍 기준공차에서 끼워맞춤 이외의 공차이다.

2-2. IT공차 등급에 대한 설명 중 틀린 것은?

① 공차 등급은 IT 기호 뒤에 등급을 표시하는 숫자를 붙여 사용한다.
② 공차역의 위치에 사용하는 알파벳은 모든 알파벳을 사용할 수 있다.
③ 공차역의 위치는 구멍인 경우 알파벳 대문자, 축인 경우 알파벳 소문자를 사용한다.
④ 공차 등급은 IT 01부터 IT 18까지 20등급으로 구분한다.

|해설|

2-2
IT 기본공차에서 공차역의 위치에 사용하는 알파벳은 모든 알파벳을 사용할 수 없고, 구멍일 경우 대문자 A~AZ, 축인 경우는 소문자 a~az의 범위 내에서만 사용해야 한다.

정답 2-1 ① 2-2 ②

핵심이론 03 | 끼워맞춤공차

① 끼워맞춤공차

축과 구멍을 가공할 때 정해진 치수대로 가공하는 것은 불가능하기 때문에 축과 구멍의 형상을 띤 제품들이 서로 끼워맞춤될 때 끼워맞춤의 형태에 따라 헐거움 끼워맞춤, 중간 끼워맞춤, 억지 끼워맞춤으로 분류된다.

② 구멍기준식 축의 끼워맞춤

헐거움 끼워맞춤	중간 끼워맞춤	억지 끼워맞춤
b, c, d, e, f, g	h, js, k, m, n	p, r, s, t, u, x

③ 틈새와 죔새값 계산

최소 틈새	구멍의 최소허용치수 − 축의 최대허용치수
최대 틈새	구멍의 최대허용치수 − 축의 최소허용치수
최소 죔새	축의 최소허용치수 − 구멍의 최대허용치수
최대 죔새	축의 최대허용치수 − 구멍의 최소허용치수

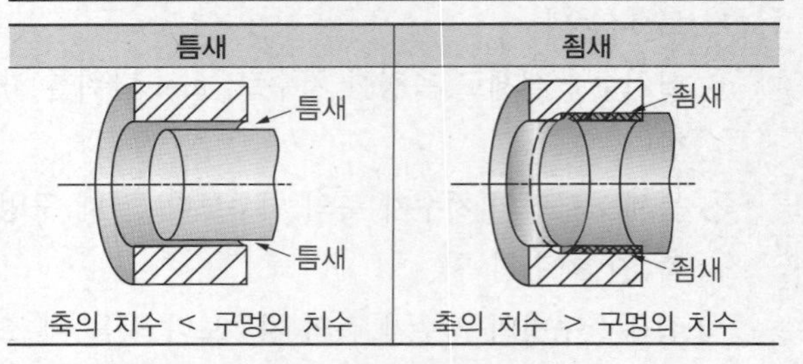

④ 끼워맞춤공차 기입 시 주의사항(H7/f6)

구멍과 축을 끼워맞춤할 때 일반적으로 구멍기준식을 사용하며 기호의 구성은 구멍을 뜻하는 대문자기호 H를 앞에 쓰고 슬래시(/) 뒤에 헐거움, 중간, 억지 끼워맞춤에 따른 축의 기호인 소문자를 기입한다. 만약 축기준식일 경우 소문자 h를 /h6처럼 슬래시 다음에 위치시킨다.

맞는 표현	$\varnothing 12 \frac{H7}{h6}$	∅12 H7/h6
틀린 표현	$\varnothing 12 \frac{h6}{H7}$	∅12 h6/H7

즉, 기호 안에 H7/f6처럼 대문자 H가 앞에 있으면 구멍기준식이 되고, E7/h6처럼 소문자 h가 있으면 축기준식이 된다. 기호 뒤의 수치는 치수의 정도만을 의미한다. 따라서 '∅50H7/f6'란 ∅50mm인 H7의 구멍을 기준으로 축을 f6으로 헐거움 끼워맞춤을 하라는 의미이다.

⑤ 끼워맞춤공차(끼워맞춤 치수공차) 해석

㉠ 50 h6

- 50 : 기준치수인 50mm를 나타낸다.
- h : 소문자(h)는 축기준으로 끼워맞춤하는 것을 의미하며, h는 헐거움 끼워맞춤을 나타내는 기호이다.
- 6 : 공차값으로 h 다음에 나오는 수치가 클수록 더 공차는 더 크다.

  예 h6 > h5

㉡ 50 H6

- H : 대문자(H)는 구멍기준으로 끼워맞춤하는 것을 의미한다.

⑥ 구멍과 축의 공차역 기호 및 의미

㉠ 공차역 : 기하공차에 의해 규제되는 형체가 '모양, 자세, 위치, 흔들림공차'의 기준에서 벗어날 수 있는 공차의 허용영역

㉡ 위치수허용차 : ES(Ecart Superieur, 위치수의 공차, 프랑스어)

㉢ 아래치수허용차 : EI(Ecart Inferieur, 아래치수의 공차, 프랑스어)

- a~h 공차역에서 EI = ES − IT
- A~H 공차역에서 ES = EI + IT
- k~zc 공차역에서 EI가 기초치수허용차가 되며, 그 값은 양수(+)이다.
- M~ZC 공차역에서 ES가 기초치수허용차가 되며, 그 값은 음수(−)이다.

구멍(대문자)		축(소문자)	
공차역	크기	공차역	크기
A	구멍의 크기 커짐 (허용차 +) ↑	a	축의 크기 작아짐 (허용차 −) ↑
B		b	
C		c	
CD		cd	
D		d	
EF		ef	
F		f	
FG		fg	
G		g	
H	기준치수	h	기준치수
J	↓	j	↓
JS		js	
K		k	
M		m	
N		n	
P		p	
R		r	
S		s	
T		t	
U		u	
V		v	
X		x	
Y		y	
Z		z	
ZA	구멍의 크기 작아짐 (허용차 −)	za	축의 크기 커짐 (허용차 +)
ZB		zb	
ZC		zc	

⑦ 구멍의 중심위치 표시

㉠ 직교좌표에서 치수공차로 규제

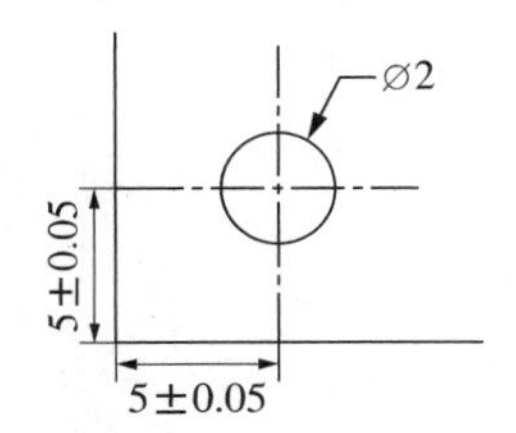

㉡ 기하공차방식으로 위치도공차 표시

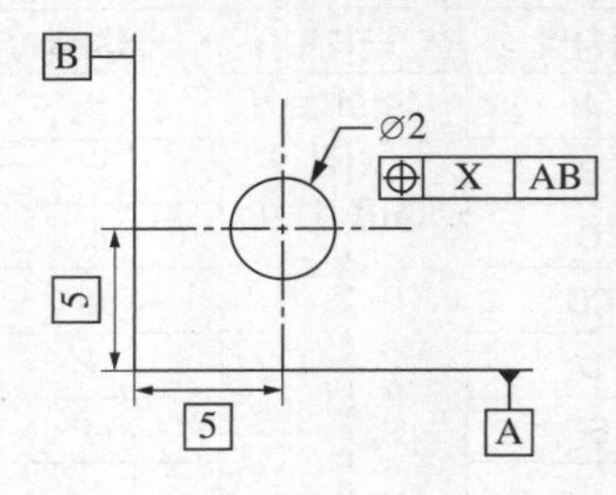

※ 중심위치의 공차값 계산

먼저, ㉠의 좌표값에서 공차값이 0.005mm임을 확인한다. 지시선의 끝점과 접한 원의 중심점은 데이텀 A와 B로부터 5mm 떨어진 위치여야 하고, 공차값은 다음과 같이 삼각함수 공식을 이용해서 구한다.

- max : $\sqrt{5.05^2 + 5.05^2} = 7.141$
- min : $\sqrt{4.95^2 + 4.95^2} = 7$

공차값은 7.141 − 7 = 0.141이므로 ⌀0.14가 된다.

※ 위치도공차 : 구멍이나 홈의 중심위치의 정밀도를 규제하기 위해 기입하는 기하공차

10년간 자주 출제된 문제

3-1. 구멍의 치수가 $\varnothing 30^{+0.025}_{0}$, 축의 치수가 $\varnothing 30^{+0.020}_{-0.005}$일 때 최대 죔새는 얼마인가?

① 0.030　　② 0.025
③ 0.020　　④ 0.005

3-2. 끼워맞춤의 표시방법을 설명한 것 중 틀린 것은?

① ⌀20H7 : 지름이 20인 구멍으로 7등급의 IT공차를 가짐
② ⌀20h6 : 지름이 20인 축으로 6등급의 IT공차를 가짐
③ ⌀20H7/g6 : 지름이 20인 H7 구멍과 g6 축이 헐거운 끼워맞춤으로 결합되어 있음을 나타냄
④ ⌀20H7/f6 : 지름이 20인 H7 구멍과 f6 축이 중간 끼워맞춤으로 결합되어 있음을 나타냄

|해설|

3-1

최대 죔새는 축의 최대허용치수인 30.02mm와 구멍의 최소 허용치수인 30mm의 차이다. 따라서 그 값은 30.02 − 30 = 0.02mm이다.

3-2

⌀20H7/f6이란 지름이 20mm인 H7의 구멍을 기준으로 축을 f6으로 헐거운 끼워맞춤을 하라는 의미이다.

정답 3-1 ③ 3-2 ④

핵심이론 04 기하공차

① 기하공차의 정의

기계는 다수의 부품으로 구성되어 있기 때문에 정확하게 가공되지 않으면 조립이 잘 안 되는 경우가 있는데, 그 원인은 부품의 형상이 기하학적으로 정확하지 않기 때문이다. 따라서 기하공차란 형상의 뒤틀림, 위치의 어긋남, 흔들림 및 자세에 대해 어느 정도까지 오차를 허용할 수 있는가를 나타내기 위해 사용하는 공차이다.

② 기하공차의 종류 및 기호

형체	공차의 종류		기호
단독 형체	모양공차	진직도	—
		평면도	▱
		진원도	○
		원통도	⌭
		선의 윤곽도	⌒
		면의 윤곽도	⌓
관련 형체	자세공차	평행도	//
		직각도	⊥
		경사도	∠
	위치공차	위치도	⌖
		동축도(동심도)	◎
		대칭도	⌯
	흔들림공차	원주 흔들림	↗
		온 흔들림	⌰

③ 데이텀(DATUM)의 도시방법

종류	의미
[ ] [ ] [A]	• 1개를 설정하는 데이텀은 1개의 문자기호로 나타낸다.
[ ] [ ] [A–B]	• 2개의 데이텀을 설정하는 공통 데이텀이다. • 2개의 문자기호를 하이픈(–)으로 연결한 기호로 나타낸다.
[ ] [ ] [A] [B]	• 복수의 데이텀을 표시하는 방법으로, 데이텀에 우선순위를 지정할 때에는 우선순위가 높은 것을 왼쪽부터 쓰며 각각 다른 구획에 기입한다.
[ ] [ ] [AB]	• 2개 이상의 데이텀의 우선순위를 문제 삼지 않을 때에는 같은 구획 내에 나란히 기입한다.

④ 공차 기입틀에 따른 공차의 입력방법

2칸 형식	3칸 형식
[—] [0.011] — 공차의 종류기호 0.011 공차값	[//] [0.05/100] [A] // 공차의 종류기호 0.05/100 공차값 A 데이텀 문자기호

⑤ 기하공차의 해석

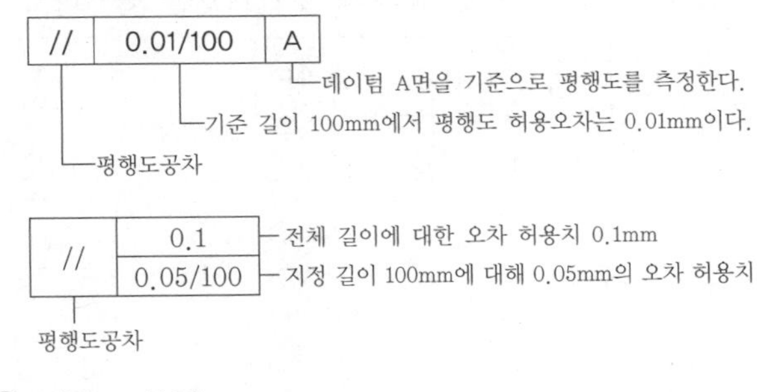

⑥ 진원도 측정

형상공차를 측정하는 방법으로, 원형 측정물의 단면 부분이 진원으로부터 어긋나는 정도를 수치로 나타낸 값이다.

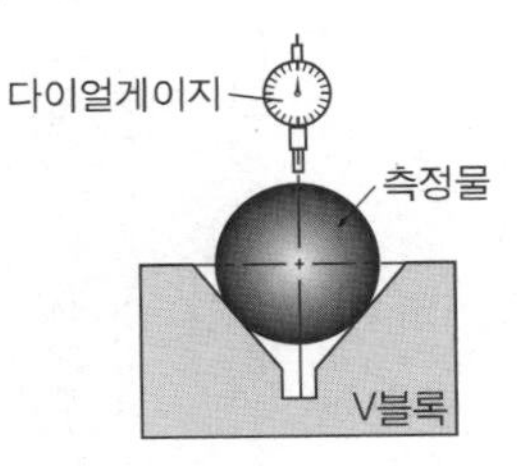

㉠ 진원도 측정법의 종류

- 지름법(직경법) : 지름을 여러 방향으로 측정한 후 그 최댓값과 최솟값의 차이를 계산해서 측정하는 방법이다.

• 반지름법(반경법) : 원형 물체에서 한 부분인 단면을 정하고, 그 중심점에서 반지름을 측정한다. 최댓값과 최솟값의 차이를 계산해서 측정하는 방법이다.

• 삼침법(3점법) : 두 개의 점을 지지한 후 두 점 사이를 수직 이등분하여 그 중심점에서 이동한 최댓값을 기준으로 원을 그려 진원도를 측정한다.

㉡ 다이얼게이지를 활용한 진원도값 측정

다이얼게이지 지침 이동량 $\times \frac{1}{2}$

⑦ 최대실체공차 표시

MMC(Maximum Material Condition, 최대실체공차 방식) 원리가 적용될 수 있는 기하공차는 자세공차와 위치공차에 해당하는 기호로서 위치도에 적용된다. 최대실체공차를 적용하는 경우의 도시방법은 공차 기입란의 공차값 다음에 Ⓜ의 부가기호를 붙인다.

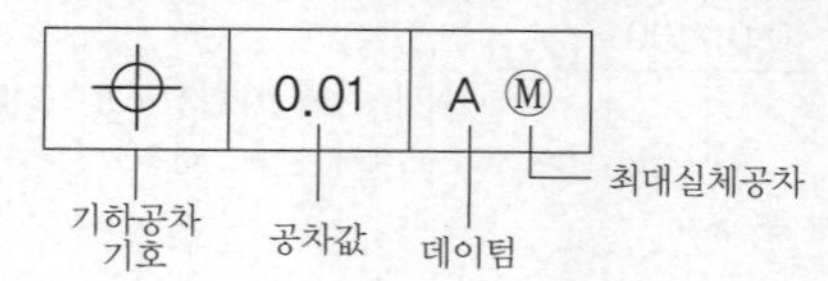

10년간 자주 출제된 문제

4-1. 기준 A에 평행하고 지정길이 100mm에 대하여 0.01mm의 공차값을 지정할 경우 표시방법으로 옳은 것은?

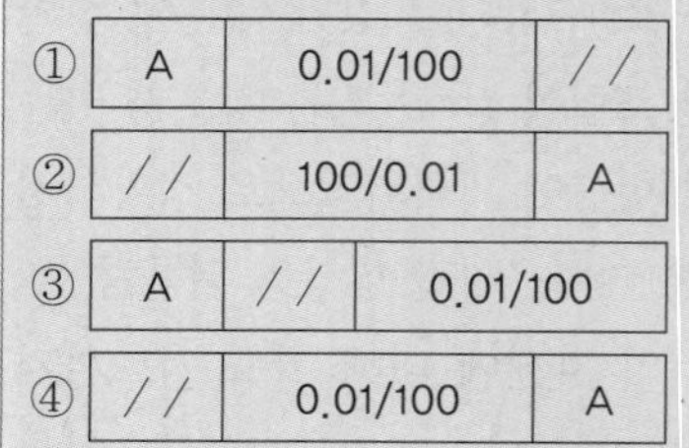

4-2. 기하공차의 종류 중 적용하는 형체가 관련 형체에 속하지 않는 것은?

① 자세공차 ② 모양공차
③ 위치공차 ④ 흔들림공차

4-3. 모양공차를 표기할 때 다음 그림과 같은 공차 기입틀에 기입하는 내용은?

① A : 공차값, B : 공차의 종류기호
② A : 공차의 종류기호, B : 데이텀 문자기호
③ A : 데이텀 문자기호, B : 공차값
④ A : 공차의 종류기호, B : 공차값

|해설|

4-2

모양공차는 단독 형체에 속한다.

정답 4-1 ④ 4-2 ② 4-3 ④

핵심이론 05 | 도면 해석

① 해석용 도면

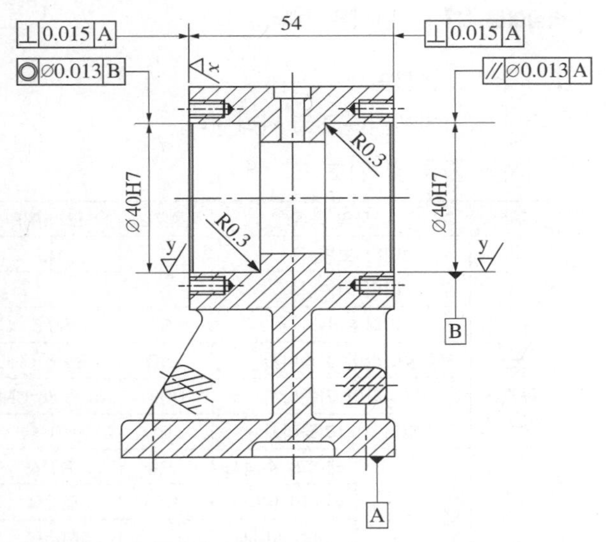

㉠ | ⊥ | 0.015 | A | : 데이텀 A를 기준으로 화살표 끝부분이 지시한 면은 직각도 공차범위 0.015mm 이내이어야 한다.

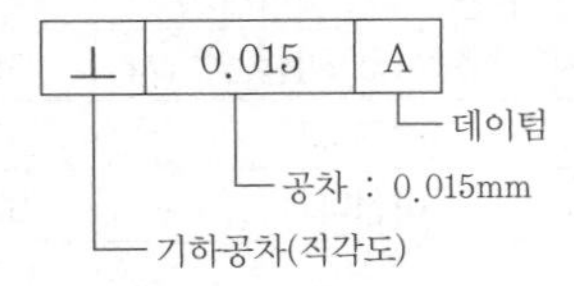

㉡ ∅40H7 : 지름이 40mm인 구멍에 끼워맞춤할 때의 공차 등급 H7을 적용한다.

㉢ | A | : 데이텀(DATUM)으로 기하학적 형상을 측정할 기준면을 설정하는 것으로, 사각형 안에 영문자 A, B, C와 같이 임의로 설정하여 표시한다. 지시선 끝부분 삼각형이 부착된 평면이 곧 '데이텀'이므로, 이 면이 측정 기준면이 된다.

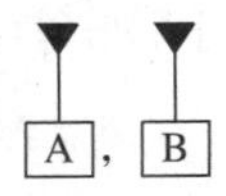

㉣ 보강대(리브) : 구조물에서 갈빗대 모양의 뼈대를 나타내는 용어로, 평면도에 그 두께 및 형상을 표시하기 위해 단면의 형상을 회전시켜 빈 공간에 다음과 같이 표시한다.

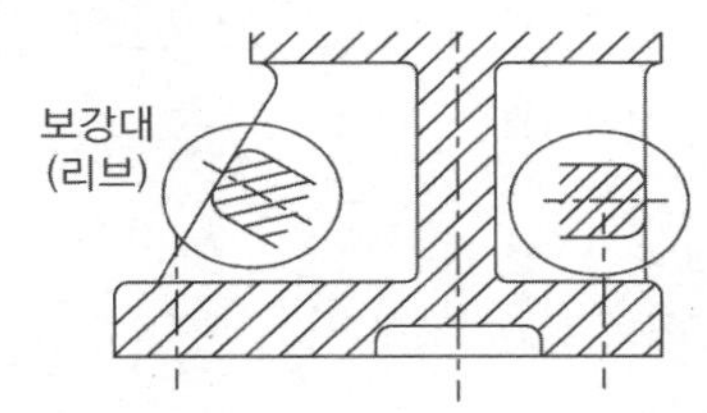

㉤ R0.3 : 베어링 구석부 반지름 0.3mm

㉥ 표면거칠기 기호

표면거칠기 기호	용도
w	거칠게 절삭가공한 면으로 접촉되지 않는 면으로, 주로 제품의 표면에 적용한다.
x	절삭가공한 면으로, 주로 제품들이 서로 접촉되어 고정된 부분에 적용한다.
y	절삭가공한 면으로, 주로 제품들이 서로 접촉되어 회전하거나 상대운동을 하는 부분에 적용한다.
z	거울면과 같이 매끈하게 절삭가공한 면으로, 주로 열처리와 같은 특수가공처리가 필요한 부분에 적용한다.

㉦ 본체에 나사가 끼워지는 자리 부분의 도시(도면에 표시)

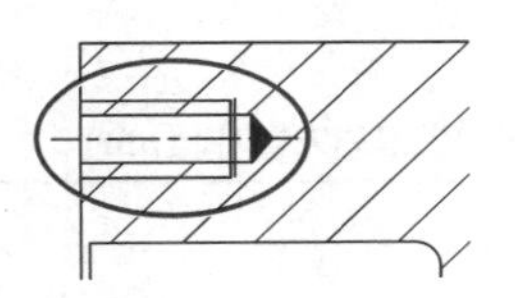

10년간 자주 출제된 문제

5-1. 다음과 같은 기하공차를 기입하는 틀의 지시사항에 해당하지 않는 것은?

⊥	0.01	A

① 데이텀 문자기호
② 공차값
③ 물체의 등급
④ 기하공차의 종류기호

5-2. 다음 중 가장 고운 다듬면을 나타내는 것은?

|해설|

5-1

기하공차를 기입하는 틀에는 물체의 등급을 표시하지 않는다.

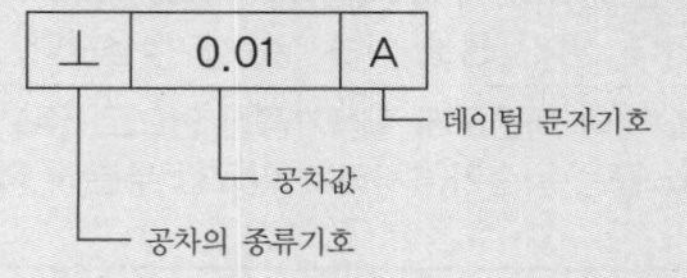

5-2

①번은 주조한 상태 그대로 두라는 의미이므로 표면거칠기가 가장 거칠다. 표면거칠기값의 수치가 작은 것이 가장 고운 다듬질면이 된다.

표면거칠기 기호 및 표면거칠기값(μm)

표면거칠기 기호	용 도	표면거칠기 구분값		
		R_a	R_y	R_z
w ▽	다른 부품과 접촉하지 않는 면에 사용	25a	100S	100Z
x ▽	다른 부품과 접촉해서 고정되는 면에 사용	6.3a	25S	25Z
y ▽	기어의 맞물림 면이나 접촉 후 회전하는 면에 사용	1.6a	6.3S	6.3Z
z ▽	정밀 다듬질이 필요한 면에 사용	0.2a	0.8S	0.8Z

정답 5-1 ③ 5-2 ②

제5절 결합용 기계요소 제도

핵심이론 01 나사의 제도

① 나사의 호칭지름

수나사의 바깥지름으로 나타낸다.

② 나사의 종류 및 기호

구분	나사의 종류		종류기호	표시(예)
ISO 규격에 있는 것	미터 보통나사		M	M8
	미터 가는나사			M8×1
	미니추어 나사		S	S0.5
	유니파이 보통나사		UNC	3/8-16 UNC
	유니파이 가는나사		UNF	No.8-36 UNF
	미터 사다리꼴나사		Tr	Tr10×2
	관용 테이퍼나사	테이퍼 수나사	R	R3/4
		테이퍼 암나사	Rc	Rc3/4
		평행 암나사	Rp	Rp3/4
ISO 규격에 없는 것	관용 평행나사		G	G1/2
	29° 사다리꼴나사		TW	TW20
	30° 사다리꼴나사		TM	TM18
	관용 테이퍼나사	테이퍼 나사	PT	PT7
		평행 암나사	PS	PS7
특수용	전구나사		E	E10
	미싱나사		SM	SM1/4 산40
	자전거나사		BC	일반 : BC3/4 스포크 : BC2.6

③ 나사의 제도방법

㉠ 단면 시 암나사는 안지름까지 해칭한다.
㉡ 수나사와 암나사의 골지름은 모두 가는 실선으로 그린다.
㉢ 수나사와 암나사 결합부의 단면은 수나사 기준으로 나타낸다.
㉣ 수나사의 바깥지름과 암나사의 안지름은 굵은 실선으로 그린다.
㉤ 완전 나사부와 불완전 나사부의 경계선은 굵은 실선으로 그린다.
㉥ 수나사와 암나사의 측면 도시에서 골지름과 바깥지름은 가는 실선으로 그린다.

ⓢ 암나사의 단면 도시에서 드릴 구멍의 끝부분은 굵은 실선으로 120°로 그린다.

ⓞ 불완전 나사부의 골밑을 나타내는 선은 축선에 대하여 30°의 경사진 가는 실선으로 그린다.

ⓙ 가려서 보이지 않는 암나사의 안지름은 보통의 파선으로 그리고, 바깥지름은 가는 파선으로 그린다.

- 완전 나사부 : 환봉이나 구멍에 나사내기를 할 때 완전한 나사산이 만들어져 있는 부분
- 불완전 나사부 : 환봉이나 구멍에 나사내기를 할 때 나사가 끝나는 곳에 불완전 나사산을 갖는 부분

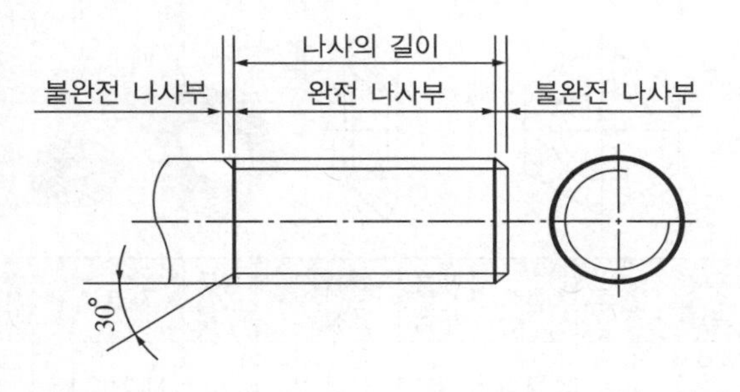

④ 수나사와 암나사의 제도

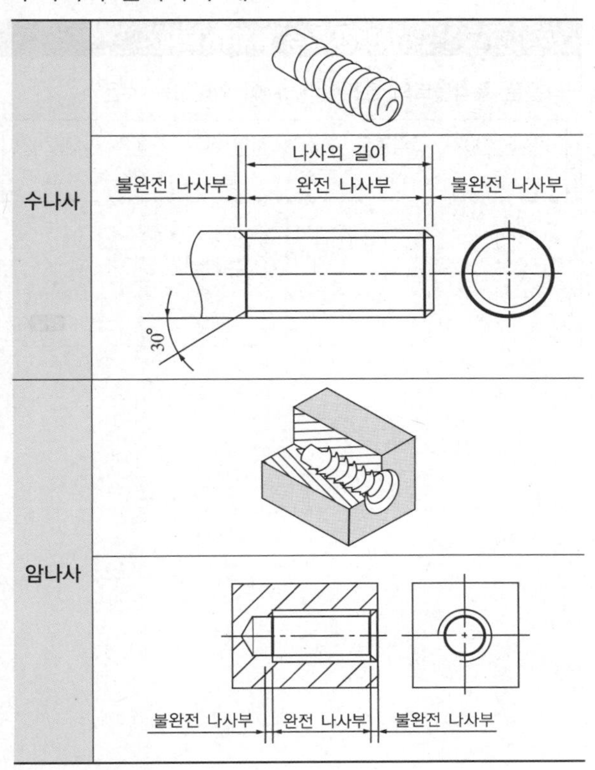

⑤ 나사의 리드(L)

나사를 1회전시켰을 때 축 방향으로 진행한 거리

$L = nP(\text{mm})$

여기서, P : 피치

n : 나사의 줄수

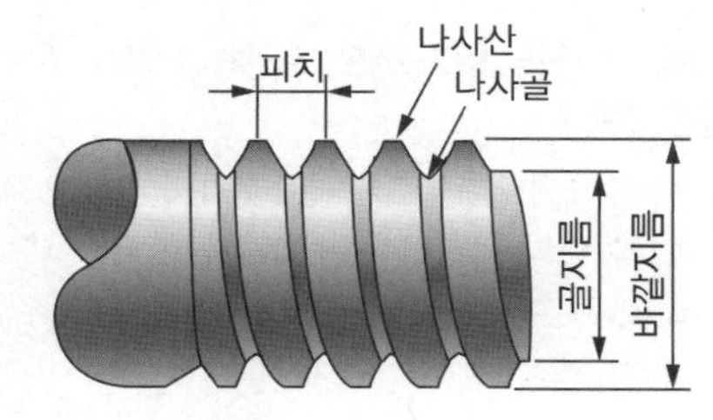

⑥ 미터나사의 호칭

나사의 종류기호	나사의 호칭지름 (mm)	×	피치 (mm)	나사의 등급
M	20	×	2	6H/5g

※ 나사의 등급 6H = 암나사 6급, 5g = 수나사 5급

⑦ 유니파이 나사의 호칭방법

나사의 지름을 표시하는 숫자 또는 호칭	–	1인치당 나사산의 수	나사의 종류기호	나사의 등급
$\frac{3}{8}$	–	16	UNC	2A
인치, 호칭지름	–	나사산수 16개	• UNC–유니파이 보통나사 • UNF–유니파이 가는나사	• 수나사 : 1A, 2A, 3A • 암나사 : 1B, 2B, 3B ※ 낮을수록 높은 정밀도

⑧ 나사의 표시방법(왼 2줄 M50 × 2–4h)

왼	2줄	M50 × 2
왼나사	2줄 나사	미터나사 ⌀50mm 피치 : 2

⑨ 태핑나사 제도

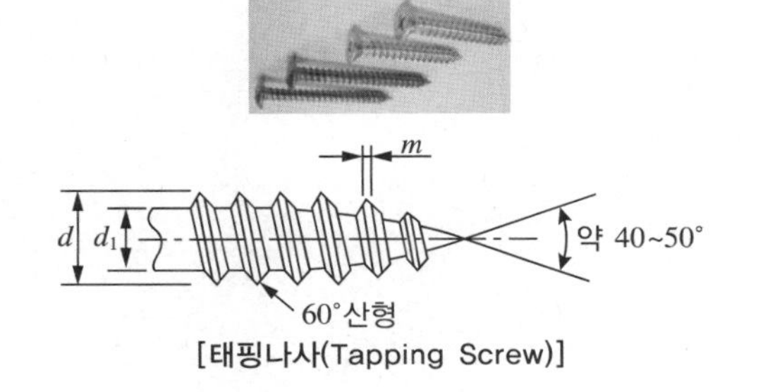

[태핑나사(Tapping Screw)]

10년간 자주 출제된 문제

1-1. 나사의 도시에서 완전 나사부와 불완전 나사부의 경계선을 나타내는 선의 종류는?

① 굵은 실선　　② 가는 실선
③ 가는 1점쇄선　　④ 가는 2점쇄선

1-2. 도면에 3/8-16UNC-2A로 표시되어 있다. 이에 대한 설명 중 틀린 것은?

① 3/8은 나사의 지름을 표시하는 숫자이다.
② 16은 1인치 내의 나사산수를 표시한 것이다.
③ UNC는 유니파이 보통나사를 의미한다.
④ 2A는 수량을 의미한다.

1-3. 다음 ISO 규격나사 중에서 미터보통나사를 기호로 나타내는 것은?

① Tr　　② R
③ M　　④ S

|해설|

1-1
나사의 도시에서 완전 나사부와 불완전 나사부의 경계선은 굵은 실선으로 나타낸다.

1-2
유니파이 나사의 호칭방법에서 2A는 나사의 등급을 나타내는 것으로 수나사 중에서 중간 등급임을 의미한다.

1-3
미터보통나사의 기호는 M으로 나타낸다.

정답 1-1 ① 1-2 ④ 1-3 ③

핵심이론 02 볼트 및 너트의 제도

① 육각볼트의 호칭

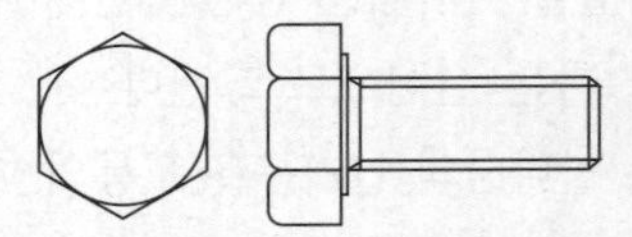

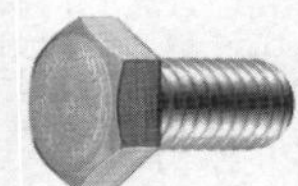

규격번호	종류	부품등급	나사부의 호칭지름 ×호칭길이	-	강도구분	재료	-	지정사항
KS B 1002	육각볼트	A	M12×80	-	8.8	SM20C	-	둥근끝

② 육각너트의 호칭

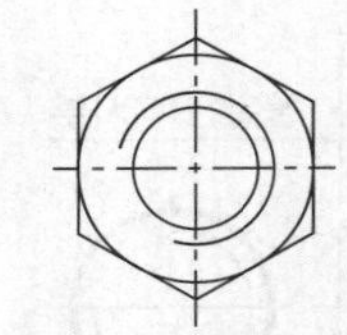

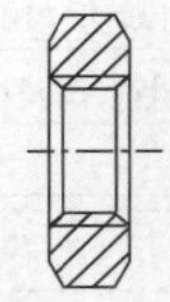

규격번호	종류	형식	부품등급	나사의 호칭	-	강도구분	재료	-	지정사항
KS B 1012	육각너트	스타일 1	B	M12	-	8	MFZnII	-	C

10년간 자주 출제된 문제

다음은 육각볼트의 호칭이다. ㉢이 의미하는 것은?

KS B 1002	6각볼트	A	M12×80	-8.8	MFZn2
㉠	㉡	㉢	㉣	㉤	㉥

① 강도　　② 부품 등급
③ 종류　　④ 규격번호

정답 ②

핵심이론 03 키, 핀, 리벳, 코터의 제도

① 키(Key)의 호칭

규격번호	모양, 형상, 종류 및 호칭 치수	×	길이	끝 모양의 특별 지정	재료
KS B 1311	P - A 평행키 10×8 (폭×높이)	×	25	양 끝 둥글기	SM 48C

② 키의 모양, 형태, 종류 및 기호

모양		기호
평행키	나사용 구멍 없음	P
	나사용 구멍 있음	PS
경사키	머리 없음	T
	머리 있음	TG
반달키	둥근 바닥	WA
	납작 바닥	WB

형상	기호
양쪽 둥근형	A
양쪽 네모형	B
한쪽 둥근형	C

③ 반달키의 호칭 치수 표시방법

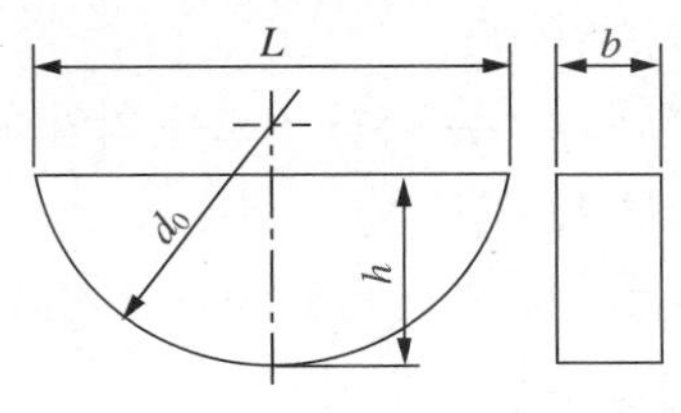

L : 반달키 길이

④ 테이퍼핀의 호칭지름

테이퍼핀은 $\frac{1}{50}$의 테이퍼를 갖고 있으며 호칭지름은 작은 쪽의 지름을 표시한다.

⑤ 리벳의 호칭(접시머리 리벳)

접시 부분인 머리 부분까지 재료에 파묻히게 되므로 머리부의 전체를 포함해서 호칭 길이를 나타낸다.

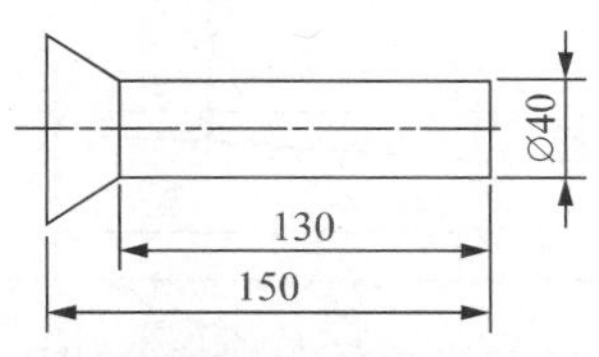

규격번호	종류	호칭지름×길이	재료
KS B ISO 15974	접시머리 리벳	40×150	SV330

⑥ 코터(Cotter)

㉠ 코터의 정의 : 피스톤 로드, 크로스 헤드, 연결봉 사이의 체결과 같이 축 방향으로 인장 또는 압축을 받는 2개의 축을 연결하는 데 사용하는 기계요소이다. 평판 모양의 쐐기를 이용하기 때문에 결합력이 크다. 코터가 전단응력에 의해 파단될 때 1개의 코터는 3개의 조각이 나므로 파단면은 2개를 적용한다.

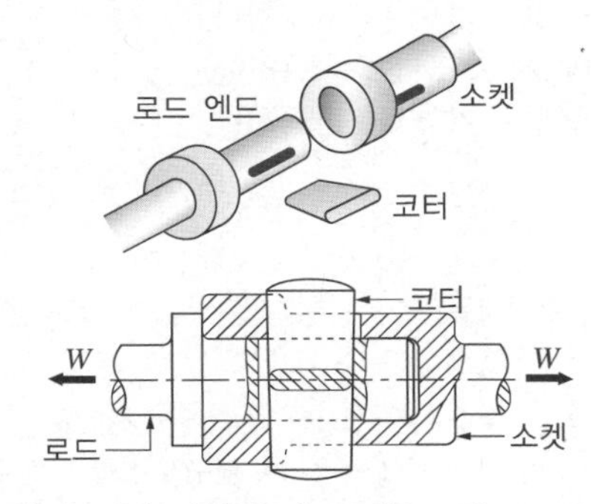

㉡ 코터의 허용전단응력 구하는 식

$$\text{허용전단응력} = \frac{\text{최대하중}}{\text{단면적}}(\text{N})$$

10년간 자주 출제된 문제

3-1. 주어진 테이퍼 핀의 호칭지름으로 맞는 부위는?

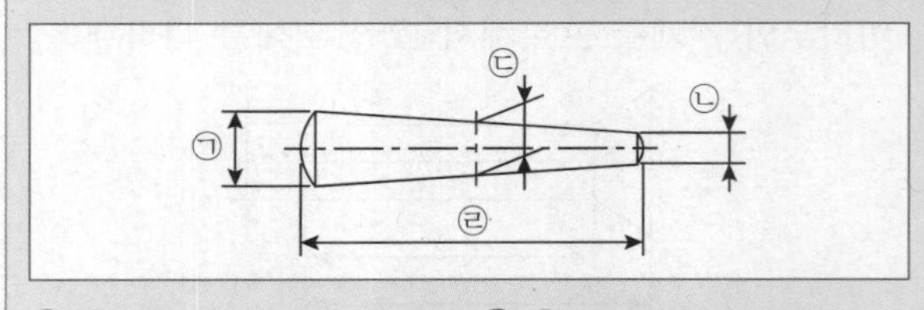

① ㉠ ② ㉡
③ ㉢ ④ ㉣

3-2. 리벳이음의 도시방법에 대한 설명 중 옳은 것은?

① 리벳은 길이 방향으로 절단하여 도시한다.
② 구조물에 쓰이는 리벳은 약도로 표시할 수 있다.
③ 얇은 판, 형강 등의 단면은 가는 실선으로 도시한다.
④ 리벳의 위치만 표시할 때는 굵은 실선으로 그린다.

3-3. 평행키 끝부분의 형식에 대한 설명으로 틀린 것은?

① 끝부분 형식에 대한 지정이 없는 경우는 양쪽 네모형으로 본다.
② 양쪽 둥근형은 기호 A를 사용한다.
③ 양쪽 네모형은 기호 S를 사용한다.
④ 한쪽 둥근형은 기호 C를 사용한다.

|해설|

3-1
테이퍼핀의 호칭지름은 가는 부분의 지름으로 표시한다.

3-2
리벳이음 : 철판, 형강 등을 접합할 때 리벳을 사용하는 접합으로 교량이나 보일러, 탱크 등에 사용되며 영구적 접합으로 사용된다.
리벳이음의 제도방법
- 리벳이음은 능률을 위해 간략도로 표시한다.
- 리벳은 길이 방향으로 절단하여 도시하지 않는다.
- 리벳의 위치만 표시할 때는 중심선만 그린다.
- 평판 또는 형강의 단면 치수는 '너비×두께×길이'로 표시한다.
- 얇은 판, 형강 등 얇은 것의 단면은 선(굵은 실선)으로 표시한다.
- 같은 피치로 연속되는 같은 종류의 구멍 표시법은 간단히 기입한다(피치수×피치치수 = 합계치수).

3-3
평행키의 형상에서 양쪽 네모형은 기호 B를 사용한다.

정답 3-1 ② 3-2 ② 3-3 ③

제6절 동력 전달용 기계요소 제도

핵심이론 01 축의 제도

① 축의 도시방법

㉠ 긴 축은 중간을 파단하여 짧게 그릴 수 있다.
㉡ 축의 키홈 부분의 표시는 부분단면도로 나타낸다.
㉢ 조립을 쉽고 정확하게 하기 위해서 축의 끝은 모따기를 하고 모따기 치수를 기입한다.
㉣ 축은 길이 방향으로 절단하여 단면을 도시하지 않는다.
㉤ 축은 일반적으로 중심선을 수평 방향으로 놓고 그린다.
㉥ 축의 일부 중 평면 부위는 가는 실선으로 대각선 표시를 한다.
㉦ 축의 구석 홈 가공부는 확대하여 상세 치수를 기입할 수 있다.
㉧ 긴 축은 중간 부분을 파단하여 짧게 그리고 실제 치수를 기입한다.
㉨ 축 끝의 모따기는 폭과 각도를 기입하거나 45°인 경우 C로 표시한다.
㉩ 널링을 도시할 때 빗줄인 경우 축선에 대하여 30°로 엇갈리게 그린다.

② 테이퍼 표시방법

중심선 위에 직접 기입	투상도 밖에 인출선을 빼서 기입

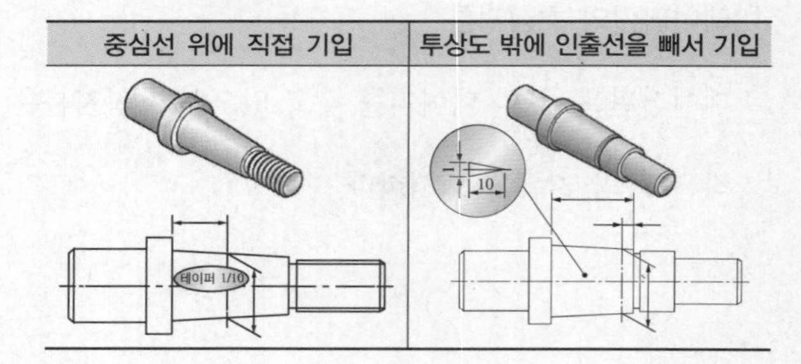

10년간 자주 출제된 문제

1-1. 다음 테이퍼 표기법 중 표기방법이 틀린 것은?

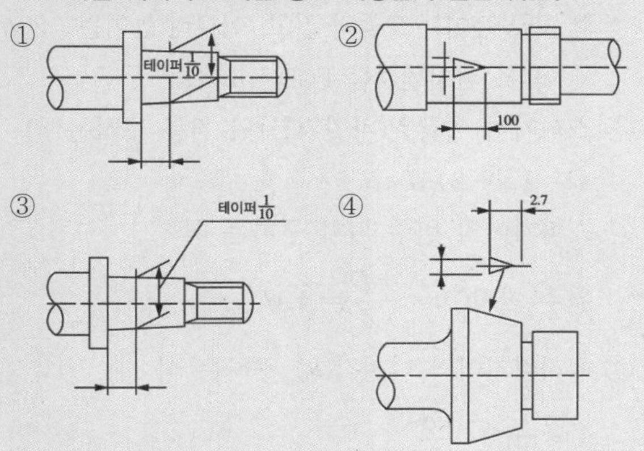

1-2. 축의 도시방법에 대한 설명으로 틀린 것은?

① 가공 방향을 고려하여 도시하는 것이 좋다.
② 축은 길이 방향으로 절단하여 온단면도로 표현하지 않는다.
③ 빗줄 널링의 경우에는 축선에 대하여 30°로 엇갈리게 그린다.
④ 긴 축은 중간을 파단하여 짧게 표현하고, 치수 기입은 도면상에 그려진 길이로 나타낸다.

|해설|

1-2
축을 도시할 때 긴 축은 중간 부분을 파단하여 짧게 그리고 실제 치수를 기입한다.

정답 1-1 ③ 1-2 ④

핵심이론 02 기어의 제도

① 주요 기어의 도시방법

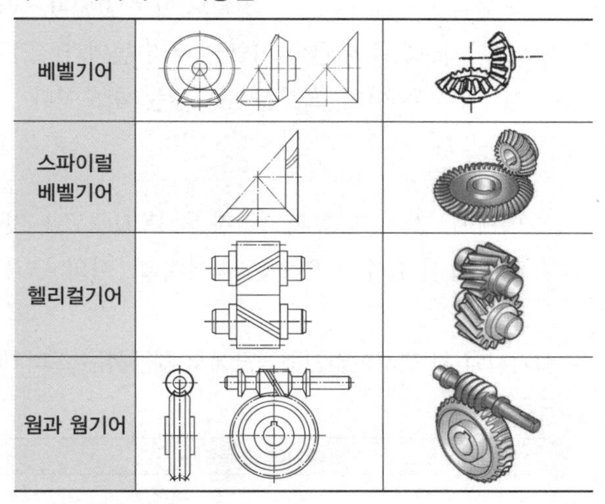

② 기어의 도시방법

㉠ 이끝원은 굵은 실선으로 그린다.
㉡ 피치원은 가는 1점쇄선으로 그린다.
㉢ 맞물리는 한 쌍의 기어 이끝원은 굵은 실선으로 그린다.
㉣ 헬리컬기어의 잇줄 방향은 통상 3개의 가는 실선으로 그린다.
㉤ 보통 축에 직각인 방향에서 본 투상도를 주투상도로 할 수 있다.
㉥ 이뿌리원은 가는 실선으로 그린다. 단, 축에 직각 방향으로 단면 투상할 경우에는 굵은 실선으로 한다.

③ 헬리컬기어

헬리컬기어의 잇줄 방향은 통상 3개의 가는 실선으로 그리며, 외접 헬리컬기어를 축에 직각인 방향에서 본 단면으로 도시할 때는 잇줄 방향을 3개의 가는 2점쇄선으로 표시한다.

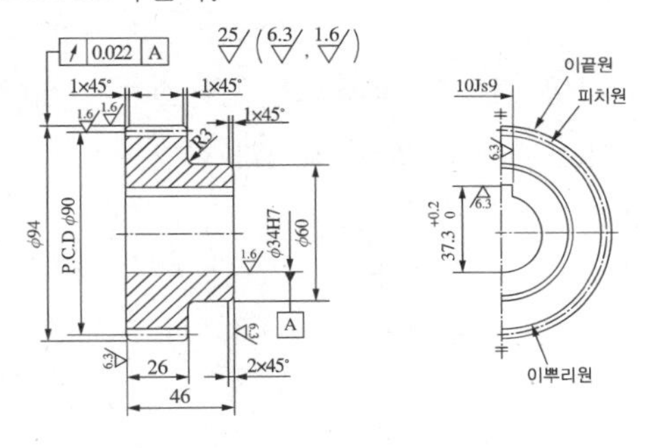

④ 기어의 크기를 결정하는 기준

모듈(m)의 크기로 결정한다.

㉠ 모듈 : 피치원의 지름을 잇수로 나눈 값이다. 모듈 값을 기준으로 이끝 높이와 이뿌리 높이가 결정된다. 모듈은 이의 크기를 나타내는 척도이다.

$$m = \frac{D}{Z}$$

여기서, D : 지름(피치원지름, PCD), Z : 잇수

※ 모듈이 클수록 잇수는 적어지고, 이의 크기는 커진다.

⑤ 실기시험 시 한국산업인력공단에서 제공하는 스퍼기어 요목표

스퍼기어 요목표		
기어 치형		표준
공구	모듈	2
	치형	보통이
	압력각	20°
전체 이 높이		4.5(2.25m)
피치원지름		∅90(PCD : mZ)
잇수		45
다듬질 방법		호브절삭
정밀도		KS B ISO 1328-1, 4급

※ 여기서, m : 모듈, Z : 잇수, PCD : 피치원지름

⑥ 주요 계산식

㉠ 전체 이 높이(H) : 2.25m(이뿌리 높이 + 이끝 높이)

㉡ 이뿌리 높이 : 1.25m

㉢ 이끝 높이 : m

㉣ 2개의 기어 간 중심거리(C) :

$$C = \frac{D_1 + D_2}{2} = \frac{mZ_1 + mZ_2}{2}$$

㉤ 기어의 지름은 피치원의 지름을 나타내며 PCD (Pitch Circle Diameter)라 한다.

PCD(D)$= mZ$

여기서, m : 모듈

Z : 잇수

㉥ 이끝원지름(바깥지름)을 구하는 식

D = PCD + 2m = 피치원지름 + 2(모듈)

※ 이끝 높이는 모듈과 같고, 이뿌리 높이는 1.25m이다. 피치원지름 PCD = mZ

㉦ 스퍼기어 이끝원(바깥지름)의 지름 구하는 식

$D = (Z+2)M$

㉧ 스퍼기어의 원주 피치 구하는 식

원주 피치(P)$= \frac{\pi D}{Z} = \pi M$

㉨ 헬리컬기어의 나선각(θ) 구하는 식

$$\theta = \tan^{-1}\frac{\pi d}{L}$$

여기서, d : 일감의 지름

L : 나사의 리드

㉩ 헬리컬기어의 피치원지름을 구하는 식

$$\text{피치원지름(PCD)} = \frac{\text{잇수} \times \text{축직각 모듈}}{\text{비틀림각}} = \frac{Zm}{\cos\beta}$$

⑦ 웜과 웜휠기어의 제도

웜기어	웜휠기어
• 비틀림 방향은 오른쪽으로 한다. • 이끝원은 굵은 실선으로 도시한다. • 이뿌리원은 가는 실선으로 도시한다. • 피치원은 가는 1점쇄선으로 도시한다. • 잇줄 방향은 3개의 가는 실선으로 표시한다.	• 이뿌리원은 굵은 실선으로 한다. • 피치원은 가는 1점쇄선으로 한다. • 이끝원은 굵은 실선으로 한다.

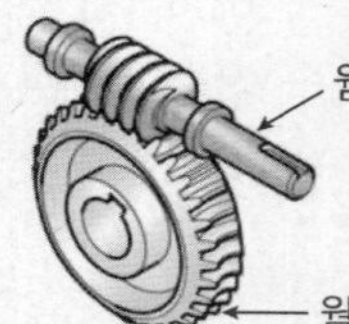

10년간 자주 출제된 문제

2-1. 기어의 도시방법을 나타낸 것 중 틀린 것은?

① 이끝원은 굵은 실선으로 그린다.
② 피치원은 가는 1점쇄선으로 그린다.
③ 단면으로 표시할 때 이뿌리원은 가는 실선으로 그린다.
④ 잇줄 방향은 보통 3개의 가는 실선으로 그린다.

2-2. 다음은 표준 스퍼기어 요목표이다. (a), (b)에 들어갈 숫자로 옳은 것은?

스퍼기어		
기어 치형		표준
공구	치형	보통 이
	모듈	2
	압력각	20°
잇수		32
피치원지름		(a)
전체 이높이		(b)
다듬질방법		호브 절삭
정밀도		KS B 1405, 5급

① a : Ø64, b : 4.5
② a : Ø40, b : 4
③ a : Ø40, b : 4.5
④ a : Ø64, b : 4

|해설|

2-1
이뿌리원을 단면으로 표시할 때는 굵은 실선으로 해야 한다.

2-2
- a : 피치원지름(PCD) = $mZ = 2 \times 32 = 64$mm(Ø64)
- b : 전체 이높이(H) = $2.25m = 2.25 \times 2 = 4.5$mm

정답 2-1 ③ 2-2 ①

핵심이론 03 베어링의 제도

① 베어링의 호칭방법

베어링의 안지름번호는 한 자리 숫자일 경우 1~9는 그대로 1~9mm를 의미한다. 00은 10mm, 01은 12mm, 02는 15mm, 03은 17mm이고, 04부터는 5를 곱하면 그 수치가 안지름이 된다. 그리고 안지름이 500mm 이상일 경우는 그대로 기록한다.

구분	내용
형식번호	• 1 : 복렬 자동조심형 • 2, 3 : 상동(큰 너비) • 6 : 단열홈형 • 7 : 단열앵귤러콘텍트형 • N : 원통 롤러형
치수기호	• 0, 1 : 특별경하중 • 2 : 경하중형 • 3 : 중간형
안지름번호	• 1~9 : 1~9mm • 00 : 10mm • 01 : 12mm • 02 : 15mm • 03 : 17mm • 04 : 20mm ※ 04부터는 5를 곱한다.
접촉각기호	• C
실드기호	• Z : 한쪽 실드 • ZZ : 안팎 실드
내부 틈새기호	• C2
등급기호	• 무기호 : 보통급 • H : 상급 • P : 정밀 등급 • SP : 초정밀급

② 실드기호

개방형(6203)	ZZ형(6203 ZZ)

③ 니들베어링의 기호

NA	49	16	V	C
니들 베어링	치수 계열	안지름 번호	리테이너 없이 롤러로 꽉 차 있음	접촉각 기호

10년간 자주 출제된 문제

3-1. 볼베어링 6203 ZZ에서 ZZ는 무엇을 나타내는가?

① 실드기호
② 내부 틈새기호
③ 등급기호
④ 안지름기호

3-2. 베어링의 안지름번호를 부여하는 방법 중 틀린 것은?

① 안지름 치수가 1, 2, 3, 4mm인 경우 안지름번호는 1, 2, 3, 4이다.
② 안지름 치수가 10, 12, 15, 17mm인 경우 안지름번호는 01, 02, 03, 04이다.
③ 안지름 치수가 20mm 이상 480mm 이하인 경우 5로 나눈 값을 안지름 번호로 사용한다.
④ 안지름 치수가 500mm 이상인 경우 '/안지름 치수'를 안지름 번호로 사용한다.

3-3. 베어링의 호칭번호가 608일 때, 이 베어링의 안지름은 몇 mm인가?

① 8
② 12
③ 15
④ 40

|해설|

3-1

ZZ는 베어링 안팎의 실드된 형태의 기호를 의미한다.
볼베어링의 안지름번호는 앞에 2자리를 제외한 뒤의 숫자로 확인할 수 있다. 04부터는 5를 곱하면 그 수치가 안지름이 된다.

호칭번호가 6203 ZZ인 경우

- 6 : 단열홈형 베어링
- 2 : 경하중형
- 03 : 베어링 안지름번호
- ZZ : 안팎 실드

3-2

베어링 안지름의 호칭방법에서 10mm = 00, 12mm = 01, 15mm = 02, 17mm = 03을 쓰며, 04 이상부터는 5를 곱해서 나온 수치를 내경의 수치로 한다.

3-3

볼베어링의 안지름번호는 앞에 2자리를 제외한 뒤의 숫자로 확인할 수 있다. 1자리일 경우 그 수치가 베어링 안지름이 되며 04부터는 5를 곱한다.

호칭번호가 608인 경우

- 6 : 단열홈형 베어링
- 0 : 특별경하중
- 8 : 베어링 안지름번호 8mm

※ 베어링의 호칭방법 : 핵심이론 3 ① 베어링의 호칭방법 표 참조

정답 3-1 ① 3-2 ② 3-3 ①

핵심이론 04 벨트 풀리의 제도

① 평벨트 및 V벨트 풀리의 표시방법

㉠ 암은 길이 방향으로 절단하여 도시하지 않는다.

㉡ V벨트 풀리는 축 직각 방향의 투상을 정면도로 한다.

㉢ 모양이 대칭형인 벨트 풀리는 그 일부분만 도시한다.

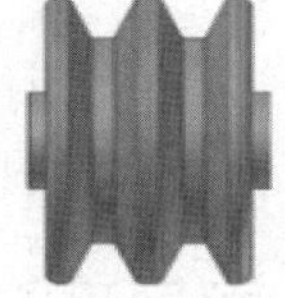

[V벨트 풀리]

㉣ 암의 단면형은 도형의 안이나 밖에 회전단면으로 도시한다.

㉤ 방사형으로 된 암은 수직이나 수평 중심선까지 회전시켜 투상한다.

㉥ 벨트 풀리의 홈 부분 치수는 해당 형별, 호칭지름에 따라 결정된다.

② 긴장 풀리

평벨트를 벨트 풀리에 걸 때 벨트와 벨트 풀리의 접촉각을 크게 하기 위해 이완측에 설치하는 것이다.

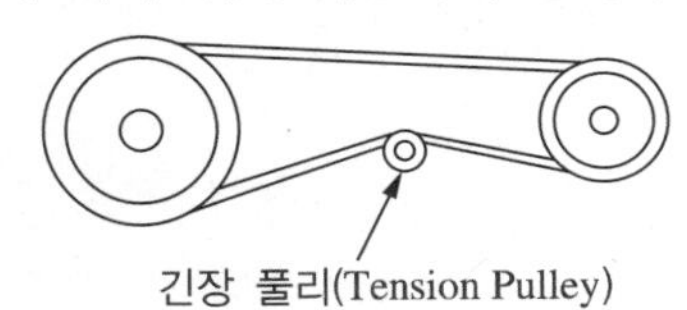

긴장 풀리(Tension Pulley)

③ 림의 구조

림이란 평벨트 및 V벨트 풀리의 구조에서 벨트와 직접 접촉해서 동력을 전달하는 부분이다.

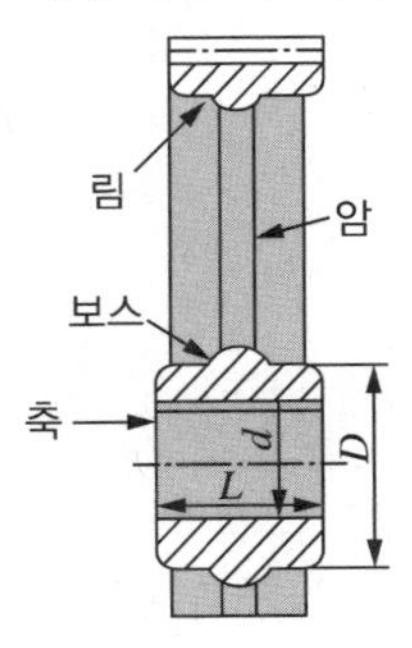

④ 주철로 만들어지는 V벨트 폴리의 홈 부분 각도에는 34°, 36°, 38°의 3종이 있다.

⑤ V벨트 단면의 모양 및 크기

종류	M	A	B	C	D	E
크기	최소 ◀—— ——▶ 최대					

⑥ V벨트의 호칭 순서 – 'B40'인 경우

B	40
벨트의 단면 형상	유효 길이(inch)

10년간 자주 출제된 문제

4-1. 주철제 V벨트 풀리는 호칭지름에 따라 홈의 각도를 달리하는데, 홈의 각도로 사용되지 않는 것은?

① 34° ② 36°
③ 38° ④ 40°

4-2. 평벨트 풀리의 도시방법이 아닌 것은?

① 암의 단면형은 도형의 안이나 밖에 회전도시단면도로 도시한다.
② 풀리는 축직각 방향의 투상을 주투상도로 도시할 수 있다.
③ 풀리와 같이 대칭인 것은 그 일부만을 도시할 수 있다.
④ 암은 길이 방향으로 절단하여 단면을 도시한다.

|해설|

4-1

주철로 만들어지는 V벨트 풀리의 홈부분 각도는 34°, 36°, 38°의 3종이 있다.

4-2

평벨트 및 V벨트 풀리를 도면에 표시할 때 암은 길이 방향으로 절단하여 도시하지 않는다.

정답 4-1 ④ 4-2 ④

핵심이론 05 | 스프로킷 휠의 제도

① 스프로킷 휠의 호칭번호

스프로킷 휠은 체인을 감아 물고 돌아가는 바퀴로, 호칭번호는 스프로킷에 감기는 전동용 롤러 체인의 호칭번호로 한다.

② 스프로킷 휠의 도시방법

㉠ 도면에는 주로 스프로킷 소재의 제작에 필요한 치수를 기입한다.

㉡ 호칭번호는 스프로킷에 감기는 전동용 롤러 체인의 호칭번호로 한다.

㉢ 표에는 이의 특성을 나타내는 사항과 이의 절삭에 필요한 치수를 기입한다.

㉣ 축직각 단면으로 도시할 때는 톱니를 단면으로 하지 않으며, 이뿌리선은 굵은 실선으로 한다.

㉤ 바깥지름은 굵은 실선, 피치원 지름은 가는 1점쇄선, 이뿌리원은 가는 실선이나 굵은 파선으로 그리며 생략도 가능하다.

형태	도면
	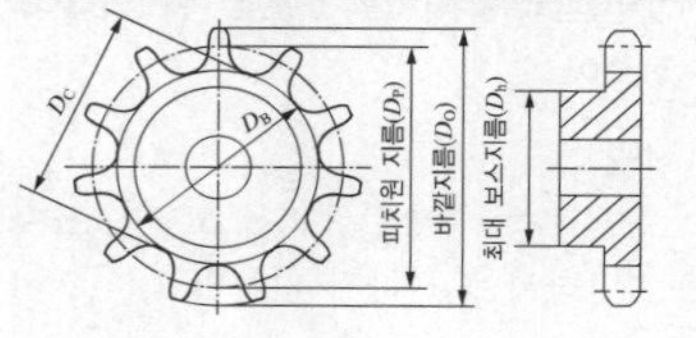 D_C, D_B, 피치원 지름(D_P), 바깥지름(D_O), 최대 보스지름(D_H) 1. 이뿌리원 지름(D_B) 2. 이뿌리 길이(D_C)

③ 스프로킷 휠의 기준 치형

S치형과 U치형 중 S치형을 많이 사용한다.

10년간 자주 출제된 문제

5-1. 스프로킷 휠의 피치원을 표시하는 선의 종류는?

① 가는 실선
② 가는 파선
③ 가는 1점쇄선
④ 가는 2점쇄선

5-2. 스프로킷 휠의 도시방법으로 틀린 것은?

① 바깥지름–굵은 실선
② 피치원–가는 1점쇄선
③ 이뿌리원–가는 1점쇄선
④ 축 직각 단면으로 도시할 때 이뿌리선–굵은 실선

|해설|

5-1

스프로킷 휠은 체인을 감아 물고 돌아가는 바퀴이다. 스프로킷 휠의 피치원 지름은 가는 1점쇄선으로 한다.

5-2

스프로킷 휠은 체인을 감아 물고 돌아가는 바퀴로 이뿌리원은 가는 실선으로 그린다.

정답 5-1 ③ 5-2 ③

핵심이론 06 | 스프링의 제도

① 스프링제도의 특징

㉠ 스프링은 원칙적으로 무하중 상태로 그린다.

㉡ 그림 안에 기입하기 힘든 사항은 일괄하여 요목표에 표시한다.

㉢ 코일의 중간 부분을 생략할 때는 생략한 부분을 가는 2점쇄선으로 표시한다.

㉣ 스프링의 종류와 모양만 도시할 때는 재료의 중심선만 굵은 실선으로 그린다.

㉤ 하중과 높이 등의 관계를 표시할 필요가 있을 때에는 선도 또는 요목표에 표시한다.

㉥ 스프링의 종류와 모양만 간략도로 나타내는 경우 재료의 중심선만 굵은 실선으로 그린다.

㉦ 코일 부분의 투상은 나선이 되고, 시트에 근접한 부분의 피치 및 각도가 연속적으로 변하는 것은 직선으로 표시한다.

㉧ 스프링은 특별한 단서가 없는 한 모두 오른쪽 감기로 도시하며, 왼쪽 감기로 도시할 경우에는 '감긴 방향 왼쪽'이라고 명시해야 한다.

㉨ 코일 스프링에서 양 끝을 제외한 동일 모양 부분의 일부를 생략하는 경우 생략되는 부분의 선지름의 중심선은 가는 1점쇄선으로 나타낸다.

② 코일 스프링을 간략하게 표시하기

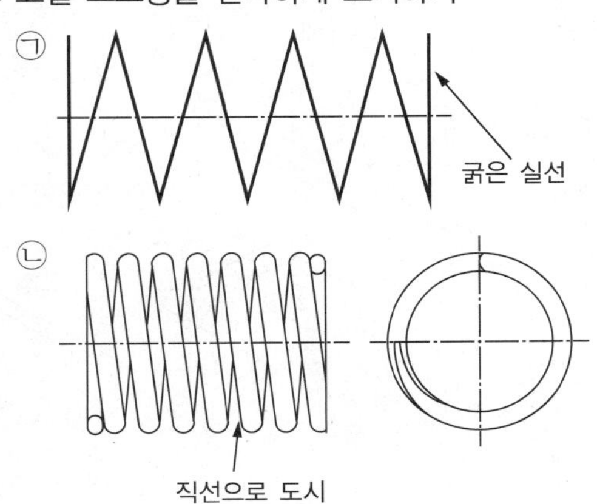

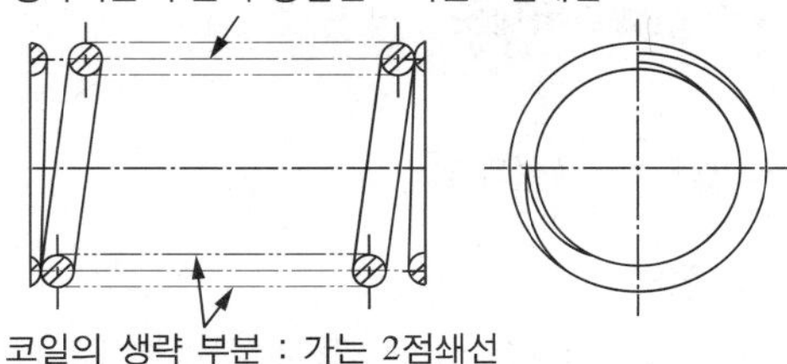

10년간 자주 출제된 문제

6-1. 코일 스프링의 제도방법 중 틀린 것은?

① 스프링은 원칙적으로 무하중인 상태로 그린다.
② 하중과 높이 또는 처짐과의 관계를 표시할 필요가 있을 때에는 선도 또는 표로 표시한다.
③ 특별한 단서가 없는 한 모두 오른쪽 감기로 도시하고 왼쪽 감기로 도시할 때에는 '감긴 방향 왼쪽'이라고 표시한다.
④ 코일 스프링의 중간 부분을 생략할 때에는 생략하는 부분을 선지름의 중심선을 굵은 실선으로 그린다.

6-2. 스프링 제도에 대한 설명으로 맞는 것은?

① 오른쪽 감기로 도시할 때는 '감긴 방향 오른쪽'이라고 반드시 명시해야 한다.
② 하중이 걸린 상태에서 그리는 것을 원칙으로 한다.
③ 하중과 높이 및 처짐과의 관계는 선도 또는 요목표에 나타낸다.
④ 스프링의 종류와 모양만 도시할 때에는 재료의 중심선만 가는 실선으로 그린다.

|해설|

6-1
코일 스프링에서 양 끝을 제외한 동일 모양 부분의 일부를 생략하는 경우 생략되는 부분의 선지름의 중심선은 가는 1점쇄선으로 나타낸다.

6-2
스프링은 하중과 높이 및 처짐 등의 사항은 요목표에 표시한다.

정답 6-1 ④ 6-2 ③

제7절 산업설비제도

핵심이론 01 용접제도

① 용접의 정의

용접이란 2개의 서로 다른 물체를 접합하고자 할 때 사용하는 기술로서, 영구적으로 결합하는 야금학적 접합법에 속한다.

② 용접(야금적 접합법)과 기타 금속 접합법과의 차이점

구분	종류	장점 및 단점
야금적 접합법	용접 (융접, 압접, 납땜)	• 결합부에 틈이 발생하지 않아서 이음효율이 좋다. • 영구적 결합법으로 한 번 결합하면 분리가 불가능하다.
기계적 접합법	리벳, 볼트, 나사, 핀, 키, 접어잇기	• 결합부에 틈이 발생하여 이음효율이 좋지 않다. • 일시적 결합법으로 잘못 결합해도 수정이 가능하다.
화학적 접합법	본드와 같은 화학물질에 의한 접합	–

※ 야금 : 광석에서 금속을 추출하고 용융한 후 정련하여 사용목적에 알맞은 형상으로 제조하는 기술

③ 용접기호의 일반사항

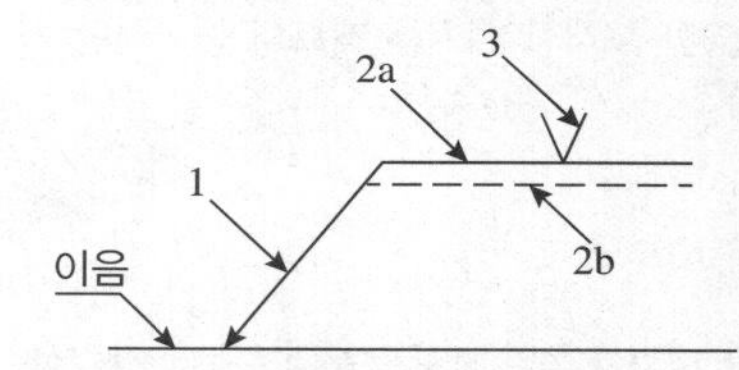

1 : 화살표(지시선)
2a : 기준선(실선)
2b : 동일선(파선)
3 : 용접기호(이음 용접 기호)

④ 용접부의 방향 표시하기

용접부(용접면)가 화살표쪽에 있을 때는 용접기호를 기준선(실선) 위에 기입하고, 화살표 반대쪽에 있을 때는 용접기호를 동일선(파선) 위에 기입한다.

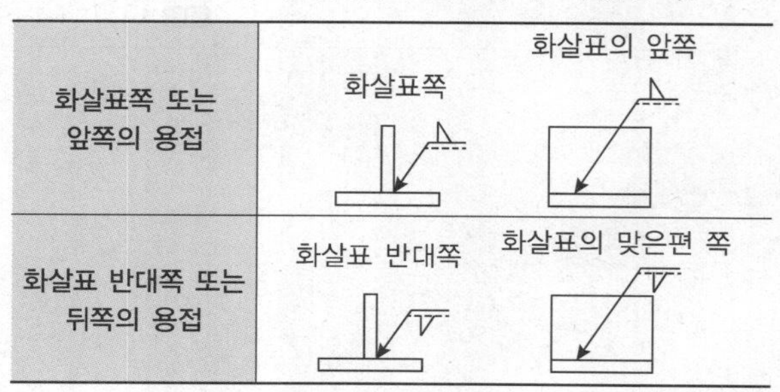

구분		
화살표쪽 또는 앞쪽의 용접	화살표쪽	화살표의 앞쪽
화살표 반대쪽 또는 뒤쪽의 용접	화살표 반대쪽	화살표의 맞은편 쪽

⑤ 단속 필릿용접부의 표시방법

명칭	단속 필릿용접부
형상	l (e) l
기호	a ◺ $n \times l(e)$
의미	a : 목 두께 ◺ : 필릿용접기호 n : 용접부 개수 l : 용접 길이 (e) : 인접한 용접부 간의 간격

⑥ 용접이음의 종류

맞대기이음	겹치기이음	모서리이음
양면 덮개판이음	**T이음(필릿)**	**십자(+)이음**
전면 필릿이음	**측면 필릿이음**	**변두리이음**

⑦ 용접부의 모양과 용접 자세

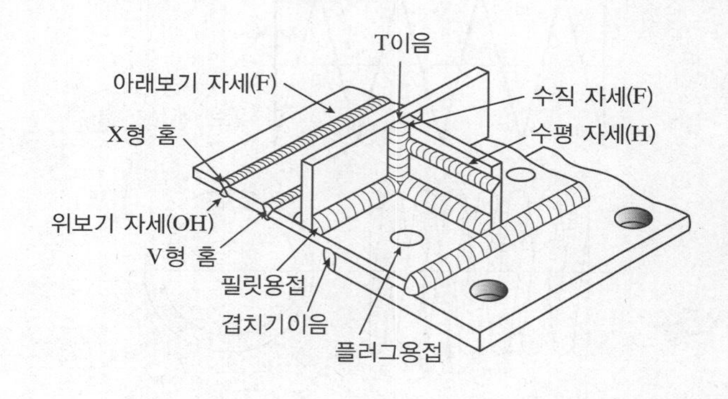

⑧ 용접부 보조기호

용접부 및 용접부 표면의 형상	보조기호
평탄면	
볼록	
오목	
끝단부를 매끄럽게 함	
영구적인 덮개판(이면 판재) 사용	M
제거 가능한 덮개판(이면 판재) 사용	MR

⑨ 용접의 종류별 기본기호

번호	명칭	도시	기본기호
1	필릿용접		
2	스폿용접(점용접)		
3	플러그용접(슬롯용접)		
4	뒷면용접		
5	심용접		
6	겹침이음		
7	한쪽 플랜지용접		
8	양쪽 플랜지용접		
9	평면형 평행 맞대기용접		
10	V형 홈 맞대기용접		
11	베벨형 홈 맞대기용접		
12	한쪽 면 J형 맞대기용접		

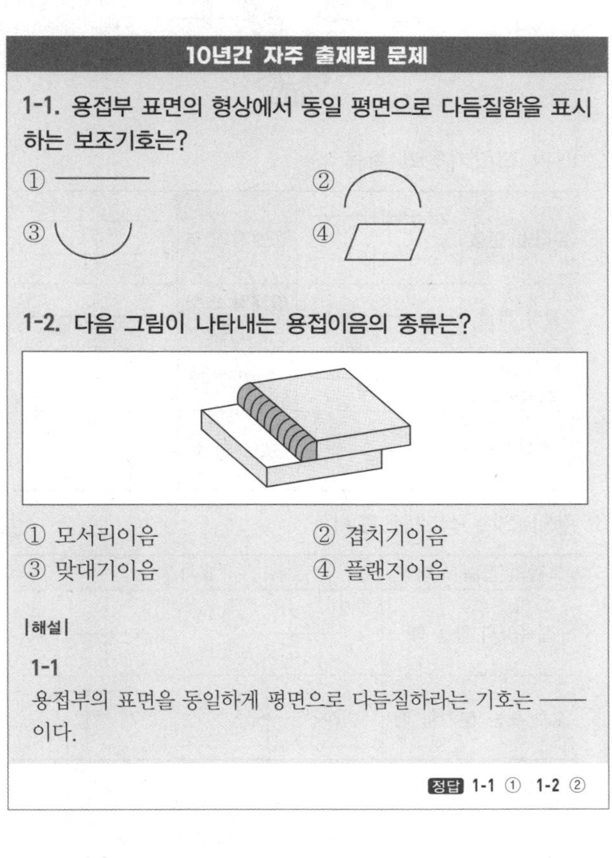
10년간 자주 출제된 문제

1-1. 용접부 표면의 형상에서 동일 평면으로 다듬질함을 표시하는 보조기호는?

①　　　②

③　　　④

1-2. 다음 그림이 나타내는 용접이음의 종류는?

① 모서리이음　　② 겹치기이음
③ 맞대기이음　　④ 플랜지이음

|해설|

1-1
용접부의 표면을 동일하게 평면으로 다듬질하라는 기호는 ―― 이다.

정답 1-1 ① 1-2 ②

핵심이론 02 배관제도

① 신축이음

철은 여름철과 겨울철의 온도 변화에 의해서 신축작용이 일어나기 때문에 수도배관이나 가스배관을 일자배관으로 제작할 경우 뒤틀어지거나 터짐이 발생한다. 이를 방지하는 방법으로 신축이음을 사용하는데 신축이음은 열에 의해 응력이 집중되는 열응력을 방지하기 위함이다.

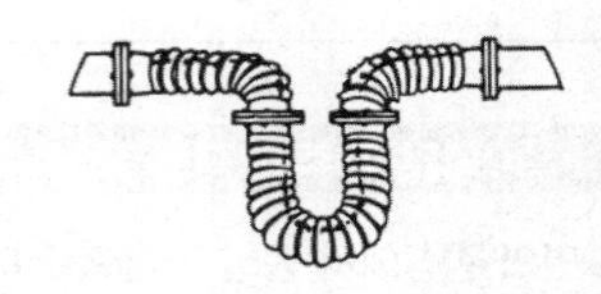

② 배관 접합기호의 종류

유니언 연결		플랜지 연결	
칼라 연결		마개와 소켓 연결	
확장 연결 (신축이음)		일반연결	
캡 연결		엘보 연결	

③ 관의 접속 상태와 표시

관의 접속 상태	표시
접속하지 않을 때	
교차 또는 분기할 때	교차 분기

④ 밸브 및 콕의 표시방법

밸브 일반		전자밸브	
글로브밸브		전동밸브	
체크밸브		콕 일반	
슬루스밸브 (게이트밸브)		닫힌 콕 일반	
앵글밸브		닫혀 있는 밸브 일반	
3방향 밸브		볼밸브	
안전밸브 (스프링식)		안전밸브 (추식)	
공기빼기밸브		버터플라이 밸브	

※ 체크밸브 : 액체의 역류를 방지하기 위해 한쪽 방향으로만 흐르게 하는 밸브

⑤ 배관을 흐르는 유체의 유량을 구하는 식

$Q = A \times V(\mathrm{m^3/s})$

여기서, Q : 유량

A : 관의 단면적($\mathrm{m^2}$)

V : 유체가 흐르는 속도(m/s)

⑥ 냉동관 이음하기

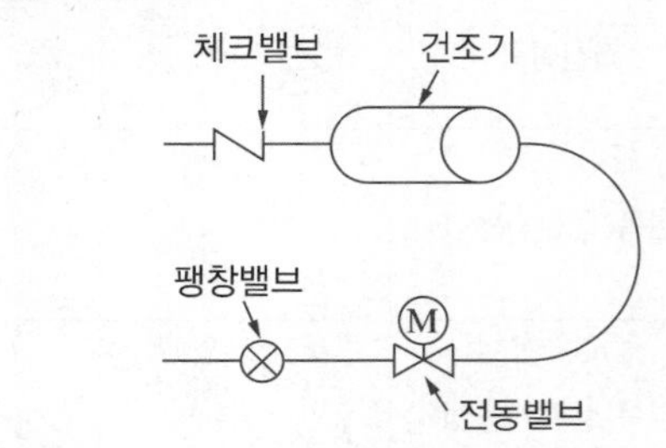

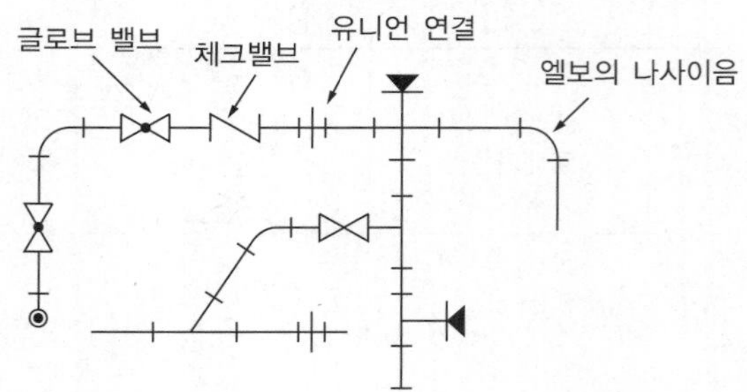

⑦ 단선 및 복선 도시 배관도

단선 도시 배관도

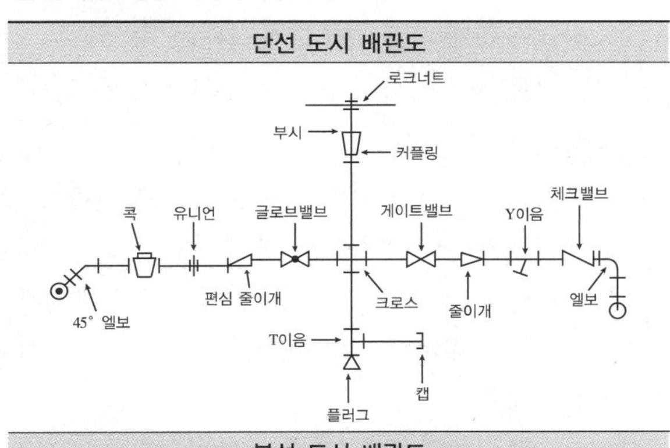

복선 도시 배관도

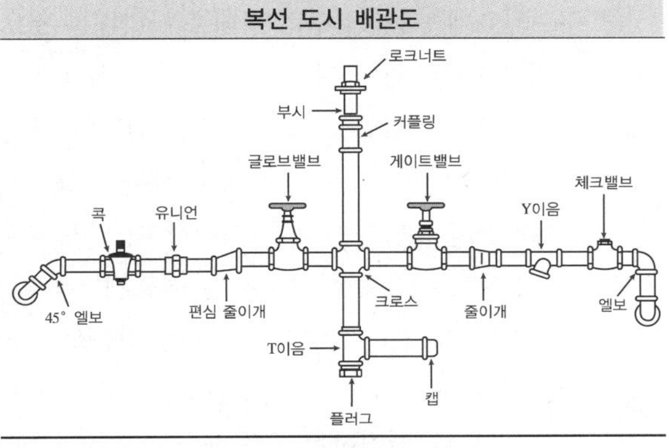

※ 배관의 도면에 치수를 기입할 때 설치 이유가 중요한 장치에서는 단선 도시방법보다는 복선 도시방법을 사용하는 것이 제작자가 이해하기가 더 쉽다.

⑧ 단선 도시 배관도의 종류

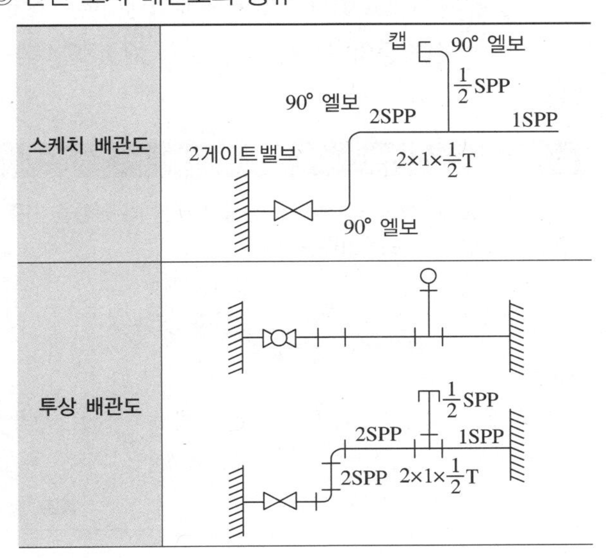

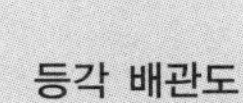

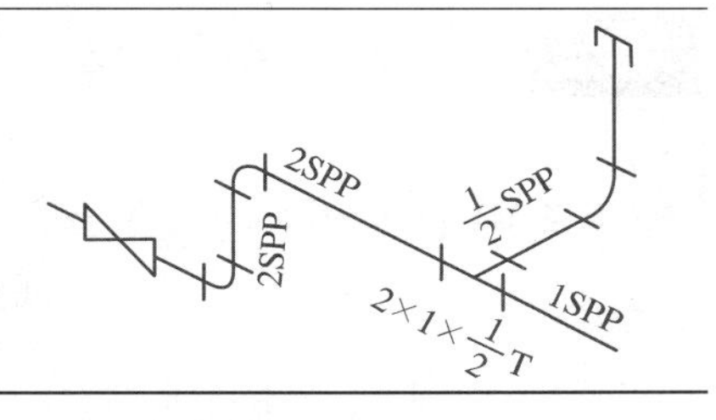

⑨ 파이프 안에 흐르는 유체의 종류

㉠ A : Air, 공기

㉡ G : Gas, 가스

㉢ O : Oil, 유류

㉣ S : Steam, 수증기

㉤ W : Water, 물

⑩ 계기 표시의 도면기호

㉠ T : Temperature, 온도계

㉡ F : Flow Rate, 유량계

㉢ V : Vacuum, 진공계

㉣ P : Pressure, 압력계

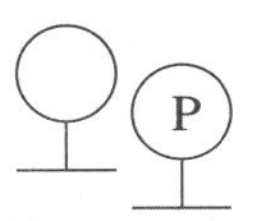

10년간 자주 출제된 문제

2-1. 배관기호에서 온도계의 표시방법으로 옳은 것은?

①
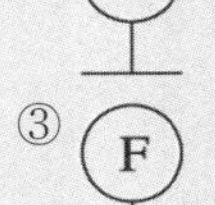

②
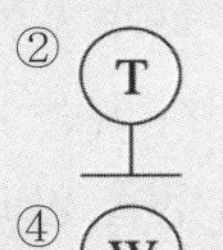

③
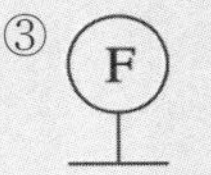

④ (W)

2-2. 관이음의 그림기호 중 플랜지식 이음은?

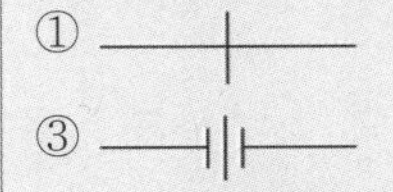

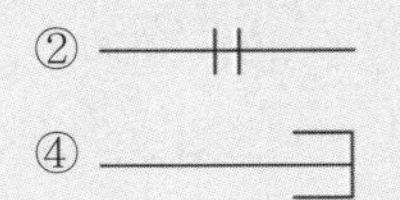

정답 2-1 ② 2-2 ②

제8절 2D 및 3D CAD 작업

핵심이론 01 CAD 시스템의 일반사항

① CAD(Computer Aided Design)

CAD란 컴퓨터를 이용하여 제품을 설계하는 기술로, 일반적으로 2D 도면 작성에 사용되는 설계 프로그램 외에 제품 설계와 도면 작성에 사용되는 모든 설계 소프트웨어를 총칭한다.

② CAD 시스템은 하드웨어와 소프트웨어로 구성된다.

㉠ 하드웨어 : 입력장치 + 출력장치

㉡ 소프트웨어 : 운영체제(OS ; Operation System)와 데이터베이스 시스템(Data Base System)

③ CAD시스템의 장점

㉠ 설계 변경이 가능하다.

㉡ 정확한 설계가 가능하다.

㉢ 설계자료의 데이터화가 가능하다.

㉣ 도면의 작성, 수정, 편집이 편리하다.

㉤ 설계의 생산성과 질을 향상시킬 수 있다.

㉥ 제도의 표준화와 도면의 문서화가 가능하다.

㉦ 조작에 있어서 짧은 시간에 이해가 가능하다.

④ Auto CAD에서 원을 만드는 방법

㉠ 원을 지나는 2점 입력

㉡ 원을 지나는 3점 입력

㉢ 원의 중심점, 지름값 입력

㉣ 원의 중심점, 반지름값 입력

㉤ 원의 접선, 접선, 반지름값 입력

㉥ 원의 중심점, 원을 지나는 하나의 접선값 입력

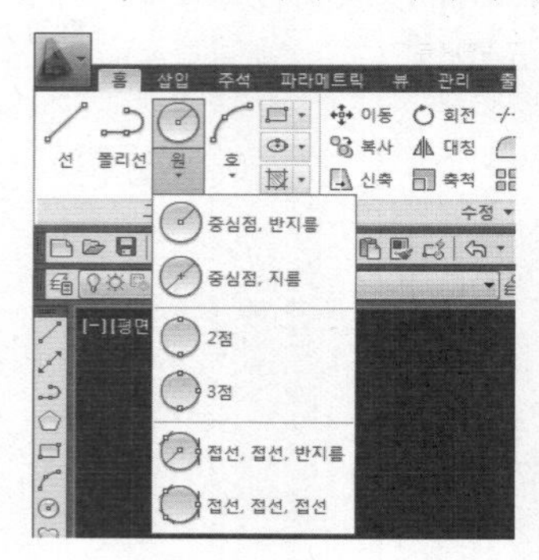

⑤ CAD 시스템 좌표계의 종류

㉠ 직교좌표계 : 두 개의 직교하는 축 위 두 점의 교점을 이용해서 평면 공간상의 좌표를 표시하는 좌표계

㉡ 극좌표계 : 평면 위의 위치를 각도와 거리를 사용해서 나타내는 2차원 좌표계

㉢ 원통좌표계 : 3차원 공간을 나타내기 위해 평면 극좌표계에 평면에서부터의 높이를 더해서 나타내는 좌표계

㉣ 구면좌표계 : 3차원 구의 형태를 나타내는 것으로, 거리 r과 두 개의 각으로 표현되는 좌표계

㉤ 절대좌표계 : 도면상 임의의 점을 입력할 때 변하지 않는 원점(0,0)을 기준으로 정한 좌표계

㉥ 상대좌표계 : 임의의 점을 지정할 때 현재의 위치를 기준으로 정해서 사용하는 좌표계

㉦ 상대 극좌표계 : 마지막 입력점을 기준으로 다음 점까지의 직선거리와 기준 직교축과 그 직선이 이루는 각도로 입력하는 좌표계

⑥ 인벤터 퓨전(Inventor Fusion)

인벤터를 간단하게 맛보기 형태로 제작된 프로그램으로, 용량이 가볍고 간단한 설계 프로그램이다. 박스나 실린더, 원뿔 등의 3차원 형상 등의 개별 요소와는 의미가 다르다.

10년간 자주 출제된 문제

CAD의 좌표 표현방식 중 임의의 점을 지정할 때 원점을 기준으로 좌표를 지정하는 방법은?

① 상대좌표　　② 상대극좌표
③ 절대좌표　　④ 혼합좌표

|해설|

절대좌표계는 도면상 임의의 점을 입력할 때 변하지 않는 원점(0, 0)을 기준으로 좌표를 지정한다.

정답 ③

핵심이론 02 컴퓨터 일반

① 컴퓨터(Computer)의 기본 구성

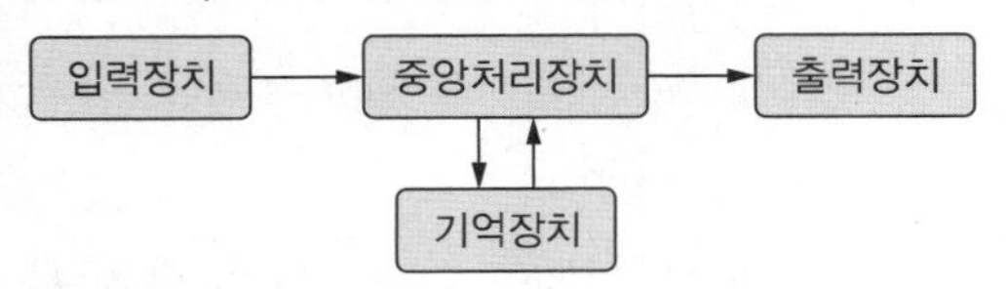

② 컴퓨터의 3대 주요 장치

㉠ 기억장치

㉡ 입출력장치

㉢ 중앙처리장치(CPU)

③ 중앙처리장치(CPU)의 구성요소

㉠ 기억장치

㉡ 제어장치

㉢ 연산논리장치

④ 컴퓨터 용어

종류	정의
Cache Memory	컴퓨터에서 CPU와 주변기기 간의 속도 차이를 극복하기 위하여 두 장치 사이에 존재하는 고속의 보조기억장치
Core Memory	IC가 나오기 전에 컴퓨터의 주기억장치의 중심을 이루던 고속기억장치의 일종
Volatile Memory	휘발성 기억장치로 전원을 끊어 버리면 기억내용이 소실되는 메모리장치
Nonvolatile Memory	전원을 꺼도 메모리 내용이 지워지지 않는 메모리
Associative Memory	기억장치에 기억된 정보에 접근하기 위해 주소를 사용하는 것이 아니라 기억된 내용에 접근하는 것으로, 검색을 빠르게 할 수 있는 메모리
RAM	컴퓨터에 전원을 연결시켰을 때 하드웨어가 작동하기 위해 필요한 기본적인 기능을 수행할 수 있도록 하는 정보를 수록하는 장소
BIOS	컴퓨터에 전원을 연결시켰을 때 하드웨어가 작동하기 위해 필요한 기본적인 기능을 수행할 수 있도록 하는 정보의 수록 장소
BUFFER	컴퓨터의 주기억장치와 주변장치 사이에서 데이터를 주고받을 때 둘 사이의 전송속도 차이를 해결하기 위해 전송할 정보를 임시로 저장하는 고속기억장치
Destructive Memory	판독 후 저장된 내용이 파괴되는 메모리로, 파괴된 내용을 재생시키기 위한 재저장시간이 필요한 메모리

⑤ 컴퓨터 주변 기기의 속도 단위

종류	특징
BPI	• Byte Per Inch • 자기테이프 등에 기록하는 데이터의 밀도
BPT	• Belarc Product Key와 주로 관련된 기타 파일명
MIPS	• Million Instruction Per Second • 계산기의 연산속도
BPS	• 1초간에 송수신할 수 있는 비트수 • Bits Per Second • 컴퓨터에서 통신속도를 나타내는 단위 • DNC 운전 시 시리얼 데이터(Serial Data)를 전송할 때의 전송속도 단위
CPS	• Character Per Second • 프린터 출력속도
DPS	• Dot Per Second
Pixel	• 디스플레이 장치의 화면을 구성하는 가장 최소의 단위
DPI	• Dot Per Inch • 잉크젯이나 레이저 프린터의 해상도 단위
LPM	• Line Per Minute • 분당 인쇄 라인수
PPM	• Parts Per Million • 백만분의 1
CPM	• Cycle Per Minute • 분당 진동수

⑥ 입력장치

㉠ 입력장치의 종류

- 썸휠
- 키보드
- 마우스
- 스캐너
- 측정기
- 라이트펜
- 태블릿
- 디지타이저
- 조이스틱 및 트랙볼
- 광학마크 및 바코드 판독기

㉡ 입력 방식에 따른 분류

- 로케이터(Locator) 방식 : 컴퓨터 화면 위에 특정한 위치의 좌표를 입력하는 방식(예 마우스, 태블릿, 라이트 펜 등)

- 셀렉터(Selector) 방식 : 사용자가 컴퓨터 화면상에서 특정 물체를 선택하는 방식(예 일반적인 입력장치들이 속한다)
- 밸류에이터(Valuator, 숫자 입력) 방식 : 컴퓨터 그래픽에서 상대적인 위치를 실수값으로 바꾸어 입력하는 방식(예 조이스틱 등)
- 버튼입력 방식 : 각종 스위치를 누르면서 입력하는 방식

ⓒ 자주 출제되는 입력장치

종류	특징
라이트펜과 디지타이저	광전자 센서(Sensor)가 부착되어 그래픽 스크린상에 접촉하여 특정의 위치나 도형을 지정하거나 명령어 선택이나 좌표 입력이 가능한 장치 라이트펜 디지타이저
스캐너	이미지를 디지털화하기 위한 장치로 내장된 이미지 센서인(CCD ; Change Coupled Device)로 사진이나 그림, 문서 등의 이미지를 읽어 들여 컴퓨터용 파일로 만드는 장치

⑦ 출력장치

㉠ 모니터

- CRT 모니터 : 브라운관을 이용한 디스플레이 장치로 아날로그신호로 구동한다.
  - CRT 모니터의 특징
    - ⓐ 전 시야각이 넓다.
    - ⓑ 전자파 방출량이 많다.
    - ⓒ 응답속도가 빠르다.
    - ⓓ 크기가 크고 무겁다.
    - ⓔ 화질 및 가독성이 좋다.
    - ⓕ 브라운관으로 형상이 볼록하다.
  - CRT 모니터의 종류(주사선 방식)
    - ⓐ 스토리지형 : 벡터 주사로 컬러 표현이 불가능하다.
    - ⓑ 랜덤 스캔형 : 전자빔 주사로 컬러 표현에 제한이 있다.
    - ⓒ 래스터 스캔형 : 가장 널리 사용되는 것으로, 컬러 표현이 가능하다.
  - 컬러 CRT 화면 뒤에 사용되는 인(Phosphor)의 색상
    - ⓐ Red
    - ⓑ Green
    - ⓒ Blue
- LCD 모니터 : 액정표시장치로 액정 투과도의 변화를 이용하여 각종 장치에서 발생하는 여러 가지 전기적인 정보를 시각 정보로 변화시켜 전달하는 전기소자로서 표현한다.
  - LCD 모니터의 특징
    - ⓐ 깜빡임이 없다.
    - ⓑ 완전한 평면이다.
    - ⓒ 전력 소모가 작다.
    - ⓓ CRT보다 더 밝다.
    - ⓔ 두께가 얇고 가볍다.
    - ⓕ 전자파 발생이 적다.
    - ⓖ 패널에 따라 시야각이 좁다.
    - ⓗ 주변 자기장의 영향을 받지 않는다.
- PDP(Plasma Display Panel) : 두 장의 얇은 유리판 사이에 작은 셀을 다수 배치하고, 그 상하에 장착된 (+)전극과 (−)전극 사이에서 네온과 아르곤의 혼합가스에 방전을 일으켜서 발생하는 자외선에 의해 자기발광시켜 컬러 화상을 재현하는 원리를 이용한 평판 디스플레이 장치
  - PDP(Plasma Display Panel)의 특징
    - ⓐ 박형이면서 대화면의 표시가 가능하다.
    - ⓑ 화면이 완전 평면이고, 일그러짐이 없다.

ⓒ 자기발광이므로 밝고 시야각이 우수하다.

ⓓ 기체방전을 이용하므로 응답속도가 빠르다.

- Plasma판 디스플레이 : 가벼우면서 적은 부피를 가지는 평판 디스플레이

• 화면 이상현상
  - 플리커(Flicker) : 화면을 리프레시(Refresh)할 때 화면이 약간 흐려졌다가 다시 밝아지면서 다소 흔들리는 현상
  - 포커싱(Focusing) : 화면 안쪽의 한 점에 전자빔을 집약시키는 현상
  - 디플렉션(Deflection) : 전자빔의 진행 방향을 임의적으로 변화시키는 현상
  - 래스터(Raster) : CRT 화면의 미리 정해진 수평면 집합체에 전자빔을 주사시키면서 이들을 일정한 간격을 유지하게 하여 전체 화면에 고르게 퍼지도록 하는 현상
  - 에일리어싱(Aliasing)효과 : 래스터 주사 디스플레이(래스터 스캔형)의 경우 직선이 계단형(Stair-stepped)으로 보이는 현상

• 컬러 래스터 스캔 화면 생성 방식의 색상수
  - 3bit plane : RGB, 2^3색
  - 4bit plane : IRGB, 2^4색

ⓛ 프린터

• 프린터 형식에 따른 분류

기준	분류	종류
주사 방식에 따른 분류	래스터 스캔 방식	레이저프린터, 정전식 프린터, 잉크젯프린터
	벡터 방식	펜 플로터
충격에 따른 분류	충격식	펜 플로터, 도트프린터, 라인프린터
	비충격식	레이저, 열전사식, 정전식

• COM(Computer Output Microfilm Unit) 장치 : 도면이나 문자 등을 마이크로필름으로 출력하는 장치

• 플로터 : 도면 작성 후 출력한 결과를 종이나 필름에 문자나 그림의 형태로 나타내는 출력장치

⑧ 컴퓨터 기억 용량 단위

1bit → 1bite(8bit) → 1KB(2^{10}bite) → 1MB(2^{20}bite) → 1GB(2^{30}bite) → 1TB(2^{40}bite)

⑨ 자료 표현과 연산 데이터의 정보 기억 단위

비트 → 니블 → 바이트 → 워드 → 필드 → 레코드 → 파일 → 데이터베이스

⑩ 컴퓨터 처리속도 단위

밀리초 (ms)	마이크로초 (μs)	나노초 (ns)	피코초 (ps)	펨토초 (fs)	아토초 (as)
10^{-3}	10^{-6}	10^{-9}	10^{-12}	10^{-15}	10^{-18}

처리속도 느림 ↔ 처리속도 빠름

10년간 자주 출제된 문제

2-1. CAD 시스템의 입력장치 중에서 광전자 센서가 붙어 있어 화면에 접촉하여 명령어 선택이나 좌표 입력이 가능한 것은?

① 조이스틱(Joystick)
② 마우스(Mouse)
③ 라이트 펜(Light Pen)
④ 태블릿(Tablet)

2-2. 중앙처리장치(CPU)와 주기억장치 사이에서 원활한 정보 교환을 위하여 주기억장치의 정보를 일시적으로 저장하는 고속 기억장치는?

① Floppy Disk
② CD-ROM
③ Cache Memory
④ Coprocessor

|해설|

2-1

라이트 펜 : 광전자 센서(Sensor)가 부착되어 그래픽 스크린상에 접촉하여 특정의 위치나 도형을 지정하거나 명령어 선택이나 좌표 입력이 가능한 장치

2-2

캐시 메모리(Cache Memory) : 중앙처리장치(CPU)와 주기억장치 사이에서 원활한 정보 교환을 위하여 주기억장치의 정보를 일시적으로 저장하는 고속의 보조기억장치로 사용되며, CPU 내에 내장되어 있다.

정답 2-1 ③ 2-2 ③

핵심이론 03 CAD/CAM 시스템 간 데이터 교환방법

① CAD/CAM 간 데이터 교환을 위한 표준을 마련하는 이유

CAD/CAM 시스템을 개발하여 공급하는 회사들은 세계적으로 여러 군데가 있다. 여러 가지 CAD/CAM 시스템을 사용하다 보면 자료를 각각의 회사별로 공유하여 활동하는 데 많은 문제점이 표출된다. 이러한 문제점을 해결하기 위해서 서로 다른 그래픽 자료를 인터페이스(Interface)할 수 있는 규격의 종류에는 DXF, IGES, STEP 등이 있다.

> **TIP 컴퓨터 생산시스템의 종류**
> - COM(Computer Output Microfilm) : 출력하는 도면이 많거나 도면의 크기가 크지 않을 경우 도면이나 문자 등을 마이크로필름화하는 장치
> - CAE(Computer Aided Engineering) : CAD 시스템으로 작성한 설계도를 바탕으로 제품 제작 시 그 강도나 소음, 진동 등의 특성을 알기 위한 장치
> - CIM(Computer Integrated Manufacturing) : 컴퓨터에 의한 통합적 생산시스템. 컴퓨터를 이용하여 기술 개발・설계・생산・판매에 이르는 하나의 통합된 체제를 구축하는 시스템
> - CAT(Computer Aided Testing) : 컴퓨터를 이용하여 제품의 수치, 성능 등을 테스트하는 시스템

② 데이터 전송에 사용되는 시리얼 데이터의 4가지 구성요소

㉠ 스타트 비트

㉡ 데이터 비트

㉢ 패리티 비트

㉣ 스톱 비트

③ 3차원 형상 정보를 표현하고, 데이터를 교환하는 표준의 종류

㉠ IGES : Initial Graphics Exchanges Specification

㉡ DXF : Data eXchange File

㉢ STEP : STandard for the Exchange of Product data

㉣ PDES : Product Data Exchange Standard

㉤ STL : STereo Lithography

㉥ GKS : Graphical Kernel System

④ IGES(Initial Graphics Exchanges Specification)

㉠ IGES의 정의 : ANSI(American National Standards Institute, 미국규격협회)의 데이터 교환 표준규격으로, 서로 다른 CAD/CAM/CAE 시스템 간에 도면 및 기하학적 형상의 데이터를 교환하기 위해 최초로 개발된 데이터 교환 형식이다.

㉡ IGES의 특징

- ANSI의 표준규격이다.
- 최초의 CAD 데이터 표준 교환 형식이다.
- 파일은 일반적으로 6개의 섹션으로 구성되어 있다.
- 서로 다른 시스템 간 제품 정보의 상호교환용 파일 구조이다.
- 데이터 변환과정을 거치므로 유효 숫자 및 라운드 오프에러가 발생할 수 있다.
- IGES 미지원 요소로 모델링한 경우 비슷한 요소로 변환하므로 정보 전달에 오류가 발생할 수 있다.
- 서로 다른 CAD/CAM/CAE 시스템 간에 도면 및 기하학적 형상의 제품 정의 데이터를 교환하기 위해 개발된 최초의 데이터 교환 형식이다.

㉢ IGES의 파일구조

- 개시 섹션(Start Section)
- 플래그 섹션(Flag Section)
- 글로벌 섹션(Global Section)
- 종결 섹션(Terminate Section)
- 디렉토리 엔트리 섹션(Directory Entry Section)
- 파라미터 데이터 섹션(Parameter Data Section)

⑤ STEP(STandard for the Exchange of Product data)

회사들 사이에 컴퓨터를 이용한 데이터의 저장과 교환을 위한 산업표준이 되는 CALS에서 채택하고 있는 제품 데이터 교환 표준이다. 형상데이터뿐만 아니라 부품표(BOM), 재료, NC데이터 등 많은 종류의 데이터를 포함할 수 있는 표준규격으로, STEP 표준을 정의하는 모델링 언어는 EXPRESS이다.

⑥ STL(STereo Lithography)

㉠ 쾌속조형의 표준입력파일 형식으로 많이 사용되는 표준규격으로, 구조가 다른 CAD/CAM 시스템 간에 쉽게 정보를 교환할 수 있는 장점은 있으나, 모델링된 곡면을 정확히 삼각형 다면체로 옮길 수 없는 점과 이를 정확히 변환시키려면 용량을 많이 차지한다는 단점이 있다.

㉡ STL 형식의 특징

- 물체를 삼각형들의 리스트로 표현한다.
- 모델링된 곡면을 정확히 다면체로 옮길 수 없다.
- RP공정에서 CAD 모델은 STL 파일형을 사용하여 표현된다.
- 오차를 줄이기 위해 보다 정확히 변환시키려면 용량을 많이 차지한다.
- 내부 처리구조가 다른 CAD/CAM 시스템으로부터 쉽게 변환 정보를 교환할 수 있는 장점이 있다.

⑦ DXF(Data eXchange File)

㉠ CAD 데이터 간 호환성을 위해 제정한 자료 공유 파일을 아스키(ASCII) 텍스트 파일로 구성한 형식이다.

㉡ DXF의 섹션 구성

- Header Section
- Table Section
- Entity Section
- Block Section
- End of File Section

⑧ GKS(Graphical Kernel System)

2차원 컴퓨터 그래픽을 위한 표준규격이다.

⑨ PDES(Product Data Exchange Standard)

⑩ Perity Check Bit

CAD/CAM 인터페이스에서 RS-232를 사용하여 데이터를 전송할 때 데이터가 정확히 보내졌는지 검사하는 방법

⑪ 자료의 데이터 변환(Data Transformation)기능의 종류

㉠ Projection(투영)

㉡ Rotation(회전)

㉢ Shearing(전단)

㉣ Scale(확대 및 축소)

㉤ Translation(변형, 옮김)

10년간 자주 출제된 문제

3-1. 회사들 간에 컴퓨터를 이용한 데이터 저장과 교환을 위한 산업표준이 되는 CALS에서 채택하고 있는 제품 데이터 교환 표준은?

① CAT ② STEP
③ XML ④ DXF

3-2. IGES 용어에 대한 설명으로 옳은 것은?

① 널리 쓰이는 자동 프로그래밍 시스템의 일종이다.
② Wireframe 모델에 면의 개념을 추가한 데이터 포맷이다.
③ 서로 다른 CAD 시스템 간의 데이터의 호환성을 갖기 위한 표준 데이터 포맷이다.
④ CAD와 CAM을 종합한 전문가 시스템이다.

3-3. 서로 다른 CAD/CAM 시스템 간에 도면 및 기하학적 형상 데이터를 교환하기 위한 데이터형식을 정한 표준규격은?

① ISO ② STL
③ SML ④ IGES

3-4. 다음 중 도면 및 형상자료를 서로 다른 CAD/CAM 시스템에서 호환하여 사용할 수 있도록 정의된 표준체가 아닌 것은?

① GKS ② STEP
③ IGES ④ DXF

|해설|

3-1

① CAT : 컴퓨터를 이용하여 제품의 수치, 성능 등을 테스트하는 시스템

④ DXF : CAD 데이터 간 호환성을 위해 제정한 자료 공유 파일을 아스키(ASCII) 텍스트 파일로 구성한 형식이다.

3-2, 3-3

IGES(Initial Graphics Exchanges Specification)는 ANSI(미국국가표준)의 데이터 교환 표준규격으로, 서로 다른 CAD/CAM/CAE 시스템 간에 도면 및 기하학적 형상의 데이터를 교환하기 위해 최초로 개발된 데이터 교환 형식이다.

3-4

① GKS(Graphical Kernal System) : 2차원 컴퓨터 그래픽을 위한 표준규격으로, 데이터 간 자료 교환을 위한 표준과는 거리가 멀다.

② STEP : 회사들 사이에 컴퓨터를 이용한 데이터의 저장과 교환을 위한 산업표준이 되는 CALS에서 채택하고 있는 제품 데이터 교환표준이다.

③ IGES : ANSI(미국국가표준)의 데이터 교환 표준규격으로, 서로 다른 CAD/CAM/CAE 시스템 간에 도면 및 기하학적 형상의 데이터를 교환하기 위해 최초로 개발된 데이터 교환형식이다.

정답 3-1 ② 3-2 ③ 3-3 ④ 3-4 ①

핵심이론 04 3D 형상 모델링 작업

① 3차원 형상모델링의 종류

㉠ 와이어프레임 모델링(Wire Frame Modeling)

㉡ 서피스 모델링(곡면 모델링, Surface Modeling)

㉢ 솔리드 모델링(Solid Modeling)

㉣ 특징 형상 모델링(Feature-based Modeling)

② 와이어프레임 모델링(Wire Frame Modeling)

3차원 물체의 형상을 물체상의 점과 특징선만 이용하여 표현하는 방법

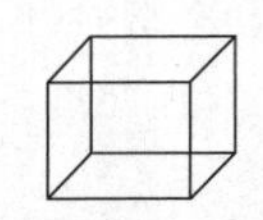

[선에 의한 그림]

㉠ 와이어프레임 모델링의 특징

- 작업이 쉽다.
- 처리속도가 빠르다.
- 모델의 생성이 용이하다.
- NC코드 생성이 불가능하다.
- 단면도의 작성이 불가능하다.
- 물체상의 선 정보로만 구성된다.
- 은선 및 은면의 제거가 불가능하다.
- 형상 표현 및 출력자료 구조가 가장 간단하다.
- 공학적 해석을 위한 유한요소를 생성할 수 없다.
- 데이터의 구조가 간단하여 모델링 작업이 비교적 쉽다.
- 보이지 않는 부분, 즉 은선(숨은선) 제거가 불가능하다.
- 3차원 물체의 형상을 표현하고 3면 투시도 작성이 가능하다.
- 와이어프레임 모델링은 실루엣(Silhouette)을 구할 수 없는 모델링 방법이다.
- 와이어프레임 모델이 솔리드 모델링 방법으로 사용되기 어려운 이유 : 모호성(Ambiguity)
- 3차원 물체의 가장자리 능선을 표시한다.

- 질량 등 물리적 성질의 계산이 불가능하다.
- 내부 정보가 없어 해석용 모델로 사용할 수 없다.

㉡ 은선 및 은면의 제거방법
- 주사선법
- 영역분할법
- 깊이 분류 알고리즘
- Z-버퍼에 의한 방법
- 후방향 제거 알고리즘

TIP 은선 제거기능이 필요한 이유

와이어프레임 모델링은 은선 제거가 불가능하지만, 서피스 모델링과 솔리드 모델링은 은선 제거가 가능하다. 은선(Hidden Line, 숨은선)이란 면에 가려서 보이지 않는 선으로, 은선을 제거하지 않을 경우 제품의 형상을 정확하게 파악하기 어렵다.

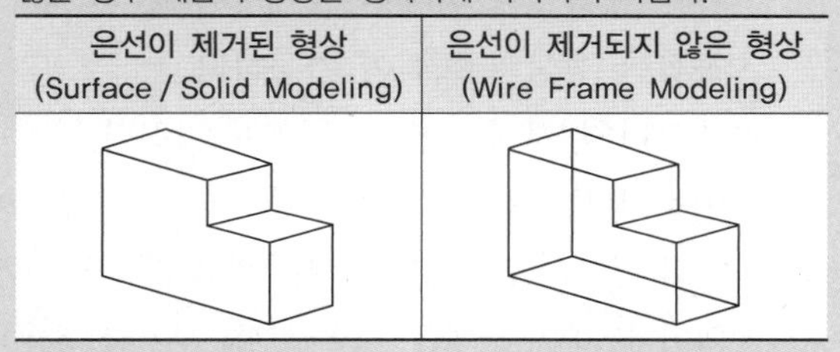

③ 서피스 모델링(Surface Modeling, 곡면 모델링)

와이어프레임 모델링에 면 정보를 추가한 형태로 꼭짓점, 모서리, 표면으로 표현된다.

[면에 의한 그림]

㉠ 서피스 모델링의 특징
- 단면도 작성이 가능하다.
- 은선 제거가 가능하다.
- 복잡한 형상의 표현이 가능하다.
- 실루엣을 구할 수 있다.
- 물리적 성질을 계산하기 곤란하다.
- 랜더링(Rendering) 작업이 가능하다.
- 면과 면(두 면)의 교선을 구할 수 있다.
- 유한요소법(FEM)의 해석이 불가능하다.
- 와이어프레임보다 데이터량이 증가한다.
- 곡면을 절단하면 곡선(Curve)이 나타난다.
- 면을 모델링한 후 공구이송경로를 정의한다.
- 원이나 원호를 곡선의 개념으로 표현할 수 있다.
- Surface는 하나 이상의 Patch로 구성할 수 있다.
- NC데이터 생성으로 NC가공 정보를 얻을 수 있다.
- 곡선을 구성하는 데 사용되는 점의 수는 제한이 없다.
- 솔리드 모델링과 같이 명암 알고리즘을 제공할 수 있다.
- 곡면의 면적 계산은 가능하지만, 부피(체적) 계산은 불가능하다.
- 솔리드 모델링과 같이 실루엣을 정확히 나타낼 수 있다.
- 곡면 생성을 위한 면 정보 등의 입력자료가 항상 요구되지 않는다.
- 곡면을 이루는 각 면들의 곡면 방정식이 데이터베이스에 추가로 저장된다.
- NC 공구경로 계산 프로그램에서 가공 곡면의 형상을 제공하는 데 사용된다.

㉡ 은선 및 은면을 제거하기 위한 방법
- Z-버퍼에 의한 방법
- 깊이 분류 알고리즘
- 후방향 제거 알고리즘

㉢ 은선 제거법에서 면 위의 점에서 법선벡터를 N, 면 위의 점으로부터 관찰자 눈으로 향하는 벡터를 M이라고 할 때 관찰자의 눈에 보이지 않는 면과 보이는 면에 대한 표현은 다음 그림과 같다.

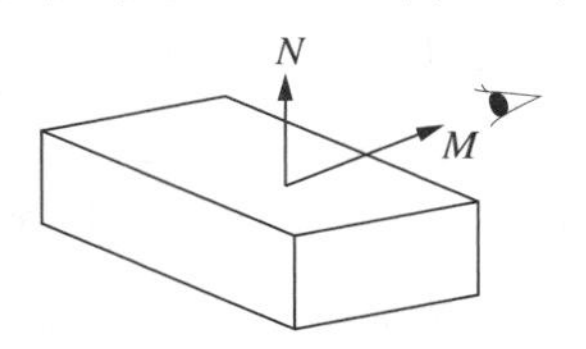

- 벡터 M과 N의 관계
  - $M \cdot N > 0$: 관찰자의 눈에 보이는 면
  - $M \cdot N < 0$: 관찰자의 눈에 보이지 않는 면

㉣ 곡면 모델링에 관련된 기하학적 요소(Geometric Entity)
- 점
- 곡선
- 곡면

㉤ 서피스 모델링에서 곡면의 입력방법
- 곡면상의 점들을 입력하여 이 점들을 보간하는 곡면을 생성하는 방법
- 곡면상의 곡선들을 그물 형태로 입력한 곡선망으로부터 보간 곡면을 생성하는 방법
- 곡선을 입력하고 이것을 직선 이동이나 회전 이동하도록 하여 곡면을 생성하는 방법

④ 솔리드 모델링(Solid Modeling)

셀(Cell)이나 프리미티브(Primitive)라고 하는 구, 원추, 원통 등의 입체요소들을 결합하여 모델을 구성하는 방식이다. 공학적 해석(면적, 부피(체적), 중량, 무게중심, 관성모멘트)의 계산을 적용할 때 사용하는 모델링으로, 주요 표현방식으로는 CSG(Constructive Solid Geometry)와 B-rep(Boundary Representation)법이 있다.

[3차원 물체의 그림]

㉠ 솔리드 모델링의 특징
- 간섭 체크가 가능하다.
- 은선 제거가 가능하다.
- 곡면기반 모델이라고도 한다.
- 정확한 형상 표현이 가능하다.
- 기하학적 요소로 부피를 갖는다.
- 유한요소법(FEM)의 해석이 가능하다.
- 금형 설계, 기구학적 설계가 가능하다.
- 형상을 절단하여 단면도 작성이 가능하다.
- 모델을 구성하는 기하학적 3차원 모델링이다.
- 데이터의 구조가 복잡해서 모델링 작성이 복잡하다.
- 조립체 설계 시 위치나 간섭 등의 검토가 가능하다.
- 셀 혹은 기본 곡면 등의 입체요소 조합으로 쉽게 표현할 수 있다.
- 서피스 모델링과 같이 실루엣을 정확히 나타낼 수 있다.
- 공학적 해석(면적, 부피(체적), 중량, 무게중심, 관성모멘트) 계산이 가능하다.
- 불리언 작업(Boolean Operation)에 의하여 복잡한 형상도 표현할 수 있다.
- 명암, 컬러기능 및 회전, 이동이 가능하여 사용자가 물체를 명확히 파악할 수 있다.
- 복잡한 형상의 표현이 가능하다.
- 데이터의 처리가 많아 용량이 커진다.
- 이동이나 회전을 통해 형상 파악이 가능하다.
- 여러 개의 곡면으로 물체의 바깥 모양을 표현한다.
- 와이어프레임 모델에 면의 정보를 부가한 형상이다.
- 질량, 중량, 관성모멘트 등 물성값의 계산이 가능하다.
- 형상만이 아닌 물체의 다양한 성질을 좀 더 정확하게 표현하기 위해 고안된 방법이다.

㉡ 3차원 솔리드 모델링에서 사용되는 기본 입체(Primitive) 형상의 종류
- 구(Sphere)
- 관(Pipe)
- 원통(Cylinder)
- 원추(원뿔, Cone)
- 육면체(Cube)
- 사각블럭(Box)

※ 프리미티브(Primitive)는 초기의, 원시적인 단계를 의미하는 것으로 프로그램을 다루는 데 가장 기본적인 기하학적 물체를 의미한다.

㉢ 솔리드 모델링이 저장되는 구조
- CSG Representation

• Boundary Representation
• Cell Decomposition

㉣ 3차원 솔리드 모델링 형상 표현방법
• 실린더 생성
• 면의 회전체에 의한 생성
• 프리미티브에 의한 집합연산
• 기본요소인 구, 육면체, 실린더 생성

㉤ 솔리드 모델링에서 사용되는 불리언 연산방식의 종류
• 합(Union)
• 적(Intersection)
• 차(Difference)

㉥ 솔리드 모델링 표현방법의 종류
• 솔리드 모델링의 CSG(CSG ; Constructive Solid Geometry) 모델링 방식
  - 정의 : 솔리드 모델을 구성할 때 기본 형상들의 불리언 작업을 이용하여 새로운 솔리드를 생성시키는 모델링 방법
  - CSG 모델링에 사용되는 기본 형상
    ⓐ 구
    ⓑ 원통
    ⓒ 사각블록
  - CSG 모델링의 특징
    ⓐ 가장 보편적인 기본 형상은 블록, 원통 구이다.
    ⓑ B-rep방법보다 형상을 재생하는 시간이 많이 걸린다.
    ⓒ 면, 모서리, 꼭짓점과 같은 경계요소들의 집합으로 표현된다.
    ⓓ CSG는 단순한 형상의 조합으로 생성하는데 불리언 연산자를 사용한다.
    ⓔ 특정 규칙에 의해 기본적인 형상들을 조합하므로써 실체 물체를 생성해 간다.
    ⓕ 기본적인 입체(Primitive)를 저장하여 놓고 불리언 조작(합, 적, 차)을 통해 필요한 형상을 생성한다.
  - CSG 트리 자료 구조의 특징
    ⓐ 자료 구조가 간단하고 데이터의 양이 적다.
    ⓑ 파라메트릭 모델링을 쉽게 구현할 수 있다.
    ⓒ CSG 표현은 항상 대응되는 B-rep 모델로 치환이 가능하다.
• 솔리드 모델링의 B-rep(Boundary Representation)방식
  - 정의 : 솔리드 모델링의 데이터 구조에서 형상을 구성하고 있는 정점, 면, 모서리 등 솔리드의 경계 정보를 저장하는 방식
  - B-rep 모델링의 특징
    ⓐ CSG 방법보다 많은 데이터 저장 용량이 필요하다.
    ⓑ 위상요소와 기하요소를 사용하여 솔리드를 표현한다.
    ⓒ 부피, 무게중심, 관성모멘트 등의 물리적 성질을 제공할 수 있다.
    ⓓ 형상을 구성하는 기하요소와 위상요소의 상관관계를 정의하는 방식이다.
  - B-rep방식의 기본요소
    ⓐ 정점(Vertex)
    ⓑ 면(Face)
    ⓒ 모서리(Edge)
  - 솔리드 모델링의 B-rep 표현 중 Loop(루프)의 특징 : 모든 면에 대하여 이들을 내부와 외부로 경계 짓는 모서리들이 연결된 닫힌 회로
  - 오일러 관계식 : CAD/CAM 시스템에서 B-rep 방식에 의해서 형상을 구성할 때 물체에 구멍이 없는 다면체인 경우에는 오일러의 관계식이 성립한다.

$$V - E + F = 2$$

여기서, V : 꼭짓점의 수

E : 모서리의 수

F : 면의 수

- 솔리드 모델링의 음영효과(Shading)를 결정하는 요소 모델의 표면을 구성하는 면의 수직 벡터

ⓢ B-rep과 CSG 방식의 비교

B-rep	CSG
• 기억용량이 크다. • 중량 계산이 어렵다. • 데이터 구조가 복합하다. • 데이터 수정이 어렵다. • 3면도나 투시도, 전개도 작성이 가능하다. • 표면적 계산이 용이하다.	• 기억용량이 작다. • 중량 계산이 가능하다. • 데이터 구조가 간단하다. • 데이터 수정이 가능하다. • 3면도나 투시도, 전개도 작성이 어렵다. • 불리언 연산자를 사용하여 명확한 모델의 생성이 가능하다. • 기본 도형을 직접 입력하므로 데이터 작성방법이 쉽다.

⑤ 솔리드 모델링의 하위 구성요소를 수정하는 방법

㉠ 트위킹(Tweaking) : 솔리드 모델링의 기능 중에서 하위 구성요소들을 수정하여 솔리드 모델을 직접 조작하고 주어진 입체의 형상을 변화시키면서 원하는 형상을 모델링하는 방법

㉡ 스키닝(Skinning) : 미리 정해진 연속된 단면을 덮는 표면 곡면을 생성시켜 닫힌 부피영역이나 솔리드 모델을 만드는 모델링 방법

㉢ 리프팅(Lifting) : 주어진 물체의 특정 면의 전부 또는 일부를 원하는 방향으로 움직여서 물체가 그 방향으로 늘어난 효과를 갖도록 하는 방법

㉣ 스위핑(Sweeping) : 2차원 도형을 미리 정해진 선의 궤적을 따라 이동시키거나 임의의 회전축을 중심으로 회전시켜 입체를 생성하는 방법으로, 곡면 모델링에서 2개 이상의 곡선에서 안내 곡선을 따라 이동 곡선이 이동규칙에 의해 이동되면서 생성되는 곡면이다.

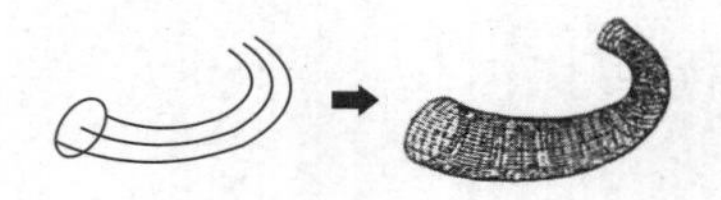

㉤ 라운딩(Rounding) : 각진 모서리의 재료에 둥근 형태의 모델링을 하는 방법이다.

⑥ 파라메트릭 모델링(Parametric Modeling)

특정값이나 변수로 표현된 수식을 입력하여 형상을 생성시키는 방식으로, 매개변수나 수식을 변경하면 자동으로 형상이 수정되는 형상 모델링 방법이다.

㉠ 파라메트릭 모델링의 특징

- 치수 사이의 관계는 수학적으로 부여된다.
- 형상구속조건(Constraint)과 치수구속조건을 이용해서 모델링한다.
- 치수구속조건이란 형태에 부여된 치수값과 이들 치수 사이의 관계이다.
- 특징형상의 파라미터에 따라 모델링의 크기를 바꾸는 것도 한 형태이다.
- 형상요소를 한 번 만든 후에는 조건식을 이용하여 수정하는 것이 효과적이다.
- 구속조건식을 푸는 방법에는 순차적 풀기, 동시 풀기가 있는데 이에 따라 결과 형상이 달라질 수 있다.

⑦ 특징형상 모델링(Feature-based Modeling)

설계자에게 친숙한 형상 단위로 물체를 모델링할 수 있게 해 주는 솔리드 모델링 기법의 일종으로, 각 특징들이 가공단위가 될 수 있기 때문에 공정계획으로 사용 가능하다.

㉠ 특징형상 모델링의 특징

- KS규격에 모든 특징형상들이 정의되어 있지 않다.
- 사용 분야와 사용자에 따라 특징형상의 종류가 변한다.
- 특징형상의 종류는 많이 적용되는 분야에 따라 결정된다.
- 모델링된 입체 제작의 공정계획에서 매우 유용하게 사용된다.
- 특징형상을 정의할 때 그 크기를 결정하는 파라미터도 같이 정의한다.

- 모델링 입력은 설계자나 제작자에게 익숙한 형상 단위로 모델링할 수 있다.
- 파라미터를 변경하여 모델의 크기를 바꾸는 것이 특징형상 모델링의 한 형태이다.
- 전형적인 특징형상에는 모따기(Chamfer), 구멍(Hole), 필릿(Fillet), 슬롯(Slot), 포켓(Pocket)이 있다.

⑧ 비례 전개법의 의한 모델링(Proportional Development Modeling)

곡면 모델링 방법 중 평면도, 정면도, 측면도상에 나타난 곡면의 경계 곡선들로부터 비례적인 관계를 이용하여 곡면을 모델링하는 방법이다.

⑨ 분해(Decomposition) 모델링

임의의 3차원 입체형상을 그보다 작은 정육면체 등과 같이 기본적인 입체요소의 집합으로 잘게 분할하고, 근사한 형상으로 대체하여 표현하는 기법이다.

10년간 자주 출제된 문제

다음 중 기계설계 CAD에서 사용하는 3차원 모델링 방법이라고 할 수 없는 것은?

① 와이어프레임 모델링(Wire Frame Modeling)
② 오브젝트 모델링(Object Modeling)
③ 솔리드 모델링(Solid Modeling)
④ 서피스 모델링(Surface Modeling)

|해설|

3차원 모델링의 종류에는 와이어프레임 모델링, 서피스 모델링, 솔리드 모델링이 있다.

정답 ②

핵심이론 05 곡선 표현 및 이론

① 스플라인(Spline) 곡선

지정된 모든 점을 통과하면서도 부드럽게 연결된 곡선이다.

② 베지어(Bezier) 곡선

컴퓨터 그래픽에서 임의 형태의 곡선을 표현하기 위해 수학적(번스타인 다항식)으로 만든 곡선이다. 프랑스의 수학자 베지어에 의해 만들어졌으며, 시작점과 끝점 그리고 그 사이인 내부 조정점의 이동에 의해 다양한 자유 곡선을 얻을 수 있다. 베지어 곡선과 곡면은 모두 블렌딩(Blending) 함수로 번스타인(Bernstein) 다항식을 사용하여 컴퓨터상에 곡선과 곡면을 만들어 낸다.

㉠ 베지어 곡선의 특징

- 모든 조정점을 지나지 않는다.
- n차 베지어 곡선의 조정점은 $(n+1)$개이다.
- 조정점의 블렌딩으로 곡선식이 표현된다.
- 곡선은 첫 번째와 마지막 조정점을 통과한다.
- n개 조정점에 의해 생성된 곡선은 $(n-1)$차이다.
- 1개의 조정점 변화는 곡선 전체에 영향을 미친다.
- 조정점의 개수가 증가하면 곡선의 개수도 증가한다.
- 중간에 있는 조정점들은 곡선의 진행경로를 결정한다.
- 조정점을 둘러싸는 볼록포(볼록껍질) 안에 곡선 전체가 놓인다.
- 곡선은 조정점을 연결(통과)시킬 수 있는 다각형의 내측에 존재한다.
- 조정점의 순서를 거꾸로 해서 곡선을 생성해도 같은 곡선이 된다.
- 조정 다각형(Control Polygon)의 시작점과 끝점을 반드시 통과한다.
- 베지어 곡선은 항상 조정점에 의해 생성된 볼록포의 내부에 포함된다.

- 폐곡선은 조정 다각형의 두 끝점을 연결시켜 간단하게 생성할 수 있다.
- 조정 다각형의 첫 번째 선분은 시작점에서의 접선 벡터와 같은 방향이다.
- 조정점 한 개의 위치를 변화시키면 곡선 세그먼트 전체의 형상이 변화된다.
- 곡선의 형상을 국부적으로 수정하기 어려워 국부변형(Local Control)이 불가능하다.
- 블렌딩 함수는 번스타인 다항식을 채택하여 베지어 곡선을 정의한다.
- 곡선은 다각형의 시작과 끝점인 첫 조정점과 마지막 조정점(Control Point)을 지나도록 한다.
- 곡선의 모양이 복잡할수록 이를 표현하기 위한 조정점이 많아지고 곡선식의 차수가 높아진다.
- 다각형 양끝의 선분은 시작점과 끝점의 접선 벡터와 같은 방향이므로 첫 번째 선분은 베지어 곡선의 시작점에서의 접선 벡터와 같다.

㉡ 2차 베지어 곡선의 형태

2차	3차	3차	4차

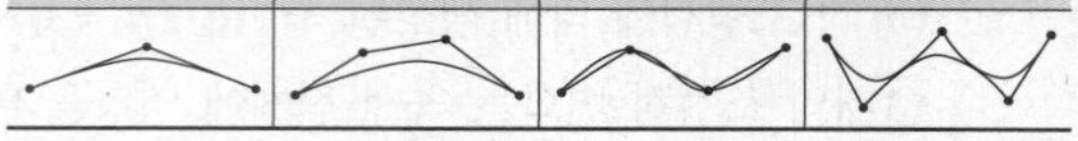

③ B-spline(Basis Spline) 곡선

어떤 조정점(Control Point)도 통과하지 않고 조정점에 근접하여 그려지는 곡선으로 근사 곡선에 속한다. B-spline 곡선은 원하는 부분의 조정점만 움직여서 원하는 곡선의 모양을 만들 수 있는 장점을 가진 곡선 공식으로, 시작과 끝점을 포함한 4개의 조정점으로 이루어져 있다. 에르미트(Hermite) 곡선이나 베지어 곡선에 비해 한층 더 부드럽고 완만한 곡률을 갖기 때문에 자동차나 비행기의 설계에 활용된다.

㉠ B-spline 곡선을 정의하기 위한 입력요소

- 조정점
- 절점(Knot)의 벡터
- 곡선의 오더(Order)

㉡ B-spline 곡선의 특징

- 모든 조정점을 지나지 않는다.
- 꼭짓점을 움직여도 연속성이 보장된다.
- 조정 다각형에 의하여 곡선을 표현한다.
- 원이나 타원을 정확하게 표현할 수 있다.
- 차수가 2인 경우 1차 미분연속을 갖는다.
- 포물선 등 원추 곡선을 근사(유사)하게 표현할 수 있다.

  ※ 원추 곡선 : 평면과 교차하는 방향에 따라 원, 타원, 포물선, 쌍곡선 등이 생성되는 곡선이다.
- 곡선의 형상을 국부적으로 수정할 수 있다.
- 균일 절점 벡터는 주기적인 B-spline을 구현한다.
- 매듭값에는 주기적 매듭값과 비주기적 매듭값이 있다.
- 1개의 조정점 변화는 곡선 전체에 영향을 주지 않는다.
- 조정점의 개수가 많아도 원하는 차수를 지정할 수 있다.
- 조정점들에 의해 인접한 B-spline 곡선 간의 연속성이 보장된다.
- 매개변수 방식으로 매개변수에 해당하는 좌표값의 계산이 용이하다.
- 곡선의 모양을 변화시키기 위해서 각각의 조정점의 좌표를 조절한다.

④ NURBS(Non-Uniform Rational B-Spline) 곡선의 특징

㉠ 원뿔(Conic) 곡선을 표현할 수 있다.
㉡ B-spline 곡선식을 포함하는 더 일반적인 형태이다.
㉢ Blending 함수는 B-spline과 같은 함수를 사용한다.
㉣ NURBS 곡선은 곡선의 양 끝점을 반드시 통과해야 한다.
㉤ B-spline에 비해 NURBS 곡선이 보다 자유로운 변형이 가능하다.
㉥ 원, 타원, 포물선, 쌍곡선 등 원추 곡선을 정확하게 나타낼 수 있다.

㉦ 조정점의 가중치(Weight)를 변경하여 곡선 형상을 변화시킬 수 있다.

㉧ B-spline, Bezier 등의 자유 곡선뿐만 아니라 원추 곡선까지 한 방정식의 형태로 표현이 가능하다.

㉨ 3차 NURBS 곡선은 특정 노트 구간에서 4개의 조정점 외에 4개의 가중치와 절점 벡터의 정보가 이용된다.

⑤ 에르미트(Hermite) 곡선

3차 곡선식을 기하계수로 바꾸어서 나타낸 곡선이다. 3차 곡선식이 $P(u)=a_0+a_1u+a_2u^2+a_3u^3$로 주어질 때 a_0, a_1, a_2, a_3와 같은 대수계수를 곡선의 형상과 밀접한 관계를 갖는 P_0, P_1, P'_0, P'_1과 같은 기하계수로 바꾸어서 나타낸 것이다.

10년간 자주 출제된 문제

5-1. Bezier 곡선의 특징이 아닌 것은?

① 곡선은 첫 번째와 마지막 조정점을 통과한다.
② 곡선은 조정 다각형의 첫 번째 및 마지막 선분에 접한다.
③ 조정 다각형의 꼭짓점의 순서가 거꾸로 되면 다른 곡선이 생성된다.
④ 폐곡선은 조정 다각형의 두 끝점을 연결시켜 간단하게 생성할 수 있다.

5-2. B-spline 곡선에 대한 설명으로 알맞은 것은?

① 곡선의 차수가 조정점의 개수로부터 계산된다.
② 곡선의 형상을 국부적으로 수정하기 어렵다.
③ 모든 조정점을 지나는 부드러운 곡선이다.
④ 매듭값(Knot Value)에는 주기적(Periodic) 매듭값과 비주기적(Non-periodic) 매듭값이 있다.

5-3. NURBS 곡선에 대한 설명이 아닌 것은?

① Conic 곡선을 표현할 수 있다.
② Blending 함수는 B-spline과 같은 함수를 사용한다.
③ 조정점의 가중치(Weight)를 변경하여 곡선 형상을 변화시킬 수 있다.
④ 국부적인 형상 조정이 곡선 전체에 전파되므로 모델링작업이 효율적이다.

5-4. 다음 중 지정된 모든 조정점을 반드시 통과하도록 고안된 곡선은?

① Bezier 곡선　② B-spline 곡선
③ Spline 곡선　④ NURBS 곡선

|해설|

5-1
Bezier(베지어) 곡선은 조정점의 순서를 거꾸로 해도 같은 곡선이 생성된다.

5-2
B-spline은 원하는 부분의 조정점만 움직여서 원하는 곡선의 모양을 만들 수 있는 장점을 가진 곡선 공식으로 시작과 끝점을 포함한 4개의 조정점으로 이루어져 있다. B-spline 곡선의 매듭값에는 주기적 매듭값과 비주기적 매듭값이 있다.
① B-spline 곡선은 조정점의 개수에 따라 차수가 고정되지 않는다.
② B-spline 곡선은 곡선의 형상을 국부적으로 수정 가능하다.
③ B-spline 곡선은 모든 조정점을 지나지 않는다.

5-3
NURBS 곡선은 형상 조정이 곡선 전체에 미치지는 않는다.

정답 5-1 ③ 5-2 ④ 5-3 ④ 5-4 ③

CHAPTER 02 기계재료

핵심이론 01 기계재료 일반

① 금속의 일반적인 특성

㉠ 비중이 크다.

㉡ 전기 및 열의 양도체이다.

㉢ 금속 특유의 광택을 갖는다.

㉣ 상온에서 고체이며, 결정체이다(단, Hg 제외).

㉤ 연성과 전성이 우수하며 소성변형이 가능하다.

② 기계재료의 분류

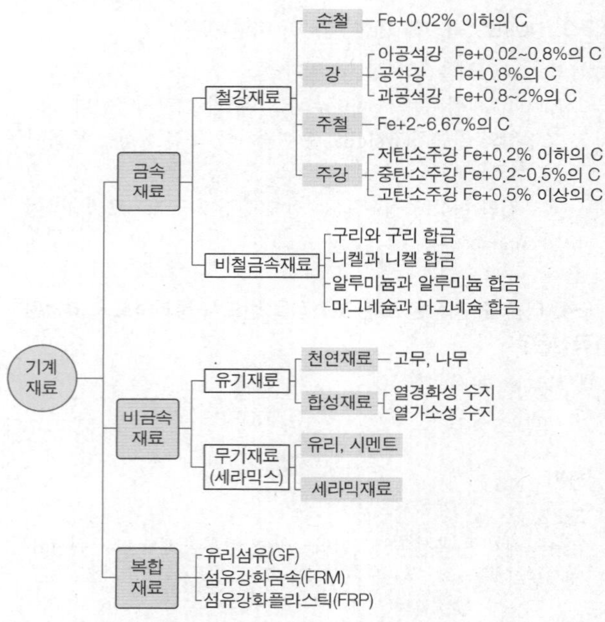

③ 금속의 용융점(℃)

W	Fe	Ni	Cu	Au
3,410	1,538	1,453	1,083	1,063
Ag	**Al**	**Mg**	**Zn**	**Hg**
960	660	650	420	−38.4

④ 금속의 비중

경금속	Mg	1.7
	Be	1.8
	Al	2.7
	Ti	4.5
중금속	Sn	5.8
	V	6.1
	Cr	7.1
	Mn	7.4
	Fe	7.8
	Ni	8.9
	Cu	8.9
	Ag	10.4
	Pb	11.3
	W	19.1
	Ag	19.3
	Pt	21.4
	Ir	22

※ 경금속과 중금속을 구분하는 비중의 경계 : 4.5

⑤ 열 및 전기 전도율이 높은 순서

Ag > Cu > Au > Al > Mg > Zn > Ni > Fe > Pb > Sb

※ 열전도율이 높을수록 고유저항은 작아진다.

⑥ 연성이 큰 금속재료 순서

Au > Ag > Al > Cu > Pt > Pb > Zn > Fe> Ni

⑦ 선팽창계수가 큰 순서

Pb > Mg > Al > Cu > Fe > Cr

※ 선팽창계수 : 온도가 1℃ 변화할 때 단위 길이당 늘어난 재료의 길이

⑧ 자성체의 종류

종류	특성	원소
강자성체	자기장이 사라져도 자화가 남아 있는 물질	Fe, Co, Ni, 페라이트
상자성체	자기장이 제거되면 자화하지 않는 물질	Al, Sn, Pt, Ir, Cr, Mo
반자성체	자기장에 의해 반대 방향으로 자화되는 물질	Au, Ag, Cu, Zn, 유리, Bi, Sb

⑨ Fe 결정구조의 종류별 특징

종류	성질	원소	단위격자	배위수	원자충진율
체심입방격자(BCC ; Body Centered Cubic)	• 강도가 크다. • 용융점이 높다. • 전성과 연성이 작다.	W, Cr, Mo, V, Na, K	2개	8	68%
면심입방격자(FCC ; Face Centered Cubic)	• 전기전도도가 크다. • 가공성이 우수하다. • 장신구로 사용된다. • 전성과 연성이 크다. • 연한 성질의 재료이다.	Al, Ag, Au, Cu, Ni, Pb, Pt, Ca	4개	12	74%
조밀육방격자(HCP ; Hexagonal Close Packed Lattice)	• 전성과 연성이 작다. • 가공성이 좋지 않다.	Mg, Zn, Ti, Be, Hg, Zr, Cd, Ce	2개	12	74%

⑩ 결정립의 크기 변화에 따른 금속의 성질 변화

㉠ 결정립이 작아지면 강도와 경도는 커진다.

㉡ 용융 금속이 급랭되면 결정립의 크기가 작아진다.

㉢ 금속이 응고되면 일반적으로 다결정체를 형성한다.

㉣ 용융 금속에 함유된 불순물은 주로 결정립 경계에 축적된다.

㉤ 결정립이 커질수록 외력에 대한 보호막 역할을 하는 결정립계의 길이가 줄어들기 때문에 강도와 경도는 감소한다.

10년간 자주 출제된 문제

1-1. 일반적으로 경금속과 중금속을 구분하는 비중의 경계는?

① 1.6　② 2.6

③ 3.6　④ 4.6

1-2. 금속재료를 고온에서 오랜 시간 외력을 걸어 놓으면 시간의 경과에 따라 서서히 그 변형이 증가하는 현상은?

① 크리프　② 스트레스

③ 스트레인　④ 템퍼링

|해설|

1-1

비중은 동일한 체적을 기준으로 물과 비교하여 얼마나 무거운가를 나타내는 것으로, 경금속과 중금속을 구분하는 비중의 경계는 4.5이다. 일부 책에서는 4.6으로 나오기도 한다.

1-2

① 크리프 : 재료가 고온에서 오랜 시간 동안 외력을 받으면 시간의 경과에 따라 서서히 변형되는 성질이다.

② 스트레스(Stress) : 응력으로, 그 종류에는 인장응력, 압축응력, 전단응력, 비틀림응력 등이 있다.

③ 스트레인 : 물체에 외력이 가했을 때 대항하지 못하고 모양이 변형되는데 이 외력에 의해 외형적으로 그 모양이 바뀌는 정도이다.

④ 템퍼링 : 열처리방법 중의 하나로 뜨임을 의미한다.

정답 1-1 ④ 1-2 ①

핵심이론 02 | 기계재료의 성질

① 기계재료가 일반적으로 갖추어야 할 성질

㉠ 가공특성 : 절삭성, 용접성, 주조성, 성형성

㉡ 경제성 : 목적 대비 적절한 가격과 재료 공급의 용이성

㉢ 물리화학적 특성 : 내식성, 내열성, 내마모성

㉣ 열처리성

TIP

기계재료가 기구학적 특성을 갖출 필요는 없다.

② 재료의 성질

㉠ 탄성 : 외력에 의해 변형된 물체가 외력을 제거하면 다시 원래의 상태로 되돌아가려는 성질이다.

㉡ 소성 : 물체에 변형을 준 뒤 외력을 제거해도 원래의 상태로 되돌아오지 않고 영구적으로 변형되는 성질로, 가소성이라고도 한다.

㉢ 전성 : 넓게 펴지는 성질로 가단성이라고도 한다. 전성(가단성)이 크면 큰 외력에도 쉽게 부러지지 않아서 단조가공의 난이도를 나타내는 척도로 사용된다.

㉣ 연성 : 탄성한도 이상의 외력이 가해졌을 때 파괴되지 않고 잘 늘어나는 성질이다.

㉤ 취성 : 물체가 외력에 견디지 못하고 파괴되는 성질로 인성과 반대되는 성질이다. 취성재료는 연성이 거의 없으므로 항복점이 아닌 탄성한도를 고려해서 다뤄야 한다.

- 적열취성(철이 빨갛게 달궈진 상태)
  S(황)의 함유량이 많은 탄소강이 900℃ 부근에서 적열(赤熱) 상태가 되었을 때 파괴되는 성질로, 철에 황의 함유량이 많으면 황화철이 되면서 결정립계 부근의 황이 망상으로 분포되면서 결정립계가 파괴된다. 적열취성을 방지하려면 Mn(망간)을 합금하여 황을 황화망간(MnS)으로 석출시키면 된다. 이 적열취성은 높은 온도에서 발생하므로 고온취성이라고도 한다.
  ※ 赤 : 붉을(적), 熱 : 더울(열)
- 청열취성(철이 산화되어 푸른빛으로 달궈져 보이는 상태)
  탄소강이 200~300℃에서 인장강도와 경도값이 상온일 때보다 커지는 반면, 연신율이나 성형성은 오히려 작아져서 취성이 커지는 현상이다. 이 온도범위(200~300℃)에서는 철의 표면에 푸른 산화피막이 형성되기 때문에 청열취성이라고 한다. 따라서 탄소강은 200~300℃에서는 가공을 피해야 한다.
  ※ 靑 : 푸를(청), 熱 : 더울(열)
- 저온취성 : 탄소강이 천이온도에 도달하면 충격치가 급격히 감소되면서 취성이 커지는 현상
  ※ 천이온도 : 성질이 급변하는 온도
- 상온취성 : P(인)의 함유량이 많은 탄소강이 상온(약 24℃)에서 충격치가 떨어지면서 취성이 커지는 현상

㉥ 인성 : 재료가 파괴되기(파괴강도) 전까지 에너지를 흡수할 수 있는 능력

㉦ 강도 : 외력에 대한 재료 단면의 저항력

㉧ 경도 : 재료 표면의 단단한 정도

㉨ 연신율(ε) : 재료에 외력이 가해졌을 때 처음 길이에 비해 나중에 늘어난 길이의 비율

$$\varepsilon = \frac{\text{나중 길이} - \text{처음 길이}}{\text{처음 길이}} = \frac{l_1 - l_0}{l_0} \times 100\%$$

㉩ 피로한도 : 재료에 반복적으로 하중을 가했을 때 파괴되지 않는 응력변동의 최대 범위로, $S-N$ 곡선으로 확인할 수 있다. 재질이나 반복하중의 종류, 표면 상태나 형상에 큰 영향을 받는다.

㉪ 피로수명 : 반복하중을 받는 재료가 파괴될 때까지 반복적으로 재료에 가한 수치나 시간

㉫ 크리프 : 고온에서 재료에 일정 크기의 하중(정하중)을 작용시키면 시간이 경과함에 따라 변형이 증가하는 현상

ⓟ 잔류응력 : 변형 후 외력을 제거해도 재료의 내부나 표면에 남아 있는 응력이다. 물체의 온도 변화에 의해서 발생할 수 있는데 추가적으로 소성변형을 해 주거나 재결정온도 전까지 온도를 올려 주면 감소시킬 수 있다. 표면에 남아 있는 인장잔류응력은 피로수명과 파괴강도를 저하시킨다.

ⓗ 재결정온도 : 1시간 안에 95% 이상 새로운 재결정이 형성되는 온도이다. 금속이 재결정되면 불순물이 제거되어 더 순수한 결정을 얻어 낼 수 있는데, 이 재결정은 금속의 순도나 조성, 소성변형 정도, 가열시간에 큰 영향을 받는다.

㉮ 가단성 : 단조가공 동안 재료가 파괴되지 않고 변형되는 금속의 성질이다. 단조가공의 난이도를 나타내는 척도로, 전성이라고도 한다. 합금보다는 순금속의 가단성이 더 크다.

③ Fe-C 평형상태도

㉠ 변태 : 온도 변화에 따라 철의 원자 배열이 바뀌면서 내부의 결정구조나 자기적 성질이 변화되는 현상

㉡ 변태점 : 변태가 일어나는 온도

- A_0 변태점(210℃) : 시멘타이트의 자기변태점
- A_1 변태점(723℃) : 철의 동소변태점(공석변태점)
- A_2 변태점(768℃) : 철의 자기변태점
- A_3 변태점(910℃) : 철의 동소변태점, 체심입방격자(BCC) → 면심입방격자(FCC)
- A_4 변태점(1,410℃) : 철의 동소변태점, 면심입방격자(FCC) → 체심입방격자(BCC)

㉢ 철의 동소체 : 순철은 고체 상태에서 온도 변화에 따라 α철(체심입방격자), γ철(면심입방격자), δ철(체심입방격자)로 변하는데, 이 3개가 철의 동소체이다.

㉣ 동소변태 : 동일한 원소 내에서 온도 변화에 따라 원자 배열이 바뀌는 현상이다. 철은 고체 상태에서 910℃의 열을 받으면 BCC에서 FCC로, 1,410℃에서는 FCC에서 BCC로 바뀌며, 열을 잃을 때는 반대가 된다.

㉤ 자기변태 : 철이 퀴리점이라는 자기변태온도(A_2 변태점, 768℃)를 지나면 원자 배열은 변하지 않지만, 자성이 큰 강자성체에서 자성을 잃어버리는 상자성체로 변하는 현상으로, 금속마다 자기변태점이 다르다.

예 시멘타이트의 자기변태점은 210℃이다.

㉥ 공정반응 : 두 개의 성분 금속이 용융 상태에서는 하나의 액체로 존재하지만 응고 시에는 1,150℃에서 일정한 비율로 두 종류의 금속이 동시에 정출되어 나오는 반응

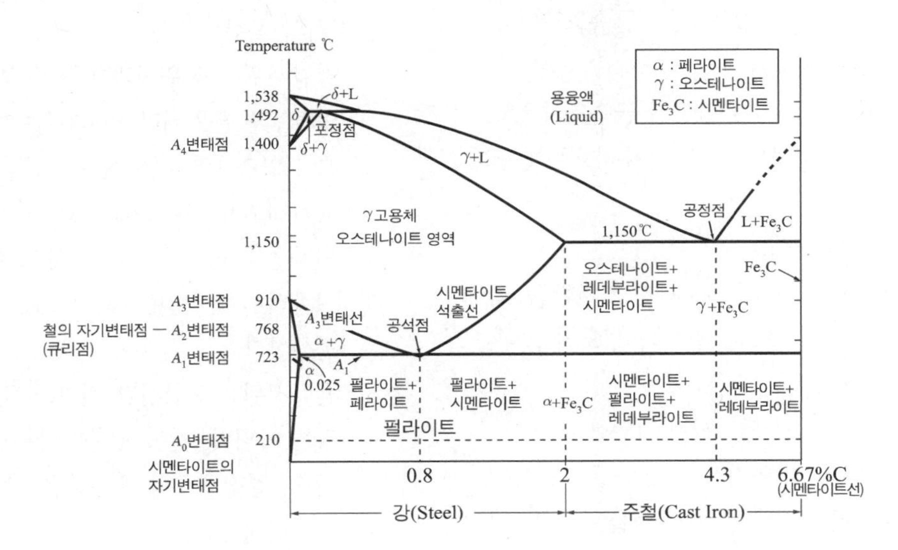

ⓢ 공석반응(공석변태) : 철이 하나의 고용체 상태에서 냉각될 때 A_1 변태점(723℃)을 지나면서 두 개의 고체가 혼합된 상태로 변하는 반응

ⓞ 포정반응 : 액상과 고상이 냉각될 때는 또 다른 하나의 고상으로 바뀌지만, 반대로 가열될 때는 하나의 고상이 액상과 또 다른 고상으로 바뀌는 반응

α고용체 + 용융액 ↔ β고용체

ⓙ 포석반응 : 두 개의 고상이 냉각될 때 처음의 두 고상과는 다른 조성의 고상으로 변하는 반응

고용체 + 고상(B) ↔ 고상(A)

ⓒ 편정반응 : 냉각 중 액상이 처음과는 다른 조성의 액상과 고상으로 변하는 반응

ⓚ 초정 : 액체 속에서 처음 생긴 고체 결정

ⓣ 정출 : 액체 속에서 새로운 고체 결정이 생기는 현상

ⓟ 석출 : 고체 속에서 새로운 고체가 생기는 현상

④ 금속조직의 종류 및 특징

㉠ 페라이트(Ferrite) : α철

체심입방격자인 α철이 723℃에서 최대 0.02%의 탄소를 고용하는데, 이때의 고용체가 페라이트이다. 전연성이 크고 자성체이다.

㉡ 펄라이트(Pearlite)

α철(페라이트) + Fe_3C(시멘타이트)의 층상구조조직으로, 질기고 강한 성질을 갖는 금속조직이다.

㉢ 시멘타이트(Cementite)

순철에 6.67%의 탄소(C)가 합금된 금속조직으로, 경도가 매우 크고 취성도 크다. 재료기호는 Fe_3C로 표시한다.

㉣ 마텐자이트(Martensite)

강을 오스테나이트 영역의 온도까지 가열한 후 급랭시켜 얻는 금속조직으로, 강도와 경도가 크다.

㉤ 베이나이트(Bainite)

공석강을 오스테나이트 영역까지 가열한 후 250~550℃의 온도범위에서 일정시간 동안 항온을 유지하는 '항온 열처리' 조작을 통해서 얻을 수 있는 금속조직이다. 펄라이트와 마텐자이트의 중간 조직으로 냉각온도에 따라 분류된다.

※ 항온 열처리 온도에 따른 분류

- 250~350℃ : 하부 베이나이트
- 350~550℃ : 상부 베이나이트

㉥ 오스테나이트(Austenite) : γ철

강을 A_1 변태점 이상으로 가열했을 때 얻어지는 조직으로 비자성체이며, 전기저항이 크고 질기고 강한 성질을 갖는다.

⑤ Fe-C계 평형상태도에서의 불변반응

종류	반응온도	탄소 함유량	반응내용	생성조직
공석반응	723℃	0.8%	γ고용체 ↔ α고용체 + Fe_3C	펄라이트 조직
공정반응	1,147℃	4.3%	융체(L) ↔ γ고용체 + Fe_3C	레데부라이트 조직
포정반응	1,494℃ (1,500℃)	0.18%	δ고용체 + 융체(L) ↔ γ고용체	오스테나이트 조직

⑥ 전위(轉位, Dislocation)

㉠ 전위의 정의

안정된 상태의 금속결정은 원자가 규칙적으로 질서정연하게 배열되어 있는데, 전위는 이 상태에서 어긋나 있는 상태로 전자현미경으로 확인 가능하다.

※ 轉 : 구를(전), 位 : 자리하다(위)

㉡ 전위의 종류

- 칼날전위 : 전위선과 버거스 벡터-수직
  잉여 반면 끝을 따라서 나타나는 선을 중심으로 윗부분은 압축응력이, 아래로는 인장응력이 작용한다.
- 나사전위 : 전위선과 버거스 벡터-수평
  원자들의 이동 형상이 나사의 회전 방향과 같이 뒤틀리며 움직이는 현상으로, 전단응력에 의해 발생한다.
- 혼합전위 : 전위선과 버거스 벡터-수직이나 수평은 아니다. 칼날전위와 나사전위가 혼합된 전위로, 결정재료의 대부분은 이처럼 혼합전위로 이루어져 있다.

> **TIP 버거스 벡터**
> 전위에 의한 격자 뒤틀림의 크기와 방향을 나타낸 벡터

㉢ 소성변형과 전위의 관계
- 전위의 움직임에 따른 소성변형 과정이 슬립이다.
- 외력에 원자가 미끄러지는 슬립은 결정면의 연속성을 파괴한다.
- 전위의 움직임을 방해할수록 금속재료의 강도와 경도는 증가한다.

10년간 자주 출제된 문제

2-1. 금속의 재결정온도에 대한 설명으로 옳은 것은?

① 가열시간이 길수록 낮다.
② 가공도가 작을수록 낮다.
③ 가공 전 결정립자 크기가 클수록 낮다.
④ 납(Pb)보다 구리(Cu)가 낮다.

2-2. 시편의 표준거리가 40mm이고 지름이 15mm일 때 최대하중이 6kN에서 시편이 파단되었다면 연신율은 몇 %인가?(단, 연산된 길이는 10mm이다)

① 10 ② 12.5
③ 25 ④ 30

|해설|

2-1
① 금속의 재결정온도는 가열시간이 길수록 낮아진다.
② 가공도가 클수록 재결정온도는 낮아진다.
③ 가공 전 결정립자의 크기가 작을수록 재결정온도는 낮아진다.
④ 재결정온도는 납이 상온 이하이고, 구리는 200℃이므로 구리가 더 높다.

2-2
연신율이란 재료에 외력이 가해졌을 때 처음 길이에 비해 나중에 늘어난 길이의 비율이다.

$$\varepsilon = \frac{\text{나중 길이}(l_1) - \text{처음 길이}(l_0)}{\text{처음 길이}(l_0)} \times 100\%$$

$$= \frac{10}{40} \times 100\% = 0.25 \times 100\% = 25\%$$

정답 2-1 ① 2-2 ③

핵심이론 03 공구재료

① 절삭공구재료의 구비조건
㉠ 내마모성이 커야 한다.
㉡ 충격에 잘 견뎌야 한다.
㉢ 고온경도가 커야 한다.
㉣ 열처리와 가공이 쉬워야 한다.
㉤ 절삭 시 마찰계수가 작아야 한다.
㉥ 강인성(억세고 질긴 성질)이 커야 한다.
㉦ 성형성이 용이하고, 가격이 저렴해야 한다.
※ 고온경도 : 접촉 부위의 온도가 높아져도 경도를 유지하는 성질

② 공구강의 고온경도 및 파손강도가 높은 순서
다이아몬드 > 입방정 질화붕소 > 세라믹 > 초경합금 > 주조경질합금(스텔라이트) > 고속도강 > 합금공구강 > 탄소공구강

③ 공구수명이 다 되었음을 판정하는 기준
㉠ 절삭저항이 급격히 증가했을 때
㉡ 공구인선의 마모가 일정량에 달했을 때
㉢ 가공물의 완성 치수 변화가 일정량에 달했을 때
㉣ 제품 표면에 자국이나 반점 등의 무늬가 있을 때

④ 절삭공구의 피복(Coating)
㉠ 목적 : 절삭공구의 성능 향상을 위해 공구의 표면에 화학적 기상증착법(CVD)이나 물리적 기상증착법(PVD)으로 피복제를 코팅하면 강도와 경도, 열적 특성이 향상된다. 피복제로는 주로 TiC, TiN, Al_2O_3가 사용되며, 상대적으로 용융온도가 높은 WC(탄화텅스텐)는 사용하지 않는다.
㉡ 절삭공구용 피복제의 종류
- TiC(타이타늄탄화물)
- TiN(타이타늄질화물)

- TiCN(타이타늄탄화질화물)
- Al_2O_3(알루미나)

> **TIP**
> 상대적으로 고용융점인 WC는 공구재료로만 사용될 뿐 공구의 코팅용 재료로는 사용하지 않는다.

⑤ 공구재료의 종류

㉠ 탄소공구강(STC) : 300℃의 절삭열에도 경도변화가 작고 열처리가 쉬우며 값이 저렴한 반면, 강도가 작아서 고속 절삭용 공구재료로는 사용이 부적합하다. 수기가공용 공구인 줄이나 쇠톱날, 정의 재료로 사용된다.

㉡ 합금공구강(STS) : 탄소강에 W, Cr, W-Cr, Mn, Ni 등을 합금하여 제작하는 공구재료로, 600℃의 절삭열에도 경도변화가 작아서 바이트나 다이스, 탭, 띠톱용 재료로 사용된다.

㉢ 고속도강(HSS) : 탄소강에 W-18%, Cr-4%, V-1%이 합금된 것으로 600℃의 절삭열에도 경도변화가 없다. 탄소강보다 2배의 절삭속도로 가공이 가능하기 때문에 강력 절삭 바이트나 밀링커터용 재료로 사용된다. 고속도강에서 나타나는 시효변화를 억제하기 위해서는 뜨임처리를 3회 이상 반복하여 잔류응력을 제거해야 한다. 크게 W계와 Mo계로 분류된다.

㉣ 주조경질합금 : 스텔라이트라고도 하며 800℃의 절삭열에도 경도변화가 없다. 열처리가 불필요하며 고속도강보다 2배의 절삭속도로 가공이 가능하나 내구성과 인성이 작다. 청동이나 황동의 절삭재료로도 사용된다.

㉤ 초경합금(소결 초경합금) : 1,100℃의 고온에서도 경도변화 없이 고속 절삭이 가능한 절삭공구로, WC, TiC, TaC 분말에 Co나 Ni 분말을 첨가한 후 1,400℃ 이상의 고온으로 가열하면서 프레스로 소결시켜 만든다. 진동이나 충격을 받으면 쉽게 깨지는 단점이 있으나 고속 도강의 4배 절삭속도로 가공이 가능하다.

- 초경합금의 특징
  - 경도가 높다.
  - 내마모성이 크다.
  - 고온에서 변형이 작다.
  - 고온 경도 및 강도가 양호하다.
  - 소결합금으로 이루어진 공구이다.
  - HRC(로크웰경도 C스케일) 50 이상으로 경도가 크다.
- 초경합금 공구의 종류 및 특징

종류	색상	절삭 재료
P계열	푸른색	강, 합금강
M계열	노란색	주철 및 주강, 스테인리스강
K계열	붉은색	주철, 비철금속

㉥ 세라믹 : 무기질의 비금속재료를 고온에서 소결한 것으로 1,200℃의 절삭열에도 경도 변화가 없는 신소재이다. 주로 고온에서 소결시켜 만든다. 내마모성과 내열성, 내화학성(내산화성)은 우수하나 인성이 부족하고 성형성이 좋지 못하며 충격에 약한 단점이 있다.

㉦ 다이아몬드 : 절삭공구용 재료 중에서 경도가 가장 높고(HB 7,000), 내마멸성이 크며 절삭속도가 빨라서 가공이 매우 능률적이나 취성이 크고 값이 비싼 단점이 있다. 강에 비해 열팽창이 크지 않아서 장시간의 고속 절삭이 가능하다.

㉧ 입방정 질화붕소(Cubic Boron Nitride, CBN공구) : 미소분말을 고온이나 고압에서 소결하여 만든 것으로 다이아몬드 다음으로 경한 재료이다. 내열성과 내마모성이 뛰어나서 주로 철계 금속이나 내열 합금의 절삭, 난삭재, 고속 도강의 절삭에 사용한다.

10년간 자주 출제된 문제

3-1. 절삭 공구재료 중에서 가장 경도가 높은 재질은?

① 고속도강 ② 세라믹
③ 스텔라이트 ④ 입방정 질화붕소

3-2. 고속도 공구강 강재의 표준형으로 널리 사용되고 있는 18-4-1형에서 텅스텐 함유량은?

① 1% ② 4%
③ 18% ④ 23%

|해설|

3-1

공구강의 경도순서

다이아몬드 > 입방정 질화붕소 > 세라믹 > 초경합금 > 주조경질합금(스텔라이트) > 고속도강 > 합금공구강 > 탄소공구강

④ 입방정 질화붕소(CBN공구) : 미소분말을 고온이나 고압에서 소결하여 만든 것으로, 다이아몬드 다음으로 경한 재료이다. 내열성과 내마모성이 뛰어나서 철계 금속이나 내열합금의 절삭, 난삭재, 고속도강의 절삭에 주로 사용한다.

① 고속도강 : 탄소강에 W-18%, Cr-4%, V-1%이 합금된 것으로, 600℃의 절삭열에도 경도변화가 없다. 탄소강보다 2배의 절삭속도로 가공이 가능하기 때문에 강력 절삭 바이트나 밀링 커터용 재료로 사용된다. 고속도강에서 나타나는 시효변화를 억제하기 위해서는 뜨임처리를 3회 이상 반복함으로써 잔류응력을 제거해야 한다. 크게 W계와 Mo계로 분류된다.

② 세라믹 : 무기질의 비금속재료를 고온에서 소결한 것으로 1,200℃의 절삭열에도 경도변화가 없는 신소재이다. 주로 고온에서 소결시켜 만드는데 내마모성과 내열성, 내화학성(내산화성)이 우수하나 인성이 부족하고 성형성이 좋지 못하며 충격에 약한 단점이 있다.

③ 스텔라이트 : 주조경질합금의 일종으로 800℃의 절삭열에도 경도변화가 없다. 열처리가 불필요하며 고속도강보다 2배의 절삭속도로 가공이 가능하나 내구성과 인성이 작다. 청동이나 황동의 절삭재료로도 사용된다.

3-2

고속도강의 합금 비율은 W : Cr : V = 18 : 4 : 1이다.

고속도강(HSS)

탄소강에 W-18%, Cr-4%, V-1%이 합금된 것으로, 600℃의 절삭열에도 경도변화가 없다. 탄소강보다 2배의 절삭속도로 가공이 가능하기 때문에 강력 절삭 바이트나 밀링커터용 재료로 사용된다. 고속도강에서 나타나는 시효변화를 억제하기 위해서는 뜨임처리를 3회 이상 반복함으로써 잔류응력을 제거해야 한다. W계와 Mo계로 크게 분류된다.

정답 3-1 ④ 3-2 ③

핵심이론 04 탄소강

① 탄소강의 정의

탄소강(Carbon Steel)은 순수한 철에 C(탄소)를 2%까지 합금한 것으로, 내식성은 탄소량이 감소할수록 증가하지만 일정 함유량 이하가 되면 내식성이 계속 증가하지 않고 일정해진다.

② 탄소 함유량 증가에 따른 철강의 특성

㉠ 경도 증가
㉡ 취성 증가
㉢ 항복점 증가
㉣ 충격치 감소
㉤ 인장강도 증가
㉥ 인성 및 연신율 감소

③ 탄소량 증가에 따른 금속재료의 성질 변화

㉠ 증가하는 성질 : 전기저항성
㉡ 감소하는 성질 : 비중, 열전도도, 열팽창계수, 용융점

④ 탄소강의 5대 합금 원소 : C(탄소), Si(규소, 실리콘), Mn(망간), P(인), S(황)

⑤ 탄소 함유량에 따른 철강의 분류

성질	순철	강	주철
영문	Pure Iron	Steel	Cast Iron
탄소 함유량	0.02% 이하	0.02~2.0%	2.0~6.67%
담금질성	담금질이 안 됨	좋음	잘되지 않음
강도/경도	연하고 약함	크다.	경도는 크나 잘 부서짐
활용	전기재료	기계재료	주조용 철
제조	전기로	전로	큐폴라

⑥ 순철(Pure Iron)

㉠ 순철의 정의 : 순수한 철을 의미한다. 불순물이 거의 없고 탄소 함유량이 0.02% 이하인 고순도의 철이다.
※ 純 : 순수할(순), 鐵 : 쇠(철)

㉡ 순철의 활용 : 전기저항성이 작아서 전기재료로 많이 사용된다.

㉢ 순철의 특징
- 비중 : 7.86
- 용융점 : 1,538℃

• 연신율 : 80~85% 정도
• 고온에서 산화작용이 심하다.
• 인장강도 : 20~28kg_f/mm^2
• 단접이 용이하고, 용접성도 좋다.
• 바닷물이나 화학약품에 잘 부식된다.
• 투자율이 높아 변압기나 발전기용 재료로 사용된다.
• 철강재료 중 담금질 열처리에 의해 경화되지 않는다.

⑦ 연철(Mild Iron)

순철에 0.2% 이하의 탄소가 합금된 재료로 성질이 연해서 전성과 연성이 풍부하고, 자기적 성질이 좋아서 전기재료로 많이 사용된다.

⑧ 강(Steel)

순철에 탄소가 0.02~2% 함유된 것으로 탄소 함유량이 증가함에 따라 취성이 커지기 때문에 재료의 내충격성을 나타내는 값인 충격치는 감소한다.

㉠ 아공석강 : 순철에 0.02~0.8%의 C가 합금된 강
㉡ 공석강 : 순철에 0.8%의 C가 합금된 강으로, 공석강을 서랭(서서히 냉각)시키면 펄라이트조직이 나온다.
㉢ 과공석강 : 순철에 0.8~2%의 C가 합금된 강

⑨ 선철(Pig Iron)을 만들기 위해 용광로에 장입하는 것

㉠ 코크스 : 선철을 제조하는 과정에서 연료 겸 환원제로 사용한다.
㉡ 석회석 : 불순물을 제거한다.
㉢ 철광석 : 철을 10~60% 함유하고 있는 광석

⑩ 강괴의 탈산 정도에 따른 종류

㉠ 킬드강 : 평로, 전기로에서 제조된 용강을 Fe-Mn, Fe-Si, Al 등으로 완전히 탈산시킨 강으로, 상부에 작은 수축관과 소수의 기포만 존재하며 탄소 함유량이 0.15~0.3% 정도인 강
㉡ 세미킬드강 : 탈산의 정도가 킬드강과 림드강 중간으로 림드강에 비해 재질이 균일하며 용접성이 좋고, 킬드강보다는 압연이 잘된다.
㉢ 림드강 : 평로, 전로에서 제조된 것을 Fe-Mn으로 가볍게 탈산시킨 강
㉣ 캡트강 : 림드강을 주형에 주입한 후 탈산제를 넣거나 주형에 뚜껑을 덮고 리밍작용을 억제하여 표면을 림드강처럼 깨끗하게 만듦과 동시에 내부를 세미 킬드강처럼 편석이 적은 상태로 만든 강

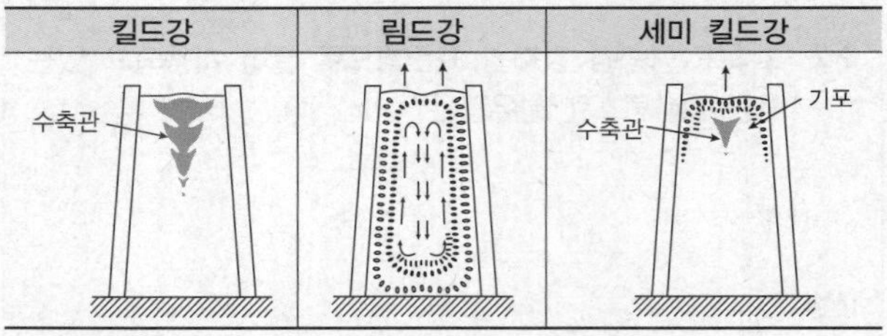

킬드강	림드강	세미 킬드강
수축관		수축관, 기포

⑪ 탄소강에 함유된 원소의 영향

종류	영향
탄소(C)	• 경도를 증가시킨다. • 인성과 연성을 감소시킨다. • 일정 함유량까지 강도를 증가시킨다. • 함유량이 많아질수록 취성(메짐)이 강해진다.
규소(Si)	• 유동성을 증가시킨다. • 용접성과 가공성을 저하시킨다. • 인장강도, 탄성한계, 경도를 상승시킨다. • 결정립의 조대화로 충격값과 인성, 연신율을 저하시킨다.
망간(Mn)	• 주철의 흑연화를 방지한다. • 고온에서 결정립 성장을 억제한다. • 주조성과 담금질효과를 향상시킨다. • 탄소강에 함유된 S을 MnS로 석출시켜 적열취성을 방지한다.
인(P)	• 상온취성의 원인이 된다. • 결정립자를 조대화시킨다. • 편석이나 균열의 원인이 된다. • 주철의 용융점을 낮추고 유동성을 좋게 한다.
황(S)	• 절삭성을 양호하게 한다. • 편석과 적열취성의 원인이 된다. • 철을 여리게 하며 알칼리성에 약하다.
수소(H_2)	• 백점, 헤어크랙의 원인이 된다.
몰리브덴(Mo)	• 내식성을 증가시킨다. • 뜨임취성을 방지한다. • 담금질 깊이를 깊게 한다.
크롬(Cr)	• 강도와 경도를 증가시킨다. • 탄화물을 만들기 쉽게 한다. • 내식성, 내열성, 내마모성을 증가시킨다.
납(Pb)	• 절삭성을 크게 하여 쾌삭강의 재료가 된다.
코발트(Co)	• 고온에서 내식성, 내산화성, 내마모성, 기계적 성질이 뛰어나다.
구리(Cu)	• 고온취성의 원인이 된다. • 압연 시 균열의 원인이 된다.
니켈(Ni)	• 내식성 및 내산성을 증가시킨다.
타이타늄(Ti)	• 부식에 대한 저항이 매우 크다. • 가볍고 강력해서 항공기용 재료로 사용된다.

10년간 자주 출제된 문제

4-1. 강을 절삭할 때 쉿밥(Chip)을 잘게 하고 피삭성을 좋게 하기 위해 황, 납 등의 특수원소를 첨가하는 강은?

① 레일강　② 쾌삭강
③ 다이스강　④ 스테인리스강

4-2. 철강재료에 관한 올바른 설명은?

① 용광로에서 생산된 철은 강이다.
② 탄소강은 탄소 함유량이 3.0~4.3% 정도이다.
③ 합금강은 탄소강에 필요한 합금 원소를 첨가한 것이다.
④ 탄소강의 기계적 성질에 가장 큰 영향을 끼치는 원소는 규소(Si)이다.

4-3. 강괴를 탈산 정도에 따라 분류할 때 이에 속하지 않는 것은?

① 림드강　② 세미 림드강
③ 킬드강　④ 세미 킬드강

|해설|

4-2
① 용광로에서 생산된 철은 주철이다. 강은 전로에서 만들어진다.
② 탄소강의 탄소 함유량은 0.02~2% 정도이다.
④ 탄소강의 기계적 성질에 가장 큰 영향을 끼치는 원소는 탄소(C)이다.

4-3
강괴의 탈산 정도에 따른 분류에 세미 림드강이란 명칭은 없다.

강괴의 탈산 정도에 따른 분류
- 킬드강 : 평로, 전기로에서 제조된 용강을 Fe-Mn, Fe-Si, Al 등으로 완전히 탈산시킨 강
- 세미 킬드강 : Al으로 림드강과 킬드강의 중간 정도로 탈산시킨 강
- 림드강 : 평로, 전로에서 제조된 것을 Fe-Mn으로 가볍게 탈산시킨 강
- 캡드강 : 림드강을 주형에 주입한 후 탈산제를 넣거나 주형에 뚜껑을 덮고 리밍작용을 억제하여 표면을 림드강처럼 깨끗하게 만듦과 동시에 내부를 세미 킬드강처럼 편석이 적은 상태로 만든 강

정답 4-1 ② 4-2 ③ 4-3 ②

핵심이론 05 주철 및 주강

① 주철(Cast Iron)의 정의

순철에 2~6.67%의 탄소를 합금한 재료로, 탄소 함유량이 많아서 단조작업이 곤란하여 주조용 재료로 사용되는 철강재료이다.

② 주철의 제조방법

용광로에 철광석, 석회석, 코크스를 장입한 후 1,200℃의 열풍을 불어넣어 주면 쉿물이 나오는데 이 쉿물의 평균 탄소 함유량은 4.5%이다.

③ 주철의 특징

㉠ 주조성이 우수하다.
㉡ 기계가공성이 좋다.
㉢ 압축강도가 크고, 경도가 높다.
㉣ 가격이 저렴해서 널리 사용된다.
㉤ 고온에서 기계적 성질이 떨어진다.
㉥ 주철 중 Si는 공정점을 저탄소강 영역으로 이동시킨다.
㉦ 용융점이 낮고 주조성이 좋아서 복잡한 형상을 쉽게 제작한다.
㉧ 주철 중 탄소의 흑연화를 위해서는 탄소와 규소의 함량이 중요하다.
㉨ 주철을 파면상으로 분류하면 회주철, 백주철, 반주철로 구분할 수 있다.
㉩ 강에 비해 탄소의 함유량이 많기 때문에 취성과 경도는 커지지만 강도는 작아진다.

④ 주철의 종류

㉠ 보통주철(GC 100~200) : 주철 중에서 인장강도가 가장 낮다. 인장강도가 100~200N/mm^2(10~20kg$_f$/mm^2) 정도로 기계가공성이 좋고 값이 싸며, 기계구조물의 몸체 등의 재료로 사용된다. 주조성은 좋으나 취성이 커서 연신율이 거의 없다. 탄소 함유량이 높기 때문에 고온에서 기계적 성질이 떨어지는 단점이 있다.

㉡ 고급주철(GC 250~350, 펄라이트주철) : 편상흑연주철 중 인장강도가 250N/mm^2 이상의 주철로, 조직이 펄라이트라서 펄라이트주철이라고도 한다. 주로 고강도와 내마멸성을 요구하는 기계 부품에 사용된다.

㉢ 회주철(Gray Cast Iron) : 'GC200'으로 표시되는 주조용 철로, 200은 최저 인장강도를 나타낸다. 탄소가 흑연 박편의 형태로 석출되며 내마모성과 진동 흡수능력이 우수하고 압축강도가 좋아서 엔진 블록이나 브레이크 드럼용 재료, 공작기계의 베드용 재료로 사용된다. 이 회주철조직에 가장 큰 영향을 미치는 원소는 C와 Si이다.

- 회주철의 특징
  - 주조와 절삭가공이 쉽다.
  - 인장력에 약하고 깨지기 쉽다.
  - 탄소강이 비해 진동에너지의 흡수가 좋다.
  - 유동성이 좋아서 복잡한 형태의 주물을 만들 수 있다.

㉣ 구상흑연주철 : 주철 속 흑연이 완전히 구상이고 그 주위가 페라이트조직으로 되어 있는데, 이 형상이 황소의 눈과 닮았다고 해서 불스아이주철이라고도 한다. 일반 주철에 Ni(니켈), Cr(크롬), Mo(몰리브덴), Cu(구리)를 첨가하여 재질을 개선한 주철로 내마멸성, 내열성, 내식성이 매우 우수하여 자동차용 주물이나 주조용 재료로 사용되며, 노듈러주철, 덕타일주철이라고도 한다.

> **TIP 흑연을 구상화하는 방법**
> S이 적은 선철을 용해한 후 Mg, Ce, C 등을 첨가하여 제조하는데, 흑연이 구상화되면 보통주철에 비해 강력하고 점성이 강한 성질을 갖는다.

㉤ 백주철 : 회주철을 급랭하여 얻는 주철로, 파단면이 백색이다. 흑연을 거의 함유하고 있지 않으며 탄소가 시멘타이트로 존재하기 때문에 다른 주철에 비해 시멘타이트의 함유량이 많아서 단단하지만, 취성이 크다는 단점이 있다. 마모량이 큰 제분용 볼(Mill Ball)과 같은 기계요소의 재료로 사용된다.

㉥ 가단주철 : 백주철을 고온에서 장시간 열처리하여 시멘타이트조직을 분해하거나 소실시켜 조직의 인성과 연성을 개선한 주철로, 가단성이 부족했던 주철을 강인한 조직으로 만들기 때문에 단조작업이 가능하다. 제작공정이 복잡해서 시간과 비용이 상대적으로 많이 든다.

- 가단주철의 종류
  - 흑심가단주철 : 흑연화가 주목적
  - 백심가단주철 : 탈탄이 주목적
  - 특수가단주철
  - 펄라이트 가단주철

㉦ 미하나이트주철 : 바탕이 펄라이트조직으로 인장강도는 350~450MPa이다. 담금질이 가능하고 인성과 연성이 매우 크며, 두께 차이에 의한 성질의 변화가 매우 작아서 내연기관의 실린더 재료로 사용된다.

㉧ 고규소주철 : C가 0.5~1.0%, Si가 14~16% 합금된 내식용 주철재료로 화학공업 분야에 널리 사용된다. 경도가 높아서 가공성이 낮으며 재질이 여리다는 결점이 있다.

㉨ ADI(Austempered Ductile Iron)주철 : 재질을 경화시키기 위해 구상흑연주철을 항온 열처리법인 오스템퍼링으로 열처리한 주철이다.

⑤ 주철의 성장

㉠ 정의 : 주철을 600℃ 이상의 온도에서 가열과 냉각을 반복하면 부피의 증가로 재료가 파열되는데, 이 현상을 주철의 성장이라고 한다.

㉡ 주철 성장의 원인

- 흡수된 가스에 의한 팽창
- A_1 변태에서 부피 변화로 인한 팽창
- 시멘타이트(Fe_3C)의 흑연화에 의한 팽창
- 페라이트 중 고용된 Si의 산화에 의한 팽창
- 불균일한 가열에 의해 생기는 파열, 균열에 의한 팽창

㉢ 주철의 성장을 방지하는 방법
- 편상흑연을 구상흑연화한다.
- C와 Si의 양을 적게 해야 한다.
- 흑연의 미세화로서 조직을 치밀하게 한다.
- Cr, Mn, Mo 등을 첨가하여 펄라이트 중 Fe_3C 분해를 막는다.

⑥ 주철과 강의 차이점

주철은 주조작업이 가능한 철로서 탄소 함유량이 약 2~6.67%인데 강(0.02~2%)에 비해 탄소 함유량이 많기 때문에 취성과 압축강도는 크지만 연신율이 작아진다.

⑦ 마우러조직도

주철조직을 지배하는 주요 요소인 C와 Si의 함유량에 따른 주철조직의 변화를 나타낸 그래프이다.

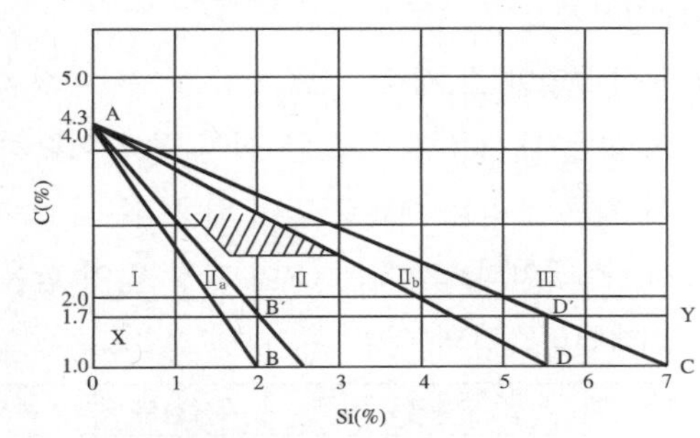

※ 빗금친 부분은 고급주철이다.

영역	주철조직	경도
I	백주철(극경 주철)	최대
II_a	반주철(경질 주철)	↕
II	펄라이트 주철(강력 주철)	
II_b	회주철(주철)	
III	페라이트 주철(연질 주철)	최소

⑧ 주철의 흑연화에 영향을 미치는 원소

㉠ 주철의 흑연화 촉진제 : Al, Si, Ni, Ti

㉡ 주철의 흑연화 방지제 : Cr, V, Mn, S

⑨ 주철조직에 나타나는 흑연 형상

㉠ 편상

㉡ 구상

㉢ 공정상

⑩ 주강의 정의 : 주철에 비해 C의 함유량을 줄인 용강(용융된 강)을 주형에 주입해서 만든 주조용 강의 재료로, 주철에 비해 기계적 성질이 좋고 용접에 의한 보수작업이 용이하다. 단조품에 비해 가공공정이 적으면서 대형 제품을 만들 수 있는 장점이 있어서, 형상이 크거나 복잡해서 단조품으로 만들기 곤란하거나 주철로는 강도가 부족한 경우에 사용한다. 그러나 주조조직이 거칠고 응고 시 수축률도 크며 취성이 있어서, 주조 후에는 완전풀림을 통해 조직을 미세화하고 주조응력을 제거해야 한다는 단점이 있다.

⑪ 주강의 특징

㉠ 주철로서는 강도가 부족한 곳에 사용된다.

㉡ 일반적인 주강의 탄소 함량은 0.1~0.6% 정도이다.

㉢ 함유된 C의 양이 많기 때문에 완전풀림을 실시해야 한다.

㉣ 기포나 기공 등이 생기기 쉬우므로 제강작업 시 다량의 탈산제가 필요하다.

⑫ 주강의 종류

㉠ 탄소주강 : Fe과 C의 합금으로 만들어진 주강으로, 탄소 함유량에 따라 기계적 성질이 다르게 나타난다. 탄소주강을 분류하면 다음과 같다.
- 저탄소주강 : 0.2% 이하의 C가 합금된 주조용 재료
- 중탄소주강 : 0.2~0.5%의 C가 합금된 주조용 재료
- 고탄소주강 : 0.5% 이상의 C가 합금된 주조용 재료

㉡ 합금주강 : 원하는 목적에 따라 탄소주강에 다양한 합금 원소를 첨가해서 만든 주조용 재료로, 탄소주강에 비해 강도가 우수하고 인성과 내마모성이 크다. 합금주강을 분류하면 다음과 같다.
- Ni주강 : 강인성 향상을 위해 1~5%의 Ni을 첨가한 것으로, 연신율의 저하를 막고 강도 및 내마멸성이 향상되어 톱니바퀴나 차축용 재료로 사용된다.
- Cr주강 : 탄소주강에 3% 이하의 Cr을 첨가하여 강도와 내마멸성을 증가시킨 재료로, 분쇄기계용 재료로 사용된다.

- Ni-Cr주강 : 1~4%의 Ni, 약 1%의 Cr을 합금한 주강으로, 강도가 크고 인성이 양호해서 자동차나 항공기용 재료로 사용된다.
- Mn주강 : Mn을 약 1% 합금한 저망간주강은 제지용 롤러에, 약 12% 합금한 고망간주강(하드필드강)은 오스테나이트 입계의 탄화물 석출로 취약하지만 약 1,000℃에서 담금질하면 균일한 오스테나이트조직으로 되면서 조직이 강인해지므로 광산이나 토목용 기계 부품에 사용이 가능하다.

10년간 자주 출제된 문제

5-1. 불스아이(Bull's Eye)조직은 어느 주철에 나타나는가?

① 가단주철
② 미하나이트주철
③ 칠드주철
④ 구상흑연주철

5-2. 주철의 성장원인 중 틀린 것은?

① 펄라이트조직 중의 Fe_3C 분해에 따른 흑연화
② 페라이트조직 중의 Si의 산화
③ A_1 변태의 반복과정에서 오는 체적변화에 기인되는 미세한 균열의 발생
④ 흡수된 가스의 팽창에 따른 부피의 감소

|해설|

5-1

불스아이란 구상흑연주철의 현미경 조직에서 주철 속의 흑연이 완전한 구상이 되어 그 주위가 페라이트조직으로 되어 있는 것으로 불스는 황소를 의미한다. 흑연이 황소의 눈과 닮았다고 해서 이 조직을 불스 아이라고 부른다.

5-2

주철은 흡수된 가스에 의해 부피가 상승한다. 주철을 600℃ 이상의 온도에서 가열과 냉각을 반복하면 부피가 증가하여 파열되는데 이 현상을 주철의 성장이라고 한다.

정답 5-1 ④ 5-2 ④

핵심이론 06 합금강 및 특수강

① 합금강의 정의

탄소강 본래의 성질을 더 뚜렷하게 개선하거나 새로운 특성을 갖게 하기 위해 보통 탄소강에 합금 원소를 첨가하여 만든 강이다.

② 합금강을 만드는 목적

㉠ 높은 강도와 연성을 유지하기 위해
㉡ 내식성과 내열성, 내산화성을 개선하기 위해
㉢ 고온과 저온에서의 기계적 성질을 개선하기 위해
㉣ 내마멸성 및 피로특성 등 특수한 성질을 개선하기 위해
㉤ 강을 경화시킬 수 있는 깊이를 증가시켜 기계적 성질을 개선하기 위해

③ 스테인리스강

㉠ 정의 : 일반 강 재료에 Cr(크롬)을 12% 이상 합금하여 만든 내식용 강으로, 부식이 잘 일어나지 않아서 최근 조리용 재료로 많이 사용되는 금속재료이다. 스테인리스강에는 Cr이 가장 많이 함유된다.
㉡ 스테인리스강의 분류

구분	종류	주요성분	자성
Cr계	페라이트계 스테인리스강	Fe + Cr 12% 이상	자성체
	마텐자이트계 스테인리스강	Fe + Cr 13%	자성체
Cr + Ni계	오스테나이트계 스테인리스강	Fe + Cr 18% + Ni 8%	비자성체
	석출경화계 스테인리스강	Fe + Cr + Ni	비자성체

④ 특수강의 종류

종류	특징
Co강	강도와 경도의 증가를 위해 강에 소량의 코발트(Co)를 첨가한 강
Si강	자기적 감응도가 크고 잔류자기와 항자력이 작아서 변압기의 철심용 재료로 사용된다.
레일강	경강으로 철도의 레일을 만드는 데 사용된다.
쾌삭강	강을 절삭할 때 칩을 잘게 하고 피삭성을 좋게 하기 위해 황이나 납 등 특수 원소를 첨가한 강으로 일반 탄소강보다 P, S의 함유량을 많게 하거나 Pb, Se, Zr 등을 첨가하여 제조한 강
다이스강	Cr, Mo, W 등을 합금해서 내마모성을 높여 다이스용 재료로 사용한다.

⑤ 자경성(특수강의 주요 성질)

담금질 후 대기 중에서 방랭하는 것만으로도 마텐자이트 조직이 생성되어 조직이 단단해지는 성질로 Ni, Cr, Mn 등이 함유된 특수강에서 볼 수 있다.

10년간 자주 출제된 문제

18-8계 스테인리스강의 설명으로 틀린 것은?

① 오스테나이트계 스테인리스강이라고도 하며, 담금질로 경화되지 않는다.
② 내식, 내산성이 우수하며, 상온가공하면 경화되어 다소 자성을 갖게 된다.
③ 가공된 제품은 수중 또는 유중 담금질하여 해수용 펌프 및 밸브 등의 재료로 많이 사용한다.
④ 가공성 및 용접성과 내식성이 좋다.

|해설|

오스테나이트계인 18-8형 스테인리스강은 담금질에 의해서가 아니라 냉간가공에 의해서만 재료가 경화되며, 내부의 응력 제거를 위해 약 800℃에서 2~4시간 유지시킨 후 노랭이나 공랭을 해야 한다.

정답 ③

핵심이론 07 비철금속재료

① 구리와 그 합금

㉠ 구리(Cu)의 성질

- 비중 : 8.96
- 비자성체이다.
- 내식성이 좋다.
- 용융점 : 1,083℃
- 끓는점 : 2,560℃
- 전기전도율이 우수하다.
- 전기와 열의 양도체이다.
- 전연성과 가공성이 우수하다.
- Ni, Sn, Zn 등과 합금이 잘된다.
- 건조한 공기 중에서 산화하지 않는다.
- 방전용 전극재료로 가장 많이 사용된다.
- 아름다운 광택과 귀금속적 성질이 우수하다.
- 결정격자는 면심입방격자이며 변태점이 없다.
- 황산, 염산에 용해되며 습기, 탄소가스, 해수에 의해 녹이 생긴다.

㉡ 구리 합금의 대표적인 종류

청동	Cu + Sn, 구리 + 주석
황동	Cu + Zn, 구리 + 아연

㉢ 청동

- 청동의 정의 : Cu에 Sn을 합금한 재료로 오래 전부터 장신구, 무기, 불상, 종 등에 이용되었다. 내식성과 내마모성이 우수해서 각종 기계 주물용 재료나 미술 공예품 등 광범위하게 사용된다.
- 특징
  - 마찰저항이 크다.
  - 내식성이 양호하다.
  - 구리와 주석의 합금이다.
  - 주조하기 쉬워 선박용 부품이나 밸브류, 동상, 베어링 등에 사용된다.

- 청동의 종류

켈밋 합금	• Cu 70% + Pb 30~40%의 합금이다. 열전도성과 압축강도가 크고, 마찰계수가 작아서 고속, 고하중용 베어링에 사용된다.
베릴륨 청동	• Cu에 1~3%의 베릴륨을 첨가한 합금으로 담금질한 후 시효경화시키면 기계적 성질이 합금강에 뒤떨어지지 않고 내식성도 우수하여 기어, 판스프링, 베어링용 재료로 쓰이는데 가공하기 어렵다는 단점이 있다.
연청동	• 납 청동이라고도 하며 베어링용이나 패킹재료로 사용된다.
알루미늄 청동	• Cu에 2~15%의 Al을 첨가한 합금으로 강도가 매우 높고 내식성이 우수하다. • 기어나 캠, 레버, 베어링용 재료로 사용된다.

- 인 청동에서 인의 영향
  - 탄성을 좋게 한다.
  - 내식성을 증가시킨다.
  - 쇳물의 유동을 좋게 한다.
  - 강도와 인성을 증가시킨다.

㉣ 황동

- 황동의 정의 : 놋쇠라고도 하는 황동은 Cu + Zn의 합금으로, 가장 많이 사용되는 합금의 비율은 30~40%의 Zn이 합금된 것이다. Zn의 함량이 높으면 판이나 봉, 선재나 주물로 사용되며, 낮은 것은 장식품이나 공예품으로 사용된다. Cu에 비해 주조성과 가공성, 내식성이 우수하며 색상이 아름답다.
- 황동의 특징
  - Zn의 함유량에 따라 합금의 색상이 달라진다.
  - Zn의 함유량이 증가하면 인장강도는 커지지만 비중은 떨어진다.
  - Zn의 함유량이 증가하면 연신율이 30%까지 증가하다가 40~50%에서 급격히 감소한다.
  - 6 : 4 황동은 600℃까지는 연신율이 내려가지만 그 이상이 되면 연신율이 급격히 증가하므로, 300~ 500℃ 에서는 가공을 피하고 그 이상의 온도에서 가공한다.
  - 7 : 3 황동은 600℃ 이상에서 취성이 생기므로 높은 온도의 가공은 적당하지 않지만, 500℃ 부근에서는 가공이 가능하다.

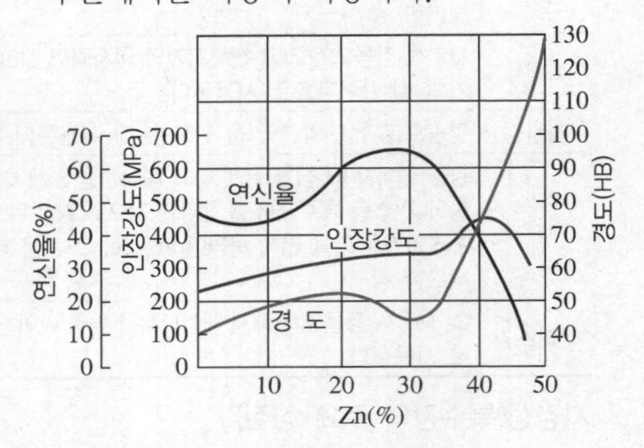

- 황동의 종류

톰백	• Cu에 Zn을 5~20% 합금한 것으로 색깔이 아름답고 냉간가공이 쉬워 단추나 금박, 금모조품과 같은 장식용 재료로 사용된다.
문쯔메탈	• 60%의 Cu와 40%의 Zn이 합금된 것으로 인장강도가 최대이며, 강도가 필요한 단조제품이나 볼트나 리벳용 재료로 사용한다.
알브락	• Cu 75% + Zn 20% + 소량의 Al, Si, As의 합금이다. • 해수에 강하며 내식성과 내침수성이 커서 복수기관과 냉각기관에 사용한다.
애드미럴티 황동	• 7 : 3 황동에 Sn 1%를 합금한 것으로 콘덴서 튜브에 사용한다.
델타메탈	• 6 : 4 황동에 1~2% Fe을 첨가한 것으로, 강도가 크고 내식성이 좋아서 광산기계나 선박용, 화학용 기계에 사용한다.
쾌삭황동	• 황동에 Pb을 0.5~3% 합금한 것으로 피절삭성 향상을 위해 사용한다.
납황동	• 3% 이하의 Pb을 6 : 4 황동에 첨가하여 절삭성을 향상시킨 쾌삭황동으로 기계적 성질은 다소 떨어진다.
강력황동	• 4 : 6황동에 Mn, Al, Fe, Ni, Sn 등을 첨가하여 한층 더 강력하게 만든 황동이다.
네이벌황동	• 6 : 4황동에 0.8% 정도의 Sn을 첨가한 것으로 내해수성이 강해서 선박용 부품에 사용한다.

※ 6 : 4 황동 : Cu 60% + Zn 40%의 합금

- 황동의 자연균열
  - 정의 : 냉간가공한 황동 재질의 파이프나 봉재 제품이 보관 중에 내부 잔류응력에 의해 자연적으로 균열이 생기는 현상

– 황동의 자연균열의 원인 : 암모니아(NH_3)나 암모늄(NH_4^+)에 의한 내부응력 발생
– 황동의 자연균열의 방지법
ⓐ 수분에 노출되지 않도록 한다.
ⓑ 200~300℃로 응력제거풀림을 한다.
ⓒ 도색이나 도금으로 표면처리를 한다.

㉤ Cu와 Ni의 합금

콘스탄탄	• Cu에 Ni을 40~45% 합금한 재료로 온도 변화에 영향을 많이 받으며 전기저항성이 커서 저항선이나 전열선, 열전쌍의 재료로 사용된다.
니크롬	• 니켈과 크롬의 이원 합금으로 고온에 잘 견디며 높은 저항성이 있어서 저항선이나 전열선으로 사용된다.
모넬메탈	• Cu에 Ni이 60~70% 합금된 재료로 내식성과 고온 강도가 높아서 화학기계나 열기관용 재료로 사용된다.
큐프로니켈	• Cu에 Ni을 15~25% 합금한 재료로 백동이라고도 한다. • 내식성이 좋고 비교적 고온에서도 잘 견디어 열교환기의 재료로 사용된다.
베네딕트메탈	• Cu 85%에 Ni이 14.5 정도 합금된 재료로 복수기관이나 건축공구, 화학기계의 부품용으로 사용되는 내식용 백색 합금이다.
니켈실버 (Nikel Silver)	• 은백색의 Cu + Zn + Ni의 합금으로 기계적 성질과 내식성, 내열성이 우수하여 스프링 재료로 사용되며, 전기저항이 작아서 온도 조절용 바이메탈 재료로도 사용된다. • 기계재료로 사용될 때는 양백, 식기나 장식용으로 사용될 때는 양은이라고 하는 경우가 많다.

② 알루미늄과 그 합금

㉠ 알루미늄(Al)의 성질
• 비중 : 2.7
• 용융점 : 660℃
• 면심입방격자이다.
• 비강도가 우수하다.
• 주조성이 우수하다.
• 열과 전기전도성이 좋다.
• 가볍고 전연성이 우수하다.
• 내식성 및 가공성이 양호하다.
• 담금질효과는 시효경화로 얻는다.
• 염산이나 황산 등의 무기산에 잘 부식된다.
• 보크사이트 광석에서 추출하는 경금속이다.
※ 시효경화 : 열처리 후 시간이 지남에 따라 강도와 경도가 증가하는 현상

㉡ 시험에 자주 출제되는 주요 알루미늄 합금

Y합금	Al + Cu + Mg + Ni(알구마니)
두랄루민	Al + Cu + Mg + Mn(알구마망)

㉢ 알루미늄 합금의 종류 및 특징

분류	종류	구성 및 특징
주조용 (내열용)	실루민	• Al + Si(10~14% 함유), 알펙스라고도 한다. • 해수에 잘 침식되지 않는다.
	라우탈	• Al + Cu 4% + Si 5% • 열처리에 의하여 기계적 성질을 개량할 수 있다.
	Y합금	• Al + Cu + Mg + Ni • 내연기관용 피스톤, 실린더 헤드의 재료로 사용된다.
	로엑스 합금 (Lo-Ex)	• Al + Si 12% + Mg 1% + Cu 1% + Ni • 열팽창계수가 작아서 엔진, 피스톤용 재료로 사용된다.
	코비탈륨	• Al + Cu + Ni에 Ti, Cu 0.2% 첨가 • 내연기관의 피스톤용 재료로 사용된다.
가공용	두랄루민	• Al + Cu + Mg + Mn • 고강도로서 항공기나 자동차용 재료로 사용된다.
	알클래드	• 고강도 Al합금에 다시 Al을 피복한 것
내식성	알민	• Al + Mn • 내식성과 용접성이 우수한 알루미늄 합금
	알드레이	• Al + Mg + Si 강인성이 없고 가공변형에 잘 견딘다.
	하이드로날륨	• Al + Mg • 내식성과 용접성이 우수한 알루미늄 합금

㉣ 개량처리
• 개량처리의 정의 : Al에 Si(규소, 실리콘)가 고용될 수 있는 한계는 공정온도인 577℃에서 약 1.6%이고, 공정점은 12.6%이다. 이 부근의 주조조직은 육각판의 모양으로 크고 거칠며 취성이 있어서 실용성이 없는데, 이 합금에 나트륨이나 수산화나트륨, 플루오린화 알칼리, 알칼리 염류 등을 용탕 안에 넣고 10~50분 후에 주입하면 조직이 미세화되며, 공정점은 14%, 온도는 556℃로 이동하는데 이 처리를 개량처리라고 한다.

- 개량처리된 합금의 명칭 : 실용 합금으로는 10~13%의 Si가 함유된 실루민(Silumin)이 유명하다.
- 개량처리에 주로 사용되는 원소 : Na(나트륨)

③ 니켈과 그 합금

㉠ 니켈(Ni)의 성질
- 용융점 : 1,455℃
- 밀도 : 8.9g/cm^3
- 아름다운 광택과 내식성이 우수하다.
- 강자성체로서 자성을 띠는 금속원소이다.
- 냄새가 없는 은색의 단단한 고체 금속이다.

㉡ Ni-Fe계 합금의 특징
- 불변강으로 내식용 니켈 합금이다.
- 일반적으로 강하고 인성이 좋으며 공기나 물, 바닷물에도 부식되지 않을 정도로 내식성이 우수하여 밸브나 보일러용 파이프에 사용된다.

㉢ Ni-Fe계 합금(불변강)의 종류

종류	용도
인바	• Fe에 35%의 Ni, 0.1~0.3%의 Co, 0.4%의 Mn이 합금된 불변강의 일종으로, 상온 부근에서 열팽창계수가 매우 작아서 길이 변화가 거의 없다. • 줄자나 측정용 표준자, 바이메탈용 재료로 사용한다.
슈퍼인바	• Fe에 30~32%의 Ni, 4~6%의 Co를 합금한 재료로, 20℃에서 열팽창계수가 0에 가까워서 표준척도용 재료로 사용한다.
엘린바	• Fe에 36%의 Ni, 12%의 Cr이 합금된 재료로, 온도 변화에 따라 탄성률의 변화가 미세화하여 시계태엽이나 계기의 스프링, 기압계용 다이어프램, 정밀저울용 스프링 재료로 사용한다.
퍼멀로이	• Fe에 35~80%의 Ni이 합금된 재료로, 열팽창계수가 작아서 측정기나 고주파 철심, 코일, 릴레이용 재료로 사용된다.
플래티나이트	• Fe에 46%의 Ni이 합금된 재료로, 열팽창계수가 유리와 백금과 가까우며 전구 도입선이나 진공관의 도선용으로 사용한다.
코엘린바	• Fe에 Cr 10~11%, Co 26~58%, Ni 10~16%를 합금한 것으로, 온도 변화에 대한 탄성률의 변화가 작고 공기 중이나 수중에서 부식되지 않아서 스프링, 태엽, 기상관측용 기구의 부품에 사용한다.

④ 마그네슘(Mg)의 성질

㉠ 절삭성이 우수하다.

㉡ 용융점 : 650℃

㉢ 조밀육방격자 구조이다.

㉣ 고온에서 발화하기 쉽다.

㉤ Al에 비해 약 35% 가볍다.

㉥ 알칼리성에는 거의 부식되지 않는다.

㉦ 구상흑연주철 제조 시 첨가제로 사용된다.

㉧ 비중이 1.74로 실용 금속 중 가장 가볍다.

㉨ 열전도율과 전기전도율은 Cu, Al보다 낮다.

㉩ 비강도가 우수하여 항공기나 자동차 부품으로 사용된다.

㉪ 대기 중에는 내식성이 양호하나 산이나 염류(바닷물)에는 침식되기 쉽다.

10년간 자주 출제된 문제

7-1. Cr 10~11%, Co 26~58%, Ni 10~16% 함유하는 철 합금으로 온도 변화에 대한 탄성률의 변화가 매우 작고 공기 중이나 수중에서 부식되지 않고 스프링, 태엽, 기상관측용 기구의 부품에 사용되는 불변강은?

① 인바　② 코엘린바
③ 퍼멀로이　④ 플래티나이트

7-2. Al-Cu-Mg-Mn의 합금으로 시효경과 처리한 대표적인 알루미늄 합금은?

① 두랄루민　② Y합금
③ 코비탈륨　④ 로엑스 합금

|해설|

7-1

코엘린바는 탄성률의 변화가 매우 작고 공기나 수중에서 부식되지 않고, 스프링, 태엽용 재료로 사용되는 불변강이다.

7-2

시효경화란 열처리 후 시간이 지남에 따라 강도와 경도가 증가하는 현상으로 시험에 자주 출제되는 Al합금으로는 Y합금과 두랄루민이 있다.

Y합금	Al + Cu + Mg + Ni, 알구마니
두랄루민	Al + Cu + Mg + Mn, 알구마망

정답 7-1 ② 7-2 ①

핵심이론 08 신소재

① 형상기억합금

항복점을 넘어서 소성변형된 재료는 외력을 제거해도 원래의 상태로 복원이 불가능하지만, 형상기억합금은 고온에서 일정 시간 유지함으로써 원하는 형상으로 기억시키면 상온에서 외력에 의해 변형되어도 기억시킨 온도로 가열하면 변형 전 형상으로 되돌아오는 합금이다. 그 종류에는 Ni-Ti 계, Ni-Ti-Cu계, Cu-Al-Ni계 합금이 있으며 니티놀(Ni-Ti 합금)이 대표적인 제품이다.

㉠ 형상기억합금의 특징
- 어떤 모양을 기억할 수 있는 합금
- 형상기업합금의 대표적인 합금은 Ni-Ti 합금(니티놀)이다.
- 형상기억효과를 나타내는 합금은 마텐자이트 변태온도 이하에서 한다.

㉡ 형상기억합금인 니티놀(Nitinol)의 성분은 Ni-Ti이다.

② 비정질합금

일정한 결정구조를 갖지 않는 어모퍼스(Amorphous) 구조이며, 재료를 고속으로 급랭시키면 제조할 수 있다. 강도와 경도가 높으면서도 자기적 특성이 우수하여 변압기용 철심재료로 사용된다.

③ 내열재료

상당한 시간 동안 고온의 환경에서도 강도가 유지되는 재료이다.

④ 초소성 합금

금속재료가 일정한 온도와 속도하에서 일반 금속보다 수십~수천 배의 연성을 보이는 재료로, 연성이 매우 커서 작은 힘으로도 복잡한 형상의 성형이 가능한 신소재이다. 최근 터빈의 날개 제작에 사용된다.

㉠ 초소성 합금의 특징
- 고온강도가 낮다.
- 결정립자가 아주 미세하다.
- 미세결정립자 초소성과 변태 초소성으로 나뉜다.
- Al-Zn 합금은 플라스틱 성형용 금형을 제작하는 데 사용된다.

⑤ 초전도합금

순 금속이나 합금을 극저온으로 냉각시키면 전기저항이 0에 접근하는 합금으로, 전동기나 변압기용 재료로 사용된다.

⑥ 파인 세라믹스(Fine Ceramics)

㉠ 정의 : 세라믹(Ceramics)의 중요 특성인 내식성과 내열성, 전기 절연성 등을 더욱 향상시키기 위해 만들어진 차세대 세라믹으로, 흙이나 모래 등의 무기질 재료를 높은 온도로 가열하여 만든다. 가볍고 금속보다 훨씬 단단한 특성을 지닌 신소재로 1,000℃ 이상의 고온에서도 잘 견디며 강도가 잘 변하지 않으면서 내마멸성이 커서 특수 타일이나 인공 뼈, 자동차 엔진용 재료로 사용된다. 그러나 부서지기 쉬워서 가공이 어렵다는 단점이 있다.

㉡ 대표적인 파인 세라믹스의 종류
- 탄화규소
- 산화타이타늄
- 질화규소
- 타이타늄산바륨

㉢ 파인 세라믹스의 특징
- 무게가 가볍다.
- 원료가 풍부하다.
- 금속보다 단단하다.
- 강도가 잘 변하지 않는다.
- 강도가 약해서 부서지기 쉽다.
- 1,000℃ 이상의 고온에서도 잘 견딘다.
- 내마모성, 내열성, 내화학성이 우수하다.
- 금속에 비해 온도 변화에 따른 신축성이 작다.

⑦ 강화 플라스틱(Reinforced Plastic)

㉠ 정의 : 섬유와 플라스틱 모재로 구성된 재료로, 최대 강도를 얻으려면 결함이 없는 재료를 만들거나 합금재료를 균일하게 배열시킨다.

㉡ 강화 플라스틱의 특징
- 두 재료 간 접착력이 중요하다.
- 비강도 및 비강성이 높고 이방성이 크다.
- 분산상의 섬유와 플라스틱 모재로 구성된다.
- 피로저항과 인성, 크리프저항이 일반 플라스틱에 비해 높다.
- 일반 플라스틱 재료는 금속에 비해 강도와 마찰계수가 작지만 강화 플라스틱(RP) 또는 섬유강화 플라스틱(FRP)은 금속보다 강도가 우수하다.

⑧ 방진재료

진동을 방지해 주는 재료로 고무나 주철 등 다양한 재료가 사용된다.

⑨ 자성재료

상온에서 자화시켜 강한 자기장을 얻을 수 있는 재료이다.

⑩ 제진(制振) 합금

소음의 원인이 되는 진동을 흡수하는 합금재료로 제진강판 등이 있다.

※ 제진(制振) : 制 절제할(제), 振 떨(진). 떨림을 절제함
제진(除塵) : 除 뜰(제), 塵 티끌(진). 공기 중에 떠도는 먼지를 없앰

⑪ 합성수지

㉠ 수지(Resin)의 정의 : 수지는 일반적으로 천연수지(Natural Resin)와 합성수지(Synthetic Resin)로 나뉜다. 천연수지는 식물이나 나무, 동물에서 나오는 자연 유출물이 고화된 것이다. 합성수지는 석유 정제 시에 생성되는 것으로, 일반적으로 플라스틱이라고 한다.

㉡ 합성수지의 특징
- 가볍고 튼튼하다.
- 큰 충격에는 약하다.
- 전기절연성이 좋다.
- 금속에 비해 열에 약하다.
- 가공성이 크고 성형이 간단하다.
- 임의의 색을 입히는 착색이 가능하다.
- 가공 시 형태를 유지하는 가소성이 좋다.
- 내식성이 좋아 산, 알칼리, 기름 등에 잘 견딘다.

㉢ 합성수지의 종류 및 특징

종류		특징
열경화성 수지 : 한 번 열을 가해 성형을 하면 다시 열을 가해도 형태가 변하지 않는 수지	요소수지	• 광택이 있다. • 착색이 자유롭다. • 건축재료, 성형품에 이용한다.
	페놀수지	• 전기절연성이 높다. • 베크라이트라고도 한다. • 전기 부품의 재료, 식기, 판재, 무음기어, 프로펠러 등에 사용된다.
	멜라민수지	• 내수성, 내열성이 있다. • 책상, 테이블판 가공에 이용한다.
	에폭시수지	• 내열성, 전기절연성, 접착성이 우수하다. • 경화 시 휘발성 물질을 발생하고 부피가 수축된다.
	폴리 에스테르	• 치수 안정성과 내열성, 내약품성이 있다. • 소형차의 차체, 선체, 물탱크의 재료로 이용한다.
	거품 폴리우레탄	• 비중이 작고, 강도가 크다. • 매트리스나 자동차의 쿠션, 가구에 이용한다.
열가소성 수지 : 열을 가해 성형한 뒤에도 다시 열을 가하면 형태를 변형시킬 수 있는 수지	폴리에틸렌	• 전기절연성, 내수성, 방습성이 우수하며 독성이 없다. • 연료탱크나 어망, 코팅재료로 이용한다.
	폴리프로필렌	• 기계적, 전기적 성질이 우수하다. • 가전제품의 케이스, 의료기구, 단열재로 이용한다.
	폴리염화비닐	• 내산성, 내알칼리성이 풍부하다. • 텐트나 도료, 완구제품에 이용한다.
	폴리비닐 알코올	• 무색, 투명하며 인체에 무해하다. • 접착제나 도료에 이용한다.
	폴리스티렌	• 투명하고 전기절연성이 좋다. • 통신기의 전열재료, 선풍기 팬, 계량기판에 이용한다.
	폴리 아마이드 (나일론)	• 내식성과 내마멸성의 합성섬유이다. • 타이어나 로프, 전선 피복의 재료로 이용한다.

10년간 자주 출제된 문제

8-1. 열가소성 수지가 아닌 재료는?

① 멜라민수지
② 초산비닐수지
③ 폴리에틸렌수지
④ 폴리염화비닐수지

8-2. 산화물계 세라믹의 주재료는?

① SiO_2 ② SiC
③ TiC ④ TiN

8-3. 형상기억합금의 종류에 해당되지 않는 것은?

① 니켈-타이타늄계 합금
② 구리-알루미늄-니켈계 합금
③ 니켈-타이타늄-구리계 합금
④ 니켈-크롬-철계 합금

|해설|

8-1
멜라민수지는 열경화성 수지에 속하는 합성수지이다.

8-2
세라믹은 무기질의 비금속재료를 고온에서 소결한 것으로, 1,200℃의 절삭열에도 경도변화가 없는 신소재로서 주로 고온에서 소결하여 얻을 수 있다. 성분별로는 세라믹계, 탄화물계, 질화물계가 있다.

8-3
형상기억합금에는 Cr이 합금원소로 사용되지는 않는다. 형상기억합금은 특정 온도에서의 형상을 기억할 수 있는 합금으로 실온까지 온도를 내려 다른 형상으로 변형시켰다가 다시 온도를 상승시키면 기억시켜 둔 일정한 온도 이상에서 다시 본래의 모습으로 변화하는 합금이다. Ni-Ti합금, Cu-Zn-Al합금 등이 사용되고 있으나 가격이 비싸다. 종류로는 Ni-Ti계, Ni-Ti-Cu계, Cu-Al-Ni계 합금이 있으며 항공기나 잠수함의 급유관 이음쇠, 원자력 발전소의 냉각관 이음쇠, 안경 등에 이용된다.

정답 8-1 ① 8-2 ① 8-3 ④

핵심이론 09 재료시험

① 재료시험의 분류

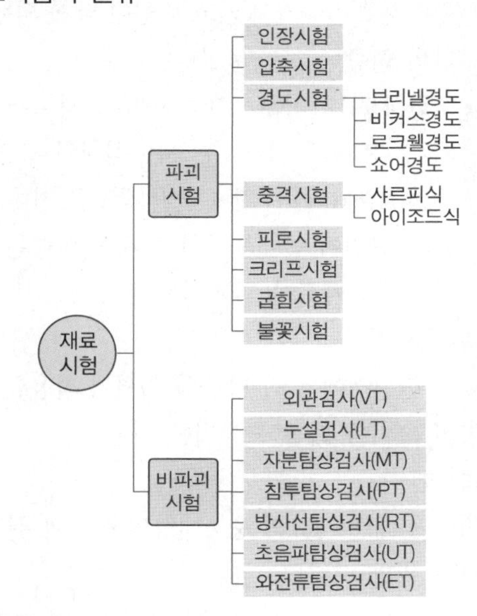

② 인장시험

항복점, 연신율, 단면수축률, 변형률, 종탄성계수를 알 수 있다.

㉠ 응력-변형률 곡선($\sigma - \varepsilon$선도)

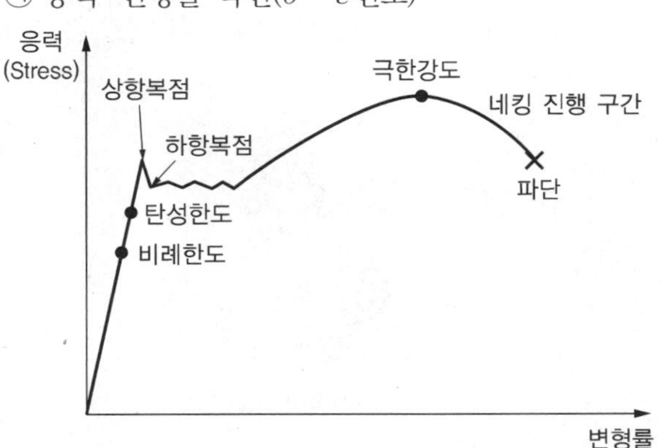

- 비례한도(Proportional Limit) : 응력과 변형률 사이에 정비례관계가 성립하는 구간 중 응력이 최대인 점으로, 훅의 법칙이 적용된다.
- 탄성한도(Elastic Limit) : 하중을 제거하면 시험편의 원래 치수로 돌아가는 구간

- 항복점(Yield Point) : 인장시험에서 하중이 증가하여 어느 한도에 도달하면, 하중을 제거해도 원위치로 돌아가지 않고 변형이 남게 되는 그 순간의 하중
- 극한강도(Ultimate Strength) : 재료가 파단되기 전 외력에 버틸 수 있는 최대의 응력
- 네킹(Necking) 구간 : 극한 강도를 지나면서 재료의 단면이 줄어들면서 길게 늘어나는 구간
- 파단점 : 재료가 파괴되는 점

③ 압축시험

재료의 단면적에 수직 방향의 외력이 작용할 때, 그 저항의 크기를 측정하기 위한 시험

④ 충격시험

충격력에 대한 재료의 충격저항인 인성과 취성을 측정하기 위한 시험

㉠ 샤르피식 충격시험법 : 시험편을 40mm 떨어진 2개의 지지대 위에 가로 방향으로 지지하고, 노치부를 지지대 사이의 중앙에 일치시킨 후 노치부 뒷면을 해머로 1회만 충격을 주어 시험편을 파단시킬 때 소비된 흡수에너지(E)와 충격값(U)를 구하는 시험법

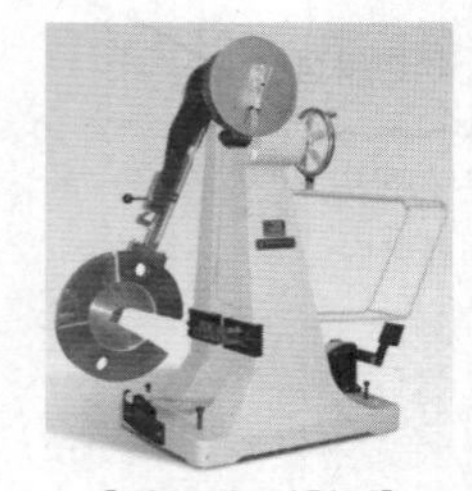

[샤르피 시험기]

- $E = WR(\cos\beta - \cos\alpha)(\text{kg}_f \cdot \text{m})$

여기서, E : 소비된 흡수에너지
W : 해머의 무게(kg)
R : 해머의 회전축 중심에서 무게중심까지의 거리(m)
α : 해머의 들어 올린 각도
β : 시험편 파단 후에 해머가 올라간 각도

- $U = \dfrac{E}{A_0}(\text{kg}_f \cdot \text{m/cm}^2)$

여기서, A_0 : 소비 흡수에너지

㉡ 아이조드식 충격시험법 : 시험편을 세로 방향으로 고정시키는 방법으로, 한쪽 끝을 노치부에 고정시키고 반대쪽 끝을 노치부에서 22mm 떨어뜨린 후 노치부와 같은 쪽 면을 해머로 1회의 충격으로 시험편을 파단시킬 때 그 충격값을 구하는 시험법

㉢ 시험편 세팅 및 해머의 타격 위치

아이조드 시험기	샤르피 시험기

⑤ 경도시험

재료의 표면경도를 측정하기 위한 시험으로 강구나 다이아몬드와 같은 압입자에 일정한 하중을 가한 후 시험편에 나타난 자국을 측정하여 경도값을 구한다.

종류	시험원리	압입자
브리넬 경도 (H_B)	압입자인 강구에 일정량의 하중을 걸어 시험편의 표면에 압입한 후 압입 자국의 표면적 크기와 하중의 비로 경도를 측정한다. $H_B = \dfrac{P}{A} = \dfrac{P}{\pi Dh} = \dfrac{2P}{\pi D(D - \sqrt{D^2 - d^2})}$ 여기서, D : 강구지름 d : 압입 자국의 지름 h : 압입 자국의 깊이 A : 압입 자국의 표면적	• 강구
비커스 경도 (H_V)	압입자에 1~120kg의 하중을 걸어 자국의 대각선 길이로 경도를 측정한다. 하중을 가하는 시간은 캠의 회전속도로 조절한다. $H_V = \dfrac{P(\text{하중})}{A(\text{압입 자국의 표면적})}$	• 136°인 다이아몬드 피라미드 압입자

종류	시험원리	압입자
로크웰 경도 (H_{RB}, H_{RC})	압입자에 하중을 걸어 압입 자국(홈)의 깊이를 측정하여 경도를 측정한다. • 예비하중 : 10kg • 시험하중 – B스케일 : 100kg – C스케일 : 150kg • $H_{RB}=130-500h$ • $H_{RC}=100-500h$ 여기서, h : 압입 자국의 깊이	• B스케일 : 강구 • C스케일 : 120° 다이아몬드(콘)
쇼어경도 (H_S)	추를 일정한 높이(h_0)에서 낙하시켜 이 추의 반발 높이(h)를 측정해서 경도를 측정한다. $H_S=\frac{10,000}{65}\times\frac{h(\text{해머의 반발 높이})}{h_0(\text{해머의 낙하 높이})}$	• 다이아몬드 추

⑥ 비파괴시험법

㉠ 비파괴시험법의 분류

내부결함	방사선투과시험(RT)
	초음파탐상시험(UT)
	와전류탐상시험(ET)
표면결함	외관검사(VT)
	자분탐상검사(MT)
	침투탐상검사(PT)
	누설검사(LT)

㉡ 비파괴검사의 종류 및 검사방법

- 방사선투과시험(RT ; Radiography Test) : 용접부 뒷면에 필름을 놓고 용접물 표면에서 X선이나 γ선을 방사하여 용접부를 통과시키면 금속 내부에 구멍이 있을 경우 그만큼 투과되는 두께가 얇아져서 필름에 방사선의 투과량이 많아지게 되므로 다른 곳보다 검게 됨을 확인하여 불량을 검출하는 방법이다.
- 초음파탐상검사(UT ; Ultrasonic Test) : 사람이 들을 수 없는 매우 높은 주파수의 초음파를 사용하여 검사 대상물의 형상과 물리적 특성을 검사하는 방법이다. 4~5MHz 정도의 초음파가 경계면, 결함 표면 등에 반사되어 되돌아오는 성질을 이용하는 방법으로, 반사파의 시간과 크기를 스크린으로 관찰하여 결함의 유무, 크기, 종류 등을 검사한다. 초음파탐상법의 종류는 다음과 같다.

– 와전류탐상검사(ET ; Eddy Current Test) : 도체에 전류가 흐르면 도체 주위에는 자기장이 형성되며, 반대로 변화하는 자기장 내에서는 도체에 전류가 유도된다. 와전류탐상검사는 표면에 흐르는 전류의 형태를 파악하여 검사하는 방법으로, 결함의 크기나 두께, 재질의 변화를 동시에 검사할 수 있으며 결함 지시가 모니터에 전기적 신호로 나타나 기록 보존과 재생이 용이하다. 또한 표면부 결함의 탐상감도가 우수하며 고온에서의 검사 및 얇고 가는 소재와 구멍의 내부 등을 검사할 수 있다. 그러나 재료 내부의 결함은 찾을 수 없는 단점이 있다.

– 육안검사(VT ; Visual Test, 외관검사) : 용접부의 표면이 좋고 나쁨을 육안으로 검사하는 것으로, 가장 많이 사용하며 간편하고 경제적인 검사방법이다.

– 자분탐상검사(MT ; Magnetic Test) : 철강재료 등 강자성체를 자기장에 놓았을 때 시험편 표면이나 표면 근처에 균열이나 비금속 개재물과 같은 결함이 있으면 결함 부분에는 자속이 통하기 어려워 공간으로 누설되어 누설자속이 생긴다. 이 누설자속을 자분(자성 분말)이나 검사 코일을 사용하여 결함의 존재를 검출하는 방법이다.

– 침투탐상검사(PT ; Penetrant Test) : 검사하려는 대상물의 표면에 침투력이 강한 형광성 침투액을 도포 또는 분무하거나 표면 전체를 침투액 속에 침적시켜 표면의 흠집 속에 침투액이 스며들게 한 후 이를 백색 분말의 현상액을 뿌려서 침투액을 표면으로부터 빨아내서 결함을 검출하는 방법이다. 침투액이 형광물질이면 형광침투탐상시험이라고 한다.

– 누설검사(LT ; Leaking Test) : 탱크나 용기 속에 유체를 넣고 압력을 가하여 새는 부분을 검출하여 구조물의 기밀성, 수밀성을 검사하는 방법이다.

⑦ 연성파괴시험

㉠ 정의 : 연성(Ductile)파괴는 취성파괴처럼 재료가 갑자기 끊어지는 것이 아니라 소성변형을 수반하면서 서서히 끊어지므로 균열도 매우 천천히 진행된다. 이 연성재료가 파단되는 그 순간에는 파단 조각이 많지 않을 정도로 순식간에 큰 변형이 이루어지므로 취성파괴보다 더 큰 변형에너지가 필요하다.

㉡ 연성파괴의 특징

- 균열이 천천히 진행된다.
- 취성파괴에 비해 덜 위험하다.
- 컵-원뿔 모양의 파괴형상이 나온다.
- 파괴 전 어느 정도의 네킹이 일어난다.
- 취성파괴보다 큰 변형에너지가 필요하다.
- 균열 주위에 소성변형이 상당히 일어난 후에 갑자기 파괴된다.
- 파단되는 순간은 파단 조각이 많지 않을 정도로 큰 변형이 순식간에 일어난다.

⑧ 비틀림시험

비틀어지는 외력에 저항하는 힘의 크기를 측정하기 위한 시험이다.

⑨ 피로시험(Fatigue Test)

재료의 강도시험으로, 재료에 인장-압축응력을 반복해서 가했을 때 재료가 파괴되는 시점의 반복수를 구해서 $S-N$(응력-횟수) 곡선에 응력(S)과 반복 횟수(N)의 상관관계를 나타내서 피로한도를 측정하는 시험이다.

⑩ 크리프(Creep)시험

고온에서 재료에 일정 크기의 하중(정하중)을 작용시키면 시간이 경과함에 따라 변형이 증가하는 현상을 시험하여 온도에 따른 재료의 특성인 크리프한계를 결정하거나 예측하기 위한 시험법이다. 크리프시험은 보일러용 파이프나 증기 터빈의 날개와 같이 장시간 고온에서 하중을 받는 기계구조물의 파괴를 방지하기 위해 실시한다. 단위는 kg/mm^{2}를 사용한다.

⑪ 광탄성 시험

광탄성 시험은 피측정물에 하중을 가해서 재료의 내부와 표면의 응력을 측정하여 응력의 분포 상태를 파악하는 파괴시험법이다.

10년간 자주 출제된 문제

9-1. 다음 중 로크웰경도를 표시하는 기호는?

① HBS ② HS

③ HV ④ HRC

9-2. 기계재료의 단단한 정도를 측정하는 가장 적합한 시험법은?

① 경도시험 ② 수축시험

③ 파괴시험 ④ 굽힘시험

정답 9-1 ④ 9-2 ①

핵심이론 10 | 열처리

① 열처리의 분류

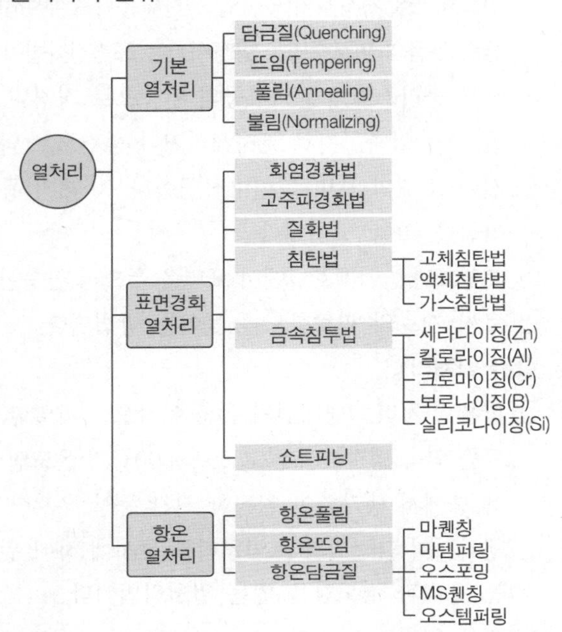

② 금속조직의 경도가 순서

페라이트 < 오스테나이트 < 펄라이트 < 소르바이트 < 베이나이트 < 트루스타이트 < 마텐자이트 < 시멘타이트

※ 강의 열처리 조직 중 Fe에 C가 6.67% 함유된 시멘타이트 조직의 경도가 가장 높다.

③ 기본 열처리

㉠ 담금질(Quenching, 퀜칭) : 재료를 강하게 만들기 위하여 변태점 이상의 온도인 오스테나이트 영역까지 가열한 후 물이나 기름 같은 냉각제 속에 집어넣어 급랭시킴으로써 강도와 경도가 큰 마텐자이트 조직을 만들기 위한 열처리 조작이다.

㉡ 뜨임(Tempering, 템퍼링) : 잔류응력에 의한 불안정한 조직을 A_1 변태점 이하의 온도로 재가열하여 원자들을 좀 더 안정적인 위치로 이동시켜 잔류응력을 제거하고 인성을 증가시키는 위한 열처리법이다.

㉢ 풀림(Annealing, 어닐링) : 강 속에 있는 내부응력을 제거하고 재료를 연하게 만들기 위해 A_1 변태점 이상의 온도로 가열한 후 가열 노나 공기 중에서 서랭하여 강의 성질을 개선하기 위한 열처리법이다.

㉣ 불림(Normalizing, 노멀라이징) : 주조나 소성가공에 의해 거칠고 불균일한 조직을 표준화 조직으로 만드는 열처리법으로, A_3 변태점보다 30~50℃ 높게 가열한 후 공랭시켜 만든다.

④ 금속을 가열한 후 냉각하는 방법에 따른 금속조직

㉠ 노랭 : 펄라이트

㉡ 공랭 : 소르바이트

㉢ 유랭 : 트루스타이트

㉣ 수랭 : 마텐자이트

⑤ 표면경화 열처리

㉠ 표면경화 열처리의 종류

종류		열처리 재료
화염경화법		산소-아세틸렌불꽃
고주파경화법		고주파 유도전류
질화법		암모니아가스
침탄법	고체침탄법	목탄, 코크스, 골탄
	액침탄법	KCN(사이안화칼륨), NaCN(사이안화나트륨)
	가스침탄법	메탄, 에탄, 프로판
금속 침투법	세라다이징	Zn
	칼로라이징	Al
	크로마이징	Cr
	실리코나이징	Si
	보로나이징	B(붕소)

㉡ 질화법 : 암모니아(NH_3)가스 분위기(영역) 안에 재료를 넣고 500℃에서 50~100시간을 가열하면 재료 표면에 Al, Cr, Mo 원소와 함께 질소가 확산되면서 강 재료의 표면이 단단해지는 표면경화법이다. 내연기관의 실린더 내벽이나 고압용 터빈 날개를 표면경화할 때 주로 사용된다.

㉢ 침탄법 : 순철에 0.2% 이하의 C가 합금된 저탄소강을 목탄과 같은 침탄제 속에 완전히 파묻은 상태로 약 900~950℃로 가열하여 재료의 표면에 C를 침입시켜 고탄소강으로 만든 후 급랭시킴으로써 표면을 경화시키는 열처리법이다. 기어나 피스톤핀을 표면경화할 때 주로 사용된다.

• 침탄법과 질화법의 차이점

특성	침탄법	질화법
경도	질화법보다 낮다.	침탄법보다 높다.
수정 여부	침탄 후 수정 가능	수정 불가
처리시간	짧다.	길다.
열처리	침탄 후 열처리 필요	불필요
변형	변형이 크다.	변형이 작다.
취성	질화층보다 여리지 않음	질화층부가 여림
경화층	질화법에 비해 깊다.	침탄법에 비해 얇다.
가열온도	질화법보다 높다.	낮다.

㉣ 금속침투법

종류	침투 원소
세라다이징	Zn
칼로라이징	Al
크로마이징	Cr
실리코나이징	Si
보로나이징	B

㉤ 고주파경화법 : 고주파 유도전류로 강(Steel)의 표면층을 급속 가열한 후 급랭시키는 방법으로, 가열시간이 짧고 피가열물에 대한 영향을 최소로 억제하며 표면을 경화시키는 표면경화법이다. 고주파는 소형 제품이나 깊이가 얕은 담금질 층을 얻고자 할 때, 저주파는 대형 제품이나 깊은 담금질층을 얻고자 할 때 사용한다.

• 고주파경화법의 특징
- 작업비가 싸다.
- 직접 가열하여 열효율이 높다.
- 열처리 후 연삭과정을 생략할 수 있다.
- 조작이 간단하여 열처리 시간이 단축된다.
- 불량이 적어서 변형을 수정할 필요가 없다.
- 급열이나 급랭으로 인해 재료가 변형될 수 있다.
- 경화층이 이탈되거나 담금질 균열이 생기기 쉽다.
- 가열시간이 짧아서 산화되거나 탈탄의 우려가 작다.
- 마텐자이트 생성으로 체적이 변화하여 내부응력이 발생한다.
- 부분 담금질이 가능하므로 필요한 깊이만큼 균일하게 경화시킬 수 있다.

㉥ 쇼트피닝 : 강이나 주철제의 작은 강구(볼)를 금속 표면에 고속으로 분사하여 표면층을 냉간가공에 의한 가공경화효과로 경화시키면서 압축 잔류응력을 부여하여 금속 부품의 피로수명을 향상시키는 표면경화법이다.

㉦ 샌드 블라스트 : 분사가공의 일종으로 직경이 작은 구를 압축공기로 분사시키거나 중력으로 낙하시켜 소재의 표면을 연마작업이나 녹 제거 등의 가공을 하는 방법이다.

㉧ 피닝효과 : 액체호닝에서 표면을 두드려 압축함으로써 재료의 피로한도를 높이는 방법이다.

⑤ 항온 열처리

㉠ 항온 열처리 : 변태점의 온도 이상으로 가열한 재료를 연속 냉각하지 않고 500~600℃의 온도인 염욕 중에서 냉각하여 일정한 시간 동안 유지한 뒤 냉각시켜 담금질과 뜨임처리를 동시에 하여 원하는 조직과 경도값을 얻는 열처리법이다.

㉡ 항온 열처리의 종류

항온 풀림		• 재료의 내부응력을 제거하여 조직을 균일화하고 인성을 향상시키기 위한 열처리 조작으로, 가열한 재료를 연속적으로 냉각하지 않고 약 500~600℃의 염욕 중에 냉각하여 일정 시간 동안 유지시킨 뒤 냉각하는 방법이다.
항온 뜨임		• 약 250℃의 열욕에서 일정 시간을 유지시킨 후 공랭하여 마텐자이트와 베이나이트의 혼합된 조직을 얻는 열처리법이다. • 고속도강이나 다이스강을 뜨임처리하고자 할 때 사용한다.
항온담금질	오스템퍼링	• 강을 오스테나이트 상태로 가열한 후 300~350℃의 온도에서 담금질하여 하부 베이나이트조직으로 변태시킨 후 공랭하는 방법이다. • 강인한 베이나이트조직을 얻고자 할 때 사용한다.
	마템퍼링	• 강을 M_s점과 M_f점 사이에서 항온 유지 후 꺼내어 공기 중에서 냉각하여 마텐자이트와 베이나이트의 혼합조직을 얻는 방법이다. ※ M_s : 마텐자이트 생성 시작점 M_f : 마텐자이트 생성 종료점
	마퀜칭	• 강을 오스테나이트 상태로 가열한 후 M_s점 바로 위에서 기름이나 염욕에 담그는 열욕에서 담금질하여 재료의 내부 및 외부가 같은 온도가 될 때까지 항온을 유지한 후 공랭하여 열처리하는 방법으로, 균열이 없는 마텐자이트조직을 얻을 때 사용한다.

항온담금질	오스포밍	• 가공과 열처리를 동시에 하는 방법으로, 오스테나이트 강을 M_s점보다 높은 온도에서 일정 시간 유지하며 소성가공한 후 M_s와 M_f점을 통과시켜 열처리를 완료하는 항온 열처리법이다. • 조밀하고 기계적 성질이 좋은 마텐자이트를 얻고자 할 때 사용한다.
	MS 퀜칭	• 강을 M_s점보다 다소 낮은 온도에서 담금질하여 물이나 기름 중에서 급랭시키는 열처리 방법으로, 잔류 오스테나이트의 양이 적다.

⑥ **스페로다이징(Spherodizing)** : 공석온도 이하에서 가열하는 것으로 최고의 연성을 가진 재료를 얻고자 할 때 사용하는 열처리법이다.

⑦ **마레이징(Maraging)** : 마텐자이트를 450~510℃에서 약 3시간 시효처리하는 열처리법이다.

10년간 자주 출제된 문제

10-1. 탄소강의 열처리 종류에 대한 설명으로 틀린 것은?

① 노멀라이징 : 소재를 일정온도에서 가열 후 유랭시켜 표준화 한다.
② 풀림 : 재질을 연하고 균일하게 한다.
③ 담금질 : 급랭시켜 재질을 경화시킨다.
④ 뜨임 : 담금질된 강에 인성을 부여한다.

10-2. 담금질한 탄소강을 뜨임처리하면 증가되는 성질은?

① 강도 ② 경도
③ 인성 ④ 취성

|해설|

10-2
탄소강을 뜨임처리하면 인성이 증가하고, 잔류응력이 제거된다.
기본 열처리 4단계의 특징
• 담금질 : 강도와 경도가 증가
• 뜨임 : 인성 증가, 잔류응력 제거
• 풀림 : 조직의 균일화
• 불림 : 표준 조직으로 만듦

정답 10-1 ① 10-2 ③

핵심이론 11 표면처리

① **표면처리의 정의**
부식 방지나 장식, 표면경화를 목적으로 금속이나 비금속의 표면에 화학적, 물리학적 처리를 실시하는 작업이다.

② **부 식**
㉠ 부식의 정의 : 금속이 물이나 공기 중의 산소와 반응하여 금속 산화물이 되면서 녹스는 현상
㉡ 부식과정
철로 만들어진 재료에 물이 묻으면 물방울이 전해질의 역할을 함으로써 철 이온(Fe^{2+})으로 산화되고, 물방울 속의 산소는 환원된다.
㉢ 부식 방지
• 페인트처리 : 물과 공기의 접촉을 막는다.
• 합금 : 다른 종류의 금속이나 비금속과 녹여서 섞은 후 제품을 만든다.
• 표면처리법 : 금속 표면에 다른 금속을 도금하거나 산화 피막을 형성시킨다.
• 음극화 보호 : 철보다 이온화 경향이 더 큰 금속을 연결하여 철 대신 부식이 일어나게 한다.
• 양극산화법 : 알루미늄에 많이 적용되며 다양한 색상의 유기 염료를 사용하여 소재 표면에 안정되고 오래가는 착색 피막을 형성하는 표면처리법이다.
• 부동태 피막 형성 : 금속 표면을 산화하여 부동태 피막을 형성하는 방법으로 철에 사산화 삼철의 피막을 입히거나 알루미늄에 산화알루미늄의 피막을 입혀서 보호한다.

③ **양극산화법(Anodizing)**
㉠ 정의 : 전기 도금과 달리 표면처리하려는 금속을 양극으로 하여 산화반응에 의한 표면처리를 하는 방법으로, 취사도구나 건축자재, 장식품 등에 다양하게 이용된다. 알루미늄에 많이 적용되며 다양한 색상의 유기 염료를 사용하여 소재 표면에 안정되고 오래가는 착색 피막을 형성하는 표면처리법이다.

㉡ 양극산화법의 특징 : 피막에 다공질층이 형성되어 매우 단단하게 변하기 때문에 방식성, 전기절연성, 열방사성을 지닌다. 염료나 안료로 착색하거나 전해 착색을 하면 다공질층의 섬유 모양으로 착색 물질이 달라붙어서 안정된 착색이 가능하다.

④ 화학기상증착법(CVD ; Chemical Vapor Deposition)

㉠ 정의 : 기체 상태의 혼합물을 가열된 기판의 표면 위에서 화학반응을 시켜 그 생성물이 기판의 표면에 증착되도록 만드는 기술이다.

㉡ 화학기상증착법의 장점

- 증착되는 박막의 순도가 높다.
- 여러 종류의 원소 및 화합물의 증착이 가능하다.
- 대량 생산이 가능하여 비용이 PVD법에 비해 적게 든다.
- 공정조건의 제어범위가 매우 넓어서 다양한 특성의 박막을 쉽게 얻을 수 있다.
- 용융점이 높아서 제조하기 어려운 재료를 용융점보다 낮은 온도에서 쉽게 제조할 수 있다.

㉢ 화학기상증착법의 단점

- 균일한 증착이 어렵다.
- 기판에 충격이 가해진다.

⑤ 물리적 기상증착법(PVD ; Physical Vapor Deposition)

㉠ 정의 : 기체 상태의 혼합물을 가열된 기판의 표면 위에서 스퍼터링 증착, 전자빔 증착, 열 증착, 레이저 분자빔 증착, 펄스 레이저빔 증착과 같이 물리적으로 반응시켜 그 생성물이 기판의 표면에 증착되도록 만드는 기술이다.

㉡ 물리적 기상증착법의 장점

- 친환경적인 공정이다.
- 내마모성이 우수하다.
- 코팅 두께가 정밀하다.
- 다양한 종류의 코팅에 사용할 수 있다.
- 금속의 열처리 온도보다 낮은 온도에서 한다.

㉢ 물리적 기상증착법의 단점

- 코팅 면적에 한계가 있을 수 있다.
- 균일한 코팅면을 얻기 위해서는 항상 제품을 회전시켜야 한다.

10년간 자주 출제된 문제

11-1. 알루미늄에 많이 적용되며 다양한 색상의 유기염료를 사용하여 소재 표면에 안정되고 오래가는 착색 피막을 형성하는 표면처리방법은?

① 침탄법(Carburizing)
② 화학증착법(Chemical Vapor Deposition)
③ 양극산화법(Anodizing)
④ 고주파경화법(Induction Hardening)

11-2. 화학기상증착법(CVD ; Chemical Vapor Deposition)에 대한 설명으로 가장 옳지 않은 것은?

① 화학반응 또는 가스 분해에 의해 가열된 기판 표면 위에 박막을 성장시키는 공정이다.
② CVD는 인(P) 불순물이 섞인 이산화규소처럼 도핑된 SiO_2의 층을 만드는 데 사용될 수 있다.
③ 일반적으로 화학기상증착에 의해 생성된 실리콘 산화물막의 밀도와 기판에 대한 접합성은 열산화에 의해 생성된 것보다 우수하다.
④ 반도체 웨이퍼 공정에 이산화실리콘, 질화실리콘 및 실리콘 층을 추가하기 위해 널리 사용된다.

|해설|

11-1

양극산화법은 주로 알루미늄 표면에 착색피막을 형성시키는 표면처리법의 일종이다.

11-2

열 산화물막 방법의 물성치가 좋으며 모든 면에 고르게 증착되나 CVD는 작업하는 면만 가능한 특성을 가지므로 열 산화물막 방법의 접합성이 CVD보다 더 우수하다.

※ 산화물막이란 공정 중 발생하는 불순물로부터 실리콘의 표면을 보호하는 막이다.

정답 11-1 ③ 11-2 ③

CHAPTER 03 기계요소 설계

제1절 기계 설계의 기초

핵심이론 01 기계요소의 종류

① 기계요소의 종류

구분	기계요소	활용
결합용	• 나사, 볼트, 너트, 키, 핀, 코터, 리벳	기계 부품 간 결합
축용	• 축, 베어링, 커플링, 클러치	동력원에 연결
전동용	• 직접 전동용 기계요소 : 기어, 캠, 마찰차 • 간접 전동용 기계요소 : 체인 벨트, 로프	동력 전달
관용	• 밸브, 파이프, 파이프 이음	유체(기체나 액체) 수송
완충 및 제동용	• 스프링, 브레이크	진동 방지 및 제동

② 짝과 짝 요소

접촉 형태	짝의 종류	적용 예	그림
점 접촉	점짝	• 볼베어링 • 내연기관의 캠과 태핏	태핏, 캠, 캠
선 접촉	선짝	• 롤러베어링 • 평기어의 물림	
면 접촉	미끄럼짝	• 실린더와 피스톤 • 선반 베드와 왕복대 • 축과 미끄럼베어링	
	회전짝	축받침과 미끄럼베어링	
	나사짝	나선운동을 하는 나사	

③ 커플링

㉠ 커플링의 정의 : 커플링(Coupling)은 축과 축을 연결하는 요소이다. 축이음에 사용되며, 운전 중에는 동력을 끊을 수 없고 반영구적으로 두 축을 연결하는 것이다.

㉡ 커플링의 종류

종류		특징
올덤 커플링		• 두 축이 평행하고 거리가 아주 가까울 때 사용한다. • 각속도의 변동 없이 토크를 전달하는 데 가장 적합하며, 윤활이 어렵고 원심력에 의한 진동 발생으로 고속 회전에는 적합하지 않다.
플렉시블 커플링		• 두 축의 중심선을 일치시키기 어렵거나 고속 회전이나 급격한 전달력의 변화로 진동이나 충격이 발생하는 경우에 사용하며 고무, 가죽, 스프링을 이용하여 진동을 완화한다.
유니버설 커플링		• 두 축이 만나는 각이 수시로 변화하는 경우에 사용되며, 공작기계나 자동차의 축이음에 사용된다.
플랜지 커플링		• 대표적인 고정 커플링이다. • 일직선상에 두 축을 연결한 것으로, 볼트나 키로 결합한다.
슬리브 커플링	키, 중공축, 슬리브, 원동축	• 주철제의 원통 속에서 두 축을 맞대기키로 고정하는 것으로, 축지름과 동력이 아주 작을 때 사용한다. 단, 인장력이 작용하는 축에는 적용이 불가능하다.

10년간 자주 출제된 문제

1-1. 짝(Pair)을 선짝과 면짝으로 구분할 때 선짝의 예에 속하는 것은?

① 선반의 베드와 왕복대
② 축과 미끄럼베어링
③ 암나사와 수나사
④ 한 쌍의 맞물리는 기어

1-2. 동력 전달용 기계요소가 아닌 것은?

① 기어
② 체인
③ 마찰차
④ 유압 댐퍼

|해설|

1-1

한 쌍의 맞물리는 기어의 접촉 부위는 하나의 선을 이루기 때문에 선 접촉에 해당한다.

1-2

유압 댐퍼는 충격흡수장치의 일종이다.

정답 1-1 ④ 1-2 ④

핵심이론 02 기계 설계의 기초

① 하중의 종류

종류		특징
정하중		하중이 정지 상태에서 가해지며, 크기나 속도가 변하지 않는 하중
동하중	반복하중	하중의 크기와 방향이 같은 일정한 하중이 반복되는 하중
	교번하중	하중의 크기와 방향이 변화하면서 인장과 압축하중이 연속으로 작용하는 하중
	충격하중	하중이 짧은 시간에 급격히 작용하는 하중
집중하중		한 점이나 지극히 작은 범위에 집중적으로 작용하는 하중
분포하중		넓은 범위에 분포하여 작용하는 하중

② 응력의 종류

인장응력	압축응력	전단응력
W, W	W, W	W, W, W, W

굽힘응력	비틀림응력
W	W, W

③ 열응력(σ) 구하는 식

$$\sigma = E \times \varepsilon = E \times \alpha \times (t_2 - t_1)$$

여기서, σ : 열응력(N/mm^2)
E : 세로탄성계수(N/mm^2)
α : 선팽창계수(계수/℃)

④ 압축응력 구하는 식

$$\sigma_c = \frac{F(W)}{A} = \frac{\text{작용 힘}(kg_f \text{ 또는 } N)}{\text{단위 면적}(mm^2)}$$

⑤ 인장응력 구하는 식

$$\sigma = \frac{F(W)}{A} = \frac{\text{작용 힘}(kg_f \text{ 또는 } N)}{\text{단위 면적}(mm^2)}$$

⑥ 허용전단응력 구하는 식

$$\tau_a = \frac{F(W)}{A} = \frac{\text{작용 힘}(kg_f \text{ 또는 } N)}{\text{단면적}(mm^2)}$$

⑦ 압력용기의 파괴 형태 및 응력(σ) 구하는 식

원주 방향의 파괴	축 방향의 파괴
전 압력, σ_1, D, t, 전 압력	전 압력 P_2, σ_2, 전 압력 P_2
$\sigma = \dfrac{PD}{2t}$	$\sigma = \dfrac{PD}{4t}$

여기서, P : 작용하중이나 압력

D : 안지름

t : 판의 두께

⑧ 펀칭작업에 의한 전단응력(τ) 구하는 식

$$\text{전단응력}(\tau) = \frac{F}{A} = \frac{F}{\pi dt}$$

여기서, F : 전단력

A : 힘을 가해야 하는 단면적

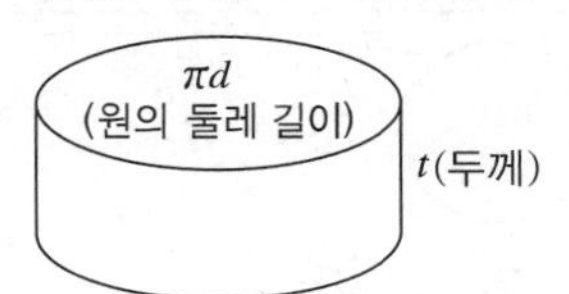

10년간 자주 출제된 문제

2-1. 단면적이 $100mm^2$인 강재에 300N의 전단하중이 작용할 때 전단응력(N/mm^2)은?

① 1 ② 2
③ 3 ④ 4

2-2. 하중 3,000N이 작용할 때, 정사각형 단면에 응력 $30N/cm^2$이 발생했다면 정사각형 단면 한 변의 길이는 몇 mm인가?

① 10 ② 22
③ 100 ④ 200

|해설|

2-1

허용전단응력을 구하는 식

$$\tau_a = \frac{F(W)}{A}$$

$$= \frac{300}{100} = 3N/mm^2$$

여기서 F : 작용 힘(kg_f)

A : 단면적(mm^2)

2-2

압축응력을 구하는 식

$$\sigma_c = \frac{F(W)}{A} = \frac{\text{작용 힘}(kg_f \text{ 또는 } N)}{\text{단위면적}(mm^2)}$$

$$30N/cm^2 = \frac{3{,}000N}{xcm \times xcm}$$

$$30x^2 = 3{,}000$$

$$x^2 = 100$$

$$x = 10$$

따라서 한 변의 길이는 10cm, mm 단위로는 100mm가 된다.

정답 2-1 ③ 2-2 ③

제2절 결합용(체결용) 기계요소 설계

핵심이론 01 나사

① 나사(Screw) 일반

㉠ 나사의 정의 : 환봉의 외면(수나사)이나 구멍의 내면(암나사)에 나선모양의 홈을 절삭한 것으로, 기계 부품 간 결합을 위해 너트와 함께 조이거나 위치 조정, 체결, 동력 전달을 목적으로 사용하는 체결용 기계요소이다.

㉡ 나사의 분류

- 수나사(Male Screw)와 암나사(Female Screw)

수나사	암나사
수나사부	암나사부

- 왼나사(LH ; Left Hand Screw)와 오른나사(RH ; Right Hand Screw)

왼나사	오른나사

- 1줄 나사와 2줄 나사(다줄 나사)

1줄 나사($L=np=p$)	2줄 나사($L=np=2p$)
피 치	피 치

㉢ 나사의 구조

- 수나사부와 암나사부

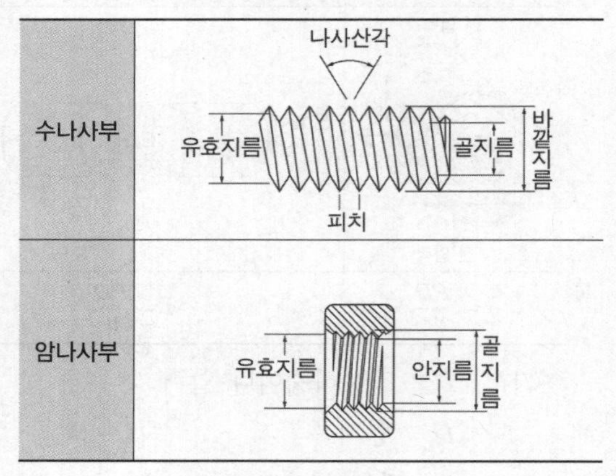

- 나선 곡선과 피치

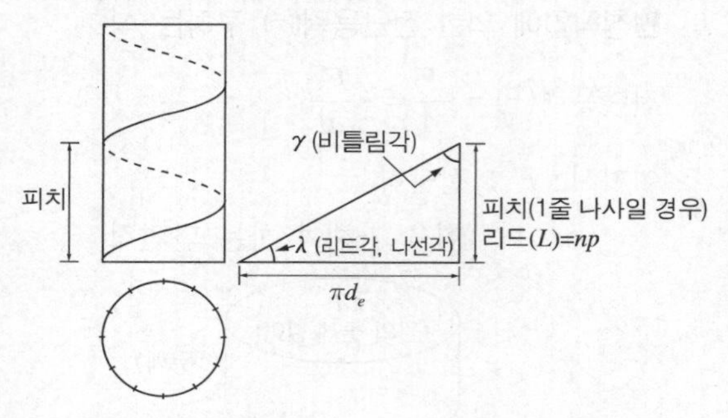

㉣ 나사의 풀림 방지법

- 철사를 사용하는 방법
- 와셔를 사용하는 방법
- 분할핀을 사용하는 방법
- 로크너트를 사용하는 방법
- 멈춤나사를 이용하는 방법
- 자동 죔너트를 사용하는 방법

㉤ 나사 관련 용어

- 리드(L) : 나사를 1회전시켰을 때 축 방향으로 이동한 거리이다.

  $L=n\times p$

  예 1줄 나사와 3줄 나사의 리드(L)

1줄 나사	3줄 나사
$L=np=1\times 1=1$mm	$L=np=3\times 1=3$mm

※ 특별한 언급이 없는 한 피치(p)는 1이다.

- 피치(p) : 나사산과 바로 인접한 나사산 사이의 거리 또는 골과 바로 인접한 골 사이의 거리이다.

$$p = \frac{L(\text{나사의 리드})}{\text{나사의 줄수}}\ (\text{mm})$$

- 리드각(λ) : 나사의 바닥면과 나선(Helix)이 이루는 각도이며, 나선각이라고도 한다.

$$\tan\lambda = \frac{L}{\pi d_e}$$

여기서, L : 나사의 리드(mm)

d_e : 나사의 유효지름(mm)

- 1줄 나사의 경우 $\tan\lambda = \frac{p}{\pi d_e}$

- 2줄 나사인 경우 $\tan\lambda = \frac{2p}{\pi d_e}$

여기서, L : 나사의 리드

d_e : 나사의 유효지름

p : 나사의 피치

- 비틀림각(γ) : 나사의 축선과 나선(Helix)이 이루는 각도이다.
  리드각(λ) + 비틀림각(γ) = 90°
- 나선(Helix) : 원통의 표면에 직각삼각형을 감았을 때 빗변이 원통 표면에 그리는 곡선으로, 나사산 곡선의 줄임말이다.
- 골지름(d_1) : 골과 골 사이의 직경이다. 수나사는 최소 지름이고, 암나사는 최대 지름이다.
- 바깥지름(d_2) : 나사산의 꼭짓점과 꼭짓점 사이의 직경이다. 수나사의 최대 지름이다.
- 호칭지름 : 수나사와 암나사의 호칭지름은 모두 수나사의 바깥지름으로 표시한다.
- 유효지름(d_e) : KS 규격에는 피치 원통의 지름으로 정의한다. 전공 서적 중에서는 서로 체결되었을 때 나사산과 나사홈의 길이가 서로 같아지는 곳을 지름으로 정의한 것도 있다. 삼각나사, 사각나사의 유효지름은 $d_e \fallingdotseq \frac{d_1 + d_2}{2}$ 이다.
- 나사산의 높이(h) : $h = \frac{d_2 - d_1}{2}$
- 사각나사에서 높이(h)가 주어지지 않을 경우 : $h \fallingdotseq \frac{p}{2}$

② 나사의 종류 및 특징

㉠ 삼각나사

명칭	그림	용도	특 징
미터 나사		기계 조립 (체결용)	• 미터계 나사이다. • 나사산의 각도는 60°이다. • 나사의 지름과 피치는 mm로 표시한다. • 미터가는나사가 미터보통나사보다 체결력이 더 우수하다. • 미터가는나사는 자립성이 우수하여 풀림 방지용으로 사용된다.
유니파이 나사		정밀기계 조립 (체결용)	• 인치계 나사이다. • 나사산의 각도는 60°이다. • 미국, 영국, 캐나다 협정으로 만들어 ABC나사라고도 한다. • 유니파이 보통나사 : UNC • 유니파이 가는나사 : UNF ※ 유니파이나사의 호칭기호 표시방법 ① $\frac{3}{4}-10\,UNC$ • $\frac{3}{4}$: 바깥지름, $\frac{3}{4}$ inch × 25.4mm = 19.05mm • 10 : 1인치당 나사산수가 10개임 • UNC : 유니파이 보통나사 ② 3/8-16 UNC • 유니파이 보통나사 • 수나사의 호칭지름이 3/8인치(inch) • 1인치당 나사산수가 16개임을 의미한다.
관용 나사		결합용 (체결용)	• 인치계 나사이다. • 나사산의 각도는 55°이다. • 관용 평행나사 : 유체기기 등의 결합에 사용한다. • 관용 테이퍼나사 : 기밀 유지가 필요한 곳에 사용한다.

TIP 유니파이 보통나사의 피치(p) 구하기

$p = \frac{1}{\text{나사산수}} \times \text{inch(mm)}$

예 만일 1인치당 나사산수가 10이라면 피치는?

$$p = \frac{1}{\text{나사산수}} \times \text{inch} = \frac{1}{10} \times 25.4\text{mm} = 2.54\text{mm}$$

㉡ 사각나사

그림	용도	특징
	동력 전달용 (운동용)	• 프레스 등의 동력 전달용으로 사용한다. • 축 방향의 큰 하중을 받는 곳에 사용한다. • 다른 나사들에 비해 가공하기 쉽고 효율도 높은 편이다. • 주요 동력 전달방식은 회전운동을 직선운동으로 바꾼다.

㉢ 사다리꼴나사(애크미나사)

그림	용도	특징
	공작 기계의 이송용 (운동용)	• 나사산의 강도가 크다. • 사각나사에 비해 제작하기 쉽다. • 인치계 사다리꼴나사(TW) : 나사산 각도 29° • 미터계 사다리꼴나사(Tr) : 나사산 각도 30°

㉣ 톱니나사

그림	용도	특징
	힘의 전달 (운동용)	• 주로 한쪽 방향으로 큰 힘을 전달하는 경우에 사용한다. • 바이스, 프레스(압착기) 등의 이송용(운동용) 나사로 사용한다. • 하중을 받은 면의 경사가 수직에 가까운 3°이기 때문에 효율이 좋다.

㉤ 둥근나사

그림	용도	특징
	전구나 소켓 (운동용, 체결용)	• 나사산이 둥근 모양이다. • 너클나사라고도 한다. • 나사산과 골이 같은 반지름의 원호로 이은 모양이다. • 전구나 소켓의 체결용으로, 주로 먼지나 모래가 많은 곳에서 사용한다.

㉥ 볼나사(Ball Screw)

나사 축과 너트 사이에서 볼(Ball)이 구름운동을 하면서 물체를 이송시키는 고효율의 나사이다. 백래시(Backlash, 뒤틈, 치면 높이)가 거의 없고 전달효율이 높아서 최근에는 CNC 공작기계의 이송용 나사로 사용된다.

그림	용도	특징
	정밀 공작 기계의 이송 장치 (운동용)	• 너트의 크기가 크다. • 자동 체결이 곤란하다. • 윤활유는 소량만으로도 충분하다. • 피치를 작게 하는 데 한계가 있다. • 미끄럼나사보다 전달효율이 높다. • 시동토크나 작동토크의 변동이 작다. • 마찰계수가 작아서 미세 이송이 가능하다. • 미끄럼나사에 비해 내충격성과 감쇠성이 떨어진다. • 나사 축과 너트 사이에 강재 볼을 넣어 힘을 전달한다. • 백래시를 작게 할 수 있고, 높은 정밀도를 오래 유지할 수 있으며 효율이 가장 좋다. • 예압에 의하여 축 방향의 백래시를 작게(거의 없게) 할 수 있다.

③ 나사 관련 이론

㉠ 사각나사를 조이는 힘(회전력, P)

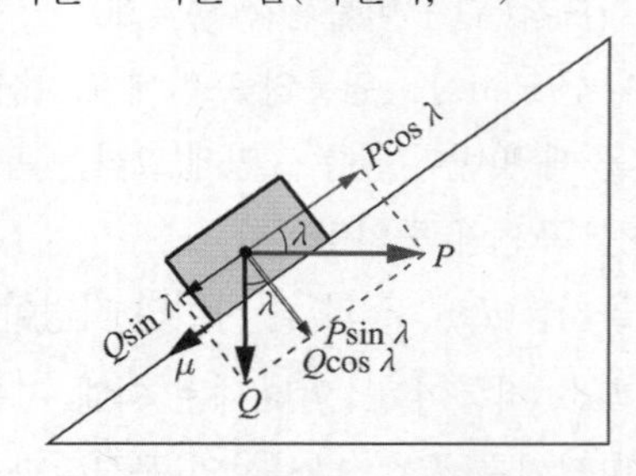

여기서, P : 접선 방향으로 가하는 회전력

Q : 축 방향으로 작용하는 하중

μ : 마찰계수, $\mu = \tan\rho$

사각나사를 조이는 힘(P)을 구할 때는 다음 두 개의 식이 많이 사용된다.

• 1식 : $P = Q\tan(\lambda + \rho)(\text{N})$

• 2식 : $P = Q\dfrac{\mu\pi d_e + p}{\pi d_e - \mu p}$(N)

여기서, N : 수직항력

ρ : 나사의 마찰각

d_e : 유효지름

[공식 유도과정]

자유물체도에서 위(+) 방향의 작용힘과 아래(−) 방향의 작용힘의 합은 0이 되어야 한다.

- $P\cos\lambda - Q\sin\lambda - \mu N = 0$
- $P\cos\lambda - Q\sin\lambda - \mu(P\sin\lambda + Q\cos\lambda) = 0$
- $P(\cos\lambda - \mu\sin\lambda) = Q(\sin\lambda + \mu\cos\lambda)$

$$P = Q\frac{\sin\lambda + \mu\cos\lambda}{\cos\lambda - \mu\sin\lambda}$$

분모, 분자를 $\cos\lambda$로 나누면

$$Q\frac{\tan\lambda + \mu}{1 - \mu\tan\lambda}$$

이 식을 응용하여 나사를 조이는 힘 두 개의 식을 유도한다.

나사를 조이는 힘 1식	$P = Q\dfrac{\mu + \tan\lambda}{1 - \mu\tan\lambda}$, 여기에 $\mu = \tan\rho$ 대입 $= Q\dfrac{\tan\rho + \tan\lambda}{1 - \tan\rho \cdot \tan\lambda}$ 수학공식 $\tan(\alpha + \beta) = \dfrac{\tan\alpha + \tan\beta}{\tan\alpha \cdot \tan\beta}$ 적용하면 $= Q\tan(\lambda + \rho)$(N)
나사를 조이는 힘 2식	$P = Q\dfrac{\mu + \tan\lambda}{1 - \mu\tan\lambda}$ 여기에 $\tan\lambda = \dfrac{p}{\pi d_e}$를 적용하면 $= Q\dfrac{\dfrac{p}{\pi d_e} + \mu}{1 - \mu\dfrac{p}{\pi d_e}}$ 분모와 분자에 πd_e를 곱하면 $= Q\dfrac{\mu\pi d_e + p}{\pi d_e - \mu p}$(N)

ⓛ 사각나사를 푸는 힘(P')

사각나사를 푸는 힘은 조일 때와 반대로 마찰력이 작용한다.

$P' = Q\tan(\rho - \lambda)$(N)

$$P' = Q\frac{p - \mu\pi d_e}{\pi d_e + \mu p}\text{(N)}$$

여기서, Q : 축 방향으로 작용하는 힘(N)

ρ : 나사의 마찰각(°)

λ : 나사의 리드각(°)

μ : 마찰계수

p : 나사의 피치(mm)

ⓒ 사각나사의 자립조건(Self Locking Condition)

- 나사를 죄는 힘을 제거해도 체결된 나사가 스스로 풀리지 않을 조건이다.
- 나사가 자립할 조건은 나사를 푸는 힘 (P')을 기준으로 구할 수 있다.
- 나사를 푸는 힘 $P' = Q\tan(\rho - \lambda)$에서
  - P'가 0보다 크면 $\rho - \lambda > 0$이므로, 나사를 풀 때 힘이 든다. 따라서 나사는 풀리지 않는다.
  - P'가 0이면 $\rho - \lambda = 0$이므로, 나사가 풀리다가 정지한다. 따라서 나사는 풀리지 않는다.
  - P'가 0보다 작으면 $\rho - \lambda < 0$이므로 나사를 풀 때 힘이 안 든다. 따라서 나사는 풀린다.

위의 내용을 종합하면 다음과 같은 나사의 자립 조건 공식이 도출된다.

나사의 마찰각(ρ) ≧ 나사의 리드각(λ)

ⓔ 나사의 효율(η)

- 사각나사의 효율

$$\eta = \frac{\text{마찰이 없는 경우의 회전력}}{\text{마찰이 있는 경우의 회전력}} = \frac{pQ}{2\pi T}$$

$$= \frac{Ql}{2\pi Pr}$$

$$= \frac{\tan\lambda}{\tan(\lambda + \rho)}$$

여기서, p : 나사의 피치

l : 나사의 회전당 전진 길이

Q : 축 방향 하중

r : 유효 반지름

TIP

위 공식에서 다음과 같이 유도하는 문제가 출제되었다.

$\eta = \frac{\tan\lambda}{\tan(\lambda+\rho)}$ 에서 $\tan\lambda = \frac{p}{\pi d_2}$

$\lambda = \tan^{-1}\left(\frac{p}{\pi d_2}\right)$를 대입하면

$$\eta = \frac{\frac{p}{\pi d_2}}{\tan\left(\rho + \tan^{-1}\left(\frac{p}{\pi d_2}\right)\right)}$$

- 삼각나사의 효율

$$\eta = \frac{\text{마찰이 없는 경우의 회전력}}{\text{마찰이 있는 경우의 회전력}} = \frac{pQ}{2\pi T}$$

$$= \frac{\tan\lambda}{\tan(\lambda+\rho')}$$

ⓜ 사각나사를 조이는 토크(T)

1식, $T = P \times \frac{d_e}{2}$

2식, $T = Q\tan(\lambda+\rho) \times \frac{d_e}{2}$

3식, $T = Q\frac{\mu\pi d_e + p}{\pi d_e - \mu p} \times \frac{d_e}{2}$

여기서, P : 접선 방향으로 가하는 회전력(나사의 회전력)

Q : 축 방향으로 작용하는 하중

μ : 마찰계수, $\mu = \tan\rho$

λ : 나사의 리드각

ρ : 나사의 마찰각

d_e : 유효지름

10년간 자주 출제된 문제

1-1. 다음 중 백래시를 작게 할 수 있고 높은 정밀도를 오래 유지할 수 있으며 효율이 가장 좋은 나사는?

① 사각 나사 ② 톱니 나사
③ 볼 나사 ④ 둥근 나사

1-2. 3줄 나사, 피치가 4mm인 수나사를 1/10 회전시키면 축 방향으로 이동하는 거리는 몇 mm인가?

① 0.1 ② 0.4
③ 0.6 ④ 1.2

|해설|

1-1

볼 나사는 나사축과 너트 사이에 강재의 볼을 넣어서 동력을 전달하는 나사로, 선반이나 밀링기계에 적용되어 백래시를 작게 할 수 있어 높은 정밀도를 갖게 한다.

1-2

나사의 리드(L) : 나사를 1회전시켰을 때 축 방향으로 진행한 거리

$L = nP(\text{mm}) = 3 \times 4 = 12\text{mm}$

여기서, P : 피치

n : 나사의 줄수

이동하는 거리 $= 12\text{mm} \times \frac{1}{10}$

$= 1.2\text{mm}$

정답 1-1 ③ 1-2 ④

핵심이론 02 | 키

① 키의 정의

서로 다른 기계들을 연결해서 동력을 전달할 수 있도록 해주는 기계요소

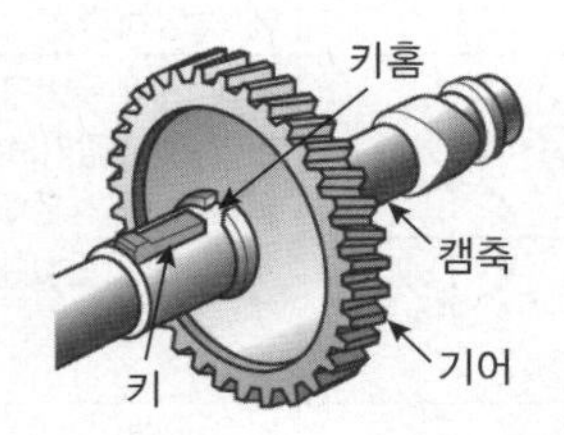

② 키의 종류 및 특징

키의 종류	키의 형상	특징
안장키 (새들키)		• 축에는 키홈을 가공하지 않고 보스에만 키홈을 파서 끼운 뒤 축과 키 사이의 마찰에 의해 회전력을 전달하는 키로 작은 동력 전달에 적당하다.
평키 (납작키)		• 축에 키의 폭만큼 편평하게 가공한 키로, 안장키보다는 큰 힘을 전달한다. • 축의 강도를 저하시키지 않으며 $\frac{1}{100}$ 기울기를 붙이기도 한다.
반달키		• 반달 모양의 키로, 키와 키 홈을 가공하기 쉽고 보스의 키 홈과의 접촉이 자동으로 조정되는 이점이 있으나 키홈이 깊어 축의 강도가 약하다.
성크키 (묻힘키)		• 가장 널리 쓰이는 키로 축과 보스 양쪽에 모두 키홈을 파서 동력을 전달하는 키이다. • $\frac{1}{100}$ 기울기를 가진 경사키와 평행키가 있다.
접선키		• 전달토크가 큰 축에 주로 사용되며, 회전 방향이 양쪽 방향일 때 일반적으로 중심각이 120°가 되도록 한 쌍을 설치하여 사용하는 키이다. • 90°로 배치한 것은 케네디키라고 한다.
스플라인		• 보스와 축의 둘레에 여러 개의 사각 턱을 만든 키를 깎아 붙인 모양으로, 큰 동력을 전달할 수 있고 내구력이 크며 축과 보스의 중심을 정확하게 맞출 수 있다. • 축 방향으로 자유롭게 미끄럼 운동도 가능하다.
세레이션		• 축과 보스에 작은 삼각형의 이를 만들어 조립시킨 키로, 키 중에서 가장 큰 힘을 전달한다.
미끄럼키		• 회전력을 전달하면서 동시에 보스를 축 방향으로 이동시킬 수 있다. • 키를 작은 나사로 고정하며 기울기가 없고 평행하다. • 패더키, 안내키라고도 불린다.
원뿔키		• 축과 보스 사이에 2~3곳을 축 방향으로 쪼갠 원뿔을 때려 박아 축과 보스가 헐거움 없이 고정할 수 있는 키이다.

③ 키의 전달 강도 순서

세레이션 > 스플라인 > 접선키 > 성크키(묻힘키) > 반달키 > 평키(납작키) > 안장키(새들키)

10년간 자주 출제된 문제

2-1. 축에 키(Key) 홈을 가공하지 않고 사용하는 것은?

① 묻힘(Sunk)키 ② 안장(Saddle)키
③ 반달키 ④ 스플라인

2-2. 큰 토크를 전달시키기 위해 같은 모양의 키홈을 등 간격으로 파서 축과 보스를 잘 미끄러질 수 있도록 만든 기계요소는?

① 코터 ② 묻힘키
③ 스플라인 ④ 테이퍼키

2-3. 일반적으로 가장 널리 사용되며 축과 보스에 모두 홈을 가공하여 사용하는 키는?

① 접선키 ② 안장키
③ 묻힘키 ④ 원뿔키

|해설|

2-1

② 안장키(새들키, Saddle Key) : 축에는 키 홈을 가공하지 않고 보스에만 키 홈을 파서 끼운 뒤 축과 키 사이의 마찰에 의해 회전력을 전달하는 키로 작은 동력의 전달에 적당하다.

① 성크키(묻힘키, Sunk Key) : 가장 널리 쓰이는 키로 축과 보스 양쪽에 모두 키 홈을 파서 동력을 전달하는 키이다. $\frac{1}{100}$ 기울기를 가진 경사키와 평행키가 있다.

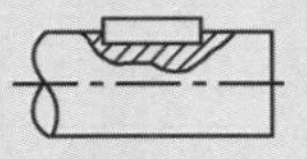

③ 반달키(Woodruff Key) : 반달 모양의 키로 키와 키홈을 가공하기 쉽고 보스의 키홈과의 접촉이 자동으로 조정되는 이점이 있으나, 키홈이 깊어 축의 강도가 약하다. 그러나 일반적으로 60mm 이하의 작은 축과 테이퍼 축에 사용될 때 키가 자동적으로 축과 보스 사이에서 자리를 잡을 수 있다는 장점이 있다.

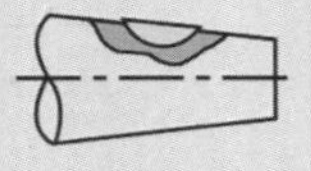

④ 스플라인(Spline Key) : 축의 둘레에 원주 방향으로 여러 개의 키홈을 깎아 만든 것으로, 세레이션키 다음으로 큰 동력(토크)을 전달할 수 있다. 내구성이 크고 축과 보스와의 중심축을 정확히 맞출 수 있어서 축 방향으로 자유로운 미끄럼운동이 가능하므로 자동차 변속기의 축용 재료로 많이 사용된다.

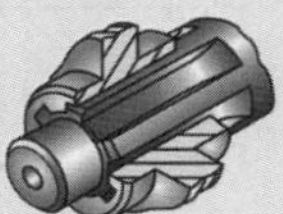

2-2

③ 스플라인 : 보스와 축의 둘레에 여러 개의 사각 턱을 만든 키를 깎아 붙인 모양으로 큰 동력을 전달할 수 있고 내구력이 크며, 축과 보스의 중심을 정확하게 맞출 수 있다. 축 방향으로 자유롭게 미끄럼운동도 가능하다.

① 코터 : 피스톤 로드, 크로스 헤드, 연결봉 사이의 체결과 같이 축 방향으로 인장 또는 압축을 받는 2개의 축을 연결하는 데 사용되는 기계요소이다. 평판 모양의 쐐기를 이용하기 때문에 결합력이 크다.

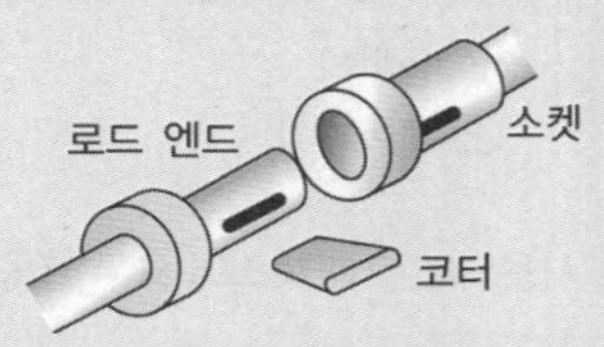

④ 테이퍼 키 : 성크키의 형상에 경사를 만들어서 붙인 키로, 그 기울기는 보통 $\frac{1}{100}$ 정도이다.

키의 종류 및 특징

키의 종류	키의 형상	특징
안장키 (새들키)		축에는 키 홈을 가공하지 않고 보스에만 키 홈을 파서 끼운 뒤 축과 키 사이의 마찰에 의해 회전력을 전달하는 키로 작은 동력의 전달에 적당하다.
평키 (납작키)		축에 키의 폭만큼 편평하게 가공한 키로 안장키보다는 큰 힘을 전달한다. 축의 강도를 저하시키지 않으며 $\frac{1}{100}$기울기를 붙이기도 한다.
반달키		반달 모양의 키로 키와 키홈을 가공하기 쉽고 보스의 키홈과의 접촉이 자동으로 조정되는 이점이 있으나 키홈이 깊어 축의 강도가 약하다.
성크키 (묻힘키)		가장 널리 쓰이는 키로 축과 보스 양쪽에 모두 키홈을 파서 동력을 전달하는 키이다. $\frac{1}{100}$기울기를 가진 경사키와 평행키가 있다.
접선키		주로 전달토크가 큰 축에 사용되며 회전 방향이 양쪽 방향일 때 일반적으로 중심각이 120°가 되도록 한 쌍을 설치하여 사용하는 키이다. 90°로 배치한 것은 케네디키라고 한다.
스플라인		보스와 축의 둘레에 여러 개의 사각 턱을 만든 키를 깎아 붙인 모양으로 큰 동력을 전달할 수 있고 내구력이 크며, 축과 보스의 중심을 정확하게 맞출 수 있다. 축 방향으로 자유롭게 미끄럼운동도 가능하다.
세레이션		축과 보스에 작은 삼각형의 이를 만들어 조립시킨 키로 키 중에서 가장 큰 힘을 전달한다.
미끄럼키		회전력을 전달하면서 동시에 보스를 축 방향으로 이동시킬 수 있다. 키를 작은 나사로 고정하며 기울기가 없고 평행하다. 패더키, 안내키라고도 한다.
원뿔키		축과 보스 사이에 2~3곳을 축 방향으로 쪼갠 원뿔을 때려 박아 축과 보스가 헐거움 없이 고정할 수 있는 키이다.

정답 2-1 ② 2-2 ③ 2-3 ③

핵심이론 03	리벳과 핀

① 리벳(Rivet)

㉠ 리벳의 정의 : 판재나 형강을 영구적으로 이음할 때 사용되는 결합용 기계요소로, 구조가 간단하고 잔류 변형이 없어서 기밀이 필요한 압력용기나 보일러, 항공기, 교량 등의 이음에 주로 사용된다. 간단한 리벳작업은 망치로도 가능하지만, 큰 강도가 필요한 곳을 리벳이음하기 위해서는 리베팅장비가 필요하다.

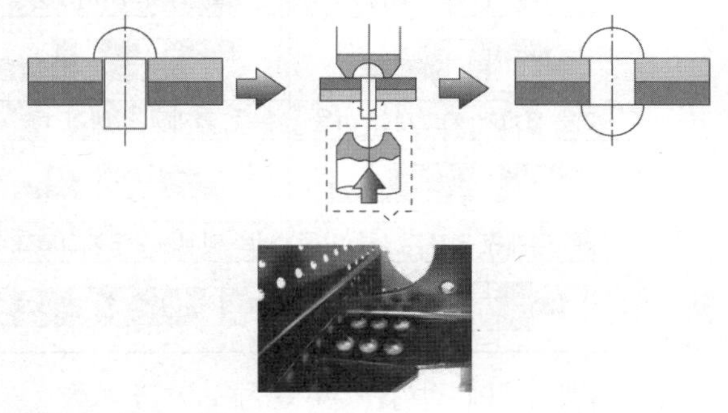

㉡ 특징

- 열응력에 의한 잔류응력이 생기지 않는다.
- 경합금과 같이 용접이 곤란한 재료의 결합에 적합하다.
- 리벳이음의 구조물은 영구 결합으로 분해되지 않는다.
- 구조물 등에 사용할 때 현장 조립의 경우 용접작업보다 용이하다.
- 리벳작업을 하기 위해 필요한 구멍의 크기는 일반적으로 리벳의 지름보다 약 1~1.5mm 정도 더 커야 한다.

TIP 리벳이음의 제도방법

- 리벳이음은 능률을 위해 간략도로 표시한다.
- 리벳은 길이 방향으로 절단하여 도시하지 않는다.
- 리벳의 위치만 표시할 때는 중심선만 그린다.
- 평판 또는 형강의 단면 치수는 '너비×두께×길이'로 표시한다.
- 얇은 판, 형강 등 얇은 것의 단면은 선(굵은 실선)으로 표시한다.
- 같은 피치로 연속되는 같은 종류의 구멍 표시법은 간단히 기입한다(피치수×피치 치수 = 합계 치수).

㉢ 용어

- 겹치기 리벳이음(Lap Joint)

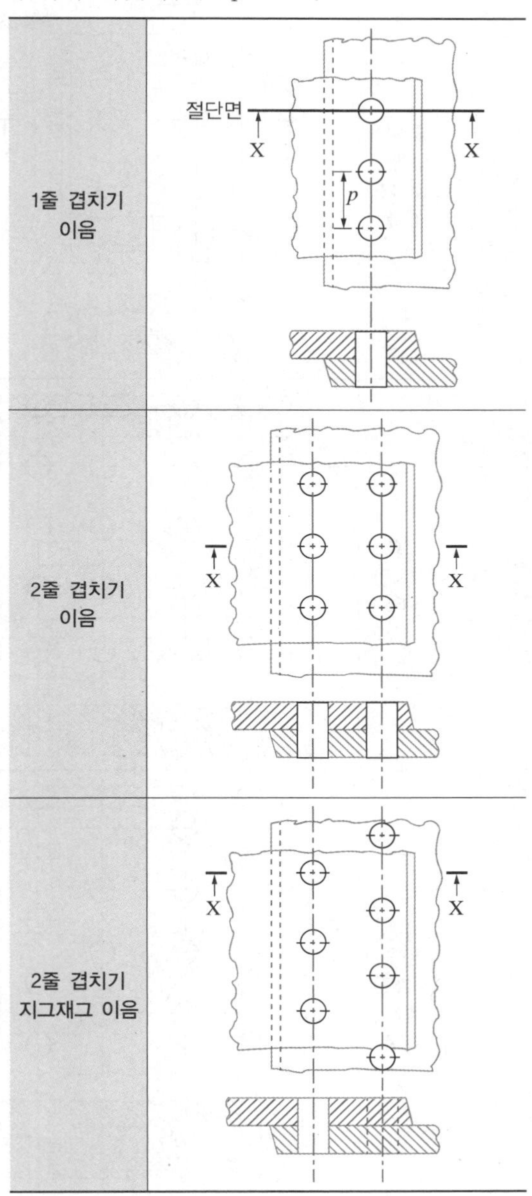

• 맞대기 리벳이음(Butt Rivet Joint)

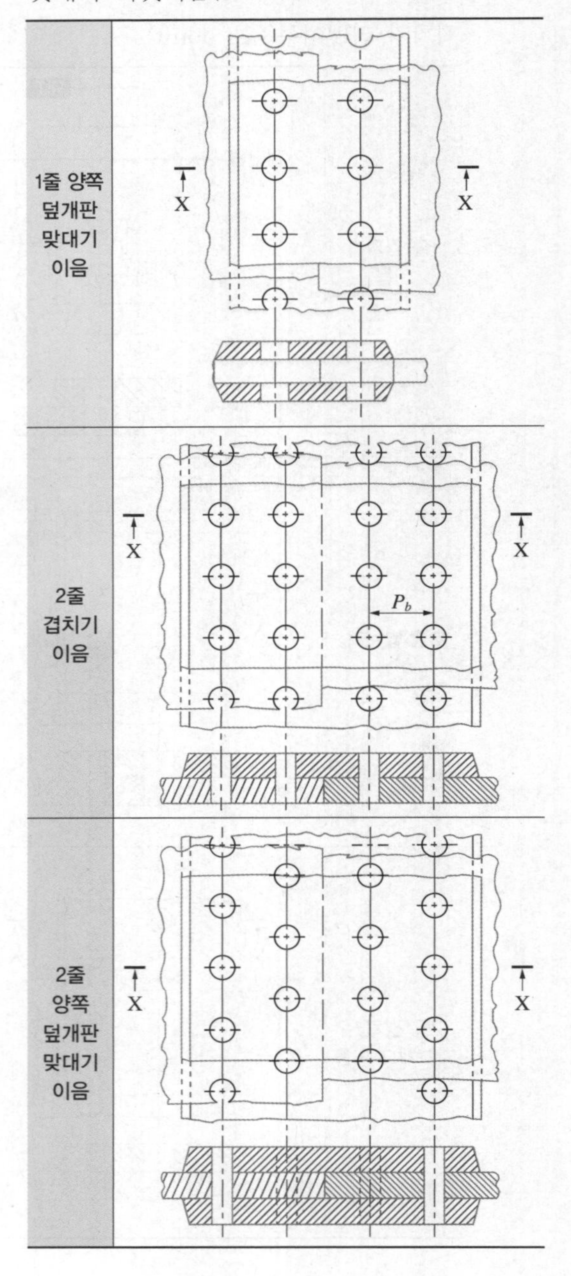

• 리벳의 구조

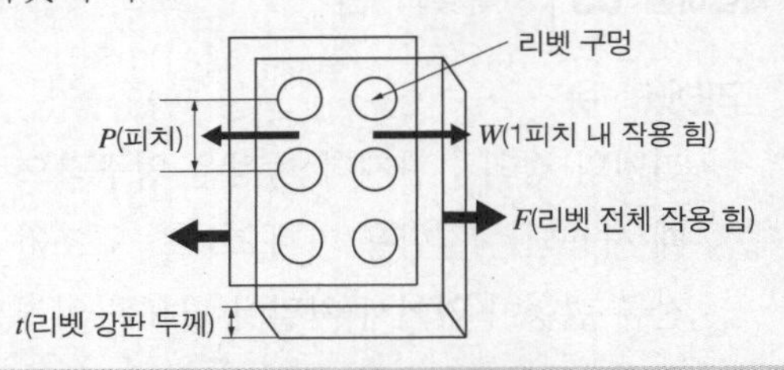

TIP
1피치 내의 리벳수 = 리벳의 줄수

㉣ 리벳의 종류 및 형상

1줄 겹치기 이음	2줄 겹치기 이음(평행)
2줄 겹치기 지그재그 이음	한쪽 덮개판 맞대기 1줄 이음
양쪽 덮개판 맞대기 1줄 이음	양쪽 덮개판 2줄 지그재그 이음

㉤ 리벳이음에 걸리는 힘 분석

• 편심하중을 받는 겹치기 리벳이음에서 가장 큰 힘이 걸리는 부분 : ⓒ

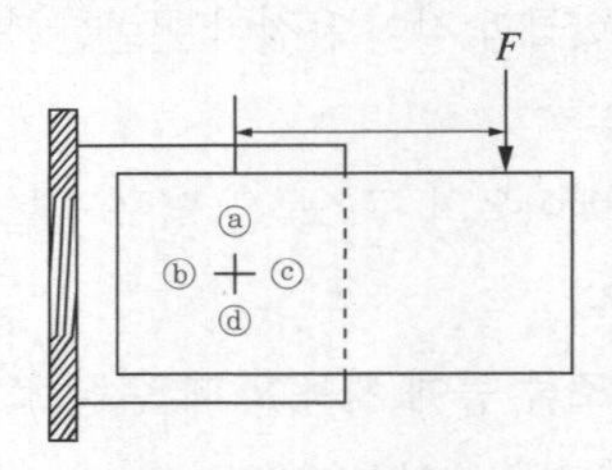

• 4줄 리벳이음에서 가장 큰 힘이 걸리는 부분 : ⓐ

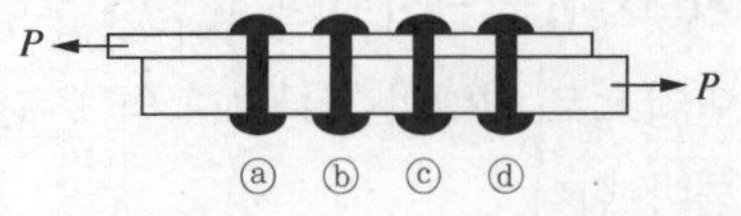

외력이 작용할 때 얇은 판에 직접적인 힘이 가해지며, 외력에 가장 가깝게 작용하는 ⓐ 부분에 가장 큰 힘이 작용한다.

㉥ 리벳이음 설계 시 고려사항

• 리벳의 전단강도
• 판재의 압축강도
• 판재의 인장강도

② 리벳작업 후 밀폐를 위한 연계작업

㉠ 코킹(Caulking) : 물이나 가스 저장용 탱크를 리베팅한 후 기밀(기체 밀폐)과 수밀(물 밀폐)을 유지하기 위해 날 끝이 뭉뚝한 정(코킹용 정)을 사용하여 리벳머리와 판의 이음부 가장자리를 때려 박음으로써 틈새를 없애는 작업이다.

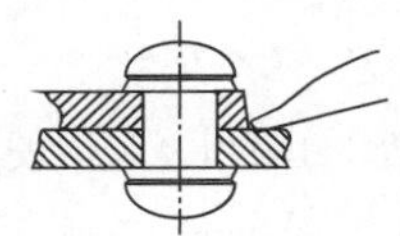

㉡ 풀러링(Fullering) : 기밀을 더 좋게 하기 위해 강판과 같은 두께의 풀러링 공구로 재료의 옆 부분을 때려 붙이는 작업이다.

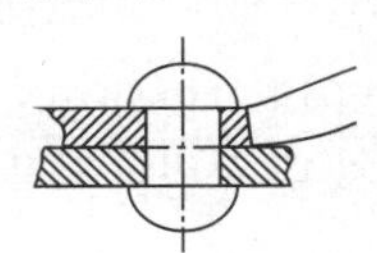

③ 리벳작업의 특징

㉠ 한줄 겹치기 리벳이음이 파손되는 현상의 방지대책

- 리벳이 전단에 의해 파손되는 경우, 리벳지름을 더 크게 한다.
- 판재 끝이 리벳에 의해 갈라지는 경우, 리벳 구멍과 판재 끝 사이의 여유를 더 크게 한다.
- 리벳 구멍 부분에서 판재가 압축 파손되는 경우, 판재를 더 두껍게 한다.
- 리벳 구멍 사이에서 판재가 절단되는 경우, 리벳 피치를 늘려서 외력에 대응할 면적을 늘린다.

㉡ 리벳과 용접이음의 기밀성 정도

용접이음 > 리벳이음

용접은 각각 분리된 상태의 접합 부위를 용융시켜 하나로 결합시키는 영구이음으로, 리벳보다 기밀성과 유밀성이 좋다. 또한 리벳은 기계적으로 분리되지 못하는 때려 박음식 이음이므로, 기밀성을 유지하기 위해서는 코킹과 풀러링 작업을 추가로 해야 한다. 따라서 용접이 리벳이음보다 기밀성이 더 좋다.

④ 리벳 관련 계산 문제

㉠ 리벳에 작용하는 힘(하중)

- 1피치 내 작용 힘(W)

$$W=\tau\times\frac{\pi d^2}{4}\times n$$

여기서, d : 리벳지름

n : 1피치 내 리벳수

- 리벳에 작용하는 전체 힘(F)

$$F=\tau\times\frac{\pi d^2}{4}\times n$$

여기서, d : 리벳지름

n : 전체의 리벳수

㉡ 리벳이음의 최소 개수(Z)

리벳에 작용하는 전체 힘(F) 공식을 응용한다.

$$F=\tau\times\frac{\pi d^2}{4}\times n$$

$$n=\frac{F\times 4}{\tau\times\pi d^2}$$

여기서, d : 리벳지름

n : 전체의 리벳수

㉢ 겹치기 이음에서 리벳에 작용하는 인장응력

한 줄 겹치기 이음에서는 외력에 의해 리벳 구멍 사이가 절단되기 쉽다. 이것은 구멍 사이의 단면 부분이 외력에 견디지 못해 파손됨을 의미하므로 응력 계산 시 이 부분이 외력에 대응하는 단면적이 되어야 한다. 따라서 이 부분의 단면적 A는 $(p-d)t$로 계산한다.

- 인장응력(σ) 구하는 식

$$\sigma=\frac{P}{A}=\frac{P}{(p-d)t}\ (\text{N/mm}^2)$$

여기서, A : 리벳의 단면적(mm^2)

d : 리벳지름(mm)

F : 작용 힘(N)

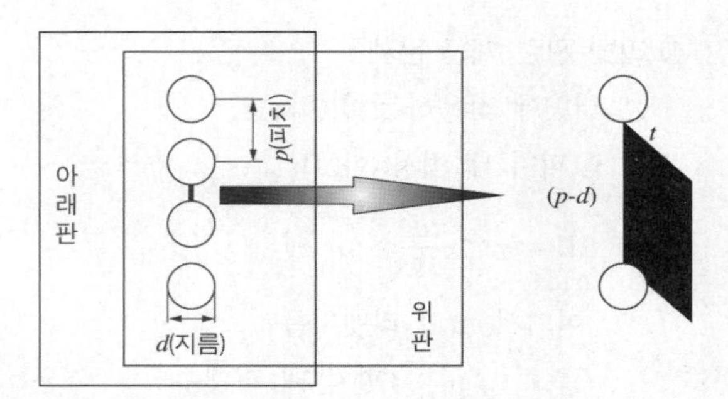

㉣ 리벳지름(d)과 리벳피치(p)의 관계

- 리벳의 지름(d)

$$\tau \times \frac{\pi d^2}{4} \times n = \sigma_c \times d \times t \times n$$

$$d = \frac{4\sigma_c t}{\pi \tau}\,(\text{mm})$$

- 리벳의 피치(p)

$$\tau \times \frac{\pi d^2}{4} \times n = \sigma_t \times (p - d_{\text{강판 구멍}})t$$

$$p = d_{\text{강판 구멍}} + \frac{\tau \pi d^2 n}{4\sigma_t t}\,(\text{mm})$$

여기서, t : 판재의 두께(mm)

n : 리벳이음한 줄수

τ : 리벳의 전단응력(전단강도)

σ_t : 리벳의 인장응력(인장강도)

d : 리벳지름(mm)

㉤ 리벳 1개에 작용하는 전단응력(τ)

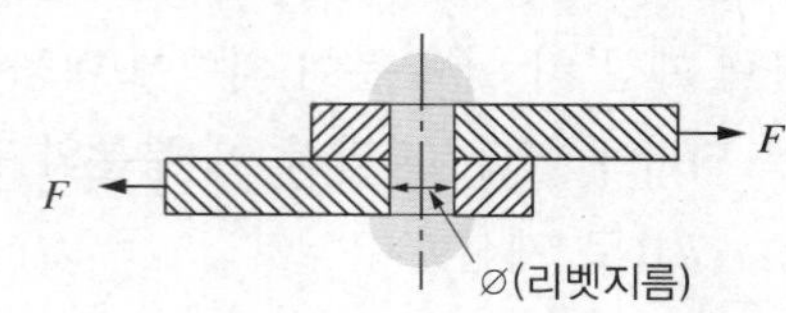

$$\tau = \frac{F}{A} = \frac{F}{\frac{\pi d^2}{4}} = \frac{4F}{\pi d^2}\,(\text{N/mm}^2)$$

여기서, A : 리벳의 단면적(mm²)

d : 리벳지름(mm)

F : 작용 힘(N)

㉥ 1피치 내 리벳 강판의 절단

- 인장응력에 의한 파괴

$$W = \sigma_t (p - d)t$$

여기서, d : 1피치 내 강판의 구멍지름

t : 강판의 두께

- 압축응력에 의한 파괴

$$W = \sigma_c \times d \times t \times n$$

여기서, d : 1피치 내 리벳지름

t : 강판의 두께

n : 1피치 내 리벳수

㉦ 리벳효율(η)

- 리벳 강판(판재)의 효율(η_t)

$$\eta = \frac{\text{1피치 내 구멍이 있을 때의 인장력}}{\text{1피치 내 구멍이 없을 때의 인장력}}$$

$$= \frac{\sigma_t (p-d)t}{\sigma_t p t} = 1 - \frac{d}{p}$$

여기서, d : 리벳지름

p : 리벳의 피치

- 리벳의 효율(η_s)

$$\eta_s = \frac{\text{1피치 내 리벳이 있는 경우 전단강도}}{\text{1피치 내 리벳이 있는 경우 인장강도}}$$

$$= \frac{\tau \frac{\pi d^2}{4} n}{\sigma_t p t}$$

$$= \frac{\pi d^2 \tau n}{4 p t \sigma_t}$$

- 설계 시 리벳이음의 효율 적용 : 강판의 효율(η_t)과 리벳의 효율(η_s) 중 재료의 강도를 고려하여 두 개의 효율 중에서 작은 값을 적용한다.

10년간 자주 출제된 문제

3-1. 리벳작업에서 코킹을 하는 목적으로 가장 옳은 것은?

① 패킹재료를 삽입하기 위해
② 파손재료를 수리하기 위해
③ 부식을 방지하기 위해
④ 기밀을 유지하기 위해

3-2. 다음 겹치기이음에서 리벳의 양쪽에 작용하는 하중 P가 1,500N일 때, 각 리벳에 작용하는 응력의 종류와 크기(N/mm²)는?(단, 리벳의 지름은 5mm, π =3으로 계산한다)

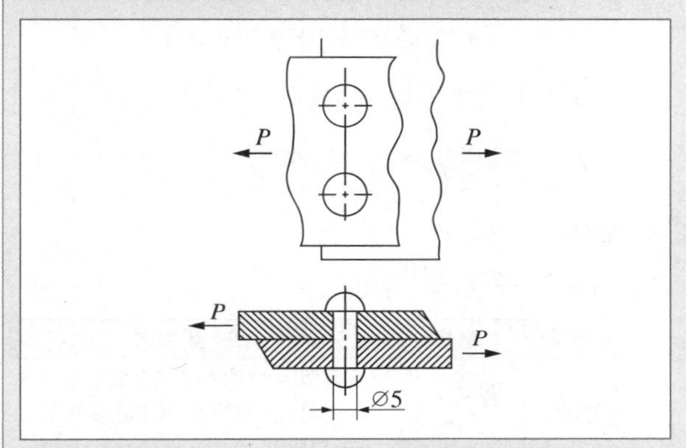

① 전단응력, 40　　② 인장응력, 80
③ 전단응력, 80　　④ 인장응력, 40

|해설|

3-1
리벳작업 시 코킹을 하는 목적은 볼트가 판재에 끼워지면서 발생되는 틈새를 막음으로써 기밀(기체 밀폐)과 수밀(물 밀폐)을 유지하기 위함이다.
※ 코킹(Caulking) : 물이나 가스 저장용 탱크를 리베팅한 후 기밀과 수밀을 유지하기 위해 날 끝이 뭉뚝한 정(코킹용 정)을 사용하여 리벳 머리와 판의 이음부 같은 가장자리를 때려 박음으로써 틈새를 없애는 작업

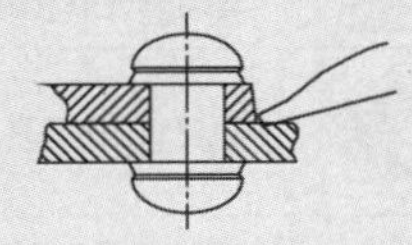

3-2
리벳의 양쪽에서 상하의 판들이 각각 다른 방향으로 힘이 작용하므로, 리벳에는 전단응력이 작용함을 알 수 있다.

$$\text{전단응력 } \tau = \frac{P}{A \times \text{리벳수}(N)} = \frac{1{,}500\text{N}}{\frac{3 \times (5\text{mm})^2}{4} \times 2} = 40\text{N/mm}^2$$

정답 3-1 ④ 3-2 ①

핵심이론 04 볼트와 너트

① 볼트

㉠ 볼트의 종류 및 특징

종류 및 형상		특징
스테이 볼트		두 장의 판 간격을 유지하면서 체결할 때 사용하는 볼트이다.
아이볼트		나사의 머리 부분을 고리 형태로 만들어 이 고리에 로프나 체인, 훅 등을 걸어 무거운 물건을 들어 올릴 때 사용한다.
나비볼트		볼트를 쉽게 조일 수 있도록 머리 부분을 날개 모양으로 만든 볼트이다.
기초볼트		콘크리트 바닥 위에 기계 구조물을 고정시킬 때 사용한다.
육각볼트		일반 체결용으로 가장 많이 사용한다.
육각구멍 붙이 볼트		볼트의 머리부에 둥근 머리 육각 구멍의 홈을 판 것으로, 볼트의 머리부가 밖으로 돌출되지 않는 곳에 사용한다.
접시머리 볼트		볼트의 머리부가 접시 모양으로, 머리부가 외부에 노출되지 않는 곳에 사용한다.
스터드 볼트		양쪽 끝이 모두 수나사로 되어 있는 볼트로, 한쪽 끝은 암나사가 난 부분에 반영구적인 박음작업을 하고, 다른 쪽 끝은 너트를 끼워 조이는 볼트이다.
관통볼트		구멍에 볼트를 넣고 반대쪽에 너트로 죄는 일반적인 형태의 볼트이다.
탭볼트		너트로 죄기 힘든 부분에 암나사를 낸 후 머리가 있는 볼트로 죄어 체결하는 볼트이다.
더블 너트 볼트(양 너트볼트)		양쪽에 너트를 죌 수 있도록 수나사가 만들어진 볼트이다.

㉡ 볼트와 너트의 구조

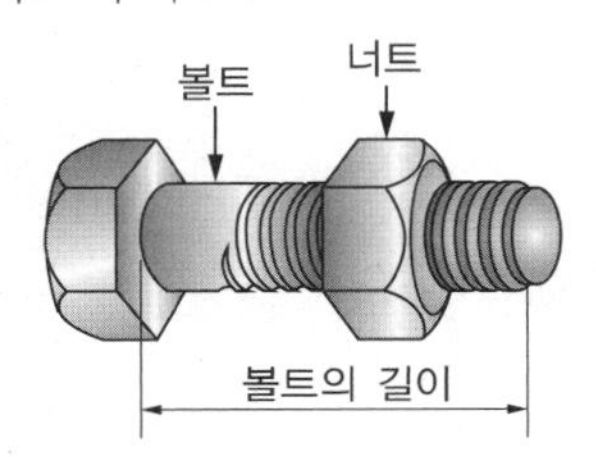

㉢ 볼트와 너트에 작용하는 힘 : 공구로 볼트 머리를 조일 때 비틀림하중이 가장 크게 작용하며, 체결 후 연결된 두 물체가 움직이면서 볼트머리와 나사를 밀어내면서 인장하중도 작용한다.

㉣ 볼트 관련 식

• 축하중을 받을 때 볼트의 지름(d) : 볼트가 축 방향의 하중(Q)만 받고 있을 때 허용하중을 구한다면, 지름이 가장 작은 골지름(d)을 적용한다.

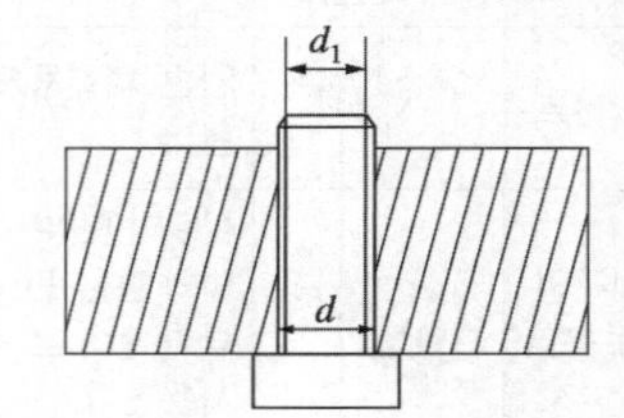

– 공식 유도과정

$$\sigma_a = \frac{Q}{A} = \frac{Q}{\frac{\pi d^2(\text{수나사의 골지름})}{4}}$$

$$= \frac{4Q}{\pi d(\text{수나사의 골지름})^2}$$

이 식을 정리하면 다음과 같다.

골지름(안지름)	바깥지름(호칭지름)
$d_1 = \sqrt{\frac{4Q}{\pi\sigma_a}}$	$d = \sqrt{\frac{2Q}{\sigma_a}}$

※ 안전율(S)을 고려하려면 S를 분자에 곱해준다. 따라서 안전율을 고려한 공식은 $d_1 = \sqrt{\frac{4QS}{\pi\sigma_a}}$ 이다.

• 볼트에 작용하는 허용하중(Q)

$$\sigma_a = \frac{Q}{A} = \frac{Q(\text{허용하중})}{\frac{\pi d^2(\text{수나사의 골지름})}{4}} = \frac{4Q}{\pi d^2}$$

이 식을 이용하면, $Q = \frac{\sigma_a \pi d^2}{4}$(N)

• 볼트에 작용하는 힘(F)

$F = P \times A$

여기서, P : 볼트에 작용하는 압력(N/mm^2)

A : 볼트의 단면적(mm^2)

• 볼트에 작용하는 토크(T)

$T = F \times \frac{d}{2} \times N$(볼트 개수)

② 너트(Nut)

㉠ 너트의 종류 및 특징

명칭	형상	용도 및 특징
캡너트		• 유체의 누설 방지나 조립되는 볼트가 보이지 않도록 하여 외관을 좋게 만드는 너트이다.
아이너트		• 물체를 들어 올릴 때 한쪽 끝에 핀이나 걸이로 걸 수 있도록 둥근 고리가 달린 너트이다.
나비너트		• 손으로 쉽게 돌릴 수 있도록 나비 모양의 손잡이가 만들어진 너트이다.
플랜지너트		• 가운데 구멍이 있으며, 구멍 안쪽에 나사산이 파여 있는 너트이다. • 너트의 한쪽 면에 플랜지가 부착되어 있으며, 플랜지면에는 돌기 부분이 있어서 풀림 방지의 기능도 있다.
사각너트		• 겉모양이 사각형으로, 주로 목재에 사용하는 너트이다.
둥근너트		• 겉모양이 둥근 형태의 너트이다.
육각너트		• 외형이 육각형인 너트로, 일반적으로 가장 많이 사용한다.
T너트		• 공작기계 테이블의 T자 홈에 끼워 공작물을 고정하는 데 사용하는 너트이다.
스프링판너트		• 보통의 너트처럼 나사가공이 되어 있지 않아 간단하게 끼울 수 있기 때문에 사용이 간단하여 스피드너트(Speed Nut)라고도 한다.

㉡ 볼트와 결합한 너트의 풀림 방지법

- 스프링와셔를 이용한다.
- 나사의 피치를 작게 한다.
- 톱니붙이와셔를 이용한다.
- 로크너트(Lock Nut)를 이용한다.

㉢ 너트의 높이(H)

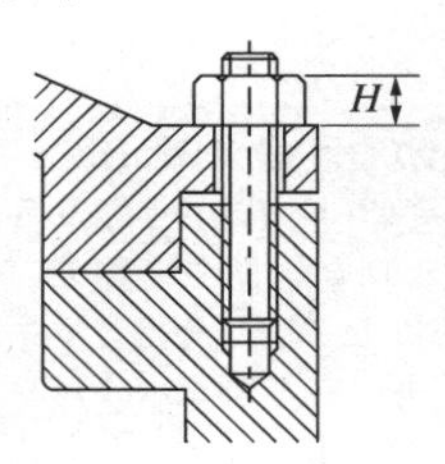

- 일반적인 너트의 높이

$H = n \times p$

여기서, n : 나사산수

p : 나사의 피치

- 재질에 따른 너트의 높이

볼트의 재질	너트의 재질	너트의 높이(H)
강	강	$H \fallingdotseq d$
강	청 동	$H \fallingdotseq 1.25d$
강	주 철	$H \fallingdotseq 1.5d$

※ 여기서, d : 나사의 바깥지름

㉣ 너트 나사산의 접촉면압(q)

$$q = \frac{Q}{A \times n} = \frac{Q}{\frac{\pi(d_2^2 - d_1^2)}{4} \times n} = \frac{Q}{\pi d_e n h}$$

여기서, Q : 축하중

d_e : 유효지름

A : 작용 면적

h : 나사산 높이

n : 나사의 줄수

d_1 : 수나사의 안지름

d_2 : 수나사의 바깥지름

TIP

허용 접촉면 압력을 낮추려면 나사의 유효지름(d_e)을 증가시켜야 한다.

10년간 자주 출제된 문제

4-1. 관통하는 구멍을 뚫을 수 없는 경우에 사용하는 것으로 볼트의 양쪽 모두 수나사로 가공되어 있는 머리 없는 볼트는?

① 스터드볼트　② 관통볼트
③ 아이볼트　④ 나비볼트

4-2. M22볼트(골지름 19.294mm)가 그림과 같이 2장의 강판을 고정하고 있다. 체결 볼트의 허용전단응력이 39.25MPa라 하면 최대 몇 kN까지의 하중을 받을 수 있는가?

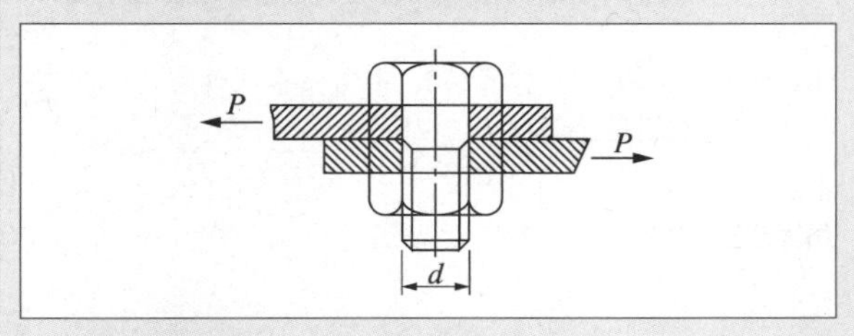

① 3.21　② 7.54
③ 11.48　④ 22.96

4-3. 나사면에 증기, 기름 또는 외부로부터의 먼지 등이 유입되는 것을 방지하기 위해 사용하는 너트는?

① 나비너트　② 둥근너트
③ 사각너트　④ 캡너트

|해설|

4-1

① 스터드볼트 : 관통하는 구멍을 뚫을 수 없는 경우에 사용하는 볼트이다. 양쪽 끝이 모두 수나사로 되어 있는 볼트로 한쪽 끝은 암나사가 난 부분에 반영구적인 박음작업을 하고, 반대쪽 끝은 너트를 끼워 고정시킨다.

② 관통볼트 : 구멍에 볼트를 넣고 반대쪽에서 너트로 죄는 일반적인 형태의 볼트

③ 아이볼트 : 나사의 머리 부분을 고리 형태로 만들고 고리에 로프나 체인, 훅 등을 걸어 무거운 물건을 들어 올릴 때 사용하는 볼트

④ 나비볼트 : 볼트를 쉽게 조일 수 있도록 머리 부분을 날개 모양으로 만든 볼트

4-2

허용전단응력

$$\tau_a = \frac{P}{A} = \frac{P}{\frac{\pi d^2}{4}} = \frac{4P}{\pi d^2}$$

$$P = \frac{\pi d^2 \tau_a}{4} = \frac{\pi \times 19.294^2 \times 39.25}{4} = 11.48\text{kN}$$

4-3

캡너트 : 유체(액체와 기체)가 나사의 접촉면 사이의 틈새나 볼트와 볼트 구멍의 틈으로 새어 나오거나 들어가는 것을 방지할 목적으로 사용하는 너트

정답 4-1 ① 4-2 ③ 4-3 ④

제3절 동력 전달용 기계요소

핵심이론 01 축

① 축(Shaft)

베어링에 의해 지지되며 주로 회전력을 전달하는 기계요소이다.

> **TIP 동력 전달(전동)용 기계요소**
> 동력(動力), 즉 움직이는 기계요소에 힘을 전달하는 기계요소로, 그 종류에는 기어, 마찰차, 벨트와 풀리로 이루어진 벨트전동장치, 체인과 스프로킷으로 이루어진 체인전동장치 등이 있다.
> ※ 動 : 움직일(동), 力 : 힘(력)

② 축의 종류

종류	설명	그림
차축	자동차나 철도차량 등에 쓰이는 축으로, 중량을 차륜에 전달하는 역할을 하는 축	
스핀들	주로 비틀림작용을 받으며, 모양이나 치수가 정밀하고 변형량이 작은 짧은 회전축으로, 공작기계의 주축에 사용하는 축	
플랙시블축	고정되지 않은 두 개의 서로 다른 물체 사이에 회전하는 동력을 전달하는 축	
크랭크축	증기기관이나 내연기관 등에서 피스톤의 왕복운동을 회전운동으로 바꾸는 기능을 하는 축	
직선축	직선 형태의 동력 전달용 축	

③ 축의 굽힘모멘트를 구하는 식

$$M_b = \sigma_b \times Z = \sigma_b \times \frac{\pi d^2}{32}$$

여기서, M_b : 굽힘모멘트

σ_b : 굽힘응력

Z : 축의 단면 형상 계수

d : 축의 지름

※ 모멘트란 회전시키려는 힘의 작용이다.

10년간 자주 출제된 문제

1-1. 비틀림 모멘트를 받는 회전축으로, 치수가 정밀하고 변형량이 작아 주로 공작기계의 주축에 사용하는 축은?

① 차축 ② 스핀들
③ 플렉시블축 ④ 크랭크축

1-2. 롤링베어링의 내륜이 고정되는 곳은?

① 저널 ② 하우징
③ 궤도면 ④ 리테이너

|해설|

1-1

축(Shaft)이란 베어링에 의해 지지되며 주로 회전력을 전달하는 기계요소로, 공작기계의 주축에 사용하는 축은 스핀들이다.

1-2

저널은 축에서 베어링에 의해 둘러싸인 부분이다. 하우징은 물체의 커버라고 생각하면 된다.

정답 1-1 ② 1-2 ①

핵심이론 02 기어

① 기어

구름 접촉을 하는 마찰차의 접촉면 위에 요철면을 만들어 한 쌍이 서로 미끄럼 접촉을 하게 하여 회전운동을 정확한 속도비로 전달하는 기계요소이다.

② 기어의 종류

분류	종류 및 형상	
두 축이 평행한 기어	스퍼기어	내접기어
	헬리컬기어	래크와 피니언기어 (피니언기어, 래크기어)
두 축이 교차하는 기어	베벨기어	스파이럴 베벨기어
두 축이 나란하지도 교차하지도 않는 기어	하이포이드기어	웜과 웜휠기어 (웜기어, 웜휠기어)
	나사기어	페이스기어

③ 스퍼기어의 각부 명칭 및 용어

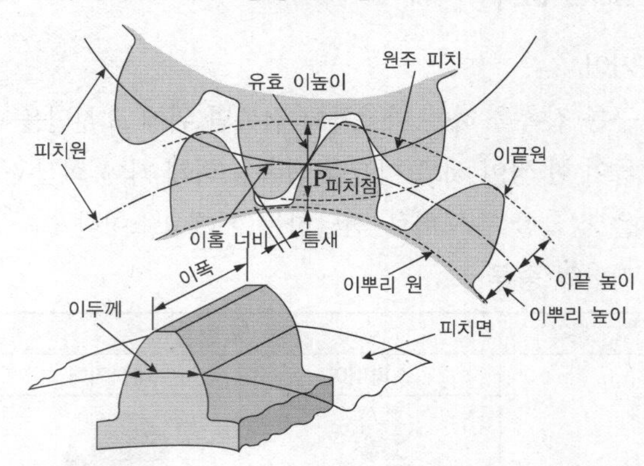

④ 전위기어

두 개의 서로 다른 기어가 맞물려 돌아갈 때 그 맞물림 점을 피치원으로 하지 않고 더 아랫부분으로 이동시키는 기어로, 주로 언더컷 방지를 위해 사용한다.

㉠ 기어를 전위시키는 목적

- 치의 강성 증가
- 치의 간섭에 의한 언더컷 방지
- 축간거리를 변화시킬 필요가 있을 때

㉡ 전위량 : 래크와 기어의 이가 서로 완전히 접하도록 겹쳐 놓았을 때 기어의 기준 원통과 기준 래크의 기준면 사이를 공통 법선을 따라 측정한 거리

10년간 자주 출제된 문제

2-1. 두 축이 나란하지도 교차하지도 않는 기어는?

① 베벨기어　② 헬리컬기어
③ 스퍼기어　④ 하이포이드기어

2-2. 웜기어에서 웜이 3줄이고 웜휠의 잇수가 60개일 때의 속도비는?

① 1/10　② 1/20
③ 1/30　④ 1/60

|해설|

2-1

두 축의 축선이 나란하지도 교차하지도 않는 기어에는 하이포이드기어, 웜과 웜휠, 나사기어, 페이스기어가 있다.

2-2

웜과 웜휠기어의 각속도비(i)

$$i = \frac{\text{웜휠의 회전 각속도}}{\text{웜의 회전 각속도}} = \frac{\text{웜의 줄수}}{\text{웜휠의 잇수}} = \frac{3}{60} = \frac{1}{20}$$

정답 2-1 ④　2-2 ②

핵심이론 03 베어링

① 베어링

회전하는 기계의 축을 일정한 위치에 고정시키고 축의 자중과 축에 걸리는 하중을 지지하면서 동력 전달을 위해 회전운동이 필요한 곳에 사용하는 기계요소이다.

② 주요 베어링의 종류

깊은 홈 볼베어링	앵귤러 볼베어링	스러스트 볼베어링

③ 베어링의 구조

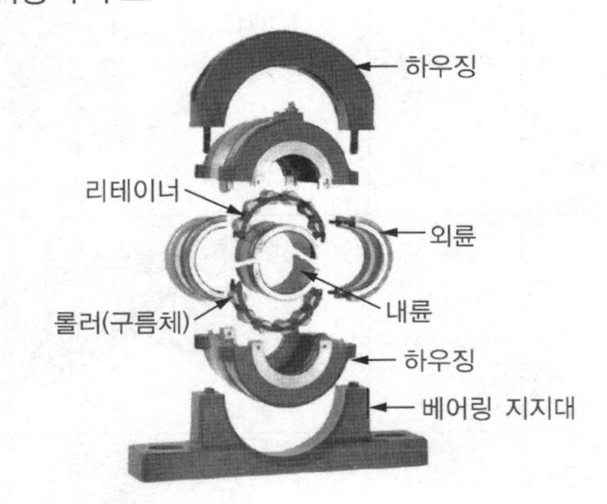

④ 구름베어링

롤링베어링이라고도 하며, 축과 베어링 사이에 볼이나 롤러를 넣어서 이 회전체들의 구름마찰을 이용한 베어링이다. 진동이나 충격에 약하나 전동체가 있으므로 고속 회전에 적합하다. 구름베어링은 외륜, 내륜, 롤러 또는 볼, 롤러나 볼을 고정시켜 주는 리테이너로 구성된다.

⑤ 미끄럼베어링

슬라이딩베어링이라고도 하며, 축과 베어링 사이에 미끄럼 접촉을 하는 베어링이다.

⑥ 미끄럼베어링과 구름베어링의 특징

미끄럼베어링	구름베어링 (볼 또는 롤러베어링)
• 가격이 저렴하다. • 마찰저항이 크다. • 진동과 소음이 작다. • 윤활이 용이하지 못하다. • 비교적 큰 하중에 적용한다. • 구조가 간단하며 수리가 쉽다. • 충격값이 구름베어링보다 크다. • 비교적 낮은 회전속도에 사용한다. • 구름베어링보다 정밀도가 더 커야 한다.	• 가격이 비싸다. • 마찰저항이 작다. • 윤활이 용이하다. • 수명이 비교적 짧다. • 부품을 조립하기 어렵다. • 비교적 작은 하중에 적용한다. • 소음이 발생하며 충격에 약하다. • 고속 회전에 적합하며 과열이 적다. • 특수강을 사용하며 정밀가공이 필요하다. • 규격화되어 있어서 표준형 양산품이 있다.

⑦ 롤러베어링의 종류 및 특징

종류	특징
원통 롤러베어링	• 중하중용으로 사용하며 충격에 강하다. • 하중이 축에 가해지는 경우에 사용된다.
원뿔 롤러베어링	• 주로 공작기계의 주축에 쓰인다. • 회전축에 수직인 하중과 회전축 방향의 하중을 동시에 받을 때 사용한다.
자동조심 롤러베어링	• 축심의 어긋남을 자동으로 조정한다. • 충격에 강해 산업용 기계에 널리 사용된다. • 큰 반지름 하중 이외에 양방향의 트러스트 하중도 받친다.
니들 롤러베어링	• 길이에 비해 지름이 매우 작은 롤러를 사용한다. • 리테이너 없이 니들 롤러만으로 전동하므로 단위 면적당 부하량이 커서 좁은 장소에서 비교적 큰 충격 하중을 지지할 수 있기 때문에 내연기관의 피스톤 핀의 재료로 사용된다.
테이퍼 롤러베어링	• 테이퍼가 붙은 롤러베어링이다. • 자동차나 공작기계의 베어링에 널리 사용된다.

⑧ 베어링 재료가 구비해야 할 조건

베어링은 하중을 받으면서 회전하기 때문에 회전하는 동안 구름체인 볼이나 롤러는 피로를 많이 받게 된다. 따라서 베어링용 재료는 피로강도와 내충격성이 크고 부식에 강해야 한다.

10년간 자주 출제된 문제

다음 중 구름베어링의 특성이 아닌 것은?

① 감쇠력이 작아 충격 흡수력이 작다.
② 축심의 변동이 작다.
③ 표준형 양산품으로 호환성이 높다.
④ 일반적으로 소음이 작다.

|해설|

구름베어링은 롤링베어링이라고도 하며, 축과 베어링 사이에 볼이나 롤러를 넣어서 이 회전체들의 구름마찰을 이용한 베어링이다. 진동이나 충격에 약하나 전동체가 있어 소음이 크다.

정답 ④

핵심이론 04 | 벨트 전동장치

① 벨트(Belt) 전동 일반

㉠ 벨트 전동장치의 정의 : 원동축과 종동축에 장착된 벨트풀리에 평벨트나 V-벨트를 감아서 이 벨트를 동력매체로 하여 원동축에서 동력을 전달받아 종동축으로 힘을 전달하는 감아걸기 전동장치이다.

평벨트	V-벨트

② 평벨트와 V-벨트 전동장치의 동력 전달방식

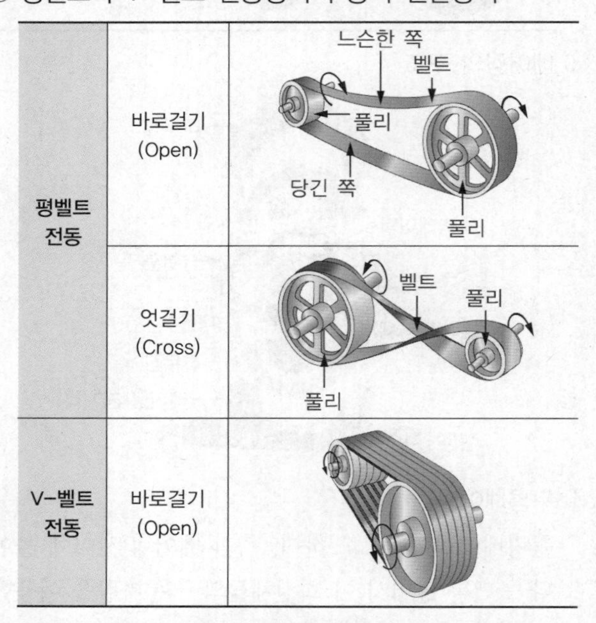

평벨트 전동	바로걸기 (Open)	
	엇걸기 (Cross)	
V-벨트 전동	바로걸기 (Open)	

TIP
평벨트 전동장치에서 바로걸기로 벨트를 거는 경우 긴장측(T_t)을 아래쪽으로 하는 것이 좋다.

③ V-벨트 전동장치의 특징

㉠ 고속 운전이 가능하다.
㉡ 벨트를 쉽게 끼울 수 있다.
㉢ 속도는 10~15m/s로 한다.
㉣ 미끄럼이 작고, 속도비가 크다.
㉤ 전동효율은 90~95% 정도이다.

ⓗ 이음매가 없어 운전이 정숙하다.
ⓢ 평벨트보다 잘 벗겨지지 않는다.
ⓞ 축간거리 5m 이하에서 사용한다.
ⓙ 바로걸기로만 동력 전달이 가능하다.
ⓒ 지름이 작은 풀리에도 사용할 수 있다.
ⓚ 속도비는 모터와 기구의 비를 1 : 7로 한다.
ⓣ 장력조절장치로 벨트의 장력을 조절할 수 있다.
ⓟ 접촉 면적이 넓어서 큰 회전력을 전달할 수 있다.
ⓗ 이음매가 없어 전체가 균일한 강도를 갖는다.
㉮ 비교적 작은 장력으로 큰 동력의 전달이 가능하다.

④ 타 전동장치와 비교한 벨트 전동장치의 특징
㉠ 전동장치의 조작이 간단하고 비용이 싸다.
㉡ 회전비가 부정확하여 강력한 고속 전동이 곤란하다.
㉢ 효율은 작으나 구조가 간단하고 설치가 쉬워서 기계장치의 운전에 널리 사용된다.
㉣ 종동축에 과대하중 작용 시 벨트와 풀리 사이에 미끄럼이 발생하여 전동장치의 파손을 방지할 수 있다.

⑤ 평벨트와 V-벨트 전동장치의 차이점
V-벨트 전동은 벨트의 형상이 V형이기 때문에 풀리와의 접촉 시 쐐기작용이 발생하여 평벨트보다 더 큰 접촉력을 얻으므로 잘 벗겨지지 않는다.

⑥ 벨트 전동에서 벨트에 장력을 가하는 방법
㉠ 탄성변형에 의한 방법
㉡ 벨트 자중에 의한 방법
㉢ 텐셔너를 사용하는 방법
㉣ 스냅풀리를 사용하는 방법

⑦ 벨트풀리의 접촉면을 곡면으로 하는 이유
㉠ 안전장치의 역할
㉡ 벨트의 벗겨짐 방지

⑧ 벨트에 작용하는 장력의 종류
㉠ 긴장측 장력(T_t) : 힘을 발생시키는 원동축이 회전하면서 로프를 잡아당겨 벨트가 팽팽해지므로 이를 긴장측이라고 한다.
㉡ 이완측 장력(T_s) : 원동축 풀리가 회전하면서 벨트를 밀어내므로 아래쪽의 긴장측으로 들어가는 벨트보다는 느슨하여 이를 이완측이라고 한다.
㉢ 유효장력(P_e) : 벨트나 로프 전동에서 인장쪽의 장력에서 이완쪽의 장력을 뺀 것을 유효장력이라고 하며, 이 장력이 원동차에서 종동차로 전달되는 회전력이 된다.

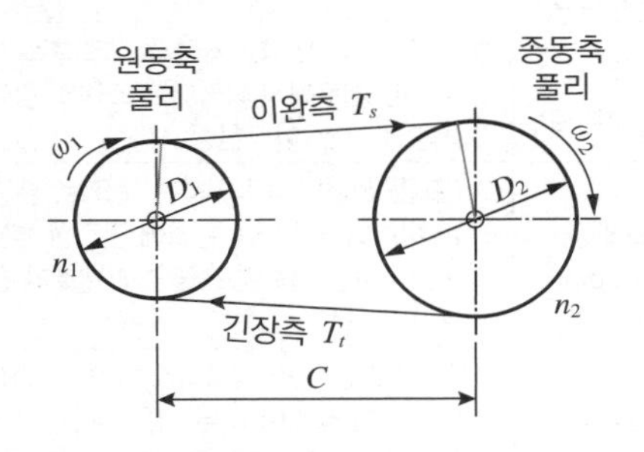

※ 유효장력(P_e) 구하는 식

$$P_e = T_t - T_s$$

⑨ 벨트의 종류별 특징
㉠ 평벨트 : 벨트의 단면이 직사각형으로 벨트의 안쪽 면과 바깥쪽 면이 균일하여 잘 굽혀져서 주로 작은 풀리나 고속 전동에 사용한다. 평벨트로는 바로걸기와 엇걸기가 모두 가능하다.
㉡ V-벨트 : 벨트의 단면이 V형상인 벨트로 벨트풀리에 거는 방식은 바로걸기만 가능하다. 쐐기작용에 의해 평벨트보다 마찰력이 더 커서 전달효율도 더 좋다.
㉢ 타이밍벨트 : 미끄럼을 방지하기 위하여 벨트 안쪽의 접촉면에 치형(이)을 붙여 맞물림에 의해 동력을 전달하는 벨트로 정확한 속도비가 필요한 경우에 사용한다.

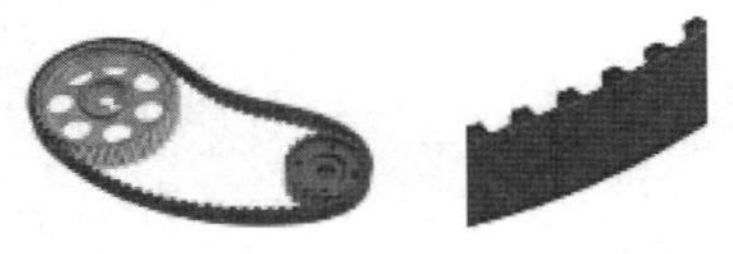

㉣ 링크벨트 : 링크를 연결시켜 벨트로 사용한다. 벨트 길이를 쉽게 조절할 수 있다는 장점이 있다.

㉤ 레이스벨트 : 레이스(Lace) 무늬가 새겨진 천 소재의 벨트이다.

TIP 크라운 풀리

벨트 전동에서 벨트와 풀리의 접촉면인 림의 중앙을 곡면으로 하면 벨트의 벗겨짐을 방지하므로 일종의 안전장치의 역할을 한다.

⑩ 벨트 전동장치의 이상현상

이상현상	내용
플래핑 (Flapping)	벨트풀리의 중심 축간거리가 길고 벨트가 고속으로 회전할 때 벨트에서 파닥이는 소리와 함께 파도치는 것처럼 보이는 이상현상
크리핑 (Creeping)	크리프란 천천히 움직인다는 뜻으로, 벨트가 벨트풀리 사이를 회전할 때 이완측에 근접한 부분에서 인장력이 감소하면 변형량도 줄면서 벨트가 천천히 움직이는 이상현상
벨트 미끄러짐	긴장측과 이완측 간 장력비가 약 20배 이상으로 매우 크거나 초기 장력이 너무 작은 경우, 벨트가 벨트풀리 위를 미끄러지면서 긁히는 소리가 나면서 열이 발생되는 이상현상
벨트 이탈	벨트가 너무 헐거워져서 장력을 잃고 벨트풀리 밖으로 이탈하는 이상현상

⑪ 벨트 관련 식

㉠ 벨트 전체 길이(L)

- 바로걸기 :

$$L=2C+\frac{\pi(D_1+D_2)}{2}+\frac{(D_2-D_1)^2}{4C}$$

- 엇걸기 :

$$L=2C+\frac{\pi(D_1+D_2)}{2}+\frac{(D_2+D_1)^2}{4C}$$

㉡ 벨트의 접촉각(θ)

- 바로걸기 : $\theta_1=180-2\sin^{-1}\left(\frac{D_2-D_1}{2C}\right)$

$$\theta_2=180+2\sin^{-1}\left(\frac{D_2-D_1}{2C}\right)$$

- 엇걸기 : $\theta=180+2\sin^{-1}\left(\frac{D_2+D_1}{2C}\right)$

㉢ 벨트장력

- 장력비($e^{\mu\theta}$) : 아이텔바인(Eytelwein)식

$$e^{\mu\theta}=\frac{T_t(\text{긴장측 장력})}{T_s(\text{이완측 장력})}$$

여기서, $e=2.718$

- 유효장력$(P_e)=T_t-T_s$
- 긴장측 장력 $T_t=\frac{P_e e^{\mu\theta}}{e^{\mu\theta}-1}$ 여기서, $P_e=T_e$
- 이완측 장력 $T_s=\frac{P_e}{e^{\mu\theta}-1}$
- 부가장력(벨트의 원심력) $\frac{wv^2}{g}$

여기서, w : 단위 길이당 벨트의 무게(kg/m)

㉣ 벨트에 작용하는 인장응력(σ)

$$\sigma=\frac{F}{A}=\frac{T_t}{tb\eta}\ (\text{N/mm}^2)$$

여기서, σ : 벨트의 인장응력(N/mm²)
T_t : 긴장측 장력(N)
b : 벨트의 너비(mm)
t : 벨트의 두께(mm)
η : 이음효율

㉤ 벨트의 두께(t)

$$t=\frac{T_t}{\sigma b\eta}\ (\text{mm})$$

여기서, σ : 벨트의 인장응력(N/mm²)
T_t : 긴장측 장력(N)
b : 벨트의 너비(mm)
η : 이음효율

㉥ 벨트의 전달동력(H)

PS	HP
$H=\frac{P_e(\text{kg}_f)\times v(\text{m/s})}{75}$ (PS)	$H=\frac{P_e(\text{kg}_f)\times v(\text{m/s})}{102}$ (kW)

- 여기서, v : 원주속도(m/s)

$$v=\frac{\pi\times d(\text{mm})\times n(\text{rpm})}{60\times 1,000}\ (\text{m/s})$$

㉦ 벨트의 전달토크(T)

$$T = P_e \times \frac{d}{2} = (T_t - T_s) \times \frac{d}{2} \text{(N·m)}$$

여기서, P_e : 유효장력(N)

T_t : 긴장측 장력(N)

T_s : 이완측 장력(N)

d : 풀리의 지름(mm)

10년간 자주 출제된 문제

4-1. V벨트 전동의 특징에 대한 설명으로 틀린 것은?

① 평벨트보다 잘 벗겨진다.
② 이음매가 없어 운전이 정숙하다.
③ 평벨트보다 비교적 작은 장력으로 큰 회전력을 전달할 수 있다.
④ 지름이 작은 풀리에도 사용할 수 있다.

4-2. 평벨트 전동과 비교한 V-벨트 전동의 특징이 아닌 것은?

① 고속 운전이 가능하다.
② 미끄럼이 작고 속도비가 크다.
③ 바로걸기와 엇걸기가 모두 가능하다.
④ 접촉 면적이 넓어 큰 동력을 전달한다.

4-3. 회전에 의한 동력전달장치에서 인장측 장력과 이완측 장력의 차이는?

① 초기 장력　　② 인장측 장력
③ 이완측 장력　　④ 유효장력

4-4. 체인전동장치의 특징으로 잘못된 것은?

① 고속 회전의 전동에 적합하다.
② 내열성, 내유성, 내습성이 있다.
③ 큰 동력 전달이 가능하고 전동효율이 높다.
④ 미끄럼이 없고 정확한 속도비를 얻을 수 있다.

|해설|

4-1
V-벨트 전동은 벨트의 형상이 V형이기 때문에 풀리와의 접촉 시 쐐기작용이 발생하여 평벨트보다 더 큰 접촉력을 얻기 때문에 잘 벗겨지지 않는다.

4-2
V벨트 전동은 벨트의 형상이 V형으로 되어 있기 때문에 꼬임이 불가능하여 바로걸기만 가능하다.

4-3
유효장력(P_e)
벨트나 로프 전동에서 인장쪽의 장력에서 이완쪽의 장력을 뺀 것을 유효장력이라고 하며, 이 장력이 원동차에서 종동차로 전달되는 회전력이 된다.

4-4
체인전동장치는 체인을 스프로킷 휠에 걸어 감아서 체인과 휠의 이가 서로 물리게 하여 동력을 전달하는 장치로서, 축간거리가 4m 이하일 때만 사용이 가능하며 일정한 회전비를 필요로 하기 때문에 고속 회전의 전동에는 부적합하다.

정답 4-1 ① 4-2 ③ 4-3 ④ 4-4 ①

핵심이론 05 스프링

① 스프링(Spring) 일반

㉠ 스프링의 정의 : 재료의 탄성을 이용하여 충격과 진동을 완화하는 기계요소이다.

㉡ 스프링의 역할
- 충격 완화
- 진동 흡수
- 힘의 축적
- 운동과 압력의 억제
- 에너지를 저장하여 동력원으로 사용

㉢ 스프링의 재질 : 금속뿐만 아니라 고무나 공기 등을 이용한다.

② 스프링의 종류

㉠ 코일스프링(원통 코일스프링, Coiled Spring) : 코일스프링은 가해지는 하중의 방향에 따라 압축 코일스프링과 인장 코일스프링으로 나뉘며, 스프링의 형상에 따라서는 원통 코일스프링과 원주 코일스프링으로 분류된다. 일반적으로 코일스프링이란 원통 코일스프링을 말하는데, 이 코일스프링은 상대적으로 제작이 쉬워 하중이나 진동, 충격 완화를 위해 널리 사용된다.

- 압축 코일스프링(Compressive Spring) : 코일의 중심선 방향으로 압축하중을 받는 스프링으로 자동차의 현가장치나 자전거 안장 등에 적용되어 충격과 진동 완화용으로 사용한다. 압축 코일스프링이 축 방향의 하중을 받으면 스프링이 압축되면서 전단응력과 비틀림응력이 동시에 발생한다.

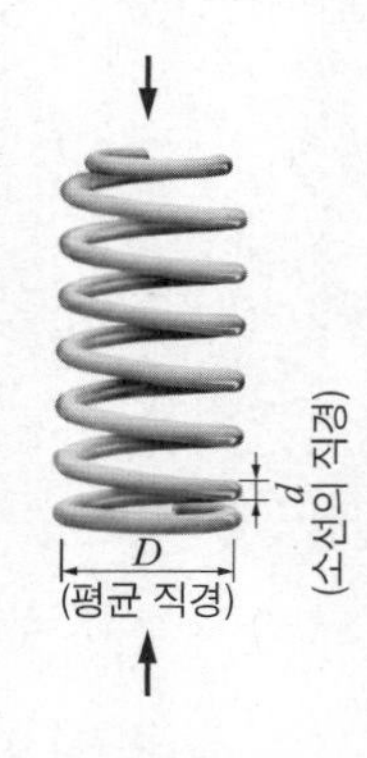

- 인장 코일스프링(Extension Spring) : 코일의 중심선 방향으로 인장하중을 받는 스프링으로, 재봉틀의 실걸이나 자전거 앞 브레이크의 스프링으로 사용된다.

- 코일스프링의 스프링상수(k) 공식을 분석하는 기출문제
  - 코일스프링의 권선수(n)가 분모에 있어 권선수가 크면 스프링상수(k)는 작아지므로 반비례관계가 성립한다.
  - 소선의 탄성계수(G)가 분자에 있어 탄성계수가 크면 스프링상수(k)도 커지므로 비례관계가 성립한다.
  - 소선의 지름(d)의 4제곱 d^4이 분자에 있어 d^4이 크면 스프링상수(k)도 커지므로 비례관계가 성립한다.
  - 코일스프링의 평균지름(D)이 평균지름의 세제곱에 반비례한다.
- 코일스프링 관련 식
  - 코일스프링의 스프링상수(k)

$$k = \frac{P}{\delta} = \frac{P}{\dfrac{8nPD^3}{Gd^4}} = \frac{Gd^4 \cdot P}{8nPD^3}$$

$$= \frac{Gd^4}{8nD^3}\ (\text{kg}_\text{f}/\text{mm})$$

※ 하중(P) : $P = k\delta$(N)

  - 여러 개의 스프링 조합 시 총스프링상수(k)

병렬 연결 시	$k = k_1 + k_2$	k_1, k_2, W / k_1, W, k_2
직렬 연결 시	$k = \dfrac{1}{\dfrac{1}{k_1} + \dfrac{1}{k_2}}$	k_1, k_2, W

- 코일스프링의 최대 처짐량(δ_{max})

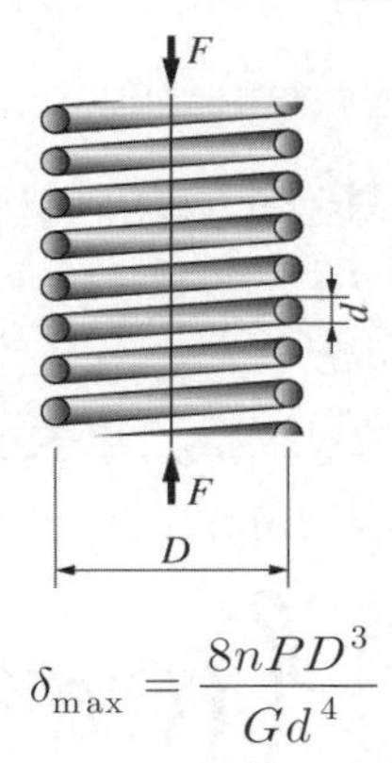

$$\delta_{max} = \frac{8nPD^3}{Gd^4}$$

여기서, δ : 코일스프링의 처짐량(mm)

n : 유효 감김수(유효 권수)

P : 하중이나 작용 힘(N)

D : 코일스프링의 평균지름(mm)

d : 소선의 직경(소재지름)(mm)

G : 가로(전단)탄성계수(N/mm²)

- 코일스프링의 최대 전단응력(τ)

$T = P \times \frac{D}{2}$, $T = \tau \times Z_p$를 대입하면

$\tau \times Z_p = \frac{PD}{2}$, $Z_p = \frac{\pi d^3}{16}$을 대입하면

$$\tau \times \frac{\pi d^3}{16} = \frac{PD}{2}$$

$$\tau = \frac{PD}{2} \times \frac{16}{\pi d^3} = \frac{8PD}{\pi d^3}$$

여기서, D : 평균 직경

d : 소선의 직경

> **TIP**
>
> 월(Wahl)의 응력수정계수(K)가 주어질 경우 스프링에 작용하는 최대 전단응력(τ_{max})
>
> $$\tau_{max} = \frac{16PRK}{\pi d^3} = \frac{8PDK}{\pi d^3} \leqq \sigma_a$$
>
> 여기서, K : 월(Wahl)의 응력수정계수
>
> $$K = \frac{4C-1}{4C-4} + \frac{0.615}{C}$$
>
> C : 스프링 지수

- 스프링 지수(C) $= \frac{D}{d} = \frac{\text{코일의 평균지름}}{\text{소선의 지름}}$

- 스프링에 저장된 탄성변형에너지(U)

$$U = \frac{1}{2}P\delta = \frac{1}{2}k\delta^2 (\text{N} \cdot \text{m})$$

$$= \frac{1}{2}P\frac{PL}{AE}$$

σ 식 유도를 위해 분자와 분모에 A를 곱한다.

$$= \frac{P^2AL}{2A^2E}$$

$$= \frac{\sigma^2AL}{2E}$$

여기서, P : 스프링에 작용하는 힘(하중, N)

δ : 코일스프링의 처짐량(mm)

k : 스프링상수

- 코일스프링의 유효 권수(유효 감김수, n)

$$n = \frac{Gd^4\delta_{max}}{8PD^3}$$

여기서, G : 가로(전단)탄성계수(kg_f/mm^2)

δ_{max} : 코일스프링의 최대 처짐량(mm)

d : 소선의 직경(소재지름, mm)

P : 스프링에 작용하는 힘(하중, kg_f)

D : 코일스프링의 평균지름(mm)

ⓛ 비틀림 코일스프링(Torsion Coil Spring) : 코일의 중심선 주위에 비틀림을 받는 스프링으로, 인장 코일스프링과 비슷한 용도로 사용한다.

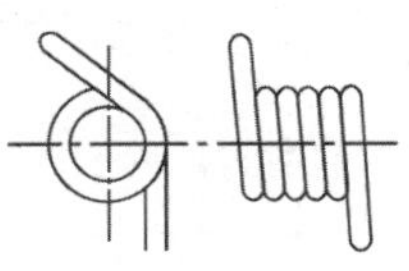

ⓒ 양단 지지형 겹판스프링(Multi-leaf, End-supported Spring) : 중앙은 여러 개의 판으로 되어 있고 단순 지지된 양단은 1개의 판으로 구성된 스프링으로, 최근 철도차량이나 화물 자동차의 현가장치로 많이 사용된다. 판 사이의 마찰은 스프링 진동 시 감쇠력으로

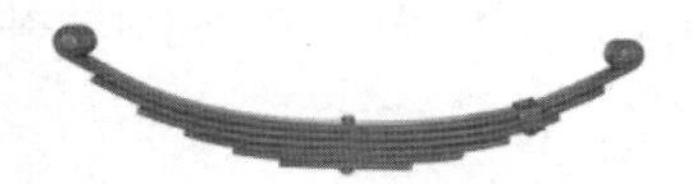

작용하며, 모단이 파단되면 사용이 불가능한 단점이 있고, 길이가 짧을수록 곡률이 작은 판을 사용한다. 도면에 스프링을 나타낼 때는 원칙적으로 상용하중 상태에서 그려야 하기 때문에 겹판 스프링은 항상 휘어진 상태로 표시해야 한다.

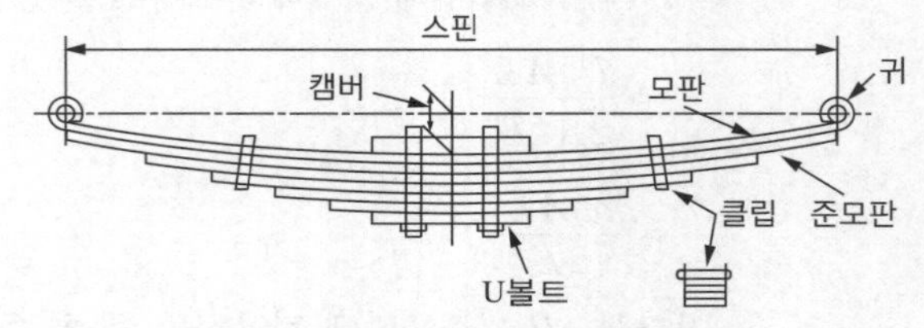

• 양단 지지형 겹판스프링의 최대 처짐(δ_{max})

$$\delta_{max} = \frac{3Pl^3}{8nbh^3E}(\text{mm})$$

여기서, P : 스프링에 작용하는 힘(하중, kg_f)
l : 스팬 길이(mm)
n : 판의 수
b : 판의 폭(mm)
h : 판의 두께(mm)
E : 세로탄성계수

• 양단 지지형 판스프링에 발생하는 응력(σ)

양단 지지형 단일판스프링	양단 지지형 겹판스프링
$\sigma = \frac{3}{2}\frac{Pl}{bh^2}(kg_f/mm^2)$	$\sigma = \frac{3}{2}\frac{Pl}{nbh^2}(kg_f/mm^2)$

※ 여기서, n : 판의 수

㉣ 외팔보형 판스프링

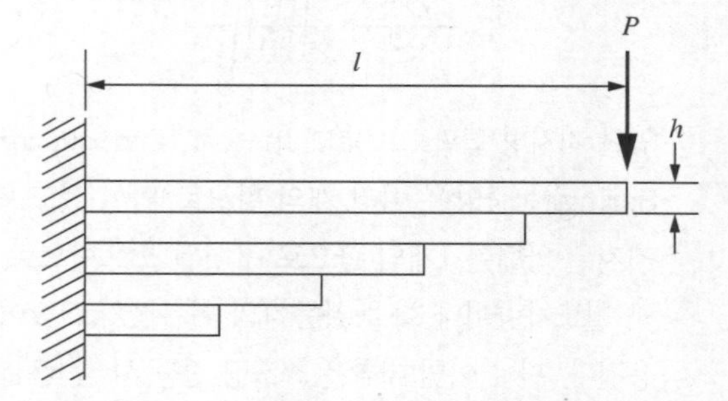

• 외팔보형 단판스프링에서 자유단의 최대 처짐(δ_{max})

$$\delta_{max} = \frac{4Pl^3}{bh^3E}$$

• 외팔보형 겹판스프링에 작용하는 하중(P)

$$P = \frac{2}{3}\frac{\sigma nbh^2}{l}(kg_f)$$

• 외팔보형 겹판스프링의 고정단에 작용하는 응력(σ)

$$\sigma = \frac{6Pl}{nbh^2}(kg_f/mm^2)$$

㉤ 장구형 코일스프링 : 스프링의 모양이 장구형으로 감긴 스프링이다.

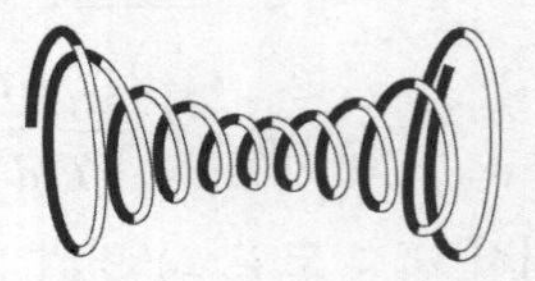

㉥ 원뿔형 코일스프링 : 스프링의 모양이 원뿔형으로 감긴 코일스프링이다.

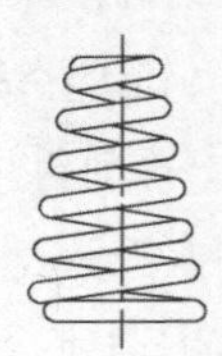

㉦ 벌류트스프링(Volute Spring) : 직사각형 단면의 평강을 코일 중심선에 평행하게 감아 원뿔 형태로 만든 스프링이다. 스프링의 모양이 고둥처럼 보인다고 하여 Volute(고둥, 소용돌이)스프링이라고 한다.

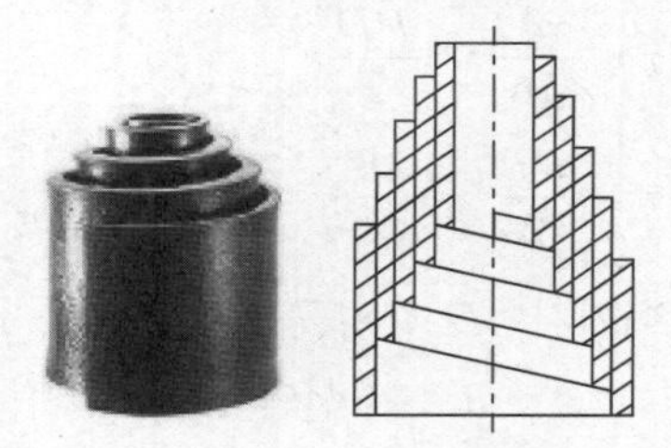

㉧ 스파이럴스프링(Spiral Spring) : 단면의 크기가 일정한 밴드를 감아서 중심선이 평면상에서 소용돌이 모양으로 만든 스프링으로, 한정된 공간에서 비교적 큰 에너지를 저장할 수 있어서 태엽스프링으로 사용한다.

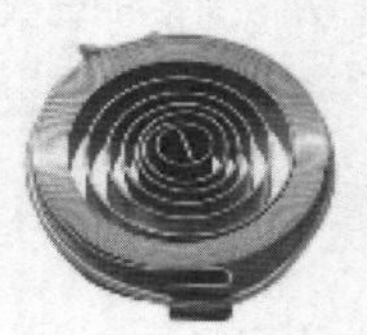

㉨ 원판스프링(Diaphragm Spring) : 축 방향의 하중을 받는 곳에 사용하는 스프링으로, 직렬과 병렬스프링의 스프링상수가 각각 다르다. 또한 원판의 양쪽 끝에 물건을 꽂을 수도 있어서 메모용지 등을 꽂아 놓는 용도로도 사용한다.

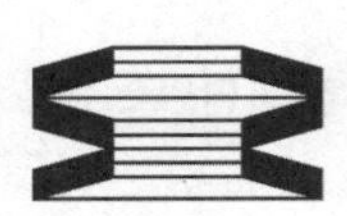 

㉩ 토션바(Torsion Bar) : 단위 중량당 에너지 흡수율이 크고 경량이며 구조가 간단한 기계요소이다. 긴 봉의 한쪽 끝을 고정하고 다른 쪽 끝을 비트는데, 그때의 비틀림 변위를 이용하는 스프링의 일종으로 큰 에너지의 축적이 가능하다.

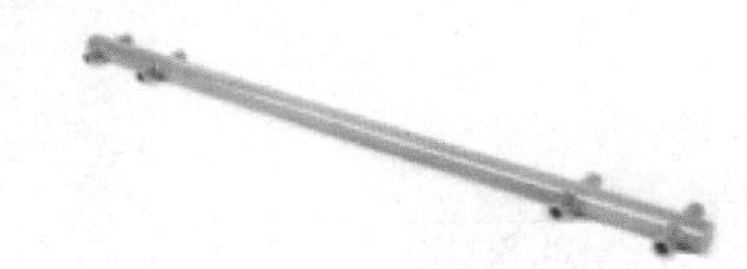

- 토션바의 비틀림 스프링상수(k)

$$k = \frac{T}{\theta} = \frac{G\pi d^4}{32L}$$

여기서, G : 전단탄성계수(kg_f/mm^2)

θ : 비틀림각(°)

d : 봉의 지름(mm)

L : 토션바의 길이(mm)

㉪ 쇼크 업소버(Shock Absorber) : 축 방향의 하중작용 시 피스톤이 이동하면서 작은 구멍의 오리피스로 기름이 빠져나가면서 진동을 감쇠시키는 완충장치이다.

㉫ 고무 완충기 : 고무를 사용하여 충격을 흡수하고 완화한다.

㉬ 링스프링 완충기 : 스프링을 포개어 압축된 스프링으로 큰 에너지를 흡수한다.

㉭ 고무스프링(Rubber Spring) : 고무는 성형성이 좋아서 다양한 형상이나 크기의 고무스프링의 제작이 가능하므로 용도가 무한하다.

- 고무스프링의 특징
  - 방진 및 방음효과가 우수하다.
  - 인장하중에 대한 방진효과는 취약하다.
  - 저온에서는 방진 등의 역할에 충실하지 못하다.
  - 형상을 자유롭게 제작할 수 있어서 다양한 용도로 사용 가능하다.
  - 하나의 고무로 여러 방향에서 오는 하중에 대한 방진이나 감쇠가 가능하다.
  - −10℃ 이하에서는 탄성이 작아지기 때문에 저온 저장고와 같은 저온 환경의 방진장치에는 사용되지 않는다. 보통 0~60℃의 범위에서 사용하는 것이 좋다.

㉮ 접시스프링 : 안쪽에 구멍이 뚫려 있는 접시모양의 스프링이다.

병렬 겹침	직렬 겹침

㉯ 선형 스프링 : 스프링력과 길이의 변화가 선형인 함수를 갖는 스프링으로, 코일스프링과 같이 와이어로 만든 스프링이다.

㉰ 공기스프링 : 고무용기에 공기를 주입하여 팽창시켜서 연결된 구조물의 완충에 사용하는 스프링이다.

- 공기스프링의 특징
  - 구조가 복잡하다.
  - 제작비가 비싸다.
  - 측면 방향으로는 강성이 없다.
  - 하중과 변형이 비선형적으로 변한다.
  - 공기량으로 압력을 조절함으로써 스프링계수의 크기를 조절할 수 있다.
- 공기스프링의 이동거리(L) 구하기
  보일의 법칙 공식에서 L을 정리해서 구한다.

$$P_1 V_1 = P_2 V_2$$

$$P_1 \times \left(\frac{\pi d_1^2}{4} \times L_1\right) = P_2 \times \left(\frac{\pi d_2^2}{4} \times L_2\right)$$

10년간 자주 출제된 문제

5-1. 압축코일스프링에서 코일의 평균지름(D)이 50mm, 감김수가 10회, 스프링지수(C)가 5.0일 때 스프링 재료의 지름은 약 몇 mm인가?

① 5 ② 10
③ 15 ④ 20

5-2. 스프링에서 스프링상수(k) 값의 단위로 옳은 것은?

① N ② N/mm
③ N/mm² ④ mm

|해설|

5-1

$C = \frac{D}{d}$

$5 = \frac{50}{d}$

$d = 10\text{mm}$

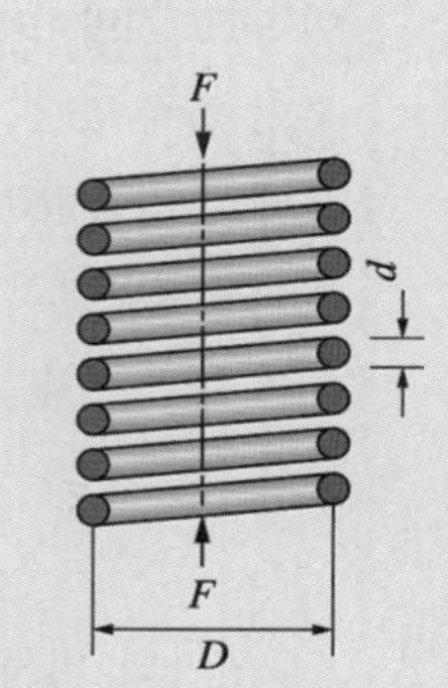

스프링지수(C)

$C = \frac{D}{d} = \frac{\text{평균직경}}{\text{소선의 직경}}$

5-2

스프링상수(K) : 스프링의 단위 길이(mm) 변화를 일으키는 데 필요한 하중(P 또는 W)이다.

$K = \frac{P \text{ 또는 } W}{\delta}(\text{N/mm})$

여기서, P : 작용 힘
W : 하중
δ : 코일의 처짐량

정답 5-1 ② 5-2 ②

핵심이론 06 브레이크

① 브레이크(Brake) 일반

㉠ 브레이크의 정의 : 움직이는 기계장치의 속도를 줄이거나 정지시키는 제동장치로, 마찰력을 이용하여 운동에너지를 열에너지로 변환시킨다.

㉡ 브레이크의 분류

분류	세분류
축압식 브레이크	디스크 브레이크(원판브레이크)
	원추 브레이크
	공기 브레이크
전자 브레이크	–
원주 브레이크	블록 브레이크
	밴드 브레이크
자동하중 브레이크	웜 브레이크
	캠 브레이크
	나사 브레이크
	코일 브레이크
	체인 브레이크
	원심 브레이크

> **TIP**
> 원판 브레이크는 접촉면이 원판으로 되어 있는 축압식 브레이크에 속한다.

㉢ 브레이크 재료별 마찰계수(μ)

종류	마찰계수(μ)
섬유	0.05~0.1
주철	0.1~0.2
청동, 황동	0.1~0.2
강철밴드	0.15~0.2
목재	0.15~0.25
가죽	0.23~0.3
석면직물	0.35~0.6

㉣ 블록 브레이크의 특징

브레이크 A	브레이크 B
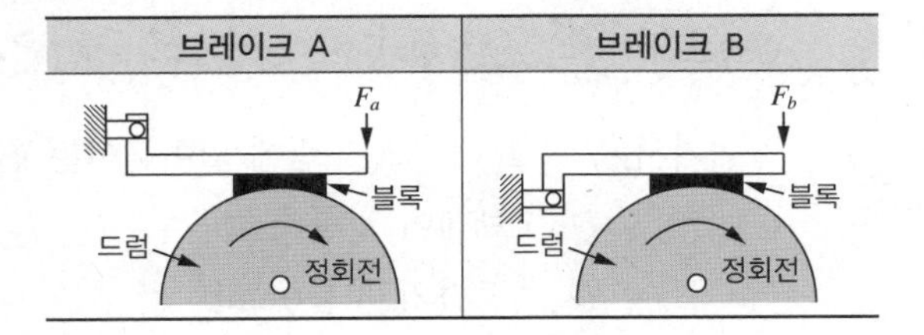	

- 드럼을 정지시키기 위한 힘의 크기 : $F_a > F_b$
- 브레이크 A는 역회전 시 자동 정지된다.

② 브레이크의 종류별 특징

㉠ 블록 브레이크 : 마찰 브레이크의 일종으로 브레이크 드럼에 브레이크 블록을 밀어 넣어 제동시키는 장치이다.

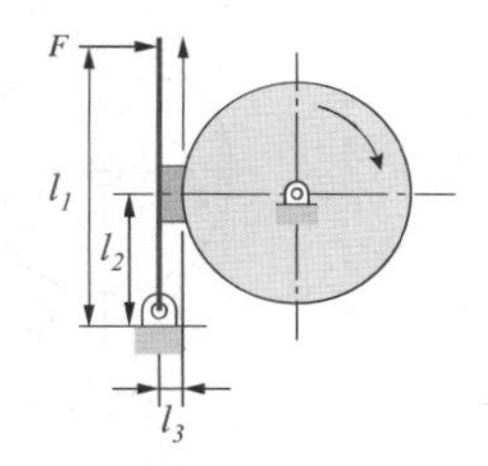

㉡ 원판 브레이크(디스크 브레이크, 캘리퍼형 원판 브레이크) : 압축식 브레이크의 일종으로, 바퀴와 함께 회전하는 디스크를 양쪽에서 압착시켜 제동력을 얻어 회전을 멈추는 장치이다. 브레이크의 마찰면인 원판의 수에 따라 1개는 단판 브레이크, 2개 이상은 다판 브레이크로 분류한다.

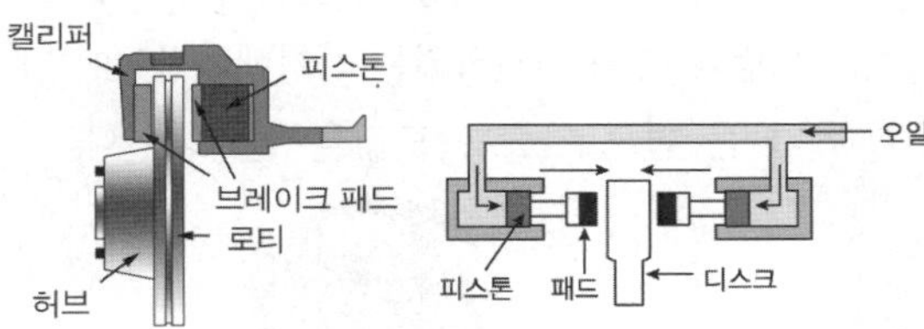

㉢ 밴드 브레이크 : 핸드 브레이크의 일종으로 회전하는 드럼이나 바퀴의 허브 주위를 단단하게 조이는 유연한 금속 밴드나 케이블과 같은 마찰제로 감은 뒤 잡아당겨서 회전체를 정지시키는 브레이크이다.

- 밴드 브레이크의 종류

단동식	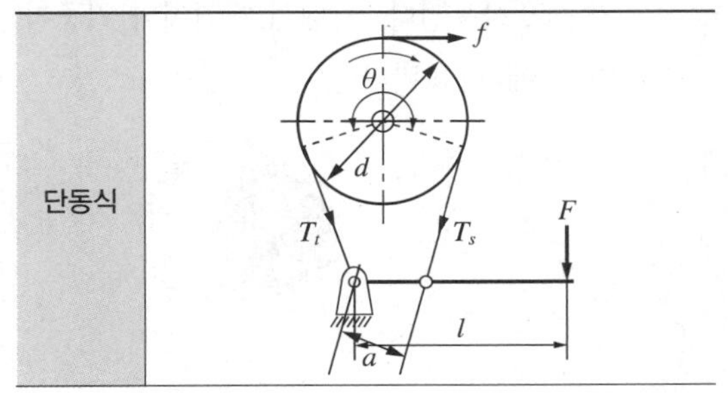

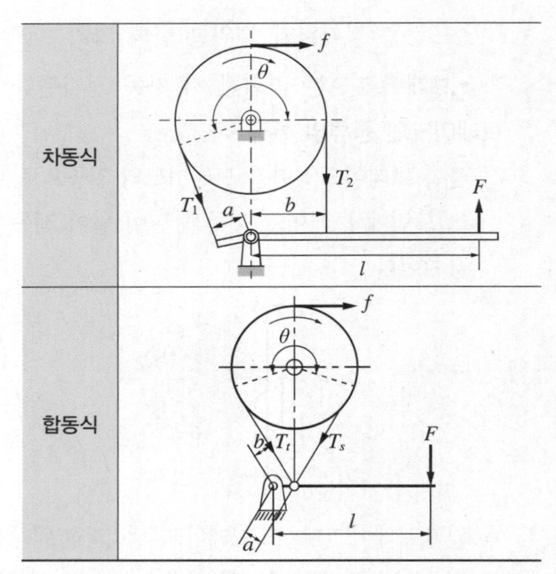

㉣ 드럼 브레이크 : 브레이크 슈(초승달 모양의 브레이크 패드)를 드럼의 안쪽에서 바깥쪽으로 확장시키면 브레이크 드럼에 접촉되면서 바퀴를 제동시키는 장치이다. 드럼 브레이크에서 회전 방향으로 작동하는 슈에는 제동 시 발생하는 마찰력 때문에 드럼과 함께 회전하려는 자기배력작용이 발생되어 더 큰 힘으로 슈가 드럼을 밀어붙인다.

㉤ 폴(Pawl) 브레이크 : 폴과 래칫 휠로 구성된 브레이크이다. 한 방향으로만 회전이 가능하고 역회전은 불가능한 브레이크 장치로, 회전축의 역전방지 기구로 사용된다. 시계의 태엽이나 기중기, 안전장비 등에 사용된다.

㉥ 기타 브레이크

자동하중 브레이크	원추 브레이크	전자 브레이크

㉦ 발산동력 : 브레이크가 작동할 때 속도를 잃은 운동에너지가 브레이크의 열로 발산하는 것을 동력으로 나타낸 것이다.

$$\text{발산동력} = \frac{mv^2}{2}(\text{운동에너지}) \div \text{브레이크 밟은 시간}(s)$$

③ 브레이크의 종류별 관련 식

㉠ 블록브레이크

• 단식 블록브레이크의 블록을 밀어붙이는 힘(F)

분류		$C=0$ 일 때	
우회전 시 레버 조작력 (F)	$F=\frac{P(b+\mu c)}{a}$ $=\frac{f(b+\mu c)}{\mu a}$	$F=\frac{Pb}{a}$ $=\frac{fb}{\mu a}$	$F=\frac{P(b-\mu c)}{a}$ $=\frac{f(b-\mu c)}{\mu a}$
좌회전 시 레버 조작력 (F)	$F=\frac{P(b-\mu c)}{a}$ $=\frac{f(b-\mu c)}{\mu a}$		$F=\frac{P(b+\mu c)}{a}$ $=\frac{f(b+\mu c)}{\mu a}$

여기서, f : 제동력(마찰력)
P : 블록을 드럼에 밀어붙이는 힘(N), 시험에서는 $P=Q$로 표시하기도 한다.

• 블록브레이크의 제동토크(T)

$$T=f\times\frac{D}{2}\times N(\mathrm{N\cdot m})=\mu P\times\frac{D}{2}\times N(\mathrm{N\cdot m})$$

여기서, P : 브레이크 드럼에 밀어붙이는 힘(N)
N : 브레이크 블록수
D : 드럼의 지름(mm)

• 블록 브레이크가 드럼에 밀어붙이는 힘(수직력, P)

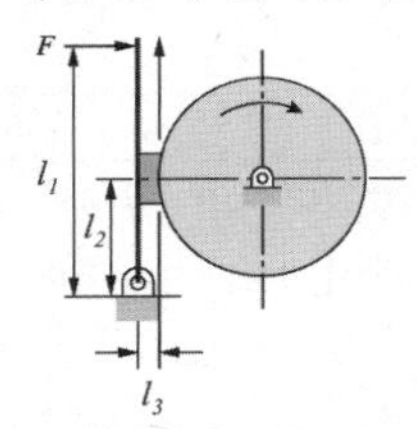

①식	②식
$FL_1 - PL_2 - \mu PL_3 = 0$ $FL_1 = P(L_2 + \mu L_3)$ $P = \frac{FL_1}{L_2 + \mu L_3}$(N)	$T = F \times \frac{D}{2} = \mu P \frac{D}{2}$ 에서 수직력(P)를 도출하면 $P = \frac{2T}{\mu D}$(N)

㉡ 밴드 브레이크

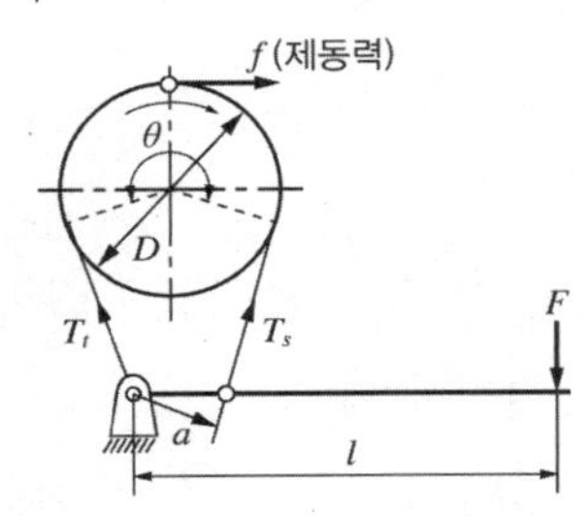

• 밴드 브레이크의 제동력(f)

$$f = T_t - T_s = \frac{2T}{D}$$

• 밴드 브레이크의 긴장측 장력(T_t)

$$T_t = f\frac{e^{\mu\theta}}{e^{\mu\theta} - 1}$$

• 밴드 브레이크의 이완측 장력(T_s)

$$T_s = f\frac{1}{e^{\mu\theta} - 1}$$

• 밴드 브레이크의 장력비($e^{\mu\theta}$)

$$e^{\mu\theta} = \frac{T_t}{T_s}$$

• 밴드 브레이크의 동력(H)

$$H = \frac{fv}{1,000} = \frac{\mu Pv}{1,000} = \frac{\mu pAv}{1,000}\text{(kW)}$$

여기서, A : 밴드와 드럼 사이의 접촉 면적

p : 압력

P : 마찰되는 힘

• 단동식 밴드 브레이크의 레버에 가하는 힘(조작력, F)

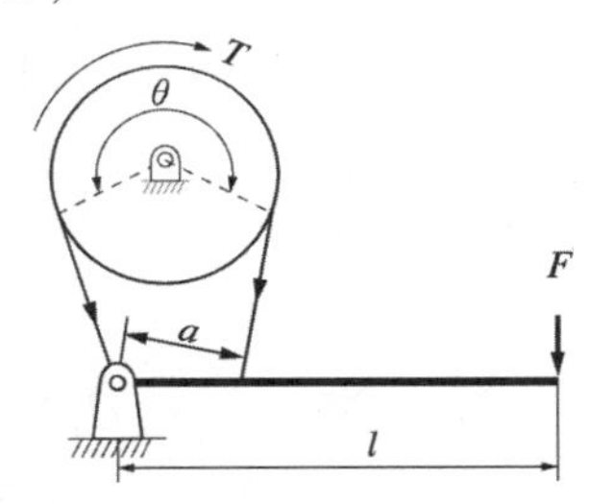

여기서, θ : 접촉각

μ : 마찰계수

우회전 시 조작력	좌회전 시 조작력
$F = f\frac{a}{l} \times \frac{1}{e^{\mu\theta} - 1}$(N)	$F = f\frac{a}{l} \times \frac{e^{\mu\theta}}{e^{\mu\theta} - 1}$(N)

• 차동식 밴드 브레이크의 조작력(F)

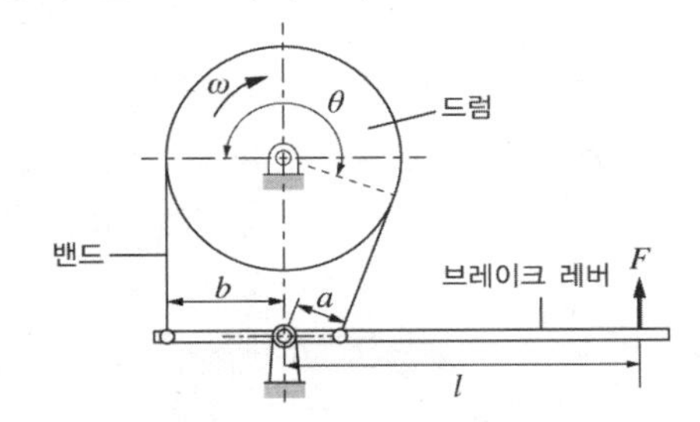

여기서, F : 브레이크 조작력

l : 브레이크 레버의 길이

θ : 접촉각

ω : 각속도

a : 이완측 장력(T_s)이 작용하는 고정점의 길이

b : 긴장측 장력(T_t)이 작용하는 고정점의 길이

단, 조건은 $b = 2a$이다.

$$Fl = T_t b - T_s a$$

$$Fl = T_t 2a - T_s a$$

$$F = \frac{a(2T_t - T_s)}{l}$$

여기서, 긴장측 장력 $T_t = P_e \times \dfrac{e^{\mu\theta}}{e^{\mu\theta}-1}$,

이완측 장력 $T_s = P_e \times \dfrac{1}{e^{\mu\theta}-1}$ 대입하면

$$F = \frac{a(2T_t - T_s)}{l}$$

$$= \frac{a\left[P_e \times \dfrac{2e^{\mu\theta}}{e^{\mu\theta}-1} - P_e \times \dfrac{1}{e^{\mu\theta}-1}\right]}{l}$$

$$= \frac{aP_e\left[\dfrac{2e^{\mu\theta}-1}{e^{\mu\theta}-1}\right]}{l} = \frac{aP_e(2e^{\mu\theta}-1)}{l(e^{\mu\theta}-1)}$$

- 밴드 브레이크 밴드에 작용하는 인장응력

$$\sigma = \frac{F}{A} = \frac{\text{긴장측 장력}}{t \times b}\ (\text{N/mm}^2)$$

여기서, t : 밴드 두께(mm)

b : 밴드 폭(mm)

㉢ 드럼 브레이크(내부 확장식 브레이크, 내확 브레이크)

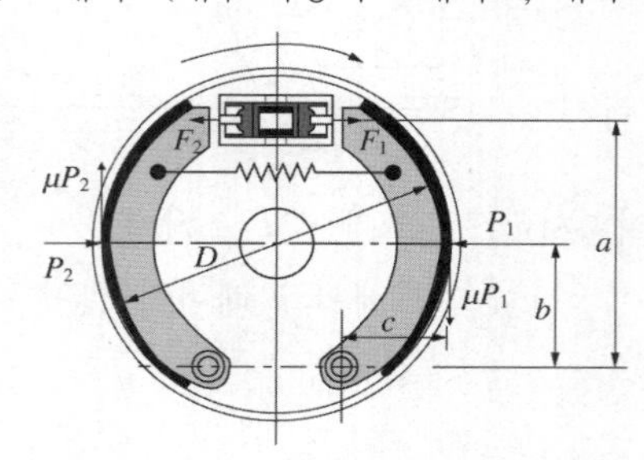

- 슈가 드럼에 접촉하는 제동력(f) : 전체 제동력(f)을 구하려면 f_1, f_2를 더해야 한다.

$$f_1 = \mu P_1 = \frac{\mu F_1 a}{b - \mu c}\ (\text{N})$$

$$f_2 = \mu P_2 = \frac{\mu F_2 a}{b + \mu c}\ (\text{N})$$

$$f_1 + f_2 = \mu(P_1 + P_2) = \frac{\mu F_1 a}{b - \mu c} + \frac{\mu F_2 a}{b + \mu c}$$

- 드럼 브레이크 슈에 작용하는 힘(F)

$$F = \frac{2T}{\left(\dfrac{a}{b - \mu c} + \dfrac{a}{b + \mu c}\right)\mu d}\ (\text{N})$$

- 드럼 브레이크의 제동토크(T)

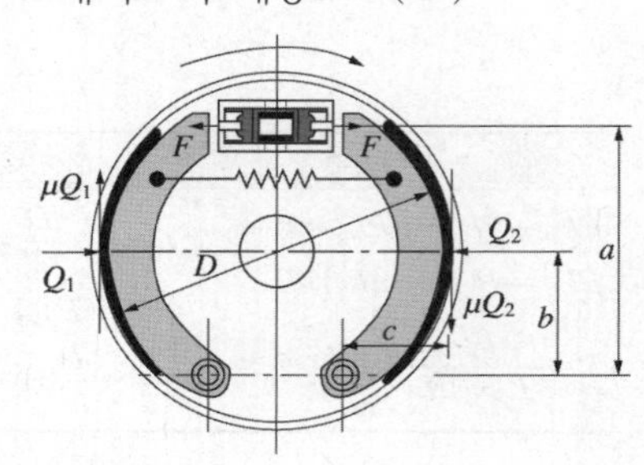

– 우회전 시

$$T = (f_1 + f_2)\frac{D}{2} = \mu(P_1 + P_2)\frac{D}{2}$$

$$= \frac{\mu D}{2}\left(\frac{F_1 a}{b - \mu c} + \frac{F_2 a}{b + \mu c}\right)$$

– 좌회전 시

$$T = (f_1 + f_2)\frac{D}{2} = \mu(P_1 + P_2)\frac{D}{2}$$

$$= \frac{\mu D}{2}\left(\frac{F_1 a}{b + \mu c} + \frac{F_2 a}{b - \mu c}\right)$$

여기서, T : 토크

f : 제동력($f = \mu Q$)

D : 드럼의 지름

Q : 브레이크 블록에 수직으로 미는 힘

μ : 마찰계수

- 제동유압(q)

$$q = \frac{4F}{\pi d^2}\ (\text{N/mm}^2)$$

• 드럼 브레이크의 용량(Q, Capacity)

$$Q = \mu p v = \frac{H(P,\ \text{제동동력})}{A(\text{마찰면적})}$$

여기서, μ : 마찰계수

p 또는 q : 단위 면적당 작용하는 압력

v : 브레이크 드럼의 원주속도

H : 제동동력

A : 마찰 면적

※ 브레이크의 성능은 마찰계수와 단위면적당 작용압력, 그리고 브레이크 드럼의 원주속도가 클수록 더 향상된다.

㉣ 디스크 브레이크(원판 브레이크)

• 디스크 브레이크 패드 하나가 수직으로 미는 힘(Q)

$$Q = \frac{T}{2\mu r}\,(\text{N})$$

여기서, T : 전달토크(N · mm)

μ : 마찰계수

r : 디스크 반지름(mm)

• 디스크 브레이크(원판 브레이크)의 제동토크(T)

$$T = f \times \frac{D}{2} \times N$$

$$= \mu Q \times \frac{D}{2} \times N = \mu Q r N(\text{N} \cdot \text{mm})$$

여기서, Q : 브레이크 드럼에 밀어붙이는 힘(N)

N : 브레이크 블록수

• 브레이크의 제동동력(제동일)

PS	kW
$H = \frac{T \times N}{716.2}$(PS)	$H = \frac{T \times N}{974}$(kW)
$H = \frac{P(\text{kg}_f) \times v(\text{m/s})}{75}$(PS)	$H = \frac{P(\text{kg}_f) \times v(\text{m/s})}{102}$(kW)

– 동력(Power) : 단위시간당 일

– 1PS = 75kg_f · m/s

– 1kW = 102kg_f · m/s

– N : 회전속도(회전각속도, rpm)

• 원판 브레이크의 제동력(F)

$F = \mu \times Q \times z(\text{kg}_f)$

여기서, μ : 마찰계수

Q : 축 방향으로 밀어붙이는 힘(kg_f)

z : 판의 수

10년간 자주 출제된 문제

6-1. 브레이크 재료 중 마찰계수가 가장 큰 것은?

① 주철 ② 석면직물
③ 청동 ④ 황동

6-2. 기계 부분의 운동에너지를 열에너지나 전기에너지 등으로 바꾸어 흡수함으로써 운동속도를 감소시키거나 정지시키는 장치는?

① 브레이크 ② 커플링
③ 캠 ④ 마찰차

|해설|

6-2

브레이크(Brake)란 제동장치로서 기계의 운동에너지를 열이나 전기에너지로 바꾸어 흡수함으로써 속도를 감소시키거나 정지시킨다. 원판 브레이크는 접촉면이 원판으로 되어 있는 축압식 브레이크에 속한다.

정답 6-1 ② 6-2 ①

핵심이론 07 축이음 기계요소(커플링, 클러치)

① 축이음 일반

㉠ 축이음의 정의 : 서로 떨어져 있는 원동축과 종동축을 연결시키는 기계요소로, 작동 중 분리가 불가능한 커플링과 작동 중에도 단속(斷續)이 가능한 클러치로 분류된다.

※ 斷 : 끊을(단), 續 : 이을(속)

㉡ 축이음 설계 시 주의사항

- 가볍고 가격이 적당할 것
- 회전 균형을 알맞도록 할 것
- 전동에 의해 이완되지 않을 것
- 토크 전달 시 충분한 강도를 가질 것
- 양 축의 상호 간 관계 위치를 고려할 것
- 축의 중심과 일치하는지의 여부를 고려할 것

> **TIP**
> 원통형 커플링에 속하는 머프커플링, 마찰원통커플링, 셀러커플링은 모두 두 축의 중심이 일치하는 경우에 사용한다.

㉢ 축이음의 분류

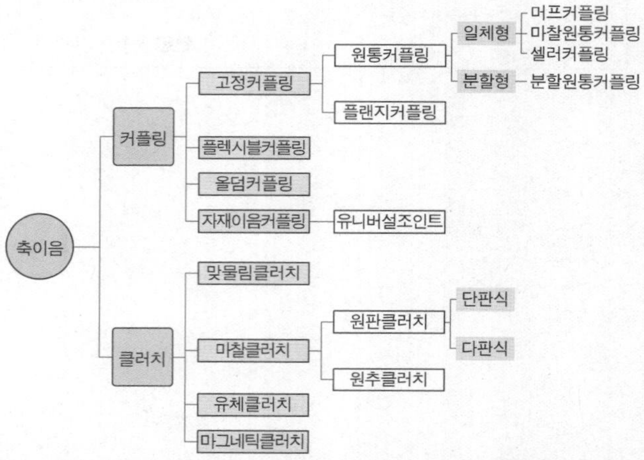

※ 고정커플링 : 두 축의 중심이 일직선상에 있으면서 축 방향으로의 이동이 없는 경우에 사용한다.

※ 플렉시블 커플링 : 두 축의 중심이 일직선상에 있지 않을 때 사용한다.

② 커플링의 종류 및 특징

원동축에서 종동축으로 동력을 전달하는 중에는 단속(斷續)이 불가능한 영구적인 축이음이다.

㉠ 원통 커플링

- 머프커플링(Muff Coupling) : 주철 재질의 원통 속에 두 축을 맞대고 키(Key)로 고정한 축이음으로, 축지름과 하중이 매우 작을 때나 두 축의 중심이 일치하는 경우에 사용한다. 단, 인장력이 작용하는 곳은 축이 빠질 우려가 있으므로 사용을 자제해야 한다.

- 마찰원통커플링(Friction Clip) : 바깥둘레가 분할된 주철 재질의 원통으로 두 축의 연결단을 덮어씌운 후 연강재의 링으로 양 끝을 때려 박아 고정시키는 축 이음이다. 설치와 분해가 쉽고, 축을 임의 장소에 고정할 수 있어서 긴 전동축의 연결에 유용하다. 그러나 큰 토크의 전달은 불가능하며 150mm 이하의 축을 진동이 없는 곳에서 사용해야 하며 두 축의 중심이 일치하는 경우에 적합하다.
- 클램프커플링(분할원통커플링) : 2개로 분할된 반원통 형태의 양쪽 끝단부에 볼트와 너트를 사용해서 결합시키는 커플링이다. 전달토크가 작을 때는 키를 삽입하지 않아도 되지만, 큰 토크를 전달할 때는 반드시 키를 통해 동력을 전달해야 한다.

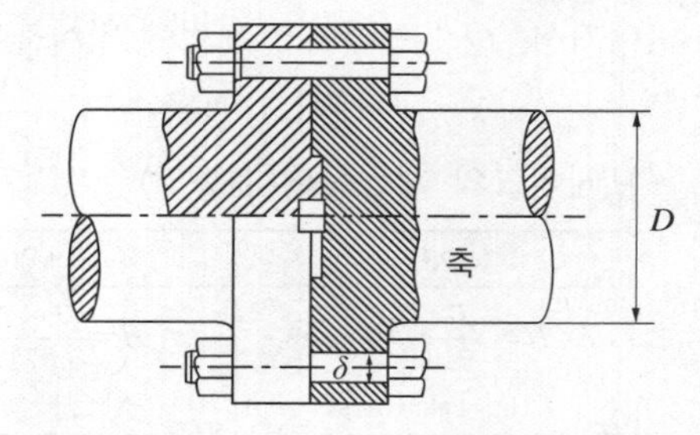

– 볼트 1개가 커플링을 조이는 힘(P)

$P = q \times A = q \times dL$ (N)

여기서, q : 접촉면 압력(접촉면압, N/mm^2)

d : 축지름(mm)

L : 커플링과 축의 접촉 길이(mm)

A : 투영 면적(mm^2)

- 전체 볼트가 커플링을 조이는 힘(축을 조이는 힘, P)

  $P=\dfrac{2T}{\mu\pi D}$(N)

  여기서, T : 전달토크(N·mm)

  μ : 마찰계수

  D : 축지름(mm)

- 커플링이 전달할 수 있는 토크(전달토크, T)

  $$T=\mu\pi P\times\frac{D}{2}(\text{N}\cdot\text{mm})$$

  $$=\tau_a\times Z_P(\text{N}\cdot\text{mm}),\ Z_P=\frac{\pi D^3}{16}$$

  $$=716{,}200\frac{H_{\text{PS}}}{N}(\text{kg}_\text{f}\cdot\text{mm})$$

  $$=974{,}000\frac{H_{\text{kW}}}{N}(\text{kg}_\text{f}\cdot\text{mm})$$

  여기서, μ : 마찰계수

  P : 접촉면 압력에 의해 축을 조이는 힘

  D : 축의 지름

- 볼트 1개에 생기는 인장응력(σ_t) : 볼트를 조일 때 볼트에는 인장응력이, 축에는 접촉면압이 생긴다.

  $F=\sigma_t\times\dfrac{\pi\delta^2}{4}$ 식을 응용하면,

  $$\sigma_t=\frac{4F}{\pi\delta^2}(\text{N/mm}^2)$$

  여기서, F : 볼트 1개에 작용하는 인장력(N)

  δ : 볼트 나사산의 안지름(mm)

- 볼트의 수(Z)

  $$Z=\frac{\tau_s\times D^2}{\sigma_t\times\mu\times\pi\times\delta^2}$$

  여기서, τ_s : 축의 비틀림응력(N/mm²)

  D : 축의 지름(mm)

  σ_t : 볼트의 인장응력(N/mm²)

  δ : 볼트 나사산의 안지름(mm)

- 슬리브 커플링(Sleeve Coupling) : 주철제의 원통 속에서 두 축을 맞대고 키로 고정하는 것으로 축지름과 동력이 아주 작을 때 사용한다. 단, 인장력이 작용하는 축에는 적용이 불가능하다.

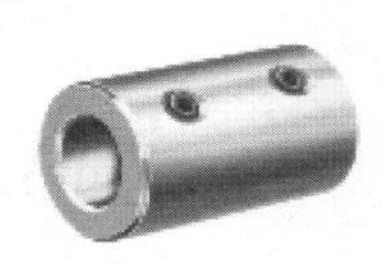

- 셀러커플링(Seller Coupling) : 테이퍼 슬리브커플링으로 커플링의 안쪽 면이 테이퍼 처리가 되어 있으며, 두 축의 중심이 일치하는 경우 사용한다. 원뿔과 축 사이는 페더키로 연결한다.

> **TIP**
> 고정커플링에 속하는 커플링(머프커플링, 마찰원통커플링, 셀러커플링 등)은 모두 두 축이 반드시 일적선상에 있어야 하며 축 방향으로 이동이 없을 때 사용한다.

㉡ 플랜지커플링(Flange Coupling) : 대표적인 고정커플링으로, 일직선상의 두 축을 볼트나 키로 연결한 축이음이다.

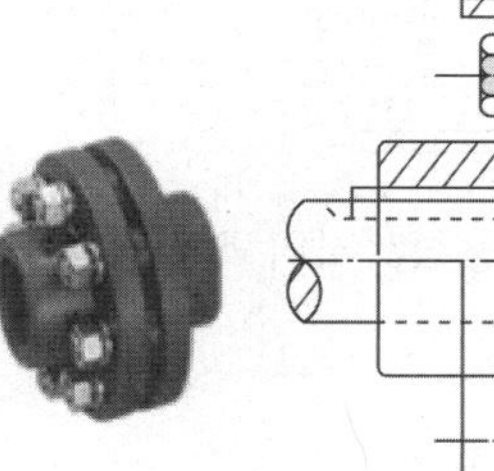

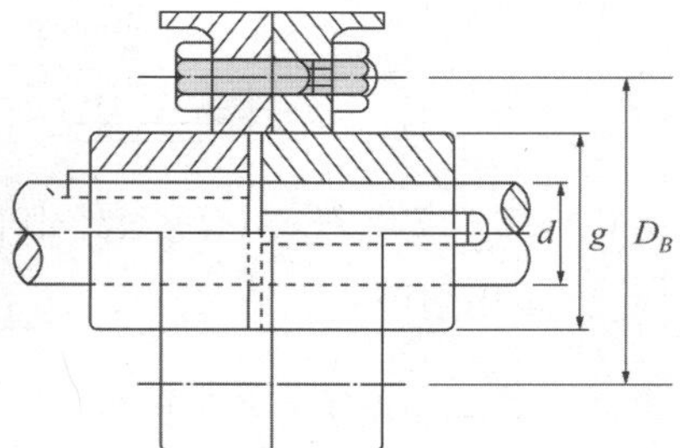

여기서, d : 축지름(mm)

g : 뿌리부 지름(mm)

D_B : 볼트 구멍 중심을 지나는 피치원지름(mm)

- 플랜지커플링의 전달토크(T)

  $$T=F\times\frac{D_B}{2}\times Z$$

  $$=PA\times\frac{D_B}{2}\times Z(\text{N}\cdot\text{mm})$$

  $$=\tau_B\times A\times\frac{D_B}{2}\times Z(\text{N}\cdot\text{mm})$$

  $$=\tau_B\times\frac{\pi\delta^2}{4}\times\frac{D_B}{2}\times Z(\text{N}\cdot\text{mm})$$

$$= 716,200\frac{H_{PS}}{N}(\text{kg}_f \cdot \text{mm})$$

$$= 974,000\frac{H_{kW}}{N}(\text{kg}_f \cdot \text{mm})$$

여기서, τ_B : 볼트의 전단응력(N/mm²)

δ : 볼트의 지름(mm)

Z : 볼트수

D_B : 볼트 중심을 지나는 플랜지의 피치원 지름(mm)

- 플랜지 뿌리부의 전단응력(τ_f)

$$\tau_f = \frac{2T}{\pi g^2 t}(\text{N/mm}^2)$$

여기서, g : 뿌리부 지름, t : 뿌리부 두께

- 플랜지커플링의 볼트지름(δ)

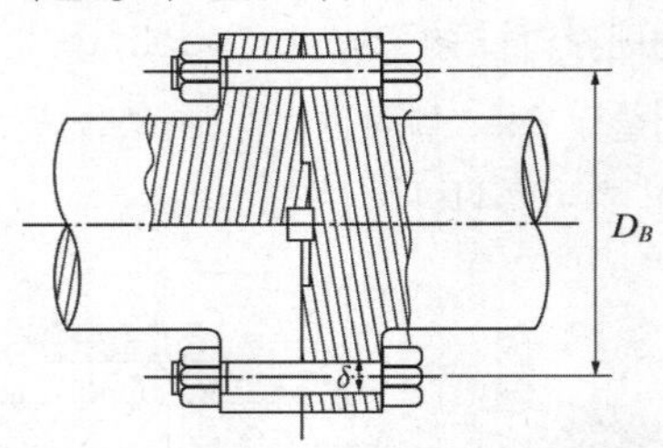

토크 $T = F \times l$(작용점까지의 직선거리) 공식을 응용한다.

$$T = [\tau \times A \times Z(\text{볼트수})] \times \frac{D_B}{2}$$

$$= \left(\tau \times \frac{\pi\delta^2}{4} \times Z\right) \times \frac{D_B}{2}$$

위 식을 볼트의 지름, δ로 정리하면

$$\delta^2 = \frac{8T}{\tau\pi D_B Z}$$

$$\delta = \sqrt{\frac{8T}{\tau\pi D_B Z}}(\text{mm})$$

- 플랜지이음의 최소 두께(t_0)

$$t_0 = \sqrt{\frac{6Pl}{\pi d\sigma}}(\text{mm})$$

여기서, P : 플랜지면에 수직으로 작용하는 전하중(N)

l : 플랜지 길이(mm)

d : 플랜지 지름(mm)

σ : 인장강도(N/mm²)

㉢ 올덤커플링(Oldham Coupling, 올드햄커플링) : 두 축이 평행하면서도 중심선의 위치가 다소 어긋나서 편심이 된 경우 각속도의 변동 없이 토크를 전달하는 데 적합한 축이음 요소이다.

㉣ 유니버설조인트(Universal Joint, 유니버설커플링) : 두 축이 같은 평면 내에 있으면서 그 중심선이 서로 30° 이내의 각도를 이루고 교차하는 경우에 사용되며 훅 조인트(Hook's Joint)라고도 한다. 공작기계나 자동차의 동력전달기구, 압연롤러의 전동축 등에 널리 쓰인다.

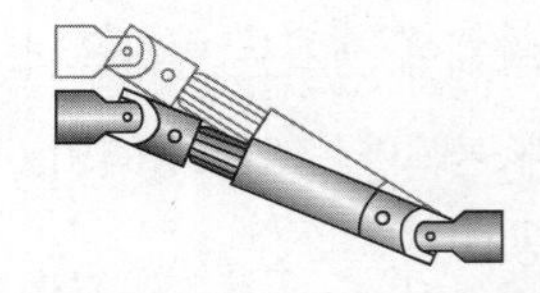

> **TIP**
> 고무커플링이나 기어커플링, 유니버설조인트는 모두 두 축에 다소 경사가 발생하여도 동력을 전달할 수 있는 축이음 요소이다.

- 유니버설커플링(조인트)의 각속도비$\left(\frac{\omega_1}{\omega_2}\right)$

[조건]

교차각, α_1, α_2 = 30° 이하, 모든 축은 평면상에 있다.

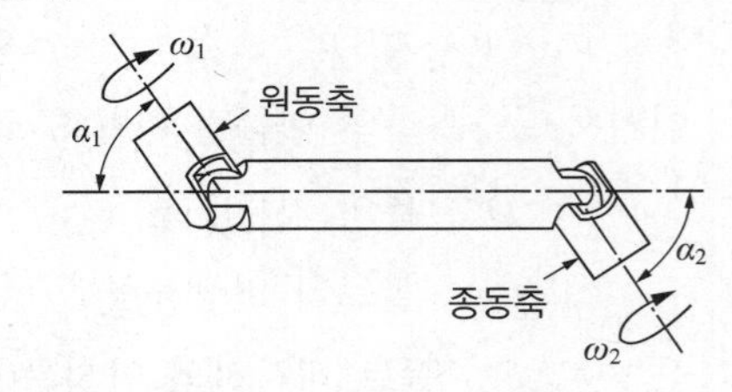

[풀이]

유니버설커플링은 원동축과 종동축의 회전수를 일정하게 유지시키는 축이음 요소이다.

따라서, 각속도비 $\left| i = \frac{원동축}{종동축}\frac{\omega_1}{\omega_2} \right| = 1$이다.

- 유니버설커플링(조인트)의 속도비와 전달토크비의 관계

속도비$(i) = \frac{\omega_{B,\,종동}}{\omega_{A,\,원동}} = \frac{T_A}{T_B}$,

축이 $\frac{1}{4}$회전(90°) 시

$\cos\theta \sim \frac{1}{\cos\theta}$배로 변하므로

$\frac{T_A}{T_B} = \cos\theta \sim \frac{1}{\cos\theta}$ 식이 만들어진다.

여기서, θ : 교차각(°)

ⓜ 플렉시블커플링(Flexible Coupling) : 두 축의 중심선을 일치시키기 어렵거나 고속 회전, 급격한 전달력의 변화로 진동이나 충격이 발생하는 경우에 사용하는 축이음 요소이다. 두 축이 평행하고 거리가 아주 가까울 때, 각속도의 변동 없이 토크를 전달하는 데 가장 적합하나 윤활이 어렵고 원심력에 의한 진동 발생으로 고속 회전에는 적합하지 않다. 진동 완화를 위해 고무나 가죽, 스프링을 사용한다.

ⓑ 너클조인트(커플링) : 축의 한쪽 부분이 하나에서 ㄷ자로 분기되어 있는데, 이 부분에 다른 축의 끝부분을 끼워맞춤한 후 핀으로 두 축을 고정시킴으로써 자유롭게 회전할 수 있도록 연결한 축이음이다.

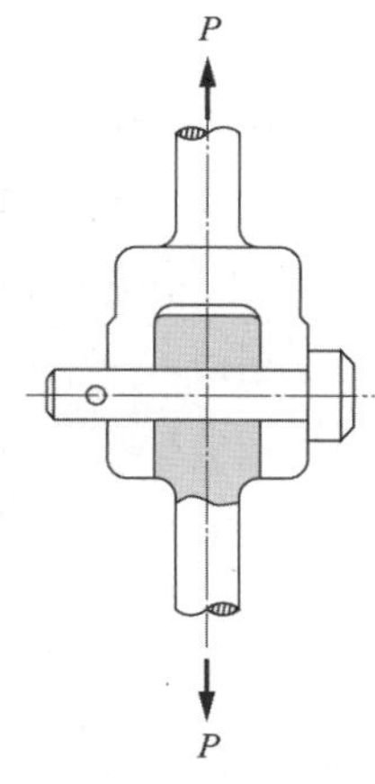

- 너클핀의 지름(d)

$d = \sqrt{\frac{2P}{\pi\tau_a}}$ (mm)

여기서, P : 작용하중(N)

τ_a : 허용전단응력(N/mm^2)

ⓢ 등속조인트 : 축이음 중 일직선상에 놓여 있지 않은 두 개의 축을 연결하는 데 사용한다. 축이 1회전하는 동안 회전 각속도의 변동 없이 동력을 전달하며, 전륜구동 자동차의 동력전달장치로 사용한다.

ⓞ 클로 클러치 : 서로 맞물리며 돌아가는 조(Jaw)의 한쪽을 원동축으로, 다른 방향은 종동축으로 하여 동력을 전달하는 클러치이다.

ⓙ 주름형 커플링(Bellows Coupling) : 미소각도를 이루고 있는 축을 연결하고자 할 때 사용하는 주름 형태의 커플링이다.

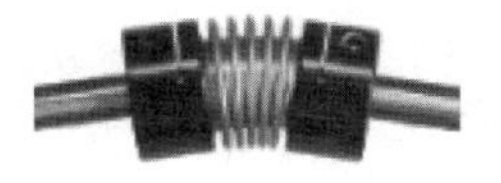

③ 클러치(Clutch)

㉠ 클러치의 정의 : 운전 중에도 축이음을 차단(단속)시킬 수 있는 동력전달장치이다.

㉡ 클러치 설계 시 유의사항

- 균형 상태가 양호해야 한다.
- 회전 부분의 평형성이 좋아야 한다.
- 단속을 원활히 할 수 있어야 한다.
- 관성력이 작고 과열되지 않아야 한다.
- 마찰열에 대하여 내열성이 좋아야 한다.
- 구조가 간단하고 고장률이 적어야 한다.

㉢ 클러치의 특징

- 전자클러치는 전류의 가감에 의하여 접촉 마찰력의 크기를 조절할 수 있다.
- 축 방향의 하중이 같을 경우 다판 클러치와 단판 클러치의 전달토크는 동일하다.
- 삼각형 맞물림 클러치는 사각형 맞물림 클러치에 비해 작은 하중의 전달에 적합하다.
- 축 방향의 추력이 동일할 때 원추클러치가 원판 클러치보다 더 큰 마찰력을 발생시킨다.

㉣ 클러치의 종류

- 맞물림 클러치 : 축의 양 끝이 맞물릴 수 있도록 각각 1쌍의 돌기부를 만들어 맞물리는 축이음 요소로, 동력 전달 중 끊었다가 다시 연결할 수 있다.
- 원판클러치 : 롤러와 원판장치로 구성된 것으로, 롤러가 원판의 중앙과 외곽을 자유롭게 왕복 이동하면서 원판의 회전속도를 변화시키는 축이음 요소로 마찰클러치의 일종이다.
  - 마찰 원판의 수에 따른 분류
    ⓐ 마찰원판의 수가 1개 : 단판 클러치
    ⓑ 마찰원판의 수가 2개 이상 : 다판 클러치
  - 단판식 원판클러치의 전달토크(T)

$$T = F \times \frac{d_m}{2} = \mu Q \times \frac{d_m}{2}$$

$$= \frac{\mu \pi b q {d_m}^2}{2} (\mathrm{N \cdot mm})$$

여기서, d_m : 평균지름(mm)
μ : 마찰계수
b : 접촉 너비(mm)
q : 접촉면압(N/mm²)
Q : 접촉면에 수직으로 작용하는 힘(N)

- $T = 974{,}000 \times \frac{H_{\mathrm{kW}}}{N} (\mathrm{kg_f \cdot mm})$
- $T = 716{,}200 \times \frac{H_{\mathrm{kW}}}{N} (\mathrm{kg_f \cdot mm})$

  - 단판식 원판클러치의 접촉면압(q)

$T = \frac{\mu \pi b q {d_m}^2}{2}$ 식을 이용한다.

$$q = \frac{2T}{\mu \pi b {d_m}^2} = \frac{2\left(\mu Q \times \frac{d_m}{2}\right)}{\mu \pi b {d_m}^2} = \frac{Q}{\pi b d_m}$$

여기서, q : 접촉면압(N/mm²)
b : 접촉 너비(mm)
d_m : 평균지름(mm)
μ : 마찰계수
Q : 접촉면에 수직으로 작용하는 힘(N)

  - 다판식 원판클러치의 전달토크(T)

$$T = F \times \frac{d_m}{2} \times Z$$

$$= \mu Q \times \frac{d_m}{2} \times Z$$

$$= \frac{\mu \pi b q {d_m}^2}{2} \times Z$$

여기서, b : 접촉 너비(mm)
d_m : 평균지름(mm)
q : 접촉면압(N/mm²)
μ : 마찰계수
Q : 접촉면에 수직으로 작용하는 힘(N)
Z : 판의 수

  - 다판식 원판클러치의 접촉면수(접촉판수, Z)

$$Z = \frac{2T}{\mu \pi d_m^2 b q}$$

– 원판클러치의 축 방향으로 미는 힘(최대 회전력, Q)

$$Q = q \times A \times Z$$
$$= q \times (\pi d_m b) \times Z \text{ (N)}$$

여기서, Q : 접촉면에 수직으로 작용하는 힘(N)
q : 접촉면압(N/mm²)
d_m : 평균지름(mm)
b : 접촉 너비(mm)
Z : 판의 수

- 원추클러치(Cone Clutch) : 원추의 상부와 하부의 지름의 차이를 이용하여 회전속도를 조절하는 축이음 요소이다. 접촉면이 원추 형태로 되어 원판클러치에 비해 마찰 면적이 커서 축 방향 힘에 대해 더 큰 마찰력을 발생시킬 수 있다. 구동축과 종동축을 동시에 사용하는 경우 회전속도비를 더욱 크게 할 수 있다.

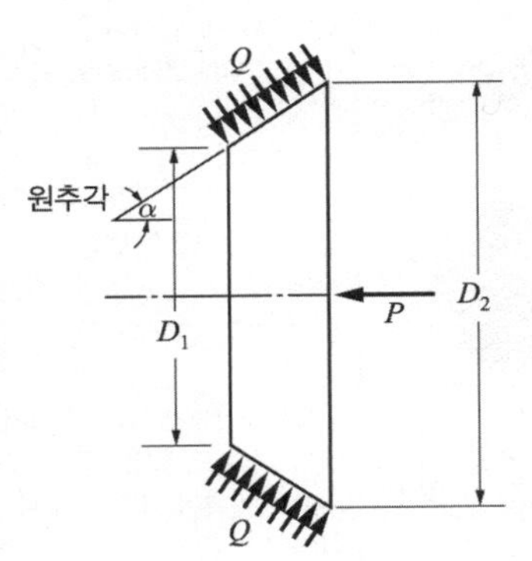

– 원추클러치의 접촉면에 수직으로 작용하는 힘(Q)

$$Q = \frac{P}{\sin\alpha + \mu\cos\alpha} \text{(N)}$$

여기서, P : 축 방향으로 미는 힘(N)
α : 원추각(°)

– 원추클러치의 전달토크(T)

$$T = F \times \frac{d_m}{2} = \mu Q \times \frac{d_m}{2} \text{(N · mm)}$$

여기서, F : 클러치에 작용하는 힘(N)
d_m : 평균지름(mm)
μ : 마찰계수
Q : 접촉면에 수직으로 작용하는 힘(N)

– 원추클러치의 축 방향으로 미는 힘(P)

클러치 전달토크$(T) = \mu Q \frac{D_m}{2}$ 식에

$$Q = \frac{P}{\sin\alpha + \mu\cos\alpha}$$ 대입하면

$$T = \mu \times \frac{P}{\sin\alpha + \mu\cos\alpha} \times \frac{d_m}{2}$$

$$P = \frac{2T}{\mu P d_m}(\sin\alpha + \mu\cos\alpha) \text{(N)}$$

– 일방향 클러치 : 한 방향으로만 회전하며 동력을 전달하고 역방향으로는 공전하는 구조의 클러치로, 자전거용 래칫 휠에 적용된다.

④ 접착이음

㉠ 접착이음의 정의 : 접착제(Adhesive Bonding)를 사용해서 서로 다른 구조물을 접합시키는 이음방법이다. 접착이음은 이음부의 강도가 가장 중요시되며, 강도를 향상시키기 위해서는 연결 부위에 인장응력과 전단응력을 모두 감소시켜야 한다.

㉡ 접착이음의 장점

- 원가가 절감된다.
- 경량화가 가능하다.
- 다양한 형상의 접합이 가능하다.
- 진동 및 충격의 흡수가 가능하다.
- 비금속재료 및 이종재료까지 접착이 가능하다.
- 다량의 동시 접착이 가능해서 자동화가 가능하다.

㉢ 접착이음의 단점
- 경화시간이 길다.
- 표면처리가 필요하다.
- 접착제의 내구성이 약하다.
- 열에 의해 저하될 가능성이 있다.
- 고정 지그나 가열장치가 필요하다.
- 계면파괴가 가장 빈번하게 발생한다.
- 접착강도의 평가, 즉 판단하기 어렵다.

㉣ 접합제의 종류
- 천연접착제 : 풀, 아교 등
- 인공접착제(합성재료) : 열가소성 접착제, 열경화성 접착제

㉤ 접착이음의 파괴 종류
- 계면파괴 : 접착제의 경계면이 벗겨지면서 발생되는 파괴현상
- 응집파괴 : 접착제 자체가 파괴되거나 접착 기능을 잃게 되는 파괴현상
- 피착제 파괴 : 접착되는 물체가 파손되는 파괴현상

10년간 자주 출제된 문제

7-1. 일반적으로 두 축이 같은 평면 내에서 일정한 각도로 교차하는 경우에 운동을 전달하는 축이음은?

① 맞물림 클러치 ② 플렉시블커플링
③ 플랜지커플링 ④ 유니버설조인트

7-2. 전동축에 큰 휨(Deflection)을 주어서 축의 방향을 자유롭게 바꾸거나 충격을 완화시키기 위해 사용하는 축은?

① 직선축 ② 크랭크축
③ 플렉시블축 ④ 중공축

|해설|

7-1

커플링의 종류

종류		특징
올덤 커플링		두 축이 평행하고 거리가 아주 가까울 때 사용한다. 각속도의 변동 없이 토크를 전달하는 데 가장 적합하며 윤활이 어렵고 원심력에 의한 진동 발생으로 고속 회전에는 적합하지 않다.
플렉시블 커플링		두 축의 중심선을 일치시키기 어렵거나 고속 회전이나 급격한 전달력의 변화로 진동이나 충격이 발생하는 경우에 사용한다. 고무, 가죽, 스프링을 이용하여 진동을 완화시킨다.
유니버설 커플링		같은 평면 내에서 두 축이 만나는 각이 수시로 일정한 각도로 변화하는 경우에 사용되며 공작기계나 자동차의 운동 전달용 축이음에 사용된다.
플랜지 커플링		대표적인 고정커플링이다. 일직선상에 두 축을 연결한 것으로 볼트나 키로 결합한다.
슬리브 커플링	키, 중공축, 슬리브, 원동축	주철제의 원통 속에서 두 축을 맞대기 키로 고정하는 것으로 축의 지름과 동력이 아주 작을 때 사용한다. 단, 인장력이 작용하는 축에는 적용이 불가능하다.

|해설|

7-2

축(Shaft)의 종류

차축	자동차나 철도차량 등에 쓰이는 축으로, 중량을 차륜에 전달하는 역할을 한다.	
전동축	주로 비틀림에 의해서 동력을 전달하는 축이다.	
스핀들	주로 비틀림 작용을 받으며, 모양이나 치수가 정밀하고 변형량이 작은 짧은 회전축으로, 공작기계의 주축에 사용한다.	
플랙시블축(유연성 축)	고정되지 않은 두 개의 서로 다른 물체 사이에 회전하는 동력을 전달하는 축으로, 전동축에 큰 휨(Deflection)을 주어서 축의 방향을 축의 방향을 자유롭게 바꾸거나 충격을 완화시키기 위해 사용한다.	
크랭크축	증기기관이나 내연기관 등에서 피스톤의 왕복운동을 회전운동으로 바꾸는 기능을 하는 축이다.	
직선축	직선 형태의 동력 전달용 축이다.	

정답 7-1 ④ 7-2 ③

핵심이론 08 마찰차

① 마찰차(Friction Wheel) 일반

㉠ 마찰차의 정의 : 마찰차는 중심 간 거리가 비교적 짧은 두 축 사이에 마찰이 큰 바퀴를 설치하고, 이 두 바퀴에 힘을 가해 접촉면에 생기는 마찰력으로, 동력을 원동축에서 종동축에 전달하는 직접전동장치의 일종이다.

㉡ 마찰차로 동력 전달 시 특징

- 과부하로 인한 원동축의 손상을 막을 수 있다.
- 회전운동의 확실한 전동이 요구되는 곳에는 적합하지 않다.
- 속도비가 일정하게 유지되지 않아도 되는 곳에 적합하다.
- 두 마찰차의 상대적 미끄러짐을 완전히 제거할 수는 없다.
- 운전 중 접촉을 분리하지 않고도 속도비를 변화시키는 곳에 주로 사용된다.
- 보통 원동차 표면에 목재, 고무, 가죽, 특수 섬유질 등을 라이닝해서 마찰력을 높임으로써 동력효율을 향상시킨다.

㉢ 마찰차의 분류

구분	마찰차의 종류		
평행한 두 축의 동력 전달	원통 마찰차	평마찰차	내접 평마찰차
			외접 평마찰차
		V홈 마찰차	
평행하지 않은 축의 동력 전달	원추 마찰차(원뿔 마찰차)		
	무단변속 마찰차	구면 마찰차	
		크라운 마찰차	세탁기의 원리
		에반스 마찰차	
		원판 마찰차	자전거 발전기의 원리

② 마찰차의 종류 및 특징

㉠ 원통 마찰차 : 평행한 두 축 사이에 외접이나 내접하면서 동력을 전달하는 원통형의 바퀴이다.

• 마찰차 간 중심거리(C)

$$C=\frac{D_1+D_2}{2}$$

여기서, D_1 : 원동차의 지름(mm)

D_2 : 종동차의 지름(mm)

• 마찰차의 각속도비(i)

$$i=\frac{n_2}{n_1}=\frac{D_1}{D_2}$$

여기서, n_1 : 원동차의 회전수(rpm)

n_2 : 종동차의 회전수(rpm)

D_1 : 원동차의 지름(mm)

D_2 : 종동차의 지름(mm)

• 마찰차의 최대 전달력(마찰력, F)

$F=\mu P$

여기서, μ : 마찰계수

P : 밀어붙이는 힘(접촉력)

• 마찰차를 밀어붙이는 힘(P)

동력(H)을 고려할 때 공식

$$P=\frac{H}{\mu v}\text{(N)}$$

• 마찰차의 전달동력(H)

$$H=\frac{F\times v}{75}=\frac{\mu P\times v}{75}\text{(PS)}$$

$$H=\frac{F\times v}{102}=\frac{\mu P\times v}{102}\text{(kW)}$$

여기서, F : 마찰차의 최대 전달력(kg_f)

P : 마찰차의 밀어붙이는 힘(kg_f)

v : 마찰차의 원주속도(m/s)

• 마찰차의 회전속도(v)

$$v=\frac{\pi dn}{1,000\times 60}\text{(m/s)}$$

• 마찰차의 접촉면압력(σ_f)

$$\sigma_f=\frac{\text{작용압력, } P}{\text{접촉 길이(폭), } b}\text{(N/mm)}$$

• 원통 마찰차의 최소 폭(너비, b)

– 1식

$$b=\frac{P}{q}=\frac{\frac{75H_{PS}}{\mu v}}{q}\text{(mm)}$$

여기서, P : 마찰차를 밀어붙이는 힘(kg_f)

q : 허용수직 힘(kg_f/mm)

μ : 마찰계수

H_{PS} : 전달마력(PS)

v : 마찰차의 원주속도(m/s)

– 2식

$$H=\frac{Tw}{75}\text{(PS)}$$

$$H=\left(F\times\frac{D\times 10^{-3}\text{mm}}{2}\times\frac{1}{75}\right)\times\frac{2\pi N}{60}$$

$$H=\left(\mu qb\times\frac{D}{2}\times\frac{1}{75}\right)\times\frac{2\pi N}{60}$$

$$b=\frac{2\times 75\times 60H}{\mu q2\pi DN\times 10^{-3}}$$

$$=\frac{75\times 60H}{\mu q\pi DN\times 10^{-3}}$$

$$=\frac{4,500,000H}{\mu q\pi DN}$$

여기서, q : 허용수직 힘(허용선 접촉압력, kg_f/mm^2)

μ : 마찰계수

H : 전달동력(PS)

D : 원동 마찰차의 지름(mm)

N : 마찰차의 회전수(rpm)

㉡ 원추 마찰차(원뿔 마찰차)

동일한 평면 내에서 교차하며 회전하는 두 축 사이에 동력을 전달하는 동력전달장치이다.

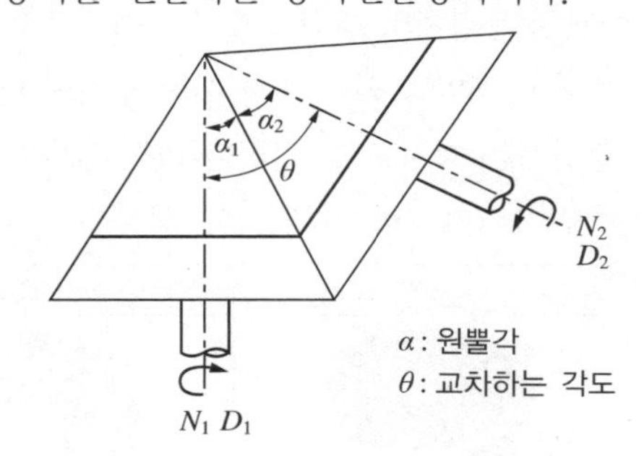

- 원추 마찰차의 회전속도비(i)

$$i=\frac{\omega_2}{\omega_1}=\frac{n_2}{n_1}=\frac{\sin\alpha_1}{\sin\alpha_2}$$

여기서, ω_1 : 원동차의 각속도

ω_2 : 종동차의 각속도

n_1 : 원동차의 회전수(rpm)

n_2 : 종동차의 회전수(rpm)

α_1 : 원동차의 원추각(°)

α_2 : 종동차의 원추각(°)

- 두 축이 이루는 축각(교차 각도), $\theta = 90°$인 경우의 속도비(i)

$$i=\frac{\sin\alpha_2}{\sin(90-\alpha_2)}$$

$$=\tan\alpha_1=\frac{1}{\tan\alpha_2}$$

$$=\tan\alpha_2=\frac{1}{\tan\alpha_1}$$

- 접촉면의 너비(b)

$$b \geq \frac{Q(\text{두 마찰차 사이의 마찰면 중심을 누르는 수직력})}{P(\text{단위 길이당 허용되는 수직 힘})}$$

㉢ 홈붙이 마찰차 : 원통 표면을 V자 모양의 홈으로 파서 마찰 면적을 늘려 회전 전달력을 크게 한 동력전달장치이다. 원통 마찰차에 비해 반지름 방향으로 하중을 증가시키지 않으면서 접촉 면적을 넓혀 전달동력을 크게 개선한 마찰차이다. 그러나 소음이 크고 마멸이 잘된다는 단점이 있다.

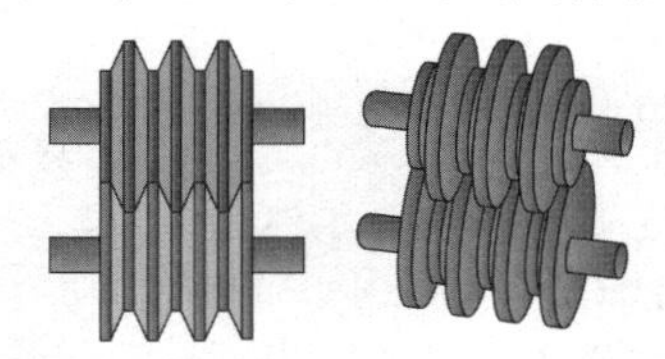

㉣ 무단변속 마찰차(원판 마찰차)

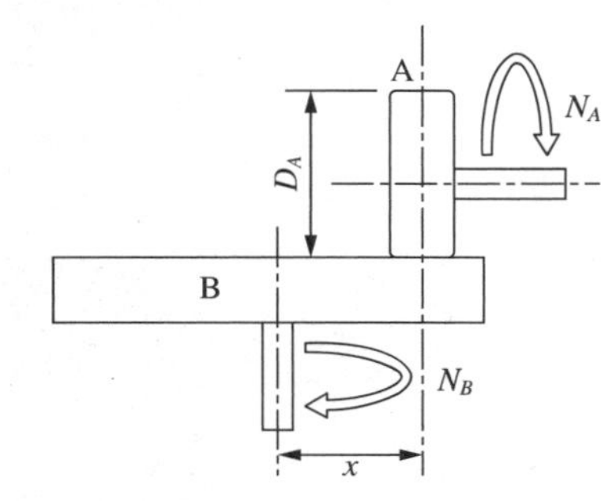

- 원판 마찰차의 회전속도비(i)

$$i=\frac{T_B}{T_A}=\frac{N_B}{N_A}=\frac{D_A}{D_B}=\frac{x}{R_2}$$

- 원판 B에서 특정 조건을 만족하기 위한 원판 A의 중심점, 거리(x) 구하기
  - 원판 마찰차의 회전속도비(i) 공식에서 다음 식을 응용한다.

$$i=\frac{N_B}{N_A}=\frac{D_A}{D_B}$$

  - x를 구하기 원판 B의 지름, D_B(mm)를 구한다.
  - 원판 B의 지름, D_B(mm)의 $\frac{1}{2}$지점이 원판 A의 중심점이다.

10년간 자주 출제된 문제

다음 중 마찰차를 활용하기에 적합하지 않은 것은?

① 속도비가 중요하지 않을 때
② 전달할 힘이 클 때
③ 회전속도가 클 때
④ 두 축 사이를 단속할 필요가 있을 때

|해설|

마찰차(Friction Wheel)는 과부하의 힘이 전달될 때는 미끄럼이 발생되므로 큰 동력의 전달용으로는 이용하지 않는다. 마찰차(Friction Wheel)는 중심거리가 비교적 짧은 두 축 사이에 적당한 형태의 마찰이 큰 바퀴를 설치하고 이 두 바퀴에 힘을 가해 접촉면에 생기는 마찰력으로 동력을 전달하는 직접 전달장치의 일종이다.

정답 ②

핵심이론 09 | 체인 및 로프

① 체인(Chain) 일반

㉠ 체인전동장치의 정의 : 체인을 스프로킷 휠에 걸어 감아서 체인과 휠의 이가 서로 물리게 하여 동력을 전달하는 장치로서, 일정한 회전비를 필요로 하고, 축간거리가 4m 이하일 때 적용된다.

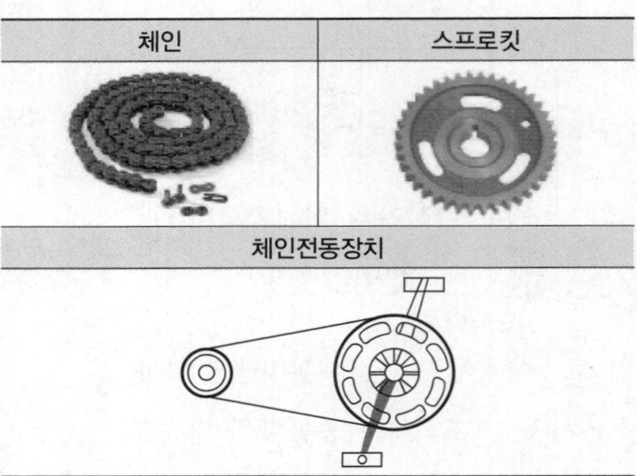

㉡ 체인전동장치의 특징
- 유지 및 보수가 쉽다.
- 접촉각은 90° 이상이 좋다.
- 체인의 길이를 조절하기 쉽다.
- 내열성이나 내유성, 내습성이 크다.
- 진동이나 소음이 일어나기 쉽다.
- 축간거리가 긴 경우 고속 전동이 어렵다.
- 여러 개의 축을 동시에 작동시킬 수 있다.
- 마멸이 일어나도 전동효율의 저하가 작다.
- 큰 동력 전달이 가능하며 전동효율이 90% 이상이다.
- 체인의 탄성으로 어느 정도의 충격을 흡수할 수 있다.
- 고속 회전에 부적당하며 저속 회전으로 큰 힘을 전달하는 데 적당하다.
- 전달효율이 크고 미끄럼(슬립)이 없이 일정한 속도비를 얻을 수 있다.
- 초기 장력이 필요 없고 베어링 마멸이 작으며, 정지 시 장력이 작용하지 않는다.
- 사일런트(Silent) 체인은 정숙하고 원활한 운전과 고속 회전이 필요할 때 사용한다.

㉢ 두 개의 스프로킷이 수평으로 설치되었을 때의 현상
- 이완측 체인에서 처짐이 부족한 경우 빠른 마모가 진행된다.
- 체인의 피치가 작으면 낮은 부하와 고속에 적합하다.
- 긴장측은 위쪽에 위치하고, 이완측은 아래쪽에 위치한다.
- 두 축 간 길이가 긴 경우 체인의 안쪽에 아이들러를 설치한다(단, 양방향 회전이라도 한쪽에만 설치한다).

※ 아이들러 : 두 축 간 길이가 긴 경우 중간에 설치하는 기구

㉣ 체인의 회전반지름(R) : 각속도가 일정한 경우 회전 반지름 변동에 따른 체인의 최대 속도에 대한 최소 속도의 비는 최대 회전 반지름에 대한 최소 회전 반지름의 비와 같다.
- 각속도가 일정할 때 회전반지름 변동에 따른 체인의 최대 속도 및 최소 속도의 비
  - 1식

$$\frac{\text{체인의 최소 속도}(v_{\min})}{\text{체인의 최대 속도}(v_{\max})} = \frac{\text{최소 회전반지름}(R_{\min})}{\text{최대 회전반지름}(R_{\max})}$$

  - 2식

$$\frac{R_{\min}}{R_{\max}} = \cos\frac{\alpha}{2} = \cos\left(\frac{1}{2}\times\frac{2\pi}{Z}\right) = \cos\frac{\pi}{Z}$$

㉤ 체인의 속도변동률(λ) : 스프로킷 휠의 잇수나 스프로킷 휠의 피치원지름을 크게 하거나 피치(p)를 작게 하면 속도변동률이 감소된다. 속도변동률이 크면 장력의 변동 소음, 진동이 커지면서 마멸의 원인이 된다.
- 1식

$$\lambda = \frac{v_{\max} - v_{\min}}{v_{\max}} = 1 - \frac{v_{\min}}{v_{\max}} = 1 - \cos\frac{\pi}{2} \fallingdotseq \frac{\pi^2}{2Z^2}$$

- 2식

$$\lambda = \frac{p^2}{2D_P^2}$$

② 체인 관련 계산식

㉠ 체인의 전체 길이(L)
- 1식

$L = p(\text{피치}) \times L_n(\text{링크수})$

- 2식

$$L = 2C + \frac{(Z_1+Z_2)p}{2} + \frac{(Z_2-Z_1)^2 p^2}{4C\pi^2}$$

- 3식

$$L = \left[\frac{2C}{p} + \frac{Z_1+Z_2}{2} + \frac{0.0257p}{C}(Z_1-Z_2)^2\right]p$$

여기서, Z_1, Z_2 : 스프로킷 휠의 잇수
C : 축간거리
p : 체인의 피치

※ 이 공식은 2019년 서울시 기계설계 9급 기출 표현식이다.

㉡ 체인의 링크수(L_n)

$$L_n = \frac{2C}{p} + \frac{Z_1+Z_2}{2} + \frac{(Z_2-Z_1)^2 p}{4C\pi^2}$$

※ 주의사항
링크수는 짝수로 올림해야 한다. 만일 홀수로 할 경우 반드시 Offset Link를 사용해야 한다.

㉢ 체인의 속도(v)

$$v_1 = \frac{pZ_1N_1}{60\times 1{,}000}\,(\text{m/s})$$

여기서, p : 체인의 피치(mm)
Z : 스프로킷의 잇수
N : 스프로킷 휠의 회전속도(rpm)

㉣ 스프로킷 휠의 회전속도(rpm) : 체인의 속도 구하는 공식을 응용한다.

$v = \dfrac{pzN}{1{,}000 \times 60s}$ 를 응용하면

$N = \dfrac{60{,}000\text{s} \times v(\text{m/s})}{p(\text{mm}) \times z}(\text{rpm})$

㉤ 속도비(i)

$i = \dfrac{N_2}{N_1} = \dfrac{D_1}{D_2} = \dfrac{Z_1}{Z_2}$

㉥ 체인의 전달동력(H)

$H = \dfrac{F(\text{kg}_\text{f}) \times v(\text{m/s})}{102} \times \left(\dfrac{e(\text{발열계수})}{k(\text{사용계수})}\right)(\text{PS})$

$H = \dfrac{F(\text{kg}_\text{f}) \times v(\text{m/s})}{75} \times \left(\dfrac{e(\text{발열계수})}{k(\text{사용계수})}\right)(\text{PS})$

단, 괄호 안의 수치는 주어지면 적용한다.

㉦ 체인 1개가 스프로킷 휠의 중심에 대해 이루는 각(α)

$\alpha = \dfrac{2\pi}{Z}(\text{rad})$

③ 로프(Rope)

㉠ 로프 전동장치의 정의 : 로프를 홈이 있는 풀리(Pully)에 감아서 원동축의 회전력을 종동축으로 전달하는 장치이다.

㉡ 로프 전동의 특징

- 장거리의 동력 전달이 가능하다.
- 정확한 속도비의 전동이 불확실하다.
- 전동경로가 직선이 아닌 경우에도 사용 가능하다.
- 벨트 전동에 비해 미끄럼이 작아 큰 동력의 전달이 가능하다.

㉢ 로프의 재질

- 강선(Steel Wire)
- 면(Cotton)
- 마(Hemp)

④ 로프 관련 계산식

㉠ 로프에 작용하는 인장응력(σ_t)

$\sigma_t = \dfrac{P}{An} = \dfrac{P}{\dfrac{\pi d^2}{4}n}$

여기서, P : 로프에 작용하는 인장력

d : 소선의 지름

n : 소선의 수

㉡ 로프의 장력(T)

$T = \dfrac{ws^2}{2h} + wh$

여기서, T : 장력

w : 단위 길이당 중량

s : 중심 간 거리의 $\dfrac{1}{2}$

h : 처짐량

㉢ 로프풀리의 두 축간거리(중심 간 거리, $l = 2s$) : 로프의 장력 구하는 식을 이용한다.

$s^2 = (T - wh) \times \dfrac{2h}{w}$

$s = \sqrt{(T - wh) \times \dfrac{2h}{w}}$

$2s(l_{\text{로프 중심 간 거리}}) = 2\sqrt{(T - wh) \times \dfrac{2h}{w}}$

㉣ 로프의 전체 길이(L)

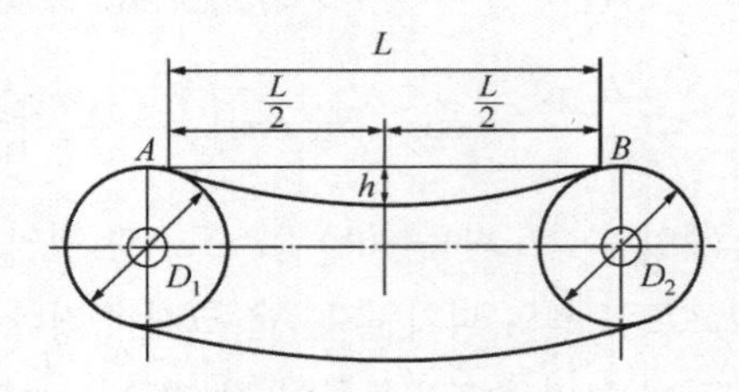

$L = \dfrac{\pi(D_1 + D_2)}{2} + L_{AB}$

㉤ 접촉점 사이의 로프 길이(L_{AB})

$L_{AB} = l\left(1 + \dfrac{8h^2}{3l^2}\right)$

여기서, l : 축간거리

㉥ 로프의 최대 늘어난 길이(x) : 위치에너지 공식을 이용해서 늘어난 길이, x를 구한다.

위치에너지 = 끝단 튕겨서 늘어난 길이 + 운동에너지

$$mgh = mgx + \frac{1}{2}kx^2$$

여기서, k : 스프링상수(N/m)

10년간 자주 출제된 문제

체인전동장치의 일반적인 특징으로 거리가 먼 것은?

① 속도비가 일정하다.
② 유지 및 보수가 용이하다.
③ 내열성・내유성・내습성이 강하다.
④ 진동과 소음이 없다.

|해설|

체인전동장치는 체인과 스프로킷이 서로 마찰을 일으키기 때문에 진동이나 소음이 일어나기 쉽다.

정답 ④

핵심이론 10 캠 기구

① 캠 기구(Cam System)

불규칙한 모양을 가지고 구동 링크의 역할을 하는 캠이 회전하면서 거의 모든 형태의 종동절의 상・하운동을 발생시킬 수 있는 간단한 운동변환장치로, 주로 내연기관의 밸브 개폐장치 등에 이용된다.

② 캠 기구의 구조

원동절(캠), 종동절, 고정절로 구성된다.

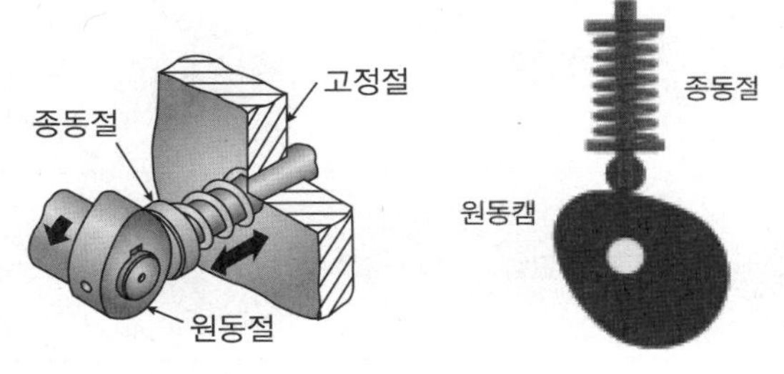

③ 캠 기구의 종류

분류	종류	형상
평면캠	판캠	
	정면캠	
	직선운동캠	
	삼각캠	

분류	종류	형상
입체캠	원통캠	
	원뿔캠	
	구형캠	
	빗판캠	

④ 캠의 압력각

캠과 종동절의 공통 법선이 종동절의 운동경로와 이루는 각이다. 압력각은 작을수록 좋으며, 30°를 넘지 않도록 해야 한다.

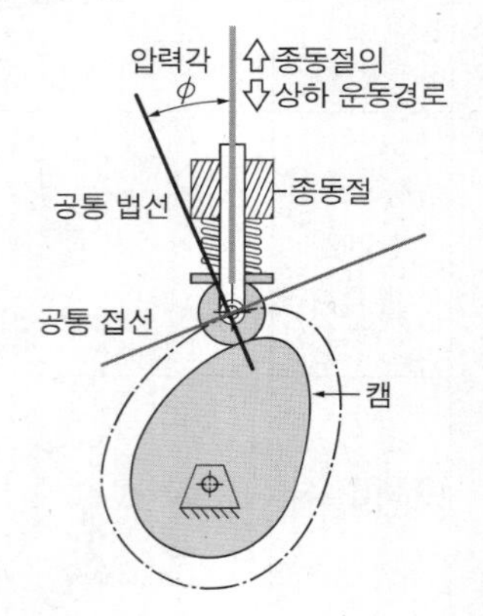

⑤ 캠 압력각을 줄이는 법

기초원의 직경을 증가시키거나 종동절의 상승량을 감소시킨다.

⑥ 캠 선도의 종류

㉠ 변위선도

㉡ 속도선도

㉢ 가속도선도

10년간 자주 출제된 문제

10-1. 입체캠의 종류에 해당하지 않는 것은?

① 원통캠　　② 정면캠

③ 빗판캠　　④ 원뿔캠

10-2. 기계요소 중 캠에 대한 설명으로 맞는 것은?

① 평면캠에는 판캠, 원뿔캠, 빗판캠이 있다.

② 입체캠에는 원통캠, 정면캠, 직선운동캠이 있다.

③ 캠 기구는 원동절(캠), 종동절, 고정절로 구성되어 있다.

④ 캠을 작도할 때는 캠 윤곽, 기초원, 캠 선도 순으로 완성한다.

|해설|

10-1

정면캠은 평면캠의 한 종류이다.

10-2

캠 기구란 다양한 형태를 가진 면 또는 홈에 의하여 회전운동 또는 왕복운동을 함으로써 주기적인 운동을 발생하는 기구로, 내연기관의 밸브 개폐장치 등에 이용된다. 캠 기구는 원동절(캠), 종동절, 고정절로 구성된다. 캠을 작도할 때는 기초원, 캠 윤곽, 캠 선도 순으로 완성한다.

정답 10-1 ② 10-2 ③

핵심이론 11 | 와셔

① 와셔의 기능

볼트와 너트를 체결할 때 볼트의 밑면에 끼워서 사용하는 기계요소로, 볼트와 체결되는 부위에 집중되는 압력을 분산시키는 기능을 한다.

② 와셔의 종류

종류	형상	기능
평와셔 (Plain Washers)		• 표면이 편평한 모양의 원형 와셔
사각와셔		• 사각형태의 와셔
스프링와셔		• 일반용 볼트와 작은 나사 등에 사용 • 강, 스테인리스 및 인청동 등으로 만든다.
풀림 방지 고정와셔		• 풀림 방지 기능
크라운와셔		• 베어링너트와 세트로 사용 • 축에서 베어링 이탈 방지를 목적으로 사용
내부 이 로크와셔		• 내부에 이 형상이 있어서 Lock에 유리
외부 이 로크와셔		• 외부에 이 형상이 있어서 Lock에 유리
접시스프링 와셔 (Conical Spring Washers, 접시와셔)	ϕD, H, ϕd	• 진동에 의한 풀림 방지에 탁월함

TIP 진동에 의한 풀림을 줄이는 와셔의 종류
접시와셔, 스프링와셔

10년간 자주 출제된 문제

11-1. 베어링너트와 세트로 사용하는 와셔로 축에서 베어링 이탈 방지용으로 사용되는 것은?

① 평와셔
② 크라운와셔
③ 스프링와셔
④ 풀림 방지 고정와셔

11-2. 진동에 의한 풀림을 줄이기 위해 사용하는 와셔는?

① 사각와셔
② 고정와셔
③ 접시스프링와셔
④ 내부 이 로크와셔

|해설|

11-1
크라운와셔는 축에서 베어링 이탈 방지용으로 사용된다.

11-2
진동 방지용으로 사용하는 와셔는 스프링와셔와 접시와셔이다.

정답 11-1 ② 11-2 ③

핵심이론 12 | 기타 기계요소

① 핀(Pin)

㉠ 핀의 기능

분해나 조립하는 부품의 위치결정이나 부품의 고정, 볼트와 너트의 풀림 방지 등을 위해서 사용하는 기계요소이다.

㉡ 핀의 종류 및 특징

- 평행핀 : 리머가공된 구멍 안에 끼워져서 주로 위치결정용으로 사용한다.
- 테이퍼핀 : 키의 대용이나 부품 고정용으로 사용하는 핀으로, 테이퍼핀을 때려 박으면 단단하게 구멍에 들어가서 잘 빠지지 않는다. 테이퍼핀의 테이퍼값은 $\frac{1}{50}$ 이다.

  ※ 테이퍼핀의 호칭지름 = 두께가 가는 쪽의 지름
- 분할핀 : 핀 전체가 두 갈래로 되어 있어서 핀이 쉽게 빠져나오지 못하도록 하는 형상으로, 주로 너트의 풀림 방지용으로 사용된다.
- 너클핀 : 한쪽 포크(Fork)에 아이(Eye) 부분을 연결하여 구멍에 수직으로 평행핀을 끼워서 두 부분이 상대적으로 각운동을 할 수 있도록 연결한 핀이다.

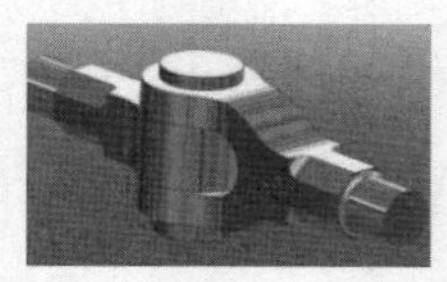

㉢ 밀링작업 시 핀의 배치방법

밀링커터의 우회전 커팅작업과 밀링테이블의 이송방향을 고려하면 가장 적합한 맞춤핀의 배치는 다음과 같다.

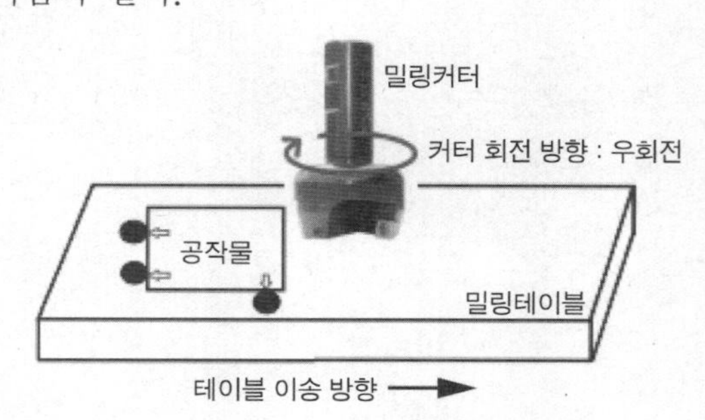

㉣ 핀(Pin) 관련 계산식

- 핀에 작용하는 허용전단응력(τ_a)

$$\tau_a = \frac{Q}{A \times 2} \text{ (핀이 절단될 때 위와 아래에 절단면이 생김)}$$

$$= \frac{Q}{\frac{\pi d^2}{4} \times 2}$$

$$= \frac{2Q}{\pi d^2} \text{ (N/mm}^2\text{)}$$

여기서, Q : 축 방향 하중(N), d : 핀지름(mm)

- 너클핀의 지름(d)

$$d = \sqrt{\frac{2P}{\pi \tau_a}} \text{ (mm)}$$

P : 작용하중(N), τ_a : 허용전단응력(N/mm^2)

- 핀의 폭경비

$$\frac{l}{d} = \frac{\text{길이}}{\text{지름}}$$

② 스냅링(Snap Ring)

축의 외면이나 구멍의 내면에 조립되는 부품을 축 방향으로 고정하거나 정 위에서의 이탈을 방지하고자 할 때 사용하는 기계요소로 고정링, 멈춤링이라고도 한다. 스냅링은 핀이나 키와 같은 동력 전달을 목적으로 하는 것이 아니라 위치 고정용임을 유념해야 한다.

[스냅링]

③ 지그(Jig) 및 고정구(Fixture)

지그와 고정구를 사용하면 소품종의 제품을 대량으로 생산하기에 효율적이므로 제조원가를 절감할 수 있다. 반대로 다품종을 소량으로 생산하려면 그만큼 많은 종류의 지그나 고정구를 만들어야 하므로 제조원가는 커진다.

㉠ 지그(Jig)의 종류
- 형판지그 : 별도의 고정장치가 없어도 위치결정 핀으로 작업 위치를 잡을 수 있다. CAD를 도입하기 전 손으로 제도할 시기에 각종 형상을 그리거나 지울 때 도면 위에 대고 그리는 템플릿 자보다 정밀도는 낮을 수 있으나 작업속도는 빠르다. 따라서 설명은 Template Jig를 나타낸 것이다.
- 평판지그 : 위치결정구와 클램프로 공작물을 고정시킨다.
- 박스지그 : 상자의 형태로 회전시킬 수 있어서 공작물을 고정시킨 후 회전시키면서 여러 면을 가공할 수 있어서 작업속도가 빠르다. 주로 볼트를 사용해 공작물을 고정시킨다.
- 앵글판지그 : 평판지그에 각도를 변형시켜 만든 지그로 평판지그와 같이 위치결정구와 클램프로 공작물을 고정시킨다.

㉡ 고정구(Fixture)의 종류 : 공작물의 위치 고정을 목적으로 하는 고정구는 공작물의 형상과 그 목적에 따라 다양한 종류가 있으나 주로 평평한 플레이트와 각도를 가진 앵글 플레이트가 많이 사용된다.
- 플레이트 고정구(Plate Fixture) : 가장 많이 사용되는 일반적인 형태로 평평한 판에 구멍이 뚫려 있는 부분으로 보조장치를 통해 간접적으로 고정시킨다.

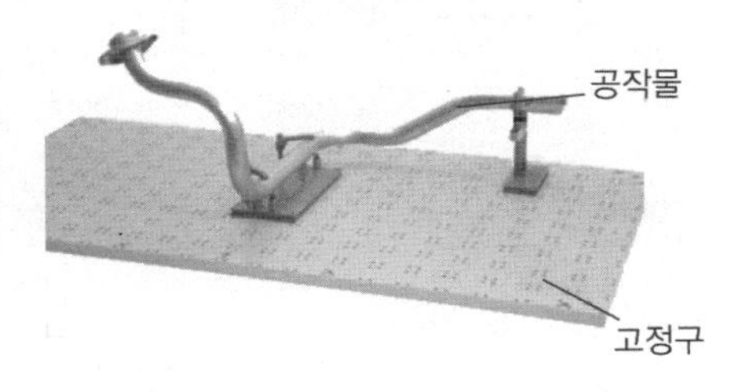

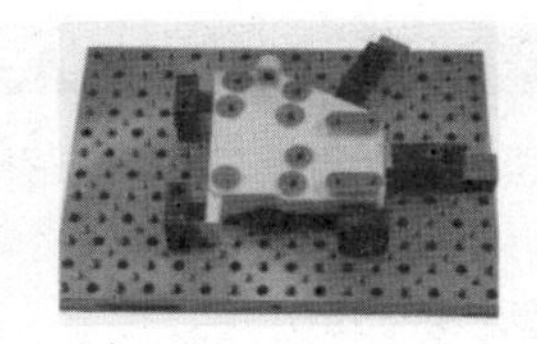

- 앵글 플레이트 고정구(Angle Plate Fixture) : 일반 플레이트 고정구에 각도를 주어 공작물을 고정시키는 장치이다. 고정된 공작물에 2차 가공을 위해서는 지지부를 강하게 만들 필요가 있다. 고정 각도를 가진 것과 유동적으로 각도를 조정할 수 있는 것으로 구분된다.

- 스핀 인덱스 고정구(Spin Index Fixture) : 일정한 간격으로 공작물을 회전시키면서 가공하고자 할 때 공작물을 고정시키는 고정구이다.

10년간 자주 출제된 문제

12-1. 다음 중 핀(Pin)의 용도가 아닌 것은?

① 핸들과 축의 고정
② 너트의 풀림 방지
③ 볼트의 마모 방지
④ 분해 조립할 때 조립할 부품의 위치결정

12-2. 핀 전체가 두 갈래로 되어 있어 너트의 풀림 방지나 핀이 빠져나오지 않게 하는 데 사용되는 핀은?

① 테이퍼핀　　② 너클핀
③ 분할핀　　④ 평행핀

|해설|

12-1

핀(Pin)은 목적에 맞게 고정용으로 테이퍼핀을, 너트의 풀림 방지용으로 분할핀을, 부품의 위치결정용으로 평행핀을, 연결 부위의 각운동을 위해서는 너클핀을 사용한다.

12-2

핀의 종류 및 용도

종류	용도	그림
평행핀	• 리머된 구멍에 끼워서 위치결정에 사용한다.	
테이퍼핀	• 키의 대용이나 부품 고정 용도로 사용한다. • 테이퍼 값은 $\frac{1}{50}$ 이다.	
분할핀	• 핀 전체가 두 갈래로 되어 있어 너트의 풀림 방지나 핀이 빠져나오지 않게 하는 데 사용된다.	
너클핀	• 한쪽 포크(Fork)에 아이(Eye) 부분을 연결하여 구멍에 수직으로 평행핀을 끼워 두 부분이 상대적으로 각운동을 할 수 있도록 연결한 핀이다.	

정답 12-1 ③　12-2 ③

핵심이론 13 | 용접 일반

① 용접의 정의

용접이란 두 개의 서로 다른 물체를 접합하고자 할 때 사용하는 기술이다. 용접에는 다음과 같은 방법이 있다.

㉠ 용접 : 접합 부위를 용융시켜 여기에 용가재인 용접봉을 넣어 접합하는 방법

㉡ 압접 : 접합 부위를 녹기 직전까지 가열하여 압력을 통해 접합하는 방법

㉢ 납땜 : 모재를 녹이지 않고 모재보다 용융점이 낮은 금속(납)을 녹여 접합부에 넣어 표면장력(원자 간 확산 침투)으로 접합시키는 방법

② 용접의 분류

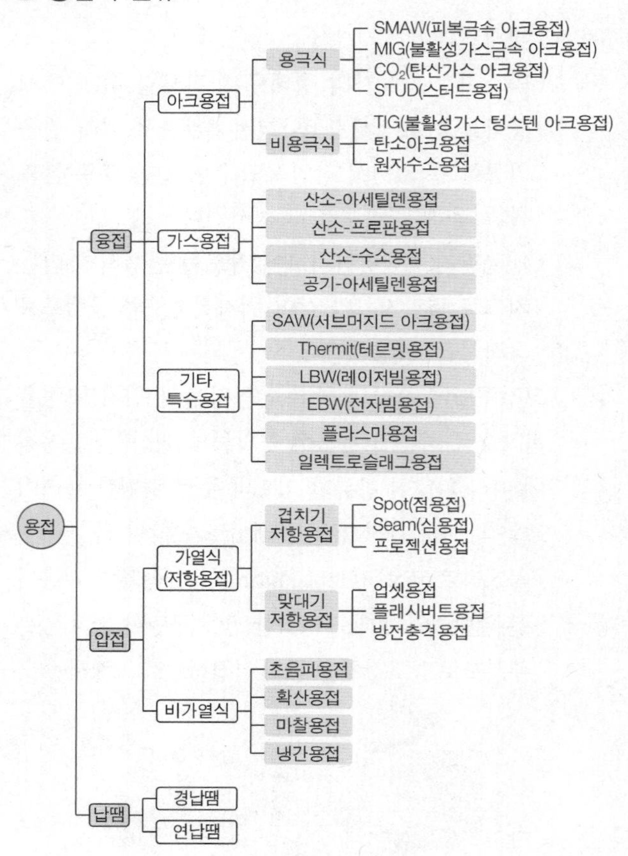

③ 용접과 타 접합법의 차이점

구분	종류	장점 및 단점
야금적 접합법	용접이음 (용접, 압접, 납땜)	• 결합부에 틈새가 발생하지 않아서 이음효율이 좋다. • 영구적인 결합법으로 한 번 결합 시 분리가 불가능하다.
기계적 접합법	리벳이음, 볼트이음, 나사이음, 핀, 키, 접어잇기 등	• 결합부에 틈새가 발생하여 이음효율이 좋지 않다. • 일시적 결합법으로, 잘못 결합할 경우 수정이 가능하다.
화학적 접합법	본드와 같은 화학물질에 의한 접합	• 간단하게 결합이 가능하다. • 이음강도가 크지 않다.

※ 야금 : 광석에서 금속을 추출하고 용융 후 정련하여 사용목적에 알맞은 형상으로 제조하는 기술

④ 용접의 장점 및 단점

용접의 장점	용접의 단점
• 이음효율이 높다. • 재료가 절약된다. • 제작비가 적게 든다. • 이음구조가 간단하다. • 유지와 보수가 용이하다. • 재료의 두께 제한이 없다. • 이종재료도 접합이 가능하다. • 제품의 성능과 수명이 향상된다. • 유밀성, 기밀성, 수밀성이 우수하다. • 작업공정이 줄고, 자동화가 용이하다.	• 취성이 생기기 쉽다. • 균열이 발생하기 쉽다. • 용접부의 결함 판단이 어렵다. • 용융 부위 금속의 재질이 변한다. • 저온에서 쉽게 약해질 우려가 있다. • 용접 모재의 재질에 따라 영향을 크게 받는다. • 용접 기술자(용접사)의 기량에 따라 품질이 다르다. • 용접 후 변형 및 수축에 따라 잔류응력이 발생한다.

⑤ 용접 자세(Welding Position)

자세	KS 규격	모재와 용접봉의 위치	ISO	AWS
아래보기	F (Flat Position)	바닥면	PA	1G
수평	H (Horizontal Position)		PC	2G
수직	V (Vertical Position)		PF	3G
위보기	OH (Overhead Position)		PE	4G

⑥ 용극식 아크용접법과 비용극식 아크용접법

용극식 용접법 (소모성 전극)	용가재인 와이어 자체가 전극이 되어 모재와의 사이에서 아크를 발생시키면서 용접 부위를 채워나가는 용접 방법으로, 이때 전극의 역할을 하는 와이어는 소모된다. 예 서브머지드 아크용접(SAW), MIG용접, CO_2용접 (탄산가스용접), 피복금속 아크용접(SMAW)
비용극식 용접법 (비소모성 전극)	전극봉을 사용하여 아크를 발생시키고 이 아크열로 용가재인 용접봉을 녹이면서 용접하는 방법으로, 이때 전극은 소모되지 않고 용가재인 와이어(피복금속 아크용접의 경우 피복용접봉)는 소모된다. 예 TIG용접

⑦ 열영향부(HAZ ; Heat Affected Zone)

㉠ 정의 : 용접할 때 용접부 주위가 발생 열에 영향을 받아서 금속의 성질이 처음 상태와 달라지는 부분으로, 용융점(1,538℃) 이하에서 금속의 미세조직이 변한 부분이다.

㉡ 열영향부의 특징

- 열영향부의 경계는 뚜렷하지 않다.
- 열영향부는 융합부에 접해 있어서 금속조직이 변한 부분이다.
- 열영향부는 용융되지는 않았으나 용접열에 의해 영향을 받은 부분이다.

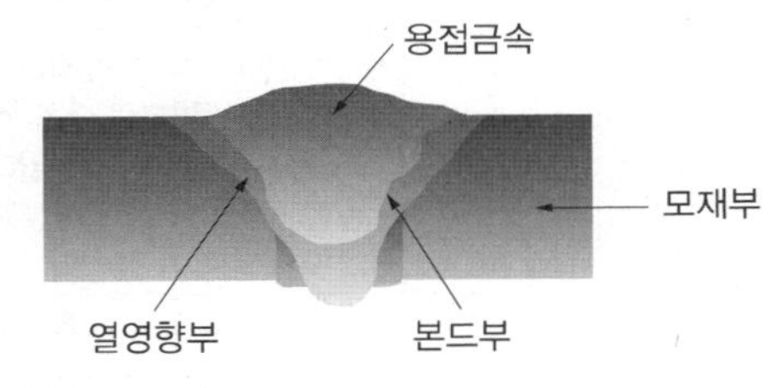

⑧ 보수용접

㉠ 아크에어가우징 : 탄소아크절단법에 고압(5~7 kg_f/cm^2) 의 압축공기를 병용하는 방법이다. 용융된 금속에 탄소봉과 평행으로 분출하는 압축공기를 전극 홀더의 끝부분에 위치한 구멍을 통해 연속해서 불어내어 홈을 파내는 방법으로, 홈가공이나 구멍 뚫기, 절단 작업에 사용된다. 아크에어가우징은 철이나 비철 금속에 모두 이용할 수 있으며, 가스가우징보다 작업능률이 2~3배 높고, 모재에도 해를 입히지 않는다.

- 아크에어가우징의 구성요소
  - 가우징 머신
  - 가우징봉(탄소전극봉)
  - 가우징 토치
  - 컴프레서(압축공기)

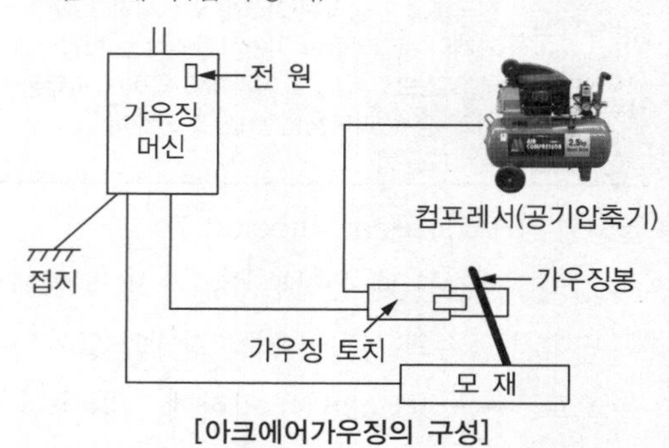

[아크에어가우징의 구성]

㉡ 스카핑(Scarfing) : 강괴나 강편, 강재 표면의 홈이나 개재물, 탈탄층 등을 제거하기 위한 불꽃가공으로 가능한 한 얇으면서 타원형의 모양으로 표면을 깎아내는 가공법이다.

⑨ 용착법의 종류

㉠ 정의

구분	종류	
용접 방향에 의한 용착법	전진법	• 한쪽 끝에서 다른 쪽 끝으로 용접을 진행하는 방법으로, 용접 진행 방향과 용착 방향이 서로 같다. • 용접 길이가 길면 끝부분쪽에 수축과 잔류응력이 생긴다.
	후퇴법	• 용접을 단계적으로 후퇴하면서 전체 길이를 용접하는 방법으로, 용접 진행 방향과 용착 방향이 서로 반대가 된다. • 수축과 잔류응력을 줄이는 용접기법이지만 작업능률이 떨어진다.
	대칭법	• 변형과 수축응력의 경감법으로, 용접의 전 길이에 걸쳐 중심에서 좌우 또는 용접물 형상에 따라 좌우 대칭으로 용접하는 기법이다.
	스킵법 (비석법)	• 용접부 전체의 길이를 5개 부분으로 나누어 1-4-2-5-3 순으로 용접하는 방법으로, 용접부에 잔류응력을 작게 해야 할 경우에 사용한다.
다층 비드 용착법	덧살올림법 (빌드업법)	• 각 층마다 전체의 길이를 용접하면서 쌓아올리는 방법으로, 가장 일반적인 방법이다.
	전진블록법	• 한 개의 용접봉으로 살을 붙일만한 길이로 구분해서 홈을 한 층 완료한 후 다른 층을 용접하는 방법이다.
	캐스 케이드법	• 한 부분의 몇 층을 용접하다가 다음 부분의 층으로 연속시켜 전체가 단계를 이루도록 용착시켜 나가는 방법이다.

㉡ 용접봉 운봉 방식

구분	종류	
용접 방향에 의한 용착법	전진법 1 2 3 4 5	후퇴법 5 4 3 2 1
	대칭법 4 2 1 3	스킵법(비석법) 1 4 2 5 3
다층 비드 용착법	빌드업법(덧살올림법) 4 3 2 1	캐스케이드법 4 3 2 1
	전진블록법 4 8 12 / 3 7 11 / 2 6 10 / 1 5 9	–

10년간 자주 출제된 문제

13-1. 용접법과 기계적 접합법을 비교할 때, 용접법의 장점이 아닌 것은?

① 작업공정이 단축되며 경제적이다.
② 기밀성, 수밀성, 유밀성이 우수하다.
③ 재료가 절약되고 중량이 가벼워진다.
④ 이음효율이 낮다.

13-2. 다음 중 압접에 속하지 않는 용접법은?

① 스폿용접 ② 심용접
③ 프로젝션용접 ④ 서브머지드 아크용접

|해설|

13-1
용접은 두 금속을 용해한 후 하나의 물체로 만들기 때문에 리벳과 같은 기계적 접합법보다 이음효율이 더 높다.

13-2
용접에 속하는 서브머지드 아크용접(SAW)은 용접 부위에 미세한 입상의 플럭스를 도포한 뒤 와이어가 공급되어 아크가 플럭스 속에서 발생되므로 불가시 아크용접, 잠호용접, 개발자의 이름을 딴 케네디용접 그리고 이를 개발한 회사의 상품명인 유니언 멜트 용접이라고도 한다.

정답 13-1 ④ 13-2 ④

핵심이론 14 피복금속아크용접 (SMAW ; Shield Metal Arc Welding)

① 피복금속아크용접의 정의

용접 홀더에 피복제로 둘러 싼 용접봉을 끼운 후 용접봉 끝의 심선을 용접물에 접촉시키면 아크가 발생되는데, 이 아크열로 따로 떨어진 모재들을 하나로 접합시키는 영구 결합법이다. 용접봉 자체가 전극봉과 용가재 역할을 동시에 하는 용극식 용접법에 속한다.

※ 아크 : 이온화된 기체들이 불꽃 방전에 의해 청백색의 강렬한 빛과 열을 내는 현상으로 아크 중심의 온도는 약 6,000℃이며, 보통 3,000~5,000℃ 정도이다.

> **TIP 아크용접**
> 아크(Arc)를 열원으로 하여 용접하는 방법으로, 그 종류에는 피복금속 아크용접, TIG용접, MIG용접, CO_2용접, 서브머지드 아크용접(SAW) 등이 있다.

② 피복금속아크용접의 회로 순서

용접기 → 전극케이블 → 용접봉 홀더 → 용접봉 → 아크 → 모재 → 접지케이블

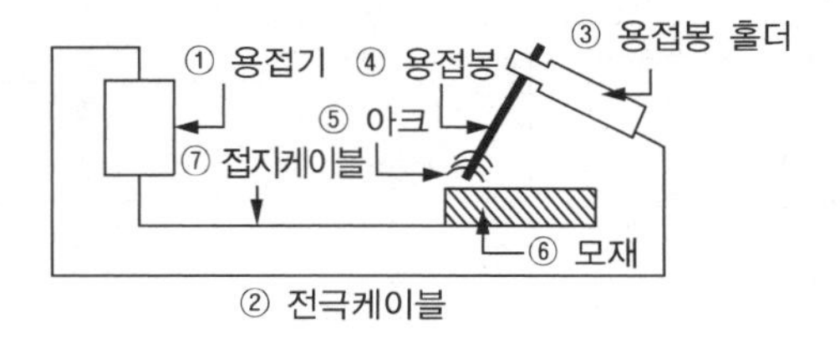

③ 피복제(Flux)의 역할

㉠ 아크를 안정시킨다.
㉡ 전기절연작용을 한다.
㉢ 보호가스를 발생시킨다.
㉣ 스패터의 발생을 줄인다.
㉤ 아크의 집중성을 좋게 한다.
㉥ 용착금속의 급랭을 방지한다.
㉦ 용착금속의 탈산·정련작용을 한다.
㉧ 용융금속과 슬래그의 유동성을 좋게 한다.
㉨ 용적(쇳물)을 미세화하여 용착효율을 높인다.
㉩ 용융점이 낮고 적당한 점성의 슬래그를 생성한다.

㉠ 슬래그 제거를 쉽게 하여 비드의 외관을 좋게 한다.

㉡ 적당량의 합금 원소를 첨가하여 금속에 특수성을 부여한다.

㉢ 중성 또는 환원성 분위기를 만들어 질화나 산화를 방지하고 용융금속을 보호한다.

㉣ 쇳물이 쉽게 달라붙도록 힘을 주어 수직자세, 위보기 자세 등 어려운 자세를 쉽게 한다.

④ 연강용 피복아크용접봉의 규격

(E4301 : 일미나이트계 용접봉)

E	43	01
Electrode (전기용접봉)	용착금속의 최소 인장강도(kg_f/mm^2)	피복제의 계통(종류) (일미나이트계)

⑤ 직류아크용접기와 교류아크용접기의 차이점

특성	직류아크용접기	교류아크용접기
아크 안정성	우수	보통
비피복봉 사용 여부	가능	불가능
극성 변화	가능	불가능
자기쏠림방지	가능	불가능
무부하전압	약간 낮음(40~60V)	높음(70~80V)
전격의 위험	낮다.	높다.
유지보수	다소 어렵다.	쉽다.
고장	비교적 많다.	적다.
구조	복잡하다.	간단하다.
역률	양호	불량
가격	고가	저렴

⑥ 교류아크용접기의 규격

종류	정격 2차 전류(A)	정격 사용률(%)	정격부하 전압(V)	사용 용접봉 지름(mm)
AW200	200	40	30	2.0~4.0
AW300	300	40	35	2.6~6.0
AW400	400	40	40	3.2~8.0
AW500	500	60	40	4.0~8.0

※ AW는 교류아크용접기를 나타내는 기호이다.

⑦ 용접기의 4가지 특성

㉠ 정전류 특성 : 부하전류나 전압이 변해도 단자전류는 거의 변하지 않는다.

㉡ 정전압 특성 : 부하전류나 전압이 변해도 단자전압은 거의 변하지 않는다.

㉢ 수하 특성 : 부하전류가 증가하면 단자전압이 낮아진다.

㉣ 상승 특성 : 부하전류가 증가하면 단자전압이 약간 높아진다.

⑧ 용접기의 사용률

용접기를 사용하여 아크용접을 할 때 용접기의 2차 측에서 아크를 발생한 시간을 의미한다.

• $사용률(\%) = \frac{아크\ 발생시간}{아크\ 발생시간 + 정지시간} \times 100\%$

⑨ 아크용접기의 극성

직류 정극성 (DCSP ; Direct Current Straight Polarity)	• 용입이 깊다. • 비드폭이 좁다. • 용접봉의 용융속도가 느리다. • 후판(두꺼운 판)용접이 가능하다. • 모재에는 (+)전극이 연결되며 70% 열이 발생하고, 용접봉에는 (−)전극이 연결되며 30% 열이 발생한다.
직류 역극성 (DCRP ; Direct Current Reverse Polarity)	• 용입이 얕다. • 비드폭이 넓다. • 용접봉의 용융속도가 빠르다. • 박판(얇은 판)용접이 가능하다. • 주철, 고탄소강, 비철금속의 용접에 쓰인다. • 모재에는 (−)전극이 연결되며 30% 열이 발생하고, 용접봉에는 (+)전극이 연결되며 70% 열이 발생한다.
교류(AC)	• 극성이 없다. • 전원 주파수의 $\frac{1}{2}$사이클마다 극성이 바뀐다. • 직류 정극성과 직류 역극성의 중간적 성격이다.

⑩ 용접봉의 건조 온도

용접봉은 습기에 민감해서 건조가 필요하다.

㉠ 일반용접봉 : 약 100℃에서 30분~1시간

㉡ 저수소계 용접봉 : 약 300~350℃에서 1~2시간

⑪ 피복아크용접봉의 종류

종류		특징
E4301	일미 나이트계	• 일미나이트($TiO_2 \cdot FeO$)를 약 30% 이상 합금한 것으로 우리나라에서 많이 사용한다. • 일본에서 처음 개발한 것으로 작업성과 용접성이 우수하며 값이 저렴하여 철도나 차량, 구조물, 압력용기에 사용된다. • 내균열성, 내가공성, 연성이 우수하여 25mm 이상의 후판용접도 가능하다.
E4303	라임 티타늄계	• E4313의 새로운 형태로 약 30% 이상의 산화타이타늄(TiO_2)과 석회석($CaCO_3$)이 주성분이다. • 산화타이타늄과 염기성 산화물이 다량으로 함유된 슬래그 생성식이다. • 피복이 두껍고 전 자세 용접성이 우수하다. • E4313의 작업성을 따르면서 기계적 성질과 일미나이트계의 작업성이 부족한 점을 개량하여 만든 용접봉이다. • 고산화타이타늄계 용접봉보다 약간 높은 전류를 사용한다.
E4311	고셀룰로스계	• 피복제에 가스 발생제인 셀룰로스(유기물)를 20~30% 정도 포함한 가스 생성식의 대표적인 용접봉이다. • 발생 가스량이 많아 피복량이 얇고 슬래그가 적어 수직, 위보기 용접에서 우수한 작업성을 보인다. • 가스 생성에 의한 환원성 아크 분위기로 용착금속의 기계적 성질이 양호하며 아크는 스프레이 형상으로 용입이 크고 용융속도가 빠르다. • 슬래그가 적어 비드의 표면이 거칠고 스패터가 많다. • 사용 전류는 슬래그 실드계 용접봉에 비해 10~15% 낮게 하며, 사용 전 70~100℃에서 30분~1시간 건조해야 한다. • 도금 강판, 저합금강, 저장탱크나 배관공사에 이용한다.
E4313	고산화타이타늄계	• 균열에 대한 감수성이 좋아서 구속이 큰 구조물의 용접이나 고탄소강, 쾌삭강의 용접에 사용한다. • 피복제에 산화타이타늄(TiO_2)을 약 35% 정도 합금한 것으로, 일반구조용 용접에 사용된다. • 용접기의 2차 무부하전압이 낮을 때에도 아크가 안정적이며 조용하다. • 스패터가 적고 슬래그의 박리성도 좋아서 비드의 모양이 좋다. • 저합금강이나 탄소량이 높은 합금강의 용접에 적합하다. • 다층 용접에서는 만족할 만한 품질을 만들지 못한다. • 기계적 성질이 다른 용접봉에 비해 약하고 고온 균열을 일으키기 쉬운 단점이 있다.
E4316	저수소계	• 용접봉 중에서 피복제의 염기성이 가장 높다. • 석회석이나 형석을 주성분으로 한 피복제를 사용한다. • 주로 보통 저탄소강의 용접에 사용되나 저합금강과 중·고탄소강의 용접에도 사용된다. • 용착금속 중의 수소량이 타 용접봉에 비해 1/10 정도로 현저하게 적다. • 균열에 대한 감수성이 좋아 구속도가 큰 구조물이 용접이나 탄소 및 황의 함유량이 많은 쾌삭강용접에 사용한다. • 피복제는 습기를 잘 흡수하기 때문에 사용 전에 300~350℃에서 1~2시간 건조 후 사용해야 한다.
E4324	철분 산화타이타늄계	• E4313의 피복제에 철분을 50% 정도 첨가한 것이다. • 작업성이 좋고 스패터가 적게 발생하나 용입이 얕다. • 용착금속의 기계적 성질은 E4313과 비슷하다.
E4326	철분 저수소계	• E4316의 피복제에 30~50% 정도의 철분을 첨가한 것으로 용착속도가 크고 작업능률이 좋다. • 용착금속의 기계적 성질이 양호하고 슬래그의 박리성이 저수소계 용접봉보다 좋으며 아래보기나 수평 필릿용접에만 사용된다.
E4327	철분 산화철계	• 주성분인 산화철에 철분을 첨가한 것으로, 규산염을 다량 함유하고 있어서 산성의 슬래그가 생성된다. • 아크가 분무상으로 나타나며 스패터가 적고 용입은 E4324보다 깊다. • 비드의 표면이 곱고 슬래그의 박리성이 좋아서 아래보기나 수평 필릿용접에 많이 사용된다.

⑫ 용접 홀더의 종류(KS C 9607)

종류	정격 용접 전류(A)	홀더로 잡을 수 있는 용접봉 지름(mm)	접촉할 수 있는 최대 홀더용 케이블의 도체 공정 단면적(mm^2)
125호	125	1.6~3.2	22
160호	160	3.2~4.0	30
200호	200	3.2~5.0	38
250호	250	4.0~6.0	50
300호	300	4.0~6.0	50
400호	400	5.0~8.0	60
500호	500	6.4~10.0	80

10년간 자주 출제된 문제

14-1. 용접의 피복 배합제 중 탈산제로 쓰이는 가장 적합한 것은?

① 탄산칼륨　② 페로망간
③ 형석　④ 이산화망간

14-2. 피복아크용접봉에서 피복제의 역할로 옳은 것은?

① 재료의 급랭을 도와준다.
② 산화성 분위기로 용착금속을 보호한다.
③ 슬래그 제거를 어렵게 한다.
④ 아크를 안정시킨다.

14-3. 피복아크용접봉의 피복제작용을 설명한 것 중 틀린 것은?

① 스패터를 많게 하고, 탈산·정련작용을 한다.
② 용융금속의 용적을 미세화하고, 용착효율을 높인다.
③ 슬래그 제거를 쉽게 하며, 파형이 고운 비드를 만든다.
④ 공기로 인한 산화, 질화 등의 해를 방지하여 용착금속을 보호한다.

|해설|

14-1

용접봉의 피복 배합제 중에서 탈산제로는 사용되는 것은 페로망간과 페로실리콘이다.

14-2

피복제(Flux)의 역할

- 아크를 안정시킨다.
- 전기절연작용을 한다.
- 보호가스를 발생시킨다.
- 아크의 집중성을 좋게 한다.
- 용착금속의 급랭을 방지한다.
- 탈산작용 및 정련작용을 한다.
- 용융금속과 슬래그의 유동성을 좋게 한다.
- 용적(쇳물)을 미세화하여 용착효율을 높인다.
- 슬래그 제거를 쉽게 하여 비드의 외관을 좋게 한다.
- 적당량의 합금 원소 첨가로 금속에 특수성을 부여한다.
- 중성 또는 환원성 분위기를 만들어 질화나 산화를 방지하고 용융금속을 보호한다.
- 쇳물이 쉽게 달라붙을 수 있도록 힘을 주어 수직자세, 위보기자세 등 어려운 자세를 쉽게 한다.

14-3

피복제는 스패터의 발생을 적게 하고, 탈산·정련작용을 한다.

정답 14-1 ② 14-2 ④ 14-3 ①

핵심이론 15 가스용접 및 가스절단 (Gas Welding & Cutting)

① 가스용접

㉠ 가스용접의 정의 : 주로 산소-아세틸렌가스를 열원으로 하여 용접부를 용융하면서 용가재를 공급하여 접합시키는 용접법으로, 그 종류에는 사용하는 연료가스에 따라 산소-아세틸렌 용접, 산소-수소용접, 산소-프로판용접, 공기-아세틸렌용접 등이 있다. 산소-아세틸렌가스의 불꽃온도는 약 3,430℃이다.

㉡ 가스의 분류

조연성 가스	다른 연소 물질이 타는 것을 도와주는 가스	산소, 공기
가연성 가스 (연료 가스)	산소나 공기와 혼합하여 점화하면 빛과 열을 내면서 연소하는 가스	아세틸렌, 프로판, 메탄, 부탄, 수소
불활성가스	다른 물질과 반응하지 않는 기체	아르곤, 헬륨, 네온

㉢ 가스용접의 장점

- 운반이 편리하고 설비비가 저렴하다.
- 전원이 없는 곳에 쉽게 설치할 수 있다.
- 아크용접에 비해 유해 광선의 피해가 작다.
- 가열할 때 열량 조절이 비교적 자유로워 박판용접에 적당하다.
- 기화용제가 만든 가스 상태의 보호막은 용접 시 산화작용을 방지한다.
- 산화불꽃, 환원불꽃, 중성불꽃, 탄화불꽃 등 불꽃의 종류를 다양하게 만들 수 있다.

㉣ 가스용접의 단점

- 폭발의 위험이 있다.
- 금속이 탄화 및 산화될 가능성이 많다.
- 아크용접에 비해 불꽃의 온도가 낮다. 아크(약 3,000~5,000℃), 산소-아세틸렌 불꽃(약 3,430℃)
- 열의 집중성이 나빠서 효율적인 용접이 어려우며, 가열범위가 커서 용접 변형이 크고 일반적으로 용접부의 신뢰성이 작다.

㉤ 가스별 불꽃온도 및 발열량

가스 종류	불꽃온도(℃)	발열량(kcal/m³)
아세틸렌	3,430	12,500
부탄	2,926	26,000
수소	2,960	2,400
프로판	2,820	21,000
메탄	2,700	8,500

TIP 가스용접용 불꽃과 아크의 온도 비교
가스용접에서 사용되는 대표적인 불꽃인 산소-아세틸렌가스 불꽃의 온도는 약 3,430℃이나 아크용접의 열원인 아크(Arc)는 약 3,000~5,000℃이므로 열원의 온도는 아크용접이 가스용접보다 더 높다.

㉥ 가스용접봉의 표시 : GA43 용접봉의 경우

G	A	43
가스용접봉	용착금속의 연신율 구분	용착금속의 최저 인장강도(kg_f/mm^2)

㉦ 가스용접에서의 전진법과 후진법의 차이점

구분	전진법	후진법
열 이용률	나쁘다.	좋다.
비드의 모양	보기 좋다.	매끈하지 못하다.
홈의 각도	크다(약 80°).	작다(약 60°).
용접속도	느리다.	빠르다.
용접 변형	크다.	작다.
용접 가능 두께	두께 5mm 이하의 박판	후판
가열시간	길다.	짧다.
기계적 성질	나쁘다.	좋다.
산화 정도	심하다.	양호하다.
토치 진행 방향 및 각도	좌 우 / 오른쪽 → 왼쪽 / 45° 45°	좌 우 / 왼쪽 → 오른쪽 / 30° 75~90°

㉧ 불꽃의 이상현상

- 인화 : 팁 끝이 순간적으로 막히면 가스의 분출이 나빠지고 가스 혼합실까지 불꽃이 도달하여 토치를 빨갛게 달구는 현상이다.
- 역류 : 토치 내부의 청소가 불량할 때 내부 기관에 막힘이 생겨 고압의 산소가 밖으로 배출되지 못하고 압력이 낮은 아세틸렌쪽으로 흐르는 현상이다.
- 역화 : 토치의 팁 끝이 모재에 닿아 순간적으로 막히거나 팁의 과열 또는 사용가스의 압력이 부적당할 때 팁 속에서 폭발음을 내면서 불꽃이 꺼졌다가 다시 나타나는 현상이다. 불꽃이 꺼지면 산소밸브를 차단하고, 이어 아세틸렌밸브를 닫는다. 팁이 가열되었으면 물속에 담가 산소를 약간 누출시키면서 냉각한다.

㉨ 일반 가스용기의 도색 색상

가스 명칭	도색	가스 명칭	도색
산소	녹색	암모니아	백색
수소	주황색	아세틸렌	황색
탄산가스	청색	프로판(LPG)	회색
아르곤	회색	염소	갈색

※ 산업용과 의료용의 용기 색상은 다르다(의료용의 경우 산소는 백색).

㉩ 가스 호스의 색깔

용도	색깔
산소용	검은색 또는 녹색
아세틸렌용	적색

② 가스 절단

산소-아세틸렌가스 불꽃을 이용하여 재료를 절단시키는 작업으로, 가스 절단 시 팁에서 나온 불꽃의 백심 끝과 강판 사이의 간격은 1.5~2mm로 하며 절단한다.

㉠ 절단법의 열원에 의한 분류

종류	특징	분류
아크 절단	전기아크열을 이용한 금속 절단법	산소아크 절단
		피복아크 절단
		탄소아크 절단
		아크에어가우징
		플라스마 제트 절단
		불활성가스아크 절단
가스 절단	산소가스와 금속의 산화반응을 이용한 금속 절단법	산소-아세틸렌가스 절단
분말 절단	철분이나 플럭스 분말을 연속적으로 절단 산소 속에 혼입시켜서 공급하여 그 반응열이나 용제작용을 이용한 절단법	

㉡ 가스 절단을 사용하는 이유

자동차를 제작할 때는 기계 설비를 이용하여 철판을 알맞은 크기로 자른 뒤 용접한다. 그러나 이것은 기계적인 방법이고, 용접에서는 열에너지에 의해 금속을 국부적으로 용융하여 절단하는 가스 절단을 이용한다. 이는 철과 산소의 화학반응열을 이용하는 열 절단법이다.

㉢ 아세틸렌가스 토치의 사용압력

저압식	$0.07kg_f/cm^2$ 이하
중압식	$0.07 \sim 1.3kg_f/cm^2$
고압식	$1.3kg_f/cm^2$ 이상

㉣ 표준 드래그 길이(mm) = 판 두께의 20%

㉤ 수중 절단용 가스의 특징

- 연료가스로 수소가스를 가장 많이 사용한다.
- 일반적으로 수심 45m 정도까지 작업이 가능하다.
- 수중작업 시 예열가스의 양은 공기 중에서의 4~8배로 한다.
- 수중작업 시 절단 산소의 압력은 공기 중에서의 1.5~ 2배로 한다.
- 연료가스로는 수소, 아세틸렌, 프로판, 벤젠 등의 가스를 사용한다.

10년간 자주 출제된 문제

15-1. 다음 중 교류아크용접기의 종류별 특성으로 가변저항의 변화를 이용하여 용접전류를 조정하는 형식은?

① 탭 전환형 ② 가동 코일형
③ 가동 철심형 ④ 가포화 리액터형

15-2. 교류아크용접기와 비교했을 때 직류아크용접기의 특징을 옳게 설명한 것은?

① 아크의 안정성이 우수하다.
② 구조가 간단하다.
③ 극성 변화가 불가능하다.
④ 전격의 위험이 많다.

|해설|

15-1

④ 가포화 리액터형 : 가변저항의 변화로 용접전류를 조정한다. 전기적 전류 조정으로 소음이 없고 수명이 길다.
① 탭 전환형 : 코일의 감긴수에 따라 전류를 조정하므로 넓은 범위의 전류 조정이 어렵다.
② 가동 코일형 : 1, 2차 코일 중 하나를 이용하여 누설자속을 변화시켜 전류를 조정한다.
③ 가동 철심형 : 가동 철심으로 누설자속을 가감하여 전류를 조정한다.

15-2

직류아크용접기는 전류가 안정적으로 공급되므로 아크가 안정적이다.

정답 15-1 ④ 15-2 ①

핵심이론 16 TIG용접 (Tungsten Inert Gas arc welding)

① 불활성 가스 텅스텐 아크용접(TIG, 불활성 가스아크용접)의 정의

텅스텐(Tungsten) 재질의 전극봉으로 아크를 발생시킨 후 모재와 같은 성분의 용가재를 녹여가며 용접하는 특수용접법으로, 불활성 가스 텅스텐 아크용접이라고도 한다. 용접 표면을 불활성가스(Inert Gas)인 아르곤(Ar)가스로 보호하기 때문에 용접부가 산화되지 않아 깨끗한 용접부를 얻을 수 있다. 또한, 전극으로 사용되는 텅스텐 전극봉이 아크만 발생시킬 뿐 용가재를 용입부에 별도로 공급해 주기 때문에 전극봉이 소모되지 않아 비용극식 또는 비소모성 전극 용접법이라고 한다.

※ Inert Gas : 불활성 가스를 일컫는 용어로 주로 Ar 가스가 사용되며 He(헬륨), Ne(네온) 등이 있다.

② 불활성 가스 텅스텐 아크용접의 특징

㉠ 보통의 아크용접법보다 생산비가 고가이다.

㉡ 모든 용접 자세가 가능하며, 박판용접에 적합하다.

㉢ 용접 전원으로 DC나 AC가 사용되며 직류에서 극성은 용접 결과에 큰 영향을 준다.

㉣ 보호가스로 사용되는 불활성 가스는 용접봉 지지기 내를 통과시켜 용접물에 분출시킨다.

㉤ 용접부가 불활성 가스로 보호되어 용가재 합금 성분의 용착효율이 거의 100%에 가깝다.

㉥ 교류에서는 아크가 끊어지기 쉬우므로 용접전류에 고주파의 약전류를 중첩시켜 양자의 특징을 이용하여 아크를 안정시킬 필요가 있다.

㉦ 직류 정극성(DCSP)에서는 음전기를 가진 전자가 전극에서 모재쪽으로 흐르고, 가스 이온은 반대로 모재에서 전극쪽으로 흐르며 깊은 용입을 얻는다.

㉧ 불활성 가스의 압력 조정과 유량 조정은 불활성 가스 압력조정기로 하며, 일반적으로 1차 압력은 $150kg_f/cm^2$, 2차 조정압력은 $140kg_f/cm^2$ 정도이다.

㉨ 직류 역극성에서 전극은 정극성 때보다 큰 것을 사용해야 한다. 가스 이온이 모재 표면에 충돌하여 산화막을 제거하는 청정작용이 있어 알루미늄과 마그네슘 용접에 적합하다.

③ TIG 용접용 토치의 구조

㉠ 롱캡
㉡ 헤드
㉢ 세라믹노즐
㉣ 콜렛 척
㉤ 콜렛 보디

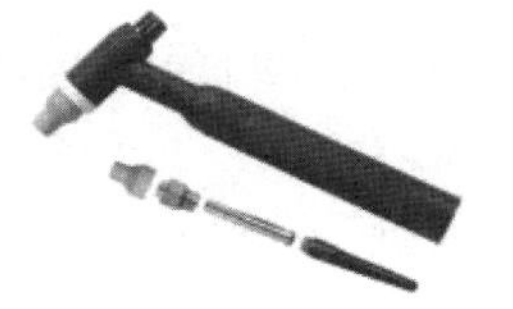

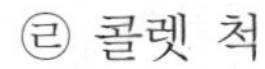

④ TIG 용접용 토치의 종류

분류	명칭	내용
냉각방식에 의한 분류	공랭식 토치	200A 이하의 전류 시 사용한다.
	수랭식 토치	650A 정도의 전류까지 사용한다.
모양에 따른 분류	T형 토치	가장 일반적으로 사용한다.
	직선형 토치	T형 토치 사용이 불가능한 장소에 사용한다.
	가변형 머리 토치 (플렉서블)	토치 머리의 각도를 조정할 수 있다.

⑤ 텅스텐 전극봉의 식별용 색상

텅스텐봉의 종류	색상
순 텅스텐봉	녹색
1% 토륨봉	노란색
2% 토륨봉	적색
지르코니아봉	갈색

⑥ TIG 용접기의 구성

㉠ 용접 토치
㉡ 용접 전원
㉢ 제어장치
㉣ 냉각수 순환장치
㉤ 보호가스 공급장치

10년간 자주 출제된 문제

16-1. TIG 용접 토치는 공랭식과 수랭식으로 분류되는데 가볍고 취급이 용이한 공랭식 토치의 경우 일반적으로 몇 A 정도까지 사용하는가?

① 200　　② 380
③ 450　　④ 650

16-2. TIG 용접 토치의 분류 중 형태에 따른 종류가 아닌 것은?

① T형 토치　　② Y형 토치
③ 직선형 토치　　④ 플렉시블형 토치

|해설|

16-1
TIG 용접용 토치 중에서 공랭식은 200A 이하의 용접전류를 사용해야 한다.

16-2
TIG용 토치를 분류할 때 Y형으로 분류하지 않는다.
※ 핵심이론 16 ④ TIG 용접용 토치의 종류 참고

정답 16-1 ①　16-2 ②

핵심이론 17 | MIG용접과 CO_2용접

① MIG용접(불활성 가스 금속아크용접, Metal Inert Gas arc welding)

㉠ MIG용접의 정의 : 용가재인 전극와이어(1.0~2.4ϕ)를 연속적으로 보내 아크를 발생시키는 방법으로, 용극식 또는 소모식 불활성 가스아크용접법이라고 한다. 불활성 가스로는 주로 Ar(아르곤)가스를 사용한다.

㉡ MIG용접의 특징

- 분무 이행이 원활하다.
- 열영향부가 매우 적다.
- 용착효율은 약 98%이다.
- 전 자세 용접이 가능하다.
- 용접기의 조작이 간단하다.
- 아크의 자기제어기능이 있다.
- 직류용접기의 경우 정전압 특성 또는 상승 특성이 있다.
- 전류가 일정할 때 아크전압이 커지면 용융속도가 낮아진다.
- 전류밀도가 아크용접의 4~6배, TIG용접의 2배 정도로 매우 높다.
- 용접부가 좁고, 깊은 용입을 얻으므로 후판(두꺼운 판)용접에 적당하다.
- 전자동 또는 반자동식이 많으며 전극인 와이어는 모재와 동일한 금속을 사용한다.
- 용접부로 공급되는 와이어가 전극과 용가재의 역할을 동시에 하므로 전극인 와이어는 소모된다.
- 전원은 직류 역극성이 이용되며 Al, Mg 등에는 클리닝작용(청정작용)이 있어 용제 없이도 용접이 가능하다.
- 용접봉을 갈아 끼울 필요가 없어 용접속도가 빠르다. 따라서 고속 및 연속적으로 양호한 용접을 할 수 있다.

ⓒ MIG용접의 제어기능

종류	기능
예비가스 유출시간	아크 발생 전 보호가스 유출로 아크 안정과 결함의 발생을 방지한다.
스타트시간	아크가 발생되는 순간에 전류와 전압을 크게 하여 아크의 발생과 모재의 융합을 돕는다.
크레이터 충전시간	크레이터 결함을 방지한다.
번 백 시간	크레이터처리에 의해 낮아진 전류가 서서히 줄어들면서 아크가 끊어지는 현상을 제어함으로써 용접부가 녹아내리는 것을 방지한다.
가스 지연 유출시간	용접 후 5~25초 정도 가스를 흘려서 크레이터의 산화를 방지한다.

ⓓ 금속 와이어의 송급방식

- Push방식 : 미는 방식
- Pull방식 : 당기는 방식
- Push-Pull방식 : 밀고 당기는 방식

② CO_2용접(CO_2 Gas Arc Welding)

ⓐ CO_2용접의 정의 : 탄산가스아크용접, 이산화탄소 아크용접이라고도 한다. 코일(Coil)로 된 용접 와이어를 공급 모터에 의해 용접 토치까지 연속으로 공급시키면서 토치 팁을 통해 빠져 나온 통전된 와이어 자체가 전극이 되어 모재와의 사이에 아크를 발생시켜 접합하는 용극식 용접법이다.

ⓑ CO_2용접의 특징

- 조작이 간단하다.
- 가시아크로 시공이 편리하다.
- 전 용접 자세로 용접이 가능하다.
- 용착금속의 강도와 연신율이 크다.
- MIG용접에 비해 용착금속에 기공의 발생이 적다.
- 보호가스가 저렴한 탄산가스이므로 경비가 적게 든다.
- 킬드강, 세미킬드강, 림드강을 쉽게 용접할 수 있다.
- 아크와 용융지가 눈에 보여 정확한 용접이 가능하다.
- 산화 및 질화가 되지 않아 양호한 용착금속을 얻을 수 있다.
- 용접의 전류밀도가 커서 용입이 깊고 용접속도를 빠르게 할 수 있다.
- 용착금속 내부의 수소 함량이 타 용접법보다 적어 은점이 생기지 않는다.
- 용제가 사용되지 않아 슬래그의 잠입이 적으며 슬래그를 제거하지 않아도 된다.
- 아크 특성에 적합한 상승 특성을 갖는 전원을 사용하여 스패터의 발생이 적고 안정된 아크를 얻는다.

ⓒ 솔리드와이어와 복합(플럭스)와이어의 차이점

솔리드와이어	복합(플럭스)와이어
• 기공이 많다. • 용가재인 와이어만으로 구성되어 있다. • 동일 전류에서 전류밀도가 작다. • 용착속도가 빠르고 용입이 깊다. • 바람의 영향이 크다. • 비드의 외관이 아름답지 않다. • 스패터 발생이 일반적으로 많다. • 아크의 안정성이 작다.	• 기공이 적다. • 용착속도가 빠르다. • 와이어의 가격이 비싸다. • 비드의 외관이 아름답다. • 동일 전류에서 전류밀도가 크다. • 용제가 미리 심선 속에 들어 있다. • 탈산제나 아크 안정제 등의 합금원소가 포함되어 있다. • 바람의 영향이 작다. • 용입의 깊이가 얕다. • 스패터 발생이 적다. • 아크 안정성이 크다.

ⓓ CO_2용접에서 전류의 크기에 따른 가스 유량

전류영역		가스 유량(L/min)
250A 이하	저전류영역	10~15
250A 이상	고전류영역	20~25

10년간 자주 출제된 문제

17-1. 다음 중 MIG 용접 시 와이어 송급방식의 종류가 아닌 것은?

① 풀(Pull) 방식
② 푸시 오버(Push-over) 방식
③ 푸시 풀(Push-pull) 방식
④ 푸시(Push) 방식

17-2. 다음 중 용융금속의 이행 형태가 아닌 것은?

① 단락형 ② 스프레이형
③ 연속형 ④ 글로뷸러형

|해설|

17-1
MIG 용접의 와이어 송급 방식 : Push, Pull, Push-pull

17-2
용융금속의 이행 방식 중 연속형은 없다.

정답 17-1 ② 17-2 ③

핵심이론 18 | 테르밋용접(Thermit Welding)

① 테르밋용접의 정의

금속 산화물과 알루미늄이 반응하여 열과 슬래그를 발생시키는 테르밋반응을 이용하는 용접법이다. 강을 용접할 경우에는 산화철과 알루미늄 분말을 3 : 1로 혼합한 테르밋제를 만든 후 냄비의 역할을 하는 도가니에 넣은 후 점화제를 약 1,000℃로 점화시키면 약 2,800℃의 열이 발생되어 용접용 강이 만들어지는데 이 강(Steel)을 용접 부위에 주입 후 서랭하여 용접을 완료한다. 주로 철도 레일이나 차축, 선박의 프레임 접합에 사용된다.

② 테르밋용접의 특징

㉠ 전기가 필요 없다.
㉡ 용접작업이 단순하다.
㉢ 홈가공이 불필요하다.
㉣ 용접시간이 비교적 짧다.
㉤ 용접 결과물이 우수하다.
㉥ 용접 후 변형이 크지 않다.
㉦ 용접기구가 간단해서 설비비가 저렴하다.
㉧ 구조, 단조, 레일 등의 용접 및 보수에 이용한다.
㉨ 작업 장소의 이동이 쉬워 현장에서 많이 사용된다.
㉩ 차량, 선박 등 접합 단면이 큰 구조물의 용접에 적용한다.
㉪ 금속 산화물이 알루미늄에 의해 산소를 빼앗기는 반응을 이용한다.
㉫ 차축이나 레일의 접합, 선박의 프레임 등 비교적 큰 단면을 가진 물체의 맞대기용접과 보수용접에 주로 사용한다.

③ 테르밋용접용 점화제의 종류

㉠ 마그네슘
㉡ 과산화바륨
㉢ 알루미늄 분말

④ 테르밋 반응식

㉠ $3FeO + 2Al \rightleftarrows 3Fe + Al_2O_3 + 199.5kcal$
㉡ $Fe_2O_3 + 2Al \rightleftarrows 2Fe + Al_2O_3 + 198.3kcal$
㉢ $3Fe_3O_4 + 8Al \rightleftarrows 9Fe + 4Al_2O_3 + 773.7kcal$

10년간 자주 출제된 문제

18-1. 산화철 분말과 알루미늄 분말을 혼합한 배합제에 점화하면 반응열이 약 2,800℃에 달하며, 주로 레일이음에 사용되는 용접법은?

① 스폿용접
② 테르밋용접
③ 심용접
④ 일렉트로 가스용접

18-2. 금속산화물이 알루미늄에 의하여 산소를 빼앗기는 반응에 의해 생성되는 열을 이용한 용접법은?

① 마찰용접
② 테르밋용접
③ 일렉트로 슬래그용접
④ 서브머지드 아크용접

|해설|

18-1, 18-2

테르밋용접(Thermit Welding)

금속산화물과 알루미늄이 반응하여 열과 슬래그를 발생시키는 테르밋반응을 이용하는 용접법이다. 강을 용접할 경우에는 산화철과 알루미늄 분말을 3 : 1로 혼합한 테르밋제를 만들어 냄비의 역할을 하는 도가니에 넣은 후 점화제를 약 1,000℃로 점화시키면, 약 2,800℃의 열이 발생되어 용접용 강이 만들어지게 되는데 이 강(Steel)을 용접 부위에 주입 후 서랭하여 용접을 완료한다. 주로 철도 레일이나 차축, 선박의 프레임 접합에 사용된다.

정답 18-1 ② 18-2 ②

핵심이론 19 서브머지드 아크용접 (SAW ; Submerged Arc Welding)

① 서브머지드 아크용접의 정의

용접 부위에 미세한 입상의 플럭스를 도포한 뒤 용접선과 나란히 설치된 레일 위를 주행대차가 지나가면서 와이어를 용접부로 공급시키면 플럭스 내부에서 아크가 발생하면서 용접하는 자동용접법이다. 아크가 플럭스 속에서 발생되므로 용접부가 눈에 보이지 않아 불가시 아크용접, 잠호용접이라고도 한다. 용접봉인 와이어의 공급과 이송이 자동이며, 용접부를 플럭스가 덮고 있어 복사열과 연기가 많이 발생하지 않는다. 특히, 용접부로 공급되는 와이어가 전극과 용가재의 역할을 동시에 하므로 전극인 와이어는 소모된다.

② 서브머지드 아크용접의 장점

㉠ 내식성이 우수하다.
㉡ 이음부의 품질이 일정하다.
㉢ 후판일수록 용접속도가 빠르다.
㉣ 높은 전류밀도로 용접할 수 있다.
㉤ 용접조건을 일정하게 유지하기 쉽다.
㉥ 용접금속의 품질을 양호하게 얻을 수 있다.
㉦ 용제의 단열작용으로 용입을 크게 할 수 있다.
㉧ 용입이 깊어 개선각을 작게 해도 되어 용접 변형이 작다.
㉨ 용접 중 대기와 차폐되어 대기 중의 산소, 질소 등의 해를 받지 않는다.
㉩ 용접속도가 아크용접에 비해서 판 두께 12mm에서는 2~3배, 25mm일 때는 5~6배 빠르다.

③ 서브머지드 아크용접의 단점

㉠ 설비비가 많이 든다.
㉡ 용접 시공조건에 따라 제품의 불량률이 커진다.
㉢ 용제의 흡습성이 커서 건조나 취급을 잘해야 한다.
㉣ 용입이 커서 모재의 재질을 신중히 검사해야 한다.
㉤ 용입이 커서 요구되는 이음가공의 정도가 엄격하다.
㉥ 용접선이 짧고 복잡한 형상의 경우에는 용접기 조작이 번거롭다.
㉦ 아크가 보이지 않으므로 용접의 적부를 확인해서 용접할 수 없다.
㉧ 특수한 장치를 사용하지 않는 한 아래보기, 수평자세 용접에 한정된다.
㉨ 입열량이 커서 용접금속의 결정립이 조대화되어 충격값이 낮아지기 쉽다.

10년간 자주 출제된 문제

19-1. 서브머지드 아크용접에서 용융형 용제의 특징에 대한 설명으로 옳은 것은?

① 흡습성이 크다.
② 비드 외관이 거칠다.
③ 용제의 화학적 균일성이 양호하다.
④ 용접전류에 따라 입도의 크기는 같은 용제를 사용해야 한다.

19-2. 서브머지드 아크용접에서 사용하는 용제 중 흡습성이 가장 작은 것은?

① 용융형 ② 혼성형
③ 고온소결형 ④ 저온소결형

|해설|

19-1

서브머지드 아크용접에 사용되는 용융형 용제의 특징

- 흡습성이 거의 없다.
- 비드 모양이 아름답다.
- 미용융된 용제의 재사용이 가능하다.
- 화학적으로 안정되어 있다.
- 용접전류에 따라 알맞은 입자의 크기를 가진 용제를 선택해야 한다.
- 용융 중에는 성분 추가가 어려워 와이어에 필요 성분을 함유해야 한다.

19-2

서브머지드 아크용접용 용제(Flux)

- 용융형 용제 : 흡습성이 가장 작으며, 소결형에 비해 좋은 비드를 얻을 수 있고 화학적으로 균일하다.
- 소결형 용제 : 흡습성이 가장 크며, 분말형태로 작게 한 후 결합해서 만든다.
- 혼성형 용제 : 흡습성이 용융형과 소결형의 중간이다.

정답 19-1 ③ 19-2 ①

핵심이론 20 저항용접(Resistance Welding)

① 저항용접의 정의

용접할 2개의 금속면을 상온 혹은 가열 상태에서 서로 맞대어 놓고 기계로 적당한 압력을 주면서 전류를 흘려 주면 금속의 저항 때문에 접촉면과 그 부근에서 열이 발생하는데, 그 순간 큰 압력을 가하여 양면을 완전히 밀착시켜 접합시키는 용접법이다.

② 저항용접의 분류

겹치기 저항용접	맞대기 저항용접
• 점용접(스폿용접) • 심용접 • 프로젝션용접	• 버트용접 • 퍼커션용접 • 업셋용접 • 플래시 버트용접 • 포일 심용접

③ 저항용접의 장점

㉠ 작업자의 숙련이 필요 없다.

㉡ 작업속도가 빠르고, 대량 생산에 적합하다.

㉢ 산화 및 변질 부분이 작고, 접합강도가 비교적 크다.

㉣ 용접공의 기능에 대한 영향이 작다(숙련을 요하지 않는다).

㉤ 가압효과로 조직이 치밀하며 용접봉, 용제 등이 필요없다.

㉥ 열손실이 작고, 용접부에 집중열을 가할 수 있어서 용접 변형 및 잔류응력이 적다.

④ 저항용접의 단점

㉠ 용융점이 다른 금속 간의 접합은 다소 어렵다.

㉡ 대전류를 필요로 하며 설비가 복잡하고 값이 비싸다.

㉢ 서로 다른 금속과의 접합이 곤란하며, 비파괴검사에 제한이 있다.

㉣ 급랭경화로 용접 후 열처리가 필요하며, 용접부의 위치, 형상 등의 영향을 받는다.

⑤ 저항용접의 3요소

㉠ 가압력

㉡ 용접전류

㉢ 통전시간

⑥ 전기저항 용접의 발열량

발열량(H) = $0.24I^2RT$

여기서, I : 전류, R : 저항, T : 시간

⑦ 주요 저항용접의 종류

㉠ 플래시용접(플래시 버트용접) : 맞대기 저항용접의 일종으로 접합하려는 철판에 전류를 통전한 후 외력을 가해 용접하는 압접의 일종이다.

㉡ 스터드용접

• 원리 : 아크용접의 일부로서 봉재, 볼트 등의 스터드(Stud)를 판 또는 프레임 등의 구조재에 직접 심는 능률적인 용접방법이다. 스터드란 판재에 덧대는 물체인 봉이나 볼트 같이 긴 물체를 일컫는 용어이다.

• 스터드용접의 순서

모재에 스터드 고정 및 스터드를 둘러싸고 있는 페룰에 의한 통전

⇩

스터드를 들어올려 아크 발생

⇩

통전을 단절하고 가압스프링으로 가압

⇩

스터드용접 완료

• 페룰(Ferrule) : 모재와 스터드가 통전할 수 있도록 연결해 주는 것으로 아크 공간을 대기와 차단하여 아크 분위기를 보호한다. 아크열을 집중시켜 주며 용착금속의 누출을 방지하고 작업자의 눈도 보호해 준다.

㉢ 심용접

• 원리 : 원판상의 롤러 전극 사이에 용접할 2장의 판을 두고, 전기와 압력을 가하며 전극을 회전시키면서 연속적으로 점용접을 반복하는 용접이다.

- 심용접의 종류
  - 맞대기 심용접
  - 머시 심용접
  - 포일 심용접
- 심용접의 특징
  - 얇은 판의 용기 제작에 우수한 특성을 갖는다.
  - 수밀·기밀이 요구되는 액체와 기체를 담는 용기 제작에 사용된다.
  - 점용접에 비해 전류는 1.5~2배, 압력은 1.2~1.6배가 적당하다.

㉣ 점용접법(스폿용접)

- 원리 : 재료를 2개의 전극 사이에 끼워 놓고 가압하는 방법이다.
- 특징
  - 공해가 매우 적다.
  - 작업속도가 빠르다.
  - 내구성이 좋아야 한다.
  - 고도의 숙련을 요하지 않는다.
  - 재질은 전기와 열전도도가 좋아야 한다.
  - 고온에서도 기계적 성질이 유지되어야 한다.
  - 구멍을 가공할 필요가 없고 변형이 거의 없다.
- 점용접법의 종류
  - 단극식 점용접 : 점용접의 기본적인 방법으로 전극 1쌍으로 1개의 점용접부를 만든다.
  - 다전극 점용접 : 2개 이상의 전극으로 2점 이상의 용접을 하며 용접속도 향상 및 용접 변형 방지에 좋다.
  - 직렬식 점용접 : 1개의 전류회로에 2개 이상의 용접점을 만드는 방법으로, 전류손실이 많다. 전류를 증가시켜야 하며 용접 표면이 불량하고 균일하지 못하다.
  - 인터랙 점용접 : 용접전류가 피용접물의 일부를 통하여 다른 곳으로 전달하는 방식이다.
  - 맥동 점용접 : 모재 두께가 다른 경우에 전극의 과열을 피하기 위해 전류를 단속하여 용접한다.

㉤ 프로젝션용접

- 원리 : 프로젝션용접은 모재의 편면에 프로젝션인 돌기부를 만들어 평탄한 동전극의 사이에 물려 대전류를 흘려보낸 후 돌기부에 발생된 열로서 용접한다.
- 프로젝션용접의 특징
  - 스폿용접의 일종이다.
  - 열의 집중성이 좋다.
  - 전극의 가격이 고가이다.
  - 대전류가 돌기부에 집중된다.
  - 표면에 요철부가 생기지 않는다.
  - 용접 위치를 항상 일정하게 할 수 있다.
  - 좁은 공간에 많은 점을 용접할 수 있다.
  - 돌기를 미리 가공해야 하므로 원가가 상승한다.
  - 전극의 형상이 복잡하지 않으며 수명이 길다.
  - 두께, 강도, 재질이 현저히 다른 경우에도 양호한 용접부를 얻는다.

10년간 자주 출제된 문제

20-1. 다음 중 스터드용접에서 페룰의 역할이 아닌 것은?

① 아크열을 발산한다.
② 용착부의 오염을 방지한다.
③ 용융금속의 유출을 막아 준다.
④ 용융금속의 산화를 방지한다.

20-2. 볼트나 환봉 등을 강판이나 형강에 직접 용접하는 방법으로 볼트나 환봉을 홀더에 끼우고 모재와 볼트 사이에 순간적으로 아크를 발생시켜 용접하는 것은?

① 피복아크용접 ② 스터드용접
③ 테르밋용접 ④ 전자빔용접

20-3. 스터드용접에서 내열성의 도기로 용융금속의 산화 및 유출을 막아 주고 아크열을 집중시키는 역할을 하는 것은?

① 페룰 ② 스터드
③ 용접 토치 ④ 제어장치

|해설|

20-1, 20-3

페룰(Ferrule)

모재와 스터드가 통전할 수 있도록 연결해 주는 것으로, 아크공간을 대기와 차단하여 아크분위기를 보호한다. 또한, 아크열을 집중시켜 주며 용착금속의 누출을 방지하고 작업자의 눈을 보호해 준다.

정답 20-1 ① 20-2 ② 20-3 ①

핵심이론 21 기타 용접법

① 고상용접

㉠ 정의 : 모재를 용융시키지 않고 부품 표면을 인력이 작용할 수 있는 거리까지 접근시킨 후 기계적으로 접합면에 열과 압력을 동시에 가함으로써 원자와 원자를 밀착시켜 접합시키는 용접법이다.

㉡ 고상용접의 종류

- 확산용접 : 모재의 접합면을 오랜 시간 동안 재결정온도나 그 이상의 온도로 장시간 가압하면 원자의 확산에 의해 재료가 접합되는 용접법이다.
- 마찰용접 : 모재를 서로 강하게 맞대어 접촉시킨 후 상대운동을 시켜 이때 발생하는 마찰열로 접합하는 방법이다.
- 폭발압접 : 화약에 의한 폭발을 이용하여 재료를 접합시키는 용접법으로, 용가재에 폭약을 부착시켜 이를 모재의 표면에서 일정거리 띄운 상태에서 뇌관으로 폭발시켜 재료를 접합시킨다.
- 초음파용접 : 모재를 서로 가압한 후 초음파의 진동에너지를 국부적으로 작용시키면 접촉면의 불순물이 제거되면서 금속 원자 간 결합이 이루어져 접합이 되는 용접법이다.

② 일렉트로 슬래그용접

㉠ 원리 : 용융된 슬래그와 용융금속이 용접부에서 흘러나오지 못하도록 수랭동판으로 둘러싸고 이 용융풀에 용접봉을 연속적으로 공급하는데, 이때 발생하는 용융 슬래그의 저항열에 의하여 용접봉과 모재를 연속적으로 용융시키면서 용접하는 방법이다.

㉡ 일렉트로 슬래그용접의 장점

- 용접이 능률적이다.
- 후판용접에 적당하다.
- 전기저항열에 의한 용접이다.
- 용접시간이 적어서 용접 후 변형이 작다.

㉢ 일렉트로 슬래그용접의 단점
  - 손상된 부위에 취성이 크다.
  - 가격이 비싸며, 용접 후 기계적 성질이 좋지 못하다.
  - 냉각하는 데 시간이 오래 걸려서 기공이나 슬래그가 섞일 확률이 작다.

③ 플라스마 아크용접(플라스마 제트용접)

㉠ 플라스마의 정의 : 기체를 가열하여 온도가 높아지면 기체의 전자는 심한 열운동에 의해 전리되어 이온과 전자가 혼합되면서 매우 높은 온도와 도전성을 가지는 현상이다.

㉡ 플라스마 아크용접의 원리
높은 온도를 가진 플라스마를 한 방향으로 모아서 분출시키는 것을 일컬어 플라스마 제트라고 하며, 이를 이용하여 용접이나 절단에 사용하는 용접방법이다. 설비비가 많이 드는 단점이 있다.

㉢ 플라스마 아크용접의 특징
  - 용접 변형이 작다.
  - 용접의 품질이 균일하다.
  - 용접부의 기계적 성질이 좋다.
  - 용접속도를 크게 할 수 있다.
  - 용입이 깊고, 비드의 폭이 좁다.
  - 용접장치 중에 고주파 발생장치가 필요하다.
  - 용접속도가 빨라서 가스 보호가 잘 안 된다.
  - 무부하전압이 일반 아크용접기보다 2~5배 더 높다.
  - 핀치효과에 의해 전류밀도가 크고, 안정적이며 보유 열량이 크다.
  - 아크용접에 비해 10~100배 높은 에너지 밀도를 가지고 있어 10,000~30,000℃의 고온의 플라스마를 얻으므로 철과 비철 금속의 용접과 절단에 이용된다.
  - 스테인리스강이나 저탄소 합금강, 구리 합금, 니켈 합금과 같이 용접하기 힘든 재료도 용접이 가능하다.
  - 판 두께가 두꺼울 경우 토치 노즐이 용접이음부의 루트면까지 접근이 어려워서 모재의 두께는 25mm 이하로 제한을 받는다.

④ 전자빔용접

고밀도로 집속되고 가속화된 전자빔을 높은 진공 속에서 용접물에 고속도로 조사시키면 빛과 같은 속도로 이동한 전자가 용접물에 충돌하면서 전자의 운동에너지를 열에너지로 변환시켜 국부적으로 고열을 발생시키는데, 이때 생긴 열원으로 용접부를 용융시켜 용접하는 방식이다. 텅스텐(3,410℃), 몰리브덴(2,620℃)과 같이 용융점이 높은 재료의 용접에 적합하다.

⑤ 플러그용접

위아래로 겹쳐진 판을 접합할 때 사용하는 용접법으로, 위에 놓인 판의 한쪽에 구멍을 뚫고 그 구멍 아래부터 용접을 하면 용접불꽃에 의해 아랫면이 용해되면서 용접이 되며 용가재로 구멍을 채워 용접하는 방법이다.

⑥ 마찰용접

특별한 용가재 없이도 회전력과 압력만 이용해서 두 소재를 붙이는 용접방법이다. 환봉이나 파이프 등을 가압된 상태에서 회전시키면 이때 마찰열이 발생하는데, 일정 온도에 도달하면 회전을 멈추고 가압시켜 용접한다. 이 마찰용접은 TIG, MIG, 서브머지드 아크용접과는 달리 아크를 발생하지 않으므로 발생열이 현저하게 적어 열영향부(HAZ) 역시 가장 좁다.

⑦ 레이저빔용접(레이저용접)

레이저란 유도 방사에 의한 빛의 증폭이란 뜻이며, 레이저에서 얻어진 접속성이 강한 단색 광선으로서 강렬한 에너지를 가지고 있다. 레이저빔용접은 이때의 광선 출력을 이용하여 용접하는 방법이다. 모재의 열변형이 거의 없고, 이종 금속의 용접이 가능하고 정밀한 용접을 할 수 있으며, 비접촉식 방식으로 모재에 손상을 주지 않는다는 특징을 갖는다.

10년간 자주 출제된 문제

21-1. 모재의 열 변형이 거의 없으며, 이종 금속의 용접이 가능하고 정밀한 용접을 할 수 있으며, 비접촉식 방식으로 모재에 손상을 주지 않는 용접은?

① 레이저용접
② 테르밋용접
③ 스터드용접
④ 플라스마 제트아크용접

21-2. 다음 중 유도방사에 의한 광의 증폭을 이용하여 용융하는 용접법은?

① 맥동용접
② 스터드용접
③ 레이저용접
④ 피복아크용접

|해설|

21-1, 21-2

레이저빔용접(레이저용접)

레이저는 유도방사에 의한 빛의 증폭이란 뜻이며 레이저에서 얻어진 접속성이 강한 단색 광선으로서 강렬한 에너지를 가지고 있으며, 이때의 광선 출력을 이용하여 용접하는 방법이다. 모재의 열 변형이 거의 없으며, 이종 금속의 용접이 가능하고 정밀한 용접을 할 수 있으며, 비접촉식 방식으로 모재에 손상을 주지 않는다. 레이저빔용접의 특징은 다음과 같다.

- 접근이 곤란한 물체의 용접이 가능하다.
- 전자빔 용접기 설치비용보다 설치비가 저렴하다.
- 전자부품과 같은 작은 크기의 정밀용접이 가능하다.
- 용접 입열이 매우 작으며, 열영향부의 범위가 좁다.
- 용접될 물체가 불량 도체인 경우에도 용접이 가능하다.
- 에너지 밀도가 매우 높으며, 고융점을 가진 금속의 용접에 이용한다.
- 열원이 빛의 빔이기 때문에 투명재료를 써서 어떤 분위기 속에서도(공기, 진공) 용접이 가능하다.

정답 21-1 ① 21-2 ③

핵심이론 21 용접부 결함

① 용접부의 결함

주로 용접부 내에서 기공, 슬래그 혼입, 크랙 등으로 존재하기 때문에 X-ray로 검사가 이루어져야 하므로 결함을 검사하기는 쉽지 않다.

② 용접결함의 분류

<table>
<tr><th>결함의 종류</th><th colspan="2">결함의 명칭</th></tr>
<tr><td rowspan="3">치수상 결함</td><td colspan="2">변형</td></tr>
<tr><td colspan="2">치수 불량</td></tr>
<tr><td colspan="2">형상 불량</td></tr>
<tr><td rowspan="9">구조상 결함</td><td colspan="2">기공</td></tr>
<tr><td colspan="2">은점</td></tr>
<tr><td colspan="2">언더컷</td></tr>
<tr><td colspan="2">오버랩</td></tr>
<tr><td colspan="2">균열</td></tr>
<tr><td colspan="2">선상조직</td></tr>
<tr><td colspan="2">용입 불량</td></tr>
<tr><td colspan="2">표면 결함</td></tr>
<tr><td colspan="2">슬래그 혼입</td></tr>
<tr><td rowspan="8">성질상 결함</td><td rowspan="6">기계적 불량</td><td>인장강도 부족</td></tr>
<tr><td>항복강도 부족</td></tr>
<tr><td>피로강도 부족</td></tr>
<tr><td>경도 부족</td></tr>
<tr><td>연성 부족</td></tr>
<tr><td>충격시험값 부족</td></tr>
<tr><td rowspan="2">화학적 불량</td><td>화학성분 부적당</td></tr>
<tr><td>부식(내식성 불량)</td></tr>
</table>

③ 용접부 결함과 방지대책

결함 모양	원인	방지대책
언더컷	• 전류가 높을 때 • 아크 길이가 길 때 • 용접속도가 빠를 때 • 운봉 각도가 부적당할 때 • 부적당한 용접봉을 사용할 때	• 전류를 낮춘다. • 아크 길이를 짧게 한다. • 용접속도를 알맞게 한다. • 운봉 각도를 알맞게 한다. • 알맞은 용접봉을 사용한다.
오버랩	• 전류가 낮을 때 • 운봉, 작업각, 진행각과 같은 유지 각도가 불량할 때 • 부적당한 용접봉을 사용할 때	• 전류를 높인다. • 작업각과 진행각을 조정한다. • 알맞은 용접봉을 사용한다.
용입 불량	• 이음 설계에 결함이 있을 때 • 용접속도가 빠를 때 • 전류가 낮을 때 • 부적당한 용접봉을 사용할 때	• 루트 간격이나 치수를 크게 한다. • 용접속도를 적당히 조절한다. • 전류를 높인다. • 알맞은 용접봉을 사용한다.
균 열	• 이음부의 강성이 클 때 • 부적당한 용접봉을 사용할 때 • C, Mn 등 합금성분이 많을 때 • 과대 전류, 용접속도가 클 때 • 모재에 유황 성분이 많을 때	• 예열이나 피닝처리를 한다. • 알맞은 용접봉을 사용한다. • 예열 및 후열처리를 한다. • 전류 및 용접속도를 알맞게 조절한다. • 저수소계 용접봉을 사용한다.
기 공	• 수소나 일산화탄소 가스가 과잉으로 분출될 때 • 용접의 전류값이 부적당 할 때 • 용접부가 급속히 응고될 때 • 용접속도가 빠를 때 • 아크 길이가 부적절할 때	• 건조된 저수소계 용접봉을 사용한다. • 전류 및 용접속도를 알맞게 조절한다. • 이음 표면을 깨끗하게 하고 예열한다.
슬래그 혼입	• 전류가 낮을 때 • 용접이음이 부적당할 때 • 운봉속도가 너무 빠를 때 • 모든 층의 슬래그 제거가 불완전할 때	• 슬래그를 깨끗이 제거한다. • 루트 간격을 넓게 한다. • 전류를 약간 높게 하며 운봉 조작을 적절하게 한다. • 슬래그를 앞지르지 않도록 운봉속도를 유지한다.
선상조직	• 냉각속도가 빠를 때 • 모재의 재질이 불량할 때	• 급랭을 피한다. • 재질에 알맞은 용접봉 사용한다.

10년간 자주 출제된 문제

다음 용접 결함 중 구조상 결함에 속하는 것은?

① 기공
② 인장강도의 부족
③ 변형
④ 화학적 성질 부족

정답 ①

CHAPTER 04 측정

핵심이론 01 측정에 관한 일반 이론

① 측정의 종류

종류	특징
절대 측정	계측기에서 기본 단위로 주어지는 양과 비교함으로써 이루어지는 측정방법
비교 측정	이미 치수를 알고 있는 표준과의 차를 구하여 치수를 알아내는 측정방법
표준 측정	표준을 만들고자 할 때 사용하는 측정방법
간접 측정	측정량과 일정한 관계가 있는 몇 개의 양을 측정함으로써 구하고자 하는 측정값을 간접적으로 유도해 내는 측정방법

② 측정 방식

종류	특징
영위법	정해 놓은 측정값을 측정할 경우, 그것과 크기가 같지만 방향이 다른 쪽으로 힘을 작용시켜 계기값을 0으로 맞춤으로써 측정하는 방법
편위법	측정기 지침의 이동(편위)값이 지시한 눈금을 읽어 측정하는 방법
치환법	이미 알고 있는 값들을 기준으로, 측정값과 비교하여 측정하는 방법
보상법	측정한 값에서 기준값을 뺀 후 그 값을 활용하여 편위법으로 측정하는 방법

※ 실제치수 : 측정값 + 게이지오차

③ 오차의 종류

종류	특징
시차	• 눈의 위치에 따라 눈금을 잘못 읽어서 발생한 오차이다. • 측정기가 치수를 정확하게 지시하더라도 측정자의 부주의로 발생한다.
계기오차	• 측정기 오차라고도 한다. • 측정기 자체가 가지고 있는 오차이다.
개인오차	• 측정자의 숙련도에서 발생한 오차이다.
우연오차	• 외부적 환경요인에 따라서 오차가 발생한다. • 측정기, 피측정물, 자연환경 등 측정자가 파악할 수 없는 변화에 의하여 발생하는 오차로, 측정치를 분산시키는 결과를 나타낸다.
후퇴오차	• 측정량이 증가 또는 감소하는 방향이 달라서 생기는 오차이다.
샘플링오차	• 전수검사를 하지 않고 샘플링검사를 실시했을 때 시험편을 잘못 선택해서 발생하는 오차이다.
계통오차	• 측정기구나 측정방법이 처음부터 잘못돼서 생기는 오차이다.

④ 측정기의 분류

분류	측정기
각도측정기	사인바
	수준기
	분도기
	탄젠트바
	오토콜리미터
	오토콜리메이터
	콤비네이션 세트
	광학식 클리노미터
평면측정기	서피스게이지
	옵티컬 플랫
	나이프 에지
길이측정기	게이지블록
	스냅게이지
	깊이게이지
	마이크로미터
	다이얼게이지
	버니어 캘리퍼스
	지침 측미기(미니미터)
	하이트게이지(높이게이지)
위치, 크기, 방향, 윤곽, 형상	3차원 측정기
비교측정기	다이얼게이지
	지침 측미기(미니미터)
	다이얼 테스트 인디케이터

⑤ 측정기 설치 시 고려해야 할 이론

측정기 설치 시 측정오차가 최소로 발생할 수 있도록 설치해야 한다.

㉠ 아베의 원리 : 표준자와 피측정물은 측정 방향에 있어서 동일 축 선상에 있어야 한다. 그렇지 않을 경우 오차가 발생한다.

㉡ 테일러의 원리(한계게이지에 적용되는 이론) : 생산성의 향상을 위해 빠른 측정방법을 연구하면서 나온 이론이다. 통과측에는 물체의 모든 치수 또는 정상 치수인지(결정량)의 여부가 동시에 검사되고, 정지측에는 각각의 치수가 개별적으로 검사되어야 한다. 따라서 통과측 게이지는 피측정물과 같아야 하며, 정지측의 게이지 길이는 짧은 것이 좋다.

⑥ 직접측정

㉠ 직접측정의 특장점

- 측정자의 숙련과 경험이 요구된다.
- 측정물의 실제 치수를 직접 읽을 수 있다.
- 측정기의 측정범위가 다른 측정법에 비해 넓다.
- 수량이 적고, 종류가 많은 제품 측정에 적합하다.
- 비교측정에 비해 측정시간이 많이 걸린다.

⑦ 투영기

㉠ 투영기의 정의 : 빛을 이용하여 물체의 윤곽을 스크린에 투영시켜 물체의 정밀한 윤곽을 검사하는 측정기이다. 빛을 이용하기 때문에 광학측정기의 일종으로 분류되며, 주로 나사, 게이지, 기계 부품의 치수 및 각도 측정에 사용한다.

㉡ 투영기의 주요 구조

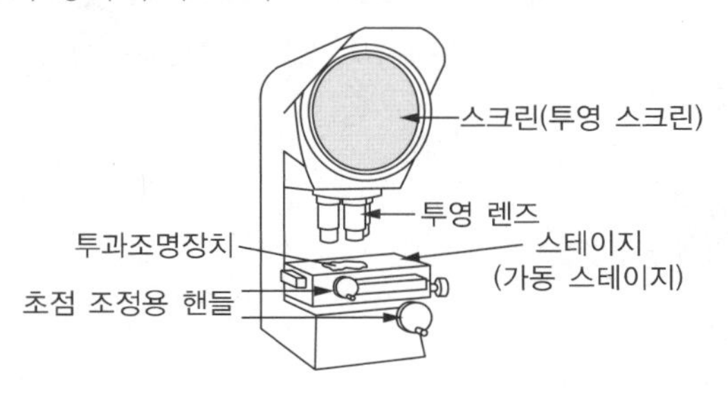

㉢ 투영기의 특징

- 비접촉방식으로 측정하려는 물체의 측정이 가능하다.
- 투영 스크린으로 물체를 확인할 수 있어서 동시에 여러 사람이 확인할 수 있다.
- 형상이 작거나 클 때 또는 복잡한 형상도 상관없이 측정이 가능하다. 단, 너무 큰 경우 투영기도 커져야 하므로 투영기가 감당할 수 있는 크기까지만 측정이 가능하다.

⑧ 3차원 측정기

X축, Y축, Z축의 모든 방향으로 움직이면서 공작물의 길이나 각도 치수, 형상을 측정하는 기기이다. 물체에 프로브를 접촉시키면 그 접촉점에서 X축, Y축, Z축의 좌표가 컴퓨터에 기록되어 신속하게 정밀한 측정이 가능하다.

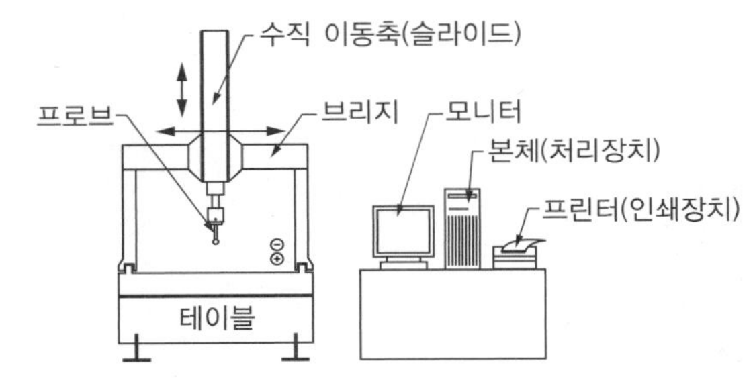

10년간 자주 출제된 문제

1-1. 측정기의 눈금과 눈의 위치가 같지 않은 데서 생기는 측정 오차(誤差)는?

① 샘플링 오차
② 계기오차
③ 우연오차
④ 시차(視差)

1-2. 다음 중 각도 측정기가 아닌 것은?

① 사인바
② 수준기
③ 오토콜리메이터
④ 외경 마이크로미터

|해설|

1-1
시차는 측정기의 눈금과 눈의 위치가 같지 않아서 발생하는 오차이다.

1-2
마이크로미터는 나사를 이용한 길이측정기로 정밀한 측정을 할 때 사용한다. 앤빌, 스핀들, 슬리브, 심블 등으로 구성되었다. 측정영역에 따라서 내경 측정용인 내측 마이크로미터와 외경 측정용인 외측 마이크로미터로 나뉜다.

정답 1-1 ④ 1-2 ④

핵심이론 02 | 길이측정기

① 버니어 캘리퍼스

버니어 캘리퍼스의 크기를 나타내는 기준은 측정 가능한 치수의 최대 크기이다. 보통으로 사용되는 표준형 버니어 캘리퍼스는 본척의 1눈금은 1mm, 버니어의 눈금 19mm를 20등분하고 있으므로 최소 $\frac{1}{20}$mm(0.05mm)이나 $\frac{1}{50}$mm(0.02mm)의 치수까지 읽을 수 있다.

㉠ 버니어 캘리퍼스의 구조

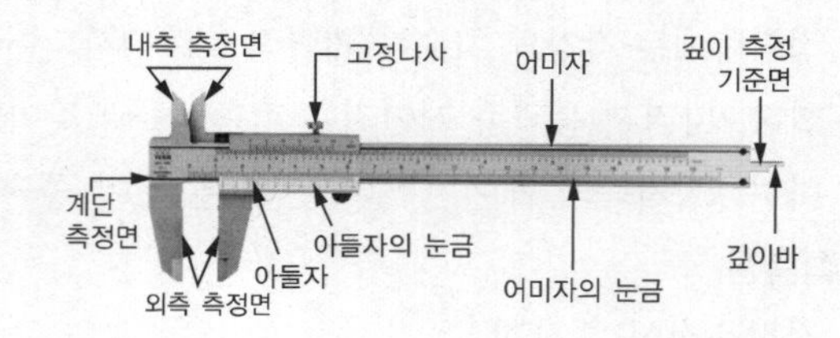

㉡ 기어의 이(Tooth) 측정기

이 두께 버니어 캘리퍼스	이 두께 마이크로미터

㉢ 버니어 캘리퍼스 측정값 계산

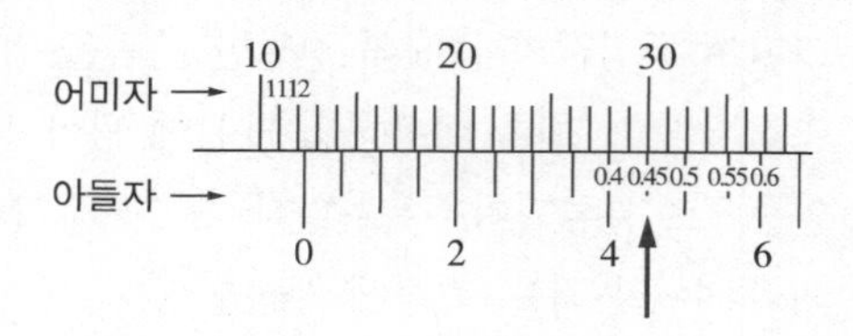

- 측정값 읽는 과정
  - 아들자의 0을 바로 지난 어미자의 수치를 읽는다. → 12mm
  - 어미자와 아들자의 눈금이 일치하는 곳을 찾아서 소수점으로 읽는다. → 0.45mm

따라서, 측정값은 12.45mm이다.

② 마이크로미터

나사를 이용한 길이측정기로, 길이의 변화를 나사가 회전한 각을 지름으로 확대하여 짧은 길이의 변화도 정밀하게 측정할 수 있다. 총측정거리에 따라서 최대 측정거리가 25mm인 경우 '0-25'와 같이 측정기에 표시한다. 현재 25mm 간격으로 500mm까지 출시되고 있다. 최대 0.001mm, 즉 $\frac{1}{1,000}$mm까지 측정할 수 있는 것이 버니어 캘리퍼스와 다른 점이다. 앤빌, 스핀들, 슬리브, 심블 등으로 구성되어 있다. 측정영역에 따라서 내경 측정용인 내측 마이크로미터와 외경 측정용인 외측 마이크로미터로 나뉜다. 나사 마이크로미터는 나사의 유효지름을 측정하기 위해 사용한다.

㉠ 마이크로미터의 종류

종류	용도
외측 마이크로미터	(앤빌, 스핀들, 슬리브, 심블, 클램프, 래칫스톱, 프레임) 일반적으로 사용되는 마이크로미터로 $\frac{1}{100}$mm까지 외경을 측정한다.
내측 마이크로미터	(조, 슬리브, 심블, 래칫스톱, 클램프, 스핀들) 주로 안지름을 측정하며, 평면 홈 사이의 거리를 측정한다.
깊이 마이크로미터	(스핀들, 슬리브, 래칫스톱, 깊이 기준면, 심블) 깊이를 측정한다.
하이트 마이크로미터	게이지블록과 마이크로미터를 조합한 측정기로 0점 세팅 후 높이를 측정한다.
나사 마이크로미터	나사의 유효지름을 측정한다.
포인트 마이크로미터	두 측정면이 뾰족하기 때문에 드릴의 홈이나 나사의 골지름 측정이 가능하다.
이 두께 마이크로미터	기어의 크기에 따라 앤빌의 형상을 다르게 하여 기어의 이 두께를 측정한다.

㉡ 마이크로미터의 구조

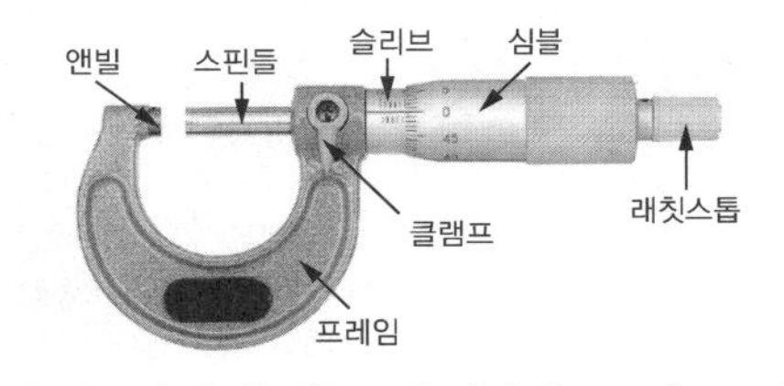

㉢ 마이크로미터의 최소 측정값을 구하는 식

$$\text{마이크로미터의 최소 측정값} = \frac{\text{나사의 피치}}{\text{심블의 등분수}}(\text{mm})$$

예

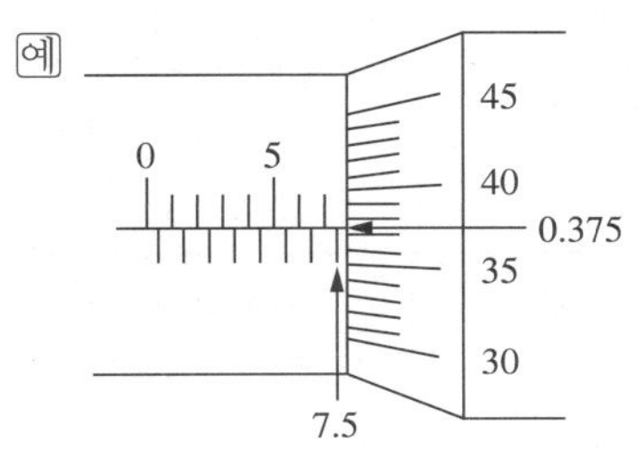

마이크로미터 측정값 읽기 = 7.5 + 0.375
= 7.875mm

㉣ 마이크로미터 사용 시 주의사항
- 눈금을 읽을 때는 기선의 수직 위치에서 읽는다.
- 측정 시 래칫스톱은 1회전 반이나 2회전을 돌려서 측정력을 가한다.
- 대형 외측 마이크로미터는 실제로 측정하는 자세로 0점 조정을 한다.
- 사용 후에는 각 부분을 깨끗이 닦아 진동이 없고 직사광선을 받지 않는 곳에 보관한다.

㉤ 공기 마이크로미터 : 공기의 흐름을 확대시키는 기구를 통해 길이를 측정하는 방법으로, 단위 시간 내에 회로에 흐르는 공기량이 최소 유효 단면적에 의하여 변화한다는 현상에 기초를 두고 물건의 치수를 측정하는 정밀측정기의 일종이다.
- 공기 마이크로미터의 장점 및 단점

장점	단점	형상
• 배율이 높다(1,000~40,000배). • 일반적으로 측정이 어려운 내경 측정도 가능하다. • 피측정물의 기름, 먼지를 불어내기 때문에 정확하게 측정할 수 있다. • 내경 측정에 있어 정도가 높은 측정을 할 수 있다. • 타원, 테이퍼, 편심 등의 측정을 간단히 할 수 있다. • 반지름이 작은 다른 종류의 측정기로 불가능한 것을 측정할 수 있다. • 측정력이 작아 무접촉 측정이 가능하다. • 확대율이 매우 크고, 조정도 쉽다.	• 압축공기가 필요하다. • 디지털 지시가 불가능하다. • 응답시간이 일반적인 측정법보다 느리다. • 압축공기 안의 수분, 먼지를 제거해야 한다. • 피측정물의 표면이 거칠면 측정값에 신빙성이 없다. • 측정부 지시범위가 0.2mm 이내로 협소해 공차가 큰 것은 측정이 불가하다. • 비교측정기이므로 기준인 마스터가 필요하다. • 압축공기원(에어 컴프레서)이 필요하다.	

- 공기 마이크로미터의 원리에 따른 분류
  - 유량식
  - 배압식
  - 유속식
  - 진공식

㉥ 그루브 마이크로미터 : 스핀들에 플랜지가 부착되어 있어 구멍과 튜브 내외부에 있는 홈의 너비와 깊이, 위치 등의 측정에 사용되는 측정기로 외경은 측정이 불가능하다.

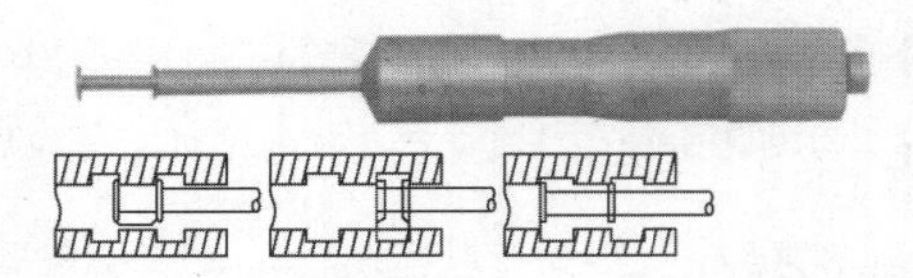

③ **하이트게이지** : 정반 위에서 공작물의 높이를 측정하는 측정기기이다.

㉠ 하이트게이지의 사용상 주의사항
- 정반 위에서 0점을 확인한다.
- 스크라이버는 가능한 한 짧게 하여 사용한다.
- 슬라이더 및 스크라이버를 확실히 고정시킨다.
- 사용 전에 정반면을 깨끗이 닦고 사용한다.

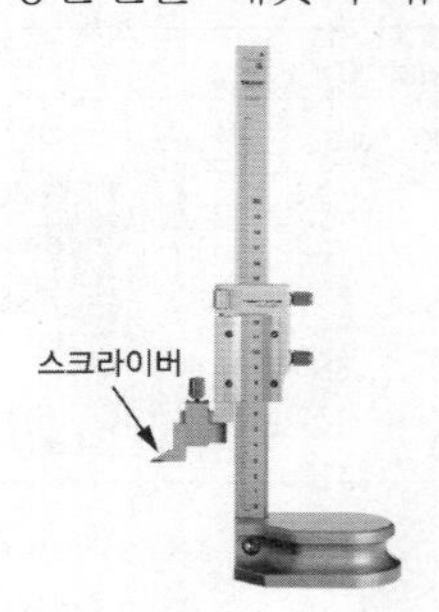

㉡ 하이트게이지의 종류
- HA형
- HC형
- HD형

④ **게이지블록**

길이 측정의 표준이 되는 게이지로 공장용 게이지들 중에서 가장 정확하다. 개개의 블록게이지를 밀착시킴으로써 그들 호칭 치수의 합이 되는 새로운 치수를 얻을 수 있다. 블록게이지 조합의 종류에는 9개조, 32개조, 76개조, 103개조가 있다.

㉠ 게이지블록 취급 시 주의사항
- 천이나 가죽 위에서 취급한다.
- 먼지가 적고 건조한 실내에서 사용한다.
- 측정면에 먼지가 묻어 있으면 솔로 털어낸다.
- 측정면은 휘발유나 벤젠으로 세척한 후 방청유를 발라서 보관해야 녹을 예방할 수 있다.
- 게이지블록은 방청유를 바른 상태에서 보관을 해야 하며 휘발유를 묻혀서는 안 된다.

㉡ 게이지블록의 등급

등급	용도	
K	참고용	• 학술 연구용 • 표준용 게이지블록 교정
0	표준용	• 측정기 교정용 • 검사용, 공작용 게이지블록 교정
1	검사용	• 게이지 제작, 부품 및 공구 검사
2	공작용	• 측정기 캘리브레이션(0점 조정)

㉢ 게이지블록의 종류

종류	용도
요한슨형	육면체로, 가장 널리 사용된다.
호크형	육면체로, 센터에 구멍이 뚫린 형태이다.
캐리형	원형으로 센터에 구멍이 있으며, 두께는 0.05~1mm 정도이다.

㉣ 게이지블록의 구비조건
- 표면거칠기가 우수할 것
- 치수 안정성이 우수할 것
- 열팽창계수가 적당할 것
- 내마모성과 내식성이 우수할 것

㉤ 게이지블록의 밀착법 : 게이지블록은 치수 조합을 위해 블록들을 서로 밀착시킬 때 접촉면을 빈틈없이 잘 접촉시켜야 오차 발생률이 적다. 특히 두께가 얇은 블록을 밀착시킬 때는 힘에 주의해야 한다.

ⓐ 두꺼운 블록과 얇은 블록을 서로 접촉시킬 때 다음 그림과 같이 두꺼운 블록 윗면의 끝단부에 얇은 블록의 끝부분을 밀착시킨 후 천천히 길이 방향으로 힘을 주어 밀면서 접촉시킨다.

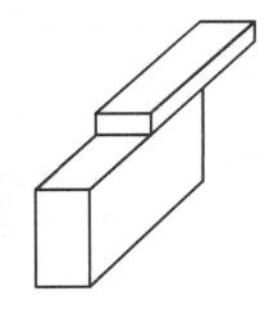

ⓑ 얇은 블록끼리 접촉시킬 때
ⓐ의 방법으로 두꺼운 블록 위에 첫 번째 얇은 블록을 밀착시킨다. 그 위에 다시 ⓐ의 방법으로 두 번째 얇은 블록을 밀착시킨다.

ⓒ 두꺼운 블록끼리 접촉시킬 때
서로 (+)자 모양으로 교차시킨 후 가볍게 누르면서 시작하여 일직선으로 맞추어질 때까지 전체 면에 힘을 주어 일치시킨다.

⑤ 오토콜리메이터(정밀각도측정기)

망원경의 원리와 콜리메이터의 원리를 조합시켜서 만든 측정기기이다. 계측기와 십자선, 조명 등을 장착한 망원경을 이용하여 미소한 각도의 측정이나 평면 측정에 이용하는 측정기기로, 안내면의 원통도는 측정이 불가능하다.

㉠ 오토콜리메이터의 측정항목
- 가공기계 안내면의 진직도
- 가공기계 안내면의 직각도
- 마이크로미터 측정면 평행도

㉡ 오토콜리메이터의 주요 부속품
- 변압기
- 조정기
- 지지대
- 평면경
- 반사경대
- 펜타 프리즘
- 폴리곤 프리즘

⑥ 안지름 측정용 측정기

텔레스코핑 게이지	깊이게이지
레버식 다이얼게이지	**센터게이지**

⑦ 측장기

본체에 외경 및 내경 등의 길이 측정이 가능한 표준척을 갖고 있으며, 이 표준척으로 길이가 긴 측정물의 치수를 직접 읽을 수 있다. 정밀도가 매우 높은 측정이 가능하고 측정하는 범위도 크다.

10년간 자주 출제된 문제

2-1. 어미자의 눈금이 0.5mm이며, 아들자의 눈금 12mm를 25등분한 버니어 캘리퍼스의 최소 측정값은?

① 0.01mm ② 0.02mm
③ 0.05mm ④ 0.025mm

2-2. 마이크로미터의 구조에서 부품에 속하지 않는 것은?

① 앤빌 ② 스핀들
③ 슬리브 ④ 스크라이버

2-3. 다음 중 한계게이지가 아닌 것은?

① 게이지블록 ② 봉게이지
③ 플러그게이지 ④ 링게이지

|해설|

2-1

버니어캘리퍼스는 자와 캘리퍼스를 조합한 측정기로 어미자와 아들자를 이용하여 $\frac{1}{20}$mm(0.05), $\frac{1}{50}$mm(0.02)까지 측정할 수 있다. 어미자의 눈금 간격이 0.5mm이고 아들자를 25등분한 것이므로 $\frac{0.5\text{mm}}{25} = 0.02\text{mm}$가 된다. 따라서 이 버니어 캘리퍼스의 최소 측정값은 0.02mm이다.

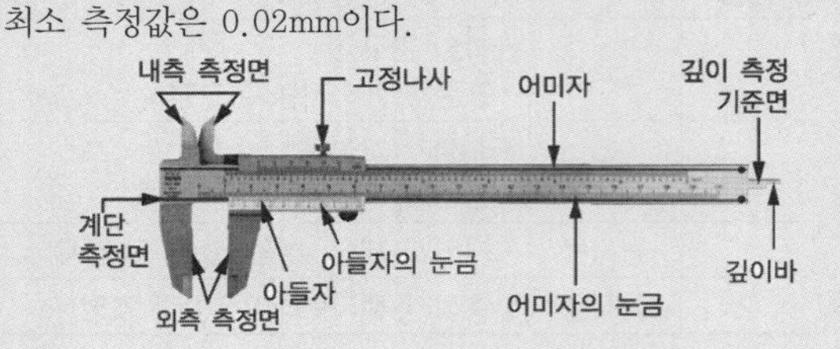

2-2

스크라이버는 재료 표면에 임의의 간격의 평행선을 먹펜이나 연필보다 정확히 긋고자 할 경우에 사용되는 공구이다.

2-3

게이지블록(블록게이지)

길이 측정의 표준이 되는 게이지로 공장용 게이지 중에서 가장 정확하다. 개개의 블록게이지를 밀착시킴으로써 그들 호칭치수의 합이 되는 새로운 치수를 얻을 수 있다. 블록게이지 조합의 종류에는 9개조, 32개조, 76개조, 103개조가 있다.

길이 측정기	게이지블록	
한계게이지	봉게이지	
	플러그게이지	
	링게이지	

정답 2-1 ② 2-2 ④ 2-3 ①

핵심이론 03 각도측정기

① 사인바(Sine Bar)

삼각함수를 이용하여 각도를 측정하거나 임의의 각을 만드는 대표적인 각도측정기로, 정반 위에서 블록게이지와 조합하여 사용한다. 이 사인바는 측정하려는 각도가 45° 이내여야 하며 측정각이 더 커지면 오차가 발생한다.

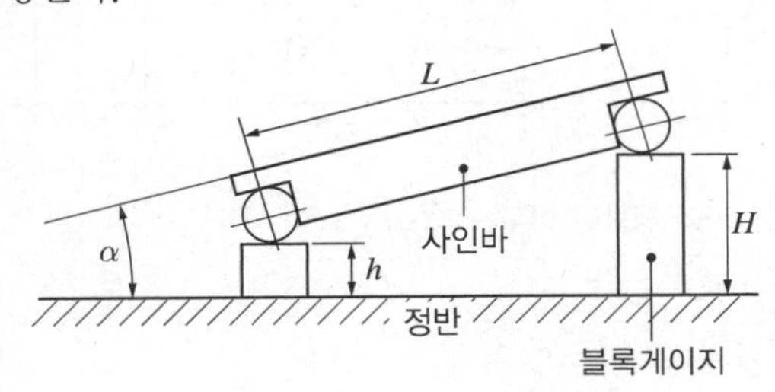

$$\sin\alpha = \frac{H-h}{L}$$

여기서, $H-h$: 양 롤러 간 높이차

L : 사인바의 길이

α : 사인바의 각도

㉠ 양 롤러 간의 높이차를 구하는 식

$H-h = L\times\sin\alpha°$

㉡ 사인바의 특징

- 사인바는 롤러의 중심거리가 보통 100mm 또는 200mm로 제작한다.
- 정밀한 각도 측정을 위해서는 평면도가 높은 평면을 사용해야 한다.
- 사인바는 측정하려는 각도가 45° 이내여야 한다. 측정각이 더 커지면 오차가 발생한다.
- 게이지블록 등을 병용하고 삼각함수인 사인(sin)을 이용하여 각도를 측정하는 기구이다.
- 길이를 측정하여 직각삼각형의 삼각함수를 이용한 계산에 의해 임의각의 측정 또는 임의각을 만드는 기구이다.

② 주요 각도게이지의 형상

요한슨식 각도게이지	NPL식 각도게이지

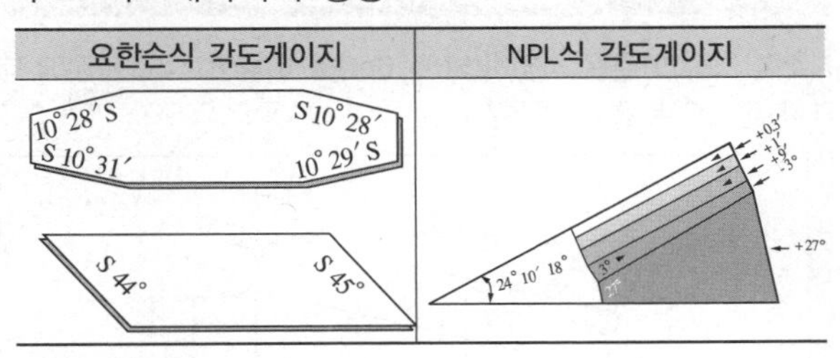

③ 수준기

액체와 기포가 들어 있는 유리관 속에 있는 기포 위치에 의하여 수평면에서 기울기를 측정하는 액체식 각도측정기로, 기계 조립이나 설치 시 수평 정도와 수직 정도를 확인하는 데 주로 사용한다.

④ 롤러 핀게이지를 이용하여 테이퍼량(기울기)를 측정하는 방법

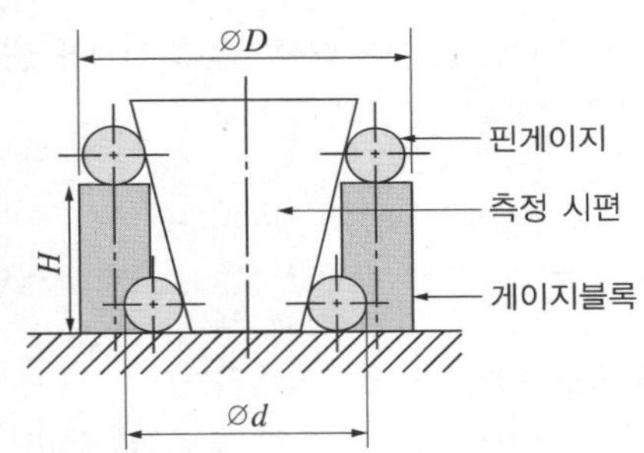

$$\text{테이퍼량} = \frac{D-d}{H}$$

여기서, D : 테이퍼의 큰 쪽 지름 측정값

d : 테이퍼의 작은 쪽 지름 측정값

H : 게이지블록 높이

⑤ 탄젠트바

삼각함수에 의하여 각도를 길이로 계산하여 간접적으로 각도를 구하는 방법으로, 블록게이지와 함께 사용하여 구하는 측정기이다.

10년간 자주 출제된 문제

3-1. 그림과 같은 사인바(Sine Bar)를 이용한 각도 측정에 대한 설명으로 틀린 것은?

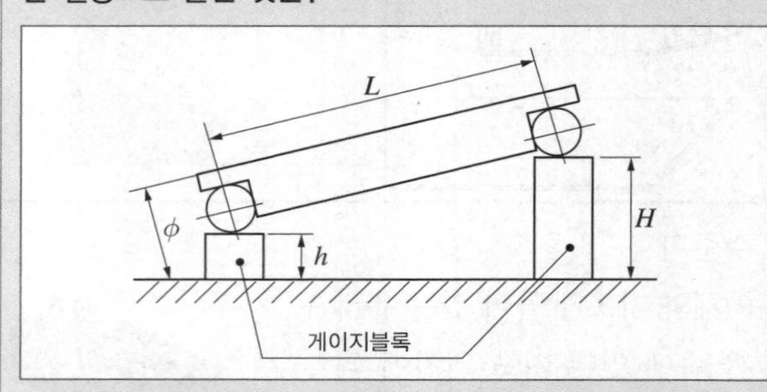

① 게이지블록 등을 병용하고 삼각함수 사인(sine)을 이용하여 각도를 측정하는 기구이다.
② 사인바는 롤러의 중심거리가 보통 100mm 또는 200mm로 제작한다.
③ 45°보다 큰 각을 측정할 때에는 오차가 작아진다.
④ 정반 위에서 정반면과 사인봉과 이루는 각을 표시하면 $\sin\phi=(H-h)/L$식이 성립한다.

3-2. NPL식 각도게이지에 대한 설명과 관계가 없는 것은?

① 쐐기형의 열처리된 블록이다.
② 12개의 게이지를 한 조로 한다.
③ 조합 후 정밀도는 2~3초 정도이다.
④ 2개의 각도게이지를 조합할 때에는 홀더가 필요하다.

3-3. 각도를 측정할 수 있는 측정기는?

① 버니어 캘리퍼스　② 오토콜리메이터
③ 옵티컬 플랫　④ 하이트게이지

|해설|

3-1

사인바는 길이를 측정하고 삼각함수를 이용한 계산에 의하여 임의각을 측정하거나 만드는 각도측정기이다. 사인바는 측정하려는 각도가 45° 이내여야 하며 측정각이 더 커지면 오차가 발생한다.

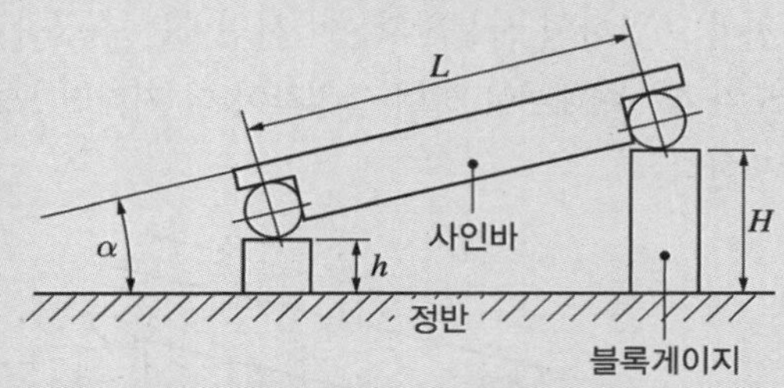

사인바와 정반이 이루는 각(α)

$$\sin\alpha=\frac{H-h}{L}$$

여기서, $H-h$: 양 롤러 간 높이차
L : 사인바의 길이
α : 사인바의 각도

3-2

NPL식 각도게이지는 2개의 각도게이지 조립 시 홀더가 필요하지 않다.

3-3

오토콜리메이터는 망원경의 원리와 콜리메이터의 원리를 조합시켜서 만든 측정기기로, 계측기와 십자선, 조명 등을 장착한 망원경을 이용하여 미소한 각도의 측정이나 평면의 측정에 이용한다.

정답 3-1 ③ 3-2 ④ 3-3 ②

핵심이론 04 | 비교측정기, 한계게이지

※ 알아둘 점 : 비교측정기와 한계게이지는 목적이 유사하기 때문에 굳이 구분하지 않는 경우도 있다.

① 비교측정기

㉠ 비교측정기의 정의 : 측정할 길이에서 정확한 수치의 길이를 표준으로 정한 후 이와 다른 부분의 측정값과 비교하여 측정값이나 양부를 판단하는 방법이다. 주요 비교측정기에는 다이얼게이지, 블록게이지, 콤퍼레이터, 한계게이지 등이 있다.

㉡ 비교측정의 장점

- 높은 정밀도의 측정이 비교적 용이하다.
- 측정범위가 좁고, 표준게이지가 필요하다.
- 제품의 치수가 고르지 못한 것을 계산하지 않아도 알 수 있다.
- 길이, 면의 각종 형상 측정, 공작기계의 정밀도검사 등 사용범위가 넓다.

㉢ 비교측정의 형태

- 기계적 비교 측정
- 전기적 비교 측정
- 광학적 비교 측정
- 유체적 비교 측정

② 다이얼게이지

다이얼게이지(Dial Gauge)는 비교측정기이므로 직접 제품의 치수를 읽을 수는 없다. 측정자의 직선 또는 원호운동을 기계적으로 확대하여 그 움직임을 지침의 회전 변위로 변환시켜 눈금을 읽음으로써 평행도, 직각도, 진원도, 두께 및 깊이, 테이퍼 및 편심 등을 기준점과 비교하여 그 오차 정도를 측정할 수 있다.

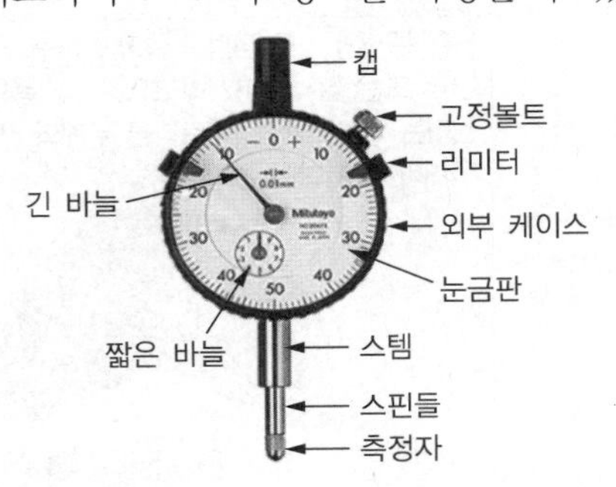

㉠ 다이얼게이지의 종류

- 다이얼 테스트 인디게이터
- 다이얼 두께게이지
- 다이얼 깊이게이지
- 다이얼 캘리퍼게이지

㉡ 다이얼게이지 설치 및 사용 시 주의사항

- 스핀들이 원활히 움직이는가를 확인한다.
- 스탠드를 앞뒤로 움직여 지시값의 차를 확인한다.
- 스핀들을 갑자기 작동시켜 반복 정밀도를 본다.
- 피측정물과 측정자의 운동 방향은 직각이 되도록 설치한다.
- 다이얼게이지의 편차가 클 때는 제작사 및 교정기관에서 교정 후 사용한다.

㉢ 다이얼게이지의 특징

- 측정범위가 넓다.
- 연속된 변위량의 측정이 가능하다.
- 다원측정의 검출기로서 이용할 수 있다.
- 눈금과 지침에 의해서 읽기 때문에 오차가 작다.
- 비교측정기에 속하므로 직접 치수를 읽을 수 없다.

㉣ 다이얼게이지를 응용한 측정 가능한 요소

- 흔들림
- 직각도
- 진원도
- 안지름
- 외경
- 두께
- 높이
- 깊이
- 공구 및 공작물 정밀도 높게 장착할 때

③ 서피스게이지

정반 위에 올려놓고 이동시키면서 공작물에 평행선을 긋거나 평행면의 검사용으로 사용하는 공구이다.

④ 한계게이지

허용할 수 있는 부품의 오차범위인 최대 치수와 최소 치수를 설정하고 제품의 치수가 그 공차범위 안에 들어오는지를 검사하는 측정기기로 봉게이지, 플러그게이지, 스냅게이지 등이 있다. 특히, 스냅게이지는 커다란 공작물의 외경 측정에 사용된다.

㉠ 한계게이지의 특징

- 제품 사이의 호환성이 있다.
- 제품의 실제 치수를 알 수 없다.
- 측정이 쉽고 대량 생산에 적합하다.
- 개인차가 없고, 측정시간이 절약된다.
- 조작하기 쉽고 숙련이 필요하지 않다.
- 1개의 치수마다 1개의 게이지가 필요하다.
- 대량 측정에 적합하고, 합격·불합격의 판정이 용이하다.
- 최소와 최대 허용치를 점검하므로 측정은 항상 성공한다.
- 측정 치수가 결정됨에 따라 각각 통과측, 정지측의 게이지가 필요하다.

㉡ 한계게이지의 종류

- 봉게이지(구멍용 한계게이지)
- 링게이지(축용 한계게이지)
- 플러그게이지
- 터보게이지
- 스냅게이지
- 드릴게이지
- 틈새게이지
- 반지름게이지
- 와이어게이지
- 플러시 핀게이지

봉게이지	플러그게이지
링게이지	**스냅게이지**
	통과측 정지측

TIP 구멍용 한계게이지와 축용 한계게이지

구멍용 한계게이지	봉게이지
	터보게이지
	플러그게이지
축용 한계게이지	링게이지
	스냅게이지
	플러시 핀게이지

⑤ 기타 게이지의 종류

종류	역할 및 특징
드릴게이지 (Drill Gauge)	드릴의 지름을 측정한다.
와이어 게이지 (Wire Gauge)	판재나 철사의 두께를 측정한다.
틈새게이지 (Thickness Gauge)	작은 틈새의 간극 점검과 측정에 사용되는 측정기로, 간극 또는 필러게이지라고도 한다. 폭은 약 12mm, 길이는 약 65mm의 서로 다른 두께의 강편에 각각의 두께가 표시되어 있다.

10년간 자주 출제된 문제

4-1. 다음 중 한계게이지가 아닌 것은?

① 게이지블록
② 봉게이지
③ 플러그게이지
④ 링게이지

4-2. 측정자의 직선 또는 원호운동을 기계적으로 확대하여 그 움직임을 지침의 회전 변위로 변환시켜 눈금을 읽을 수 있는 측정기는?

① 다이얼게이지
② 마이크로미터
③ 만능투영기
④ 3차원 측정기

|해설|

4-1

게이지블록은 길이 측정의 표준이 되는 게이지로 공장용 게이지 중에서 가장 정확하다. 개개의 블록 게이지를 밀착시킴으로써 그들 호칭 치수의 합이 되는 새로운 치수를 얻을 수 있기 때문에 한계게이지는 아니다.

4-2

② 마이크로미터 : 버니어 캘리퍼스보다 정밀도가 높은 외경 측정기기
③ 만능투영기 : 고정밀 광학영상 투영기로 광학, 정밀기계, 전자측정방식을 일체화한 정밀측정기
④ 3차원 측정기 : 대상물의 가로, 세로, 높이의 3차원 좌표가 디지털로 표시되는 측정기

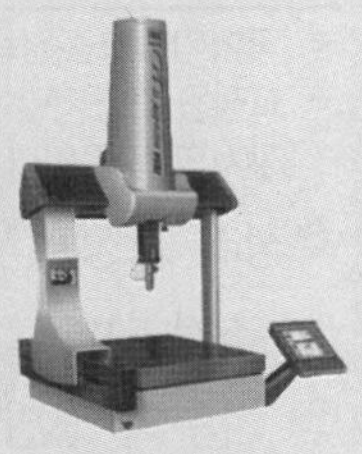
[3차원 측정기]

정답 4-1 ① 4-2 ①

핵심이론 05 나사 및 평면측정기

① 나사의 유효지름 측정방법
㉠ 만능투영기
㉡ 공구현미경
㉢ 나사 마이크로미터
㉣ 외측 마이크로미터

TIP 공구현미경
나사산의 피치, 나사산의 반각, 유효지름 등을 광학적으로 쉽게 측정할 수 있다.

② 나사산의 각도 측정방법
㉠ 공구현미경에 의한 방법
㉡ 투영기에 의한 방법
㉢ 만능 측정현미경에 의한 방법

③ 나사의 측정항목
㉠ 피치 ㉡ 골지름
㉢ 유효지름 ㉣ 나사산의 각도

④ 3침법의 측정항목
㉠ 피치
㉡ 유효지름
㉢ 바깥지름
※ 3침법(삼침법)에 의해 수나사의 유효지름 측정 시 사용되는 공구는 외측 마이크로미터이다.
※ 3침법(삼침법) : 3개의 같은 지름의 철사를 사용하여 수나사의 유효지름을 측정하는 방법이다.

⑤ 나사피치게이지 : 나사의 피치를 측정한다.

⑥ 센터게이지 : 선반의 나사 절삭작업 시 나사산의 각도를 정확히 맞추기 위하여 사용되는 측정기구로, 나사산의 각도, 나사 바이트의 날 끝각을 조사할 때 사용한다.

⑦ 나사의 호칭

다음 표기는 호칭지름은 8mm, 피치는 1.25mm인 미터나사가 4개임을 나타낸다.

4 - M8 × 1.25

- 나사 개수 : 4개
- 나사의 피치 : 1.25mm
- 나사의 호칭지름 : 8mm
- 나사의 종류 : 미터나사

⑧ 옵티컬 플랫(광선정반)

옵티컬 플랫은 동그란 형태의 두 면이 평행한 측정편의 일종으로 마이크로미터와 함께 평면도를 측정한다. 마이크로미터 측정면의 평면도 검사에 가장 적합한 측정기기로, 광학적 원리를 이용하는데 시험편에 단색광을 쏘아준 뒤 옵티컬 플랫에 반사되어 보이는 간섭무늬의 형태를 통해서 시험편의 평면도를 판정한다.

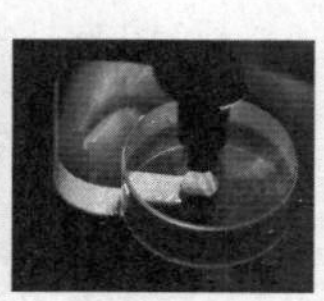

⑨ 촉침식 측정기

$10\mu m$ 이하의 선단 반경을 갖는 촉침을 물체 표면에 일정 속도로 이동시키면서 표면의 거친 정도를 측정한다.

10년간 자주 출제된 문제

표준게이지의 종류와 용도가 잘못 연결된 것은?

① 드릴게이지 : 드릴의 지름 측정
② 와이어게이지 : 판재의 두께 측정
③ 나사피치게이지 : 나사산의 각도 측정
④ 센터게이지 : 나사 바이트의 각도 측정

|해설|

나사피치게이지	센터게이지
• 나사의 피치 측정 나사 ← 피치게이지	• 나사산과 나사 바이트의 각도 측정 60°

정답 ③

핵심이론 06 | 측정기 유지관리

① 주요 측정기별 교정주기

종류	교정용 표준기 (개월)	정밀 계기 (개월)
게이지블록	36	12
링게이지 비교기	36	12
틈새게이지	–	12
깊이게이지	12	12
내측 마이크로미터	–	12
외측 마이크로미터	–	12
다이얼게이지	12	12
내외측 기어 이 두께 캘리퍼	12	12
버니어 캘리퍼스 등 캘리퍼게이지	12	12
나사피치측정기	24	12
나사 플러그게이지	24	12
시준기	36	24
사인바	36	24
옵티컬 플랫	24	24
평행 블록	36	24
정밀정반	36	24
형상측정기	24	24

※ 국가기술표준원 고시 제2020-0105호 기준
※ 교정용 표준기란 측정기 자체(정밀 계기)를 수시로 교정하는 부속 장치의 일종이다.

② 측정기 교정시기 판단

㉠ 측정기별 교정주기 도래 시
㉡ 치수의 정밀도가 지속 유지되지 않을 때
㉢ 측정기 일부에 손상이 가해졌을 때
㉣ 측정기에 변형이 발생했을 때

③ 측정기 보관 및 환경

㉠ 온도 및 습도를 적절히 유지할 것
㉡ 측정기별 전용 케이스에 담아서 보관할 것
㉢ 주기적으로 측정기의 외관 및 이동부를 점검할 것

10년간 자주 출제된 문제

6-1. 버니어 캘리퍼스 측정기의 교정주기는?

① 12개월
② 18개월
③ 24개월
④ 36개월

6-2. 평행블록의 교정용 표준기의 교정주기는?

① 12개월
② 24개월
③ 36개월
④ 48개월

|해설|

6-1
버니어 캘리퍼스 측정기의 본체와 측정기 교정용 표준기의 교정주기는 12개월이다.

6-2
평행블록 본체의 교정주기는 24개월이고, 평행블록 교정용 표준기의 교정주기는 36개월이다.

정답 6-1 ① 6-2 ②

Win-Q

2015~2016년	과년도 기출문제	회독 CHECK 1 2 3
2017~2023년	과년도 기출복원문제	회독 CHECK 1 2 3
2024년	최근 기출복원문제	회독 CHECK 1 2 3

PART 02

과년도+최근 기출복원문제

#기출유형 확인 #상세한 해설 #최종점검 테스트

2015년 제1회 과년도 기출문제

01 가단주철의 종류에 해당하지 않는 것은?

① 흑심 가단주철
② 백심 가단주철
③ 오스테나이트 가단주철
④ 펄라이트 가단주철

해설

가단주철의 종류

- 흑심 가단주철 : 흑연화가 주목적
- 백심 가단주철 : 탈탄이 주목적
- 펄라이트 가단주철
- 특수 가단주철

※ 가단주철은 백주철을 고온에서 장시간 열처리하여 시멘타이트 조직을 분해하거나 소실시켜 인성과 연성을 개선한 주철이다. 고탄소 주철로서 회주철과 같이 주조성이 우수한 백선의 주물을 만들고 열처리함으로써 강인한 조직이 되기 때문에 단조작업이 가능하다.

02 비자성체로서 Cr과 Ni를 함유하며 일반적으로 18-8 스테인리스강이라 부르는 것은?

① 페라이트계 스테인리스강
② 오스테나이트계 스테인리스강
③ 마텐자이트계 스테인리스강
④ 펄라이트계 스테인리스강

해설

스테인리스강의 분류

구분	종류	합금성분	자성
Cr계	페라이트계 스테인리스강	Fe + Cr 12% 이상	자성체
	마텐자이트계 스테인리스강	Fe + Cr 13%	자성체
Cr + Ni계	오스테나이트계 스테인리스강	Fe + Cr 18% + Ni 8%	비자성체
	석출경화계 스테인리스강	Fe + Cr + Ni	비자성체

03 8~12% Sn에 1~2% Zn의 구리합금으로 밸브, 콕, 기어, 베어링, 부시 등에 사용되는 합금은?

① 코르손 합금
② 베릴륨 합금
③ 포금
④ 규소 청동

해설

③ 포금 : 구리에 8~12%의 주석과 1~2%의 아연이 합금된 구리합금으로 밸브나 기어, 베어링용 재료로 사용된다.
① 코르손(Corson) 합금 : 구리에 3~4% Ni, 약 1%의 Si가 함유된 합금으로 인장강도와 도전율이 높아 통신선, 전화선으로 사용되는 구리-니켈-규소 합금이다.
② 베릴륨 합금 : 베릴륨을 기본으로 한 합금재료로 내열성이 뛰어나서 항공기용 재료로 사용한다.
④ 규소 청동 : 구리에 3~4%의 규소를 첨가한 합금으로 전기적 성질을 저하시키지 않으면서도 기계적 성질과 내식성, 내열성을 개선할 수 있다.

04 주철의 여러 성질을 개선하기 위하여 합금 주철에 첨가하는 특수원소 중 크롬(Cr)이 미치는 영향이 아닌 것은?

① 경도를 증가시킨다.
② 흑연화를 촉진시킨다.
③ 탄화물을 안정시킨다.
④ 내열성과 내식성을 향상시킨다.

해설

크롬(Cr)이 주철에 0.2~1.5% 합금되면 주철의 흑연화를 방지한다.

1 ③ 2 ② 3 ③ 4 ② 정답

05 다이캐스팅 알루미늄 합금으로 요구되는 성질 중 틀린 것은?

① 유동성이 좋을 것
② 금형에 대한 점착성이 좋을 것
③ 열간 취성이 적을 것
④ 응고수축에 대한 용탕 보급성이 좋을 것

해설

다이캐스트법 : 정밀한 금형에 용융된 합금을 압입하여 표면이 매끈한 주물을 얻는 주조법의 일종이다. 냉각속도가 빠르고 고속으로 충진하기 때문에 생산속도가 빠르다는 장점이 있다. 다이캐스팅용 재료가 금형에 대한 점착성이 좋을 경우 다이캐스팅으로 주물을 제작한 후 금형과 분리가 잘되지 않아 제품에 손상이 갈 확률이 높기 때문에 재료의 점착성은 낮은 것이 좋다.

06 탄소강의 경도를 높이기 위하여 실시하는 열처리는?

① 불 림　　② 풀 림
③ 담금질　　④ 뜨 임

해설

③ 담금질(Quenching) : 탄소강의 재질을 경화시킬 목적으로 탄소강을 오스테나이트조직의 영역까지 가열한 후 급랭시켜 강도와 경도를 증가시키는 열처리법이다.
① 불림(Normalizing) : 담금질한 정도가 심하거나 결정입자가 조대해진 강을 표준화조직으로 만들기 위하여 A_3점(968℃)이나 A_{cm}(시멘타이트)점 이상의 온도로 가열한 후 공랭시킨다.
② 풀림(Annealing) : 재질을 연하고 균일화시킬 목적으로 실시하는 열처리법으로 완전풀림은 A_3변태점(968℃) 이상의 온도로, 연화풀림은 650℃ 정도의 온도로 가열한 후 서랭한다.
④ 뜨임(Tempering) : 담금질한 강을 A_1변태점(723℃) 이하로 가열 후 서랭하는 것으로, 담금질로 경화된 재료에 인성을 부여하고 내부응력을 제거한다.

07 고용체에서 공간격자의 종류가 아닌 것은?

① 치환형　　② 침입형
③ 규칙격자형　　④ 면심입방격자형

해설

공간격자의 종류 : 치환형, 침입형, 규칙격자형

08 브레이크 드럼에서 브레이크 블록에 수직으로 밀어 붙이는 힘이 1,000N이고, 마찰계수가 0.45일 때 드럼의 접선방향 제동력은 몇 N인가?

① 150　　② 250
③ 350　　④ 450

해설

브레이크 제동력(Q)

$Q = \mu \times P$
$= 0.45 \times 1{,}000\text{N}$
$= 450\text{N}$

09 지름 $D_1 = 200\text{mm}$, $D_2 = 300\text{mm}$의 내접 마찰차에서 그 중심거리는 몇 mm인가?

① 50　　② 100
③ 125　　④ 250

해설

$$C = \frac{D_2 - D_1}{2} = \frac{300 - 200}{2} = \frac{100}{2} = 50\text{mm}$$

마찰차 간 중심거리(C) 구하는 식

외접 마찰차	내접 마찰차
$C = \frac{D_2 + D_1}{2}$	$C = \frac{D_2 - D_1}{2}$
D₂, D₁ (그림)	D₂, D₁ (그림)

10 기어 전동의 특징에 대한 설명으로 가장 거리가 먼 것은?

① 큰 동력을 전달한다.
② 큰 감속을 할 수 있다.
③ 넓은 설치장소가 필요하다.
④ 소음과 진동이 발생한다.

해설

기어 전동의 특징

- 큰 동력을 전달한다.
- 소음과 진동이 발생한다.
- 감속비를 크게 할 수 있다.
- 정확한 속도비를 얻을 수 있다.
- 좁은 장소에도 설치가 가능하다.
- 두 축 사이의 거리가 가까울 때 사용한다.
- 두 축이 평행하지 않아도 동력을 전달할 수 있다.
- 기어 잇수를 조정하여 회전속도를 바꿀 수 있다.

11 미터나사에 관한 설명으로 틀린 것은?

① 기호는 M으로 표기한다.
② 나사산의 각도는 55°이다.
③ 나사의 지름 및 피치를 mm로 표시한다.
④ 부품의 결합 및 위치의 조정 등에 사용된다.

해설

나사의 종류 및 특징

	명칭	용도	특징
삼각나사	미터 나사 (암나사, 수나사, 60°)	기계 조립	• 미터계 나사 • 나사산의 각도 : 60° • 나사의 지름과 피치를 mm로 표시한다.
삼각나사	유니파이 나사 (암나사, 수나사, 60°)	정밀 기계 조립	• 인치계 나사 • 나사산의 각도 : 60° • 미국, 영국, 캐나다 협정으로 만들어 ABC나사라고도 한다.
삼각나사	관용 나사 (암나사, 수나사, 55°)	유체 기기 결합	• 인치계 나사 • 나사산의 각도 : 55° • 관용평행 나사 : 유체기기 등의 결합에 사용한다. • 관용테이퍼 나사 : 기밀 유지가 필요한 곳에 사용한다.
	사각 나사 (암나사, 수나사)	동력 전달용	• 프레스 등의 동력전달용으로 사용한다. • 축방향의 큰 하중을 받는 곳에 사용한다.
	사다리꼴 나사 (30°(29°), 암나사, 수나사)	공작 기계의 이송용	• 나사산의 각도 : 30° • 애크미 나사라고도 한다.
	톱니 나사 (3°, 30°, 암나사, 수나사)	힘의 전달	• 힘을 한쪽 방향으로만 받는 곳에 사용한다. • 바이스, 압착기 등의 이송용 나사로 사용한다.
	둥근 나사 (30°, 암나사, 수나사)	전구나 소켓	• 나사산이 둥근 모양이다. • 너클 나사라고도 한다. • 먼지나 모래 등이 많은 곳에 사용한다. • 나사산과 골이 같은 반지름의 원호로 이은 모양이다.
	볼나사 (암나사, 수나사)	정밀 공작 기계의 이송 장치	• 나사축과 너트 사이에 강재 볼을 넣어 힘을 전달한다. • 백래시를 작게 할 수 있고, 높은 정밀도를 오래 유지할 수 있으며 효율이 가장 좋다.

12 평벨트의 이음방법 중 효율이 가장 높은 것은?

① 이음쇠이음
② 가죽끈이음
③ 관자볼트이음
④ 접착제이음

해설

평벨트의 이음효율(η)

- 접착제이음(아교이음) : 75~90%
- 이음쇠이음(철사이음) : 60%
- 가죽끈이음(얽매기이음) : 40~50%
- 관자볼트이음 : 50~60%

10 ③ 11 ② 12 ④ 정답

13 축 방향으로 인장하중만을 받는 수나사의 바깥지름(d)과 볼트재료의 허용인장응력(σ_a) 및 인장하중(W)과의 관계가 옳은 것은?(단, 일반적으로 지름 3mm 이상인 미터나사이다)

① $d=\sqrt{\dfrac{2W}{\sigma_a}}$　② $d=\sqrt{\dfrac{3W}{8\sigma_a}}$

③ $d=\sqrt{\dfrac{8W}{3\sigma_a}}$　④ $d=\sqrt{\dfrac{10W}{3\sigma_a}}$

해설

축하중을 받을 때 볼트의 지름(d) 구하는 식

골지름(안지름)	바깥지름(호칭지름)
$d_1=\sqrt{\dfrac{4W}{\pi\sigma_a}}$	$d=\sqrt{\dfrac{2W}{\sigma_a}}$

14 전단하중에 대한 설명으로 옳은 것은?

① 재료를 축 방향으로 잡아당기도록 작용하는 하중이다.

② 재료를 축 방향으로 누르도록 작용하는 하중이다.

③ 재료를 가로 방향으로 자르도록 작용하는 하중이다.

④ 재료가 비틀어지도록 작용하는 하중이다.

해설

전단하중은 재료를 가로 방향(단면 방향)으로 자르기 위해 작용하는 하중으로 가위를 연상하면 이해하기 쉽다.

① 인장하중, ② 압축하중, ④ 비틀림하중에 대한 설명이다.

응력(하중)의 종류

인장응력	압축응력	전단응력
W ↑ ↓ W	W ↓ ↑ W	W→ ←W

굽힘응력	비틀림응력
W ↓	W, W

15 베어링 호칭번호가 6205인 레이디얼 볼 베어링의 안지름은?

① 5mm　② 25mm

③ 62mm　④ 205mm

해설

볼 베어링의 안지름번호는 앞에 2자리를 제외한 뒤의 숫자로 확인할 수 있다.

호칭번호가 6205인 경우

- 6 : 단열홈형 베어링
- 2 : 경하중형
- 05 : 베어링 안지름번호(05 × 5 = 25mm)

베어링의 호칭방법

구분	내용
형식번호	• 1 : 복렬 자동조심형 • 2, 3 : 상동(큰 너비) • 6 : 단열홈형 • 7 : 단열앵귤러 콘택트형 • N : 원통 롤러형
치수기호	• 0, 1 : 특별경하중 • 2 : 경하중형 • 3 : 중간형
안지름번호	• 1~9 : 1~9mm • 00 : 10mm • 01 : 12mm • 02 : 15mm • 03 : 17mm • 04 : 20mm 04부터 5를 곱한다.
접촉각기호	• C
실드기호	• Z : 한쪽 실드 • ZZ : 안팎 실드
내부 틈새기호	• C2
등급 기호	• 무기호 : 보통급 • H : 상급 • P : 정밀 등급 • SP : 초정밀급

정답 13 ① 14 ③ 15 ②

16 지름이 30mm인 연강을 선반에서 절삭할 때, 주축을 200rpm으로 회전시키면 절삭속도는 약 몇 m/min인가?

① 10.54 ② 15.48
③ 18.85 ④ 21.54

해설

선반가공에서 절삭속도(v)

$$v = \frac{\pi dn}{1,000}$$
$$= \frac{\pi \times 30 \times 200}{1,000}$$
$$\fallingdotseq 18.85\text{m/min}$$

여기서, v : 절삭속도(m/min)
d : 공작물의 지름(mm)
n : 주축 회전수(rpm)

17 여러 개의 절삭 날을 일직선상에 배치한 절삭공구를 사용하여 1회의 통과로 구멍의 내면을 가공하는 공작기계는?

① 셰이퍼 ② 슬로터
③ 브로칭 머신 ④ 플레이너

해설

브로칭 머신

가늘고 긴 일정한 단면 모양의 많은 날을 가진 브로치라는 절삭공구를 일감 표면이나 구멍에 대고 누르면서 통과시켜 단 1회의 공정만으로 키홈이나 스플라인 홈, 다각형의 구멍을 가공할 수 있는 공작기계

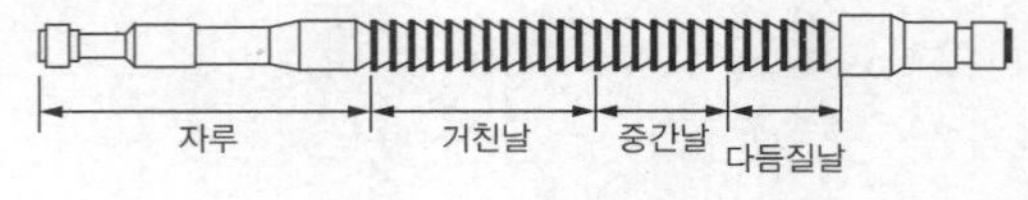

[브로치 공구의 형상]

※ 2022년 개정된 출제기준에서 삭제된 내용

18 밀링머신의 일반적인 크기 표시는?

① 밀링머신의 최고 회전수로 한다.
② 밀링머신의 높이로 한다.
③ 테이블의 이송거리로 한다.
④ 깎을 수 있는 공작물의 최대 길이로 한다.

해설

밀링머신의 크기는 테이블의 이동거리에 따라 표시한다.

호칭번호	0	1	2	3	4	5
테이블의 좌우 이동거리	450	550	700	850	1,050	1,250

※ 2022년 개정된 출제기준에서 삭제된 내용

19 정밀 보링머신의 특성에 대한 설명으로 틀린 것은?

① 고속회전 및 정밀한 이송기구를 갖추고 있다.
② 다이아몬드 또는 초경합금 공구를 사용한다.
③ 진직도는 높으나 진원도는 낮다.
④ 실린더나 베어링면 등을 가공한다.

해설

정밀 보링머신은 진직도와 진원도를 모두 높게 한다.
※ 2022년 개정된 출제기준에서 삭제된 내용

20 드릴 가공방법에서 구멍에 암나사를 가공하는 작업은?

① 다이스 작업 ② 태핑 작업
③ 리밍 작업 ④ 보링 작업

해설

태핑(Tapping) : 구멍에 탭을 사용하여 암나사를 만드는 작업

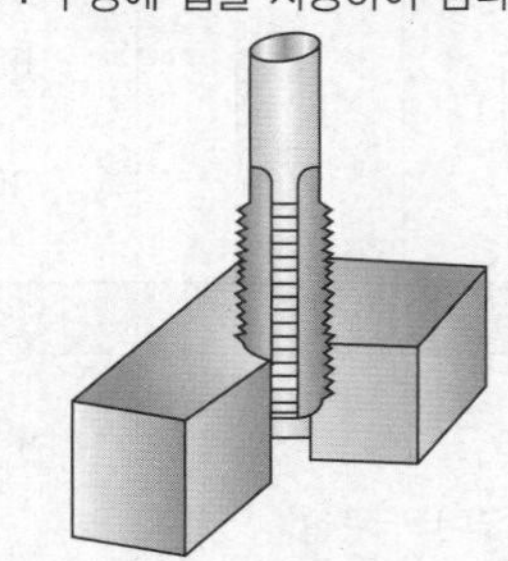

※ 2022년 개정된 출제기준에서 삭제된 내용

정답 16 ③ 17 ③ 18 ③ 19 ③ 20 ②

21 연삭숫돌에 눈 메움이나 무딤 현상이 발생하였을 때 숫돌을 수정하는 작업은?

① 래 핑 ② 드레싱
③ 글레이징 ④ 덮개 설치

해설

- 드레싱 : 눈 메움이나 눈 무딤이 발생했을 때 절삭성 향상을 위해 숫돌 표면의 무뎌진 입자를 드레서로 제거하여 새로운 절삭 날을 숫돌 표면에 생성시키는 숫돌 수정 작업이다.
- 로딩(눈 메움) : 숫돌 표면의 기공에 칩이 메워져서 연삭성이 나빠지는 현상이다. 발생원인은 조직이 치밀할 때, 숫돌의 원주 속도가 너무 느릴 때, 기공이 너무 작을 때, 연성이 큰 재료를 연삭할 때 등이다.
- 글레이징(눈 무딤) : 연삭숫돌의 자생작용이 잘되지 않아 연삭입자가 납작해져서 무딤이 발생하여 연삭성이 나빠지는 현상으로 발생원인은 연삭숫돌의 결합도가 클 때, 원주 속도가 빠를 때, 공작물과 숫돌의 재질이 맞지 않을 때 발생한다. 이 현상으로 연삭숫돌에는 연삭열과 균열 그리고 재질이 변색된다.

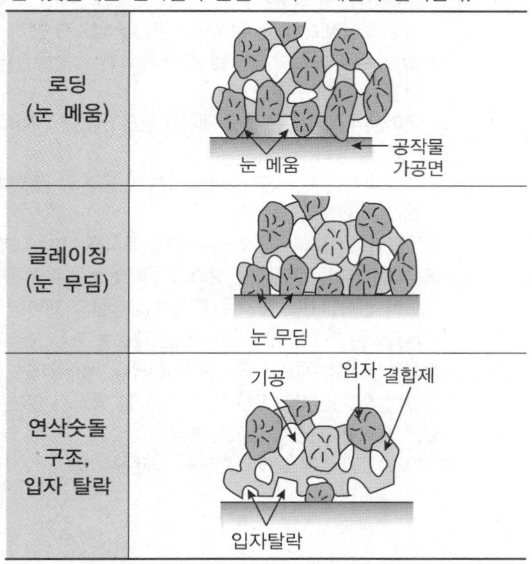

※ 2022년 개정된 출제기준에서 삭제된 내용

22 선반가공에서 가공면의 미끄러짐을 방지하기 위하여 요철형태로 가공하는 것은?

① 내경 절삭가공
② 외경 절삭가공
③ 널링가공
④ 보링가공

해설

널링가공은 기계의 손잡이 부분에 올록볼록한 돌기부를 만들어 미끄럼이 발생하지 않도록 하기 위한 선반 작업이다. 올록볼록한 형상의 널링공구를 찍어 누르며 소성가공하는 방법으로 가공속도가 빠르면 형상의 뭉게짐이 발생하기 때문에 가공속도를 느리게 해야 정밀한 가공 형상을 만들 수 있다.

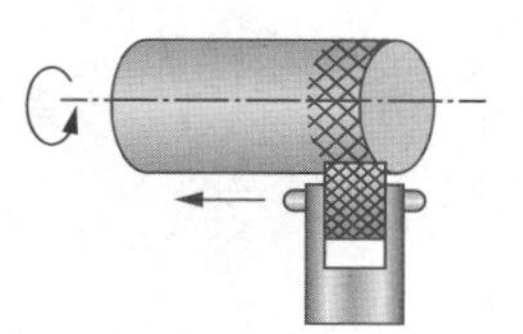

※ 2022년 개정된 출제기준에서 삭제된 내용

23 선반 작업 중에 지켜야 할 안전사항이 아닌 것은?

① 긴 공작물을 가공할 때는 안전장치를 설치 후 가공한다.
② 가공물이 긴 경우 심압대로 지지하고 가공한다.
③ 드릴 작업 시 시작과 끝은 이송을 천천히 한다.
④ 전기배선의 절연상태를 점검한다.

해설

전기배선의 절연상태 점검은 공작기계를 가동하기 전에 점검할 사항이다.

※ 2022년 개정된 출제기준에서 삭제된 내용

정답 21 ② 22 ③ 23 ④

24 구성인선의 방지 대책 중 틀린 것은?

① 윤활성이 좋은 절삭유제를 사용한다.
② 공구의 윗면 경사각을 크게 한다.
③ 절삭 깊이를 크게 한다.
④ 고속으로 절삭한다.

해설

구성인선(Build-up Edge)

• 연강이나 스테인리스강, 알루미늄과 같이 재질이 연하고 공구 재료와 친화력이 큰 재료를 절삭가공할 때, 칩과 공구의 윗면 사이의 경사면에 발생되는 높은 압력과 마찰열로 인해 칩의 일부가 공구의 날 끝에 달라붙어 마치 절삭날과 같이 공작물을 절삭하는 현상으로 공구를 파손시키며 치수 정밀도를 떨어뜨린다.

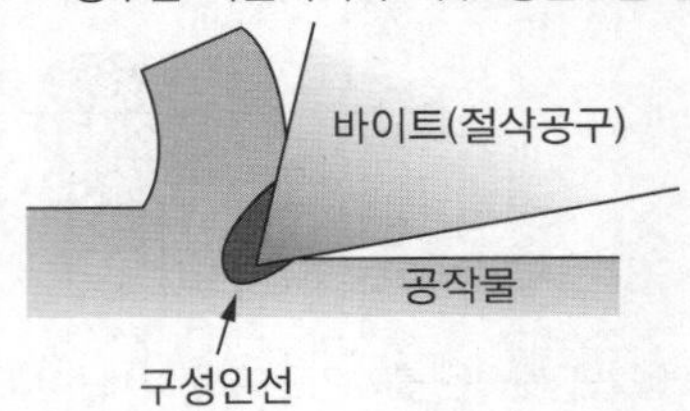

• 구성인선의 방지대책
 – 절삭 깊이를 작게 해야 마찰열 및 압력을 줄일 수 있다.
 – 절삭속도를 크게 한다.
 – 세라믹 공구를 사용한다.
 – 바이트의 날 끝을 예리하게 한다.
 – 바이트의 윗면 경사각을 크게 한다.
 – 가공 중 윤활성이 좋은 절삭유를 사용한다.
 – 피가공물과 친화력이 작은 공구 재료를 사용한다.
 – 공구면의 마찰계수를 감소시켜 칩의 흐름을 원활하게 한다.

※ 2022년 개정된 출제기준에서 삭제된 내용

25 전기 도금과는 반대로 일감을 양극으로 하여 전기에 의한 화학적 용해작용을 이용하고 가공물의 표면을 다듬질하여 광택이 나게 하는 가공법은?

① 기계연마 ② 전해연마
③ 초음파가공 ④ 방전가공

해설

전해연마 : 가공물을 양극으로, 구리나 아연을 음극으로 연결한 후 전류를 통하게 해서 용해작용을 일어나게 함으로써 가공물의 표면을 다듬질하여 광택 면을 얻는 가공법이다.

• 전해연마(Electrolytic Polishing)가공의 특징
 – 가공 변질층이 없다.
 – 가공면에 방향성이 없다.
 – 내마모성, 내부식성이 좋다.
 – 표면이 깨끗해서 도금이 잘된다.
 – 복잡한 형상의 공작물도 연마가 가능하다.
 – 공작물의 형상을 바꾸거나 치수 변경에는 적합하지 않다.
 – 알루미늄, 구리합금과 같은 연질 재료의 연마도 비교적 쉽다.
 – 치수의 정밀도보다는 광택의 거울면을 얻고자 할 때 사용한다.
 – 철강 재료와 같이 탄소를 많이 함유한 금속은 전해 연마가 어렵다.
 – 연마량이 적어 깊은 홈은 제거가 되지 않으며 모서리가 둥글게(라운딩)된다.
 – 가공 층이나 녹, 공구 절삭자리 제거, 공구 날 끝 연마, 표면처리에 적합하다.

• 초음파가공 : 봉이나 판상의 공구와 공작물 사이에 연삭입자와 공작액을 혼합한 혼합액을 넣고 초음파 진동을 주면 공구가 반복적으로 연삭입자에 충격을 가하여 공작물의 표면이 미세하게 다듬질되는 가공법이다. 연성이 큰 재료는 가공 성능이 나쁘다.

• 방전가공 : 일반적으로 공구에 (+)전극을, 공작물에는 (–)전극을 연결한 후 가공하기 때문에 전기가 잘 통하지 않는 아크릴과 같은 재료는 가공이 불가능하다.

※ 2022년 개정된 출제기준에서 삭제된 내용

24 ③ 25 ② 정답

26 **다음 도면에서 표현된 단면도로 모두 맞는 것은?**

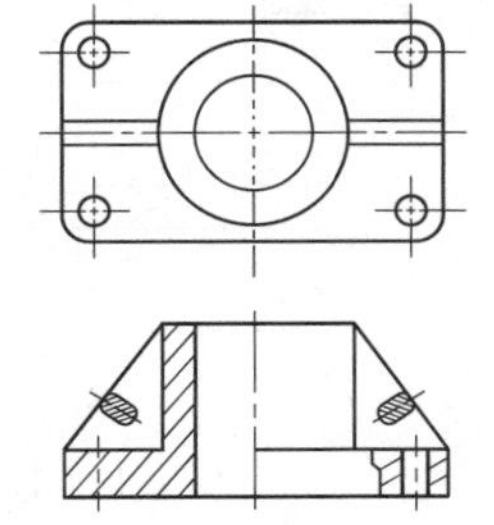

① 전단면도, 한쪽단면도, 부분단면도
② 한쪽단면도, 부분단면도, 회전도시단면도
③ 부분단면도, 회전도시단면도, 계단단면도
④ 전단면도, 한쪽단면도, 회전도시단면도

해설

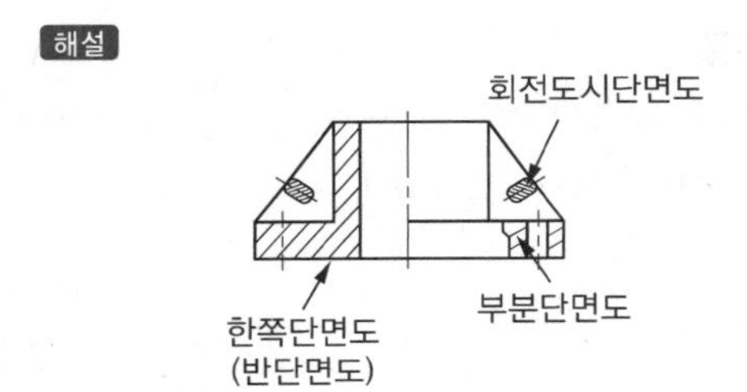

단면도의 종류

단면도명	특징
온단면도 (전단면도)	• 물체 전체를 직선으로 절단하여 앞부분을 잘라 내고 남은 뒷부분의 단면 모양을 그린 것 • 절단 부위의 위치와 보는 방향이 확실한 경우에는 절단선, 화살표, 문자기호를 기입하지 않아도 된다.
한쪽 단면도 (반단면도)	• 반단면도라고도 한다. • 절단면을 전체의 반만 설치하여 단면도를 얻는다. • 상하 또는 좌우가 대칭인 물체를 중심선을 기준으로 $\frac{1}{4}$ 절단하여 내부 모양과 외부 모양을 동시에 표시하는 방법이다.
부분 단면도	파단선 / 떼어 낸 부분의 단면 • 파단선을 그어서 단면 부분의 경계를 표시한다. • 일부분을 잘라 내고 필요한 내부의 모양을 그리기 위한 방법이다.
회전도시 단면도	(a) 암의 회전단면도(투상도 안) (b) 훅의 회전단면도(투상도 밖) • 절단선의 연장선 뒤에도 그릴 수 있다. • 투상도의 절단할 곳과 겹쳐서 그릴 때는 가는 실선으로 그린다. • 주투상도의 밖으로 끌어내어 그릴 경우는 가는 1점쇄선으로 한계를 표시하고 굵은 실선으로 그린다. • 핸들이나 벨트 풀리, 바퀴의 암, 리브, 축, 형강 등의 단면의 모양을 90°로 회전시켜 투상도의 안이나 밖에 그린다.
계단 단면도	A, B, C, D / A–B–C–D • 절단면을 여러 개 설치하여 그린 단면도이다. • 복잡한 물체의 투상도 수를 줄일 목적으로 사용한다. • 절단선, 절단면의 한계와 화살표 및 문자기호를 반드시 표시하여 절단면의 위치와 보는 방향을 정확히 명시해야 한다.

정답 26 ②

27 **정투상도 1각법과 3각법을 비교 설명한 것으로 틀린 것은?**

① 3각법에서는 저면도는 정면도의 아래에 나타낸다.

② 1각법은 평면도를 정면도의 바로 아래에 나타낸다.

③ 1각법에서는 정면도 아래에서 본 저면도를 정면도 아래에 나타낸다.

④ 3각법에서 측면도는 오른쪽에서 본 것을 정면도의 바로 오른쪽에 나타낸다.

해설

제1각법에서는 저면도(물체를 아래에서 본 형상)를 정면도의 위에 배치한다. 정면도의 아래에 배치하는 투상법은 제3각법이다.

제1각법	제3각법
투상면을 물체의 뒤에 놓는다.	투상면을 물체의 앞에 놓는다.
눈 → 물체 → 투상면	눈 → 투상면 → 물체
저면도 우측면도 정면도 좌측면도 배면도 평면도	평면도 좌측면도 정면도 우측면도 배면도 저면도

28 **다음 투상도는 제3각법으로 투상한 것이다. 이 물체의 등각투상도로 맞는 것은?**

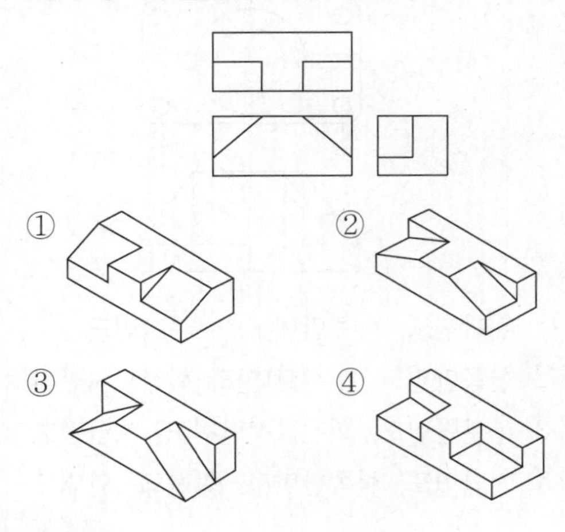

해설

물체를 앞에서 바라보는 정면도는 ( ) 의 형상으로 보여야 하므로 정답은 ②번이 된다.

27 ③ 28 ② 정답

29 **치수 배치 방법 중 치수공차가 누적되어도 좋은 경우에 사용하는 방법은?**

① 누진치수 기입법
② 직렬치수 기입법
③ 병렬치수 기입법
④ 좌표치수 기입법

해설

치수의 배치방법

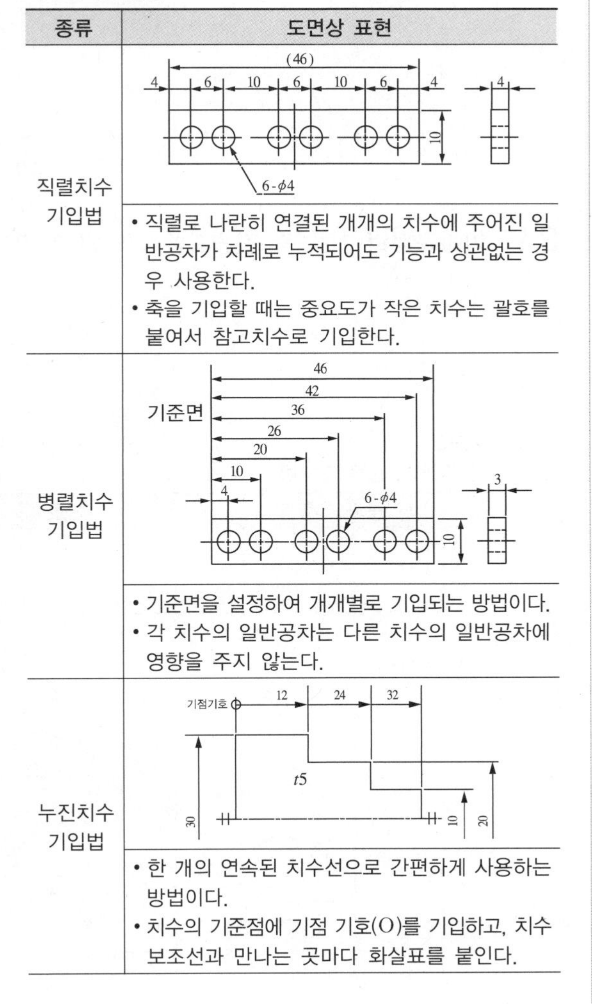

종류	도면상 표현
직렬치수 기입법	• 직렬로 나란히 연결된 개개의 치수에 주어진 일반공차가 차례로 누적되어도 기능과 상관없는 경우 사용한다. • 축을 기입할 때는 중요도가 작은 치수는 괄호를 붙여서 참고치수로 기입한다.
병렬치수 기입법	• 기준면을 설정하여 개개별로 기입되는 방법이다. • 각 치수의 일반공차는 다른 치수의 일반공차에 영향을 주지 않는다.
누진치수 기입법	• 한 개의 연속된 치수선으로 간편하게 사용하는 방법이다. • 치수의 기준점에 기점 기호(O)를 기입하고, 치수보조선과 만나는 곳마다 화살표를 붙인다.

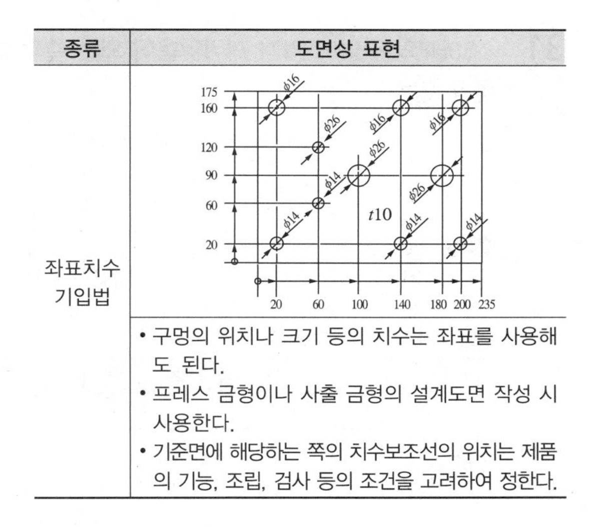

종류	도면상 표현
좌표치수 기입법	• 구멍의 위치나 크기 등의 치수는 좌표를 사용해도 된다. • 프레스 금형이나 사출 금형의 설계도면 작성 시 사용한다. • 기준면에 해당하는 쪽의 치수보조선의 위치는 제품의 기능, 조립, 검사 등의 조건을 고려하여 정한다.

30 **여러 각도로 기울여진 면의 치수를 기입할 때 일반적으로 잘못 기입된 치수는?**

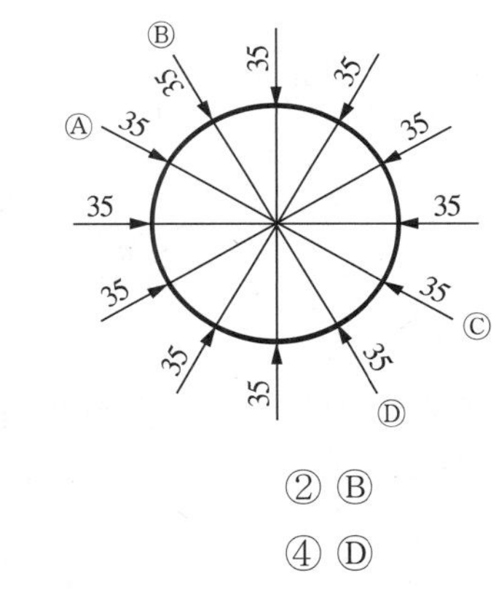

① Ⓐ　　② Ⓑ
③ Ⓒ　　④ Ⓓ

해설

일반적으로 치수가 왼쪽 위에서 오른쪽 아래로 향하며 30° 이하의 각도를 이루는 방향에는 치수기입을 피한다. 그러나 도형의 특징을 불가피할 경우는 입력한다. 따라서 Ⓑ의 경우는 입력 각도가 그림과 같아야 한다.

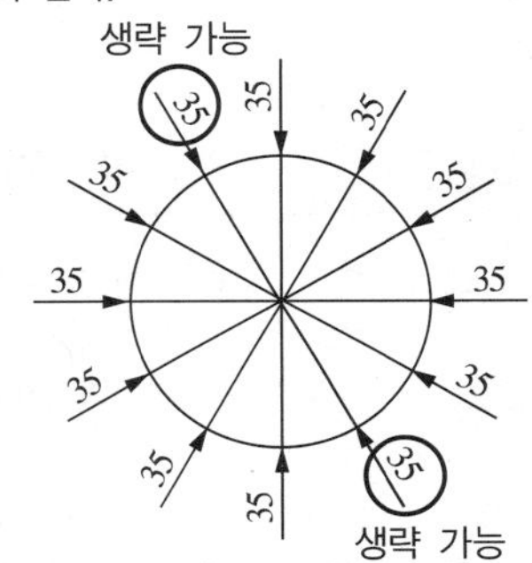

정답 29 ② 30 ②

31 ϕ50H7의 구멍에 억지 끼워맞춤이 되는 축의 끼워맞춤 공차기호는?

① ϕ50js6　　② ϕ50f6
③ ϕ50g6　　④ ϕ50p6

해설

구멍기준(H7)으로 끼워맞춤을 할 경우 알파벳 "p"은 억지 끼워맞춤을 나타내는 공차등급 기호이다.

구멍 기준식 축의 끼워맞춤

헐거운 끼워맞춤	중간 끼워맞춤	억지 끼워맞춤
b, c, d, e, f, g	h, js, k, m, n	p, r, s, t, u, x

32 대상면을 지시하는 기호 중 제거가공을 허락하지 않는 것을 지시하는 것은?

①　　②
③　　④

해설

제품 표면을 가공 전의 상태로 그대로 남겨 두는 것으로, 제거가공을 허락하지 않는다는 면의 지시기호는 (기호) 이다.

가공면을 지시하는 기호

종류	의미
	제거가공을 하든, 하지 않든 상관없다.
	제거가공을 해야 한다.
	제거가공을 해서는 안 된다.

33 스케치도를 작성할 필요가 없는 경우는?

① 제품 제작을 위해 도면을 복사할 경우
② 도면이 없는 부품을 제작하고자 할 경우
③ 도면이 없는 부품이 파손되어 수리 제작할 경우
④ 현품을 기준으로 개선된 부품을 고안하려 할 경우

해설

제품 제작을 위해 도면을 복사할 때는 복사기를 이용하면 되므로 스케치도를 그릴 필요는 없다.

34 기하공차의 기호 중 진원도를 나타낸 것은?

① ○　　② ◎
③ ⌖　　④ ⌭

해설

기하공차의 종류 및 기호

공차의 종류		기호
모양 공차	진직도	—
	평면도	▱
	진원도	○
	원통도	⌭
	선의 윤곽도	⌒
	면의 윤곽도	⌓
자세 공차	평행도	//
	직각도	⊥
	경사도	∠
위치 공차	위치도	⌖
	동축도(동심도)	◎
	대칭도	⌯
흔들림 공차	원주 흔들림	↗
	온 흔들림	⌰

31 ④　32 ③　33 ①　34 ① **정답**

35 도면에 기입된 공차도시에 관한 설명으로 틀린 것은?

//	0.050	A
	0.011/200	

① 전체 길이는 200mm이다.

② 공차의 종류는 평행도를 나타낸다.

③ 지정 길이에 대한 허용값은 0.011이다.

④ 전체 길이에 대한 허용값은 0.050이다.

해설

지정 길이가 200mm이다. 이 공차도시가 의미하는 것은 데이텀 A면을 기준으로 지정길이 200mm에 대하여 0.011mm, 전체 길이에 대해 0.05mm의 평행도 허용오차범위 내에 있어야 한다는 의미이다.

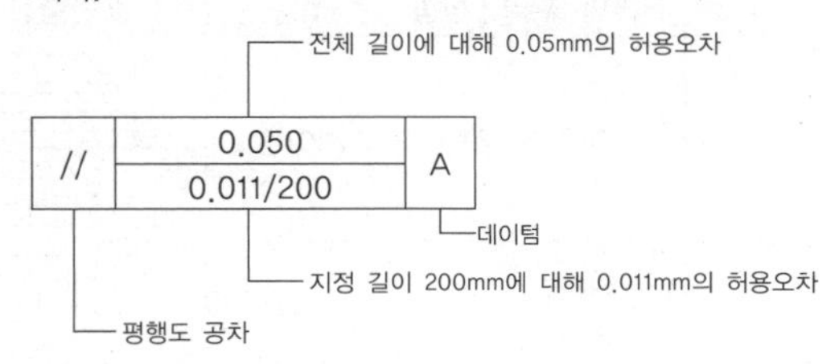

36 다음 중 억지 끼워맞춤 또는 중간 끼워맞춤에서 최대죔새를 나타내는 것은?

① 구멍의 최대허용치수 – 축의 최소허용치수

② 구멍의 최대허용치수 – 축의 최대허용치수

③ 축의 최소허용치수 – 구멍의 최소허용치수

④ 축의 최대허용치수 – 구멍의 최소허용치수

해설

최대죔새 : 축의 최대허용치수 – 구멍의 최소허용치수

틈새와 죔새값 계산

최소틈새	구멍의 최소허용치수 – 축의 최대허용치수
최대틈새	구멍의 최대허용치수 – 축의 최소허용치수
최소죔새	축의 최소허용치수 – 구멍의 최대허용치수
최대죔새	축의 최대허용치수 – 구멍의 최소허용치수

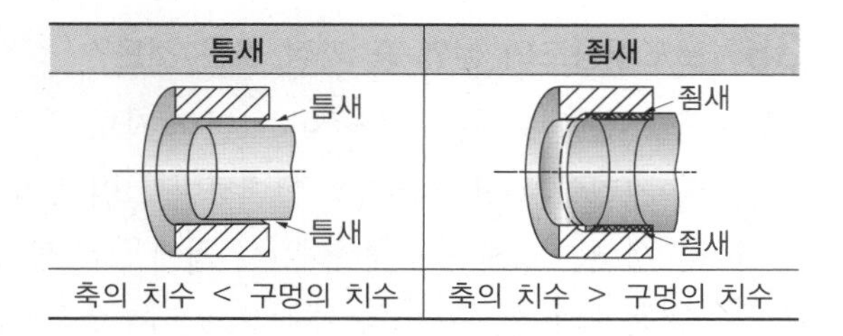

37 치수기입의 일반적인 원칙에 대한 설명으로 틀린 것은?

① 치수는 되도록 공정마다 배열을 분리하여 기입할 수 있다.

② 관계된 치수를 명확히 나타내기 위해 치수를 중복하여 나타낼 수 있다.

③ 대상물의 기능, 제작, 조립 등을 고려하여 필요하다고 생각되는 치수를 명료하게 도면에 지시한다.

④ 도면에 나타내는 치수는 특별히 명시하지 않는 한 그 도면에 도시한 대상물의 다듬질 치수를 도시한다.

해설

치수기입 원칙(KS B 0001)

- 중복 치수는 피한다.
- 치수는 주투상도에 집중한다.
- 관련되는 치수는 한곳에 모아서 기입한다.
- 치수는 공정마다 배열을 분리해서 기입한다.
- 치수는 계산해서 구할 필요가 없도록 기입한다.
- 치수 숫자는 치수선 위 중앙에 기입하는 것이 좋다.
- 치수 중 참고치수에 대하여는 수치에 괄호를 붙인다.
- 필요에 따라 기준으로 하는 점, 선, 면을 기준으로 하여 기입한다.
- 도면에 나타나는 치수는 특별히 명시하지 않는 한 다듬질 치수를 표시한다.
- 치수는 투상도와의 모양 및 치수의 비교가 쉽도록 관련 투상도 쪽으로 기입한다.
- 치수는 대상물의 크기, 자세 및 위치를 가장 명확하게 표시할 수 있도록 기입한다.
- 기능상 필요한 경우 치수의 허용 한계를 지시한다(단, 이론적 정확한 치수는 제외).
- 대상물의 기능, 제작, 조립 등을 고려하여 꼭 필요한 치수를 분명하게 도면에 기입한다.
- 하나의 투상도에서 수평 방향의 길이 치수는 투상도의 위쪽에, 수직 방향의 길이 치수는 오른쪽에서 읽을 수 있도록 기입한다.

정답 35 ① 36 ④ 37 ②

38 보조투상도의 설명 중 가장 옳은 것은?

① 복잡한 물체를 절단하여 그린 투상도

② 그림의 특정 부분만을 확대하여 그린 투상도

③ 물체의 경사면에 대향하는 위치에 그린 투상도

④ 물체의 홈, 구멍 등 투상도의 일부를 나타낸 투상도

해설

보조투상도 : 경사면을 지니고 있는 물체는 그 경사면의 실제 모양을 표시할 필요가 있는데, 이 경우 보이는 부분의 전체 또는 일부분을 경사면에 대향하는 위치에 나타낼 때 사용한다.

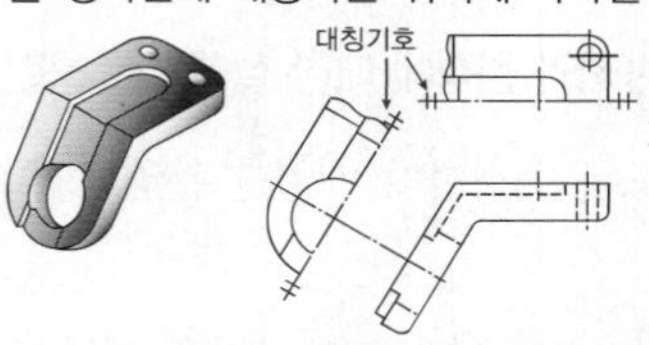

① 단면도, ② 부분확대도, ④ 국부투상도에 대한 설명이다.

39 가공에 의한 커터의 줄무늬 방향이 다음과 같이 생길 경우 올바른 줄무늬 방향 기호는?

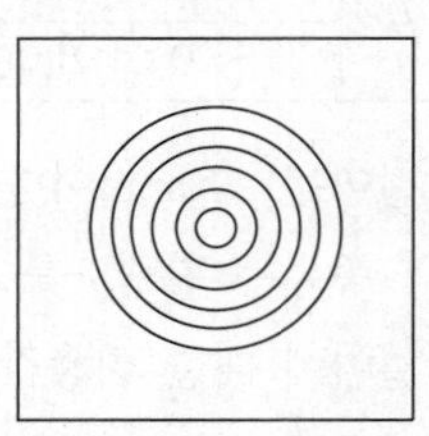

① C　　② M

③ R　　④ X

해설

줄무늬 방향 기호와 의미

기호	커터의 줄무늬 방향	적용	표면형상
=	투상면에 평행	셰이핑	
⊥	투상면에 직각	선삭, 원통연삭	
X	투상면에 경사지고 두 방향으로 교차	호닝	
M	여러 방향으로 교차되거나 무방향	래핑, 슈퍼피니싱, 밀링	
C	중심에 대하여 대략 동심원	끝면 절삭	
R	중심에 대하여 대략 레이디얼(방사형) 모양	일반적인 가공	

38 ③　39 ①　정답

40 다음 중 물체의 이동 후의 위치를 가상하여 나타내는 선은?

①

②

③

④

해설

선의 종류 및 용도

명칭	기호 명칭	기호	설명
외형선	굵은 실선		대상물이 보이는 모양을 표시하는 선
치수선	가는 실선		치수기입을 위해 사용하는 선
치수 보조선			치수를 기입하기 위해 도형에서 인출한 선
지시선			지시, 기호를 나타내기 위한 선
회전 단면선			회전한 형상을 나타내기 위한 선
수준 면선			수면, 유면 등의 위치를 나타내는 선
숨은선	가는 파선(파선)		대상물의 보이지 않는 부분의 모양을 표시
절단선	가는 1점쇄선이 겹치는 부분에는 굵은 실선		절단한 면을 나타내는 선
중심선	가는 1점쇄선		도형의 중심을 표시하는 선
기준선			위치 결정의 근거임을 나타내기 위해 사용
피치선			반복 도형의 피치의 기준을 잡음
무게 중심선	가는 2점쇄선		단면의 무게중심을 연결한 선
가상선			가공 부분의 이동하는 특정 위치나 이동 한계의 위치를 나타내는 선
특수 지정선	굵은 1점쇄선		특수한 가공이나 특수 열처리가 필요한 부분 등 특별한 요구사항을 적용할 범위를 표시할 때 사용하는 선
파단선	불규칙한 가는 실선		대상물의 일부를 파단한 경계나 일부를 떼어낸 경계를 표시하는 선
	지그재그선		
해칭	가는 실선(사선)		단면도의 절단면을 나타내는 선
개스킷	아주 굵은 실선		개스킷 등 두께가 얇은 부분을 표시하는 선

41 2개 면이 교차 부분을 표시할 때 "R1 = 2 × R2"인 평면도의 모양으로 가장 적합한 것은?

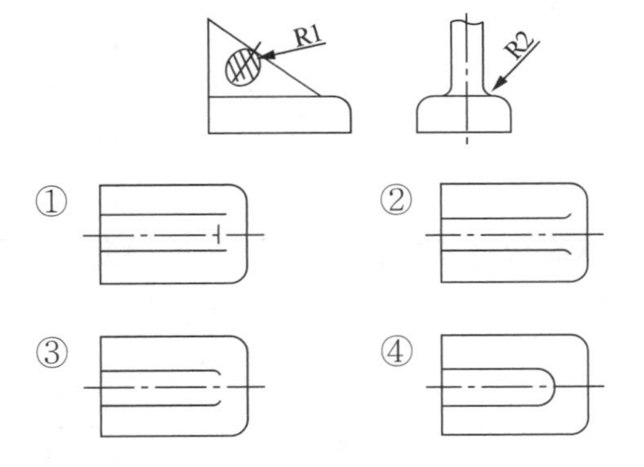

해설

R1 > R2이므로 리브를 도면에 표시할 때는 ③과 같이 한다.

2개의 면이 교차하는 부분 표시법

R1 = R2	R1 < R2	R1 > R2
R1, R2	R1, R2	R1, R2

정답 40 ④ 41 ③

42 도면의 양식 중에서 반드시 마련해야 하는 사항이 아닌 것은?

① 표제란 ② 중심마크
③ 윤곽선 ④ 비교 눈금

해설
도면의 양식에 비교 눈금은 반드시 표시하지 않아도 된다.
도면에 반드시 마련해야 할 양식
• 윤곽선
• 표제란
• 중심마크

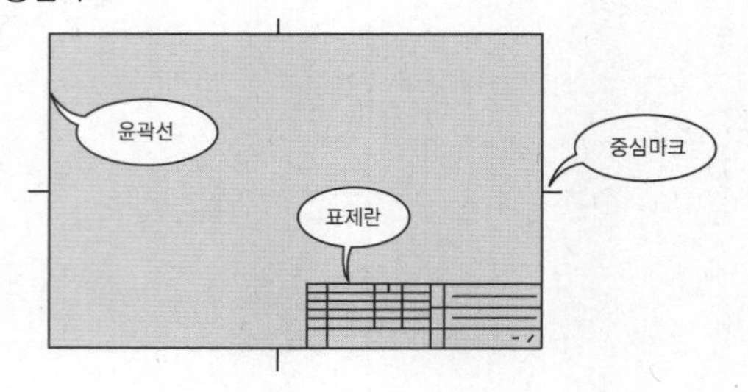

43 입체도에서 정투상도의 정면도로 옳은 것은?

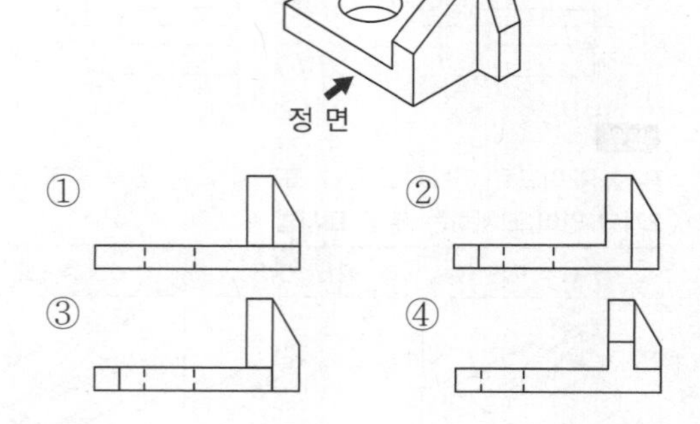

해설
정면도는 물체를 화살표 방향으로 정면에서 바라보는 형상이므로, 물체의 오른쪽 형상이 ( )처럼 보이는 것을 확인하면 정답이 ②번임을 알 수 있다.

44 도면이 구비하여야 할 요건이 아닌 것은?

① 국제성이 있어야 한다.
② 적합성, 보편성을 가져야 한다.
③ 표현상 명확한 뜻을 가져야 한다.
④ 가격, 유통체제 등의 정보를 포함하여야 한다.

해설
도면에 제품의 가격 정보나 유통체제를 포함시킬 필요는 없다.

45 파선의 용도 설명으로 맞는 것은?

① 치수를 기입하는 데 사용된다.
② 도형의 중심을 표시하는 데 사용된다.
③ 대상물의 보이지 않는 부분의 모양을 표시한다.
④ 대상물의 일부를 파단한 경계 또는 일부를 떼어낸 경계를 표시한다.

해설
숨은선으로 사용되는 파선(− − − −)은 대상물의 보이지 않는 부분의 모양을 표시할 때 사용한다.

42 ④ 43 ② 44 ④ 45 ③ 정답

46 축에 빗줄로 널링(Knurling)이 있는 부분의 도시 방법으로 가장 올바른 것은?

① 널링부 전체를 축선에 대하여 45°로 엇갈리게 동일한 간격으로 그린다.
② 널링부의 일부분만 축선에 대하여 45°로 엇갈리게 동일한 간격으로 그린다.
③ 널링부 전체를 축선에 대하여 30°로 동일한 간격으로 엇갈리게 그린다.
④ 널링부의 일부분만 축선에 대하여 30°로 엇갈리게 동일한 간격으로 그린다.

해설
도면에서 축에 널링부분을 도시할 경우 일부분만 축선에 대하여 30°로 엇갈리게 동일한 간격으로 그린다.

47 스프로킷 휠의 도시방법에 대한 설명 중 옳은 것은?

① 스프로킷의 이끝원은 가는 실선으로 그린다.
② 스프로킷의 피치원은 가는 2점쇄선으로 그린다.
③ 스프로킷의 이뿌리원은 가는 실선으로 그린다.
④ 축의 직각 방향에서 단면을 도시할 때 이뿌리선은 가는 실선으로 그린다.

해설
③ 스프로킷 휠은 체인을 감아 물고 돌아가는 바퀴로, 이뿌리원은 가는 실선으로 그린다.
① 스프로킷의 이끝원은 굵은 실선으로 그린다.
② 스프로킷의 피치원은 가는 1점쇄선으로 그린다.
④ 축 직각 방향에서 단면을 도시할 때 이뿌리선은 굵은 실선으로 그린다.

48 다음 중 평면 캠의 종류가 아닌 것은?

① 판 캠 ② 정면 캠
③ 구형 캠 ④ 직선운동 캠

해설
캠의 종류

평면 캠의 종류	
판 캠	정면 캠
직선운동 캠	삼각 캠
입체 캠의 종류	
원통 캠	원뿔 캠
구형 캠	빗판 캠

정답 46 ④ 47 ③ 48 ③

49 운전 중 결합을 끊을 수 없는 영구적인 축이음을 다음 단어 중에서 모두 고른 것은?

커플링, 유니버설 조인트, 클러치

① 커플링, 유니버설 조인트
② 커플링, 클러치
③ 유니버설 조인트, 클러치
④ 커플링, 유니버설 조인트, 클러치

해설

커플링은 조인트라고도 하는데, 커플링과 유니버설 조인트(유니버설 커플링)는 운전 중에 결합을 끊을 수 없으나, 클러치는 운전 중에 결합을 연결하거나 끊을 수 있다. 대표적으로는 수동 변속기 차량의 클러치를 생각하면 이해하기 쉽다.

커플링의 종류

종류		특징
올덤 커플링		두 축이 평행하고 거리가 매우 가까울 때 사용한다. 각속도의 변동 없이 토크를 전달하는 데 가장 적합하며 윤활이 어렵고 원심력에 의한 진동 발생으로 고속 회전에는 적합하지 않다.
플렉시블 커플링		두 축의 중심선을 일치시키기 어렵거나 고속 회전이나 급격한 전달력의 변화로 진동이나 충격이 발생하는 경우에 사용되며 고무, 가죽, 스프링을 이용하여 진동을 완화한다.
유니버설 커플링		두 축이 만나는 각이 수시로 변화하는 경우에 사용되며 공작기계나 자동차의 축이음에 사용된다.
플랜지 커플링 (고정 커플링)		일직선상에 두 축을 연결한 것으로 볼트나 키로 결합한다.
슬리브 커플링	키, 중공축, 슬리브, 원동축	주철제의 원통 속에서 두 축을 맞대기 키로 고정하는 것으로 축 지름과 동력이 매우 작을 때 사용한다. 단, 인장력이 작용하는 축에는 적용이 불가능하다.

50 미터 사다리꼴나사 [Tr 40x7 LH]에서 'LH'가 뜻하는 것은?

① 피치 ② 나사의 등급
③ 리드 ④ 왼나사

해설

LH는 Left Hand의 약자로 왼나사(Left Hand Thread)를 의미한다.

51 볼트의 골지름을 제도할 때 사용하는 선의 종류로 옳은 것은?

① 굵은 실선 ② 가는 실선
③ 숨은선 ④ 가는 2점쇄선

해설

볼트의 골지름은 가는 실선으로 표시한다.

49 ① 50 ④ 51 ② 정답

52 스퍼기어 표준 치형에서 맞물림 기어의 피니언 잇수가 16, 기어 잇수가 44일 때 축 중심 간 거리로 옳은 것은?(단, 모듈이 5이다)

① 120mm　　② 150mm
③ 200mm　　④ 300mm

해설
두 개의 기어 간 중심거리(C)

$$C=\frac{D_1+D_2}{2}=\frac{mZ_1+mZ_2}{2}$$
$$=\frac{(5\times16)+(5\times44)}{2}=\frac{80+220}{2}=150\text{mm}$$

53 "테이퍼 핀 1급 4×30 SM50C"의 설명으로 맞는 것은?

① 테이퍼 핀으로 호칭지름이 4mm, 길이가 30mm, 재료가 SM50C이다.
② 테이퍼 핀으로 최대지름이 4mm, 길이가 30mm, 재료가 SM50C이다.
③ 테이퍼 핀으로 핀의 평균지름이 4mm, 길이가 30mm, 재료가 SM50C이다.
④ 테이퍼 핀으로 구멍의 지름이 4mm, 길이가 30mm, 재료가 SM50C이다.

해설
"4×30"은 호칭지름 4mm, 길이가 30mm임을 나타낸다.
테이퍼 핀 호칭방법

테이퍼 핀	1급	4	×	30	SM50C
핀의 종류	등급	호칭지름		길이	재료

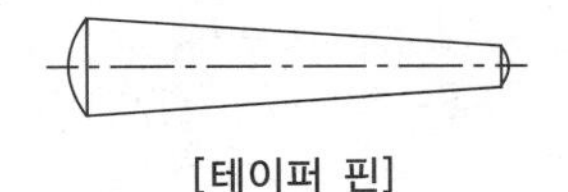

[테이퍼 핀]

54 배관을 도시할 때 관의 접속 상태에서 '접속하고 있을 때 – 분기 상태'를 도시하는 방법으로 옳은 것은?

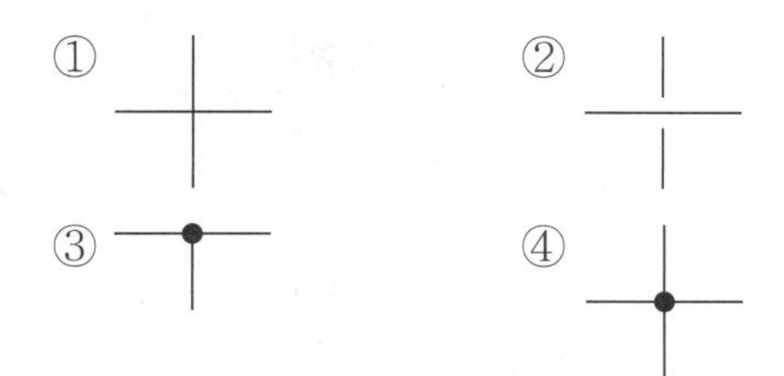

해설
배관을 도시할 때 관의 접속 상태에서 연결 부위는 굵은 점으로 표시하며, 한쪽 방향으로만 연결되는 분기 상태는 ③번과 같이 표시한다.

관의 접속 상태와 표시

관의 접속 상태	표시	
접속하지 않을 때		
교차 또는 분기할 때	교차	분기

55 축에 작용하는 하중의 방향이 축 직각 방향과 축 방향에 동시에 작용하는 곳에 가장 적합한 베어링은?

① 니들 롤러 베어링
② 레이디얼 볼 베어링
③ 스러스트 볼 베어링
④ 테이퍼 롤러 베어링

해설
테이퍼 롤러 베어링은 롤러가 테이퍼 형상을 가진 것으로 축에 작용하는 하중의 방향이 축 직각 방향과 축 방향의 힘이 동시에 작용하는 곳에 사용한다.

[테이퍼 롤러 베어링]

정답 52 ② 53 ① 54 ③ 55 ④

56 다음 그림과 같은 점용접을 용접기호로 바르게 나타낸 것은?

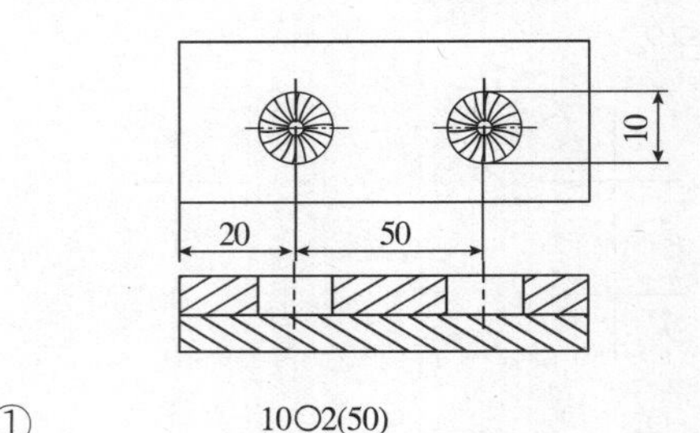

① 10○2(50)

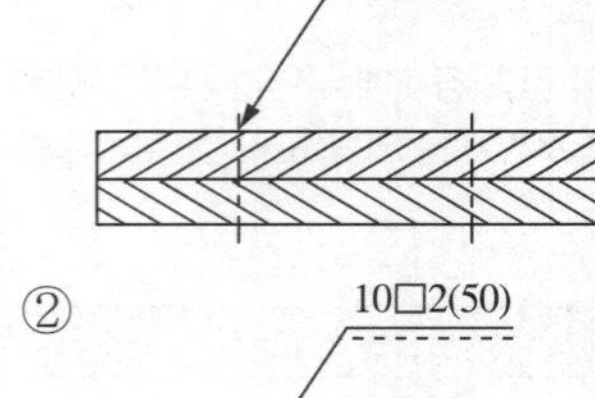

② 10□2(50)

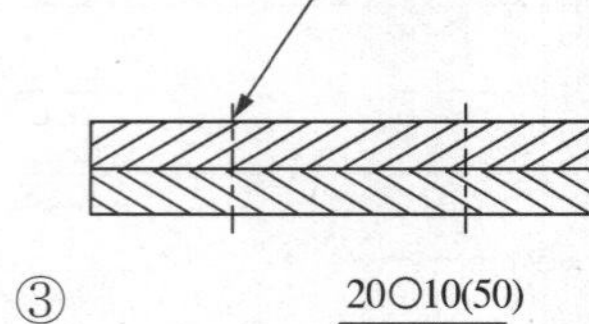

③ 20○10(50)

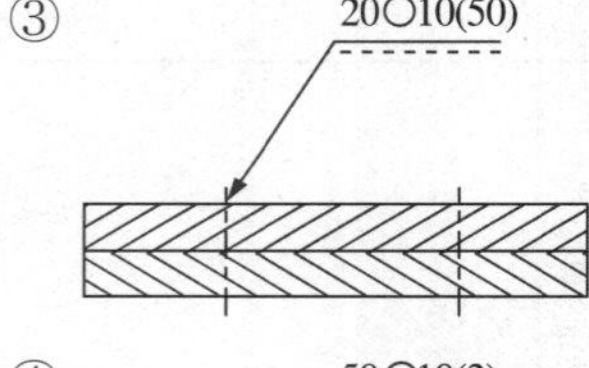

④ 50○10(2)

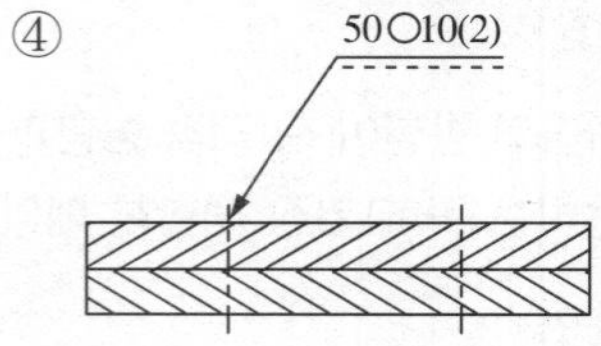

해설
그림의 용접기호는 점용접(Spot Welding)을 나타내며, 화살표 방향으로 용접하려면 기선에서 실선 위에 치수를 기입해야 한다.
10○2(50)
- 10 : 점용접의 지름
- ○ : 점용접(스폿 용접, Spot)
- 2 : 2개
- (50) : 중심거리(간격) 50mm

57 서피스(Surface)모델링에서 곡면을 절단하였을 때 나타나는 요소는?

① 곡선 ② 곡면
③ 점 ④ 면

해설
서피스모델링으로 만들어진 곡면을 절단하면 곡선이 나타난다.

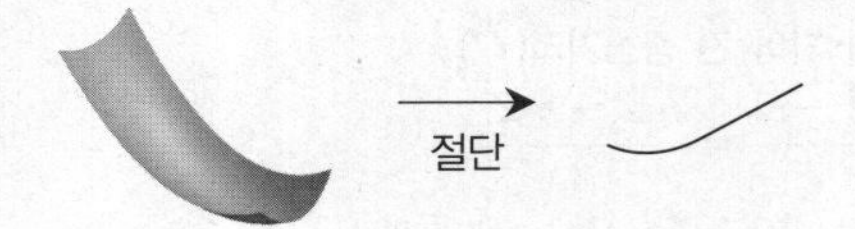

58 컴퓨터의 기억용량 단위인 비트(Bit)의 설명으로 틀린 것은?

① Binary Digit의 약자이다.
② 정보를 나타내는 가장 작은 단위이다.
③ 전기적으로 처리하기가 아주 편리하다.
④ 0과 1을 동시에 나타내는 정보 단위이다.

해설
Bit는 Binary Digit의 약자로 이진수를 의미한다. 자료를 표현하고 처리하는 정보 표현의 최소 단위이지만, 0과 1을 동시에 나타낼 수는 없다.

56 ① 57 ① 58 ④ 정답

59 **CAD 시스템에서 마지막 입력점을 기준으로 다음 점까지의 직선거리와 기준 직교축과 그 직선이 이루는 각도로 입력하는 좌표계는?**

① 절대 좌표계
② 구면 좌표계
③ 원통 좌표계
④ 상대 극좌표계

해설
상대 극좌표계는 마지막 입력점을 기준으로 다음점까지의 직선거리와 기준 직교축과 그 직선이 이루는 각도를 입력하는 좌표계이다.

CAD시스템 좌표계의 종류

- 직교 좌표계 : 두 개의 직교하는 축 위 두 점의 교점을 이용해서 평면 공간상의 좌표를 표시하는 좌표계
- 극좌표계 : 평면 위의 위치를 각도와 거리를 써서 나타내는 2차원 좌표계
- 원통 좌표계 : 3차원 공간을 나타내기 위해 평면 극좌표계에 평면에서부터의 높이를 더해서 나타내는 좌표계
- 구면 좌표계 : 3차원 구의 형태를 나타내는 것으로 거리 r과 두 개의 각으로 표현되는 좌표계
- 절대 좌표계 : 도면상 임의의 점을 입력할 때 변하지 않는 원점 (0, 0)을 기준으로 정한 좌표계
- 상대 좌표계 : 임의의 점을 지정할 때 현재의 위치를 기준으로 정해서 사용하는 좌표계
- 상대 극좌표계 : 마지막 입력점을 기준으로 다음점까지의 직선거리와 기준 직교축과 그 직선이 이루는 각도를 입력하는 좌표계

60 **다음 중 주변기기를 기능별로 묶어진 것으로, 그 내용이 잘못된 것은?**

① 키보드, 마우스, 조이스틱
② 프린터, 플로터, 스캐너
③ 자기디스크, 자기드럼, 자기테이프
④ 라이트 펜, 디지타이저, 테이프리더

해설
② 프린터, 플로터 : 출력장치, 스캐너 : 입력장치
① 키보드, 마우스, 조이스틱 : 입력장치
③ 자기디스크, 자기드럼, 자기테이프 : 저장장치
④ 라이트 펜, 디지타이저, 테이프리더 : 입력장치

정답 59 ④ 60 ②

2015년 제2회 과년도 기출문제

01 **다이캐스팅용 알루미늄(Al)합금이 갖추어야 할 성질로 틀린 것은?**

① 유동성이 좋을 것
② 열간취성이 적을 것
③ 금형에 대한 점착성이 좋을 것
④ 응고수축에 대한 용탕 보급성이 좋을 것

해설
Al합금을 비롯한 모든 다이캐스팅(Die Casting)용 재료는 금형(Die)에서 잘 분리가 되어야 하므로 점착성이 좋으면 안 된다. 만일 점착성이 좋을 경우 금형에서 잘 떨어지지 않으므로 제품이 파손될 수 있다.
※ 점착성(Adhesion) : 끈끈하게 달라붙는 성질

다이캐스트법
정밀하게 제작된 금형 틀 안으로 용융된 합금재료를 압입시켜 표면이 매끈한 주물을 얻는 주조법이다. 고속으로 충진하고 냉각속도가 빠르기 때문에 생산속도가 빠른 장점이 있다.

02 **경질이고 내열성이 있는 열경화성 수지로서 전기기구, 기어 및 프로펠러 등에 사용되는 것은?**

① 아크릴수지 ② 페놀수지
③ 스티렌수지 ④ 폴리에틸렌

해설
열경화성 수지 중에서 페놀수지는 전기기구나 무음기어, 프로펠러의 재료로 사용된다.
※ 수지(Resin) : 일반적으로 천연수지(Natural Resin)와 합성수지(Synthetic Resin)로 나뉘는데 천연수지란 식물이나 나무, 동물에서 나오는 자연 유출물이 고화된 것이고, 합성수지란 석유 정제 시에 생성되는 것으로 플라스틱이라고도 한다.

합성수지의 종류 및 특징

종류			특징
열경화성수지	열을 가해 성형을 하면 다시 열을 가해도 형태가 변하지 않는 수지	요소수지	• 광택이 있다. • 착색이 자유롭다. • 건축재료, 성형품에 이용한다.
열경화성수지	열을 가해 성형을 하면 다시 열을 가해도 형태가 변하지 않는 수지	페놀수지	• 높은 전기 절연성이 있다. • 베크라이트라고도 불린다. • 전기 부품재료, 식기, 판재, 무음 기어에 이용한다.
		멜라민수지	• 내수성, 내열성이 있다. • 책상, 테이블판 가공에 이용한다.
		에폭시수지	• 내열성, 전기절연성, 접착성이 우수하다. • 경화 시 휘발성 물질을 발생하고 부피가 수축된다.
		폴리에스테르	• 치수 안정성과 내열성, 내약품성이 있다. • 소형차의 차체, 선체, 물탱크 재료로 이용한다.
		거품폴리우레탄	• 비중이 작고 강도가 크다. • 매트리스나 자동차의 쿠션, 가구에 이용한다.
열가소성수지	열을 가해 성형한 뒤에도 다시 열을 가하면 형태를 변형시킬 수 있는 수지	폴리에틸렌	• 전기 절연성, 내수성, 방습성이 우수하며 독성이 없다. • 연료 탱크나 어망, 코팅 재료로 이용한다.
		폴리프로필렌	• 기계적, 전기적 성질이 우수하다. • 가전 제품의 케이스, 의료기구, 단열재로 이용한다.
		폴리염화비닐	• 내산성, 내알칼리성이 풍부하다. • 텐트나 도료, 완구 제품에 이용한다.
		폴리비닐알코올	• 무색 투명하며 인체에 무해하다. • 접착제나 도료에 이용한다.
		폴리스티렌	• 투명하고 전기 절연성이 좋다. • 통신기의 전열재료, 선풍기 팬, 계량기판에 이용한다.
		폴리아마이드(나일론)	• 내식성과 내마멸성의 합성섬유이다. • 타이어나 로프, 전선 피복 재료로 이용한다.
		아크릴수지	표현성이 뛰어나고 표면 광택이 우수하다.

1 ③ 2 ② 정답

03 특수강에 포함되는 특수원소의 주요 역할 중 틀린 것은?

① 변태속도의 변화
② 기계적, 물리적 성질의 개선
③ 소성 가공성의 개량
④ 탈산, 탈황의 방지

해설
특수원소를 포함한다고 해서 탈산(산소 제거)이나 탈황(황 제거)을 방지할 수는 없기 때문에 탈산이나 탈황작업은 특수강 제조 시 반드시 필요한 작업이다.

04 황동의 합금 원소는 무엇인가?

① Cu - Sn ② Cu - Zn
③ Cu - Al ④ Cu - Ni

해설
구리 합금의 종류

청동	Cu + Sn, 구리 + 주석
황동	Cu + Zn, 구리 + 아연

05 초경합금에 대한 설명 중 틀린 것은?

① 경도가 HRC 50 이하로 낮다.
② 고온경도 및 강도가 양호하다.
③ 내마모성과 압축강도가 높다.
④ 사용목적, 용도에 따라 재질의 종류가 다양하다.

해설
초경합금의 특징
- 경도가 높다.
- 내마모성이 작다.
- 고온에서 변형이 작다.
- 고온경도 및 강도가 양호하다.
- 소결합금으로 이루어진 공구이다.
- HRC(로크웰 경도 C스케일) 50 이상으로 경도가 크다.

06 열처리 방법 및 목적으로 틀린 것은?

① 불림 - 소재를 일정온도에 가열 후 공랭시킨다.
② 풀림 - 재질을 단단하고 균일하게 한다.
③ 담금질 - 급랭시켜 재질을 경화시킨다.
④ 뜨임 - 담금질된 것에 인성을 부여한다.

해설
② 풀림(Annealing) : 재질을 연하고 균일화시킬 목적으로 실시하는 열처리법으로 완전풀림은 A_3변태점(968℃) 이상의 온도로, 연화풀림은 약 650℃의 온도로 가열한 후 서랭한다. 재료를 단단하게 만드는 열처리 작업은 담금질이다.
① 불림(Normalizing) : 담금질한 정도가 심하거나 결정입자가 조대해진 강을 표준화조직으로 만들기 위하여 A_3점(968℃)이나 A_{cm}(시멘타이트)점 이상의 온도로 가열한 후 공랭시킨다.
③ 담금질(Quenching) : 탄소강을 경화시킬 목적으로 오스테나이트의 영역까지 가열한 후 급랭시켜 재료의 강도와 경도를 증가시킨다.
④ 뜨임(Tempering) : 담금질한 강을 A_1변태점(723℃) 이하로 가열 후 서랭하는 것으로 담금질로 경화된 재료에 인성을 부여하고 내부응력을 제거한다.

정답 3 ④ 4 ② 5 ① 6 ②

07 금속의 결정구조에서 체심입방격자의 금속으로만 이루어진 것은?

① Au, Pb, Ni　　② Zn, Ti, Mg
③ Sb, Ag, Sn　　④ Ba, V, Mo

해설
체심입방격자(BCC)에 속하는 원소는 비교적 단단한 성질의 원소로써 ④번의 Ba(바륨), V(바나듐), Mo(몰리브덴)이 있다.
금속의 결정구조

종류	성질	원소
체심입방격자(BCC ; Body Centered Cubic)	• 강도가 크다. • 용융점이 높다. • 전성과 연성이 작다.	W, Cr, Mo, V, Na, K
면심입방격자(FCC ; Face Centered Cubic)	• 전기전도도가 크다. • 가공성이 우수하다. • 장신구로 사용된다. • 전성과 연성이 크다. • 연한 성질의 재료이다.	Al, Ag, Au, Cu, Ni, Pb, Pt, Ca
조밀육방격자(HCP ; Hexagonal Close Packed Lattice)	• 전성과 연성이 작다. • 가공성이 좋지 않다.	Mg, Zn, Ti, Be, Hg, Zr, Cd, Ce

08 국제단위계(SI)의 기본단위에 해당되지 않는 것은?

① 길이 : m
② 질량 : kg
③ 광도 : mol
④ 열역학 온도 : K

해설
국제단위계(SI)의 종류

길이	질량	시간	온도	전류	물질량	광도
m	kg	sec	K	A	mol	cd

09 길이 100cm의 봉이 압축력을 받고 3mm만큼 줄어들었다. 이때 압축 변형률은 얼마인가?

① 0.001　　② 0.003
③ 0.005　　④ 0.007

해설
변형률(ε) 구하는 식

$$\varepsilon = \frac{l_2 - l_1}{l_1} = \frac{\text{변형된 길이}}{\text{처음 길이}}$$

$$= \frac{1{,}000 - 997}{1{,}000} = \frac{3}{1{,}000} = 0.003$$

10 외접하고 있는 원통마찰차의 지름이 각각 240mm, 360mm일 때, 마찰차의 중심거리는?

① 60mm　　② 300mm
③ 400mm　　④ 600mm

해설

$$\text{중심거리}(C) = \frac{D_1 + D_2}{2} = \frac{240 + 360}{2} = \frac{600}{2} = 300\text{mm}$$

11 축을 설계할 때 고려하지 않아도 되는 것은?

① 축의 강도
② 피로 충격
③ 응력 집중의 영향
④ 축의 표면조도

해설
축을 설계할 때는 외력에 버티는 정도를 고려해야 하므로 축의 강도와 피로충격, 응력집중에 대한 영향을 반드시 고려해야 한다. 표면조도는 상대적으로 고려하지 않아도 되는 사항이다.

7 ④ 8 ③ 9 ② 10 ② 11 ④ 정답

12 각속도(ω, rad/s)를 구하는 식 중 옳은 것은?(단, N : 회전수(rpm), H : 전달마력(PS)이다)

① $\omega = (2\pi N)/60$ ② $\omega = 60/(2\pi N)$
③ $\omega = (2\pi N)/(60\mathrm{H})$ ④ $\omega = (60H)/(2\pi N)$

해설
각속도(w) 구하는 식

$$w = \frac{2\pi N}{60}(\mathrm{rad/s})$$

※ 여기서 60으로 나누는 이유는 N(rpm)의 분당 회전수를 초로 변환하기 위함이다.

13 볼나사의 단점이 아닌 것은?

① 자동체결이 곤란하다.
② 피치를 작게 하는 데 한계가 있다.
③ 너트의 크기가 크다.
④ 나사의 효율이 떨어진다.

해설
볼나사의 특징
- 너트의 크기가 크다.
- 자동체결이 곤란하다.
- 윤활유는 소량만으로 충분하다.
- 피치를 작게 하는데 한계가 있다.
- 미끄럼 나사보다 전달효율이 높다.
- 시동토크나 작동토크의 변동이 적다.
- 마찰계수가 작아서 미세이송이 가능하다.
- 미끄럼 나사에 비해 내충격성과 감쇠성이 떨어진다.
- 예압에 의하여 축 방향의 백래시(Backlash, 뒤틈, 치면높이)를 작게(거의 없게) 할 수 있다.

14 가장 널리 쓰이는 키(Key)로 축과 보스 양쪽에 키홈을 파서 동력을 전달하는 것은?

① 성크 키 ② 반달 키
③ 접선 키 ④ 원뿔 키

해설
① 성크 키(묻힘 키, Sunk Key) : 가장 널리 쓰이는 키(Key)로 축과 보스 양쪽에 모두 키홈을 파서 동력을 전달하는 키이다. $\frac{1}{100}$ 기울기를 가진 경사키와 평행키가 있다.

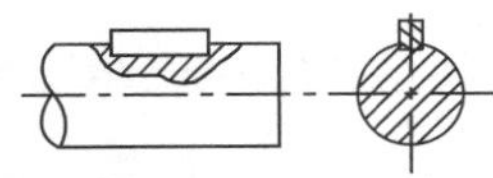

② 반달 키 : 반달 모양의 키로 키와 키홈을 가공하기 쉽고 보스의 키홈과의 접촉이 자동으로 조정되는 이점이 있으나 키홈이 깊어 축의 강도가 약하다. 그러나 일반적으로 60mm 이하의 작은 축과 테이퍼 축에 사용될 때 키가 자동적으로 축과 보스 사이에서 자리를 잡을 수 있다는 장점이 있다.
③ 접선 키 : 전달토크가 큰 축에 주로 사용되며 회전 방향이 양쪽 방향일 때 일반적으로 중심각이 120°가 되도록 한 쌍을 설치하여 사용하는 키이다. 90°로 배치한 것은 케네디키라고 불린다.
④ 원뿔 키 : 축과 보스 사이에 2~3곳을 축 방향으로 쪼갠 원뿔을 때려 박아 축과 보스가 헐거움 없이 고정할 수 있도록 한 키로 마찰에 의하여 회전력을 전달하며 축의 임의의 위치에 보스를 고정한다.

반달 키	접선 키	원뿔 키
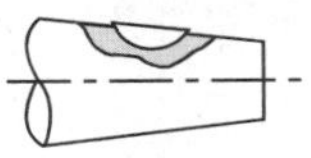	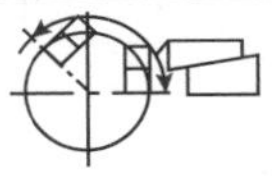	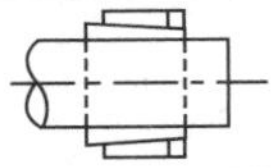

15 물체의 일정 부분에 걸쳐 균일하게 분포하여 작용하는 하중은?

① 집중하중　　② 분포하중
③ 반복하중　　④ 교번하중

해설

작용 방향과 시간에 따른 하중의 종류

종류		특징
정하중		하중이 정지 상태에서 가해지며 크기나 속도가 변하지 않는 하중
동하중	반복하중	하중의 크기와 방향이 같은 일정한 하중이 반복되는 하중
	교번하중	하중의 크기와 방향이 변화하면서 인장과 압축하중이 연속 작용하는 하중
	충격하중	하중이 짧은 시간에 급격히 작용하는 하중
집중하중		한 점이나 지극히 작은 범위에 집중적으로 작용하는 하중
분포하중		넓은 범위에 균일하게 분포하여 작용하는 하중

16 공작물, 미디어(Media), 공작액, 콤파운드를 상자 속에 넣고 회전 또는 진동시키면 공작물과 연삭입자가 충돌하여 공작물 표면에 요철을 없애고, 매끈한 다듬질면을 얻는 가공방법은?

① 브로칭　　② 배럴가공
③ 쇼트피닝　　④ 래핑

해설

② 배럴가공 : 회전하는 통속에 가공물과 숫돌입자, 가공액, 콤파운드 등을 함께 넣어 회전시킴으로써 가공물이 입자와 충돌하는 동안 그 표면의 요철을 제거하여 매끈한 가공면을 얻는 가공방법

① 브로칭가공 : 가공물에 홈이나 내부 구멍을 만들 때 가늘고 길며 길이 방향으로 많은 날을 가진 총형 공구인 브로치를 일감에 대고 누르면서 관통시켜 단 1회의 절삭 공정만으로 제품을 완성시키는 가공법이다. 따라서 공작물이나 공구가 회전하지는 않는다.

③ 쇼트피닝 : 강이나 주철제의 작은 강구(볼)를 금속 표면에 고속으로 분사하여 표면층을 냉간가공에 의한 가공경화 효과로 경화시키면서 압축 잔류응력을 부여하여 금속 부품의 피로수명을 향상시키는 표면경화법

④ 래핑 : 주철이나 구리, 가죽, 천 등으로 만들어진 랩(Lap)과 공작물의 다듬질할 면 사이에 랩제를 넣고 적당한 압력으로 누르면서 상대 운동을 하면, 절삭입자가 공작물의 표면으로부터 극히 소량의 칩(Chip)을 깎아내어 표면을 다듬는 가공법이다. 주로 게이지 블록의 측정면을 가공할 때 사용한다.

※ 2022년 개정된 출제기준에서 삭제된 내용

17 기어절삭에 사용되는 공구가 아닌 것은?

① 래크(Rack) 커터　　② 호브
③ 피니언 커터　　④ 브로치

해설

브로칭(Broaching)가공

가공물에 홈이나 내부 구멍을 만들 때 가늘고 길며 길이 방향으로 많은 날을 가진 총형 공구인 브로치를 일감에 대고 누르면서 관통시켜 단 1회의 절삭 공정만으로 제품을 완성시키는 가공법이다. 따라서 공작물이나 공구가 회전하지는 않는다.

브로치 공구

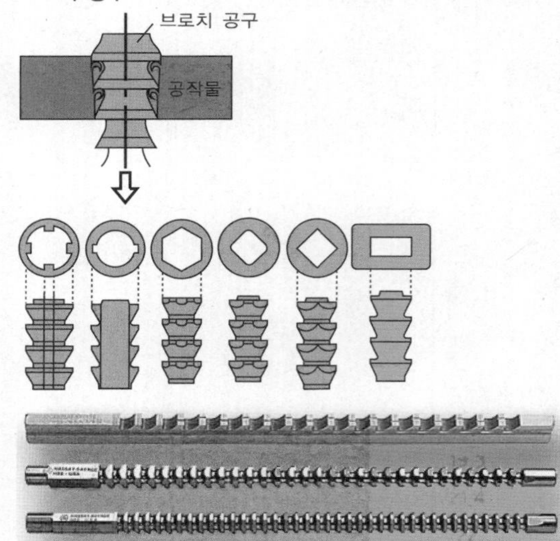

래크 커터	호브	피니언 커터

※ 2022년 개정된 출제기준에서 삭제된 내용

15 ② 16 ② 17 ④ 정답

18 **절삭 공구재료 중에서 가장 경도가 높은 재질은?**

① 고속도강
② 세라믹
③ 스텔라이트
④ 입방정 질화붕소

해설
공구강의 경도순서
다이아몬드 > 입방정 질화붕소 > 세라믹 > 초경합금 > 주조경질합금(스텔라이트) > 고속도강 > 합금공구강 > 탄소공구강

④ 입방정 질화붕소(CBN공구) : 미소분말을 고온이나 고압에서 소결하여 만든 것으로 다이아몬드 다음으로 경한 재료이다. 내열성과 내마모성이 뛰어나서 철계 금속이나 내열합금의 절삭, 난삭재, 고속도강의 절삭에 주로 사용한다.
① 고속도강 : 탄소강에 W-18%, Cr-4%, V-1%이 합금된 것으로 600℃의 절삭 열에도 경도 변화가 없다. 탄소강보다 2배의 절삭속도로 가공이 가능하기 때문에 강력 절삭 바이트나 밀링 커터용 재료로 사용된다. 고속도강에서 나타나는 시효변화를 억제하기 위해서는 뜨임처리를 3회 이상 반복함으로써 잔류응력을 제거해야 한다. W계와 Mo계로 크게 분류된다.
② 세라믹 : 무기질의 비금속 재료를 고온에서 소결한 것으로 1,200℃의 절삭열에도 경도 변화가 없는 신소재이다. 주로 고온에서 소결시켜 만들 수 있는데 내마모성과 내열성, 내화학성(내산화성)이 우수하나 인성이 부족하고 성형성이 좋지 못하며 충격에 약한 단점이 있다.
③ 스텔라이트 : 주조경질합금의 일종으로 800℃의 절삭열에도 경도변화가 없다. 열처리가 불필요하며 고속도강보다 2배의 절삭속도로 가공이 가능하나 내구성과 인성이 작다. 청동이나 황동의 절삭 재료로도 사용된다.

19 **센터리스 연삭에서 조정숫돌의 역할로 옳은 것은?**

① 연삭숫돌의 이송과 회전
② 일감의 고정기능
③ 일감의 탈착기능
④ 일감의 회전과 이송

해설
센터리스 연삭에서 조정숫돌은 일감을 회전시키면서도 직경방향으로 일감을 이송시키는 역할을 한다.

일반 연삭기	센터리스 연삭기

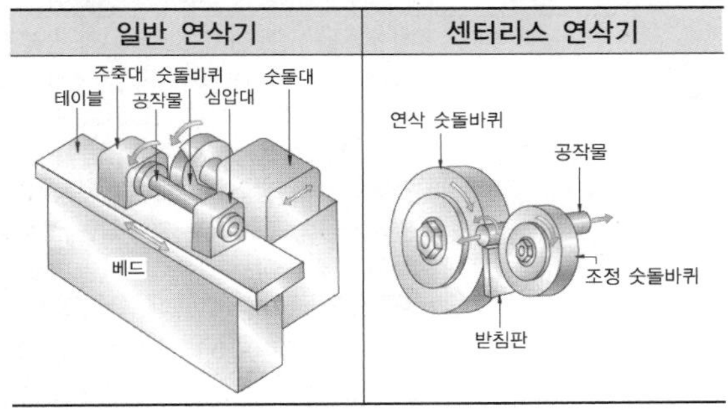

※ 2022년 개정된 출제기준에서 삭제된 내용

20 **선반 바이트 팁을 사용 중에 절삭날이 무디어지면 날 부분을 새것으로 교환하여 날을 순차로 사용하는 것은?**

① 클램프 바이트 ② 단체 바이트
③ 경납땜 바이트 ④ 용접 바이트

해설
바이트의 종류
- 일체형 바이트(완성 바이트) : 절삭날 부분과 섕크(자루) 부분이 모두 초경합금으로 만들어진 절삭공구로 절삭날은 연삭가공으로 만들어서 사용하는데 현재는 거의 사용되지 않는다.
- 클램프 바이트(Throw Away Bite) : 절삭 팁(인서트 팁)을 클램프로 고정시킨 후 절삭하는 바이트로 날과 자루가 분리되어 있다. 절삭 팁이 파손되면 버리고(Throw Away) 새것으로 교체하는 방식이므로 사용이 편리해서 현재 대부분의 선반가공에 사용된다.

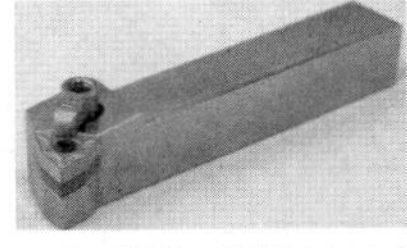

- 비트 바이트 : 크기가 작은 절삭 팁을 자루 내부에 관통시킨 후 볼트로 고정시켜 사용하는 바이트이다.
- 팁 바이트(용접 바이트) : 섕크에서 절삭날(인선) 부분만 초경합금이나 바이트용 재료를 용접해서 사용하는 바이트이다.

※ 2022년 개정된 출제기준에서 삭제된 내용

정답 18 ④ 19 ④ 20 ①

21 선반에서 단동척에 대한 설명으로 틀린 것은?

① 연동척보다 강력하게 고정한다.

② 무거운 공작물이나 중절삭을 할 수 있다.

③ 불규칙한 공작물의 고정이 가능하다.

④ 3개의 조가 있으므로 원통형 공작물 고정이 쉽다.

해설

선반용 척(Chuck)의 종류

종류	특징
단동척	• 척핸들을 사용해서 조(Jaw)의 끝부분과 척의 측면이 만나는 곳에 만들어진 4개의 구멍을 각각 조이면, 4개의 조(Jaw)도 각각 움직여서 공작물을 고정시킨다. • 연동척보다 강력한 고정이 가능하다. • 편심가공이 가능하며 불규칙한 공작물의 고정이 가능하다. • 공작물의 중심을 맞출 때 숙련도가 필요하며 시간이 다소 걸리지만 정밀도가 높은 공작물을 가공할 수 있다.
연동척	• 척핸들을 사용해서 척의 측면에 만들어진 1개의 구멍을 조이면, 3개의 조(Jaw)가 동시에 움직여서 공작물을 고정시킨다. • 공작물의 중심을 빨리 맞출 수 있으나 공작물의 정밀도는 단동척에 비해 떨어진다.

※ 2022년 개정된 출제기준에서 삭제된 내용

22 보통 보링머신을 분류한 것으로 틀린 것은?

① 테이블형 ② 플레이너형

③ 플로형 ④ 코어형

해설

코어형 보링머신은 판재나 포신과 같이 큰 구멍을 가공하는 데 적합한 공작기계로, 특수 보링머신으로 분류된다.

※ 2022년 개정된 출제기준에서 삭제된 내용

23 밀링에서 테이블의 좌우 및 전후이송을 사용한 윤곽가공과 간단한 분할작업도 가능한 부속장치는?

① 슬로팅 장치

② 분할대

③ 유압 밀링 바이스

④ 회전 테이블 장치

해설

회전 테이블 장치 : 밀링에서 공작물을 회전시키면서 분할작업과 윤곽가공을 하면서 원형의 홈이나 바깥 둘레 가공을 가능하게 하는 부속장치로서, 주로 수직밀링머신에 사용된다. 수동이나 자동으로 테이블의 좌우 및 전후이송이 가능하다.

※ 2022년 개정된 출제기준에서 삭제된 내용

24 지름 30mm인 환봉을 318rpm으로 선반가공할 때, 절삭속도는 약 몇 m/min인가?

① 30 ② 40

③ 50 ④ 60

해설

$$v=\frac{\pi dn}{1,000}=\frac{\pi\times30\times318}{1,000}=\frac{29,971}{1,000}=29.97\fallingdotseq30\text{m/min}$$

선반가공에서 절삭속도(v) 구하는 식

$$v=\frac{\pi dn}{1,000}$$

여기서, v : 절삭속도(m/min)

d : 공작물의 지름(mm)

n : 주축 회전수(rpm)

※ 2022년 개정된 출제기준에서 삭제된 내용

정답 21 ④ 22 ④ 23 ④ 24 ①

25 다수의 절삭날을 직렬로 나열된 공구를 가지고 1회 행정으로 공작물의 구멍 내면 혹은 외측 표면을 가공하는 절삭방법은?

① 호닝　　② 래핑
③ 브로칭　　④ 액체호닝

해설

브로칭(Broaching)가공

가공물에 홈이나 내부 구멍을 만들 때 가늘고 길며 길이 방향으로 많은 날을 가진 총형 공구인 브로치를 일감에 대고 누르면서 관통시켜 단 1회의 절삭 공정만으로 제품을 완성시키는 가공법이다. 따라서 공작물이나 공구가 회전하지 않는다.

브로치 공구

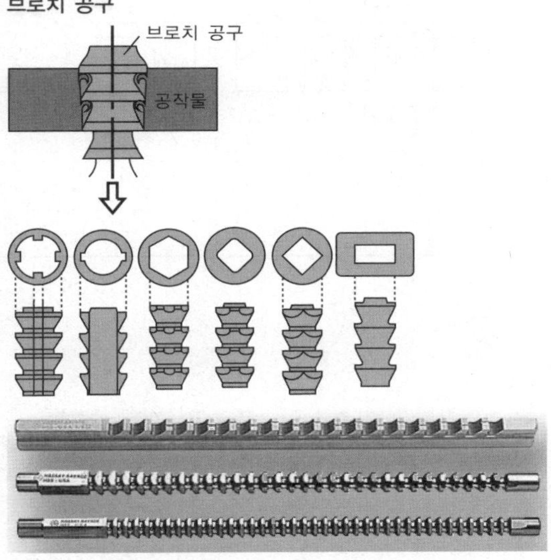

※ 2022년 개정된 출제기준에서 삭제된 내용

26 다음 중 줄무늬 방향의 기호 설명 중 잘못된 것은?

① X : 가공에 의한 커터의 줄무늬 방향의 기호를 기입한 투상면에 경사지고 두 방향으로 교차
② M : 가공에 의한 커터의 줄무늬 방향의 기호를 기입한 투상면에 평행
③ C : 가공에 의한 커터의 줄무늬 방향의 기호를 기입한 면의 중심에 대하여 대략 동심원 모양
④ R : 가공에 의한 커터의 줄무늬 방향의 기호를 기입한 면의 중심에 대하여 대략 레이디얼 모양

해설

줄무늬 방향 기호가 M이면 표면 형상이 여러 방향으로 교차되거나 무방향을 나타낸다. 투상면에 평행인 형상은 "="이다.

줄무늬 방향 기호와 의미

기호	커터의 줄무늬 방향	적용	표면형상
=	투상면에 평행	셰이핑	
⊥	투상면에 직각	선삭, 원통연삭	
X	투상면에 경사지고 두 방향으로 교차	호닝	
M	여러 방향으로 교차되거나 무방향	래핑, 슈퍼피니싱, 밀링	
C	중심에 대하여 대략 동심원	끝면 절삭	
R	중심에 대하여 대략 레이디얼(방사형) 모양	일반적인 가공	

정답 25 ③ 26 ②

27 **다음의 투상도의 좌측면도에 해당하는 것은?(단, 제3각 투상법을 표현한다)**

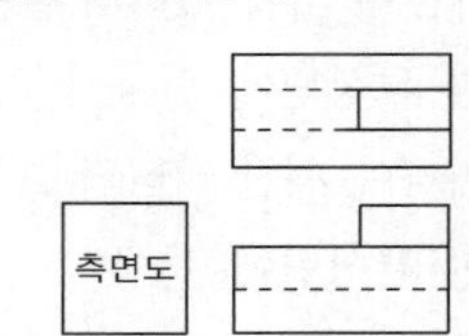

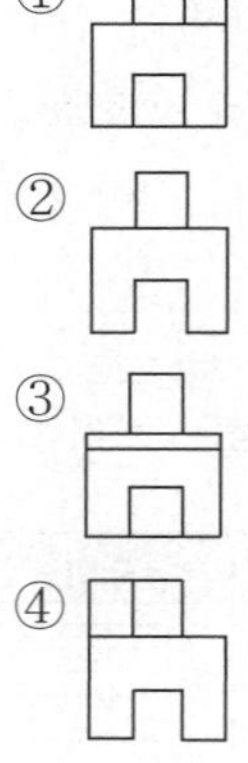

해설

제3각법으로 표현할 경우 좌측면도는 물체를 왼쪽에서 바라본 형상이므로 정답은 ②번이 된다.

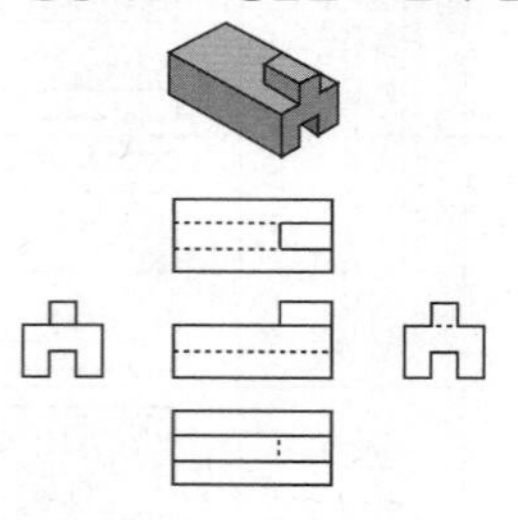

28 **다음 중 3각 투상법에 대한 설명으로 맞는 것은?**

① 눈 → 투상면 → 물체

② 눈 → 물체 → 투상면

③ 투상면 → 물체 → 눈

④ 물체 → 눈 → 투상면

해설

제1각법	제3각법
투상면을 물체의 뒤에 놓는다.	투상면을 물체의 앞에 놓는다.
눈 → 물체 → 투상면	눈 → 투상면 → 물체
저면도 우측면도 정면도 좌측면도 배면도 평면도	평면도 좌측면도 정면도 우측면도 배면도 저면도

27 ② 28 ① 정답

29 투상도 표시방법 설명으로 잘못된 것은?

① 부분 투상도 – 대상물의 구멍, 홈 등과 같이 한 부분의 모양을 도시하는 것으로 충분한 경우에는 그 필요한 부분만을 도시한다.

② 보조 투상도 – 경사부가 있는 물체는 그 경사면의 보이는 부분의 실제 모양을 전체 또는 일부분을 나타낸다.

③ 회전 투상도 – 대상물의 일부분을 회전해서 실제 모양을 나타낸다.

④ 부분 확대도 – 특정한 부분의 도형이 작아서 그 부분을 자세하게 나타낼 수 없거나 치수기입을 할 수 없을 때에는 그 해당 부분을 확대하여 나타낸다.

해설

투상도의 종류

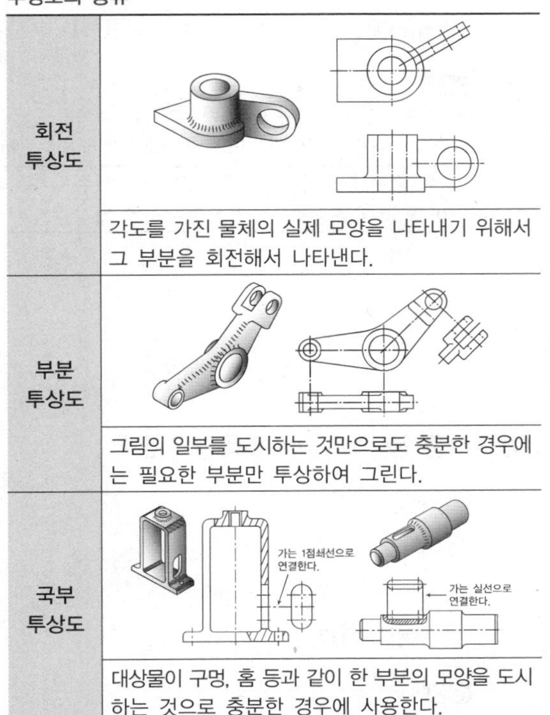

회전 투상도	각도를 가진 물체의 실제 모양을 나타내기 위해서 그 부분을 회전해서 나타낸다.
부분 투상도	그림의 일부를 도시하는 것만으로도 충분한 경우에는 필요한 부분만 투상하여 그린다.
국부 투상도	대상물이 구멍, 홈 등과 같이 한 부분의 모양을 도시하는 것으로 충분한 경우에 사용한다.

부분 확대도	특정한 부분의 도형이 작아서 그 부분을 자세하게 나타낼 수 없거나 치수기입을 할 수 없을 때에는 그 부분을 가는 실선으로 둘러싸고 한글이나 알파벳 대문자로 표시한다.
보조 투상도	경사면을 지니고 있는 물체는 그 경사면의 실제 모양을 표시할 필요가 있는데, 이 경우 보이는 부분의 전체 또는 일부분을 나타낼 때 사용한다.

30 KS의 부문별 분류 기호로 맞지 않는 것은?

① KS A : 기본 ② KS B : 기계

③ KS C : 전기 ④ KS D : 전자

해설

한국산업규격(KS)의 부문별 분류기호

분류기호	분야
KS A	기본
KS B	기계
KS C	전기전자
KS D	금속

정답 29 ① 30 ④

31 재료기호 표시의 중간 부분 기호 문자와 제품명이다. 연결이 틀리게 된 것은?

① P : 관
② W : 선
③ F : 단조품
④ S : 일반 구조용 압연재

해설

재료기호와 제품명

기호		제품명
P	Plate	판
W	Wire	선
F	Forging	단조품
T	Tube	관
K	Tool Steel	공구강
DC	Die Casting	다이캐스팅
B	Bar	봉
BC	Bronze Casting	청동주물
BsC	Brass Casting	황동주물

32 다음 중 인접 부분을 참고로 나타내는 데 사용하는 선은?

① 가는 실선　　② 굵은 1점쇄선
③ 가는 2점쇄선　　④ 가는 1점쇄선

해설

가는 2점쇄선(—— - - ——)으로 표시하는 가상선의 용도

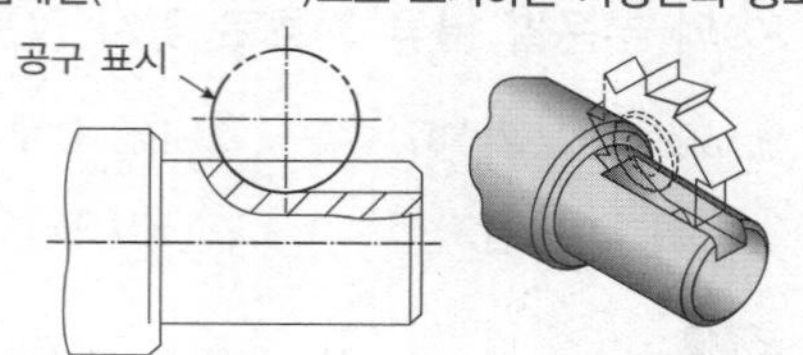

- 반복되는 것을 나타낼 때
- 가공 전이나 후의 모양을 표시할 때
- 도시된 단면의 앞부분을 표시할 때
- 물품의 인접 부분을 참고로 표시할 때
- 이동하는 부분의 운동 범위를 표시할 때
- 공구 및 지그 등 위치를 참고로 나타낼 때
- 단면의 무게중심을 연결한 선을 표시할 때

33 공차 기호에 의한 끼워맞춤의 기입이 잘못된 것은?

① 50H7/g6　　② 50H7−g6
③ $50\frac{H7}{g6}$　　④ 50H7(g6)

해설

일반적으로 제품을 끼워맞춤으로 조립할 경우 구멍 기준식 축 끼워맞춤을 사용하기 때문에 끼워맞춤 기호는 구멍을 지칭하는 대문자가 기호의 앞이나 분수 위에 위치하며, 그 뒤에 축의 공차기호를 놓는다. 그러나 ④와 같이 ( )로 기입하지는 않는다.

34 ϕ35h6에서 위 치수 허용차가 0일 때, 최대 허용한계 치수값은?(단, 공차는 0.016이다)

① ϕ34.084　　② ϕ35.000
③ ϕ35.016　　④ ϕ35.084

해설

위 치수 허용차가 0일 때
0=최대 허용한계 치수−35이므로 최대 허용한계 치수는 ϕ35이다.

위 치수 허용차	최대 허용한계 치수 − 기준 치수
아래 치수 허용차	최소 허용한계 치수 − 기준 치수

35 다음 중 억지 끼워맞춤인 것은?

① 구멍 − H7, 축 − g6
② 구멍 − H7, 축 − f6
③ 구멍 − H7, 축 − p6
④ 구멍 − H7, 축 − e6

해설

구멍을 기준(H7)으로 끼워맞춤 할 경우 알파벳 “p”는 억지 끼워맞춤을 나타내는 공차등급 기호이다.

구멍 기준식 축의 끼워맞춤

헐거운 끼워맞춤	중간 끼워맞춤	억지 끼워맞춤
b, c, d, e, f, g	h, js, k, m, n	p, r, s, t, u, x

31 ① 32 ③ 33 ④ 34 ② 35 ③ 정답

36 도면에서 A3 제도용지의 크기는?

① 841×1,189　　② 594×841

③ 420×594　　④ 297×420

해설

A3용지의 크기는 297×420이다. 제도용지의 세로 : 가로의 비는 1 : $\sqrt{2}$ 이다.

도면의 종류별 크기 및 윤곽 치수(mm)

크기의 호칭	A0	A1	A2	A3	A4
a×b	841 ×1,189	594 ×841	420 ×594	297 ×420	210 ×297

37 특수한 가공을 하는 부분 등 특별히 요구사항을 적용할 수 있는 범위를 표시하는 데 사용하는 선은?

① 가는 1점쇄선

② 가는 2점쇄선

③ 굵은 1점쇄선

④ 아주 굵은 실선

해설

열처리가 필요한 부분처럼 특수한 요구사항을 제품에 적용할 때 그 범위를 표시하는 선은 굵은 1점쇄선(—·—·—)으로 한다.

38 기하공차의 종류를 나타낸 것 중 틀린 것은?

① 진직도(—)　　② 진원도(○)

③ 평면도(▱)　　④ 원주 흔들림(↗)

해설

기하공차의 종류 및 기호

공차의 종류		기호
모양공차	진직도	—
	평면도	▱
	진원도	○
	원통도	⌭
	선의 윤곽도	⌒
	면의 윤곽도	⌓
자세공차	평행도	//
	직각도	⊥
	경사도	∠
위치공차	위치도	⌖
	동축도(동심도)	◎
	대칭도	⌯
흔들림 공차	원주 흔들림	↗
	온 흔들림	⌰

39 다음 중 두 종류 이상의 선이 같은 장소에서 중복될 경우 가장 우선되는 선의 종류는?

① 중심선

② 절단선

③ 치수 보조선

④ 무게중심선

해설

두 종류 이상의 선이 중복되는 경우 선의 우선순위

숫자나 문자 > 외형선 > 숨은선 > 절단선 > 중심선 > 무게중심선 > 치수 보조선

정답 36 ④ 37 ③ 38 ③ 39 ②

40 다음은 어느 단면도에 대한 설명인가?

> 상하 또는 좌우대칭인 물체는 $\frac{1}{4}$을 떼어낸 것으로 보고, 기본 중심선을 경계로 하여 $\frac{1}{2}$은 외형, $\frac{1}{2}$은 단면으로 동시에 나타낸다. 이때 대칭 중심선의 오른쪽 또는 위쪽을 단면으로 하는 것이 좋다.

① 한쪽단면도　② 부분단면도
③ 회전도시단면도　④ 온단면도

해설

단면도의 종류

단면도명	특징
온단면도(전단면도)	• 물체 전체를 직선으로 절단하여 앞부분을 잘라내고 남은 뒷부분의 단면 모양을 그린 것 • 절단 부위의 위치와 보는 방향이 확실한 경우에는 절단선, 화살표, 문자기호를 기입하지 않아도 된다.
한쪽 단면도(반단면도)	• 반단면도라고도 한다. • 절단면을 전체의 반만 설치하여 단면도를 얻는다. • 상하 또는 좌우가 대칭인 물체를 중심선을 기준으로 $\frac{1}{4}$ 절단하여 내부 모양과 외부 모양을 동시에 표시하는 방법이다.
부분 단면도	파단선 / 떼어 낸 부분의 단면 • 파단선을 그어서 단면 부분의 경계를 표시한다. • 일부분을 잘라 내고 필요한 내부의 모양을 그리기 위한 방법이다.
회전도시 단면도	(a) 암의 회전단면도(투상도 안) (b) 훅의 회전단면도(투상도 밖) • 절단선의 연장선 뒤에도 그릴 수 있다. • 투상도의 절단할 곳과 겹쳐서 그릴 때는 가는 실선으로 그린다. • 주투상도의 밖으로 끌어내어 그릴 경우는 가는 1점쇄선으로 한계를 표시하고, 굵은 실선으로 그린다. • 핸들이나 벨트 풀리, 바퀴의 암, 리브, 축, 형강 등의 단면의 모양을 90°로 회전시켜 투상도의 안이나 밖에 그린다.
계단 단면도	A B C D / A-B-C-D • 절단면을 여러 개 설치하여 그린 단면도이다. • 복잡한 물체의 투상도 수를 줄일 목적으로 사용한다. • 절단선, 절단면의 한계와 화살표 및 문자기호를 반드시 표시하여 절단면의 위치와 보는 방향을 정확히 명시해야 한다.

정답 40 ①

41 다음 중 치수기입 원칙에 어긋나는 것은?

① 중복된 치수기입을 피한다.

② 관련되는 치수는 되도록 한곳에 모아서 기입한다.

③ 치수는 되도록 공정마다 배열을 분리하여 기입한다.

④ 치수는 각 투상도에 고르게 분배되도록 한다.

해설

치수기입 원칙(KS B 0001)

- 중복 치수는 피한다.
- 치수는 주투상도에 집중한다.
- 관련되는 치수는 한곳에 모아서 기입한다.
- 치수는 공정마다 배열을 분리해서 기입한다.
- 치수는 계산해서 구할 필요가 없도록 기입한다.
- 치수 숫자는 치수선 위 중앙에 기입하는 것이 좋다.
- 치수 중 참고치수에 대하여는 수치에 괄호를 붙인다.
- 필요에 따라 기준으로 하는 점, 선, 면을 기준으로 하여 기입한다.
- 도면에 나타나는 치수는 특별히 명시하지 않는 한 다듬질 치수 표시한다.
- 치수는 투상도와의 모양 및 치수의 비교가 쉽도록 관련 투상도 쪽으로 기입한다.
- 치수는 대상물의 크기, 자세 및 위치를 가장 명확하게 표시할 수 있도록 기입한다.
- 기능상 필요한 경우 치수의 허용 한계를 지시한다(단, 이론적 정확한 치수는 제외).
- 대상물의 기능, 제작, 조립 등을 고려하여 꼭 필요한 치수를 분명하게 도면에 기입한다.
- 하나의 투상도에서 수평 방향의 길이 치수는 투상도의 위쪽에, 수직 방향의 길이 치수는 오른쪽에서 읽을 수 있도록 기입한다.

42 정투상 방법에 따라 평면도와 우측면도가 다음과 같다면 정면도에 해당하는 것은?

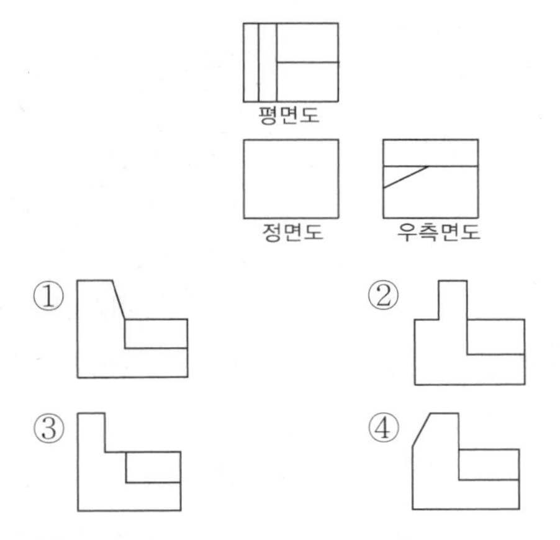

해설

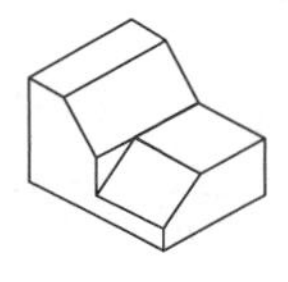

정면도는 물체를 앞에서 바라보는 형상이다. 먼저 물체를 오른쪽에서 바라본 형상인 우측면도를 보면 점선이 없으므로 정면도의 왼쪽 부분에 빈공간이 없다는 것을 고려하면 ②, ④번은 제외되며, ③이 정답이 되려면 평면도의 윗면에 경계선이 일부 없어져야 한다. 따라서 정답은 ①번이다.

43 다음 중 가장 고운 다듬면을 나타내는 것은?

해설

①번은 주조한 상태 그대로 두라는 의미이므로 표면거칠기가 가장 거칠다. 그리고 표면거칠기 값의 수치가 작은 것이 가장 고운 다듬질면이 되므로 정답은 ②번이 된다.

표면거칠기 기호 및 표면거칠기값(μm)

표면거칠기 기호	용도	표면거칠기 구분값		
		Ra	Ry	Rz
w	다른 부품과 접촉하지 않는 면에 사용	25a	100S	100Z
x	다른 부품과 접촉해서 고정되는 면에 사용	6.3a	25S	25Z
y	기어의 맞물림 면이나 접촉 후 회전하는 면에 사용	1.6a	6.3S	6.3Z
z	정밀 다듬질이 필요한 면에 사용	0.2a	0.8S	0.8Z

정답 41 ④ 42 ① 43 ②

44 다음과 같이 지시된 기하공차의 해석이 맞는 것은?

○	0.05	
//	0.02 / 150	A

① 원통도 공차값 0.05mm, 축선은 데이텀 축직선 A에 직각이고, 지정길이 150mm 평행도 공차값 0.02mm

② 진원도 공차값 0.05mm, 축선은 데이텀 축직선 A에 직각이고, 전체길이 150mm 평행도 공차값 0.02mm

③ 진원도 공차값 0.05mm, 축선은 데이텀 축직선 A에 평행하고, 지정길이 150mm 평행도 공차값 0.02mm

④ 원통의 윤곽도 공차값 0.05mm, 축선은 데이텀 축직선 A에 평행하고, 전체길이 150mm 평행도 공차값 0.02mm

해설

기하공차 기호에서 진원도(O)의 공차값은 0.05mm인데, 진원도는 모양공차에 속하며 이 모양공차는 데이텀 없이 표시하는 것이 특징이다. 또한, 데이텀 A를 기준으로 기준길이 150mm에 대하여 평행도의 공차값은 0.02mm 범위 안에 있어야 한다는 것을 의미한다.

45 다음 중 도면 제작에서 원의 지시선 긋기 방법으로 맞는 것은?

①

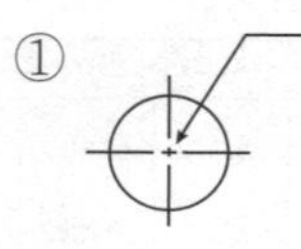

②

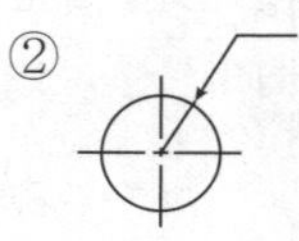

③

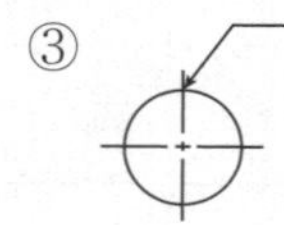

④

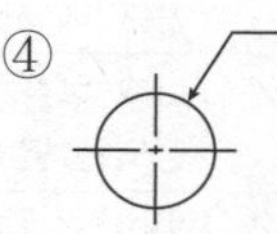

해설

도면 제작 시 원의 지시선은 ④번과 같이 중심선과 연결되지 않으면서 외형선상에 긋는다.

46 다음 그림이 나타내는 코일 스프링 간략도의 종류로 알맞은 것은?

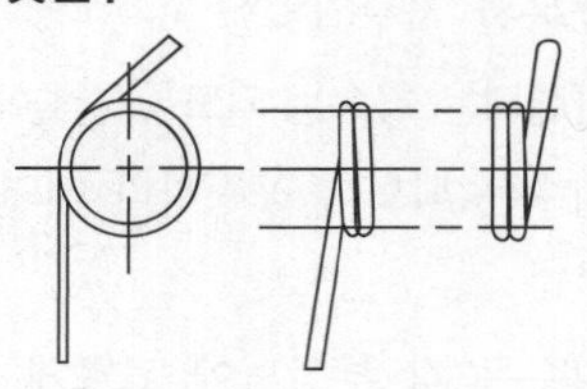

① 벌류트 코일 스프링

② 압축 코일 스프링

③ 비틀림 코일 스프링

④ 인장 코일 스프링

해설

벌류트 코일 스프링	압축 코일 스프링	인장 코일 스프링

47 평행키의 호칭 표기 방법으로 맞는 것은?

① KS B 1311 평행키 10×8×25

② KS B 1311 10×8×25 평행키

③ 평행키 10×8×25 양 끝 둥금 KS B 1311

④ 평행키 10×8×25 KS B 1311 양 끝 둥금

해설

평행키의 호칭을 표기할 때 중간부는 일부 생략이 가능하므로 순서대로 나타낸 ①번이 정답이다.

평행키(Key)의 호칭

규격 번호	모양, 형상, 종류 및 호칭 치수	×	길이	끝 모양의 특별 지정	재료
KS B 1311	P – A 평행키 10×8 (폭×높이)	×	25	양 끝 둥글기	SM48C

44 ③ 45 ④ 46 ③ 47 ① 정답

48 "왼 2줄 M50×2 6H"로 표시된 나사의 설명으로 틀린 것은?

① 왼 : 나사산의 감는 방향
② 2줄 : 나사산의 줄 수
③ M50×2 : 나사의 호칭 지름 및 피치
④ 6H : 수나사의 등급

해설
6H : 암나사의 등급

49 기어제도시 잇봉우리원에 사용하는 선의 종류는?

① 가는 실선
② 굵은 실선
③ 가는 1점쇄선
④ 가는 2점쇄선

해설
기어의 도시법
- 피치원은 가는 1점쇄선으로 한다.
- 맞물리는 한 쌍의 기어의 이끝원은 굵은 실선으로 그린다.
- 헬리컬 기어의 잇줄 방향은 통상 3개의 가는 실선으로 그린다.
- 보통 축에 직각인 방향에서 본 투상도를 주투상도로 할 수 있다.
- 이뿌리원은 가는 실선으로 그린다. 단, 축에 직각 방향으로 단면 투상할 경우에는 굵은 실선으로 한다.

50 스퍼기어 요목표에서 잇수는?

스퍼기어 요목표		
기어 치형		표준
공구	모듈	2
	치형	보통 이
	압력각	20°
전체 이 높이		4.5
피치원 지름		40
잇수		(?)
다듬질 방법		호브 절삭
정밀도		KS B ISO 1328-1, 4급

① 5　② 10
③ 15　④ 20

해설
피치원 지름(PCD, D) = m(모듈) × Z(잇수)

$Z=\frac{D}{m}=\frac{40\text{mm}}{2}=20\text{mm}$

51 나사면에 증기, 기름 또는 외부로부터의 먼지 등이 유입되는 것을 방지하기 위해 사용하는 너트는?

① 나비 너트　② 둥근 너트
③ 사각 너트　④ 캡 너트

해설
너트의 종류

명칭	형상	용도 및 특징
둥근 너트		겉모양이 둥근 형태의 너트
사각 너트		겉모양이 사각형으로 주로 목재에 사용하는 너트
나비 너트		너트를 쉽게 조일 수 있도록 머리 부분을 나비의 날개 모양으로 만든 너트
캡 너트		유체가 나사의 접촉면 사이의 틈새나 볼트와 볼트 구멍의 틈으로 새어 나오는 것을 방지할 목적으로 사용하는 너트

정답 48 ④ 49 ② 50 ④ 51 ④

52 V벨트의 형별 중 단면의 폭 치수가 가장 큰 것은?

① A 형　② D 형
③ E 형　④ M 형

해설

V벨트 단면의 모양 및 크기

종류	M	A	B	C	D	E
크기	최소 ←					→ 최대

53 관이음 기호 중 유니언 나사이음 기호는?

① 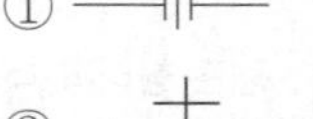
② 
③ 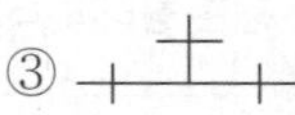
④ 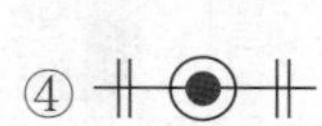

해설

유니언 연결(나사이음)	—‖— 　—‖|—
캡 나사이음	——]
티 나사이음	┼┴┼
오는 티 나사이음	‖◉‖

54 베어링의 호칭이 "6026"일 때 안지름은 몇 mm인가?

① 26　② 52
③ 100　④ 130

해설

볼 베어링의 안지름번호는 앞에 2자리를 제외한 뒤 숫자로서 확인할 수 있다. 04부터는 5를 곱하면 그 수치가 안지름이 된다.
호칭번호가 6026인 경우
- 6 : 단열홈형 베어링
- 0 : 특별경하중형
- 26 : 베어링 안지름번호(26 × 5 = 130mm)

55 용접 지시기호가 나타내는 용접부위의 형상으로 가장 옳은 것은?

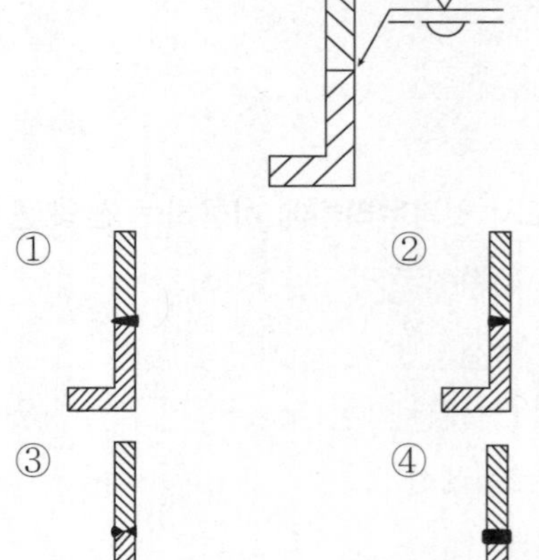

①　②
③　④

해설

기호는 화살표 쪽으로 V형 맞대기 용접을 하라는 의미이므로, 화살표 쪽부터 아래로 내려갈수록 좁아지는 ①번이 정답이다. 만약 V기호가 아래쪽의 점선 위에 위치해 있다면 그것은 반대의 면에서 용접하라는 의미이므로 그때는 ②번이 정답이 된다.

52 ③　53 ①　54 ④　55 ① 정답

56 운전 중 또는 정지 중에 운동을 전달하거나 차단하기에 적절한 축이음은?

① 외접기어
② 클러치
③ 올덤 커플링
④ 유니버설 조인트

해설

커플링은 조인트라고도 불리는데, 커플링과 유니버설 조인트(유니버설 커플링)는 운전 중에 결합을 끊을 수 없으나, 클러치는 운전 중에도 두 개의 축을 연결하거나 끊을 수 있다. 수동 변속기 차량의 클러치가 대표적인 적용 사례이다.

커플링의 종류

종류		특징
올덤 커플링		두 축이 평행하고 거리가 매우 가까울 때 사용한다. 각속도의 변동 없이 토크를 전달하는 데 가장 적합하며 윤활이 어렵고 원심력에 의한 진동 발생으로 고속 회전에는 적합하지 않다.
플렉시블 커플링		두 축의 중심선을 일치시키기 어렵거나 고속 회전이나 급격한 전달력의 변화로 진동이나 충격이 발생하는 경우에 사용한다. 고무, 가죽, 스프링을 이용하여 진동을 완화한다.
유니버설 커플링		두 축이 만나는 각이 수시로 변화하는 경우에 사용되며 공작기계나 자동차의 축이음에 사용된다.
플랜지 커플링 (고정 커플링)		일직선상에 두 축을 연결한 것으로 볼트나 키로 결합한다.
슬리브 커플링	키, 중공축, 슬리브, 원동축	주철제의 원통 속에서 두 축을 맞대기 키로 고정하는 것으로 축 지름과 동력이 매우 작을 때 사용한다. 단, 인장력이 작용하는 축에는 적용이 불가능하다.

57 다음 시스템 중 출력장치로 틀린 것은?

① 디지타이저(Digitizer)
② 플로터(Plotter)
③ 프린터(Printer)
④ 하드 카피(Hard Copy)

해설

디지타이저는 입력장치에 속한다.

58 디스플레이상의 도형을 입력장치와 연동시켜 움직일 때, 도형이 움직이는 상태를 무엇이라고 하는가?

① 드래깅(Dragging)
② 트리밍(Trimming)
③ 셰이딩(Shading)
④ 주밍(Zooming)

해설

① 드래깅 : 디스플레이상에서 도형이 움직이는 상태
② 트리밍 : 도형을 확대나 회전, 이동하면서 도형이 규정 화면으로부터 삐져나올 때 삐져나온 부분을 제거하는 작업
③ 셰이딩 : 컴퓨터에 입력된 입체의 표면에 음영을 부여하는 기술로 광원의 거리나 각도, 밝기 등을 조절함으로써 음영을 만들어 내는 작업
④ 주밍 : 도형을 확대하는 작업

정답 56 ② 57 ① 58 ①

59 다음 중 와이어 프레임 모델링(Wire Frame Modeling)의 특징은?

① 단면도 작성이 불가능하다.
② 은선 제거가 가능하다.
③ 처리속도가 느리다.
④ 물리적 성질의 계산이 가능하다.

해설
와이어 프레임 모델링은 선으로만 물체를 표현하므로, 면이 표현되어야 할 단면도의 작성은 불가능하다.

60 중앙처리장치(CPU)의 구성 요소가 아닌 것은?

① 주기억장치
② 파일저장장치
③ 논리연산장치
④ 제어장치

해설
파일저장장치는 기억장치에 속한다.
중앙처리장치(CPU)의 구성 요소
• 주기억장치
• 제어장치
• 연산장치

59 ① 60 ② 정답

2015년 제4회 과년도 기출문제

01 베어링으로 사용되는 구리계 합금으로 거리가 먼 것은?

① 켈밋(Kelmet)
② 연청동(Lead Bronze)
③ 문쯔메탈(Muntz Metal)
④ 알루미늄 청동(Al Bronze)

해설
③ 문쯔메탈 : 60%의 Cu와 40%의 Zn이 합금된 황동의 일종으로 강도가 필요한 단조제품과 볼트나 리벳용 재료로 사용된다. 그러나 베어링용 재료로는 사용되지 않는다.
① 켈밋 : Cu 70% + Pb 30~40%의 합금이다. 열전도성과 압축강도가 크고, 마찰계수가 작아서 고속이나 고하중용 베어링으로 사용된다.
② 연청동 : 납 청동이라고도 하며 베어링이나 패킹용 재료로 사용된다.
④ 알루미늄 청동 : Cu에 2~15%의 Al을 첨가한 합금으로 강도가 극히 높고 내식성이 우수하여 기어나 캠, 레버, 베어링용 재료로 사용된다.

02 다음 중 알루미늄 합금이 아닌 것은?

① Y합금
② 실루민
③ 톰백(Tombac)
④ 로엑스(Lo-Ex) 합금

해설
톰백은 황동의 일종으로 구리합금에 속한다.
알루미늄 합금의 종류 및 특징

분류	종류	구성 및 특징
주조용 (내열용)	실루민	• Al + Si(10~14% 함유), 알팍스로도 불린다. • 해수에 잘 침식되지 않는다.
	라우탈	• Al + Cu 4% + Si 5% • 열처리에 의하여 기계적 성질을 개량할 수 있다.
	Y합금	• Al + Cu + Mg + Ni • 내연기관용 피스톤, 실린더 헤드의 재료로 사용된다.
	로엑스 합금 (Lo-Ex)	• Al + Si 12% + Mg 1% + Cu 1% + Ni • 열팽창 계수가 작아서 엔진, 피스톤용 재료로 사용된다.
	코비탈륨	• Al + Cu + Ni에 Ti, Cu 0.2% 첨가 • 내연기관의 피스톤용 재료로 사용된다.
가공용	두랄루민	• Al + Cu + Mg + Mn • 고강도로 항공기나 자동차용 재료로 사용된다.
	알클래드	고강도 Al 합금에 다시 Al을 피복한 재료이다.
내식성	알민	Al + Mn, 내식성, 용접성이 우수하다.
	알드레이	Al + Mg + Si, 강인성이 없고 가공변형에 잘 견딘다.
	하이드로날륨	Al + Mg, 내식성, 용접성이 우수하다.

03 탄소 공구강의 구비 조건으로 거리가 먼 것은?

① 내마모성이 클 것
② 저온에서의 경도가 클 것
③ 가공 및 열처리성이 양호할 것
④ 강인성 및 내충격성이 우수할 것

해설
공구재료는 절삭 시 발생되는 마찰열에 잘 견뎌야 하므로 고온강도와 경도가 커야 하나 저온 경도는 고려대상이 아니다.

정답 1 ③ 2 ③ 3 ②

04 고속도 공구강 강재의 표준형으로 널리 사용되고 있는 18-4-1형에서 텅스텐 함유량은?

① 1% ② 4%
③ 18% ④ 23%

해설
고속도강의 합금 비율은 W : Cr : V = 18 : 4 : 1이다.
고속도강(HSS)
탄소강에 W-18%, Cr-4%, V-1%이 합금된 것으로 600℃의 절삭열에도 경도 변화가 없다. 탄소강보다 2배의 절삭속도로 가공이 가능하기 때문에 강력 절삭 바이트나 밀링 커터용 재료로 사용된다. 고속도강에서 나타나는 시효변화를 억제하기 위해서는 뜨임처리를 3회 이상 반복함으로써 잔류응력을 제거해야 한다. W계와 Mo계로 크게 분류된다.

05 열처리의 방법 중 강을 경화시킬 목적으로 실시하는 열처리는?

① 담금질 ② 뜨임
③ 불림 ④ 풀림

해설
① 담금질(Quenching) : 탄소강을 경화시킬 목적으로 오스테나이트의 영역까지 가열한 후 급랭시켜 재료의 강도와 경도를 증가시킨다.
② 뜨임(Tempering) : 담금질한 강을 A_1변태점(723℃) 이하로 가열 후 서랭하는 것으로 담금질로 경화된 재료에 인성을 부여하고 내부응력을 제거한다.
③ 불림(Normalizing) : 담금질한 정도가 심하거나 결정입자가 조대해진 강을 표준화조직으로 만들기 위하여 A_3점(968℃)이나 A_{cm}(시멘타이트)점 이상의 온도로 가열한 후 공랭시킨다.
④ 풀림(Annealing) : 재질을 연하고 균일화시킬 목적으로 실시하는 열처리법으로 완전풀림은 A_3변태점(968℃) 이상의 온도로, 연화풀림은 약 650℃의 온도로 가열한 후 서랭한다.

06 공구용으로 사용되는 비금속 재료로 초내열성 재료, 내마멸성 및 내열성이 높은 세라믹과 강한 금속의 분말을 배열 소결하여 만든 것은?

① 다이아몬드 ② 고속도강
③ 서 멧 ④ 석 영

해설
서멧(Cermet) : 분말야금법으로 만들어진 공구용 재료로 금속과 세라믹을 소결시켜 만든다. 내열재료이므로 고온의 환경에서도 잘 견디므로 가스터빈이나 날개, 원자로용 재료로 사용된다.

07 마우러조직도에 대한 설명으로 옳은 것은?

① 탄소와 규소량에 따른 주철의 조직 관계를 표시한 것
② 탄소와 흑연량에 따른 주철의 조직 관계를 표시한 것
③ 규소와 망간량에 따른 주철의 조직 관계를 표시한 것
④ 규소와 Fe_3C량에 따른 주철의 조직 관계를 표시한 것

해설
마우러조직도
마우러조직도는 C와 Si의 함량에 따른 주철 조직의 관계를 표시한 그래프이다.

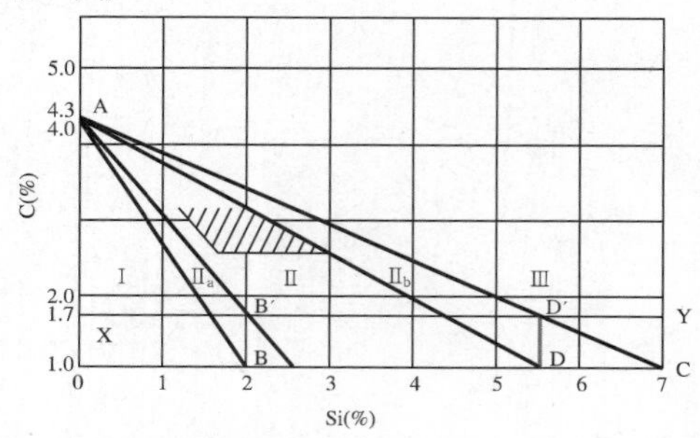

※ 빗금친 부분은 고급주철이다.

영역	주철의 종류	경도
Ⅰ	백주철(극경 주철)	최대
Ⅱa	반주철(경질 주철)	⇕
Ⅱ	펄라이트 주철(강력 주철)	
Ⅱb	회주철(주철)	최소
Ⅲ	페라이트 주철(연질 주철)	

4 ③ 5 ① 6 ③ 7 ① 정답

08 기어에서 이(Tooth)의 간섭을 막는 방법으로 틀린 것은?

① 이의 높이를 높인다.
② 압력각을 증가시킨다.
③ 치형의 이끝면을 깎아낸다.
④ 피니언의 반경 방향의 이뿌리면을 파낸다.

해설

이의 간섭

한 쌍의 기어가 맞물려 회전할 때, 한쪽 기어의 이끝이 상대쪽 기어의 이뿌리에 부딪쳐서 회전할 수 없게 되는 간섭현상이다.

이의 간섭에 대한 원인과 대책

원인	대책
• 압력각이 작을 때 • 피니언의 잇수가 극히 적을 때 • 기어와 피니언의 잇수비가 매우 클 때	• 압력각을 크게 한다. • 피니언의 잇수를 최소 치수 이상으로 한다. • 기어의 잇수를 한계치수 이하로 한다. • 치형을 수정한다. • 기어의 이 높이를 낮춘다.

09 표점거리 110mm, 지름 20mm의 인장시편에 최대하중 50kN이 작용하여 늘어난 길이 $\Delta\ell$ = 22mm일 때, 연신율은?

① 10% ② 15%
③ 20% ④ 25%

해설

$$연신율 = \frac{변화된\ 길이}{처음\ 길이} \times 100\% = \frac{22}{110} \times 100\% = 20\%$$

10 피치 4mm인 3줄 나사를 1회전시켰을 때의 리드는 얼마인가?

① 6mm ② 12mm
③ 16mm ④ 18mm

해설

리드(L) : 나사를 1회전시켰을 때 축 방향으로 이동한 거리

$L = n \times p$

$= 3 \times 4 = 12\text{mm}$

11 볼트 너트의 풀림 방지 방법 중 틀린 것은?

① 로크 너트에 의한 방법
② 스프링 와셔에 의한 방법
③ 플라스틱 플러그에 의한 방법
④ 아이볼트에 의한 방법

해설

아이볼트는 물체를 크레인 등으로 들어서 이동시킬 때 유용한 기계요소로 너트의 풀림 방지와는 전혀 관련이 없다.

정답 8 ① 9 ③ 10 ② 11 ④

12 **전달마력 30kW, 회전수 200rpm인 전동축에서 토크 T는 약 몇 N·m인가?**

① 107 ② 146
③ 1,070 ④ 1,430

해설

$$T = 974\frac{H_{kw}}{N}\text{kgf}\cdot\text{m}$$
$$= 974\frac{30}{200} = 146\text{kgf}\cdot\text{m}$$
$$= 146 \times 9.8$$
$$= 1{,}430.8\text{N}\cdot\text{m}$$

여기서, $1\text{kgf} = 9.8\text{N}$

13 **원주에 톱니 형상의 이가 달려 있으며 폴(Pawl)과 결합하여 한쪽 방향으로 간헐적인 회전운동을 주고 역회전을 방지하기 위하여 사용되는 것은?**

① 래칫 휠
② 플라이 휠
③ 원심 브레이크
④ 자동하중 브레이크

해설

래칫 휠(Ratchet Wheel)

원주에 톱니 형상의 이가 달려 있으며 폴과 결합하여 한쪽 방향으로 간헐적인 회전운동을 주고 역회전을 불가능하게 한 기계장치로 최근 역회전 방지가 필요한 리프트 등에 많이 사용된다.

14 **벨트전동에 관한 설명으로 틀린 것은?**

① 벨트풀리에 벨트를 감는 방식은 크로스벨트 방식과 오픈벨트 방식이 있다.
② 오픈벨트 방식에서는 양 벨트 풀리가 반대방향으로 회전한다.
③ 벨트가 원동차에 들어가는 측을 인(긴)장측이라 한다.
④ 벨트가 원동차로부터 풀려 나오는 측을 이완측이라 한다.

해설

오픈벨트(바로걸기) 방식은 양 벨트 풀리가 같은 방향으로 회전한다.

평벨트 전동		
	바로걸기 (Open)	느슨한 쪽, 벨트, 풀리, 당긴 쪽, 풀리
	엇걸기 (Cross)	벨트, 풀리, 풀리

12 ④ 13 ① 14 ② 정답

15 축에 키(Key)홈을 가공하지 않고 사용하는 것은?

① 묻힘(Sunk) 키　　② 안장(Saddle) 키
③ 반달 키　　④ 스플라인

해설

② 안장 키(새들 키, Saddle Key) : 축에는 키홈을 가공하지 않고 보스에만 키홈을 파서 끼운 후 축과 키 사이의 마찰에 의해 회전력을 전달하는 키로, 작은 동력의 전달에 적당하다.

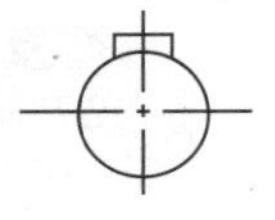

① 성크 키(묻힘 키, Sunk Key) : 가장 널리 쓰이는 키(Key)로 축과 보스 양쪽에 모두 키홈을 파서 동력을 전달하는 키이다. $\frac{1}{100}$ 기울기를 가진 경사 키와 평행 키가 있다.

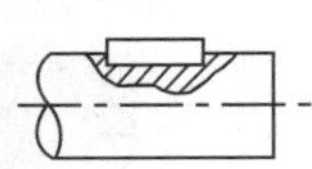

③ 반달 키(Woodruff Key) : 반달 모양의 키로 키와 키홈을 가공하기 쉽고 보스의 키홈과의 접촉이 자동으로 조정되는 이점이 있으나 키홈이 깊어 축의 강도가 약하다. 그러나 일반적으로 60mm 이하의 작은 축과 테이퍼 축에 사용될 때 키가 자동적으로 축과 보스 사이에서 자리를 잡을 수 있다는 장점이 있다.

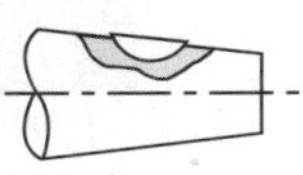

④ 스플라인(Spline Key) : 축의 둘레에 원주 방향으로 여러 개의 키홈을 깎아 만든 것으로, 세레이션 키 다음으로 큰 동력(토크)을 전달할 수 있다. 내구성이 크고 축과 보스와의 중심축을 정확히 맞출 수 있어서 축 방향으로 자유로운 미끄럼 운동이 가능하므로 자동차 변속기의 축용 재료로 많이 사용된다.

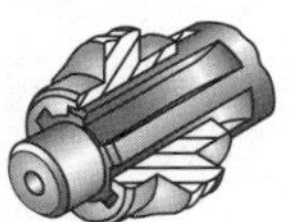

16 연삭에서 결합도에 따른 경도의 선정기준 중 결합도가 높은 숫돌(단단한 숫돌)을 사용해야 할 때는?

① 연삭 깊이가 클 때
② 접촉 면적이 작을 때
③ 경도가 큰 가공물을 연삭할 때
④ 숫돌차의 원주 속도가 빠를 때

해설

② 결합도는 절삭날이 무뎌졌을 때 새로운 절삭날이 다시 발생되는 속도를 조절하는 기능을 한다. 따라서 접촉 면적이 작으면 결합도가 높은 단단한 숫돌을 사용하는 것이 효율적이다. 반대로 접촉 면적이 크면 저항이 더 크게 되므로 결합도가 낮은 무른 숫돌을 사용해야 한다.

① 연삭 깊이가 클 때 – 무른 숫돌
③ 경도가 큰 가공물을 연삭할 때 – 무른 숫돌
④ 숫돌차의 원주속도가 빠를 때 – 무른 숫돌

※ 2022년 개정된 출제기준에서 삭제된 내용

17 4개의 조(Jaw)가 각각 단독으로 움직이도록 되어 있어 불규칙한 모양의 일감을 고정하는 데 편리한 척은?

① 단동척　　② 연동척
③ 마그네틱척　　④ 콜릿척

해설

종류	특징
단동척	• 척핸들을 사용해서 조(Jaw)의 끝부분과 척의 측면이 만나는 곳에 만들어진 4개의 구멍을 각각 조이면, 4개의 조(Jaw)도 각각 움직여서 공작물을 고정시킨다. • 연동척보다 강력한 고정이 가능하다. • 편심가공이 가능하며 불규칙한 공작물의 고정이 가능하다. • 공작물의 중심을 맞출 때 숙련도가 필요하며 시간이 다소 걸리지만 정밀도가 높은 공작물을 가공할 수 있다.
연동척	• 척핸들을 사용해서 척의 측면에 만들어진 1개의 구멍을 조이면, 3개의 조(Jaw)가 동시에 움직여서 공작물을 고정시킨다. • 공작물의 중심을 빨리 맞출 수 있으나 공작물의 정밀도는 단동척에 비해 떨어진다.

※ 2022년 개정된 출제기준에서 삭제된 내용

18 밀링머신의 부속장치가 아닌 것은?

① 아버　　② 래크 절삭장치
③ 회전 테이블　　④ 에이프런

해설

에이프런(Apron)은 선반의 왕복대에 장착된 이송장치이다.

※ 2022년 개정된 출제기준에서 삭제된 내용

정답 15 ② 16 ② 17 ① 18 ④

19 선반에서 ϕ40mm의 환봉을 120m/min의 절삭속도로 절삭가공을 하려고 할 경우, 2분 동안의 주축 총회전수는?

① 650rpm　② 960rpm
③ 1,720rpm　④ 1,910rpm

해설

선반가공에서 회전수(n) 구하는 식

$$n = \frac{1{,}000v}{\pi d}\,\text{rpm}$$

$$= \frac{1{,}000 \times 120\text{m/min}}{\pi \times 40\text{mm}} = 954.9\,\text{rpm}$$

$\therefore$ 954.9rev/mim × 2분 ≒ 1,909 rev

여기서, v : 절삭속도(m/min)
d : 공작물의 지름(mm)
n : 주축 회전수(rpm)
π : 원주율

※ 한국산업인력공단에서 이 문제는 전항 정답처리하였다. 사유는 문항의 단위를 rev로 했어야 하나, rpm(분당 회전수)로 했으므로 2분 동안의 회전수를 물었는데, 단위가 rpm이므로 문제 자체가 오류이다.

※ 2022년 개정된 출제기준에서 삭제된 내용

20 드릴링 머신 가공의 종류로 틀린 것은?

① 슬로팅　② 리밍
③ 태핑　④ 스폿 페이싱

해설

슬로팅 가공은 슬로터라는 공작기계를 사용해서 바이트의 직선이송에 의해 공작물을 절삭하는 장치이다.

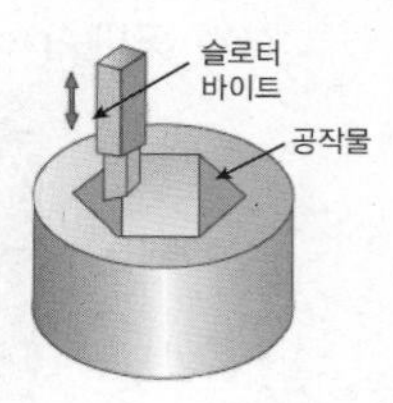

※ 2022년 개정된 출제기준에서 삭제된 내용

21 선반에서 척에 고정할 수 없는 대형 공작물 또는 복잡한 형상의 공작물을 고정할 때 사용하는 부속장치는?

① 센터　② 면판
③ 바이트　④ 맨드릴

해설

면판(Face Plate) : 척으로 고정하기 힘든 큰 크기의 공작물이나 불규칙하고 복잡한 형상의 공작물을 고정할 때 사용하는 선반용 부속장치

[면판 – 공작물 장착 전]

[면판 – 공작물 장착 후]

※ 2022년 개정된 출제기준에서 삭제된 내용

22 드릴의 구조 중 드릴가공을 할 때 가공물과 접촉에 의한 마찰을 줄이기 위하여 절삭날 면에 부여하는 각은?

① 나선각　② 선단각
③ 경사각　④ 날 여유각

해설

④ 날 여유각(선단 여유각) : 드릴가공 시 가공물과의 접촉에 따른 마찰의 방지를 위해 절삭날의 면에 부여하는 각도이다.

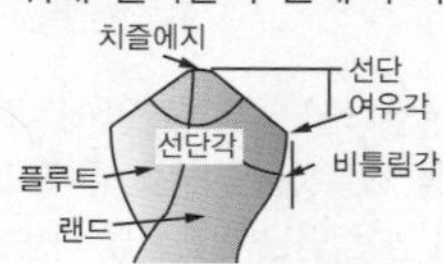

② 선단각(Point Angle, 날끝각) : 드릴 끝에서 두 개의 절삭날이 이루는 각으로 표준 날 끝각은 118°이다. 이 선단각이 너무 크면 이송이 어려우나 너무 작으면 날 끝의 수명이 짧아지기 때문에 공작물의 재질에 따라 선단각을 알맞게 조절해서 사용해야 한다.

※ 2022년 개정된 출제기준에서 삭제된 내용

19 전항정답　20 ①　21 ②　22 ④　정답

23 다음 중 와이어 컷 방전가공에서 전극 재질로 일반적으로 사용하지 않는 것은?

① 동 ② 황동
③ 텅스텐 ④ 고속도강

해설
와이어 컷 방전가공용 전극재료는 소모되면서 가공하기 때문에 주로 순금속이 사용되나 W, Cr, V이 합금되어 경한 금속인 고속도강은 사용되지 않는다.

와이어 컷 방전가공의 정의
기계가공이 어려운 합금재료나 담금질한 강을 가공할 때 널리 사용되는 가공법이다. 공작물을 (+)극으로, 가는 와이어 전극을 (−)극으로 하고 가공액 중에서 와이어를 감으면서 이 와이어와 공작물 사이에서 스파크 방전을 일으키면서 공작물을 절단하는 가공법이다.

와이어 컷 방전가공의 전극재료
열전도가 좋은 구리나 황동, 흑연, 텅스텐 등을 사용하므로 성형성이 용이하나 스파크 방전에 의해 전극이 소모되므로 재사용은 불가능하다.

※ 2022년 개정된 출제기준에서 삭제된 내용

24 다음 중 고온경도가 높으나 취성이 커서 충격이나 진동에 약한 절삭공구는?

① 고속도강 ② 탄소공구강
③ 초경합금 ④ 세라믹

해설
세라믹 공구는 무기질의 비금속 재료를 고온에서 소결한 것으로 1,200℃의 절삭열에도 경도 변화가 없는 신소재이다. 주로 고온에서 소결시켜 만들 수 있는데 내마모성과 내열성, 내화학성(내산화성)이 우수하나 인성이 부족하고 성형성이 좋지 못하며 충격에 약한 단점이 있다.

※ 2022년 개정된 출제기준에서 삭제된 내용

25 공작물의 외경 또는 내면 등을 어떤 필요한 형상으로 가공할 때, 많은 절삭날을 갖고 있는 공구를 1회 통과시켜 가공하는 공작기계는?

① 브로칭머신 ② 밀링머신
③ 호빙머신 ④ 연삭기

해설
브로칭(Broaching) 가공
가공물에 홈이나 내부 구멍을 만들 때 가늘고 길며 길이 방향으로 많은 날을 가진 총형 공구인 브로치를 일감에 대고 누르면서 관통시켜 단 1회의 절삭 공정만으로 제품을 완성시키는 가공법이다. 따라서 공작물이나 공구가 회전하지 않는다.

브로치 공구

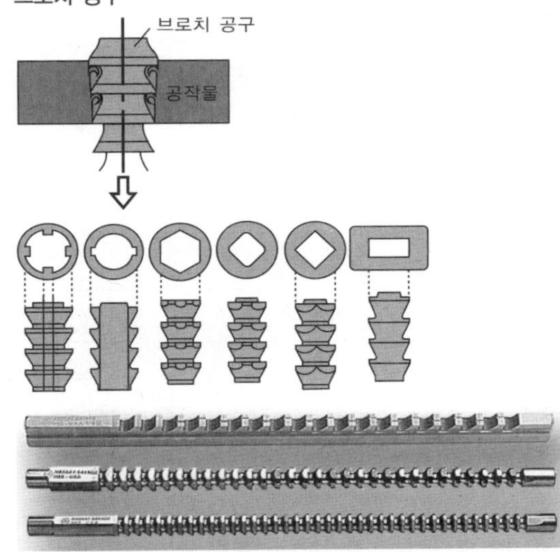

※ 2022년 개정된 출제기준에서 삭제된 내용

정답 23 ④ 24 ④ 25 ①

26 다음 기하공차 종류 중 단독형체가 아닌 것은?

① 진직도　　② 진원도
③ 경사도　　④ 평면도

해설

단독형체는 데이텀 없이 공차와 공차값만 표기해서 사용하는 것으로 진직도, 진원도, 평면도가 포함되나, 경사도는 관련 형체인 자세공차에 속한다.

기하공차 종류 및 기호

공차의 종류		기호
모양공차	진직도	⏤
	평면도	⏥
	진원도	○
	원통도	⌭
	선의 윤곽도	⌒
	면의 윤곽도	⌓
자세공차	평행도	//
	직각도	⊥
	경사도	∠
위치공차	위치도	⌖
	동축도(동심도)	◎
	대칭도	⌯
흔들림 공차	원주 흔들림	↗
	온 흔들림	⌰

27 도면에서 구멍의 치수가 "$\phi 80^{+0.03}_{-0.02}$"로 기입되어 있다면 치수공차는?

① 0.01　　② 0.02
③ 0.03　　④ 0.05

해설

80.03 – 79.98 = 0.05

치수공차는 공차라고도 불린다.

치수공차 : 최대 허용한계치수 – 최소 허용한계치수

28 구의 반지름을 나타내는 치수 보조기호는?

① ϕ　　② $S\phi$
③ SR　　④ C

해설

치수 보조기호

기호	구분	기호	구분
ϕ	지름	p	피치
$S\phi$	구의 지름	$\overset{\frown}{50}$	호의 길이
R	반지름	$\underline{50}$	비례척도가 아닌 치수
SR	구의 반지름	$\boxed{50}$	이론적으로 정확한 치수
□	정사각형	(50)	참고치수
C	45° 모따기	~~50~~	치수의 취소 (수정 시 사용)
t	두께	–	–

29 다음 중 가는 2점쇄선의 용도로 틀린 것은?

① 인접 부분 참고 표시
② 공구, 지그 등의 위치
③ 가공 전 또는 가공 후의 모양
④ 회전 단면도를 도형 내에 그릴 때의 외형선

해설

회전 단면도를 도형 내에 그릴 때의 외형선은 가는 실선으로 그린다.

가는 2점쇄선(—— - - ——)으로 표시되는 가상선의 용도

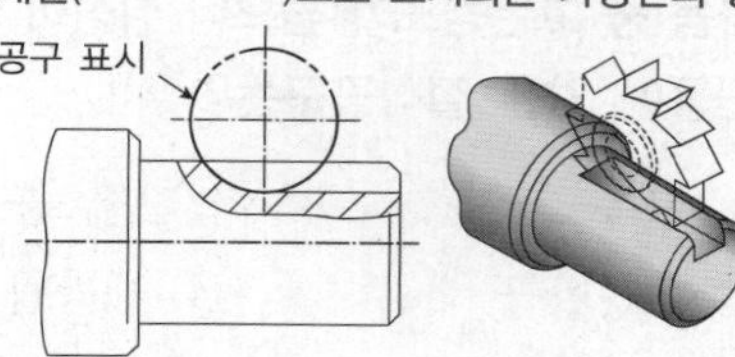

- 반복되는 것을 나타낼 때
- 가공 전이나 후의 모양을 표시할 때
- 도시된 단면의 앞부분을 표시할 때
- 물품의 인접 부분을 참고로 표시할 때
- 이동하는 부분의 운동 범위를 표시할 때
- 공구 및 지그 등 위치를 참고로 나타낼 때
- 단면의 무게중심을 연결한 선을 표시할 때

26 ③　27 ④　28 ③　29 ④ 정답

30 끼워맞춤에서 축 기준식 헐거운 끼워맞춤을 나타낸 것은?

① H7/g6　　② H6/F8
③ h6/P9　　④ h6/F7

해설
한국산업인력공단에서 문제 오류로 전 문항을 정답 처리함

31 제3각법으로 그린 3면도 투상도 중 틀린 것은?

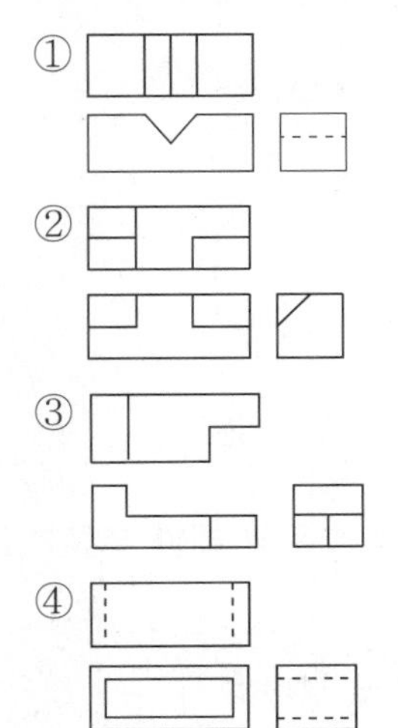

해설
②번에서 정면도의 왼쪽에 빈 공간이 보이는데, 이는 우측면도에서는 육안으로 보이지 않는다. 따라서 그 경계 부분이 점선으로 표시되어야 한다.

32 핸들, 벨트 풀리나 기어 등과 같은 바퀴의 암, 리브 등에서 절단한 단면의 모양을 90° 회전시켜서 투상도의 안에 그릴 때, 알맞은 선의 종류는?

① 가는 실선
② 가는 1점쇄선
③ 가는 2점쇄선
④ 굵은 1점쇄선

해설
회전도시 단면도는 핸들이나 벨트 풀리, 바퀴의 암, 리브, 축, 형강 등의 단면 모양을 90°로 회전시켜 투상도의 안이나 밖에 그린다. 만일 투상도의 절단할 곳과 겹쳐서 그릴 때는 가는 실선으로 그린다.

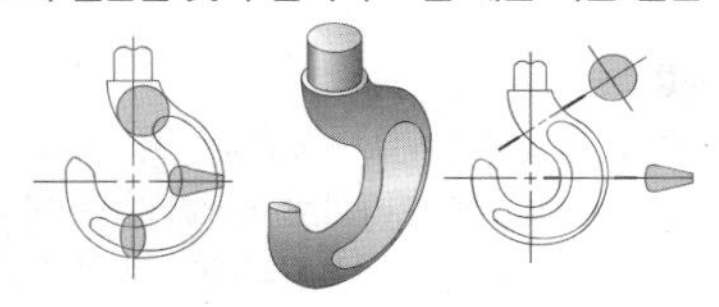

33 다음 중 척도의 기입 방법으로 틀린 것은?

① 척도는 표제란에 기입하는 것이 원칙이다.
② 표제란이 없는 경우에는 부품 번호 또는 상세도의 참조 문자 부근에 기입한다.
③ 한 도면에는 반드시 한 가지 척도만 사용해야 한다.
④ 도형의 크기가 치수와 비례하지 않으면 NS라고 표시한다.

해설
한 도면에는 다양한 척도의 사용이 가능하다.

정답 30 전항정답 31 ② 32 ① 33 ③

34 **다음 등각투상도의 화살표 방향이 정면도일 때, 평면도를 올바르게 표시한 것은?(단, 제3각법의 경우에 해당한다)**

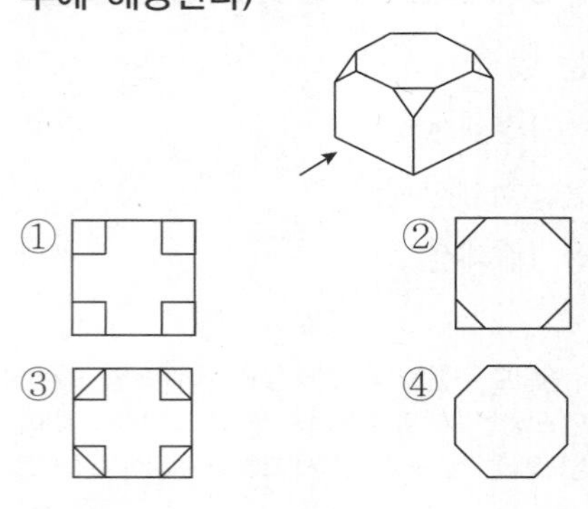

해설

평면도는 물체를 위에서 바라보는 형상으로 위에서 바라보았을 때 4개의 구석부에 모따기(Chamfer)가 되어 있으므로 삼각형이 표시되어야 한다. 따라서 정답은 ②번이 된다.

35 **다음과 같이 다면체를 전개한 방법으로 옳은 것은?**

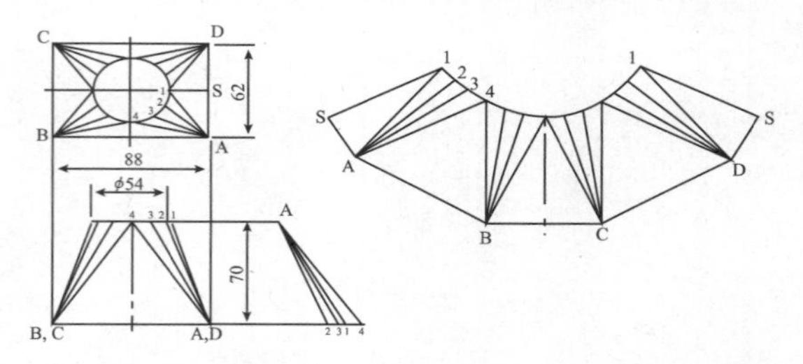

① 삼각형법 전개　② 방사선법 전개
③ 평행선법 전개　④ 사각형법 전개

해설

전개도법의 종류

종류	의미
평행선법	삼각기둥, 사각기둥과 같은 여러 가지의 각기둥과 원기둥을 평행하게 전개하여 그리는 방법
방사선법	삼각뿔, 사각뿔 등의 각뿔과 원뿔을 꼭짓점 기준으로 부채꼴로 펼쳐서 전개도를 그리는 방법
삼각형법	꼭짓점이 먼 각뿔이나 원뿔 등의 해당 면을 삼각형으로 분할하여 전개도를 그리는 방법

36 **치수기입에 대한 설명 중 틀린 것은?**

① 제작에 필요한 치수를 도면에 기입한다.
② 잘 알 수 있도록 중복하여 기입한다.
③ 가능한 한 주요 투상도에 집중하여 기입한다.
④ 가능한 한 계산하여 구할 필요가 없도록 기입한다.

해설

치수는 중복해서 기입하면 안 된다.

37 **한국산업표준 중 기계 부문에 대한 분류기호는?**

① KS A　② KS B
③ KS C　④ KS D

해설

한국산업규격(KS)의 부문별 분류기호

분류기호	KS A	KS B	KS C	KS D
분야	기본	기계	전기전자	금속

34 ② 35 ① 36 ② 37 ② 정답

38 다음 중심선 평균거칠기값 중에서 표면이 가장 매끄러운 상태를 나타내는 것은?

① 0.2a ② 1.6a
③ 3.2a ④ 6.3a

해설
표면거칠기값의 수치가 작은 것이 가장 고운 다듬질면이 된다.
표면거칠기 기호 및 표면거칠기 값(μm)

표면거칠기 기호	용도	표면거칠기 구분값		
		Ra	Ry	Rz
w	다른 부품과 접촉하지 않는 면에 사용	25a	100S	100Z
x	다른 부품과 접촉해서 고정되는 면에 사용	6.3a	25S	25Z
y	기어의 맞물림 면이나 접촉 후 회전하는 면에 사용	1.6a	6.3S	6.3Z
z	정밀 다듬질이 필요한 면에 사용	0.2a	0.8S	0.8Z

39 단면도에 관한 내용이다. 올바른 것을 모두 고른 것은?

> ㄱ. 절단면은 중심선에 대하여 45° 경사지게 일정한 간격으로 가는 실선으로 빗금을 긋는다.
> ㄴ. 정면도는 단면도로 그리지 않고, 평면도나 측면도만 절단한 모양으로 그린다.
> ㄷ. 한쪽단면도는 위아래 또는 왼쪽과 오른쪽이 대칭인 물체의 단면을 나타낼 때 사용한다.
> ㄹ. 단면 부분에는 해칭(Hatching)이나 스머징(Smudging)을 한다.

① ㄱ, ㄴ ② ㄴ, ㄷ
③ ㄱ, ㄴ, ㄷ ④ ㄱ, ㄷ, ㄹ

해설
온단면도(전단면도)는 좌우나 상하가 대칭인 물체를 나타낼 때 사용하는 단면도법이다.

40 치수공차와 끼워맞춤에서 구멍의 치수가 축의 치수보다 작을 때, 구멍과 축과의 치수의 차를 무엇이라고 하는가?

① 틈새 ② 죔새
③ 공차 ④ 끼워맞춤

해설
죔새는 "축의 치수 > 구멍의 치수"일 때 그 치수의 차를 의미한다.
공차 용어

용어	의미
실 치수	실제로 측정한 치수로 mm 단위를 사용한다.
치수공차(공차)	최대 허용한계치수 – 최소 허용한계치수
위 치수 허용차	최대 허용한계치수 – 기준치수
아래 치수 허용차	최소 허용한계치수 – 기준치수
기준치수	위 치수 및 아래 치수 허용차를 적용할 때 기준이 되는 치수
허용한계치수	허용할 수 있는 최대 및 최소의 허용치수로 최대 허용한계치수와 최소 허용한계치수로 나눈다.
틈새	구멍의 치수가 축의 치수보다 클 때, 구멍과 축간 치수차
죔새	구멍의 치수가 축의 치수보다 작을 때 조립 전 구멍과 축과의 치수차

41 기계 도면에서 부품란에 재질을 나타내는 기호가 "SS400"으로 기입되어 있다. 기호에서 "400"은 무엇을 나타내는가?

① 무게 ② 탄소 함유량
③ 녹는 온도 ④ 최저 인장강도

해설
SS400
• SS : 일반구조용 압연강재
• 400 : 최저 인장강도(400N/mm^2)

정답 38 ① 39 ④ 40 ② 41 ④

42 그림과 같이 경사면부가 있는 대상물에서 그 경사면의 실형을 표시할 필요가 있는 경우에 사용하는 투상도의 명칭은?

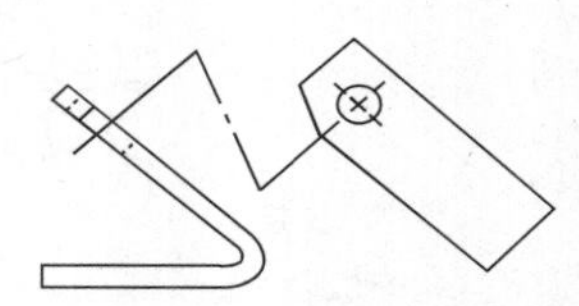

① 부분 투상도
② 보조 투상도
③ 국부 투상도
④ 회전 투상도

해설

보조 투상도는 경사면부가 있는 물체의 경사면에 실형을 표시할 때 사용하는 투상도법이다.

투상도법의 종류

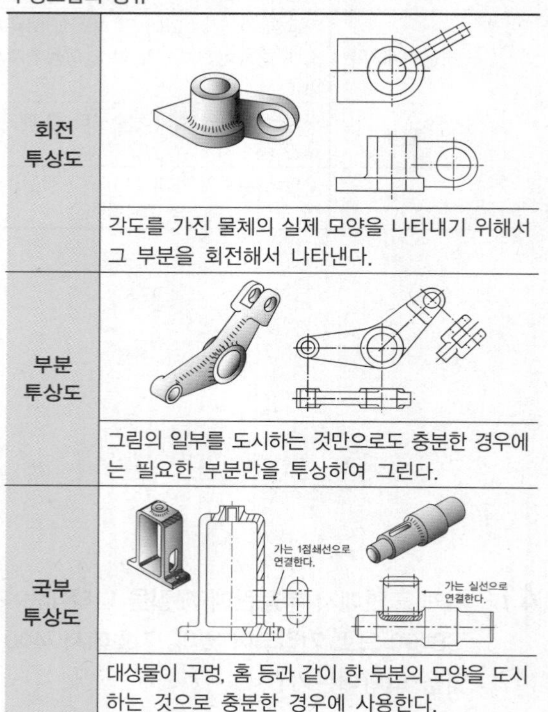

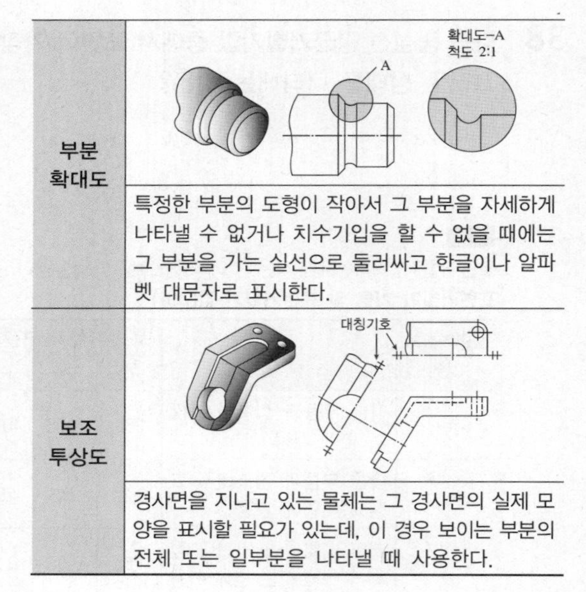

회전 투상도	각도를 가진 물체의 실제 모양을 나타내기 위해서 그 부분을 회전해서 나타낸다.
부분 투상도	그림의 일부를 도시하는 것만으로도 충분한 경우에는 필요한 부분만을 투상하여 그린다.
국부 투상도	대상물이 구멍, 홈 등과 같이 한 부분의 모양을 도시하는 것으로 충분한 경우에 사용한다.
부분 확대도	특정한 부분의 도형이 작아서 그 부분을 자세하게 나타낼 수 없거나 치수기입을 할 수 없을 때에는 그 부분을 가는 실선으로 둘러싸고 한글이나 알파벳 대문자로 표시한다.
보조 투상도	경사면을 지니고 있는 물체는 그 경사면의 실제 모양을 표시할 필요가 있는데, 이 경우 보이는 부분의 전체 또는 일부분을 나타낼 때 사용한다.

정답 42 ②

43 도면의 표제란에 사용되는 제1각법의 기호로 옳은 것은?

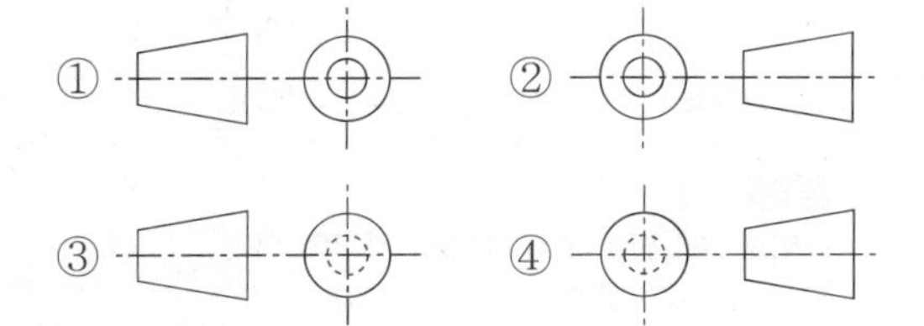

해설

제1각법과 제3각법

제1각법	제3각법
투상면을 물체의 뒤에 놓는다.	투상면을 물체의 앞에 놓는다.
눈 → 물체 → 투상면	눈 → 투상면 → 물체
저면도 / 우측면도, 정면도, 좌측면도, 배면도 / 평면도	평면도 / 좌측면도, 정면도, 우측면도, 배면도 / 저면도

44 다음 가공방법의 약호를 나타낸 것 중 틀린 것은?

① 선반가공(L)　② 보링가공(B)
③ 리머가공(FR)　④ 호닝가공(GB)

해설

가공방법의 기호

기호	가공방법	기호	가공방법
L	선반	FS	스크레이핑
B	보링	G	연삭
BR	브로칭	GH	호닝
CD	다이캐스팅	GS	평면 연삭
D	드릴	M	밀링
FB	브러싱	P	플레이닝
FF	줄 다듬질	PS	절단(전단)
FL	래핑	SH	기계적 강화
FR	리머다듬질	–	–

45 기하공차의 종류 중 모양공차에 해당되지 않는 것은?

① 평행도 공차
② 진직도 공차
③ 진원도 공차
④ 평면도 공차

해설

기하공차 종류 및 기호

공차의 종류		기호
모양공차	진직도	—
	평면도	▱
	진원도	○
	원통도	⌭
	선의 윤곽도	⌒
	면의 윤곽도	⌓
자세공차	평행도	//
	직각도	⊥
	경사도	∠
위치공차	위치도	⌖
	동축도(동심도)	◎
	대칭도	⌯
흔들림 공차	원주 흔들림	↗
	온 흔들림	⌰

정답 43 ① 44 ④ 45 ①

46 다음 용접 이음의 용접기호로 옳은 것은?

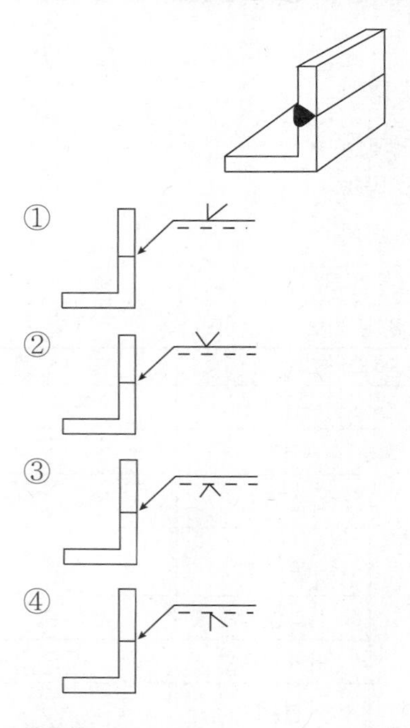

해설

V형 맞대기 용접을 나타내는 기호인 "V"가 실선 위에 있으므로 화살표 쪽에서 용접하라는 의미이다. 그러나 용접물은 반대쪽에서 V형상으로 용접되어 있으므로, 기호로는 점선 위에 위치시켜야 한다. 따라서 정답은 ③번이 된다.

47 "6208 ZZ"로 표시된 베어링에 결합되는 축의 지름은?

① 10mm ② 20mm

③ 30mm ④ 40mm

해설

베어링 호칭번호가 6208에서 각각의 의미

- 6 : 단열홈 베어링
- 2 : 경하중형
- 08 : 베어링 안지름번호(08 × 5 = 40mm)

형식번호	• 1 : 복렬 자동조심형 • 2, 3 : 상동(큰 너비) • 6 : 단열홈형 • 7 : 단열앵귤러콘택트형 • N : 원통 롤러형
치수기호	• 0, 1 : 특별경하중 • 2 : 경하중형 • 3 : 중간형
안지름번호	• 1~9 : 1~9mm • 00 : 10mm • 01 : 12mm • 02 : 15mm • 03 : 17mm • 04 : 20mm 04부터 5를 곱한다.
접촉각기호	• C
실드기호	• Z : 한쪽 실드 • ZZ : 안팎 실드
내부 틈새기호	• C2
등급기호	• 무기호 : 보통급 • H : 상급 • P : 정밀 등급 • SP : 초정밀급

46 ③ 47 ④ 정답

48 **관용 테이퍼 나사 중 테이퍼 수나사를 표시하는 기호는?**

① M ② Tr

③ R ④ S

해설

나사의 종류 및 기호

<table>
<tr><th colspan="2">구분</th><th colspan="2">나사의 종류</th><th>기호</th></tr>
<tr><td rowspan="15">일반용</td><td rowspan="9">ISO 표준에 있는 것</td><td colspan="2">미터 보통 나사</td><td rowspan="2">M</td></tr>
<tr><td colspan="2">미터 가는 나사</td></tr>
<tr><td colspan="2">미니추어 나사</td><td>S</td></tr>
<tr><td colspan="2">유니파이 보통 나사</td><td>UNC</td></tr>
<tr><td colspan="2">유니파이 가는 나사</td><td>UNF</td></tr>
<tr><td colspan="2">미터 사다리꼴 나사</td><td>Tr</td></tr>
<tr><td rowspan="3">관용 테이퍼 나사</td><td>테이퍼 수나사</td><td>R</td></tr>
<tr><td>테이퍼 암나사</td><td>Rc</td></tr>
<tr><td>평행 암나사</td><td>Rp</td></tr>
<tr><td rowspan="6">ISO 표준에 없는 것</td><td colspan="2">관용 평행 나사</td><td>G</td></tr>
<tr><td colspan="2">30° 사다리꼴 나사</td><td>TM</td></tr>
<tr><td colspan="2">29° 사다리꼴 나사</td><td>TW</td></tr>
<tr><td rowspan="2">관용 테이퍼 나사</td><td>테이퍼 나사</td><td>PT</td></tr>
<tr><td>평행 암나사</td><td>PS</td></tr>
<tr><td colspan="2">관용 평행 나사</td><td>PF</td></tr>
<tr><td colspan="2" rowspan="3">특수용</td><td colspan="2">미싱 나사</td><td>SM</td></tr>
<tr><td colspan="2">전구 나사</td><td>E</td></tr>
<tr><td colspan="2">자전거 나사</td><td>BC</td></tr>
</table>

49 **헬리컬 기어, 나사 기어, 하이포이드 기어의 잇줄 방향의 표시 방법은?**

① 2개의 가는 실선으로 표시

② 2개의 가는 2점쇄선으로 표시

③ 3개의 가는 실선으로 표시

④ 3개의 굵은 2점쇄선으로 표시

해설

헬리컬 기어 및 나사 기어, 하이포이드 기어처럼 치면이 곡선인 기어들의 잇줄 방향은 3개의 가는 실선으로 표시한다.

50 **평벨트 풀리의 도시 방법에 대한 설명 중 틀린 것은?**

① 암은 길이 방향으로 절단하여 단면 도시를 한다.

② 벨트 풀리는 축 직각 방향의 투상을 주투상도로 한다.

③ 암의 단면형은 도형의 안이나 밖에 회전 단면을 도시한다.

④ 암의 테이퍼 부분 치수를 기입할 때 치수 보조선은 경사선으로 긋는다.

해설

평벨트 풀리를 도시할 때 암은 길이 방향으로 절단하여 단면을 도시하지 않는다.

51 **나사용 구멍이 없는 평행키의 기호는?**

① P ② PS

③ T ④ TG

해설

키의 모양, 형태, 종류 및 기호

<table>
<tr><th colspan="2">모양</th><th>기호</th></tr>
<tr><td rowspan="2">평행키</td><td>나사용 구멍 없음</td><td>P</td></tr>
<tr><td>나사용 구멍 있음</td><td>PS</td></tr>
<tr><td rowspan="2">경사키</td><td>머리 없음</td><td>T</td></tr>
<tr><td>머리 있음</td><td>TG</td></tr>
<tr><td rowspan="2">반달키</td><td>둥근 바닥</td><td>WA</td></tr>
<tr><td>납작 바닥</td><td>WB</td></tr>
</table>

형상	기호
양쪽 둥근형	A
양쪽 네모형	B
한쪽 둥근형	C

정답 48 ③ 49 ③ 50 ① 51 ①

52 **볼트의 머리가 조립 부분에서 밖으로 나오지 않아야 할 때, 사용하는 볼트는?**

① 아이 볼트
② 나비 볼트
③ 기초 볼트
④ 육각구멍붙이 볼트

해설

볼트의 종류 및 특징

종류 및 형상		특징
아이 볼트		나사의 머리 부분을 고리 형태로 만들어 이 고리에 로프나 체인, 훅 등을 걸어 무거운 물건을 들어올릴 때 사용한다.
나비 볼트		볼트를 쉽게 조일 수 있도록 머리 부분을 날개 모양으로 만든 것이다.
기초 볼트		콘크리트 바닥 위에 기계 구조물을 고정시킬 때 사용한다.
육각구멍붙이 볼트		볼트의 머리부에 둥근머리 육각구멍 홈을 판 것으로, 볼트의 머리부가 밖으로 돌출되지 않는 곳에 사용한다.

53 **기어의 종류 중 피치원지름이 무한대인 기어는?**

① 스퍼기어
② 래크
③ 피니언
④ 베벨기어

해설

래크기어는 피니언 기어와 함께 쌍으로 사용되는데, 거의 직선 위에 이가 만들어진 것이므로 피치원의 지름(PCD)은 거의 무한대가 된다.

54 **보일러 또는 압력용기에서 실제 사용 압력이 설계된 규정 압력보다 높아졌을 때, 밸브가 열려 사용 압력을 조정하는 장치는?**

① 콕 ② 체크 밸브
③ 스톱 밸브 ④ 안전 밸브

해설

안전 밸브는 실제 사용 압력이 설계된 규정 압력보다 높아졌을 때, 밸브가 열려 사용 압력을 조정하여 폭발을 예방하는 역할을 한다.

55 **축의 끝에 45° 모따기 치수를 기입하는 방법으로 틀린 것은?**

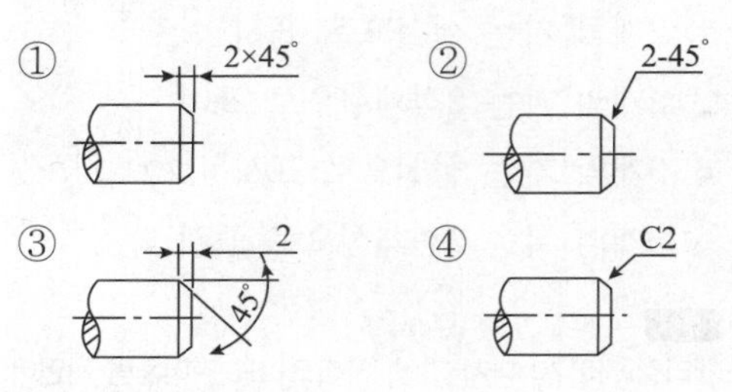

해설

45° 모따기 치수를 기입할 때는 "–"를 사용하지 않는다.

52 ④ 53 ② 54 ④ 55 ② 정답

56 **스프링 도시의 일반 사항이 아닌 것은?**

① 코일 스프링은 일반적으로 무하중 상태에서 그린다.

② 그림 안에 기입하기 힘든 사항은 일괄하여 요목표에 기입한다.

③ 하중이 걸린 상태에서 그린 경우에는 치수를 기입할 때, 그때의 하중을 기입한다.

④ 단서가 없는 코일 스프링이나 벌류트 스프링은 모두 왼쪽으로 감은 것을 나타낸다.

해설

스프링은 모두 특별한 단서가 없는 한 오른쪽 감은 것으로 나타내어야 한다.

57 **CAD 시스템에서 점을 정의하기 위해 사용되는 좌표계가 아닌 것은?**

① 극좌표계

② 원통 좌표계

③ 회전 좌표계

④ 직교 좌표계

해설

회전 좌표계는 CAD 시스템에 사용되지 않는다.

CAD 시스템 좌표계의 종류

- 직교 좌표계 : 두 개의 직교하는 축 위 두 점의 교점을 이용해서 평면 공간상의 좌표를 표시하는 좌표계
- 극좌표계 : 평면 위의 위치를 각도와 거리를 써서 나타내는 2차원 좌표계
- 원통 좌표계 : 3차원 공간을 나타내기 위해 평면 극좌표계에 평면에서부터의 높이를 더해서 나타내는 좌표계
- 구면 좌표계 : 3차원 구의 형태를 나타내는 것으로 거리 r과 두 개의 각으로 표현되는 좌표계
- 절대 좌표계 : 도면상 임의의 점을 입력할 때 변하지 않는 원점(0,0)을 기준으로 정한 좌표계
- 상대 좌표계 : 임의의 점을 지정할 때 현재의 위치를 기준으로 정해서 사용하는 좌표계
- 상대 극좌표계 : 마지막 입력점을 기준으로 다음 점까지의 직선 거리와 기준 직교축과 그 직선이 이루는 각도를 입력하는 좌표계

58 **컴퓨터가 데이터를 기억할 때의 최소 단위는 무엇인가?**

① Bit ② Byte

③ Word ④ Block

해설

자료 표현과 연산 데이터의 정보 기억 단위

비트(Bit) → 니블(Nibble) → 바이트(Byte) → 워드(Word) → 필드(Field) → 레코드(Record) → 파일(File) → 데이터베이스(Database)

59 **다음 설명에 가장 적합한 3차원의 기하학적 형상 모델링 방법은?**

> • Boolean연산(합, 차, 적)을 통하여 복잡한 형상 표현이 가능하다.
> • 형상을 절단한 단면도 작성이 용이하다.
> • 은선 제거가 가능하고 물리적 성질 등의 계산이 가능하다.
> • 컴퓨터의 메모리량과 데이터처리가 많아진다.

① 서피스 모델링(Surface Modeling)

② 솔리드 모델링(Solid Modeling)

③ 시스템 모델링(System Modeling)

④ 와이어 프레임 모델링(Wire Frame Modeling)

정답 56 ④ 57 ③ 58 ① 59 ②

해설

3차원 CAD의 모델링 종류

종류	형상	특징
와이어 프레임 모델링 (Wire Frame Modeling)	선에 의한 그림	• 작업이 쉽다. • 처리속도가 빠르다. • 데이터 구성이 간단하다. • 은선 제거가 불가능하다. • 단면도 작성이 불가능하다. • 3차원 물체의 가장자리 능선을 표시한다. • 질량 등 물리적 성질의 계산이 불가능하다. • 내부 정보가 없어 해석용 모델로 사용할 수 없다.
서피스 모델링 (Surface Modeling)	면에 의한 그림	• 은선 제거가 가능하다. • 단면도 작성이 가능하다. • NC 가공 정보를 얻을 수 있다. • 복잡한 형상의 표현이 가능하다. • 물리적 성질을 계산하기 곤란하다.
솔리드 모델링 (Solid Modeling)	3차원 물체의 그림	• 간섭 체크가 용이하다. • 은선 제거가 가능하다. • 단면도 작성이 가능하다. • 곡면기반 모델이라고도 한다. • 복잡한 형상의 표현이 가능하다. • 데이터의 처리가 많아 용량이 커진다. • 이동이나 회전을 통해 형상 파악이 가능하다. • 여러 개의 곡면으로 물체의 바깥 모양을 표현한다. • 와이어 프레임 모델에 면의 정보를 부가한 형상이다. • 질량, 중량, 관성모멘트 등 물성값의 계산이 가능하다. • 형상만이 아닌 물체의 다양한 성질을 좀 더 정확하게 표현하기 위해 고안된 방법이다.

60 다음 중 입출력 장치의 연결이 잘못된 것은?

① 입력장치 – 트랙볼, 마우스

② 입력장치 – 키보드, 라이트펜

③ 출력장치 – 프린터, COM

④ 출력장치 – 디지타이저, 플로터

해설

디지타이저는 입력장치에 속한다.

60 ④ 정답

2015년 제5회 과년도 기출문제

01 탄소공구강의 단점을 보강하기 위해 Cr, W, Mn, Ni, V 등을 첨가하여 경도, 절삭성, 주조성을 개선한 강은?

① 주조경질합금
② 초경합금
③ 합금공구강
④ 스테인리스강

해설

③ 합금공구강(STS) : 탄소강에 W, Cr, W–Cr, Mn, Ni 등을 합금하여 제작하는 공구재료로 600℃의 절삭열에도 경도변화가 작아서 바이트나 다이스, 탭, 띠톱용 재료로 사용된다.
① 주조경질합금 : 스텔라이트라고도 하며 800℃의 절삭열에도 경도변화가 없다. 열처리가 불필요하며 고속도강보다 2배의 절삭속도로 가공이 가능하나 내구성과 인성이 작다. 청동이나 황동의 절삭재료로도 사용된다.
② 초경합금(소결 초경합금) : 1,100℃의 고온에서도 경도변화 없이 고속절삭이 가능한 절삭공구로 WC, TiC, TaC 분말에 Co나 Ni 분말을 함께 첨가한 후 1,400℃ 이상의 고온으로 가열하면서 프레스로 소결시켜 만든다. 진동이나 충격을 받으면 쉽게 깨지는 단점이 있으나 고속도강의 4배의 절삭속도로 가공이 가능하다.
④ 스테인리스강 : 일반 강 재료에 Cr(크롬)을 12% 이상 합금하여 만든 내식용 강으로 부식이 잘 일어나지 않아서 최근 조리용 재료로 많이 사용되는 금속재료이다. 스테인리스강에는 Cr(크롬)이 가장 많이 함유된다.

02 일반적인 합성수지의 공통된 성질로 가장 거리가 먼 것은?

① 가볍다.
② 착색이 자유롭다.
③ 전기절연성이 좋다.
④ 열에 강하다.

해설

합성수지의 특징
- 가볍고 튼튼하다.
- 큰 충격에는 약하다.
- 전기절연성이 좋다.
- 금속에 비해 열에 약하다.
- 가공성이 크고, 성형이 간단하다.
- 임의의 색을 입히는 착색이 가능하다.
- 가공 시 형태를 유지하는 가소성이 좋다.
- 내식성이 좋아 산, 알칼리, 기름 등에 잘 견딘다.

03 다음 비철재료 중 비중이 가장 가벼운 것은?

① Cu ② Ni
③ Al ④ Mg

해설

금속의 비중

경금속	Mg	1.74	Be	1.85
	Al	2.7	Ti	4.5
중금속	Sn	5.8	V	6.16
	Cr	7.19	Mn	7.43
	Fe	7.87	Ni	8.9
	Cu	8.96	Ag	10.49
	Pb	11.34	W	19.1
	Ag	19.3	Pt	21.45
	Ir	22	–	–

※ 경금속과 중금속을 구분하는 비중의 경계 : 4.5

정답 1 ③ 2 ④ 3 ④

04 철-탄소계 상태도에서 공정 주철은?

① 4.3% C ② 2.1% C

③ 1.3% C ④ 0.86% C

해설

Fe-C 평형상태도

Fe-C 평형상태도에서 공정 주철은 순수한 Fe에 C가 4.3% 합금된 주철이다.

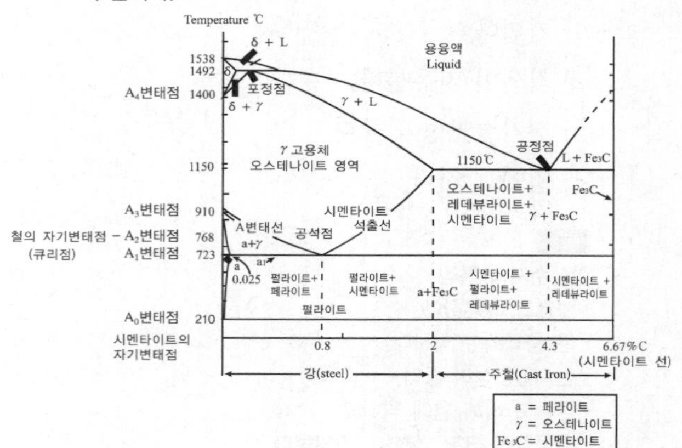

05 탄소강에 첨가하는 합금원소와 특성과의 관계가 틀린 것은?

① Ni – 인성 증가

② Cr – 내식성 향상

③ Si – 전자기적 특성 개선

④ Mo – 뜨임취성 촉진

해설

탄소강에 함유된 원소들의 영향

종류	영향
탄소(C)	• 경도를 증가시킨다. • 인성과 연성을 감소시킨다. • 일정 함유량까지 강도를 증가시킨다. • 함유량이 많아질수록 취성(메짐)이 강해진다.
규소(Si)	• 용접성과 가공성을 저하시킨다. • 인장강도, 탄성한계, 경도를 상승시킨다. • 유동성 증가 및 전자기적 특성을 개선시킨다. • 결정립의 조대화로 충격값과 인성, 연신율을 저하시킨다.
망간(Mn)	• 주철의 흑연화를 촉진한다. • 고온에서 결정립성장을 억제한다. • 주조성과 담금질효과를 향상시킨다. • 탄소강에 함유된 S(황)을 MnS로 석출시켜 적열취성을 방지한다.
인(P)	• 상온취성의 원인이 된다. • 결정입자를 조대화시킨다. • 편석이나 균열의 원인이 된다.
황(S)	• 절삭성을 양호하게 한다. • 편석과 적열취성의 원인이 된다. • 철을 여리게 하며 알칼리성에 약하다.
수소(H)	• 백점, 헤어크랙의 원인이 된다.
몰리브덴(Mo)	• 내식성을 증가시킨다. • 뜨임취성을 방지한다. • 담금질 깊이를 깊게 한다.
크롬(Cr)	• 강도와 경도를 증가시킨다. • 탄화물을 만들기 쉽게 한다. • 내식성, 내열성, 내마모성을 증가시킨다.
납(Pb)	• 절삭성을 크게 하여 쾌삭강의 재료가 된다.
코발트(Co)	• 고온에서 내식성, 내산화성, 내마모성, 기계적 성질이 뛰어나다.
구리(Cu)	• 고온 취성의 원인이 된다. • 압연 시 균열의 원인이 된다.
니켈(Ni)	• 인성, 내식성 및 내산성을 증가시킨다.
타이타늄(Ti)	• 부식에 대한 저항이 매우 크다. • 가볍고 강력해서 항공기용 재료로 사용된다.

4 ① 5 ④ 정답

06 수기가공에서 사용하는 줄, 쇠톱날, 정 등의 절삭 가공용 공구에 가장 적합한 금속재료는?

① 주강 ② 스프링강
③ 탄소공구강 ④ 쾌삭강

해설
수기가공용 공구인 줄이나 쇠톱날, 정은 절삭열의 온도가 상대적으로 낮기 때문에 경제성이나 충격 흡수 정도를 고려하여 주로 탄소공구강으로 제작한다.

07 다음 중 청동의 합금 원소는?

① Cu + Fe ② Cu + Sn
③ Cu + Zn ④ Cu + Mg

해설
구리 합금의 종류

청동	Cu + Sn, 구리 + 주석
황동	Cu + Zn, 구리 + 아연

08 간헐운동(Intermittent Motion)을 제공하기 위해서 사용되는 기어는?

① 베벨 기어
② 헬리컬 기어
③ 웜 기어
④ 제네바 기어

해설
제네바 기구는 핀 기어를 이용하는 간헐적인 운동 기구로, 고속이나 저속에서 널리 사용된다. 최근 자동차의 각도분할장치나 영상기 내 필름이송장치의 구성요소로 사용된다.

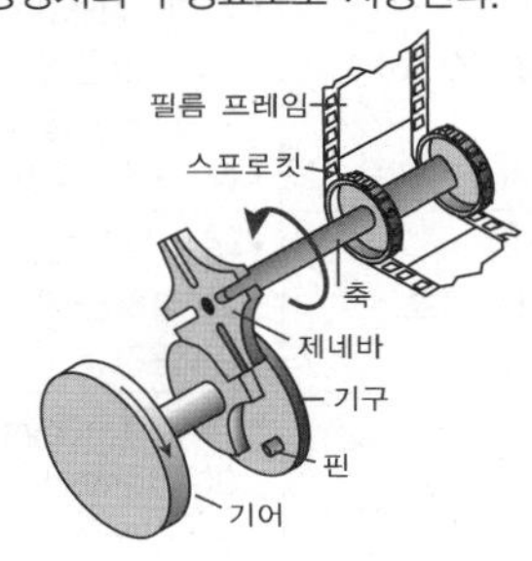

정답 6 ③ 7 ② 8 ④

09 베어링의 호칭번호가 6308일 때 베어링의 안지름은 몇 mm인가?

① 35 ② 40

③ 45 ④ 50

해설

베어링 호칭번호 "6308"에서 각각의 의미

- 6 : 단열홈 베어링
- 3 : 중하중형
- 08 : 베어링 안지름(08 × 5 = 40mm)

형식번호	• 1 : 복렬 자동조심형 • 2, 3 : 상동(큰 너비) • 6 : 단열홈형 • 7 : 단열앵귤러콘택트형 • N : 원통 롤러형
치수기호	• 0, 1 : 특별경하중 • 2 : 경하중형 • 3 : 중간형
안지름번호	• 1~9 : 1~9mm • 00 : 10mm • 01 : 12mm • 02 : 15mm • 03 : 17mm • 04 : 20mm 04부터 5를 곱한다.
접촉각기호	• C
실드기호	• Z : 한쪽 실드 • ZZ : 안팎 실드
내부 틈새기호	• C2
등급 기호	• 무기호 : 보통급 • H : 상급 • P : 정밀 등급 • SP : 초정밀급

10 직접전동 기계요소인 홈 마찰차에서 홈의 각도(2α)는?

① $2\alpha = 10\sim20°$

② $2\alpha = 20\sim30°$

③ $2\alpha = 30\sim40°$

④ $2\alpha = 40\sim50°$

해설

홈 마찰차의 홈 각도(2α)는 보통 30~40°로 한다.

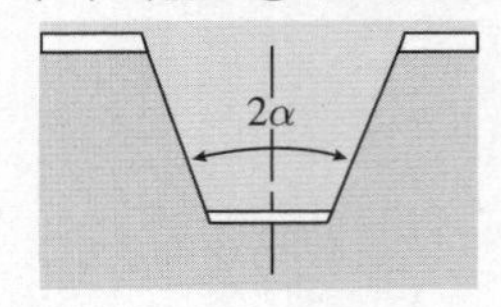

11 나사의 피치가 일정할 때 리드(Lead)가 가장 큰 것은?

① 4줄 나사 ② 3줄 나사

③ 2줄 나사 ④ 1줄 나사

해설

리드(L)는 나사를 1회전시켰을 때 축 방향으로 이동한 거리로 식은 $L = n \times p$이다. 여기서 n은 나사의 줄수, p는 나사의 피치이므로 나사의 줄수가 클수록 리드도 커지게 되어 4줄 나사의 리드가 가장 크다.

9 ② 10 ③ 11 ① 정답

12 2kN의 짐을 들어 올리는 데 필요한 볼트의 바깥지름은 몇 mm 이상이어야 하는가?(단, 볼트 재료의 허용인장응력은 400N/cm²이다)

① 20.2 ② 31.6

③ 36.5 ④ 42.2

해설

$$d=\sqrt{\frac{2Q}{\sigma_a}}=\sqrt{\frac{2\times2{,}000\text{N}}{400\text{N/cm}^2}}=\sqrt{\frac{2\times2{,}000\text{N}}{400\times10^{-2}\text{N/mm}^2}}$$

$$=\sqrt{\frac{400{,}000}{400}}=\sqrt{1{,}000}$$

$$=31.62\text{mm}$$

축하중을 받을 때 볼트의 지름(d)을 구하는 식

골지름(안지름)	바깥지름(호칭지름)
$d_1=\sqrt{\frac{4Q}{\pi\sigma_a}}$	$d=\sqrt{\frac{2Q}{\sigma_a}}$

13 테이퍼 핀의 테이퍼 값과 호칭지름을 나타내는 부분은?

① 1/100, 큰 부분의 지름

② 1/100, 작은 부분의 지름

③ 1/50, 큰 부분의 지름

④ 1/50, 작은 부분의 지름

해설

테이퍼 핀의 테이퍼값 $=\frac{1}{50}$

호칭지름 : 직경이 작은 부분의 지름

테이퍼 핀 호칭방법

테이퍼 핀	1급	4	×	30	SM50C
핀의 종류	등급	호칭지름		길이	재료

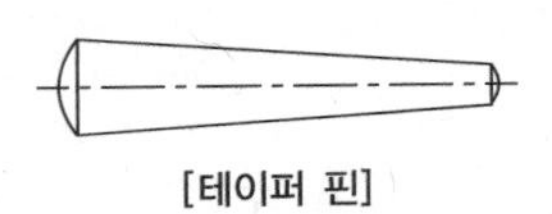

[테이퍼 핀]

14 나사의 기호 표시가 틀린 것은?

① 미터계 사다리꼴나사 : TM

② 인치계 사다리꼴나사 : WTC

③ 유니파이 보통 나사 : UNC

④ 유니파이 가는 나사 : UNF

해설

KS B 0226에 따르면 TW는 인치계 29° 사다리꼴나사를 의미한다. TM의 KS B 0227 규격은 폐지되었다. KS표준규격인 "KS B 0229"에 따르면 미터계 사다리꼴나사(Tr)이며 나사산 각도는 30°이다.

나사의 종류 및 기호

구분		나사의 종류		기호
일반용	ISO 표준에 있는 것	미터 보통 나사		M
		미터 가는 나사		
		미니추어 나사		S
		유니파이 보통 나사		UNC
		유니파이 가는 나사		UNF
		미터 사다리꼴 나사		Tr
		관용 테이퍼 나사	테이퍼 수나사	R
			테이퍼 암나사	Rc
			평행 암나사	Rp
		관용 평행 나사		G
	ISO 표준에 없는 것	30° 사다리꼴 나사		TM
		29° 사다리꼴 나사		TW
		관용 테이퍼 나사	테이퍼 나사	PT
			평행 암나사	PS
		관용 평행 나사		PF
특수용		미싱 나사		SM
		전구 나사		E
		자전거 나사		BC

정답 12 ② 13 ④ 14 ①, ②

15 원통형 코일의 스프링 지수가 9이고, 코일의 평균 지름이 180mm이면 소선의 지름은 몇 mm인가?

① 9　　② 18
③ 20　　④ 27

해설

$C = \frac{D}{d}$

$9 = \frac{180\text{mm}}{d}$

소선의 직경$(d) = 20\text{mm}$

여기서, 스프링 지수$(C) = \frac{D}{d} = \frac{\text{평균 직경}}{\text{소선의 직경}}$

16 원통 외경연삭의 이송방식에 해당하지 않는 것은?

① 플랜지 컷 방식
② 테이블 왕복식
③ 유성형 방식
④ 연삭 숫돌대 방식

해설

외경연삭은 공작물의 바깥 면을 연삭숫돌로 매끄럽게 가공하는 연삭법으로 종류에 유성형 방식은 없다.

테이블 왕복형 (트래버스 연삭)	연삭숫돌 왕복형	플랜지 컷형
연삭숫돌, 공작물		

※ 2022년 개정된 출제기준에서 삭제된 내용

17 선반에서 맨드릴의 종류에 속하지 않는 것은?

① 표준 맨드릴
② 팽창식 맨드릴
③ 수축식 맨드릴
④ 조립식 맨드릴

해설

맨드릴

선반에서 기어나 벨트, 풀리와 같이 구멍이 있는 공작물의 안지름과 바깥지름이 동심원을 이루도록 가공할 때 사용한다. 종류에는 표준 맨드릴, 팽창식 맨드릴, 조립식 맨드릴이 있다.

※ 2022년 개정된 출제기준에서 삭제된 내용

정답 15 ③ 16 ③ 17 ③

18 피니언 커터 또는 래크 커터를 왕복운동시키고, 공작물에 회전운동을 주어 기어를 절삭하는 창성식 기어절삭 기계는?

① 호빙머신 ② 기어 연삭
③ 기어 셰이퍼 ④ 기어 플래닝

해설
기어 셰이퍼는 피니언 커터나 래크 커터를 왕복운동시키고, 공작물에 회전운동을 주어 기어를 절삭하는 창성식 기어절삭용 공작기계이다.

창성법(創成法)
기어의 치형과 동일한 윤곽을 가진 커터를 피절삭기어와 맞물리게 하면서 상대운동을 시켜 절삭하는 방법으로 래크 커터, 피니언 커터, 호브에 의한 방법이 있다.

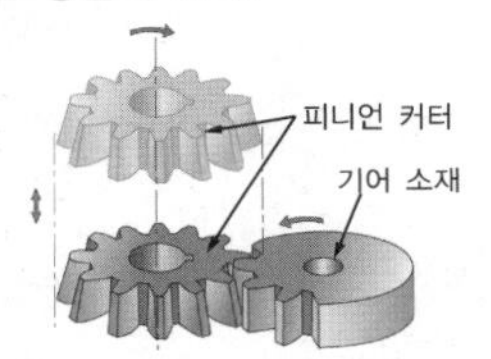

- 래크 커터에 의한 방법 : 마그식 기어 셰이퍼
- 피니언 커터에 의한 방법 : 펠로즈식 기어 셰이퍼
- 호브에 의한 방법 : 호빙머신

※ 創 : 만들 창, 成 : 이룰 성, 法 : 법칙 법
※ 2022년 개정된 출제기준에서 삭제된 내용

19 머시닝센터의 준비기능에서 X-Y평면 지정 G코드는?

① G17 ② G18
③ G19 ④ G20

해설

G코드	기능
G17	X-Y평면 지정
G18	Z-X평면 지정
G19	Y-Z평면 지정
G20	인치 입력

※ 2022년 개정된 출제기준에서 삭제된 내용

20 일반적으로 래핑작업 시 사용하는 랩제로 거리가 먼 것은?

① 탄화규소 ② 산화알루미나
③ 산화크롬 ④ 흑연가루

해설
랩의 재료로 주철이 사용되므로, 랩제로 흑연가루는 사용되지 않는다.

래핑가공에 사용되는 랩제
- 산화철(Fe_2O_3)
- 탄화규소(SiC)
- 알루미나(Al_2O_3, 산화알루미나)
- 산화크롬(Cr_2O_3)

랩	래핑가공 방법
60°	왕복운동, 가압, 랩제, 공작물, 랩

※ 2022년 개정된 출제기준에서 삭제된 내용

21 절삭공구가 회전운동을 하며 절삭하는 공작기계는?

① 선반 ② 셰이퍼
③ 밀링머신 ④ 브로칭머신

해설

공작기계의 절삭 가공방법

종류	공구	공작물
선반	축 방향 및 축에 직각 (단면 방향) 이송	회전
밀링	회전	고정 후 이송
보링	직선 이송	회전
	회전 및 직선 이송	고정
드릴링머신	회전하면서 상하 이송	고정
셰이퍼, 슬로터	전후 왕복운동	상하 및 좌우 이송
플레이너	공작물의 운동 방향과 직각 방향으로 이송	수평 왕복운동
연삭기 및 래핑	회전	회전 또는 고정 후 이송
호닝	회전 후 상하운동	고정
호빙	회전 후 상하운동	고정하고 이송
브로칭머신	상하 이송	고정

※ 2022년 개정된 출제기준에서 삭제된 내용

22 센터리스 연삭기에서 조정숫돌의 기능은?

① 가공물의 회전과 이송
② 가공물의 지지와 이송
③ 가공물의 지지와 조절
④ 가공물의 회전과 지지

해설

센터리스 연삭에서 조정숫돌은 가공물을 회전시키면서 이송하는 기능을 한다.

센터리스 연삭

가늘고 긴 원통형의 공작물을 센터나 척으로 고정하지 않고 바깥지름이나 안지름을 연삭하는 가공방법이다. 연삭 숫돌바퀴, 조정 숫돌바퀴, 받침날의 3요소가 공작물의 위치를 유지한 상태에서 연삭 숫돌바퀴로 공작물을 연삭한다.

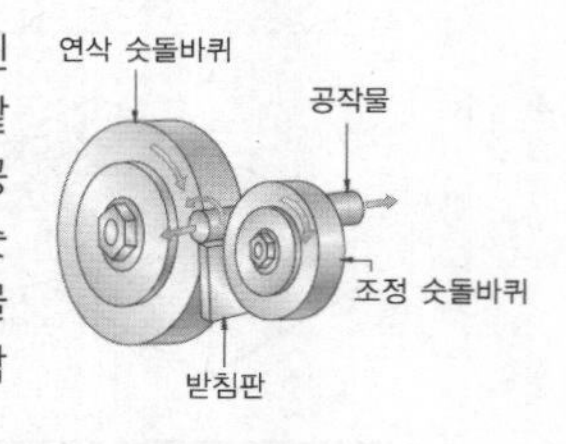

※ 2022년 개정된 출제기준에서 삭제된 내용

23 밀링머신의 부속장치로 가공물을 필요한 각도로 등분할 수 있는 장치는?

① 슬로팅장치 ② 래크밀링장치
③ 분할대 ④ 아버

해설

분할판(분할장치, 분할대)

밀링머신에서 둥근 단면의 공작물을 사각이나 육각 등으로 가공하고자 할 때 사용하는 부속장치로, 기어의 치형과 같은 일정한 각으로 나누어 분할할 수 있다. 그 방법에는 직접 분할법, 단식 분할법, 차동 분할법이 있다.

※ 2022년 개정된 출제기준에서 삭제된 내용

24 일반적인 보링머신에서 작업할 수 없는 것은?

① 널링 작업 ② 리밍 작업
③ 태핑 작업 ④ 드릴링 작업

해설

보링머신은 공작물의 안지름을 가공하는 설비로, 외경 작업의 일종인 널링 작업은 불가능하다.

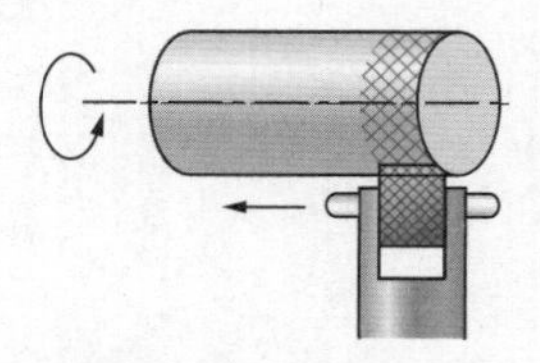

※ 2022년 개정된 출제기준에서 삭제된 내용

21 ③ 22 ① 23 ③ 24 ① 정답

25 선반에서 그림과 같이 테이퍼 가공을 하려 할 때, 필요한 심압대의 편위량은 몇 mm인가?

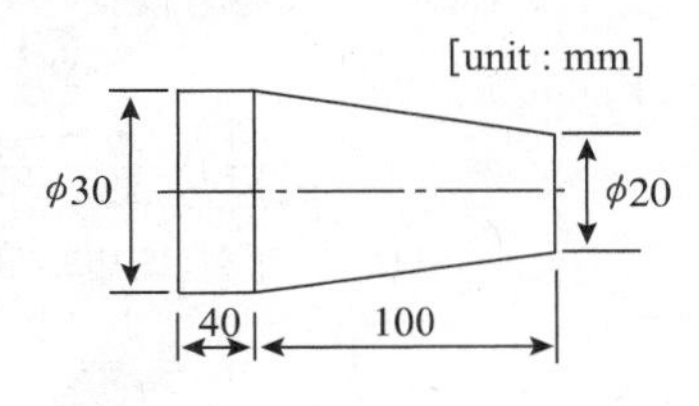

① 4　② 7
③ 12　④ 15

해설

심압대 편위량 구하는 식(심압대 편위에 의한 방법)

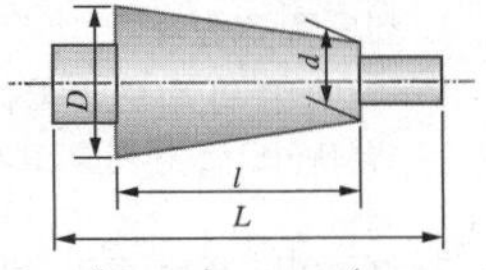

심압대 편위량$(e)=\dfrac{L(D-d)}{2l}=\dfrac{140(30-20)}{2\times100}=\dfrac{1,400}{200}=7$

여기서, D : 테이퍼의 큰 지름
d : 테이퍼의 작은 지름
l : 테이퍼의 부분 길이
L : 공작물 전체 길이

※ 2022년 개정된 출제기준에서 삭제된 내용

26 각도의 허용한계치수기입방법으로 틀린 것은?

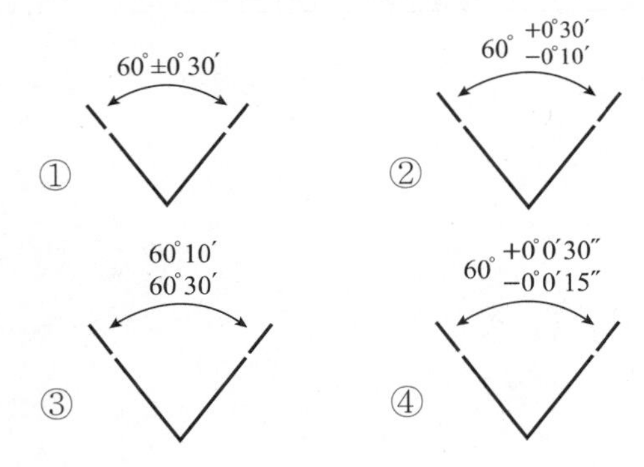

해설

각도의 허용한계치수를 기입할 때는 다음과 같이 큰 수를 위에, 작은 수를 밑에 배치하여야 한다.

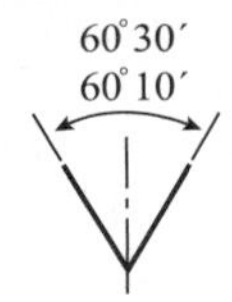

27 우리나라의 도면에 사용되는 길이 치수의 기본적인 단위는?

① mm　② cm
③ m　④ inch

해설

KS규격에서 정한 도면의 기본 길이단위는 mm이다.

28 그림의 "b" 부분에 들어갈 기하공차 기호로 가장 옳은 것은?

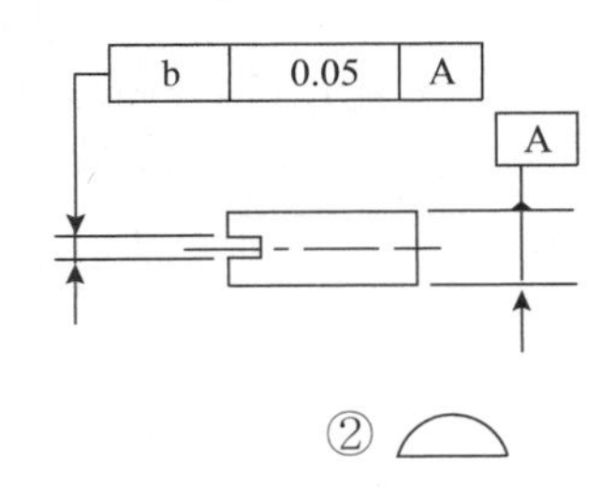

① ⊥　② ⌓
③ ∠　④ ⌯

해설

b에 들어갈 공차는 데이텀 면을 기준으로 대칭이어야 함을 의미하는 대칭도(⌯)가 적합하다.

29 상하 또는 좌우대칭인 물체의 1/4을 절단하여 기본 중심선을 경계로 1/2은 외부 모양, 다른 1/2은 내부 모양으로 나타내는 단면도는?

① 전단면도　　② 한쪽단면도
③ 부분단면도　　④ 회전단면도

해설

단면도의 종류

단면도명	특징
온단면도 (전단면도)	• 물체 전체를 직선으로 절단하여 앞부분을 잘라내고 남은 뒷부분의 단면 모양을 그린 것 • 절단 부위의 위치와 보는 방향이 확실한 경우에는 절단선, 화살표, 문자기호를 기입하지 않아도 된다.
한쪽 단면도 (반단면도)	• 반단면도라고도 한다. • 절단면을 전체의 반만 설치하여 단면도를 얻는다. • 상하 또는 좌우가 대칭인 물체를 중심선을 기준으로 $\frac{1}{4}$ 절단하여 내부 모양과 외부 모양을 동시에 표시하는 방법이다.
부분 단면도	파단선 / 떼어 낸 부분의 단면 • 파단선을 그어서 단면 부분의 경계를 표시한다. • 일부분을 잘라 내고 필요한 내부 모양을 그리기 위한 방법이다.
회전도시 단면도	(a) 암의 회전단면도(투상도 안) (b) 훅의 회전단면도(투상도 밖) • 절단선의 연장선 뒤에도 그릴 수 있다. • 투상도의 절단할 곳과 겹쳐서 그릴 때는 가는 실선으로 그린다.
회전도시 단면도	• 주투상도의 밖으로 끌어내어 그릴 경우는 가는 1점쇄선으로 한계를 표시하고 굵은 실선으로 그린다. • 핸들이나 벨트 풀리, 바퀴의 암, 리브, 축, 형강 등의 단면의 모양을 90°로 회전시켜 투상도의 안이나 밖에 그린다.
계단 단면도	A B C D A–B–C–D • 절단면을 여러 개 설치하여 그린 단면도이다. • 복잡한 물체의 투상도 수를 줄일 목적으로 사용한다. • 절단선, 절단면의 한계와 화살표 및 문자기호를 반드시 표시하여 절단면의 위치와 보는 방향을 정확히 명시해야 한다.

29 ② 정답

30 도면 제작과정에서 다음과 같은 선들이 같은 장소에 겹치는 경우 가장 우선시하여 나타내야 하는 것은?

① 절단선　　② 중심선
③ 숨은선　　④ 치수선

해설
두 종류 이상의 선이 중복되는 경우 선의 우선순위
숫자나 문자 > 외형선 > 숨은선 > 절단선 > 중심선 > 무게중심선 > 치수 보조선

31 단면을 나타내는 데 대한 설명으로 옳지 않은 것은?

① 동일한 부품의 단면은 떨어져 있어도 해칭의 각도와 간격을 동일하게 나타낸다.
② 두께가 얇은 부분의 단면도는 실제 치수와 관계없이 한 개의 굵은 실선으로 도시할 수 있다.
③ 단면은 필요에 따라 해칭하지 않고 스머징으로 표현할 수 있다.
④ 해칭선은 어떠한 경우에도 중단하지 않고 연결하여 나타내야 한다.

해설
해칭선을 그릴 때, 선을 그리는 중 숫자나 문자가 있으면 그 부분만을 중단한 뒤 그 다음부터 이어서 그린다.

32 가공 결과 그림과 같은 줄무늬가 나타났을 때 표면의 결 도시기호로 옳은 것은?

① 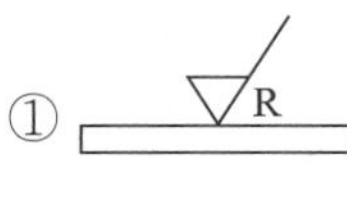

② 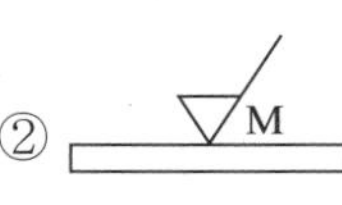

③ 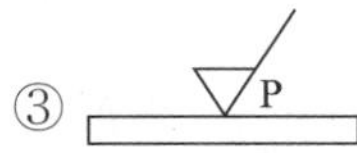

④ 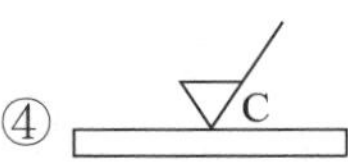

해설
줄무늬 방향 기호와 의미

기호	커터의 줄무늬 방향	적용	표면형상
=	투상면에 평행	셰이핑	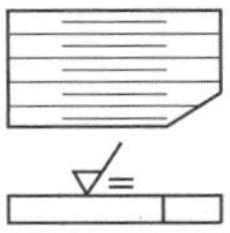
⊥	투상면에 직각	선삭, 원통연삭	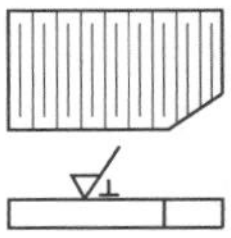
X	투상면에 경사지고 두 방향으로 교차	호닝	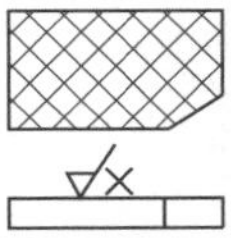
M	여러 방향으로 교차되거나 무방향	래핑, 슈퍼피니싱, 밀링	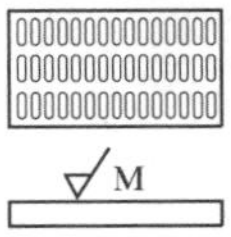
C	중심에 대하여 대략 동심원	끝면 절삭	
R	중심에 대하여 대략 레이디얼(방사형) 모양	일반적인 가공	

정답 30 ③ 31 ④ 32 ①

33 그림과 같이 표면의 결 지시기호에서 각 항목에 대한 설명이 틀린 것은?

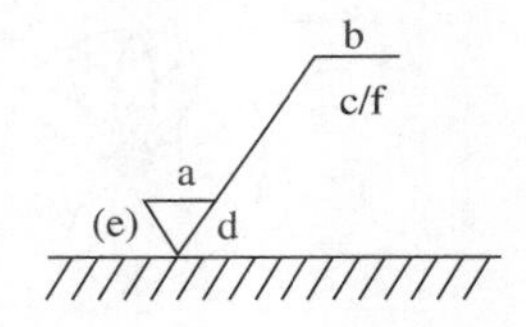

① a : 거칠기값
② c : 가공 여유
③ d : 표면의 줄무늬 방향
④ f : R_a가 아닌 다른 거칠기값

해설

표면의 결 지시기호

b
c/f
a
e d g

a : 중심선 평균거칠기값
b : 가공방법
c : 컷 오프값(기준길이)
d : 줄무늬 방향 기호
e : 다듬질 여유
g : 표면파상도
f : R_a가 아닌 다른 거칠기 값

34 다음 등각투상도에서 화살표 방향을 정면도로 할 경우 평면도로 가장 옳은 것은?

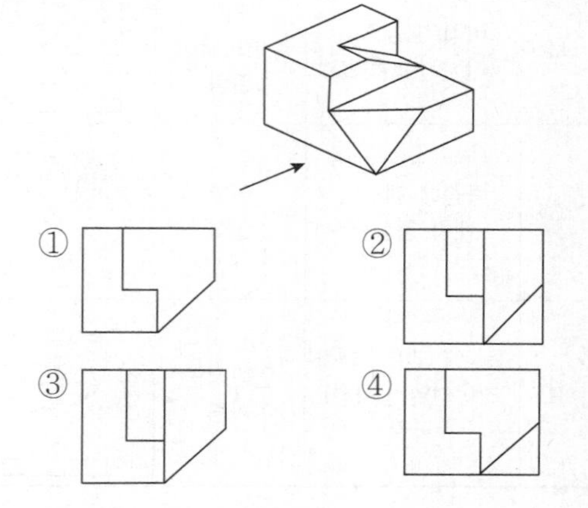

해설

화살표 방향을 기준으로 물체를 위에서 바라본 형상인 평면도를 보면, 네 개의 모서리가 모두 각이 져서 있으므로 ①번과 ③번은 정답에서 제외되며, 가운데 대각선이 표시된 것을 확인하면 ②번이 정답임을 알 수 있다.

35 제3각법으로 표시된 다음 정면도와 우측면도에 가장 적합한 정면도는?

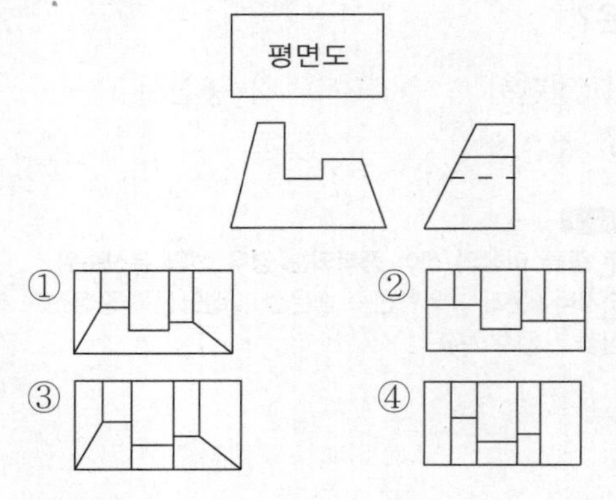

해설

물체를 위에서 바라본 형상인 평면도는 정면도의 양쪽 외형선이 가운데로 기우는 형상이므로 좌측과 우측의 하단부에 대각선으로 나타낸 ①, ③번으로 정답을 압축시킬 수 있으며, 우측면도의 외형선이 대각선 모양을 통해 정답이 ①번임을 유추할 수 있다.

36 이론적으로 정확한 치수를 나타낼 때 사용하는 기호로 옳은 것은?

① t　　② ( )
③ $\boxed{\quad}$　　④ △

해설

치수 보조기호의 종류

기호	구분	기호	구분
ϕ	지름	p	피치
Sϕ	구의 지름	$\overset{\frown}{50}$	호의 길이
R	반지름	$\underline{50}$	비례척도가 아닌 치수
SR	구의 반지름	$\boxed{50}$	이론적으로 정확한 치수
□	정사각형	(50)	참고치수
C	45° 모따기	~~50~~	치수의 취소 (수정 시 사용)
t	두께	–	–

33 ② 34 ② 35 ① 36 ③ 정답

37 다음과 같은 구멍과 축의 끼워맞춤에서 최대죔새는?

> 구멍 : 20 H7 = $20^{+0.021}_{0}$
> 축 : 20 p6 = $20^{+0.035}_{+0.022}$

① 0.035　　② 0.021
③ 0.014　　④ 0.001

해설
최대죔새 = 20.035 − 20 = 0.035mm

틈새와 죔새값 계산

최소틈새	구멍의 최소허용치수 − 축의 최대허용치수
최대틈새	구멍의 최대허용치수 − 축의 최소허용치수
최소죔새	축의 최소허용치수 − 구멍의 최대허용치수
최대죔새	축의 최대허용치수 − 구멍의 최소허용치수

틈새	죔새
틈새 틈새	죔새 죔새
축의 치수 < 구멍의 치수	축의 치수 > 구멍의 치수

38 다음 중 국가별 표준규격 기호가 잘못 표기된 것은?

① 영국−BS　　② 독일−DIN
③ 프랑스−ANSI　　④ 스위스−SNV

해설
국가별 산업 표준 기호

국가	기호	
한국	KS	Korea Industrial Standards
미국	ANSI	American National Standards Institutes
영국	BS	British Standards
독일	DIN	Deutsches Institute fur Normung
일본	JIS	Japanese Industrial Standards
프랑스	NF	Norme Francaise
스위스	SNV	Schweitzerish Norman Vereinigung

39 가는 1점쇄선으로 표시하지 않는 선은?

① 가상선　　② 중심선
③ 기준선　　④ 피치선

해설
가는 2점쇄선(—— - - ——)으로 표시되는 가상선의 용도

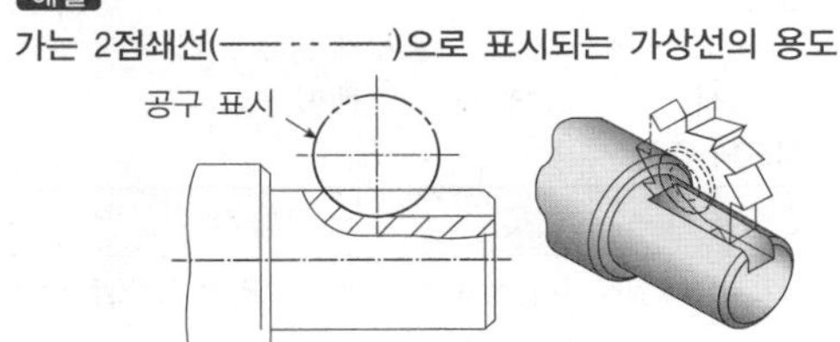

- 반복되는 것을 나타낼 때
- 가공 전이나 후의 모양을 표시할 때
- 도시된 단면의 앞부분을 표시할 때
- 물품의 인접 부분을 참고로 표시할 때
- 이동하는 부분의 운동 범위를 표시할 때
- 공구 및 지그 등 위치를 참고로 나타낼 때
- 단면의 무게중심을 연결한 선을 표시할 때

40 제3각법에서 정면도 아래에 배치하는 투상도를 무엇이라 하는가?

① 평면도　　② 좌측면도
③ 배면도　　④ 저면도

해설
제3각법에서 정면도 아래에는 저면도가 위치한다.

제1각법과 제3각법

제1각법	제3각법
투상면을 물체의 뒤에 놓는다.	투상면을 물체의 앞에 놓는다.
눈 → 물체 → 투상면	눈 → 투상면 → 물체
저면도 우측면도 정면도 좌측면도 배면도 평면도	평면도 좌측면도 정면도 우측면도 배면도 저면도

41 도면의 척도가 “1 : 2”로 도시되었을 때 척도의 종류는?

① 배척　　② 축척

③ 현척　　④ 비례척이 아님

해설

A : B = 도면에서의 크기 : 물체의 실제 크기

예 축척 – 1 : 2, 현척 – 1 : 1, 배척 – 2 : 1

척도의 종류

종류	의미
축척	실물보다 작게 축소해서 그리는 것으로 1 : 2, 1 : 20의 형태로 표시
배척	실물보다 크게 확대해서 그리는 것으로 2 : 1, 20 : 1의 형태로 표시
현척	실물과 동일한 크기로 1 : 1의 형태로 표시

42 “가” 부분에 나타날 보조 투상도를 가장 적절하게 나타낸 것은?

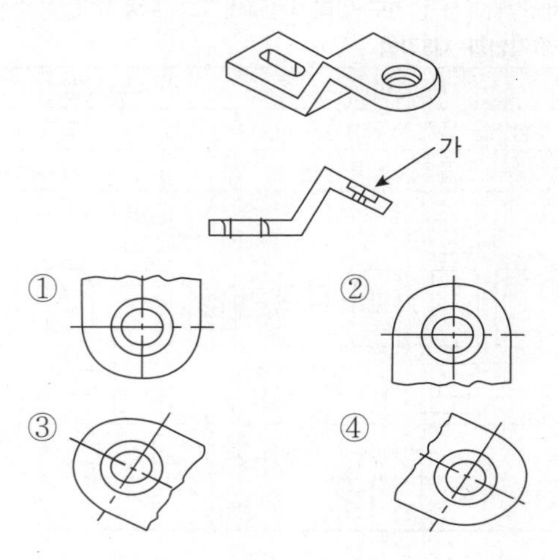

해설

보조 투상도는 화살표 방향에서 보았을 때의 현상으로 그리는 것이므로 ④번과 같이 그려져야 한다.

투상도의 종류

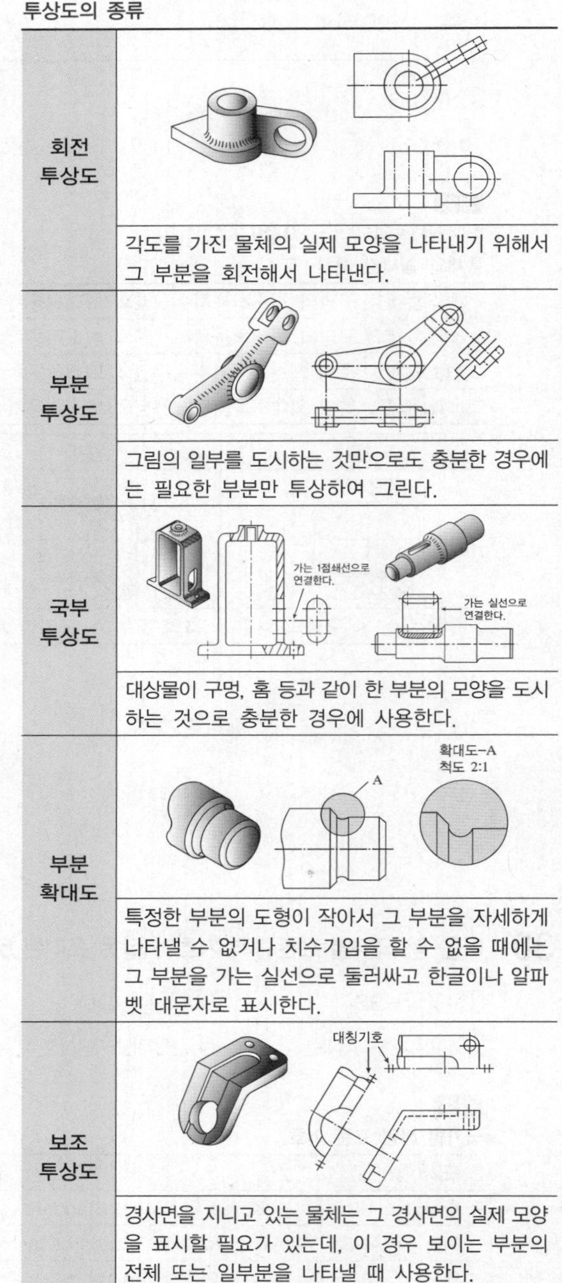

종류	그림 및 설명
회전 투상도	각도를 가진 물체의 실제 모양을 나타내기 위해서 그 부분을 회전해서 나타낸다.
부분 투상도	그림의 일부를 도시하는 것만으로도 충분한 경우에는 필요한 부분만 투상하여 그린다.
국부 투상도	가는 1점쇄선으로 연결한다. / 가는 실선으로 연결한다. 대상물이 구멍, 홈 등과 같이 한 부분의 모양을 도시하는 것으로 충분한 경우에 사용한다.
부분 확대도	확대도–A 척도 2:1 / A 특정한 부분의 도형이 작아서 그 부분을 자세하게 나타낼 수 없거나 치수기입을 할 수 없을 때에는 그 부분을 가는 실선으로 둘러싸고 한글이나 알파벳 대문자로 표시한다.
보조 투상도	대칭기호 경사면을 지니고 있는 물체는 그 경사면의 실제 모양을 표시할 필요가 있는데, 이 경우 보이는 부분의 전체 또는 일부분을 나타낼 때 사용한다.

41 ②　42 ④ 정답

43 구멍의 최소 치수가 축의 최대 치수보다 큰 경우로 항상 틈새가 생기는 상태를 말하며, 미끄럼 운동이나 회전운동이 필요한 부품에 적용하는 끼워맞춤은?

① 억지 끼워맞춤
② 중간 끼워맞춤
③ 헐거운 끼워맞춤
④ 조립 끼워맞춤

해설
"축의 최대치수 < 구멍의 최소치수"이면 헐거운 끼워맞춤이다.

틈새	중간	죔새
틈새 틈새	틈새나 죔새가 없다.	죔새 죔새
축의 치수 < 구멍의 치수	축의 치수 = 구멍의 치수	축의 치수 > 구멍의 치수
헐거운 끼워맞춤	중간 끼워맞춤	억지 끼워맞춤

44 재료 기호가 "STS 11"로 명기되었을 때 이 재료의 명칭은?

① 합금 공구강 강재
② 탄소 공구강 강재
③ 스프링 강재
④ 탄소 주강품

해설
① 합금 공구강 강재 : STS
② 탄소 공구강 강재 : STC
③ 스프링 강재 : SPS
④ 탄소 주강품 : SC

45 다음 기하공차 중 모양공차에 속하지 않는 것은?

① ▱ ② ○
③ ∠ ④ ⌒

해설
기하공차의 종류 및 기호

공차의 종류		기호
모양공차	진직도	—
	평면도	▱
	진원도	○
	원통도	⌭
	선의 윤곽도	⌒
	면의 윤곽도	⌓
자세공차	평행도	//
	직각도	⊥
	경사도	∠
위치공차	위치도	⌖
	동축도(동심도)	◎
	대칭도	⌯
흔들림 공차	원주 흔들림	↗
	온 흔들림	⌰

46 기어의 잇수는 31개, 피치원지름은 62mm인 표준 스퍼기어의 모듈은 얼마인가?

① 1 ② 2
③ 4 ④ 8

해설
기어의 지름은 일반적으로 피치원지름(PCD ; Pitch Circle Diameter)으로 나타낸다.
PCD = mZ
62 = $m \times 31$
$\therefore m = 2$
(여기서, m는 모듈, Z는 기어 잇수를 의미한다)

정답 43 ③ 44 ① 45 ③ 46 ②

47 **나사 표기가 다음과 같이 나타날 때 설명으로 틀린 것은?**

Tr40×14(P7)LH

① 호칭지름은 40mm이다.
② 피치는 14mm이다.
③ 왼나사이다.
④ 미터 사다리꼴 나사이다.

해설
'14'는 리드(L)를 나타내는 값이며, 피치는 (P7)로 7mm이다.
KS규격표준(KS B 0229)에 따른 미터 사다리꼴나사의 표시방법

Tr	40	×	14	(P7)	LH
미터 사다리꼴 나사	호칭지름 (수나사의 바깥지름)	×	리드 14mm	피치 7mm	왼나사

48 **그림과 같이 가장자리(Edge) 용접을 했을 때 용접 기호로 옳은 것은?**

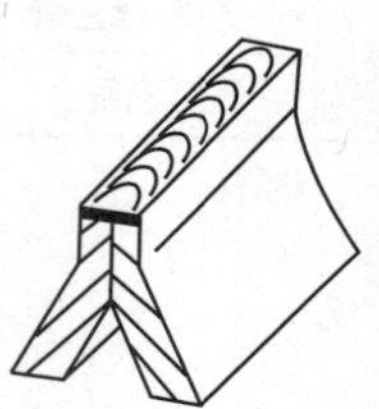

① 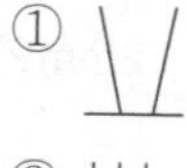
② ④ 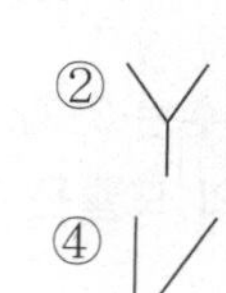
③ 

해설
가장자리(끝부분) 용접은 ③번과 같은 기호로 나타내며, ④번은 베벨형 홈 맞대기 용접을 나타내는 기호이다. ①, ②번 기호는 일반적으로 용접부 기호로 사용하지 않는다.

베벨형 홈 맞대기 용접	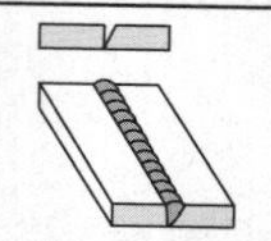	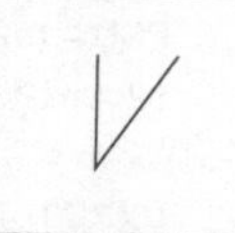

49 **다음 중 키의 호칭방법을 옳게 나타낸 것은?**

① (종류 또는 기호) (표준번호 또는 키 명칭) (호칭치수) × (길이)
② (표준번호 또는 키 명칭) (종류 또는 기호) (호칭치수) × (길이)
③ (종류 또는 기호) (표준번호 또는 키 명칭) (길이) × (호칭치수)
④ (표준번호 또는 키 명칭) (종류 또는 기호) (길이) × (호칭치수)

해설
키는 ②번과 같이 표준번호(규격번호)나 명칭, 종류 또는 기호, 호칭치수 × 길이로 나타낸다.
평행키(Key)의 호칭

규격 번호	모양, 형상, 종류 및 호칭 치수	×	길이	끝 모양의 특별 지정	재료
KS B 1311	P – A 평행 키 10×8 (폭×높이)	×	25	양 끝 둥글기	SM 48C

50 **배관 작업에서 관과 관을 이을 때 이음 방식이 아닌 것은?**

① 나사 이음
② 플랜지 이음
③ 용접 이음
④ 클러치 이음

해설
클러치
운전 중에도 축이음을 차단(단속)시킬 수 있는 동력전달장치로 배관 이음과는 관련이 없다. 배관은 나사 이음이나 플랜지 이음처럼 결합용 기계요소로 결합시키거나 용접을 이용한 영구적 이음법을 사용한다.

47 ② 48 ③ 49 ② 50 ④ **정답**

51 **6각 구멍붙이 볼트 M50×2-6g에서 6g가 나타내는 것은?**

① 다듬질 정도
② 나사의 호칭지름
③ 나사의 등급
④ 강도 구분

해설
M50×2-6g에서 각각의 의미
- M50×2 : 나사의 호칭지름 × 길이
- 6g : 나사의 등급

52 **압축 하중을 받는 곳에 사용되며, 주로 자동차의 현가장치, 자전거의 안장 등 충격이나 진동 완화용으로 사용되는 스프링은?**

① 압축 코일 스프링
② 판 스프링
③ 인장 코일 스프링
④ 비틀림 코일 스프링

해설
① 압축 코일 스프링(Compressive Spring) : 코일의 중심선 방향으로 압축 하중을 받는 스프링으로 자동차의 현가장치나 자전거 안장 등에 적용되어 충격과 진동 완화용으로 사용한다.

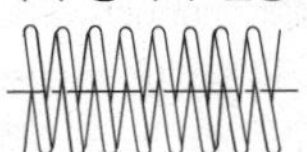

② 양단지지형 겹판 스프링(Multi-leaf, End-supported Spring, 판 스프링) : 중앙에 여러 개의 판으로 되어 있고 단순 지지된 양단은 1개의 판으로 구성된 스프링으로 최근 철도차량이나 화물 자동차의 현가장치로 많이 사용된다. 판 사이의 마찰은 스프링 진동 시 감쇠력으로 작용하며 모단이 파단 되면 사용이 불가능한 단점이 있고 길이가 짧을수록 곡률이 작은 판을 사용한다. 스프링 제도 시에는 원칙적으로 상용하중 상태에서 그리므로, 겹판 스프링은 항상 휘어진 상태로 표시된다.

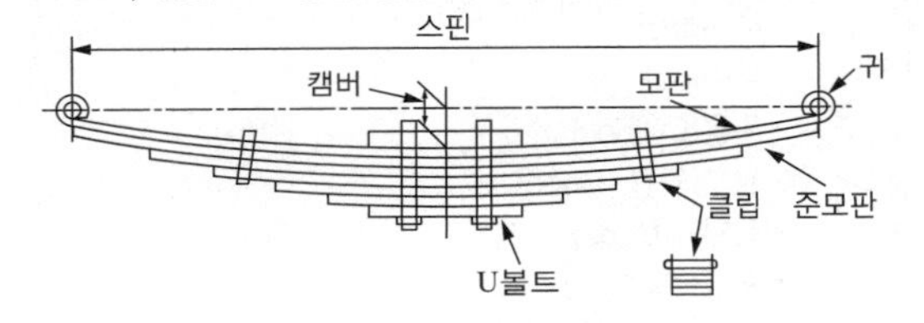

③ 인장 코일 스프링(Extension Spring) : 코일의 중심선 방향으로 인장 하중을 받는 스프링으로 재봉틀의 실걸이나 자전거 앞 브레이크의 스프링으로 사용된다.

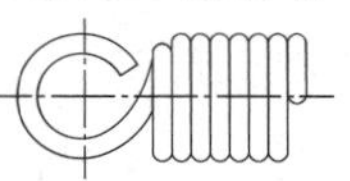

④ 비틀림 코일 스프링(Torsion Coil Spring) : 코일의 중심선 주위에 비틀림을 받는 스프링으로 인장 코일 스프링과 비슷한 용도로 사용한다.

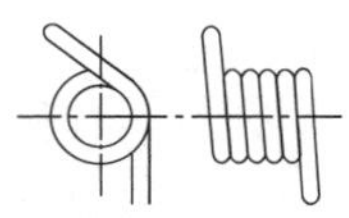

53 **다음 중 스프로킷 휠의 도시방법으로 틀린 것은? (단, 축방향에서 본 경우를 기준으로 한다)**

① 항목표에는 톱니의 특성을 나타내는 사항을 기입한다.
② 바깥지름은 굵은 실선으로 그린다.
③ 피치원은 가는 2점쇄선으로 그린다.
④ 이뿌리원을 나타내는 선은 생략 가능하다.

해설
스프로킷 휠의 도시방법
- 스프로킷의 이끝원은 굵은 실선으로 그린다.
- 스프로킷의 피치원은 가는 1점쇄선으로 그린다.
- 스프로킷의 이뿌리원은 가는 실선으로 그린다.
- 스프로킷의 이뿌리원을 축 직각 방향으로 단면 도시할 경우에는 굵은 실선으로 그린다.

정답 51 ③ 52 ① 53 ③

54 **웜의 제도 시 피치원 도시방법으로 옳은 것은?**

① 가는 1점쇄선으로 도시한다.

② 가는 파선으로 도시한다.

③ 굵은 실선으로 도시한다.

④ 굵은 1점쇄선으로 도시한다.

해설

웜과 웜휠 기어의 제도

웜 기어	웜 휠
• 비틀림 방향은 오른쪽으로 한다. • 이끝원은 굵은 실선으로 도시한다. • 이뿌리원은 가는 실선으로 도시한다. • 피치원은 가는 1점쇄선으로 도시한다. • 잇줄 방향은 3개의 가는 실선으로 도시한다.	• 정면도상 이뿌리원은 도시하지 않는다. • 피치원은 가는 1점쇄선으로 한다. • 이끝원은 굵은 실선으로 한다.

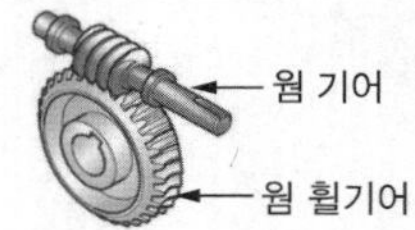

55 **동력을 전달하거나 작용 하중을 지지하는 기능을 하는 기계요소는?**

① 스프링 ② 축

③ 키 ④ 리벳

해설

축(Shaft)은 베어링에 의해 지지되며 주로 회전력(동력)을 전달하거나 작용 하중을 지지하는 기계요소이다.

56 **구름 베어링 호칭번호 "6203 ZZ P6"의 설명 중 틀린 것은?**

① 62 : 베어링 계열번호

② 03 : 안지름번호

③ ZZ : 실드기호

④ P6 : 내부 틈새기호

해설

"P6"은 정밀등급을 나타내는 등급기호이며, 내부 틈새기호는 "C2"로 나타낸다.

57 **정육면체, 실린더 등 기본적인 단순한 입체의 조합으로 복잡한 형상을 표현하는 방법은?**

① B-rep 모델링

② CSG 모델링

③ Parametric 모델링

④ 분해 모델링

해설

② CSG 모델링(Constructive Solid Geometry) : 솔리드 모델을 구성할 때 기본형상(Primitives)들의 Boolean Operation을 이용하여 새로운 솔리드를 생성시키는 모델링 방법이다.

① B-rep 모델링(Boundary Representation) : 솔리드 모델링의 데이터 구조에서 형상을 구성하고 있는 정점(Vertex), 면(Face), 모서리(Edge) 등 솔리드의 경계 정보를 저장하는 방식이다.

③ Parametric 모델링 : 사용자가 형상 구속조건과 치수조건을 이용하여 형상을 모델링하는 방식이다.

④ 분해 모델링 : 조립된 물체를 분해해서 분해도로 나타낸 모델링 방법이다.

CGS모델링에서 사용되는 기본 입체(Primitive) 형상의 종류

- 구(Sphere)
- 관(Pipe)
- 원통(Cylinder)
- 원추(원뿔, Cone)
- 육면체(Cube)
- 사각블럭(Box)

54 ① 55 ② 56 ④ 57 ② 정답

58 CAD 시스템에서 기하학적 데이터의 변환에 속하지 않는 것은?

① 이동(Translation)

② 회전(Rotation)

③ 스케일링(Scaling)

④ 리드로잉(Redrawing)

해설

리드로잉은 다시 그리는 것으로 CAD 시스템의 데이터 변형과는 거리가 멀다.

자료의 데이터 변환의 종류

- Rotation(회전)
- Shearing(전단)
- Projection(투영)
- Scaling(확대 및 축소)
- Translation(변형, 이동, 옮김)

59 CAD 시스템에서 출력장치가 아닌 것은?

① 디스플레이(CRT)

② 스캐너

③ 프린터

④ 플로터

해설

스캐너는 입력장치에 속한다.

[스캐너]

60 CPU(중앙처리장치)의 주요 기능으로 거리가 먼 것은?

① 제어기능

② 연산기능

③ 대화기능

④ 기억기능

해설

중앙처리장치(CPU)의 구성요소

- 제어장치
- 연산장치
- 주기억장치

정답 58 ④ 59 ② 60 ③

2016년 제1회 과년도 기출문제

01 Cu와 Pb 합금으로 항공기 및 자동차의 베어링 메탈로 사용되는 것은?

① 양은(Nickel Silver)
② 켈밋(Kelmet)
③ 배빗메탈(Babbit Metal)
④ 애드미럴티포금(Admiralty Gun Metal)

해설

② 켈밋합금 : Cu 70% + Pb 30~40%의 합금이다. 열전도성과 압축강도가 크고, 마찰계수가 작아서 고속・고하중용 베어링에 사용된다.
① 양은(Nickel Silver ; 니켈 실버) : 은백색의 Cu + Zn + Ni의 합금으로 기계적 성질과 내식성, 내열성이 우수하여 스프링 재료로 사용되며, 전기저항이 작아서 온도 조절용 바이메탈 재료로도 사용된다. 기계재료로 사용될 때는 양백, 식기나 장식용으로 사용 시에는 양은으로 불리는 경우가 많다.
③ 배빗메탈 : 화이트메탈로도 불리는 Sn, Sb계 합금의 총칭이다. 내열성이 우수하여 주로 내연기관용 베어링 재료로 사용되는 합금재료이다.
④ 애드미럴티황동 : 7 : 3 황동에 Sn 1%를 합금한 것으로 콘덴서 튜브에 사용한다.

02 다음 중 표면경화법의 종류가 아닌 것은?

① 침탄법
② 질화법
③ 고주파 경화법
④ 심랭처리법

해설

④ 심랭처리(Sub Zero) : 담금질한 강을 실온까지 냉각한 다음, 다시 계속하여 0℃ 이하의 마텐자이트 변태 종료 온도까지 냉각하여 잔류 오스테나이트를 마텐자이트로 변화시키는 열처리작업으로 담금질된 강의 잔류 오스테나이트를 제거하여 치수변화를 방지하고 경도를 증가 및 시효변형을 방지하기 위하여 실시한다.
① 침탄법 : 순철에 0.2% 이하의 C가 합금된 저탄소강을 목탄과 같은 침탄제 속에 완전히 파묻은 상태로 약 900~950℃로 가열하여 재료의 표면에 C(탄소)를 침입시켜 고탄소강으로 만든 후 급랭시킴으로써 표면을 경화시키는 열처리법이다. 주로 기어나 피스톤 핀을 표면경화할 때 사용된다.
② 질화법 : 암모니아(NH_3)가스 분위기(영역) 안에 재료를 넣고 500℃에서 50~100시간을 가열하면 재료 표면에 Al, Cr, Mo 원소와 함께 질소가 확산되면서 강 재료의 표면이 단단해지는 표면경화법이다. 내연기관의 실린더 내벽이나 고압용 터빈날개를 표면경화할 때 주로 사용된다.
③ 고주파 경화법 : 고주파 유도 전류로 강(Steel)의 표면층을 급속 가열한 후 급랭시키는 방법으로 가열시간이 짧고, 피가열물에 대한 영향을 최소로 억제하며 표면을 경화시키는 표면경화법이다. 고주파는 소형 제품이나 깊이가 얕은 담금질 층을 얻고자 할 때, 저주파는 대형 제품이나 깊은 담금질 층을 얻고자 할 때 사용한다.

1 ② 2 ④ 정답

03 **금속이 탄성한계를 초과한 힘을 받고도 파괴되지 않고 늘어나서 소성변형이 되는 성질은?**

① 연성 ② 취성
③ 경도 ④ 강도

해설
재료 성질의 종류
- 탄성 : 외력에 의해 변형된 물체가 외력을 제거하면 다시 원래의 상태로 되돌아가려는 성질이다.
- 소성 : 물체에 변형을 준 뒤 외력을 제거해도 원래의 상태로 되돌아오지 않고 영구적으로 변형되는 성질로 가소성으로도 불린다.
- 전성 : 넓게 펴지는 성질로 가단성으로도 불린다. 전성(가단성)이 크면 큰 외력에도 쉽게 부러지지 않아서 단조가공의 난이도를 나타내는 척도로 사용된다.
- 연성 : 탄성한도 이상의 외력이 가해졌을 때 파괴되지 않고 잘 늘어나는 성질이다.
- 취성 : 물체가 외력에 견디지 못하고 파괴되는 성질로 인성에 반대되는 성질이다. 취성재료는 연성이 거의 없으므로 항복점이 아닌 탄성한도를 고려해서 다뤄야 한다.
- 인성 : 재료가 파괴되기(파괴강도) 전까지 에너지를 흡수할 수 있는 능력이다.
- 강도 : 외력에 대한 재료 단면의 저항력이다.
- 경도 : 재료 표면의 단단한 정도이다.

04 **주철의 특성에 대한 설명으로 틀린 것은?**

① 주조성이 우수하다.
② 내마모성이 우수하다.
③ 강보다 인성이 크다.
④ 인장강도보다 압축강도가 크다.

해설
주철은 강(Steel)보다 탄소 함유량이 더 많아 취성이 더 크기 때문에 주철의 인성은 강보다 작다.
주철의 특징
- 주조성이 우수하다.
- 기계가공성이 좋다.
- 압축강도가 크고 경도가 높다.
- 가격이 저렴해서 널리 사용된다.
- 고온에서 기계적 성질이 떨어진다.
- 주철 중의 Si은 공정점을 저탄소강 영역으로 이동시킨다.
- 용융점이 낮고 주조성이 좋아서 복잡한 형상을 쉽게 제작한다.
- 주철 중 탄소의 흑연화를 위해서는 탄소와 규소의 함량이 중요하다.
- 주철을 파면상으로 분류하면 회주철, 백주철, 반주철로 구분할 수 있다.
- 강에 비해 탄소 함유량이 많기 때문에 취성과 경도가 커지나 강도는 작아진다.

05 **접착제, 껌, 전기 절연재료에 이용되는 플라스틱 종류는?**

① 폴리초산비닐계
② 셀룰로스계
③ 아크릴계
④ 불소계

해설
폴리초산비닐(Polyvinyl Acetate) : 접착성이 매우 우수하고 값이 싸기 때문에 주로 도료나 접착제, 껌, 전기 절연용 재료로 사용되며 초산비닐수지라고도 불린다.

정답 3 ① 4 ③ 5 ①

06 주조용 알루미늄 합금이 아닌 것은?

① Al-Cu계
② Al-Si계
③ Al-Zn-Mg계
④ Al-Cu-Si계

해설
Al에 Zn+Mg이 합금된 재료는 주조용보다 주로 내식성을 필요로 하는 곳에 사용된다.

알루미늄 합금의 종류 및 특징

분류	종류	구성 및 특징
주조용(내열용)	실루민	• Al + Si(10~14% 함유), 알팍스로도 불린다. • 해수에 잘 침식되지 않는다.
	라우탈	• Al + Cu 4% + Si 5% • 열처리에 의하여 기계적 성질을 개량할 수 있다.
	Y합금	• Al + Cu + Mg + Ni • 내연기관용 피스톤, 실린더 헤드의 재료로 사용된다.
	로엑스 합금(Lo-Ex)	• Al + Si 12% + Mg 1% + Cu 1% + Ni • 열팽창 계수가 작아서 엔진, 피스톤용 재료로 사용된다.
	코비탈륨	• Al + Cu + Ni에 Ti, Cu 0.2% 첨가 • 내연기관의 피스톤용 재료로 사용된다.
가공용	두랄루민	• Al + Cu + Mg + Mn • 고강도로 항공기나 자동차용 재료로 사용된다.
	알클래드	고강도 Al 합금에 다시 Al을 피복한 재료이다.
내식성	알민	Al + Mn, 내식성, 용접성이 우수하다.
	알드레이	Al + Mg + Si, 강인성이 없고 가공변형에 잘 견딘다.
	하이드로날륨	Al + Mg, 내식성과 용접성이 우수하다.

07 주철의 결점인 여리고 약한 인성을 개선하기 위하여 먼저 백주철의 주물을 만들고, 이것을 장시간 열처리하여 탄소의 상태를 분해 또는 소실시켜 인성 또는 연성을 증가시킨 주철은?

① 보통주철　② 합금주철
③ 고급주철　④ 가단주철

해설
④ 가단주철 : 백주철을 고온에서 장시간 열처리하여 시멘타이트 조직을 분해하거나 소실시켜 인성과 연성을 개선한 주철이다. 고탄소 주철로서 회주철과 같이 주조성이 우수한 백선의 주물을 만들고 열처리함으로써 강인한 조직이 되기 때문에 단조작업이 가능하다.
① 보통주철(GC100~GC200) : 주철 중에서 인장강도가 가장 낮다. 인장강도가 100~200N/mm^2(10~20kgf/mm^2) 정도로 기계가공성이 좋고 값이 싸며 기계 구조물의 몸체 등의 재료로 사용된다. 주조성이 좋으나 취성이 커서 연신율이 거의 없다. 탄소함유량이 높기 때문에 고온에서 기계적 성질이 떨어지는 단점이 있다.
② 합금주철 : 주철의 강도 및 주조성 등 목적에 맞는 성능 개선을 위하여 알맞은 합금원소를 첨가시켜 만든 주철이다.
③ 고급주철(GC250~GC350) : 펄라이트주철, 편상흑연주철 중 인장강도가 250N/mm^2 이상의 주철로 조직이 펄라이트라서 펄라이트주철로도 불린다. 주로 고강도와 내마멸성을 요구하는 기계 부품에 사용된다.

08 인장시험에서 시험편의 절단부 단면적이 14mm^{2}이고, 시험 전 시험편의 초기 단면적이 20mm^{2}일 때 단면수축률은?

① 70%　② 80%
③ 30%　④ 20%

해설

$$\varepsilon' = \frac{\Delta A}{A} \times 100\%$$
$$= \frac{A_1 - A_2}{A_1}$$
$$= \frac{20\text{mm}^2 - 14\text{mm}^2}{20\text{mm}^2} \times 100\%$$
$$= 30\%$$

단면수축률

$$\varepsilon' = \frac{\Delta A}{A} = \frac{A_1 - A_2}{A_1} = \frac{\frac{\pi d_1^2}{4} - \frac{\pi d_2^2}{4}}{\frac{\pi d_1^2}{4}} = \frac{d_1^2 - d_2^2}{d_1^2}$$

6 ③ 7 ④ 8 ③ 정답

09 **나사가 축을 중심으로 한 바퀴 회전할 때 축방향으로 이동한 거리는?**

① 피치 ② 리드
③ 리드각 ④ 백래시

해설
리드(L) : 나사를 1회전시켰을 때 축방향으로 이동한 거리
$L = n \times p$

10 **축의 원주에 많은 키를 깎은 것으로 큰 토크를 전달시킬 수 있고, 내구력이 크며 보스와의 중심축을 정확하게 맞출 수 있는 것은?**

① 성크 키 ② 반달 키
③ 접선 키 ④ 스플라인

해설
스플라인 키(Spline Key)

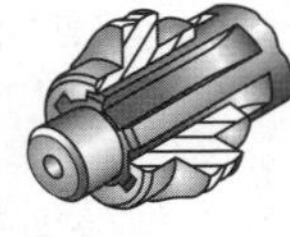

축의 둘레에 원주방향으로 여러 개의 키 홈을 깎아 만든 것으로 세레이션 키 다음으로 큰 동력(토크)을 전달할 수 있다. 내구성이 크고 축과 보스와의 중심축을 정확히 맞출 수 있어서 축 방향으로 자유로운 미끄럼 운동이 가능하므로 자동차 변속기의 축용 재료로 많이 사용된다.

11 **교차하는 두 축의 운동을 전달하기 위하여 원추형으로 만든 기어는?**

① 스퍼기어 ② 헬리컬기어
③ 웜기어 ④ 베벨기어

해설

베벨기어는 두 축의 운동 전달을 위해 기어의 치면을 원추형으로 만든다.

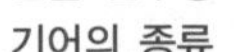

기어의 종류

분류	종류 및 형상	
두 축이 평행한 기어	스퍼기어	내접기어
	헬리컬기어	래크와 피니언기어 (피니언기어, 래크기어)
두 축이 교차하는 기어	베벨기어	스파이럴 베벨기어
두 축이 나란하지도 교차하지도 않는 기어	하이포이드기어	웜과 웜휠기어 (웜 기어, 웜 휠기어)
	나사기어	페이스기어

정답 9 ② 10 ④ 11 ④

12 다음 중 전동용 기계요소에 해당하는 것은?

① 볼트와 너트
② 리벳
③ 체인
④ 핀

해설
③ 체인 : 동력 전달용(전동용)
① 볼트와 너트 : 결합용(체결용)
② 리벳 : 결합용
④ 핀 : 고정 및 위치결정용

13 롤러 체인에 대한 설명으로 잘못된 것은?

① 롤러 링크와 판 링크를 서로 교대로 하여 연속적으로 연결한 것을 말한다.
② 링크의 수가 짝수이면 간단히 결합되지만, 홀수이면 오프셋 링크를 사용하여 연결한다.
③ 조립 시에는 체인에 초기 장력을 가하여 스프로킷 휠과 조립한다.
④ 체인의 링크를 잇는 핀과 핀 사이의 거리를 피치라고 한다.

해설
체인전동장치는 초기 장력이 필요 없으므로 조립 시에 체인에 초기 장력을 가하지 않고 스프로킷 휠과 결합한다.

14 나사의 피치와 리드가 같다면 몇 줄 나사에 해당이 되는가?

① 1줄 나사
② 2줄 나사
③ 3줄 나사
④ 4줄 나사

해설
리드(L) : 나사를 1회전시켰을 때 축방향으로 이동한 거리
$L=n\times p$
예 1줄 나사와 3줄 나사의 리드(L)

1줄 나사	3줄 나사
$L=np=1\times1=1\text{mm}$	$L=np=3\times1=3\text{mm}$

15 압축코일 스프링에서 코일의 평균지름이 50mm, 감김수가 10회, 스프링 지수가 5일 때, 스프링 재료의 지름은 약 몇 mm인가?

① 5　② 10
③ 15　④ 20

해설
스프링 지수(C)

$$C=\frac{D}{d}=\frac{\text{스프링의 평균직경}}{\text{소선의 직경(재료의 지름)}}$$

$$5=\frac{50\text{mm}}{d}$$

∴ 소선의 직경(d) $=10\text{mm}$

12 ③　13 ③　14 ①　15 ② 정답

16 초경합금의 주요 성분으로 거리가 먼 것은?

① 황　　② 니켈
③ 코발트　　④ 텅스텐

해설
황(S)은 철강재료에 합금되면 재료의 성질을 떨어뜨리는 원소이므로 초경합금용재료로 황은 포함되지 않는다.
초경합금(소결 초경합금)
1,100℃의 고온에서도 경도 변화 없이 고속절삭이 가능한 절삭공구로 WC, TiC, TaC 분말에 Co나 Ni 분말을 함께 첨가한 후 1,400℃ 이상의 고온으로 가열하면서 프레스로 소결시켜 만든다. 진동이나 충격을 받으면 쉽게 깨지는 단점이 있으나 고속도강의 4배의 절삭속도로 가공이 가능하다.

17 금속선의 전극을 이용하여 NC로 필요한 형상을 가공하는 방법은?

① 전주가공
② 레이저가공
③ 전자 빔가공
④ 와이어 컷 방전가공

해설
④ 와이어 컷 방전가공 : 기계가공이 어려운 합금재료나 담금질한 강을 가공할 때 널리 사용되는 가공법이다. 공작물을 (+)극으로, 가는 와이어 전극을 (−)극으로 하고 가공액 중에서 와이어를 감으면서 이 와이어와 공작물 사이에서 스파크 방전을 일으키면서 공작물을 절단하는 가공법이다. 기계의 작동은 NC(Numerical Control, 수치제어)로 가능하다.
① 전주가공 : 전주란 전기 주조의 줄임말로 원형과 동일한 금속 거푸집을 정확하게 복제하고자 할 때 사용하는 가공법이다.
② 레이저가공 : 레이저의 단색성, 지향성, 고밀도에너지를 이용하여 가열, 응용, 증발의 단계로 물질을 가공한다.
③ 전자 빔가공 : 진공 속에서 고밀도의 전자빔을 용접물에 고속으로 조사시키면 전자가 용접물에 충돌하여 국부적으로 고열을 발생시키는데 이때 생긴 열원으로 용접하는 방법으로 주로 전자빔용접으로 불린다.
※ 2022년 개정된 출제기준에서 삭제된 내용

18 이동 방진구의 조(Jaw)는 몇 개인가?

① 5개　　② 4개
③ 2개　　④ 1개

해설
이동 방진구는 2개의 Jaw(조)로 공작물을 고정한다.

이동 방진구	고정 방진구

방진구의 역할
지름이 작고 길이가 지름보다 20배 이상 긴 공작물(환봉)을 가공할 때 공작물이 휘거나 떨리는 것을 방지하기 위해 베드 위에 설치하여 공작물을 받쳐 주는 역할을 하는 부속장치

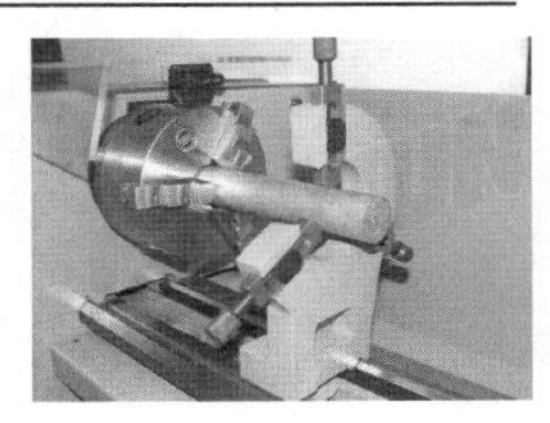

※ 2022년 개정된 출제기준에서 삭제된 내용

19 연한 숫돌에 작은 압력으로 가압하면서 가공물에 회전운동과 이송을 주며, 숫돌을 다듬질할 면에 따라 매우 작고 빠른 진동을 주는 가공법은?

① 래핑　　② 배럴
③ 액체호닝　　④ 슈퍼피니싱

해설
④ 슈퍼피니싱(Super Finishing) : 입도와 결합도가 작은 숫돌을 공작물에 가볍게 누르고 매 분당 수백~수천의 진동과 수 mm의 진폭으로 진동하며 왕복운동을 하면서 공작물을 회전시켜 가공면을 단시간에 매우 평활한 면으로 다듬는 가공방법이다.
① 래핑(Lapping) : 주철이나 구리, 가죽, 천 등으로 만들어진 랩(Lap)과 공작물의 다듬질할 면 사이에 랩제를 넣고 적당한 압력으로 누르면서 상대운동을 하면, 절삭입자가 공작물의 표면으로부터 극히 소량의 칩(Chip)을 깎아내어 표면을 다듬는 가공법이다. 주로 게이지 블록의 측정면을 가공할 때 사용한다.
② 배럴가공(Barrel Finishing) : 회전하는 통 속에 가공물과 숫돌입자, 가공액, 콤파운드 등을 함께 넣어 회전시킴으로써 가공물이 입자와 충돌하는 동안에 그 표면의 요철(凹凸)을 제거하여 매끈한 가공면을 얻는 가공법이다.
③ 액체호닝(Liquid Honing) : 물과 혼합한 연마제를 압축 공기를 이용하여 노즐로 가공할 표면에 고속으로 분사시켜 공작물의 표면을 매끄럽게 다듬는 가공법이다.
※ 2022년 개정된 출제기준에서 삭제된 내용

정답 16 ① 17 ④ 18 ③ 19 ④

20 작업대 위에 설치하여 사용하는 소형의 드릴링머신은?

① 다축 드릴링머신
② 직립 드릴링머신
③ 탁상 드릴링머신
④ 레이디얼 드릴링머신

해설

③ 탁상 드릴링머신 : 크기가 작아 작업대 위에 설치해서 사용하는 소형 드릴링머신으로 13mm 이하의 작고 깊이가 얕은 구멍의 가공에 적합하다.
① 다축 드릴링머신 : 여러 개의 스핀들에 각종 공구를 장착해서 가공하는 드릴링머신으로 공정 순서에 따라 연속 작업이 가능하다.
② 직립 드릴링머신 : 비교적 큰 공작물의 가공에 적합하며 주축의 정회전과 역회전이 가능하다. 자동이송장치가 부착되어 있으며 스윙의 크기 표시는 주축의 중심부터 칼럼 표면까지 거리의 2배이다.
④ 레이디얼 드릴링머신 : 대형이면서 무거운 제품(중량물)의 구멍을 가공할 때 사용하는 드릴링머신으로 암과 드릴헤드의 위치를 임의로 수평이동시키면서 가공이 가능하다. 또한 수직 기둥을 중심으로 암의 회전도 가능하다.

※ 2022년 개정된 출제기준에서 삭제된 내용

21 브로칭머신의 크기는 어떻게 표시하는가?

① 가공 최대높이
② 브로칭의 최대폭
③ 브로칭의 최대길이
④ 최대인장력, 최대행정길이

해설

브로칭머신의 크기 표시 : 최대인장력, 최대행정길이

브로칭(Broaching)가공

가공물에 홈이나 내부 구멍을 만들 때 가늘고 길며 길이 방향으로 많은 날을 가진 총형 공구인 브로치를 일감에 대고 누르면서 관통시켜 단 1회의 절삭 공정만으로 제품을 완성시키는 가공법이다. 따라서 공작물이나 공구가 회전하지 않는다.

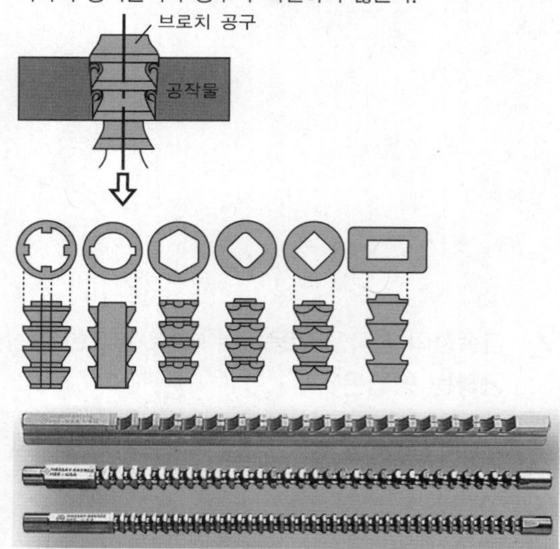

※ 2022년 개정된 출제기준에서 삭제된 내용

22 선반의 이송단위 중에서 1회전당 이송량의 단위는?

① mm/s ② mm/rev
③ mm/min ④ mm/stroke

해설

1회전당(rev) 이송량(mm)은 “mm/rev”로 표시할 수 있다.

※ 2022년 개정된 출제기준에서 삭제된 내용

20 ③ 21 ④ 22 ② 정답

23 밀링 분할법의 종류에 해당되지 않은 것은?

① 단식 분할법 ② 미분 분할법
③ 직접 분할법 ④ 차동 분할법

해설

분할법의 종류

종류	특징	분할가능 등분수
직접 분할법	큰 정밀도가 필요하지 않은 키홈 등 비교적 단순한 분할 가공에 주로 사용한다. $n=\frac{24}{N}$ 여기서 n : 분할 크랭크의 회전수 N : 공작물의 분할 수	24의 약수인 2, 3, 4, 6, 8, 12, 24
단식 분할법	직접 분할법으로 분할할 수 없는 수나 정확한 분할이 필요한 경우에 사용하는 방법이다. $n=\frac{40}{N}=\frac{R}{N'}$ 여기서 R : 크랭크를 돌리는 분할 수 N' : 분할판에 있는 구멍수 N : 공작물의 분할 수	2~60의 수, 60~120의 2와 5의 배수 및 120 이상의 수 중에서 $\frac{40}{N}$에서 분모가 분할판의 구멍 수가 될 수 있는 수 ※ 각도로는 분할 크랭크 1회전당 스핀들은 9° 회전한다.
차동 분할법	직접 분할법이나 단식 분할법으로 분할할 수 없는 특정한 수의 분할을 할 때 사용한다.	67, 97, 121

※ 2022년 개정된 출제기준에서 삭제된 내용

24 연삭숫돌의 결합제 표시기호와 그 내용이 틀린 것은?

① B : 비닐
② R : 고무
③ S : 실리케이트
④ V : 비트리파이드

해설

연삭숫돌의 결합제 및 기호

결합제의 종류		기호
레지노이드	Resinoid	B
비트리파이드	Vitrified	V
고무	Rubber	R
비닐	Poly Vinyl Alcohol	PVA
셀락(천연수지)	Shellac	E
금속	Metal	M

※ 2022년 개정된 출제기준에서 삭제된 내용

25 지름 120mm, 길이 340mm인 탄소강 둥근 막대를 초경합금 바이트를 사용하여 절삭속도 150m/min으로 절삭하고자 할 때 회전수는 약 몇 rpm인가?

① 398 ② 498
③ 598 ④ 698

해설

선반가공에서 절삭속도(v) 구하는 식

$$v=\frac{\pi dn}{1,000}$$

$$n=\frac{1,000v}{\pi d}=\frac{1,000\times 150\text{m/min}}{\pi\times 120\text{mm}}$$

$$=397.8\text{rpm}$$

여기서, v : 절삭속도(m/min)
d : 공작물의 지름(mm)
n : 주축 회전수(rpm)

※ 2022년 개정된 출제기준에서 삭제된 내용

정답 23 ② 24 ① 25 ①

26 왼쪽 입체도 형상을 오른쪽과 같이 도시할 때 표제란에 기입해야 할 각법 기호로 옳은 것은?

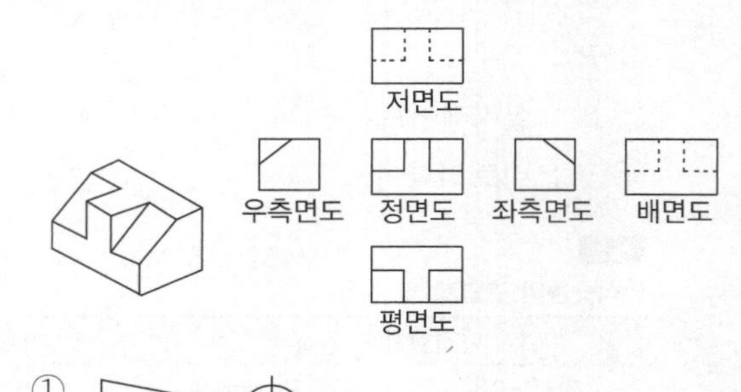

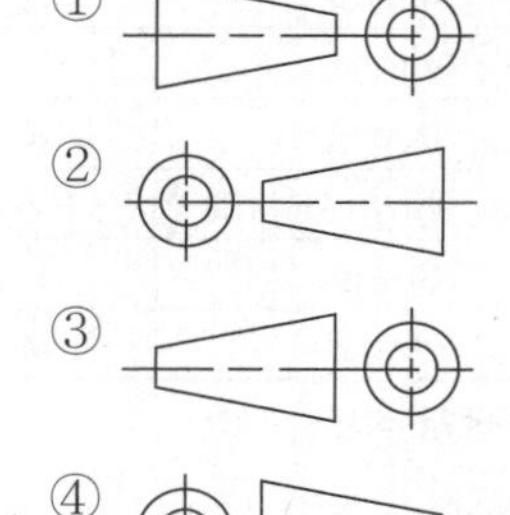

①
②
③
④

해설

도면은 정면도를 기준으로 우측면도가 왼쪽에 위치하므로 제1각법에 해당한다. 따라서 제1각법에 대한 표시는 ③번과 같이 표시한다.

제1각법과 제3각법

제1각법	제3각법
투상면을 물체의 뒤에 놓는다.	투상면을 물체의 앞에 놓는다.
눈 → 물체 → 투상면	눈 → 투상면 → 물체
저면도, 우측면도, 정면도, 좌측면도, 배면도, 평면도	평면도, 좌측면도, 정면도, 우측면도, 배면도, 저면도

27 구멍의 치수가 $\phi30^{+0.025}_{\ 0}$, 축의 치수가 $\phi30^{+0.020}_{-0.005}$일 때 최대죔새는 얼마인가?

① 0.030　② 0.025
③ 0.020　④ 0.005

해설

최대죔새는 축의 최대허용치수인 30.02mm와 구멍의 최소허용치수인 30mm의 차이다.
따라서 그 값은 30.02 − 30 = 0.02mm이다.

틈새와 죔새값 계산

최소틈새	구멍의 최소허용치수 − 축의 최대허용치수
최대틈새	구멍의 최대허용치수 − 축의 최소허용치수
최소죔새	축의 최소허용치수 − 구멍의 최대허용치수
최대죔새	축의 최대허용치수 − 구멍의 최소허용치수

28 어떤 물체를 제3각법으로 다음과 같이 투상했을 때 평면도로 옳은 것은?

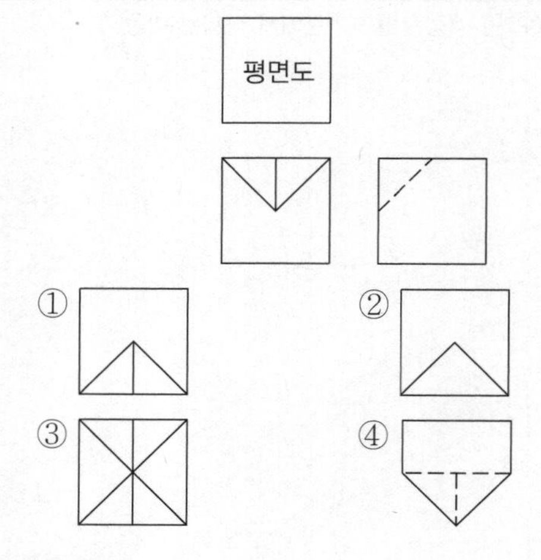

해설

정면도에서 중앙에 세로방향의 실선이 있고, 우측면도의 윗면에서 점선의 시작점이 중간이므로 이는 평면도의 중심에서 아래방향으로 세로의 실선이 그려져야 한다. 따라서 ①번이 정답이다.

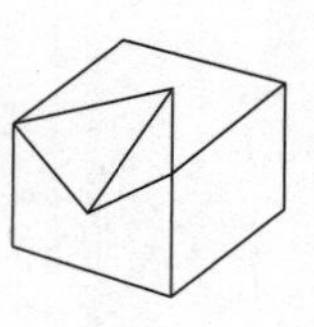

26 ③　27 ③　28 ①　정답

29 표면거칠기 지시기호의 기입 위치가 잘못된 것은?

①
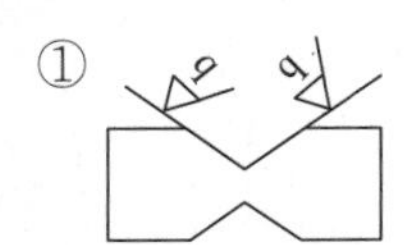

②
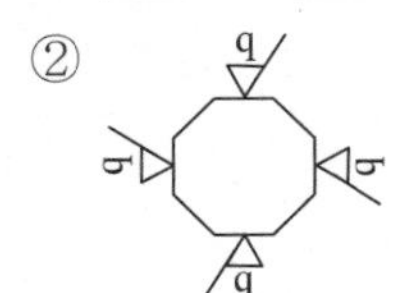

③
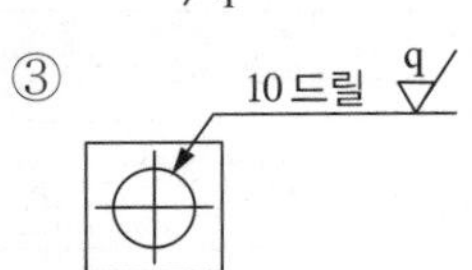

④
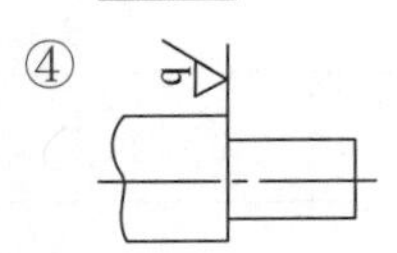

해설

④번의 표면거칠기 기호는 다음과 같이 삼각형의 뾰족한 부분이 가공면의 선상에 위치하도록 그려야 한다.

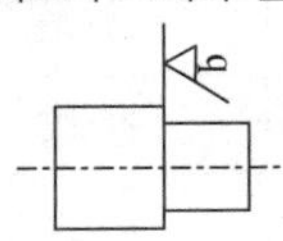

30 가공과정에서 줄무늬가 다음과 같이 나타날 때 표면의 줄무늬 방향 지시기호(∗)로 옳은 것은?

∗ ← 줄무늬 방향 지시기호

① = ② M

③ C ④ R

해설

줄무늬 방향의 기호와 의미

기호	커터의 줄무늬 방향	적용	표면형상
=	투상면에 평행	셰이핑	
⊥	투상면에 직각	선삭, 원통연삭	
X	투상면에 경사지고 무방향으로 교차	호닝	
M	여러 방향으로 교차 되거나 무방향이 나타남	래핑, 슈퍼피니싱, 밀링	
C	중심에 대하여 대략 동심원	끝면 절삭	
R	중심에 대하여 대략 레이디얼(방사형) 모양	일반적인 가공	

정답 29 ④ 30 ③

31 기계제도에서 사용하는 선에 대한 설명 중 틀린 것은?

① 숨은선, 외형선, 중심선이 한 장소에 겹칠 경우 그 선은 외형선으로 표시한다.

② 지시선은 가는 실선으로 표시한다.

③ 무게중심선은 굵은 1점쇄선으로 표시한다.

④ 대상물의 보이는 부분의 모양을 표시할 때는 굵은 실선을 사용한다.

해설

기계제도에서 무게중심선은 가는 2점쇄선(—··—··—··–)으로 그려야 한다.

32 도면 작성 시 가는 2점쇄선을 사용하는 용도로 틀린 것은?

① 인접한 다른 부품을 참고로 나타낼 때

② 길이가 긴 물체의 생략된 부분의 경계선을 나타낼 때

③ 축 제도 시 키 홈 가공에 사용되는 공구의 모양을 나타낼 때

④ 가공 전 또는 후의 모양을 나타낼 때

해설

도면 작성 시 길이가 긴 물체의 생략된 부분의 경계선은 파단선인 가는 실선으로 그린다.

가는 2점쇄선(—··—··—··–)으로 표시되는 가상선의 용도

- 반복되는 것을 나타낼 때
- 가공 전이나 후의 모양을 표시할 때
- 도시된 단면의 앞부분을 표시할 때
- 인접한 다른 부품을 참고로 표시할 때
- 이동하는 부분의 운동 범위를 표시할 때
- 단면의 무게중심을 연결한 선을 표시할 때
- 공구나 지그의 위치나 모양을 참고로 나타낼 때

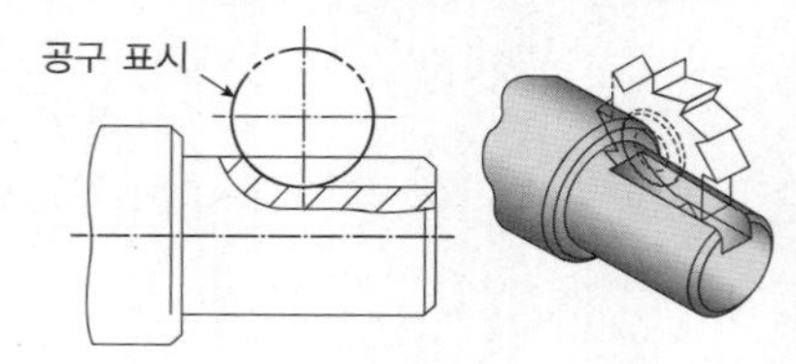

33 다음 중 공차의 종류와 기호가 잘못 연결된 것은?

① 진원도 공차 – ○

② 경사도 공차 – ∠

③ 직각도 공차 – ⊥

④ 대칭도 공차 – //

해설

기하공차의 종류 및 기호

공차의 종류		기호
모양 공차	진직도	―
	평면도	▱
	진원도	○
	원통도	⌭
	선의 윤곽도	⌒
	면의 윤곽도	⌓
자세 공차	평행도	//
	직각도	⊥
	경사도	∠
위치 공차	위치도	⌖
	동축도(동심도)	◎
	대칭도	⌯
흔들림 공차	원주흔들림	↗
	온흔들림	⌰

정답 31 ③ 32 ② 33 ④

34 그림에서 나타난 치수선은 어떤 치수를 나타내는가?

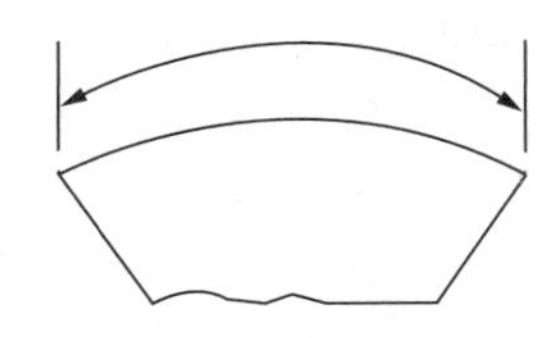

① 변의 길이　　② 호의 길이
③ 현의 길이　　④ 각도

해설

길이와 각도의 치수기입

현의 치수기입	호의 치수기입
40	$\overset{\frown}{42}$
반지름 치수기입	**각도 치수기입**
R8	105°

35 치수의 배치방법 중 개별 치수들을 하나의 열로서 기입하는 방법으로 일반공차가 차례로 누적되어도 문제없는 경우에 사용하는 치수 배치방법은?

① 직렬 치수기입법
② 병렬 치수기입법
③ 누진 치수기입법
④ 좌표 치수기입법

해설

직렬 치수기입법은 직렬로 나란히 연결된 각각의 치수에 공차가 누적되어도 상관없는 경우에 사용한다.

치수의 배치방법

종류	도면상 표현
직렬 치수기입법	(46), 4, 6, 10, 6, 10, 6, 4, 10, 4, 6-ϕ4 • 직렬로 나란히 연결된 개개의 치수에 주어진 일반공차가 차례로 누적되어도 기능과 상관없는 경우 사용한다. • 축을 기입할 때는 중요도가 작은 치수는 괄호를 붙여서 참고치수로 기입한다.
병렬 치수기입법	기준면, 46, 42, 36, 26, 20, 10, 4, 6-ϕ4, 10, 3 • 기준면을 설정하여 개개별로 기입되는 방법이다. • 각 치수의 일반공차는 다른 치수의 일반공차에 영향을 주지 않는다.
누진 치수기입법	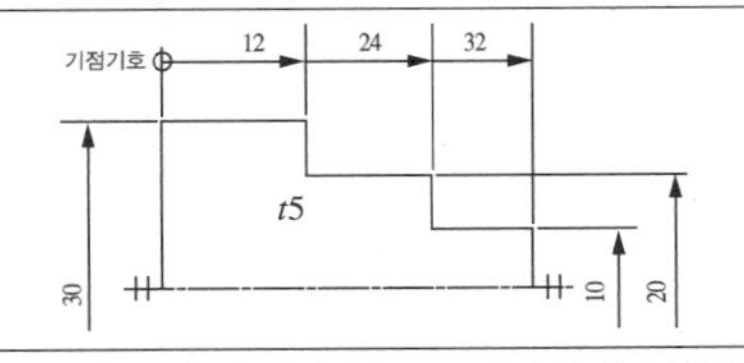 • 한 개의 연속된 치수선으로 간편하게 사용하는 방법이다. • 치수의 기준점에 기점 기호(O)를 기입하고, 치수 보조선과 만나는 곳마다 화살표를 붙인다.
좌표 치수기입법	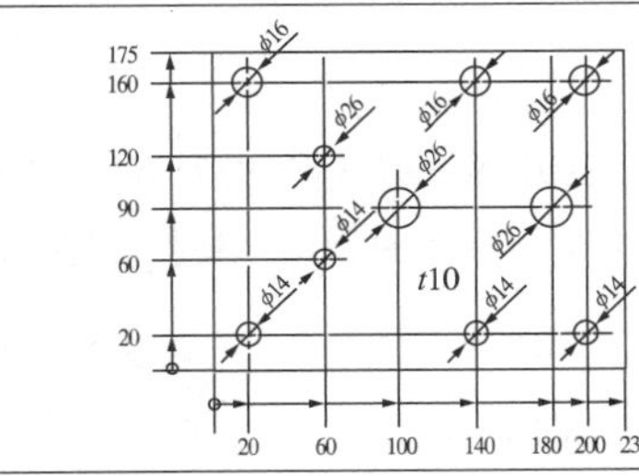 • 구멍의 위치나 크기 등의 치수는 좌표를 사용해도 된다. • 프레스 금형이나 사출 금형의 설계도면 작성 시 사용한다. • 기준면에 해당하는 쪽의 치수보조선의 위치는 제품의 기능, 조립, 검사 등의 조건을 고려하여 정한다.

정답 34 ② 35 ①

36 투상도의 선택방법에 관한 설명으로 옳지 않은 것은?

① 대상물의 모양 및 기능을 가장 명확하게 표시하는 면을 주투상도로 한다.

② 조립도 등 주로 기능을 표시하는 도면에서는 대상물을 사용하는 상태로 투상도를 그린다.

③ 특별한 이유가 없는 경우는 대상물을 가로길이로 놓은 상태로 그린다.

④ 대상물의 명확한 이해를 위해 주투상도를 보충하는 다른 투상도를 되도록 많이 그린다.

해설

투상도를 그릴 때는 주투상도에 집중해서 그리며 가급적 투상도의 수를 최소로 해야 한다.

37 제도의 목적을 달성하기 위하여 도면이 구비하여야 할 기본 요건이 아닌 것은?

① 면의 표면거칠기, 재료선택, 가공방법 등의 정보

② 도면 작성방법에 있어서 설계자 임의의 창의성

③ 무역 및 기술의 국제 교류를 위한 국제적 통용성

④ 대상물의 도형, 크기, 모양, 자세, 위치의 정보

해설

도면은 설계자와 제작자 간의 의사소통을 위한 언어이므로 국제규격이나 KS 규격에 맞게 그려야 한다. 따라서 설계자 임의로 작성해서는 안 된다.

38 다음 투상도에서 A-A와 같이 단면했을 때 가장 올바르게 나타낸 단면도는?

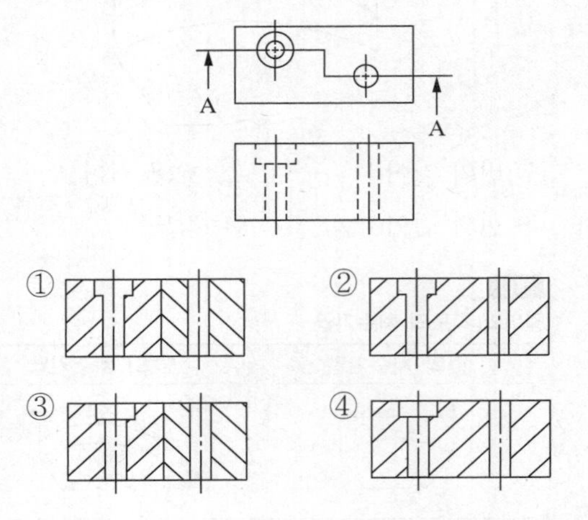

해설

하나의 부품을 단면처리했으므로 해칭선의 각도는 모두 같아야 한다. 또한 볼트의 자리면에도 윤곽선인 가로선이 필요하므로 정답은 ④번이 된다.

39 단면을 나타내는 방법에 대한 설명으로 옳지 않은 것은?

① 단면임을 나타내기 위해 사용하는 해칭선은 동일 부분의 단면인 경우 같은 방식으로 도시되어야 한다.

② 해칭 부위가 넓은 경우 해칭을 할 범위의 외형 부분에 해칭을 제한할 수 있다.

③ 경우에 따라 단면 범위를 매우 굵은 실선으로 강조할 수 있다.

④ 인접하는 얇은 부분의 단면을 나타낼 때는 0.7mm 이상의 간격을 가진 완전한 검은색으로 도시할 수 있다. 단, 이 경우 실제 기하학적 형상을 나타내어야 한다.

해설

인접하는 얇은 부분의 단면을 나타낼 때는 실제의 기하학적 형상을 나타내기 어려우므로 단순하게 1개의 굵은 실선으로만 표시한다.

정답 36 ④ 37 ② 38 ④ 39 ④

40 다음 중 재료 기호와 명칭이 틀린 것은?

① SM20C : 회주철품
② SF340A : 탄소강 단강품
③ SPPS420 : 압력배관용 탄소강관
④ PW-1 : 피아노선

해설
SM20C : 기계구조용 탄소강재
- S : Steel(강-재질)
- M : 기계구조용(Machine Structural Use)
- 20C : 평균 탄소함유량(0.20%) - KS D 3752

41 도면의 촬영, 복사 및 도면 접기의 편의를 위한 중심마크의 선 굵기는 몇 mm인가?

① 0.1mm ② 0.3mm
③ 0.7mm ④ 1mm

해설
도면의 중심마크는 선의 굵기를 0.7mm로 그린다.

42 최대허용치수가 구멍 50.025mm, 축 49.975mm이며 최소허용치수가 구멍 50.000mm, 축 49.950mm일 때 끼워맞춤의 종류는?

① 헐거운 끼워맞춤
② 중간 끼워맞춤
③ 억지 끼워맞춤
④ 상용 끼워맞춤

해설
- 축의 최대허용치수 = 49.975mm
- 구멍의 최소허용치수 = 50mm

구멍의 최소크기가 축의 최대크기보다 크기 때문에 헐거운 끼워맞춤이 된다.

43 치수선에서는 치수의 끝을 의미하는 기호로 단말기호와 기점기호를 사용하는데, 다음 중 단말기호에 속하지 않는 것은?

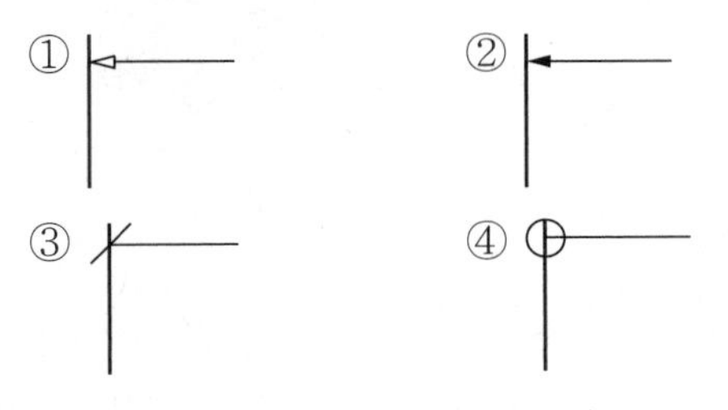

해설
④번과 같이 화살표의 끝 지점에 원(○)이 있으면 기점기호이다.

정답 40 ① 41 ③ 42 ① 43 ④

44 그림에서 ㉮부와 ㉯부에 두 개의 베어링을 같은 축선에 조립하고자 한다. 이때 ㉮부의 데이텀을 기준으로 ㉯부 기하공차를 적용하고자 할 때 올바른 기하공차 기호는?

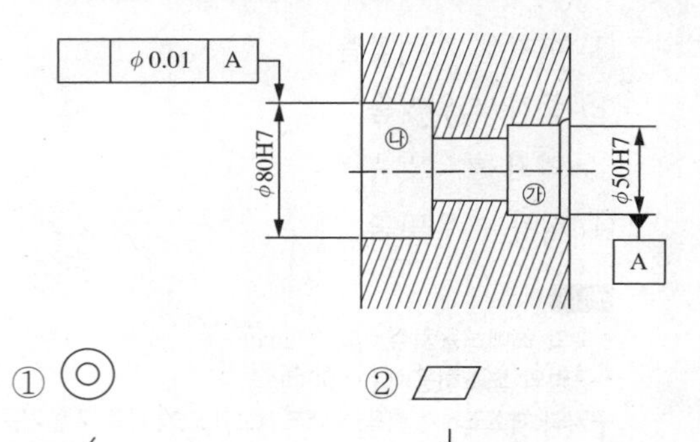

① ◎　　② ⏥

③ ⌭　　④ ⌖

해설

㉮부와 ㉯부에 끼워질 베어링은 모두 같은 축선에 있으므로 동심도(동축도) 기하공차를 적용해야 한다.

동심도, 동축도 : ◎

45 다음과 같이 제3각법으로 그린 정투상도를 등각투상도로 바르게 표현한 것은?

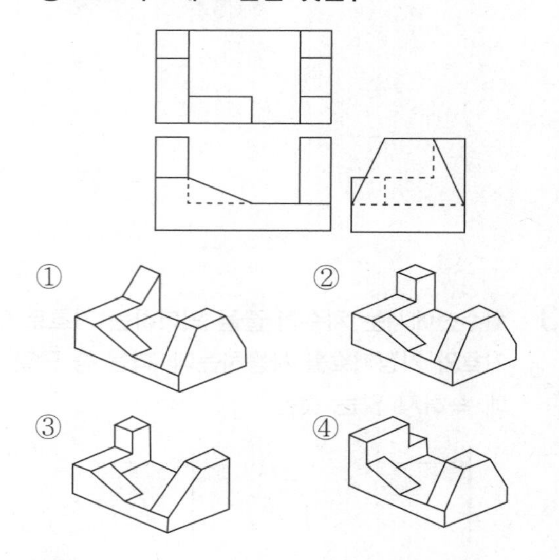

해설

제3각법으로 그린 도면이므로 왼쪽 아래의 도면은 정면도, 그 위는 평면도, 정면도의 오른쪽은 우측면도가 된다. 이 문제는 우측면도만을 살펴보면 정답을 쉽게 찾을 수 있는데, 먼저 우측면도의 실선을 파악해 보면 외형이 ②번 밖에 없음을 알 수 있다. 또한 우측면도의 점선은 가려져서 안보이는 부분이므로 이것으로도 ②번임을 유추할 수 있다.

46 스프링의 제도에 관한 설명으로 틀린 것은?

① 코일 스프링은 일반적으로 하중이 걸리지 않은 상태로 그린다.

② 코일 스프링에서 특별한 단서가 없으면 오른쪽으로 감은 스프링을 의미한다.

③ 코일 스프링에서 양끝을 제외한 동일 모양 부분의 일부를 생략할 때는 생략하는 부분의 선지름의 중심선을 가는 1점쇄선으로 나타낸다.

④ 스프링의 종류와 모양만을 간략도로 나타내는 경우에는 스프링 재료의 중심선만을 가는 실선으로 그린다.

해설

스프링 제도의 특징

- 스프링은 원칙적으로 무하중 상태로 그린다.
- 그림 안에 기입하기 힘든 사항은 일괄하여 요목표에 표시한다.
- 코일의 중간 부분을 생략할 때는 생략한 부분을 가는 2점쇄선으로 표시한다.
- 스프링의 종류와 모양만 도시할 때는 재료의 중심선만 굵은 실선으로 그린다.
- 하중과 높이 등의 관계를 표시할 필요가 있을 때에는 선도 또는 요목표에 표시한다.
- 스프링의 종류와 모양만을 간략도로 나타내는 경우 재료의 중심선만을 굵은 실선으로 그린다.
- 코일 부분의 투상은 나선이 되고, 시트에 근접한 부분의 피치 및 각도가 연속적으로 변하는 것은 직선으로 표시한다.
- 스프링은 특별한 단서가 없는 한 모두 오른쪽 감기로 도시하며, 왼쪽 감기로 도시할 경우에는 '감긴 방향 왼쪽'이라고 명시해야 한다.
- 코일 스프링에서 양 끝을 제외한 동일 모양 부분의 일부를 생략하는 경우 생략되는 부분의 선지름의 중심선은 가는 1점쇄선으로 나타낸다.

44 ① 45 ② 46 ④ **정답**

47 나사제도에 관한 설명으로 틀린 것은?

① 측면에서 본 그림 및 단면도에서 나사산의 봉우리는 굵은 실선으로 골 밑은 가는 실선으로 그린다.

② 나사의 끝면에서 본 그림에서 나사의 골 밑은 가는 실선으로 그린 원주의 3/4에 가까운 원의 일부로 나타낸다.

③ 숨겨진 나사를 표시할 때는 나사산의 봉우리는 굵은 파선, 골 밑은 가는 파선으로 그린다.

④ 나사부의 길이 경계는 보이는 경우 굵은 실선으로 나타낸다.

해설

나사를 제도할 때 숨겨진 나사를 표시할 때는 나사산의 봉우리(바깥지름)는 가는 파선으로, 골 밑(안지름, 골지름)은 보통의 파선으로 그린다. 따라서 ③번은 틀린 표현이다.

나사의 제도방법

- 단면 시 암나사는 안지름까지 해칭한다.
- 수나사와 암나사의 골지름은 모두 가는 실선으로 그린다.
- 수나사와 암나사 결합부의 단면은 수나사 기준으로 나타낸다.
- 수나사의 바깥지름과 암나사의 안지름은 굵은 실선으로 그린다.
- 완전나사부와 불완전나사부의 경계선은 굵은 실선으로 그린다.
  - 완전나사부 : 환봉이나 구멍에 나사내기를 할 때 완전한 나사산이 만들어져 있는 부분
  - 불완전나사부 : 환봉이나 구멍에 나사내기를 할 때 나사가 끝나는 곳에서 불완전 나사산을 갖는 부분
- 수나사와 암나사의 측면도시에서 골지름과 바깥지름은 가는 실선으로 그린다.
- 암나사의 단면도시에서 드릴구멍의 끝 부분은 굵은 실선으로 120°로 그린다.
- 불완전 나사부의 골밑을 나타내는 선은 축선에 대하여 30°의 경사진 가는 실선으로 그린다.
- 가려서 보이지 않는 암나사의 안지름은 보통의 파선으로 그리고, 바깥지름은 가는 파선으로 그린다.

48 스프로킷 휠의 도시방법에 대한 설명으로 틀린 것은?

① 축 방향으로 볼 때 바깥지름은 굵은 실선으로 그린다.

② 축 방향으로 볼 때 피치원은 가는 1점쇄선으로 그린다.

③ 축 방향으로 볼 때 이뿌리원은 가는 2점쇄선으로 그린다.

④ 축에 직각인 방향에서 본 그림을 단면으로 도시할 때에는 이뿌리의 선은 굵은 실선으로 그린다.

해설

스프로킷 휠을 축 방향에서 볼 때는 가는 실선이나 굵은 파선으로 그릴 수 있다. 단, 축직각 방향으로 단면을 표시할 때는 굵은 실선으로 그려야 한다.

스프로킷 휠의 도시방법

- 도면에는 주로 스프로킷 소재의 제작에 필요한 치수를 기입한다.
- 호칭번호는 스프로킷에 감기는 전동용 롤러 체인의 호칭번호로 한다.
- 표에는 이의 특성을 나타내는 사항과 이의 절삭에 필요한 치수를 기입한다.
- 축직각 단면으로 도시할 때는 톱니를 단면으로 하지 않으며 이뿌리선은 굵은 실선으로 한다.
- 바깥지름은 굵은 실선, 피치원 지름은 가는 1점쇄선, 이뿌리원은 가는 실선이나 굵은 파선으로 그리며 생략도 가능하다.

정답 47 ③ 48 ③

49 그림과 같은 용접부의 용접 지시기호로 옳은 것은?

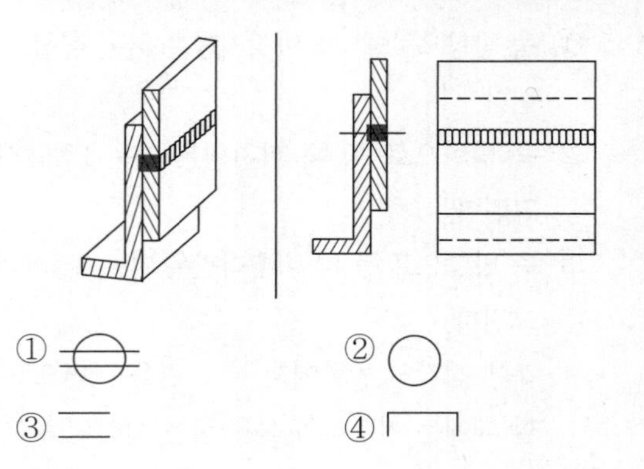

①　　　　②

③　　　　④

해설

심 용접(Seam Welding)

원판상의 롤러 전극 사이에 용접할 2장의 판을 두고, 전기와 압력을 가하며 전극을 회전시키면서 연속적으로 점 용접을 반복하는 용접법이다.

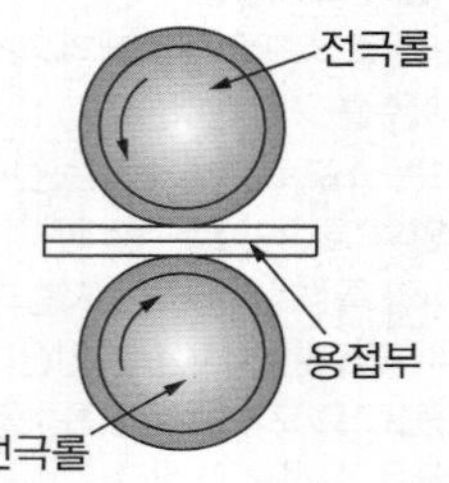

용접부 기호의 종류

명칭	도시	기본 기호
심 용접		
스폿 용접		
서페이싱 용접		
평면형 평행 맞대기 용접		
플러그 용접 (슬롯 용접)		

50 구름베어링의 호칭이 “6203 ZZ”인 베어링의 안지름은 몇 mm인가?

① 3　　② 15

③ 17　　④ 30

해설

- 베어링 호칭번호 “6203”에서 베어링의 안지름 번호가 03이면 17mm가 되는데 이는 KS 규격에 정해져 있으므로 암기해야 한다.
- 1~9 : 1~9mm, 00 : 10mm, 01 : 12mm, 02 : 15mm, 03 : 17mm, 04 : 20mm
- 04부터는 5를 곱한다.

51 다음은 어떤 밸브에 대한 도시 기호인가?

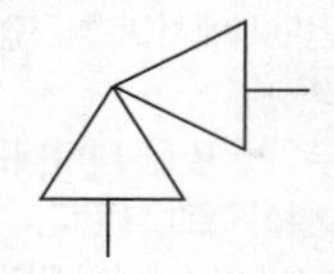

① 글로브밸브　　② 앵글밸브

③ 체크밸브　　④ 게이트밸브

해설

글로브밸브	
앵글밸브	
체크밸브	
슬루스밸브(게이트밸브)	

49 ① 50 ③ 51 ② 정답

52 축의 도시방법에 대한 설명 중 잘못된 것은?

① 모따기는 길이 치수와 각도로 나타낼 수 있다.
② 축은 주로 길이 방향으로 단면도시를 한다.
③ 긴 축은 중간을 파단하여 짧게 그릴 수 있다.
④ 45° 모따기의 경우 C로 그 의미를 나타낼 수 있다.

해설

축의 도시방법

- 긴 축은 중간을 파단하여 짧게 그릴 수 있다.
- 축의 키홈 부분의 표시는 부분 단면도로 나타낸다.
- 축의 끝은 모따기를 하고 모따기 치수를 기입한다.
- 축은 길이 방향으로 절단하여 단면을 도시하지 않는다.
- 축은 일반적으로 중심선을 수평 방향으로 놓고 그린다.
- 축의 일부 중 평면 부위는 가는 실선으로 대각선 표시를 한다.
- 축의 구석 홈 가공부는 확대하여 상세 치수를 기입할 수 있다.
- 축의 끝에는 조립을 쉽고 정확하게 하기 위해서 모따기를 한다.
- 긴 축은 중간 부분을 파단하여 짧게 그리고 실제 치수를 기입한다.
- 축 끝의 모따기는 폭과 각도를 기입하거나 45°인 경우 C로 표시한다.
- 널링을 도시할 때 빗줄인 경우 축선에 대하여 30°로 엇갈리게 그린다.

※ 도시 : 도면에 표시의 줄임말

53 일반적으로 키의 호칭방법에 포함되지 않는 것은?

① 키의 종류
② 길이
③ 인장강도
④ 호칭치수

해설

일반적으로 키를 호칭할 때 인장강도는 나타내지 않는다.

예 평행 키(Key)의 호칭

KS B 1311	P – A 평행키 10×8 (폭×높이)	×	25	양 끝 둥글기	SM48C
규격 번호	모양, 형상, 종류 및 호칭 치수	×	길이	끝 모양의 특별 지정	재료

54 나사 표시 기호 중 틀린 것은?

① M : 미터 가는 나사
② R : 관용 테이퍼 암나사
③ E : 전구 나사
④ G : 관용 평행 나사

해설

나사의 종류 및 기호

구분		나사의 종류		기호
일반용	ISO 표준에 있는 것	미터 보통 나사		M
		미터 가는 나사		M
		미니추어 나사		S
		유니파이 보통 나사		UNC
		유니파이 가는 나사		UNF
		미터 사다리꼴 나사		Tr
		관용 테이퍼 나사	테이퍼 수나사	R
			테이퍼 암나사	Rc
			평행 암나사	Rp
		관용 평행 나사		G
	ISO 표준에 없는 것	30° 사다리꼴 나사		TM
		29° 사다리꼴 나사		TW
		관용 테이퍼 나사	테이퍼 나사	PT
			평행 암나사	PS
		관용 평행 나사		PF
특수용		미싱 나사		SM
		전구 나사		E
		자전거 나사		BC

정답 52 ② 53 ③ 54 ②

55 **스퍼기어 제도 시 축방향에서 본 그림에서 이골원은 어느 선으로 나타내는가?**

① 가는 실선
② 가는 파선
③ 가는 1점쇄선
④ 가는 2점쇄선

해설

기어의 도시법
- 이끝원은 굵은 실선으로 한다.
- 피치원은 가는 1점쇄선으로 한다.
- 맞물리는 한 쌍의 기어의 이끝원은 굵은 실선으로 그린다.
- 헬리컬 기어의 잇줄 방향은 통상 3개의 가는 실선으로 그린다.
- 보통 축에 직각인 방향에서 본 투상도를 주투상도로 할 수 있다.
- 이뿌리원(이골원)은 가는 실선으로 그린다. 단, 축에 직각방향으로 단면 투상할 경우에는 굵은 실선으로 한다.

56 **모듈이 2, 잇수가 30인 표준 스퍼기어의 이끝원의 지름은 몇 mm인가?**

① 56 ② 60
③ 64 ④ 68

해설

이끝원 지름 : $2m+\mathrm{PCD}=(2\times2)+(2\times30)=64\mathrm{mm}$

57 **CAD시스템에서 원점이 아닌 주어진 시작점을 기준으로 하여 그 점과의 거리로 좌표를 나타내는 방식은?**

① 절대좌표방식
② 상대좌표방식
③ 직교좌표방식
④ 극좌표방식

해설

CAD시스템 좌표계의 종류
- 직교좌표계 : 두 개의 직교하는 축 위 두 점의 교점을 이용해서 평면 공간상의 좌표를 표시하는 좌표계
- 극좌표계 : 평면 위의 위치를 각도와 거리를 써서 나타내는 2차원 좌표계
- 원통좌표계 : 3차원 공간을 나타내기 위해 평면 극좌표계에 평면에서부터의 높이를 더해서 나타내는 좌표계
- 구면좌표계 : 3차원 구의 형태를 나타내는 것으로 거리 r과 두 개의 각으로 표현되는 좌표계
- 절대좌표계 : 도면상 임의의 점을 입력할 때 변하지 않는 원점(0, 0)을 기준으로 정한 좌표계
- 상대좌표계 : 임의의 점을 지정할 때 현재의 위치를 기준으로 그 점과의 거리를 좌표로 사용하는 좌표계
- 상대극좌표계 : 마지막 입력점을 기준으로 다음점까지의 직선거리와 기준 직교축과 그 직선이 이루는 각도를 입력하는 좌표계

58 **CAD 작업 시 모델링에 관한 설명 중 틀린 것은?**

① 3차원 모델링에는 와이어프레임, 서피스, 솔리드 모델링이 있다.
② 자동적인 체적 계산을 위해서는 솔리드 모델링보다는 서피스 모델링을 사용하는 것이 좋다.
③ 솔리드 모델링은 와이어프레임, 서피스 모델링에 비해 높은 데이터처리 능력이 필요하다.
④ 와이어 프레임 모델링의 경우 디스플레이된 방향에 따라 여러 가지 다른 해석이 나올 수 있다.

55 ① 56 ③ 57 ② 58 ② 정답

59 다음 중 CAD시스템의 출력장치가 아닌 것은?

① Plotter

② Printer

③ Keyboard

④ TFT-LCD

해설

키보드는 컴퓨터시스템에서 입력장치에 속한다.

60 컴퓨터에서 CPU와 주기억장치 간의 데이터 접근 속도 차이를 극복하기 위해 사용하는 고속의 기억장치는?

① Cache Memory

② Associative Memory

③ Destructive Memory

④ Nonvolatile Memory

해설

① Cache Memory(캐시 메모리) : 주기억장치와 CPU(중앙처리장치) 사이에서 속도 차이를 줄이기 위해 데이터와 명령어를 일시적으로 저장하는 고속기억장치로 자료처리 시 병목현상을 방지한다.

② Associative Memory(연상 메모리) : 기억장치에 기억된 정보에 접근하기 위해 주소를 사용하는 것이 아니고 기억된 내용에 접근하는 것으로 검색을 빠르게 할 수 있는 메모리

③ Destructive Memory(파괴 메모리) : 판독 후 저장된 내용이 파괴되는 메모리로, 파괴된 내용을 재생시키기 위한 재저장 시간이 필요한 메모리

④ Nonvolatile Memory(비휘발성 메모리) : 전원을 꺼도 메모리 내용이 지워지지 않는 메모리

정답 59 ③ 60 ①

2016년 제2회 과년도 기출문제

01 강재의 크기에 따라 표면이 급랭되어 경화하기 쉬우나 중심부에 갈수록 냉각속도가 늦어져 경화량이 작아지는 현상은?

① 경화능 ② 잔류응력
③ 질량효과 ④ 노치효과

해설

질량효과 : 탄소강을 담금질하였을 때 재료의 질량이나 크기에 따라 냉각속도가 다르기 때문에 경화의 깊이도 달라져서 재료의 내부와 외부의 경도에 차이가 생기는데 이 현상을 질량효과라고 한다. 질량효과가 작다는 것은 재료의 크기가 커져도 재료 내부와 외부의 경도 차이가 없이 담금질이 잘된다는 것을 의미하나 질량효과가 크다는 것은 그 반대로 경도 차이가 크다는 것을 의미한다.

02 다음 중 합금공구강의 KS 재료 기호는?

① SKH ② SPS
③ STS ④ GC

해설

① SKH : 고속도 공구강재
② SPS : 스프링강재
④ GC : Gray Cast iron(회주철)

03 구리에 니켈 40~50% 정도를 함유하는 합금으로서 통신기, 전열선 등의 전기저항 재료로 이용되는 것은?

① 인바 ② 엘린바
③ 콘스탄탄 ④ 모넬메탈

해설

콘스탄탄 : Cu에 Ni을 40~45% 합금한 재료로 온도변화에 영향을 많이 받으며 전기저항성이 커서 저항선이나 전열선, 열전쌍의 재료로 사용된다.

불변강의 종류

종류	용도
인바	Fe에 Ni을 35% 첨가하여 열팽창계수가 작은 합금으로 줄자, 정밀기계 부품 등에 사용한다.
슈퍼인바	인바에 비해 열팽창계수가 작은 합금으로 표준척도에 사용한다.
엘린바	Fe에 36%의 Ni, 12%의 Cr을 함유한 합금으로 시계의 태엽, 계기의 스프링, 기압계용 다이어프램 등 정밀계측기나 시계 부품에 사용한다.
퍼멀로이	Fe에 니켈을 35~80% 함유한 Ni-Fe계 합금으로 코일, 릴레이 부품으로 사용한다.
플래티나이트	Fe에 Ni 46%를 함유하고 평행계수가 유리와 거의 같으며, 백금선 대용의 전구 도입선에 사용하며 진공관의 도선용으로 사용한다.
코엘린바	Fe에 Cr 10~11%, Co 26~58%, Ni 10~16% 합금한 것으로 온도변화에 대한 탄성률의 변화가 작고 공기 중이나 수중에서 부식되지 않아서 스프링, 태엽, 기상관측용 기구의 부품에 사용한다.

1 ③ 2 ③ 3 ③ 정답

04 **구리에 아연이 5~20% 첨가되어 전연성이 좋고, 색깔이 아름다워 장식품에 많이 쓰이는 황동은?**

① 포금 ② 톰백
③ 문쯔메탈 ④ 7 : 3 황동

해설
② 톰백 : Cu에 Zn을 5~20% 합금한 것으로, 색깔이 아름답고 냉간가공이 쉽게 되어 단추나 금박, 금 모조품과 같은 장식용 재료로 사용된다.
① 포금 : 구리에 8~12%의 주석과 1~2%의 아연이 합금된 구리합금으로 밸브나 기어, 베어링용 재료로 사용된다.
③ 문쯔메탈 : 60%의 Cu와 40%의 Zn이 합금된 것으로 인장강도가 최대이며, 강도가 필요한 단조제품이나 볼트나 리벳용 재료로 사용한다.
④ 7 : 3 황동 : Cu 70% + Zn 30%의 합금이다.

05 **Fe-C 상태도에서 온도가 낮은 것부터 일어나는 순서가 옳은 것은?**

① 포정점 → A_2변태점 → 공석점 → 공정점
② 공석점 → A_2변태점 → 공정점 → 포정점
③ 공석점 → 공정점 → A_2변태점 → 포정점
④ 공정점 → 공석점 → A_2변태점 → 포정점

해설
공석반응(723℃) → A_2변태점(768℃) → 공정반응(1,147℃) → 포정반응(1,494℃)

06 **소결 초경합금 공구강을 구성하는 탄화물이 아닌 것은?**

① WC ② TiC
③ TaC ④ TMo

해설
초경합금(소결 초경합금)
1,100℃의 고온에서도 경도 변화없이 고속절삭이 가능한 절삭공구로 WC, TiC, TaC 분말에 Co나 Ni 분말을 함께 첨가한 후 1,400℃ 이상의 고온으로 가열하면서 프레스로 소결시켜 만든다. 진동이나 충격을 받으면 쉽게 깨지는 단점이 있으나 고속도강의 4배의 절삭속도로 가공이 가능하다.

07 **다음 중 표면을 경화시키기 위한 열처리방법이 아닌 것은?**

① 풀림 ② 침탄법
③ 질화법 ④ 고주파 경화법

해설
풀림(Annealing, 어닐링)
기본 열처리의 일종으로 재료의 표면만이 아니라 내부와 외부를 모두 열처리할 경우에 사용하는 열처리법이다. 강 속에 있는 내부응력을 제거하고 재료를 연하게 만들기 위해 A_1변태점 이상의 온도로 가열한 후 가열로나 공기 중에서 서랭함으로써 강의 성질을 개선한다.

정답 4 ② 5 ② 6 ④ 7 ①

08 다음 중 하중의 크기 및 방향이 주기적으로 변화하는 하중으로서 양진하중을 말하는 것은?

① 집중하중 ② 분포하중

③ 교번하중 ④ 반복하중

해설

힘의 작용방향과 시간에 따른 하중의 종류

종류		특징
정하중		하중이 정지상태에서 가해지며 크기나 속도가 변하지 않는 하중
동하중	반복하중	하중의 크기와 방향이 같은 일정한 하중이 반복되는 하중
	교번하중	하중의 크기와 방향이 변화하면서 인장과 압축하중이 연속작용하는 하중
	충격하중	하중이 짧은 시간에 급격히 작용하는 하중
집중하중		한 점이나 지극히 작은 범위에 집중적으로 작용하는 하중
분포하중		넓은 범위에 분포하여 작용하는 하중

09 다음 중 축 중심에 직각방향으로 하중이 작용하는 베어링을 말하는 것은?

① 레이디얼 베어링(Radial Bearing)

② 스러스트 베어링(Thrust Bearing)

③ 원뿔 베어링(Cone Bearing)

④ 피벗 베어링(Pivot Bearing)

해설

① 레이디얼 베어링 : 축에 직각방향의 하중을 지지해 주는 베어링이다.

② 스러스트 베어링 : 축방향으로 하중이 작용한다.

③ 원뿔 베어링 : 축 중심과 축 직각방향의 하중이 동시에 작용한다.

④ 피벗 베어링 : 축방향으로 하중이 작용한다.

10 리베팅이 끝난 뒤에 리벳머리의 주위 또는 강판의 가장자리를 정으로 때려 그 부분을 밀착시켜 틈을 없애는 작업은?

① 시밍 ② 코킹

③ 커플링 ④ 해머링

해설

코킹 (Caulking)	물이나 가스 저장용 탱크를 리베팅한 후 기밀(기체 밀폐)과 수밀(물 밀폐)을 유지하기 위해 날 끝이 뭉뚝한 정(코킹용 정)을 사용하여 리벳머리와 판의 이음부의 가장자리를 때려 박음으로써 틈새를 없애는 작업	
풀러링 (Fullering)	기밀을 더 좋게 하기 위해 강판과 같은 두께의 풀러링 공구로 재료의 옆 부분을 때려 붙이는 작업	

11 모듈이 2이고, 잇수가 각각 36, 74개인 두 기어가 맞물려 있을 때 축간거리는 약 몇 mm인가?

① 100mm ② 110mm

③ 120mm ④ 130mm

해설

두 기어 간 중심거리(C)

$$C = \frac{D_1 + D_2}{2}$$

$$= \frac{m(z_1 + z_2)}{2}\text{mm}$$

$$= \frac{2(36+74)}{2}$$

$$= 110\text{mm}$$

정답 8 ③ 9 ① 10 ② 11 ②

12 외부 이물질이 나사의 접촉면 사이의 틈새나 볼트의 구멍으로 흘러나오는 것을 방지할 필요가 있을 때 사용하는 너트는?

① 홈붙이 너트
② 플랜지 너트
③ 슬리브 너트
④ 캡 너트

해설

캡 너트는 유체가 나사의 접촉면 사이의 틈새나 볼트와 볼트 구멍의 틈으로 새어 나오는 것을 방지할 목적으로 사용한다.

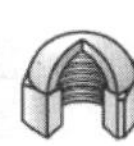

13 다음 중 자동하중 브레이크에 속하지 않는 것은?

① 원추 브레이크
② 웜 브레이크
③ 캠 브레이크
④ 원심 브레이크

해설

브레이크의 분류

분류	세분류
축압식 브레이크	디스크 브레이크
	공기 브레이크
전자 브레이크	–
원추 브레이크	블록 브레이크
	밴드 브레이크
자동하중 브레이크	웜 브레이크
	캠 브레이크
	나사 브레이크
	코일 브레이크
	체인 브레이크
	원심 브레이크

14 나사에서 리드(Lead)의 정의를 가장 옳게 설명한 것은?

① 나사가 1회전했을 때 축방향으로 이동한 거리
② 나사가 1회전했을 때 나사산상의 1점이 이동한 원주거리
③ 암나사가 2회전했을 때 축방향으로 이동한 거리
④ 나사가 1회전했을 때 나사산상의 1점이 이동한 원주각

해설

리드(L) : 나사를 1회전시켰을 때 축방향으로 이동한 거리

$L=n\times p$

예 1줄 나사와 3줄 나사의 리드(L)

1줄 나사	3줄 나사
$L=np=1\times1=1\text{mm}$	$L=np=3\times1=3\text{mm}$

15 축에 작용하는 비틀림 토크가 2.5kN이고, 축의 허용전단응력이 49MPa일 때 축 지름은 약 몇 mm 이상이어야 하는가?

① 24　② 36
③ 48　④ 64

해설

$$T=\tau A=\tau\frac{\pi d^3}{16}$$

$$2.5\times10^3\text{N}=(49\times10^6\times10^{-6}\text{N/mm}^2)\times\frac{\pi\times d^3}{16}$$

$$\frac{2,500\times16}{49\times\pi}=d^3$$

$d^3=259.8$

$d=6.3$

따라서 축 지름(d)가 6.3mm 이상이면 되므로 전항이 정답이다.

정답 12 ④ 13 ① 14 ① 15 전항정답

16 윤활제의 급유방법에서 작업자가 급유 위치에 급유하는 방법은?

① 컵 급유법
② 분무 급유법
③ 충진 급유법
④ 핸드 급유법

해설
작업자가 급유 위치에서 직접 급유하는 방식은 핸드 급유법이다.
윤활제의 급유방법

종류	특징
손 급유법 (핸드 급유법)	윤활 부위에 오일을 손으로 급유하는 가장 간단한 방식으로 윤활이 크게 문제되지 않는 저속, 중속의 소형 기계나 간헐적으로 운전되는 경하중 기계에 이용된다.
적하 급유법	급유되어야 하는 마찰면이 넓은 경우, 윤활유를 연속적으로 공급하기 위해 사용되는 방법으로 니들밸브 위치를 이용하여 급유량을 정확히 조절할 수 있다.
분무 급유법	압축공기를 이용하여 소량의 오일을 미스트화시켜 베어링, 기어, 슬라이드, 체인 드라이브 등에 윤활을 하고, 압축공기는 냉각제의 역할을 하도록 고안된 윤활방식이다.
패드 급유법	오일 속에 털실, 무명실, 펠트 등으로 만든 패드를 오일 속에 침지시켜 패드의 모세관 현상을 이용하여 각 윤활 부위에 공급하는 방식으로 경하중용 베어링에 많이 사용된다.
기계식 강제 급유법	기계 본체의 회전축 캠 또는 모터에 의하여 구동되는 소형 플런저 펌프에 의한 급유방식으로 비교적 소량, 고속의 윤활유를 간헐적으로 압송시킨다.

※ 2022년 개정된 출제기준에서 삭제된 내용

17 고속 회전 및 정밀한 이송기구를 갖추고 있어 정밀도가 높고 표면거칠기가 우수한 실린더나 커넥팅로드 등을 가공하며, 진원도 및 진직도가 높은 제품을 가공하기에 가장 적합한 보링머신은?

① 수직보링머신
② 수평보링머신
③ 정밀보링머신
④ 코어보링머신

해설
밀링머신에서 정밀도가 높으면서 진원도와 진직도도 높은 제품을 가공하려면 정밀보링머신을 사용해야 한다.
① 수직밀링머신 : 주축이 테이블 면에 수직으로 설치된 것으로 정면 밀링커터와 엔드밀을 사용하여 절삭한다.
② 수평밀링머신 : 주축이 수평방향으로 설치된 것으로 주로 평면커터나 측면 커터, 메탈소(Metal Saw)를 사용하여 공작물을 가공하는 공작기계이다.
※ 2022년 개정된 출제기준에서 삭제된 내용

18 선반에서 절삭저항의 분력 중 탄소강을 가공할 때 가장 큰 절삭저항은?

① 배분력　　② 주분력
③ 횡분력　　④ 이송분력

해설
선반 작업 시 발생하는 3분력의 크기 순서

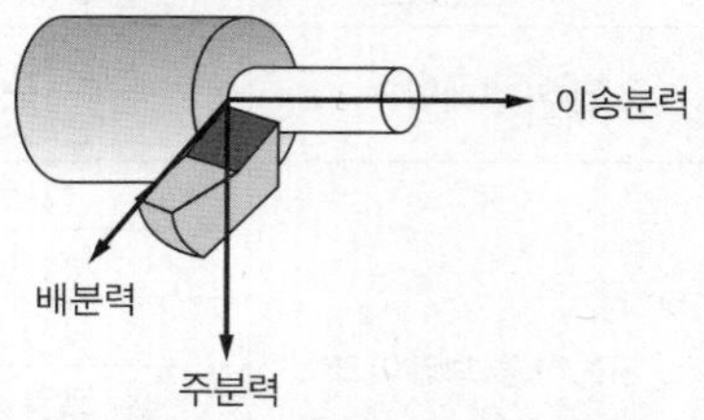

이송분력 < 배분력 < 주분력

※ 2022년 개정된 출제기준에서 삭제된 내용

16 ④ 17 ③ 18 ② 정답

19 수나사를 가공하는 공구는?

① 정
② 탭
③ 다이스
④ 스크레이퍼

해설

나사 가공용 공구
• 암나사 가공 : 탭
• 수나사 가공 : 다이스

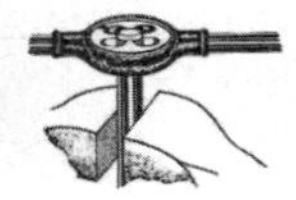

※ 2022년 개정된 출제기준에서 삭제된 내용

20 래크형 공구를 사용하여 절삭하는 것으로 필요한 관계 운동은 변환기어에 연결된 나사봉으로 조절하는 것은?

① 호빙머신
② 마그기어 셰이퍼
③ 베벨기어 절삭기
④ 펠로즈기어 셰이퍼

해설

기어 절삭법 중 창성법에 속하는 래크 커터에 의한 절삭법은 마그식 기어 셰이퍼방식이다.

창성법

기어의 치형과 동일한 윤곽을 가진 커터를 피절삭기어와 맞물리게 하면서 상대운동을 시켜 절삭하는 방법이다.

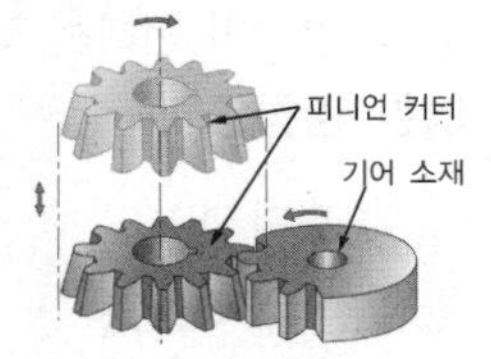

창성법의 종류
• 래크 커터에 의한 방법 : 마그식 기어 셰이퍼
• 피니언 커터에 의한 방법 : 펠로즈식 기어 셰이퍼
• 호브에 의한 방법 : 호빙머신

※ 2022년 개정된 출제기준에서 삭제된 내용

21 다음 숫돌바퀴 표시방법에서 60이 나타내는 것은?

WA 60 K 5 V

① 입도 ② 조직
③ 결합도 ④ 숫돌 입자

해설

연삭숫돌의 기호 중에서 60은 입도로서 거친 연마용에 사용하는 수치이다. 연성이 있는 공작물에는 거친 입자의 숫돌을 사용하며, 경도가 크고 취성이 있는 공작물에는 고운 입자의 숫돌을 사용한다.

연삭숫돌의 기호

WA	60	K	m	V
입자	입도	결합도	조직	결합제

※ 2022년 개정된 출제기준에서 삭제된 내용

22 구멍이 있는 원통형 소재의 외경을 선반으로 가공할 때 사용하는 부속장치는?

① 면판 ② 돌리개
③ 맨드릴 ④ 방진구

해설

맨드릴(Mandrel, 심봉)

선반에서 기어나 벨트, 풀리와 같이 구멍이 있는 공작물의 안지름과 바깥지름이 동심원을 이루도록 가공할 때 사용한다.

※ 2022년 개정된 출제기준에서 삭제된 내용

정답 19 ③ 20 ② 21 ① 22 ③

23 구성인선의 생성과정 순서가 옳은 것은?

① 발생 → 성장 → 분열 → 탈락
② 분열 → 탈락 → 발생 → 성장
③ 성장 → 분열 → 탈락 → 발생
④ 탈락 → 발생 → 성장 → 분열

해설

구성인선(Build-up Edge)

연강이나 스테인리스강, 알루미늄과 같이 재질이 연하고 공구 재료와 친화력이 큰 재료를 절삭가공할 때 칩과 공구의 윗면 사이의 경사면에 발생되는 높은 압력과 마찰열로 인해 칩의 일부가 공구의 날 끝에 달라붙어 마치 절삭날과 같이 공작물을 절삭하는 현상으로, 발생 → 성장 → 분열 → 탈락의 과정을 반복한다.

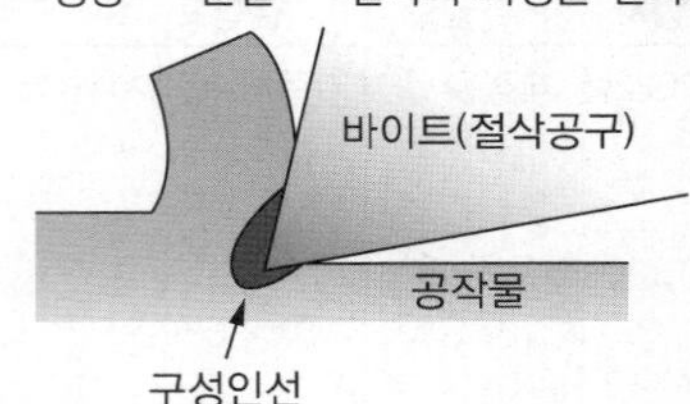

구성인선의 발생과정

발생	성장	분열	탈락
바이트, 칩, 발생	성장	분열	탈락

※ 2022년 개정된 출제기준에서 삭제된 내용

24 브로칭머신으로 가공할 수 없는 것은?

① 스플라인 홈
② 베어링용 볼
③ 다각형의 구멍
④ 둥근 구멍 안의 키홈

해설

브로칭머신은 절삭하려는 형상으로 만들어진 브로치 공구를 직선 운동을 시킴으로써 가공하므로 스플라인 홈이나 다각형의 구멍, 둥근 구멍 안의 키홈의 가공이 가능하다. 그러나 베어링용 볼과 같은 둥근 형상의 제품은 제작이 불가능하다.

※ 2022년 개정된 출제기준에서 삭제된 내용

25 밀링에서 절삭속도 20m/min, 커터지름 50mm, 날수 12개, 1날당 이송을 0.2mm로 할 때 1분간 테이블 이송량은 약 몇 mm인가?

① 120 ② 220
③ 306 ④ 404

해설

절삭속도$(v) = \dfrac{\pi dn}{1,000}$

$20 = \dfrac{\pi \times 50 \times n}{1,000}$

$n = \dfrac{1,000 \times 20}{\pi \times 50} = 127.3\,\text{rpm}$

테이블 이송량$(f) = f_z \times z \times n$

$= 0.2\text{mm} \times 12 \times 127.3\text{rev/min}$

$= 305.5\text{mm/min}$

따라서 테이블이 1min당 약 306mm 이동하므로 테이블 이송량도 ③번이 된다.

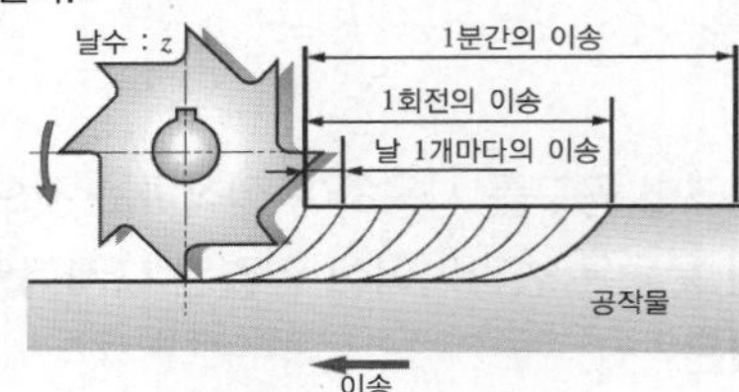

밀링머신의 테이블 이송속도(f)

$f = f_z \times z \times n$

여기서, f : 테이블의 이송속도(mm/min)
f_z : 밀링 커터날 1개의 이송(mm)
z : 밀링 커터날의 수
n : 밀링 커터의 회전수(rpm)

※ 2022년 개정된 출제기준에서 삭제된 내용

26 가는 1점쇄선으로 끝부분 및 방향이 변하는 부분을 굵게 한 선의 용도에 의한 명칭은?

① 파단선 ② 절단선
③ 가상선 ④ 특수 지시선

해설

절단선은 절단한 면을 나타내는 선으로 그 형식은 가는 1점쇄선이 겹치는 부분에 굵은 실선을 사용한다.

23 ① 24 ② 25 ③ 26 ② 정답

27 **기계제도의 표준규격화의 의미로 옳지 않은 것은?**

① 제품의 호환성 확보
② 생산성 향상
③ 품질 향상
④ 제품 원가 상승

해설
기계제도의 표준화를 실시하면 표준규격에 의해 제품이 생산될 수 있으므로 생산성과 품질, 제품의 호환성을 확보할 수 있으나 제품의 원가를 상승시키지는 않는다. 오히려 부품의 규격화로 제품의 원가를 줄일 수 있다.

28 **얇은 부분의 단면표시를 하는 데 사용하는 선은?**

① 아주 굵은 실선
② 불규칙한 파형의 가는 실선
③ 굵은 1점쇄선
④ 가는 파선

해설
개스킷이나 철판과 같이 매우 얇은 제품의 단면표시는 아주 굵은 실선으로 표시한다.

29 **다음 기하공차의 기호 중 위치도 공차를 나타내는 것은?**

① ↗
② ⌰
③ ⌖
④ ⊗

해설
기하공차의 종류 및 기호

공차의 종류		기호
모양 공차	진직도 공차	—
	평면도 공차	⏥
	진원도 공차	○
	원통도 공차	⌭
	선의 윤곽도 공차	⌒
	면의 윤곽도 공차	⌓
자세 공차	평행도 공차	//
	직각도 공차	⊥
	경사도 공차	∠
위치 공차	위치도 공차	⌖
	동축도 공차 또는 동심도 공차	◎
	대칭도	⌯
흔들림 공차	원주 흔들림 공차	↗
	온 흔들림 공차	⌰

정답 27 ④ 28 ① 29 ③

30 다음 그림의 치수기입에 대한 설명으로 틀린 것은?

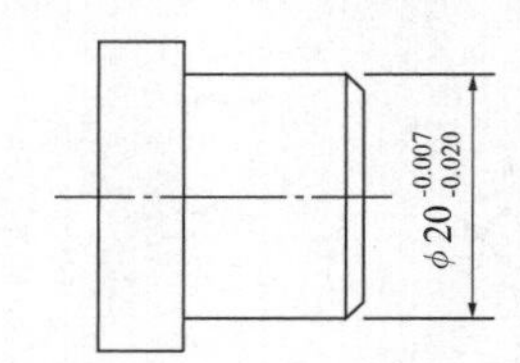

① 기준치수는 지름 20이다.

② 공차는 0.013이다.

③ 최대허용치수는 19.93이다.

④ 최소허용치수는 19.98이다.

해설

최대허용치수 = 20 − 0.007 = 19.993

31 다음 중 치수와 같이 사용하는 기호가 아닌 것은?

① Sϕ ② SR

③ ⊠ ④ □

해설

치수 보조기호의 종류

기호	구분	기호	구분
ϕ	지름	p	피치
Sϕ	구의 지름	$\frown$50	호의 길이
R	반지름	<u>50</u>	비례척도가 아닌 치수
SR	구의 반지름	[50]	이론적으로 정확한 치수
□	정사각형	(50)	참고치수
C	45° 모따기	~~50~~	치수의 취소 (수정 시 사용)
t	두께	–	–

32 제도표시를 단순화하기 위해 공차표시가 없는 선형 치수에 대해 일반공차를 4개의 등급으로 나타낼 수 있다. 이 중 공차 등급이 “거침”에 해당하는 호칭 기호는?

① c ② f

③ m ④ v

해설

일반공차의 공차 등급(KS B ISO 2768-1)

공차 등급 기호	f	m	c	v
정밀도	정밀	중간	거침	매우 거침

30 ③ 31 ③ 32 ① 정답

33 그림과 같이 표면의 결 도시 기호가 지시되었을 때 표면의 줄무늬 방향은?

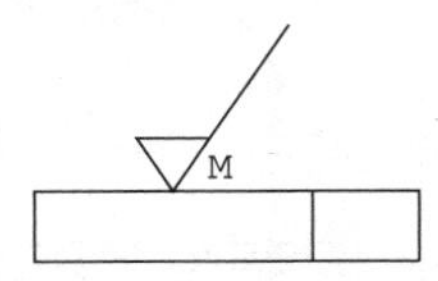

① 가공으로 생긴 선이 거의 동심원
② 가공으로 생긴 선이 여러 방향
③ 가공으로 생긴 선이 방향이 없거나 돌출됨
④ 가공으로 생긴 선이 투상면에 직각

해설

M기호는 밀링가공 후 재료의 표면에 선이 여러 방향으로 교차되거나 무방향이 나타날 때 표시한다.

줄무늬 방향 기호와 의미

기호	커터의 줄무늬 방향	적용	표면형상
=	투상면에 평행	셰이핑	
⊥	투상면에 직각	선삭, 원통연삭	
X	투상면에 경사지고 두 방향으로 교차	호닝	
M	여러 방향으로 교차되거나 무방향	래핑, 슈퍼피니싱, 밀링	
C	중심에 대하여 대략 동심원	끝면 절삭	
R	중심에 대하여 대략 레이디얼(방사형) 모양	일반적인 가공	

34 다음 기호가 나타내는 각법은?

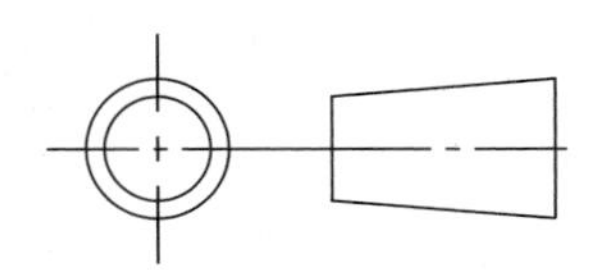

① 제1각법　② 제2각법
③ 제3각법　④ 제4각법

해설

제1각법과 제3각법

제1각법	제3각법
투상면을 물체의 뒤에 놓는다.	투상면을 물체의 앞에 놓는다.
눈 → 물체 → 투상면	눈 → 투상면 → 물체
저면도 / 우측면도, 정면도, 좌측면도, 배면도 / 평면도	평면도 / 좌측면도, 정면도, 우측면도, 배면도 / 저면도

※ 제3각법의 투상방법은 눈 → 투상면 → 물체로서, 당구에서 3쿠션을 연상시키면 그림의 좌측을 당구공, 우측을 당구 큐대로 생각하면 암기하기 쉽다. 제1각법은 공의 위치가 반대가 된다.

35 다음 중 다이캐스팅용 알루미늄합금 재료기호는?

① AC1B　② ZDC1
③ ALDC3　④ MGC1

해설

③ ALDC3 : 알루미늄합금 다이캐스팅 3종
① AC1B : 알루미늄합금주철 1종 B
② ZDC1 : 아연합금 다이캐스팅 1종
④ MGC1 : 마그네슘합금주물 1종

정답 33 ② 34 ③ 35 ③

36 표면거칠기 지시기호가 옳지 않은 것은?

①　　　②

③　　　④

해설

가공면을 지시하는 기호

종류	의미
	제거가공을 하든, 하지 않든 상관없다.
	제거가공을 해야 한다.
	제거가공을 해서는 안 된다.

※ 표면의 결을 도시할 때는 지시기호를 외형선에 붙여서 쓴다.

37 핸들이나 암, 리브, 축 등의 절단면을 90° 회전시켜서 나타내는 단면도는?

① 부분단면도　② 회전도시단면도

③ 계단단면도　④ 조합에 의한 단면도

해설

단면도의 종류

단면도명	특징
온단면도 (전단면도)	• 물체 전체를 직선으로 절단하여 앞부분을 잘라내고 남은 뒷부분의 단면 모양을 그린 것 • 절단 부위의 위치와 보는 방향이 확실한 경우에는 절단선, 화살표, 문자기호를 기입하지 않아도 된다.
한쪽 단면도 (반단면도)	• 반단면도라고도 한다. • 절단면을 전체의 반만 설치하여 단면도를 얻는다. • 상하 또는 좌우가 대칭인 물체를 중심선을 기준으로 $\frac{1}{4}$ 절단하여 내부 모양과 외부 모양을 동시에 표시하는 방법이다.
부분 단면도	파단선 / 떼어 낸 부분의 단면 • 파단선을 그어서 단면 부분의 경계를 표시한다. • 일부분을 잘라 내고 필요한 내부의 모양을 그리기 위한 방법이다.
회전도시 단면도	(a) 암의 회전단면도(투상도 안) (b) 훅의 회전단면도(투상도 밖) • 절단선의 연장선 뒤에도 그릴 수 있다. • 투상도의 절단할 곳과 겹쳐서 그릴 때는 가는 실선으로 그린다. • 주투상도의 밖으로 끌어내어 그릴 경우는 가는 1점쇄선으로 한계를 표시하고 굵은 실선으로 그린다. • 핸들이나 벨트 풀리, 바퀴의 암, 리브, 축, 형강 등의 단면의 모양을 90°로 회전시켜 투상도의 안이나 밖에 그린다.
계단 단면도	A B C D / A-B-C-D • 절단면을 여러 개 설치하여 그린 단면도이다. • 복잡한 물체의 투상도 수를 줄일 목적으로 사용한다. • 절단선, 절단면의 한계와 화살표 및 문자기호를 반드시 표시하여 절단면의 위치와 보는 방향을 정확히 명시해야 한다.

정답 36 ④ 37 ②

38 **투상도를 나타내는 방법에 대한 설명으로 옳지 않은 것은?**

① 형상의 이해를 위해 주투상도를 보충하는 보조투상도를 되도록 많이 사용한다.
② 주투상도에는 대상물의 모양, 기능을 가장 명확하게 표시하는 면을 그린다.
③ 특별한 이유가 없는 경우 주투상도는 가로길이로 놓은 상태로 그린다.
④ 서로 관련되는 그림의 배치는 되도록 숨은선을 쓰지 않는다.

해설
투상도를 나타낼 때는 주투상도를 주로 활용하며 보조투상도는 가급적 최소로 사용해야 한다.

39 **그림에서 나타난 정면도와 평면도에 적합한 좌측면도는?**

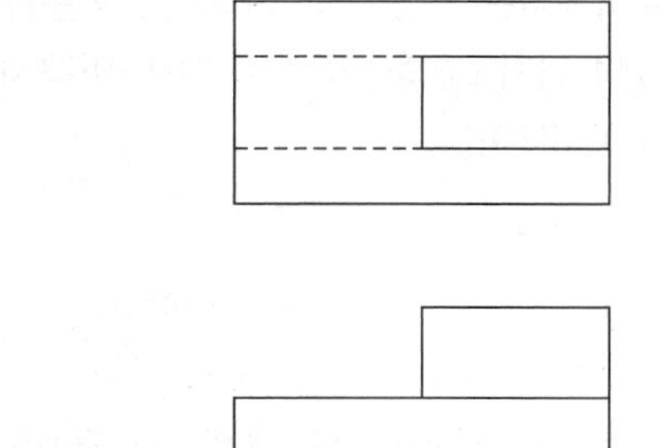

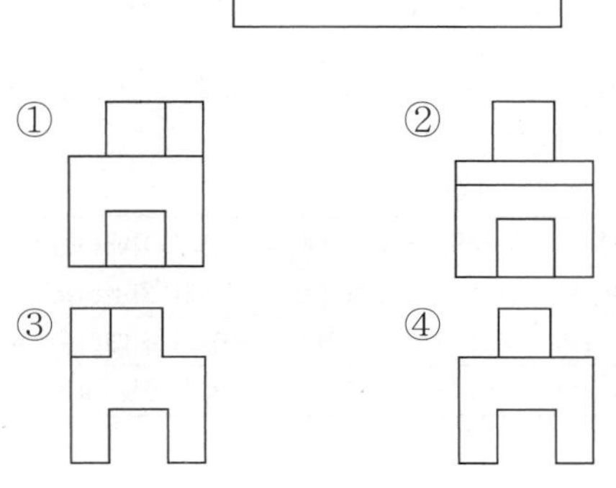

해설
제3각법으로 표현할 경우 좌측면도는 물체를 왼쪽에서 바라본 형상이므로 정답은 ④번이 된다.

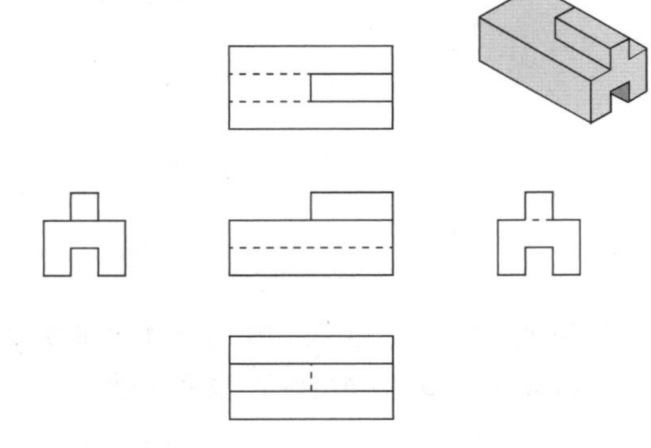

40 구멍 ϕ55H7, 축 ϕ55g6인 끼워맞춤에서 최대틈새는 몇 μm 인가?(단, 기준치수 ϕ55에 대하여 H7의 위치수허용차는 +0.030, 아래치수허용차는 0이고, g6의 위치수허용차는 −0.010, 아래치수허용차는 −0.029이다)

① 40μm ② 59μm
③ 29μm ④ 10μm

해설

최대틈새 = 구멍의 최대허용치수 − 축의 최소허용치수
= (55 + 0.03) − (55 − 0.029)
= 55.03 − 54.971
= 0.059mm

※ 끼워맞춤기호에서 축은 영어 소문자(g6)로, 구멍은 대문자(H7)로 표시한다.

틈새와 죔새값 계산

최소틈새	구멍의 최소허용치수 − 축의 최대허용치수
최대틈새	구멍의 최대허용치수 − 축의 최소허용치수
최소죔새	축의 최소허용치수 − 구멍의 최대허용치수
최대죔새	축의 최대허용치수 − 구멍의 최소허용치수

41 도면 작성 시 선이 한 장소에 겹쳐서 그려야 할 경우 나타내야 할 우선순위로 옳은 것은?

① 외형선 > 숨은선 > 중심선 > 무게중심선 > 치수선
② 외형선 > 중심선 > 무게중심선 > 치수선 > 숨은선
③ 중심선 > 무게중심선 > 치수선 > 외형선 > 숨은선
④ 중심선 > 치수선 > 외형선 > 숨은선 > 무게중심선

해설

두 종류 이상의 선이 중복되는 경우 선의 우선순위
숫자나 문자 > 외형선 > 숨은선 > 절단선 > 중심선 > 무게중심선 > 치수 보조선

42 제3각법으로 투상한 그림과 같은 정면도와 우측면도에 적합한 평면도는?

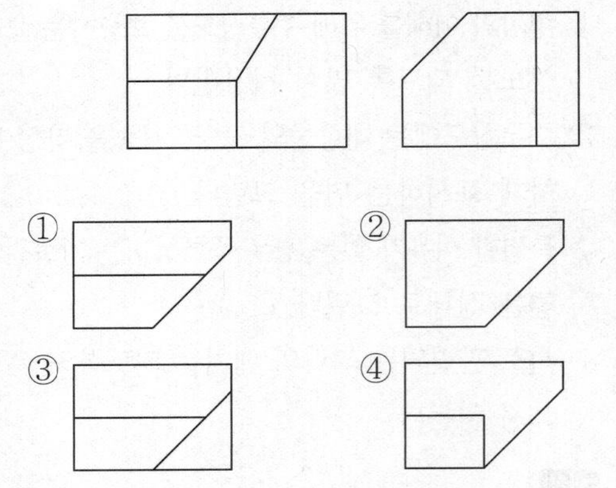

해설

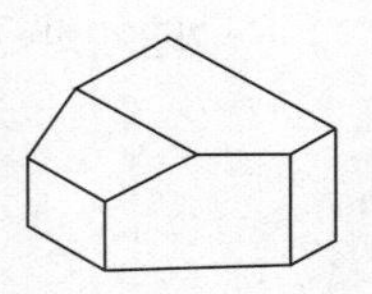

평면도는 물체를 위에서 바라본 형상으로 이 문제의 경우 정면도의 우측 부분과 우측면도의 좌측 부분에 아무런 경계 표시가 없으므로 ③번은 정답에서 제외한다. 그리고 우측면도의 좌측 상단 부분에 대각선이 있으므로 이 부분은 평면도의 경계선으로 표시되어야 하므로 정답이 ①번임을 유추할 수 있다.

43 다음 도면의 제도방법에 관한 설명 중 옳은 것은?

① 도면에는 어떠한 경우에도 단위를 표시할 수 없다.
② 척도를 기입할 때 A : B로 표기하며, A는 물체의 실제 크기, B는 도면에 그려지는 크기를 표시한다.
③ 축척, 배척으로 제도했더라도 도면의 치수는 실제 치수를 기입해야 한다.
④ 각도 표시는 항상 도, 분, 초(°, ′, ″) 단위로 나타내야 한다.

해설

③ 축척이나 배척으로 제도한 경우 표제란이나 개별주서로 척도 표시만 할 뿐, 도면상의 치수는 실제 치수를 기입해야 한다.
① 도면에는 일반적으로 mm 단위를 길이의 단위로 사용하며 따로 표시하지는 않으나 각도는 일반적으로 °(도)로 표시한다.
② 척도 기입 시 "A : B"일 경우 "A : 도면에 그려지는 크기, B : 실제 크기"이다.
④ 각도 표시는 일반적으로 °(도)로 표시하며 도, 분, 초는 생략할 수 있다.

40 ② 41 ① 42 ① 43 ③ 정답

44 다음과 같이 도면에 기입된 기하공차에서 0.011이 뜻하는 것은?

<table>
<tr><td rowspan="2">//</td><td>0.011</td><td rowspan="2">A</td></tr>
<tr><td>0.05/200</td></tr>
</table>

① 기준길이에 대한 공차값
② 전체길이에 대한 공차값
③ 전체길이 공차값에서 기준길이 공차값을 뺀 값
④ 누진치수 공차값

해설
기하공차의 해석

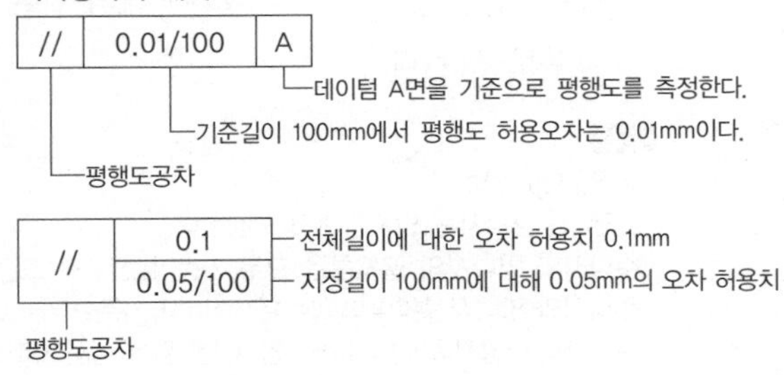

45 다음 중 도면에 기입되는 치수에 대한 설명으로 옳은 것은?

① 재료 치수는 재료를 구입하는 데 필요한 치수로 잘림 여유나 다듬질 여유가 포함되어 있지 않다.
② 소재 치수는 주물공장이나 단조공장에서 만들어진 그대로의 치수를 말하며 가공할 여유가 없는 치수이다.
③ 마무리 치수는 가공 여유를 포함하지 않은 치수로 가공 후 최종으로 검사할 완성된 제품의 치수를 말한다.
④ 도면에 기입되는 치수는 특별히 명시하지 않는 한 소재 치수를 기입한다.

해설
② 마무리 치수는 가공 여유를 포함하지 않는 최종 제품의 치수로, 이 치수로 검사해서 허용오차 범위를 벗어나면 불량품이 된다.
① 재료 치수는 필요한 치수로 잘릴 여유나 다듬질 여유가 포함되어 있어야 한다.
② 소재 치수는 가공 여유를 포함하고 있어야 한다.
④ 도면에 기입되는 치수는 특별히 명시하지 않는 한 마무리 치수를 기입해야 한다.

46 다음 중 파이프의 끝부분을 표시하는 그림기호가 아닌 것은?

① ——|| ② ——▨
③ ——D ④ ——]

해설
관의 끝부분 표시

끝부분의 종류	그림기호
막힌 플랜지	——||
나사박음식 캡 및 나사박음식 플러그	——]
용접식 캡	——D

47 다음에 설명하는 캠은?

- 원동절의 회전운동을 종동절의 직선운동으로 바꾼다.
- 내연기관의 흡배기밸브를 개폐하는 데 많이 사용한다.

① 판 캠
② 원통 캠
③ 구면 캠
④ 경사판 캠

해설
내연기관에서 흡배기밸브의 개폐용으로 사용되는 것은 판 캠이다.

정답 44 ② 45 ③ 46 ② 47 ①

48 그림에서 도시된 기호는 무엇을 나타낸 것인가?

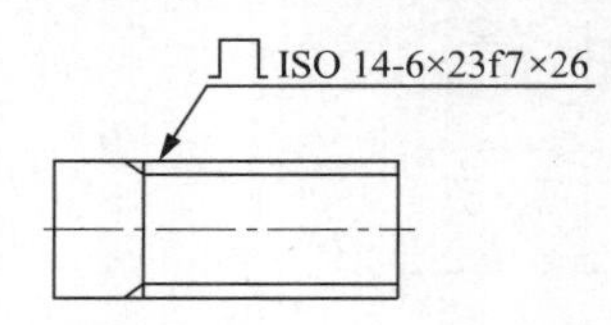

① 사다리꼴나사
② 스플라인
③ 사각나사
④ 세레이션

해설

표시기호 (⎍)는 원형 축에 사각형상의 모양이 둘러 싸여 있는 스플라인 키를 형상화한 것이다.

스플라인 키(Spline Key)

축의 둘레에 원주 방향으로 여러 개의 키 홈을 깎아 만든 것으로 세레이션 키 다음으로 큰 동력(토크)을 전달할 수 있다. 내구성이 크고 축과 보스와의 중심축을 정확히 맞출 수 있어서 축 방향으로 자유로운 미끄럼 운동이 가능하므로 자동차 변속기의 축용 재료로 많이 사용된다.

49 나사의 도시방법에 관한 설명 중 틀린 것은?

① 수나사와 암나사의 골 밑을 표시하는 선은 가는 실선으로 그린다.
② 완전나사부와 불완전나사부의 경계선은 가는 실선으로 그린다.
③ 불완전나사부는 기능상 필요한 경우 혹은 치수지시를 하기 위해 필요한 경우 경사된 가는 실선으로 표시한다.
④ 수나사와 암나사의 측면도시에서 각각의 골지름은 가는 실선으로 약 3/4에 거의 같은 원의 일부로 그린다.

해설

나사의 제도방법

- 단면 시 암나사는 안지름까지 해칭한다.
- 수나사와 암나사의 골지름은 모두 가는 실선으로 그린다.
- 수나사와 암나사 결합부의 단면은 수나사 기준으로 나타낸다.
- 수나사의 바깥지름과 암나사의 안지름은 굵은 실선으로 그린다.
- 완전나사부와 불완전나사부의 경계선은 굵은 실선으로 그린다.
  - 완전나사부 : 환봉이나 구멍에 나사내기를 할 때 완전한 나사산이 만들어져 있는 부분
  - 불완전나사부 : 환봉이나 구멍에 나사내기를 할 때 나사가 끝나는 곳에서 불완전 나사산을 갖는 부분
- 수나사와 암나사의 측면도시에서 골지름과 바깥지름은 가는 실선으로 그린다.
- 암나사의 단면 도시에서 드릴 구멍의 끝 부분은 굵은 실선으로 120°로 그린다.
- 불완전나사부의 골밑을 나타내는 선은 축선에 대하여 30°의 경사진 가는 실선으로 그린다.
- 가려서 보이지 않는 암나사의 안지름은 보통의 파선으로 그리고, 바깥지름은 가는 파선으로 그린다.

48 ② 49 ② 정답

50 용접기호에서 그림과 같은 표시가 있을 때 그 의미는?

① 현장용접
② 일주용접
③ 매끄럽게 처리한 용접
④ 이면판재 사용한 용접

해설

현장용접은 다음과 같은 기호를 사용한다.

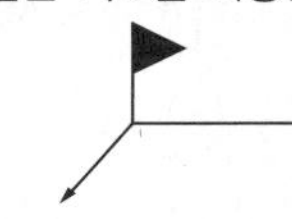

용접부 보조기호

구분		보조기호	비고
용접부의 표면 모양	평탄	―	–
	볼록	⌒	기선의 밖으로 향하여 볼록하게 한다.
	오목	◡	기선의 밖으로 향하여 오목하게 한다.
용접부의 다듬질 방법	치핑	C	–
	연삭	G	그라인더 다듬질일 경우
	절삭	M	기계 다듬질일 경우
	지정 없음	F	다듬질 방법을 지정하지 않을 경우
현장용접		⚑	온둘레용접이 분명할 때에는 생략해도 좋다.
온둘레용접		○	
온둘레 현장용접		⚑○	

51 평행 핀의 호칭이 다음과 같이 나타났을 때 이 핀의 호칭지름은 몇 mm인가?

KS B ISO 2338 – 8 m6 × 30 – A1

① 1mm ② 6mm
③ 8mm ④ 30mm

해설

평행 핀의 호칭

KS B ISO 2338	–	8	m6	×	30	–	A1
KS표준규격	–	호칭 지름 8mm	공차 등급 m6	×	호칭길이 30mm	–	오스테나이트계 스테인리스강 A1 등급

52 스프로킷 휠의 도시방법에서 단면으로 도시할 때 이뿌리원은 어떤 선으로 표시하는가?

① 가는 1점쇄선
② 가는 실선
③ 가는 2점쇄선
④ 굵은 실선

해설

스프로킷 휠의 도시방법

- 도면에는 주로 스프로킷 소재의 제작에 필요한 치수를 기입한다.
- 호칭번호는 스프로킷에 감기는 전동용 롤러 체인의 호칭번호로 한다.
- 표에는 이의 특성을 나타내는 사항과 이의 절삭에 필요한 치수를 기입한다.
- 축직각 단면으로 도시할 때는 톱니를 단면으로 하지 않으며 이뿌리선은 굵은 실선으로 한다.
- 바깥지름은 굵은 실선, 피치원 지름은 가는 1점쇄선, 이뿌리원은 가는 실선이나 굵은 파선으로 그리며 생략도 가능하다.

정답 50 ① 51 ③ 52 ④

53 미터보통나사에서 수나사의 호칭지름은 무엇을 기준으로 하는가?

① 유효지름　② 골지름
③ 바깥지름　④ 피치원지름

해설
나사의 호칭지름은 수나사의 바깥지름으로 나타낸다.

54 구름베어링의 호칭 기호가 다음과 같이 나타날 때 이 베어링의 안지름은 몇 mm인가?

6026 P6

① 26　② 60
③ 130　④ 300

해설
볼베어링의 안지름번호는 앞에 2자리를 제외한 뒤 숫자로서 확인할 수 있다. 04부터는 5를 곱하면 그 수치가 안지름이 된다.
예 호칭번호가 6208인 경우
- 6 : 깊은 단열 홈 베어링
- 2 : 경하중형
- 08 : 베어링 안지름번호 – 08×5=40mm

베어링의 호칭방법

구분	내용
형식번호	• 1 : 복렬 자동조심형 • 2, 3 : 상동(큰 너비) • 6 : 단열홈형 • 7 : 단열앵귤러콘택트형 • N : 원통 롤러형
치수기호	• 0, 1 : 특별경하중 • 2 : 경하중형 • 3 : 중간형
안지름번호	• 1~9 : 1~9mm • 00 : 10mm • 01 : 12mm • 02 : 15mm • 03 : 17mm • 04 : 20mm 04부터 5를 곱한다.
접촉각기호	• C
실드기호	• Z : 한쪽 실드 • ZZ : 안팎 실드
내부 틈새기호	• C2
등급기호	• 무기호 : 보통급 • H : 상급 • P : 정밀 등급 • SP : 초정밀급

55 스퍼기어의 도시법에 관한 설명으로 옳은 것은?

① 피치원은 가는 실선으로 그린다.
② 잇봉우리원은 가는 실선으로 그린다.
③ 축에 직각인 방향에서 본 그림을 단면으로 도시할 때 이골의 선은 가는 실선으로 표시한다.
④ 축 방향에서 본 이골원은 가는 실선으로 표시한다.

해설
기어의 도시법
- 이끝원은 굵은 실선으로 한다.
- 피치원은 가는 1점쇄선으로 한다.
- 맞물리는 한 쌍의 기어의 이끝원은 굵은 실선으로 그린다.
- 헬리컬기어의 잇줄 방향은 통상 3개의 가는 실선으로 그린다.
- 보통 축에 직각인 방향에서 본 투상도를 주투상도로 할 수 있다.
- 이뿌리원(이골원)은 가는 실선으로 그린다. 단, 축에 직각방향으로 단면투상할 경우에는 굵은 실선으로 한다.

53 ③　54 ③　55 ④　정답

56 **표준스퍼기어에서 모듈이 4이고, 피치원지름이 160 mm일 때, 기어의 잇수는?**

① 20 ② 30

③ 40 ④ 50

해설

기어의 지름(D)은 일반적으로 피치원지름(PCD ; Pitch Circle Diameter)으로 나타낸다.

$\mathrm{PCD} = m \times Z$

$160\mathrm{mm} = 4 \times Z$

$Z = 40\mathrm{mm}$

여기서, m : 모듈, Z : 기어의 잇수

57 **CAD시스템의 기본적인 하드웨어 구성으로 거리가 먼 것은?**

① 입력장치 ② 중앙처리장치

③ 통신장치 ④ 출력장치

해설

컴퓨터의 3대 주요장치

- 기억장치
- 입출력장치
- 중앙처리장치(CPU)

58 **좌표방식 중 원점이 아닌 현재 위치, 즉 출발점을 기준으로 하여 해당 위치까지의 거리로 그 좌표를 나타내는 방식은?**

① 절대좌표방식

② 상대좌표방식

③ 직교좌표방식

④ 원통좌표방식

해설

CAD시스템 좌표계의 종류

- 직교좌표계 : 두 개의 직교하는 축 위 두 점의 교점을 이용해서 평면 공간상의 좌표를 표시하는 좌표계
- 극좌표계 : 평면 위의 위치를 각도와 거리를 써서 나타내는 2차원 좌표계
- 원통좌표계 : 3차원 공간을 나타내기 위해 평면 극좌표계에 평면에서부터의 높이를 더해서 나타내는 좌표계
- 구면좌표계 : 3차원 구의 형태를 나타내는 것으로 거리 r과 두 개의 각으로 표현되는 좌표계
- 절대좌표계 : 도면상 임의의 점을 입력할 때 변하지 않는 원점(0, 0)을 기준으로 정한 좌표계
- 상대좌표계 : 임의의 점을 지정할 때 현재의 위치를 기준으로 그 점과의 거리를 좌표로 사용하는 좌표계
- 상대극좌표계 : 마지막 입력점을 기준으로 다음점까지의 직선거리와 기준 직교축과 그 직선이 이루는 각도를 입력하는 좌표계

정답 56 ③ 57 ③ 58 ②

59 컴퓨터의 처리속도 단위 중 ps(피코 초)란?

① 10^{-3}초
② 10^{-6}초
③ 10^{-9}초
④ 10^{-12}초

해설

컴퓨터 처리속도의 단위

밀리초 (ms)	마이크로초 (μs)	나노초 (ns)	피코초 (ps)	펨토초 (fs)	아토초 (as)
10^{-3}	10^{-6}	10^{-9}	10^{-12}	10^{-15}	10^{-18}

처리속도 느림 ↔ 처리속도 빠름

60 다른 모델링과 비교하여 와이어프레임 모델링의 일반적인 특징을 설명한 것 중 틀린 것은?

① 데이터의 구조가 간단하다.
② 처리속도가 느리다.
③ 숨은선을 제거할 수 없다.
④ 체적 등의 물리적 성질을 계산하기가 용이하지 않다.

해설

와이어프레임 모델링은 데이터의 구조가 간단하므로 처리속도가 빠르다는 장점이 있다. 솔리드 모델링의 처리속도가 가장 느리다.

와이어프레임 모델링의 특징

- 처리속도가 빠르다.
- 모델의 생성이 용이하다.
- NC코드 생성이 불가능하다.
- 단면도의 작성이 불가능하다.
- 물체상의 선 정보로만 구성된다.
- 은면의 제거가 불가능하다.
- 보이지 않는 부분, 은선(숨은선) 제거가 불가능하다.
- 형상 표현 및 출력 자료구조가 가장 간단하다.
- 공학적 해석을 위한 유한요소를 생성할 수 없다.
- 데이터의 구조가 간단하여 모델링 작업이 비교적 쉽다.
- 3차원 물체의 형상을 표현하고 3면 투시도의 작성이 가능하다.
- 와이어프레임 모델링은 실루엣(Silhouette)을 구할 수 없는 모델링 방법이다.
- 와이어프레임 모델이 솔리드 모델링방법으로 사용되기 어려운 이유는 모호성(Ambiguity) 때문이다.

59 ④ 60 ② 정답

2016년 제4회 과년도 기출문제

01 6 : 4 황동에 철 1~2%를 첨가함으로써 강도와 내식성이 향상되어 광산용 기계, 선박용 기계, 화학용 기계 등에 사용되는 특수 황동은?

① 쾌삭메탈
② 델타메탈
③ 네이벌황동
④ 애드미럴티황동

해설

황동의 종류

구분	내용
톰백	구리(Cu)에 Zn(아연)을 8~20% 합금한 것으로 색깔이 아름다워 장식용 재료로 사용한다.
문쯔메탈	60%의 구리(Cu)와 40%의 Zn(아연)이 합금된 것으로 인장강도가 최대이며, 강도가 필요한 단조제품이나 볼트, 리벳 등의 재료로 사용한다.
알브락	• 구리(Cu) 75% + Zn(아연) 20% + 소량의 Al, Si, As 등의 합금이다. • 해수에 강하며 내식성과 내침수성이 커서 복수기관과 냉각기관에 사용한다.
애드미럴티 황동	7 : 3 황동에 Sn(주석) 1%를 합금한 것으로 콘덴서 튜브에 사용한다.
델타메탈	6 : 4 황동에 1~2%의 Fe을 첨가한 것으로 강도가 크고 내식성이 좋아서 광산용 기계나 선박용, 화학용 기계의 재료로 사용한다.
쾌삭황동	황동에 Pb(납)을 0.5~3% 합금한 것으로 피절삭성 향상을 위해 사용한다.
납황동	3% 이하의 Pb을 6 : 4 황동에 첨가하여 절삭성을 향상시킨 쾌삭황동으로 기계적 성질은 다소 떨어진다.
강력황동	4 : 6 황동에 Mn, Al, Fe, Ni, Sn 등을 첨가하여 한층 더 강력하게 만든 황동이다.
네이벌황동	6 : 4 황동에 0.8% 정도의 Sn을 첨가한 것으로 내해수성이 강해서 선박용 부품에 사용한다.

02 냉간가공된 황동제품들이 공기 중의 암모니아 및 염류로 인하여 입간부식에 의한 균열이 생기는 것은?

① 저장균열　② 냉간균열
③ 자연균열　④ 열간균열

해설

황동의 자연균열 : 냉간가공한 황동 재질의 파이프나 봉재제품이 보관 중에 내부 잔류응력에 의해 자연적으로 균열이 생기는 현상이다.

- 황동의 자연균열의 원인 : 암모니아(NH_3)나 암모늄(NH_4^+)에 의한 내부응력 발생
- 황동의 자연균열의 방지법
  - 수분에 노출되지 않도록 한다.
  - 200~300℃로 응력제거 풀림을 한다.
  - 표면에 도색이나 도금으로 표면처리를 한다.

03 탄소강에 함유된 원소 중 백점이나 헤어크랙의 원인이 되는 원소는?

① 황　② 인
③ 수소　④ 구리

해설

탄소강에 함유된 원소 중에서 백점이나 헤어크랙은 수소(H_2)가 원인이다.

정답 1 ② 2 ③ 3 ③

04 **절삭공구로 사용되는 재료가 아닌 것은?**

① 페놀 ② 서멧
③ 세라믹 ④ 초경합금

해설
페놀은 플라스틱 원료의 일종으로 강도가 필요한 절삭공구용 재료로는 사용되지 않는다.

05 **상온이나 고온에서 단조성이 좋아지므로 고온가공이 용이하며 강도를 요하는 부분에 사용하는 황동은?**

① 톰백
② 6 : 4 황동
③ 7 : 3 황동
④ 함석황동

해설
② 6 : 4 황동 : Cu 60%에 Zn 40%가 합금된 것으로, 상온이나 고온에서 단조성이 좋고 고온가공이 용이하므로 강도가 필요한 곳의 재료로 사용된다.
① 톰백 : Cu에 Zn을 5~20% 합금한 것으로, 색깔이 아름답고 냉간가공이 쉽게 되어 단추나 금박, 금 모조품과 같은 장식용 재료로 사용된다.
③ 7 : 3 황동 : Cu 70% + Zn 30%의 합금으로, 전연성이 풍부하여 압연이나 드로잉 가공이 용이하나 열간가공이 어렵다. 냉간가공에 적합한 재료로 선이나 관, 전구의 소켓용 재료로 사용한다.

06 **철강의 열처리 목적으로 틀린 것은?**

① 내부의 응력과 변형을 증가시킨다.
② 강도, 연성, 내마모성 등을 향상시킨다.
③ 표면을 경화시키는 등의 성질을 변화시킨다.
④ 조직을 미세화하고 기계적 특성을 향상시킨다.

해설
철강의 열처리는 크게 재료의 내부와 외부의 성질을 모두 변화시키는 기본 열처리와 표면의 성질만을 변화시키는 표면열처리로 나뉜다. 이 두 열처리는 모두 재료에 원하는 강도와 경도를 부여하거나 내부응력을 제거하여 변형을 방지하기 위함이므로 ①번을 목적으로 하지 않는다.

07 **탄소강에 함유되는 원소 중 강도, 연신율, 충격치를 감소시키며 적열취성의 원인이 되는 것은?**

① Mn ② Si
③ P ④ S

해설
탄소강에 합금시키는 원소 중에서 적열취성의 원인이 되는 금속은 S(황)이다.

4 ① 5 ② 6 ① 7 ④ 정답

08 미끄럼베어링의 윤활방법이 아닌 것은?

① 적하 급유법
② 패드 급유법
③ 오일링 급유법
④ 충격 급유법

해설

윤활제의 급유방법

종류	특징
손 급유법 (핸드 급유법)	윤활 부위에 오일을 손으로 급유하는 가장 간단한 방식으로 윤활이 크게 문제되지 않는 저속, 중속의 소형기계나 간헐적으로 운전되는 경하중 기계에 이용된다.
적하 급유법	급유되어야 하는 마찰면이 넓은 경우, 윤활유를 연속적으로 공급하기 위해 사용되는 방법으로, 니들밸브 위치를 이용하여 급유량을 정확히 조절할 수 있다.
분무 급유법	압축공기를 이용하여 소량의 오일을 미스트화 시켜 베어링, 기어, 슬라이드, 체인 드라이브 등에 윤활을 하고, 압축공기는 냉각제의 역할을 하도록 고안된 윤활방식이다.
패드 급유법	오일 속에 털실, 무명실, 펠트 등으로 만든 패드를 오일 속에 침지시켜 패드의 모세관 현상을 이용하여 각 윤활 부위에 공급하는 방식으로 경하중용 베어링에 많이 사용된다.
기계식 강제 급유법	기계 본체의 회전축 캠 또는 모터에 의하여 구동되는 소형 플런저 펌프에 의한 급유방식으로 비교적 소량, 고속의 윤활유를 간헐적으로 압송시킨다.

09 일반 스퍼기어와 비교한 헬리컬기어의 특징에 대한 설명으로 틀린 것은?

① 임의의 비틀림각을 선택할 수 있어서 축 중심거리의 조절이 용이하다.
② 물림길이가 길고 물림률이 크다.
③ 최소 잇수가 적어서 회전비를 크게 할 수가 있다.
④ 추력이 발생하지 않아서 진동과 소음이 적다.

해설

헬리컬기어의 특징

- 진동과 소음이 작다.
- 물림 길이가 길고 물림률이 크다.
- 치직각 모듈은 축직각 모듈보다 작다.
- 최소 잇수가 적어서 회전비를 크게 할 수 있다.
- 나선각 때문에 축 방향으로 스러스트 하중이 발생한다.
- 헬리컬기어로 동력전달 시 일반적으로 축방향의 하중이 발생된다.
- 임의의 비틀림 각을 선택할 수 있어서 축 중심거리의 조절이 용이하다.
- 헬리컬기어가 서로 맞물려 돌아가려면 맞물리는 비틀림각은 서로 반대여야 한다.
- 치직각 단면에서 피치원은 타원이 되며, 타원의 곡률 반지름 중 가장 큰 반지름을 상당 스퍼기어 반지름이라고 한다.

정답 8 ④ 9 ④

10 체인전동의 일반적인 특징으로 거리가 먼 것은?

① 속도비가 일정하다.
② 유지 및 보수가 용이하다.
③ 내열, 내유, 내습성이 강하다.
④ 진동과 소음이 없다.

해설

체인전동장치의 특징
- 유지 및 보수가 쉽다.
- 접촉각은 90° 이상이 좋다.
- 체인의 길이를 조절하기 쉽다.
- 내열이나 내유, 내습성이 크다.
- 체인과 스프로킷이 서로 마찰을 일으키기 때문에 진동이나 소음이 일어나기 쉽다.
- 축간거리가 긴 경우 고속전동이 어렵다.
- 여러 개의 축을 동시에 작동시킬 수 있다.
- 마멸이 일어나도 전동효율의 저하가 작다.
- 큰 동력 전달이 가능하며 전동효율이 90% 이상이다.
- 체인의 탄성으로 어느 정도의 충격을 흡수할 수 있다.
- 고속 회전에 부적당하며 저속회전으로 큰 힘을 전달하는 데 적당하다.
- 전달효율이 크고 미끄럼(슬립)이 없이 일정한 속도비를 얻을 수 있다.
- 초기 장력이 필요 없어서 베어링 마멸이 적고 정지 시 장력이 작용하지 않는다.
- 사일런트(스) 체인은 정숙하고 원활한 운전과 고속 회전이 필요할 때 사용되는 체인이다.

11 8kN의 인장하중을 받는 정사각봉의 단면에 발생하는 인장응력이 5MPa이다. 이 정사각봉의 한 변의 길이는 약 몇 mm인가?

① 40 ② 60
③ 80 ④ 100

해설

$\sigma = \dfrac{F}{A}$

$5 \times 10^6 \times 10^{-6} \text{N/mm}^2 = \dfrac{8{,}000\text{N}}{a^2}$

여기서, a = 한 변의 길이

$a^2 = 1{,}600$

$a = 40\text{mm}$

12 회전체의 균형을 좋게 하거나 너트를 외부에 돌출시키지 않으려고 할 때 주로 사용하는 너트는?

① 캡 너트 ② 둥근 너트
③ 육각 너트 ④ 와셔붙이 너트

해설

둥근 너트는 회전체의 균형을 좋게 만들기 위해 사용한다.

너트의 종류

명칭	형상	용도 및 특징
둥근 너트		겉모양이 둥근 형태의 너트
육각 너트		일반적으로 가장 많이 사용하는 너트
T 너트		공작 기계 테이블의 T자 홈에 끼워 공작물을 고정하는 데 사용하는 너트
사각 너트		겉모양이 사각형으로 주로 목재에 사용하는 너트
나비 너트		너트를 쉽게 조일 수 있도록 머리 부분을 나비의 날개 모양으로 만든 너트
캡 너트		유체가 나사의 접촉면 사이의 틈새나 볼트와 볼트 구멍의 틈으로 새어 나오는 것을 방지할 목적으로 사용하는 너트
와셔붙이(플랜지) 너트		육각의 대각선거리보다 큰 지름의 자리 면이 달린 너트로 볼트 구멍이 클 때, 접촉면을 거칠게 다듬질했을 때나 큰 면 압력을 피하려고 할 때 사용하는 너트
스프링 판 너트		보통의 너트처럼 나사가공이 되어 있지 않아 간단하게 끼울 수 있기 때문에 사용이 간단하여 스피드 너트(Speed Nut)라고도 불리는 너트

10 ④ 11 ① 12 ② 정답

13 **핀(Pin)의 종류에 대한 설명으로 틀린 것은?**

① 테이퍼 핀은 보통 1/50 정도의 테이퍼를 가지며, 축에 보스를 고정시킬 때 사용할 수 있다.

② 평행핀은 분해·조립하는 부품의 맞춤면의 관계 위치를 일정하게 할 필요가 있을 때 주로 사용된다.

③ 분할핀은 한쪽 끝이 2가닥으로 갈라진 핀으로 축에 끼워진 부품이 빠지는 것을 막는 데 사용할 수 있다.

④ 스프링 핀은 2개의 봉을 연결하기 위해 구멍에 수직으로 핀을 끼워 2개의 봉이 상대각운동을 할 수 있도록 연결한 것이다.

해설

2개의 봉을 상대각운동을 시키는 것은 핀 조인트에 대한 설명으로 스프링 핀의 역할과는 거리가 멀다.

스프링 핀 : 탄성이 있는 강판을 원통 모양으로 둥글게 말아서 핀의 반지름 방향으로 스프링작용을 하는 핀으로 충격흡수기능도 한다.

14 **기계의 운동에너지를 흡수하여 운동속도를 감속 또는 정지시키는 장치는?**

① 기어 ② 커플링

③ 마찰차 ④ 브레이크

해설

브레이크 : 움직이는 기계장치의 속도를 줄이거나 정지시키는 제동장치로 마찰력을 이용하여 운동에너지를 열에너지로 변환시킨다.

15 **한쪽은 오른나사, 다른 한쪽은 왼나사로 되어 양끝을 서로 당기거나 밀거나 할 때 사용하는 기계요소는?**

① 아이 볼트 ② 세트 스크루

③ 플레이트 너트 ④ 턴 버클

해설

턴 버클 : 한쪽은 오른나사, 반대쪽은 왼나사로 되어 있어서 양끝을 서로 당기거나 밀어서 물건을 고정할 때 사용하는 기계장치이다.

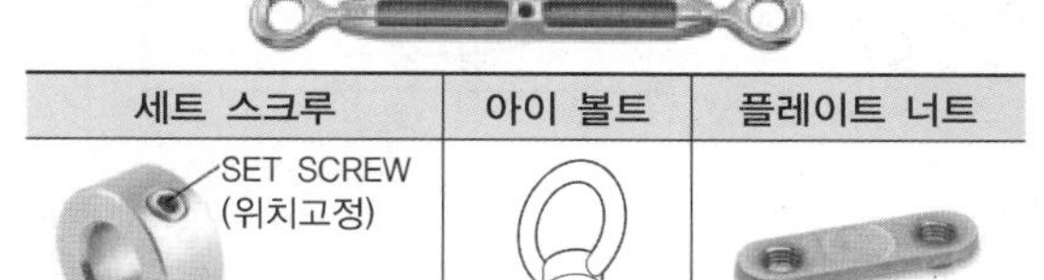

세트 스크루	아이 볼트	플레이트 너트
SET SCREW (위치고정)		

16 **가공할 구멍이 매우 클 때 구멍 전체를 절삭하지 않고 내부에는 심재가 남도록 환형의 홈으로 가공하는 방식으로, 판재에 큰 구멍을 가공하거나 포신 등의 가공에 적합한 보링머신은?**

① 보통보링머신 ② 수직보링머신

③ 지그보링머신 ④ 코어보링머신

해설

④ 코어보링머신 : 판재나 포신 등 큰 구멍을 가공하는 데 적합하다.

② 수직보링머신 : 스핀들이 수직으로 설치되어 있으며 이 스핀들은 안내면을 따라 이송된다. 공구 위치는 크로스 레일 공구대에 의해 조절되며 베드 위에 회전 테이블이 수평으로 설치되어 있어서 공작물은 그 위에 설치한다.

③ 지그보링머신 : 주축대의 위치를 정밀하게 가공하기 위하여 나사식 측정장치, 다이얼게이지, 광학적 측정장치를 갖추고 있는 공작기계로 높은 정밀도를 요구하는 가공물이나 지그, 정밀기계의 구멍가공 등에 사용하며 온도변화에 영향을 받지 않도록 항온항습실에 설치해야 한다.

※ 2022년 개정된 출제기준에서 삭제된 내용

정답 13 ④ 14 ④ 15 ④ 16 ④

17 그림과 같은 환봉의 테이퍼를 선반에서 복식공구대를 회전시켜 가공하려고 할 때 공구대를 회전시켜야 할 각도는?(단, 각도는 다음 표를 참고한다)

$\tan\theta$	0.052	0.104	0.208	0.416
각도	3°	5° 5′	11° 45′	23° 35′

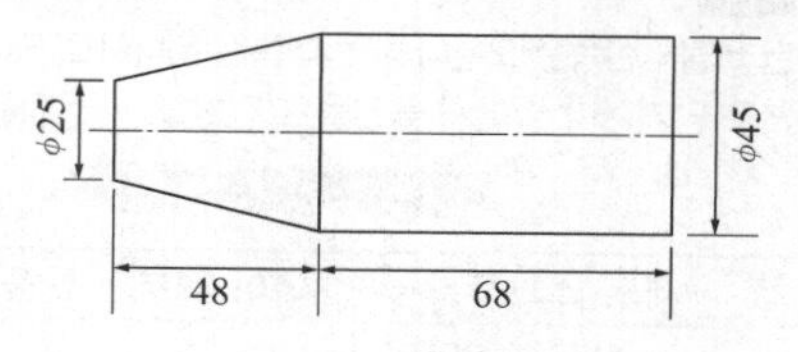

① 3° ② 5° 5′

③ 11° 45′ ④ 23° 35′

해설

공구대의 회전각(α)

$$\tan\alpha = \frac{D-d}{2l} = \frac{45-25}{2\times48} = \frac{20}{96} = 0.208$$

따라서, 회전각 $\alpha = 11°\ 45'$

※ 2022년 개정된 출제기준에서 삭제된 내용

18 전해연마의 특징에 대한 설명으로 틀린 것은?

① 가공면에 방향성이 없다.

② 복잡한 형상의 제품은 가공할 수 없다.

③ 가공 변질층이 없고 평활한 가공면을 얻을 수 있다.

④ 연질의 알루미늄, 구리 등도 쉽게 광택면을 가공할 수 있다.

해설

전해연마(Electrolytic Polishing)

전해액을 이용하여 전기화학적인 방법으로 공작물을 연삭하는 방법으로 전기도금과는 반대의 방법으로 가공한다. 광택이 있는 가공면을 비교적 쉽게 가공할 수 있어서 거울이나 드릴의 홈, 주사침, 반사경 및 시계의 기어 등을 다듬질하는 데에도 사용된다.

전해연마의 특징

- 가공 변질층이 없다.
- 가공면에 방향성이 없다.
- 내마모성과 내부식성이 좋다.
- 표면이 깨끗해서 도금이 잘된다.
- 복잡한 형상의 공작물도 연마가 가능하다.
- 공작물의 형상을 바꾸거나 치수 변경에는 적합하지 않다.
- 알루미늄이나 구리합금과 같은 연질재료의 연마도 가능하다.
- 치수의 정밀도보다는 광택의 거울면을 얻고자 할 때 사용한다.
- 철강재료와 같이 탄소를 많이 함유한 금속은 전해연마가 어렵다.
- 연마량이 적어 깊은 홈은 제거가 되지 않으며 모서리가 둥글게(라운딩) 된다.
- 가공층이나 녹, 공구 절삭 자리의 제거, 공구 날 끝의 연마, 표면처리에 적합하다.

※ 2022년 개정된 출제기준에서 삭제된 내용

19 CNC선반에서 휴지기능(G04)에 관한 설명으로 틀린 것은?

① 휴지기능은 홈 가공에서 많이 사용한다.

② 휴지기능은 진원도를 향상시킬 수 있다.

③ 휴지기능은 깨끗한 표면을 가공할 수 있다.

④ 휴지기능은 정밀한 나사를 가공할 수 있다.

해설

휴지기능은 절삭공구의 이송을 잠시 멈추는 기능이므로 홈 가공이나 절삭공구의 이동 끝부분의 진원도를 높이고자 할 때, 깨끗한 표면을 만들고자 할 때 사용한다. 그러나 정밀한 나사를 가공할 때는 절삭 바이트를 일정한 속도로 이송시켜야 하기 때문에 CNC 선반에서 휴지기능으로는 나사가공이 불가능하다.

※ 2022년 개정된 출제기준에서 삭제된 내용

17 ③ 18 ② 19 ④ 정답

20 금형부품과 같은 복잡한 형상을 고정밀도로 가공할 수 있는 연삭기는?

① 성형 연삭기
② 평면 연삭기
③ 센터리스 연삭기
④ 만능공구 연삭기

해설
성형 연삭기는 복잡한 형상의 제품을 고정밀도로 제작할 수 있다.
※ 2022년 개정된 출제기준에서 삭제된 내용

21 그림과 같이 테이퍼를 가공할 때 심압대의 편위량은 몇 mm인가?

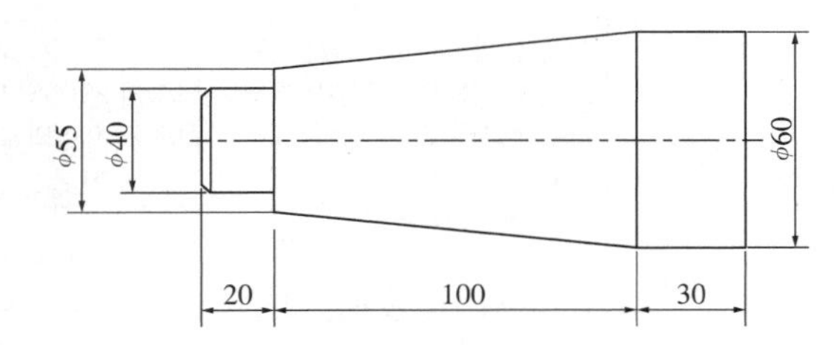

① 3.0　　② 3.25
③ 3.75　　④ 5.25

해설
심압대 편위량(e) 구하는 식에 적용하면

$$e=\frac{L(D-d)}{2l}=\frac{150(60-55)}{2\times 100}=\frac{750}{200}=3.75\text{mm}$$

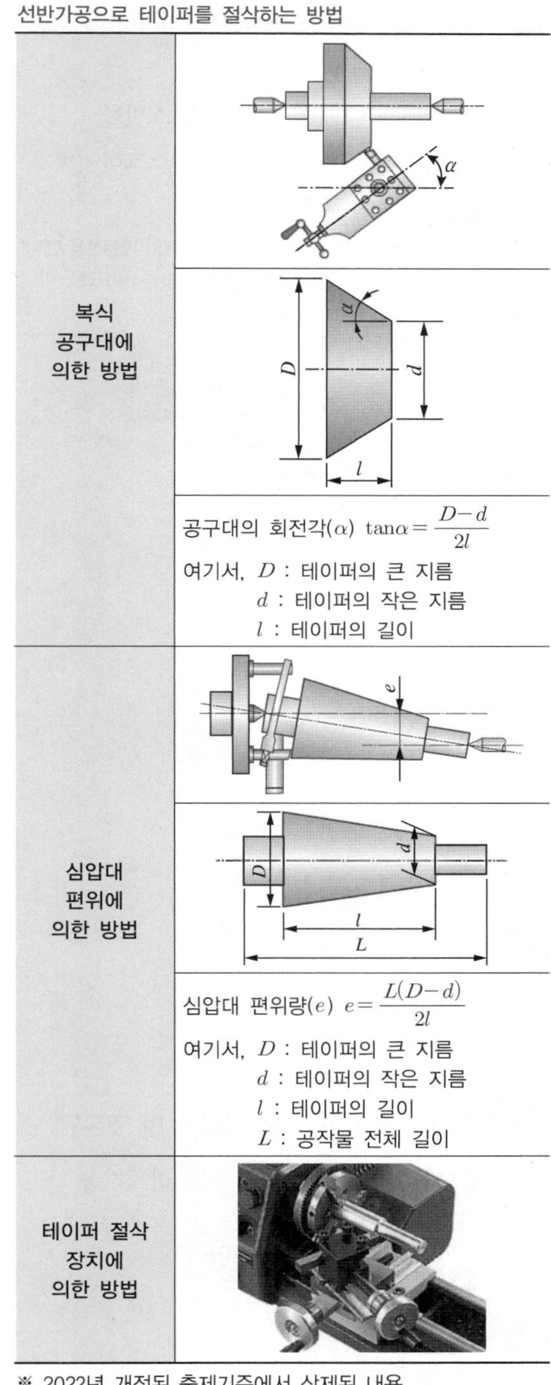

선반가공으로 테이퍼를 절삭하는 방법

복식 공구대에 의한 방법	공구대의 회전각(α) $\tan\alpha=\frac{D-d}{2l}$ 여기서, D : 테이퍼의 큰 지름 d : 테이퍼의 작은 지름 l : 테이퍼의 길이
심압대 편위에 의한 방법	심압대 편위량(e) $e=\frac{L(D-d)}{2l}$ 여기서, D : 테이퍼의 큰 지름 d : 테이퍼의 작은 지름 l : 테이퍼의 길이 L : 공작물 전체 길이
테이퍼 절삭 장치에 의한 방법	

※ 2022년 개정된 출제기준에서 삭제된 내용

정답 20 ① 21 ③

22 마이크로미터의 구조에서 구성부품에 속하지 않는 것은?

① 앤빌 ② 스핀들
③ 슬리브 ④ 스크라이버

해설

스크라이버는 재료 표면에 임의의 간격의 평행선을 펜이나 연필보다 정확히 긋고자 할 경우에 사용되는 공구이므로, 마이크로미터의 구조에는 속하지 않는다.

마이크로미터의 구조

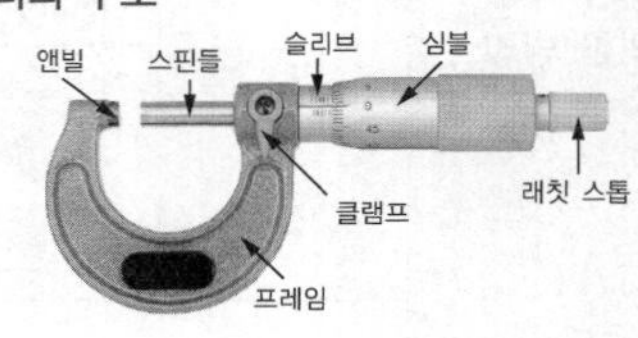

23 윤활의 목적과 가장 거리가 먼 것은?

① 냉각작용 ② 방청작용
③ 청정작용 ④ 용해작용

해설

윤활유의 사용목적

- 청정작용
- 냉각작용
- 윤활작용
- 방청작용
- 밀폐(밀봉)작용
- 제품 표면의 손상을 방지

※ 2022년 개정된 출제기준에서 삭제된 내용

24 기어절삭기로 가공된 기어의 면을 매끄럽고 정밀하게 다듬질하는 가공은?

① 래핑 ② 호닝
③ 폴리싱 ④ 기어 셰이빙

해설

기어 셰이퍼(Gear Shaper)

기어를 가공하는 공작기계로 피니언 공구 또는 래크형 공구를 왕복운동시켜 기어 소재와 공구에 적당한 이송을 주면서 가공한다.

※ 2022년 개정된 출제기준에서 삭제된 내용

25 밀링가공에서 분할대를 이용하여 원주면을 등분하려고 한다. 직접 분할법에서 직접 분할판의 구멍수는?

① 12개 ② 24개
③ 30개 ④ 36개

해설

분할법의 종류

종류	특징	분할 가능 등분수
직접 분할법	큰 정밀도가 필요하지 않은 키홈 등 비교적 단순한 분할가공에 주로 사용한다. $n=\frac{24}{N}$ 여기서, n : 분할 크랭크의 회전수 N : 공작물의 분할 수	24의 약수인 2, 3, 4, 6, 8, 12, 24
단식 분할법	직접 분할법으로 분할할 수 없는 수나 정확한 분할이 필요한 경우에 사용하는 방법이다. $n=\frac{40}{N}=\frac{R}{N'}$ 여기서, R : 크랭크를 돌리는 분할 수 N' : 분할판에 있는 구멍 수 N : 공작물의 분할 수	2~60의 수, 60~120의 2와 5의 배수 및 120 이상의 수 중에서 $\frac{40}{N}$에서 분모가 분할판의 구멍수가 될 수 있는 수 ※ 각도로는 분할 크랭크 1회전당 스핀들은 9° 회전한다.
차동 분할법	직접 분할법이나 단식 분할법으로 분할할 수 없는 특정한 수의 분할을 할 때 사용한다.	67, 97, 121

※ 2022년 개정된 출제기준에서 삭제된 내용

정답 22 ④ 23 ④ 24 ④ 25 ②

26 **제품의 표면거칠기를 나타낼 때 표면조직의 파라미터를 "평가된 프로파일의 산술 평균 높이"로 사용하고자 한다면 그 기호로 옳은 것은?**

① Rt ② Rq
③ Rz ④ Ra

해설

표면거칠기 : 제품의 표면에 생긴 가공 흔적이나 무늬로 형성된 오목하거나 볼록한 차를 말한다.

표면거칠기를 표시하는 방법

종류	특징
산술 평균 거칠기(Ra)	중심선 윗부분 면적의 합을 기준길이로 나눈 값을 마이크로미터(μm)로 나타낸 것
최대 높이 (Ry)	산봉우리 선과 골바닥 선의 간격을 측정하여 마이크로미터(μm)로 나타낸 것
10점 평균 거칠기(Rz)	일정길이 내의 5개의 산높이와 2개의 골 깊이의 평균을 취하여 구한 값을 마이크로미터(μm)로 나타낸 것

27 **다음은 어떤 물체를 제3각법으로 투상한 것이다. 이 물체의 등각투상도로 가장 적합한 것은?**

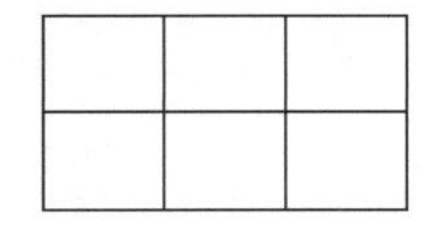

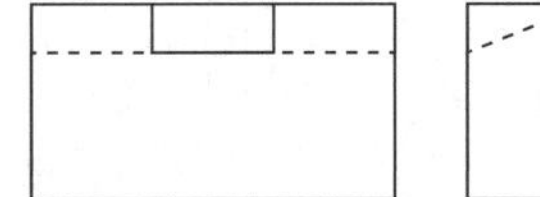
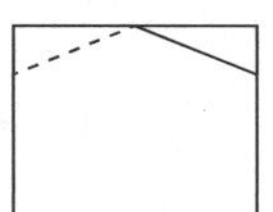

①
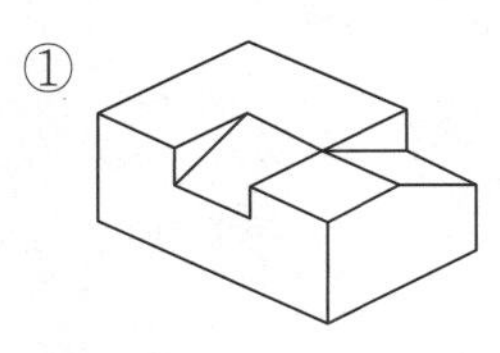
②
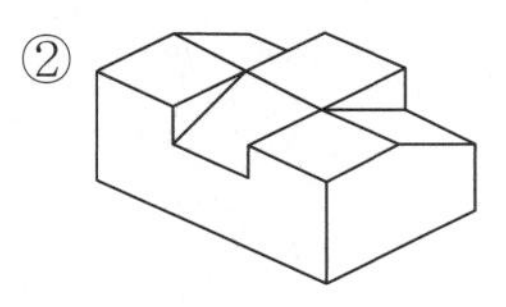
③
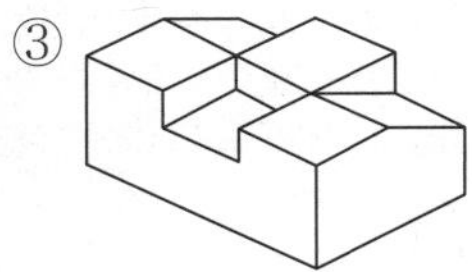
④
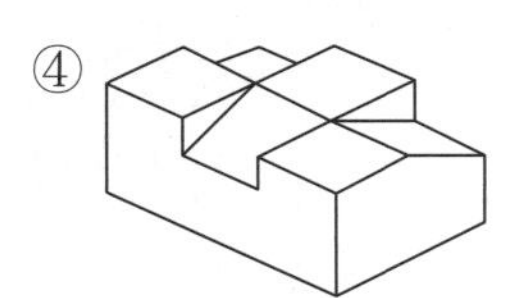

해설

제3각법의 우측면도를 보면 좌측 및 우측에 모두 대각선 방향으로 경사면이 존재한다. 따라서 이 부분이 표시되어 있는 ②번이 정답이다.

28 **가는 실선으로만 사용하지 않는 선은?**

① 지시선 ② 절단선
③ 해칭선 ④ 치수선

해설

절단선은 절단한 면을 나타내는 선으로, 그 형식은 가는 1점쇄선이 겹치는 부분에 굵은 실선을 사용한다.

29 **재료의 기호와 명칭이 맞는 것은?**

① STC : 기계구조용 탄소강재
② STKM : 용접구조용 압연강재
③ SPHD : 탄소공구강재
④ SS : 일반구조용 압연강재

해설

SS 400

- SS : 일반구조용 압연강재(Structural Steel)
- 400 : 최저인장강도($41\text{kgf/mm}^2 \times 9.8 = 400\text{N/mm}^2$)

① STC : 탄소공구강재
② STKM : 기계구조용 탄소강관(Steel Tube)
③ SPHD : 열간압연 연강판 및 강대(드로잉용)

정답 26 ④ 27 ② 28 ② 29 ④

30 **도면이 구비하여야 할 구비조건이 아닌 것은?**

① 무역 및 기술의 국제적인 통용성
② 제도자의 독창적인 제도법에 대한 창의성
③ 면의 표면, 재료, 가공방법 등의 정보성
④ 대상물의 도형, 크기, 모양, 자세, 위치 등의 정보성

해설
도면은 설계자인 제도자와 제품 제작자 사이의 의사소통 언어이므로 반드시 KS 규격이나 ISO 규격에 맞추어서 도시되어야 한다. 따라서 제도자가 임의로 창의적인 표시를 하면 안 된다.

31 **투상도를 표시하는 방법에 관한 설명으로 가장 옳지 않은 것은?**

① 조립도 등 주로 기능을 나타내는 도면에서는 대상물을 사용하는 상태로 표시한다.
② 물체의 중요한 면은 가급적 투상면에 평행하거나 수직이 되도록 표시한다.
③ 물품의 형상이나 기능을 가장 명료하게 나타내는 면을 주투상도가 아닌 보조투상도로 선정한다.
④ 가공을 위한 도면은 가공량이 많은 공정을 기준으로 가공할 때 놓여진 상태와 같은 방향으로 표시한다.

해설
투상도를 표시할 때는 물품의 형상이나 기능을 가장 명료하게 나타내는 면을 주투상도로 선정해야 한다.

32 **다음 내용이 설명하는 투상법은?**

투사선이 평행하게 물체를 지나 투상면에 수직으로 닿고 투상된 물체가 투상면에 나란하기 때문에 어떤 물체의 형상도 정확하게 표현할 수 있다. 이 투상법에는 1각법과 3각법이 속한다.

① 투시투상법 ② 등각투상법
③ 사투상법 ④ 정투상법

해설
정투상법은 물체를 바라보는 투사선이 평행하게 지나는 투상법으로 제1각법과 제3각법으로 나타낸다.
주요 투상법의 특징

종류	특징
사투상법	30° • 물체를 투상면에 대하여 한쪽으로 경사지게 투상하여 입체적으로 나타낸 투상법이다. • 하나의 그림으로 대상물의 한 면(정면)만을 중점적으로 엄밀하고 정확하게 표시할 수 있다.
등각 투상법	X Y Z 120° 120° 120° 30° 30° • 정면, 평면, 측면을 하나의 투상도에서 동시에 볼 수 있도록 그린 투상법이다. • 직육면체의 등각 투상도에서 직각으로 만나는 3개의 모서리는 각각 120°를 이룬다. • 주로 기계 부품의 조립이나 분해를 설명하는 정비지침서 등에 사용한다.
투시 투상법	• 건축, 도로, 교량의 도면 작성에 사용된다. • 멀고 가까운 원근감을 느낄 수 있도록 하나의 시점과 물체의 각 점을 방사선으로 그리는 투상법이다.
부등각 투상법	1 3/4 1 18° 30° 수평선과 2개의 축선이 이루는 각을 서로 다르게 그린 투상법이다.

30 ② 31 ③ 32 ④ 정답

33 다음 그림과 같은 치수기입방법은?

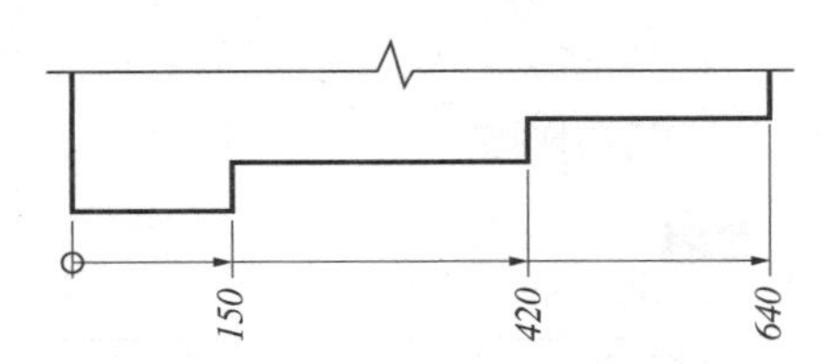

① 직렬 치수기입방법
② 병렬 치수기입방법
③ 누진 치수기입방법
④ 복합 치수기입방법

해설

치수의 배치방법

종류	도면상 표현
직렬 치수 기입법	• 직렬로 나란히 연결된 개개의 치수에 주어진 일반공차가 차례로 누적되어도 기능과 상관없는 경우 사용한다. • 축을 기입할 때는 중요도가 작은 치수는 괄호를 붙여서 참고치수로 기입한다.
병렬 치수 기입법	• 기준면을 설정하여 개개별로 기입되는 방법이다. • 각 치수의 일반공차는 다른 치수의 일반공차에 영향을 주지 않는다.
누진 치수 기입법	• 한 개의 연속된 치수선으로 간편하게 사용하는 방법이다. • 치수의 기준점에 기점 기호(O)를 기입하고, 치수 보조선과 만나는 곳마다 화살표를 붙인다.
좌표치수 기입법	• 구멍의 위치나 크기 등의 치수는 좌표를 사용해도 된다. • 프레스금형이나 사출금형의 설계도면 작성 시 사용한다. • 기준면에 해당하는 쪽의 치수보조선의 위치는 제품의 기능, 조립, 검사 등의 조건을 고려하여 정한다.

34 기계 관련 부품도에서 ϕ80H7/g6로 표기된 것의 설명으로 틀린 것은?

① 구멍기준식 끼워맞춤이다.
② 구멍의 끼워맞춤공차는 H7이다.
③ 축의 끼워맞춤공차는 g6이다.
④ 억지 끼워맞춤이다.

해설

g6 : 헐거운 끼워맞춤을 도시할 때 사용하는 기호는 g이다.

구멍기준식 축의 끼워맞춤

헐거운 끼워맞춤	중간 끼워맞춤	억지 끼워맞춤
b, c, d, e, f, g	h, js, k, m, n	p, r, s, t, u, x

정답 33 ③ 34 ④

35 그림에서 기하공차 기호로 기입할 수 없는 것은?

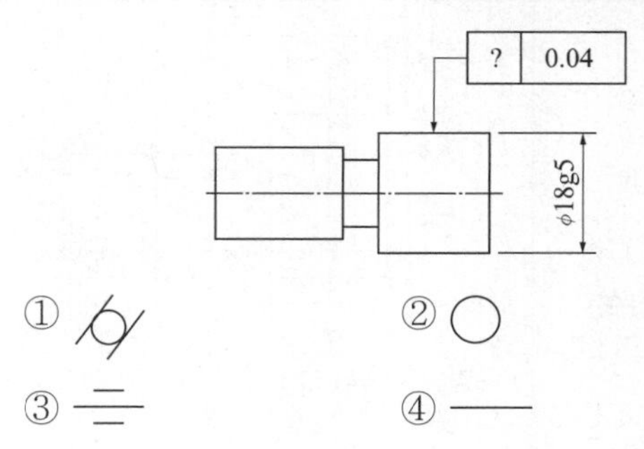

① ⌭　　② ○

③ ⌯　　④ ⏤

해설

기하공차의 분류 중에서 모양공차에 속하는 기호에는 측정 기준면인 데이텀을 지정하지 않는다. 따라서 ③번은 자세공차에 속하는 대칭도이므로 반드시 데이텀을 지정해야 한다.

36 모따기를 나타내는 치수 보조기호는?

① R　　② SR

③ t　　④ C

해설

치수 보조기호

기호	구분	기호	구분
ϕ	지름	p	피치
Sϕ	구의 지름	$\overset{\frown}{50}$	호의 길이
R	반지름	$\underline{50}$	비례척도가 아닌 치수
SR	구의 반지름	$\boxed{50}$	이론적으로 정확한 치수
□	정사각형	(50)	참고치수
C	45° 모따기	~~50~~	치수의 취소 (수정 시 사용)
t	두께	–	–

37 KS 규격에서 규정하고 있는 단면도의 종류가 아닌 것은?

① 온단면도　　② 한쪽단면도

③ 부분단면도　　④ 복각단면도

해설

단면도의 종류

단면도명	특징
온단면도 (전단면도)	• 물체 전체를 직선으로 절단하여 앞부분을 잘라내고 남은 뒷부분의 단면 모양을 그린 것 • 절단 부위의 위치와 보는 방향이 확실한 경우에는 절단선, 화살표, 문자기호를 기입하지 않아도 된다.
한쪽 단면도 (반단면도)	• 반단면도라고도 한다. • 절단면을 전체의 반만 설치하여 단면도를 얻는다. • 상하 또는 좌우가 대칭인 물체를 중심선을 기준으로 $\frac{1}{4}$ 절단하여 내부 모양과 외부 모양을 동시에 표시하는 방법이다.
부분 단면도	파단선 / 떼어 낸 부분의 단면 • 파단선을 그어서 단면 부분의 경계를 표시한다. • 일부분을 잘라 내고 필요한 내부의 모양을 그리기 위한 방법이다.
회전도시 단면도	(a) 암의 회전단면도(투상도 안) (b) 훅의 회전단면도(투상도 밖)

35 ③　36 ④　37 ④ 정답

단면도명	특징
회전도시 단면도	• 절단선의 연장선 뒤에도 그릴 수 있다. • 투상도의 절단할 곳과 겹쳐서 그릴 때는 가는 실선으로 그린다. • 주투상도의 밖으로 끌어내어 그릴 경우는 가는 1점쇄선으로 한계를 표시하고 굵은 실선으로 그린다. • 핸들이나 벨트 풀리, 바퀴의 암, 리브, 축, 형강 등의 단면의 모양을 90°로 회전시켜 투상도의 안이나 밖에 그린다.
계단 단면도	A B C D A-B-C-D • 절단면을 여러 개 설치하여 그린 단면도이다. • 복잡한 물체의 투상도 수를 줄일 목적으로 사용한다. • 절단선, 절단면의 한계와 화살표 및 문자기호를 반드시 표시하여 절단면의 위치와 보는 방향을 정확히 명시해야 한다.

38 제3각법으로 그린 투상도에서 우측면도로 옳은 것은?

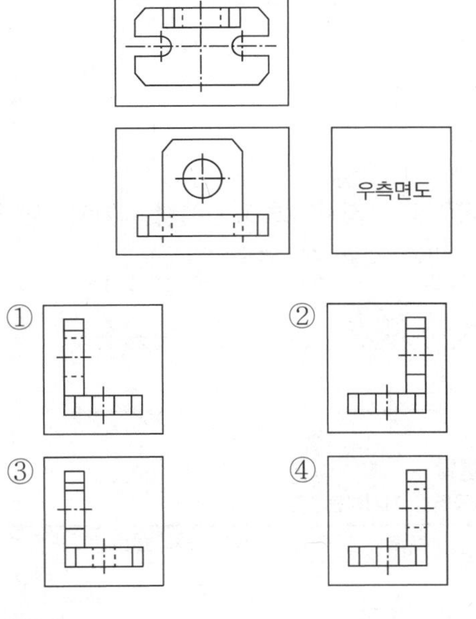

해설

평면도를 보면 위쪽 상단에 사각형의 외형선이 보이므로 우측면도에서 이 부분의 형태가 ②번과 ④번이 되어야 함을 유추할 수 있다. 또한, 정면도를 보면 중앙에 빈 공간이 존재하는데 이 부분은 우측면도에서 점선으로 표시되어야 하므로 정답이 ④번임을 알 수 있다.

39 열처리, 도금 등 특별한 요구사항을 적용할 수 있는 범위를 표시하는 데 사용하는 특수 지정선은?

① 굵은 실선

② 가는 실선

③ 굵은 파선

④ 굵은 1점쇄선

해설

재료의 일부분에 열처리나 도금과 같이 특수가공이 필요함을 나타낼 때는 해당 부분 위에 굵은 1점쇄선으로 도시해야 한다.

40 도면에서 구멍의 치수가 $\phi 50\,^{+0.05}_{-0.02}$로 기입되어 있다면 치수공차는?

① 0.02　② 0.03

③ 0.05　④ 0.07

해설

치수공차 : 50.05 − 49.98 = 0.07

정답 38 ④ 39 ④ 40 ④

41 도면관리에 필요한 사항과 도면 내용에 관한 중요한 사항이 기입되어 있는 도면양식으로 도명이나 도면번호와 같은 정보가 있는 것은?

① 재단마크 ② 표제란
③ 비교눈금 ④ 중심마크

해설

도면에 마련되는 양식

윤곽선	도면 용지의 안쪽에 그려진 내용이 확실히 구분되도록 하고, 종이의 가장자리가 찢어져서 도면의 내용을 훼손하지 않도록 하기 위해서 굵은 실선으로 표시한다.
표제란	도면관리에 필요한 사항과 도면내용에 관한 중요 사항으로서 도명, 도면번호, 기업(소속명), 척도, 투상법, 작성 연월일, 설계자 등을 기입한다.
중심마크	도면의 영구 보존을 위해 마이크로필름으로 촬영하거나 복사하고자 할 때 굵은 실선으로 표시한다.
비교눈금	도면을 축소하거나 확대했을 때 그 정도를 알기 위해 도면 아래쪽의 중앙 부분에 10mm 간격의 눈금을 굵은 실선으로 그려 놓은 것이다.
재단마크	인쇄, 복사, 플로터로 출력된 도면을 규격에서 정한 크기로 자르기 편하도록 하기 위해 사용한다.

42 기하공차의 종류와 기호설명이 잘못된 것은?

① ⏥ : 평면도공차
② ○ : 원통도공차
③ ⌖ : 위치도공차
④ ⊥ : 직각도공차

해설

기하공차 종류 및 기호

공차의 종류		기호
모양 공차	진직도공차	—
	평면도공차	⏥
	진원도공차	○
	원통도공차	⌭
	선의 윤곽도공차	⌒
	면의 윤곽도공차	⌓
자세 공차	평행도공차	//
	직각도공차	⊥
	경사도공차	∠
위치 공차	위치도공차	⌖
	동축도공차 또는 동심도공차	◎
	대칭도	⌯
흔들림 공차	원주흔들림공차	↗
	온흔들림공차	⌰

43 다음 면의 지시기호 표시에서 제거가공을 허락하지 않는 것을 지시하는 기호는?

① (원이 있는 지시기호) ② (기본 지시기호)
③ (삼각형이 닫힌 지시기호) ④ (가로선이 있는 지시기호)

해설

가공면을 지시하는 기호

종류	의미
(기본 지시기호)	제거가공을 하든, 하지 않든 상관없다.
(삼각형이 닫힌 지시기호)	제거가공을 해야 한다.
(원이 있는 지시기호)	제거가공을 해서는 안 된다.

※ 표면의 결을 도시할 때는 지시기호를 외형선에 붙여서 쓴다.

41 ② 42 ② 43 ① 정답

44 도면을 작성할 때 쓰이는 문자의 크기를 나타내는 기준은?

① 문자의 폭
② 문자의 높이
③ 문자의 굵기
④ 문자의 경사도

해설

도면 작성 시 문자의 크기를 나타내는 기준은 문자의 높이로 한다.
※ 전산응용기계제도기능사 실기시험 시 일반적으로 주서 제목은 5mm, 일반 주서나 치수문자는 3.5mm로 나타낸다.

45 다음 중 억지 끼워맞춤에 속하는 것은?

① H8/e8 ② H7/t6
③ H8/f8 ④ H6/k6

해설

끼워맞춤 기호는 영문자를 사용하는데 축은 소문자, 구멍은 대문자로 나타낸다.

- H7 : 구멍기준식 끼워맞춤, 공차 등급 7
- t6 : 축을 억지 끼워맞춤, 공차 등급 6

구멍기준식 축의 끼워맞춤

헐거운 끼워맞춤	중간 끼워맞춤	억지 끼워맞춤
b, c, d, e, f, g	h, js, k, m, n	p, r, s, t, u, x

46 축을 제도하는 방법에 관한 설명으로 틀린 것은?

① 긴 축은 단축하여 그릴 수 있으나 길이는 실제 길이를 기입한다.
② 축은 일반적으로 길이 방향으로 절단하여 단면을 표시한다.
③ 구석 라운드 가공부는 필요에 따라 확대하여 기입할 수 있다.
④ 필요에 따라 부분 단면은 가능하다.

해설

축의 도시방법

- 긴 축은 중간을 파단하여 짧게 그릴 수 있다.
- 축의 키홈 부분의 표시는 부분 단면도로 나타낸다.
- 축의 끝은 모따기를 하고 모따기 치수를 기입한다.
- 축은 길이 방향으로 절단하여 단면을 도시하지 않는다.
- 축은 일반적으로 중심선을 수평방향으로 놓고 그린다.
- 축의 일부 중 평면 부위는 가는 실선으로 대각선 표시를 한다.
- 축의 구석 홈 가공부는 확대하여 상세치수를 기입할 수 있다.
- 축의 끝에는 조립을 쉽고 정확하게 하기 위해서 모따기를 한다.
- 긴 축은 중간 부분을 파단하여 짧게 그리고 실제치수를 기입한다.
- 축 끝의 모따기는 폭과 각도를 기입하거나 45°인 경우 C로 표시한다.
- 널링을 도시할 때 빗줄인 경우 축선에 대하여 30°로 엇갈리게 그린다.

※ 도시 : 도면에 표시의 줄임말

47 관의 결합방식 표시에서 유니언식을 나타내는 것은?

① ──┼── ② ──╫── (세 줄)
③ ──╫── ④ ──○──

해설

배관접합 기호의 종류

유니언 연결	─┤│├─ / ─╫─	플랜지 연결	─┤├─ / ─╫─
칼라연결	─)(─	마개와 소켓연결	─)─
확장연결	─[ ]─	일반연결	─┼─

48 스퍼기어의 도시방법에 대한 설명으로 틀린 것은?

① 축에 직각인 방향으로 본투상도를 주투상도로 할 수 있다.
② 잇봉우리원은 굵은 실선으로 그린다.
③ 피치원은 가는 1점쇄선으로 그린다.
④ 축 방향으로 본투상도에서 이골원은 굵은 실선으로 그린다.

해설
스퍼기어의 도시법
- 이끝원은 굵은 실선으로 한다.
- 피치원은 가는 1점쇄선으로 한다.
- 맞물리는 한 쌍의 기어의 이끝원은 굵은 실선으로 그린다.
- 헬리컬 기어의 잇줄 방향은 통상 3개의 가는 실선으로 그린다.
- 보통 축에 직각인 방향에서 본투상도를 주투상도로 할 수 있다.
- 이뿌리원(이골원)은 가는 실선으로 그린다. 단, 축에 직각방향으로 단면 투상할 경우에는 굵은 실선으로 한다.

49 다음 중 베어링의 안지름이 17mm인 베어링은?

① 6303 ② 32307K
③ 6317 ④ 607U

해설
베어링 호칭번호 "6203"에서 베어링의 안지름 번호가 03이면 17mm가 되는데 이는 KS 규격에 정해져 있으므로 암기해야 한다.
- 1~9 : 1~9mm, 00 : 10mm, 01 : 12mm, 02 : 15mm, 03 : 17mm, 04 : 20mm
- 04부터는 5를 곱한다.

50 스프로킷 휠의 피치원을 표시하는 선의 종류는?

① 굵은 실선 ② 가는 실선
③ 가는 1점쇄선 ④ 가는 2점쇄선

해설
스프로킷 휠의 도시방법
- 도면에는 주로 스프로킷 소재의 제작에 필요한 치수를 기입한다.
- 호칭번호는 스프로킷에 감기는 전동용 롤러 체인의 호칭번호로 한다.
- 표에는 이의 특성을 나타내는 사항과 이의 절삭에 필요한 치수를 기입한다.
- 축직각 단면으로 도시할 때는 톱니를 단면으로 하지 않으며 이뿌리선은 굵은 실선으로 한다.
- 바깥지름은 굵은 실선, 피치원 지름은 가는 1점쇄선, 이뿌리원은 가는 실선이나 굵은 파선으로 그리며 생략도 가능하다.

51 키의 호칭이 다음과 같이 나타날 때 설명으로 틀린 것은?

KS B 1311 PS – B 25 × 14 × 90

① 키에 관련한 규격은 KS B 1311에 따른다.
② 평행키로서 나사용 구멍이 있다.
③ 키의 끝부가 양쪽 둥근형이다.
④ 키의 높이는 14mm이다.

해설
키의 끝 모양이 지정되어 있지 않으므로 ③번은 틀린 표현이다.
예 평행키(Key)의 호칭

KS B 1311	P – A 평행키 10×8 (폭×높이)	×	25	양 끝 둥글기	SM48C
규격 번호	모양, 형상, 종류 및 호칭 치수		길이	끝 모양의 특별 지정	재료

48 ④ 49 ① 50 ③ 51 ③ 정답

52 **나사의 제도방법을 바르게 설명한 것은?**

① 수나사와 암나사의 골밑은 굵은 실선으로 그린다.
② 완전나사부와 불완전나사부의 경계는 가는 실선으로 그린다.
③ 나사 끝 면에서 본 그림에서 나사의 골밑은 가는 실선으로 원주의 3/4에 가까운 원의 일부로 그린다.
④ 수나사와 암나사가 결합되었을 때의 단면은 암나사가 수나사를 가린 형태로 그린다.

해설

나사의 끝 면에서 본 그림에서 나사의 골밑은 가는 실선으로 원주의 3/4에 가까운 원의 일부로 그린다.

나사의 제도방법
- 단면 시 암나사는 안지름까지 해칭한다.
- 수나사와 암나사의 골지름은 모두 가는 실선으로 그린다.
- 수나사와 암나사 결합부의 단면은 수나사 기준으로 나타낸다.
- 수나사의 바깥지름과 암나사의 안지름은 굵은 실선으로 그린다.
- 완전나사부와 불완전나사부의 경계선은 굵은 실선으로 그린다.
- 수나사와 암나사의 측면도시에서 골지름과 바깥지름은 가는 실선으로 그린다.
- 암나사의 단면 도시에서 드릴구멍의 끝 부분은 굵은 실선으로 120°로 그린다.
- 불완전나사부의 골밑을 나타내는 선은 축선에 대하여 30°의 경사진 가는 실선으로 그린다.
- 가려서 보이지 않는 암나사의 안지름은 보통의 파선으로 그리고, 바깥지름은 가는 파선으로 그린다.
- 나사의 끝면에서 본 그림에서 나사의 골밑은 가는 실선으로 원주의 3/4에 가까운 원의 일부로 그린다.
- 완전나사부 : 환봉이나 구멍에 나사내기를 할 때 완전한 나사산이 만들어져 있는 부분
- 불완전나사부 : 환봉이나 구멍에 나사내기를 할 때 나사가 끝나는 곳에서 불완전나사산을 갖는 부분

53 **스프링제도에서 스프링 종류와 모양만을 도시하는 경우 스프링 재료의 중심선은 어느 선으로 나타내야 하는가?**

① 굵은 실선 ② 가는 1점쇄선
③ 굵은 파선 ④ 가는 실선

해설

스프링 제도의 특징
- 스프링은 원칙적으로 무하중상태로 그린다.
- 그림 안에 기입하기 힘든 사항은 일괄하여 요목표에 표시한다.
- 코일의 중간 부분을 생략할 때는 생략한 부분을 가는 2점쇄선으로 표시한다.
- 스프링의 종류와 모양만 도시할 때는 재료의 중심선만 굵은 실선으로 그린다.
- 하중과 높이 등의 관계를 표시할 필요가 있을 때에는 선도 또는 요목표에 표시한다.
- 스프링의 종류와 모양만을 간략도로 나타내는 경우 재료의 중심선만을 굵은 실선으로 그린다.
- 코일 부분의 투상은 나선이 되고, 시트에 근접한 부분의 피치 및 각도가 연속적으로 변하는 것은 직선으로 표시한다.
- 스프링은 특별한 단서가 없는 한 모두 오른쪽 감기로 도시하며, 왼쪽 감기로 도시할 경우에는 '감긴 방향 왼쪽'이라고 명시해야 한다.
- 코일 스프링에서 양 끝을 제외한 동일 모양 부분의 일부를 생략하는 경우 생략되는 부분의 선지름의 중심선은 가는 1점쇄선으로 나타낸다.

54 **다음 표준 스퍼기어에 대한 요목표에서 전체 이 높이는 몇 mm인가?**

스퍼기어		
기어치형		표준
공구	치형	보통이
	모듈	2
	압력각	20°
잇수		31
피치원지름		62
전체 이 높이		–
다듬질방법		호브절삭
정밀도		KS B 1405, 5급

① 4 ② 4.5
③ 5 ④ 5.5

해설

전체 이 높이 구하는 식

$2.25m$이므로 $2.25 \times 2 = 4.5$mm이다.

여기서, m : 모듈

정답 52 ③ 53 ① 54 ②

55 ISO 규격에 있는 관용 테이퍼 나사로 테이퍼 수나사를 표시하는 기호는?

① R　　② Rc

③ PS　　④ Tr

해설

나사의 종류 및 기호

구분		나사의 종류		기호
일반용	ISO 표준에 있는 것	미터 보통 나사		M
		미터 가는 나사		
		미니추어 나사		S
		유니파이 보통 나사		UNC
		유니파이 가는 나사		UNF
		미터 사다리꼴 나사		Tr
		관용 테이퍼 나사	테이퍼 수나사	R
			테이퍼 암나사	Rc
			평행 암나사	Rp
	ISO 표준에 없는 것	관용 평행 나사		G
		30° 사다리꼴 나사		TM
		29° 사다리꼴 나사		TW
		관용 테이퍼 나사	테이퍼 나사	PT
			평행 암나사	PS
		관용 평행 나사		PF
특수용		미싱 나사		SM
		전구 나사		E
		자전거 나사		BC

56 전체 둘레현장용접을 나타내는 보조기호는?

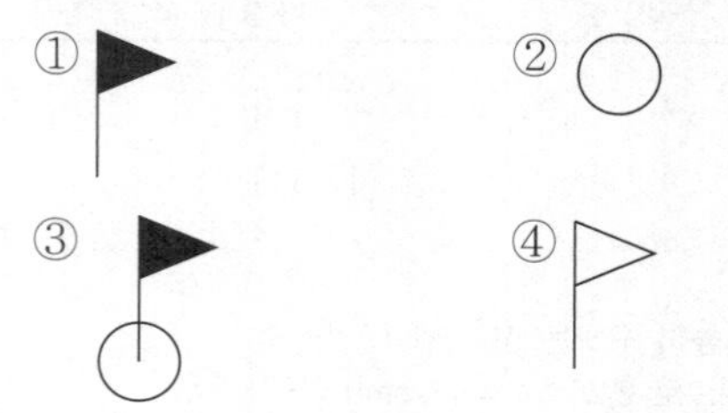

해설

용접부 보조기호

구 분		보조기호	비고
용접부의 표면 모양	평탄		–
	볼록		기선의 밖으로 향하여 볼록하게 한다.
	오목		기선의 밖으로 향하여 오목하게 한다.
용접부의 다듬질 방법	치핑	C	–
	연삭	G	그라인더 다듬질일 경우
	절삭	M	기계 다듬질일 경우
	지정 없음	F	다듬질 방법을 지정하지 않을 경우
현장용접			온둘레용접이 분명할 때에는 생략해도 좋다.
온둘레용접		○	
온둘레 현장용접			

57 CAD 시스템에서 도면상 임의의 점을 입력할 때 변하지 않는 원점(0,0)을 기준으로 정한 좌표계는?

① 상대좌표계　　② 상승좌표계

③ 증분좌표계　　④ 절대좌표계

해설

CAD 시스템 좌표계의 종류

- 직교좌표계 : 두 개의 직교하는 축 위 두 점의 교점을 이용해서 평면 공간상의 좌표를 표시하는 좌표계
- 극좌표계 : 평면 위의 위치를 각도와 거리를 써서 나타내는 2차원 좌표계
- 원통좌표계 : 3차원 공간을 나타내기 위해 평면 극좌표계에 평면에서부터의 높이를 더해서 나타내는 좌표계
- 구면좌표계 : 3차원 구의 형태를 나타내는 것으로 거리 r과 두 개의 각으로 표현되는 좌표계
- 절대좌표계 : 도면상 임의의 점을 입력할 때 변하지 않는 원점(0,0)을 기준으로 정한 좌표계
- 상대좌표계 : 임의의 점을 지정할 때 현재의 위치를 기준으로 그 점과의 거리를 좌표로 사용하는 좌표계
- 상대극좌표계 : 마지막 입력점을 기준으로 다음점까지의 직선거리와 기준 직교축과 그 직선이 이루는 각도를 입력하는 좌표계

55 ① 56 ③ 57 ④ 정답

58 컴퓨터 입력장치의 한 종류로 직사각형의 판에 사용자가 손에 잡고 움직일 수 있는 펜 모양의 스타일러스 혹은 버튼이 달린 라인 커서 장치의 2가지 부분으로 구성되며 펜이나 커서의 움직임에 대한 좌표정보를 읽어서 컴퓨터에 나타내는 장치는?

① 디지타이저(Digitizer)
② 광학 마크 판독기(OMR)
③ 음극선관(CRT)
④ 플로터(Plotter)

해설

입력장치에 속하는 디지타이저는 직사각형의 판에 사용자가 전자펜(스타일러스 펜)으로 그림이나 글씨를 적으면 그 움직임에 대한 좌표정보를 읽어서 컴퓨터에 나타내는 장치이다.

59 데이터를 표현하는 최소단위를 무엇이라고 하는가?

① Byte ② Bit
③ Word ④ File

해설

자료 표현과 연산데이터의 정보기억단위

비트(Bit) → 니블(Nibble) → 바이트(Byte) → 워드(Word) → 필드(Field) → 레코드(Record) → 파일(File) → 데이터베이스(Data-base)

60 다음이 설명하는 3차원 모델링 방식은?

- 간섭 체크를 할 수 있다.
- 질량 등의 물리적 특성 계산이 가능하다.

① 와이어프레임 모델링
② 서피스 모델링
③ 솔리드 모델링
④ DATA 모델링

해설

3차원 CAD의 모델링의 종류

종류	형상	특 징
와이어프레임 모델링(Wire Frame Modeling)	선에 의한 그림	• 작업이 쉽다. • 처리속도가 빠르다. • 데이터 구성이 간단하다. • 은선 제거가 불가능하다. • 단면도 작성이 불가능하다. • 3차원 물체의 가장자리 능선을 표시한다. • 질량 등 물리적 성질의 계산이 불가능하다. • 내부 정보가 없어 해석용 모델로 사용할 수 없다.
서피스 모델링(Surface Modeling)	면에 의한 그림	• 은선 제거가 가능하다. • 단면도 작성이 가능하다. • NC가공정보를 얻을 수 있다. • 복잡한 형상의 표현이 가능하다. • 물리적 성질을 계산하기가 곤란하다.
솔리드 모델링(Solid Modeling)	3차원 물체의 그림	• 간섭 체크가 용이하다. • 은선 제거가 가능하다. • 단면도 작성이 가능하다. • 곡면기반 모델이라고도 한다. • 복잡한 형상의 표현이 가능하다. • 데이터의 처리가 많아 용량이 커진다. • 이동이나 회전을 통해 형상 파악이 가능하다. • 여러 개의 곡면으로 물체의 바깥 모양을 표현한다. • 와이어프레임 모델에 면의 정보를 부가한 형상이다. • 질량, 중량, 관성모멘트 등 물성값의 계산이 가능하다. • 형상만이 아닌 물체의 다양한 성질을 좀더 정확하게 표현하기 위해 고안된 방법이다.

정답 58 ① 59 ② 60 ③

2017년 제1회 과년도 기출복원문제

※ 2017년부터는 CBT(컴퓨터 기반 시험)로 진행되어 수험자의 기억에 의해 문제를 복원하였습니다. 실제 시행문제와 일부 상이할 수 있음을 알려드립니다.

01 황동의 자연균열 방지책이 아닌 것은?

① 수은
② 아연 도금
③ 도료
④ 저온풀림

해설

수은은 황동의 자연균열 방지와 관련이 없다.
황동의 자연균열 방지법
- 수분에 노출되지 않도록 한다.
- 200~300℃로 응력제거 풀림을 한다.
- 표면에 도색이나 도금으로 표면처리한다.

02 구리에 아연을 5~20% 첨가한 것으로, 색깔이 아름답고 장식품에 많이 쓰이는 황동은?

① 톰백
② 포금
③ 문쯔메탈
④ 커머셜 브론즈

해설

톰백은 황동에 속하는 합금재료로, 색깔이 아름다워 장식품용 재료로 많이 사용된다. 구리에 아연의 합금량이 보통 8~20%나 5~20%를 적용하기도 한다. 황동은 Cu와 Zn의 합금으로 그 첨가원소의 종류와 양에 따라 제품명이 달라진다.

03 순수 비중이 2.7인 이 금속은 주조가 쉽고 가벼울 뿐만 아니라, 대기 중에서 내식력이 강하고 전기와 열의 양도체로 다른 금속과 합금하여 쓰이는 것은?

① 구리(Cu)
② 알루미늄(Al)
③ 마그네슘(Mg)
④ 텅스텐(W)

해설

② 알루미늄의 비중 : 2.7
① 구리의 비중 : 8.9
③ 마그네슘의 비중 : 1.7
④ 텅스텐의 비중 : 19.1

04 내식용 알루미늄(Al) 합금이 아닌 것은?

① 알민(Almin)
② 알드레이(Aldrey)
③ 하이드로날륨(Hydronalium)
④ 라우탈(Lautal)

해설

라우탈은 주조용 알루미늄 합금이다.

1 ① 2 ① 3 ② 4 ④ 정답

05 **주철의 성장 원인 중 틀린 것은?**

① 펄라이트 조직 중의 Fe_3C 분해에 따른 흑연화
② 페라이트 조직 중의 Si의 산화
③ A_1 변태의 반복과정에서 오는 체적변화에 기인되는 미세한 균열 발생
④ 흡수된 가스의 팽창에 따른 부피 감소

해설
주철은 흡수된 가스에 의해 부피가 증가한다.

06 **재료를 상온에서 다른 형상으로 변형시킨 후 원래 모양으로 회복되는 온도로 가열하면 원래 모양으로 돌아오는 합금은?**

① 제진합금
② 형상기억합금
③ 비정질합금
④ 초전도합금

해설
형상기억합금이란 재료를 상온에서 다른 형상으로 변형시킨 후 원래 모양으로 회복되는 온도로 가열하면 원래의 모양으로 되돌아오는 신소재이다.

07 **물체가 변형에 견디지 못하고 파괴되는 성질로 인성에 반대되는 성질은?**

① 탄성 ② 전성
③ 소성 ④ 취성

해설
취성은 물체가 변형에 견디지 못하고 파괴되는 성질로 인성에 반대되기 때문에 취성이 클수록 외부의 충격에 잘 깨진다. C의 함유량이 높아질수록 취성은 점점 더 커진다.

08 **가장 널리 쓰이는 키(Key)로 축과 보스 양쪽에 모두 키홈을 파서 동력을 전달하는 것은?**

① 성크 키 ② 반달 키
③ 접선 키 ④ 원뿔 키

해설
축과 보스(축에 끼워지는 부분) 양쪽에 모두 키홈을 파서 동력을 전달하는 키는 묻힘 키로도 불리는 성크 키이다.

정답 5 ④ 6 ② 7 ④ 8 ①

09 **수나사의 크기는 무엇을 기준으로 표시하는가?**

① 유효지름
② 수나사의 안지름
③ 수나사의 바깥지름
④ 수나사의 골지름

해설
수나사와 암나사의 크기는 모두 수나사의 바깥지름으로 표시한다.

10 **원통형 코일의 스프링 지수가 9이고, 코일의 평균 지름이 180mm이면 소선의 지름은 몇 mm인가?**

① 9　② 18
③ 20　④ 27

해설
$C = \frac{D}{d}$

$9 = \frac{180\text{mm}}{d}$

∴ 소선의 직경$(d) = 20\text{mm}$

11 **축이음 설계 시 고려사항으로 틀린 것은?**

① 충분한 강도가 있을 것
② 진동에 강할 것
③ 비틀림각의 제한을 받지 않을 것
④ 부식에 강할 것

해설
축(Shaft)은 동력을 연결하는 주요 기계요소로서 주로 회전력을 전달하기 때문에 비틀림각을 고려하여 강도가 충분하도록 설계해야 하며 진동과 부식에도 강해야 한다.

12 **전달마력 30kW, 회전수 200rpm인 전동축에서 토크 T는 약 몇 N · m인가?**

① 107　② 146
③ 1,070　④ 1,430

해설
$T = 974\frac{H_{\text{kw}}}{N}(\text{kgf} \cdot \text{m})$

$= 974\frac{30}{200} = 146\text{kgf} \cdot \text{m}$

$= 146 \times 9.8 = 1,430.8\text{N} \cdot \text{m}$

여기서, $1\text{kgf} = 9.8\text{N}$

9 ③　10 ③　11 ③　12 ④ 정답

13 외접하고 있는 원통마찰차의 지름이 각각 240mm, 360mm일 때, 마찰차의 중심거리는?

① 60mm ② 300mm
③ 400mm ④ 600mm

해설

$$중심거리(C)=\frac{D_1+D_2}{2}=\frac{240+360}{2}=300\text{mm}$$

14 절삭유의 역할로서 적당한 것은?

① 공구의 수명을 단축시킨다.
② 공작물 변형을 일으킨다.
③ 마찰과 마모를 증가시킨다.
④ 가공면의 표면조도를 향상시킨다.

해설

절삭유란 금속이나 비금속을 절삭 작업할 때 사용하는 기름 또는 액체로서, 절삭작업 중 발생되는 칩을 계속 제거하기 때문에 칩에 의한 표면의 손상을 방지하여 가공면의 표면조도(표면거칠기)를 향상시킨다.
※ 2022년 개정된 출제기준에서 삭제된 내용

15 축과 보스의 둘레에 4개에서 수십 개의 턱을 만들어 회전력의 전달과 동시에 보스를 축 방향으로 이동시킬 필요가 있을 때 사용되는 키는?

① 반달 키 ② 접선 키
③ 원뿔 키 ④ 스플라인

해설

스플라인 키는 보스와 축의 둘레에 여러 개의 사각 턱을 만든 키(Key)를 깎아 붙인 모양으로 세레이션 다음으로 큰 힘의 동력전달이 가능하며 축 방향으로 자유롭게 미끄럼 운동도 가능하다.

16 밀링 분할법의 종류에 해당되지 않는 것은?

① 직접 분할법
② 단식 분할법
③ 차동 분할법
④ 미분 분할법

해설

밀링가공에서 기어의 치형 등을 제작하고자 할 때 가장 먼저 둥근 단면의 공작물을 일정한 각으로 나누어야 하는데 이때 사용하는 분할 방법에는 직접분할법, 단식분할법, 차동분할법 등이 있다.
※ 2022년 개정된 출제기준에서 삭제된 내용

정답 13 ② 14 ④ 15 ④ 16 ④

17 어미자의 눈금이 0.5mm이며, 아들자의 눈금 12mm를 25등분한 버니어 캘리퍼스의 최소 측정값은?

① 0.01mm ② 0.02mm
③ 0.05mm ④ 0.025mm

해설
버니어 캘리퍼스는 자와 캘리퍼스를 조합한 측정기로, 어미자와 아들자를 이용하여 $\frac{1}{20}$mm(0.05), $\frac{1}{50}$mm(0.02)까지 측정할 수 있다.
어미자의 눈금 간격이 0.5mm이고, 아들자를 25등분하면
$\frac{0.5}{25} = 0.02$가 된다.
따라서 이 버니어 캘리퍼스의 최소 측정값은 0.02mm이다.

18 각도를 측정할 수 있는 측정기는?

① 버니어 캘리퍼스
② 오토콜리메이터
③ 옵티컬 플랫
④ 하이트 게이지

해설
오토콜리메이터는 망원경의 원리와 콜리메이터의 원리를 조합시켜서 만든 측정기기로, 계측기와 십자선, 조명 등을 장착한 망원경을 이용하여 미소한 각도의 측정이나 평면의 측정에 이용한다.

19 수나사를 가공하는 공구는?

① 정 ② 탭
③ 다이스 ④ 스크레이퍼

해설
나사가공용 공구
• 암나사 가공 : 탭
• 수나사 가공 : 다이스

20 구성인선의 생성과정 순서가 옳은 것은?

① 발생 → 성장 → 분열 → 탈락
② 분열 → 탈락 → 발생 → 성장
③ 성장 → 분열 → 탈락 → 발생
④ 탈락 → 발생 → 성장 → 분열

해설
구성인선의 발생과정
발생 → 성장 → 분열 → 탈락
※ 2022년 개정된 출제기준에서 삭제된 내용

17 ② 18 ② 19 ③ 20 ① 정답

21 **V벨트 전동의 특징에 대한 설명으로 틀린 것은?**

① 평 벨트보다 잘 벗겨진다.
② 이음매가 없어 운전이 정숙하다.
③ 평 벨트보다 비교적 작은 장력으로 큰 회전력을 전달할 수 있다.
④ 지름이 작은 풀리에도 사용할 수 있다.

해설
V벨트 전동은 벨트의 형상이 V형이기 때문에 풀리와의 접촉 시 쐐기작용이 발생하여 평 벨트보다 더 큰 접촉력을 얻으므로 잘 벗겨지지 않는다.

22 **금속으로 만든 작은 덩어리를 가공물 표면에 투사하여 피로강도를 증가시키기 위한 냉간 가공법은?**

① 쇼트피닝　② 액체호닝
③ 슈퍼피니싱　④ 버핑

해설
쇼트피닝은 강구를 재료 표면에 고속으로 분사시켜 제품 표면의 피로강도를 증가시키기 위한 표면경화법이다.
※ 2022년 개정된 출제기준에서 삭제된 내용

23 **연삭숫돌을 구성하는 3요소가 아닌 것은?**

① 입자　② 결합제
③ 절삭유　④ 기공

해설
연삭숫돌의 3요소 : 숫돌입자, 기공, 결합제
※ 2022년 개정된 출제기준에서 삭제된 내용

24 **호닝작업의 특징에 대한 설명으로 옳지 않은 것은?**

① 발열이 적고 경제적인 정밀작업이 가능하다.
② 표면거칠기를 좋게 할 수 있다.
③ 정밀한 치수로 가공할 수 있다.
④ 커터에 의한 가공보다 절삭능률이 좋다.

해설
호닝(Honing)가공은 드릴링, 보링, 리밍 등의 1차 가공한 재료를 더욱 정밀하게 연삭가공하는 가공법이다. 각봉상의 세립자로 만든 공구를 공작물에 스프링 또는 유압으로 접촉시키고 회전운동과 동시에 왕복운동을 주어 매끈하고 정밀하게 가공하여 구멍의 진원도와 진직도, 표면거칠기를 향상시키기 위한 작업으로 깎여 나오는 칩의 크기가 매우 작기 때문에 커터에 의한 가공보다는 절삭능률이 떨어진다.
※ 2022년 개정된 출제기준에서 삭제된 내용

정답 21 ① 22 ① 23 ③ 24 ④

25 CNC선반 프로그래밍에서 각 코드의 기능 설명으로 틀린 것은?

① G : 준비기능　　② T : 절삭기능
③ F : 이송기능　　④ M : 보조기능

해설
T : 공구기능

26 다음 중 스프링강의 KS 재료기호는?

① SS400　　② SM45C
③ SPS　　④ STS

해설
① 일반구조용 압연강재
② 기계구조용 탄소강재
④ 합금공구강

27 다음 중 파이프의 끝부분을 표시하는 그림기호가 아닌 것은?

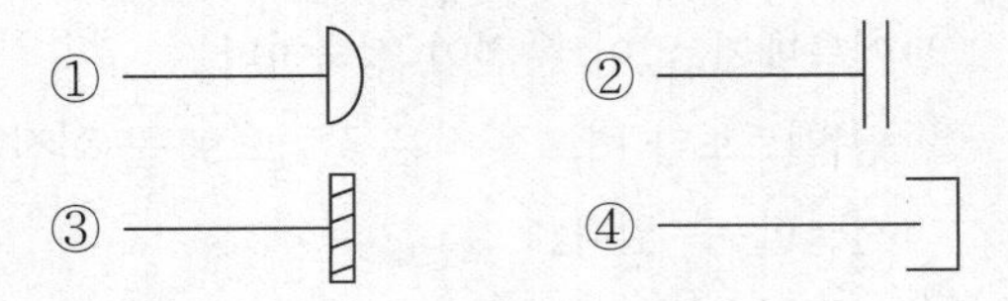

해설
배관용 재료인 파이프의 끝 단부를 표시할 때는 ③번과 같이 표시하지 않는다.

막힌 플랜지	용접식 캡	나사박음식 캡 및 플러그

28 다음과 같이 기하공차가 기입되었을 때 설명으로 틀린 것은?

//	0.01	A

① 0.01은 공차값이다.
② //은 모양공차이다.
③ //은 공차의 종류 기호이다.
④ A는 데이텀을 지시하는 문자 기호이다.

해설
평행도는 기하공차의 종류 중 자세공차에 속한다.
공차 기입틀에 따른 공차 입력방법

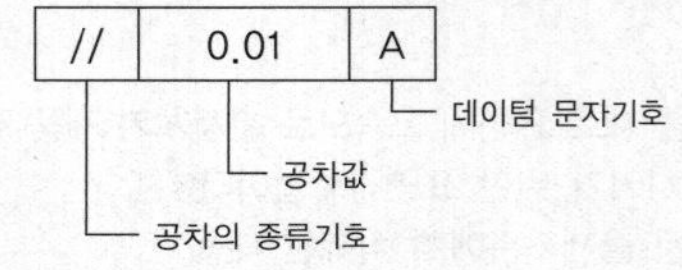

25 ② 26 ③ 27 ③ 28 ② 정답

29 **정투상법으로 물체를 투상하여 정면도를 기준으로 배열할 때 제1각법 또는 제3각법에 관계없이 배열의 위치가 같은 투상도는?**

① 저면도 ② 좌측면도
③ 평면도 ④ 배면도

해설
제1각법과 제3각법에 관계없이 배열의 위치가 같은 투상도는 정면도와 배면도이다.

30 **평행키에서 나사용 구멍이 없는 것의 보조기호는?**

① P ② PS
③ T ④ TG

해설
평행키의 호칭에서 나사용 구멍이 없는 것은 P를, 나사용 구멍이 있는 것은 PS를 쓴다.

31 **물체의 가공 전이나 가공 후의 모양을 나타낼 때 사용되는 선은?**

① 가는 2점 쇄선
② 굵은 2점 쇄선
③ 가는 1점 쇄선
④ 굵은 1점 쇄선

해설
가공 전이나 후의 모양은 가는 2점 쇄선으로 물체의 모양을 그린다.

32 **물체의 표면에 기름이나 광명단을 칠하고 그 위에 종이를 대고 눌러서 실제의 모양을 뜨는 스케치 방법은?**

① 모양뜨기방법
② 프리핸드법
③ 사진법
④ 프린트법

해설
도형의 스케치 방법
- 프린트법 : 스케치할 물체의 표면에 광명단 또는 스탬프잉크를 칠한 다음 용지에 찍어 실형을 뜨는 방법
- 모양뜨기법(본뜨기법) : 물체를 종이 위에 올려놓고 그 둘레의 모양을 직접 제도연필로 그리는 방법
- 프리핸드법 : 운영자나 컴퍼스 등의 제도용품을 사용하지 않고 손으로 작도하는 방법
- 사진법 : 물체의 사진을 찍는 방법

정답 29 ④ 30 ① 31 ① 32 ④

33 데이텀이 필요치 않은 기하공차의 기호는?

① ◎　　② ⊥

③ ∠　　④ ○

해설

④ 진원도만 모양공차에 속한다.

치수공차와는 달리 기하학적 정밀도가 요구되는 부품에만 적용되는 기하공차에는 모양공차, 자세공차, 위치공차, 흔들림공차가 있는데, 이 중에서 측정 기준면인 데이텀 없이도 단독으로 사용이 가능한 단독형체는 모양공차뿐이다.

34 가공에 의한 커터의 줄무늬 방향이 그림과 같을 때, (가)부분의 기호는?

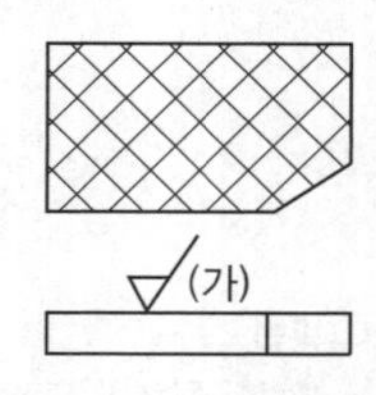

① C　　② M

③ R　　④ X

해설

투상면에 경사지고 두 방향으로 교차하는 줄무늬 방향 기호는 X형이다.

35 용접부 표면 또는 용접부 형상의 보조기호 중 영구적인 이면 판재(Backing Strip) 사용을 표시하는 기호는?

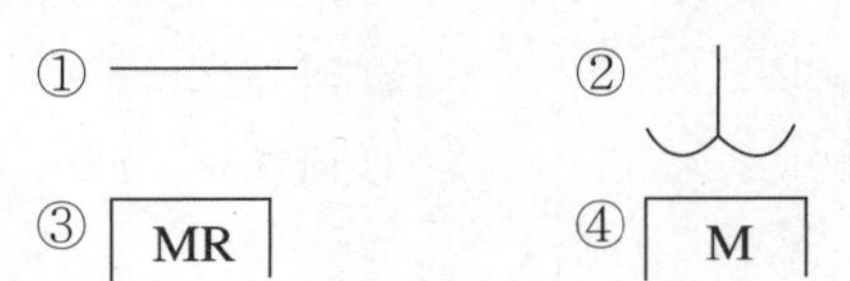

③ MR　　④ M

해설

용접부 보조 기호

용접부 및 용접부 표면의 형상	보조기호
평탄면	—
볼록	⌒
오목	◡
끝단부를 매끄럽게 함	⅄
영구적인 덮개판(이면 판재) 사용	M
제거 가능한 덮개판(이면 판재) 사용	MR

36 스프링의 제도에 관한 설명으로 틀린 것은?

① 코일 스프링은 일반적으로 하중이 걸리지 않는 상태로 그린다.

② 코일 스프링에서 특별한 단서가 없으면 오른쪽을 감은 스프링을 의미한다.

③ 코일 스프링에서 양 끝을 제외한 동일 모양 부분의 일부를 생략할 때는 생략하는 부분의 선 지름의 중심선을 가는 1점 쇄선으로 나타낸다.

④ 스프링의 종류와 모양만 간략도로 나타내는 경우에는 스프링 재료의 중심선만 가는 실선으로 그린다.

해설

스프링을 제도할 때 스프링의 종류와 모양만 간략도로 나타내는 경우 재료의 중심선만 굵은 실선으로 그린다.

33 ④　34 ④　35 ④　36 ④ **정답**

37 제거가공 또는 다른 방법으로 얻어진 가공 전의 상태를 그대로 남겨 두는 것만 지시하기 위한 기호는?

① 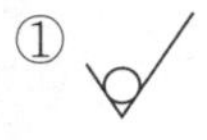

② √

③ 

④ ▽

해설
제품 표면을 가공 전의 상태로 그대로 남겨 두는 것으로 제거가공을 하지 말라는 면의 지시기호는 이다.

38 그림과 같이 표면의 결 지시기호에서 각 항목에 대한 설명이 틀린 것은?

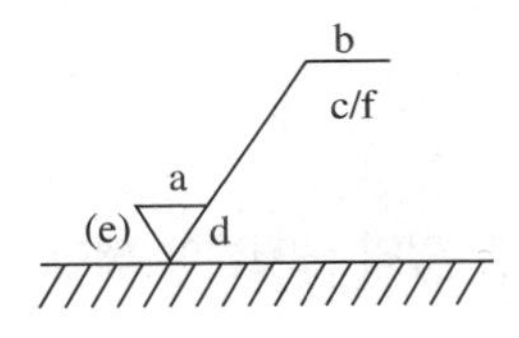

① a : 거칠기값
② c : 가공 여유
③ d : 표면의 줄무늬 방향
④ f : R_a가 아닌 다른 거칠기값

해설
표면의 결 지시기호

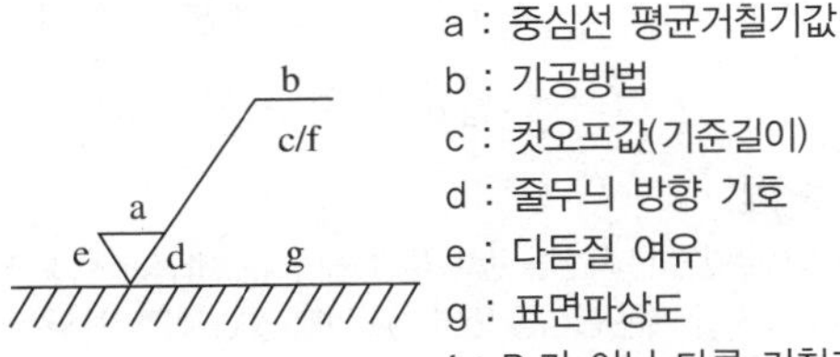

a : 중심선 평균거칠기값
b : 가공방법
c : 컷오프값(기준길이)
d : 줄무늬 방향 기호
e : 다듬질 여유
g : 표면파상도
f : R_a가 아닌 다른 거칠기 값

39 상하 또는 좌우대칭인 물체의 1/4을 절단하여 기본중심선을 경계로 1/2은 외부모양, 다른 1/2은 내부모양으로 나타내는 단면도는?

① 전 단면도
② 한쪽 단면도
③ 부분 단면도
④ 회전 단면도

해설
한쪽 단면도(반단면도)는 물체를 중심선을 기준으로 1/4 절단하여 내부 모양과 외부 모양을 동시에 표시하는 방법이다.

40 선의 종류에서 용도에 의한 명칭과 선의 종류를 옳게 연결한 것은?

① 외형선 – 굵은 1점 쇄선
② 중심선 – 가는 2점 쇄선
③ 치수보조선 – 굵은 실선
④ 지시선 – 가는 실선

해설
① 외형선 : 굵은 실선
② 중심선 : 가는 1점 쇄선
③ 치수보조선 : 가는 실선

정답 37 ① 38 ② 39 ② 40 ④

41 **다음 도면에서 표현된 단면도로 모두 맞는 것은?**

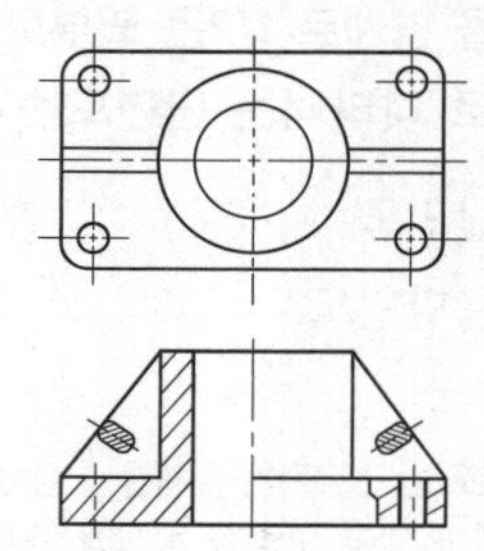

① 전단면도, 한쪽 단면도, 부분 단면도
② 한쪽 단면도, 부분 단면도, 회전도시 단면도
③ 부분 단면도, 회전도시 단면도, 계단 단면도
④ 전단면도, 한쪽 단면도, 회전도시 단면도

해설

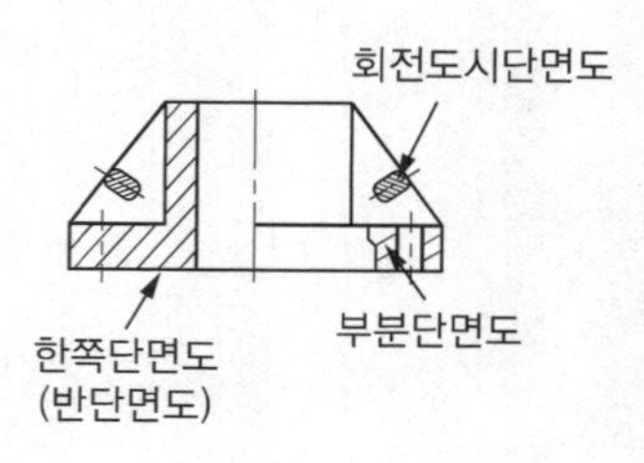

42 **모양, 자세, 위치의 정밀도를 나타내는 종류와 기호를 바르게 나타낸 것은?**

① 진원도 : ⌭
② 동축도 : ⌖
③ 원통도 : ○
④ 직각도 : ⊥

43 **정면, 평면, 측면을 하나의 투상면 위에서 동시에 볼 수 있도록 그린 도법은?**

① 보조 투상도　　② 단면도
③ 등각 투상도　　④ 전개도

해설
등각 투상도는 정면, 평면, 측면을 하나의 투상도에서 동시에 볼 수 있도록 그린 도법으로, 직육면체의 등각 투상도에서 직각으로 만나는 3개의 모서리는 각각 120°를 이룬다.

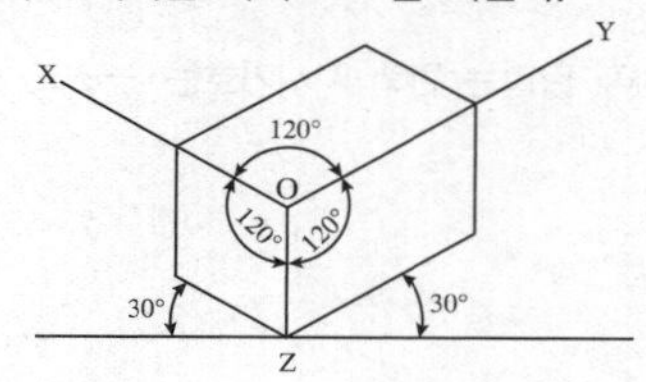

44 **스프로킷 휠의 도시법에 대한 설명으로 틀린 것은?**

① 바깥지름은 굵은 실선, 피치원은 가는 1점 쇄선으로 도시한다.
② 이뿌리원을 축에 직각인 방향에서 단면 도시할 경우에는 가는 실선으로 도시한다.
③ 이뿌리원은 가는 실선으로 도시하나 기입을 생략해도 좋다.
④ 항목표에는 원칙적으로 이의 특성에 관한 사항과 이의 절삭에 필요한 치수를 기입한다.

해설
스프로킷 휠은 체인을 감아 물고 돌아가는 바퀴이다. 축 직각 단면으로 도시할 때는 톱니를 단면으로 하지 않고, 이뿌리선은 굵은 실선으로 한다.

41 ② 42 ④ 43 ③ 44 ② 정답

45 **나사의 각부를 표시하는 선에 대한 설명으로 틀린 것은?**

① 수나사의 바깥지름과 암나사의 안지름은 굵은 실선으로 그린다.

② 수나사와 암나사의 골을 표시하는 선은 굵은 실선으로 그린다.

③ 완전나사부와 불완전나사부의 경계선은 굵은 실선으로 그린다.

④ 가려서 보이지 않는 나사부는 파선으로 그린다.

해설
나사의 제도에서 수나사와 암나사의 골지름은 모두 가는 실선으로 그린다.

46 **배관도의 치수기입 요령으로 틀린 것은?**

① 치수는 관, 관 이음, 밸브의 입구 중심에서 중심까지의 길이로 표시한다.

② 관이나 밸브 등의 호칭 지름은 관선 밖으로 지시선을 끌어내어 표시한다.

③ 설치 이유가 중요한 장치에서는 단선도시방법을 이용한다.

④ 관의 끝 부분에 왼나사를 필요로 할 때에는 지시선으로 나타내어 표시한다.

해설
배관의 도면에 치수를 기입할 때 설치 이유가 중요한 장치에서는 단선도시방법보다는 복선도시방법으로 사용하는 것이 제작자가 이해하기 더 쉽다.

47 **스퍼기어를 축 방향으로 단면 투상할 경우 도시방법으로 틀린 것은?**

① 이끝원은 굵은 실선으로 그린다.

② 피치원은 가는 1점 쇄선으로 그린다.

③ 이뿌리원은 파선으로 그린다.

④ 맞물리는 한 쌍의 기어의 이끝원은 굵은 실선으로 그린다.

해설
스퍼기어의 이뿌리원은 가는 실선으로 그린다. 그러나 축에 직각 방향으로 단면 투상할 경우에는 굵은 실선으로 표시한다.

48 **축을 제도하는 방법에 대한 설명으로 틀린 것은?**

① 긴 축은 단축하여 그릴 수 있고 길이는 실제 길이를 기입한다.

② 축은 일반적으로 길이 방향으로 절단하여 단면을 표시한다.

③ 구석 라운드 가공부는 필요에 따라 확대하여 기입할 수 있다.

④ 필요에 따라 부분 단면은 가능하다.

해설
축은 길이 방향으로 절단하여 단면을 도시하지 않는다.

정답 45 ② 46 ③ 47 ③ 48 ②

49 코일 스프링의 도시방법으로 옳은 것은?

① 특별한 단서가 없는 한 모두 왼쪽 감기로 도시한다.
② 종류와 모양만 도시할 때는 스프링 재료의 중심선을 굵은 실선으로 그린다.
③ 스프링은 원칙적으로 하중이 걸린 상태로 그린다.
④ 스프링의 중간 부분을 생략할 때는 안지름과 바깥지름을 가는 실선으로 그린다.

해설
① 스프링은 특별한 단서가 없는 한 모두 오른쪽 감기로 도시한다.
③ 코일 스프링은 원칙적으로 무하중 상태로 그린다.
④ 코일의 중간 부분을 생략할 때는 생략한 부분을 가는 2점 쇄선으로 표시한다.

50 다음 끼워맞춤에서 치수기입 방법이 틀린 것은?

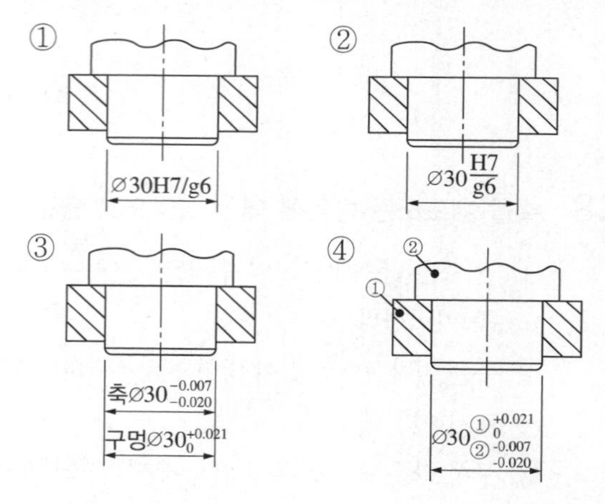

해설
끼워맞춤 기호를 기입할 때는 항상 구멍을 나타내는 알파벳 대문자인 H7이나 공차값을 치수선 위나 앞부분에 기입하고, 축을 나타내는 소문자 g6은 치수선 아랫부분이나 "/g6"과 같이 슬래시 다음에 표시해야 한다. 따라서 ③번 축과 구멍의 위치를 서로 바꾸어야 한다.

51 치수기입 원칙으로 옳지 않은 것은?

① 치수는 되도록 주투상도에 집중한다.
② 치수는 가능한 한 중복 기입을 한다.
③ 관련되는 치수는 되도록 한곳에 모아서 기입한다.
④ 치수와 함께 특별한 제작 요구사항을 기입할 수 있다.

해설
도면에 치수를 기입할 때는 중복 기입을 피해야 한다.

52 길이가 50mm인 축을 도면에 5 : 1 척도로 그릴 때 도면에 그려지는 길이로 옳은 것은?

① 10 ② 250
③ 50 ④ 100

해설
도면 물체가 배척이나 축척으로 그려지더라도 치수를 기입할 때는 실제 치수를 기입해야 한다. 실제 치수가 50mm라면 실제 그려지는 치수는 5배 더 길게 250mm가 된다.

49 ② 50 ③ 51 ② 52 ③ 정답

53 다음 도면은 제3각법에 의한 정면도와 평면도이다. 우측면도를 완성한 것은?

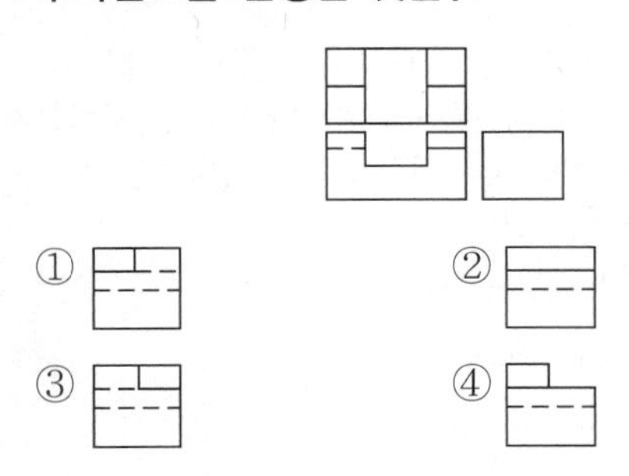

해설

우측면도는 물체를 오른쪽에서 바라본 형상으로 물체를 오른쪽에서 바라보았을 때 오른쪽 뒤 부분에 빈 공간이 있으므로 이 빈 공간의 경계선은 앞부분에 점선으로 표시되어야 한다. 따라서 정답은 ①번이다.

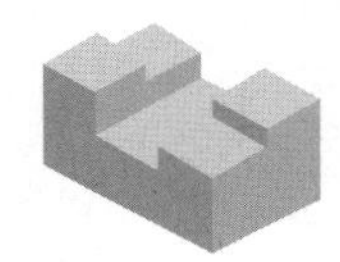

54 그림과 같은 도면에서 지름 3mm의 구멍의 수는 모두 몇 개인가?

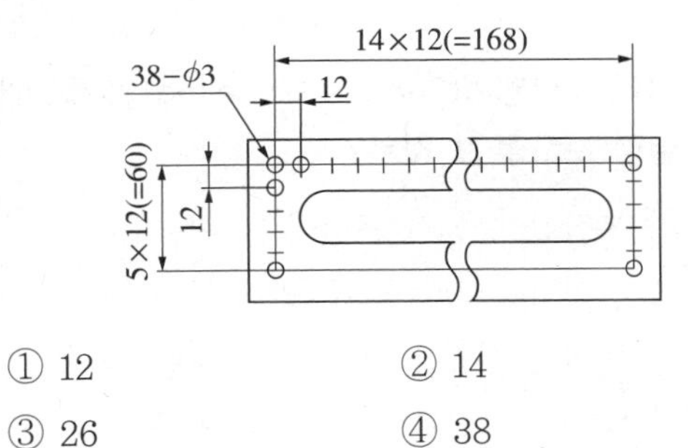

① 12 ② 14

③ 26 ④ 38

해설

도면의 왼쪽 상단에 표시된 "38φ−3"은 지름이 3mm인 구멍의 개수가 38개임을 나타낸다.

55 다음과 같은 KS 용접기호 설명으로 옳은 것은?

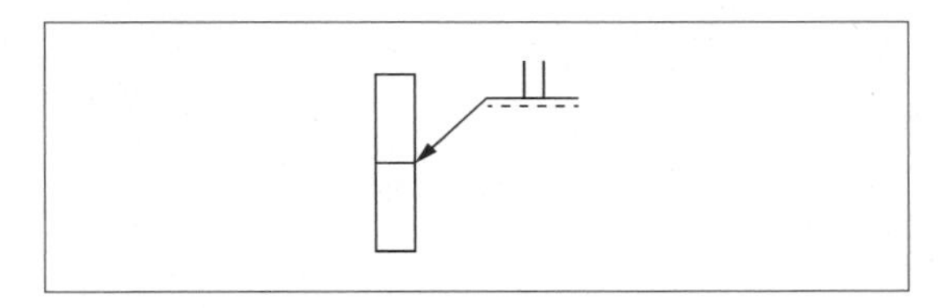

① I형 맞대기 용접으로 화살표쪽 용접

② I형 맞대기 용접으로 화살표 반대쪽 용접

③ H형 맞대기 용접으로 화살표쪽 용접

④ H형 맞대기 용접으로 화살표 반대쪽 용접

해설

- I형 용접홈의 맞대기 용접으로 화살표쪽 용접을 한다.
- 용접기호가 점선 위에 그려지면 화살표 반대쪽으로 용접하라는 의미이다.

56 파이프 이음의 명칭과 그 도시기호가 알맞지 않은 것은?

① 칼라 이음 :

② 플랜지 이음 :

③ 유니언 이음 :

④ 마개와 소켓 연결 :

해설

유니언 이음 :

정답 53 ① 54 ④ 55 ① 56 ③

57 테이퍼 핀의 호칭 지름을 표시하는 부분은?

① 핀의 큰 쪽 지름
② 핀의 작은 쪽 지름
③ 핀의 중간 부분 지름
④ 핀의 작은 쪽 지름에서 전체의 1/2되는 부분

해설
테이퍼 핀의 호칭 지름은 핀의 작은 쪽 지름으로 표시한다.

58 마지막 입력점으로부터 다음 점까지의 거리와 각도를 입력하는 좌표 입력방법은?

① 절대 좌표 입력
② 상대 좌표 입력
③ 상대 극좌표 입력
④ 요소 투영점 입력

해설
상대 극좌표계는 마지막 입력점을 기준으로 다음 점까지의 직선거리와 기준 직교축과 그 직선이 이루는 각도로 입력하는 좌표계이다.

59 다음 보기에서 설명하는 컴퓨터의 입력장치는?

보기
광전자 센서(Sensor)가 부착되어 그래픽 스크린 상에 접촉하여 특정의 위치나 도형을 지정하거나 명령어 선택이나 좌표입력이 가능하다.

① 조이스틱(Joy Stick)
② 태블릿(Tablet)
③ 마우스(Mouse)
④ 라이트펜(Light Pen)

해설
라이트펜 : 광전자 센서(Sensor)가 부착되어 그래픽 스크린상에 접촉하여 특정의 위치나 도형을 지정하거나 명령어 선택이나 좌표 입력이 가능한 장치

60 서피스 모델링(Surface Modeling)의 특징에 대한 설명으로 틀린 것은?

① 복잡한 형상의 표현이 가능하다.
② 단면도를 작성할 수 없다.
③ 물리적 성질을 계산하기 곤란하다.
④ NC 가공 정보를 얻을 수 있다.

해설
서피스 모델링은 단면도 작성이 가능한 모델링 방법이다. 단면도의 작성이 불가능한 것은 와이어프레임 모델링이다.

57 ② 58 ③ 59 ④ 60 ② 정답

2017년 제2회 과년도 기출복원문제

01 금속의 결정구조에서 체심입방격자의 금속으로만 이루어진 것은?

① Au, Pb, Ni
② Zn, Ti, Mg
③ Sb, Ag, Sn
④ Ba, V, Mo

해설
체심입방격자(BCC)에 속하는 원소는 비교적 단단한 성질의 원소로 Ba(바륨), V(바나듐), Mo(몰리브덴)이 있다.

02 열처리 방법 및 목적으로 틀린 것은?

① 불림 – 소재를 일정온도에 가열 후 공랭시킨다.
② 풀림 – 재질을 단단하고 균일하게 한다.
③ 담금질 – 급랭시켜 재질을 경화시킨다.
④ 뜨임 – 담금질된 것에 인성을 부여한다.

해설
풀림(Annealing) : 재질을 연하고 균일화시킬 목적으로 실시하는 열처리법으로 완전풀림은 A_3변태점(968℃) 이상의 온도로, 연화풀림은 약 650℃의 온도로 가열한 후 서랭한다. 재료를 단단하게 만드는 열처리 작업은 담금질이다.

03 황동의 합금 원소는 무엇인가?

① Cu – Sn
② Cu – Zn
③ Cu – Al
④ Cu – Ni

해설
구리 합금의 종류

구분	내용
청동	Cu + Sn, 구리 + 주석
황동	Cu + Zn, 구리 + 아연

04 마우러조직도에 대한 설명으로 옳은 것은?

① 탄소와 규소량에 따른 주철의 조직 관계를 표시한 것
② 탄소와 흑연량에 따른 주철의 조직 관계를 표시한 것
③ 규소와 망간량에 따른 주철의 조직 관계를 표시한 것
④ 규소와 Fe_3C량에 따른 주철의 조직 관계를 표시한 것

해설
마우러조직도는 C와 Si의 함량에 따른 주철 조직의 관계를 표시한 그래프이다.

정답 1 ④ 2 ② 3 ② 4 ①

05 **절삭 공구재료 중에서 가장 경도가 높은 재질은?**

① 고속도강

② 세라믹

③ 스텔라이트

④ 입방정 질화붕소

해설

공구강의 경도순서

다이아몬드 > 입방정 질화붕소 > 세라믹 > 초경합금 > 주조경질합금(스텔라이트) > 고속도강 > 합금공구강 > 탄소공구강

06 **TTT 곡선도에서 TTT가 의미하는 것 중 틀린 것은?**

① 시간(Time)

② 뜨임(Tempering)

③ 온도(Temperature)

④ 변태(Transformation)

해설

TTT곡선이란 열처리에서 필요한 3가지 주요 변수인 시간(Time), 온도(Temperature), 변태(Transformation)의 머리글자를 딴 것으로 온도-시간-변태곡선, 등온변태곡선 또는 S곡선으로도 불린다. 세로축에는 온도를, 가로축에는 시간을 위치시킨 것으로 담금질할 때 금속 조직의 변태 과정을 나타내는 그래프이다.

07 **공구용으로 사용되는 비금속 재료로 초내열성 재료, 내마멸성 및 내열성이 높은 세라믹과 강한 금속의 분말을 배열 소결하여 만든 것은?**

① 다이아몬드　　② 고속도강

③ 서멧　　④ 석영

해설

서멧(Cermet) : 분말야금법으로 만들어진 공구용 재료로 금속과 세라믹을 소결시켜 만든다. 내열재료이기 때문에 고온의 환경에서도 잘 견디므로 가스터빈이나 날개, 원자로용 재료로 사용된다.

08 **베어링의 호칭이 “6026”일 때 안지름은 몇 mm인가?**

① 26　　② 52

③ 100　　④ 130

해설

볼 베어링의 안지름번호는 앞에 2자리를 제외한 뒤 숫자로서 확인할 수 있다. 04부터는 5를 곱하면 그 수치가 안지름이 된다.

09 **피치 4mm인 3줄 나사를 1회전시켰을 때의 리드(L)는 얼마인가?**

① 6mm　　② 12mm

③ 16mm　　④ 18mm

해설

리드(L) : 나사를 1회전시켰을 때 축 방향으로 이동한 거리

$L = np = 3 \times 4 = 12\text{mm}$

5 ④　6 ②　7 ③　8 ④　9 ②　정답

10 회전하는 원동 마찰차의 지름이 250mm이고, 종동차의 지름이 400mm일 때 최대 토크는 몇 N·m인가?(단, 마찰차의 마찰계수는 0.2이고, 서로 밀어 붙이는 힘은 2kN이다)

① 20　② 40
③ 80　④ 160

해설
종동차의 회전 토크(T) 구하는 식

$$T = F\frac{D_B}{2} = \mu P\frac{D_B}{2}$$
$$= 0.2 \times 2{,}000\,\text{N}\ \frac{0.4\text{m}}{2}$$
$$= 80\text{N}\cdot\text{m}$$

여기서, D_B : 종동차의 지름
μ : 마찰계수
P : 미는 힘

11 외접하고 있는 원통 마찰차의 지름이 각각 240mm, 360mm일 때 마찰차의 중심거리는?

① 60mm　② 300mm
③ 400mm　④ 600mm

해설
중심거리(C) $= \dfrac{D_1 + D_2}{2} = \dfrac{240+360}{2} = \dfrac{600}{2} = 300\text{mm}$

12 그림과 같이 테이퍼를 가공할 때 심압대의 편위량은 몇 mm인가?

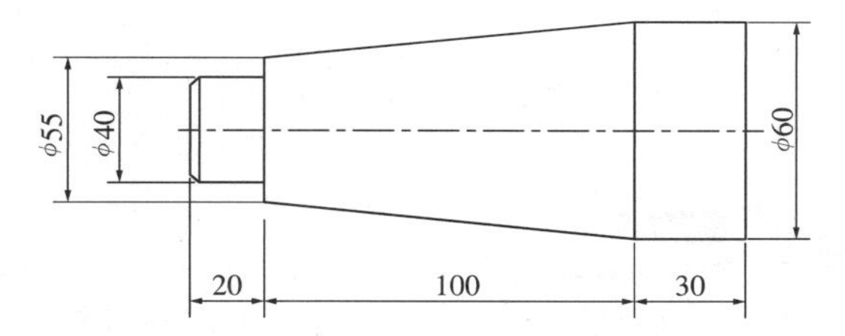

① 3.0　② 3.25
③ 3.75　④ 5.25

해설
심압대 편위량(e) 구하는 식

$$e = \frac{L(D-d)}{2l} = \frac{150(60-55)}{2\times 100} = \frac{750}{200} = 3.75\text{mm}$$

※ 2022년 개정된 출제기준에서 삭제된 내용

13 밀링머신의 부속장치가 아닌 것은?

① 아버
② 래크 절삭장치
③ 회전 테이블
④ 에이프런

해설
에이프런(Apron)은 선반의 왕복대에 장착된 이송장치이다.

※ 2022년 개정된 출제기준에서 삭제된 내용

정답 10 ③ 11 ② 12 ③ 13 ④

14 선반에서 척에 고정할 수 없는 대형 공작물 또는 복잡한 형상의 공작물을 고정할 때 사용하는 부속장치는?

① 센터 ② 면판
③ 바이트 ④ 맨드릴

해설
면판(Face Plate) : 척으로 고정하기 힘든 큰 크기의 공작물이나 불규칙하고 복잡한 형상의 공작물을 고정할 때 사용하는 선반용 부속장치
※ 2022년 개정된 출제기준에서 삭제된 내용

15 국제단위계(SI)의 기본단위에 해당되지 않는 것은?

① 길이 : m
② 질량 : kg
③ 광도 : mol
④ 열역학 온도 : K

해설
국제단위계(SI)의 종류

길이	질량	시간	온도	전류	물질량	광도
m	kg	sec	K	A	mol	cd

16 지름 30mm인 환봉을 318rpm으로 선반가공할 때, 절삭속도는 약 몇 m/min인가?

① 30 ② 40
③ 50 ④ 60

해설
$$v=\frac{\pi dn}{1{,}000}=\frac{\pi\times30\times318}{1{,}000}=\frac{29{,}971}{1{,}000}=29.97\fallingdotseq30\text{m/min}$$
※ 2022년 개정된 출제기준에서 삭제된 내용

17 선반에서 단동척에 대한 설명으로 틀린 것은?

① 연동척보다 강력하게 고정한다.
② 무거운 공작물이나 중절삭을 할 수 있다.
③ 불규칙한 공작물의 고정이 가능하다.
④ 3개의 조가 있으므로 원통형 공작물 고정이 쉽다.

해설
단동척은 4개의 조를 각각 움직임으로써 불규칙한 공작물을 고정할 수 있다. 3개의 조를 한 번에 움직여 공작물을 고정하는 것은 연동척이다.
※ 2022년 개정된 출제기준에서 삭제된 내용

14 ② 15 ③ 16 ① 17 ④ 정답

18 기어절삭에 사용되는 공구가 아닌 것은?

① 래크(Rack) 커터
② 호브
③ 피니언 커터
④ 브로치

해설
브로칭(Broaching)가공
가공물에 홈이나 내부 구멍을 만들 때 가늘고 길며 길이 방향으로 많은 날을 가진 총형 공구인 브로치를 일감에 대고 누르면서 관통시켜 단 1회의 절삭 공정만으로 제품을 완성시키는 가공법이다. 따라서 공작물이나 공구가 회전하지 않는다.
※ 2022년 개정된 출제기준에서 삭제된 내용

19 다음 중 자동하중 브레이크에 속하지 않는 것은?

① 원추 브레이크
② 웜 브레이크
③ 캠 브레이크
④ 원심 브레이크

해설
원추 브레이크는 축압식(압축 방식) 브레이크에 속한다.

20 선반에서 절삭저항의 분력 중 탄소강을 가공할 때 가장 큰 절삭저항은?

① 배분력 ② 주분력
③ 횡분력 ④ 이송분력

해설
선반 작업 시 발생하는 3분력의 크기 순서
주분력 > 배분력 > 이송분력

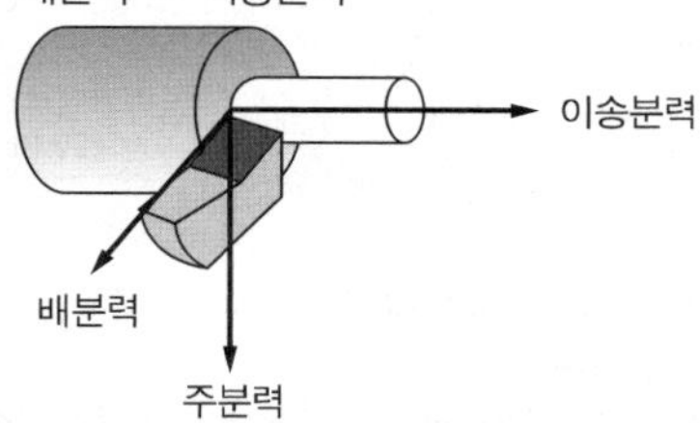

※ 2022년 개정된 출제기준에서 삭제된 내용

21 다음 숫돌바퀴 표시방법에서 60이 나타내는 것은?

WA 60 K 5 V

① 입도 ② 조직
③ 결합도 ④ 숫돌 입자

해설
연삭숫돌의 기호 중에서 60은 입도로서 거친 연마용에 사용하는 수치이다. 연성이 있는 공작물에는 거친 입자의 숫돌을 사용하며, 경도가 크고 취성이 있는 공작물에는 고운 입자의 숫돌을 사용한다.
연삭숫돌의 기호

WA	60	K	m	V
입자	입도	결합도	조직	결합제

※ 2022년 개정된 출제기준에서 삭제된 내용

정답 18 ④ 19 ① 20 ② 21 ①

22 밀링에서 절삭속도 20m/min, 커터 지름 50mm, 날수 12개, 1날당 이송을 0.2mm로 할 때 1분간 테이블 이송량은 약 몇 mm인가?

① 120　　② 220
③ 306　　④ 404

해설

절삭속도, $v=\frac{\pi dn}{1,000}$

$20=\frac{\pi\times 50\times n}{1,000}$, $n=\frac{1,000\times 20}{\pi\times 50}=127.3\text{rpm}$

$f=f_z\times z\times n$
$=0.2\text{mm}\times 12\times 127.3\text{rev/min}$
$=305.5\text{mm/min}$

따라서, 테이블이 1min당 약 306mm 이동하므로 테이블 이송량도 ③번이 된다.

※ 2022년 개정된 출제기준에서 삭제된 내용

23 마이크로미터의 구조에서 구성부품에 속하지 않는 것은?

① 앤빌　　② 스핀들
③ 슬리브　　④ 스크라이버

해설

스크라이버는 재료 표면에 임의의 간격의 평행선을 먹펜이나 연필보다 정확히 긋고자 할 경우에 사용되는 공구이므로 마이크로미터의 구조에는 속하지 않는다.

24 마이크로미터 스핀들 나사의 피치가 0.5mm이고, 심블의 원주 눈금이 100등분 되어 있으면 최소 측정값은 몇 mm인가?

① 0.05　　② 0.01
③ 0.005　　④ 0.001

해설

마이크로미터의 스핀들 나사의 피치는 0.5mm이고, 심블의 원주 눈금이 100등분 되어 있으므로 최소 측정값을 구하는 식은 다음과 같다.

$$\text{마이크로미터의 최소 측정값}=\frac{\text{나사의 피치}}{\text{심블의 등분수}}$$

따라서, 정답은 0.005가 된다.

25 전해연마의 특징에 대한 설명으로 틀린 것은?

① 가공면에 방향성이 없다.
② 복잡한 형상의 제품은 가공할 수 없다.
③ 가공 변질층이 없고 평활한 가공면을 얻을 수 있다.
④ 연질의 알루미늄, 구리 등도 쉽게 광택면을 가공할 수 있다.

해설

전해연마는 복잡한 형상의 공작물도 연마가 가능하다.

22 ③　23 ④　24 ③　25 ② 정답

26 **관용 테이퍼 나사 중 테이퍼 수나사를 표시하는 기호는?**

① M
② Tr
③ R
④ S

해설
관용 테이퍼 수나사는 R로 표현한다.

27 **다음 중 3각 투상법에 대한 설명으로 맞는 것은?**

① 눈 → 투상면 → 물체
② 눈 → 물체 → 투상면
③ 투상면 → 물체 → 눈
④ 물체 → 눈 → 투상면

해설

제1각법	제3각법
투상면을 물체의 뒤에 놓는다.	투상면을 물체의 앞에 놓는다.
눈 → 물체 → 투상면	눈 → 투상면 → 물체
 저면도 / 우측면도, 정면도, 좌측면도, 배면도 / 평면도 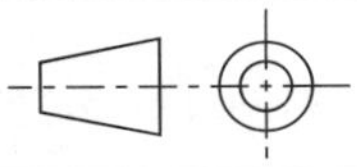	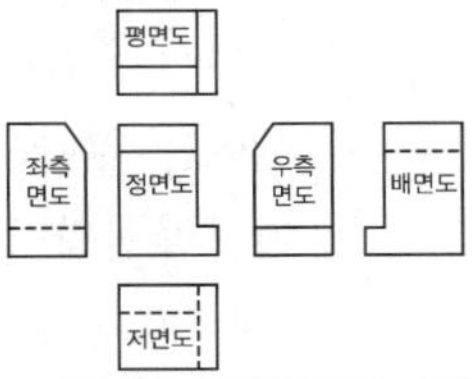 평면도 / 좌측면도, 정면도, 우측면도, 배면도 / 저면도 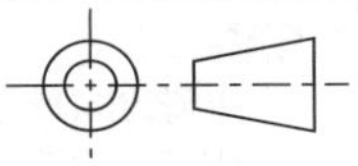

28 **다음 중 2종류 이상의 선이 같은 장소에서 중복될 경우 가장 우선되는 선의 종류는?**

① 중심선
② 절단선
③ 치수 보조선
④ 무게중심선

해설
두 종류 이상의 선이 중복되는 경우 선의 우선순위
숫자나 문자 > 외형선 > 숨은선 > 절단선 > 중심선 > 무게중심선 > 치수 보조선

29 **기계 도면에서 부품란에 재질을 나타내는 기호가 "SS400"으로 기입되어 있다. 기호에서 "400"이 나타내는 것은?**

① 무게
② 탄소 함유량
③ 녹는 온도
④ 최저 인장강도

해설
- SS : 일반구조용 압연강재
- 400 : 최저 인장강도 400N/mm^2

정답 26 ③ 27 ① 28 ② 29 ④

30 다음과 같이 지시된 기하공차의 해석이 맞는 것은?

○	0.05	
//	0.02 / 150	A

① 원통도 공차값 0.05mm, 축선은 데이텀 축직선 A에 직각이고 지정길이 150mm, 평행도 공차값 0.02mm

② 진원도 공차값 0.05mm, 축선은 데이텀 축직선 A에 직각이고 전체길이 150mm, 평행도 공차값 0.02mm

③ 진원도 공차값 0.05mm, 축선은 데이텀 축직선 A에 평행이고 지정길이 150mm, 평행도 공차값 0.02mm

④ 원통의 윤곽도 공차값 0.05mm, 축선은 데이텀 축직선 A에 평행하고 전체길이 150mm, 평행도 공차값 0.02mm

해설

기하공차 기호에서 진원도(O)의 공차값은 0.05mm인데, 진원도는 모양공차에 속하며 이 모양공차는 데이텀 없이 표시하는 것이 특징이다. 또한 데이텀 A를 기준으로 기준길이 150mm에 대하여 평행도의 공차값은 0.02mm 범위 안에 있어야 한다는 것을 의미한다.

31 KS의 부문별 분류 기호로 맞지 않는 것은?

① KS A : 기본
② KS B : 기계
③ KS C : 전기
④ KS D : 전자

해설

한국산업규격(KS)의 부문별 분류기호

분류기호	KS A	KS B	KS C	KS D
분야	기본	기계	전기전자	금속

32 다음 그림과 같은 치수기입방법은?

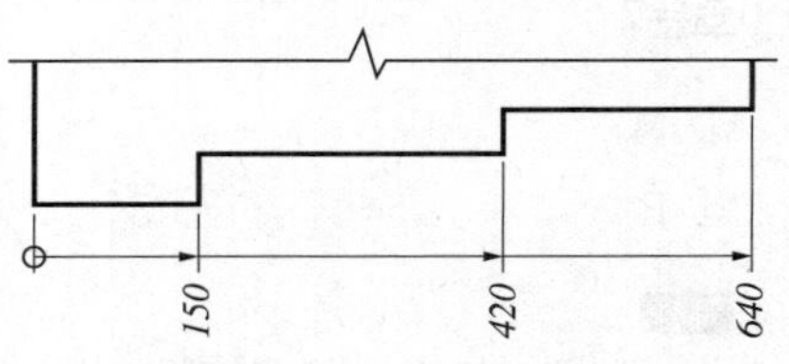

① 직렬 치수기입방법
② 병렬 치수기입방법
③ 누진 치수기입방법
④ 복합 치수기입방법

33 나사를 도면에 그리는 방법에 대한 설명으로 틀린 것은?

① 나사의 골 밑은 가는 실선으로 나타낸다.

② 나사의 감긴 방향이 오른쪽이면 도면에 별도 표기할 필요가 없다.

③ 수나사와 암나사가 결합되어 있는 나사를 그릴 때에는 암나사 위주로 그린다.

④ 나사의 불완전 나사부는 필요할 경우 중심축선으로부터 경사된 가는 실선으로 표시한다.

해설

수나사와 암나사 결합부가 결합되어 있는 나사를 그릴 때에는 수나사 기준으로 나타낸다.

30 ③ 31 ④ 32 ③ 33 ③ 정답

34 축을 제도할 때 도시방법의 설명으로 맞는 것은?

① 축에 단이 있는 경우는 치수를 생략한다.
② 축은 길이 방향으로 전체를 단면하여 도시한다.
③ 축 끝에 모따기는 치수를 생략하고 기호만 기입한다.
④ 단면 모양이 같은 긴 축은 중간을 파단하여 짧게 그릴 수 있다.

해설
④ 축을 제도할 때 긴 축은 중간 부분을 파단하여 짧게 그리고 실제 치수를 기입한다.
① 축에 단이 있는 경우에도 치수를 생략하면 안 된다.
② 축은 길이 방향으로 절단하여 단면을 도시하지 않는다.
③ 축 끝의 모따기는 폭과 각도를 기입하거나 45°인 경우 C로 표시한다.

35 스프로킷 휠에 대한 설명으로 틀린 것은?

① 스프로킷 휠의 호칭번호는 피치원 지름으로 나타낸다.
② 스프로킷 휠의 바깥지름은 굵은 실선으로 그린다.
③ 그림에는 주로 스프로킷 소재를 제작하는 데 필요한 치수를 기입한다.
④ 스프로킷 휠의 피치원 지름은 가는 1점 쇄선으로 그린다.

해설
스프로킷 휠은 체인을 감아 물고 돌아가는 바퀴이다. 스프로킷 휠의 호칭번호는 스프로킷에 감기는 전동용 롤러 체인의 호칭번호로 한다.

36 스퍼기어의 도시방법에 대한 설명으로 틀린 것은?

① 축에 직각인 방향으로 본투상도를 주투상도로 할 수 있다.
② 잇봉우리원은 굵은 실선으로 그린다.
③ 피치원은 가는 1점 쇄선으로 그린다.
④ 축 방향으로 본 투상도에서 이골원은 굵은 실선으로 그린다.

해설
스퍼기어를 축 방향으로 도시(도면에 표시)할 때 이골원(이뿌리면)은 가는 실선으로 그린다.

37 그림과 같이 경사면부가 있는 대상물에서 그 경사면의 실형을 표시할 필요가 있는 경우에 사용하는 투상도의 명칭은?

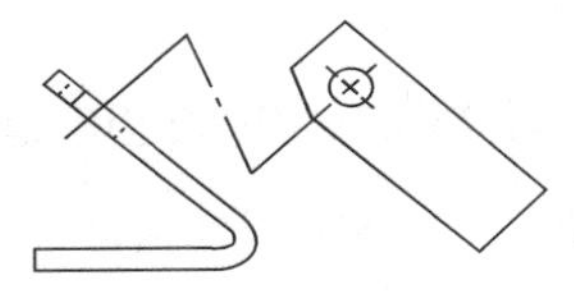

① 부분 투상도
② 보조 투상도
③ 국부 투상도
④ 회전 투상도

해설
보조 투상도는 경사면부가 있는 물체의 경사면에 실형을 표시할 때 사용하는 투상도법이다.

정답 34 ④ 35 ① 36 ④ 37 ②

38 가공 결과, 그림과 같은 줄무늬가 나타났을 때 표면의 결 도시기호로 옳은 것은?

① 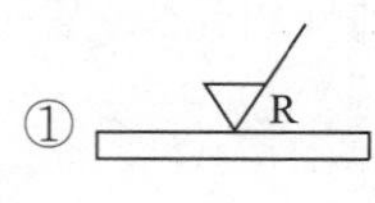

② 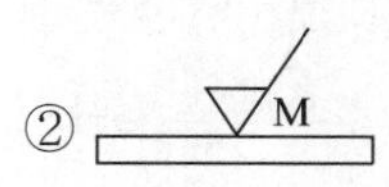

③ 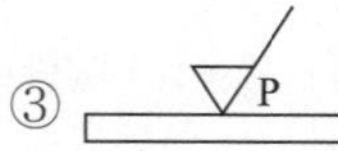

④ 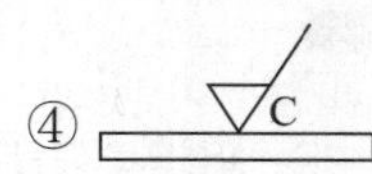

해설

줄무늬 방향 기호 중 R은 중심에 대하여 레이디얼 모양이다.

39 다음 중 재료기호의 명칭이 틀린 것은?

① SM20C : 회주철품

② SF340A : 탄소강 단강품

③ SPPS420 : 압력배관용 탄소강관

④ PW-1 : 피아노선

해설

SM20C : 기계구조용 탄소강재

- S : Steel(강-재질)
- M : 기계구조용(Machine Structural Use)
- 20C : 평균 탄소함유량(0.20%) – KS D 3752

40 기하공차의 종류와 그 기호가 틀린 것은?

① 진직도(—)

② 진원도(○)

③ 평면도(□)

④ 원주 흔들림(↗)

해설

평면도의 기호는 ▱이다.

41 구의 반지름을 나타내는 치수 보조기호는?

① ϕ

② $S\phi$

③ SR

④ C

38 ① 39 ① 40 ③ 41 ③ 정답

42 치수 기입에 대한 설명 중 틀린 것은?

① 제작에 필요한 치수를 도면에 기입한다.
② 잘 알 수 있도록 중복하여 기입한다.
③ 가능한 한 주요 투상도에 집중하여 기입한다.
④ 가능한 한 계산하여 구할 필요가 없도록 기입한다.

해설
치수는 중복해서 기입하면 안 된다.

43 치수공차와 끼워맞춤에서 구멍의 치수가 축의 치수보다 작을 때, 구멍과 축과의 치수의 차는?

① 틈새　② 죔새
③ 공차　④ 끼워맞춤

해설
죔새는 "축의 치수 > 구멍의 치수"일 때 그 치수의 차를 의미한다.

44 기계 관련 부품에서 ϕ80H7/g6로 표기된 것의 설명으로 틀린 것은?

① 구멍기준식 끼워맞춤이다.
② 구멍의 끼워맞춤 공차는 H7이다.
③ 축의 끼워맞춤 공차는 g6이다.
④ 억지 끼워맞춤이다.

해설
g6 : 헐거운 끼워맞춤을 도시할 때 사용하는 기호는 g이다.
구멍기준식 축의 끼워맞춤

헐거운 끼워맞춤	중간 끼워맞춤	억지 끼워맞춤
b, c, d, e, f, g	h, js, k, m, n	p, r, s, t, u, x

45 핸들이나 암, 리브, 축 등의 절단면을 90° 회전시켜서 나타내는 단면도는?

① 부분 단면도
② 회전도시 단면도
③ 계단 단면도
④ 조합에 의한 단면도

해설
회전도시 단면도는 핸들이나 벨트 풀리, 바퀴의 암, 리브, 축, 형강 등의 단면의 모양을 90°로 회전시켜 투상도의 안이나 밖에 그린다.

정답 42 ② 43 ② 44 ④ 45 ②

46 다음 그림 기호는 정투상 방법의 몇 각법을 나타내는가?

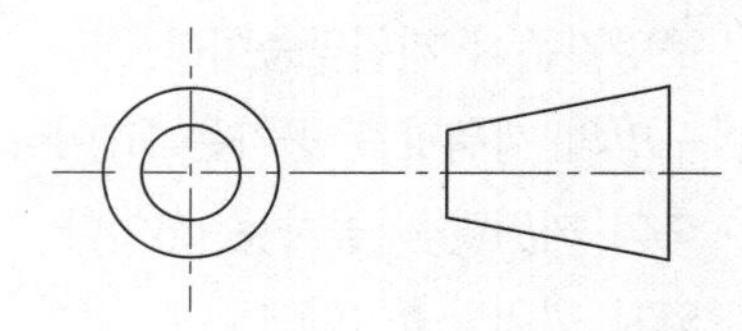

① 제1각법
② 등각 방법
③ 제3각법
④ 부등각 방법

47 치수공차와 끼워맞춤 용어의 뜻이 잘못된 것은?

① 실 치수 : 부품을 실제로 측정한 치수
② 틈새 : 구멍의 치수가 축의 치수보다 작을 때의 치수차
③ 치수공차 : 최대허용치수와 최소허용치수의 차
④ 위 치수 허용차 : 최대허용치수에서 기준치수를 뺀 값

해설
틈새란 구멍의 치수가 축의 치수보다 클 때로 구멍과 축간 치수차를 말한다.

48 핸들, 벨트 풀리나 기어 등과 같은 바퀴의 암, 리브 등에서 절단한 단면의 모양을 90° 회전시켜서 투상도의 안에 그릴 때, 알맞은 선의 종류는?

① 가는 실선
② 가는 1점쇄선
③ 가는 2점쇄선
④ 굵은 1점쇄선

해설
회전도시 단면도는 핸들이나 벨트 풀리, 바퀴의 암, 리브, 축, 형강 등의 단면의 모양을 90°로 회전시켜 투상도의 안이나 밖에 그린다. 만일 투상도의 절단할 곳과 겹쳐서 그릴 때는 가는 실선으로 그린다.

49 그림에서 도시된 기호는 무엇을 나타낸 것인가?

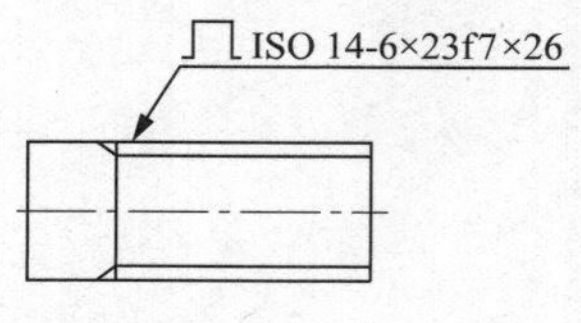

① 사다리꼴나사
② 스플라인
③ 사각나사
④ 세레이션

해설
표시 기호에서 (⎍)는 원형 축에 사각형상의 모양이 둘러싸여 있는 스플라인 키를 형상화한 것이다.

46 ③ 47 ② 48 ① 49 ② 정답

50 그림에서 나타난 정면도와 평면도에 적합한 좌측면도는?

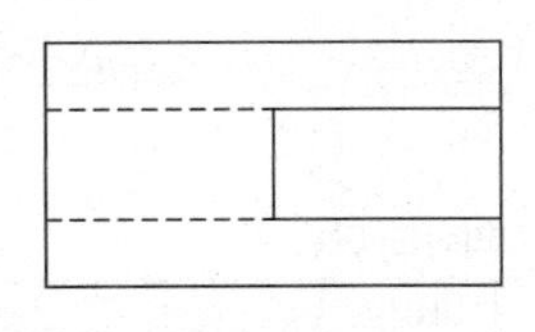

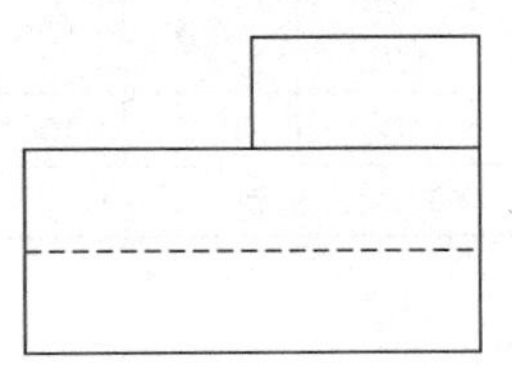

①

② 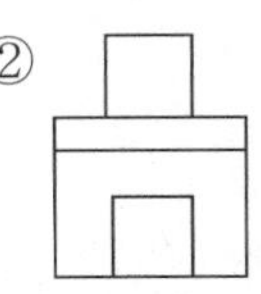

③

④

해설

제3각법으로 표현할 경우 좌측면도는 물체를 왼쪽에서 바라본 형상이므로 정답은 ④번이 된다.

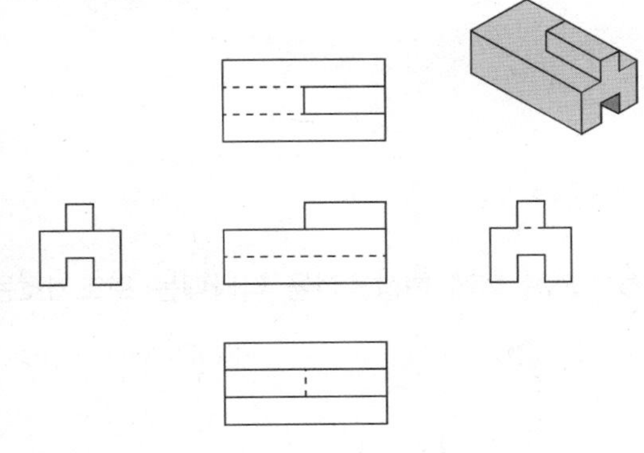

51 용접기호에서 그림과 같은 표시가 있을 때 그 의미는?

① 현장용접
② 일주용접
③ 매끄럽게 처리한 용접
④ 이면판재를 사용한 용접

해설

현장용접은 다음과 같은 기호를 사용한다.

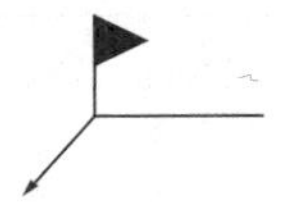

52 좌표 방식 중 원점이 아닌 현재 위치, 즉 출발점을 기준으로 하여 해당 위치까지의 거리로 그 좌표를 나타내는 방식은?

① 절대 좌표 방식
② 상대 좌표 방식
③ 직교 좌표 방식
④ 원통 좌표 방식

해설

상대 좌표계 : 임의의 점을 지정할 때 현재의 위치를 기준으로 그 점과의 거리를 좌표로 사용하는 좌표계이다.

정답 50 ④ 51 ① 52 ②

53 나사 표기가 다음과 같이 나타날 때 설명으로 틀린 것은?

Tr40×14(P7)LH

① 호칭지름이 40mm이다.
② 피치는 14mm이다.
③ 왼 나사이다.
④ 미터 사다리꼴나사이다.

해설
14는 리드(L)를 나타내는 값이며 피치는 (P7)로 7mm이다.
KS규격표준(KS B 0229)에 따른 미터 사다리꼴나사의 표시방법

Tr	40	×	14	(P7)	LH
미터 사다리꼴 나사	호칭지름 (수나사의 바깥지름)	×	리드 14mm	피치 7mm	왼나사

54 모듈이 2, 잇수가 30인 표준 스퍼기어의 이끝원의 지름은 몇 mm인가?

① 56 ② 60
③ 64 ④ 68

해설
이끝원 지름 : $2m$ + PCD = (2 × 2) + (2 × 30) = 64mm

55 컴퓨터의 처리속도 단위 중 ps(피코 초)란?

① 10^{-3}초 ② 10^{-6}초
③ 10^{-9}초 ④ 10^{-12}초

해설
컴퓨터 처리속도 단위

밀리초 (ms)	마이크로초 (μs)	나노초 (ns)	피코초 (ps)	펨토초 (fs)	아토초 (as)
10^{-3}	10^{-6}	10^{-9}	10^{-12}	10^{-15}	10^{-18}
처리속도 느림		↔		처리속도 빠름	

56 전체 둘레 현장용접을 나타내는 보조기호는?

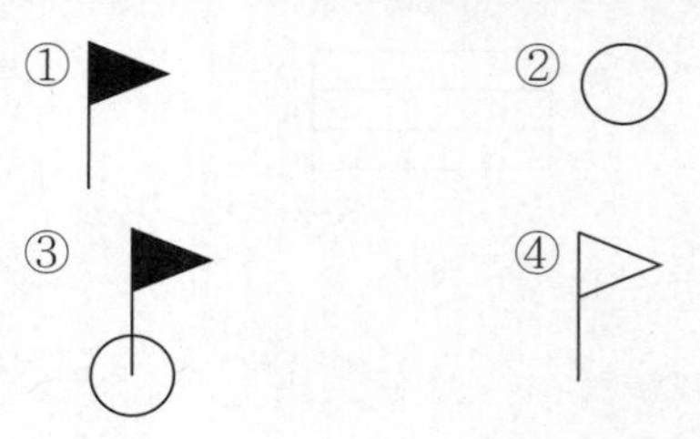

해설
전체 둘레 현장용접을 할 때 사용하는 기호는 다음과 같다.

53 ② 54 ③ 55 ④ 56 ③ 정답

57 다음 그림과 같이 용접하고자 한다. 올바른 도시 방법은?

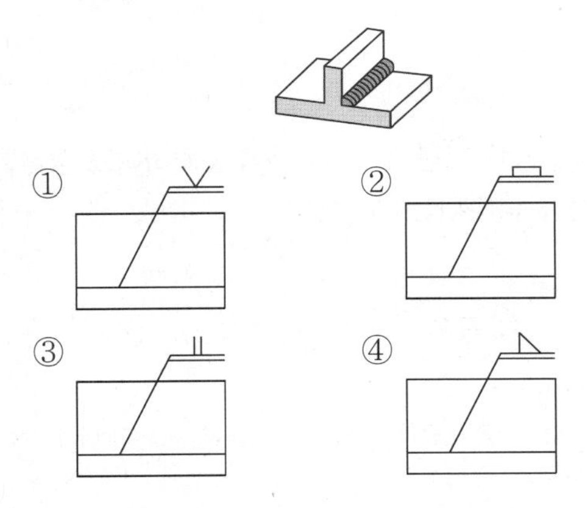

해설

그림과 같은 용접 방법은 필릿 용접이며 지시하는 부분에 용접을 하므로 ④와 같이 나타내야 한다.

58 데이터를 표현하는 최소 단위는?

① Byte ② Bit
③ Word ④ File

해설

자료 표현과 연산 데이터의 정보 기억 단위

비트(Bit) → 니블(Nibble) → 바이트(Byte) → 워드(Word) → 필드(Field) → 레코드(Record) → 파일(File) → 데이터베이스(Database)

59 CAD시스템을 이용하여 제품에 대한 기하학적 모델링 후 체적, 무게중심, 관성모멘트 등의 물리적 성질을 알아보려고 한다면 필요한 모델링은?

① 와이어 프레임 모델링
② 서피스 모델링
③ 솔리드 모델링
④ 시스템 모델링

해설

CAD시스템을 이용하여 제품의 물리적 성질을 알아보기 위해서는 솔리드 모델링(Solid Modeling)을 사용해야 한다.

60 CPU(중앙처리장치)의 주요기능이 아닌 것은?

① 제어기능
② 연산기능
③ 대화기능
④ 기억기능

해설

중앙처리장치(CPU)의 구성요소
- 주기억장치
- 제어장치
- 연산장치

정답 57 ④ 58 ② 59 ③ 60 ③

2018년 제1회 과년도 기출복원문제

01 고속도 공구강 강재의 표준형으로 널리 사용되는 18-4-1형에서 텅스텐 함유량은?

① 1% ② 4%
③ 18% ④ 23%

해설
고속도강의 합금 비율
W : Cr : V = 18 : 4 : 1

02 열처리의 방법 중 강을 경화시킬 목적으로 실시하는 열처리는?

① 담금질 ② 뜨임
③ 불림 ④ 풀림

해설
담금질(Quenching) : 탄소강을 경화시킬 목적으로 오스테나이트의 영역까지 가열한 후 급랭시켜 재료의 강도와 경도를 증가시킨다.

03 니켈강을 가공 후 공기 중에 방치하여도 담금질 효과가 나타나는 현상은?

① 질량 효과 ② 자경성
③ 시기 균열 ④ 가공 경화

해설
자경성은 공기 중에 방치하여도 담금질 효과가 나타나는 현상이다.

04 주철의 성질을 가장 올바르게 설명한 것은?

① 탄소의 함유량이 2.0% 이하이다.
② 인장강도가 강에 비하여 크다.
③ 소성변형이 잘된다.
④ 주조성이 우수하다.

해설
주철은 용융점이 낮고 유동성이 좋아서 주조성이 우수하다.

정답 1 ③ 2 ① 3 ② 4 ④

05 다음 중 훅의 법칙에서 늘어난 길이를 구하는 공식은?(단, λ : 변형량, W : 인장하중, A : 단면적, E : 탄성계수, l : 길이이다)

① $\lambda = \dfrac{Wl}{AE}$　　② $\lambda = \dfrac{AE}{W}$

③ $\lambda = \dfrac{AE}{Wl}$　　④ $\lambda = \dfrac{W}{AE}$

해설

$\sigma = E \times \varepsilon$(응력 = 탄성계수 × 변형량)

$\dfrac{W}{A} = E \times \dfrac{l_2(\text{나중길이})}{l_1(\text{처음길이})}$

나중길이(l_2)$= \dfrac{W_1}{AE}$

여기서, 나중길이 l_2를 λ로 바꾸면 정답은 ①번이 된다.

06 3줄나사에서 피치가 2mm일 때 나사를 6회전시키면 이동하는 거리는 몇 mm인가?

① 6　　② 12

③ 18　　④ 36

해설

- 나사의 1회전 시 이동거리(L)를 계산하면
  $L = nP = 3 \times 2\text{mm} = 6\text{mm}$
- 나사의 6회전 시 이동거리($6L$)를 계산하면
  $6\text{mm} \times 6\text{회전} = 36\text{mm}$

07 다음 그림과 같은 테이퍼를 선반에서 가공하려고 한다. 심압대를 편위시켜 가공하려면 심압대를 몇 mm 이동시켜야 하는가?

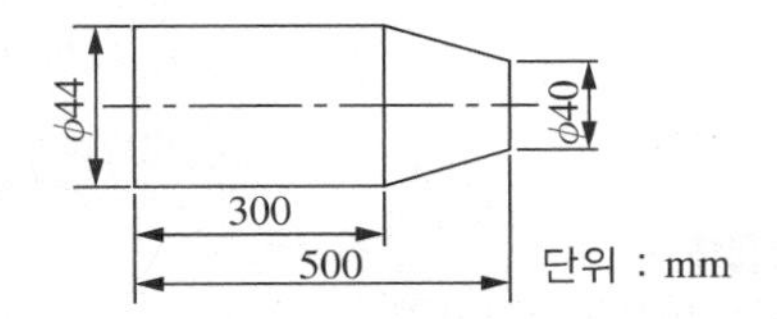

① 5　　② 6

③ 8　　④ 10

해설

심압대 편위량(e)를 구하면

$e = \dfrac{L(D-d)}{2l} = \dfrac{500(44-40)}{2 \times 200} = \dfrac{2,000}{400} = 5\text{mm}$

※ 2022년 개정된 출제기준에서 삭제된 내용

08 황동의 자연균열 방지책이 아닌 것은?

① 온도 180~260℃에서 응력제거 풀림처리

② 도료나 안료를 이용하여 표면처리

③ Zn 도금으로 표면처리

④ 물에 침전처리

해설

황동의 자연균열을 방지하기 위해서는 수분에 노출되지 않도록 해야 하기 때문에 물에 침전처리를 하면 안 된다.

정답 5 ① 6 ④ 7 ① 8 ④

09 엔드 저널로서 지름이 50mm의 전동축을 받치고 허용 최대 베어링 압력을 6N/mm², 저널길이를 80mm라 할 때 최대 베어링 하중은 몇 kN인가?

① 3.64kN ② 6.4kN
③ 24kN ④ 30kN

해설
최대 베어링 하중(W)
$= 6\text{N/mm}^2 \times 50\text{mm} \times 80\text{mm} = 24{,}000\text{N} = 24\text{kN}$

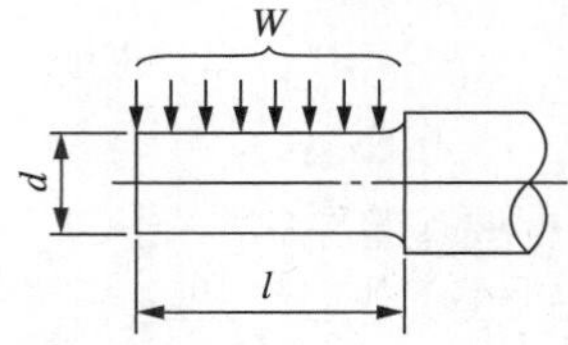

최대 베어링 하중(W)
$W = P \times d \times l$
여기서, P : 최대 베어링 압력
d : 저널의 지름
l : 저널부의 길이
※ 저널이란 베어링에 의해 둘러싸인 축의 일부분이다.

10 웜기어에서 웜이 3줄이고, 웜휠의 잇수가 60개일 때의 속도비는?

① 1/10 ② 1/20
③ 1/30 ④ 1/60

해설
웜과 웜휠기어의 속도비(i)

$$i = \frac{\text{웜휠의 회전 각속도}}{\text{웜의 회전 각속도}} = \frac{\text{웜의 줄수}}{\text{웜휠의 잇수}}$$

$$= \frac{3}{60} = \frac{1}{20}$$

11 비틀림 모멘트를 받는 회전축으로 치수가 정밀하고 변형량이 적어 주로 공작기계의 주축에 사용하는 축은?

① 차축 ② 스핀들
③ 플렉시블축 ④ 크랭크축

해설
축(Shaft)이란 베어링에 의해 지지되며 주로 회전력을 전달하는 기계요소로, 공작기계의 주축에 사용하는 축은 스핀들이다.

12 일반적으로 가장 널리 사용되며 축과 보스에 모두 홈을 가공하여 사용하는 키는?

① 접선 키 ② 안장 키
③ 묻힘 키 ④ 원뿔 키

해설
묻힘 키(성크 키)는 현재 가장 널리 쓰이는 키(Key)로 축과 보스 양쪽에 모두 키 홈을 파서 동력을 전달하는 키이다. 그 종류에는 $\frac{1}{100}$ 기울기를 가진 경사 키와 평행 키가 있다.

9 ③ 10 ② 11 ② 12 ③ 정답

13 나사를 기능상으로 분류했을 때 운동용 나사에 속하지 않는 것은?

① 볼나사 ② 관용 나사
③ 둥근 나사 ④ 사다리꼴 나사

해설
관용 나사는 ISO규격에 따른 분류를 나타낸 것으로 기능상 분류에 속하지 않는다.

14 주조용 알루미늄(Al)합금 중에서 Al-Si계에 속하는 것은?

① 실루민 ② 하이드로날륨
③ 라우탈 ④ 와이(Y)합금

해설
실루민은 Al에 Si을 10~14% 첨가한 주조용 Al 합금으로, 알펙스라고도 불린다. 가볍고 전연성이 크며 주조 후 수축량이 적고 해수에도 잘 침식되지 않는 특징이 있다.

15 제동장치를 작동 부분의 구조에 따라 분류할 때 이에 해당되지 않는 것은?

① 유압 브레이크 ② 밴드 브레이크
③ 디스크 브레이크 ④ 블록 브레이크

해설
유압 브레이크는 작동원에 따라 분류한 것으로 유체(기체나 액체)를 사용하는 유압 브레이크, 공기를 사용하는 공압 브레이크, 전기를 사용하는 전자 브레이크가 있다. 브레이크(Brake)란 제동장치로서 기계의 운동에너지를 열이나 전기에너지로 바꾸어 흡수함으로써 속도를 감소시키거나 정지시키는 장치이다.

16 선반에 부착된 체이싱 다이얼(Chasing Dial)의 용도는?

① 드릴링할 때 사용한다.
② 널링 작업을 할 때 사용한다.
③ 나사 절삭을 할 때 사용한다.
④ 모방 절삭을 할 때 사용한다.

해설
선반에서 체이싱 다이얼은 하프너트와 함께 나사를 절삭할 때 사용하는 조작장치이다.
※ 2022년 개정된 출제기준에서 삭제된 내용

17 공작물의 외경 또는 내면 등을 어떤 필요한 형상으로 가공할 때, 많은 절삭날을 갖고 있는 공구를 1회 통과시켜 가공하는 공작기계는?

① 브로칭 머신 ② 밀링 머신
③ 호빙 머신 ④ 연삭기

해설
브로칭(Broaching) 가공
가공물에 홈이나 내부 구멍을 만들 때 가늘고 길며 길이 방향으로 많은 날을 가진 총형 공구인 브로치를 일감에 대고 누르면서 관통시켜 단 1회의 절삭 공정만으로 제품을 완성시키는 가공법이다.
※ 2022년 개정된 출제기준에서 삭제된 내용

정답 13 ② 14 ① 15 ① 16 ③ 17 ①

18 다음 중 각도 측정기가 아닌 것은?

① 사인바
② 수준기
③ 오토콜리메이터
④ 외경 마이크로미터

해설
마이크로미터(Micrometer)는 나사를 이용한 길이측정기로 정밀한 측정을 할 때 사용한다. 앤빌, 스핀들, 슬리브, 심블 등으로 구성되었다. 측정 영역에 따라서 내경 측정용인 내측 마이크로미터와 외경 측정용인 외측 마이크로미터로 나뉜다.

19 센터, 척 등을 사용하지 않고 가공물 표면을 조정하는 조정숫돌과 지지대를 이용하여 가공물을 연삭하는 기계는?

① 드릴 연삭기
② 바이트 연삭기
③ 만능공구 연삭기
④ 센터리스 연삭기

해설
연삭가공이란 연삭기를 사용하여 절삭입자들로 결합된 숫돌을 고속으로 회전시키면서 재료의 표면을 매끄럽게 가공하는 방법이다. 센터리스 연삭기는 가늘고 긴 원통형의 공작물을 센터나 척을 사용하지 않고 조정숫돌과 지지대만 이용하여 공작물의 바깥지름과 안지름을 연삭할 수 있다.
※ 2022년 개정된 출제기준에서 삭제된 내용

20 연삭가공에서 결합제의 기호 중 틀린 것은?

① 비트리파이드 – V
② 금속결합제 – M
③ 셸락 – E
④ 레지노이드 – R

해설
레지노이드의 기호는 "B"이며, "R"은 Rubber로 고무를 의미한다.
※ 2022년 개정된 출제기준에서 삭제된 내용

21 선반에서 ϕ40mm의 환봉을 120m/min의 절삭속도로 절삭가공을 하려고 할 경우, 2분 동안의 주축 총회전수는?

① 650rpm ② 960rpm
③ 1,720rpm ④ 1,910rpm

해설
$$회전수(n) = \frac{1,000v}{\pi d}\,\text{rpm}$$
$$= \frac{1,000\times 120\text{m/min}}{\pi \times 40\text{mm}} = 954.9$$
∴ 954.9rpm × 2분 ≒ 1,910rpm
※ 2022년 개정된 출제기준에서 삭제된 내용

22 드릴의 구조 중 드릴가공을 할 때 가공물과 접촉에 의한 마찰을 줄이기 위하여 절삭날 면에 부여하는 각은?

① 나선각 ② 선단각
③ 경사각 ④ 날 여유각

해설
날 여유각(선단 여유각) : 드릴가공 시 가공물과의 접촉에 따른 마찰의 방지를 위해 절삭날의 면에 부여하는 각도이다.

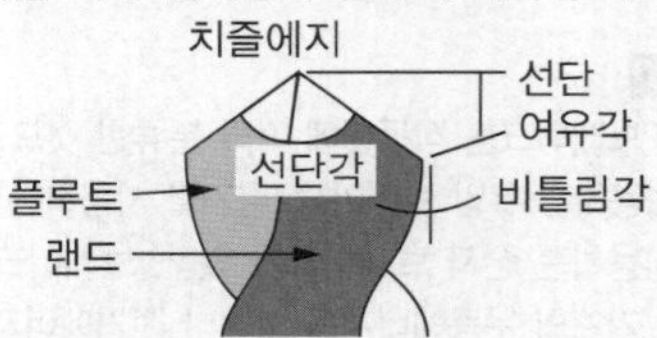

※ 2022년 개정된 출제기준에서 삭제된 내용

18 ④ 19 ④ 20 ④ 21 ④ 22 ④ 정답

23 정반 위에서 테이퍼를 측정하여 그림과 같은 측정 결과를 얻었을 때 테이퍼량은 얼마인가?

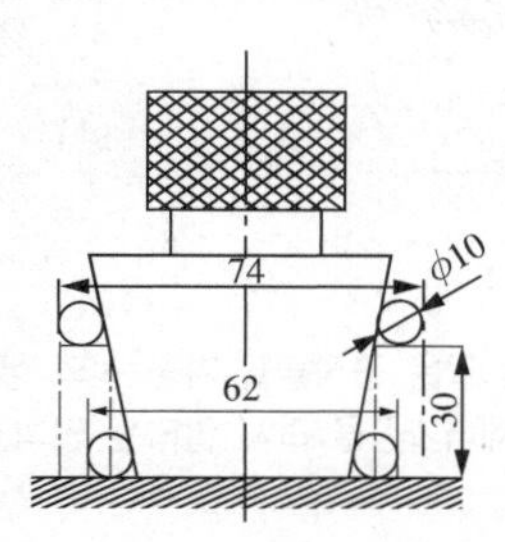

① $\frac{1}{2}$ ② $\frac{1}{2.5}$

③ $\frac{1}{5}$ ④ $\frac{1}{7.5}$

해설

테이퍼량 $= \frac{D-d}{H} = \frac{74-62}{30} = \frac{12}{30} = \frac{1}{2.5}$

24 단식분할법으로 원주를 10등분하려면 분할 크랭크를 몇 회전씩 돌리면 되는가?(단, 웜휠의 잇수는 40개이다)

① 4회전 ② 8회전

③ 10회전 ④ 40회전

해설

단식분할법에서 분할 크랭크의 회전수 구하는 식

$n = \frac{40}{N} = \frac{40}{10} = 4$

따라서 분할 크랭크를 4회전하면 공작물은 10등분이 된다.

※ 2022년 개정된 출제기준에서 삭제된 내용

25 절삭유제의 사용목적에 대한 설명으로 틀린 것은?

① 일감의 다듬질면이 좋아진다.

② 칩과 공구의 마찰력을 높인다.

③ 절삭저항을 감소시킨다.

④ 공구수명이 연장된다.

해설

절삭유란 금속이나 비금속을 절삭 작업할 때 사용하는 기름 또는 액체로서, 절삭작업 중 발생되는 칩을 계속 제거하기 때문에 칩에 의한 표면의 손상을 방지하여 가공면의 표면조도(표면거칠기)를 향상시키며 칩과 공구의 마찰력을 줄여서 공구에 무리가 가지 않도록 한다.

※ 2022년 개정된 출제기준에서 삭제된 내용

26 진원도 측정법이 아닌 것은?

① 지름법 ② 수평법

③ 삼점법 ④ 반지름법

해설

형상공차의 측정에서 진원도의 측정방법

- 삼점법
- 직경법(지름법)
- 반경법(반지름법)

정답 23 ② 24 ① 25 ② 26 ②

27 **다음 치수 보조기호에 관한 내용으로 틀린 것은?**

① C : 45°의 모떼기

② D : 판의 두께

③ □ : 정사각형 변의 길이

④ ⌒ : 원호의 길이

해설

판의 두께는 t로 표기한다.

28 **도면을 마이크로필름에 촬영하거나 복사할 때의 편의를 위하여 도면의 위치결정에 편리하도록 도면에 표시하는 양식은?**

① 재단마크 ② 중심마크

③ 도면의 구역 ④ 방향마크

해설

중심마크는 도면의 영구 보존을 위해 마이크로필름으로 촬영하거나 복사하고자 할 때 굵은 실선으로 도면에 표시한다.

29 **기하공차의 종류 중 단독 모양에 적용하는 것은?**

① 진원도 ② 평행도

③ 위치도 ④ 원주 흔들림

해설

기하공차의 종류 중 단독 모양에 적용하는 것은 단독형체로서, 모양공차에 속하는 진원도이다.

30 **제거 가공을 허락하지 않는 면의 지시기호는?**

①  ②

③  ④

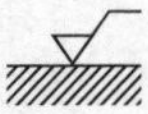

해설

주조품과 같은 공작물을 가공 전의 상태로 그대로 남겨두라는 의미로 제거가공을 하지 말라는 면의 지시기호는 ③이다.

31 **다음 중 두 종류 이상의 선이 같은 장소에서 중복될 경우 가장 우선되는 선의 종류는?**

① 중심선 ② 절단선

③ 치수 보조선 ④ 무게중심선

해설

두 종류 이상의 선이 중복되는 경우 선의 우선순위

숫자나 문자 > 외형선 > 숨은선 > 절단선 > 중심선 > 무게중심선 > 치수 보조선

27 ② 28 ② 29 ① 30 ③ 31 ② 정답

32 다음 중 억지 끼워맞춤인 것은?

① 구멍 – H7, 축 – g6

② 구멍 – H7, 축 – f6

③ 구멍 – H7, 축 – p6

④ 구멍 – H7, 축 – e6

해설

구멍 기준식 축의 끼워맞춤

헐거운 끼워맞춤	중간 끼워맞춤	억지 끼워맞춤
b, c, d, e, f, g	h, js, k, m, n	p, r, s, t, u, x

33 공차기호에 의한 끼워맞춤의 기입이 잘못된 것은?

① 50H7/g6

② 50H7–g6

③ $50\frac{H7}{g6}$

④ 50H7(g6)

해설

일반적으로 제품 조립 시 구멍을 기준으로 축을 끼워 맞추기 때문에 끼워맞춤 기호는 구멍을 지칭하는 대문자가 문자의 맨 앞이나 분모에 위치시킨 후 그 뒤에 축의 공차기호를 놓는데, ④와 같이 ( )로 기입하지는 않는다.

34 기계 도면에서 부품란에 재질을 나타내는 기호가 "SS400"으로 기입되어 있다. 기호에서 "400"이 나타내는 것은?

① 무게

② 탄소 함유량

③ 녹는 온도

④ 최저인장강도

해설

- SS : 일반구조용 압연강재
- 400 : 최저인장강도 400N/mm^2

35 다음 축척의 종류 중 우선적으로 사용되는 척도가 아닌 것은?

① 1 : 2

② 1 : 3

③ 1 : 5

④ 1 : 10

해설

우선적으로 사용하는 척도의 종류

1 : 2	1 : 5	1 : 10	1 : 20	1 : 50

정답 32 ③ 33 ④ 34 ④ 35 ②

36 **그림과 같이 경사면부가 있는 대상물에서 그 경사면의 실형을 표시할 필요가 있는 경우에 사용하는 투상도의 명칭은?**

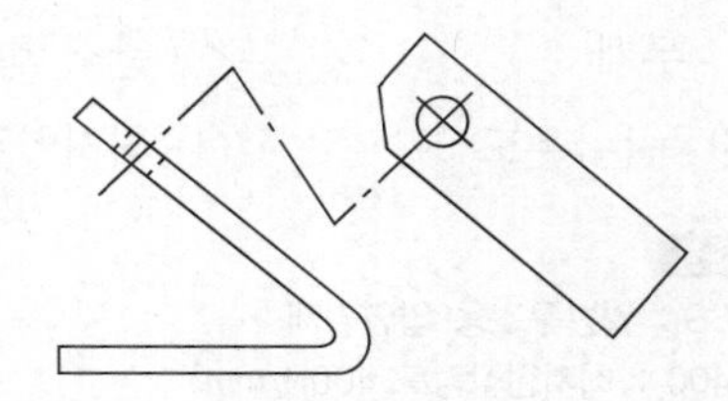

① 부분 투상도
② 보조 투상도
③ 국부 투상도
④ 회전 투상도

해설
보조 투상도는 경사면부가 있는 물체의 경사면에 실형을 표시할 때 사용하는 투상도법이다.

37 **축을 제도할 때 도시방법의 설명으로 맞는 것은?**

① 축에 단이 있는 경우는 치수를 생략한다.
② 축은 길이 방향으로 전체를 단면하여 도시한다.
③ 축 끝에 모떼기는 치수를 생략하고 기호만 기입한다.
④ 단면 모양이 같은 긴 축은 중간을 파단하여 짧게 그릴 수 있다.

해설
④ 축을 제도할 때 긴 축은 중간 부분을 파단하여 짧게 그리고 실제 치수를 기입한다.
① 축에 단이 있는 경우에도 치수를 생략하면 안 된다.
② 축은 길이 방향으로 절단하여 단면을 도시하지 않는다.
③ 축 끝의 모따기는 폭과 각도를 기입하거나 45°인 경우 C로 표시한다.

38 **가상선의 용도로 옳지 않은 것은?**

① 인접 부분을 참고로 표시하는 데 사용한다.
② 도형의 중심을 표시하는 데 사용한다.
③ 가공 전 또는 가공 후의 모양을 표시하는 데 사용한다.
④ 도시된 단면의 앞쪽에 있는 부분을 표시하는 데 사용한다.

해설
도형의 중심을 표시하는 데 사용되는 선은 중심선이다.

39 **다음 중 치수 기입 원칙에 어긋나는 것은?**

① 중복된 치수 기입을 피한다.
② 관련되는 치수는 되도록 한곳에 모아서 기입한다.
③ 치수는 되도록 공정마다 배열을 분리하여 기입한다.
④ 치수는 각 투상도에 고르게 분배되도록 한다.

해설
도면에 치수를 기입할 때 투상도에 고르게 분배하면 해독하기 더 어렵게 되므로 관련된 치수는 한곳에 모아서 기입해야 한다.

36 ② 37 ④ 38 ② 39 ④ 정답

40 다음 가공방법의 약호를 나타낸 것 중 틀린 것은?

① 선반가공(L) ② 보링가공(B)
③ 리머가공(FR) ④ 호닝가공(GB)

해설
호닝가공은 "GH"를 사용한다.

41 헬리컬 기어, 나사 기어, 하이포이드 기어의 잇줄 방향의 표시방법은?

① 2개의 가는 실선으로 표시한다.
② 2개의 가는 2점 쇄선으로 표시한다.
③ 3개의 가는 실선으로 표시한다.
④ 3개의 굵은 2점 쇄선으로 표시한다.

해설
헬리컬 기어 및 나사 기어, 하이포이드 기어처럼 치면이 곡선인 기어들의 잇줄 방향은 3개의 가는 실선으로 표시한다.

42 나사면에 증기, 기름 또는 외부로부터의 먼지 등이 유입되는 것을 방지하기 위해 사용하는 너트는?

① 나비 너트 ② 둥근 너트
③ 사각 너트 ④ 캡 너트

해설
캡 너트 : 유체(액체와 기체)가 나사의 접촉면 사이의 틈새나 볼트와 볼트 구멍의 틈으로 새어 나오거나 들어가는 것을 방지할 목적으로 사용하는 너트

43 베어링의 호칭이 "6026"일 때 안지름은 몇 mm인가?

① 26 ② 52
③ 100 ④ 130

해설
볼 베어링의 안지름번호는 앞에 2자리를 제외한 뒤 숫자로 확인할 수 있다. 04부터는 5를 곱하면 그 수치가 안지름이 된다.
• 호칭번호가 6026인 경우
 – 6 : 단열홈형 베어링
 – 0 : 특별경하중형
 – 26 : 베어링 안지름번호 – 26 × 5 = 130mm

정답 40 ④ 41 ③ 42 ④ 43 ④

44 다음 중 평 벨트 장치의 도시방법에 관한 설명으로 틀린 것은?

① 암은 길이 방향으로 절단하여 도시하는 것이 좋다.
② 벨트 풀리와 같이 대칭형인 것은 그 일부만을 도시할 수 있다.
③ 암과 같은 방사형의 것은 회전도시 단면도로 나타낼 수 있다.
④ 벨트 풀리는 축직각 방향의 투상을 주투상도로 할 수 있다.

해설
평 벨트의 암은 길이 방향으로 절단하여 도시하지 않는다.

45 다음의 기하공차는 무엇을 뜻하는가?

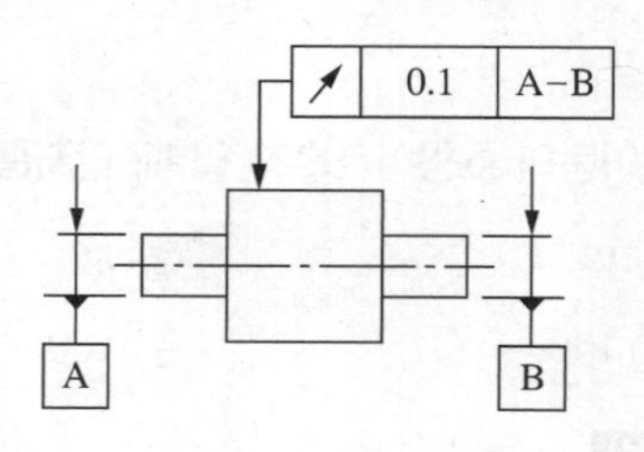

① 원주 흔들림　② 진직도
③ 대칭도　④ 원통도

해설
문제의 그림에서 기하공차는 데이텀 A와 B면을 기준으로 축의 원주 흔들림 공차값이 0.1mm 이내로 가공되어야 함을 의미한다.

46 핸들, 벨트 풀리나 기어 등과 같은 바퀴의 암, 리브 등에서 절단한 단면의 모양을 90° 회전시켜서 투상도의 안에 그릴 때, 알맞은 선의 종류는?

① 가는 실선　② 가는 1점쇄선
③ 가는 2점쇄선　④ 굵은 1점쇄선

해설
회전도시 단면도는 핸들이나 벨트 풀리, 바퀴의 암, 리브, 축, 형강 등의 단면의 모양을 90°로 회전시켜 투상도의 안이나 밖에 그린다. 만일 투상도의 절단할 곳과 겹쳐서 그릴 때는 가는 실선으로 그린다.

47 V벨트의 형별 중 단면의 폭 치수가 가장 큰 것은?

① A형　② D형
③ E형　④ M형

해설
V벨트 단면의 모양 및 크기

종류	M	A	B	C	D	E
크기	최소 ⟷					최대

48 평행 키 끝부분의 형식에 대한 설명으로 틀린 것은?

① 끝부분 형식에 대한 지정이 없는 경우는 양쪽 네모형으로 본다.
② 양쪽 둥근형은 기호 A를 사용한다.
③ 양쪽 네모형은 기호 S를 사용한다.
④ 한쪽 둥근형은 기호 C를 사용한다.

해설
평행 키의 형상에서 양쪽 네모형은 기호로 B를 사용한다.

44 ① 45 ① 46 ① 47 ③ 48 ③ 정답

49 스퍼 기어에서 모듈(m)이 4, 피치원 지름(D)이 72mm일 때 전체 이 높이(H)는?

① 4.0mm ② 7.5mm
③ 9.0mm ④ 10.5mm

해설
전체 이 높이 = 이뿌리 높이 + 이끝 높이
전체 이 높이 구하는 식(H) = 2.25m = 2.25 × 4 = 9mm
(여기서 m : 모듈로 이의 크기를 나타내는 척도이다)

50 평 벨트 풀리의 도시 방법에 대한 설명 중 틀린 것은?

① 암은 길이 방향으로 절단하여 단면 도시를 한다.
② 벨트 풀리는 축 직각 방향의 투상을 주투상도로 한다.
③ 암의 단면형은 도형의 안이나 밖에 회전 단면을 도시한다.
④ 암의 테이퍼 부분 치수를 기입할 때 치수 보조선은 경사선으로 긋는다.

해설
평 벨트 풀리를 도시할 때 암은 길이 방향으로 절단하여 단면을 도시하지 않는다.

51 스프링 도시의 일반 사항이 아닌 것은?

① 코일 스프링은 일반적으로 무하중 상태에서 그린다.
② 그림 안에 기입하기 힘든 사항은 일괄하여 요목표에 기입한다.
③ 하중이 걸린 상태에서 그린 경우에는 치수를 기입할 때, 그때의 하중을 기입한다.
④ 단서가 없는 코일 스프링이나 벌류트 스프링은 모두 왼쪽으로 감은 것을 나타낸다.

해설
스프링은 모두 특별한 단서가 없는 한 오른쪽으로 감은 것으로 나타내어야 한다.

52 기어의 종류 중 피치원 지름이 무한대인 기어는?

① 스퍼기어 ② 래크
③ 피니언 ④ 베벨기어

해설
래크 기어는 피니언 기어와 함께 쌍으로 사용되는데, 거의 직선 위에 이가 만들어진 것이므로 피치원의 지름(PCD)은 거의 무한대가 된다.

53 다음 그림이 나타내는 용접 이음은?

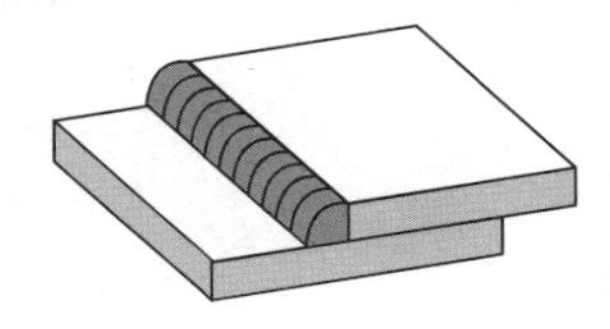

① 모서리 이음 ② 겹치기 이음
③ 맞대기 이음 ④ 플랜지 이음

정답 49 ③ 50 ① 51 ④ 52 ② 53 ②

54 인치계 사다리꼴나사의 나사산 각도는?

① 29° ② 30°
③ 55° ④ 60°

해설
인치계 사다리꼴나사의 나사산 각도는 29°이다.

55 줄무늬 방향의 기호에서 가공에 의한 컷의 줄무늬가 여러 방향으로 교차 또는 무방향을 나타내는 것은?

① M ② C
③ R ④ X

해설
② C : 중심에 대하여 대략 동심원(=원)
③ R : 중심에 대하여 대략 레이디얼 모양
④ X : 투상면에 경사지고 두 방향으로 교차

56 다음 투상도의 평면도로 가장 적합한 것은?(단, 제3각법으로 도시하였다)

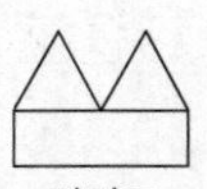
정면도

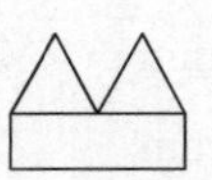
측면도

① 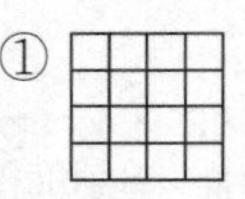
② 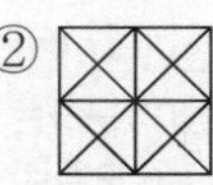
③ 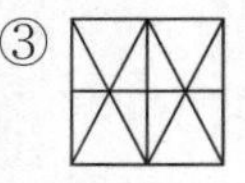
④ 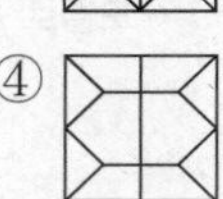

해설

정면도와 측면도의 형상을 통해 사각뿔이 4개 있음을 알 수 있기 때문에 정답이 ②임을 쉽게 알 수 있다.

57 다음 관 이음의 그림 기호 중 플랜지식 이음은?

①
②
③
④

해설
배관 접합 기호의 종류

연결	기호	연결	기호
유니언 연결		플랜지 연결	
칼라 연결		마개와 소켓 연결	
확장 연결(신축이음)		일반연결	
캡 연결		엘보 연결	

54 ① 55 ① 56 ② 57 ② 정답

58 컴퓨터가 데이터를 기억할 때의 최소 단위는?

① bit

② byte

③ word

④ block

해설

자료 표현과 연산 데이터의 정보 기억 단위

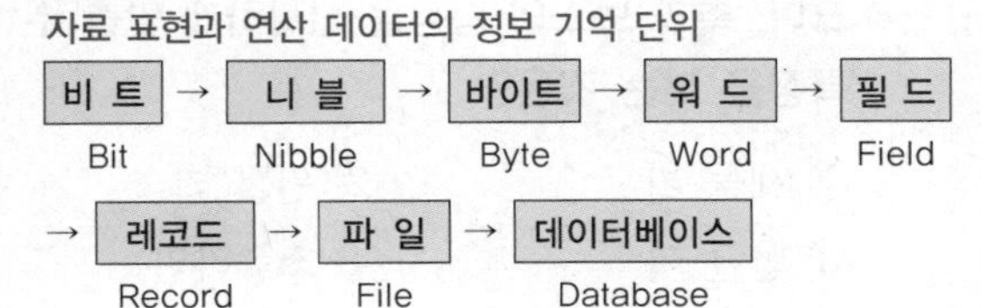

59 다음 중 와이어 프레임 모델링(Wireframe Modeling)의 특징은?

① 단면도 작성이 불가능하다.

② 은선 제거가 가능하다.

③ 처리속도가 느리다.

④ 물리적 성질의 계산이 가능하다.

해설

와이어 프레임 모델링은 선(Wire)으로만 형상을 표시하므로 면이 표현되는 단면도 작성은 불가능하다.

60 다음 시스템 중 출력장치로 틀린 것은?

① 디지타이저(Digitizer)

② 플로터(Plotter)

③ 프린터(Printer)

④ 하드 카피(Hard Copy)

해설

디지타이저는 입력장치에 속한다.

정답 58 ① 59 ① 60 ①

2018년 제2회 과년도 기출복원문제

01 Cu 3.5~4.5%, Mg 1~1.5%, Si 0.5%, Mn 0.5~1.0%, 나머지 Al인 합금으로 무게를 중요시한 항공기나 자동차에 사용되는 고력 Al합금인 것은?

① 두랄루민
② 하이드로날륨
③ 알드레이
④ 내식 알루미늄

해설
두랄루민은 Al + Cu + Mg + Mn로 구성된 가공용 알루미늄합금으로 강도가 우수하여 항공기나 자동차용 재료로 사용된다.

02 다음 그림에서 W = 300N의 하중이 작용하고 있다. 스프링 상수가 K_1 = 5N/mm, K_2 = 10N/mm라면, 늘어난 길이는 몇 mm인가?

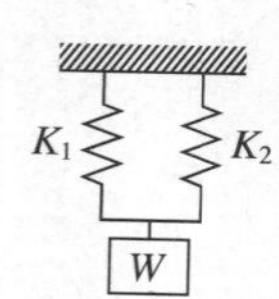

① 15 ② 20
③ 25 ④ 30

해설
평균 스프링 상수값
$k = k_1 + k_2$ 이므로, $k = 5 + 10$, $k = 15\text{N/mm}$
스프링이 늘어난 길이(처짐량) $\delta = \dfrac{F}{k}$에 적용하면 늘어난 길이
$\delta = \dfrac{300\text{N}}{15\text{N/mm}} = 20\text{mm}$

03 보스와 축의 둘레에 여러 개의 키(Key)를 깎아 붙인 모양으로 큰 동력을 전달할 수 있고 내구력이 크며, 축과 보스의 중심을 정확하게 맞출 수 있는 특징을 갖는 것은?

① 새들 키 ② 원뿔 키
③ 반달 키 ④ 스플라인

해설
스플라인 키는 보스와 축의 둘레에 여러 개의 사각 턱을 만든 키(Key)를 깎아 붙인 모양으로 세레이션 다음으로 큰 힘을 전달할 수 있다. 또한 축 방향으로 자유로운 미끄럼 운동이 가능하다.

04 내연기관의 피스톤 등 자동차 부품으로 많이 쓰이는 Al합금은?

① 실루민 ② 화이트메탈
③ Y합금 ④ 두랄루민

해설
Y합금은 Al + Cu + Mg + Ni 등이 합금된 재료로 내연기관용 피스톤, 실린더 헤드의 재료로 사용된다.

1 ① 2 ② 3 ④ 4 ③ 정답

05 냉간가공에 대한 설명으로 옳은 것은?

① 어느 금속이나 모두 상온(20℃) 이하에서 가공하는 것을 말한다.
② 그 금속의 재결정온도 이하에서 가공하는 것을 말한다.
③ 그 금속의 공정점보다 10 ~ 20℃ 낮은 온도에서 가공하는 것을 말한다.
④ 빙점(0℃) 이하의 낮은 온도에서 가공하는 것을 말한다.

해설
냉간가공은 재결정온도 이하의 온도에서 가공하는 방법이지만 열간가공은 재결정온도 이상의 온도에서 가공하는 방법이다. 보통 Fe(철)의 재결정온도는 350~450℃이다.

06 인장 코일 스프링에 3kgf의 하중을 걸었을 때 변위가 30mm이었다면, 스프링 상수는 얼마인가?

① 0.1kgf/mm ② 0.2kgf/mm
③ 5kgf/mm ④ 10kgf/mm

해설
스프링 상수값 $k = \frac{F(\text{작용힘})}{\delta(\text{코일의 처짐량})}$이므로

$k = \frac{3\text{kgf}}{30\text{mm}} = 0.1\text{kgf/mm}$가 된다.

07 볼베어링에서 볼을 적당한 간격으로 유지시켜 주는 베어링 부품은?

① 리테이너 ② 레이스
③ 하우징 ④ 부시

08 탄소강에 함유된 원소 중 백점이나 헤어크랙의 원인이 되는 원소는?

① 황 ② 인
③ 수소 ④ 구리

해설
탄소강에 함유된 원소 중에서 백점이나 헤어크랙은 수소(H_2)가 원인이다.

09 미끄럼 베어링의 윤활방법이 아닌 것은?

① 적하 급유법 ② 패드 급유법
③ 오일링 급유법 ④ 충격 급유법

해설
미끄럼 베어링의 윤활방법
- 손 급유법(핸드 급유법)
- 적하 급유법
- 분무 급유법
- 패드 급유법
- 기계식 강제 급유법
- 오일링 급유법

정답 5 ② 6 ① 7 ① 8 ③ 9 ④

10 인장강도가 255~340MPa이며 Ca-Si나 Fe-Si 등의 접종제로 접종처리한 것으로, 바탕조직은 펄라이트이며 내마멸성이 요구되는 공작기계의 안내면이나 강도를 요하는 기관의 실린더 등에 사용되는 주철은?

① 칠드 주철
② 미하나이트 주철
③ 흑심가단 주철
④ 구상흑연 주철

해설
바탕조직이 펄라이트조직인 미하나이트 주철은 내마멸성이 요구되는 공작기계의 안내면이나 강도가 필요한 곳에 사용된다. 인장강도는 측정자의 숙련도와 제조기술의 정도에 따라 다르게 나올 수 있으므로 폭 넓게 250~400MPa 사이로 나타내기도 한다.

11 초경공구와 비교한 세라믹 공구의 장점 중 옳지 않은 것은?

① 고속 절삭가공성이 우수하다.
② 고온 경도가 높다.
③ 내마멸성이 높다.
④ 충격강도가 높다.

해설
세라믹 공구는 무기질의 비금속재료를 고온에서 소결한 것으로 1,200℃의 절삭열에도 경도변화가 없는 신소재로서, 주로 고온에서 소결하여 얻을 수 있다. 내마모성과 내열성, 내화학성이 우수하나 인성이 부족하고 성형성이 좋지 못하며 충격에 약하기 때문에 충격강도값은 낮다.

12 담금질 응력 제거, 치수의 경년변화 방지, 내마모성 향상 등을 목적으로 100~200℃에서 마텐자이트 조직을 얻도록 조작하는 열처리 방법은?

① 저온뜨임 ② 고온뜨임
③ 항온풀림 ④ 저온풀림

해설
저온뜨임은 뜨임온도가 100~200℃ 사이에서 실시하는 것으로 내부응력 제거, 치수의 경년변화 방지를 위해 실시하는 열처리 방법이다.

13 나사의 끝을 이용하여 축에 바퀴를 고정시키거나 위치를 조정할 때 사용되는 나사는?

① 태핑 나사 ② 사각 나사
③ 볼 나사 ④ 멈춤 나사

해설
사각 나사는 동력전달용으로, 볼 나사는 먼지나 이물질이 들어가기 쉬운 곳이나 전구에 사용되며, 태핑 나사는 공작물을 깎으면서 고정시킬 수 있는 나사이다.

10 ② 11 ④ 12 ① 13 ④ 정답

14 비중이 2.7로서 가볍고 은백색의 금속으로 내식성이 좋으며, 전기전도율이 구리의 60% 이상인 금속은?

① 알루미늄(Al) ② 마그네슘(Mg)
③ 바나듐(V) ④ 안티몬(Sb)

해설
① 알루미늄의 비중 : 2.7
② 마그네슘의 비중 : 1.7
③ 바나듐의 비중 : 6.1
④ 안티몬의 비중 : 4.5

15 초경합금의 특성에 대한 설명 중 올바른 것은?

① 고온경도 및 내마멸성이 우수하다.
② 내마모성 및 압축강도가 낮다.
③ 고온에서 변형이 많다.
④ 상온의 경도가 고온에서 크게 저하된다.

해설
초경합금은 소결 초경합금으로도 불리는데 고속·고온 절삭에서 높은 경도를 유지하며, WC, TiC, TaC 분말에 Co를 첨가하고 소결시켜 만들어 진동이나 충격을 받으면 깨지기 쉬운 특성을 가진 공구재료이다. 고속도강의 4배 정도로 절삭이 가능하다.

16 밀링 가공 시 절삭속도 33m/min, 밀링 커터의 지름 100mm일 때 커터의 회전수는?

① 95rpm ② 105rpm
③ 115rpm ④ 125rpm

해설
$$n = \frac{1{,}000v}{\pi d} = \frac{1{,}000 \times 33\text{m/min}}{\pi \times 100\text{mm}} = \frac{33{,}000\text{m/min}}{314.1592}$$
$$= 105.04\text{rpm}$$
※ 2022년 개정된 출제기준에서 삭제된 내용

17 편심량이 6mm인 편심축 절삭을 하려면 다이얼 게이지의 눈금 이동량은 몇 mm로 맞추어 가공해야 하는가?

① 3mm ② 6mm
③ 12mm ④ 18mm

해설
선반은 재료가 회전하는 가공이다. 편심량이 6mm이므로 회전을 하면 양쪽으로 2배의 측정거리가 필요하므로 다이얼 게이지의 눈금 이동량은 12mm가 된다.

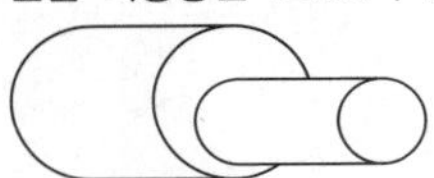

[편심가공]

※ 2022년 개정된 출제기준에서 삭제된 내용

18 롤러의 중심거리가 100mm인 사인바로 5°의 테이퍼값이 측정되었을 때 정반 위에 놓은 사인바의 양 롤러 간의 높이차는 약 몇 mm인가?

① 8.72 ② 7.72
③ 4.36 ④ 3.36

해설
$$H - h = L \times \sin 5°$$
$$= 100\text{mm} \times \sin 5° = 8.72\text{mm}$$
사인바는 삼각함수를 이용하는 각도측정기로, 측정하려는 각도가 45° 이내여야 하며 측정각이 더 커지면 오차가 발생한다.

정답 14 ① 15 ① 16 ② 17 ③ 18 ①

19 다음 제동장치 중 회전하는 브레이크 드럼을 브레이크 블록으로 누르게 한 것은?

① 밴드 브레이크
② 원판 브레이크
③ 블록 브레이크
④ 원추 브레이크

해설
브레이크(Brake)란 제동장치로서 기계의 운동에너지를 열이나 전기에너지로 바꾸어 흡수함으로써 속도를 감소시키거나 정지시키는 장치이다. 블록 브레이크(브레이크 블록)는 회전하는 브레이크 드럼에 블록을 밀착시켜 제동력을 얻는다.

20 초음파 가공의 장점이 아닌 것은?

① 구멍을 가공하기 쉽다.
② 복잡한 형상도 쉽게 가공할 수 있다.
③ 납, 구리, 연강 등 연성이 큰 재료를 쉽게 가공할 수 있다.
④ 가공재료의 제한이 매우 적다.

해설
초음파 가공은 납, 구리, 연강 등 연성이 큰 재료의 가공 성능이 좋지 못하여 작업에 제한을 두는 편이다.
※ 2022년 개정된 출제기준에서 삭제된 내용

21 다음 중 공작물과 절삭공구가 직선 상대운동을 반복하여 주로 평면을 절삭하는 공작기계에 해당하지 않는 것은?

① 플레이너
② 셰이퍼
③ 그라인더
④ 슬로터

해설
그라인더(Grinder)란 숫돌을 회전시켜 공작물의 표면을 깎는 절삭기계로 연삭숫돌의 회전운동을 통해 평면을 절삭한다.
※ 2022년 개정된 출제기준에서 삭제된 내용

22 물섬유 또는 혼합유의 극압 첨가제로 쓰이는 것은?

① 염소
② 수소
③ 니켈
④ 크롬

해설
극압 첨가제란 금속과 금속이 만나는 부위에서 화학작용을 하여 마모를 줄여 주는 첨가제로 염소, 황, 인 화합물, 납 비누 등이 있다.
※ 2022년 개정된 출제기준에서 삭제된 내용

23 구성인선(Built-up Edge)에 대한 일반적인 방지대책으로 옳은 것은?

① 마찰계수가 큰 절삭공구를 사용한다.
② 공구의 윗면 경사각을 크게 한다.
③ 절삭속도를 작게 한다.
④ 절삭 깊이를 크게 한다.

해설
구성인선을 방지하려면 공구의 윗면 경사각을 크게 한다.
※ 2022년 개정된 출제기준에서 삭제된 내용

19 ③ 20 ③ 21 ③ 22 ① 23 ② 정답

24 **절삭유제의 3가지 주된 작용에 속하지 않는 것은?**

① 냉각작용 ② 세척작용
③ 윤활작용 ④ 마모작용

해설
절삭유의 역할
• 절삭된 칩을 제거한다.
• 다듬질면을 좋게한다.
• 공구의 마찰을 감소시킨다.
• 냉각작용과 윤활작용을 한다.
• 가공물과 공구를 냉각시켜 공구의 수명을 늘린다.
※ 2022년 개정된 출제기준에서 삭제된 내용

25 **호닝에서 금속가공 시 가공액으로 사용하는 것은?**

① 등유
② 휘발유
③ 수용성 절삭유
④ 유화유

해설
호닝가공 시 금속을 가공할 때는 미세한 입자면을 갈아냄으로써 발생하는 열에 의해 가공면이 변질되지 않아야 하므로 수용성이 아닌 독립된 유체를 사용해야 하므로 상대적으로 화학적으로 안정된 등유를 가공액으로 사용한다.
※ 2022년 개정된 출제기준에서 삭제된 내용

26 **$\phi 60G7$의 공차값을 나타낸 것이다. 치수공차를 바르게 나타낸 것은?**

① $\phi 60^{+0.03}_{+0.01}$ ② $\phi 60^{+0.04}_{+0.03}$
③ $\phi 60^{+0.04}_{+0.01}$ ④ $\phi 60^{+0.02}_{+0.01}$

해설
지름이 60mm의 구멍의 G7구멍의 공차값은 아래 끼워맞춤의 구멍치수 허용차(KS B 0401)에서 찾아보면 위에 +40, 아래에 +10이 있으므로 위의 윗치수 허용차는 +0.04, 아랫치수 허용차는 +0.01임을 알 수 있다.

27 **치수기입 'SR30'에서 'SR' 기호의 의미는?**

① 구의 직경 ② 전개 반지름
③ 구의 반지름 ④ 원의 호

28 **스프로킷 휠의 도시방법에서 바깥지름은 어떤 선으로 표시하는가?**

① 가는 실선 ② 굵은 실선
③ 가는 1점쇄선 ④ 굵은 1점쇄선

해설
스프로킷 휠은 체인을 감아 물고 돌아가는 바퀴이다. 스프로킷 휠의 바깥지름은 굵은 실선으로 한다.

정답 24 ④ 25 ① 26 ③ 27 ③ 28 ②

29 다음 중 리벳의 호칭방법으로 옳은 것은?

① 규격 번호, 종류, 호칭지름×길이, 재료
② 규격 번호, 길이×호칭지름, 종류, 재료
③ 재료, 종류, 호칭지름×길이, 규격 번호
④ 종류, 길이×호칭지름, 재료, 규격 번호

해설
리벳의 호칭

규격 번호	종류	호칭지름×길이	재료
KS B 0112	열간 둥근 머리 리벳	10×30	SM50

30 IT공차에 대한 설명으로 옳은 것은?

① IT 01부터 IT 18까지 20등급으로 구분되어 있다.
② IT 01~IT 4는 구멍 기준공차에서 게이지 제작 공차이다.
③ IT 6~IT 10은 축 기준공차에서 끼워맞춤 공차이다.
④ IT 10~IT 18은 구멍 기준공차에서 끼워맞춤 이외의 공차이다.

해설
IT(International Tolerance)공차란 ISO에서 정한 치수공차와 끼워맞춤에 관한 공차로 IT 01, IT 00, IT 1~IT 18까지 총 20등급으로 구분된다.

용도	게이지 제작공차	끼워맞춤 공차	끼워맞춤 이외의 공차
구멍	IT 01~IT 5	IT 6~IT 10	IT 11~IT 18
축	IT 01~IT 4	IT 5~IT 9	IT 10~IT 18

31 다음 중 선의 굵기가 다른 선은?

① 해칭선 ② 중심선
③ 치수 보조선 ④ 특수 지정선

해설
열처리가 필요한 부분을 표시할 때 사용하는 특수 지정선은 굵은 1점쇄선(— · — · —)으로 표시한다.

32 축용 게이지 제작에 사용되는 IT 기본공차의 등급은?

① IT 01~IT 4
② IT 5~IT 8
③ IT 8~IT 12
④ IT 11~IT 18

해설

용도	게이지 제작 공차	끼워맞춤 공차	끼워맞춤 이외의 공차
구멍	IT 01~IT 5	IT 6~IT 10	IT 11~IT 18
축	IT 01~IT 4	IT 5~IT 9	IT 10~IT 18

29 ① 30 ① 31 ④ 32 ① 정답

33 래크와 기어의 이가 서로 완전히 접하도록 겹쳐 놓았을 때, 기어의 기준 원통과 기준 래크의 기준면 사이를 공통 법선을 따라 측정한 거리는?

① 공칭 피치　② 전위량
③ 법선 피치　④ 오버핀 치수

해설

① 공칭 피치 : 공통적으로 칭하여 부르는 피치로서, 일반적으로 부품의 피치를 간결하게 부르기 위해 사용하는 피치
③ 법선 피치 : 치형 간의 공통의 작용선에 따라서 측정한 피치로 기초원의 원주를 잇수로 나눈 값과 동일
④ 오버핀 치수 : 기어의 이 크기를 측정하는 오버핀을 사용해서 기어의 크기를 측정한 치수

34 그림과 같은 면의 지시기호에 대한 각 지시사항의 기입 위치에 대한 설명으로 틀린 것은?

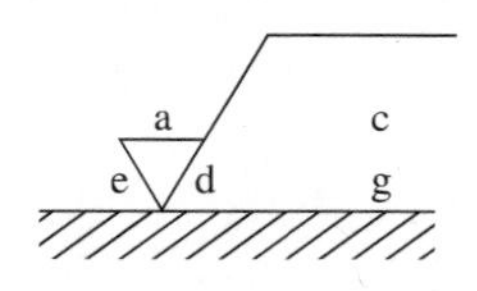

① a : 표면거칠기(Ra)값
② d : 줄무늬 방향의 기호
③ g : 표면파상도
④ c : 가공방법

해설

표면의 지시기호에서 c 위치에는 어떤 것도 기입하지 않는다.
일반적인 표면의 지시기호

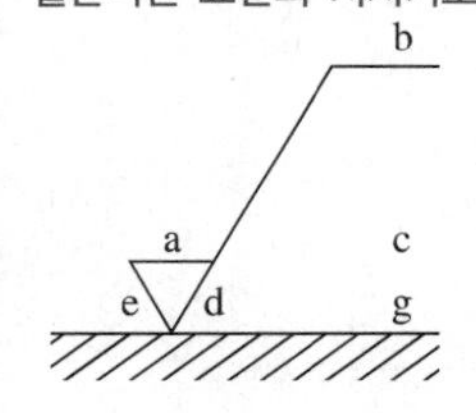

a : 중심선 평균거칠기값
b : 가공방법
c : 컷오프값
d : 줄무늬 방향 기호
e : 다듬질 여유
g : 표면파상도

35 다음은 제3각법으로 정투상한 도면이다. 등각 투상도로 적합한 것은?

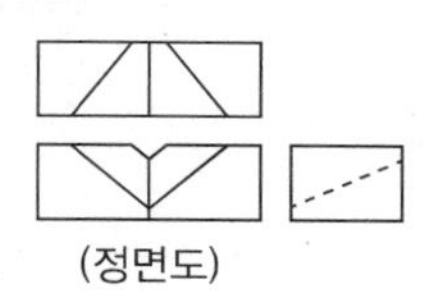
(정면도)

①　②
③　④

해설

물체를 위에서 바라보는 평면도만으로도 정답이 ④임을 확인할 수 있다.

36 끼워맞춤에서 최대 죔새를 구하는 방법은?

① 축의 최대 허용 치수 – 구멍의 최소 허용 치수
② 구멍의 최소 허용 치수 – 축의 최대 허용 치수
③ 구멍의 최대 허용 치수 – 축의 최소 허용 치수
④ 축의 최소 허용 치수 – 구멍의 최대 허용 치수

해설

틈새와 죔새값 계산

최소 틈새	구멍의 최소 허용 치수 – 축의 최대 허용 치수
최대 틈새	구멍의 최대 허용 치수 – 축의 최소 허용 치수
최소 죔새	축의 최소 허용 치수 – 구멍의 최대 허용 치수
최대 죔새	축의 최대 허용 치수 – 구멍의 최소 허용 치수

정답 33 ② 34 ④ 35 ④ 36 ①

37 모양공차 기호 중에서 원통도를 나타내는 기호는?

① ○ ② ⌭
③ ◎ ④ ⌖

38 정투상 방법에 관한 설명 중 틀린 것은?

① 한국산업규격에서는 제3각법으로 도면을 작성하는 것을 원칙으로 한다.
② 한 도면에 제1각법과 제3각법을 혼용하여 사용해도 된다.
③ 제3각법은 '눈 → 투상면 → 물체' 순으로 놓고 투상한다.
④ 제1각법에서 평면도는 정면도 밑에 우측면도는 정면도 좌측에 배치한다.

해설
한 도면에서 제1각법과 제3각법을 혼용해서는 사용하면 안 된다. 한 개의 각법만으로 표현해야 한다.

39 작은 쪽의 지름을 호칭지름으로 나타내는 핀은?

① 평행핀 A형
② 평행핀 B형
③ 분할핀
④ 테이퍼핀

해설
테이퍼핀은 작은 쪽의 지름을 호칭지름으로 나타낸다.

40 축의 지름이 $\phi 50^{+0.025}_{-0.020}$일 때 공차는?

① 0.025 ② 0.02
③ 0.045 ④ 0.005

해설
치수공차는 공차라고도 불리는데 기준치수 50mm를 기준으로 50.025 − (50 − 0.02) = 50.025 − 49.98 = 0.045mm이다.
치수공차 : 최대 허용 한계 치수 − 최소 허용 한계 치수

41 모듈이 2이고, 잇수가 20과 40인 표준 평기어의 중심 거리는?

① 30mm ② 40mm
③ 60mm ④ 80mm

해설
두 개의 기어 간 중심거리(C)

$$C = \frac{D_1 + D_2}{2} = \frac{mZ_1 + mZ_2}{2}$$

$$= \frac{(2\times20)+(2\times40)}{2} = \frac{40+80}{2} = 60$$

37 ② 38 ② 39 ④ 40 ③ 41 ③ 정답

42 가공에 의한 커터의 줄무늬가 여러 방향으로 교차 또는 무방향을 나타내는 줄무늬 방향 기호는?

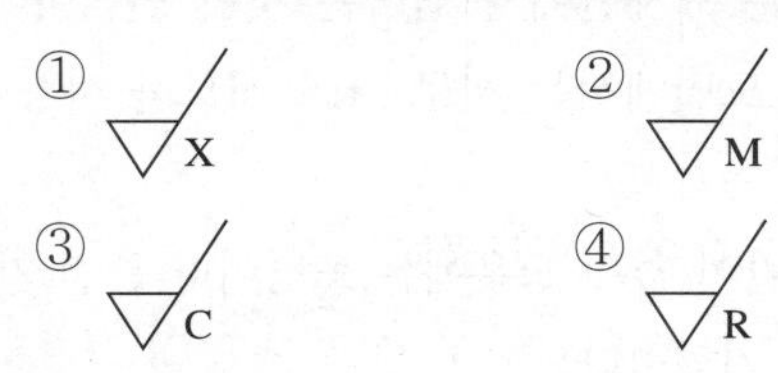

해설

여러 방향으로 교차되거나 무방향이 나타나는 기호는 다음과 같이 나타낸다.

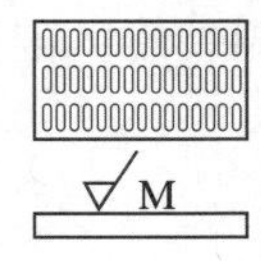

43 중앙처리장치(CPU)의 구성요소가 아닌 것은?

① 주기억장치
② 파일저장장치
③ 논리연산장치
④ 제어장치

해설

중앙처리장치(CPU)의 구성요소는 연산장치, 제어장치, 주기억장치이다.

44 한국산업표준에서 정한 도면의 크기에 대한 내용으로 틀린 것은?

① 제도용지 A2의 크기는 420×594mm이다.
② 제도용지 세로와 가로의 비는 1 : $\sqrt{2}$ 이다.
③ 복사한 도면을 접을 때는 A4크기로 접는 것을 원칙으로 한다.
④ 도면을 철할 때 윤곽선은 용지 가장자리에서 10mm 간격을 둔다.

해설

도면을 철할 때 윤곽선은 왼쪽과 오른쪽 가장자리의 띄는 간격은 용지의 크기에 따라서 서로 다르다.

도면의 종류별 크기 및 윤곽 치수(mm)

<table>
<tr><th colspan="3">크기의 호칭</th><th>A0</th><th>A1</th><th>A2</th><th>A3</th><th>A4</th></tr>
<tr><td colspan="3">a×b
(세로×가로)</td><td>841×
1,189</td><td>594×
841</td><td>420×
594</td><td>297×
420</td><td>210×
297</td></tr>
<tr><td rowspan="3">도
면
윤
곽</td><td colspan="2">c(최소)</td><td>20</td><td>20</td><td>10</td><td>10</td><td>10</td></tr>
<tr><td rowspan="2">d
(최소)</td><td>철하지
않을 때</td><td>20</td><td>20</td><td>10</td><td>10</td><td>10</td></tr>
<tr><td>철할 때</td><td>25</td><td>25</td><td>25</td><td>25</td><td>25</td></tr>
</table>

45 치수의 위치와 기입 방향에 대한 설명 중 틀린 것은?

① 치수는 투상도와 모양 및 치수의 대조 비교가 쉽도록 관련 투상도 쪽으로 기입한다.
② 하나의 투상도인 경우, 길이 치수 위치는 수평 방향의 치수선에 대해서는 투상도의 위쪽에서 수직 방향의 치수선에 대해서는 투상도의 오른쪽에서 읽을 수 있도록 기입한다.
③ 각도치수는 기울어진 각도 방향에 관계없이 읽기 쉽게 수평 방향으로만 기입한다.
④ 치수는 수평 방향의 치수선에는 위쪽, 수직 방향의 치수선에는 왼쪽으로 약 0.5mm 정도 띄어서 중앙에 치수를 기입한다.

해설

치수를 기입할 때 각도 치수는 기울어진 각도 방향에 맞게 알맞게 기울여서 사용 가능하다.

정답 42 ② 43 ② 44 ④ 45 ③

46 가공 전 또는 가공 후의 모양을 표시하기 위해 사용하는 선은?

① 가는 1점쇄선 ② 가는 파선
③ 가는 2점쇄선 ④ 굵은 1점쇄선

해설
가공 전 또는 가공 후의 모양은 가상선으로 이것은 가는 2점쇄선 (-- - -- - --)으로 표시한다.

47 "M20×2"는 미터 가는 나사의 호칭 보기이다. 여기서 2가 나타내는 것은?

① 나사의 피치
② 나사의 호칭지름
③ 나사의 등급
④ 나사의 경도

해설
미터나사의 호칭방법 (단위 : mm)

나사의 종류 기호	나사의 호칭지름	×	피치
M	20	×	2

48 척도 기입방법에 대한 설명으로 틀린 것은?

① 척도는 표제란에 기입하는 것이 원칙이다.
② 같은 도면에서는 서로 다른 척도를 사용할 수 없다.
③ 표제란이 없는 경우에는 도명이나 품번 가까운 곳에 기입한다.
④ 현척의 척도값은 1 : 1이다.

해설
같은 도면 내에서도 서로 다른 척도를 적용할 수 있다.

49 제3각법에 대한 설명으로 틀린 것은?

① 투상 원리는 눈 → 투상면 → 물체의 관계이다.
② 투상면 앞쪽에 물체를 놓는다.
③ 배면도는 우측면도의 오른쪽에 놓는다.
④ 좌측면도는 정면도의 좌측에 놓는다.

해설
투상면 앞에 물체를 놓는 것은 제1각법이다.

46 ③ 47 ① 48 ② 49 ② 정답

50 유니파이 나사의 호칭 1/2-13UNC에서 13이 뜻하는 것은?

① 바깥지름
② 피치
③ 1인치당 나사산 수
④ 등급

해설
유니파이 나사의 호칭방법

나사의 지름을 표시하는 숫자 또는 호칭	-	1인치 당 나사산의 수	나사 종류 기호	나사의 등급
$\frac{3}{8}$	-	16	UNC	2A
인치, 호칭지름		나사산수 16개	• UNC-유니파이 보통나사 • UNF-유니파이 가는나사	• 수나사 1A, 2A, 3A • 암나사 1B, 2B, 3B • 낮을수록 높은 정밀도

51 표면거칠기값(6.3)만을 직접 면에 지시하는 경우 표시 방향이 잘못된 것은?

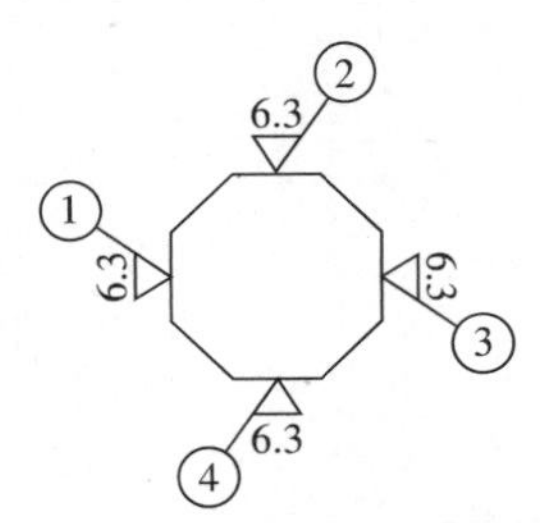

① ①　　② ②
③ ③　　④ ④

해설
③번의 경우 숫자를 아래와 같이 180° 회전시켜야 한다.

52 대상물의 일부를 떼어 낸 경계를 표시하는 데 사용하는 선은?

① 외형선　　② 숨은선
③ 가상선　　④ 파단선

해설
도면에서 대상물의 일부를 떼어 낸 경계를 표시하는 데 사용하는 선은 파단선이다.

53 면의 결인 줄무늬 방향의 지시기호 "C"의 설명으로 맞는 것은?

① 가공에 의한 커터의 줄무늬 방향이 기호로 기입한 그림의 투상면에 경사지고 두 방향으로 교차
② 가공에 의한 커터의 줄무늬 방향이 여러 방향으로 교차 또는 두 방향
③ 가공에 의한 커터의 줄무늬가 기호를 기입한 면의 중심에 대하여 거의 동심원 모양
④ 가공에 의한 커터의 줄무늬가 기호를 기입한 면의 중심에 대하여 대략 레이디얼 모양

해설
줄무늬 방향 기호 중에서 C는 가공 후의 표면 형상이 중심에 대하여 대략 동심원임을 나타내는 기호이다.

정답 50 ③ 51 ③ 52 ④ 53 ③

54 나사용 구멍이 없는 평행키의 기호는?

① P ② PS

③ T ④ TG

해설

① P : 나사용 구멍 없는 평행키

② PS : 나사용 구멍 있는 평행키

55 그림과 같이 축의 홈이나 구멍 등과 같이 부분적인 모양을 도시하는 것으로 충분한 경우의 투상도는?

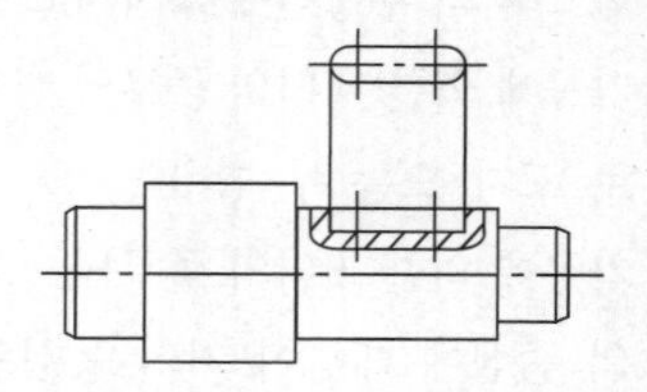

① 회전 투상도 ② 부분 확대도

③ 국부 투상도 ④ 보조 투상도

해설

국부 투상도는 축의 홈이나 구멍 등과 같이 부분적인 모양을 도시하는 것으로 충분한 경우에 사용한다.

56 모듈 6, 잇수가 20개인 스퍼기어의 피치원 지름은?

① 20mm ② 30mm

③ 60mm ④ 120mm

해설

기어의 지름은 피치원의 지름을 나타내며 PCD(Pitch Circle Diameter)라 한다.

$D = m \cdot Z$

$= 6 \times 20$

$\therefore D = 120\text{mm}$

(여기서 m : 모듈, Z : 기어 이의 수)

57 입체 캠의 종류에 해당하지 않는 것은?

① 원통 캠 ② 정면 캠

③ 빗판 캠 ④ 원뿔 캠

해설

정면 캠은 평면 캠의 한 종류이다.

54 ① 55 ③ 56 ④ 57 ② 정답

58 출력하는 도면이 많거나 도면의 크기가 크지 않을 경우 도면이나 문자 등을 마이크로필름화하는 장치는?

① COM 장치
② CAE 장치
③ CIM 장치
④ CAT 장치

해설
① COM(Computer Output Microfilm) : 출력 도면이 많거나 도면의 크기가 작을 경우 마이크로 필름으로 만드는 장치
② CAE(Computer Aided Engineering) : CAD 시스템으로 작성한 설계도를 바탕으로 제품 제작 시 강도나 소음, 진동 등의 특성을 미리 알기 위해 시뮬레이션할 수 있는 장치
③ CIM(Computer Integrated Manufacturing) : 컴퓨터에 의한 통합적 생산시스템
④ CAT(Computer Aided Testing) : 컴퓨터를 이용하여 제품의 수치나 성능 등을 테스트하는 시스템

59 그림과 같이 V벨트 풀리의 일부분을 잘라내고 필요한 내부 모양을 나타내기 위한 단면도는?

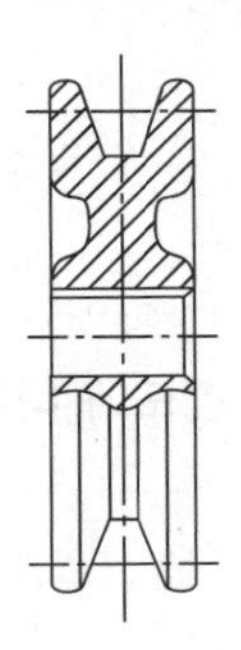

① 온 단면도 ② 한쪽 단면도
③ 부분 단면도 ④ 회전도시 단면도

해설
물체의 일부분을 잘라내고 필요한 내부 모양을 나타내기 위한 단면도는 부분 단면도이다.

60 솔리드 모델링의 특징을 열거한 것 중 틀린 것은?

① 은선 제거가 불가능하다.
② 간섭 체크가 용이하다.
③ 물리적 성질 등의 계산이 가능하다.
④ 형상을 절단하여 단면도 작성이 용이하다.

해설
은선 제거가 불가능한 모델링은 와이어 프레임 모델링이고, 서피스 모델링과 솔리드 모델링은 모두 은선 제거가 가능하다. 여기서 은선이란 숨은 선(Hidden Line)으로 면에 가려서 보이지 않는 선을 말하며, 은선을 제거하지 않을 경우 제품의 형상을 정확하게 파악하기 힘들다.

정답 58 ① 59 ③ 60 ①

2019년 제1회 과년도 기출복원문제

01 주철의 흑연화를 촉진시키는 원소가 아닌 것은?

① Al ② Mn
③ Ni ④ Si

해설
흑연화 : 철과 탄소의 화합물인 시멘타이트(Fe_3C)는 900~1,000℃로 장시간 가열하면 분해되어 흑연이 되는데 이와 같이 시멘타이트를 분해하여 흑연을 만드는 열처리를 흑연화라고 한다. Mn은 탄산제로 사용되며 용강(쇳물)에서 S을 제거한다.
흑연화촉진제 : Si, Ni, Ti, Al

02 스테인리스강 중에서 내식성, 내열성, 용접성이 우수하여 대표적인 조성이 18Cr-8Ni인 계통은?

① 마텐자이트계
② 페라이트계
③ 오스테나이트계
④ 소르바이트계

해설
18-8스테인리스강은 18%의 Cr과 8%의 Ni이 합금된 것으로, 오스테나이트계 스테인리스강이라고도 한다.

03 다음 중 적열취성을 일으키는 유화물 편석을 제거하기 위한 열처리는?

① 재결정 풀림
② 확산 풀림
③ 구상화 풀림
④ 항온 풀림

해설
적열취성을 일으키는 원소는 황(S)이므로 이를 제거하기 위해서는 확산 풀림처리를 해야 한다.

04 강괴를 탈산 정도에 따라 분류할 때 이에 속하지 않는 것은?

① 림드강
② 세미 림드강
③ 킬드강
④ 세미 킬드강

해설
강괴의 탈산 정도에 따른 분류에 세미 림드강은 없다.

1 ② 2 ③ 3 ② 4 ② 정답

05 탄소강의 A_2, A_3 변태점이 모두 옳게 표시된 것은?

① $A_2 = 723℃$, $A_3 = 1,400℃$

② $A_2 = 768℃$, $A_3 = 910℃$

③ $A_2 = 723℃$, $A_3 = 910℃$

④ $A_2 = 910℃$, $A_3 = 1,400℃$

해설

변태점이란 변태가 일어나는 온도로, 다음과 같이 5개 변태점이 있다.

- A_0 변태점(210℃) : 시멘타이트의 자기변태점
- A_1 변태점(723℃) : 철의 동소변태점(= 공석변태점)
- A_2 변태점(768℃) : 철의 자기변태점
- A_3 변태점(910℃) : 철의 동소변태점, 체심입방격자(BCC) → 면심입방격자(FCC)
- A_4 변태점(1,410℃) : 철의 동소변태점, 면심입방격자(FCC) → 체심입방격자(BCC)

06 강재의 KS 규격기호 중 틀린 것은?

① SKH : 고속도 공구강 강재

② SM : 기계구조용 탄소강재

③ SS : 일반 구조용 압연강재

④ STS : 탄소공구강 강재

해설

STS는 합금공구강을 나타내는 기호이다.

07 열처리방법 중에서 표면경화법에 속하지 않는 것은?

① 침탄법

② 질화법

③ 고주파경화법

④ 항온열처리법

해설

항온열처리법 : 변태점 이상으로 가열한 재료를 연속 냉각하지 않고, 500~600℃의 온도인 염욕 중에서 냉각하여 일정 시간 동안 유지한 뒤 냉각시켜 담금질과 뜨임처리를 동시에 하여 원하는 조직과 경도값을 얻는 열처리법이다. 그 종류에는 항온풀림, 항온담금질, 항온뜨임이 있다.

08 CNC 선반의 준비기능에서 G32 코드의 기능은?

① 드릴가공

② 모서리 정밀가공

③ 홈가공

④ 나사 절삭가공

해설

G32는 나사가공할 때 사용하는 명령어이다.

※ 2022년 개정된 출제기준에서 삭제된 내용

정답 5 ② 6 ④ 7 ④ 8 ④

09 지름이 100mm인 연강을 회전수 300r/min(=rpm), 이송 0.3mm/rev, 길이 50mm를 1회 가공할 때 소요되는 시간은 약 몇 초인가?

① 약 20초 ② 약 33초
③ 약 40초 ④ 약 56초

해설
이송량을 보면 1회전당 0.3mm가 이송되므로 50mm를 가공하려면 167회전을 해야 한다.

이 선반의 회전수는 $\frac{300\text{rev}}{1\text{min}}=\frac{300\text{rev}}{60\text{sec}}=5\text{rev/sec}$

따라서 걸린 시간은 $\frac{167\text{rev}}{5\text{rev/sec}}=33.4\text{sec}$이다.

※ 2022년 개정된 출제기준에서 삭제된 내용

10 브레이크 드럼에서 브레이크 블록에 수직으로 밀어 붙이는 힘이 1,000N이고, 마찰계수가 0.45일 때 드럼의 접선방향 제동력은 몇 N인가?

① 150 ② 250
③ 350 ④ 450

해설
브레이크 제동력

$Q=\mu\times P$
$=0.45\times 1{,}000\text{N}$
$=450\text{N}$

11 24산 3줄 유니파이 보통나사의 리드는 몇 mm인가?

① 1.175 ② 2.175
③ 3.175 ④ 4.175

해설
유니파이 나사의 피치

$p=\frac{25.4}{\text{인치당 나사산수}}=\frac{25.4}{24}\fallingdotseq 1.05833$

나사의 리드

$L=n\times p=3\times 1.05833\fallingdotseq 3.175$

12 평기어에서 피치원의 지름이 132mm, 잇수가 44개인 기어의 모듈은?

① 1 ② 3
③ 4 ④ 6

해설
기어의 지름은 피치원의 지름을 나타내며 PCD(Pitch Circle Diameter)라 한다.

$D=mZ$

$m=\frac{D}{Z}=\frac{132}{44}=3$

9 ② 10 ④ 11 ③ 12 ② 정답

13 압축코일스프링에서 코일의 평균지름(D)이 50mm, 감김수가 10회, 스프링 지수(C)가 5.0일 때 스프링 재료의 지름은 약 몇 mm인가?

① 5 ② 10
③ 15 ④ 20

해설
스프링 지수

$$C = \frac{D}{d}$$

$$5 = \frac{50\text{mm}}{d}$$

$$d = 10\text{mm}$$

14 CNC 선반에서 사용하는 워드의 설명이 옳은 것은?

① G50 내・외경 황삭 사이클이다.
② T0305에서 05는 공구번호이다.
③ G03는 원호보간으로 공구의 진행 방향은 반시계 방향이다.
④ G04 P200은 Dwell Time으로 공구 이송이 2초 동안 정지한다.

해설
① G50은 좌표계 설정, 주축 최고 회전수를 설정하는 명령어이다.
② T0305에서 03은 3번 공구번호를 사용하는데 05번에 저장시킨 공구보정 수치를 적용한다.
④ G04는 가공 중에 잠시 멈춰서 가공하는 Dwell Time을 제어하는 것으로 2초 동안 정지하려면 P2000으로 지령해야 한다.
※ 2022년 개정된 출제기준에서 삭제된 내용

15 구름 베어링 중에서 볼 베어링의 구성요소와 관련이 없는 것은?

① 외륜 ② 내륜
③ 니들 ④ 리테이너

해설
구름 베어링은 외륜, 내륜, 롤러나 볼을 고정시켜 주는 리테이너로 구성된다.

16 다음 스프링 중 너비가 좁고 얇은 긴 보의 형태로 하중을 지지하는 것은?

① 원판 스프링
② 겹판 스프링
③ 인장 코일 스프링
④ 압축 코일 스프링

해설
겹판 스프링은 너비가 좁고 길이가 조금씩 다른 몇 개의 얇은 강철판을 포개어 긴 보의 형태를 만들어 스프링 작용을 하도록 한 것으로 차대와 바퀴 사이에 완충장치로 많이 사용된다.

정답 13 ② 14 ③ 15 ③ 16 ②

17 두께 30mm의 탄소강판에 절삭속도 20m/min, 드릴의 지름 10mm, 이송 0.2mm/rev로 구멍을 뚫을 때 절삭 소요시간은 약 몇 분인가?(단, 드릴의 원추 높이는 5.8mm, 구멍은 관통하는 것으로 한다)

① 0.11 ② 0.28
③ 0.75 ④ 1.11

해설

드릴작업으로 구멍을 뚫는 데 걸리는 시간

$$T = \frac{t+h}{ns} = \frac{\pi D(t+h)}{1,000vf}$$

$$= \frac{\pi \times 10 \times (30+5.8)}{1,000 \times 20 \times 0.2} \fallingdotseq 0.281\text{min}$$

여기서, t : 구멍의 깊이(mm)
s : 1회전 시 이동 거리(mm/rev)
h : 드릴 끝 원뿔의 높이(mm)
v : 절삭속도(m/min)
f : 드릴의 이송속도(mm/rev)

※ 2022년 개정된 출제기준에서 삭제된 내용

18 선반작업의 안전사항으로 틀린 것은?

① 절삭공구는 가능한 한 길게 고정한다.
② 칩의 비산에 대비하여 보안경을 착용한다.
③ 공작물 측정은 정지 후에 한다.
④ 칩은 맨손으로 제거하지 않는다.

해설

선반 작업 시 절삭공구는 가능한 한 짧게 고정시켜야 한다.
※ 2022년 개정된 출제기준에서 삭제된 내용

19 다음 중 밀링머신에서 할 수 없는 작업은?

① 널링가공
② T홈 가공
③ 베벨기어가공
④ 나선 홈가공

해설

널링가공 : 기계의 손잡이 부분에 올록볼록한 돌기부를 만들어 미끄럼이 발생하지 않도록 만드는 선반작업이다.
※ 2022년 개정된 출제기준에서 삭제된 내용

20 드릴가공의 불량 또는 파손원인이 아닌 것은?

① 구멍에서 절삭칩이 배출되지 못하고 가득 차 있을 때
② 이송이 너무 커서 절삭저항이 증가할 때
③ 시닝(Thinning)이 너무 커서 드릴이 약해졌을 때
④ 드릴의 날 끝 각도가 표준으로 되어 있을 때

해설

드릴의 날 끝의 표준각도는 118°로 드릴 날이 표준각으로 유지된다면 불량이나 파손이 일어날 가능성이 작다.
※ 2022년 개정된 출제기준에서 삭제된 내용

17 ② 18 ① 19 ① 20 ④ 정답

21 절삭가공에서 매우 짧은 시간에 발생, 성장, 분열, 탈락의 주기를 반복하는 현상은?

① 경사면(Crater) 마멸
② 절삭속도(Cutting Speed)
③ 여유면(Flank) 마멸
④ 빌트업 에지(Built-up Edge)

해설
구성인선(Built-up Edge, 빌트업 에지)
연강이나 알루미늄과 같이 연한 금속의 공작물을 가공할 때 칩과 공구의 윗면 경사면 사이에 높은 압력과 마찰저항으로 높은 절삭열이 발생하는데, 이때 칩의 일부가 매우 단단하게 변질되면서 공구의 날 끝에 달라붙어 마치 절삭날과 같은 작용을 하면서 공작물을 절삭하는 현상이다.
※ 2022년 개정된 출제기준에서 삭제된 내용

22 입도가 작고 연한 숫돌에 작은 압력으로 가압하면서 가공물에 이송을 주고, 동시에 숫돌에 진동을 주어 표면거칠기를 향상시키는 가공법은?

① 배럴(Barrel)
② 슈퍼피니싱(Super Finishing)
③ 버니싱(Burnishing)
④ 래핑(Lapping)

해설
슈퍼피니싱(Super Finishing)
입도가 미세하고 재질이 연한 숫돌 입자를 낮은 압력으로 공작물의 표면에 접촉시켜 압력을 가하면서 수백~수천의 진동과 수mm의 진폭으로 진동하면서 왕복운동을 하는데 이때 공작물은 회전하고 있기 때문에 공작물의 전 표면은 균일하고 매끈하게 고정밀도로 다듬질된다. 시계 유리에 긁힌 자국을 없애기 위한 문지름 작업을 완료한 후 남아 있는 흔적을 없애고자 할 때 슈퍼피니싱을 사용한다.
※ 2022년 개정된 출제기준에서 삭제된 내용

23 밀링머신의 일반적인 크기 표시는?

① 밀링머신의 최고 회전수로 한다.
② 밀링머신의 높이로 한다.
③ 테이블의 이송거리로 한다.
④ 깎을 수 있는 공작물의 최대 길이로 한다.

해설
밀링머신의 크기는 테이블의 이동거리에 따라 표시한다.
※ 2022년 개정된 출제기준에서 삭제된 내용

24 전기 도금과는 반대로 일감을 양극으로 하여 전기에 의한 화학적 용해작용을 이용하고 가공물의 표면을 다듬질하여 광택이 나게 하는 가공법은?

① 기계연마 ② 전해연마
③ 초음파가공 ④ 방전가공

해설
전해연마 : 가공물을 양극으로, 구리나 아연을 음극으로 연결한 후 전류를 통하게 해서 용해작용을 일어나게 함으로써 가공물의 표면을 다듬질하여 광택면을 얻는 가공법이다.
※ 2022년 개정된 출제기준에서 삭제된 내용

정답 21 ④ 22 ② 23 ③ 24 ②

25 **공구에 진동을 주고 공작물과 공구 사이에 연삭입자와 가공액을 주고 전기적 에너지를 기계적 에너지로 변화함으로써 공작물을 정밀하게 다듬는 방법은?**

① 래핑 ② 슈퍼피니싱
③ 전해연마 ④ 초음파 가공

해설
초음파 가공 : 봉이나 판상의 공구와 공작물 사이에 연삭입자와 공작액을 혼합한 혼합액을 넣고 초음파 진동을 주면 공구가 반복적으로 연삭입자에 충격을 가하여 공작물의 표면이 미세하게 다듬질되는 방법
※ 2022년 개정된 출제기준에서 삭제된 내용

26 **구멍의 최소 치수가 축의 최대 치수보다 큰 경우의 끼워맞춤은?**

① 헐거운 끼워맞춤 ② 중간 끼워맞춤
③ 억지 끼워맞춤 ④ 강한 억지 끼워맞춤

해설
헐거운 끼워맞춤은 구멍의 치수가 축의 치수보다 클 경우에 생기는 끼워맞춤이다.

27 **산술평균거칠기 표시기호는?**

① Ra ② Rs
③ Rz ④ Ru

해설
산술평균거칠기(Ra) : 중심선 윗부분 면적의 합을 기준 길이로 나눈 값을 마이크로미터로 나타낸 것

28 **치수 기입의 원칙에 맞지 않는 것은?**

① 가공에 필요한 요구사항을 치수와 같이 기입할 수 있다.
② 치수는 주로 주투상도에 집중시킨다.
③ 치수는 되도록이면 도면 사용자가 계산하도록 기입한다.
④ 공정마다 배열을 나누어서 기입한다.

해설
도면상의 치수는 따로 계산해서 구할 필요가 없도록 기입해야 한다.

29 **도면을 철하지 않을 경우 A2 용지의 윤곽선은 용지의 가장자리로부터 최소 얼마나 떨어지게 표시하는가?**

① 10mm ② 15mm
③ 20mm ④ 25mm

해설
A2 용지를 철하지 않을 때 윤곽선은 용지의 가장자리로부터 최소 10mm는 떨어지게 표시해야 한다.

25 ④ 26 ① 27 ① 28 ③ 29 ① 정답

30 치수문자를 표시하는 방법에 대하여 설명한 것 중 틀린 것은?

① 길이 치수문자는 mm 단위를 기입하고 단위기호를 붙이지 않는다.
② 각도 치수문자는 도(°)의 단위만 기입하고 분(′), 초(″)는 붙이지 않는다.
③ 각도 치수문자를 라디안으로 기입하는 경우 단위기호 rad를 기입한다.
④ 치수문자의 소수점은 아래쪽의 점으로 하고 약간 크게 찍는다.

해설
각도 치수는 일반적으로 도(°)의 단위로 기입하고, 필요한 경우 분(′), 초(″)를 병용할 수 있다.

31 치수 배치방법 중 치수공차가 누적되어도 좋은 경우에 사용하는 방법은?

① 누진 치수 기입법
② 직렬 치수 기입법
③ 병렬 치수 기입법
④ 좌표 치수 기입법

해설
직렬 치수 기입법은 직렬로 나란히 연결된 각각의 치수에 공차가 누적되어도 상관없는 경우에 사용한다.

32 조립한 상태의 치수 허용한계값을 나타낸 것으로 틀린 것은?

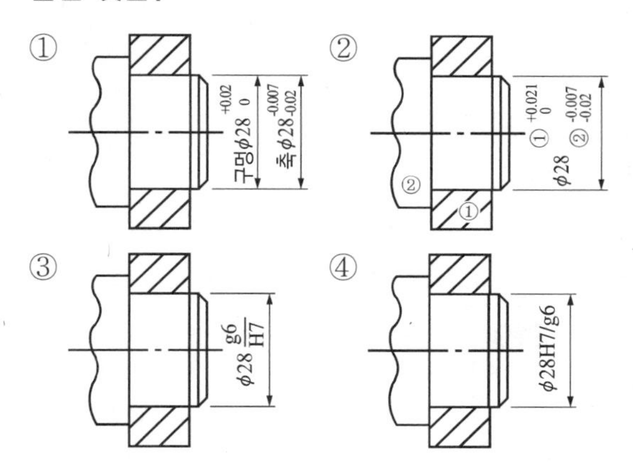

해설
치수 허용값을 분수의 형태로 나타낼 때는 항상 기준 치수는 $\frac{\text{구멍}}{\text{축}} = \frac{H7}{g6}$의 형태로 표시한다.

33 다음 그림과 같이 대상물의 사면에 대향하는 위치에 그린 투상도는?

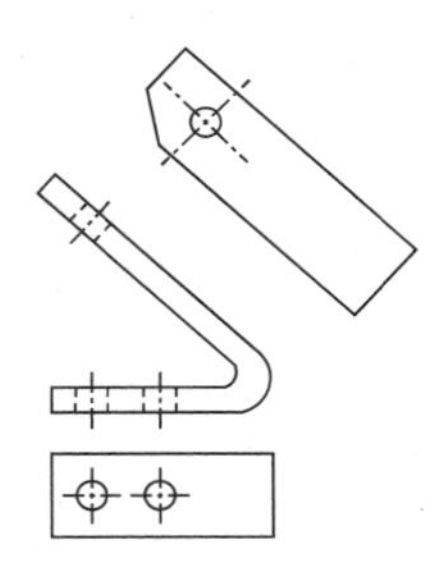

① 국부투상도
② 보조투상도
③ 부분확대도
④ 회전도시단면도

해설
보조투상도 : 경사면을 지니고 있는 물체는 그 경사면의 실제 모양을 표시할 필요가 있는데, 이 경우 보이는 부분의 전체 또는 일부분을 나타낼 때 사용한다.

정답 30 ② 31 ② 32 ③ 33 ②

34 다음 표면거칠기의 표시에서 C가 의미하는 것은?

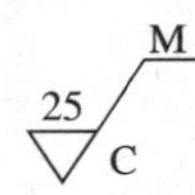

① 주조가공
② 밀링가공
③ 가공으로 생긴 선이 무방향
④ 가공으로 생긴 선이 거의 동심원

해설
C는 줄무늬 방향 기호로서 밀링으로 가공된 표면의 줄무늬 방향이 동심원으로 나타남을 의미한다.

35 가상선의 용도에 대한 설명으로 틀린 것은?

① 인접 부분을 참고로 표시하는 데 사용한다.
② 수면, 유면 등의 위치를 표시하는 데 사용한다.
③ 가공 전, 가공 후의 모양을 표시하는 데 사용한다.
④ 도시된 단면의 앞쪽에 있는 부분을 표시하는 데 사용한다.

해설
수면이나 유면을 표시할 때는 가는 실선을 사용한다.

36 파선의 용도에 대한 설명으로 옳은 것은?

① 치수를 기입하는 데 사용된다.
② 도형의 중심을 표시하는 데 사용된다.
③ 대상물의 보이지 않는 부분의 모양을 표시한다.
④ 대상물의 일부를 파단한 경계 또는 일부를 떼어 낸 경계를 표시한다.

해설
숨은선으로 사용되는 파선(— — — —)은 대상물의 보이지 않는 부분의 모양을 표시할 때 사용한다.

37 축에 작용하는 하중의 방향이 축 직각 방향과 축 방향에 동시에 작용하는 곳에 가장 적합한 베어링은?

① 니들 롤러 베어링
② 레이디얼 볼 베어링
③ 스러스트 볼 베어링
④ 테이퍼 롤러 베어링

해설
테이퍼 롤러 베어링 : 롤러가 테이퍼 형상을 가진 것으로 축에 작용하는 하중의 방향이 축 직각 방향과 축 방향의 힘이 동시에 작용하는 곳에 사용한다.

34 ④ 35 ② 36 ③ 37 ④ 정답

38 **배관을 도시할 때 관의 접속 상태에서 '접속하고 있을 때 – 분기 상태'를 도시하는 방법으로 옳은 것은?**

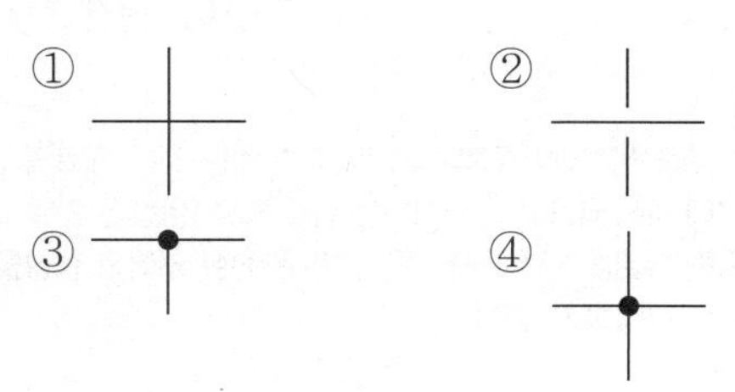

해설
배관을 도시할 때 관의 접속 상태에서 연결 부위는 굵은 점으로 표시하며, 한쪽 방향으로만 연결되는 분기 상태는 ③번과 같이 표시한다.

관의 접속 상태와 표시

관의 접속 상태	표시
접속하지 않을 때	
교차 또는 분기할 때	교차 분기

39 **다음 중 센터 구멍이 필요하지 않은 경우를 나타낸 기호는?**

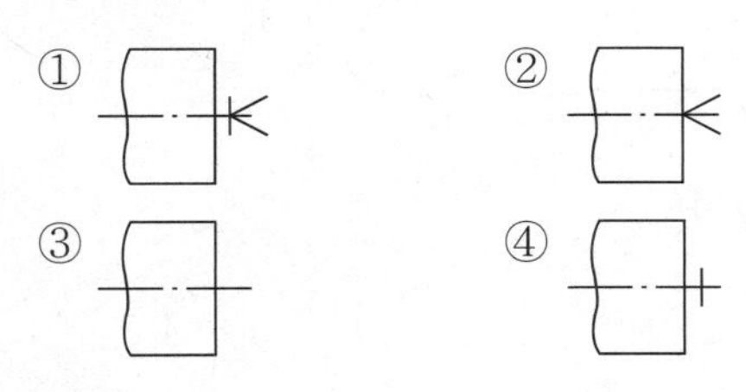

해설
센터 구멍이 필요하지 않을 경우에 사용하는 기호는 ①번과 같이 표시한다.

40 **IT 기본공차의 등급은 모두 몇 등급으로 되어 있는가?**

① 10등급
② 18등급
③ 20등급
④ 25등급

해설
IT(International Tolerance) 공차란 ISO에서 정한 치수 공차와 끼워맞춤에 관한 공차로 IT 01, IT 00, IT 1~IT 18까지 총 20등급으로 구분된다.

41 **기하공차의 구분 중 모양공차의 종류에 속하지 않는 것은?**

① 진직도 공차
② 평행도 공차
③ 진원도 공차
④ 면의 윤곽도 공차

해설
기하공차의 종류 중에서 평행도는 자세공차에 속한다.

정답 38 ③ 39 ① 40 ③ 41 ②

42 도형 내의 특정한 부분이 평면이라는 것을 표시할 경우 맞는 기입방법은?

① 가는 2점쇄선으로 대각선을 기입
② 은선으로 대각선을 기입
③ 가는 실선으로 대각선을 기입
④ 가는 1점쇄선으로 사각형을 기입

해설
기계제도에서 대상으로 하는 부분이 평면인 경우에는 단면에 가는 실선을 대각선으로 표시한다.

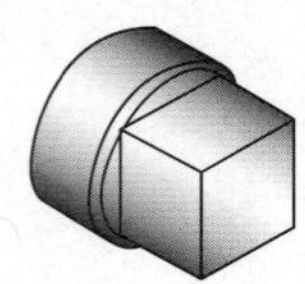

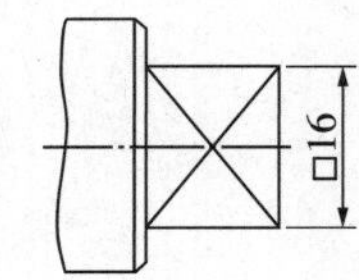

43 볼트의 규격 M12×80의 설명으로 맞는 것은?

① 미터나사 호칭지름이 12mm이다.
② 미터나사 골지름이 12mm이다.
③ 미터나사 피치가 80mm이다.
④ 미터나사 바깥지름이 80mm이다.

해설
M12×80에서 M12는 나사부의 호칭지름, 80은 나사부의 호칭 길이를 의미한다.

44 중간 부분을 생략하여 단축해서 그릴 수 없는 것은?

① 관　② 스퍼기어
③ 래크　④ 교량의 난간

해설
중간 부분을 생략하여 단축해서 그릴 수 있는 것은 재료의 길이가 길 경우에 해당되므로 스퍼기어는 해당되지 않는다. 만일 스퍼기어의 중간 부분을 단축해서 그릴 경우 완전한 기어의 형상을 도면만으로는 제작하기 힘들다.

45 다음 기호 중 화살표 쪽의 표면에 V형 홈 맞대기 용접을 하라고 지시하는 것은?

해설
용접부(용접면)가 화살표 쪽에 있을 때는 용접기호를 기준선(실선) 위에 기입하고, 화살표 반대쪽에 있을 때는 용접기호를 동일선(파선) 위에 기입한다.

42 ③　43 ①　44 ②　45 ①　정답

46 제도 시 선의 굵기에 대한 설명으로 틀린 것은?

① 선은 굵기 비율에 따라 표시하고 3종류로 한다.
② 선의 최대 굵기는 0.5mm로 한다.
③ 동일 도면에서는 선의 종류마다 굵기를 일정하게 한다.
④ 선의 최소 굵기는 0.18mm로 한다.

해설
도면에서 윤곽선의 굵기는 0.7mm로 나타낸다.

47 도면에 3/8-16UNC-2A로 표시되어 있다. 이에 대한 설명 중 틀린 것은?

① 3/8은 나사의 지름을 표시하는 숫자이다.
② 16은 1인치 내의 나사산의 수를 표시한 것이다.
③ UNC는 유니파이 보통 나사를 의미한다.
④ 2A는 수량을 의미한다.

해설
유니파이 나사의 호칭방법에서 2A는 나사의 등급으로 수나사 중에서 중간 등급임을 의미한다.

48 스프로킷 휠의 도시방법으로 틀린 것은?

① 바깥지름-굵은 실선
② 피치원-가는 1점쇄선
③ 이뿌리원-가는 1점쇄선
④ 축 직각 단면으로 도시할 때 이뿌리선-굵은 실선

해설
스프로킷 휠은 체인을 감아 물고 돌아가는 바퀴로서, 이뿌리원은 가는 실선으로 그린다.

49 벨트 풀리의 도시법에 대한 설명으로 틀린 것은?

① 벨트 풀리는 축 직각 방향의 투상을 주투상도로 할 수 있다.
② 벨트 풀리는 모양이 대칭형이므로 그 일부분만 도시할 수 있다.
③ 암은 길이 방향으로 절단하여 도시한다.
④ 암의 단면형은 도형의 안이나 밖에 회전 단면을 도시한다.

해설
평벨트 및 V벨트 풀리의 도시에서 암은 길이 방향으로 절단하여 도시하지 않는다.

정답 46 ② 47 ④ 48 ③ 49 ③

50 나사의 종류와 표시하는 기호로 틀린 것은?

① S0.5 : 미니추어나사
② Tr 10×2 : 미터 사다리꼴나사
③ Rc 3/4 : 관용 테이퍼 암나사
④ E10 : 미싱나사

해설
E기호는 전구나사로 사용되며, 미싱나사는 'SM 1/4 산40'과 같이 표시한다.

51 구름 베어링 호칭번호의 순서가 올바르게 나열된 것은?

① 형식기호 – 치수계열 기호 – 안지름번호 – 접촉각 기호
② 치수계열 기호 – 형식기호 – 안지름번호 – 접촉각 기호
③ 형식기호 – 안지름번호 – 치수계열 기호 – 틈새 기호
④ 치수계열 기호 – 안지름번호 – 형식기호 – 접촉각 기호

해설
베어링의 호칭 순서
형식기호 – 치수기호 – 안지름번호 – 접촉각 기호 – 실드기호 – 내부 틈새기호 – 등급기호

52 컬러 디스플레이(Color Display)에 의해서 표현할 수 있는 색들은 어느 3색의 혼합에 의해서인가?

① 빨강, 파랑, 초록
② 빨강, 하얀, 노랑
③ 파랑, 검정, 하얀
④ 하얀, 검정, 노랑

해설
컬러 디스플레이에서 사용하는 빛의 3원색 : 빨강, 파랑, 초록

53 투상도의 선택방법에 대한 설명 중 틀린 것은?

① 대상물의 모양이나 기능을 가장 뚜렷하게 나타내는 부분을 정면도로 선택한다.
② 기능을 나타내는 도면에서는 대상물을 사용하는 상태로 놓고 표시한다.
③ 특별한 이유가 없는 한 대상물을 모두 세워서 그린다.
④ 비교 대조가 불편한 경우를 제외하고는 숨은선을 사용하지 않도록 투상을 선택한다.

해설
부품의 투상도를 선택할 때 특별한 이유가 없는 한 대상물을 모두 눕혀서 옆으로 그린다.

50 ④ 51 ① 52 ① 53 ③ 정답

54 다음 치수 보조기호에 관한 내용으로 틀린 것은?

① C : 45° 모따기
② D : 판의 두께
③ □ : 정사각형 변의 길이
④ ⌒ : 원호의 길이

해설
판의 두께는 t로 표기한다.

55 다음 그림은 공간상의 선을 이용하여 3차원 물체의 가장자리 능선을 표시하여 주는 모델이다. 이러한 모델링을 무엇이라고 하는가?

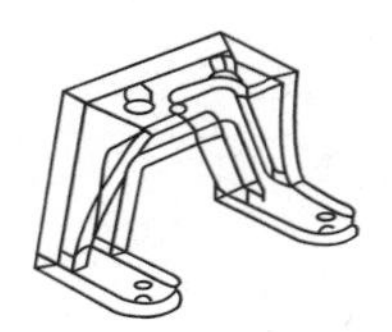

① 서피스 모델링
② 와이어프레임 모델링
③ 솔리드 모델링
④ 이미지 모델링

해설
선에 의해 제품을 표시하는 모델링은 와이어프레임 모델링이다.

56 전개도를 그리는 방법에 속하지 않는 것은?

① 평행선 전개법
② 나선형 전개법
③ 방사선 전개법
④ 삼각형 전개법

해설
전개도법의 종류

종류	의미
평행선법	삼각기둥, 사각기둥과 같은 여러 가지의 각기둥과 원기둥을 평행하게 전개하여 그리는 방법
방사선법	삼각뿔, 사각뿔 등의 각뿔과 원뿔을 꼭짓점을 기준으로 부채꼴로 펼쳐서 전개도를 그리는 방법
삼각형법	꼭짓점이 먼 각뿔, 원뿔 등을 해당 면을 삼각형으로 분할하여 전개도를 그리는 방법

57 3차원 형상을 솔리드 모델링하기 위한 기본요소를 프리미티브라고 한다. 이 프리미티브가 아닌 것은?

① 박스(Box) ② 실린더(Cylinder)
③ 원뿔(Cone) ④ 퓨전(Fusion)

해설
인벤터 퓨전(Inventor Fusion) : 인벤터를 간단하게 맛보기 형태로 제작된 프로그램으로, 용량이 가볍고 간단하게 되어 있는 설계 프로그램이다.

정답 54 ② 55 ② 56 ② 57 ④

58 **캐시 메모리(Cache Memory)에 대한 설명으로 맞는 것은?**

① 연산장치로서 주로 나눗셈에 이용된다.
② 제어장치로 명령을 해독하는 데 주로 사용된다.
③ 중앙처리장치와 주기억장치 사이의 속도 차이를 극복하기 위해 사용한다.
④ 보조기억장치로서 휴대가 가능하다.

해설
캐시 메모리란 중앙처리장치(CPU)와 주기억장치 사이에서 버퍼로 작용함으로써 속도 차이를 극복하기 위해 사용한다. 캐시 메모리의 속도는 주기억장치에 비해 5~10배 빠르며 휴대가 불가능하다.

59 **도형의 좌표 변환 행렬과 관계가 먼 것은?**

① 미러(Mirror)
② 회전(Rotate)
③ 스케일(Scale)
④ 트림(Trim)

해설
트림(Trim)기능은 Auto CAD 프로그램 등 컴퓨터로 도면 작성 시 선을 일부 제거하는 기능으로 좌표 변환과는 거리가 멀다.

60 **CAD 시스템을 구성하는 하드웨어로 볼 수 없는 것은?**

① CAD 프로그램
② 중앙처리장치
③ 입력장치
④ 출력장치

해설
AutoCAD 프로그램은 소프트웨어로서 주로 부품도를 설계할 때 이용한다.

58 ③ 59 ④ 60 ① 정답

2019년 제2회 과년도 기출복원문제

01 **다음 중 로크웰 경도를 표시하는 기호는?**

① HBS ② HS
③ HV ④ HRC

해설
경도시험이란 시험편 위에 강구나 다이아몬드와 같은 압입자로 일정한 하중을 가한 후 시험편에 나타난 자국에 의하여 경도를 측정하는 시험법이다. 로크웰 경도는 HRC로 나타낸다.

02 **유리섬유에 함침(含浸)시키는 것이 가능하기 때문에 FRP(Fiber Reinforced Plastic)용으로 사용되는 열경화성 플라스틱은?**

① 폴리에틸렌계
② 불포화 폴리에스테르계
③ 아크릴계
④ 폴리염화비닐계

해설
유리섬유에 함침이 가능한 FRP용 열경화성 플라스틱은 불포화 폴리에스테르계 합성수지이다.

03 **형상기억합금의 종류에 해당되지 않는 것은?**

① 니켈-타이타늄계 합금
② 구리-알루미늄-니켈계 합금
③ 니켈-타이타늄-구리계 합금
④ 니켈-크롬-철계 합금

해설
형상기억합금에는 Cr이 합금원소로 사용되지는 않는다.

04 **내열용 알루미늄합금 중에 Y합금의 성분은?**

① 구리, 납, 아연, 주석
② 구리, 니켈, 망간, 주석
③ 구리, 알루미늄, 납, 아연
④ 구리, 알루미늄, 니켈, 마그네슘

해설
Y합금은 알루미늄 합금 중 내열성이 있는 주물용 재료로, 공랭 실린더 헤드나 피스톤에 널리 사용된다.

정답 1 ④ 2 ② 3 ④ 4 ④

05 합금주철에서 0.2~1.5% 첨가로 흑연화를 방지하고 탄화물을 안정시키는 원소는?

① Cr ② Ti
③ Ni ④ Mo

해설
Cr(크롬)은 합금주철에 0.2~1.5% 첨가되면 흑연화를 방지하고 탄화물을 안정시킨다.

06 내식용 Al 합금이 아닌 것은?

① 알민(Almin)
② 알드레이(Aldrey)
③ 하이드로날륨(Hydronalium)
④ 코비탈륨(Cobitalium)

해설
코비탈륨은 주조나 내열용으로 사용되는 알루미늄 합금이다.

07 8~12% Sn에 1~2% Zn의 구리합금으로 밸브, 콕, 기어, 베어링, 부시 등에 사용되는 합금은?

① 코르손 합금
② 베릴륨 합금
③ 포금
④ 규소 청동

해설
③ 포금 : 구리에 8~12%의 주석과 1~2%의 아연이 합금된 구리합금으로 밸브나 기어, 베어링용 재료로 사용된다.
① 코르손(Corson) 합금 : 구리에 3~4% Ni, 약 1%의 Si가 함유된 합금으로 인장강도와 도전율이 높아 통신선, 전화선으로 사용되는 구리-니켈-규소 합금이다.
② 베릴륨 합금 : 베릴륨을 기본으로 한 합금재료로 내열성이 뛰어나서 항공기용 재료로 사용한다.
④ 규소 청동 : 구리에 3~4%의 규소를 첨가한 합금으로 전기적 성질을 저하시키지 않으면서도 기계적 성질과 내식성, 내열성을 개선할 수 있다.

08 선반가공에서 테이퍼의 절삭방법이 아닌 것은?

① 방진구에 의한 방법
② 심압대 편위에 의한 방법
③ 복식 공구대에 의한 방법
④ 테이퍼 절삭장치에 의한 방법

해설
방진구는 선반작업에서 공작물의 지름보다 20배 이상의 가늘고 긴 공작물을 가공할 때 공작물이 휘거나 떨리는 것을 방지하기 위해 베드 위에 설치하여 공작물을 받쳐 주는 부속기구로 테이퍼 절삭은 불가능하다. 테이퍼(Taper)란 축이나 관등의 원통형 재료에 서 경사가 있는 부분이다.
※ 2022년 개정된 출제기준에서 삭제된 내용

5 ① 6 ④ 7 ③ 8 ① 정답

09 **다음 중 패더 키(Feather Key)라고도 하며, 회전력의 전달과 동시에 축 방향으로 보스를 이동시킬 필요가 있을 때 사용되는 키는?**

① 미끄럼 키 ② 반달 키
③ 새들 키 ④ 접선 키

해설
미끄럼 키는 패더 키, 안내 키라고도 하는데 이 키는 회전력의 전달과 동시에 축 방향으로 보스를 이동시킬 수 있다.

10 **모듈이 m인 표준 스퍼기어(미터식)에서 총 이의 높이는?**

① 1.25m ② 1.5708m
③ 2.25m ④ 3.2504m

해설
스퍼기어의 총 이의 높이(H)
H = 이 끝 높이(m) + 이뿌리 높이(1.25m) = 2.25m
(여기서, m : 모듈)

11 **연삭숫돌의 기호 WA 60KmV에서 '60'이 나타내는 것은?**

① 숫돌입자 ② 입도
③ 조직 ④ 결합도

해설
연삭숫돌의 기호 중에서 60은 입도로서 거친 연마용에 사용하는 수치이다. 연성이 있는 공작물에는 거친 입자의 숫돌을 사용하며, 경도가 크고 취성이 있는 공작물에는 고운 입자의 숫돌을 사용한다.
※ 2022년 개정된 출제기준에서 삭제된 내용

12 **래핑작업에 사용하는 일반적인 랩의 재료가 아닌 것은?**

① 고속도강 ② 알루미늄
③ 주철 ④ 동

해설
기계 래핑의 랩재료에는 주철이 일반적이나 보통 강, 황동, 주석, 납 등도 사용된다. 고속도강은 공구의 재료로서 랩의 재료로 사용하지 않는다.

정답 9 ① 10 ③ 11 ② 12 ①

13 롤러의 중심거리가 100mm인 사인바로 5°의 테이퍼 값이 측정되었을 때 정반 위에 놓은 사인바의 양 롤러 간의 높이차는 약 몇 mm인가?

① 8.72 ② 7.72
③ 4.36 ④ 3.36

해설
사인바는 길이를 측정하고 삼각함수를 이용한 계산에 의하여 임의 각을 측정하거나 임의각을 만드는 각도측정기이다. 사인바는 측정하려는 각도가 45° 이내여야 하며 측정각이 더 커지면 오차가 발생한다.

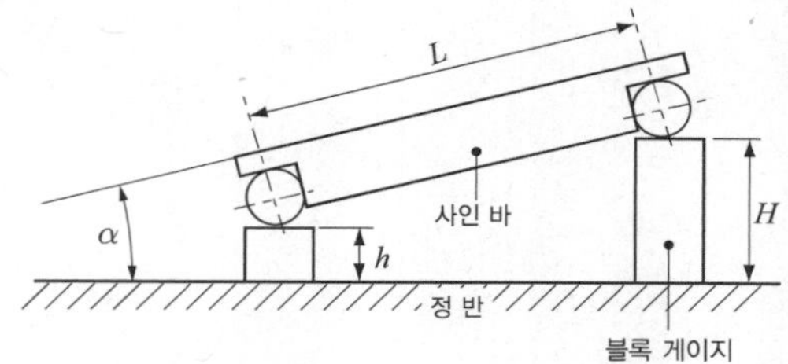

사인바와 정반이 이루는 각(α)

$\sin\alpha = \frac{H-h}{L}$

여기서, $H-h$: 양 롤러 간 높이차
L : 사인바의 길이
α : 사인바의 각도

위의 식을 응용해서 양 롤러 간의 높이차를 구하면

$H-h = L \times \sin 5°$
$= 100\text{mm} \times \sin 5°$
$\fallingdotseq 8.72\text{mm}$

14 양쪽 끝 모두 수나사로 되어 있으며, 한쪽 끝에 상대쪽에 암나사를 만들어 미리 반영구적으로 나사 박음하고, 다른 쪽 끝에 너트를 끼워 죄도록 하는 볼트는?

① 스테이 볼트 ② 아이 볼트
③ 탭 볼트 ④ 스터드 볼트

해설
스터드 볼트는 양쪽 끝이 모두 수나사로 되어 있으며, 한쪽 끝을 반영구적인 나사 박음하고, 다른 쪽에는 너트를 끼워 조인다.

15 길이 측정에 적합하지 않은 것은?

① 버니어 캘리퍼스
② 마이크로미터
③ 하이트게이지
④ 수준기

해설
수준기는 각도측정기로 길이 측정용으로는 사용하지 않는다.

16 나사에 관한 설명으로 옳은 것은?

① 1줄 나사와 2줄 나사의 리드(Lead)는 같다.
② 나사의 리드각과 비틀림 각의 합은 90°이다.
③ 수나사의 바깥지름은 암나사의 안지름과 같다.
④ 나사의 크기는 수나사의 골지름으로 나타낸다.

해설
② 나사산의 모양을 펼쳐보면 다음과 같은 삼각형의 형상이 나오는데, 리드각과 비틀림 각의 합은 항상 90°가 될 수밖에 없다.

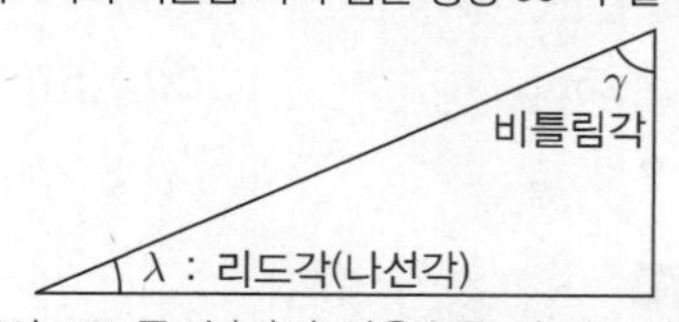

① $L = nP$이므로 줄 수(n)가 많을수록 리드는 더 길다.
③ 수나사의 바깥지름과 암나사의 안지름은 서로 다르다.
④ 나사의 크기는 수나사의 바깥지름으로 나타낸다.

13 ① 14 ④ 15 ④ 16 ② 정답

17 엔드 저널로서 지름이 50mm의 전동축을 받치고 허용 최대 베어링 압력을 $6N/mm^2$, 저널 길이를 80mm라고 할 때 최대 베어링 하중은 몇 kN인가?

① 3.64kN ② 6.4kN
③ 24kN ④ 30kN

해설
최대 베어링 하중(W) = $6N/mm^2 \times 50mm \times 80mm$
= 24,000N = 24kN

18 레이디얼 볼 베어링 번호 6200의 안지름은?

① 10mm ② 12mm
③ 15mm ④ 17mm

해설
호칭번호가 6200인 경우
- 6 : 단열 홈형 베어링
- 2 : 경하중형
- 00 : 베어링 안지름번호 10mm

19 금속으로 만든 작은 덩어리를 가공물 표면에 투사하여 피로강도를 증가시키기 위한 냉간가공법은?

① 쇼트피닝 ② 액체호닝
③ 슈퍼피니싱 ④ 버핑

해설
쇼트피닝은 강구를 재료의 표면에 고속으로 분사시켜 제품 표면의 피로강도를 증가시키기 위한 표면경화법이다.
※ 2022년 개정된 출제기준에서 삭제된 내용

20 평벨트 전동과 비교한 V벨트 전동의 특징이 아닌 것은?

① 고속운전이 가능하다.
② 미끄럼이 작고 속도비가 크다.
③ 바로걸기와 엇걸기 모두 가능하다.
④ 접촉면적이 넓으므로 큰 동력을 전달한다.

해설
V벨트 전동은 벨트의 형상이 V형으로 되어 있기 때문에 꼬임이 불가능하여 바로걸기만 가능하다.

정답 17 ③ 18 ① 19 ① 20 ③

21 선반작업에서 주축의 회전수(rpm)를 구하는 공식으로 맞는 것은?

① $\frac{\text{절삭속도(m/min)}}{\text{원주율} \times \text{공작물의 지름(m)}}$

② $\frac{\text{절삭속도(m/min)} \times \text{원주율}}{\text{공작물의 지름(m)}} \times 1{,}000$

③ $\frac{\text{공작물의 지름(m)} \times \text{원주율}}{\text{절삭속도(m/min)}}$

④ $\frac{\text{공작물의 지름(m)}}{\text{절삭속도(m/min)} \times \text{원주율}} \times 1{,}000$

해설

선반가공에서 회전수(n) 구하는 식

$$n = \frac{1{,}000v}{\pi d} = \frac{\text{절삭속도(m/min)}}{\text{원주율} \times \text{공작물의 지름}}$$

여기서, v : 절삭속도(m/min)
d : 공작물의 지름(mm)
n : 주축 회전수(rpm)

※ 2022년 개정된 출제기준에서 삭제된 내용

22 M10×1.5 탭을 가공하기 위한 드릴링 작업 기초 구멍으로 다음 중 가장 적합한 것은?

① 6.0mm ② 7.5mm
③ 8.5mm ④ 9.0mm

해설

드릴링 작업 중 큰 지름을 뚫기 위해서는 먼저 작은 구멍을 만들어야 하는데 이 작은 구멍을 기초 구멍이라고 한다. 따라서 이 미터보통나사의 유효지름은 10mm, 피치는 1.5mm이므로 기준 구멍은 8.5mm가 된다.

드릴링 작업에서의 미터보통나사의 기초 구멍

기초 구멍 = 나사의 유효지름 − 피치

23 인장 코일 스프링에 3kgf의 하중을 걸었을 때 변위가 30mm이었다면, 스프링 상수는 얼마인가?

① 0.1kgf/mm ② 0.2kgf/mm
③ 5kgf/mm ④ 10kgf/mm

해설

스프링 상수값 $k = \frac{F\text{(작용힘)}}{\delta\text{(코일의 처짐량)}}$이므로,

$k = \frac{3\text{kgf}}{30\text{mm}} = 0.1\text{kgf/mm}$가 된다.

24 NPL식 각도게이지에 대한 설명과 관계가 없는 것은?

① 쐐기형의 열처리된 블록이다.
② 12개의 게이지를 한 조로 한다.
③ 조합 후 정밀도는 2~3초 정도이다.
④ 2개의 각도게이지를 조합할 때에는 홀더가 필요하다.

해설

NPL식 각도게이지의 특징

- 쐐기형의 열처리된 블록이다.
- 12개의 게이지를 한 조로 한다.
- 조립 후의 정도는 ±2~3초이다.
- 100×15mm의 강철제 블록으로 되어 있다.
- 2개의 각도게이지 조립 시 홀더가 필요하지 않다.
- 두 개 이상 조합해서 0~81°까지 6초 간격의 임의 각도를 만들 수 있다.

정답 21 ① 22 ③ 23 ① 24 ④

25 **수평 밀링머신으로 가공할 때 유의사항으로 틀린 것은?**

① 가능한 한 공작물은 바이스에 깊게 고정시킨다.
② 하향절삭 시 뒤틈 제거장치를 반드시 풀어 놓는다.
③ 커터는 나무 등 연질재료로 받쳐 놓는다.
④ 반드시 보호안경을 착용하며, 장갑은 끼지 않는다.

해설
하향절삭 시에 백래시를 완전히 제거하여야 하므로 이송나사의 백래시 제거장치(뒤틈 제거장치)의 조절나사를 조정해야 한다.
※ 2022년 개정된 출제기준에서 삭제된 내용

26 **단단한 재료일수록 드릴의 선단각도는 어떻게 해야 하는가?**

① 일정하게 한다.
② 크게 한다.
③ 작게 한다.
④ 시작점에서는 작은 각도, 끝점에서는 큰 각도로 한다.

해설
드릴작업에서 단단한 재료일수록 드릴의 선단각도는 표준 각도인 118°보다 더 크게 해야 한다.
※ 2022년 개정된 출제기준에서 삭제된 내용

27 **파이프 연결에서 신축이음을 하는 것은 온도 변화에 의해 파이프 내부에 생기는 무엇을 방지하기 위해서인가?**

① 열응력 ② 전단응력
③ 응력집중 ④ 피로

해설
철은 여름과 겨울철의 온도 변화에 의해서 신축작용이 일어나는데 이 때문에 수도배관이나 가스배관을 일자배관으로 제작할 경우 뒤틀어지거나 터짐이 발생한다. 이를 방지하는 방법으로 신축이음을 사용하는데 이 신축이음은 열에 의해 응력이 집중되는 열응력을 방지하기 위함이다.

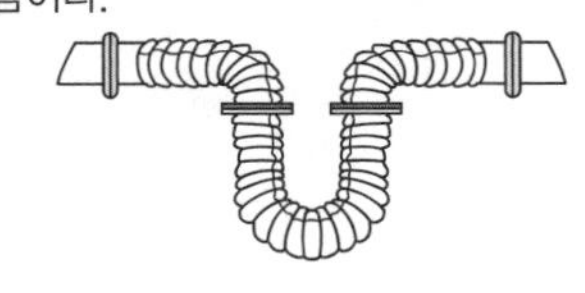

28 **일반 치수공차 기입방법 중 잘못된 기입방법은?**

① 10 ± 0.1 ② $10^{+0.1}_{0}$
③ $10^{+0.2}_{-0.5}$ ④ $10^{-0.1}_{0}$

해설
윗부분에 항상 최대 허용 치수공차가 위치해야 하므로 ④번처럼 위에 −부호가 위치하면 안 된다.

정답 25 ② 26 ② 27 ① 28 ④

29 **도면에 마련하는 양식 중에서 마이크로필름 등으로 촬영하거나 복사 및 철할 때의 편의를 위하여 마련하는 것은?**

① 윤곽선 ② 표제란
③ 중심마크 ④ 비교눈금

해설
중심마크는 도면의 영구 보존을 위해 마이크로필름으로 촬영하거나 복사하고자 할 때 사용하며 굵은 실선으로 도면에 표시한다.

30 **최대 허용치수가 구멍 50.025mm, 축 49.975mm 이며, 최소 허용치수가 50.000mm, 축 49.950mm 일 때 끼워맞춤의 종류는?**

① 중간 끼워맞춤
② 억지 끼워맞춤
③ 헐거운 끼워맞춤
④ 상용 끼워맞춤

해설
구멍의 최소 허용치수가 50mm인데 반하여 축의 최대 허용치수가 49.975로 더 작으므로, 헐거운 끼워맞춤이 된다.

31 **반복 도형의 피치를 잡은 기준이 되는 선은?**

① 가는 실선 ② 가는 파선
③ 가는 1점쇄선 ④ 가는 2점쇄선

해설
반복 도형의 피치를 잡은 기준이 되는 기준선은 가는 1점쇄선이다.

32 **여러 각도로 기울여진 면의 치수를 기입할 때 일반적으로 잘못 기입된 치수는?**

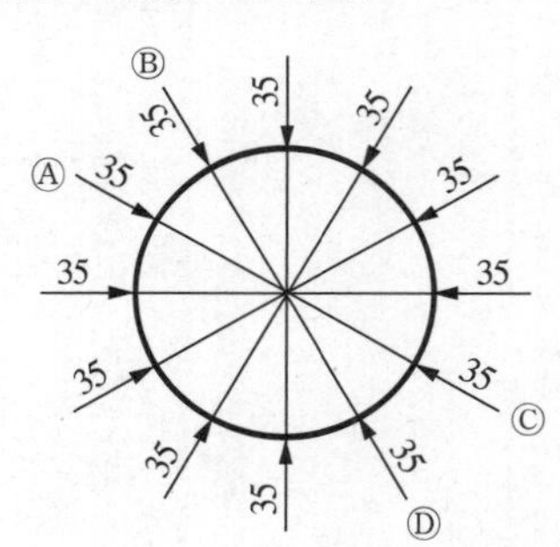

① Ⓐ ② Ⓑ
③ Ⓒ ④ Ⓓ

해설

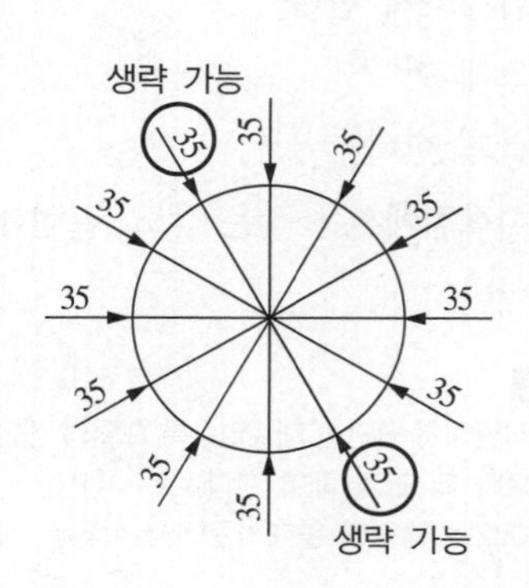

33 다음 중 우선적으로 사용되는 척도가 아닌 것은?

① 1 : 2 ② 1 : 3
③ 1 : 5 ④ 1 : 10

해설
우선적으로 사용하는 척도의 종류

1 : 2	1 : 5	1 : 10	1 : 20	1 : 50

34 정면, 평면, 측면을 하나의 투상면 위에서 동시에 볼 수 있도록 그린 도법은?

① 보조 투상도 ② 단면도
③ 등각 투상도 ④ 전개도

해설
등각 투상도는 정면, 평면, 측면을 하나의 투상도에서 동시에 볼 수 있도록 그린 도법으로, 직육면체의 등각 투상도에서 직각으로 만나는 3개의 모서리는 각각 120°를 이룬다.

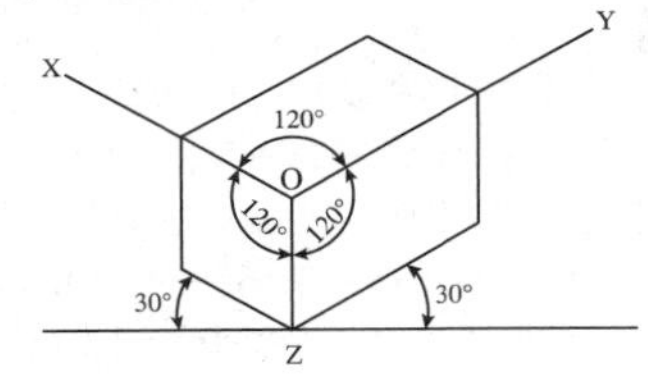

35 다음 그림과 같이 한쪽 면을 용접하려고 할 때 용접 기호로 옳은 것은?

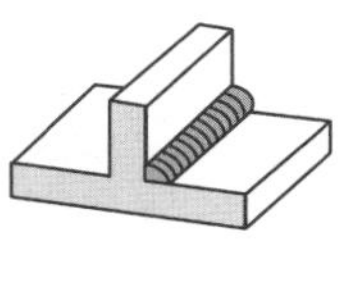

①
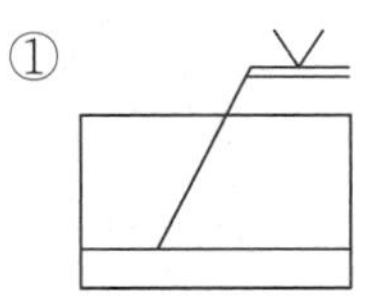

②
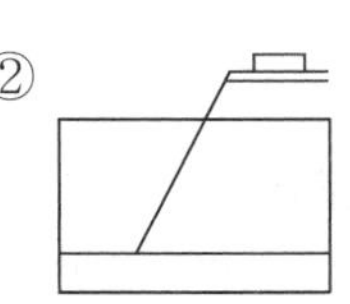

③
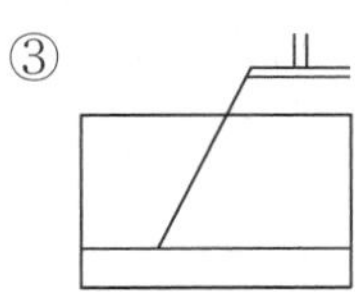

④
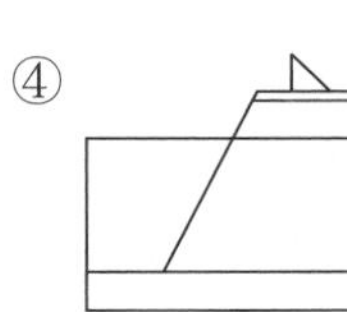

해설
문제의 그림은 필릿용접을 나타내고 있으므로 그 기호는 ④와 같다.

36 미터 사다리꼴나사 'Tr 40 × 7 LH'에서 'LH'가 뜻하는 것은?

① 피치
② 나사의 등급
③ 리드
④ 왼나사

해설
LH는 Left Hand의 약자로 왼나사(Left Hand Thread)를 의미한다.

정답 33 ② 34 ③ 35 ④ 36 ④

37 도면의 양식 중에서 반드시 마련해야 하는 사항이 아닌 것은?

① 표제란
② 중심마크
③ 윤곽선
④ 비교눈금

해설
도면의 양식에 비교눈금은 반드시 표시하지 않아도 된다.

38 지름과 반지름의 표시방법에 대한 설명 중 틀린 것은?

① 원 지름의 기호는 ϕ로 나타낸다.
② 원 반지름의 기호는 R로 나타낸다.
③ 구의 지름의 치수를 기입할 때는 Gϕ를 쓴다.
④ 구의 반지름의 치수를 기입할 때는 SR을 쓴다.

해설
구의 지름의 치수를 기입할 때는 Sϕ를 쓴다.

39 표면거칠기의 표시방법에서 산술평균거칠기를 표시하는 기호는?

① Ry ② Rz
③ Ra ④ Sm

해설
표면거칠기를 표시하는 방법

종류	특징
산술평균거칠기 (Ra)	중심선 윗부분 면적의 합을 기준 길이로 나눈 값을 마이크로미터(μm)로 나타낸 것
최대 높이 (Ry)	산봉우리 선과 골 바닥 선의 간격을 측정하여 마이크로미터(μm)로 나타낸 것
10점 평균거칠기 (Rz)	일정 길이 내의 5개의 산 높이와 2개의 골 깊이의 평균을 취하여 구한 값을 마이크로미터(μm)로 나타낸 것

40 끼워맞춤 공차가 ϕ50H7/m6일 때 끼워맞춤의 상태로 알맞은 것은?

① 구멍 기준식 중간 끼워맞춤
② 구멍 기준식 억지 끼워맞춤
③ 구멍 기준식 헐거운 끼워맞춤
④ 축 기준식 억지 끼워맞춤

해설
구멍과 축을 끼워맞춤할 때 일반적으로 구멍 기준식을 사용하며 기호의 구성은 구멍을 뜻하는 대문자기호 H를 앞에 쓰고 / 뒤에 헐거움, 중간, 억지 끼워맞춤에 따른 축의 기호인 소문자를 기입한다(H7/m6). 따라서 ϕ50H7/m6란 ϕ50mm인 H7의 구멍을 기준으로 축을 m6으로 중간 끼워맞춤을 하라는 의미이다.

37 ④ 38 ③ 39 ③ 40 ① 정답

41 **다음 단면도 중 부분 단면도에 해당하는 것은?**

①
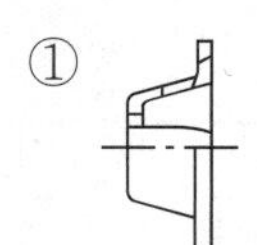

②
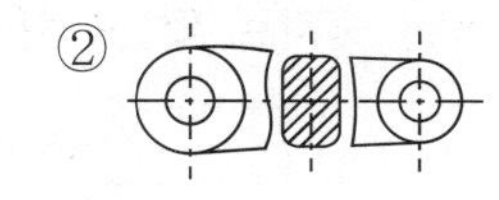

③
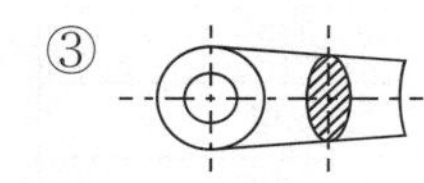

④
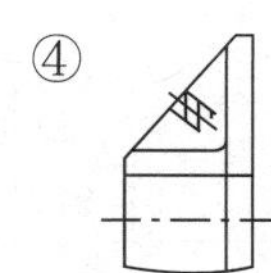

해설
부분 단면도란 파단선을 그어 단면 부분에 경계를 표시하거나 일부분을 잘라 내어 필요한 내부의 모양을 그리기 위한 도시방법이다.
②, ③ 회전도시 단면도
④ 리브의 단면 표시

42 **코일 스프링의 일반적인 도시방법으로 틀린 것은?**

① 스프링은 원칙적으로 무하중인 상태로 그린다.
② 하중이 걸린 상태에서 그릴 때에는 그때의 치수와 하중을 기입한다.
③ 특별한 단서가 없는 한 모두 왼쪽 감기로 도시하고, 오른쪽 감기로 도시할 때에는 '감긴 방향 오른쪽'이라고 표시한다.
④ 그림 안에 기입하기 힘든 사항은 일괄하여 요목표에 표시한다.

해설
스프링은 특별한 단서가 없는 한 모두 오른쪽 감기로 도시하며, 왼쪽 감기로 도시할 경우에는 '감긴 방향 왼쪽'이라고 명시해야 한다.

43 **나사의 도시에서 완전 나사부와 불완전 나사부의 경계선을 나타내는 선의 종류는?**

① 굵은 실선
② 가는 실선
③ 가는 1점쇄선
④ 가는 2점쇄선

해설
나사의 도시에서 완전 나사부와 불완전 나사부의 경계선은 굵은 실선으로 나타낸다.

44 **테이퍼 핀의 호칭지름을 표시하는 부분은?**

① 가는 부분의 지름
② 굵은 부분의 지름
③ 가는 쪽에서 전체 길이의 1/3이 되는 부분의 지름
④ 굵은 쪽에서 전체 길이의 1/3이 되는 부분의 지름

해설
테이퍼 핀의 호칭지름은 가는 부분의 지름으로 표시한다.

정답 41 ① 42 ③ 43 ① 44 ①

45 V벨트는 단면 형상에 따라 구분되는데 가장 단면이 큰 벨트의 형은?

① A ② C
③ E ④ M

해설

V벨트 단면의 모양 및 크기

종류	M	A	B	C	D	E
크기	최소 ⟷ 최대					

46 축의 도시법에서 잘못된 것은?

① 축의 구석 홈 가공부는 확대하여 상세 치수를 기입할 수 있다.
② 길이가 긴 축의 중간 부분을 생략하여 도시하였을 때 치수는 실제 길이를 기입한다.
③ 축은 일반적으로 길이 방향으로 절단하지 않는다.
④ 축은 일반적으로 축 중심선을 수직 방향으로 놓고 그린다.

해설

축은 일반적으로 중심선을 수평 방향으로 놓고 그려야 한다.

47 다음 표는 스퍼기어의 요목표이다. (A), (B)에 적합한 숫자로 맞는 것은?

스퍼기어 요목표		
기어 치형		표준
기준 래크	치형	보통 이
	모듈	2
	압력각	20°
잇수		45
피치원 지름		(A)
전체 이 높이		(B)
다듬질 방법		호브절삭

① A : ϕ90, B : 4.5
② A : ϕ45, B : 4.5
③ A : ϕ90, B : 4.0
④ A : ϕ45, B : 4.0

해설

실기시험 시 한국산업인력공단에서 제공하는 스퍼기어 요목표

스퍼기어 요목표		
기어 치형		표준
공구	모듈	2
	치형	보통이
	압력각	20°
전체 이 높이		4.5(2.25m)
피치원 지름		ϕ90 (PCD : mZ)
잇수		45
다듬질 방법		호브절삭
정밀도		KS B ISO 1328-1, 4급

여기서, m : 모듈, Z : 잇수, PCD : 피치원 지름

45 ③ 46 ④ 47 ① 정답

48 다음 그림의 'C' 부분에 들어갈 기하공차 기호로 가장 알맞은 것은?

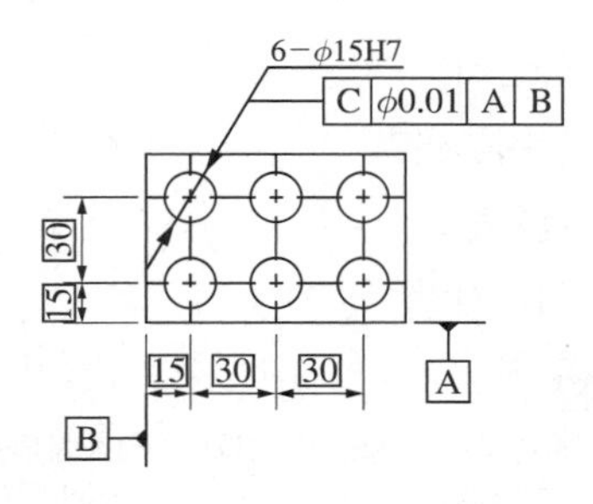

①

② 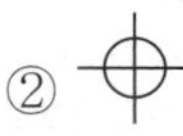

③

④

해설

도면에 보이는 기하공차를 해석하면 기준면인 A와 B의 복수 데이텀을 기준으로 원의 위치를 측정했을 때 원들은 0.01mm의 오차범위 내에 있어야 한다는 것을 의미하므로, 이 부분에는 정확한 위치의 표시를 나타내는 위치도 공차가 들어가야 한다.

49 축용 게이지 제작에 사용되는 IT 기본 공차의 등급은?

① IT 01~IT 4

② IT 5~IT 8

③ IT 8~IT 12

④ IT 11~IT 18

해설

IT(International Tolerance) 기본 공차의 특징

- 공차 등급은 IT기호 뒤에 등급을 표시하는 숫자를 붙여 사용한다.
- IT 기본 공차는 구멍인 경우 알파벳 대문자, 축인 경우 알파벳 소문자를 사용한다.
- ISO에서 정한 치수공차와 끼워맞춤에 관한 공차로 IT 01, IT 00, IT 1~IT 18까지 총 20등급으로 구분된다.

용도	게이지 제작공차	끼워맞춤 공차	끼워맞춤 이외의 공차
구멍	IT 01~IT 5	IT 6~IT 10	IT 11~IT 18
축	IT 01~IT 4	IT 5~IT 9	IT 10~IT 18

50 구멍 치수가 $\phi50^{+0.039}_{0}$이고, 축 치수가 $\phi50^{-0.025}_{-0.050}$일 때 최소 틈새는?

① 0

② 0.025

③ 0.050

④ 0.089

해설

최소 틈새 : 구멍의 최소 허용치수 − 축의 최대 허용 치수
$= 50 - (50 - 0.025) = 0.025$

51 다음의 입체도를 화살표(↖) 방향에서 보았을 때 제1각법의 좌측면도로 옳은 것은?

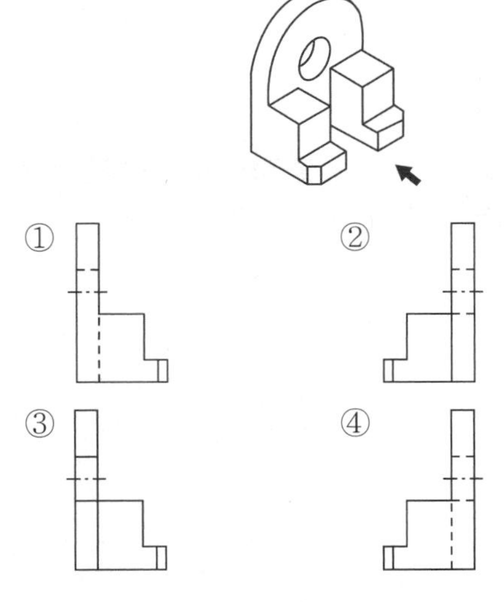

①

②

③

④

해설

좌측면도는 물체를 왼쪽에서 바라보는 형상이므로 가로로 긴 투상면이 좌측에 있어야 하므로 정답은 ①, ③번으로 압축되며, 우측 하단부에 빈 공간이 있으므로 이 경계선은 앞에서는 보이지 않으므로 점선처리를 해 주어야 한다.

정답 48 ② 49 ① 50 ② 51 ①

52 기계재료의 표시 'SM 45C'에서 S가 나타내는 것은?

① 재질을 나타내는 부분
② 규격명을 나타내는 부분
③ 제품명을 나타내는 부분
④ 최저 인장강도를 나타내는 부분

해설
SM 45C는 기계구조용 탄소강재를 나타내는데 여기서 S는 Steel의 약자로서 강(강철)을 의미한다.
- S : Steel [강-재질]
- M : 기계구조용(Machine Structural Use)
- 45C : 평균 탄소 함유량

53 가공에 의한 커터의 줄무늬 방향이 다음과 같이 생길 경우 올바른 줄무늬 방향기호는?

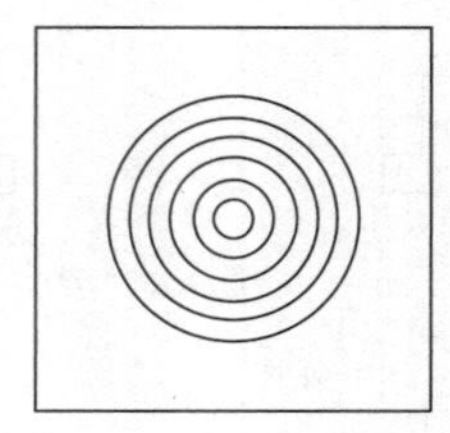

① C ② M
③ R ④ X

해설
표면의 결 도시기호에서 'C'는 가공된 면의 줄무늬 방향이 중심에 대하여 대략 동심원임을 의미한다.

54 베어링의 호칭이 '6026P6'일 때 P6가 나타내는 것은?

① 등급기호
② 안지름번호
③ 계열번호
④ 치수계열

해설
볼 베어링의 안지름번호는 앞에 2자리를 제외한 뒤 숫자로 확인할 수 있다. 04부터는 5를 곱하면 그 수치가 안지름이 된다.
호칭번호가 6026P6인 경우
- 6 : 단열 홈형 베어링
- 0 : 특별 경하중형
- 26 : 베어링 안지름번호 – 26 × 5 = 130mm
- P6 : 등급기호로 정밀등급 6호

55 용접부의 기호 중 플러그 용접을 나타내는 것은?

① ②
③  ④

해설
용접 기본기호

번호	명칭	기본기호
1	평면형 평행 맞대기 용접	
2	스폿용접	
3	필릿용접	
4	플러그용접(슬롯용접)	

52 ① 53 ① 54 ① 55 ④ 정답

56 나사의 제도방법에 대한 설명 중 틀린 것은?

① 암나사의 골을 표시하는 선은 굵은 실선으로 그린다.
② 수나사의 바깥지름은 굵은 실선으로 그린다.
③ 수나사의 골지름은 가는 실선으로 그린다.
④ 완전 나사부와 불완전 나사부의 경계선은 굵은 실선으로 그린다.

해설
수나사와 암나사의 골지름은 모두 가는 실선으로 그린다.

57 다음은 관의 장치도를 단선으로 표시한 것이다. 체크밸브를 나타내는 기호는?

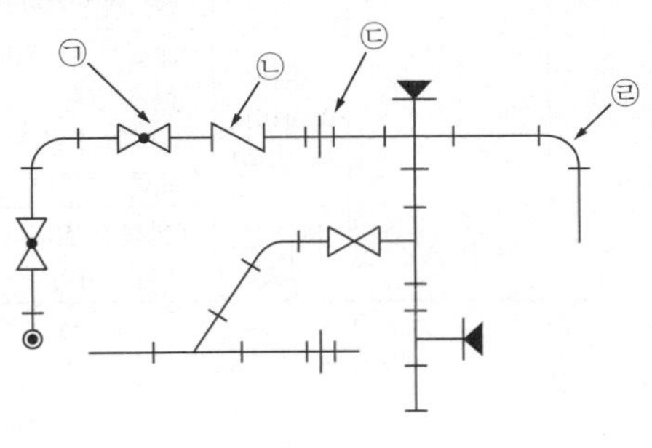

① ㉠　② ㉡
③ ㉢　④ ㉣

해설

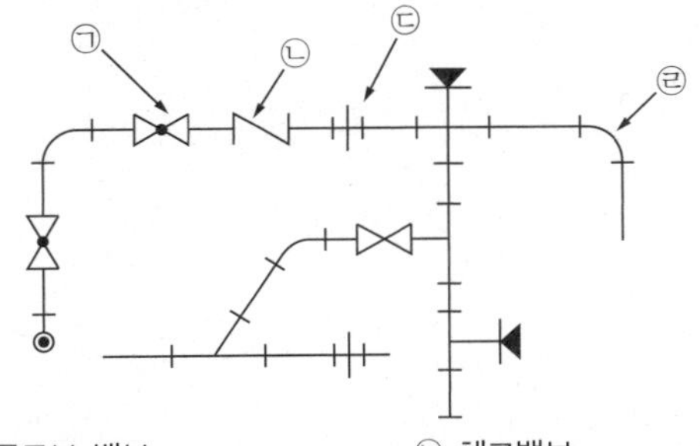

㉠ 글로브 밸브　㉡ 체크밸브
㉢ 유니언 연결　㉣ 엘보의 나사이음

58 지름이 일정한 원기둥을 전개하려고 한다. 어떤 전개방법을 이용하는 것이 가장 적합한가?

① 삼각형법을 이용한 전개도법
② 방사선법을 이용한 전개도법
③ 평행선법을 이용한 전개도법
④ 사각형법을 이용한 전개도법

해설
판금작업 시 강판재료를 절단하기 위해서는 전개도를 설계도로 사용하는데 원기둥은 평행선법을 이용하여 전개도를 그린다.

59 다음 밸브도시법 중 게이트 밸브를 나타내는 기호는?

①　②
③　④

해설
① 볼밸브
③ 체크밸브
④ 글로브 밸브

60 CAD의 좌표 표현방식 중 임의의 점을 지정할 때 원점을 기준으로 좌표를 지정하는 방법은?

① 상대 좌표
② 상대 극좌표
③ 절대 좌표
④ 혼합 좌표

해설
절대 좌표계는 도면상 임의의 점을 입력할 때 변하지 않는 원점 (0,0)을 기준으로 좌표를 지정한다.

정답 56 ① 57 ② 58 ③ 59 ② 60 ③

2020년 제1회 과년도 기출복원문제

01 열가소성 수지가 아닌 재료는?

① 멜라민 수지
② 초산비닐 수지
③ 폴리에틸렌 수지
④ 폴리염화비닐 수지

해설

멜라민 수지는 열경화성 수지에 속하는 합성수지이다. 수지(Resin)란 일반적으로 천연수지(Natural Resin)와 합성수지(Synthetic Resin)로 나뉜다. 천연수지란 식물이나 나무, 동물에서 나오는 자연 유출물이 고화된 것이고, 합성수지란 석유 정제 시에 생성되는 것으로 플라스틱이라고도 한다.

합성수지의 종류 및 특징

종류			특징
열경화성 수지	열을 가해 성형을 하면 다시 열을 가해도 형태가 변하지 않는 수지	요소 수지	• 광택이 있다. • 착색이 자유롭다. • 건축재료, 성형품에 쓰인다.
		페놀 수지	• 높은 전기절연성이 있다. • 베크라이트라고도 한다. • 전기 부품재료, 식기, 판재, 무음 기어에 쓰인다.
		멜라민 수지	• 내수성, 내열성이 있다. • 책상, 테이블판 가공에 쓰인다.
		에폭시 수지	• 내열성, 전기절연성, 접착성이 우수하다. • 경화 시 휘발성 물질을 발생하고 부피가 수축된다.
		폴리 에스테르	• 치수 안정성과 내열성, 내약품성이 있다. • 소형차의 차체, 선체, 물탱크 재료로 쓰인다.
		거품 폴리 우레탄	• 비중이 작고 강도가 크다. • 매트리스나 자동차의 쿠션, 가구에 쓰인다.

종류			특징
열가소성 수지	열을 가하여 성형한 뒤에도 다시 열을 가하면 형태를 변형시킬 수 있는 수지	폴리 에틸렌	• 전기절연성, 내수성, 방습성이 우수하며 독성이 없다. • 연료탱크나 어망, 코팅재료로 쓰인다.
		폴리 프로필렌	• 기계적, 전기적 성질이 우수하다. • 가전 제품의 케이스, 의료기구, 단열재로 쓰인다.
		폴리 염화비닐	• 내산성, 내알칼리성이 풍부하다. • 텐트나 도료, 완구 제품에 쓰인다.
		폴리 비닐 알코올	• 무색투명하며 인체에 무해하다. • 접착제나 도료에 쓰인다.
		폴리 스티렌	• 투명하고 전기절연성이 좋다. • 통신기의 전열재료, 선풍기 팬, 계량기판에 쓰인다.
		폴리 아마이드 (나일론)	• 내식성과 내마멸성의 합성 섬유이다. • 타이어나 로프, 전선 피복 재료로 쓰인다.
		아크릴 수지	표현성이 뛰어나고 표면 광택이 우수하다.

1 ① 정답

02 Al-Cu-Mg-Mn의 합금으로 시효경화처리한 대표적인 알루미늄 합금은?

① 두랄루민
② Y-합금
③ 코비탈륨
④ 로엑스 합금

해설
시효경화란 열처리 후 시간이 지남에 따라 강도와 경도가 증가하는 현상으로, 시험에 자주 출제되는 Al합금은 Y-합금과 두랄루민이다.

Y-합금	Al + Cu + Mg + Ni(알구마니)
두랄루민	Al + Cu + Mg + Mn(알구마망)

알루미늄 합금의 종류 및 특징

분류	종류	구성 및 특징
주조용(내열용)	실루민	• Al + Si(10~14% 함유), 알팍스라고도 한다. • 해수에 잘 침식되지 않는다.
	라우탈	• Al + Cu 4% + Si 5% • 열처리에 의하여 기계적 성질을 개량할 수 있다.
	Y-합금	• Al + Cu + Mg + Ni • 내연기관용 피스톤, 실린더 헤드의 재료로 사용된다.
	로엑스 합금(Lo-Ex)	• Al + Si 12% + Mg 1% + Cu 1% + Ni • 열팽창 계수가 작아서 엔진, 피스톤용 재료로 사용된다.
	코비탈륨	• Al + Cu + Ni에 Ti, Cu 0.2% 첨가 • 내연기관의 피스톤용 재료로 사용된다.
가공용	두랄루민	• Al + Cu + Mg + Mn • 고강도로 항공기나 자동차용 재료로 사용된다.
	알클래드	• 고강도 Al 합금에 다시 Al을 피복한 재료이다.
내식성	알 민	• Al + Mn, 내식성, 용접성이 우수하다.
	알드레이	• Al + Mg + Si, 강인성이 없고 가공변형에 잘 견딘다.
	하이드로날륨	• Al + Mg, 내식성, 용접성이 우수하다.

03 금속재료를 고온에서 오랜 시간 외력을 걸어 놓으면 시간의 경과에 따라 서서히 그 변형이 증가하는 현상은?

① 크리프　② 스트레스
③ 스트레인　④ 템퍼링

해설
크리프란 재료가 고온에서 오랜 시간 동안 외력을 받으면 시간의 경과에 따라 서서히 변형되는 성질이다. 템퍼링은 열처리방법 중의 하나로 뜨임을 의미한다.
금속재료 용어
- 탄성 : 외력에 의해 변형된 물체가 외력을 제거하면 원래 상태로 돌아가려는 성질
- 소성 : 물체에 변형을 준 뒤 외력을 제거해도 원래 상태로 돌아가지 않는 성질
- 전성 : 넓게 펴지는 성질
- 취성 : 물체가 변형에 견디지 못하고 파괴되는 성질로, 인성에 반대되는 성질
- 인성 : 충격에 대한 재료의 저항
- 연성 : 잘 늘어나는 성질
- 크리프 : 금속이 고온에서 오랜 시간 동안 외력을 받으면 시간의 경과에 따라 서서히 변형되는 성질
- 강도 : 외력에 대한 재료 단면의 저항력
- 경도 : 재료 표면의 단단한 정도
- 스트레인 : 물체에 외력을 가했을 때 대항하지 못하고 모양이 변형되는데 이 외력에 의해 외형적으로 그 모양이 바뀌는 정도
- 스트레스 : 응력을 말하는 것으로 그 종류에는 인장응력, 압축응력, 전단응력, 비틀림응력 등이 있다.

04 주철 성장의 원인 중 틀린 것은?

① 펄라이트 조직 중의 Fe_3C 분해에 따른 흑연화
② 페라이트 조직 중의 Si의 산화
③ A_1 변태의 반복과정에서 오는 체적변화에 기인되는 미세한 균열 발생
④ 흡수된 가스 팽창에 따른 부피의 감소

해설
주철은 흡수된 가스에 의해 부피가 상승한다.
주철 성장의 원인
- 흡수된 가스에 의한 팽창
- A_1 변태에서 부피 변화로 인한 팽창
- 시멘타이트(Fe_3C)의 흑연화에 의한 팽창
- 페라이트 중 고용된 규소(Si)의 산화에 의한 팽창
- 불균일한 가열에 의해 생기는 파열, 균열에 의한 팽창

정답 2 ① 3 ① 4 ④

05 황동의 연신율이 가장 클 때 아연(Zn)의 함유량은 몇 % 정도인가?

① 30　② 40
③ 50　④ 60

해설
황동은 구리와 아연의 2원 합금으로 놋쇠라고도 한다. 구리에 비하여 주조성, 가공성 및 내식성이 좋은 재료이다. 황동의 기계적 성질은 아연의 함유량에 따라 달라지는데, 인장강도는 40% 부근에서 최대가 되며, 연신율은 30% 부근에서 최대가 된다.

황동의 기계적 성질

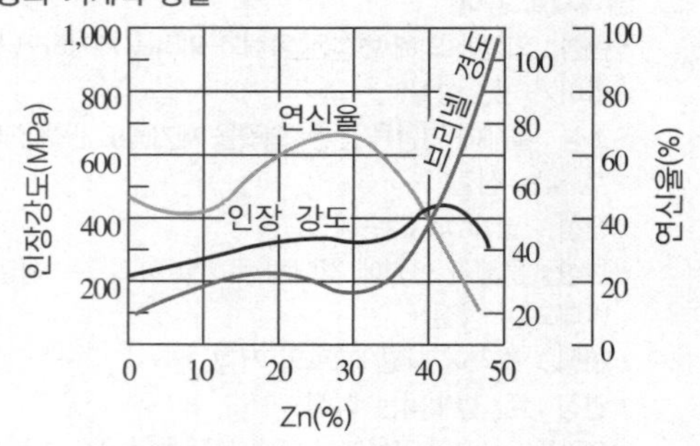

06 탄소강의 경도를 높이기 위하여 실시하는 열처리는?

① 불림　② 풀림
③ 담금질　④ 뜨임

해설
담금질(Quenching) : 탄소강의 재질을 경화시킬 목적으로 탄소강을 오스테나이트 조직의 영역까지 가열한 후 급랭시켜 강도와 경도를 증가시키는 열처리법이다.

07 다이캐스팅용 알루미늄(Al) 합금이 갖추어야 할 성질로 틀린 것은?

① 유동성이 좋을 것
② 열간취성이 작을 것
③ 금형에 대한 점착성이 좋을 것
④ 응고 수축에 대한 용탕 보급성이 좋을 것

해설
Al 합금을 비롯한 모든 다이캐스팅(Die Casting)용 재료는 금형(Die)에서 잘 분리되어야 하므로 점착성이 좋으면 안 된다. 점착성이 좋으면 금형에서 잘 떨어지지 않으므로 제품이 파손될 수 있다.
※ 점착성(Adhesion) : 끈끈하게 달라붙는 성질

다이캐스트법
정밀하게 제작된 금형 틀 안으로 용융된 합금재료를 압입시켜 표면이 매끈한 주물을 얻는 주조법이다. 고속으로 충진하고 냉각속도가 빠르기 때문에 생산속도가 빠른 장점이 있다.

08 국제단위계(SI)의 기본단위에 해당되지 않는 것은?

① 길이 : m　② 질량 : kg
③ 광도 : mol　④ 열역학 온도 : K

해설
국제단위계(SI)의 종류

길이	질량	시간	온도	전류	물질량	광도
m	kg	sec	K	A	mol	cd

5 ① 6 ③ 7 ③ 8 ③ 정답

09 **가장 널리 쓰이는 키(Key)로 축과 보스 양쪽에 키 홈을 파서 동력을 전달하는 것은?**

① 성크 키　　② 반달 키
③ 접선 키　　④ 원뿔 키

해설

① 성크 키(묻힘 키, Sunk Key) : 가장 널리 쓰이는 키(Key)로 축과 보스 양쪽에 모두 키 홈을 파서 동력을 전달하는 키이다. $\frac{1}{100}$ 기울기를 가진 경사 키와 평행 키가 있다.

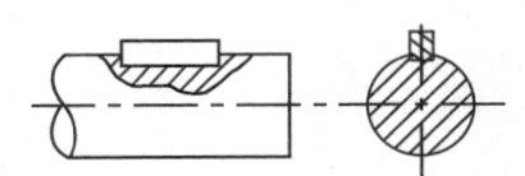

② 반달 키 : 반달 모양의 키로 키와 키 홈을 가공하기 쉽고 보스의 키홈과의 접촉이 자동으로 조정되는 이점이 있으나, 키홈이 깊어 축의 강도는 약하다. 그러나 일반적으로 60mm 이하의 작은 축과 테이퍼 축에 사용될 때 키가 자동으로 축과 보스 사이에서 자리를 잡을 수 있다는 장점이 있다.

③ 접선 키 : 주로 전달토크가 큰 축에 사용되며 회전 방향이 양쪽 방향일 때 일반적으로 중심각이 120°가 되도록 한 쌍을 설치하여 사용하는 키이다. 90°로 배치한 것은 케네디 키라고 한다.

④ 원뿔 키 : 축과 보스 사이에 2~3곳을 축 방향으로 쪼갠 원뿔을 때려 박아 축과 보스가 헐거움 없이 고정할 수 있도록 한 키로, 마찰에 의하여 회전력을 전달하며 축 임의의 위치에 보스를 고정한다.

반달 키	접선 키	원뿔 키

10 **자동차의 스티어링 장치, 수치제어 공작기계의 공구대, 이송장치 등에 사용되는 나사는?**

① 둥근 나사
② 볼나사
③ 유니파이 나사
④ 미터나사

해설

볼나사(Ball Screw)는 서보모터의 회전운동을 받아 수치제어 공작기계의 테이블을 직선운동시키는 나사로, 점 접촉이 이루어지므로 마찰이 작고, 작은 힘으로도 쉽게 동작할 수 있는 구조로 되어 있다. 너트를 조정하여 백래시를 거의 0에 가깝게 할 수 있다.

11 **드릴링 머신에서 볼트나 너트를 체결하기 곤란한 표면을 평탄하게 가공하여 체결이 잘되도록 하는 것은?**

① 리밍
② 태핑
③ 카운터 싱킹
④ 스폿 페이싱

해설

드릴링 머신에 의한 가공

종류		방법
드릴링		드릴날로 구멍을 뚫는 작업
리밍		드릴로 뚫은 구멍을 정밀하게 가공하기 위하여 리머로 구멍의 안쪽면을 다듬는 작업
보링		보링바이트를 사용하여 이미 뚫은 구멍을 필요한 치수로 정밀하게 넓히는 작업
태핑		구멍에 탭을 사용하여 암나사를 만드는 작업
카운터 싱킹		접시머리 나사의 머리 부분이 묻힐 수 있도록 원뿔 자리를 만드는 작업
스폿 페이싱		볼트나 너트를 체결하기 곤란한 표면을 평탄하게 가공하여 접촉 부위를 평탄하게 가공하는 작업
카운터 보링		고정한 볼트의 머리 부분이 묻힐 수 있도록 구멍을 뚫는 작업

※ 2022년 개정된 출제기준에서 삭제된 내용

정답 9 ① 10 ② 11 ④

12 단면적이 100mm^{2}인 강재에 300N의 전단하중이 작용할 때 전단응력(N/mm^2)은?

① 1　　② 2
③ 3　　④ 4

해설
허용 전단응력을 구하는 식

$\tau_a = \dfrac{F(\text{또는 } W)}{A}$

여기서 F : 작용힘(kgf)
　　A : 단면적(mm^2)

따라서, $\tau_a = \dfrac{300}{100} = 3\text{N/mm}^2$

13 단단한 재료일수록 드릴의 선단 각도는 어떻게 해 주어야 하는가?

① 일정하게 한다.
② 크게 한다.
③ 작게 한다.
④ 시작점에서는 작은 각도, 끝점에서는 큰 각도로 한다.

해설
드릴작업에서 단단한 재료일수록 드릴의 선단 각도는 표준 각도인 118°보다 더 크게 해 주어야 한다.
※ 2022년 개정된 출제기준에서 삭제된 내용

14 CNC 선반의 준비기능에서 G32 코드의 기능은?

① 드릴가공　　② 모서리 정밀가공
③ 홈가공　　④ 나사절삭가공

해설
G32는 나사가공할 때 사용하는 명령어이다.
※ 2022년 개정된 출제기준에서 삭제된 내용

15 밀링머신에서 직접분할법으로 8등분을 하고자 한다. 직접분할판에서 몇 구멍씩 이동시키면 되는가?

① 3구멍　　② 5구멍
③ 8구멍　　④ 12구멍

해설
직접분할법은 24를 기준으로 그 약수를 등분수고 하는 분할법이다.
직접분할법으로 등분할 때의 회전 구멍수 $n = \dfrac{24}{N} = \dfrac{24}{8} = 3$이다. 따라서 3구멍씩 이동시키면 된다.
※ 2022년 개정된 출제기준에서 삭제된 내용

12 ③　13 ②　14 ④　15 ① 정답

16 마이크로미터의 구조에서 부품에 속하지 않는 것은?

① 앤빌 ② 스핀들
③ 슬리브 ④ 스크라이버

해설

스크라이버는 재료 표면에 임의 간격의 평행선을 먹펜이나 연필보다 정확히 긋고자 할 경우에 사용되는 공구이다.

마이크로미터의 구조

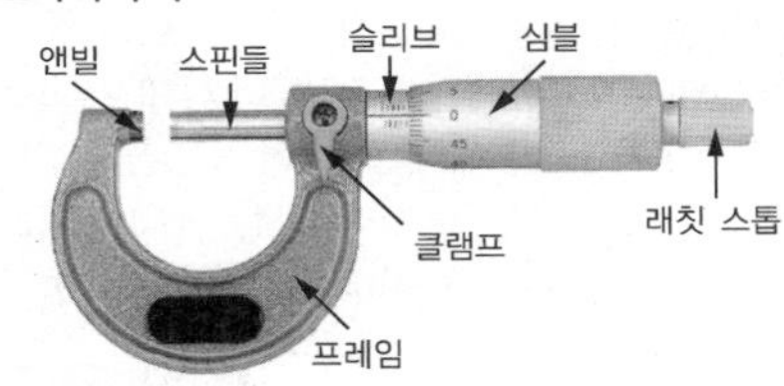

17 윤활제의 급유방법이 아닌 것은?

① 핸드급유법 ② 적하급유법
③ 냉각급유법 ④ 분무급유법

해설

윤활제의 급유방법

종류	특징
손급유법 (핸드급유법)	윤활 부위에 오일을 손으로 급유하는 가장 간단한 방식으로, 윤활이 크게 문제되지 않는 저속, 중속의 소형 기계나 간헐적으로 운전되는 경하중 기계에 이용된다.
적하급유법	급유되어야 하는 마찰면이 넓은 경우, 윤활유를 연속적으로 공급하기 위해 사용되는 방법으로, 니들밸브 위치를 이용하여 급유량을 정확히 조절할 수 있다.
분무급유법	압축공기를 이용하여 소량의 오일을 미스트화시켜 베어링, 기어, 슬라이드, 체인 드라이브 등에 윤활을 하고, 압축공기는 냉각제의 역할을 하도록 고안된 윤활방식이다.
패드급유법	털실, 무명실, 펠트 등으로 만든 패드를 오일 속에 침지시켜 패드의 모세관 현상을 이용하여 각 윤활 부위에 공급하는 방식으로 경하중용 베어링에 많이 사용된다.
기계식 강제급유법	기계 본체의 회전축 캠 또는 모터에 의하여 구동되는 소형 플런저 펌프에 의한 급유방식으로, 비교적 소량, 고속의 윤활유를 간헐적으로 압송시킨다.

18 오차가 +20μm인 마이크로미터로 측정한 결과 55.25mm의 측정값을 얻었다면 실제값은?

① 55.18mm ② 55.23mm
③ 55.25mm ④ 55.27mm

해설

$20\mu m = 20 \times 10^{-6} m = 10^{-3} mm$이므로 0.02mm로 변환된다. 따라서 오차가 + 0.02mm로 측정되는 마이크로미터로 측정한 결과 55.25가 나왔다면, 실제 측정값은 55.23이 된다.

19 양쪽 끝이 모두 수나사로 되어 있으며, 한쪽 끝에 상대쪽에 암나사를 만들어 미리 반영구적으로 나사 박음하고, 다른 쪽 끝에 너트를 끼워 죄는 볼트는?

① 스테이볼트 ② 아이볼트
③ 탭볼트 ④ 스터드볼트

해설

볼트의 종류 및 특징

종류 및 형상		특징
스테이 볼트		두 장의 판 간격을 유지하면서 체결할 때 사용하는 볼트이다.
아이볼트		나사의 머리 부분을 고리 형태로 만들어 이 고리에 로프나 체인, 훅 등을 걸어 무거운 물건을 들어올릴 때 사용한다.
나비볼트		볼트를 쉽게 조일 수 있도록 머리 부분을 날개 모양으로 만든 것이다.
기초볼트		콘크리트 바닥 위에 기계 구조물을 고정시킬 때 사용한다.
육각볼트		일반 체결용으로 가장 많이 사용한다.
육각 구멍 붙이 볼트		볼트의 머리부에 둥근머리 육각 구멍 홈을 판 것으로, 볼트의 머리부가 밖으로 돌출되지 않는 곳에 사용한다.
접시머리 볼트		볼트의 머리부가 접시 모양인 것으로, 머리가 노출되지 않는 곳에 사용한다.
스터드 볼트		양쪽 끝이 모두 수나사로 되어 있으며, 한쪽 끝을 반영구적인 나사 박음하고, 다른 쪽에는 너트를 끼워 조인다.

정답 16 ④ 17 ③ 18 ② 19 ④

20 유니버설 조인트의 허용 축 각도는 몇 도 이내인가?

① 10°　　② 20°
③ 30°　　④ 60°

해설
유니버설 커플링(조인트)은 두 축이 같은 평면 내에서 일정한 각도로 교차하는 경우에 운동을 전달하는 축이음으로, 허용 축 각도는 30°이다.

커플링의 종류

종류		특징
올덤 커플링		두 축이 평행하고 거리가 아주 가까울 때 사용한다. 각속도의 변동 없이 토크를 전달하는 데 가장 적합하지만, 윤활이 어렵고 원심력에 의한 진동 발생으로 고속 회전에는 적합하지 않다.
플렉시블 커플링		두 축의 중심선을 일치시키기 어렵거나 고속 회전이나 급격한 전달력의 변화로 진동이나 충격이 발생하는 경우에 사용되며 고무, 가죽, 스프링을 이용하여 진동을 완화한다.
유니버설 커플링		두 축이 만나는 각이 수시로 변화하는 경우에 사용되며, 공작기계나 자동차의 축이음에 사용된다.
플랜지 커플링 (고정 커플링)		일직선상에 두 축을 연결한 것으로 볼트나 키로 결합한다.
슬리브 커플링		주철제의 원통 속에서 두 축을 맞대기 키로 고정하는 것으로 축 지름과 동력이 아주 작을 때 사용한다. 단, 인장력이 작용하는 축에는 적용할 수 없다.

21 선반에서 사용하는 부속장치는?

① 방진구
② 아버
③ 분할대
④ 슬로팅 장치

해설
방진구는 선반작업에서 공작물의 지름보다 20배 이상 가늘고 긴 공작물(환봉)을 가공할 때, 공작물이 휘거나 떨리는 현상인 진동을 방지하기 위해 베드 위에 설치하여 공작물을 받쳐 주는 부속장치이다. 단, 이동식 방진구는 왕복대(새들) 위에 설치한다. 아버와 분할대, 슬로팅 장치는 밀링머신의 부속장치이다.

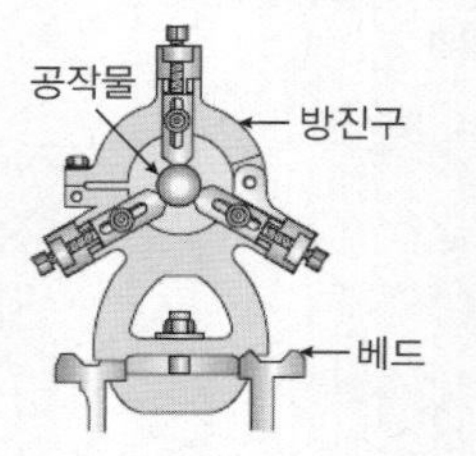

※ 2022년 개정된 출제기준에서 삭제된 내용

22 브레이크 드럼에서 브레이크 블록에 수직으로 밀어 붙이는 힘이 1,000N이고, 마찰계수가 0.45일 때 드럼의 접선 방향 제동력은 몇 N인가?

① 150　　② 250
③ 350　　④ 450

해설
브레이크 제동력(Q)

$$Q = \mu \times P = 0.45 \times 1{,}000\text{N} = 450\text{N}$$

20 ③　21 ①　22 ④ 정답

23 다음 머시닝센터 프로그램에서 G99가 의미하는 것은?

```
G90 G99 G73 Z-25. R5. Q3. F80;
```

① 1회 절삭 깊이

② 가공 후 R지점 복귀

③ 초기점 복귀

④ 절대지령

해설

머시닝센터에서 G99는 고속 심공 사이클(G73)에서 가공을 마친 후 R점으로 복귀하라는 의미이다.

※ 2022년 개정된 출제기준에서 삭제된 내용

24 선반작업의 안전사항으로 틀린 것은?

① 절삭공구는 가능한 한 길게 고정한다.

② 칩의 비산에 대비하여 보안경을 착용한다.

③ 공작물 측정은 정지 후에 한다.

④ 칩은 맨손으로 제거하지 않는다.

해설

선반작업 시 절삭공구는 가능한 한 짧게 고정시켜야 한다.

※ 2022년 개정된 출제기준에서 삭제된 내용

25 절삭공구에서 구성인선의 발생 순서로 맞는 것은?

① 발생 → 성장 → 탈락 → 분열

② 성장 → 발생 → 탈락 → 분열

③ 발생 → 성장 → 분열 → 탈락

④ 성장 → 탈락 → 발생 → 분열

해설

구성인선(Built-up Edge) : 연강이나 알루미늄과 같이 연한 금속의 공작물을 가공할 때 칩과 공구의 윗면 경사면 사이에 높은 압력과 마찰저항으로 높은 절삭열이 발생하는데, 이때 칩의 일부가 매우 단단하게 변질되면서 공구의 날 끝에 달라붙어 마치 절삭날과 같은 작용을 하면서 공작물을 절삭하는 현상이다.

※ 2022년 개정된 출제기준에서 삭제된 내용

26 경사면부가 있는 대상물에 대해서 그 대상면의 실형을 도시할 필요가 있는 경우 다음과 같이 투상도를 나타낼 수 있는데 이 투상도의 명칭은?

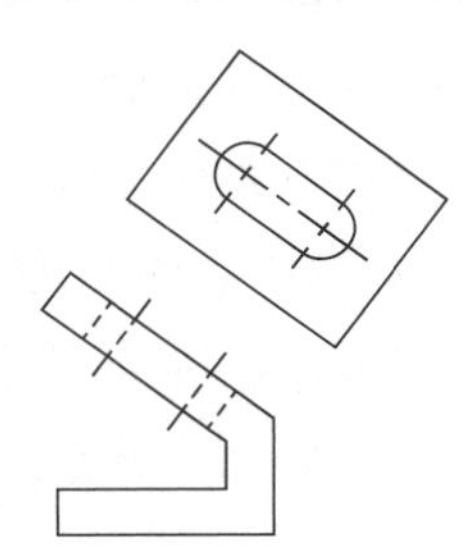

① 부분투상도 ② 보조투상도

③ 국부투상도 ④ 특수투상도

해설

경사면을 지니고 있는 물체는 그 경사면의 실제 모양을 표시할 필요가 있는데, 이 경우 보이는 부분의 전체 또는 일부분을 나타낼 때 보조투상도를 사용한다.

정답 23 ② 24 ① 25 ③ 26 ②

27 다음의 기하공차 기호를 바르게 해석한 것은?

//	0.01
	0.05/100

① 평행도가 전체 길이에 대해 0.1mm, 지정 길이 100mm에 대해 0.05mm의 허용치를 갖는다.

② 평행도가 전체 길이에 대해 0.05mm, 지정 길이 100mm에 대해 0.1mm의 허용치를 갖는다.

③ 대칭도가 전체 길이에 대해 0.1mm, 지정 길이 100mm에 대해 0.05mm의 허용치를 갖는다.

④ 대칭도가 전체 길이에 대해 0.05mm, 지정 길이 100mm에 대해 0.1mm의 허용치를 갖는다.

해설

기하공차를 해석할 때는 위에 것부터 살펴보는데, 이 기하공차의 의미는 평행도가 전체 길이에 대해 0.1mm, 지정 길이인 100mm당 0.05mm의 허용오차를 갖고 제작되어야 함을 나타낸다.

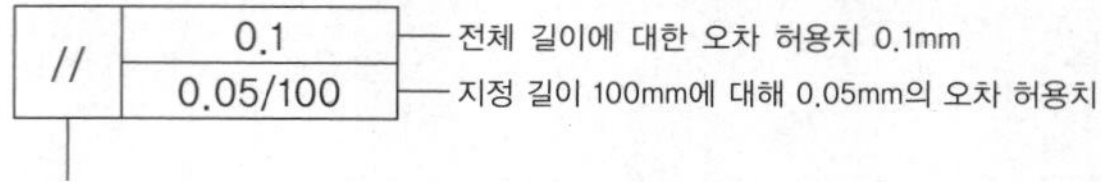

28 투상도 표시방법 설명으로 잘못된 것은?

① 부분투상도 : 대상물의 구멍, 홈 등과 같이 한 부분의 모양을 도시하는 것으로 충분한 경우에는 그 필요한 부분만을 도시한다.

② 보조투상도 : 경사부가 있는 물체는 그 경사면의 보이는 부분의 실제 모양을 전체 또는 일부분을 나타낸다.

③ 회전투상도 : 대상물의 일부분을 회전해서 실제 모양을 나타낸다.

④ 부분확대도 : 특정한 부분의 도형이 작아서 그 부분을 자세하게 나타낼 수 없거나 치수 기입을 할 수 없을 때에는 그 해당 부분을 확대하여 나타낸다.

해설

투상도의 종류

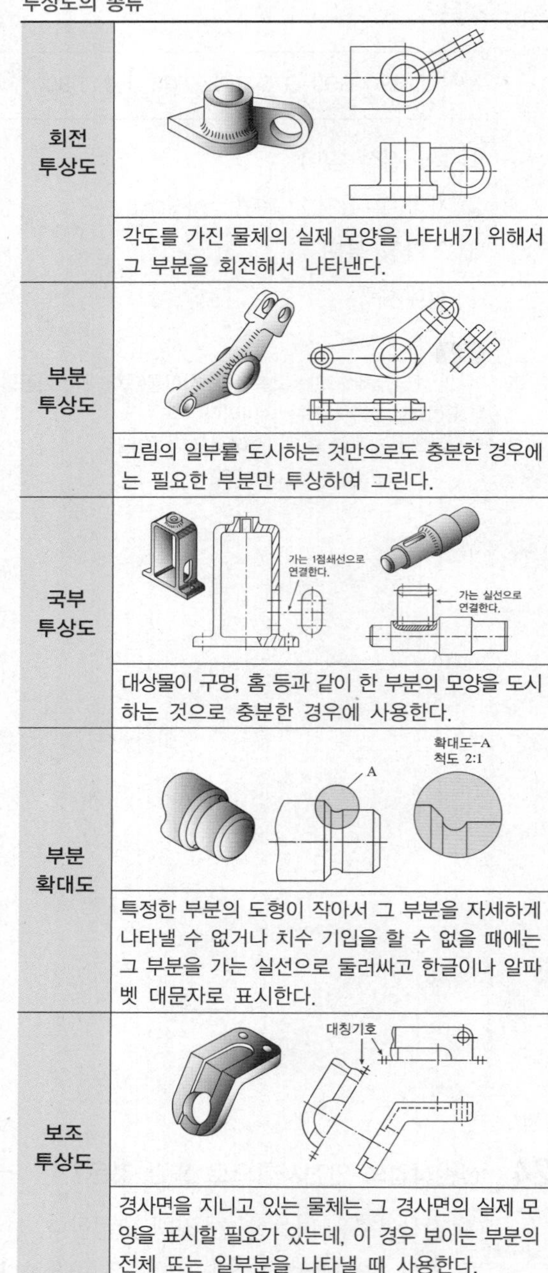

회전 투상도	각도를 가진 물체의 실제 모양을 나타내기 위해서 그 부분을 회전해서 나타낸다.
부분 투상도	그림의 일부를 도시하는 것만으로도 충분한 경우에는 필요한 부분만 투상하여 그린다.
국부 투상도	대상물이 구멍, 홈 등과 같이 한 부분의 모양을 도시하는 것으로 충분한 경우에 사용한다.
부분 확대도	특정한 부분의 도형이 작아서 그 부분을 자세하게 나타낼 수 없거나 치수 기입을 할 수 없을 때에는 그 부분을 가는 실선으로 둘러싸고 한글이나 알파벳 대문자로 표시한다.
보조 투상도	경사면을 지니고 있는 물체는 그 경사면의 실제 모양을 표시할 필요가 있는데, 이 경우 보이는 부분의 전체 또는 일부분을 나타낼 때 사용한다.

27 ① 28 ① 정답

29 도면에서 A3 제도용지의 크기는?

① 841×1,189 ② 594×841
③ 420×594 ④ 297×420

해설

A3 용지의 크기는 297×420이다. 제도용지 세로 : 가로의 비는 1 : $\sqrt{2}$ 이다.

도면의 종류별 크기 및 윤곽 치수(mm)

크기의 호칭	A0	A1	A2	A3	A4
a×b	841 ×1,189	594 ×841	420 ×594	297 ×420	210 ×297

30 다음 중 치수 기입 원칙에 어긋나는 것은?

① 중복된 치수 기입을 피한다.
② 관련되는 치수는 되도록 한곳에 모아서 기입한다.
③ 치수는 되도록 공정마다 배열을 분리하여 기입한다.
④ 치수는 각 투상도에 고르게 분배되도록 한다.

해설

치수 기입 원칙(KS B 0001)

- 중복 치수는 피한다.
- 치수는 주투상도에 집중한다.
- 관련되는 치수는 한곳에 모아서 기입한다.
- 치수는 공정마다 배열을 분리해서 기입한다.
- 치수는 계산해서 구할 필요가 없도록 기입한다.
- 치수 숫자는 치수선 위 중앙에 기입하는 것이 좋다.
- 치수 중 참고 치수에 대하여는 수치에 괄호를 붙인다.
- 필요에 따라 기준으로 하는 점, 선, 면을 기준으로 하여 기입한다.
- 도면에 나타나는 치수는 특별히 명시하지 않는 한 다듬질 치수를 표시한다.
- 치수는 투상도와의 모양 및 치수의 비교가 쉽도록 관련 투상도쪽으로 기입한다.
- 치수는 대상물의 크기, 자세 및 위치를 가장 명확하게 표시할 수 있도록 기입한다.
- 기능상 필요한 경우 치수의 허용한계를 지시한다(단, 이론적 정확한 치수는 제외).
- 대상물의 기능, 제작, 조립 등을 고려하여 꼭 필요한 치수를 도면에 분명하게 기입한다.
- 하나의 투상도에서 수평 방향의 길이 치수는 투상도의 위쪽에, 수직 방향의 길이 치수는 오른쪽에서 읽을 수 있도록 기입한다.

31 나사면에 증기, 기름 또는 외부로부터의 먼지 등이 유입되는 것을 방지하기 위해 사용하는 너트는?

① 나비너트
② 둥근 너트
③ 사각너트
④ 캡너트

해설

너트의 종류

명칭	형상	용도 및 특징
둥근 너트		겉모양이 둥근 형태의 너트
사각너트		겉모양이 사각형으로 주로 목재에 사용하는 너트
나비너트		너트를 쉽게 조일 수 있도록 머리 부분을 나비의 날개 모양으로 만든 너트
캡너트		유체가 나사의 접촉면 사이의 틈새나 볼트와 볼트 구멍의 틈으로 새어 나오는 것을 방지할 목적으로 사용하는 너트

32 다음 중 척도의 기입방법으로 틀린 것은?

① 척도는 표제란에 기입하는 것이 원칙이다.
② 표제란이 없는 경우에는 부품번호 또는 상세도의 참조 문자 부근에 기입한다.
③ 한 도면에는 반드시 한 가지 척도만 사용해야 한다.
④ 도형의 크기가 치수와 비례하지 않으면 NS라고 표시한다.

해설

한 도면에는 다양한 척도의 사용이 가능하다.

정답 29 ④ 30 ④ 31 ④ 32 ③

33 **기계도면의 부품란에 재질을 나타내는 기호가 'SS400'으로 기입되어 있다. 기호에서 '400'이 나타내는 것은?**

① 무 게　　② 탄소 함유량

③ 녹는 온도　　④ 최저인장강도

해설

SS400

- SS : 일반구조용 압연강재
- 400 : 최저인장강도(400N/mm^2)

34 **도면 관리에서 다른 도면과 구별하고 도면 내용을 직접 보지 않아도 제품의 종류 및 형식 등의 도면 내용을 알 수 있도록 하기 위해 기입하는 것은?**

① 도면번호　　② 도면 척도

③ 도면 양식　　④ 부품번호

해설

도면번호에 일정한 규칙을 부여하면 도면의 내용을 직접 확인하지 않아도 제품의 종류나 형식 등을 파악할 수 있다.

35 **제1각법과 제3각법의 설명 중 틀린 것은?**

① 제1각법은 물체를 1상한에 놓고 정투상법으로 나타낸 것이다.

② 제1각법은 눈 → 투상면 → 물체의 순서로 나타낸다.

③ 제3각법은 물체를 3상한에 놓고 정투상법으로 나타낸 것이다.

④ 한 도면에 제1각법과 제3각법을 같이 사용해서는 안 된다.

해설

제1각법과 제3각법

제1각법	제3각법
투상면을 물체의 뒤에 놓는다.	투상면을 물체의 앞에 놓는다.
눈 → 물체 → 투상면	눈 → 투상면 → 물체
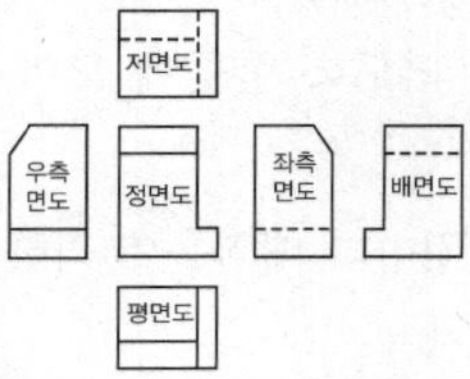 저면도 / 우측면도, 정면도, 좌측면도, 배면도 / 평면도	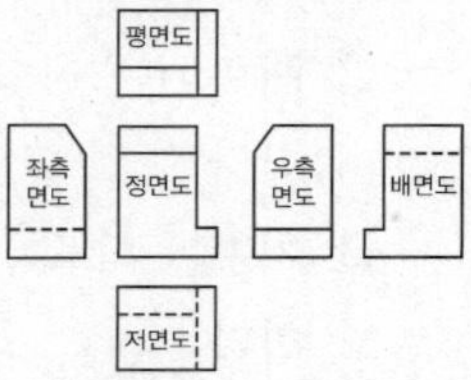 평면도 / 좌측면도, 정면도, 우측면도, 배면도 / 저면도

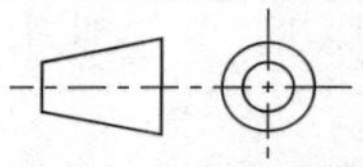

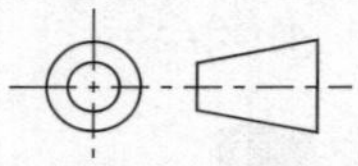

※ 제3각법의 투상방법은 눈 → 투상면 → 물체의 순으로, 당구에서 3쿠션을 연상시켜 그림의 좌측을 당구공, 우측을 당구 큐대로 생각하면 암기하기 쉽다. 제1각법은 공의 위치가 반대가 된다.

33 ④ 34 ① 35 ② 정답

36 **IT 공차 등급에 대한 설명 중 틀린 것은?**

① 공차 등급은 IT기호 뒤에 등급을 표시하는 숫자를 붙여 사용한다.

② 공차역의 위치에 사용하는 알파벳은 모든 알파벳을 사용할 수 있다.

③ 공차역의 위치는 구멍인 경우 알파벳 대문자, 축인 경우 알파벳 소문자를 사용한다.

④ 공차등급은 IT01부터 IT18까지 20등급으로 구분한다.

해설

IT 기본공차에서 공차역의 위치에 사용하는 알파벳은 구멍의 경우 대문자 A~AZ, 축의 경우는 소문자 a~az 범위 내에서만 사용해야 한다. 따라서 모든 알파벳을 사용할 수 없다.

37 **투상도법에서 원근감을 갖도록 나타내어 건축물 등의 공사 설명용으로 주로 사용하는 투상도법은?**

① 등각투상도

② 투시도

③ 정투상도

④ 부등각투상도

해설

투시투상법은 원근감을 느낄 수 있도록 하나의 시점과 물체의 각점을 방사선으로 이어서 그린 투상법으로, 건축물의 공사 설명용으로 사용된다.

투상법의 종류

종류	특징
사투상법	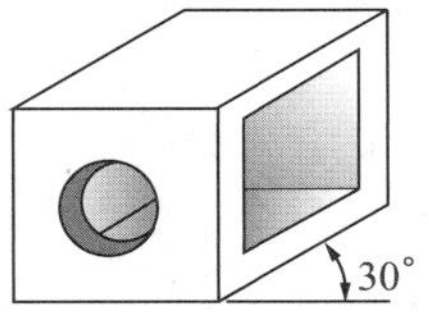 30° • 물체를 투상면에 대하여 한쪽으로 경사지게 투상하여 입체적으로 나타낸 투상법이다. • 하나의 그림으로 대상물의 한 면(정면)만 중점적으로 엄밀하고 정확하게 표시할 수 있다.
등각 투상법	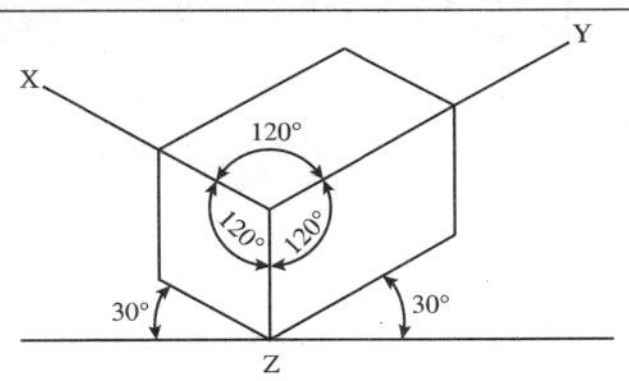 X, Y, Z, 120°, 120°, 120°, 30°, 30° • 정면, 평면, 측면을 하나의 투상도에서 동시에 볼 수 있도록 그린 투상법이다. • 직육면체의 등각투상도에서 직각으로 만나는 3개의 모서리는 각각 120°를 이룬다. • 주로 기계 부품의 조립이나 분해를 설명하는 정비지침서 등에 사용한다.
투시 투상법	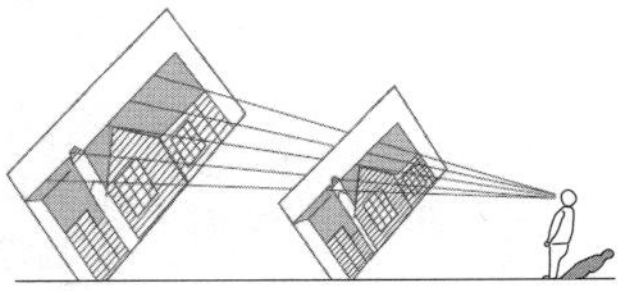 • 건축, 도로, 교량의 도면 작성에 사용된다. • 멀고 가까운 원근감을 느낄 수 있도록 하나의 시점과 물체의 각 점을 방사선으로 그리는 투상법이다.
부등각 투상법	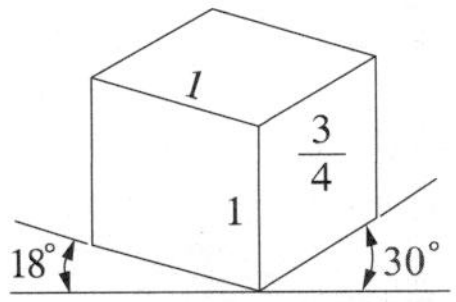 1, 3/4, 1, 18°, 30° • 수평선과 2개의 축선이 이루는 각을 서로 다르게 그린 투상법이다.

정답 36 ② 37 ②

38 **가공에 의한 커터의 줄무늬 방향이 그림과 같을 때 (가) 부분의 기호는?**

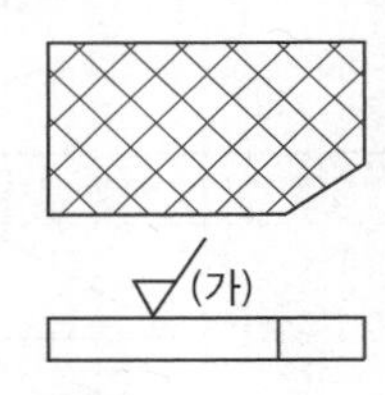

① X　　② M

③ R　　④ C

해설

줄무늬 방향 기호와 의미

기호	커터의 줄무늬 방향	적용	표면 형상
=	투상면에 평행	셰이핑	
⊥	투상면에 직각	선삭, 원통연삭	
X	투상면에 경사지고 두 방향으로 교차	호닝	
M	여러 방향으로 교차 되거나 무방향	래핑, 슈퍼피니싱, 밀링	
C	중심에 대하여 대략 동심원	끝면 절삭	
R	중심에 대하여 대략 레이디얼(방사형) 모양	일반적인 가공	

39 **단면도를 나타낼 때 길이 방향으로 절단하여 도시할 수 있는 것은?**

① 볼트　　② 기어의 이

③ 바퀴 암　　④ 풀리의 보스

해설

풀리에 끼우는 보스는 길이 방향으로 절단하여 도시가 가능하다.

- 길이 방향으로 절단하여 도시가 가능한 것 : 보스, 부시, 칼라, 베어링, 파이프 등 KS규격에서 절단하여 도시가 불가능하다고 규정된 이외의 부품
- 길이 방향으로 절단하여 도시가 불가능한 것 : 축, 키, 암, 핀, 볼트, 너트, 리벳, 코터, 기어의 이, 베어링의 볼과 롤러

40 **구름 베어링의 호칭번호가 6204일 때 베어링의 안지름은 얼마인가?**

① 62mm　　② 31mm

③ 20mm　　④ 15mm

해설

볼 베어링의 안지름 번호는 앞 두 자리를 제외한 뒤의 숫자로 확인할 수 있다. 04부터는 5를 곱하면 그 수치가 안지름이 된다.

호칭번호가 6204인 경우

- 6 : 단열홈형 베어링
- 2 : 경하중형
- 04 : 베어링 안지름 번호(04 × 5 = 20mm)

38 ① 39 ④ 40 ③ 정답

41 모듈이 2인 한 쌍의 스퍼기어가 맞물려 있을 때 각각의 잇수를 20개와 30개라고 하면, 두 기어의 중심거리는?

① 20 ② 30

③ 50 ④ 100

해설

두 개의 기어 간 중심거리(C)

$$C=\frac{D_1+D_2}{2}=\frac{mZ_1+mZ_2}{2}$$

$$=\frac{(2\times20)+(2\times30)}{2}=\frac{40+60}{2}=50$$

42 특수한 가공을 하는 부분 등 특별히 요구사항을 적용할 수 있는 범위를 표시하는 데 사용하는 선은?

① 가는 1점쇄선

② 가는 2점쇄선

③ 굵은 1점쇄선

④ 아주 굵은 실선

해설

열처리가 필요한 부분처럼 특수한 요구사항을 제품에 적용할 때 그 범위는 굵은 1점쇄선으로 표시한다.

43 헬리컬 기어, 나사 기어, 하이포이드 기어의 잇줄 방향의 표시방법은?

① 2개의 가는 실선으로 표시한다.

② 2개의 가는 2점쇄선으로 표시한다.

③ 3개의 가는 실선으로 표시한다.

④ 3개의 굵은 2점쇄선으로 표시한다.

해설

헬리컬 기어 및 나사 기어, 하이포이드 기어처럼 치면이 곡선인 기어들의 잇줄 방향은 3개의 가는 실선으로 표시한다.

44 기어의 종류 중 피치원 지름이 무한대인 기어는?

① 스퍼기어

② 래크기어

③ 피니언기어

④ 베벨기어

해설

래크기어는 피니언기어와 함께 사용되는데, 거의 직선 위에 이가 만들어진 것이므로 피치원의 지름(PCD)은 거의 무한대가 된다.

정답 41 ③ 42 ③ 43 ③ 44 ②

45 **대상물의 구멍, 홈 등 모양만을 나타내는 것으로 충분한 경우에 그 부분만 도시하는 그림과 같은 투상도는?**

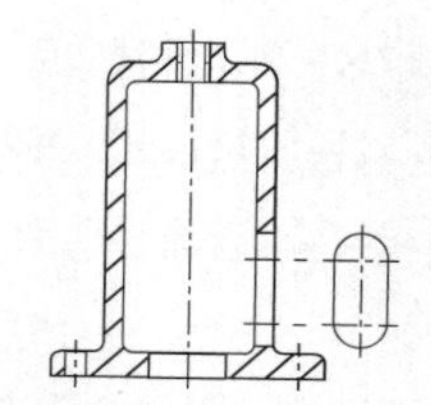

① 회전투상도
② 국부투상도
③ 부분투상도
④ 보조투상도

해설
국부투상도는 대상물이 구멍이나 홈 등과 같이 한 부분의 모양을 도시하는 것으로 충분한 경우에 사용한다.

46 **축에서 도형 내의 특정 부분이 평면 또는 구멍의 일부가 평면임을 나타낼 때의 도시방법은?**

① '평면'이라고 표시한다.
② 가는 파선을 사각형으로 나타낸다.
③ 굵은 실선을 대각선으로 나타낸다.
④ 가는 실선을 대각선으로 나타낸다.

해설
기계제도에서 대상으로 하는 부분이 평면인 경우에는 단면에 가는 실선으로 대각선 표시를 해 준다. 단면이 정사각형일 때는 해당 단면의 치수 앞에 정사각형 기호를 붙여 '□16'와 같이 표시한다.

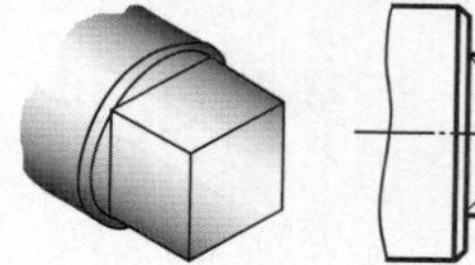

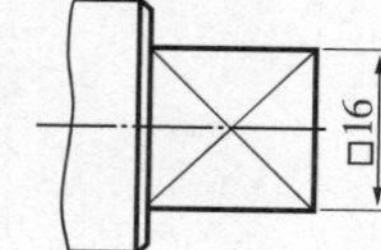

축의 도시방법
- 긴 축은 중간을 파단하여 짧게 그릴 수 있다.
- 축의 키홈 부분의 표시는 부분단면도로 나타낸다.
- 축의 끝은 모따기를 하고 모따기 치수를 기입한다.
- 축은 길이 방향으로 절단하여 단면을 도시하지 않는다.
- 축은 일반적으로 중심선을 수평 방향으로 놓고 그린다.
- 축의 일부 중 평면 부위는 가는 실선으로 대각선 표시를 한다.
- 축의 구석 홈 가공부는 확대하여 상세 치수를 기입할 수 있다.
- 축의 끝에는 조립을 쉽고 정확하게 하기 위해서 모따기를 한다.
- 긴 축은 중간 부분을 파단하여 짧게 그리고 실제 치수를 기입한다.
- 축 끝의 모따기는 폭과 각도를 기입하거나 45°인 경우 C로 표시한다.
- 널링을 도시할 때 빗줄인 경우 축선에 대하여 30°로 엇갈리게 그린다.

45 ② 46 ④ 정답

47 CAD 시스템에서 점을 정의하기 위해 사용되는 좌표계가 아닌 것은?

① 극좌표계　　② 원통좌표계
③ 회전좌표계　　④ 직교좌표계

해설

CAD 시스템 좌표계의 종류

- 직교좌표계 : 두 개의 직교하는 축 위 두 점의 교점을 이용해서 평면 공간상의 좌표를 표시하는 좌표계
- 극좌표계 : 평면 위의 위치를 각도와 거리를 써서 나타내는 2차원 좌표계
- 원통좌표계 : 3차원 공간을 나타내기 위해 평면극좌표계에 평면에서부터의 높이를 더해서 나타내는 좌표계
- 구면좌표계 : 3차원 구의 형태를 나타내는 것으로 거리 r과 두 개의 각으로 표현되는 좌표계
- 절대좌표계 : 도면상 임의의 점을 입력할 때 변하지 않는 원점(0, 0)을 기준으로 정한 좌표계
- 상대좌표계 : 임의의 점을 지정할 때 현재의 위치를 기준으로 정해서 사용하는 좌표계
- 상대극좌표계 : 마지막 입력점을 기준으로 다음 점까지의 직선거리와 기준 직교 축과 그 직선이 이루는 각도를 입력하는 좌표계

48 배관작업에서 관과 관을 잇는 이음방식이 아닌 것은?

① 나사 이음
② 플랜지 이음
③ 용접 이음
④ 클러치 이음

해설

클러치

운전 중에도 축 이음을 차단(단속)시킬 수 있는 동력 전달장치로 배관 이음과는 관련이 없다. 배관은 나사 이음이나 플랜지 이음처럼 결합용 기계요소로 결합시키거나 용접을 이용한 영구적 이음법을 사용한다.

49 다음 중 공차의 종류와 기호가 잘못 연결된 것은?

① 진원도 공차 − ○
② 경사도 공차 − ∠
③ 직각도 공차 − ⊥
④ 대칭도 공차 − //

해설

기하공차의 종류 및 기호

공차의 종류		기호
모양공차	진직도	—
	평면도	▱
	진원도	○
	원통도	⌭
	선의 윤곽도	⌒
	면의 윤곽도	⌓
자세공차	평행도	//
	직각도	⊥
	경사도	∠
위치공차	위치도	⌖
	동축도(동심도)	◎
	대칭도	⌯
흔들림 공차	원주흔들림	↗
	온흔들림	⌰

정답 47 ③ 48 ④ 49 ④

50 **치수의 배치방법 중 개별 치수들을 하나의 열로서 기입하는 방법으로, 일반공차가 차례로 누적되어도 문제없는 경우에 사용하는 치수 배치방법은?**

① 직렬 치수기입법

② 병렬 치수기입법

③ 누진 치수기입법

④ 좌표 치수기입법

해설

치수의 배치방법

종류	도면상 표현
직렬 치수 기입법	• 직렬로 나란히 연결된 개개의 치수에 주어진 일반공차가 차례로 누적되어도 기능과 상관없는 경우에 사용한다. • 축을 기입할 때는 중요도가 작은 치수는 괄호를 붙여서 참고 치수로 기입한다.
병렬 치수 기입법	• 기준면을 설정하여 개개별로 기입되는 방법이다. • 각 치수의 일반공차는 다른 치수의 일반공차에 영향을 주지 않는다.
누진 치수 기입법	• 한 개의 연속된 치수선으로 간편하게 사용하는 방법이다. • 치수의 기준점에 기점기호(O)를 기입하고, 치수 보조선과 만나는 곳마다 화살표를 붙인다.
좌표치수 기입법	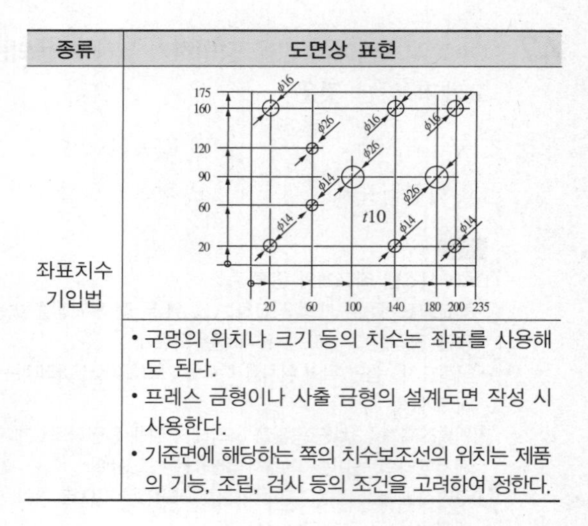 • 구멍의 위치나 크기 등의 치수는 좌표를 사용해도 된다. • 프레스 금형이나 사출 금형의 설계도면 작성 시 사용한다. • 기준면에 해당하는 쪽의 치수보조선의 위치는 제품의 기능, 조립, 검사 등의 조건을 고려하여 정한다.

51 **스프링 제도에 대한 설명으로 맞는 것은?**

① 오른쪽 감기로 도시할 때는 '감긴 방향 오른쪽'이라고 반드시 명시해야 한다.

② 하중이 걸린 상태에서 그리는 것을 원칙으로 한다.

③ 하중과 높이 및 처짐과의 관계는 선도 또는 요목표에 나타낸다.

④ 스프링의 종류와 모양만을 도시할 때에는 재료의 중심선만 가는 실선으로 그린다.

해설

스프링 제도의 특징

- 스프링은 원칙적으로 무하중 상태로 그린다.
- 그림 안에 기입하기 힘든 사항은 일괄하여 요목표에 표시한다.
- 코일의 중간 부분을 생략할 때는 생략한 부분을 가는 2점쇄선으로 표시한다.
- 스프링의 종류와 모양만 도시할 때는 재료의 중심선만 굵은 실선으로 그린다.
- 하중과 높이 등의 관계를 표시할 필요가 있을 때에는 선도 또는 요목표에 표시한다.
- 스프링의 종류와 모양만을 간략도로 나타내는 경우 재료의 중심선만 굵은 실선으로 그린다.
- 코일 부분의 투상은 나선이 되고, 시트에 근접한 부분의 피치 및 각도가 연속적으로 변하는 것은 직선으로 표시한다.
- 스프링은 특별한 단서가 없는 한 모두 오른쪽 감기로 도시하며, 왼쪽 감기로 도시할 경우에는 '감긴 방향 왼쪽'이라고 명시해야 한다.
- 코일 스프링에서 양 끝을 제외한 동일 모양 부분의 일부를 생략하는 경우 생략되는 부분의 선지름 중심선은 가는 1점쇄선으로 나타낸다.

50 ① 51 ③ 정답

52 다음 그림이 나타내는 용접 이음의 종류는?

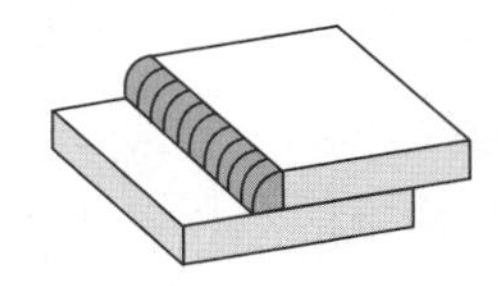

① 모서리 이음
② 겹치기 이음
③ 맞대기 이음
④ 플랜지 이음

해설
용접 이음의 종류

맞대기 이음	겹치기 이음	모서리 이음
양면 덮개판 이음	T이음(필릿)	십자(+) 이음
전면 필릿 이음	측면 필릿 이음	변두리 이음

53 구름 베어링 호칭번호 '6203 ZZ P6'의 설명 중 틀린 것은?

① 62 : 베어링 계열번호
② 03 : 안지름번호
③ ZZ : 실드기호
④ P6 : 내부 틈새기호

해설
'P6'은 정밀 등급을 나타내는 등급기호이며, 내부 틈새기호는 'C2'로 나타낸다.

54 스프로킷 휠의 도시방법에 대한 설명으로 틀린 것은?

① 축의 방향으로 볼 때 바깥지름은 굵은 실선으로 그린다.
② 축의 방향으로 볼 때 피치원은 가는 1점쇄선으로 그린다.
③ 축의 방향으로 볼 때 이뿌리원은 가는 2점쇄선으로 그린다.
④ 축에 직각인 방향에서 본 그림을 단면으로 도시할 때에는 이뿌리의 선은 굵은 실선으로 그린다.

해설
스프로킷 휠을 축 방향에서 볼 때는 가는 실선이나 굵은 파선으로 그릴 수 있다. 단, 축 직각 방향으로 단면을 표시할 때는 굵은 실선으로 그려야 한다.
스프로킷 휠의 도시방법

- 도면에는 주로 스프로킷 소재의 제작에 필요한 치수를 기입한다.
- 호칭 번호는 스프로킷에 감기는 전동용 롤러 체인의 호칭번호로 한다.
- 표에는 이의 특성을 나타내는 사항과 이의 절삭에 필요한 치수를 기입한다.
- 축직각 단면으로 도시할 때는 톱니를 단면으로 하지 않으며 이뿌리선은 굵은 실선으로 한다.
- 바깥지름은 굵은 실선, 피치원 지름은 가는 1점쇄선, 이뿌리원은 가는 실선이나 굵은 파선으로 그리며 생략도 가능하다.

정답 52 ② 53 ④ 54 ③

55 다음은 어떤 밸브에 대한 도시기호인가?

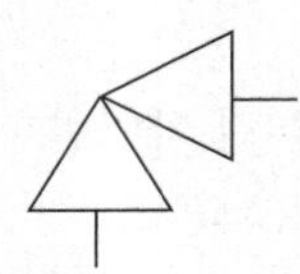

① 글로브밸브 ② 앵글밸브
③ 체크밸브 ④ 게이트밸브

해설

글로브밸브	
앵글밸브	
체크밸브	
슬루스밸브(게이트밸브)	

56 나사 표시기호 중 틀린 것은?

① M : 미터가는나사
② R : 관용 테이퍼 암나사
③ E : 전구나사
④ G : 관용 평행나사

해설

R은 ISO 규격에 있는 관용 테이퍼 수나사를 나타내는 기호이다.

57 3차원 형상을 솔리드 모델링하기 위한 기본요소를 프리미티브라고 한다. 이 프리미티브가 아닌 것은?

① 박스(Box)
② 실린더(Cylinder)
③ 원뿔(Cone)
④ 퓨전(Fusion)

해설

인벤터 퓨전(Inventor Fusion)은 인벤터를 간단하게 맛보기 형태로 제작된 프로그램으로, 용량이 가볍고 간단한 설계 프로그램이다.
3차원 솔리드 모델링에서 사용되는 기본 입체(Primitive) 형상
- 사각블록(Box)
- 원통(Cylinder)
- 원추(원뿔, Cone)
- 육면체(Cube)
- 관(Pipe)
- 구(Sphere)

58 컴퓨터가 기억하는 정보의 최소 단위는?

① Bit ② Record
③ Byte ④ Field

해설

자료 표현과 연산 데이터의 정보 기억 단위
비트(Bit) → 니블(Nibble) → 바이트(Byte) → 워드(Word) → 필드(Field) → 레코드(Record) → 파일(File) → 데이터베이스(Database)

55 ② 56 ② 57 ④ 58 ① 정답

59 중앙처리장치(CPU)와 주기억장치 사이에서 원활한 정보의 교환을 위하여 주기억장치의 정보를 일시적으로 저장하는 고속 기억장치는?

① Floppy Disk ② CD-ROM
③ Cache Memory ④ Coprocessor

해설
캐시메모리(Cache Memory)는 중앙처리장치(CPU)와 주기억장치 사이에서 원활한 정보 교환을 위하여 주기억장치의 정보를 일시적으로 저장하는 고속의 보조기억장치로 사용되며, CPU 내에 내장되어 있다.

컴퓨터 하드웨어의 분류 및 그 종류

분류	종류	용도
입력장치	마우스	CPU에 여러 가지 데이터를 입력하는 장치
	키보드	
	태블릿	
	조이스틱	
	트랙볼	
	스캐너	
	라이트 펜	
	디지타이저	
중앙처리장치(CPU)	연산장치	입력장치로부터 입력받은 데이터를 처리하는 곳
	제어장치	
	주기억장치	
출력장치	디스플레이장치(LCD, LED, OLED, PDP, UHD 등)	중앙처리장치에서 처리된 결과를 종이 도면이나 모니터에 이미지로 나타내 주는 장치
	플로터	
	프린터	
보조기억장치	USB메모리	데이터를 임시나 영구적으로 저장해 놓는 곳
	하드디스크	
	외장하드	
	CD, DVD	
	플로피디스켓	

60 스스로 빛을 내는 자기발광형 디스플레이로서 시야각이 넓고 응답시간도 빠르며 백라이트가 필요 없기 때문에 두께를 얇게 할 수 있는 것은?

① TFT-LCD
② 플라스마 디스플레이
③ OLED
④ 래스터스캔 디스플레이

해설
OLED는 LCD를 뛰어넘는 화질로, 스스로 빛을 내는 자기발광형 디스플레이 장치로 응답속도가 빠르며 두께도 얇은 특징을 갖는다. 최근에는 UHD 디스플레이 장치로 그 기술이 진보되고 있다.

TFT-LCD	Thin Film Transistor Liquid Crystal Display	• 주로 LCD로 불린다. • 트랜지스터 액정 표시장치로서 기존 TV 브라운관에 비해 두께와 무게가 1/10에 지나지 않고 소비전력도 1/4 수준에 불과한 신영상표시장치로 CRT에서 진보된 기술이었다.
PDP	Plasma Display Panel	• 기체방전(플라스마) 현상을 이용한 평판 표시장치로 전기를 많이 필요로 해서 LCD, LED보다 선호도가 다소 떨어진다.
OLED	Organic Light Emitting Diodes	• 형광성 유기화합물에 전류가 흐르면 빛을 내는 전계발광현상을 이용하여 스스로 빛을 내는 자체발광형 유기물질이다. • LCD 이상의 화질과 단순한 제조공정으로 가격 경쟁에서 유리하다.
래스터스캔 디스플레이	Raster Scan Display	• 화면을 작은 점들의 모임으로 보고, 각 점의 점멸에 의해 영상을 만드는 방식이다.

정답 59 ③ 60 ③

2020년 제2회 과년도 기출복원문제

01 Al–Si계 합금인 실루민의 주조 조직에 나타나는 Si의 거친 결정을 미세화시키고 강도를 개선하기 위하여 개량처리를 하는 데 사용되는 것은?

① Na　　② Mg
③ Al　　④ Mn

해설
개량처리에 주로 사용되는 원소는 Na(나트륨)이다. Al에 Si가 고용될 수 있는 한계는 공정온도인 577℃에서 약 1.6%이고, 공정점은 12.6%이다. 이 부근의 주조 조직은 육각판의 모양으로, 크고 거칠며 취성이 있어서 실용성이 없다. 이 합금에 나트륨이나 수산화나트륨, 플루오르화 알칼리, 알칼리 염류 등을 용탕 안에 넣고 10~50분 후에 주입하면 조직이 미세화되며, 공정점과 온도가 14%, 556℃로 이동하는 데 이 처리를 개량처리라고 한다. 실용 합금으로는 10~13%의 Si가 함유된 실루민(Silumin)이 유명하다.

개량처리한 재료의 특징
- 열간에서 취성이 없다.
- 용융점이 낮고 유동성이 좋다.
- 용탕과 모래형 수분과의 반응으로 수소를 흡수하여 기포가 생기는 결점이 있다.
- 다이캐스팅에는 용탕이 급랭되므로 개량처리하지 않아도 미세한 조직이 된다.
- Si의 함유량이 증가할수록 팽창계수와 비중은 낮아지며 주조성, 가공성도 나빠서 실용화가 어려워진다.

02 다음 중 황동에 납(Pb)을 첨가한 합금은?

① 델타메탈　　② 쾌삭황동
③ 문쯔메탈　　④ 고강도 황동

해설
쾌삭황동은 Cu+Zn의 합금재료인 황동에 Pb을 0.5~3% 첨가한 것으로, 피절삭성 향상을 위해 사용한다. 피삭성이 향상되면 절삭공구의 수명을 늘릴 수 있다.

황동의 종류

톰백	• 구리(Cu)에 Zn(아연)을 8~20% 합금한 것으로, 색깔이 아름다워 장식용 재료로 사용한다.
문쯔메탈	• 60%의 구리(Cu)와 40%의 Zn(아연)이 합금된 것으로, 인장강도가 최대이며, 강도가 필요한 단조제품이나 볼트, 리벳 등의 재료로 사용한다.
알브락	• 구리(Cu) 75% + Zn(아연) 20% + 소량의 Al, Si, As 등의 합금이다. • 해수에 강하며 내식성과 내침수성이 커서 복수기관과 냉각기관에 사용한다.
애드미럴티 황동	• 7 : 3 황동에 Sn(주석) 1%를 합금한 것으로 콘덴서 튜브에 사용한다.
델타메탈	• 6 : 4 황동에 철(1~2%)를 합금한 것으로 부식에 강해서 기계나 선박용 재료로 사용한다.
쾌삭황동	• 황동에 Pb(납)을 0.5~3% 합금한 것으로 피절삭성 향상을 위해 사용한다.

03 다음 중 청동의 주성분 구성은?

① Cu–Zn 합금　　② Cu–Pb 합금
③ Cu–Sn 합금　　④ Cu–Ni 합금

해설
구리 합금의 종류
- 청동 : Cu + Sn, 구리 + 주석
- 황동 : Cu + Zn, 구리 + 아연

1 ① 2 ② 3 ③ 정답

04 강재의 KS 규격기호 중 틀린 것은?

① SKH : 고속도 공구강 강재
② SM : 기계 구조용 탄소 강재
③ SS : 일반 구조용 압연 강재
④ STS : 탄소공구강 강재

해설
재료기호

명칭	기호
탄소공구강	STC
합금공구강	STS
탄소 주강품	SC
회주철품	GC
니켈-크롬강	SCN
니켈-크롬-몰리브덴강	SNCM
보일러용 압연강재	SBB
기계 구조용 탄소강관	STKM
피아노선재	PWR
기계 구조용 탄소강재	SM
일반 구조용 압연강재	SS
배관용 탄소강판	SPP
용접 구조용 압연강재	SM으로 표시되고 A, B, C의 순서로 용접성이 좋아진다.
고속도 공구강재	SKH
리벳용 압연강재	SBV
청동 합금 주물	BC3(CAC)
구상 흑연주 철품	GCD
탄소강 단강품	SF340A

05 베어링으로 사용되는 구리계 합금이 아닌 것은?

① 문쯔메탈(Muntz Metal)
② 켈밋(Kelmet)
③ 연청동(Lead Bronze)
④ 알루미늄 청동(Al Bronze)

해설
① 문쯔메탈 : 황동, 60%의 구리(Cu)와 40%의 Zn(아연)이 합금된 것으로 인장강도가 최대이며, 강도가 필요한 단조제품이나 볼트, 리벳 등의 재료로 사용한다. 베어링용으로는 사용하지 않는다.
② 켈밋 : 청동, Cu 70% + Pb 30~40%의 합금, 열전도, 압축강도가 크고 마찰계수가 작다. 고속・고하중 베어링에 사용된다.
③ 연청동 : 납청동이라고도 하며 베어링용이나 패킹재료 등에 사용된다.
④ 알루미늄 청동 : Cu에 Al 2~15%를 첨가한 합금으로 강도가 극히 높고, 내식성이 우수하다. 기어나 캠, 레버, 베어링용 재료로 사용된다.

정답 4 ④ 5 ①

06 탄소강에 함유된 원소 중 백점이나 헤어크랙의 원인이 되는 원소는?

① 황(S) ② 인(P)
③ 수소(H) ④ 구리(Cu)

해설

탄소강에 함유된 원소의 영향

종류	영향
탄소(C)	• 경도를 증가시킨다. • 인성과 연성을 감소시킨다. • 일정 함유량까지 강도를 증가시킨다. • 함유량이 많아질수록 취성(메짐)이 강해진다.
규소(Si)	• 유동성을 증가시킨다. • 용접성과 가공성을 저하시킨다. • 인장강도, 탄성한계, 경도를 상승시킨다. • 결정립의 조대화로 충격값과 인성, 연신율을 저하시킨다.
망간(Mn)	• 주철의 흑연화를 방지한다. • 고온에서 결정립 성장을 억제한다. • 주조성과 담금질효과를 향상시킨다. • 탄소강에 함유된 황(S)을 MnS로 석출시켜 적열취성을 방지한다.
인(P)	• 상온취성의 원인이 된다. • 결정입자를 조대화시킨다. • 편석이나 균열의 원인이 된다. • 주철의 용융점을 낮추고 유동성을 좋게 한다.
황(S)	• 절삭성을 양호하게 한다. • 편석과 적열취성의 원인이 된다. • 철을 여리게 하며 알칼리성에 약하다.
수소(H)	• 백점, 헤어크랙의 원인이 된다.
몰리브덴(Mo)	• 내식성을 증가시킨다. • 뜨임취성을 방지한다. • 담금질 깊이를 깊게 한다.
크롬(Cr)	• 강도와 경도를 증가시킨다. • 탄화물을 만들기 쉽게 한다. • 내식성, 내열성, 내마모성을 증가시킨다.
납(Pb)	• 절삭성을 크게 하여 쾌삭강의 재료가 된다.
코발트(Co)	• 고온에서 내식성, 내산화성, 내마모성, 기계적 성질이 뛰어나다.
구리(Cu)	• 고온취성의 원인이 된다. • 압연 시 균열의 원인이 된다.
니켈(Ni)	• 내식성 및 내산성을 증가시킨다.
타이타늄(Ti)	• 부식에 대한 저항이 매우 크다. • 가볍고 강력해서 항공기용 재료로 사용된다.

07 열처리 방법 중 강을 경화시킬 목적으로 실시하는 열처리는?

① 담금질 ② 뜨임
③ 불림 ④ 풀림

해설

① 담금질(Quenching) : 탄소강을 경화시킬 목적으로 오스테나이트의 영역까지 가열한 후 급랭시켜 재료의 강도와 경도를 증가시킨다.
② 뜨임(Tempering) : 담금질한 강을 A_1 변태점(723℃) 이하로 가열 후 서랭하는 것으로, 담금질로 경화된 재료에 인성을 부여하고 내부응력을 제거한다.
③ 불림(Normalizing) : 담금질한 정도가 심하거나 결정입자가 조대해진 강을 표준화 조직으로 만들기 위하여 A_3점(968℃)이나 A_{cm}(시멘타이트)점 이상의 온도로 가열한 후 공랭시킨다.
④ 풀림(Annealing) : 재질을 연하고 균일화시킬 목적으로 실시하는 열처리법으로 완전풀림은 A_3 변태점(968℃) 이상의 온도로, 연화풀림은 약 650℃의 온도로 가열한 후 서랭한다.

08 볼트 너트의 풀림방지방법 중 틀린 것은?

① 로크 너트에 의한 방법
② 스프링 와셔에 의한 방법
③ 플라스틱 플러그에 의한 방법
④ 아이볼트에 의한 방법

해설

아이볼트는 물체를 크레인 등으로 들어서 이동시킬 때 유용한 기계요소로 너트의 풀림방지와는 관련 없다.

6 ③ 7 ① 8 ④ 정답

09 밀링머신의 부속장치가 아닌 것은?

① 아버 ② 래크 절삭장치
③ 회전 테이블 ④ 에이프런

해설
에이프런(Apron)은 선반의 왕복대에 장착된 이송장치이다.

※ 2022년 개정된 출제기준에서 삭제된 내용

10 다음 중 패더 키(Feather Key)라고도 하며, 회전력의 전달과 동시에 축 방향으로 보스를 이동시킬 필요가 있을 때 사용되는 키는?

① 미끄럼 키
② 반달 키
③ 새들 키
④ 접선 키

해설
미끄럼 키는 패더 키, 안내 키라고도 하는데, 이 키는 회전력의 전달과 동시에 축 방향으로 보스를 이동시킬 수 있다.

11 다음 중 훅의 법칙에서 늘어난 길이를 구하는 공식은?(단, λ : 변형량, W : 인장하중, A : 단면적, E: 탄성계수, l : 길이)

① $\lambda = \frac{Wl}{AE}$ ② $\lambda = \frac{AE}{W}$
③ $\lambda = \frac{AE}{Wl}$ ④ $\lambda = \frac{Al}{WE}$

해설
$\sigma = E \times \varepsilon$
여기서, σ : 응력
E : 탄성계수
ε : 변형량

$$\frac{W}{A} = E \times \frac{\text{나중 길이}(l_2) - \text{처음 길이}(l_1)}{\text{처음 길이}(l_1)}$$

늘어난 길이 $l_2 - l_1 = \frac{Wl_1}{AE}$

여기서 늘어난 길이의 표시만 λ로 바꾸면 정답은 ①번이 된다.

12 구성인선(Built-up Edge)에 대한 일반적인 방지대책으로 옳은 것은?

① 마찰계수가 큰 절삭공구를 사용한다.
② 공구의 윗면 경사각을 크게 한다.
③ 절삭속도를 작게 한다.
④ 절삭 깊이를 크게 한다.

해설
구성인선(Built-up Edge)이란 연강이나 알루미늄과 같이 연한 금속의 공작물을 가공할 때 칩과 공구의 윗면 경사면 사이에 높은 압력과 마찰저항으로 높은 절삭열이 발생하는데, 이때 칩의 일부가 매우 단단하게 변질되면서 공구의 날 끝에 달라붙어 마치 절삭날과 같은 작용을 하면서 공작물을 절삭하는 현상이다.

구성인선의 방지대책
- 절삭 깊이를 작게 한다.
- 절삭속도를 크게 한다.
- 가공 중 절삭유를 사용한다.
- 공구의 날 끝을 예리하게 한다.
- 공구의 윗면 경사각을 크게 한다.

※ 2022년 개정된 출제기준에서 삭제된 내용

정답 9 ④ 10 ① 11 ① 12 ②

13 **다음 중 와이어 컷 방전가공에서 전극재질로 일반적으로 사용하지 않는 것은?**

① 동　② 황동
③ 텅스텐　④ 고속도강

해설
와이어 컷 방전가공용 전극재료는 소모되면서 가공하기 때문에 주로 순금속이 사용되나 W, Cr, V이 합금되어 경한 금속인 고속도강은 사용되지 않는다.
와이어 컷 방전가공의 정의
기계가공이 어려운 합금재료나 담금질한 강을 가공할 때 널리 사용되는 가공법이다. 공작물을 (+)극으로, 가는 와이어 전극을 (−)극으로 하고, 가공액 중에서 와이어를 감으면서 이 와이어와 공작물 사이에서 스파크 방전을 일으키면서 공작물을 절단하는 가공법이다.
와이어 컷 방전가공의 전극재료
열전도가 좋은 구리나 황동, 흑연, 텅스텐 등을 사용하여 성형성이 용이하나 스파크 방전에 의해 전극이 소모되므로 재사용은 불가능하다.
※ 2022년 개정된 출제기준에서 삭제된 내용

14 **직접 전동 기계요소인 홈 마찰차에서 홈의 각도 (2α)는?**

① $2\alpha = 10\sim20°$　② $2\alpha = 20\sim30°$
③ $2\alpha = 30\sim40°$　④ $2\alpha = 40\sim50°$

해설
홈 마찰차에서 홈의 각도(2α)는 일반적으로 30~40°로 한다.

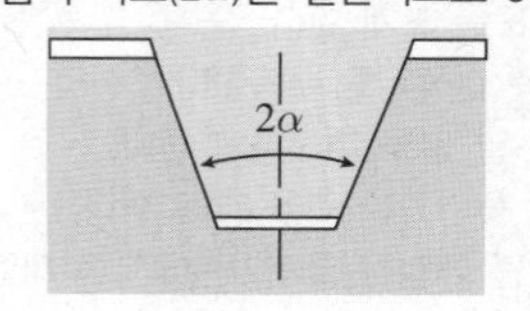

15 **입도가 작고 연한 숫돌에 작은 압력으로 가압하면서 가공물에 이송을 주고, 동시에 숫돌에 진동을 주어 표면거칠기를 향상시키는 가공법은?**

① 배럴(Barrel)
② 슈퍼피니싱(Super Finishing)
③ 버니싱(Burnishing)
④ 래핑(Lapping)

해설
슈퍼피니싱(Super Finishing)
입도가 미세하고 재질이 연한 숫돌입자를 낮은 압력으로 공작물의 표면에 접촉시켜 압력을 가하면 수백~수천의 진동과 수mm의 진폭으로 진동하면서 왕복운동을 하는데, 이때 공작물은 회전하고 있기 때문에 공작물의 전 표면은 균일하고 매끈하게 고정밀도로 다듬질이 된다(예 시계 유리에 긁힌 자국을 없애기 위한 문지름 작업을 완료한 후 남아 있는 흔적을 없애고자 할 때 슈퍼피니싱을 사용한다).

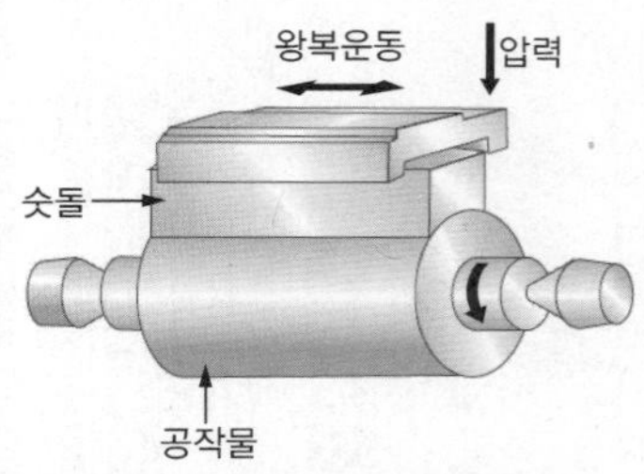

※ 2022년 개정된 출제기준에서 삭제된 내용

16 **연삭숫돌의 기호 WA 60KmV에서 '60'이 나타내는 것은?**

① 숫돌 입자　② 입도
③ 조직　④ 결합도

해설
연삭숫돌의 기호 중에서 60은 입도로서 거친 연마용에 사용하는 수치이다. 연성이 있는 공작물에는 거친 입자의 숫돌을 사용하며, 경도가 크고 취성이 있는 공작물에는 고운 입자의 숫돌을 사용한다.
※ 2022년 개정된 출제기준에서 삭제된 내용

13 ④ 14 ③ 15 ② 16 ② 정답

17 공구에 진동을 주고 공작물과 공구 사이에 연삭입자와 가공액을 주고 전기적 에너지를 기계적 에너지로 변화함으로써 공작물을 정밀하게 다듬는 방법은?

① 래핑 ② 슈퍼피니싱
③ 전해연마 ④ 초음파 가공

해설

초음파 가공 : 봉이나 판상의 공구와 공작물 사이에 연삭입자와 공작액을 혼합한 혼합액을 넣고 초음파 진동을 주면 공구가 반복적으로 연삭입자에 충격을 가하여 공작물의 표면이 미세하게 다듬질되는 방법이다.

초음파 가공의 특징

- 가공속도가 느리다.
- 공구의 마모가 크다.
- 구멍을 가공하기 쉽다.
- 복잡한 형상도 쉽게 가공할 수 있다.
- 가공 면적이나 가공 깊이에 제한을 받는다.
- 납, 구리, 연강 등 연성이 큰 재료는 가공 성능이 나쁘다.

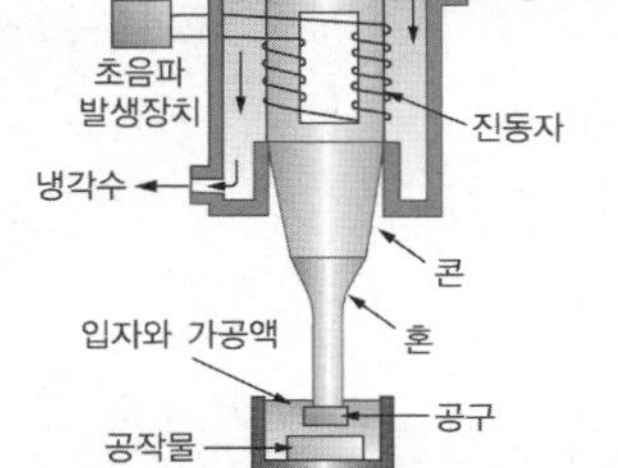

- 소성 변형이 없는 공작물을 가공하는 경우 가장 효과적이다.
- 금속 및 비금속 재료의 종류에 관계없이 광범위하게 이용된다.
- 연삭입자에 의한 미세 절삭으로 도체는 물론 부도체도 가공할 수 있다.

※ 2022년 개정된 출제기준에서 삭제된 내용

18 금속으로 만든 작은 덩어리를 가공물 표면에 투사하여 피로강도를 증가시키기 위한 냉간가공법은?

① 쇼트피닝 ② 액체호닝
③ 슈퍼피니싱 ④ 버핑

해설

① 쇼트피닝 : 강이나 주철제의 작은 강구(볼)를 고속으로 재료의 표면에 분사하여 표면층을 경화시켜 피로강도를 증가시키는 표면경화법
② 액체호닝 : 물과 연마제를 혼합한 것을 노즐을 이용하여 가공할 표면에 고속도로 분출시켜 공작물의 표면을 다듬는 방법
③ 슈퍼피니싱 : 입도가 작고 결합도가 작은 숫돌을 공작물에 가볍게 누르고 매분 500~2,000회 정도의 진동을 주면서 왕복운동을 시키면서 공작물도 회전시켜 가공면을 단시간에 매우 평활한 면으로 다듬는 가공방법
④ 버핑 : 동력에 의해 회전하는 버프(마포) 휠을 사용해서 가공물 표면의 스케일 제거, 연마, 광내기 작업을 하는 방법

※ 2022년 개정된 출제기준에서 삭제된 내용

19 스프링에서 스프링 상수(k)값의 단위로 옳은 것은?

① N ② N/mm
③ N/mm^2 ④ mm

해설

스프링 상수(k) : 스프링의 단위 길이(mm)당 변화를 일으키는 데 필요한 하중(W 또는 P)이다.

$$k = \frac{W \text{ 또는 } P}{\delta} (\text{N/mm})$$

여기서, W : 하중
P : 작용 힘
δ : 코일의 처짐량

20 바이트의 인선과 자루가 같은 재질로 구성된 바이트는?

① 단체 바이트 ② 클램프 바이트
③ 팁 바이트 ④ 인서트 바이트

해설

일체형 바이트 (단체 바이트)	
클램프 바이트	
팁 바이트	

※ 2022년 개정된 출제기준에서 삭제된 내용

정답 17 ④ 18 ① 19 ② 20 ①

21 내면 연삭작업 시 가공물은 고정시키고 연삭숫돌이 회전운동 및 공전운동을 동시에 진행하는 연삭방법은?

① 유성형　　② 보통형
③ 센터리스형　　④ 만능형

해설

연삭가공의 안지름 연삭방식

방식	그림	설명
연삭 숫돌 왕복형	연삭숫돌	공작물 회전 숫돌은 회전, 왕복운동
공작물 왕복형	연삭숫돌	공작물 회전, 왕복숫돌은 회전
유성형	공전 및 회전운동, 연삭숫돌	공작물 고정 숫돌은 회전 및 공전운동
센터 리스형	연삭숫돌, 조정숫돌, 가압 롤, 지지롤, 공작물	조정숫돌을 사용하여 내면 연삭

※ 2022년 개정된 출제기준에서 삭제된 내용

22 롤링 베어링의 내륜이 고정되는 곳은?

① 저널　　② 하우징
③ 궤도면　　④ 리테이너

해설

저널은 축에서 베어링에 의해 둘러싸인 부분이다. 하우징은 물체의 커버라고 생각하면 된다.

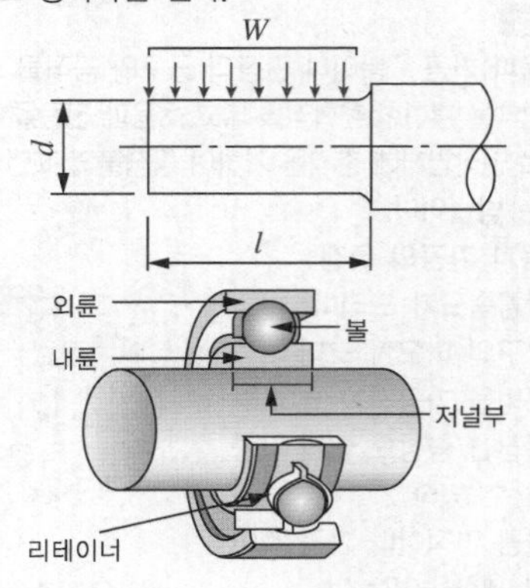

23 가늘고 긴 일정한 단면 모양을 가진 날이 많은 절삭공구를 사용하여 1회 공정으로 가공이 완성되는 공작기계는?

① 밀링　　② 선반
③ 브로칭 머신　　④ 셰이퍼

해설

브로칭(Broaching) 가공

가늘고 긴 일정한 단면 모양의 많은 날을 가진 브로치라는 절삭공구를 일감 표면이나 구멍에 누르면서 통과시켜 단 1회의 공정으로 절삭가공을 하는 것으로, 구멍 안에 키 홈, 스플라인 홈, 다각형의 구멍을 가공할 수 있다.

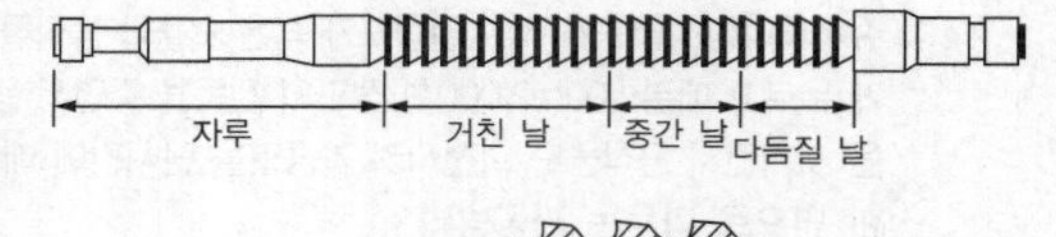

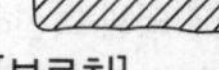

[브로치]

※ 2022년 개정된 출제기준에서 삭제된 내용

21 ① 22 ① 23 ③ 정답

24 나사에 관한 설명으로 옳은 것은?

① 1줄 나사와 2줄 나사의 리드(Lead)는 같다.
② 나사의 리드각과 비틀림각의 합은 90°이다.
③ 수나사의 바깥지름은 암나사의 안지름과 같다.
④ 나사의 크기는 수나사의 골 지름으로 나타낸다.

해설

② 나사산의 모양을 펼치면 다음과 같은 삼각형의 형상이 나오는데, 리드각과 비틀림각의 합은 항상 90°가 될 수밖에 없다.

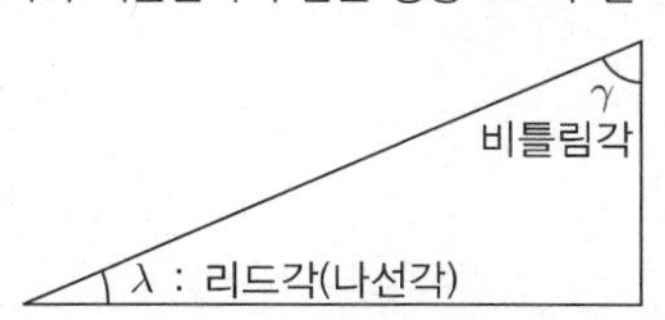

① $L=nP$이므로 줄 수(n)가 많을수록 리드는 더 길다.
③ 수나사의 바깥지름과 암나사의 안지름은 서로 다르다.
④ 나사의 크기는 수나사의 바깥지름으로 나타낸다.

25 일반적으로 래핑작업 시 사용하는 랩제로 거리가 먼 것은?

① 탄화규소
② 산화알루미나
③ 산화크롬
④ 흑연가루

해설

랩의 재료로 주철이 사용되므로, 랩제로 흑연가루는 사용되지 않는다.

래핑가공에 사용되는 랩제
- 산화철(Fe_3C)
- 탄화규소(SiC)
- 알루미나(Al_2O_3, 산화알루미나)
- 산화크롬(Cr_2O_3)

랩	래핑가공 방법

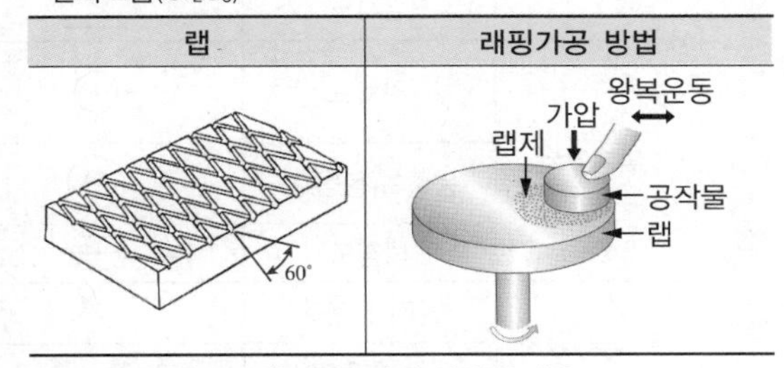

※ 2022년 개정된 출제기준에서 삭제된 내용

26 다음 중 테이블이 일정한 각도로 선회할 수 있는 구조로 기어 등 복잡한 제품을 가공할 수 있는 것은?

① 플레인 밀링머신(Plain Milling Machine)
② 만능 밀링머신(Universal Milling Machine)
③ 생산형 밀링머신(Production Milling Machine)
④ 플라노 밀러(Plano Miller)

해설

공작기계의 종류

종류	특징
범용 공작기계	• 넓은 범위의 가공이 가능하며 절삭속도와 이송속도의 변화가 가능하다. • 공작기계로서 선반, 밀링, 드릴링머신, 셰이퍼, 플레이너, 슬로터 등이 있다.
단능 공작기계	• 범용 공작기계를 단능화시킨 것으로 한 종류의 제품가공에 적합하다. • 한 공정의 가공만 가능하기 때문에 다른 공작물 가공에는 융통성이 없다.
전용 공작기계	• 같은 종류의 제품을 대량 생산하는데 알맞게 조작을 간소화한 것이다.
만능 공작기계	• 범용 공작기계의 구조에 부속장치를 추가하여 한 대의 기계에서 2종, 3종의 다양한 가공이 가능하도록 한 공작기계이다. • 테이블의 선회가 가능한 구조로 복잡한 제품의 가공도 가능하다.

※ 2022년 개정된 출제기준에서 삭제된 내용

27 다음 중 가는 선 : 굵은 선 : 아주 굵은 선 굵기의 비율이 옳은 것은?

① 1 : 2 : 4
② 1 : 3 : 4
③ 1 : 3 : 6
④ 1 : 4 : 8

정답 24 ② 25 ④ 26 ② 27 ①

28 대상물의 일부를 떼어낸 경계를 표시하는 데 사용하는 선의 명칭은?

① 외형선　　② 파단선
③ 기준선　　④ 가상선

해설

선의 종류 및 용도

명칭	기호 명칭	기호	설명
외형선	굵은 실선	———	대상물이 보이는 모양을 표시하는 선
치수선			치수 기입을 위해 사용하는 선
치수 보조선			치수를 기입하기 위해 도형에서 인출한 선
지시선	가는 실선	———	지시, 기호를 나타내기 위한 선
회전 단면선			회전한 형상을 나타내기 위한 선
수준 면선			수면, 유면 등의 위치를 나타내는 선
숨은선	가는 파선(파선)	- - - -	대상물의 보이지 않는 부분의 모양을 표시
절단선	가는 1점 쇄선이 겹치는 부분에는 굵은 실선	—·—·—	절단한 면을 나타내는 선
중심선			도형의 중심을 표시하는 선
기준선	가는 1점쇄선	—·—·—	위치결정의 근거임을 나타내기 위해 사용
피치선			반복 도형의 피치의 기준을 잡음
무게 중심선	가는 2점쇄선	—··—	단면의 무게중심을 연결한 선
가상선			가공 부분의 이동하는 특정 위치나 이동 한계의 위치를 나타내는 선
특수 지정선	굵은 1점쇄선	—·—·—	특수한 가공이나 특수 열처리가 필요한 부분 등 특별한 요구사항을 적용할 범위를 표시할 때 사용하는 선
파단선	불규칙한 가는 실선	～～～	대상물의 일부를 파단한 경계나 일부를 떼어낸 경계를 표시하는 선
	지그재그선	—⋀⋁—⋀⋁—	
해칭	가는 실선(사선)	//////	단면도의 절단면을 나타내는 선
개스킷	아주 굵은 실선	▬▬▬	개스킷 등 두께가 얇은 부분을 표시하는 선

29 기하공차의 종류에서 위치공차에 해당하는 것은?

① 평면도　　② 원통도
③ 동심도　　④ 직각도

해설

기하공차의 종류 및 기호

공차의 종류		기호
모양공차	진직도	—
	평면도	⏥
	진원도	○
	원통도	⌭
	선의 윤곽도	⌒
	면의 윤곽도	⌓
자세공차	평행도	//
	직각도	⊥
	경사도	∠
위치공차	위치도	⌖
	동축도(동심도)	◎
	대칭도	⌯
흔들림 공차	원주 흔들림	↗
	온 흔들림	⌰

28 ② 29 ③ 정답

30 다음 중 위 치수 허용차가 '0'이 되는 IT 공차는?

① js7 ② g7

③ h7 ④ k7

해설

위 치수 허용차가 0이 되는 IT 공차는 h7이다. 우리나라는 h를 기준기호로 한다.

31 제3각법과 제1각법의 표준 배치에서 서로 반대 위치에 있는 투상도의 명칭은?

① 평면도와 저면도 ② 배면도와 평면도

③ 정면도와 저면도 ④ 정면도와 우측면도

해설

제1각법과 제3각법에서 서로 반대 위치에 있는 투상도는 정면도를 기준으로 위와 아래에 교차로 위치하는 평면도와 저면도이다.

제1각법과 제3각법

제1각법	제3각법
투상면을 물체의 뒤에 놓는다.	투상면을 물체의 앞에 놓는다.
눈 → 물체 → 투상면	눈 → 투상면 → 물체
저면도 / 우측면도, 정면도, 좌측면도, 배면도 / 평면도	평면도 / 좌측면도, 정면도, 우측면도, 배면도 / 저면도

32 단면도에 관한 내용이다. 올바른 것을 모두 고른 것은?

ㄱ. 절단면은 중심선에 대하여 45° 경사지게 일정한 간격으로 가는 실선으로 빗금을 긋는다.
ㄴ. 정면도는 단면도로 그리지 않고, 평면도나 측면도만 절단한 모양으로 그린다.
ㄷ. 한쪽단면도는 위아래 또는 왼쪽과 오른쪽이 대칭인 물체의 단면을 나타낼 때 사용한다.
ㄹ. 단면 부분에는 해칭(Hatching)이나 스머징(Smudging)을 한다.

① ㄱ, ㄴ ② ㄴ, ㄷ

③ ㄱ, ㄴ, ㄷ ④ ㄱ, ㄷ, ㄹ

해설

온단면도(전단면도)는 좌우나 상하가 대칭인 물체를 나타낼 때 사용하는 단면도법이다.

정답 30 ③ 31 ① 32 ④

33 대칭형의 물체를 $\frac{1}{4}$ 절단하여 내부와 외부의 모습을 동시에 보여 주는 단면도는?

① 온단면도 ② 한쪽단면도
③ 부분단면도 ④ 회전도시단면도

해설

단면도의 종류

단면도명	특징
온단면도 (전단면도)	• 물체 전체를 직선으로 절단하여 앞부분을 잘라내고 남은 뒷부분의 단면 모양을 그린 것 • 절단 부위의 위치와 보는 방향이 확실한 경우에는 절단선, 화살표, 문자기호를 기입하지 않아도 된다.
한쪽 단면도 (반단면도)	• 반단면도라고도 한다. • 절단면을 전체의 반만 설치하여 단면도를 얻는다. • 상하 또는 좌우가 대칭인 물체를 중심선을 기준으로 $\frac{1}{4}$ 절단하여 내부 모양과 외부 모양을 동시에 표시하는 방법이다.
부분 단면도	파단선 / 떼어 낸 부분의 단면 • 파단선을 그어서 단면 부분의 경계를 표시한다. • 일부분을 잘라 내고 필요한 내부의 모양을 그리기 위한 방법이다.
회전도시 단면도	(a) 암의 회전단면도(투상도 안) (b) 훅의 회전단면도(투상도 밖) • 절단선의 연장선 뒤에도 그릴 수 있다. • 투상도의 절단할 곳과 겹쳐서 그릴 때는 가는 실선으로 그린다. • 주투상도의 밖으로 끌어내어 그릴 경우는 가는 1점쇄선으로 한계를 표시하고 굵은 실선으로 그린다. • 핸들이나 벨트 풀리, 바퀴의 암, 리브, 축, 형강 등의 단면의 모양을 90°로 회전시켜 투상도의 안이나 밖에 그린다.
계단 단면도	A B C D / A-B-C-D • 절단면을 여러 개 설치하여 그린 단면도이다. • 복잡한 물체의 투상도 수를 줄일 목적으로 사용한다. • 절단선, 절단면의 한계와 화살표 및 문자기호를 반드시 표시하여 절단면의 위치와 보는 방향을 정확히 명시해야 한다.

33 ② 정답

34 다음 표면거칠기의 표시에서 C가 의미하는 것은?

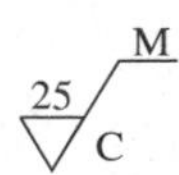

① 주조가공
② 밀링가공
③ 가공으로 생긴 선이 무방향
④ 가공으로 생긴 선이 거의 동심원

해설

줄무늬 방향의 기호와 표면 형상

기호	커터의 줄무늬 방향	적용	표면 형상
=	투상면에 평행	셰이핑	
⊥	투상면에 직각	선삭, 원통연삭	
X	투상면에 경사지고 두 방향으로 교차	호닝	
M	여러 방향으로 교차되거나 무방향이 나타남	래핑, 슈퍼피니싱, 밀링	
C	중심에 대하여 대략 동심원	끝면 절삭	
R	중심에 대하여 대략 레이디얼(방사형) 모양	일반적인 가공	

35 최대 허용치수와 최소 허용치수의 차를 무엇이라고 하는가?

① 치수공차 ② 끼워맞춤
③ 실치수 ④ 기준선

해설

치수공차는 공차라고도 한다.
치수공차 = 최대 허용한계치수 − 최소 허용한계치수

36 도면을 마이크로필름에 촬영하거나 복사할 때의 편의를 위하여 도면의 위치결정에 편리하도록 도면에 표시하는 양식은?

① 재단마크 ② 중심마크
③ 도면의 구역 ④ 방향마크

해설

중심마크는 도면의 영구 보존을 위해 마이크로필름으로 촬영하거나 복사하고자 할 때 굵은 실선으로 도면에 표시한다.

정답 34 ④ 35 ① 36 ②

37 **평행 키 끝부분의 형식에 대한 설명으로 틀린 것은?**

① 끝부분 형식에 대한 지정이 없는 경우는 양쪽 네모형으로 본다.

② 양쪽 둥근형은 기호 A를 사용한다.

③ 양쪽 네모형은 기호 S를 사용한다.

④ 한쪽 둥근형은 기호 C를 사용한다.

해설

• 키(Key)의 호칭

규격 번호	모양, 형상, 종류 및 호칭 치수	×	길이	끝 모양의 특별 지정	재료
KS B 1311	P–A 평행 키 10×8 (폭×높이)	×	25	양 끝 둥글기	SM 48C

• 키의 모양, 형태, 종류 및 기호

모양		기호
평행 키	나사용 구멍 없음	P
	나사용 구멍 있음	PS
경사 키	머리 없음	T
	머리 있음	TG
반달 키	둥근 바닥	WA
	납작 바닥	WB

형상	기호
양쪽 둥근형	A
양쪽 네모형	B
한쪽 둥근형	C

38 **산술평균거칠기의 표시기호는?**

① Ra ② Rs

③ Rz ④ Ru

해설

표면거칠기를 표시하는 방법

종류	특징
산술평균 거칠기(Ra)	중심선 윗부분 면적의 합을 기준 길이로 나눈 값을 마이크로미터(μm)로 나타낸 것
최대높이 (Ry)	산봉우리 선과 골바닥 선의 간격을 측정하여 마이크로미터(μm)로 나타낸 것
10점 평균 거칠기(Rz)	일정길이 내의 5개의 산 높이와 2개의 골 깊이의 평균을 취하여 구한 값을 마이크로미터(μm)로 나타낸 것

39 **조립한 상태의 치수 허용한계값을 나타낸 것으로 틀린 것은?**

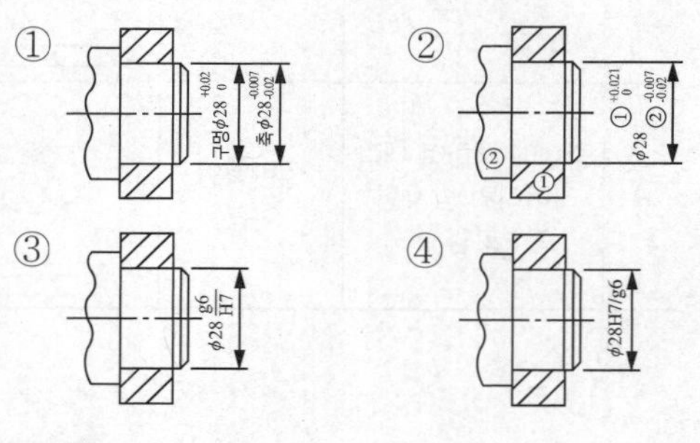

해설

치수 허용값을 분수의 형태로 나타낼 때는

항상 기준 치수는 $\frac{\text{구멍(대문자)}}{\text{축(소문자)}} = \frac{H7}{g6}$의 형태로 표시해야 한다.

따라서 ③이 오답이다.

37 ③ 38 ① 39 ③ 정답

40 정면, 평면, 측면을 하나의 투상면 위에서 동시에 볼 수 있도록 그린 도법은?

① 보조투상도
② 단면도
③ 등각투상도
④ 전개도

해설
등각투상도는 정면, 평면, 측면을 하나의 투상도에서 동시에 볼 수 있도록 그린 도법으로, 직육면체의 등각투상도에서 직각으로 만나는 3개의 모서리는 각각 120°를 이룬다.

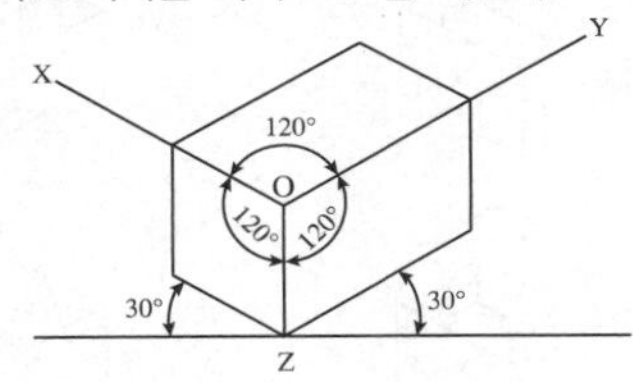

41 스퍼기어를 축 방향으로 단면 투상할 경우 도시방법으로 틀린 것은?

① 이끝원은 굵은 실선으로 그린다.
② 피치원은 가는 1점쇄선으로 그린다.
③ 이뿌리원은 파선으로 그린다.
④ 맞물리는 한 쌍의 기어의 이끝원은 굵은 실선으로 그린다.

해설
스퍼기어의 이뿌리원은 가는 실선으로 그린다. 그러나 축에 직각 방향으로 단면 투상할 경우에는 굵은 실선으로 표시한다.
기어의 도시법
- 이끝원은 굵은 실선으로 한다.
- 피치원은 가는 1점쇄선으로 한다.
- 맞물리는 한 쌍의 기어의 이끝원은 굵은 실선으로 그린다.
- 보통 축에 직각인 방향에서 본 투상도를 주투상도로 할 수 있다.
- 이뿌리원은 가는 실선으로 그린다. 단, 축에 직각 방향으로 단면 투상할 경우에는 굵은 실선으로 한다.

42 축의 도시법에서 잘못된 것은?

① 축의 구석 홈 가공부는 확대하여 상세 치수를 기입할 수 있다.
② 길이가 긴 축의 중간 부분을 생략하여 도시하였을 때 치수는 실제 길이를 기입한다.
③ 축은 일반적으로 길이 방향으로 절단하지 않는다.
④ 축은 일반적으로 축 중심선을 수직 방향으로 놓고 그린다.

해설
축의 도시방법
- 긴 축은 중간을 파단하여 짧게 그릴 수 있다.
- 축의 키홈 부분의 표시는 부분단면도로 나타낸다.
- 축의 끝은 모따기를 하고 모따기 치수를 기입한다.
- 축은 길이 방향으로 절단하여 단면을 도시하지 않는다.
- 축은 일반적으로 중심선을 수평 방향으로 놓고 그린다.
- 축의 일부 중 평면 부위는 가는 실선으로 대각선 표시를 한다.
- 축의 구석 홈 가공부는 확대하여 상세 치수를 기입할 수 있다.
- 축의 끝에는 조립을 쉽고 정확하게 하기 위해서 모따기를 한다.
- 긴 축은 중간 부분을 파단하여 짧게 그리고 실제 치수를 기입한다.
- 축 끝의 모따기는 폭과 각도를 기입하거나 45°인 경우 C로 표시한다.
- 널링을 도시할 때 빗줄인 경우 축선에 대하여 30°로 엇갈리게 그린다.

43 KS 표준 중 기계 부문에 해당 되는 분류기호는?

① KS A ② KS B
③ KS C ④ KS D

해설
한국산업규격(KS)의 부문별 분류기호

분류기호	분야
KS A	기본
KS B	기계
KS C	전기전자
KS D	금속

정답 40 ③ 41 ③ 42 ④ 43 ②

44 구멍의 최소 치수가 축의 최대 치수보다 큰 경우의 끼워맞춤은?

① 헐거운 끼워맞춤
② 중간 끼워맞춤
③ 억지 끼워맞춤
④ 강한 억지 끼워맞춤

해설
헐거운 끼워맞춤은 구멍의 치수가 축의 치수보다 클 경우에 생긴다.

45 대상물의 가공 전 또는 가공 후의 모양을 표시하는 데 사용하는 선은?

① 가는 1점쇄선　　② 가는 2점쇄선
③ 가는 실선　　④ 굵은 실선

해설
가공 전이나 후의 모양은 가는 2점쇄선으로 물체의 모양을 그린다.

가공 전후의 모양
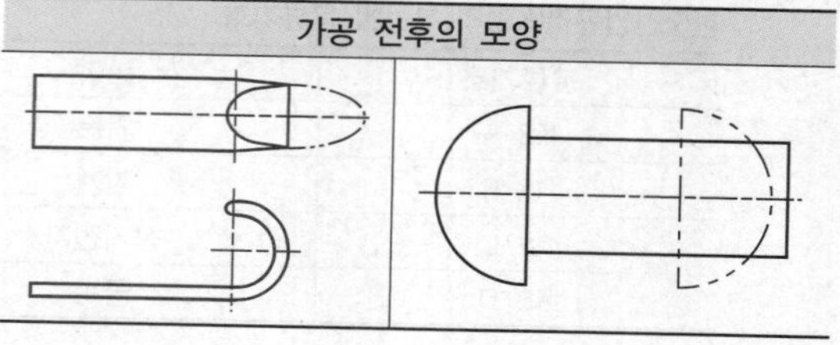

46 다음 그림은 제3각법으로 제도한 것이다. 이 물체의 등각투상도로 알맞은 것은?

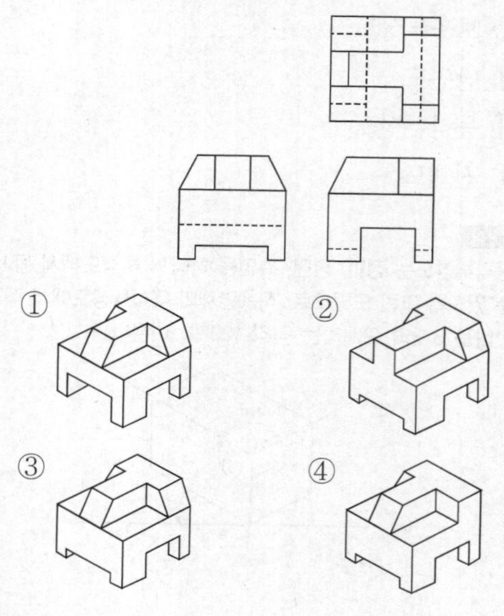

해설
이 물체는 맨 왼쪽에 좌측면도, 오른쪽 상단이 평면도, 오른쪽 아래가 정면도를 나타내는데, 좌측면도의 하단부 형상이(⊔‾‾‾⊔) 그림처럼 다리가 짧은 형상이므로 정답의 범위를 ②, ③, ④번으로 압축할 수 있으며, 다시 좌측면도 상단의 양쪽, 정면도의 좌측 상단에 모따기가 되어 있으므로 정답은 ③번이다.

44 ① 45 ② 46 ③ 정답

47 기하공차의 구분 중 모양공차의 종류에 속하지 않는 것은?

① 진직도 공차　② 평행도 공차
③ 진원도 공차　④ 면의 윤곽도 공차

해설

기하공차의 종류 중에서 평행도는 자세공차에 속한다.

기하공차 종류 및 기호

공차의 종류		기호
모양공차	진직도	—
	평면도	▱
	진원도	○
	원통도	⌭
	선의 윤곽도	⌒
	면의 윤곽도	⌓
자세공차	평행도	//
	직각도	⊥
	경사도	∠
위치공차	위치도	⌖
	동축도(동심도)	◎
	대칭도	⌯
흔들림 공차	원주 흔들림	↗
	온 흔들림	⌰

48 용접부 표면의 형상에서 동일 평면으로 다듬질함을 표시하는 보조기호는?

① ─　② ⌒
③ ◡　④ ▱

해설

용접부 보조기호

용접부 및 용접부 표면의 형상	보조기호
평탄면	—
볼록	⌒
오목	◡
끝단부를 매끄럽게 함	[symbol]
영구적인 덮개판(이면 판재) 사용	M
제거 가능한 덮개판(이면 판재) 사용	MR

49 볼트의 규격 M12×80의 설명으로 옳은 것은?

① 미터나사 호칭 지름이 12mm이다.
② 미터나사 골 지름이 12mm이다.
③ 미터나사 피치가 80mm이다.
④ 미터나사 바깥지름이 80mm이다.

해설

M12×80

- M12 : 나사부의 호칭 지름
- 80 : 나사부의 호칭 길이

육각볼트의 호칭

규격번호	종류	부품 등급	나사부의 호칭 지름×호칭 길이	–
KS B 1002	육각볼트	A	M12×80	–
강도 구분	재료	–	지정사항	
8.8	SM20C	–	둥근 끝	

정답 47 ② 48 ① 49 ①

50 반복 도형의 피치를 잡는 기준이 되는 선은?

① 가는 실선
② 가는 파선
③ 가는 1점쇄선
④ 가는 2점쇄선

51 테이퍼 핀의 호칭 지름을 표시하는 부분은?

① 핀의 큰 쪽 지름
② 핀의 작은 쪽 지름
③ 핀의 중간 부분 지름
④ 핀의 작은 쪽 지름에서 전체의 1/3이 되는 부분

해설
테이퍼 핀의 호칭 지름은 핀의 작은 쪽 지름으로 나타낸다.

52 벨트 풀리의 도시법에 대한 설명으로 틀린 것은?

① 벨트 풀리는 축 직각 방향의 투상을 주투상도로 할 수 있다.
② 벨트 풀리는 모양이 대칭형이므로 그 일부분만 도시할 수 있다.
③ 암은 길이 방향으로 절단하여 도시한다.
④ 암의 단면형은 도형의 안이나 밖에 회전단면을 도시한다.

해설
평벨트 및 V벨트 풀리의 도시에서 암은 길이 방향으로 절단하여 도시하지 않는다.

53 기어의 도시방법에 대한 설명 중 틀린 것은?

① 피치원은 굵은 실선으로 그린다.
② 잇봉우리원은 굵은 실선으로 그린다.
③ 이골원은 가는 실선으로 그린다.
④ 잇줄 방향은 보통 3개의 가는 실선으로 그린다.

해설
스퍼기어의 도시법
- 이끝원은 굵은 실선으로 한다.
- 피치원은 가는 1점쇄선으로 한다.
- 맞물리는 한 쌍의 기어의 이끝원은 굵은 실선으로 그린다.
- 보통 축에 직각인 방향에서 본투상도를 주투상도로 할 수 있다.
- 이뿌리원은 가는 실선으로 그린다. 단, 축에 직각 방향으로 단면 투상할 경우에는 굵은 실선으로 한다.

50 ③ 51 ② 52 ③ 53 ① 정답

54 **구름 베어링 호칭번호의 순서가 올바르게 나열된 것은?**

① 형식기호-치수계열기호-안지름 번호-접촉각 기호
② 치수계열기호-형식기호-안지름 번호-접촉각 기호
③ 형식기호-안지름 번호-치수계열기호-틈새기호
④ 치수계열기호-안지름 번호-형식기호-접촉각 기호

해설
베어링의 호칭 순서
형식기호-치수기호-안지름번호-접촉각기호-실드기호-내부틈새기호-등급기호

55 **나사의 도시에서 완전 나사부와 불완전 나사부의 경계선을 나타내는 선의 종류는?**

① 굵은 실선
② 가는 실선
③ 가는 1점쇄선
④ 가는 2점쇄선

해설
나사의 도시에서 완전 나사부와 불완전 나사부의 경계선은 굵은 실선으로 나타낸다.

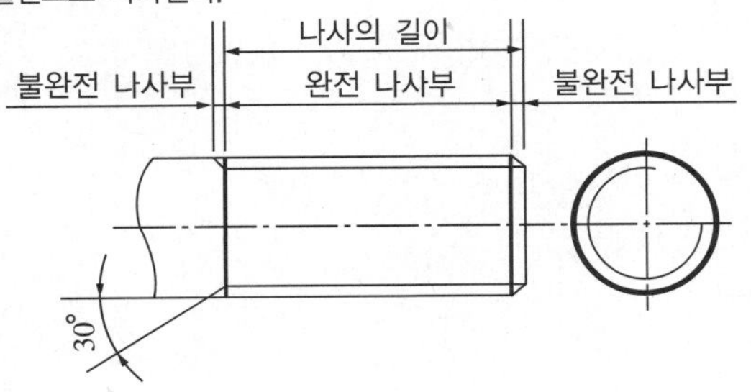

56 **컴퓨터 도면관리시스템의 일반적인 장점을 잘못 설명한 것은?**

① 여러 가지 도면 및 파일의 통합관리체계 구축이 가능하다.
② 반영구적인 저장매체로 유실 및 훼손의 염려가 없다.
③ 도면의 질과 정확도를 향상시킬 수 있다.
④ 정전 시에도 도면 검색 및 작업을 할 수 있다.

해설
정전이 되면 컴퓨터의 전원이 오랫동안 유지될 수 없기 때문에 도면 검색이나 작업을 할 수 없다.

57 **다음 그림과 같이 위치를 알 수 없는 점 A에서 점 B로 이동하려고 한다. 어느 좌표계를 사용해야 하는가?**

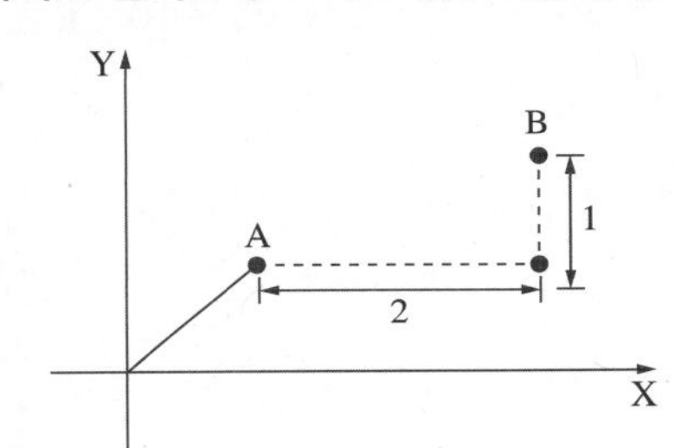

① 상대좌표 ② 절대좌표
③ 절대극좌표 ④ 원통좌표

해설
CAD시스템 좌표계의 종류
• 직교좌표계 : 두 개의 직교하는 축 위 두 점의 교점을 이용해서 평면 공간상의 좌표를 표시하는 좌표계
• 극좌표계 : 평면 위의 위치를 각도와 거리를 써서 나타내는 2차원 좌표계
• 원통좌표계 : 3차원 공간을 나타내기 위해 평면극좌표계에 평면에서부터의 높이를 더해서 나타내는 좌표계
• 구면좌표계 : 3차원 구의 형태를 나타내는 것으로 거리(r)와 두 개의 각으로 표현되는 좌표계
• 절대좌표계 : 도면상 임의의 점을 입력할 때 변하지 않는 원점(0, 0)을 기준으로 정한 좌표계
• 상대좌표계 : 임의의 점을 지정할 때 현재의 위치를 기준으로 정해서 사용하는 좌표계
• 상대극좌표계 : 마지막 입력점을 기준으로 다음점까지의 직선거리와 기준 축과 그 직선이 이루는 각도로 입력하는 좌표계

정답 54 ① 55 ① 56 ④ 57 ①

58 **투상도의 선택방법에 대한 설명으로 틀린 것은?**

① 조립도 등 주로 기능을 나타내는 도면에서는 대상물을 사용하는 상태로 놓고 그린다.
② 부품을 가공하기 위한 도면에서는 가공공정에서 대상물이 놓인 상태로 그린다.
③ 주투상도에서는 대상물의 모양이나 기능을 가장 뚜렷하게 나타내는 면을 그린다.
④ 주투상도를 보충하는 다른 투상도는 명확한 이해를 위해 되도록 많이 그린다.

해설
주투상도에 물체를 충분히 표현하며 만일 보충하는 다른 투상도를 그려야 할 경우에는 되도록 적게 그린다.

59 **가공방법에 대한 기호가 잘못 짝지어진 것은?**

① 용접 : W
② 단조 : F
③ 압연 : E
④ 전조 : RL

해설
압연의 가공방법에 대한 기호는 R이다.

60 **모델링 방법 중 와이어 프레임(Wire Frame) 모델링에 대한 설명으로 틀린 것은?**

① 처리속도가 빠르다.
② 물리적 성질의 계산이 가능하다.
③ 데이터 구성이 간단하다.
④ 모델 작성이 쉽다.

해설
와이어 프레임 모델링으로는 물리적 성질의 계산이 불가능하나 서피스 모델링, 솔리드 모델링으로는 가능하다.

58 ④ 59 ③ 60 ② 정답

2021년 제1회 과년도 기출복원문제

01 황동의 자연균열 방지책이 아닌 것은?

① 수은　② 아연 도금
③ 도료　④ 저온풀림

해설
황동의 자연균열 방지법
- 수분에 노출되지 않도록 한다.
- 200~300℃로 응력제거풀림을 한다.
- 제품 표면에 도색이나 도금으로 표면처리한다.

02 구리에 아연을 5~20% 첨가한 것으로 색깔이 아름답고 장식품에 많이 쓰이는 황동은?

① 톰백　② 포금
③ 문쯔메탈　④ 커머셜 브론즈

해설
톰백은 황동에 속하는 합금재료로, 색깔이 아름다워 장식품용 재료로 많이 사용된다. 일반적으로 구리에 아연을 보통 8~20% 첨가하지만 용도에 따라 5~20%를 첨가하기도 한다. 황동은 Cu와 Zn의 합금으로, 여기에 첨가되는 합금 원소의 종류와 함유량에 따라 제품명이 달라진다.

03 순수 비중이 2.7인 금속으로, 주조가 쉽고 가벼울 뿐만 아니라 대기 중에서 내식력이 강하고 전기와 열의 양도체로 다른 금속과 합금하여 쓰는 것은?

① 구리(Cu)　② 알루미늄(Al)
③ 마그네슘(Mg)　④ 텅스텐(W)

해설
② 알루미늄의 비중 : 2.7
① 구리의 비중 : 8.9
③ 마그네슘의 비중 : 1.7
④ 텅스텐의 비중 : 19.1

04 내식용 알루미늄(Al) 합금이 아닌 것은?

① 알민(Almin)
② 알드레이(Aldrey)
③ 하이드로날륨(Hydronalium)
④ 라우탈(Lautal)

해설
라우탈은 주조용 알루미늄 합금으로, 'Al + Cu + Si'으로 구성된다.
① 알민 : Al + Mn
② 알드레이(Aldrey) : Al + Mg + Si
③ 하이드로날륨 : Al + Mg

05 주철의 성장원인 중 틀린 것은?

① 펄라이트조직 중의 Fe_3C 분해에 따른 흑연화
② 페라이트조직 중의 Si의 산화
③ A_1 변태의 반복과정 중에서 오는 체적변화에 기인되는 미세한 균열의 발생
④ 흡수된 가스의 팽창에 따른 부피의 감소

해설
주철은 흡수된 가스에 의해 부피도 상승한다.
- 변태 : 온도 변화에 따라 철의 원자 배열이 바뀌면서 내부의 결정구조나 자기적 성질이 변화되는 현상
- A_1 변태 : 약 723℃에서 일어나는 공석변태로, 철이 하나의 고용체 상태에서 냉각될 때 A_1 변태점(723℃)을 지나면서 두 개의 고체가 혼합된 상태로 변하는 반응이다. 이때의 탄소 함유량은 최대 0.8%이다.

정답 1 ① 2 ① 3 ② 4 ④ 5 ④

06 재료를 상온에서 다른 형상으로 변형시킨 후 원래 모양으로 회복되는 온도로 가열하면 원래 모양으로 돌아오는 합금은?

① 제진합금
② 형상기억합금
③ 비정질합금
④ 초전도합금

해설
① 제진합금 : 소음의 원인이 되는 진동을 흡수하는 합금재료로, 제진강판 등이 있다.
③ 비정질합금 : 일정한 결정구조를 갖지 않는 어모퍼스(Amorphous) 구조이며 재료를 고속으로 급랭시키면 제조할 수 있다. 강도와 경도가 높으면서도 자기적 특성이 우수하여 변압기용 철심재료로 사용된다.
④ 초전도합금 : 순금속이나 합금을 극저온으로 냉각시키면 전기저항이 0에 접근하는 합금으로, 전동기나 변압기용 재료로 사용된다.

07 물체가 변형에 견디지 못하고 파괴되는 성질로 인성에 반대되는 성질은?

① 탄성 ② 전성
③ 소성 ④ 취성

해설
④ 취성 : 물체가 외력에 견디지 못하고 파괴되는 성질로, 인성과 반대된다. 취성이 클수록 외부 충격에 잘 깨지며, C의 함유량이 높아질수록 취성은 점점 더 커진다. 취성재료는 연성이 거의 없으므로 항복점이 아닌 탄성한도를 고려해서 다뤄야 한다.
① 탄성 : 외력에 의해 변형된 물체가 외력을 제거하면 다시 원래의 변형 전 상태로 되돌아가려는 성질이다.
② 전성 : 넓게 펴지는 성질로 가단성이라고도 한다. 전성이 크면 큰 외력에도 쉽게 부러지지 않아서 단조가공의 난이도를 나타내는 척도로 사용된다.
③ 소성 : 물체에 변형을 준 뒤 외력을 제거해도 원래의 상태로 되돌아오지 않고 영구적으로 변형되는 성질로, 가소성이라고도 한다.

08 스테인리스강(Stainless Steel)의 구성성분 중에서 함유율이 가장 높은 것은?

① Mo ② Mn
③ Cr ④ Ni

해설
스테인리스강은 일반 강(Steel)에 Cr(크롬)을 12% 이상 합금하여 만든 내식용 강이다. 부식이 잘 일어나지 않는 금속재료로 Cr(크롬)이 가장 많이 함유되어 있다.

09 두 가지 성분의 금속이 용융되어 있는 상태에서는 하나의 액체로 존재하나, 응고 시 일정한 온도에서 액체로부터 두 종류의 금속이 일정한 비율로 동시에 정출되어 나오는 반응은?

① 공정반응 ② 포정반응
③ 편정반응 ④ 포석반응

해설
① 공정반응 : 두 개의 성분 금속이 용융 상태에서는 하나의 액체로 존재하나 응고 시에는 일정 온도에서 일정한 비율로 두 종류의 금속이 동시에 정출되어 나오는 반응
※ 공정 : 동시에 생긴 두 종류의 결정(예 소금물을 응고하면 얼음과 소금의 공정이 생긴다)
② 포정반응 : 액상과 고상이 냉각될 때는 또 다른 하나의 고상으로 바뀌나, 반대로 가열될 때는 하나의 고상이 액상과 또 다른 고상으로 바뀌는 반응
③ 편정반응 : 냉각 중 액상이 처음의 액상과는 다른 조성의 액상과 고상으로 변하는 반응
④ 포석반응 : 두 개의 고상이 냉각될 때 처음의 두 고상과는 다른 조성의 고상으로 변하는 반응

6 ② 7 ④ 8 ③ 9 ① 정답

10 가단주철에 대한 설명으로 옳지 않은 것은?

① 가단주철은 연성을 가진 주철을 얻는 방법 중 시간과 비용이 적게 드는 공정이다.

② 가단주철의 연성이 백주철에 비해 좋아진 것은 조직 내의 시멘타이트의 양이 줄거나 없어졌기 때문이다.

③ 조직 내에 존재하는 흑연의 모양은 회주철에 존재하는 흑연처럼 날카롭지 않고 비교적 둥근 모양으로 연성을 증가시킨다.

④ 가단주철은 파단 시 단면 감소율이 10% 정도에 이를 정도로 연성이 우수하다.

해설

가단주철은 백주철을 고온에서 장시간 열처리하여 시멘타이트조직을 분해하거나 소실시켜 조직의 인성과 연성을 개선한 주철이므로, 제작공정이 복잡해서 시간과 비용이 상대적으로 많이 든다.

11 다음 중 뜨임의 목적이 아닌 것은?

① 탄화물의 고용 강화

② 인성 부여

③ 담금질 후 응력 제거

④ 내마모성의 향상

해설

탄화물의 고용 강화를 목적으로 하는 것은 담금질 및 표면경화 열처리이며, 뜨임(Tempering)은 담금질한 강에 잔류응력을 제거하고 인성을 부여하며 내마모성을 향상시킨다.

12 순철에 대한 설명으로 잘못된 것은?

① 투자율이 높아 변압기, 발전기용으로 사용된다.

② 단접이 용이하고, 용접성도 좋다.

③ 바닷물, 화학약품 등에 대한 내식성이 좋다.

④ 고온에서 산화작용이 심하다.

해설

순철

- 순수한 철에 탄소 함유량이 0.02% 이하인 합금재료이다.
- 융점은 1,538℃이다.
- 비중은 7.86 정도이다.
- 연신율은 80~85% 정도이다.
- 고온에서 산화작용이 심하다.
- 인장강도가 20~28kgf/mm^{2}이다.
- 단접이 용이하고, 용접성도 좋다.
- 바닷물이나 화학약품에 잘 부식된다.
- 투자율이 높아 변압기, 발전기용 재료로 사용된다.
- 철강재료 중 담금질 열처리에 의해 경화되지 않는다.

13 어미자의 눈금이 0.5mm이며, 아들자의 눈금 12mm를 25등분한 버니어 캘리퍼스의 최소 측정값은?

① 0.01mm ② 0.02mm

③ 0.05mm ④ 0.025mm

해설

버니어 캘리퍼스는 자와 캘리퍼스를 조합한 측정기로, 어미자와 아들자를 이용하여 $\frac{1}{20}$mm(0.05), $\frac{1}{50}$mm(0.02)까지 측정할 수 있다. 어미자의 눈금 간격이 0.5mm이고, 아들자를 25등분한 것이므로 $\frac{0.5}{25}$mm = 0.02mm가 된다. 따라서 이 버니어 캘리퍼스의 최소 측정값은 0.02mm이다.

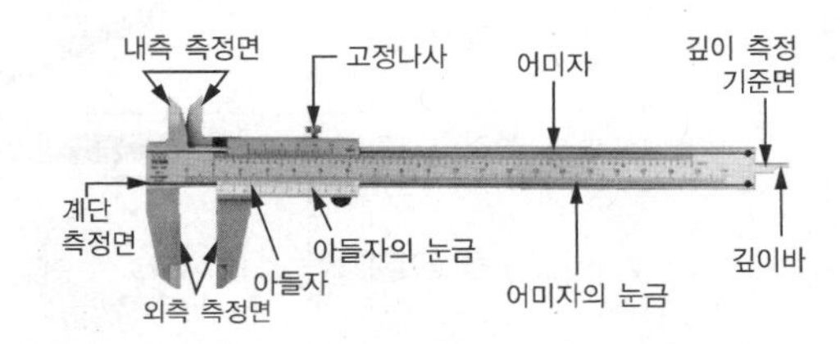

14 버니어 캘리퍼스의 크기를 나타낼 때 기준이 되는 것은?

① 아들자의 크기
② 어미자의 크기
③ 고정나사의 피치
④ 측정 가능한 치수의 최대 크기

해설
버니어 캘리퍼스의 크기를 나타내는 기준은 측정 가능한 치수의 최대 크기이다.

15 다음 중 한계게이지가 아닌 것은?

① 게이지블록 ② 봉게이지
③ 플러그게이지 ④ 링게이지

해설
게이지블록(블록게이지) : 길이 측정의 표준이 되는 게이지로, 공장용 게이지 중에서 가장 정확하다. 개개의 블록게이지를 밀착시킴으로써 그들 호칭 치수의 합이 되는 새로운 치수를 얻을 수 있다. 블록게이지 조합의 종류에는 9개조, 32개조, 76개조, 103개조가 있다.

길이측정기	게이지블록	
한계게이지	봉게이지	
	플러그게이지	
	링게이지	

16 다음 중 각도를 측정할 수 있는 측정기는?

① 버니어 캘리퍼스 ② 오토콜리메이터
③ 옵티컬 플랫 ④ 하이트게이지

해설
오토콜리메이터 : 망원경의 원리와 콜리메이터의 원리를 조합시켜서 만든 측정기기로, 계측기와 십자선, 조명 등을 장착한 망원경을 이용하여 미소한 각도의 측정이나 평면의 측정에 이용하는 측정기이다.

17 가장 널리 쓰이는 키(Key)로 축과 보스 양쪽에 모두 키홈을 파서 동력을 전달하는 것은?

① 성크키 ② 반달키
③ 접선키 ④ 원뿔키

해설
① 성크키(Sunk Key, 묻힘키) : 가장 널리 쓰이는 키로 축과 보스 양쪽에 모두 키홈을 파서 동력을 전달하는 키이다. $\frac{1}{100}$기울기를 가진 경사키와 평행키가 있다.

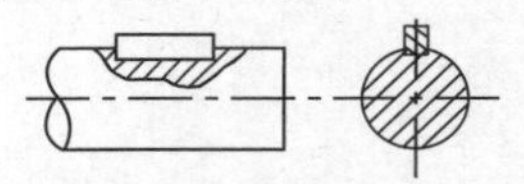

② 반달키 : 반달 모양의 키로 키와 키홈을 가공하기 쉽고 보스의 키홈과의 접촉이 자동으로 조정되는 이점이 있으나, 키홈이 깊어 축의 강도는 약하다. 그러나 일반적으로 60mm 이하의 작은 축과 테이퍼 축에 사용될 때 키가 자동으로 축과 보스 사이에서 자리를 잡을 수 있다는 장점이 있다.
③ 접선키 : 주로 전달토크가 큰 축에 사용되며 회전 방향이 양쪽 방향일 때 일반적으로 중심각이 120°가 되도록 한 쌍을 설치하여 사용하는 키이다. 90°로 배치한 것은 케네디키라고 한다.
④ 원뿔키 : 축과 보스 사이에 2~3곳을 축 방향으로 쪼갠 원뿔을 때려 박아 축과 보스가 헐거움 없이 고정할 수 있도록 한 키로, 마찰에 의하여 회전력을 전달하며 축 임의의 위치에 보스를 고정한다.

반달키	접선키	원뿔키

14 ④ 15 ① 16 ② 17 ① 정답

18 수나사의 크기는 무엇을 기준으로 표시하는가?

① 유효지름
② 수나사의 안지름
③ 수나사의 바깥지름
④ 수나사의 골지름

해설
수나사와 암나사의 크기는 모두 수나사의 바깥지름으로 표시한다.

19 축이음 설계 시 고려사항으로 틀린 것은?

① 충분한 강도가 있을 것
② 진동에 강할 것
③ 비틀림각의 제한을 받지 않을 것
④ 부식에 강할 것

해설
축(Shaft)은 동력을 연결하는 데 중요한 기계요소로, 주로 회전력을 전달하기 때문에 비틀림각을 고려해서 축의 강도가 충분하도록 설계해야 한다. 뿐만 아니라 진동과 부식에도 강해야 한다.

20 전달마력 30kW, 회전수 200rpm인 전동축에서 토크 T는 약 몇 N·m인가?

① 107　　② 146
③ 1,070　　④ 1,430

해설
토크

$$T = 974\frac{H_{kw}}{N}(\mathrm{kg_f \cdot m})$$

$$= 974\frac{30}{200} = 146\mathrm{kg_f \cdot m}$$

여기서, $1\mathrm{kg_f} = 9.8\mathrm{N}$이므로 $146 \times 9.8 = 1{,}430.8\ \mathrm{N \cdot m}$

21 외접하고 있는 원통 마찰차의 지름이 각각 240mm, 360mm일 때 마찰차의 중심거리는?

① 60mm　　② 300mm
③ 400mm　　④ 600mm

해설
중심거리 $C = \frac{D_1 + D_2}{2} = \frac{240+360}{2} = \frac{600}{2} = 300\mathrm{mm}$

22 축과 보스의 둘레에 4개에서 수십 개의 턱을 만들어 회전력의 전달과 동시에 보스를 축 방향으로 이동시킬 필요가 있을 때 사용하는 키는?

① 반달키　　② 접선키
③ 원뿔키　　④ 스플라인

해설
스플라인키 : 보스와 축의 둘레에 여러 개의 사각 턱을 만든 키를 깎아 붙인 모양으로 세레이션 다음으로 큰 힘의 동력 전달이 가능하며 축 방향으로 자유롭게 미끄럼운동도 가능하다.

23 V-벨트 전동의 특징에 대한 설명으로 틀린 것은?

① 평벨트보다 잘 벗겨진다.
② 이음매가 없어 운전이 정숙하다.
③ 평벨트보다 비교적 작은 장력으로 큰 회전력을 전달할 수 있다.
④ 지름이 작은 풀리에도 사용할 수 있다.

해설
V-벨트 전동은 벨트의 형상이 V형이기 때문에 풀리와 접촉 시 쐐기작용이 발생하여 평벨트보다 더 큰 접촉력이 작용하기 때문에 잘 벗겨지지 않는다.

정답 18 ③ 19 ③ 20 ④ 21 ② 22 ④ 23 ①

24 축압 브레이크의 일종으로 마찰패드에 회전축 방향의 힘을 가하여 회전을 제동하는 장치는?

① 블록 브레이크
② 밴드 브레이크
③ 드럼 브레이크
④ 디스크 브레이크

해설

원판 브레이크(디스크 브레이크)

압축(축압)식 브레이크의 일종으로, 바퀴와 함께 회전하는 디스크를 양쪽에서 압착시켜 제동력을 얻어 회전을 멈추는 장치이다. 브레이크의 마찰면인 원판의 수에 따라 1개인 단판 브레이크, 2개 이상인 다판 브레이크로 분류된다.

- 블록 브레이크 : 마찰 브레이크의 일종으로 브레이크 드럼에 브레이크 블록을 밀어 넣어 제동시키는 장치
- 밴드 브레이크 : 브레이크 드럼의 바깥 둘레에 강철 밴드를 감고 밴드의 끝이 연결된 레버를 잡아당겨 밴드와 브레이크 드럼 사이에 마찰력을 발생시켜서 제동력을 얻는 장치
- 드럼 브레이크 : 바퀴와 함께 회전하는 브레이크 드럼의 안쪽에 마찰재인 초승달 모양의 브레이크 패드(슈)를 밀착시켜 제동시키는 장치

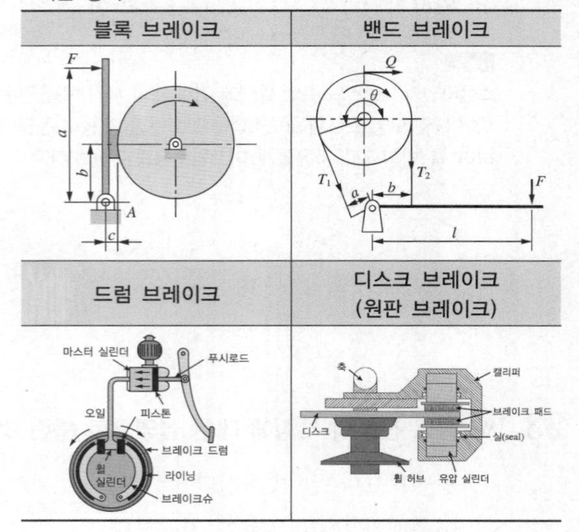

25 관통하는 구멍을 뚫을 수 없는 경우에 사용하는 것으로 볼트의 양쪽 모두 수나사로 가공되어 있는 머리 없는 볼트는?

① 스터드볼트 ② 관통볼트
③ 아이볼트 ④ 나비볼트

해설

① 스터드볼트 : 관통하는 구멍을 뚫을 수 없는 경우에 사용하는 볼트로, 양쪽 끝이 모두 수나사로 되어 있어 한쪽 끝은 암나사가 난 부분에 반영구적인 박음작업을 하고, 반대쪽 끝은 너트를 끼워 고정시킨다.
② 관통볼트 : 구멍에 볼트를 넣고 반대쪽에 너트로 죄는 일반적인 형태의 볼트이다.
③ 아이볼트 : 나사의 머리 부분을 고리 형태로 만들고 고리에 로프나 체인, 훅 등을 걸어 무거운 물건을 들어 올릴 때 사용하는 볼트이다.
④ 나비볼트 : 볼트를 쉽게 조일 수 있도록 머리 부분을 날개 모양으로 만든 볼트이다.

26 원통형 코일의 스프링지수가 9이고, 코일의 평균 지름이 180mm이면 소선의 지름은 몇 mm인가?

① 9 ② 18
③ 20 ④ 27

해설

소선(d)은 코일 형상을 구성하는 강선의 지름이다.

스프링지수 $C = \dfrac{D}{d}$

$9 = \dfrac{180\text{mm}}{d}$, 소선의 직경($d$) = 20mm

24 ④ 25 ① 26 ③ 정답

27 **체인을 이용하여 동력을 전달하는 방식에 대한 설명으로 옳지 않은 것은?**

① 미끄럼이 없는 일정한 속도비를 얻을 수 있다.
② 진동과 소음의 발생 가능성이 크고, 고속 회전에 적당하지 않다.
③ 초기 장력이 필요하며 베어링의 마찰손실이 발생한다.
④ 여러 개의 축을 동시에 구동할 수 있다.

해설

체인전동장치의 특징
- 유지 및 보수가 쉽다.
- 접촉각은 90° 이상이 좋다.
- 체인의 길이를 조절하기 쉽다.
- 내열이나 내유 · 내습성이 크다.
- 진동이나 소음이 일어나기 쉽다.
- 축간거리가 긴 경우 고속 전동이 어렵다.
- 여러 개의 축을 동시에 작동시킬 수 있다.
- 마멸이 일어나도 전동효율의 저하가 적다.
- 큰 동력 전달이 가능하며 전동효율이 90% 이상이다.
- 체인의 탄성으로 어느 정도의 충격을 흡수할 수 있다.
- 고속 회전에는 적당하지 않고, 저속 회전으로 큰 힘을 전달하는 데에는 적당하다.
- 전달효율이 크고 미끄럼(슬립) 없이 일정한 속도비를 얻을 수 있다.
- 초기 장력이 필요 없어서 베어링 마멸이 작고 정지 시 장력이 작용하지 않는다.
- 사일런트 체인은 정숙하고 원활한 운전과 고속 회전이 필요할 때 사용되는 체인이다.

28 **결합에 사용되는 기계요소만으로 옳게 묶인 것은?**

① 관통볼트, 묻힘키, 플랜지너트, 분할핀
② 삼각나사, 유체 커플링, 롤러체인, 플랜지
③ 드럼 브레이크, 공기스프링, 웜기어, 스플라인
④ 스터드볼트, 테이퍼핀, 전자클러치, 원추 마찰차

해설

② 롤러체인 : 동력 전달용 기계요소
③ 드럼 브레이크 : 제동용, 공기스프링 : 완충용, 웜기어와 스플라인 : 동력 전달용 기계요소
④ 전자클러치, 원추 마찰차 : 동력 전달용 기계요소

29 **다음 설명에 해당하는 기계요소는?**

- 원동절의 회전운동이나 직선운동을 종동절의 왕복 직선운동이나 왕복 각운동으로 변환한다.
- 내연기관의 밸브 개폐기구에 이용된다.

① 마찰차
② 캠
③ 체인과 스프로킷 휠
④ 벨트와 풀리

해설

캠 기구 : 불규칙한 모양을 가지고 구동링크의 역할을 하는 캠이 회전하면서 거의 모든 형태의 종동절의 상하운동을 발생시킬 수 있는 간단한 운동변환장치로, 내연기관의 밸브 개폐기구에 사용된다.

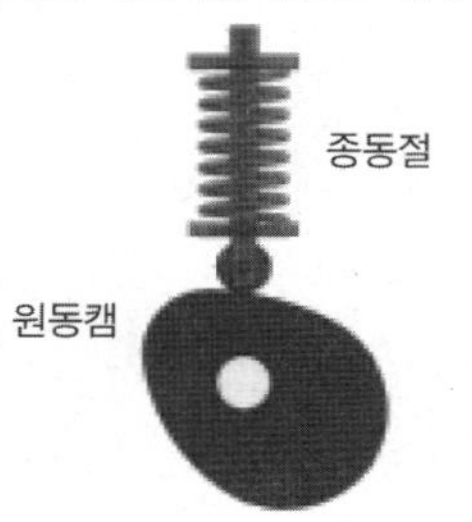

30 **리벳작업에서 코킹을 하는 목적으로 가장 옳은 것은?**

① 패킹재료를 삽입하기 위해
② 파손재료를 수리하기 위해
③ 부식을 방지하기 위해
④ 기밀을 유지하기 위해

해설

리벳작업 시 코킹을 하는 목적은 볼트가 판재에 끼워지면서 발생되는 틈새를 막음으로써 기밀(기체 밀폐)과 수밀(물 밀폐)을 유지하기 위함이다.

※ 코킹(Caulking) : 물이나 가스 저장용 탱크를 리베팅한 후 기밀과 수밀을 유지하기 위해 날 끝이 뭉뚝한 정(코킹용 정)을 사용하여 리벳 머리와 판의 이음부 같은 가장자리를 때려 박음으로써 틈새를 없애는 작업

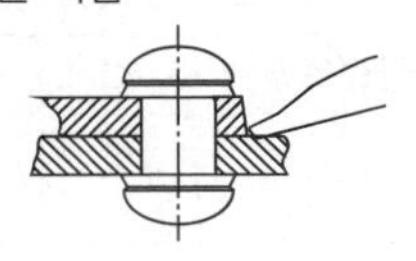

정답 27 ③ 28 ① 29 ② 30 ④

31 하중의 크기와 방향이 변화하면서 인장과 압축하중이 연속 작용하는 것은?

① 반복하중 ② 교번하중
③ 집중하중 ④ 분포하중

해설
② 교번하중 : 물체에 하중을 가할 때 인장과 압축을 번갈아가면서 가하는 것이다.
① 반복하중 : 하중의 크기와 방향이 같은 일정한 하중이 반복되는 하중이다.
③ 집중하중 : 한 점이나 지극히 작은 범위에 집중적으로 작용하는 하중이다.
④ 분포하중 : 넓은 범위에 분포하여 작용하는 하중이다.

32 어떤 축이 40N · mm의 비틀림 모멘트와 30N · mm의 굽힘모멘트를 동시에 받고 있을 때, 최대 주응력설에 의한 상당 굽힘모멘트[N · mm]는?

① 30 ② 40
③ 50 ④ 60

해설
상당 굽힘모멘트(M_e) $= \frac{1}{2}(M+\sqrt{M^2+T^2})$

$= \frac{1}{2}(30+\sqrt{30^2+40^2})$

$= \frac{1}{2}(30+50)$

$= 40\text{N} \cdot \text{mm}$

상당 굽힘모멘트와 상당 비틀림 모멘트 구하는 식

상당 굽힘모멘트(M_e)	상당 비틀림 모멘트(T_e)
$M_e = \frac{1}{2}(M+\sqrt{M^2+T^2})$	$T_e = \sqrt{M^2+T^2}$

33 다음 중 스프링강의 KS 재료기호는?

① SS400 ② SM45C
③ SPS ④ STS

해설
① 일반구조용 압연강재
② 기계구조용 탄소강재
④ 합금공구강

34 다음과 같이 기하공차가 기입되었을 때 설명으로 틀린 것은?

//	0.01	A

① 0.01은 공차값이다.
② //은 모양공차이다.
③ //은 공차의 종류기호이다.
④ A는 데이텀을 지시하는 문자기호이다.

해설
기하공차의 종류 중에서 평행도는 자세공차에 속한다.
공차 기입틀에 따른 공차 입력방법

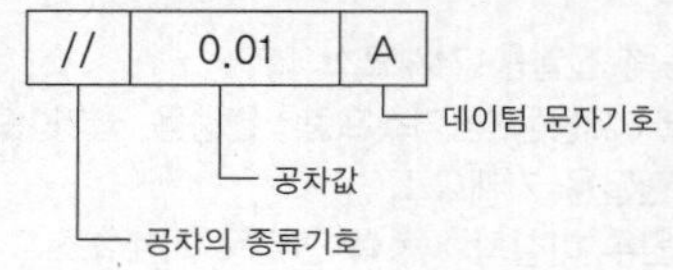

31 ② 32 ② 33 ③ 34 ② 정답

35 **정투상법으로 물체를 투상하여 정면도를 기준으로 배열할 때 제1각법 또는 제3각법에 관계없이 배열의 위치가 같은 투상도는?**

① 저면도
② 좌측면도
③ 평면도
④ 배면도

해설
제1각법과 제3각법에 관계없이 배열의 위치가 같은 투상도는 정면도와 배면도이다.
제1각법과 제3각법

제1각법	제3각법
투상면을 물체의 뒤에 놓는다.	투상면을 물체의 앞에 놓는다.
눈 → 물체 → 투상면	눈 → 투상면 → 물체
저면도 우측면도 정면도 좌측면도 배면도 평면도	평면도 좌측면도 정면도 우측면도 배면도 저면도

36 **나사용 구멍이 없는 평행키의 기호는?**

① P ② PS
③ T ④ TG

해설
평행키의 호칭에서 나사용 구멍이 없는 것은 P, 나사용 구멍이 있는 것은 PS를 쓴다.

37 **물체의 가공 전이나 가공 후의 모양을 나타낼 때 사용되는 선의 종류는?**

① 가는 2점쇄선
② 굵은 2점쇄선
③ 가는 1점쇄선
④ 굵은 1점쇄선

38 **물체의 표면에 기름이나 광명단을 칠하고 그 위에 종이를 대고 눌러서 실제의 모양을 뜨는 스케치방법은?**

① 모양뜨기방법
② 프리핸드법
③ 사진법
④ 프린트법

해설
도형의 스케치방법
- 프린트법 : 스케치할 물체의 표면에 광명단 또는 스탬프잉크를 칠한 다음 용지에 찍어 실형을 뜨는 방법
- 모양뜨기법(본뜨기법) : 물체를 종이 위에 올려놓고 그 둘레의 모양을 제도연필로 직접 그리는 방법
- 프리핸드법 : 운영자나 컴퍼스 등의 제도용품을 사용하지 않고 손으로 작도하는 방법
- 사진법 : 물체의 사진을 찍는 방법

39 **데이텀이 필요하지 않은 기하공차의 기호는?**

① ◎ ② ⊥
③ ∠ ④ ○

해설
기하학적 정밀도가 요구되는 부품에만 적용되는 기하공차에는 모양공차, 자세공차, 위치공차, 흔들림공차가 있는데, 이 중에서 측정 기준면인 데이텀 없이도 단독으로 사용 가능한 단독 형체는 모양공차뿐이다.

정답 35 ④ 36 ① 37 ① 38 ④ 39 ④

40 가공에 의한 커터의 줄무늬 방향이 다음 그림과 같을 때 (가) 부분의 기호는?

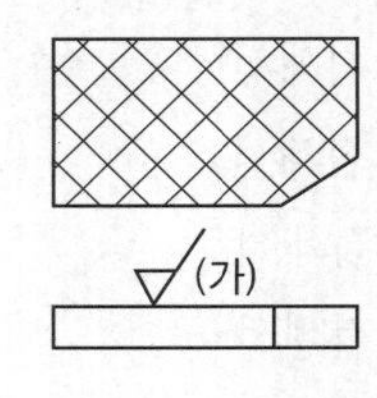

① C　　② M
③ R　　④ X

해설

투상면에 경사지고 두 방향으로 교차하는 줄무늬 방향기호는 X형이다.

41 스프링의 제도에 관한 설명으로 틀린 것은?

① 코일스프링은 일반적으로 하중이 걸리지 않는 상태로 그린다.
② 코일스프링에서 특별한 단서가 없으면 오른쪽을 감은 스프링을 의미한다.
③ 코일스프링에서 양 끝을 제외한 동일 모양 부분의 일부를 생략할 때는 생략하는 부분의 선지름의 중심선을 가는 1점쇄선으로 나타낸다.
④ 스프링의 종류와 모양만 간략도로 나타내는 경우에는 스프링 재료의 중심선만 가는 실선으로 그린다.

해설

스프링을 제도할 때 스프링의 종류와 모양만 간략도로 나타내는 경우 재료의 중심선만 굵은 실선으로 그린다.

42 제거가공 또는 다른 방법으로 얻어진 가공 전의 상태를 그대로 남겨 두는 것만 지시하는 기호는?

①　　②
③　　④

해설

가공면을 지시하는 기호

종류	의미
	제거가공을 하든, 하지 않든 상관없다.
	제거가공을 해야 한다.
	제거가공을 하면 안 된다.
	투상도의 폐윤곽을 완벽하게 하기 위해 적용
3	기계가공 여유 3mm

※ 만약 표면의 결 특성에 대한 상호보완적 요구사항이 지시되어야 할 경우, 위 3개의 기호선 끝에 가로로 추가선을 그린다.

예 : 재료의 제거가공이 필요한 경우, 추가 보완 문구 작성 시

43 상하 또는 좌우대칭인 물체의 1/4을 절단하여 기본 중심선을 경계로 1/2은 외부 모양, 다른 1/2은 내부 모양으로 나타내는 단면도는?

① 전단면도　　② 한쪽단면도
③ 부분단면도　　④ 회전도시단면도

해설

① 전단면도(온단면도) : 물체 전체를 직선으로 절단하여 앞부분을 잘라내고 남은 뒷부분의 단면 모양을 그린 단면도로, 절단 부위의 위치와 보는 방향이 확실한 경우에는 절단선, 화살표, 문자기호를 기입하지 않아도 된다.
③ 부분단면도 : 일부분을 잘라 내고 필요한 내부의 모양을 그리기 위한 방법으로, 파단선을 그어서 단면 부분의 경계를 표시한다.
④ 회전도시단면도 : 핸들이나 벨트 풀리, 바퀴의 암, 리브, 축, 형강 등의 단면의 모양을 90°로 회전시켜 투상도의 안이나 밖에 그린다. 주투상도 밖으로 끌어내어 그릴 경우는 가는 1점쇄선으로 한계를 표시하고 굵은 실선으로 그린다.

40 ④　41 ④　42 ①　43 ②　정답

44 다음 도면에서 표현된 단면도로 모두 맞는 것은?

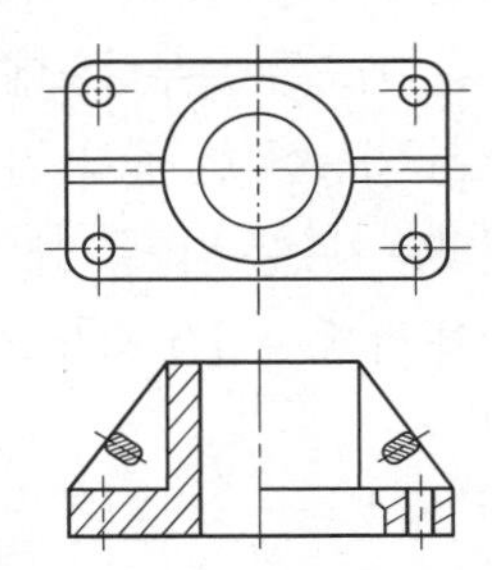

① 전단면도, 한쪽단면도, 부분단면도
② 한쪽단면도, 부분단면도, 회전도시단면도
③ 부분단면도, 회전도시단면도, 계단단면도
④ 전단면도, 한쪽단면도, 회전도시단면도

해설

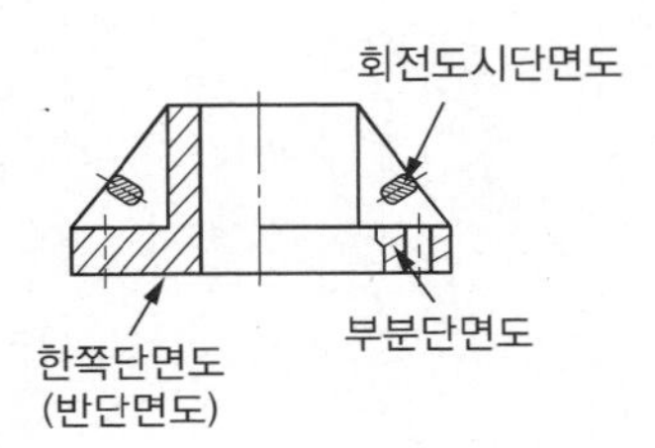

45 스프로킷 휠의 도시법에 대한 설명으로 틀린 것은?

① 바깥지름은 굵은 실선, 피치원은 가는 1점쇄선으로 도시한다.
② 이뿌리원을 축에 직각인 방향에서 단면 도시할 경우에는 가는 실선으로 도시한다.
③ 이뿌리원은 가는 실선으로 도시하나 기입을 생략해도 좋다.
④ 항목표에는 원칙적으로 이의 특성에 관한 사항과 이의 절삭에 필요한 치수를 기입한다.

해설
스프로킷 휠은 체인을 감아 물고 돌아가는 바퀴이다. 축 직각 단면으로 도시할 때는 톱니를 단면으로 하지 않고, 이뿌리선은 굵은 실선으로 한다.

46 나사의 각 부를 표시하는 선에 대한 설명으로 틀린 것은?

① 수나사의 바깥지름과 암나사의 안지름은 굵은 실선으로 그린다.
② 수나사와 암나사의 골을 표시하는 선은 굵은 실선으로 그린다.
③ 완전나사부와 불완전나사부의 경계선은 굵은 실선으로 그린다.
④ 가려서 보이지 않는 나사부는 파선으로 그린다.

해설
나사의 제도에서 수나사와 암나사의 골지름은 모두 가는 실선으로 그린다.

47 배관도의 치수 기입 요령으로 틀린 것은?

① 치수는 관, 관이음, 밸브의 입구 중심에서 중심까지의 길이로 표시한다.
② 관이나 밸브 등의 호칭지름은 관선 밖으로 지시선을 끌어내어 표시한다.
③ 설치 이유가 중요한 장치에서는 단선 도시방법을 이용한다.
④ 관의 끝 부분에 왼나사를 필요로 할 때에는 지시선으로 나타내어 표시한다.

해설
배관의 도면에 치수를 기입할 때 설치 이유가 중요한 장치에서는 단선도시방법보다 복선도시방법을 사용해야 제작자가 이해하기 쉽다.

정답 44 ② 45 ② 46 ② 47 ③

48 스퍼기어를 축 방향으로 단면 투상할 경우 도시방법으로 틀린 것은?

① 이끝원은 굵은 실선으로 그린다.
② 피치원은 가는 1점쇄선으로 그린다.
③ 이뿌리원은 파선으로 그린다.
④ 맞물리는 한 쌍의 기어의 이끝원은 굵은 실선으로 그린다.

해설
스퍼기어의 이뿌리원은 가는 실선으로 그린다. 그러나 축에 직각 방향으로 단면 투상할 경우에는 굵은 실선으로 표시한다.

49 테이퍼핀의 호칭지름을 표시하는 부분은?

① 핀의 큰 쪽 지름
② 핀의 작은 쪽 지름
③ 핀의 중간 부분 지름
④ 핀의 작은 쪽 지름에서 전체의 1/2이 되는 부분

50 다음 중 끼워맞춤에서 치수 기입방법으로 틀린 것은?

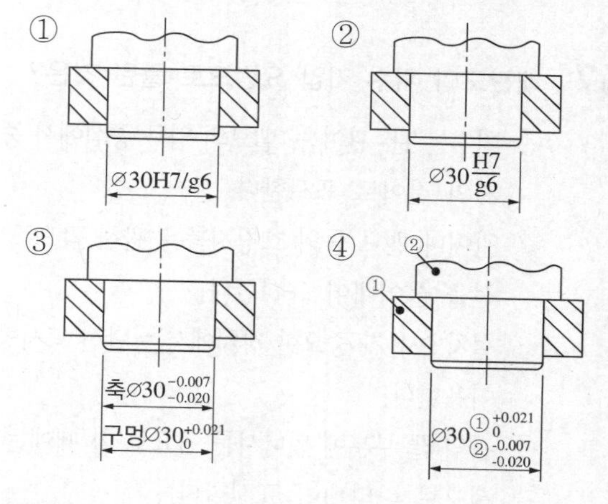

해설
끼워맞춤 기호를 기입할 때는 항상 구멍을 나타내는 알파벳 대문자인 H7이나 공차값을 치수선 위나 앞부분에 기입하고, 축을 나타내는 소문자 g6은 치수선 아랫부분이나 '/g6'과 같이 슬래시 다음에 표시해야 한다.

51 치수 기입원칙 중 맞지 않는 것은?

① 치수는 되도록 주투상도에 집중한다.
② 치수는 가능한 한 중복 기입을 한다.
③ 관련되는 치수는 되도록 한곳에 모아서 기입한다.
④ 치수와 함께 특별한 제작 요구사항을 기입할 수 있다.

해설
도면에 치수를 기입할 때는 중복 치수를 피해야 도면의 가독성을 높여 작업자의 도면 해석속도를 높일 수 있다.

52 길이가 50mm인 축을 도면에 5 : 1 척도로 그릴 때 기입하는 치수로 옳은 것은?

① 10 ② 250
③ 50 ④ 100

해설
도면 물체가 배척이나 축척으로 그려지더라도 치수를 기입할 때는 실제 치수를 기입해야 한다. 실제 치수가 50mm라면 실제 그려지는 치수는 5배 더 길게 250mm가 된다.

48 ③ 49 ② 50 ③ 51 ② 52 ③ 정답

53 다음 도면은 3각법에 의한 정면도와 평면도이다. 우측면도를 완성한 것은?

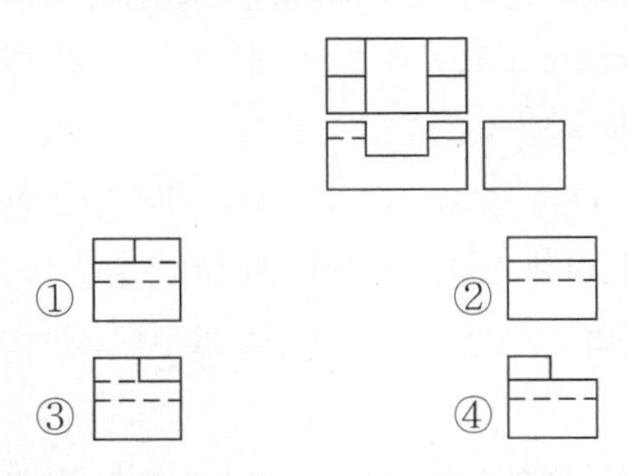

해설

우측면도는 물체를 오른쪽에서 바라본 형상으로 물체를 오른쪽에서 바라보았을 때 오른쪽 뒤 부분에 빈 공간이 있으므로 이 빈 공간의 경계선은 앞부분에 점선으로 표시되어야 한다.

54 다음 그림과 같은 도면에서 지름 3mm 구멍의 수는 모두 몇 개인가?

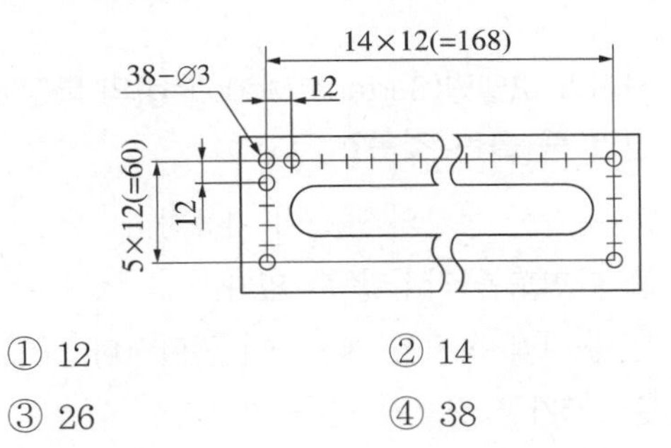

① 12　　② 14

③ 26　　④ 38

해설

도면의 왼쪽 상단에 표시된 '38−∅3'은 지름이 3mm인 구멍의 개수가 38개임을 나타낸다.

55 다음과 같은 KS 용접기호 설명으로 올바른 것은?

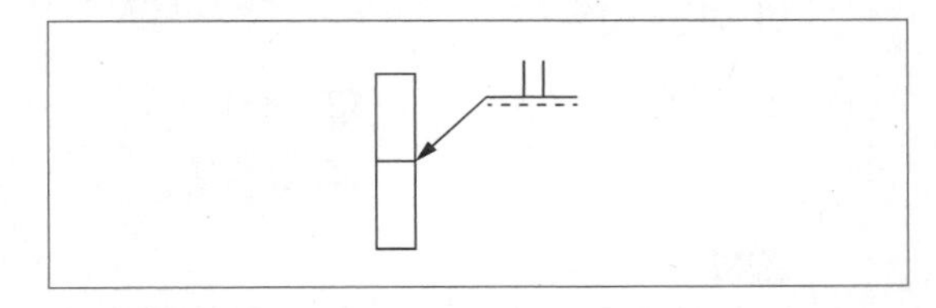

① I형 맞대기용접으로 화살표쪽 용접

② I형 맞대기용접으로 화살표 반대쪽 용접

③ H형 맞대기용접으로 화살표쪽 용접

④ H형 맞대기용접으로 화살표 반대쪽 용접

해설

지시선의 실선 위에 용접 홈의 맞대기용접의 기호가 그려졌으므로 화살표쪽 용접을 한다. 만약 용접기호가 점선 위에 그려졌다면 화살표 반대쪽으로 용접하라는 의미이다.

56 파이프이음의 명칭과 그 도시기호가 알맞지 않은 것은?

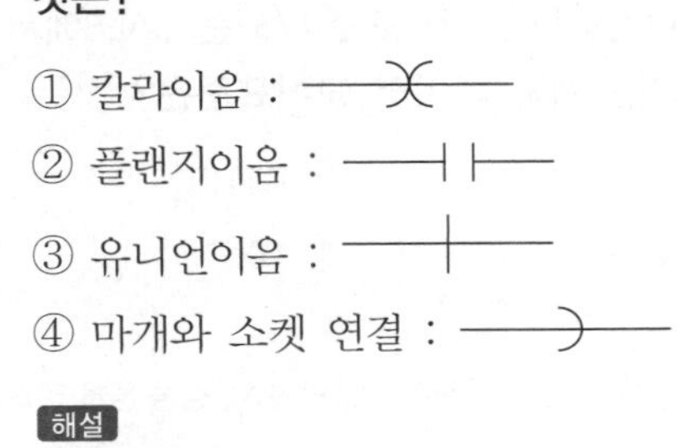

해설

유니언이음

—||—

정답 53 ① 54 ④ 55 ① 56 ③

57 3차원 솔리드 모델 중 프리미티브(Primitive) 형상이 아닌 것은?

① 원뿔　　② 직선
③ 구　　④ 육면체

해설
- 프리미티브(Primitive) : 초기의, 원시적인 단계를 의미하는 것으로 프로그램을 다루는 데 가장 기본적인 기하학적 물체를 의미한다. 이 기본 형상에 직선은 포함되지 않는다.
- 3차원 솔리드 모델링에서 사용되는 기본 입체(Primitive) 형상
  - 구(Sphere)
  - 관(Pipe)
  - 원통(Cylinder)
  - 원추(원뿔, Cone)
  - 육면체(Cube)
  - 사각블록(Box)

58 다음 중 회사들 간에 컴퓨터를 이용한 데이터의 저장과 교환을 위한 산업표준이 되는 CALS에서 채택하고 있는 제품 데이터 교환표준은?

① CAT　　② STEP
③ XML　　④ DXF

해설
① CAT : 컴퓨터를 이용하여 제품의 수치, 성능 등을 테스트하는 시스템
④ DXF : CAD 데이터 간 호환성을 위해 제정한 자료 공유 파일을 아스키(ASCII) 텍스트 파일로 구성한 형식이다.

59 IGES 용어에 대한 설명으로 옳은 것은?

① 널리 쓰이는 자동 프로그래밍 시스템의 일종이다.
② Wireframe 모델에 면의 개념을 추가한 데이터 포맷이다.
③ 서로 다른 CAD 시스템 간의 데이터 호환성을 갖기 위한 표준 데이터 포맷이다.
④ CAD와 CAM을 종합한 전문가 시스템이다.

해설
IGES(Initial Graphics Exchanges Specification)는 ANSI(미국국가표준)의 데이터 교환 표준규격으로 서로 다른 CAD/CAM/CAE 시스템 간에 도면 및 기하학적 형상의 데이터를 교환하기 위해 최초로 개발된 데이터 교환 형식이다.

60 서피스 모델링(Surface Modeling)의 특징에 대한 설명 중 틀린 것은?

① 복잡한 형상의 표현이 가능하다.
② 단면도를 작성할 수 없다.
③ 물리적 성질을 계산하기 곤란하다.
④ NC가공 정보를 얻을 수 있다.

해설
서피스 모델링은 단면도 작성이 가능한 모델링방법이다. 단면도의 작성이 불가능한 것은 와이어프레임 모델링이다.

57 ②　58 ②　59 ③　60 ② 정답

2021년 제2회 과년도 기출복원문제

01 금속의 결정구조에서 체심입방격자의 금속으로만 이루어진 것은?

① Au, Pb, Ni
② Zn, Ti, Mg
③ Sb, Ag, Sn
④ Ba, V, Mo

해설
체심입방격자(BCC)에 속하는 원소는 비교적 단단한 성질의 원소로 Ba(바륨), V(바나듐), Mo(몰리브덴)이 있다.

02 열처리방법 및 목적으로 틀린 것은?

① 불림 : 소재를 일정온도에 가열한 후 공랭시킨다.
② 풀림 : 재질을 단단하고 균일하게 한다.
③ 담금질 : 급랭시켜 재질을 경화시킨다.
④ 뜨임 : 담금질된 것에 인성을 부여한다.

해설
풀림(Annealing)은 재질을 연하고 균일화시킬 목적으로 실시하는 열처리법이다. 완전풀림은 A_3 변태점(968℃) 이상의 온도로, 연화풀림은 약 650℃의 온도로 가열한 후 서랭한다.

03 황동의 합금 원소는?

① Cu-Sn ② Cu-Zn
③ Cu-Al ④ Cu-Ni

해설
구리합금의 종류
• 청동 : Cu(구리) + Sn(주석)
• 황동 : Cu(구리) + Zn(아연)

04 마우러조직도에 대한 설명으로 옳은 것은?

① 탄소와 규소량에 따른 주철의 조직관계를 표시한 것
② 탄소와 흑연량에 따른 주철의 조직관계를 표시한 것
③ 규소와 망간량에 따른 주철의 조직관계를 표시한 것
④ 규소와 Fe_3C 양에 따른 주철의 조직관계를 표시한 것

해설
마우러조직도 : C와 Si의 함량에 따른 주철조직의 관계를 표시한 그래프

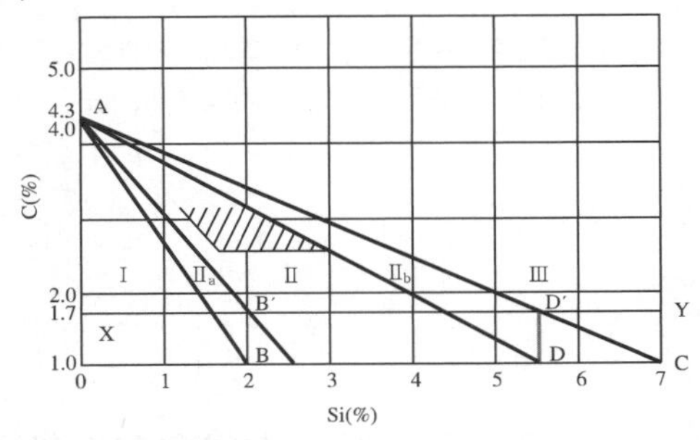

※ 빗금친 부분은 고급주철이다.

영역	주철의 종류	경도
I	백주철(극경 주철)	최대
IIa	반주철(경질 주철)	⇕
II	펄라이트주철(강력 주철)	
IIb	회주철(주철)	
III	페라이트주철(연질 주철)	최소

정답 1 ④ 2 ② 3 ② 4 ①

05 **절삭 공구재료 중에서 가장 경도가 높은 재질은?**

① 고속도강 ② 세라믹
③ 스텔라이트 ④ 입방정 질화붕소

해설
- CBN 공구라고도 하는 입방정 질화붕소(Cubic Boron Nitride)는 미소 분말을 고온이나 고압에서 소결하여 만든 것으로, 내열성과 내마모성이 뛰어나서 난삭재와 고속도강, 내열강의 절삭에 많이 사용된다.
- 공구강의 경도 순서
  다이아몬드 > 입방정 질화붕소(CBN) > 세라믹 > 초경합금 > 주조경질합금(스텔라이트) > 고속도강 > 합금공구강 > 탄소공구강

06 **TTT 곡선도에서 TTT가 의미하는 것 중 틀린 것은?**

① 시간(Time)
② 뜨임(Tempering)
③ 온도(Temperature)
④ 변태(Transformation)

해설
TTT 곡선이란 열처리에서 필요한 3가지 주요 변수인 시간(Time), 온도(Temperature), 변태(Transformation)의 머리글자를 딴 것으로 온도-시간-변태 곡선, 등온변태 곡선 또는 S곡선이라고도 한다. 세로축에는 온도를, 가로축에는 시간을 위치시킨 것으로 담금질할 때 금속조직의 변태과정을 나타내는 그래프이다.

07 **Fe-C 평형상태도에서 공석강의 탄소 함유량은 얼마 정도인가?**

① 6.67% ② 4.3%
③ 2.11% ④ 0.77%

해설
Fe-C 평형상태도에서 공석강의 탄소 함유량은 최대 0.8%이다.

08 **니켈강을 가공한 후 공기 중에 방치하여도 담금질 효과를 나타내는 현상은?**

① 질량효과 ② 자경성
③ 시기 균열 ④ 가공경화

해설
자경성 : 공기 중에 방치하여도 담금질효과를 나타내는 현상

09 **주조용 알루미늄(Al) 합금 중에서 Al-Si계에 속하는 것은?**

① 실루민 ② 하이드로날륨
③ 라우탈 ④ Y합금

해설
실루민은 Al에 Si을 10~14% 첨가한 주조용 Al합금으로, 알펙스라고도 한다. 가볍고 전연성이 크며 주조 후 수축량이 작고 해수에도 잘 침식되지 않는 특징이 있다.

10 **마그네슘(Mg)에 대한 설명으로 틀린 것은?**

① 비중은 상온에서 1.74이다.
② 열전도율과 전기전도율은 Cu, Al보다 낮다.
③ 해수에 대해 내식성이 풍부하다.
④ 절삭성이 우수하다.

해설
마그네슘의 특징
- 용융점은 650℃이다.
- 조밀육방격자 구조이다.
- Al에 비해 약 35% 가볍다.
- 비중이 1.74로 실용 금속 중 가장 가볍다.
- 열전도율과 전기전도율은 Cu, Al보다 낮다.
- 비강도가 우수하여 항공우주용 재료로 많이 사용된다.
- 항공기, 자동차 부품, 구상흑연주철의 첨가제로 사용된다.
- 절삭성이 우수하며 알칼리성에는 거의 부식되지 않는다.
- 대기 중에서 내식성이 양호하나 산이나 염류(바닷물)에는 침식되기 쉽다.

정답 5 ④ 6 ② 7 ④ 8 ② 9 ① 10 ③

11 Fe-C 평형상태도에서 공석강의 탄소 함유량은 얼마인가?

① 6.67%　② 4.3%
③ 2.11%　④ 0.77%

해설
Fe-C 평형상태도에서 공석강의 탄소 함유량은 약 0.8%이다.

12 냉간가공과 열간가공을 구별할 수 있는 온도는?

① 포정온도
② 공석온도
③ 공정온도
④ 재결정온도

13 마이크로미터의 구조에서 구성 부품에 속하지 않는 것은?

① 앤빌　② 스핀들
③ 슬리브　④ 스크라이버

해설
스크라이버는 재료 표면에 임의의 간격의 평행선을 먹펜이나 연필보다 정확히 긋고자 할 경우에 사용되는 공구로, 주로 하이트게이지에 사용된다.

[스크라이버]

14 마이크로미터 스핀들나사의 피치가 0.5mm이고, 심블의 원주 눈금이 100등분 되어 있으면 최소 측정값은 몇 mm인가?

① 0.05　② 0.01
③ 0.005　④ 0.001

해설
마이크로미터 스핀들나사의 피치는 0.5mm이고, 심블의 원주 눈금이 100등분 되어 있으므로 최소 측정값을 구하는 식은 다음과 같다.

$$\text{마이크로미터의 최소 측정값} = \frac{\text{나사의 피치}}{\text{심블의 등분수}} = \frac{0.5}{100} = 0.005$$

15 측정자의 직선 또는 원호운동을 기계적으로 확대하여 그 움직임을 지침의 회전변위로 변환시켜 눈금을 읽을 수 있는 측정기는?

① 다이얼게이지　② 마이크로미터
③ 만능투영기　④ 3차원 측정기

해설
② 마이크로미터 : 버니어 캘리퍼스보다 정밀도가 높은 외경용 측정기
③ 만능투영기 : 고정밀 광학영상투영기로 광학, 정밀기계, 전자 측정방식을 일체화한 정밀측정기
④ 3차원 측정기 : 대상물의 가로, 세로, 높이의 3차원 좌표가 디지털로 표시되는 측정기

다이얼게이지	마이크로미터
긴 바늘, 눈금판 고정볼트, 짧은 바늘, 눈금판, 스핀들, 측정자	앤빌, 스핀들, 슬리브, 심블, 래칫스톱, 클램프, 프레임
만능투영기	**3차원 측정기**

16 직접측정의 장점에 해당되지 않는 것은?

① 측정기의 측정범위가 다른 측정법에 비하여 넓다.
② 측정물의 실제 치수를 직접 읽을 수 있다.
③ 수량이 적고, 많은 종류의 제품 측정에 적합하다.
④ 측정자의 숙련과 경험이 필요 없다.

해설
직접측정은 측정기의 측정값을 작업자가 직접 확인하기 때문에 작업자별 측정오차가 발생하므로, 측정자의 숙련과 경험이 반드시 요구된다.

17 다음 중 가장 큰 동력을 전달할 수 있는 것은?

① 안장키 ② 묻힘키
③ 세레이션 ④ 스플라인

해설
키의 전달 강도가 큰 순서
세레이션 > 스플라인 > 접선키 > 성크키(묻힘키) > 반달키 > 평키(납작키) > 안장키(새들키)

18 피치 4mm인 3줄 나사를 1회전시켰을 때의 리드(L)는 얼마인가?

① 6mm ② 12mm
③ 16mm ④ 18mm

해설
리드(L) : 나사를 1회전시켰을 때 축 방향으로 이동한 거리
$L = n \times p = 3 \times 4 = 12\text{mm}$

19 400rpm으로 전동축을 지지하고 있는 미끄럼베어링에서 저널의 지름 $d = 6$cm, 저널의 길이 $l = 10$cm이고, 4.2kN의 레이디얼 하중이 작용할 때 베어링압력은 몇 MPa인가?

① 0.5 ② 0.6
③ 0.7 ④ 0.8

해설
최대 베어링하중(W) = 베어링압력(P) × 저널의 지름(d) × 저널의 길이(l)

$4,200\text{N} = P \times 60\text{mm} \times 100\text{mm}$

$$P = \frac{4,200\text{N}}{6,000\text{mm}^2} = 0.7\ \text{N/mm}^2 = 0.7\text{MPa}$$

여기서, P : 최대 베어링압력
d : 저널의 지름
l : 저널부의 길이

※ 저널이란 베어링에 의해 둘러싸인 축의 일부분이다.

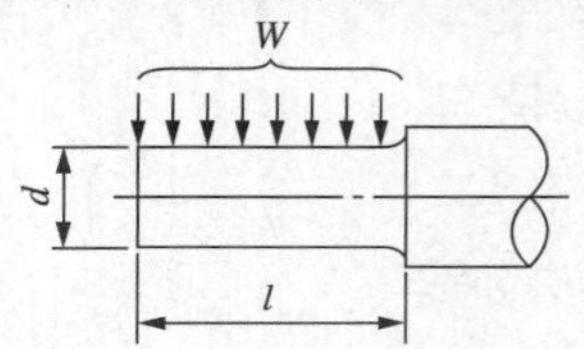

20 사각나사의 리드각이 λ이고, 나사면의 마찰계수가 μ, 마찰각이 ρ인 사각나사가 외부에서 작용하는 힘이 없이도 스스로 풀리지 않는 자립조건은?

① $\rho \geq \lambda$ ② $\rho \leq \lambda$
③ $\rho > \lambda$ ④ $\rho < \lambda$

해설
나사가 풀리지 않는 자립조건
나사의 마찰각(ρ) ≧ 나사의 리드각(λ)

정답 16 ④ 17 ③ 18 ② 19 ③ 20 ①

21 강판의 인장응력을 σ_t, 강판의 두께가 t, 리벳의 지름이 d, 리벳이 피치가 p인 한 줄 겹치기 리벳이음에서 리벳의 구멍 사이가 절단될 때 리벳이음의 강도(P)는?

① $P = pt\sigma$

② $P = (p-d)t\sigma$

③ $P = \dfrac{pt\sigma}{2d}$

④ $P = \dfrac{(p-d)t\sigma}{2}$

해설

한 줄 겹치기이음에서 리벳 구멍 사이가 절단된다는 것은 이 구멍 사이가 응력 계산 시 단면적 A가 되어야 함을 의미한다. 따라서 이 부분의 단면적은 $(p-d)t$로 계산이 가능하다. 리벳의 이음강도(P)는 응력을 구하는 식에서 이음강도(P) 구하는 식을 유도할 수 있다.

$\sigma = \dfrac{P}{A} = \dfrac{P}{(p-d)t}$ (N/mm^2)

$P = (p-d)t\sigma$

22 지름 20mm, 길이 500mm인 탄소강재에 인장하중이 작용하여 길이가 502mm가 되었다면 변형률은?

① 0.01　② 1.004

③ 0.02　④ 0.004

해설

변형률(ε) 구하는 식

$\varepsilon = \dfrac{l_2 - l_1}{l_1} = \dfrac{502-500}{500} = 0.004$

23 다음 중 자동하중 브레이크에 속하지 않는 것은?

① 원추 브레이크

② 웜 브레이크

③ 캠 브레이크

④ 원심 브레이크

해설

원추 브레이크는 축압식(압축방식) 브레이크에 속한다.

24 모듈이 2, 잇수가 30인 표준 스퍼기어 이끝원의 지름은 몇 mm인가?

① 56　② 60

③ 64　④ 68

해설

이끝원지름 : $2m$ + PCD = (2 × 2) + (2 × 30) = 64mm

25 스프링을 사용하는 목적이 아닌 것은?

① 힘 축적　② 진동 흡수

③ 동력 전달　④ 충격 완화

해설

- 스프링 : 재료의 탄성을 이용하여 충격과 진동을 완화하는 것으로, 동력 전달용으로는 사용하지 않는다.
- 스프링의 사용목적
  - 충격 완화
  - 진동 흡수
  - 힘의 축적
  - 힘의 측정
  - 운동과 압력의 억제

정답　21 ②　22 ④　23 ①　24 ③　25 ③

26 **다음 겹치기이음에서 리벳의 양쪽에 작용하는 하중 P가 1,500N일 때, 각 리벳에 작용하는 응력의 종류와 크기(N/mm²)는?(단, 리벳의 지름은 5mm, π = 3으로 계산한다)**

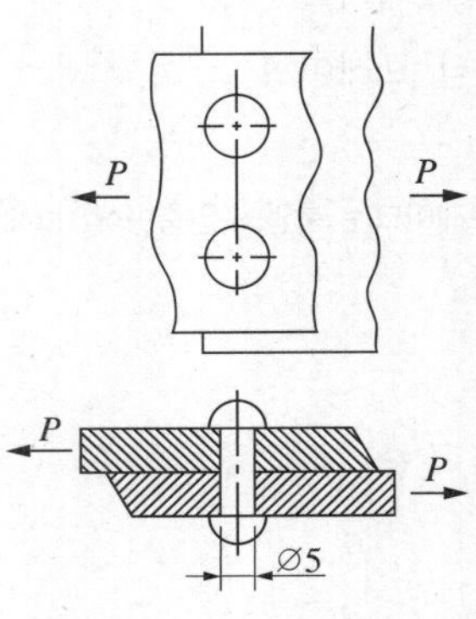

① 전단응력, 40　　② 인장응력, 80
③ 전단응력, 80　　④ 인장응력, 40

해설
리벳의 양쪽에서 상하의 판들이 각각 다른 방향으로 힘이 작용하므로, 리벳에는 전단응력이 작용함을 알 수 있다.

전단응력 $\tau = \dfrac{P}{A \times \text{리벳수}(N)} = \dfrac{1{,}500\text{N}}{\dfrac{3 \times (5\text{mm})^2}{4}} \times 2 = 40\text{N/mm}^2$

27 **구름베어링 중에서 가장 널리 사용되는 것으로, 구조가 간단하고 정밀도가 높아서 고속 회전용으로 적합한 베어링은?**

① 깊은 홈 볼베어링
② 마그네틱 볼베어링
③ 앵귤러 볼베어링
④ 자동 조심 볼베어링

28 **용접이음의 장점에 해당하지 않는 것은?**

① 열에 의한 잔류응력이 거의 발생하지 않는다.
② 공정수를 줄일 수 있고, 제작비가 저렴한 편이다.
③ 기밀 및 수밀성이 양호하다.
④ 작업의 자동화가 용이하다.

해설
용접(Welding)은 작업 시 열이 발생하기 때문에 열영향부(Heat Affected Zone) 주변 조직의 성질이 변하면서 잔류응력도 발생된다.

29 **전동축에 큰 휨(Deflection)을 주어서 축의 방향을 자유롭게 바꾸거나 충격을 완화시키기 위해 사용하는 축은?**

① 직선축　　② 크랭크축
③ 플렉시블축　　④ 중공축

해설
축(Shaft)의 종류

차축	자동차나 철도차량 등에 쓰이는 축으로, 중량을 차륜에 전달하는 역할을 한다.	
전동축	주로 비틀림에 의해서 동력을 전달하는 축이다.	
스핀들	주로 비틀림 작용을 받으며, 모양이나 치수가 정밀하고 변형량이 작은 짧은 회전축으로, 공작기계의 주축에 사용하는 축이다.	
플렉시블축(유연성 축)	고정되지 않은 두 개의 서로 다른 물체 사이에 회전하는 동력을 전달하는 축으로, 전동축에 큰 휨(Deflection)을 주어서 축의 방향을 자유롭게 바꾸거나 충격을 완화시키기 위해 사용한다.	
크랭크축	증기기관이나 내연기관 등에서 피스톤의 왕복운동을 회전운동으로 바꾸는 기능을 하는 축이다.	
직선축	직선 형태의 동력 전달용 축이다.	

26 ① 27 ① 28 ① 29 ③ 정답

30 벨트 전동에서 긴장측의 장력 T_1과 이완측의 장력 T_2 사이의 관계식으로 옳은 것은?(단, 원심력은 무시하고 μ는 접촉부 마찰계수, θ는 벨트와 풀리의 접촉각(rad)이다)

① $e^{\mu\theta} = \dfrac{T_2}{T_1}$　② $e^{\mu\theta} = \dfrac{T_1}{T_2}$

③ $e^{\mu\theta} = \dfrac{T_2}{T_1 + T_2}$　④ $e^{\mu\theta} = \dfrac{T_1}{T_1 + T_2}$

해설

벨트의 장력비

$$e^{\mu\theta} = \frac{T_1(\text{긴장측 장력})}{T_2(\text{이완측 장력})}$$

31 직경 500mm인 마찰차가 350rpm의 회전수로 동력을 전달한다. 이때 바퀴를 밀어붙이는 힘이 1.96kN일 때 몇 kW의 동력을 전달할 수 있는가?(단, 접촉부 마찰계수는 0.35로 하고, 미끄러짐은 없다고 가정한다)

① 4.5　② 5.1

③ 5.7　④ 6.3

해설

$$H = \frac{\mu P v}{1{,}000\times 60} = \frac{\mu P \pi d n}{1{,}000\times 60}$$

$$= \frac{0.35\times 1960\times \pi \times 0.5\times 350}{1{,}000\times 60} \fallingdotseq 6.28\text{kW}$$

32 판의 두께 12mm, 리벳의 지름 19mm, 피치 50mm인 1줄 겹치기 리벳이음을 하고자 한다. 한 피치당 12.26kN의 하중이 작용할 때 생기는 인장응력과 리벳이음의 판의 효율은 각각 얼마인가?

① 32.96MPa, 76%　② 32.96MPa, 62%

③ 16.98MPa, 76%　④ 16.98MPa, 62%

해설

- $\sigma = \dfrac{W}{(p-d)t} = \dfrac{12.26\times 10^3}{(50-19)\times 12} = 32.96\text{MPa}$
- $\eta = 1 - \dfrac{d}{p} = 1 - \dfrac{19}{50} = \dfrac{31}{50}\times 100\% = 62\%$

33 관용 테이퍼나사 중 테이퍼 수나사를 표시하는 기호는?

① M　② Tr

③ R　④ S

해설

① M : M10 – 미터보통나사, M10 × 1 – 미터가는나사
② Tr : 미터사다리꼴나사
④ S : 미니추어나사

34 다음 중 3각 투상법에 대한 설명으로 맞는 것은?

① 눈 → 투상면 → 물체
② 눈 → 물체 → 투상면
③ 투상면 → 물체 → 눈
④ 물체 → 눈 → 투상면

해설

제1각법	제3각법
투상면을 물체의 뒤에 놓는다.	투상면을 물체의 앞에 놓는다.
눈 → 물체 → 투상면	눈 → 투상면 → 물체
저면도 / 우측면도, 정면도, 좌측면도, 배면도 / 평면도	평면도 / 좌측면도, 정면도, 우측면도, 배면도 / 저면도

35 두 종류 이상의 선이 같은 장소에서 중복될 경우 가장 우선되는 선의 종류는?

① 중심선　② 절단선
③ 치수보조선　④ 무게중심선

해설
두 종류 이상의 선이 중복되는 경우 우선순위
숫자나 문자 > 외형선 > 숨은선 > 절단선 > 중심선 > 무게중심선 > 치수보조선

36 기계 도면에서 부품란에 재질을 나타내는 기호가 'SS400'으로 기입되어 있다. 기호에서 '400'이 나타내는 것은?

① 무게　② 탄소 함유량
③ 녹는 온도　④ 최저 인장강도

해설
- SS : 일반구조용 압연강재
- 400 : 최저 인장강도 400N/mm^2

37 다음과 같이 지시된 기하공차의 해석으로 옳은 것은?

○	0.05	
//	0.02 / 150	A

① 원통도 공차값 0.05mm, 축선은 데이텀 축직선 A에 직각이고 지정 길이 150mm 평행도 공차값 0.02mm
② 진원도 공차값 0.05mm, 축선은 데이텀 축직선 A에 직각이고 전체 길이 150mm 평행도 공차값 0.02mm
③ 진원도 공차값 0.05mm, 축선은 데이텀 축직선 A에 평행이고 지정 길이 150mm 평행도 공차값 0.02mm
④ 원통의 윤곽도 공차값 0.05mm, 축선은 데이텀 축직선 A에 평행하고 전체 길이 150mm 평행도 공차값 0.02mm

해설
기하공차 기호에서 진원도(O)의 공차값은 0.05mm이다. 진원도는 모양공차에 속하며 이 모양공차는 데이텀 없이 표시하는 것이 특징이다. 또한 데이텀 A를 기준으로 기준 길이 150mm에 대하여 평행도의 공차값은 0.02mm 범위 안에 있어야 한다는 것을 의미한다.

38 베어링의 호칭이 '6026'일 때 안지름은 몇 mm인가?

① 26　② 52
③ 100　④ 130

해설
볼베어링의 안지름번호는 앞에 두 자리를 제외한 뒤의 숫자로 확인할 수 있다. 04부터는 5를 곱하면 그 수치가 안지름이 된다. 따라서 26 × 5 = 130이다.

39 다음 그림과 같은 치수기입방법은?

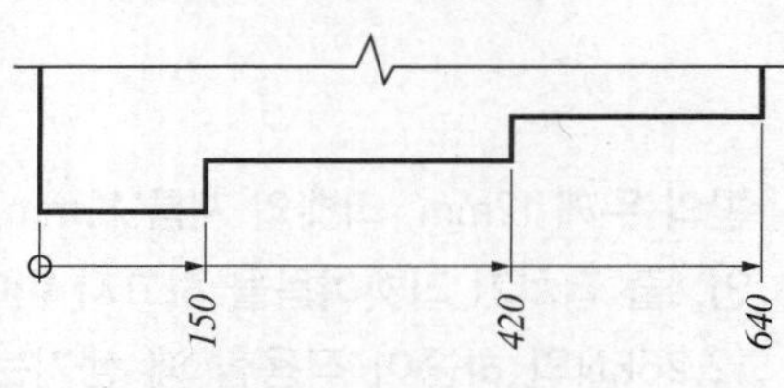

① 직렬치수기입방법
② 병렬치수기입방법
③ 누진치수기입방법
④ 복합치수기입방법

해설
누진치수기입방법 : 한 개의 연속된 치수선으로 간편하게 사용하는 방법이다. 치수의 기준점에 기점 기호(O)를 기입하고, 치수보조선과 만나는 곳마다 화살표를 붙인다.

35 ② 36 ④ 37 ③ 38 ④ 39 ③ 정답

40 축을 제도할 때 도시방법의 설명으로 맞는 것은?

① 축에 단이 있는 경우에는 치수를 생략한다.
② 축은 길이 방향으로 전체를 단면하여 도시한다.
③ 축 끝에 모따기는 치수를 생략하고 기호만 기입한다.
④ 단면 모양이 같은 긴 축은 중간을 파단하여 짧게 그릴 수 있다.

해설
④ 축을 제도할 때 긴 축은 중간 부분을 파단하여 짧게 그리고 실제 치수를 기입한다.
① 축에 단이 있는 경우에도 치수를 생략하면 안 된다.
② 축은 길이 방향으로 절단하여 단면을 도시하지 않는다.
③ 축 끝의 모따기는 폭과 각도를 기입하거나 45°인 경우 C로 표시한다.

41 다음 그림과 같이 경사면부가 있는 대상물에서 그 경사면의 실형을 표시할 필요가 있는 경우에 사용하는 투상도의 명칭은?

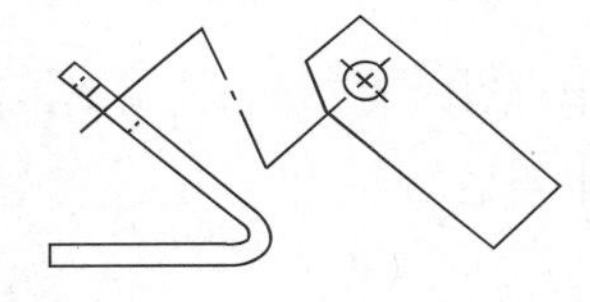

① 부분투상도
② 보조투상도
③ 국부투상도
④ 회전투상도

해설
② 보조투상도 : 경사면을 지니고 있는 물체는 그 경사면의 실제 모양을 표시할 필요가 있는데, 이 경우 보이는 부분의 전체 또는 일부분을 나타낼 때 사용한다.
① 부분투상도 : 특정한 부분의 도형이 작아서 그 부분을 자세하게 나타낼 수 없거나 치수 기입을 할 수 없을 때에는 그 부분을 가는 실선으로 둘러싸고 한글이나 알파벳 대문자로 표시한다.
③ 국부투상도 : 대상물이 구멍, 홈 등과 같이 한 부분의 모양을 도시하는 것으로 충분한 경우에 사용한다.
④ 회전투상도 : 각도를 가진 물체의 실제 모양을 나타내기 위해서 그 부분을 회전해서 나타낸다.

42 다음 중 기하공차의 종류가 다른 것은?

① 진직도(——)
② 진원도(◯)
③ 평행도(//)
④ 원통도(/◯/)

해설
평행도는 자세공차에 속한다. ①, ②, ④는 모양공차이다.

43 구의 반지름을 나타내는 치수 보조기호는?

① ∅　② S∅
③ SR　④ C

해설
치수 보조기호의 종류

기호	구분	기호	구분
∅	지름	p	피치
S∅	구의 지름	$\overset{\frown}{50}$	호의 길이
R	반지름	$\underline{50}$	비례척도가 아닌 치수
SR	구의 반지름	$\boxed{50}$	이론적으로 정확한 치수
□	정사각형	(50)	참고치수
C	45° 모따기	~~50~~	치수의 취소 (수정 시 사용)
t	두께	–	–

정답 40 ④ 41 ② 42 ③ 43 ③

44 **치수 기입에 대한 설명 중 틀린 것은?**

① 제작에 필요한 치수를 도면에 기입한다.

② 잘 알 수 있도록 중복하여 기입한다.

③ 가능한 한 주요 투상도에 집중하여 기입한다.

④ 가능한 한 계산하여 구할 필요가 없도록 기입한다.

해설

치수는 중복해서 기입하면 안 된다.

45 **치수공차와 끼워맞춤에서 구멍의 치수가 축의 치수보다 작을 때, 구멍과 축의 치수차를 무엇이라고 하는가?**

① 틈새　　② 죔새

③ 공차　　④ 끼워맞춤

해설

- 틈새 : 구멍의 치수가 축의 치수보다 클 때 구멍과 축 간 치수차
- 죔새 : 구멍의 치수가 축의 치수보다 작을 때 조립 전 구멍과 축의 치수차

46 **기계 관련 부품에서 ∅80H7/g6로 표기된 것의 설명으로 틀린 것은?**

① 구멍기준식 끼워맞춤이다.

② 구멍의 끼워맞춤 공차는 H7이다.

③ 축의 끼워맞춤 공차는 g6이다.

④ 억지 끼워맞춤이다.

해설

구멍기준식 축의 끼워맞춤

헐거운 끼워맞춤	중간 끼워맞춤	억지 끼워맞춤
b, c, d, e, f, g	h, js, k, m, n	p, r, s, t, u, x

47 **핸들이나 암, 리브, 축 등의 절단면을 90° 회전시켜서 나타내는 단면도는?**

① 부분단면도　　② 회전도시단면도

③ 계단단면도　　④ 조합에 의한 단면도

해설

② 회전도시단면도 : 핸들이나 벨트 풀리, 바퀴의 암, 리브, 축, 형강 등의 단면의 모양을 90°로 회전시켜 투상도의 안이나 밖에 그린다.

① 부분단면도 : 일부분을 잘라내고 필요한 내부의 모양을 그리기 위한 방법이다.

③ 계단단면도 : 절단면을 여러 개 설치하여 그린 단면도로 절단선, 절단면의 한계와 화살표 및 문자기호를 반드시 표시하여 절단면의 위치와 보는 방향을 정확히 명시해야 한다.

48 **다음 그림기호는 정투상 방법의 몇 각법을 나타내는가?**

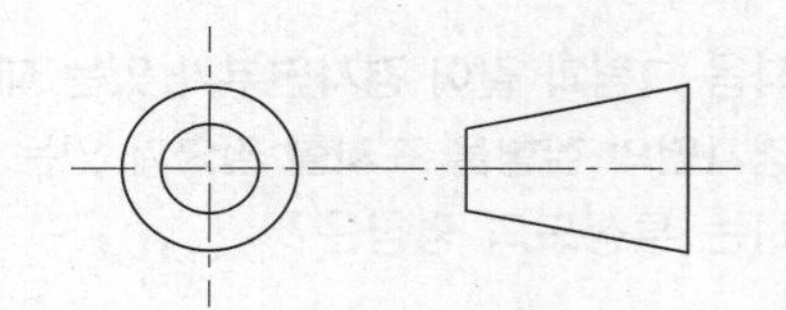

① 제1각법　　② 등각방법

③ 제3각법　　④ 부등각방법

해설

제1각법과 제3각법

제1각법	제3각법
투상면을 물체의 뒤에 놓는다.	투상면을 물체의 앞에 놓는다.
눈 → 물체 → 투상면	눈 → 투상면 → 물체
저면도 / 우측면도, 정면도, 좌측면도, 배면도 / 평면도	평면도 / 좌측면도, 정면도, 우측면도, 배면도 / 저면도

※ 제3각법의 투상방법은 눈 → 투상면 → 물체 순이다. 당구에서 3쿠션을 연상시켜 그림의 좌측을 당구공, 우측을 당구 큐대로 생각하면 암기하기 쉽다. 제1각법은 공의 위치가 반대이다.

44 ②　45 ②　46 ④　47 ②　48 ③ 정답

49 제도용지의 크기가 297×420mm일 때 도면 크기의 호칭으로 옳은 것은?

① A2 ② A3

③ A4 ④ A5

해설

(단위 : mm)

크기의 호칭	A0	A1	A2	A3	A4
$a \times b$ (세로×가로)	841×1,189	594×841	420×594	297×420	210×297

50 다음 그림에서 도시된 기호가 나타내는 것은?

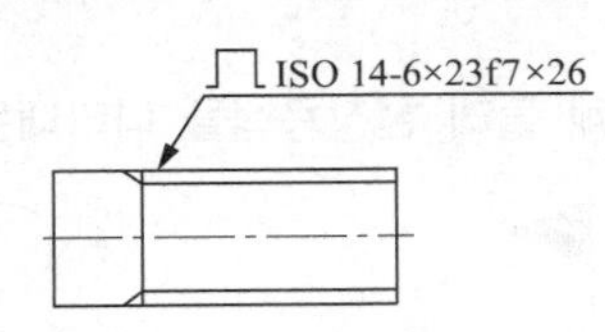

① 사다리꼴나사

② 스플라인

③ 사각나사

④ 세레이션

해설

표시기호에서 ⎍는 원형 축에 사각 형상의 모양이 둘러싸여 있는 스플라인키를 형상화한 것이다.

51 다음 그림에서 나타난 정면도와 평면도에 적합한 좌측면도는?

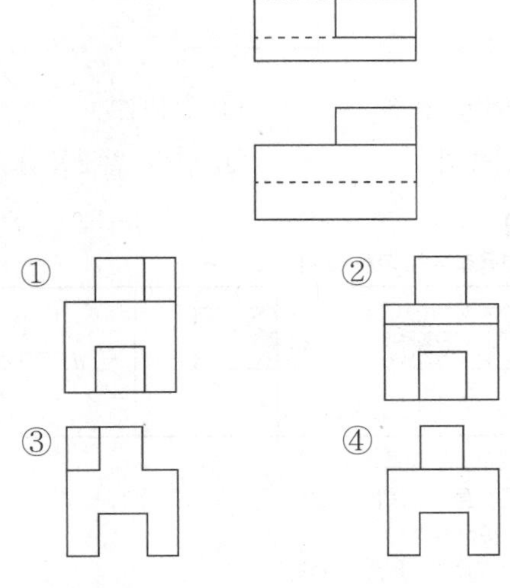

해설

제3각법으로 표현할 경우 좌측면도는 물체를 왼쪽에서 바라본 형상이다.

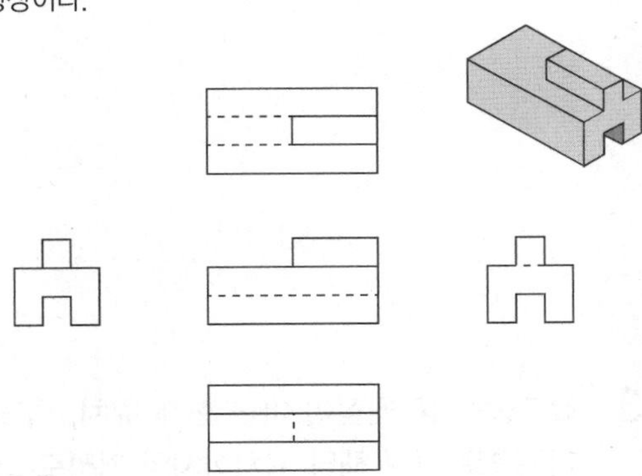

정답 49 ② 50 ② 51 ④

52 다음 그림이 나타내는 용접의 명칭으로 옳은 것은?

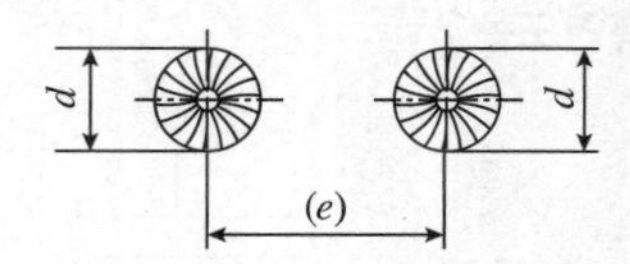

① 플러그용접　　② 점용접
③ 심용접　　④ 단속 필릿용접

해설

플러그용접부의 기호 표시

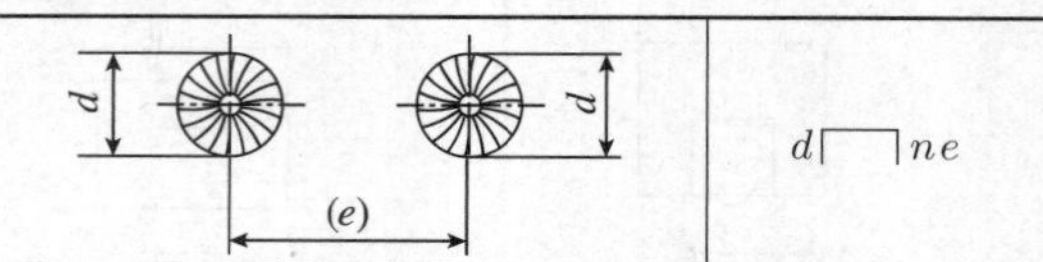

- d : 구멍의 지름
- ⊓ : 플러그용접 기호
- n : 용접부의 수
- (e) : 인접한 용접부 간격

53 좌표방식 중 원점이 아닌 현재 위치, 즉 출발점을 기준으로 하여 해당 위치까지의 거리로 그 좌표를 나타내는 방식은?

① 절대좌표방식
② 상대좌표방식
③ 직교좌표방식
④ 원통좌표방식

해설

① 절대좌표방식 : 도면상 임의의 점을 입력할 때 변하지 않는 원점(0,0)을 기준으로 정한 좌표계
③ 직교좌표방식 : 두 개의 직교하는 축 위 두 점의 교점을 이용해서 평면 공간상의 좌표를 표시하는 좌표계
④ 원통좌표방식 : 3차원 공간을 나타내기 위해 평면극좌표계에 평면에서부터의 높이를 더해서 나타내는 좌표계

54 나사 표기가 다음과 같을 때 설명으로 틀린 것은?

Tr40 × 14 (P7) LH

① 호칭지름이 40mm이다.
② 피치는 14mm이다.
③ 왼나사이다.
④ 미터사다리꼴나사이다.

해설

- 14는 리드(L)를 나타내는 값이며, 피치는 (P7)로 7mm이다.
- KS규격표준(KS B 0229)에 따른 미터 사다리꼴나사의 표시방법

Tr	40	×	14	(P7)	LH
미터 사다리꼴 나사	호칭지름 (수나사의 바깥지름)	×	리드 14mm	피치 7mm	왼나사

55 전체 둘레 현장용접을 나타내는 보조기호는?

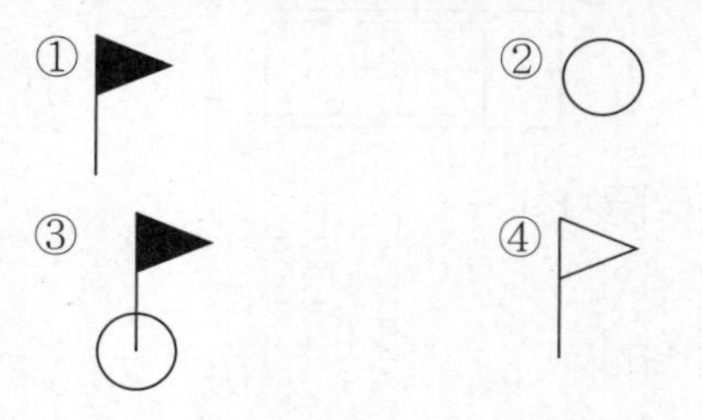

해설

① ⚑ : 현장용접
② ○ : 온 둘레 용접

52 ① 53 ② 54 ② 55 ③ 정답

56 DXF(Data eXchange File) 파일의 섹션 구성에 해당되지 않는 것은?

① Header Section
② Library Section
③ Table Section
④ Entity Section

해설
DXF(Data eXchange File)의 섹션 구성
- Header Section
- Table Section
- Entity Section
- Block Section
- End of File Section

57 서로 다른 CAD/CAM 시스템 간에 도면 및 기하학적 형상데이터를 교환하기 위한 데이터 형식을 정한 표준규격은?

① ISO ② STL
③ SML ④ IGES

해설
IGES(Initial Graphics Exchanges Specification)는 ANSI(미국국가표준)의 데이터 교환표준규격으로 서로 다른 CAD/CAM/CAE 시스템 간에 도면 및 기하학적 형상의 데이터를 교환하기 위해 최초로 개발된 데이터 교환형식이다.

58 CPU(중앙처리장치)의 주요기능으로 거리가 먼 것은?

① 제어기능 ② 연산기능
③ 대화기능 ④ 기억기능

해설
중앙처리장치(CPU)의 구성요소
- 주기억장치
- 제어장치
- 연산장치

59 Rapid Prototyping(RP) 공정에서 CAD 모델은 STL 파일형식을 사용하여 표현된다. STL 파일형식에 대한 설명으로 옳은 것은?

① 물체를 삼각형의 리스트로 표현한다.
② 솔리드 물체에 대한 위상 정보를 저장하고 있다.
③ 자유곡면 표현을 위해 Bezier 곡면식을 기본적으로 지원한다.
④ CAD 모델을 STL 파일형식으로 변환 시 같은 종류의 곡선형식을 사용하므로 오차가 발생하지 않는다.

해설
STL 형식의 특징
- 물체를 삼각형들의 리스트로 표현한다.
- 모델링된 곡면을 정확히 다면체로 옮길 수 없다.
- RP공정에서 CAD 모델은 STL 파일형을 사용하여 표현된다.
- 오차를 줄이기 위해 보다 정확하게 변환시키려면 용량을 많이 차지한다.
- 내부 처리구조가 다른 CAD/CAM 시스템으로부터 쉽게 변환 정보를 교환할 수 있는 장점이 있다.

60 CAD 시스템을 이용하여 제품에 대한 기하학적 모델링 후 체적, 무게중심, 관성모멘트 등의 물리적 성질을 알아보려고 할 때 필요한 모델링은?

① 와이어프레임 모델링
② 서피스 모델링
③ 솔리드 모델링
④ 시스템 모델링

해설
솔리드 모델링 : 셀(Cell)이나 프리미티브(Primitive)라고 하는 구, 원추, 원통 등의 입체요소를 결합하여 모델을 구성하는 방식이다. 공학적 해석(면적, 부피(체적), 중량, 무게중심, 관성모멘트)의 계산을 적용할 때 사용하는 모델링으로, 주요 표현방식으로는 CSG (Constructive Solid Geometry)와 B-rep(Boundary Representation)법이 있다.

정답 56 ② 57 ④ 58 ③ 59 ① 60 ③

2022년 제 1 회 과년도 기출복원문제

01 합성수지의 공통된 성질 중 틀린 것은?

① 가볍고 튼튼하다.
② 전기절연성이 좋다.
③ 단단하며 열에 강하다.
④ 가공성이 크고 성형이 간단하다.

해설
합성수지는 열에 약한 성질을 갖고 있다.

02 다음 중 선팽창계수가 큰 순서대로 올바르게 나열된 것은?

① 알루미늄 > 구리 > 철 > 크롬
② 철 > 크롬 > 구리 > 알루미늄
③ 크롬 > 알루미늄 > 철 > 구리
④ 구리 > 철 > 알루미늄 > 크롬

해설
선팽창계수가 큰 순서
납(Pb) > 마그네슘(Mg) > 알루미늄(Al) > 구리(Cu) > 철(Fe) > 크롬(Cr)

03 고속도 공구강 강재의 표준형으로 널리 사용되는 18-4-1형에서 텅스텐 함유량은?

① 1%　② 4%
③ 18%　④ 23%

해설
고속도강은 텅스텐, 크롬, 바나듐의 합금으로 만들어진다. 합금비율은 W : Cr : V = 18 : 4 : 1이다.

04 열처리의 방법 중 강을 경화시킬 목적으로 실시하는 열처리는?

① 담금질　② 뜨임
③ 불림　④ 풀림

해설
담금질(Quenching) : 탄소강을 경화시킬 목적으로 오스테나이트의 영역까지 가열한 후 급랭시켜 재료의 강도와 경도를 증가시킨다.

05 탄소강에 함유된 5대 원소는?

① 황, 망간, 탄소, 규소, 인
② 탄소, 규소, 인, 망간, 니켈
③ 규소, 탄소, 니켈, 크롬, 인
④ 인, 규소, 황, 망간, 텅스텐

해설
탄소강에 함유된 5대 원소
C(탄소), Si(규소, 실리콘), Mn(망간), P(인), S(황)

1 ③　2 ①　3 ③　4 ①　5 ①　정답

06 내열용 알루미늄 합금 중에 Y합금의 성분은?

① 구리, 납, 아연, 주석
② 구리, 니켈, 망간, 주석
③ 구리, 알루미늄, 납, 아연
④ 구리, 알루미늄, 니켈, 마그네슘

해설

Y합금은 알루미늄 합금 중 내열성이 있는 주물용 재료로 공랭 실린더 헤드나 피스톤에 널리 사용된다.

알루미늄 합금의 종류 및 특징

분류	종류	구성 및 특징
주조용(내열용)	실루민	• Al+Si(10~14% 함유) • 알펙스라고도 한다. • 해수에 잘 침식되지 않는다.
	라우탈	• Al + Cu(4%) + Si(5%) • 열처리에 의하여 기계적 성질을 개량할 수 있다.
	Y합금	• Al + Cu + Mg + Ni • 내연기관용 피스톤, 실린더 헤드의 재료로 사용된다.
	로엑스 합금(Lo-Ex)	• Al + Si(12%) + Mg(1%) + Cu(1%) + Ni • 열팽창계수가 작아서 엔진, 피스톤용 재료로 사용된다.
	코비탈륨	• Al + Cu + Ni에 Ti, Cu(0.2%) 첨가 • 내연기관의 피스톤용 재료로 사용된다.
가공용	두랄루민	• Al + Cu + Mg + Mn • 고강도로 항공기나 자동차용 재료로 사용된다.
	알클래드	• 고강도 Al 합금에 다시 Al을 피복한 재료이다.
내식성	알민	• Al + Mn, 내식성, 용접이 우수하다.
	알드레이	• Al + Mg + Si 강인성이 없고 가공변형에 잘 견딘다.
	하이드로날륨	• Al + Mg, 내식성, 용접성이 우수하다.

07 금속재료를 고온에서 오랜 시간 외력을 걸어 놓으면 시간 경과에 따라 서서히 그 변형이 증가하는 현상은?

① 크리프
② 스트레스
③ 스트레인
④ 템퍼링

해설

① 크리프 : 고온에서 재료에 일정 크기의 하중(정하중)을 작용시키면 시간이 경과함에 따라 변형이 증가하는 현상
③ 스트레인 : 물체에 외력을 가했을 때 대항하지 못하고 모양이 변형되는 정도
④ 템퍼링(Tempering, 뜨임) : 잔류응력에 의한 불안정한 조직을 A_1 변태점 이하의 온도로 재가열하여 원자들을 좀 더 안정적인 위치로 이동시킴으로써 잔류응력을 제거하고 인성을 증가시키기 위한 열처리법

08 다음 중 소결경질합금이 아닌 것은?

① 비디아(Widia)
② 텅갈로이(Tungalloy)
③ 카볼로이(Carboloy)
④ 플라티나이트(Platinite)

해설

• 플라티나이트(Platinite) : 불변강의 일종으로 Fe에 Ni 46%를 함유하고 평행계수가 거의 유리와 같다. 백금선 대용의 전구 도입선과 진공관의 도선용으로 사용한다.
• 소결경질합금 : 초경합금이라고도 한다. WC(텅스텐 탄화물)이나 TiC(타이타늄 탄화물), 알루미늄 탄화물을 소결하여 만들며, 강한 절삭에 사용 가능한 공구를 제작하기 위해 만들어진다. 소결경질합금의 종류는 다음과 같다.
  - 비디아
  - 미디아
  - 카볼로이
  - 텅갈로이
  - 다이알로이

정답 6 ④ 7 ① 8 ④

09 **다음 중 강자성체가 아닌 것은?**

① Ni ② Cr
③ Co ④ Fe

해설

자성체의 종류

종류	특성	원소
강자성체	자기장이 사라져도 자화가 남아 있는 물질	Fe(철), Co(코발트), Ni(니켈), 페라이트
상자성체	자기장이 제거되면 자화하지 않는 물질	Al(알루미늄), Sn(주석), Pt(백금), Ir(이리듐), Cr(크롬), Mo(몰리브덴)
반자성체	자기장에 의해 반대 방향으로 자화되는 물질	Au(금), Ag(은), Cu(구리), Zn(아연), 유리, Bi(비스무트), Sb(안티몬)

10 **알루미늄 합금인 두랄루민의 표준성분에 포함된 금속이 아닌 것은?**

① Mg ② Cu
③ Ti ④ Mn

해설

시험에 자주 출제되는 주요 알루미늄 합금

Y합금	Al + Cu + Mg + Ni(알구마니)
두랄루민	Al + Cu + Mg + Mn(알구마망)

11 **Fe-C 상태도상에 나타나는 조직 중에서 금속간 화합물에 속하는 것은?**

① Ferrite ② Cementite
③ Austenite ④ Pearlite

해설

시멘타이트(Cementite)는 순수한 Fe에 C를 6.67%를 합금시킨 금속간 화합물로, 금속조직 중에서 경도가 가장 크다.

12 **다음 중 전기 전도율이 가장 큰 금속은?**

① 알루미늄 ② 마그네슘
③ 구리 ④ 니켈

해설

열 및 전기 전도율이 높은 순서

Ag > Cu > Au > Al > Mg > Zn > Ni > Fe > Pb > Sb

13 **드릴의 홈, 나사의 골지름, 곡면 형상의 두께를 측정하는 마이크로미터는?**

① 외경 마이크로미터
② 캘리퍼형 마이크로미터
③ 나사 마이크로미터
④ 포인트 마이크로미터

해설

포인트 마이크로미터는 두 측정면이 뾰족하기 때문에 드릴의 홈이나 나사의 골지름 측정이 가능하다.

포인트 마이크로미터	

9 ② 10 ③ 11 ② 12 ③ 13 ④ 정답

14 기준치수가 30, 최대허용치수가 29.9, 최소허용치수가 29.8일 때 아래치수허용차는?

① −0.1 ② −0.2

③ +0.1 ④ +0.2

해설

아래치수허용차 = 최소허용한계치수 − 기준치수

= 29.8 − 30

= −0.2

15 절삭저항의 크기 측정이 가능한 것은?

① 다이얼게이지(Dial Gauge)

② 서피스게이지(Surface Gauge)

③ 스트레인게이지(Strain Gauge)

④ 게이지블록(Gauge Block)

해설

스트레인은 물체에 외력을 가했을 때 대항하지 못하고 모양이 변형되는 정도이다. 따라서 스트레인게이지는 절삭저항의 크기를 측정할 수 있다.

다이얼게이지	서피스게이지
긴 바늘, 눈금판 고정볼트, 짧은 바늘, 눈금판, 스핀들, 측정자	
스트레인게이지	**블록게이지(게이지블록)**

16 게이지블록을 사용하거나 취급할 때의 주의사항으로 틀린 것은?

① 천이나 가죽 위에서 취급할 것

② 먼지가 적고 건조한 실내에서 사용할 것

③ 측정면에 먼지가 묻어 있으면 솔로 털어낼 것

④ 측정면의 방청유는 휘발유로 깨끗이 닦아 보관할 것

해설

게이지블록은 방청유를 바른 상태에서 보관해야 하며 휘발유를 묻혀서는 안 된다.

17 축은 절삭하지 않고 보스(Boss)에만 홈을 파서 마찰력으로 고정시키는 키(Key)로서, 축의 임의의 부분에 설치가 가능한 키는?

① 묻힘키(Sunk Key)

② 평키(Flat Key)

③ 반달키(Woodruff Key)

④ 안장키(Saddle Key)

해설

④ 안장키(새들키) : 축에는 키홈을 가공하지 않고 보스에만 키홈을 파서 끼운 후 축과 키 사이의 마찰에 의해 회전력을 전달하는 키로, 작은 동력 전달에 적당하다.

① 성크키(묻힘키) : 가장 널리 쓰이는 키로, 축과 보스 양쪽에 모두 키홈을 파서 동력을 전달한다. $\frac{1}{100}$ 기울기를 가진 경사키와 평행키가 있다.

② 평키 : 축에 키의 폭만큼 편평하게 가공한 키로, 안장키보다는 큰 힘을 전달한다. 축의 강도를 저하시키지 않으며 $\frac{1}{100}$ 기울기를 붙이기도 한다.

③ 반달키 : 홈이 깊게 가공되어 축의 강도가 약해지는 단점이 있으나 키와 키홈의 가공이 쉽고 자동적으로 축과 보스 사이에서 자리를 잡을 수 있어서 자동차나 공작기계에서 60mm 이하의 작은 축에 널리 사용된다. 특히 테이퍼축에 사용하면 편리하다.

정답 14 ② 15 ③ 16 ④ 17 ④

18 나사 종류의 표시기호 중 틀린 것은?

① 미터보통나사 : M
② 유니파이 가는나사 : UNC
③ 미터사다리꼴나사 : Tr
④ 관용 평행나사 : G

해설
유니파이 가는나사는 'UNF'를, 유니파이 보통나사는 'UNC'를 표시기호로 사용한다.

19 테이퍼핀의 테이퍼값과 호칭지름을 나타내는 부분은?

① $\frac{1}{100}$, 큰 부분의 지름

② $\frac{1}{100}$, 작은 부분의 지름

③ $\frac{1}{50}$, 큰 부분의 지름

④ $\frac{1}{50}$, 작은 부분의 지름

해설
• 테이퍼핀의 테이퍼값 $= \frac{1}{50}$
• 호칭지름 : 직경이 작은 부분의 지름

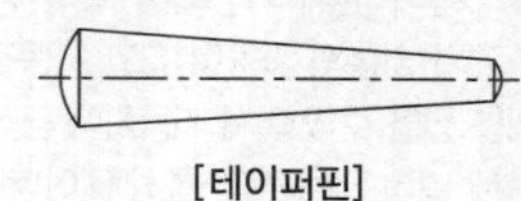
[테이퍼핀]

20 스프링의 변형에 대한 강성을 나타내는 것은 스프링상수이다. 하중이 W(N)일 때, 변위량을 δmm라고 하면 스프링상수 k(N/mm)는?

① $k = \frac{\delta}{W}$
② $k = \delta W$
③ $k = \frac{W}{\delta}$
④ $k = W - \delta$

해설
$k = \frac{W(\text{하중})}{\delta(\text{코일의 처짐량})}$ (N/mm)

21 체인전동장치의 일반적인 특징으로 거리가 먼 것은?

① 속도비가 일정하다.
② 유지 및 보수가 용이하다.
③ 내열, 내유, 내습성이 강하다.
④ 진동과 소음이 없다.

해설
체인전동장치는 체인과 스프로킷이 서로 마찰을 일으키기 때문에 진동이나 소음이 일어나기 쉽다.

18 ② 19 ④ 20 ③ 21 ④ 정답

22 일반적으로 두 축이 같은 평면 내에서 일정한 각도로 교차하는 경우에 운동을 전달하는 축이음은?

① 맞물림 클러치
② 플렉시블커플링
③ 플랜지커플링
④ 유니버설조인트

해설
커플링의 종류

종류	특 징
올덤 커플링	두 축이 평행하고 거리가 아주 가까울 때 사용한다. 각속도의 변동 없이 토크를 전달하는 데 가장 적합하며, 윤활이 어렵고 원심력에 의한 진동 발생으로 고속 회전에는 적합하지 않다.
플렉시블 커플링	두 축의 중심선을 일치시키기 어렵거나 고속 회전이나 급격한 전달력의 변화로 진동이나 충격이 발생하는 경우에 사용되며 고무, 가죽, 스프링을 이용하여 진동을 완화한다.
유니버설 커플링	두 축이 만나는 각이 수시로 일정한 각도로 변화(교차)하는 경우에 사용되며 공작기계나 자동차의 운동 전달용 축이음에 사용된다.
플랜지 커플링	대표적인 고정커플링이다. 일직선상에 두 축을 연결한 것으로 볼트나 키로 결합한다.
슬리브 커플링	주철제의 원통 속에서 두 축을 맞대기 키로 고정하는 것으로 축의 지름과 동력이 아주 작을 때 사용한다. 단, 인장력이 작용하는 축에는 적용이 불가능하다.

23 캠을 평면캠과 입체캠으로 구분할 때 입체캠의 종류가 아닌 것은?

① 원통캠　　② 삼각캠
③ 원뿔캠　　④ 빗판캠

해설
캠 기구의 종류

평면캠		입체캠	
평면캠	판캠	입체캠	원통캠
	정면캠		원뿔캠
	직선운동캠		구형캠
	삼각캠		빗판캠

24 동력 전달용 V-벨트의 규격(형)이 아닌 것은?

① B　　② A
③ F　　④ E

해설
V-벨트 단면의 모양 및 크기

종류	M	A	B	C	D	E
크기	최소 ⟷					최대

25 기어 설계 시 전위기어를 사용하는 이유로 거리가 먼 것은?

① 중심거리를 자유로이 변화시키려고 할 경우에 사용한다.
② 언더컷을 피하고 싶은 경우에 사용한다.
③ 베어링에 작용하는 압력을 줄이고자 할 경우 사용한다.
④ 기어의 강도를 개선하려고 할 경우 사용한다.

해설
전위기어란 두 개의 서로 다른 기어가 맞물려 돌아갈 때 그 맞물림점을 피치원으로 하지 않고 더 아랫부분으로 이동시키는 기어이며 주로 언더컷 방지를 위해 사용한다.
기어를 전위시키는 목적
• 치의 강성 증가
• 치의 간섭에 의한 언더컷 방지
• 축간 거리를 변화시킬 필요가 있을 때

정답 22 ④ 23 ② 24 ③ 25 ③

26 M22볼트(골지름 19.294mm)가 다음 그림과 같이 2장의 강판을 고정하고 있다. 체결볼트의 허용전단응력이 39.25MPa라고 하면, 최대 몇 kN까지의 하중을 받을 수 있는가?

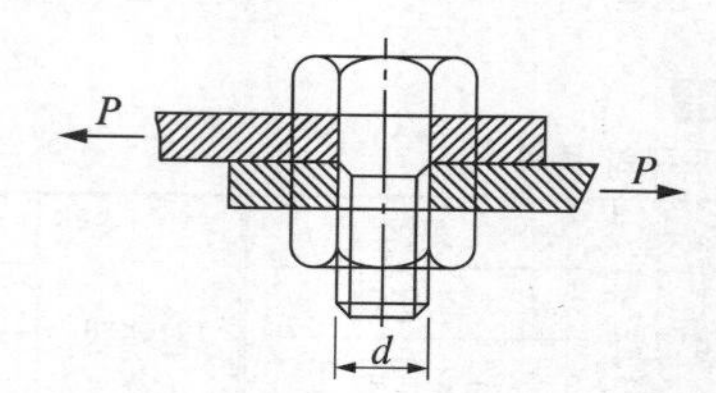

① 3.21 ② 7.54
③ 11.48 ④ 22.96

해설

허용전단응력

$$\tau_a = \frac{P}{A} = \frac{P}{\frac{\pi d^2}{4}} = \frac{4P}{\pi d^2}$$

$$P = \frac{\pi d^2 \tau}{4} = \frac{\pi \times 19.294^2 \times 39.25}{4} = 11.48\,\mathrm{kN}$$

27 리벳이음에서 리벳지름을 d, 피치를 p라 할 때, 강판의 효율 η로 옳은 것은?(단, 1줄 리벳 겹치기 이음이다)

① $\eta = 1 - \frac{d}{p}$ ② $\eta = \frac{d}{p} - 1$
③ $\eta = 1 - \frac{p}{d}$ ④ $\eta = 1 + \frac{d}{p}$

해설

리벳이음에서 강판의 효율(η) 구하는 식

$$\eta = \frac{\text{구멍이 있을 때의 인장력}}{\text{구멍이 없을 때의 인장력}} = 1 - \frac{d}{p}$$

여기서, d : 리벳 지름
p : 리벳의 피치

28 다음 중 용접이음의 단점에 속하지 않는 것은?

① 내부결함이 생기기 쉽고 정확한 검사가 어렵다.
② 용접공의 기능에 따라 용접부의 강도가 좌우된다.
③ 다른 이음작업과 비교하여 작업 공정이 많은 편이다.
④ 잔류응력이 발생하기 쉬워서 이를 제거해야 하는 작업이 필요하다.

해설

용접은 다른 접합방법에 비해 작업공정이 적다는 장점이 있다.
용접이음의 단점
- 내부 결함이 생기기 쉽고, 정확한 검사가 어렵다.
- 용접공의 기능에 따라 용접부의 강도가 좌우된다.
- 잔류응력이 발생하기 쉬워 이를 제거해야 하는 작업이 필요하다.

29 나사를 용도에 따라 체결용과 운동용으로 분류할 때, 운동용 나사에 속하지 않는 것은?

① 사각나사 ② 사다리꼴나사
③ 톱니나사 ④ 삼각나사

해설

삼각나사는 체결용으로 사용되는 나사이다.

30 원주에 톱니 형상의 이가 달려 있으며 폴(Pawl)과 결합하여 한쪽 방향으로 간헐적인 회전운동을 주고 역회전을 방지하기 위하여 사용되는 것은?

① 래칫 휠
② 플라이 휠
③ 원심 브레이크
④ 자동하중 브레이크

해설

래칫 휠(Ratchet Wheel) : 원주에 톱니 형상의 이가 달려 있으며 폴과 결합하여 한쪽 방향으로 간헐적인 회전운동을 주고 역회전을 불가능하게 한 기계장치로, 최근 역회전 방지가 필요한 리프트 등에 많이 사용된다.

[래칫시스템]

정답 26 ③ 27 ① 28 ③ 29 ④ 30 ①

31 임의 점에서 직선거리 L만큼 떨어진 곳에서 힘 F가 직선 방향에 수직하게 작용할 때, 발생하는 모멘트 M을 바르게 나타낸 것은?

① $M = F \times L$
② $M = F/L$
③ $M = L/F$
④ $M = F + L$

해설
모멘트(M) = 작용 힘(F) × 작용점과의 직선거리(L)

32 웜을 구동축으로 할 때 웜의 줄수를 3, 웜 휠의 잇수를 60이라고 하면, 이 웜기어 장치의 감속 비율은?

① 1/10 ② 1/20
③ 1/30 ④ 1/60

해설
$i = \frac{Z_w}{Z_g} = \frac{\text{웜의 줄수}}{\text{웜휠의 잇수}} = \frac{3}{60} = \frac{1}{20}$
웜과 웜휠의 각속도(i) 비를 구하는 식
$i = \frac{N_g}{N_w} = \frac{Z_w}{Z_g}$
여기서, N_g : 웜휠의 회전 각속도
N_w : 웜의 회전 각속도
Z_w : 웜의 줄수
Z_g : 웜휠의 잇수

33 한국산업표준 중 기계 부문에 대한 분류기호는?

① KS A ② KS B
③ KS C ④ KS D

해설
한국산업규격(KS)의 부문별 분류기호

분류기호	KS A	KS B	KS C	KS D
분야	기본	기계	전기전자	금속

34 치수공차와 끼워맞춤에서 구멍의 치수가 축의 치수보다 작을 때, 구멍과 축의 치수차를 무엇이라고 하는가?

① 틈새 ② 죔새
③ 공차 ④ 끼워맞춤

해설
- 틈새 : 구멍의 치수가 축의 치수보다 클 때 구멍과 축 간 치수의 차
- 죔새 : 구멍의 치수가 축의 치수보다 작을 때 조립 전 구멍과 축의 치수차

35 모듈이 2, 잇수가 30인 표준 스퍼기어의 이끝원의 지름은 몇 mm인가?

① 56 ② 60
③ 64 ④ 68

해설
이끝원지름 : $2m$ + PCD = (2 × 2) + (2 × 30) = 64mm

36 다음의 기하공차가 의미하는 것은?

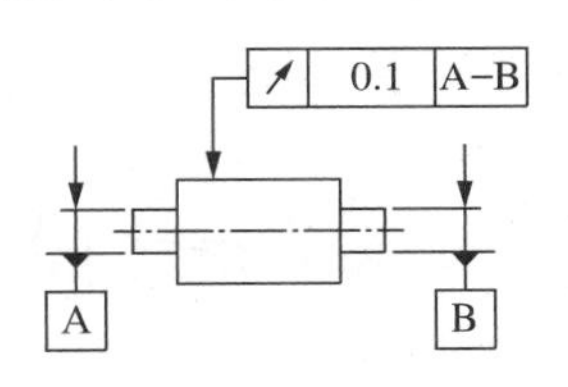

① 원주 흔들림 ② 진직도
③ 대칭도 ④ 원통도

해설
문제 그림의 기하공차는 2개의 데이텀 A와 B의 기준면을 기준으로 축의 원주 흔들림 공차값이 0.1mm 이내로 가공되어야 함을 의미한다.

정답 31 ① 32 ② 33 ② 34 ② 35 ③ 36 ①

37 치수선과 치수보조선에 대한 설명으로 틀린 것은?

① 치수선과 치수보조선은 가는 실선을 사용한다.
② 치수보조선은 치수를 기입하는 형상에 대해 평행하게 그린다.
③ 외형선, 중심선, 기준선 및 이들의 연장선을 치수선으로 사용하지 않는다.
④ 치수보조선과 치수선의 교차는 피해야 하나 불가피한 경우에는 끊김 없이 그린다.

해설

치수보조선은 치수를 기입하는 형상에 대해 수직으로 그려야 한다.

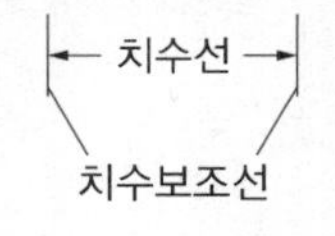

38 기어의 도시방법에 대한 설명 중 틀린 것은?

① 기어의 소재를 제작하는 데 필요한 치수를 기입한다.
② 잇봉우리원은 굵은 실선, 피치원은 가는 1점쇄선으로 그린다.
③ 헬리컬기어를 도시할 때 잇줄 방향은 보통 3개의 가는 실선으로 그린다.
④ 맞물리는 한 쌍의 기어에서 잇봉우리원은 가는 1점쇄선으로 그린다.

해설

맞물리는 한 쌍의 스퍼기어에서 잇봉우리원(이끝원)은 굵은 실선으로 도시한다.

39 다음 중 평벨트 장치의 도시방법에 관한 설명으로 틀린 것은?

① 암은 길이 방향으로 절단하여 도시하는 것이 좋다.
② 벨트 풀리와 같이 대칭형인 것은 그 일부만 도시할 수 있다.
③ 암과 같은 방사형의 것은 회전도시단면도로 나타낼 수 있다.
④ 벨트 풀리는 축 직각 방향의 투상을 주투상도로 할 수 있다.

해설

평벨트의 암은 길이 방향으로 절단하여 도시하지 않는다.

40 다음 표준 스퍼기어에 대한 요목표에서 전체 이높이는 몇 mm인가?

스퍼기어		
기어치형		표준
공구	치형	보통이
	모듈	2
	압력각	20°
잇수		31
피치원지름		62
전체 이높이		(　　)
다듬질방법		호브 절삭
정밀도		KS B 1405, 5급

① 4　　② 4.5
③ 5　　④ 5.5

해설

전체 이높이 구하는 식

$2.25 \times m = 2.25 \times 2 = 4.5\text{mm}$

여기서, m : 모듈

37 ② 38 ④ 39 ① 40 ② 정답

41 끼워맞춤에서 축기준식 헐거운 끼워맞춤을 나타낸 것은?

① H7/g6 ② H6/F8
③ h6/P9 ④ h6/F7

해설
끼워맞춤 공차를 표시할 때 기준이 되는 기호는 앞에 위치한다. 따라서 축은 영문자 중 소문자를 사용하므로 ③, ④와 같이 h6을 먼저 나타낸다. 헐거움 끼워맞춤으로 사용되는 영문자는 F이므로, 축기준식 헐거운 끼워맞춤은 h6/F7이다. P9는 억지 끼워맞춤일 때 사용한다.

42 2개 이상의 입체면과 면이 만나는 경계선은?

① 절단선 ② 파단선
③ 작도선 ④ 상관선

해설
상관선은 2개 이상의 입체면과 면이 만나는 경계선이고, 작도선은 자와 컴퍼스만 사용하여 주어진 조건에 알맞은 선이나 도형을 그린 선이다.

43 단면의 무게중심을 연결한 선을 표시하는 데 사용되는 선은?

① 굵은 실선
② 가는 1점쇄선
③ 가는 2점쇄선
④ 가는 파선

해설
③ 가는 2점쇄선 : 무게중심선, 가상선
① 굵은 실선 : 외형선, 절단 단면 화살표선, 나사 길이 한계선
② 가는 1점쇄선 : 중심선, 기준선, 피치선
④ 가는 파선 : 숨은선

44 도면에서 표면 상태를 줄무늬 방향의 기호로 표시할 경우 R이 뜻하는 것은?

① 가공에 의한 커터의 줄무늬 방향이 투상면에 평행
② 가공에 의한 커터의 줄무늬 방향이 레이디얼 모양
③ 가공에 의한 커터의 줄무늬 방향이 동심원 모양
④ 가공에 의한 줄무늬 방향이 경사지고 두 방향으로 교차

해설
줄무늬 방향 기호 중에서 'R' 표시는 밀링가공 후의 표면 형상이 중심에 대하여 레이디얼 모양임을 나타내는 것이다.

45 축을 도시할 때의 설명으로 맞는 것은?

① 축은 조립 방향을 고려하여 중심축을 수직 방향으로 놓고 도시한다.
② 축은 길이 방향으로 절단하여 온단면도로 도시한다.
③ 축의 끝에는 모양을 좋게 하기 위해 모따기를 하지 않는다.
④ 단면 모양이 같은 긴 축은 중간 부분을 생략하여 짧게 도시할 수 있다.

해설
단면 모양이 같은 긴 축은 중간 부분을 파단하여 짧게 그릴 수 있으며, 이때 치수는 실제 치수를 기입해야 한다.

정답 41 ④ 42 ④ 43 ③ 44 ② 45 ④

46 웜의 제도 시 이뿌리원 도시방법으로 옳은 것은?

① 가는 실선으로 도시한다.

② 파선으로 도시한다.

③ 굵은 실선으로 도시한다.

④ 굵은 1점쇄선으로 도시한다.

47 벨트 풀리를 도시하는 방법으로 틀린 것은?

① 방사형 암은 암의 중심을 수평 또는 수직 중심선까지 그린다.

② V-벨트 풀리의 홈 부분 치수는 호칭지름에 관계없이 일정하다.

③ 암의 단면도시는 도형 안이나 밖에 회전단면으로 도시한다.

④ 벨트 풀리는 축 직각 방향의 투상을 정면도로 한다.

해설

V-벨트 풀리는 V-벨트의 종류에 따라 그 크기가 다르므로 풀리의 홈 부분 치수도 호칭지름에 따라 다르다.

48 용접부 표면의 형상에서 동일 평면으로 다듬질함을 표시하는 보조기호는?

①　　②

③　　④

해설

용접부 보조기호

용접부 및 용접부 표면의 형상	보조기호
평탄면	
볼록	
오목	
끝단부를 매끄럽게 함	
영구적인 덮개판(이면 판재) 사용	M
제거 가능한 덮개판(이면 판재) 사용	MR

49 리벳이음(Rivet Joint) 단면의 표시법으로 가장 올바르게 투상된 것은?

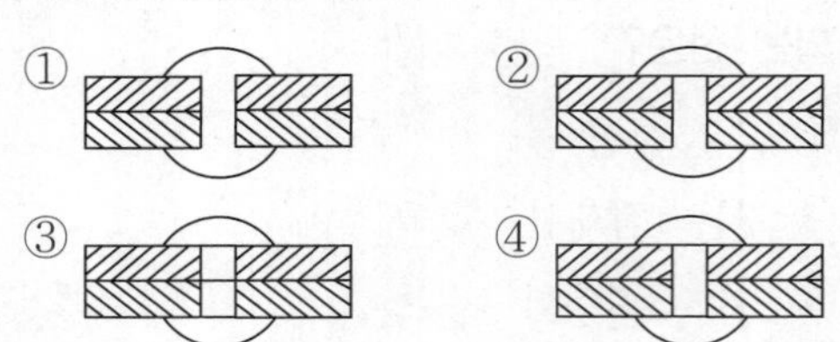

해설

리벳의 모양은 다음과 같으므로 단면은 ④번과 같이 표시한다.

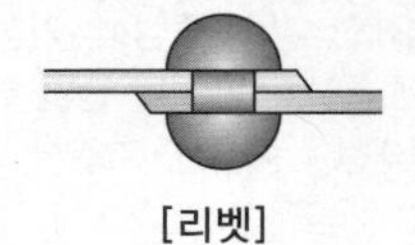

[리벳]

46 ① 47 ② 48 ① 49 ④ 정답

50 나사산의 모양에 따른 나사의 종류 중 삼각나사에 해당하지 않는 것은?

① 미터나사
② 유니파이 나사
③ 관용 나사
④ 톱니나사

해설
톱니나사는 나사산이 비대칭 단면으로 축 방향의 힘이 한쪽 방향으로만 작용시킬 경우에 사용한다. 주로 잭(Jack)이나 바이스용 나사로 사용된다.

51 다음 등각투상도의 화살표 방향이 정면도일 때, 평면도를 올바르게 표시한 것은?(단, 제3각법의 경우에 해당한다)

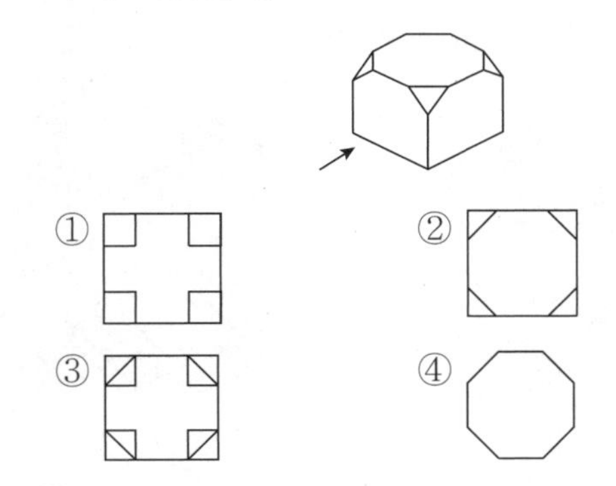

해설
평면도는 물체를 위에서 바라보는 형상으로, 위에서 바라보았을 때 4개의 구석부에 모따기(Chamfer)가 되어 있으므로 삼각형이 표시되어야 한다.

52 다음 중 단면 도시방법에 대한 설명으로 틀린 것은?

① 단면 부분을 확실하게 표시하기 위하여 보통 해칭을 한다.
② 해칭을 하지 않아도 단면이라는 것을 알 수 있을 때에는 해칭을 생략해도 된다.
③ 같은 절단면 위에 나타나는 같은 부품의 단면은 해칭선의 간격을 다르게 한다.
④ 단면은 필요로 하는 부분만 파단하여 표시할 수 있다.

해설
해칭을 하고자 할 때 같은 절단면 위에 나타나는 같은 부품의 단면은 해칭선의 간격을 같게 해야 하며, 서로 인접한 다른 부품의 경우는 해칭선의 간격을 다르게 한다.

53 다음 그림에서 모따기가 C2일 때 모따기의 각도는?

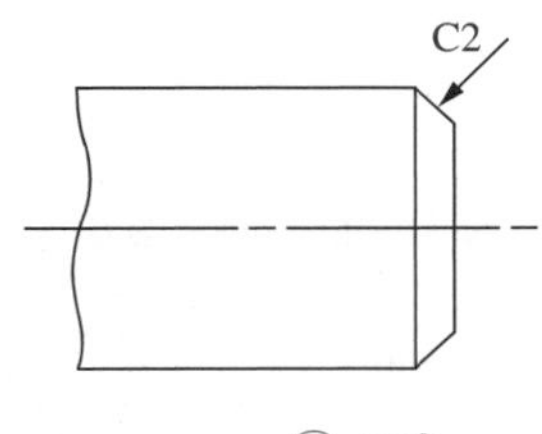

① 15°
② 30°
③ 45°
④ 60°

해설
모따기(Chamfer)의 각도는 특별히 지정하지 않는 한 45°이다.

정답 50 ④ 51 ② 52 ③ 53 ③

54 **유니파이 나사에서 호칭치수 3/8인치, 1인치 사이에 16산의 보통나사가 있다. 표시방법으로 옳은 것은?**

① 8/3−16 UNC
② 3/8−16 UNF
③ 3/8−16 UNC
④ 8/3−16 UNF

해설
호칭치수 3/8인치, 1인치 사이에 16산의 보통나사는 3/8−16 UNC로 표시한다.

55 **코일스프링에서 양 끝을 제외한 동일 모양 부분의 일부를 생략하는 경우 생략되는 부분의 선지름의 중심선을 나타내는 선은?**

① 가는 실선 ② 가는 1점쇄선
③ 굵은 실선 ④ 은선

56 **다음은 관의 접속 표시를 나타낸 것이다. 관이 접속되어 있을 때의 상태를 도시한 것은?**

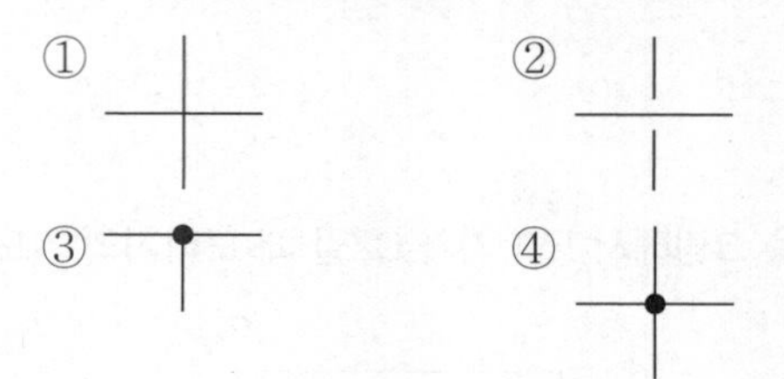

해설
관의 접속 상태를 표시할 때는 교차 부위에 굵은 점을 표시한다.
관의 접속 상태와 표시

관의 접속 상태	표시	
접속하지 않을 때		
교차 또는 분기할 때	교차	분기

57 **나사제도에서 완전 나사부와 불완전 나사부의 경계선을 나타내는 선은?**

① 가는 실선
② 파선
③ 가는 1점쇄선
④ 굵은 실선

해설
나사제도에서 완전 나사부와 불완전 나사부의 경계선을 나타내는 선은 굵은 실선이다.

58 **용접이음 중 맞대기이음은?**

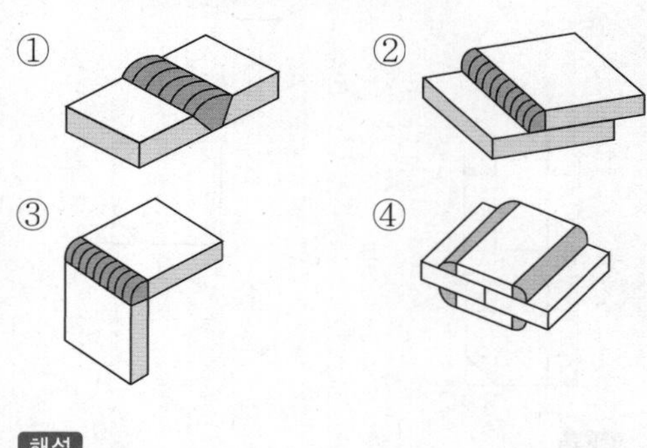

해설
② 한쪽면 겹치기이음
③ 모서리이음
④ 양면 덮개판이음

54 ③ 55 ② 56 ④ 57 ④ 58 ① 정답

59 **일반적으로 CAD에서 사용하는 3차원 형상 모델링이 아닌 것은?**

① 솔리드 모델링(Solid Modeling)
② 시스템 모델링(System Modeling)
③ 서피스 모델링(Surface Modeling)
④ 와이어 프레임 모델링(Wire Frame Modeling)

해설
3차원 형상모델링의 종류
• 와이어프레임 모델링(Wire Frame Modeling)
• 서피스 모델링(곡면 모델링, Surface Modeling)
• 솔리드 모델링(Solid Modeling)
• 특징형상 모델링(Feature-based Modeling)

60 **다음 중 CAD 시스템의 출력장치가 아닌 것은?**

① 플로터
② 프린트
③ 모니터
④ 라이트펜

해설
라이트펜은 입력장치에 속한다.

정답 59 ② 60 ④

2022년 제2회 과년도 기출복원문제

01 탄소강에 함유된 원소 중 백점이나 헤어크랙의 원인이 되는 것은?

① 황 ② 인
③ 수소 ④ 구리

해설
탄소강에 함유된 수소(H_2)는 백점이나 헤어크랙 결함 발생의 원인이다.

02 Al-Si계 합금인 실루민의 주조조직에 나타나는 Si의 거친 결정을 미세화시키고 강도를 개선하기 위하여 개량처리를 하는 데 사용되는 것은?

① Na ② Mg
③ Al ④ Mn

해설
개량처리에 주로 사용되는 원소는 Na(나트륨)이다.

03 킬드강에 주로 생기는 결함은?

① 편석 증가
② 내부에 기포
③ 외부에 기포
④ 상부 중앙에 수축공

해설
킬드강은 강괴 상부의 중앙부에 수축공(빈 공간)이 생기는 결함이 발생한다.

04 6-4 황동에 철 1~2%를 첨가함으로써 강도와 내식성이 향상되어 광산기계, 선박용 기계, 화학기계 등에 사용되는 특수황동은?

① 쾌삭메탈
② 델타메탈
③ 네이벌황동
④ 애드머럴티황동

해설
③ 네이벌황동 : 6 : 4황동에 0.8% 정도의 Sn을 첨가한 것으로, 내해수성이 강해서 선박용 부품에 사용한다.
④ 애드머럴티 황동 : 7 : 3 황동에 Sn 1%를 합금한 것으로, 콘덴서 튜브에 사용한다.

05 주철의 특성에 대한 설명으로 틀린 것은?

① 주조성이 우수하다.
② 내마모성이 우수하다.
③ 강보다 인성이 크다.
④ 인장강도보다 압축강도가 크다.

해설
주철은 강(Steel)보다 탄소의 함유량이 더 많아 취성이 더 크기 때문에 인성은 강보다 작다.

1 ③ 2 ① 3 ④ 4 ② 5 ③ 정답

06 **구리의 특성에 대한 설명으로 틀린 것은?**

① 비중이 8.9 정도이며, 용융점이 1,083℃ 정도이다.
② 전연성이 좋으나 가공이 용이하지 않다.
③ 전기 및 열의 전도성이 우수하다.
④ 아름다운 광택과 귀금속적 성질이 우수하다.

해설
구리는 전연성과 가공성이 우수한 비철금속재료이다.

07 **황(S)이 적은 선철을 용해하여 주입 전에 Mg, Ce, C 등을 첨가하여 제조한 주철은?**

① 펄라이트주철
② 구상흑연주철
③ 가단주철
④ 강력주철

해설
구상흑연주철 : S이 적은 선철을 용해하여 주입 전에 Mg, Ce, C 등을 첨가하여 제조한다. 또한 Ni, Cr, Mo, Cu 등을 첨가하여 재질을 개선한 주철로 노듈러주철, 덕타일 주철이라고도 한다. 내마멸성, 내열성, 내식성이 대단히 우수하여 자동차용 주물이나 주조용 재료로 가장 많이 쓰인다.

08 **회주철(Grey Cast Iron)조직에 가장 큰 영향을 주는 것은?**

① C와 Si
② Si와 Mn
③ Si와 S
④ Ti와 P

해설
회주철(Grey Cast Iron)뿐만 아니라 일반적인 주철조직에 가장 큰 영향을 미치는 원소는 C와 Si이다.

09 **용융 금속이 응고할 때, 불순물이 가장 많이 모이는 곳으로, 최후에 응고하는 곳은?**

① 결정립계
② 결정립 내의 중심부
③ 결정립 내와 입계
④ 결정립 내

해설
결정립계는 금속 결정 간의 경계 부근으로 용융 금속이 응고할 때는 금속 내부의 핵부터 응고가 시작되면서 불순물이 밀려나게 되어 마지막 결정립계 부분에서 불순물이 가장 많이 모인다.

10 **표면경화법에서 금속침투법이 아닌 것은?**

① 세라다이징
② 크로마이징
③ 칼로라이징
④ 방전경화법

해설
방전경화법은 피경화제인 철강의 표면과 경화용 초경합금 전극 사이에 주기적으로 불꽃방전을 일으켜서 공구와 같이 내마모성을 필요한 기계 부품의 표면을 경화시키는 방법으로, 금속침투법의 종류에는 속하지 않는다.

정답 6 ② 7 ② 8 ① 9 ① 10 ④

11 다음 중 강자성체가 아닌 것은?

① Ni ② Cr
③ Co ④ Fe

해설

자성체의 종류

종류	특성	원소
강자성체	자기장이 사라져도 자화가 남아 있는 물질	Fe(철), Co(코발트), Ni(니켈), 페라이트
상자성체	자기장이 제거되면 자화하지 않는 물질	Al(알루미늄), Sn(주석), Pt(백금), Ir(이리듐), Cr(크롬), Mo(몰리브덴)
반자성체	자기장에 의해 반대 방향으로 자화되는 물질	Au(금), Ag(은), Cu(구리), Zn(아연), 유리, Bi(비스무트), Sb(안티몬)

12 다음 중 가열시간이 짧고, 피가열물의 스트레인을 최소한으로 억제하며, 전자에너지의 형식으로 가열하여 표면을 경화시키는 방법은?

① 침탄법
② 질화법
③ 사이안화법
④ 고주파 담금질

해설

고주파 경화법(고주파 담금질)이란 고주파 유도 전류에 의해서 강 부품의 표면층만 급가열한 후 급랭시키는 방법으로 가열시간이 짧고, 피가열물의 스트레인을 최소한으로 억제하며, 전자 에너지의 형식으로 가열하여 표면을 경화시킨다. 높은 주파수는 소형품이나 얇은 담금질층, 낮은 주파수는 대형 제품이나 깊은 담금질층을 얻고자 할 때 사용한다.

13 다음 그림과 같은 사인바(Sine Bar)를 이용한 각도 측정에 대한 설명으로 틀린 것은?

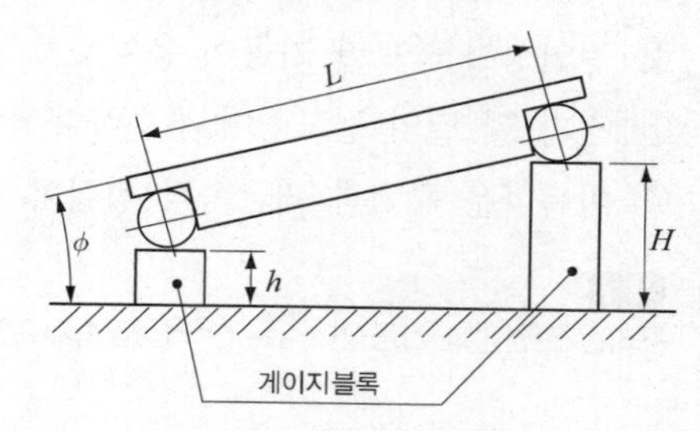

① 게이지블록 등을 병용하고 삼각함수 사인(sine)을 이용하여 각도를 측정하는 기구이다.
② 사인바는 롤러의 중심거리가 보통 100mm 또는 200mm로 제작한다.
③ 45°보다 큰 각을 측정할 때에는 오차가 작아진다.
④ 정반 위에서 정반면과 사인봉과 이루는 각을 표시하면 $\sin\phi=(H-h)/L$식이 성립한다.

해설

사인바는 길이를 측정하고 삼각함수를 이용한 계산에 의하여 임의각을 측정하거나 임의각을 만드는 각도측정기이다. 사인바는 측정하려는 각도가 45° 이내여야 하며 측정각이 더 커지면 오차가 발생한다.

14 편심량이 6mm인 편심축 절삭을 하려면 다이얼게이지의 눈금 이동량은 몇 mm로 맞추어 가공해야 하는가?

① 3mm ② 6mm
③ 12mm ④ 18mm

해설

선반은 재료가 회전하는 가공이다. 편심량이 6mm이므로 회전을 하면 양쪽으로 2배의 측정거리가 필요하다. 따라서 다이얼게이지의 눈금 이동량은 12mm가 된다.

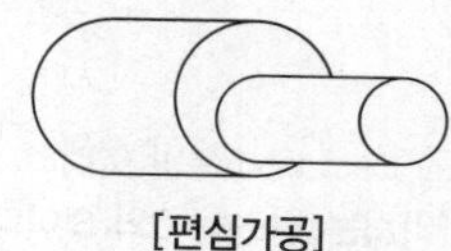

[편심가공]

11 ② 12 ④ 13 ③ 14 ② 정답

15 **투영기로 측정할 수 있는 것은?**

① 진원도 측정
② 진직도 측정
③ 각도 측정
④ 원주 흔들림 측정

해설
투영기는 나사, 게이지, 기계 부품의 치수와 각도 측정이 가능하다.

16 **표준게이지의 종류와 용도가 잘못 연결된 것은?**

① 드릴게이지 : 드릴의 지름 측정
② 와이어게이지 : 판재의 두께 측정
③ 나사피치게이지 : 나사산의 각도 측정
④ 센터게이지 : 나사 바이트의 각도 측정

해설
- 나사피치게이지 : 나사의 피치를 측정한다.

- 센터게이지 : 나사산의 각도, 나사 바이트의 날 끝각을 조사할 때 사용한다.

17 **마찰에 의하여 회전력을 전달하며 축의 임의의 위치에 보스를 고정할 수 있는 키는?**

① 미끄럼키 ② 스플라인
③ 접선키 ④ 원뿔키

해설
④ 원뿔키 : 축과 보스 사이에 2~3곳을 축 방향으로 쪼갠 원뿔을 때려 박아 축과 보스가 헐거움 없이 고정할 수 있도록 한 키이다.
① 미끄럼키 : 회전력을 전달하면서 동시에 보스를 축 방향으로 이동시킬 수 있는 키로, 키를 작은 나사로 고정하며 기울기가 없고 평행하다.
② 스플라인 : 보스와 축의 둘레에 여러 개의 사각 턱을 만든 키를 깎아 붙인 모양으로 큰 동력을 전달할 수 있고 내구력이 크며, 축과 보스의 중심을 정확하게 맞출 수 있다.
③ 접선키 : 전달토크가 큰 축에 주로 사용되며 회전 방향이 양쪽 방향일 때 일반적으로 중심각이 120°가 되도록 한 쌍을 설치하여 사용하는 키이다.

18 **다음 중 핀(Pin)의 용도가 아닌 것은?**

① 핸들과 축의 고정
② 너트의 풀림 방지
③ 볼트의 마모 방지
④ 분해 조립할 때 조립할 부품의 위치결정

해설
핸들과 축의 연결부에는 큰 힘이 작용하므로, 핀보다는 키와 같은 접촉 면적이 큰 기계요소를 사용해야 한다. 핀의 용도 중 너트의 풀림 방지용으로 분할핀, 부품의 위치결정용으로 평행핀, 연결 부위의 각운동을 위해서는 너클핀을 사용한다.

19 **다음 중 너비가 좁고 얇은 긴 보의 형태로 하중을 지지하는 스프링은?**

① 원판스프링 ② 겹판스프링
③ 인장 코일스프링 ④ 압축 코일스프링

해설
겹판스프링은 너비가 좁고 길이가 조금씩 다른 몇 개의 얇은 강철판을 포개어 긴 보의 형태를 만들어 스프링작용을 하도록 한 것으로, 차대와 바퀴 사이에 완충장치로 많이 사용된다.

정답 15 ③ 16 ③ 17 ④ 18 ① 19 ②

20 지름이 6cm인 원형 단면의 봉에 500kN의 인장하중이 작용할 때 이 봉에 발생되는 응력은 약 몇 N/mm^{2}인가?

① 170.8 ② 176.8

③ 180.8 ④ 200.8

해설

인장응력

$$\sigma = \frac{F(W)}{A} = \frac{500{,}000\text{N}}{\frac{\pi \times 60^2}{4}\text{mm}^2} = \frac{500{,}000\text{N}}{2{,}827.43} = 176.8\text{N/mm}^2$$

여기서, F : 작용 힘

A : 단위면적

21 평벨트 풀리의 구조에서 벨트와 직접 접촉하여 동력을 전달하는 부분은?

① 림 ② 암

③ 보스 ④ 리브

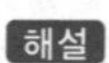

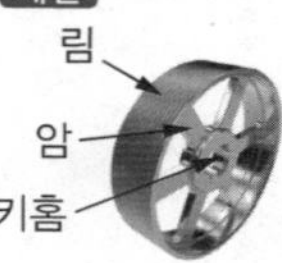

22 회전하고 있는 원동 마찰차의 지름이 250mm이고, 종동차의 지름이 400mm일 때 최대 토크는 몇 N·m인가?(단, 마찰차의 마찰계수는 0.2이고 서로 밀어붙이는 힘은 2kN이다)

① 20 ② 40

③ 80 ④ 160

해설

종동차의 회전토크(T) 구하는 식

$$T = F\frac{D_B}{2} = \mu P\frac{D_B}{2}$$

$$T = \mu P\frac{D_B}{2} = 0.2 \times 2{,}000\text{N}\frac{0.4\text{m}}{2} = 80\text{N}\cdot\text{m}$$

여기서, D_B : 종동차의 지름

μ : 마찰계수

P : 미는 힘

23 압축 코일스프링에서 코일의 평균 지름이 50mm, 감김수가 10회, 스프링지수가 5일 때 스프링 재료의 지름은 약 몇 mm인가?

① 5 ② 10

③ 15 ④ 20

해설

스프링지수

$$C = \frac{D(\text{스프링의 평균 직경})}{d(\text{소선의 직경(재료의 지름)})}$$

$$5 = \frac{50\text{mm}}{d}$$

∴ 소선의 직경(d)=10mm

24 자동하중 브레이크의 종류에 해당되지 않는 것은?

① 나사 브레이크

② 웜 브레이크

③ 원심 브레이크

④ 원판 브레이크

해설

브레이크(Brake)란 제동장치로서 기계의 운동에너지를 열이나 전기에너지로 바꾸어 흡수함으로써 속도를 감소시키거나 정지시키는 장치이다. 원판 브레이크는 접촉면이 원판으로 되어 있는 축압식 브레이크에 속한다.

25 다음 중 백래시를 작게 할 수 있고 높은 정밀도를 오래 유지할 수 있으며 효율이 가장 좋은 나사는?

① 사각나사 ② 톱니나사

③ 볼나사 ④ 둥근나사

해설

볼나사 : 나사축과 너트 사이에 강재의 볼을 넣어서 동력을 전달하는 나사로, 선반이나 밀링기계에 적용되어 백래시를 작게 할 수 있어 정밀도가 높다.

20 ② 21 ① 22 ③ 23 ② 24 ④ 25 ③ 정답

26 **리벳이음의 장점에 해당하지 않는 것은?**

① 열응력에 의한 잔류응력이 생기지 않는다.
② 경합금과 같이 용접이 곤란한 재료의 결합에 적합하다.
③ 리벳이음한 구조물에 대해서 분해 조립이 간편하다.
④ 구조물 등에 사용할 때 현장 조립의 경우 용접작업보다 용이하다.

해설
리벳은 영구적인 이음방식으로 분해 조립이 불가능하다.

27 **평벨트 전동장치와 비교하여 V-벨트 전동장치에 대한 설명으로 옳지 않은 것은?**

① 접촉 면적이 넓어 비교적 큰 동력을 전달한다.
② 장력이 커서 베어링에 걸리는 하중이 큰 편이다.
③ 미끄럼이 작고, 속도비가 크다.
④ 바로걸기로만 사용이 가능하다.

해설
V-벨트 전동장치의 특징
- 고속 운전이 가능하다.
- 벨트를 쉽게 끼울 수 있다.
- 마찰력이 평벨트보다 크다.
- 속도는 10~15m/s로 한다.
- 미끄럼이 작고 속도비가 크다.
- 전동효율은 90~95% 정도이다.
- 평벨트보다 잘 벗겨지지 않는다.
- 축간거리 5m 이하에서 사용한다.
- 베어링에 걸리는 하중이 비교적 작다.
- 바로걸기로만 동력 전달이 가능하다.
- 지름이 작은 풀리에도 사용할 수 있다.
- 축간거리는 평벨트보다 짧게 사용한다.
- 작은 장력으로 큰 회전력을 전달할 수 있다.
- 속도비는 모터와 기구의 비를 1:7로 한다.
- 장력조절장치로 벨트의 장력을 조절할 수 있다.
- 접촉 면적이 넓어서 큰 회전력을 전달할 수 있다.
- 이음매가 없어 운전이 정숙하고 충격을 완화시킨다.

28 **두께가 같은 두 판재를 맞대기용접하였을 경우 인장하중 P = 48kN에 대한 인장응력이 6MPa이었을 때 이 판재의 두께(cm)는?(단, 용접 길이 L은 32cm이다)**

① 15 ③ 1.5
② 25 ④ 2.5

해설
인장응력

$$\sigma = \frac{P}{A} = \frac{P}{t \times l}$$

$$6 \times 10^6 \mathrm{N/m^2} = \frac{48 \times 10^3 \mathrm{N}}{t \times 0.32\mathrm{m}}$$

$$t = \frac{48 \times 10^3}{6 \times 10^6 \times 0.32} = 0.025\mathrm{m} = 2.5\mathrm{cm}$$

29 **다음 중 동력 전달장치로서 운전이 조용하고 무단변속을 할 수 있으나 일정한 속도비를 얻기가 힘든 것은?**

① 마찰차 ② 기어
③ 체인 ④ 플라이 휠

해설
마찰차(Friction Wheel)는 접촉면에서의 마찰에 의해 동력 전달이 이루어지는데 두 마찰차의 상대적 미끄러짐을 완전히 제거할 수 없기 때문에 일정한 속도비를 얻기 힘들다.

30 **4m/s의 속도로 전동하고 있는 벨트의 긴장측의 장력이 1.23kN, 이완측의 장력이 0.49kN라 하면, 전달하고 있는 동력은 몇 kW인가?**

① 1.55 ② 1.86
③ 2.21 ④ 2.96

해설
동력 $H = F \times v = (T_t - T_s) \times v = (1.23 - 0.49) \times 4 = 2.96\mathrm{kW}$

정답 26 ③ 27 ② 28 ④ 29 ① 30 ④

31 기본 부하용량이 33,000N이고, 베어링 하중이 4,000N인 볼베어링이 900rpm으로 회전할 때, 베어링의 수명시간은 약 몇 시간인가?

① 9,050 ② 9,500
③ 10,400 ④ 11,500

해설
베어링 수명시간(L_h)은 다음 식에 대입하면

$$L_h = 500\left(\frac{C}{P}\right)^3 \frac{33.3}{N} = 500 \times \left(\frac{33,000}{4,000}\right)^3 \times \frac{33.3}{900}$$
$$= 500 \times (8.25)^3 \times 0.037$$
$$= 10,388$$

볼 베어링의 수명시간(L_h) 구하는 식

$$L_h = 500\left(\frac{C}{P}\right)^3 \frac{33.3}{N}$$

여기서, C : 기본 부하용량
P_{th} : 베어링 이론하중
f_w : 하중계수
N : 회전수
f_n : 속도계수
f_h : 수명계수

32 직경 50mm의 축이 78.4N · m의 비틀림 모멘트와 49.0N · m의 굽힘 모멘트를 동시에 받을 때, 축에 생기는 최대전단응력은 몇 MPa인가?

① 2.88 ② 3.77
③ 4.56 ④ 5.79

해설

$$\tau_a = \frac{16\,T_e}{\pi d^3} = \frac{16 \times 92.453}{\pi \times 0.05^3} = 3.766\text{ MPa}$$
$$T_e = \sqrt{M^2 + T^2} = \sqrt{49^2 + 78.4^2} \fallingdotseq 92.453\text{N} \cdot \text{m}$$

33 끼워맞춤 방식에서 축의 지름이 구멍의 지름보다 큰 경우 조립 전 두 지름의 차를 무엇이라고 하는가?

① 죔새 ② 틈새
③ 공차 ④ 허용차

해설
죔새는 축의 지름이 구멍의 지름보다 큰 경우, 그 차이의 간격이다.

34 IT 기본공차는 몇 등급으로 구분되는가?

① 12 ② 15
③ 18 ④ 20

해설
IT(International Tolerance) 공차란 ISO에서 정한 치수공차와 끼워맞춤에 관한 공차로 IT 01, IT 00, IT 1~IT 18까지 총 20등급으로 구분된다.

35 얇은 부분의 단면을 표시하는 데 사용하는 선은?

① 아주 굵은 실선
② 불규칙한 파형의 가는 실선
③ 굵은 1점쇄선
④ 가는 파선

해설
개스킷이나 철판과 같이 극히 얇은 제품의 단면 표시는 아주 굵은 실선으로 표시한다.

31 ③ 32 ② 33 ① 34 ④ 35 ① 정답

36 구름베어링의 호칭기호가 다음과 같이 나타날 때 이 베어링의 안지름은 몇 mm인가?

6026 P6

① 26　② 60
③ 130　④ 300

해설
볼베어링의 안지름번호는 앞에 2자리를 제외한 뒤의 숫자로 확인할 수 있다. 04부터는 5를 곱하면 그 수치가 안지름이 된다.
- P6 : 등급기호로 정밀 등급 6호

37 줄무늬 방향의 기호에서 가공에 의한 컷의 줄무늬가 여러 방향으로 교차 또는 무방향을 나타내는 것은?

① M　② C
③ R　④ X

해설
② C : 중심에 대하여 대략 동심원(=원)
③ R : 중심에 대하여 대략 레이디얼 모양
④ X : 투상면에 경사지고 두 방향으로 교차

38 단면도를 나타낼 때 길이 방향으로 절단하여 도시할 수 있는 것은?

① 볼트　② 기어의 이
③ 바퀴 암　④ 풀리의 보스

해설
풀리에 끼우는 보스는 길이 방향으로 절단하여 도시가 가능하다.
- 길이 방향으로 절단하여 도시가 가능한 것 : 보스, 부시, 칼라, 베어링, 파이프 등 KS규격에서 절단하여 도시가 불가능하다고 규정된 이외의 부품
- 길이 방향으로 절단하여 도시가 불가능한 것 : 축, 키, 암, 핀, 볼트, 너트, 리벳, 코터, 기어의 이, 베어링의 볼과 롤러

39 치수의 배치방법 중 개별 치수들을 하나의 열로서 기입하는 방법으로, 일반공차가 차례로 누적되어도 문제없는 경우에 사용하는 치수 배치방법은?

① 직렬치수기입법
② 병렬치수기입법
③ 누진치수기입법
④ 좌표치수기입법

해설
② 병렬치수기입법 : 기준면을 설정하여 개개별로 기입되는 방법으로, 각 치수의 일반공차는 다른 치수의 일반공차에 영향을 주지 않는다.
③ 누진치수기입법 : 한 개의 연속된 치수선으로 간편하게 사용하는 방법이다. 치수의 기준점에 기점기호(O)를 기입하고, 치수보조선과 만나는 곳마다 화살표를 붙인다.
④ 좌표치수기입법 : 구멍의 위치나 크기 등의 치수는 좌표를 사용해도 된다. 프레스 금형이나 사출 금형의 설계도면 작성 시 사용하며, 기준면에 해당하는 쪽의 치수보조선의 위치는 제품의 기능, 조립, 검사 등의 조건을 고려하여 정한다.

40 다음 중 KS에서 기계 부문을 나타내는 기호는?

① KS A　② KS B
③ KS M　④ KS X

해설
한국산업규격(KS)의 부문별 분류기호

분류기호	KS A	KS B	KS C	KS D
분야	기본	기계	전기전자	금속

정답 36 ③ 37 ① 38 ④ 39 ① 40 ②

41 다음 중 우선적으로 사용되는 척도가 아닌 것은?

① 1 : 2　　② 1 : 3
③ 1 : 5　　④ 1 : 10

해설

우선적으로 사용하는 척도의 종류

1 : 2	1 : 5	1 : 10	1 : 20	1 : 50

42 다음 두 투상도에 사용된 단면도의 종류는?

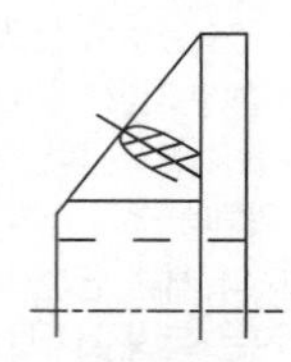
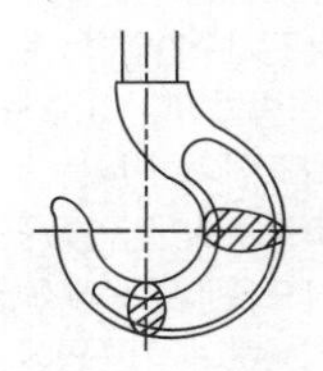

① 부분단면도　　② 한쪽단면도
③ 온단면도　　④ 회전도시단면도

해설

보이지 않는 안쪽의 모양이 간단하면 숨은선으로 나타낼 수 있지만, 복잡하면 더 알아보기 어렵기 때문에 안쪽을 더 명확히 나타내기 위해서 물체에 가상의 절단면을 설치하고 그 앞부분을 떼어낸 후 남겨진 부분의 모양을 그린 것이 단면도이다. 단면의 모양을 90°로 회전시켜 나타내는 단면도는 회전도시단면도이다.

43 평벨트 풀리의 도시방법으로 틀린 것은?

① 풀리는 축직각 방향의 투상을 주투상도로 할 수 있다.
② 벨트 풀리는 모양이 대칭형이므로 그 일부분만 도시할 수 있다.
③ 방사형으로 되어 있는 암은 수직 중심선 또는 수평 중심선까지 회전하여 투상할 수 있다.
④ 암은 길이 방향으로 절단하여 단면을 도시한다.

해설

평벨트 및 V-벨트 풀리를 도시할 때 암은 길이 방향으로 절단하여 도시하지 않는다.

44 코일스프링의 일반적인 도시방법으로 틀린 것은?

① 스프링은 원칙적으로 무하중인 상태로 그린다.
② 하중이 걸린 상태에서 그릴 때에는 그때의 치수와 하중을 기입한다.
③ 특별한 단서가 없는 한 모두 왼쪽 감기로 도시하고, 오른쪽 감기로 도시할 때에는 '감긴 방향 오른쪽'이라고 표시한다.
④ 그림 안에 기입하기 힘든 사항은 일괄하여 요목표에 표시한다.

해설

스프링은 특별한 단서가 없는 한 모두 오른쪽 감기로 도시하며, 왼쪽 감기로 도시할 경우에는 '감긴 방향 왼쪽'이라고 명시해야 한다.

45 용접부의 실제 모양이 다음 그림과 같을 때 용접기호 표시로 맞는 것은?

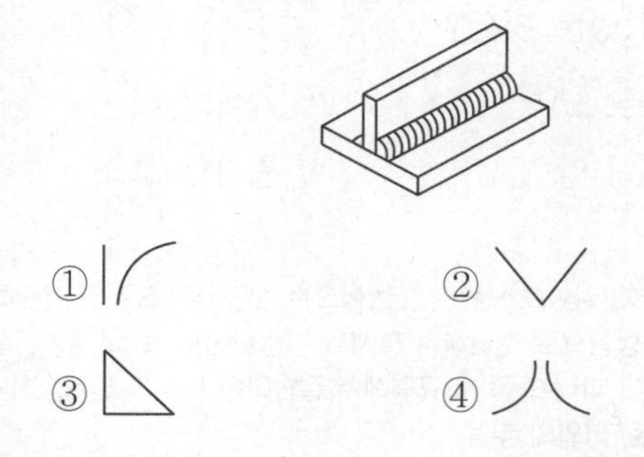

해설

문제의 그림은 필릿용접을 나타내는 기호이다.

41 ② 42 ④ 43 ④ 44 ③ 45 ③ 정답

46 다음 그림은 어떤 기어(Gear)를 간략 도시한 것인가?

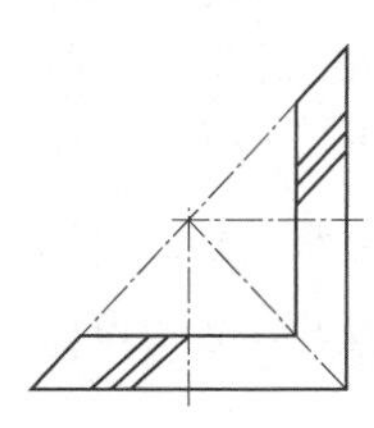

① 베벨기어
② 스파이럴 베벨기어
③ 헬리컬기어
④ 웜과 웜기어

해설
두 기어가 서로 직각으로 만나면서 기어의 잇줄이 사선으로 그려진 형상은 스파이럴 베벨기어이다.

47 다음 밸브 그림기호의 명칭으로 옳은 것은?

① : 밸브 일반
② : 앵글밸브
③ : 안전밸브
④ : 체크밸브

해설
① 밸브 일반 :
② 앵글밸브 :
③ 안전밸브 :

48 해칭에 대한 설명 중 틀린 것은?

① 해칭선은 수직 또는 수평의 중심선에 대하여 45°로 경사지게 긋는 것이 좋다.
② 인접한 단면의 해칭은 선의 방향 또는 각도를 변경하거나 해칭 간격을 다르게 하여 긋는다.
③ 단면 면적이 넓은 경우에는 그 외형선에 따라 적절한 범위에 해칭 또는 스머징을 한다.
④ 해칭 또는 스머징하는 부분 안에 문자나 기호를 절대로 기입해서는 안 된다.

해설
해칭(Hatching)과 스머징(Smudging)
단면도에는 필요한 경우 절단하지 않은 면과 구별하기 위해 해칭이나 스머징을 한다. 그리고 인접한 단면의 해칭은 기존 해칭이나 스머징 선의 방향 또는 각도를 다르게 하여 구분한다. 또한 해칭 또는 스머징하는 부분 안에는 문자나 기호를 기입할 수 있다.

49 최대허용한계치수와 최소허용한계치수의 차이값을 무엇이라고 하는가?

① 공차
② 기준치수
③ 최대 틈새
④ 위치수 허용차

해설
치수공차 = 최대허용한계치수 − 최소허용한계치수
치수공차는 공차라고도 한다.

정답 46 ② 47 ④ 48 ④ 49 ①

50 축용 게이지 제작에 사용되는 IT 기본공차의 등급은?

① IT 01~IT 4

② IT 5~IT 8

③ IT 8~IT 12

④ IT 11~IT 18

해설

IT(International Tolerance) 기본공차의 특징

- 공차 등급은 IT 기호 뒤에 등급을 표시하는 숫자를 붙여 사용한다.
- IT 기본공차는 구멍인 경우 알파벳 대문자, 축인 경우 알파벳 소문자를 사용한다.
- ISO에서 정한 치수공차와 끼워맞춤에 관한 공차로 IT 01, IT 00, IT 1~IT 18까지 총 20등급으로 구분된다.

용도	게이지 제작공차	끼워맞춤 공차	끼워맞춤 이외의 공차
구멍	IT 01~IT 5	IT 6~IT 10	IT 11~IT 18
축	IT 01~IT 4	IT 5~IT 9	IT 10~IT 18

51 다음 그림은 어느 단면도에 해당하는가?

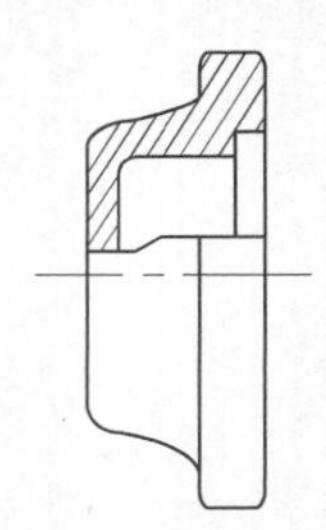

① 온단면도　② 한쪽단면도

③ 회전도시단면도　④ 부분단면도

해설

④ 부분단면도 : 부품의 일부분을 잘라 내고 필요한 내부의 모양을 그리기 위한 단면도이다.

① 온단면도 : 물체 전체를 직선으로 절단하여 앞부분을 잘라내고 남은 뒷부분의 단면 모양을 그린 것이다.

② 한쪽단면도 : 상하 또는 좌우가 대칭인 물체를 중심선을 기준으로 1/4 절단하여 내부 모양과 외부 모양을 동시에 표시하는 방법이다.

③ 회전도시단면도 : 핸들이나 벨트 풀리, 바퀴의 암, 리브, 축, 형강 등의 단면의 모양을 90°로 회전시켜 투상도의 안이나 밖에 그린다. 주투상도의 밖으로 끌어내어 그릴 경우는 가는 1점쇄선으로 한계를 표시하고 굵은 실선으로 그린다.

52 리벳의 호칭방법으로 올바른 것은?

① 규격번호, 종류, 호칭지름×길이, 재료

② 규격번호, 길이×호칭지름, 종류, 재료

③ 재료, 종류, 호칭지름×길이, 규격번호

④ 종류, 길이×호칭지름, 재료, 규격번호

해설

리벳의 호칭

규격번호	종류	호칭지름 × 길이	재료
KS B 0112	열간 둥근 머리 리벳	10 × 30	SM50

53 다음은 ∅60G7의 공차값을 나타낸 것이다. 치수공차를 바르게 나타낸 것은?

① $\varnothing 60^{+0.03}_{+0.01}$　② $\varnothing 60^{+0.04}_{+0.03}$

③ $\varnothing 60^{+0.04}_{+0.01}$　④ $\varnothing 60^{+0.02}_{+0.01}$

해설

지름이 60mm의 구멍이면서 G7의 공차값을 끼워맞춤의 구멍 치수허용차(KS B 0401)에서 찾아보면, 위에 +40, 아래에 +10이 있으므로 위치수허용차는 +0.04, 아래치수허용차는 +0.01임을 알 수 있다.

54 치수기입 'SR30'에서 'SR'기호의 의미는?

① 구의 직경

② 전개 반지름

③ 구의 반지름

④ 원의 호

해설

- 구의 직경 : S∅
- 구의 반지름 : SR

50 ① 51 ④ 52 ① 53 ③ 54 ③ 정답

55 **다음 그림은 제3각법으로 나타낸 투상도이다. 평면도에 누락된 선을 완성한 것은?**

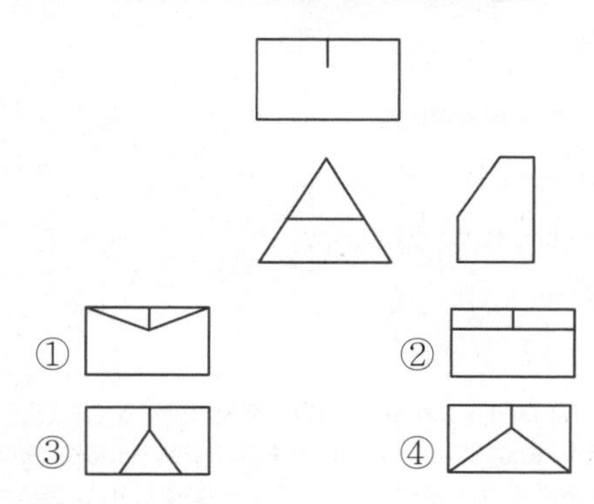

해설

평면도는 물체를 위에서 바라본 형상으로 정면도와 우측면도의 형상을 통해서 평면도의 윤곽이 사각형임을 유추할 수 있고, 물체를 앞에서 바라본 정면도의 모양이 삼각형이기 때문에 우측면도의 좌측 윗부분의 깎인 형상도 삼각형임을 유추할 수 있다. 따라서 평면도의 하단부에 삼각형의 경계선이 있어야 하므로 이 물체의 평면도는 ③번이다.

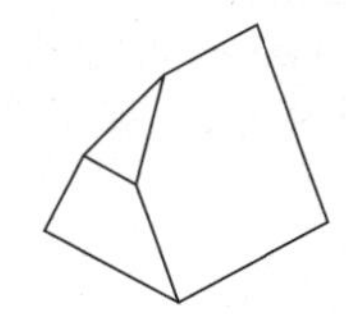

56 **CAD 시스템에서 마지막 입력점을 기준으로 다음 점까지의 직선거리와 기준 직교축과 그 직선이 이루는 각도로 입력하는 좌표계는?**

① 절대좌표계
② 구면좌표계
③ 원통좌표계
④ 상대극좌표계

해설

① 절대좌표계 : 도면상 임의의 점을 입력할 때 변하지 않는 원점(0,0)을 기준으로 정한 좌표계
② 구면좌표계 : 3차원 구의 형태를 나타내는 것으로 거리 r과 두 개의 각으로 표현되는 좌표계
③ 원통좌표계 : 3차원 공간을 나타내기 위해 평면극좌표계에 평면에서부터의 높이를 더해서 나타내는 좌표계

57 **CAD 시스템의 출력장치가 아닌 것은?**

① 스캐너
② 그래픽 디스플레이
③ 프린터
④ 플로터

해설

스캐너는 입력장치에 속한다.

58 **CAD 시스템에서 기하학적 데이터의 변환에 속하지 않는 것은?**

① 이동(Translation)
② 회전(Rotation)
③ 스케일링(Scaling)
④ 리드로잉(Redrawing)

해설

- CAD 시스템의 데이터 변환에 리드로잉은 포함되지 않는다. 리드로잉은 다시 그리는 것으로 데이터의 변형과는 거리가 멀다.
- 자료의 데이터 변환의 종류
  - Rotation(회전)
  - Shearing(전단)
  - Projection(투영)
  - Scaling(확대 및 축소)
  - Translation(변형, 이동, 옮김)

59 3차원 솔리드 모델의 생성을 위해 사용되는 기본입체(Primitive)가 아닌 것은?

① Cone

② Wedge

③ Sphere

④ Patch

해설

- 프리미티브(Primitive) : 초기의, 원시적인 단계를 의미하는 것으로 프로그램을 다루는 데 가장 기본적인 기하학적 물체를 의미한다. 이 기본 형상에 직선은 포함되지 않는다.
- 3차원 솔리드 모델링에서 사용되는 기본 입체(Primitive) 형상
  - 구(Sphere)
  - 관(Pipe)
  - 원통(Cylinder)
  - 원추(원뿔, Cone)
  - 육면체(Cube)
  - 사각블록(Box)

60 컴퓨터에서 CPU와 주기억장치 간의 데이터 접근 속도 차이를 극복하기 위해 사용하는 고속기억장치는?

① Cache Memory

② Associative Memory

③ Destructive Memory

④ Nonvolatile Memory

해설

① Cache Memory(캐시 메모리) : 주기억장치와 CPU(중앙처리장치) 사이에서 속도의 차이를 줄이기 위해 데이터와 명령어를 일시적으로 저장하는 고속기억장치로 자료처리 시 병목현상을 방지한다.

② Associative Memory(연상 메모리) : 기억장치에 기억된 정보에 접근하기 위해 주소를 사용하는 것이 아니라 기억된 내용에 접근하는 것으로 검색을 빠르게 할 수 있는 메모리이다.

③ Destructive Memory(파괴 메모리) : 판독 후 저장된 내용이 파괴되는 메모리로, 파괴된 내용을 재생시키기 위한 재저장 시간이 필요하다.

④ Nonvolatile Memory(비휘발성 메모리) : 전원을 꺼도 메모리 내용이 지워지지 않는 메모리이다.

59 ④ 60 ① 정답

2023년 제 1 회 과년도 기출복원문제

01 **탄소강에 함유된 원소 중 백점이나 헤어크랙의 원인이 되는 것은?**

① 황(S)
② 인(P)
③ 수소(H_2)
④ 구리(Cu)

02 **고속도강 강재의 표준형으로 널리 사용되는 18-4-1형에서 텅스텐 함유량은?**

① 1%　② 4%
③ 18%　④ 23%

해설
표준 고속도강의 합금 비율
W(텅스텐) : Cr(크롬) : V(바나듐) = 18 : 4 : 1

03 **철과 탄소는 약 6.67% 탄소에서 탄화철이라는 화합물을 만드는데 이 탄소강의 표준조직은?**

① 펄라이트
② 오스테나이트
③ 시멘타이트
④ 솔바이트

해설
순수한 철에 C(탄소)를 약 6.67% 합금하여 만든 금속조직은 시멘타이트(Fe_3C)이다.

04 **5~20% Zn의 황동으로, 강도는 낮으나 전연성이 좋고 황금색에 가까우며 금박 대용, 황동단추 등에 사용되는 구리합금은?**

① 톰백　② 문쯔메탈
③ 델타메탈　④ 주석황동

해설
① 톰백 : 황동에 속하는 합금재료로 색깔이 아름다워 장식품용 재료로 많이 사용된다. 구리(Cu)에 아연(Zn)의 합금량이 보통 8~20%이지만 5~20%를 적용하기도 한다. 황동은 합금원소의 종류와 합금 양에 따라 제품명이 달라진다.
② 문쯔메탈 : 60%의 구리와 40%의 아연이 합금된 것으로 인장강도가 최대이며, 강도가 필요한 단조제품이나 볼트, 리벳 등의 재료로 사용한다.
③ 델타메탈 : 6 : 4 황동에 철(1~2%)을 합금한 것으로 부식에 강해서 기계나 선박의 부품에 사용하는 특수황동이다.
④ 주석황동 : 황동에 2% 이하의 주석(Sn)을 넣어서 만든 합금으로 강도가 크고, 바닷물에도 잘 부식되지 않아서 선박기관의 복수기관용 재료로 사용된다.

05 **탄소강의 A_2와 A_3변태점이 모두 옳은 것은?**

① A_2 : 723℃, A_3 : 1,400℃
② A_2 : 768℃, A_3 : 910℃
③ A_2 : 723℃, A_3 : 910℃
④ A_2 : 910℃, A_3 : 1,400℃

해설
변태점이란 변태가 일어나는 온도로, 주요 변태점은 다음과 같다.
- A_0 변태점(210℃) : 시멘타이트의 자기변태점
- A_1 변태점(723℃) : 철의 동소변태점(공석변태점)
- A_2 변태점(768℃) : 철의 자기변태점
- A_3 변태점(910℃) : 철의 동소변태점, 체심입방격자(BCC) → 면심입방격자(FCC)
- A_4 변태점(1,410℃) : 철의 동소변태점, 면심입방격자(FCC) → 체심입방격자(BCC)

정답 1 ③ 2 ③ 3 ③ 4 ① 5 ②

06 황(S)의 해를 방지할 수 있는 적합한 원소는?

① Mn(망간)
② Si(규소)
③ Al(알루미늄)
④ Mo(몰리브덴)

해설
- 황은 적열취성을 일으키는 원소이므로 이를 방지하기 위해서는 망간을 합금시킨다.
- 적열취성(철이 빨갛게 달궈진 상태) : 황의 함유량이 많은 탄소강이 900℃ 부근에서 적열(赤熱) 상태가 되었을 때 파괴되는 성질로, 철에 황의 함유량이 많으면 황화철이 되면서 결정립계 부근의 황이 망상으로 분포되면서 결정립계가 파괴된다. 적열취성을 방지하려면 망간을 합금하여 황을 황화망간(MnS)로 석출시킨다. 적열취성은 높은 온도에서 발생하므로 고온취성이라고도 한다.

07 알루미늄 합금재료가 가공된 후 시간의 경과에 따라 합금이 경화하는 현상은?

① 재결정
② 시효경화
③ 가공경화
④ 인공시효

해설
① 재결정 : 특정한 온도영역에서 이전의 입자들을 대신하여 변형이 없는 새로운 입자가 형성되는 현상이다.
③ 가공경화 : 금속을 가공하고 소성변형시킴으로써 표면경도를 증가시키는 방법이다. 소성변형의 증가에 따라 경도가 증가하지만 연신율과 수축성이 저하되어 외부 충격에 약해진다.
④ 인공시효 : 과포화되어 있는 고용체에서 열처리로 특정 성분의 물질을 분리하는 방법이다.

08 마우러조직도에 대한 설명으로 옳은 것은?

① 탄소와 규소량에 따른 주철의 조직관계를 표시한 것
② 탄소와 흑연량에 따른 주철의 조직관계를 표시한 것
③ 규소와 망간량에 따른 주철의 조직관계를 표시한 것
④ 규소와 크롬량에 따른 주철의 조직관계를 표시한 것

09 황동의 합금원소는?

① Cu – Sn
② Cu – Zn
③ Cu – Al
④ Cu – Ni

해설
구리합금의 종류
- 청동 : Cu(구리) + Sn(주석)
- 황동 : Cu(구리) + Zn(아연)

10 암모니아(NH_3)가스 중에서 500℃ 정도로 장시간 가열하여 강제품의 표면을 경화시키는 열처리는?

① 침탄처리
② 질화처리
③ 화염경화처리
④ 고주파경화처리

해설
열처리의 일종인 질화법은 재료의 표면경도를 향상시키기 위한 방법으로 암모니아(NH_3)가스의 영역 안에 재료를 놓고 약 500℃에서 50~100시간을 가열하면 재료 표면의 Al, Cr, Mo이 질화되면서 표면이 단단해지는 표면경화법이다.

6 ① 7 ② 8 ① 9 ② 10 ② 정답

11 **고주파 담금질의 특징에 대한 설명으로 옳은 것은?**

① 직접 가열하므로 열효율이 높다.
② 열처리 불량은 적지만 항상 변형 보정이 필요하다.
③ 열처리 후의 연삭과정을 생략 또는 단축시킬 수 없다.
④ 간접 부분 담금질법으로 원하는 깊이만큼 경화하기 힘들다.

해설
고주파경화법은 고주파 유도전류에 의해서 강 부품의 표면층만 직접 급속히 가열한 후 급랭시키는 방법으로 열효율이 높다.

12 **Cu에 40~45% Ni을 첨가한 합금으로서 전기저항이 크고 온도계수가 일정해서 통신기자재, 저항선, 전열선 등에 사용하는 니켈합금은?**

① 인바
② 엘린바
③ 모넬메탈
④ 콘스탄탄

해설
① 인바 : Fe에 Ni을 35% 첨가하여 열팽창계수가 작은 합금으로 줄자, 정밀기계 부품 등에 사용한다.
② 엘린바 : Fe에 36%의 Ni, 12%의 Cr을 함유한 합금으로 시계태엽, 계기의 스프링, 기압계용 다이어프램 등 정밀계측기나 시계 부품에 사용한다.
③ 모넬메탈 : Cu에 Ni이 60~70% 합금된 재료로 내식성과 고온강도가 높아서 화학기계나 열기관용 재료로 사용된다.

13 **순철이 1,539℃ 용융 상태에서 상온까지 냉각하는 동안에 1,400℃ 부근에서 나타나는 동소변태의 기호는?**

① A_1　　② A_2
③ A_3　　④ A_4

해설
변태란 철이 온도 변화에 따라 원자 배열이 바뀌면서 내부의 결정구조나 자기적 성질이 변화되는 현상이고, 변태점이란 변태가 일어나는 온도이다.

- A_0 변태점(210℃) : 시멘타이트의 자기변태점
- A_1 변태점(723℃) : 철의 동소변태점(공석변태점)
- A_2 변태점(768℃) : 철의 자기변태점
- A_3 변태점(910℃) : 철의 동소변태점, 체심입방격자(BCC) → 면심입방격자(FCC)
- A_4 변태점(1,410℃) : 철의 동소변태점, 면심입방격자(FCC) → 체심입방격자(BCC)

14 **베이나이트 조직을 얻기 위한 항온 열처리 방법은?**

① 퀜칭
② 심랭처리
③ 오스템퍼링
④ 노멀라이징

해설
오스템퍼링 : 강을 오스테나이트 상태로 가열한 후 300~350℃의 온도에서 담금질하여 하부 베이나이트 조직으로 변태시킨 후 공랭하는 방법으로, 강인한 베이나이트 조직을 얻고자 할 때 사용한다.

정답 11 ① 12 ④ 13 ④ 14 ③

15 어미자의 1눈금이 0.5mm이며, 아들자의 눈금 12mm를 25등분한 버니어 캘리퍼스의 최소 측정값은?

① 0.01mm ② 0.05mm

③ 0.02mm ④ 0.1mm

해설

어미자의 눈금 간격이 0.5mm이고, 이 간격을 아들자로 25등분한 것이므로 $\frac{0.5}{25}$ mm = 0.02mm가 된다. 따라서 이 버니어 캘리퍼스의 최소 측정값은 0.02mm이다.

버니어 캘리퍼스는 자와 캘리퍼스를 조합한 측정기로 어미자와 아들자를 이용하여 최소 측정값 $\frac{1}{20}$ mm(0.05), $\frac{1}{50}$ mm(0.02)까지 측정할 수 있다.

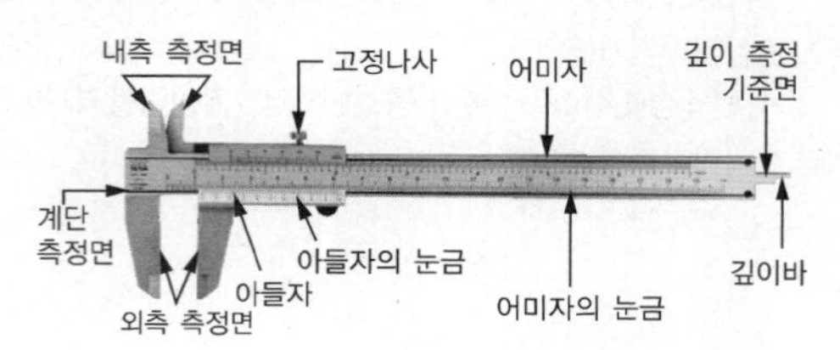

16 측정오차에 대한 설명으로 옳지 않은 것은?

① 정기적으로 측정기를 검사하여 사용하므로 측정기는 오차가 없다.

② 온도, 습도, 진동 등 주위 환경요인에 의하여 오차가 발생할 수 있다.

③ 측정자의 숙련도 부족, 습관, 부주의 등으로 발생할 수 있다.

④ 우연오차를 줄이는 방법 중 하나는 측정 횟수를 늘려 그 평균값을 측정값으로 하는 것이다.

해설

측정기는 사용함에 따라 발생하는 유격과 사용자의 숙련도에 따라 측정기오차가 발생할 수 있다.

17 다음 그림은 마이크로미터의 측정 눈금을 나타낸 것이다. 측정값은?

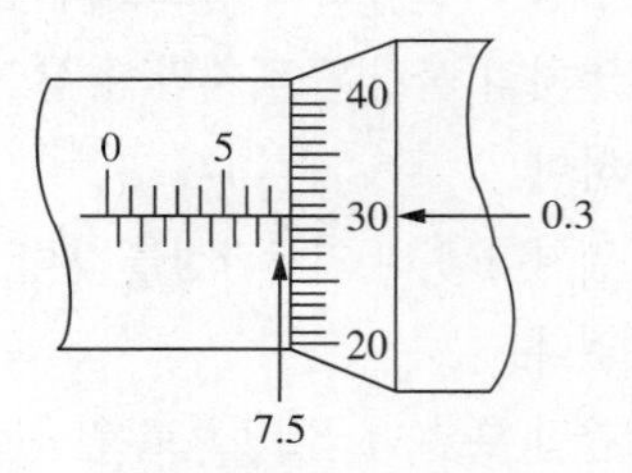

① 1.35mm ② 1.85mm

③ 7.35mm ④ 7.8mm

해설

마이크로미터 측정값

7.5mm + 0.3 = 7.8mm

18 이미 치수를 알고 있는 표준과의 차를 구하여 치수를 알아내는 측정방법은?

① 절대 측정

② 비교 측정

③ 표준 측정

④ 간접 측정

해설

① 절대 측정 : 계측계에서 기본 단위로 주어지는 양과 비교함으로써 이루어지는 측정방법

③ 표준 측정 : 표준을 만들고자 할 때 사용하는 측정방법

④ 간접 측정 : 측정량과 일정한 관계가 있는 몇 개의 양을 측정함으로써 구하고자 하는 측정값을 간접적으로 유도해 내는 측정방법

15 ③ 16 ① 17 ④ 18 ② 정답

19 지름이 30 mm, 표점거리가 100mm인 시편으로 인장시험하여 파단 시 표점거리가 120mm가 되었을 때의 연신율[%]은?

① 5　② 10
③ 15　④ 20

해설

변형률(인장변형률, 연신율, ε)

재료가 축 방향의 인장하중을 받으면 길이가 늘어나는데 처음 길이에 비해 늘어난 길이의 비율이다.

$$\varepsilon = \frac{\text{나중 길이} - \text{처음 길이}}{\text{처음 길이}} = \frac{l_1 - l_0}{l_0} \times 100\%$$

$$= \frac{120\text{mm} - 100\text{mm}}{100\text{mm}} \times 100\%$$

$$= 20\%$$

20 분해가 어려운 영구적인 고정방식에 사용되는 결합용 기계요소는?

① 키　② 핀
③ 볼트　④ 리벳

해설

리벳은 판재나 형강을 영구적으로 이음할 때 사용되는 결합용 기계요소로, 구조가 간단하고 잔류 변형이 없어서 주로 기밀을 요하는 압력용기나 보일러, 항공기, 교량 등의 이음에 사용된다. 간단한 리벳작업은 망치도 가능하지만 큰 강도를 요하는 곳을 리벳이음을 하기 위해서는 리베팅 장비가 필요하다.

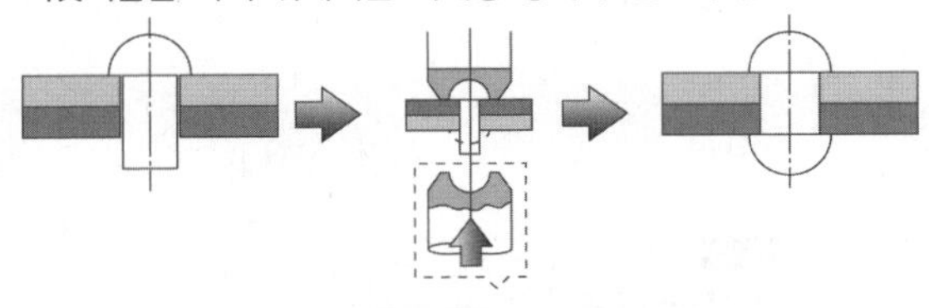

21 벨트전동장치에 대한 설명으로 옳지 않은 것은?

① 두 축 간의 거리가 먼 경우 벨트를 사용하여 간접적으로 동력을 전달하는 장치이다.
② 평벨트는 바로걸기(Open Belting)와 엇걸기(Cross Belting)가 가능하다.
③ V벨트는 바로걸기만 가능하다.
④ 같은 조건에서 평벨트는 V벨트보다 마찰력이 증대되어 전동효율이 더 높다.

해설

벨트전동장치에서 동일한 조건이라면 평벨트가 V벨트보다 접촉면적이 더 적기 때문에 마찰력이 더 작고 효율도 더 떨어진다.

22 기어의 특징에 대한 설명으로 옳지 않은 것은?

① 큰 동력을 전달할 수 있다.
② 정확한 회전 비율을 얻을 수 있다.
③ 소음과 진동이 발생하지 않는다.
④ 큰 감속비를 얻을 수 있다.

해설

기어는 한 쌍의 기어가 서로 맞물려 돌아가면서 마찰력이 발생되면서 동력을 전달하기 때문에 소음과 진동이 발생한다.

정답 19 ④ 20 ④ 21 ④ 22 ③

23 회전력을 전달하는 축에 대한 설명으로 옳은 것은?

① 차축은 휨과 비틀림하중을 동시에 받으며, 일반적인 동력 전달용 축으로 사용된다.

② 전동축은 휨하중을 받는 축으로 자동차, 철도용 차량 등의 중량을 차륜에 전달한다.

③ 크랭크축은 직선운동을 회전운동으로 바꾸거나 회전운동을 직선운동으로 바꾸는 데 사용된다.

④ 플렉시블축은 비틀림하중을 받는 축으로, 한쪽만 지지하고 있는 선반이나 밀링머신의 주축으로 사용된다.

해설

크랭크축 : 증기기관이나 내연기관 등에서 피스톤의 왕복운동을 회전운동으로 바꾸는 기능을 하는 축이다.

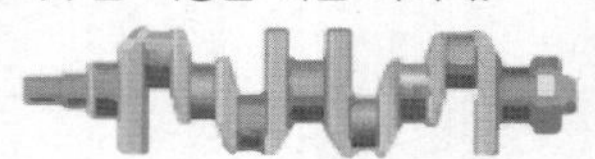

24 브레이크 드럼의 지름이 200mm, 브레이크에 작용하는 반경 방향 수직력이 100N일 때 브레이크 드럼에 작용하는 제동토크[N · mm]는?(단, 마찰계수 μ=0.3으로 한다)

① 2,000 ② 3,000

③ 4,500 ④ 6,000

해설

토크

$$T = f \times \frac{D}{2} = \mu P \times \frac{D}{2}$$

$$= 0.3 \times 100\text{N} \times \frac{200}{2}\text{mm}$$

$$= 3{,}000\text{N} \cdot \text{mm}$$

25 축 이음방법 중 두 축 간의 축 경사나 편심을 흡수할 수 없는 것은?

① 고무커플링

② 기어커플링

③ 유니버설조인트

④ 플랜지커플링

해설

플랜지커플링은 대표적인 고정커플링의 일종으로, 두 축 간의 축 경사나 편심을 흡수할 수 없다. 반면 고무커플링이나 기어커플링, 유니버설조인트는 두 축에 다소 경사가 발생해도 동력을 전달할 수 있는 축 이음요소이다.

[플랜지커플링]

26 원주속도 2m/s로 5kW를 전달하는 원통 마찰차에서 마찰차를 누르는 힘[kN]은?(단, 마찰계수는 0.25이다)

① 8 ② 10

③ 12 ④ 14

해설

마찰차의 동력

$H = \mu P v$

$$P = \frac{H}{\mu v} = \frac{5{,}000\text{N} \cdot \text{m/s}}{0.25 \times 2} = 10{,}000\text{N} = 10\text{kN}$$

여기서, $H = 5\text{kW} = 5{,}000\text{W}(\text{W} = \text{N} \cdot \text{m/s})$

23 ③ 24 ② 25 ④ 26 ② 정답

27 **지그(Jig)와 고정구를 사용할 경우의 이점으로 옳지 않은 것은?**

① 공작기계를 최대한으로 활용할 수 있어 작업효율을 증대시킨다.
② 작업의 정밀도를 향상시켜 불량률 감소와 더불어 제품의 호환성이 증대된다.
③ 다품종 소량의 제품가공에 효율적으로 사용되며, 제조원가를 절감시킬 수 있다.
④ 숙련된 기술이 필요한 특수작업을 감소시키며, 전반적으로 작업이 단순화된다.

해설
지그와 고정구를 사용하면 소품종의 제품을 대량으로 생산하기에 효율적이므로 제조원가를 절감할 수 있다. 반대로 다품종을 소량으로 생산하려면 그만큼 많은 종류의 지그나 고정구를 만들어야 하므로 제조원가는 높아진다.

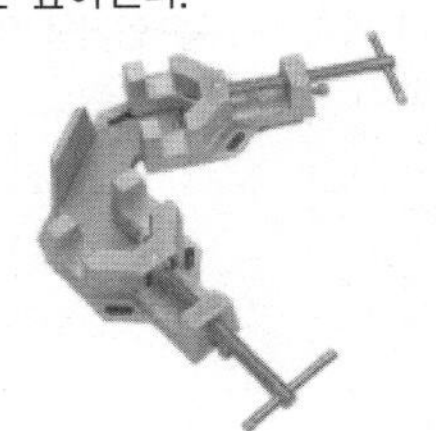

28 **체인전동의 특성에 대한 설명으로 옳지 않은 것은?**

① 체인의 탄성으로 어느 정도 충격하중을 흡수할 수 있다.
② 초기 장력이 필요 없어 정지 시 장력이 작용하지 않는다.
③ 체인의 길이 조절과 다축 전동이 쉽다.
④ 미끄럼이 있어 일정한 속도비를 얻기 어렵다.

해설
체인전동의 특징
- 큰 동력 전달이 가능하다.
- 진동과 소음이 발생하기 쉽다.
- 체인의 길이 조절과 다축 전동이 쉽다.
- 축간거리가 긴 경우 고속 전동이 어렵다.
- 미끄럼이 없이 일정한 속도비를 얻을 수 있는 동력 전달 장치이다.
- 초기 장력이 필요 없어 정지 시 장력이 작용하지 않는다.
- 체인의 탄성으로 어느 정도의 충격하중을 흡수할 수 있다.

29 **스프링을 사용하는 목적이 아닌 것은?**

① 힘 축적 ② 진동 흡수
③ 동력 전달 ④ 충격 완화

해설
- 스프링 : 재료의 탄성을 이용하여 충격과 진동을 완화하는 것으로, 동력 전달용으로는 사용하지 않는다.
- 스프링의 사용목적
  - 충격 완화
  - 진동 흡수
  - 힘의 축적
  - 힘의 측정
  - 운동과 압력의 억제

30 **전달마력 30kW, 회전수 200rpm인 전동축에서 토크 T는 약 몇 N·m인가?**

① 107 ② 146
③ 1,070 ④ 1,430

해설
$$T = 974\frac{H_{kw}}{N}\,\text{kgf}\cdot\text{m}$$
$$= 974\frac{30}{200} = 146\,\text{kgf}\cdot\text{m}$$
$$= 146\times 9.8 = 1{,}430.8\,\text{N}\cdot\text{m}$$
여기서, $1\text{kgf} = 9.8\text{N}$

정답 27 ③ 28 ④ 29 ③ 30 ④

31 리벳작업에서 코킹을 하는 목적으로 가장 옳은 것은?

① 패킹재료를 삽입하기 위해
② 파손재료를 수리하기 위해
③ 부식을 방지하기 위해
④ 기밀을 유지하기 위해

해설
리벳작업 시 코킹을 하는 목적은 볼트가 판재에 끼워지면서 발생되는 틈새를 막음으로써 기밀(기체 밀폐)과 수밀(물 밀폐)을 유지하기 위함이다.
※ 코킹(Caulking) : 물이나 가스 저장용 탱크를 리베팅한 후 기밀과 수밀을 유지하기 위해 날 끝이 뭉뚝한 정(코킹용 정)을 사용하여 리벳 머리와 판의 이음부 같은 가장자리를 때려 박음으로써 틈새를 없애는 작업

32 나사를 기능상으로 분류했을 때 운동용 나사에 속하지 않는 것은?

① 볼나사 ② 관용 나사
③ 둥근 나사 ④ 사다리꼴나사

해설
관용 나사는 ISO 규격에 따른 분류를 나타낸 것으로, 기능상 분류에 속하지 않는다.

33 다음 제동장치 중 회전하는 브레이크 드럼을 브레이크 블록으로 누르게 하는 것은?

① 밴드 브레이크 ② 원판 브레이크
③ 블록 브레이크 ④ 드럼 브레이크

해설
① 밴드 브레이크 : 브레이크 드럼의 바깥 둘레에 강철 밴드를 감고 밴드의 끝이 연결된 레버를 잡아당겨 밴드와 브레이크 드럼 사이에 마찰력을 발생시켜서 제동력을 얻는 장치이다.
② 원판 브레이크 : 압축(축압)식 브레이크의 일종으로, 바퀴와 함께 회전하는 디스크를 양쪽에서 압착시켜 제동력을 얻어 회전을 멈추는 장치이다.
④ 드럼 브레이크 : 바퀴와 함께 회전하는 브레이크 드럼의 안쪽에 마찰재인 초승달 모양의 브레이크 패드(슈)를 밀착시켜 제동시키는 장치이다.

34 보스와 축의 둘레에 여러 개의 같은 키(Key)를 깎아 붙인 모양으로, 큰 동력을 전달할 수 있고 내구력이 크며, 축과 보스의 중심을 정확하게 맞출 수 있는 것은?

① 반달키
② 새들키
③ 원뿔키
④ 스플라인

해설
① 반달키 : 반달 모양의 키로, 키와 키홈을 가공하기 쉽고 보스의 키홈과의 접촉이 자동으로 조정되는 이점이 있지만 키홈이 깊어 축의 강도가 약하다.
② 새들키 : 축에는 키홈을 가공하지 않고 보스에만 키홈을 파서 끼운 뒤축과 키 사이의 마찰에 의해 회전력을 전달하는 키로 작은 동력 전달에 적당하다.
③ 원뿔키 : 축과 보스 사이에 2~3곳을 축 방향으로 쪼갠 원뿔을 때려 박아 축과 보스를 헐거움 없이 고정시킬 수 있다.

35 V벨트는 단면 형상에 따라 구분되는데 가장 단면이 큰 벨트의 형은?

① A ② C
③ E ④ M

해설
V벨트 단면의 모양 및 크기

종류	M	A	B	C	D	E
크기	최소 ◀				▶	최대

31 ④ 32 ② 33 ③ 34 ④ 35 ③ 정답

36 나사용 구멍이 없는 평행키의 기호는?

① P　　② PS
③ T　　④ TG

해설
• P : 나사용 구멍 없는 평행키
• PS : 나사용 구멍 있는 평행키

37 가공 전 또는 가공 후의 모양을 표시하기 위해 사용하는 선의 종류는?

① 가는 1점쇄선
② 가는 파선
③ 가는 2점쇄선
④ 굵은 1점쇄선

해설
가공 전 또는 가공 후의 모양은 가상선으로, 가는 2점쇄선 (―― - - ――)으로 표시한다.

38 작은 쪽의 지름을 호칭지름으로 나타내는 핀은?

① 평행핀 A형
② 평행핀 B형
③ 분할핀
④ 테이퍼핀

해설
테이퍼핀 : 키의 대용이나 부품 고정용으로 사용하는 핀으로 테이퍼핀을 때려 박으면 단단하게 구멍에 들어가서 잘 빠지지 않는다. 테이퍼핀의 테이퍼값은 $\frac{1}{50}$ 이고, 직경이 작은 부분의 지름을 나타낸다.

39 IT공차에 대한 설명으로 옳은 것은?

① IT 01부터 IT 18까지 20등급으로 구분되어 있다.
② IT 01~IT 4는 구멍 기준공차에서 게이지 제작공차이다.
③ IT 6~IT10은 축 기준공차에서 끼워맞춤 공차이다.
④ IT 10~IT 18은 구멍 기준공차에서 끼워맞춤 이외의 공차이다.

해설
IT(International Tolerance)공차란 ISO에서 정한 치수공차와 끼워맞춤에 관한 공차로 IT 01, IT 00, IT 1~IT 18까지 총 20등급으로 구분한다.

용도	게이지 제작공차	끼워맞춤 공차	끼워맞춤 이외의 공차
구멍	IT 01~IT 5	IT 6 ~IT 10	IT 11~IT 18
축	IT 01~IT 4	IT 5~IT 9	IT 10~IT 18

40 선의 종류에 따른 용도의 설명으로 틀린 것은?

① 굵은 실선 : 외형선으로 사용한다.
② 가는 실선 : 치수선으로 사용한다.
③ 파선 : 숨은선으로 사용한다.
④ 굵은 1점쇄선 : 단면의 무게중심선으로 사용한다.

해설
단면의 무게중심선은 가는 2점쇄선으로 표시해야 한다.

정답 36 ① 37 ③ 38 ④ 39 ① 40 ④

41 **다음 그림과 같은 지시기호에서 'b'에 들어갈 지시 사항으로 옳은 것은?**

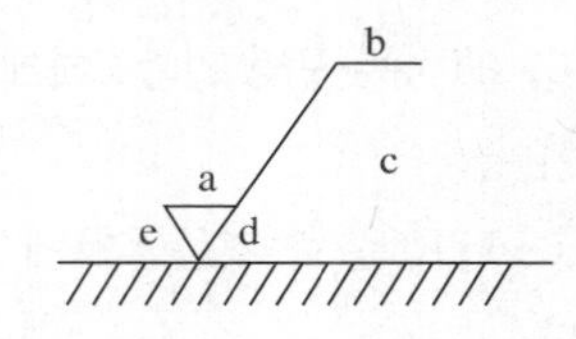

① 가공방법

② 표면파상도

③ 줄무늬 방향기호

④ 컷 오프값, 평가 길이

해설

표면의 결 지시기호

b

a

c

e d g

a : 중심선 평균거칠기값
b : 가공방법
c : 컷 오프값
d : 줄무늬 방향기호
e : 다듬질 여유
g : 표면파상도

42 **단독 모양에 적용하는 기하공차는?**

① 진원도

② 평행도

③ 위치도

④ 원주흔들림

해설

기하공차 중 단독 모양에 적용하는 것은 단독 형체로서 모양공차에 속하는 진원도이다.

43 **두 종류 이상의 선이 같은 장소에서 중복될 경우 가장 우선되는 선의 종류는?**

① 중심선 ② 절단선

③ 치수보조선 ④ 무게중심선

해설

두 종류 이상의 선이 중복되는 경우 선의 우선순위
숫자나 문자 > 외형선 > 숨은선 > 절단선 > 중심선 > 무게중심선 > 치수보조선

44 **다음 그림과 같이 경사면부가 있는 대상물에 그 경사면의 실형을 표시할 필요가 있을 때 사용하는 투상도의 명칭은?**

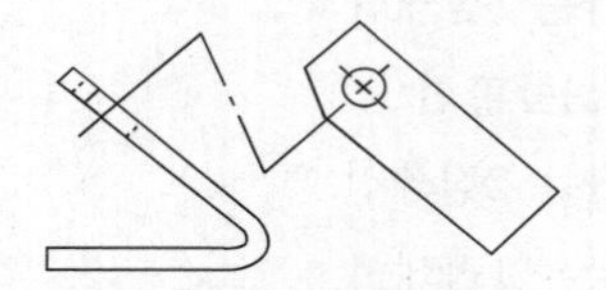

① 부분투상도 ② 보조투상도

③ 국부투상도 ④ 회전투상도

45 **축을 제도할 때 도시방법의 설명으로 옳은 것은?**

① 축에 단이 있는 경우는 치수를 생략한다.

② 축은 길이 방향으로 전체를 단면하여 도시한다.

③ 축 끝에 모따기는 치수를 생략하고 기호만 기입한다.

④ 단면 모양이 같은 긴 축은 중간을 파단하여 짧게 그릴 수 있다.

해설

④ 축을 제도할 때 긴 축은 중간 부분을 파단하여 짧게 그리고 실제 치수를 기입한다.
① 축에 단이 있는 경우에도 치수를 생략하면 안 된다.
② 축은 길이 방향으로 절단하여 단면을 도시하지 않는다.
③ 축 끝의 모따기는 폭과 각도를 기입하거나 45°인 경우 C로 표시한다.

41 ① 42 ① 43 ② 44 ② 45 ④ 정답

46 도면용지 A0의 크기는?

① 841×1,189
② 594×841
③ 420×594
④ 297×420

해설
도면용지의 종류별 크기 및 윤곽 치수(mm)

크기의 호칭	A0	A1	A2	A3	A4
a×b (세로×가로)	841×1,189	594×841	420×594	297×420	210×297

47 치수 기입의 원칙에 어긋나는 것은?

① 중복된 치수 기입을 피한다.
② 관련되는 치수는 되도록 한곳에 모아서 기입한다.
③ 치수는 되도록 공정마다 배열을 분리하여 기입한다.
④ 치수는 각 투상도에 고르게 분배되도록 한다.

해설
도면에 치수를 기입할 때 투상도에 고르게 분배하면 해독하기 더 어려우므로 관련된 치수는 한곳에 모아서 기입해야 한다.

48 다음 기하공차가 뜻하는 것은?

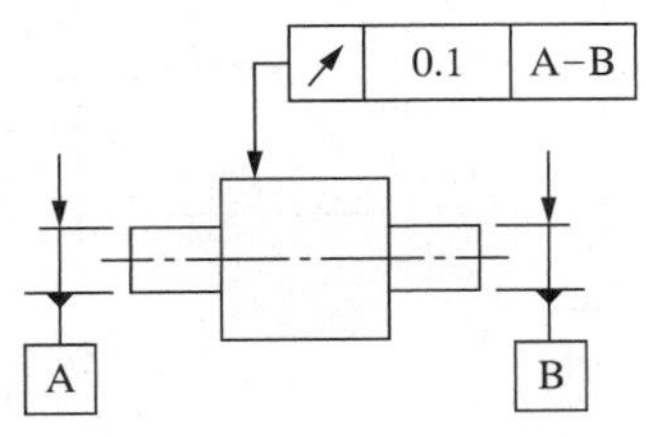

① 원주 흔들림　　② 진직도
③ 대칭도　　④ 원통도

해설
문제 그림의 기하공차는 데이텀 A와 B면을 기준으로 축의 원주 흔들림 공차값이 0.1mm 이내로 가공되어야 함을 의미한다.

49 평벨트풀리의 도시방법에 대한 설명 중 틀린 것은?

① 암은 길이 방향으로 절단하여 단면 도시한다.
② 벨트풀리는 축 직각 방향의 투상을 주투상도로 한다.
③ 암의 단면형은 도형의 안이나 밖에 회전 단면을 도시한다.
④ 암의 테이퍼 부분 치수를 기입할 때 치수보조선은 경사선으로 긋는다.

해설
평벨트풀리를 도시할 때 암은 길이 방향으로 절단하여 단면을 도시하지 않는다.

50 스프링 도시의 일반 사항이 아닌 것은?

① 코일스프링은 일반적으로 무하중 상태에서 그린다.
② 그림 안에 기입하기 힘든 사항은 일괄하여 요목표에 기입한다.
③ 하중이 걸린 상태에서 그린 경우에는 그때의 하중을 기입한다.
④ 단서가 없는 코일스프링이나 벌류트스프링은 모두 왼쪽으로 감은 것을 나타낸다.

해설
스프링은 모두 특별한 단서가 없는 한 오른쪽 감은 것으로 나타내어야 한다.

51 인치계 사다리꼴나사의 나사산 각도는?

① 29°　　② 30°
③ 55°　　④ 60°

정답 46 ① 47 ④ 48 ① 49 ① 50 ④ 51 ①

52 줄무늬 방향기호에서 가공에 의한 컷의 줄무늬가 여러 방향으로 교차 또는 무방향을 나타내는 것은?

① M ② C
③ R ④ X

해설
② C : 중심에 대하여 대략 동심원(= 원)
③ R : 중심에 대하여 대략 레이디얼 모양
④ X : 투상면에 경사지고 두 방향으로 교차

53 다음 중 유니언 이음은?

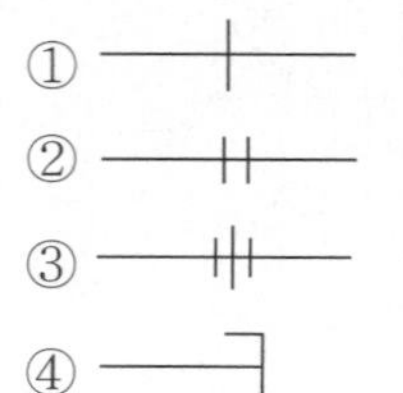

해설
배관 접합기호의 종류

유니언 연결		플랜지 연결	
칼라 연결		마개와 소켓 연결	
확장 연결 (신축이음)		일반 연결	
캡 연결		엘보 연결	

54 다음 중 입력장치가 아닌 것은?

① 터치패드
② 라이트펜
③ 3D 프린터
④ 스캐너

해설
3D 프린터는 실제 3D형상의 제품을 만드는 기기이므로, 출력장치이다.

55 다음 그림과 같은 등각투상도에서 화살표 방향을 정면도로 할 때 이에 대한 저면도로 가장 적합한 것은?

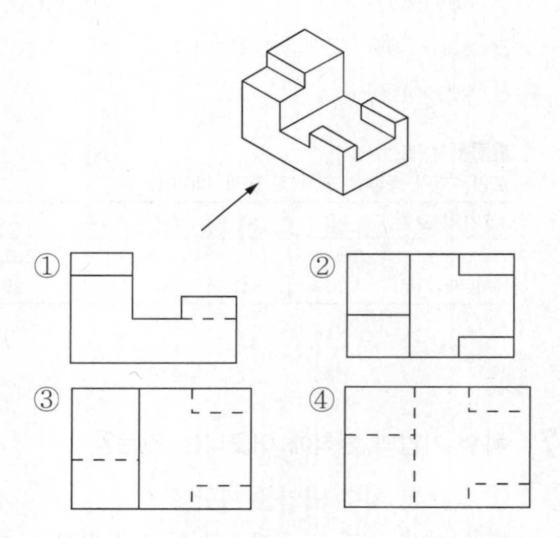

해설
물체를 앞쪽 방향으로 180° 뒤집은 후 아래 방향에서 바라본 형상이 저면도이다. 저면도에서는 위쪽으로 경계되는 부분이 모두 점선처리가 되어야 하므로, 총 다섯 구역이 점선처리가 된 ④번이 정답이다.

56 다음 그림은 관의 장치도를 단선으로 표시한 것이다. 체크밸브를 나타내는 기호는?

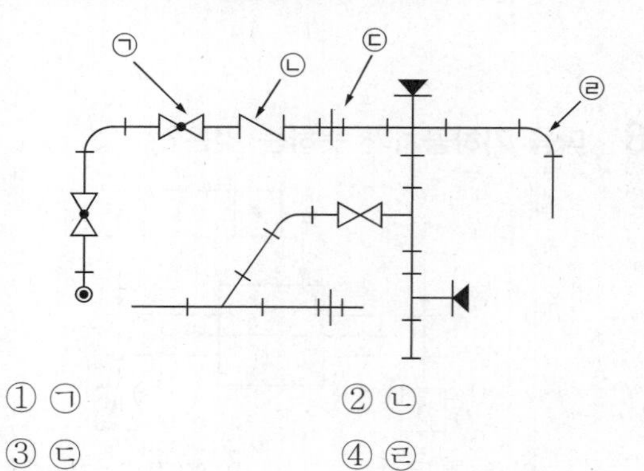

① ㉠ ② ㉡
③ ㉢ ④ ㉣

해설
㉠ : 글로브밸브
㉡ : 체크밸브
㉢ : 유니언 연결
㉣ : 엘보의 나사이음

52 ① 53 ③ 54 ③ 55 ④ 56 ② 정답

57 IGES(Initial Graphics Exchange Specification)에 대한 설명으로 옳은 것은?

① 초기에 생성된 제품 정의의 정보를 수정하기 위한 기능
② 서로 다른 시스템 간의 제품 정의 정보의 상호교환용 파일구조
③ 정비에서 제품 정의 정보를 생성하기 위한 초기화 상태를 위한 규칙
④ 제품 정의 정보 교환용 기계장치

해설
IGES의 특징
- ANSI(미국국가표준)의 표준규격이다.
- 최초의 CAD 데이터 표준 교환형식이다.
- 파일은 일반적으로 여섯 개의 섹션으로 구성되어 있다.
- 서로 다른 시스템 간 제품 정보의 상호교환용 파일구조이다.
- 데이터 변환과정을 거치므로 유효 숫자 및 라운드 오프 에러가 발생할 수 있다.
- IGES 미지원 요소로 모델링한 경우 비슷한 요소로 변환하므로 정보 전달에 오류가 발생할 수 있다.
- 서로 다른 CAD/CAM/CAE 시스템 간에 도면 및 기하학적 형상의 제품 정의 데이터를 교환하기 위해 개발된 최초의 데이터 교환형식이다.

58 다음 그림기호는 정투상 방법의 몇 각법을 나타내는가?

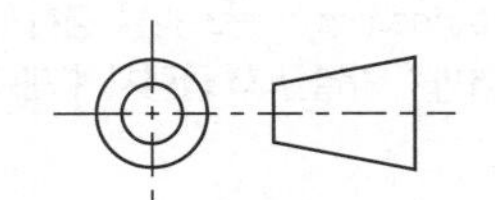

① 제1각법 ② 등각방법
③ 제3각법 ④ 부등각방법

해설

제1각법	제3각법
(그림)	(그림)

59 다음 그림과 같은 치수기입방법은?

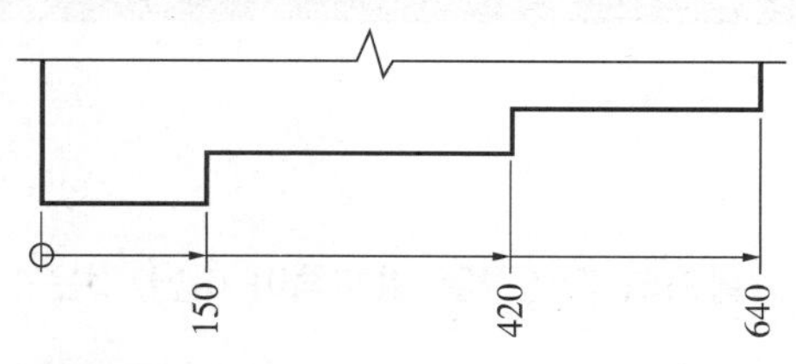

① 직렬치수기입방법
② 병렬치수기입방법
③ 누진치수기입방법
④ 복합치수기입방법

해설
누진치수기입법 : 한 개의 연속된 치수선으로 간편하게 사용하는 방법이다. 치수의 기준점에 기점기호(○)를 기입하고, 치수보조선과 만나는 곳마다 화살표를 붙인다.

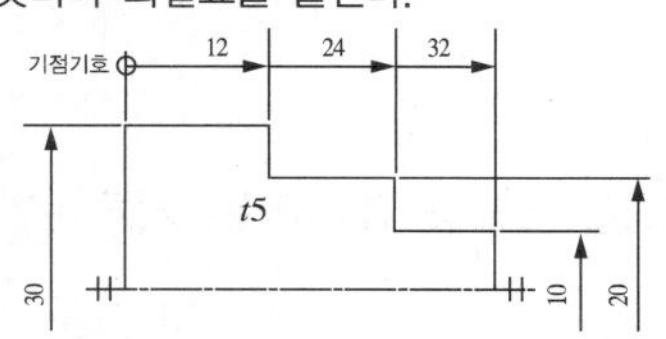

60 한국산업표준(KS)의 분류기호와 해당 부문의 연결이 옳지 않은 것은?

① KS K : 섬유
② KS B : 기계
③ KS E : 광산
④ KS D : 건설

해설
한국산업규격(KS)의 부문별 분류기호

분류기호	KS A	KS B	KS C	KS D	KS E	KS F	KS I
분야	기본	기계	전기전자	금속	광산	건설	환경
분류기호	KS K	KS Q	KS R	KS T	KS V	KS W	KS X
분야	섬유	품질경영	수송기계	물류	조선	항공우주	정보

정답 57 ② 58 ③ 59 ③ 60 ④

2023년 제2회 과년도 기출복원문제

01 **황동의 자연균열 방지책이 아닌 것은?**

① 수은 ② 아연 도금
③ 도료 ④ 저온풀림

해설

황동의 자연균열 방지법
• 수분에 노출되지 않도록 한다.
• 200~300℃로 응력제거 풀림을 한다.
• 표면에 도색이나 도금으로 표면처리한다.

02 **로크웰 경도를 표시하는 기호는?**

① HBS ② HS
③ HV ④ HRC

해설

경도시험이란 시험편 위에 강구나 다이아몬드와 같은 압입자로 일정한 하중을 가한 후 시험편에 나타난 자국에 의하여 경도를 측정하는 시험법이다. 로크웰 경도는 HRC로 나타낸다.

03 **순수 비중이 2.7인 이 금속은 주조가 쉽고 가벼울 뿐만 아니라 대기 중에서 내식력이 강하고 전기와 열의 양도체로 다른 금속과 합금하여 쓰이는 것은?**

① 구리(Cu)
② 알루미늄(Al)
③ 마그네슘(Mg)
④ 텅스텐(W)

해설

① 구리의 비중 : 8.9
③ 마그네슘의 비중 : 1.7
④ 텅스텐의 비중 : 19.1

04 **재료를 상온에서 다른 형상으로 변형시킨 후 원래 모양으로 회복되는 온도로 가열하면 원래 모양으로 돌아오는 합금은?**

① 제진합금 ② 형상기억합금
③ 비정질합금 ④ 초전도합금

해설

① 제진합금 : 소음의 원인이 되는 진동을 흡수하는 합금재료로, 제진강판 등이 있다.
③ 비정질합금 : 일정한 결정구조를 갖지 않는 어모퍼스(Amorphous) 구조이며 재료를 고속으로 급랭시키면 제조할 수 있다. 강도와 경도가 높으면서도 자기적 특성이 우수하여 변압기용 철심재료로 사용된다.
④ 초전도합금 : 순금속이나 합금을 극저온으로 냉각시키면 전기저항이 0에 접근하는 합금으로, 전동기나 변압기용 재료로 사용된다.

05 **열처리 방법 및 목적으로 틀린 것은?**

① 불림 : 소재를 일정온도에 가열 후 공랭시킨다.
② 풀림 : 재질을 단단하고 균일하게 한다.
③ 담금질 : 급랭시켜 재질을 경화시킨다.
④ 뜨임 : 담금질된 것에 인성을 부여한다.

해설

• 풀림(Annealing) : 재질을 연하고 균일화시킬 목적으로 실시하는 열처리법이다. 완전풀림은 A_3 변태점(968℃) 이상의 온도로, 연화풀림은 약 650℃의 온도로 가열한 후 서랭한다.
• 담금질(Quenching) : 탄소강을 경화시킬 목적으로 오스테나이트의 영역까지 가열한 후 급랭시켜 재료의 강도와 경도를 증가시킨다.

06 **합성수지의 공통된 성질 중 옳지 않은 것은?**

① 가볍고 튼튼하다.
② 전기절연성이 좋다.
③ 단단하며 열에 강하다.
④ 가공성이 크고 성형이 간단하다.

1 ① 2 ④ 3 ② 4 ② 5 ② 6 ③ 정답

07 항온 열처리의 종류에 해당되지 않는 것은?

① 마템퍼링
② 오스템퍼링
③ 마퀜칭
④ 오스드로잉

해설

항온 열처리의 종류

<table>
<tr><td colspan="2">항온 풀림</td><td>• 재료의 내부응력을 제거하여 조직을 균일화하고 인성을 향상시키기 위한 열처리 조작으로, 가열한 재료를 연속적으로 냉각하지 않고 약 500~600℃의 염욕 중에 냉각하여 일정 시간 동안 유지시킨 뒤 냉각시키는 방법이다.</td></tr>
<tr><td colspan="2">항온 뜨임</td><td>• 약 250℃의 열욕에서 일정 시간을 유지시킨 후 공랭하여 마텐자이트와 베이나이트의 혼합된 조직을 얻는 열처리법이다.
• 고속도강이나 다이스강을 뜨임처리하고자 할 때 사용한다.</td></tr>
<tr><td rowspan="3">항온 담금질</td><td>오스템퍼링</td><td>• 강을 오스테나이트 상태로 가열한 후 300~350℃의 온도에서 담금질하여 하부 베이나이트조직으로 변태시킨 후 공랭하는 방법이다.
• 강인한 베이나이트조직을 얻고자 할 때 사용한다.</td></tr>
<tr><td>마템퍼링</td><td>• 강을 M_s점과 M_f점 사이에서 항온 유지 후 꺼내어 공기 중에서 냉각하여 마텐자이트와 베이나이트의 혼합조직을 얻는 방법이다.
※ M_s : 마텐자이트 생성 시작점
M_f : 마텐자이트 생성 종료점</td></tr>
<tr><td>마퀜칭</td><td>• 강을 오스테나이트 상태로 가열한 후 M_s점 바로 위에서 기름이나 염욕에 담그는 열욕에서 담금질하여 재료의 내부 및 외부가 같은 온도가 될 때까지 항온을 유지한 후 공랭하여 열처리하는 방법으로, 균열이 없는 마텐자이트조직을 얻을 때 사용한다.</td></tr>
<tr><td rowspan="2">항온 담금질</td><td>오스포밍</td><td>• 가공과 열처리를 동시에 하는 방법으로, 오스테나이트 강을 M_s점보다 높은 온도에서 일정 시간 유지하며 소성가공한 후 M_s와 M_f점을 통과시켜 열처리를 완료하는 항온 열처리법이다.
• 조밀하고 기계적 성질이 좋은 마텐자이트를 얻고자 할 때 사용한다.</td></tr>
<tr><td>MS 퀜칭</td><td>• 강을 M_s점보다 다소 낮은 온도에서 담금질하여 물이나 기름 중에서 급랭시키는 열처리 방법으로, 잔류 오스테나이트의 양이 적다.</td></tr>
</table>

08 내열용 알루미늄합금 중 Y합금의 성분은?

① 구리, 납, 아연, 주석
② 구리, 니켈, 망간, 주석
③ 구리, 알루미늄, 납, 아연
④ 구리, 알루미늄, 니켈, 마그네슘

해설

Y합금은 알루미늄합금 중 내열성이 있는 주물용 재료로 공랭 실린더 헤드나 피스톤에 널리 사용된다.

09 금속재료를 고온에서 오랜 시간 외력을 걸어 놓으면 시간의 경과에 따라 서서히 그 변형이 증가하는 현상은?

① 크리프
② 스트레스
③ 스트레인
④ 템퍼링

해설

① 크리프 : 고온에서 재료에 일정 크기의 하중(정하중)을 작용시키면 시간이 경과함에 따라 변형이 증가하는 현상
③ 스트레인 : 물체에 외력을 가했을 때 대항하지 못하고 모양이 변형되는 정도
④ 템퍼링(Tempering, 뜨임) : 잔류응력에 의한 불안정한 조직을 A_1 변태점 이하의 온도로 재가열하여 원자들을 좀 더 안정적인 위치로 이동시킴으로써 잔류응력을 제거하고 인성을 증가시키기 위한 열처리법

10 내식용 알루미늄(Al)합금이 아닌 것은?

① 알민(Almin)
② 알드레이(Aldrey)
③ 하이드로날륨(Hydronalium)
④ 라우탈(Lautal)

해설

라우탈은 주조용 알루미늄합금이다.

정답 7 ④ 8 ④ 9 ① 10 ④

11 **물체가 변형에 견디지 못하고 파괴되는 성질로 인성에 반대되는 성질은?**

① 탄성 ② 전성
③ 소성 ④ 취성

해설
취성 : 물체가 변형에 견디지 못하고 파괴되는 성질로, 인성과 반대되기 때문에 취성이 클수록 외부의 충격에 잘 깨진다. C의 함유량이 높아질수록 취성은 점점 더 커진다.

12 **6 : 4 황동에 철 1~2%를 첨가하면 강도와 내식성이 향상되어 광산기계, 선박용 기계, 화학기계 등에 사용되는 특수황동은?**

① 쾌삭메탈
② 델타메탈
③ 네이벌황동
④ 애드머럴티황동

해설
③ 네이벌황동 : 6 : 4 황동에 0.8% 정도의 주석(Sn)을 첨가한 것으로, 내해수성이 강해서 선박용 부품에 사용한다.
④ 애드머럴티 황동 : 7 : 3 황동에 주석 1%를 합금한 것으로, 콘덴서 튜브에 사용한다.

13 **풀림의 목적으로 옳지 않은 것은?**

① 냉간가공 시 재료가 경화된다.
② 가스 및 분출물의 방출과 확산을 일으키고 내부 응력이 저하된다.
③ 금속합금의 성질을 변화시켜 연화된다.
④ 일정한 조직의 균일화된다.

해설
풀림은 냉간가공으로 경화된 재료를 연하게 만들기 위한 열처리 조작이다.

14 **Fe-C계 평형상태도상에서 탄소를 2.0~6.67% 정도 함유하는 금속재료는?**

① 구리 ② 타이타늄
③ 주철 ④ 니켈

15 **나사의 유효지름을 측정할 수 없는 것은?**

① 나사 마이크로미터
② 투영기
③ 공구현미경
④ 이 두께 버니어 캘리퍼스

해설
이 두께 버니어 캘리퍼스는 기어의 이(Tooth)를 측정하는 전용 도구이다.

이 두께 버니어 캘리퍼스	이 두께 마이크로미터

나사의 유효지름 측정방법
• 만능투영기
• 공구현미경
• 나사 마이크로미터
• 외측 마이크로미터

16 **마이크로미터 스핀들 나사의 피치가 0.5mm이고, 심블의 원주 눈금이 100등분 되어 있으면 최소 측정값은 몇 mm인가?**

① 0.05 ② 0.01
③ 0.005 ④ 0.001

해설

$$\text{마이크로미터의 최소 측정값} = \frac{\text{나사의 피치}}{\text{심블의 등분수}} = \frac{0.5}{100} = 0.005$$

11 ④ 12 ② 13 ① 14 ③ 15 ④ 16 ③ 정답

17 다음 그림과 같은 사인바(Sine Bar)를 이용한 각도 측정에 대한 설명으로 옳지 않은 것은?

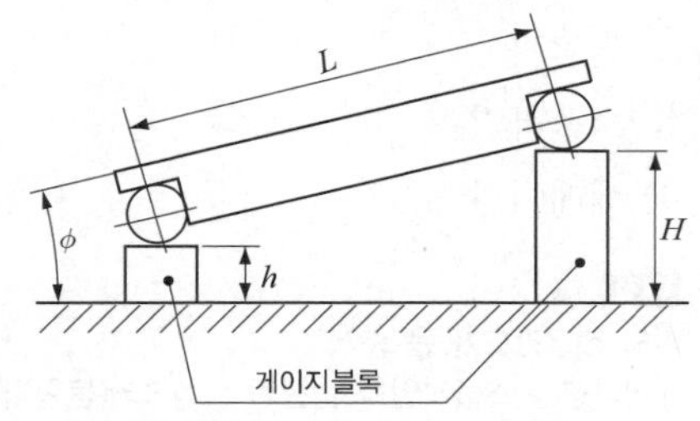

① 게이지블록 등을 병용하고 삼각함수 사인(sine)을 이용하여 각도를 측정하는 기구이다.

② 사인바는 롤러의 중심거리가 보통 100mm 또는 200mm로 제작한다.

③ 45°보다 큰 각을 측정할 때는 오차가 작아진다.

④ 정반 위에서 정반면과 사인봉과 이루는 각을 표시하면 $\sin\phi = (H-h)/L$ 식이 성립한다.

해설

사인바 : 길이를 측정하고 삼각함수를 이용한 계산에 의하여 임의 각을 측정하거나 임의각을 만드는 각도측정기이다. 측정하려는 각도가 45° 이내여야 하며, 측정각이 더 커지면 오차가 발생한다.

18 허용할 수 있는 부품의 오차 정도를 결정한 후 각각 최대 및 최소 치수를 설정하여 부품의 치수가 그 범위 내에 포함되는지를 검사하는 게이지는?

① 블록게이지 ② 한계게이지
③ 간극게이지 ④ 다이얼게이지

해설

한계게이지 : 허용할 수 있는 부품의 오차범위인 최대 치수와 최소 치수를 설정하고 제품의 치수가 그 공차범위 안에 포함되는지를 검사하는 측정기기로 봉게이지, 플러그게이지, 스냅게이지 등이 있다.

19 원주에 톱니 형상의 이가 달려 있으며 폴(Pawl)과 결합하여 한쪽 방향으로 간헐적인 회전운동을 주고 역회전을 방지하기 위하여 사용되는 것은?

① 래칫 휠

② 플라이 휠

③ 원심 브레이크

④ 자동하중 브레이크

해설

래칫 휠(Ratchet Wheel)

원주에 톱니 형상의 이가 달려 있으며 폴과 결합하여 한쪽 방향으로 간헐적인 회전운동을 주고 역회전을 불가능하게 한 기계장치이다. 최근 역회전 방지가 필요한 리프트 등에 많이 사용된다.

20 백래시를 작게 할 수 있고, 높은 정밀도를 오래 유지할 수 있으며 효율이 가장 좋은 나사는?

① 사각나사

② 톱니나사

③ 볼나사

④ 둥근나사

해설

볼나사 : 나사축과 너트 사이에 강재의 볼을 넣어서 동력을 전달하는 나사로, 선반이나 밀링기계에 적용되어 백래시를 작게 할 수 있어 정밀도가 높다.

정답 17 ③ 18 ② 19 ① 20 ③

21 자동하중 브레이크의 종류가 아닌 것은?

① 나사 브레이크
② 웜 브레이크
③ 원심 브레이크
④ 원판 브레이크

해설
브레이크(Brake)란 제동장치로서 기계의 운동에너지를 열이나 전기에너지로 바꾸어 흡수함으로써 속도를 감소시키거나 정지시키는 장치이다. 원판 브레이크는 접촉면이 원판으로 되어 있는 축압식 브레이크이다.

22 하중 3kN이 걸리는 압축코일스프링의 변형량이 10mm일 때, 스프링 상수는 몇 N/mm인가?

① 300 ② 1/300
③ 100 ④ 1/100

해설
스프링 상수

$$k = \frac{W(\text{하중})}{\delta(\text{코일의 처짐량})}\ (\text{N/mm})$$

$$k = \frac{3{,}000}{10} = 300\text{N/mm}$$

여기서, 3kN = 3,000N

23 직경 50mm의 축이 78.4N · m의 비틀림 모멘트와 49N · m의 굽힘 모멘트를 동시에 받을 때, 축에 생기는 최대 전단응력은 몇 MPa인가?

① 2.88 ② 3.77
③ 4.56 ④ 5.79

해설
- 전단응력

$$\tau = \frac{16\,T_e}{\pi d^3} = \frac{16 \times 92.453}{\pi \times 0.05^3} = 3.766\,\text{MPa}$$

- 상당 비틀림 모멘트

$$T_e = \sqrt{M^2 + T^2} = \sqrt{49^2 + 78.4^2} \fallingdotseq 92.453\text{N} \cdot \text{m}$$

24 다음 중 가장 큰 동력을 전달할 수 있는 것은?

① 안장키
② 묻힘키
③ 스플라인
④ 세레이션

해설
키의 전달강도가 큰 순서
세레이션 > 스플라인 > 접선키 > 성크키(묻힘키) > 반달키 > 평키(납작키) > 안장키(새들키)

25 지름 20mm, 길이 500mm인 탄소강재에 인장하중이 작용하여 길이가 502mm가 되었다면, 변형률은?

① 0.01
② 1.004
③ 0.02
④ 0.004

해설
변형률

$$\varepsilon = \frac{l_2 - l_1}{l_1} = \frac{502 - 500}{500} = 0.004$$

26 임의 점에서 직선거리 L만큼 떨어진 곳에서 힘 F가 직선 방향에 수직하게 작용할 때 발생하는 모멘트 M을 바르게 나타낸 것은?

① $M = F \times L$
② $M = F/L$
③ $M = L/F$
④ $M = F + L$

해설
모멘트(L) = 작용 힘(F) × 작용점과의 직선거리(L)

21 ④ 22 ① 23 ② 24 ④ 25 ④ 26 ① 정답

27 로프 전동의 특징에 대한 설명으로 옳지 않은 것은?

① 전동경로가 직선이 아닌 경우에도 사용이 가능하다.

② 벨트 전동과 비교하여 큰 동력을 전달하는 데 불리하다.

③ 장거리의 동력 전달이 가능하다.

④ 정확한 속도비의 전동이 불확실하다.

해설

로프 전동의 특징
- 장거리의 동력 전달이 가능하다.
- 정확한 속도비의 전동이 불확실하다.
- 전동경로가 직선이 아닌 경우에도 사용이 가능하다.
- 벨트 전동에 비해 미끄럼이 작아 큰 동력의 전달이 가능하다.

28 기계요소를 사용목적에 따라 분류할 때 완충(진동억제) 또는 제동용 기계요소가 아닌 것은?

① 브레이크　② 스프링

③ 베어링　④ 플라이휠

해설

베어링은 동력 전달용을 목적으로 사용하는 기계요소이다.

29 외접 원통 마찰차에서 원동차의 지름 200mm, 회전수 1,000rpm으로 회전할 때, 2.21kW의 동력을 전달시키려면 약 몇 N의 힘으로 밀어붙여야 하는가?(단, 마찰계수는 0.2로 한다)

① 1055.20　② 708.86

③ 2110.50　④ 1417.72

해설

- $H=\dfrac{\mu P v}{102\times 9.81}$kW에서 $H=2.21$kW

  $P=\dfrac{H\times 102\times 9.81}{\mu\times v}=\dfrac{2.21\times 102\times 9.81}{0.2\times 10.47}=1{,}056\text{N}$

  여기서, 1kW = 102kgf·m/s, 1kgf = 9.81m/s^2
- $v=\dfrac{\pi d n}{1{,}000}\text{mm/min}$, $v=\dfrac{\pi\times 200\times 1{,}000}{1{,}000\times 60}=10.47\text{mm/s}$

30 두 축의 상대 위치가 평행할 때 사용되는 기어는?

① 베벨기어

② 나사기어

③ 웜과 웜휠기어

④ 헬리컬기어

해설

기어의 종류

분류	종류 및 형상	
두 축이 평행한 기어	스퍼기어	내접기어
	헬리컬기어	래크와 피니언기어 (피니언기어, 래크기어)
두 축이 교차하는 기어	베벨기어	스파이럴 베벨기어
두 축이 나란하지도 교차하지도 않는 기어	하이포이드기어	웜과 웜휠기어 (웜기어, 웜휠기어)
	나사기어	페이스기어

31 지름이 50mm이고, 길이가 100mm인 저널베어링에서 5.9kN의 하중을 지탱하고 있을 때 저널면에 작용하는 압력은 약 몇 MPa인가?

① 0.21 ② 0.59
③ 1.18 ④ 1.65

해설
저널면에 작용하는 하중

$$P=\frac{W}{dl}=\frac{5.9\times 1{,}000\text{N}}{50\times 100\text{mm}^2}=1.18\text{N/mm}^2=1.18\text{MPa}$$

32 가장 널리 쓰이는 키(Key)로, 축과 보스 양쪽에 키홈을 파서 동력을 전달하는 것은?

① 성크키 ② 반달키
③ 접선키 ④ 원뿔키

해설
① 성크키(묻힘키, Sunk Key) : 가장 널리 쓰이는 키로 축과 보스 양쪽에 모두 키홈을 파서 동력을 전달하는 키이다. $\frac{1}{100}$ 기울기를 가진 경사키와 평행키가 있다.
② 반달키 : 반달 모양의 키로, 키와 키홈을 가공하기 쉽고 보스의 키홈과의 접촉이 자동으로 조정되는 이점이 있지만 키홈이 깊어 축의 강도가 약하다.
③ 접선키 : 주로 전달토크가 큰 축에 사용되며 회전 방향이 양쪽 방향일 때 일반적으로 중심각이 120°가 되도록 한 쌍을 설치하여 사용한다.
④ 원뿔키 : 축과 보스 사이에 2~3곳을 축 방향으로 쪼갠 원뿔을 때려 박아 축과 보스를 헐거움 없이 고정시킬 수 있다.

33 외접하고 있는 원통 마찰차의 지름이 각각 240mm, 360mm일 때, 마찰차의 중심거리는?

① 60mm ② 300mm
③ 400mm ④ 600mm

해설

$$\text{중심거리}(C)=\frac{D_1+D_2}{2}=\frac{240+360}{2}=\frac{600}{2}=300\text{mm}$$

34 동력전달장치로서 운전이 조용하고 무단 변속을 할 수 있지만, 일정한 속도비를 얻기가 힘든 것은?

① 마찰차
② 기어
③ 체인
④ 플라이 휠

해설
마찰차(Friction Wheel)는 접촉면에서의 마찰에 의해 동력 전달이 이루어지는데, 두 마찰차의 상대적 미끄러짐을 완전히 제거할 수 없기 때문에 일정한 속도비를 얻기 힘들다.

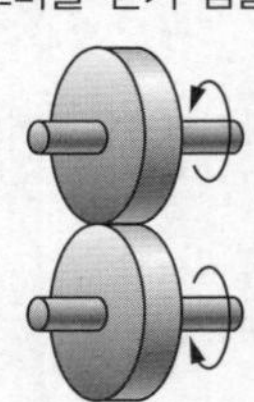

35 스퍼기어에서 모듈(m)이 4, 피치원 지름(D)이 72mm일 때 전체 이 높이(H)는?

① 4.0mm ② 7.5mm
③ 9.0mm ④ 10.5mm

해설
전체 이 높이(H) = 이뿌리 높이 + 이끝 높이
$= 1.25m + m = 2.25m$
$= 2.25 \times 4 = 9\text{mm}$
여기서, m : 모듈로 이의 크기를 나타내는 척도

31 ③ 32 ① 33 ② 34 ① 35 ③ 정답

36 그림의 일부를 도시하는 것으로도 충분한 경우 필요한 부분만 투상하여 그리는 그림과 같은 투상도는?

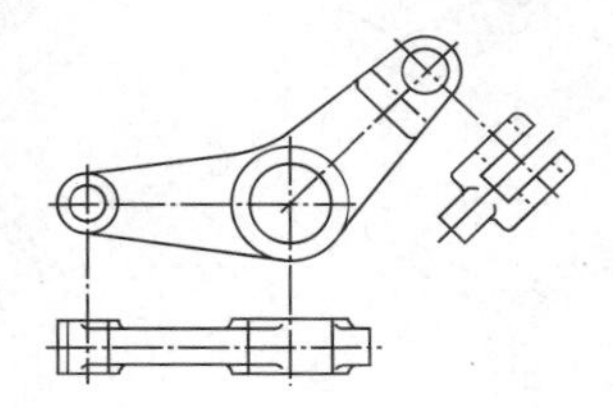

① 특수투상도　　② 부분투상도
③ 회전투상도　　④ 국부투상도

해설

투상도의 종류

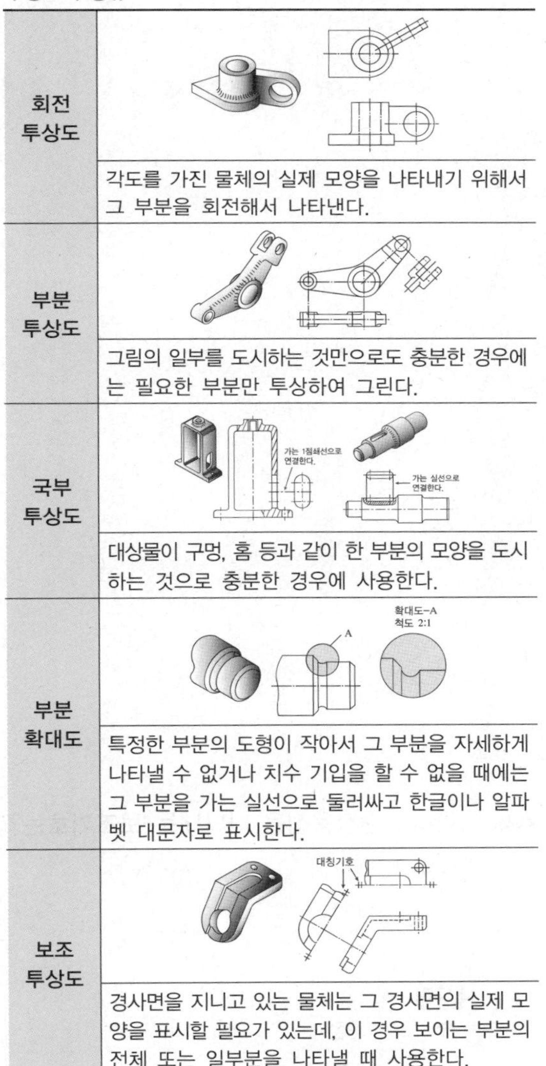

회전 투상도	각도를 가진 물체의 실제 모양을 나타내기 위해서 그 부분을 회전해서 나타낸다.
부분 투상도	그림의 일부를 도시하는 것만으로도 충분한 경우에는 필요한 부분만 투상하여 그린다.
국부 투상도	대상물이 구멍, 홈 등과 같이 한 부분의 모양을 도시하는 것으로 충분한 경우에 사용한다.
부분 확대도	특정한 부분의 도형이 작아서 그 부분을 자세하게 나타낼 수 없거나 치수 기입을 할 수 없을 때에는 그 부분을 가는 실선으로 둘러싸고 한글이나 알파벳 대문자로 표시한다.
보조 투상도	경사면을 지니고 있는 물체는 그 경사면의 실제 모양을 표시할 필요가 있는데, 이 경우 보이는 부분의 전체 또는 일부분을 나타낼 때 사용한다.

37 평벨트 장치의 도시방법에 관한 설명으로 옳지 않은 것은?

① 암은 길이 방향으로 절단하여 도시하는 것이 좋다.
② 벨트풀리와 같이 대칭형인 것은 그 일부만을 도시할 수 있다.
③ 암과 같은 방사형의 것은 회전도시 단면도로 나타낼 수 있다.
④ 벨트풀리는 축 직각 방향의 투상을 주투상도로 할 수 있다.

해설

평벨트의 암은 길이 방향으로 절단하여 도시하지 않는다.

38 끼워맞춤에서 축기준식 헐거운 끼워맞춤을 나타낸 것은?

① H7/g6　　② H6/F8
③ h6/P9　　④ h6/F7

해설

끼워맞춤 공차를 표시할 때 기준이 되는 기호는 앞에 위치한다. 따라서 축은 영문자 중 소문자를 사용하므로 ③, ④와 같이 h6을 먼저 나타낸다. 그리고 헐거움 끼워맞춤으로 사용되는 영문자는 F이므로, 축기준식 헐거운 끼워맞춤은 h6/F7이다. P9는 억지 끼워맞춤일 때 사용한다.

39 단면의 무게중심을 연결한 선을 표시하는데 사용하는 선은?

① 굵은 실선
② 가는 1점쇄선
③ 가는 2점쇄선
④ 가는 파선

해설

무게중심선은 가는 2점 쇄선(—— - - —— - - ——)으로 나타낸다.

40 다음 그림에서 도시된 기호가 나타내는 것은?

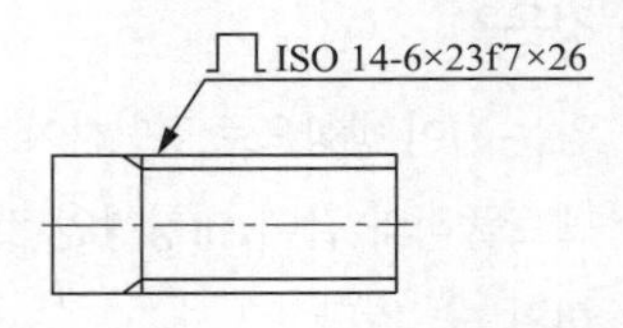

① 사다리꼴나사 ② 스플라인
③ 사각나사 ④ 세레이션

해설

표시기호에서 ⎍는 원형 축에 사각 형상의 모양이 둘러싸여 있는 스플라인키를 형상화한 것이다.

41 최대허용한계치수와 최소허용한계치수의 차이값은?

① 공차 ② 기준차수
③ 최대 틈새 ④ 위치수 허용차

해설

치수공차 = 최대허용한계치수 − 최소허용한계치수
※ 치수공차는 공차라고도 한다.

42 해칭에 대한 설명으로 옳지 않은 것은?

① 해칭선은 수직 또는 수평의 중심선에 대하여 45°로 경사지게 긋는 것이 좋다.
② 인접한 단면의 해칭은 선의 방향 또는 각도를 변경하거나 해칭 간격을 다르게 긋는다.
③ 단면 면적이 넓은 경우에는 그 외형선에 따라 적절한 범위에 해칭 또는 스머징을 한다.
④ 해칭 또는 스머징하는 부분 안에 문자나 기호를 절대로 기입하면 안 된다.

해설

해칭(Hatching)과 스머징(Smudging)
단면도에는 필요한 경우 절단하지 않은 면과 구별하기 위해 해칭이나 스머징을 한다. 인접한 단면의 해칭은 기존 해칭이나 스머징 선의 방향 또는 각도를 다르게 하여 구분한다. 또한 해칭 또는 스머징하는 부분 안에 문자나 기호를 기입할 수 있다.

43 용접이음 중 맞대기 이음은?

① 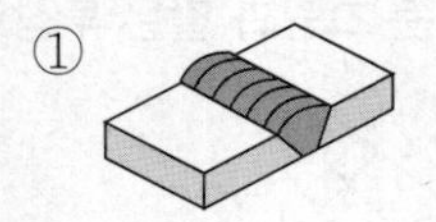
② 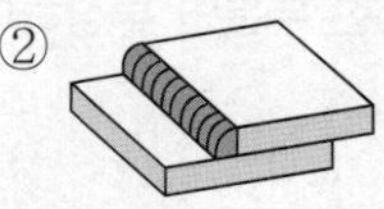
③ 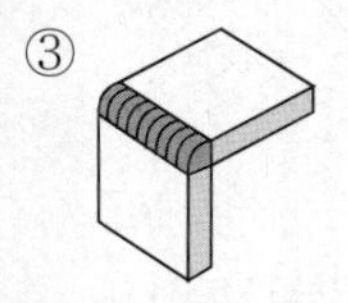
④ 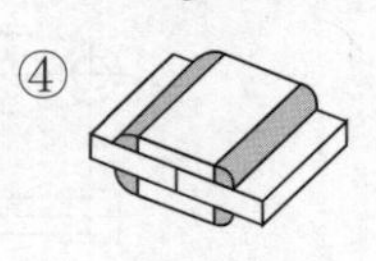

해설

② 겹치기이음
③ 모서리이음
④ 양면 덮개판이음

44 온둘레 현장용접을 나타내는 보조기호는?

① 
② 
③ 
④

해설

• : 현장용접
• ○ : 온둘레용접

40 ② 41 ① 42 ④ 43 ① 44 ③ 정답

45 **다음 기하공차 중 단독 형체가 아닌 것은?**

① 진직도 ② 진원도
③ 경사도 ④ 평면도

해설
단독 형체는 데이텀 없이 공차와 공차값만을 표기해서 사용하는 것으로 진직도, 진원도, 평면도가 있다. 경사도는 관련 형체인 자세 공차에 속한다.

46 **정면, 평면, 측면을 하나의 투상면 위에서 동시에 볼 수 있도록 그린 도법은?**

① 보조투상도 ② 단면도
③ 등각투상도 ④ 전개도

해설
등각투상도 : 정면, 평면, 측면을 하나의 투상도에서 동시에 볼 수 있도록 그린 도법으로, 직육면체의 등각투상도에서 직각으로 만나는 3개의 모서리는 각각 120°를 이룬다.

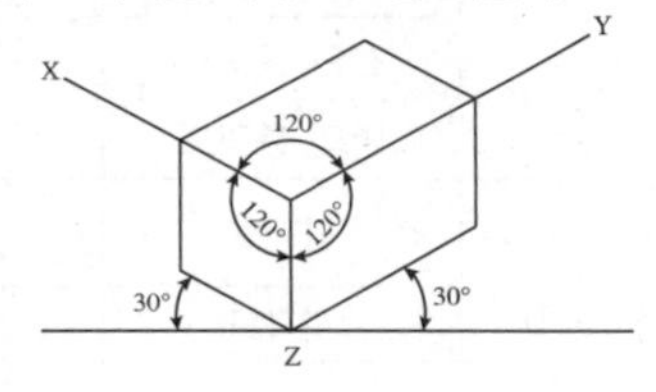

47 **코일스프링 도시의 원칙에 대한 설명으로 옳지 않은 것은?**

① 스프링은 원칙적으로 하중이 걸린 상태로 도시한다.
② 하중과 높이 또는 휨과의 관계를 표시할 필요가 있을 때는 선도 또는 요목표에 표시한다.
③ 특별한 단서가 없는 한 모두 오른쪽 감기로 도시한다.
④ 스프링의 종류와 모양만 간략도로 도시할 때에는 재료의 중심선만을 굵은 실선으로 그린다.

해설
도면에서 스프링은 원칙적으로 무하중 상태로 그려야 한다.

48 **투상도의 선택방법에 대한 설명으로 옳지 않은 것은?**

① 조립도 등 주로 기능을 나타내는 도면에서는 대상물을 사용하는 상태로 놓고 그린다.
② 부품을 가공하기 위한 도면에서는 가공공정에서 대상물이 놓인 상태로 그린다.
③ 주투상도에서는 대상물의 모양이나 기능을 가장 뚜렷하게 나타내는 면을 그린다.
④ 주투상도를 보충하는 다른 투상도는 명확한 이해를 위해 되도록 많이 그린다.

해설
주투상도에 물체를 충분히 표현하며, 만약 보충하는 다른 투상도를 그려야 할 경우에는 되도록 적게 그린다.

49 **구의 반지름을 나타내는 치수 보조기호는?**

① ∅ ② S∅
③ SR ④ C

해설
치수 보조기호

기호	구분	기호	구분
∅	지름	p	피치
S∅	구의 지름	⌒50	호의 길이
R	반지름	50 (밑줄)	비례척도가 아닌 치수
SR	구의 반지름	[50]	이론적으로 정확한 치수
□	정사각형	(50)	참고치수
C	45° 모따기	~~50~~	치수의 취소 (수정 시 사용)
t	두께	–	–

정답 45 ③ 46 ③ 47 ① 48 ④ 49 ③

50 다음 중 게이트밸브를 나타내는 기호는?

①

②

③

④

해설

① 볼밸브
③ 체크밸브
④ 글로브밸브

51 재료의 명칭과 그 표시기호로 알맞지 않은 것은?

① AC1A : 알루미늄합금 주물
② SNC : 니켈크롬강
③ ALDC1 : 다이캐스팅용 알루미늄합금
④ ZDC : 탄소강 주강품

해설

- ZDC : 다이캐스팅용 아연합금
- SC : 탄소강 주강품

52 산술평균거칠기 표시기호는?

① Ra ② Rs
③ Rz ④ Ru

해설

표면거칠기를 표시하는 방법

종류	특징
산술평균 거칠기(Ra)	중심선 윗부분 면적의 합을 기준 길이로 나눈 값을 마이크로미터(μm)로 나타낸 것
최대 높이 (Ry)	산봉우리 선과 골바닥 선의 간격을 측정하여 마이크로미터(μm)로 나타낸 것
10점 평균 거칠기(Rz)	일정길이 내의 5개의 산 높이와 2개의 골 깊이의 평균을 취하여 구한 값을 마이크로미터(μm)로 나타낸 것

53 다음 도면의 기하공차가 나타내는 것은?

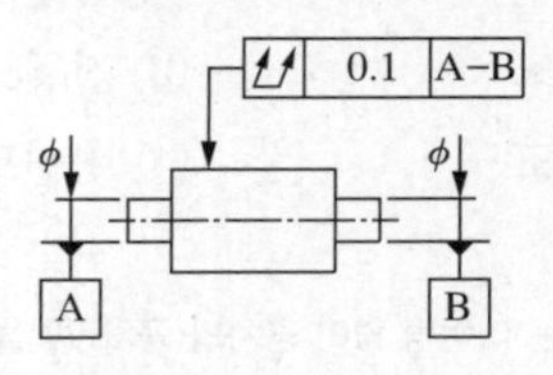

① 원통도
② 진원도
③ 온 흔들림
④ 원주 흔들림

해설

기하공차 종류 및 기호

공차의 종류		기호
모양공차	진직도	⏤
	평면도	▱
	진원도	○
	원통도	⌭
	선의 윤곽도	⌒
	면의 윤곽도	⌓
자세공차	평행도	∥
	직각도	⊥
	경사도	∠
위치공차	위치도	⌖
	동축도(동심도)	◎
	대칭도	⌯
흔들림 공차	원주 흔들림	↗
	온 흔들림	⌰

50 ② 51 ④ 52 ① 53 ③ 정답

54 가공결과, 다음 그림과 같은 줄무늬가 나타났을 때 표면의 결 도시기호로 옳은 것은?

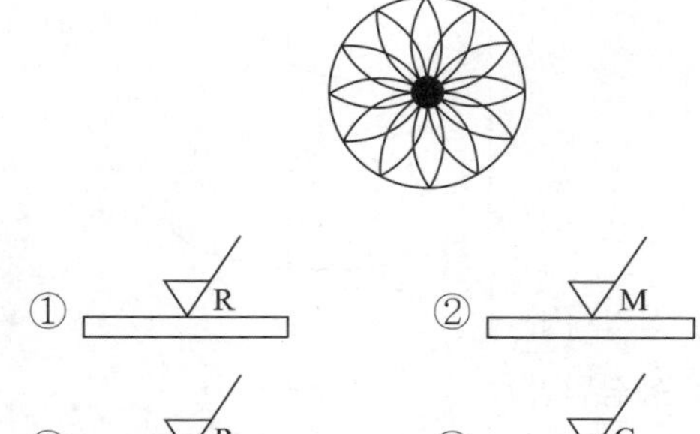

해설

줄무늬 방향기호 중 R은 중심에 대하여 레이디얼 모양이다.

55 마지막 입력점으로부터 다음 점까지의 거리와 각도를 입력하는 좌표 입력방법은?

① 절대좌표 입력
② 상대좌표 입력
③ 상대극좌표 입력
④ 요소투영점 입력

해설

상대극좌표계 : 마지막 입력점을 기준으로 다음 점까지의 직선 거리와 기준 직교축과 그 직선이 이루는 각도로 입력하는 좌표계이다.

56 대상물의 구멍, 홈 등 모양만 나타내는 것으로 충분한 경우에 그 부분만을 도시하는 그림과 같은 투상도는?

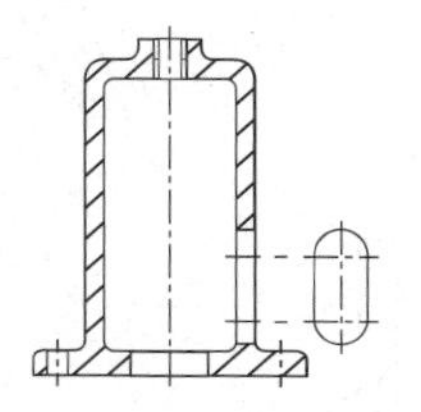

① 회전투상도 ② 국부투상도
③ 부분투상도 ④ 보조투상도

57 KS 기계제도에서 특수한 용도의 선으로 가는 실선을 사용하는 경우가 아닌 것은?

① 위치를 명시하는 데 사용한다.
② 얇은 부분의 단면 도시를 명시하는 데 사용한다.
③ 평면이라는 것을 나타내는 데 사용한다.
④ 외형선 및 숨은선의 연장을 표시하는 데 사용한다.

해설

개스킷과 같은 얇은 부분의 단면을 도시할 때는 매우 굵은 실선으로 표시한다.

정답 54 ① 55 ③ 56 ② 57 ②

58 다음 그림과 같은 도형에서 화살표 방향에서 본 투상을 정면으로 할 경우 우측면도로 옳은 것은?

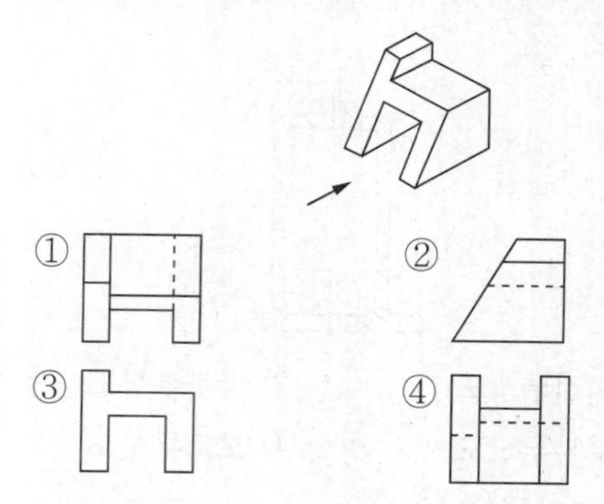

해설

제3각법을 기준으로 우측면도는 물체를 오른쪽에서 바라본 형상이다. 도형 상단부에 가로 방향의 경계선이 있는 점과 전체의 윤곽선을 확인하면 ②번이 정답임을 알 수 있다.

59 특징형상 모델링(Feature-based Modeling)에 대한 설명이 아닌 것은?

① 특징형상은 설계자에게 친숙한 형상의 단위로 물체를 모델링할 수 있게 해 준다.

② 전형적인 특징형상으로는 모따기, 구멍, 필릿, 슬롯, 포켓 등이 있다.

③ 특정형상은 각 특징들이 가공단위가 될 수 있기 때문에 공정계획으로 사용할 수 있다.

④ 스위핑은 특징형상 모델링의 한 방법이다.

해설

스위핑은 솔리드 모델링(Solid Modeling)의 한 방법이다.

특징형상모델링의 특징

- KS규격에 모든 특징현상들이 정의되어 있지 않다.
- 사용 분야와 사용자에 따라 특징형상의 종류가 변한다.
- 특징형상의 종류는 많이 적용되는 분야에 따라 결정된다.
- 모델링된 입체 제작의 공정계획에서 매우 유용하게 사용된다.
- 특징형상을 정의할 때 그 크기를 결정하는 파라미터들도 같이 정의한다.
- 모델링 입력을 설계자나 제작자에게 익숙한 형상 단위로 모델링 할 수 있다.
- 파리미터들을 변경하여 모델의 크기를 바꾸는 것이 특징형상 모델링의 한 형태이다.
- 전형적인 특징형상은 모따기(Chamfer), 구멍(Hole), 필릿(Fillet), 슬롯(Slot), 포켓(Pocket)이 있다.

60 다음 그림과 같이 절단된 편심원뿔의 전개법으로 가장 적합한 것은?

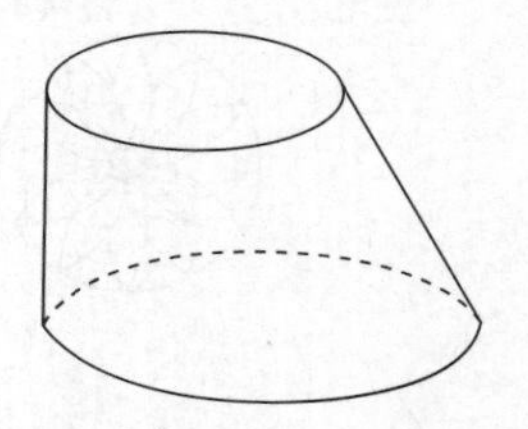

① 삼각형법

② 동심원법

③ 평행선법

④ 사각형법

해설

전개도법의 종류

종류	의미
평행선법	삼각기둥, 사각기둥과 같은 여러 가지 각기둥과 원기둥을 평행하게 전개하여 그리는 방법
방사선법	삼각뿔, 사각뿔 등의 각뿔과 원뿔을 꼭짓점을 기준으로 부채꼴로 펼쳐서 전개도를 그리는 방법
삼각형법	꼭짓점이 먼 각뿔이나 원뿔 등을 해당 면을 삼각형으로 분할하여 전개도를 그리는 방법

58 ② 59 ④ 60 ① 정답

2024년 제 1 회 최근 기출복원문제

01 공구용 합금강을 담금질 및 뜨임처리하여 개선되는 재질의 특성이 아닌 것은?

① 조직의 균질화
② 경도 조절
③ 가공성 향상
④ 취성 증가

해설
공구용 합금강은 칼날, 바이트, 커터, 게이지의 제작용으로 사용되는 재료로 이들 공구는 각각 알맞은 특성을 가진 재료로 만들어져야 하므로 담금질과 뜨임처리를 한다. 공구용 합금강에 담금질과 뜨임처리를 하면 공구의 가공성이 향상되고 강도와 경도가 강화된다. 그리고 내부의 조직이 균일화되고 안정화되어 절삭성도 향상되며 취성이 감소하므로 큰 절삭력이 발생하는 공작물도 가공할 수 있다.
공구용 합금강의 특징
- 가공하기 쉽다.
- 인성과 마멸저항이 크다.
- 열처리에 의한 변형이 작다.
- 상온 및 고온에서 경도가 크다.
- 가열에 의한 경도의 변화가 작다.

02 금속재료를 고온에서 오랜 시간 외력을 걸어 놓으면 시간의 경과에 따라 서서히 그 변형이 증가하는 현상은?

① 크리프 ② 스트레스
③ 스트레인 ④ 템퍼링

해설
크리프란 재료가 고온에서 오랜 시간 동안 외력을 받으면 시간의 경과에 따라 서서히 변형되는 성질이다. 템퍼링은 열처리방법 중의 하나로 뜨임을 의미한다.
금속재료의 용어
- 탄성 : 외력에 의해 변형된 물체가 외력을 제거하면 원래 상태로 돌아가려는 성질
- 소성 : 물체에 변형을 준 뒤 외력을 제거해도 원래 상태로 돌아가지 않는 성질
- 전성 : 넓게 펴지는 성질
- 취성 : 물체가 변형에 견디지 못하고 파괴되는 성질로, 인성에 반대되는 성질
- 인성 : 충격에 대한 재료의 저항
- 연성 : 잘 늘어나는 성질
- 크리프 : 금속이 고온에서 오랜 시간 동안 외력을 받으면 시간의 경과에 따라 서서히 변형되는 성질
- 강도 : 외력에 대한 재료 단면의 저항력
- 경도 : 재료 표면의 단단한 정도
- 스트레인 : 물체에 외력을 가했을 때 대항하지 못하고 모양이 변형되는데 이 외력에 의해 외형적으로 그 모양이 바뀌는 정도
- 스트레스(Stress) : 응력을 의미하는 것으로 그 종류에는 인장응력, 압축응력, 전단응력, 비틀림응력 등이 있다.

정답 1 ④ 2 ①

03 황동의 연신율이 가장 클 때 아연(Zn)의 함유량은 몇 % 정도인가?

① 30　　② 40

③ 50　　④ 60

해설

황동은 구리와 아연의 2원 합금으로 놋쇠라고도 한다. 구리에 비하여 주조성, 가공성 및 내식성이 좋은 재료이다. 황동의 기계적 성질은 아연의 함유량에 따라 달라지는데, 인장강도는 40% 부근에서 최대가 되며, 연신율은 30% 부근에서 최대가 된다.

황동의 기계적 성질

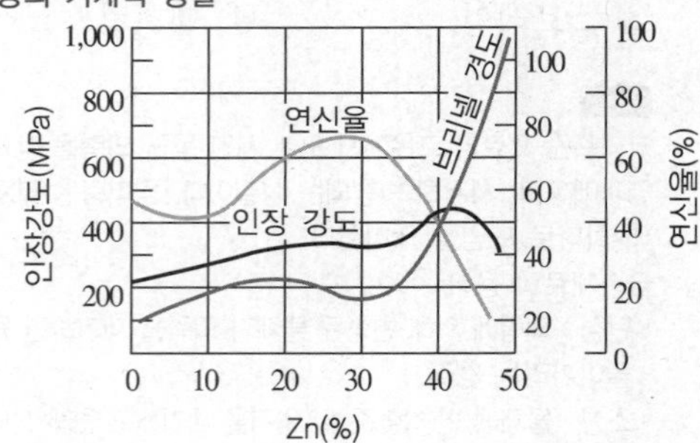

04 구상흑연주철을 조직에 따라 분류했을 때 이에 해당하지 않는 것은?

① 마텐자이트형　　② 페라이트형

③ 펄라이트형　　④ 시멘타이트형

해설

구상흑연주철을 조직에 따라 분류하면 페라이트형, 펄라이트형, 시멘타이트형으로 나눌 수 있다. 구상흑연주철은 Ni(니켈), Cr(크롬), Mo(몰리브덴), 구리(Cu) 등을 첨가하여 재질을 개선한 주철로 노듈러 주철, 덕타일 주철로도 불린다. 내마멸성, 내열성, 내식성이 매우 우수하여 자동차용 주물이나 주조용 재료로 가장 많이 쓰이는데, 흑연을 구상화하는 방법은 황(S)이 적은 선철을 용해하여 주입 전에 Mg, Ce, C 등을 첨가하여 제조한다. 보통 주철에 비해 강력하고 점성이 강하다.

05 주철의 장점이 아닌 것은?

① 압축강도가 작다.

② 절삭가공이 쉽다.

③ 주조성이 우수하다.

④ 마찰저항이 우수하다.

해설

주철은 주조작업이 가능한 철로서 탄소 함유량이 대략 2~6.67%인데 강에 비해 탄소 함유량이 많기 때문에 압축강도가 크고 기계가공성이 좋으며 취성과 경도가 증가하는 장점이 있다.

주철의 특징

- 압축강도가 크고, 경도가 높다.
- 기계가공성이 좋고, 값이 싸다.
- 고온에서 기계적 성질이 떨어진다.
- 용융점이 낮고 유동성이 좋아서 주조가 쉽다.
- 주철 중 탄소의 흑연화를 위해서는 탄소량 및 규소의 함량이 중요하다.
- 주철을 파면상으로 분류하면 회주철, 백주철, 반주철로 구분할 수 있다.
- 강에 비해 탄소 함유량이 많아 취성과 경도는 커지지만, 강도는 작아진다.
- 고온에서 소성변형은 곤란하나 주조성이 우수하여 복잡한 형상을 쉽게 생산할 수 있다.

06 합금의 종류 중 고용융점 합금에 해당하는 것은?

① 타이타늄 합금　　② 텅스텐 합금

③ 마그네슘 합금　　④ 알루미늄 합금

해설

텅스텐(W)의 융점은 3,410℃로 가장 높으므로, 텅스텐 합금이 고용융점 합금에 해당한다.

금속 원소의 용융점(℃)

구분	타이타늄 (Ti)	텅스텐 (W)	마그네슘 (Mg)	알루미늄 (Al)
용융점(℃)	1,668	3,410	650	660

3 ① 4 ① 5 ① 6 ② 정답

07 기계재료의 단단한 정도를 측정하는 가장 적합한 시험법은?

① 경도시험 ② 수축시험
③ 파괴시험 ④ 굽힘시험

해설
- 경도시험 : 재료 표면의 단단한 정도인 경도를 측정하기 위한 시험
- 압축시험 : 재료의 단면적에 수직인 방향의 외력에 대한 저항의 크기를 측정하기 위한 시험
- 충격시험 : 충격력에 대한 재료의 충격저항인 인성과 취성을 측정하기 위한 시험
- 비틀림시험 : 비틀어지는 외력에 저항하는 힘의 크기를 측정하기 위한 시험

경도시험법의 종류

종류	시험 원리	압입자
브리넬 경도(HB)	압입자에 하중을 걸어 자국의 크기로 경도를 조사한다.	강구
비커스 경도(HV)	압입자에 하중을 걸어 자국의 대각선 길이로 조사한다.	다이아몬드
로크웰 경도(HRB, HRC)	압입자에 하중을 걸어 홈의 깊이를 측정한다(예비하중 : 10kg).	• B스케일 : 강구 • C스케일 : 다이아몬드
쇼어 경도(HS)	추를 일정한 높이에서 낙하시켜, 이 추의 반발높이를 측정한다.	다이아몬드

08 다음 중 플라스틱 재료로서 동일 중량으로 기계적 강도가 강철보다 강력한 재질은?

① 글라스 섬유 ② 폴리카보네이트
③ 나일론 ④ FRP

해설
FRP : 섬유강화 플라스틱(Fiber Reinforced Plastic)은 플라스틱 재료의 일종으로, 동일한 중량으로 기계적 강도가 강철보다 우수하다.

09 비철금속 구리(Cu)가 다른 금속재료와 비교해 우수한 점이 아닌 것은?

① 연하고 전연성이 좋아 가공하기 쉽다.
② 전기 및 열전도율이 낮다.
③ 아름다운 색을 띠고 있다.
④ 구리합금은 철강재료에 비하여 내식성이 좋다.

해설
구리(Cu)의 성질
- 비자성체이다.
- 내식성이 좋다.
- 비중은 8.96이다.
- 용융점 1,083℃이다.
- 끓는점이 2,560℃이다.
- 전기전도율과 열전도율이 우수하다.
- 전기와 열의 양도체이다.
- 전연성과 가공성이 우수하다.
- 건조한 공기 중에서 산화하지 않는다.
- 황산, 염산에 용해되며 습기, 탄소가스, 해수에 녹이 생긴다.

10 강의 표면경화법으로 금속 표면에 탄소(C)를 침입 고용시키는 방법은?

① 질화법 ② 침탄법
③ 화염경화법 ④ 쇼트피닝

해설
② 침탄법 : 0.2% 이하의 저탄소강이나 저탄소합금강을 침탄제 속에 파묻은 상태로 가열하여 재료의 표면에 탄소(C)를 침입시켜 표면을 경화시키는 표면경화법이다.
① 질화법 : 높은 표면의 경도를 얻기 위해 재료 주변에 암모니아(NH_3)가스를 약 500℃에서 50~100시간 가열하면 재료 표면의 Al, Cr, Mo 등이 질화되어 재료의 표면이 단단해지는 표면경화법으로, 불필요한 부분은 Ni이나 Sn으로 도금하여 질화를 방지한다.
③ 화염경화법 : 산소-아세틸렌가스 불꽃으로 강의 표면을 급격히 가열한 후 물을 분사시켜 급랭시킴으로써 표면을 경화시키는 방법으로, 가열온도의 조절이 어려운 특징이 있다.
④ 쇼트피닝 : 강이나 주철제의 작은 강구(볼)를 고속으로 재료의 표면에 분사하여 표면층을 경화시켜 피로강도를 증가시킨다.

정답 7 ① 8 ④ 9 ② 10 ②

11 **열처리란 탄소강을 기본으로 하는 철강에서 매우 중요한 작업이다. 열처리의 특성을 잘못 설명한 것은?**

① 내부의 응력과 변형을 감소시킨다.

② 표면을 연화시키는 등의 성질을 변화시킨다.

③ 기계적 성질을 향상시킨다.

④ 강의 전기적·자기적 성질을 향상시킨다.

해설

열처리에는 크게 재료 전체에 영향을 미치는 기본 열처리법과 표면의 경도에만 영향을 미치는 표면경화 열처리법이 있다. 이는 일반적으로 재료의 강도와 경도 등을 높이기 위한 작업이다.

12 **철과 탄소는 약 6.68% 탄소에서 탄화철이라는 화합물을 만드는데, 이 탄소강의 표준조직은?**

① 펄라이트

② 오스테나이트

③ 시멘타이트

④ 솔바이트

해설

순수한 철에 C가 약 6.67%(일부 책에서 6.68%) 합금된 금속조직은 시멘타이트(Fe_3C)이다.

13 **표준자, 시계추 등 치수 변화가 작아야 하는 부품을 만드는 데 가장 적합한 재료는?**

① 스텔라이트　　② 샌더스트

③ 인바　　④ 불수강

해설

인바 : Fe에 35%의 Ni, 0.1~0.3%의 Co, 0.4%의 Mn이 합금된 불변강의 일종이다. 상온 부근에서 열팽창계수가 매우 작아서 길이 변화가 거의 없어 줄자나 측정용 표준자, 시계추, 바이메탈용 재료로 사용한다.

14 **순철이 1,539℃ 용융상태에서 상온까지 냉각하는 동안 1,400℃ 부근에서 나타나는 동소변태의 기호는?**

① A_1　　② A_2

③ A_3　　④ A_4

해설

변태란 철이 온도 변화에 따라 원자 배열이 바뀌면서 내부의 결정구조나 자기적 성질이 변화되는 현상이며, 변태점이란 변태가 일어나는 온도이다.

- A_0 변태점(210℃) : 시멘타이트의 자기변태점
- A_1 변태점(723℃) : 철의 동소변태점(공석변태점)
- A_2 변태점(768℃) : 순철의 자기변태점
- A_3 변태점(910℃) : 철의 동소변태점, 체심입방격자(BCC) → 면심입방격자(FCC)
- A_4 변태점(1,410℃) : 철의 동소변태점, 면심입방격자(FCC) → 체심입방격자(BCC)

11 ② 12 ③ 13 ③ 14 ④ 정답

15 **공기 마이크로미터의 장점에 대한 설명으로 옳지 않은 것은?**

① 배율이 높다.
② 타원, 테이퍼, 편심 등의 측정을 간단히 할 수 있다.
③ 내경 측정에 있어 정도가 높은 측정을 할 수 있다.
④ 비교측정기가 아니기 때문에 마스터는 필요 없다.

해설
공기 마이크로미터는 비교측정기이므로 기준인 마스터가 반드시 필요하다.

16 **허용할 수 있는 부품의 오차 정도를 결정한 후 각각 최대 및 최소치수를 설정하여 부품의 치수가 그 범위 내에 포함되는지를 검사하는 게이지는?**

① 블록게이지 ② 한계게이지
③ 간극게이지 ④ 다이얼게이지

해설
한계게이지는 허용할 수 있는 부품의 오차범위인 최대 및 최소치수를 설정하고 제품의 치수가 그 공차범위 안에 드는지를 검사하는 측정기기로 봉게이지, 플러그게이지, 스냅게이지 등이 있다.

블록게이지	간극게이지	다이얼게이지

17 **본체에 외경 및 내경 길이 측정이 가능하도록 표준척을 갖고 있어 표준척으로 길이가 긴 측정물의 치수를 직접 읽을 수 있는 측정기는?**

① 측장기 ② 마이크로미터
③ 게이지블록 ④ 다이얼게이지

해설
측장기 : 본체에 외경 및 내경 등의 길이 측정이 가능한 표준척을 갖고 있으며, 이 표준척으로 길이가 긴 측정물의 치수를 직접 읽을 수 있다. 정밀도가 매우 높은 측정이 가능하고, 측정하는 범위도 크다.

18 **측정오차에 대한 설명으로 옳지 않은 것은?**

① 정기적으로 측정기를 검사하여 사용하므로 측정기는 오차가 없다.
② 온도, 습도, 진동 등 주위 환경요인에 의하여 오차가 발생할 수 있다.
③ 측정자의 숙련도 부족, 습관, 부주의 등으로 발생할 수 있다.
④ 우연오차를 줄이는 방법 중 하나는 측정 횟수를 늘려 그 평균값을 측정값으로 하는 것이다.

해설
측정기는 사용함에 따라 발생하는 유격과 사용자의 숙련도가 측정기에 미치는 영향에 따라서 측정기 오차가 발생할 수 있다.

정답 15 ④ 16 ② 17 ① 18 ①

19 다음 중 구름 베어링의 특성이 아닌 것은?

① 감쇠력이 작아 충격 흡수력이 작다.
② 축심의 변동이 작다.
③ 표준형 양산품으로 호환성이 높다.
④ 일반적으로 소음이 작다.

해설
구름 베어링은 롤러 베어링이라고도 하며 축과 베어링 사이에 볼이나 롤러를 넣어서 이 회전체들의 구름 마찰을 이용한 베어링이다. 진동이나 충격에 약하나 전동체가 있으므로 소음이 크다.

미끄럼 베어링과 구름 베어링의 특징

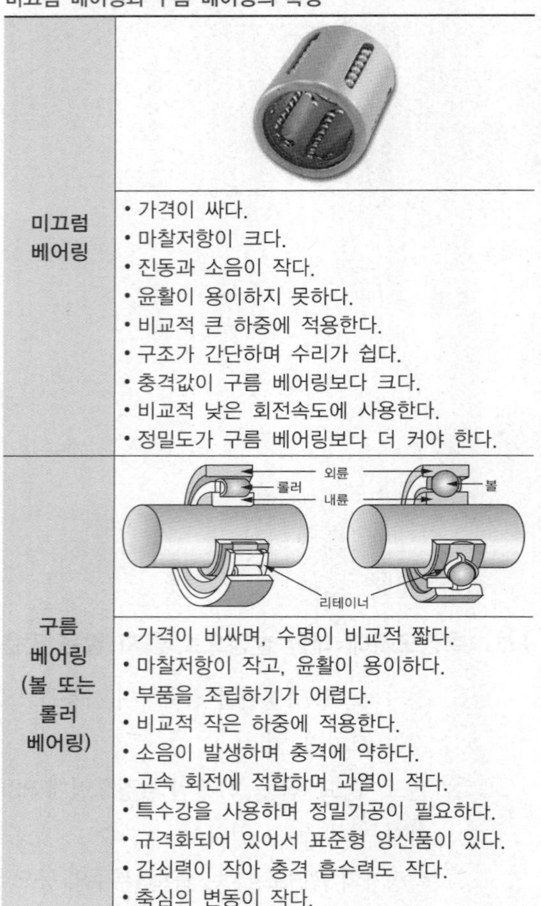

구분	그림 및 특징
미끄럼 베어링	• 가격이 싸다. • 마찰저항이 크다. • 진동과 소음이 작다. • 윤활이 용이하지 못하다. • 비교적 큰 하중에 적용한다. • 구조가 간단하며 수리가 쉽다. • 충격값이 구름 베어링보다 크다. • 비교적 낮은 회전속도에 사용한다. • 정밀도가 구름 베어링보다 더 커야 한다.
구름 베어링 (볼 또는 롤러 베어링)	• 가격이 비싸며, 수명이 비교적 짧다. • 마찰저항이 작고, 윤활이 용이하다. • 부품을 조립하기가 어렵다. • 비교적 작은 하중에 적용한다. • 소음이 발생하며 충격에 약하다. • 고속 회전에 적합하며 과열이 적다. • 특수강을 사용하며 정밀가공이 필요하다. • 규격화되어 있어서 표준형 양산품이 있다. • 감쇠력이 작아 충격 흡수력도 작다. • 축심의 변동이 작다.

20 자동차의 스티어링 장치, 수치제어 공작기계의 공구대, 이송장치 등에 사용되는 나사는?

① 둥근 나사 ② 볼 나사
③ 유니파이 나사 ④ 미터 나사

해설
볼 나사(Ball Screw)는 서보모터의 회전운동을 받아 수치제어 공작기계의 테이블을 직선운동시키는 나사이다. 볼 나사는 점 접촉이 이루어지므로 마찰이 작고, 작은 힘으로도 쉽게 동작할 수 있는 구조로 되어 있으며, 너트를 조정하여 백래시를 거의 0에 가깝도록 할 수 있다.

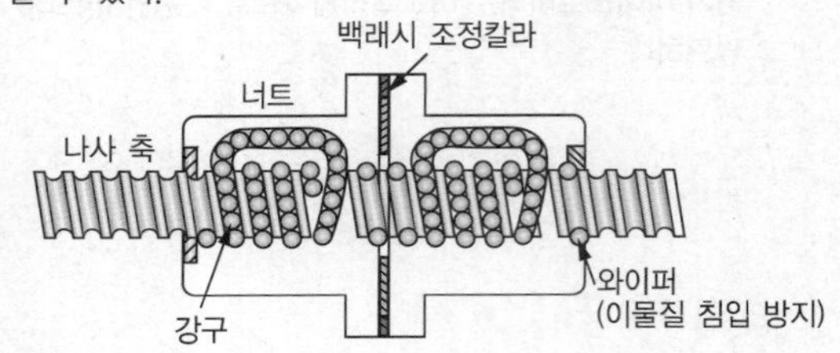

나사의 기능상 분류

명칭		용도	특징
삼각나사	미터 나사 (암나사, 수나사, 60°)	기계 조립	• 미터계 나사 • 나사산의 각도 : 60° • 나사의 지름과 피치를 mm로 표시한다.
삼각나사	유니파이 나사 (암나사, 수나사, 60°)	정밀 기계 조립	• 인치계 나사 • 나사산의 각도 : 60° • 미국, 영국, 캐나다의 협정으로 만들어져 ABC 나사라고도 한다.
삼각나사	관용 나사 (암나사, 수나사, 55°)	유체 기기 결합	• 인치계 나사 • 나사산의 각도 : 55° • 관용평행 나사 : 유체 기기 등의 결합에 사용한다. • 관용테이퍼 나사 : 기밀 유지가 필요한 곳에 사용한다.
사각 나사 (암나사, 수나사)		동력 전달용	• 프레스 등의 동력전달용으로 사용한다. • 축방향의 큰 하중을 받는 곳에 사용한다.
사다리꼴 나사 (30°(29°), 암나사, 수나사)		공작 기계의 이송용	• 나사산의 각도 : 30° • 애크미 나사라고도 한다.

19 ④ 20 ② 정답

명칭	용도	특징
톱니 나사 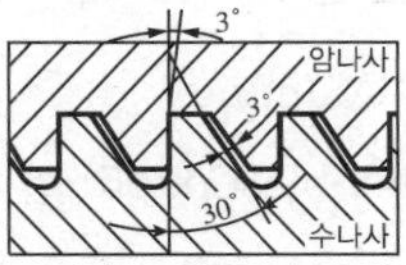	힘의 전달	• 힘을 한쪽 방향으로만 받는 곳에 사용한다. • 바이스, 압착기 등의 이송용 나사로 사용한다.
둥근 나사 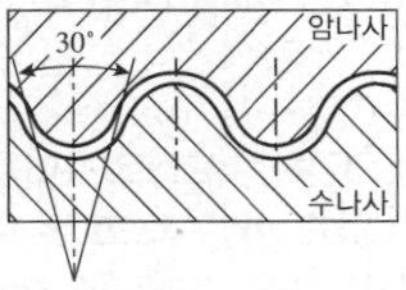	전구나 소켓	• 나사산이 둥근 모양이다. • 너클 나사라고도 한다. • 먼지나 모래 등이 많은 곳에 사용한다. • 나사산과 골이 같은 반지름의 원호로 이은 모양이다.
볼 나사 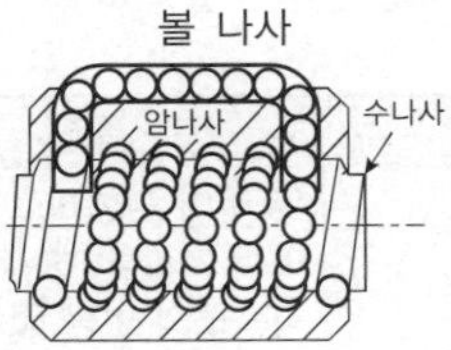	정밀 공작 기계의 이송 장치	• 나사축과 너트 사이에 강재 볼을 넣어 힘을 전달한다. • 백래시를 작게 할 수 있고, 높은 정밀도를 오래 유지할 수 있으며 효율이 가장 좋다.

21 모듈이 5, 잇수가 40인 표준 평기어의 이끝원 지름은 몇 mm인가?

① 200mm ② 210mm
③ 220mm ④ 240mm

해설

$D=(mZ)+(2m)=(5\times40)+(2\times5)=210$mm

이끝원 지름(바깥 지름)을 구하는 식

$D=PCD+2m$ = 피치원 지름 + 2(모듈)

※ 이끝 높이는 모듈과 같고, 이뿌리 높이는 $1.25m$이다.
피치원 지름$(PCD)=mZ$

22 지름이 50mm 축에 폭이 10mm인 성크 키를 설치했을 때, 일반적으로 전단하중만을 받을 경우 키가 파손되지 않으려면 키의 길이는 몇 mm인가?

① 25mm ② 75mm
③ 150mm ④ 200mm

해설

성크 키가 전단하중만 받을 경우에는 지름의 길이만으로 파손되지 않을 키의 길이를 알 수 있는데, 그 식은 $L=1.5d$이다. 따라서 키의 지름이 50mm이므로 이 키가 파괴되지 않으려면 키의 길이가 최소 75mm는 되어야 한다.

전단하중만 받을 때 파손되지 않을 키의 길이$(L)=1.5d$

23 인장응력을 구하는 식으로 옳은 것은?(단, A는 단면적, W는 인장하중이다)

① $A\times W$ ② $A+W$
③ $\frac{A}{W}$ ④ $\frac{W}{A}$

해설

인장응력 $\sigma=\frac{F(W)}{A}=\frac{W}{A}$

응력의 종류

인장응력	압축응력	전단응력
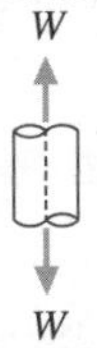 W ↑ ↓ W	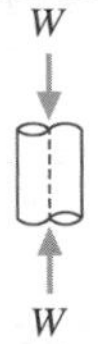 W ↓ ↑ W	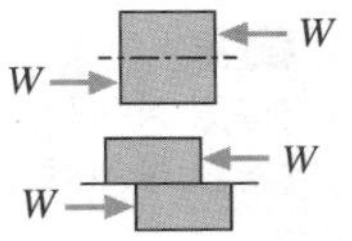 W → ← W
굽힘응력		비틀림응력
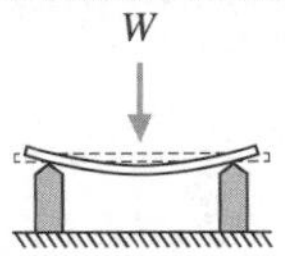 W		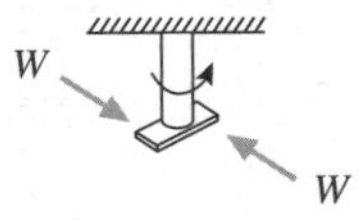 W W

24 롤링베어링의 내륜이 고정되는 곳은?

① 저널 ② 하우징
③ 궤도면 ④ 리테이너

해설
저널은 축에서 베어링에 의해 둘러싸인 부분이다. 하우징은 물체의 커버라고 생각하면 된다.

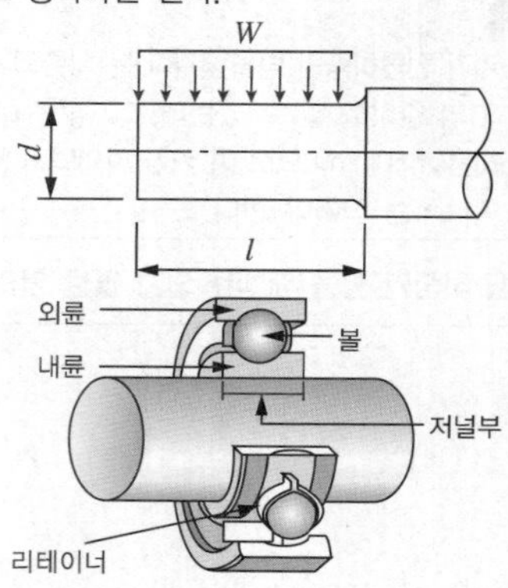

25 스프링의 길이가 100mm인 한 끝을 고정하고, 다른 끝에 무게 40N의 추를 달았더니 스프링의 전체 길이가 120mm로 늘어났을 때 스프링 상수는 몇 N/mm인가?

① 8 ② 4
③ 2 ④ 1

해설
스프링 상수(k) : 스프링의 단위 길이(mm) 변화를 일으키는 데 필요한 하중(W 또는 P)이다.

$$k = \frac{W \text{ 또는 } P}{\delta} (\text{N/mm})$$

$$= \frac{40\text{N}}{(120-100)\text{mm}} = 2\text{N/mm}$$

여기서, W : 하중
P : 작용 힘
δ : 코일의 처짐량

26 두 축이 평행하고 거리가 매우 가까울 때 각속도의 변동 없이 토크를 전달할 경우 사용되는 커플링은?

① 고정 커플링(Fixed Coupling)
② 플렉시블 커플링(Flexible Coupling)
③ 올덤 커플링(Oldham's Coupling)
④ 유니버설 커플링(Universal Coupling)

해설
커플링(Coupling)은 축과 축을 연결하는 요소로 축이음에 사용되며, 운전 중에는 동력을 끊을 수 없고 반영구적으로 두 축을 연결한다. 이 중 두 축이 평행하고 거리가 매우 가까울 때 각속도의 변동 없이 동력을 전달하는 커플링은 올덤 커플링이다.

커플링의 종류

종류		특징
올덤 커플링		두 축이 평행하고 거리가 아주 가까울 때 사용한다. 각속도의 변동 없이 토크를 전달하는 데 가장 적합하며, 윤활이 어렵고 원심력에 의한 진동 발생으로 고속 회전에는 적합하지 않다.
플렉시블 커플링		두 축의 중심선을 일치시키기가 어렵거나 고속 회전이나 급격한 전달력의 변화로 진동이나 충격이 발생하는 경우에 사용한다. 고무, 가죽, 스프링을 이용하여 진동을 완화한다.
유니버설 커플링		두 축이 만나는 각이 수시로 변화하는 경우에 사용되며, 공작기계나 자동차의 축이음에 사용된다.
플랜지 커플링 (고정 커플링)		일직선상에 두 축을 연결한 것으로 볼트나 키로 결합한다.
슬리브 커플링	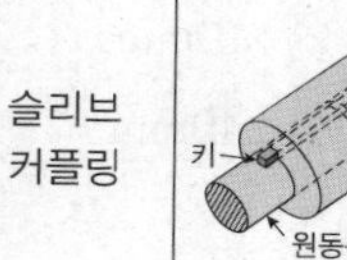	주철제의 원통 속에서 두 축을 맞대기 키로 고정하는 것으로 축 지름과 동력이 매우 작을 때 사용한다. 단, 인장력이 작용하는 축에는 적용이 불가능하다.

24 ① 25 ③ 26 ③ 정답

27 **회전체의 균형을 좋게 하거나 너트를 외부에 돌출시키지 않으려고 할 때 주로 사용하는 너트는?**

① 캡 너트 ② 둥근 너트
③ 육각 너트 ④ 와셔붙이 너트

해설
둥근 너트는 회전체의 균형을 좋게 하며 너트를 외부에 돌출시키지 않는 장점을 가진 체결용 기계요소이다.
너트의 종류

명칭	형상	용도 및 특징
둥근 너트		겉모양이 둥근 형태의 너트
육각 너트		일반적으로 가장 많이 사용하는 너트
T 너트		공작기계 테이블의 T자 홈에 끼워 공작물을 고정하는 데 사용하는 너트
사각 너트		겉모양이 사각형으로 주로 목재에 사용하는 너트
나비 너트		너트를 쉽게 조일 수 있도록 머리 부분을 나비의 날개 모양으로 만든 너트
캡 너트		유체가 나사의 접촉면 사이의 틈새나 볼트와 볼트 구멍의 틈으로 새어 나오는 것을 방지할 목적으로 사용하는 너트
와셔붙이(플랜지) 너트		육각의 대각선 거리보다 큰 지름의 자리 면이 달린 너트로 볼트 구멍이 클 때, 접촉면을 거칠게 다듬질했을 때나 큰 면 압력을 피하려고 할 때 사용하는 너트
스프링 판 너트		보통의 너트처럼 나사가공이 되어 있지 않아 간단하게 끼울 수 있기 때문에 사용이 간단하여 스피드 너트(Speed Nut)라고도 하는 너트

28 **도면이 구비해야 할 기본 요건이 아닌 것은?**

① 대상물의 도형과 함께 필요로 하는 구조, 조립 상태, 치수, 가공방법 등의 정보를 포함하여야 한다.
② 애매한 해석이 생기지 않도록 표면상 명확한 뜻을 가져야 한다.
③ 무역 및 기술의 국제 교류의 입장에서 국제성을 가져야 한다.
④ 제품의 가격 정보를 항상 포함하여야 한다.

해설
도면에 제품의 가격 정보를 포함시킬 필요는 없다.

29 **스퍼기어에서 Z는 잇수(개)이고, P가 지름 피치(인치)일 때 피치원지름(D, mm)을 구하는 공식은?**

① $D=\frac{PZ}{25.4}$ ② $D=\frac{25.4}{PZ}$
③ $D=\frac{P}{25.4Z}$ ④ $D=\frac{25.4Z}{P}$

해설
- $D=mZ$

  $D=\frac{25.4}{P}Z$
- 지름 피치$(P)=\frac{\text{기어의 잇수}}{\text{피치원지름}}=\frac{Z}{PCD(\text{inch})}=\frac{25.4}{m}$

  $m=\frac{25.4}{P}$

정답 27 ② 28 ④ 29 ④

30 왕복운동 기관에서 직선운동과 회전운동을 상호 전달할 수 있는 축은?

① 직선축　② 크랭크축
③ 중공축　④ 플렉시블축

해설
크랭크축은 피스톤의 직선운동을 크랭크의 회전운동으로 변환시켜 동력을 전달하는 역할을 한다.

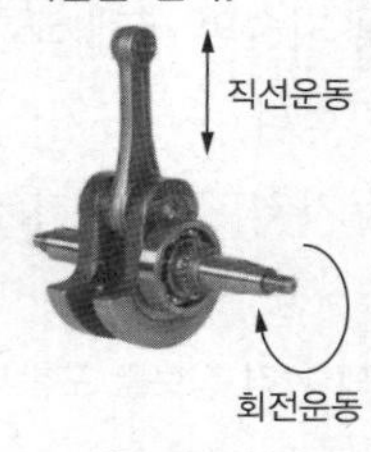

[크랭크축]

31 재료의 안전성을 고려하여 허용할 수 있는 최대응력은?

① 주응력　② 사용응력
③ 수직응력　④ 허용응력

해설
④ 허용응력 : 기계장치나 구조물이 사용되는 상황에 맞게 그 재료의 안전성과 하중의 형태를 고려하여 일정값으로 한도를 정해서 그 범위 내에서 사용하도록 규정한 응력
① 주응력 : 가장 크게 작용하는 응력
② 사용응력 : 기계장치나 구조물에 실제로 발생하는 응력
③ 수직응력 : 기계장치나 구조물에 수직 방향으로 발생하는 응력

32 다음 중 인장강도가 매우 크고 수명이 가장 긴 벨트는?

① 가죽 벨트　② 강철 벨트
③ 고무 벨트　④ 섬유 벨트

해설
벨트의 재질 중에서 강철로 만들어진 것이 인장강도가 가장 크며 수명도 가장 길다.

33 큰 토크를 전달시키기 위해 같은 모양의 키 홈을 등 간격으로 파서 축과 보스를 잘 미끄러질 수 있도록 만든 기계요소는?

① 코터　② 묻힘 키
③ 스플라인　④ 테이퍼 키

해설
③ 스플라인 : 보스와 축의 둘레에 여러 개의 사각 턱을 만든 키를 깎아 붙인 모양으로 큰 동력을 전달할 수 있고 내구력이 크며, 축과 보스의 중심을 정확하게 맞출 수 있다. 축 방향으로 자유롭게 미끄럼 운동도 가능하다.

① 코터 : 피스톤 로드, 크로스 헤드, 연결봉 사이의 체결과 같이 축 방향으로 인장 또는 압축을 받는 2개의 축을 연결하는 데 사용되는 기계요소이다. 평판 모양의 쐐기를 이용하기 때문에 결합력이 크다.

② 묻힘 키(성크 키) : 가장 널리 쓰이는 키로 축과 보스 양쪽에 모두 키홈을 파서 동력을 전달한다. 1/100기울기를 가진 경사 키와 평행 키가 있다.

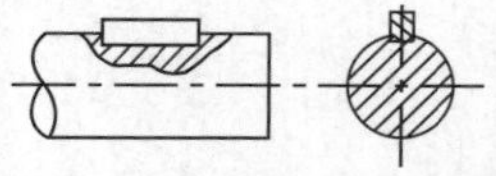

④ 테이퍼 키 : 성크 키의 형상에 경사를 만들어서 붙인 키로 그 기울기는 보통 1/100 정도이다.

30 ② 31 ④ 32 ② 33 ③ 정답

34 다음 중 마찰차를 활용하기 적합하지 않은 경우는?

① 속도비가 중요하지 않을 때
② 전달할 힘이 클 때
③ 회전속도가 클 때
④ 두 축 사이를 단속할 필요가 있을 때

해설

마찰차(Friction Wheel)는 과부하의 힘이 전달될 때 미끄럼이 발생하므로 큰 동력의 전달용으로는 적합하지 않다.

마찰차 전동장치의 특징

- 과부하로 인한 원동축의 손상을 막을 수 있다.
- 회전운동의 확실한 전동이 요구되는 곳에는 적당하지 않다.
- 속도비가 일정하게 유지되지 않아도 되는 곳에 적당하다.
- 두 마찰차의 상대적 미끄러짐을 완전히 제거할 수는 없다.
- 운전 중 접촉을 분리하지 않고도 속도비를 변화시키는 곳에 주로 사용된다.

35 다음 중 먼지, 모래 등이 들어가기 쉬운 곳에 사용하는 나사는?

① 둥근 나사 ② 사다리꼴 나사
③ 톱니 나사 ④ 볼 나사

해설

둥근 나사는 나사산이 둥근 모양으로, 먼지나 모래 등이 많은 곳에 사용한다.

36 치수 기입의 원칙과 방법에 관한 설명으로 옳지 않은 것은?

① 치수는 중복 기입을 피한다.
② 치수는 되도록 공정마다 배열을 분리하여 기입한다.
③ 치수는 되도록 계산하여 구할 필요가 없도록 기입한다.
④ 치수는 되도록 정면도, 평면도, 측면도 등에 분산시켜 기입한다.

해설

치수기입 원칙(KS B 0001)

- 중복 치수는 피한다.
- 치수는 주투상도에 집중한다.
- 관련되는 치수는 한곳에 모아서 기입한다.
- 치수는 공정마다 배열을 분리해서 기입한다.
- 치수는 계산해서 구할 필요가 없도록 기입한다.
- 치수 숫자는 치수선 위 중앙에 기입하는 것이 좋다.
- 치수 중 참고치수에 대하여는 수치에 괄호를 붙인다.
- 필요에 따라 기준으로 하는 점, 선, 면을 기준으로 하여 기입한다.
- 도면에 나타나는 치수는 특별히 명시하지 않는 한 다듬질 치수 표시한다.
- 치수는 투상도와의 모양 및 치수의 비교가 쉽도록 관련 투상도 쪽으로 기입한다.
- 치수는 대상물의 크기, 자세 및 위치를 가장 명확하게 표시할 수 있도록 기입한다.
- 기능상 필요한 경우 치수의 허용 한계를 지시한다(단, 이론적 정확한 치수는 제외).
- 대상물의 기능, 제작, 조립 등을 고려하여 꼭 필요한 치수를 분명하게 도면에 기입한다.
- 하나의 투상도인 경우, 수평 방향의 길이 치수 위치는 투상도의 위쪽에서 읽을 수 있도록 기입한다.
- 하나의 투상도인 경우, 수직 방향의 길이 치수 위치는 투상도의 오른쪽에서 읽을 수 있도록 기입한다.

정답 34 ② 35 ① 36 ④

37 **다음은 제3각법으로 그린 정투상도이다. 입체도로 옳은 것은?**

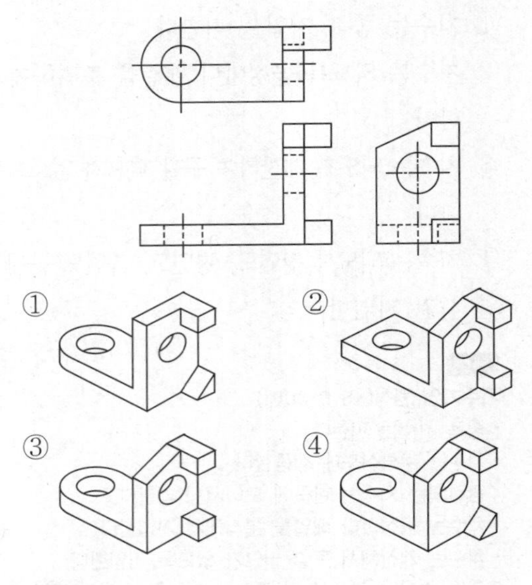

해설

물체를 우측면도에서 보았을 때 상단부가 사선으로 깎여 있으므로 ①번은 정답에서 제외시킬 수 있다. 그리고 우측면도의 우측 하단부에 사각형의 테두리가 보이므로 이 역시 입체도에서 사각형이 보여야 하므로 ④번도 정답에서 제외시킨다. 마지막으로 평면도의 좌측 끝부분이 둥글게 라운딩되어 있으므로 이 부분이 입체도에 반영되어 있는 ③번이 정답임을 알 수 있다.

38 **다음 중 가는 선 : 굵은 선 : 아주 굵은 선 굵기의 비율이 옳은 것은?**

① 1 : 2 : 4 ② 1 : 3 : 4
③ 1 : 3 : 6 ④ 1 : 4 : 8

해설

선의 굵기 비율

가는 선 : 굵은 선 : 아주 굵은 선 = 1 : 2 : 4

39 **모양공차를 표기할 때 다음 그림과 같은 공차 기입 틀에 기입하는 내용은?**

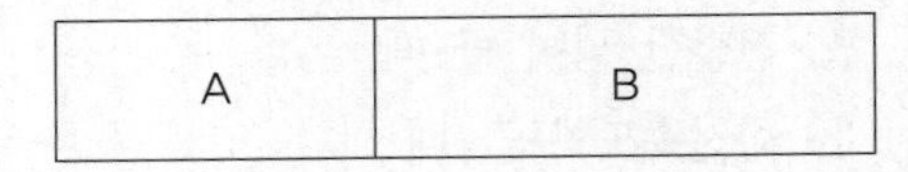

① A : 공차값, B : 공차의 종류기호
② A : 공차의 종류기호, B : 데이텀 문자기호
③ A : 데이텀 문자기호, B : 공차값
④ A : 공차의 종류기호, B : 공차값

해설

공차 기입틀에 따른 공차 입력방법

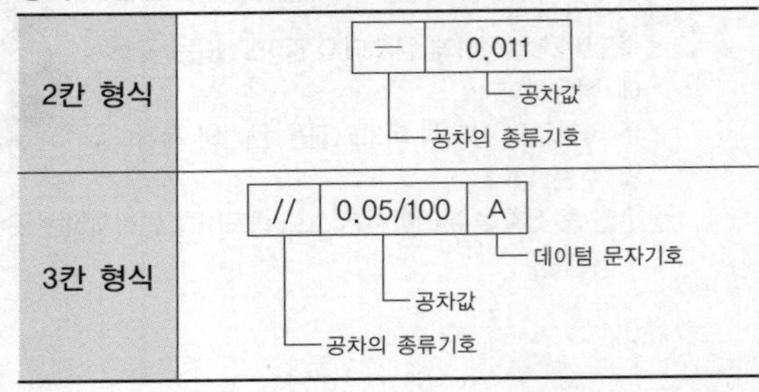

2칸 형식	— / 0.011 (공차의 종류기호 / 공차값)
3칸 형식	// / 0.05/100 / A (공차의 종류기호 / 공차값 / 데이텀 문자기호)

40 **투상도의 선택방법에 대한 설명으로 옳지 않은 것은?**

① 조립도 등 주로 기능을 나타내는 도면에서는 대상물을 사용하는 상태로 놓고 그린다.
② 부품을 가공하기 위한 도면에서는 가공 공정에서 대상물이 놓인 상태로 그린다.
③ 주투상도에서는 대상물의 모양이나 기능을 가장 뚜렷하게 나타내는 면을 그린다.
④ 주투상도를 보충하는 다른 투상도는 명확한 이해를 위해 되도록 많이 그린다.

해설

주투상도에 물체를 충분히 표현하며 만일 보충하는 다른 투상도를 그려야 할 경우에는 되도록 적게 그린다.

37 ③ 38 ① 39 ④ 40 ④ 정답

41 **도면에 사용한 선의 용도 중 특수한 가공을 하는 부분 등 특별한 요구사항을 적용할 범위를 표시하는 데 쓰이는 선은?**

① 가는 1점쇄선　② 가는 2점쇄선
③ 굵은 1점쇄선　④ 굵은 2점쇄선

해설

도면에서 부품의 표면에 특수한 가공을 하는 부분이나 특별한 요구 사항을 적용하는 범위를 지정할 때에는 굵은 1점쇄선으로 표시해야 한다.

선의 종류 및 용도

명칭	기호 명칭	기호	설명
외형선	굵은 실선	————	대상물이 보이는 모양을 표시하는 선
치수선	가는 실선	————	치수 기입을 위해 사용하는 선
치수 보조선			치수를 기입하기 위해 도형에서 인출한 선
지시선			지시, 기호를 나타내기 위한 선
회전 단면선			회전한 형상을 나타내기 위한 선
수준 면선			수면, 유면 등의 위치를 나타내는 선
숨은선	가는 파선(파선)	— — — —	대상물의 보이지 않는 부분의 모양을 표시
절단선	가는 1점쇄선이 겹치는 부분에는 굵은 실선	—·—┘┌—·—	절단한 면을 나타내는 선
중심선	가는 1점쇄선	—·—·—·—	도형의 중심을 표시하는 선
기준선			위치 결정의 근거임을 나타내기 위해 사용
피치선			반복 도형의 피치의 기준을 잡음
무게 중심선	가는 2점쇄선	—··—	단면의 무게중심을 연결한 선
가상선			가공 부분의 이동하는 특정 위치나 이동 한계의 위치를 나타내는 선
특수 지정선	굵은 1점쇄선	—·—·—	특수한 가공이나 특수 열처리가 필요한 부분 등 특별한 요구사항을 적용할 범위를 표시할 때 사용하는 선
파단선	불규칙한 가는 실선	～～～	대상물의 일부를 파단한 경계나 일부를 떼어낸 경계를 표시하는 선
	지그재그선	—╱╲—╱╲—	
해칭	가는 실선(사선)	//////////	단면도의 절단면을 나타내는 선
개스킷	아주 굵은 실선	━━━━	개스킷 등 두께가 얇은 부분을 표시하는 선

42 **투상법의 종류 중 정투상법에 속하는 것은?**

① 등각투상법　② 제3각법
③ 사투상법　④ 투사도법

해설

투상법의 종류

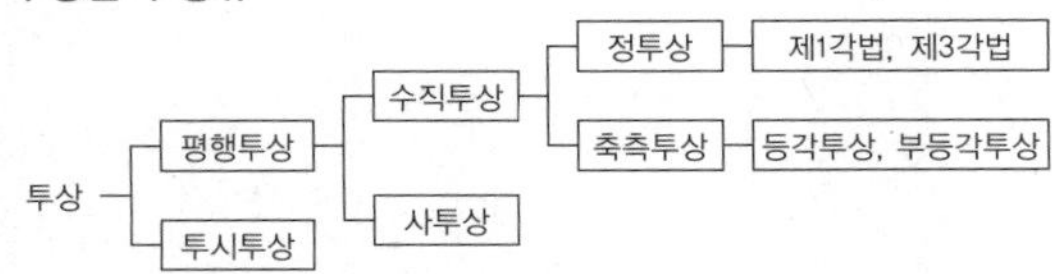

43 좌우 또는 상하가 대칭인 물체의 $\frac{1}{4}$ 을 잘라내고 중심선을 기준으로 외형도와 내부 단면도를 나타내는 단면의 도시 방법은?

① 한쪽단면도 ② 부분단면도
③ 회전단면도 ④ 온단면도

해설

단면도의 종류

단면도명	특징
온단면도(전단면도)	• 물체 전체를 직선으로 절단하여 앞부분을 잘라내고 남은 뒷부분의 단면 모양을 그린 것 • 절단 부위의 위치와 보는 방향이 확실한 경우에는 절단선, 화살표, 문자기호를 기입하지 않아도 된다.
한쪽 단면도(반단면도)	• 반단면도라고도 한다. • 절단면을 전체의 반만 설치하여 단면도를 얻는다. • 상하 또는 좌우가 대칭인 물체를 중심선을 기준으로 $\frac{1}{4}$ 절단하여 내부 모양과 외부 모양을 동시에 표시하는 방법이다.
부분 단면도	• 파단선을 그어서 단면 부분의 경계를 표시한다. • 일부분을 잘라 내고 필요한 내부의 모양을 그리기 위한 방법이다.
회전도시 단면도	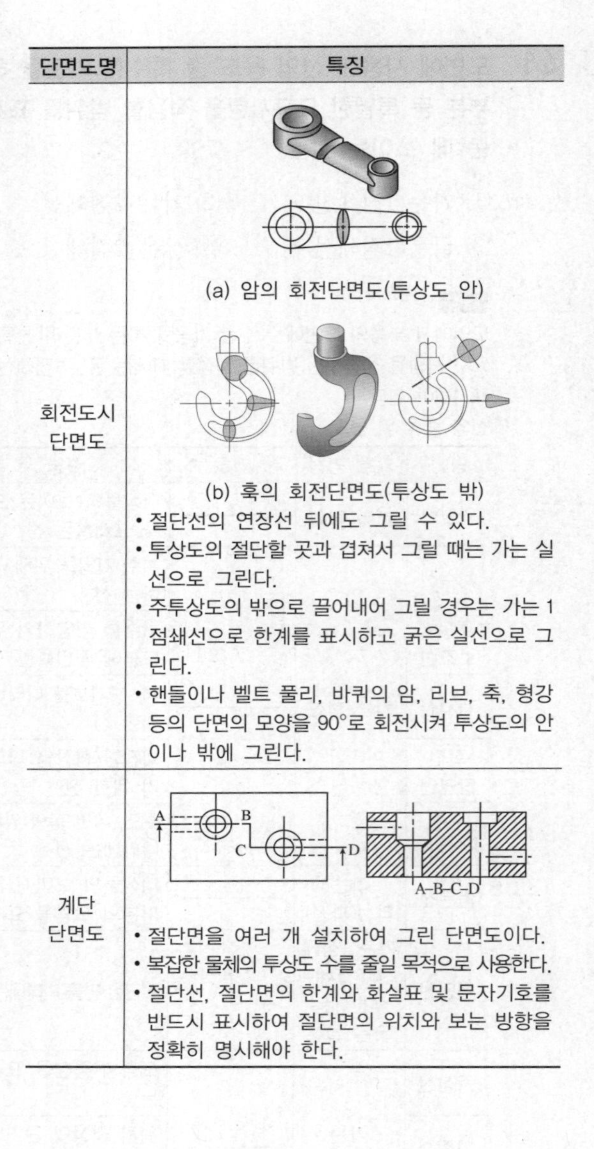 (a) 암의 회전단면도(투상도 안) (b) 훅의 회전단면도(투상도 밖) • 절단선의 연장선 뒤에도 그릴 수 있다. • 투상도의 절단할 곳과 겹쳐서 그릴 때는 가는 실선으로 그린다. • 주투상도의 밖으로 끌어내어 그릴 경우는 가는 1점쇄선으로 한계를 표시하고 굵은 실선으로 그린다. • 핸들이나 벨트 풀리, 바퀴의 암, 리브, 축, 형강 등의 단면의 모양을 90°로 회전시켜 투상도의 안이나 밖에 그린다.
계단 단면도	• 절단면을 여러 개 설치하여 그린 단면도이다. • 복잡한 물체의 투상도 수를 줄일 목적으로 사용한다. • 절단선, 절단면의 한계와 화살표 및 문자기호를 반드시 표시하여 절단면의 위치와 보는 방향을 정확히 명시해야 한다.

43 ① 정답

44 기준치수가 30, 최대허용치수가 29.9, 최소허용치수가 29.8일 때 아래 치수허용차는?

① −0.1 ② −0.2
③ +0.1 ④ +0.2

해설

아래 치수 허용차 = 최소 허용한계치수 − 기준치수
= 29.8 − 30 = −0.2

공차의 용어

용어	의미
실치수	실제로 측정한 치수로 mm 단위를 사용한다.
치수공차(공차)	최대 허용한계치수−최소 허용한계치수
위 치수허용차	최대 허용한계치수−기준치수
아래 치수허용차	최소 허용한계치수−기준치수
기준치수	위 치수 및 아래 치수 허용차를 적용할 때 기준이 되는 치수
허용한계치수	허용할 수 있는 최대 및 최소의 허용치수로 최대 허용한계치수와 최소 허용한계치수로 나눈다.
틈새	구멍의 치수가 축의 치수보다 클 때, 구멍과 축간 치수 차
죔새	구멍의 치수가 축의 치수보다 작을 때 조립 전 구멍과 축과의 치수 차

45 도면을 마이크로필름에 촬영하거나 복사할 때의 편의를 위하여 도면의 위치 결정에 편리하도록 도면에 표시하는 양식은?

① 재단마크 ② 중심마크
③ 도면의 구역 ④ 방향마크

해설

도면에 마련되는 양식

윤곽선	도면용지의 안쪽에 그려진 내용이 확실히 구분되도록 하고, 종이의 가장자리가 찢어져서 도면의 내용을 훼손하지 않도록 하기 위해서 굵은 실선으로 표시한다.
표제란	도면관리에 필요한 사항과 도면내용에 관한 중요 사항으로서 도명, 도면번호, 기업(소속명), 척도, 투상법, 작성 연월일, 설계자 등이 기입된다.
중심마크	도면의 영구 보존을 위해 마이크로필름으로 촬영하거나 복사하고자 할 때 굵은 실선으로 표시한다.
비교눈금	도면을 축소하거나 확대했을 때 그 정도를 알기 위해 도면 아래쪽의 중앙 부분에 10mm 간격의 눈금을 굵은 실선으로 그려놓은 것이다.
재단마크	인쇄, 복사, 플로터로 출력된 도면을 규격에서 정한 크기로 자르기 편하도록 하기 위해 사용한다.

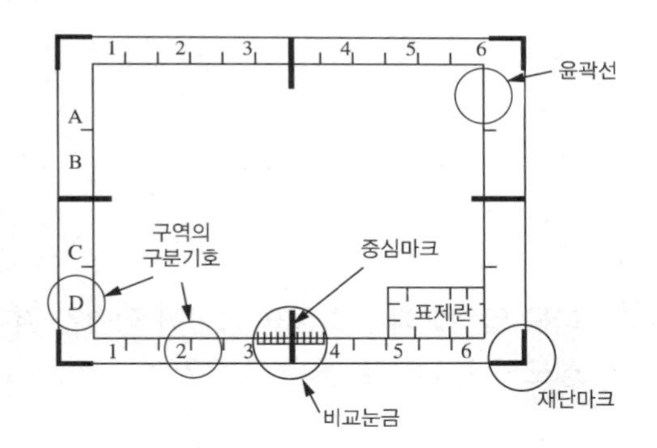

46 **다음 중 알루미늄 합금주물의 재료 표시기호는?**

① ALBrC1 ② ALDC1
③ AC1A ④ PBC2

해설
알루미늄 합금 중에서 AC로 시작하면 주조 제품을 표시한다. 따라서 AC1A는 알루미늄 합금주물을 의미한다.

Al합금 재료의 표시기호

종류	의미
ALBrC1	알루미늄 청동
ALDC1	알루미늄 합금, 금형 안에서 Al을 성형한 것
AC1A	알루미늄 합금주물
PBC2	인청동

47 **다음 입체도에서 화살표 방향이 정면일 경우 정투상도의 평면도로 옳은 것은?**

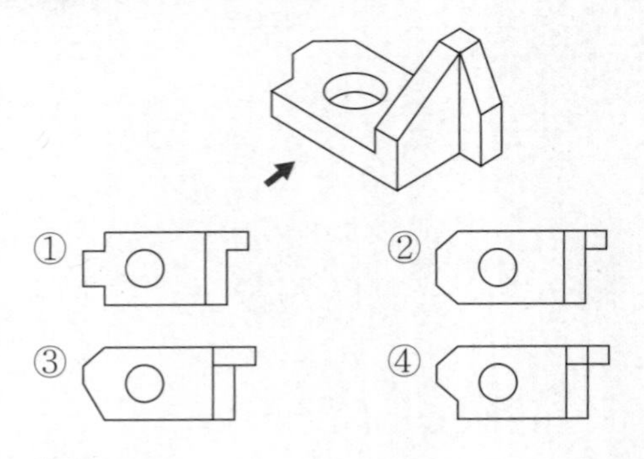

해설
입체도를 위에서 바라보는 평면도를 확인하면 좌측의 형상이 일부분 튀어나와 있는데 이 부분의 형상이 일치하는 것은 ④번임을 알 수 있다.

48 **끼워맞춤의 표시방법에 대한 설명으로 옳지 않은 것은?**

① ϕ20H7 : 지름이 20인 구멍으로 7등급의 IT 공차를 가짐
② ϕ20h6 : 지름이 20인 축으로 6등급의 IT 공차를 가짐
③ ϕ20H7/g6 : 지름이 20인 H7구멍과 g6축이 헐거운 끼워맞춤으로 결합되어 있음을 나타냄
④ ϕ20H7/f6 : 지름이 20인 H7구멍과 f6축이 중간 끼워맞춤으로 결합되어 있음을 나타냄

해설
구멍과 축을 끼워맞춤할 때 일반적으로 구멍기준식을 사용한다. 기호의 구성은 구멍을 뜻하는 대문자 기호 H를 앞에 쓰고 / 뒤에 헐거운, 중간, 억지끼워맞춤에 따른 축의 기호인 소문자를 기입한다(H7/g6). 따라서 ϕ20H7/f6이란 지름이 20mm인 H7의 구멍을 기준으로 축을 f6으로 헐거운 끼워맞춤을 하라는 의미이다.

구멍기준 시 축의 끼워맞춤

헐거운 끼워맞춤	중간 끼워맞춤	억지 끼워맞춤
b, c, d, e, f, g	h, js, k, m, n	p, r, s, t, u, x

49 **기어의 도시방법에 대한 설명으로 옳지 않은 것은?**

① 이끝원은 굵은 실선으로 그린다.
② 피치원은 가는 1점쇄선으로 그린다.
③ 단면으로 표시할 때 이뿌리원은 가는 실선으로 그린다.
④ 잇줄 방향은 보통 3개의 가는 실선으로 그린다.

해설
기어의 도시법
- 이끝원은 굵은 실선으로 한다.
- 피치원은 가는 1점쇄선으로 한다.
- 맞물리는 한 쌍의 기어의 이끝원은 굵은 실선으로 그린다.
- 헬리컬기어의 잇줄 방향은 통상 3개의 가는 실선으로 그린다.
- 보통 축에 직각인 방향에서 본 투상도를 주투상도로 할 수 있다.
- 이뿌리원은 가는 실선으로 그린다. 단, 축에 직각 방향으로 단면 투상할 경우에는 굵은 실선으로 한다.

46 ③ 47 ④ 48 ④ 49 ③ 정답

50 평행 키 끝부분의 형식에 대한 설명으로 틀린 것은?

① 끝부분 형식에 대한 지정이 없는 경우는 양쪽 네모형으로 본다.
② 양쪽 둥근형은 기호 A를 사용한다.
③ 양쪽 네모형은 기호 S를 사용한다.
④ 한쪽 둥근형은 기호 C를 사용한다.

해설

• 키(Key)의 호칭

규격 번호	모양, 형상, 종류 및 호칭 치수	×	길이	끝 모양의 특별 지정	재료
KS B 1311	P–A 평행 키 10×8 (폭×높이)	×	25	양 끝 둥글기	SM 48C

• 키의 모양, 형태, 종류 및 기호

모양		기호
평행 키	나사용 구멍 없음	P
	나사용 구멍 있음	PS
경사 키	머리 없음	T
	머리 있음	TG
반달 키	둥근 바닥	WA
	납작 바닥	WB

형상	기호
양쪽 둥근형	A
양쪽 네모형	B
한쪽 둥근형	C

51 나사의 제도 시 불완전 나사부와 완전 나사부의 경계를 나타내는 선을 그릴 때 사용하는 선은?

① 굵은 파선
② 굵은 1점쇄선
③ 가는 실선
④ 굵은 실선

해설

나사의 제도방법

• 단면 시 암나사는 안지름까지 해칭한다.
• 수나사와 암나사의 골지름은 모두 가는 실선으로 그린다.
• 수나사와 암나사 결합부의 단면은 수나사 기준으로 나타낸다.
• 수나사의 바깥지름과 암나사의 안지름은 굵은 실선으로 그린다.
• 완전 나사부와 불완전 나사부의 경계선은 굵은 실선으로 그린다.
  – 완전 나사부 : 환봉이나 구멍에 나사내기를 할 때, 완전한 나사산이 만들어져 있는 부분
  – 불완전 나사부 : 환봉이나 구멍에 나사내기를 할 때, 나사가 끝나는 곳에서 불완전 나사산을 갖는 부분
• 수나사와 암나사의 측면 도시에서 골지름과 바깥지름은 가는 실선으로 그린다.
• 암나사의 단면 도시에서 드릴 구멍의 끝 부분은 굵은 실선으로 120°로 그린다.
• 불완전 나사부의 골 밑을 나타내는 선은 축선에 대하여 30°의 경사진 가는 실선으로 그린다.
• 가려서 보이지 않는 암나사의 안지름은 보통의 파선으로 그리고, 바깥지름은 가는 파선으로 그린다.

정답 50 ③ 51 ④

52 평벨트 풀리의 도시방법이 아닌 것은?

① 암의 단면형은 도형의 안이나 밖에 회전도시 단면도로 도시한다.

② 풀리는 축직각 방향의 투상을 주투상도로 도시할 수 있다.

③ 풀리와 같이 대칭인 것은 그 일부만을 도시할 수 있다.

④ 암은 길이 방향으로 절단하여 단면을 도시한다.

해설

평벨트 및 V벨트 풀리의 표시방법

- 암은 길이 방향으로 절단하여 도시하지 않는다.
- V벨트 풀리는 축 직각 방향의 투상을 정면도로 한다.
- 모양이 대칭형인 벨트 풀리는 그 일부분만 도시한다.

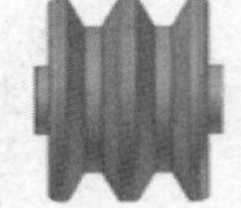

[V벨트 풀리]

- 암의 단면형은 도형의 안이나 밖에 회전 단면을 도시한다.
- 방사형으로 된 암은 수직이나 수평 중심선까지 회전하여 투상한다.
- 벨트 풀리의 홈 부분 치수는 해당 형별, 호칭지름에 따라 결정된다.

53 베어링의 안지름 번호를 부여하는 방법으로 옳지 않은 것은?

① 안지름 치수가 1, 2, 3, 4mm인 경우 안지름 번호는 1, 2, 3, 4이다.

② 안지름 치수가 10, 12, 15, 17mm인 경우 안지름 번호는 01, 02, 03, 04이다.

③ 안지름 치수가 20mm 이상 480mm 이하인 경우 5로 나눈 값을 안지름 번호로 사용한다.

④ 안지름 치수가 500mm 이상인 경우 '/안지름 치수'를 안지름 번호로 사용한다.

해설

베어링 안지름의 호칭방법에서 10mm = 00, 12mm = 01, 15mm = 02, 17mm = 03을 쓰며, 04 이상부터는 5를 곱해서 나온 값을 내경의 치수로 한다.

베어링의 호칭방법

구분	내용
형식번호	• 1 : 복렬 자동조심형 • 2, 3 : 상동(큰 너비) • 6 : 단열홈형 • 7 : 단열앵귤러콘택트형 • N : 원통 롤러형
치수기호	• 0, 1 : 특별경하중 • 2 : 경하중형 • 3 : 중간형
안지름 번호	• 1~9 : 1~9mm • 00 : 10mm • 01 : 12mm • 02 : 15mm • 03 : 17mm • 04 : 20mm 04부터 5를 곱한다.
접촉각기호	• C
실드기호	• Z : 한쪽 실드 • ZZ : 안팎 실드
내부 틈새기호	• C2
등급기호	• 무기호 : 보통급 • H : 상급 • P : 정밀 등급 • SP : 초정밀급

52 ④ 53 ② 정답

54 다음 그림이 나타내는 용접 이음의 종류는?

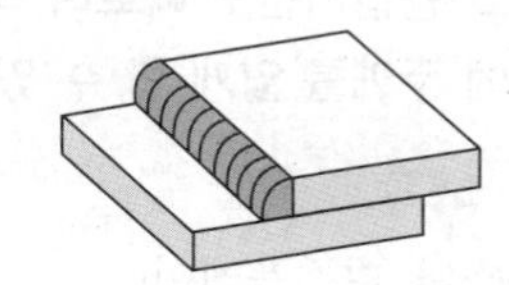

① 모서리 이음
② 겹치기 이음
③ 맞대기 이음
④ 플랜지 이음

해설

용접 이음의 종류

맞대기 이음	겹치기 이음	모서리 이음
양면 덮개판 이음	T이음(필릿)	십자(+) 이음
전면 필릿 이음	측면 필릿 이음	변두리 이음

55 다음은 표준 스퍼기어 요목표이다. (1), (2)에 들어갈 숫자로 옳은 것은?

스퍼기어		
기어 치형		표준
공구	치형	보통 이
	모듈	2
	압력각	20°
잇수		32
피치원지름		(1)
전체 이 높이		(2)
다듬질 방법		호브 절삭
정밀도		KS B 1405, 5급

① (1) : ϕ64 (2) : 4.5
② (1) : ϕ40 (2) : 4
③ (1) : ϕ40 (2) : 4.5
④ (1) : ϕ64 (2) : 4

해설

(1) 피치원 지름(PCD) = mZ = 2 × 32 = 64mm(ϕ64)
(2) 전체 이 높이(H) = 2.25m = 2.25 × 2 = 4.5mm

실기시험 시 한국산업인력공단에서 제공하는 스퍼기어 요목표

스퍼기어 요목표		
기어 치형		표준
공구	모듈	2
	치형	보통 이
	압력각	20°
전체 이 높이		4.5(2.25m)
피치원지름		ϕ90(PCD : mZ)
잇 수		45
다듬질 방법		호브 절삭
정밀도		KS B ISO 1328-1, 4급

※ 여기서 m : 모듈, Z : 잇수, PCD : 피치원 지름

정답 54 ② 55 ①

56 다음 관 이음의 그림기호 중 플랜지식 이음은?

① 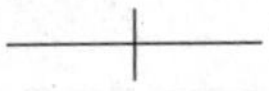 ② 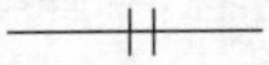 ③  ④

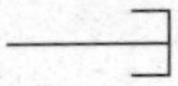

해설

배관 접합기호의 종류

유니언 연결	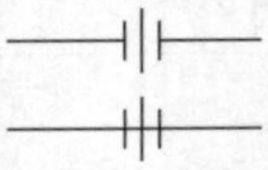	플랜지 연결	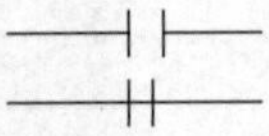
칼라 연결		마개와 소켓 연결	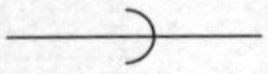
확장 연결 (신축이음)	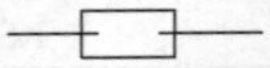	일반 연결	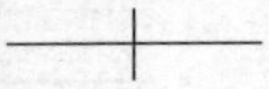
캡 연결	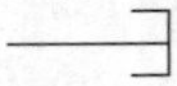	엘보 연결	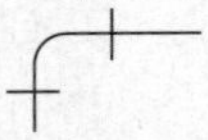

57 서로 다른 CAD 시스템 간에 설계 정보를 교환하기 위한 표준 중립파일(Neutral File)이 아닌 것은?

① DXF ② GUI
③ IGES ④ STEP

해설

② GUI(Graphical User Interface) : 그래픽을 통해 사용자와 컴퓨터 간 인터페이스로 기존 문자 위주의 컴퓨터 운영방식에서 그림 위주로 바뀐 운영방식이다.

① DXF(Data Exchange File) : CAD 데이터 간 호환성을 위해 제정한 자료 공유파일을 아스키 텍스트 파일로 구성한 형식이다.

③ IGES : CAD/CAM/CAE 시스템 간에 제품 정의 데이터를 교환하기 위해 개발한 최초의 표준 교환형식으로, ANSI 표준이다.

④ STEP : 회사들 사이에 컴퓨터를 이용한 데이터의 저장과 교환을 위한 산업표준이 되는 CALS에서 채택하고 있는 제품 데이터 교환 표준이다.

58 스스로 빛을 내는 자기발광형 디스플레이로서 시야각이 넓고 응답시간도 빠르며 백라이트가 필요 없기 때문에 두께를 얇게 할 수 있는 디스플레이는?

① TFT-LCD
② 플라스마 디스플레이
③ OLED
④ 래스터스캔 디스플레이

해설

OLED는 LCD를 뛰어넘는 화질로서 스스로 빛을 내는 자기발광형 디스플레이 장치로, 응답속도가 빠르며 두께도 얇은 특징을 갖는다. 최근에는 UHD 디스플레이 장치로 그 기술이 진보되고 있다.

TFT-LCD	Thin Film Transistor Liquid Crystal Display	• 주로 LCD로 불린다. • 트랜지스터 액정 표시장치로서 기존 TV브라운관에 비해 두께와 무게가 1/10에 지나지 않고 소비전력도 1/4수준에 불과한 신영상표시장치로 CRT에서 진보된 기술이었다.
PDP	Plasma Display Panel	• 기체방전(플라스마)현상을 이용한 평판 표시장치로 전기를 많이 필요로 해서 LCD, LED보다 선호도가 다소 떨어진다.
OLED	Organic Light Emitting Diodes	• 형광성 유기화합물에 전류가 흐르면 빛을 내는 전계발광현상을 이용하여 스스로 빛을 내는 자체발광형 유기물질이다. • LCD 이상의 화질과 단순한 제조공정으로 가격 경쟁에서 유리하다.
래스터스캔 디스플레이	Raster Scan Display	화면을 작은 점들의 모임으로 보고, 각 점의 점멸에 의해 영상을 만드는 방식이다.

56 ② 57 ② 58 ③ 정답

59 CAD 데이터 교환을 위한 중립파일 중 특수한 서식의 문자열을 가진 아스키(ASCII) 파일은?

① CAT ② DXF

③ GKS ④ PHIGS

해설

DXF(Data Exchange File)

- CAD 데이터 간 호환성을 위해 제정한 자료 공유 파일을 아스키(ASCII)텍스트 파일로 구성한 형식이다.
- DXF의 섹션 구성
  - Header Section
  - Table Section
  - Entity Section
  - Block Section
  - End of file Section

60 CAD로 2차원 평면에서 원을 정의하고자 한다. 다음 중 특정원을 정의할 수 없는 것은?

① 원의 반지름과 원을 지나는 하나의 접선으로 정의

② 원의 중심점과 반지름으로 정의

③ 원의 중심점과 원을 지나는 하나의 접선으로 정의

④ 원을 지나는 3개의 점으로 정의

해설

AutoCAD에서 원을 만드는 방법

AutoCAD 프로그램에서 '원' 부분을 마우스로 클릭하면 다음과 같이 원을 만들 수 있는 명령어가 뜬다.

- 원을 지나는 2점 입력
- 원을 지나는 3점 입력
- 원의 중심점, 지름값 입력
- 원의 중심점, 반지름값 입력
- 원의 접선, 접선, 반지름값 입력
- 원의 중심점, 원을 지나는 하나의 접선값 입력

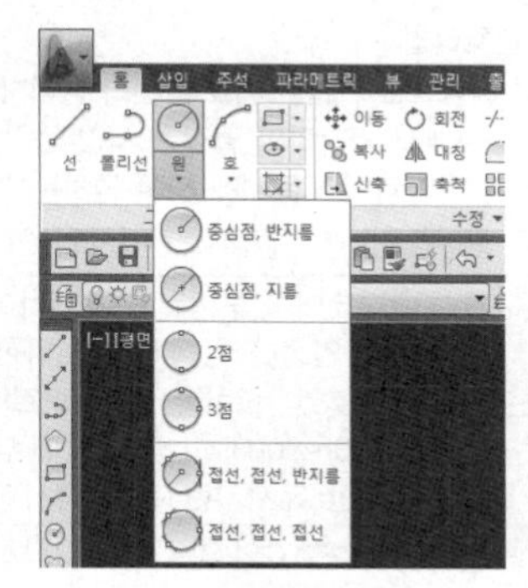

[AutoCAD 프로그램]

2024년 제2회 최근 기출복원문제

01 마텐자이트와 베이나이트의 혼합조직으로 M_s와 M_f점 사이의 열욕에 담금질하여 과랭 오스테나이트의 변태가 완료할 때까지 항온 유지한 후에 꺼내어 공랭하는 열처리는?

① 오스템퍼(Austemper)
② 마템퍼(Martemper)
③ 마퀜칭(Marquenching)
④ 패턴팅(Patenting)

해설

항온 열처리법

변태점 이상으로 가열한 재료를 연속 냉각하지 않고 500~600℃의 염욕 중에서 냉각하여 일정한 시간 동안 유지한 뒤 냉각시켜 담금질과 뜨임처리를 동시에 하여 원하는 조직과 경도값을 얻는 것으로 항온풀림, 항온담금질, 항온뜨임이 있다.

구분		내용
항온풀림		재료의 내부응력을 제거하여 조직을 균일화하고 인성을 향상시키기 위한 열처리 조작으로 가열한 재료를 연속적으로 냉각하지 않고 약 500~600℃의 염욕 중에 냉각하여 일정 시간 동안 유지시킨 뒤 냉각시키는 방법
항온뜨임		약 250℃의 열욕에서 일정시간 유지시킨 후 공랭하여 마텐자이트와 베이나이트의 혼합된 조직을 얻는 열처리법으로, 고속도강이나 다이스강을 뜨임처리하고자 할 때 사용한다.
항온담금질	오스템퍼링	강을 오스테나이트 상태로 가열한 후 300~350℃의 온도에서 담금질하여 하부 베이나이트 조직으로 변태시킨 후 공랭하는 방법이다. 강인한 베이나이트 조직을 얻고자 할 때 사용한다.
	마템퍼링	강을 M_s점과 M_f점 사이의 열욕에서 항온 유지 후 꺼내어 공기 중에서 냉각하여 마텐자이트와 베이나이트의 혼합조직을 얻는 방법(M_s : 마텐자이트 생성 시작점, M_f : 마텐자이트 생성 종료점)이다.
	마퀜칭	강을 오스테나이트 상태로 가열한 후 M_s점 바로 위에서 기름이나 염욕에 담그는 열욕에서 담금질하여 재료의 내부 및 외부가 같은 온도가 될 때까지 항온을 유지한 후 공랭하여 열처리하는 방법으로, 균열이 없는 마텐자이트 조직을 얻을 때 사용한다.
	오스포밍	가공과 열처리를 동시에 하는 방법으로, 조밀하고 기계적 성질이 좋은 마텐자이트를 얻고자 할 때 사용된다.
	MS퀜칭	강을 M_s점보다 다소 낮은 온도에서 담금질하여 물이나 기름 중에서 급랭시키는 열처리 방법으로, 잔류 오스테나이트의 양이 적다.

02 다음 중 항공기 재료로 가장 적합한 것은?

① 파인 세라믹
② 복합 조직강
③ 고강도 저합금강
④ 초두랄루민

해설

두랄루민 계열의 재료는 고강도의 특성을 갖기 때문에 항공기나 자동차용 재료로 많이 사용된다.

03 탄소강에 함유된 5대 원소는?

① 황, 망간, 탄소, 규소, 인
② 탄소, 규소, 인, 망간, 니켈
③ 규소, 탄소, 니켈, 크롬, 인
④ 인, 규소, 황, 망간, 텅스텐

해설

탄소강에 함유된 5대 원소

C(탄소), Si(규소), Mn(망간), P(인), S(황)

1 ② 2 ④ 3 ① 정답

04 **황이 함유된 탄소강의 적열취성을 감소시키기 위해 첨가하는 원소는?**

① 망간　② 규소
③ 구리　④ 인

해설
황(S)은 탄소강의 적열취성을 일으키는 원소이므로 이를 제거하기 위해서는 쇳물에 Mn(망간)을 첨가하여 MnS로 석출시킨 후 제거한다.

탄소강에 함유된 원소의 영향

종류	영향
탄소(C)	• 경도를 증가시킨다. • 인성과 연성을 감소시킨다. • 일정 함유량까지 강도를 증가시킨다. • 함유량이 많아질수록 취성(메짐)이 강해진다.
규소(Si)	• 유동성을 증가시킨다. • 용접성과 가공성을 저하시킨다. • 인장강도, 탄성한계, 경도를 상승시킨다. • 결정립의 조대화로 충격값과 인성, 연신율을 저하시킨다.
망간(Mn)	• 주철의 흑연화를 방지한다. • 고온에서 결정립 성장을 억제한다. • 주조성과 담금질효과를 향상시킨다. • 탄소강에 함유된 황(S)을 MnS로 석출시켜 적열취성을 방지한다.
인(P)	• 상온취성의 원인이 된다. • 결정입자를 조대화시킨다. • 편석이나 균열의 원인이 된다. • 주철의 용융점을 낮추고, 유동성을 좋게 한다.
황(S)	• 절삭성을 양호하게 한다. • 편석과 적열취성의 원인이 된다. • 철을 여리게 하며 알칼리성에 약하다.
수소(H_2)	• 백점, 헤어크랙의 원인이 된다.
몰리브덴(Mo)	• 내식성을 증가시킨다. • 뜨임취성을 방지한다. • 담금질 깊이를 깊게 한다.
크롬(Cr)	• 강도와 경도를 증가시킨다. • 탄화물을 만들기 쉽게 한다. • 내식성, 내열성, 내마모성을 증가시킨다.
납(Pb)	• 절삭성을 크게 하여 쾌삭강의 재료가 된다.
코발트(Co)	• 고온에서 내식성, 내산화성, 내마모성, 기계적 성질이 뛰어나다.
구리(Cu)	• 고온취성의 원인이 된다. • 압연 시 균열의 원인이 된다.
니켈(Ni)	• 내식성 및 내산성을 증가시킨다.
타이타늄(Ti)	• 부식에 대한 저항이 매우 크다. • 가볍고 강력해서 항공기용 재료로 사용된다.

05 **Fe-C계 평형상태도상에서 탄소를 2.0~6.67% 정도 함유하는 금속재료는?**

① 구리　② 타이타늄
③ 주철　④ 니켈

06 **풀림의 목적으로 옳지 않은 것은?**

① 냉간가공 시 재료가 경화된다.
② 가스 및 분출물의 방출과 확산을 일으키고 내부응력이 저하된다.
③ 금속합금의 성질을 변화시켜 연화된다.
④ 일정한 조직으로 균일화된다.

해설
풀림은 냉간가공으로 경화된 재료를 연하게 만들기 위한 열처리 조작이다.

07 **Al의 표면을 적당한 전해액 중에 양극산화처리하여 표면에 방식성이 우수하고, 치밀한 산화피막을 만드는 방법이 아닌 것은?**

① 수산법　② 크롤법
③ 황산법　④ 크로뮴산법

해설
알루미늄 재료의 방식법
• 수산법 : 알루마이트법이라고도 하며, Al 제품을 2%의 수산용액에서 전류를 흘려 표면에 단단하고 치밀한 산화막 조직을 형성시키는 방법이다.
• 황산법 : 전해액으로 황산(H_2SO_4)을 사용하며, 가장 널리 사용되는 Al 방식법이다. 경제적이며 내식성과 내마모성이 우수하다. 착색력이 좋아서 유지하기 용이하다.
• 크로뮴산법 : 전해액으로 크로뮴산(H_2CrO_4)을 사용하며, 반투명이나 애나멜과 같은 색을 띤다. 광학기계나 가전제품, 통신기기 등에 사용된다.

정답 4 ① 5 ③ 6 ① 7 ②

08 다음 중 베이나이트 조직을 얻기 위한 항온 열처리 방법은?

① 퀜칭 ② 심랭처리
③ 오스템퍼링 ④ 노멀라이징

해설
베이나이트 조직은 항온 열처리 조작을 통해서만 얻을 수 있는데, 오스템퍼링이 항온 열처리에 해당한다.

09 고주파 담금질의 특징에 대한 설명으로 옳지 않은 것은?

① 직접 가열하므로 열효율이 높다.
② 조작이 간단하여 열처리 가공시간이 단축될 수 있다.
③ 열처리 불량은 적지만, 항상 변형 보정이 필요하다.
④ 가열시간이 짧아 경화면의 탈탄이나 산화가 매우 적다.

해설
고주파경화법의 특징
- 작업비가 싸다.
- 직접 가열하므로 열효율이 높다.
- 열처리 후 연삭과정을 생략할 수 있다.
- 조작이 간단하여 열처리시간이 단축된다.
- 불량이 적어서 변형을 수정할 필요가 없다.
- 급열이나 급랭으로 인해 재료가 변형될 수 있다.
- 경화층이 이탈되거나 담금질 균열이 생기기 쉽다.
- 가열시간이 짧아서 산화되거나 탈탄의 우려가 적다.
- 마텐자이트 생성으로 체적이 변화하여 내부응력이 발생한다.
- 부분 담금질이 가능하므로 필요한 깊이만큼 균일하게 경화시킬 수 있다.

10 용강 중에 Fe-Si 또는 Al 분말 등의 강한 탈산제를 첨가하여 완전히 탈산시킨 강은?

① 림드강 ② 킬드강
③ 캡트강 ④ 세미킬드강

해설
② 킬드강 : 편석이나 기공이 적은 가장 좋은 양질의 단면을 갖는 강으로 평로, 전기로에서 제조된 용강을 Fe-Mn, Fe-Si, Al 등으로 완전히 탈산시킨 강이다. 상부에 작은 수축관과 소수의 기포만 존재하며, 탄소 함유량은 0.15~0.3% 정도이다.
① 림드강 : 평로, 전로에서 제조된 것을 Fe-Mn으로 가볍게 탈산시킨 강으로, 탈산처리가 불충분한 상태로 주형에 주입시켜 응고시킨 것이다. 강괴 내에 기포가 많이 존재하여 품질이 균일하지 못한 단점이 있다.
③ 캡트강 : 림드강을 주형에 주입한 후 탈산제를 넣거나 주형에 뚜껑을 덮고 리밍작용을 억제하여 표면을 림드강처럼 깨끗하게 만듦과 동시에 내부를 세미킬드강처럼 편석이 적은 상태로 만든 강이다.
④ 세미킬드강 : 탈산의 정도가 킬드강과 림드강 중간으로, 림드강에 비해 재질이 균일하며 용접성이 좋고, 킬드강보다는 압연이 잘된다.

킬드강	림드강	세미킬드강
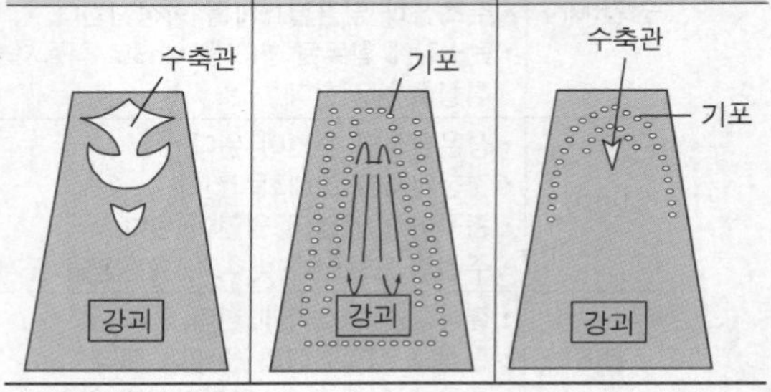 수축관 강괴	기포 강괴	수축관 기포 강괴

11 담금질강의 경도를 증가시키고, 시효변형을 방지하기 위해 하는 심랭처리(Subzero Treatment)는 몇 ℃에서 처리하는가?

① 0℃ 이하 ② 300℃ 이하
③ 600℃ 이하 ④ 800℃ 이하

해설
심랭처리(Subzero Treatment, 서브제로)
담금질한 강을 실온까지 냉각한 다음, 다시 계속하여 0℃ 이하의 마텐자이트 변태 종료 온도까지 냉각하여 잔류 오스테나이트를 마텐자이트로 변화시키는 열처리작업으로, 담금질된 강의 잔류 오스테나이트를 제거하여 치수 변화를 방지하고 경도를 증가 및 시효변형을 방지하기 위하여 실시한다.

8 ③ 9 ③ 10 ② 11 ① 정답

12 마그네슘(Mg)의 성질에 대한 설명으로 옳지 않은 것은?

① 고온에서 발화하기 쉽다.
② 비중은 1.74 정도이다.
③ 조밀육방격자로 되어 있다.
④ 바닷물에 매우 강하다.

해설

Mg(마그네슘)의 성질
- 절삭성이 우수하다.
- 용융점은 650℃이다.
- 조밀육방격자 구조이다.
- 고온에서 발화하기 쉽다.
- Al에 비해 약 35% 가볍다.
- 알칼리성에는 거의 부식되지 않는다.
- 구상흑연주철 제조 시 첨가제로 사용된다.
- 비중이 1.74로, 실용금속 중 가장 가볍다.
- 열전도율과 전기전도율은 Cu, Al보다 낮다.
- 비강도가 우수하여 항공기나 자동차 부품으로 사용된다.
- 대기 중에는 내식성이 양호하나 산이나 염류(바닷물)에는 침식되기 쉽다.

※ 마그네슘 합금은 부식되기 쉽고, 탄성한도와 연신율이 작아서 Al, Zn, Mn 및 Zr 등을 첨가한 합금으로 제조한다.

13 질화처리에 대한 설명으로 옳지 않은 것은?

① 내마모성이 커진다.
② 피로한도가 향상된다.
③ 높은 표면경도를 얻을 수 있다.
④ 고온에서 처리되는 관계로 변형이 많다.

해설

질화법

암모니아(NH_3)가스 분위기(영역) 안에 재료를 넣고 500℃에서 50~100시간 가열하면 재료 표면에 Al, Cr, Mo 원소와 함께 질소가 확산되면서 강 재료의 표면이 단단해지는 표면경화법이다. 내연기관의 실린더 내벽이나 고압용 터빈날개를 표면경화할 때 주로 사용되며, 가열온도가 상대적으로 낮고 변형이 작다.

14 백주철을 열처리하여 연신율을 향상시킨 주철은?

① 반주철　　② 회주철
③ 구상흑연주철　　④ 가단주철

해설

④ 가단주철 : 고탄소주철로서 회주철과 같이 주조성이 우수한 백선주물을 만들고 열처리함으로써 강인한 조직으로 만들기 때문에 단조작업이 가능하다.

② 회주철 : GC200으로 표시하는 주조용 철로, 200은 최저인장강도를 나타낸다. 탄소가 흑연박편의 형태로 석출되며 내마모성과 진동흡수능력이 우수하고 압축강도가 좋아서 엔진 블록이나 브레이크 드럼용 재료, 공작기계의 베드용 재료로 사용된다. 회주철 조직에서 가장 큰 영향을 미치는 원소는 C와 Si이다.

③ 구상흑연주철 : 주철 속 흑연이 완전히 상이고, 바탕 조직은 펄라이트이고, 그 주위가 페라이트조직으로 되어 있다. 이 형상이 황소의 눈과 닮았다고 하여 불스아이주철이라고도 한다. 일반주철에 Ni(니켈), Cr(크로뮴), Mo(몰리브데넘), Cu(구리)를 첨가하여 재질을 개선한 주철로 내마멸성, 내열성, 내식성이 매우 우수하여 자동차용 주물이나 주조용 재료로 사용된다. 노듈러주철, 덕타일주철이라고도 한다.

15 마이크로미터 스핀들 나사의 피치가 0.5mm이고, 심블의 원주 눈금이 100등분 되어 있으면 최소 측정값은 몇 mm인가?

① 0.05　　② 0.01
③ 0.005　　④ 0.001

해설

$$\text{마이크로미터의 최소 측정값} = \frac{\text{나사의 피치}}{\text{심블의 등분수}} = \frac{0.5\text{mm}}{100} = 0.005\text{mm}$$

정답 12 ④ 13 ④ 14 ④ 15 ③

16 외측 마이크로미터 '0'점 조정 시 기준이 되는 것은?

① 블록 게이지
② 다이얼 게이지
③ 오토콜리메이터
④ 레이저 측정기

해설

외측 마이크로미터는 일반적으로 사용되는 마이크로미터로 $\frac{1}{100}$ mm까지 물체의 외경을 측정할 수 있는 길이측정기로 교정('0'점 조정)은 블록 게이지를 통해서 해야 한다.

① 블록 게이지 : 길이 측정의 표준이 되는 게이지로, 공장용 게이지 중에서 가장 정확하다. 개개의 블록 게이지를 밀착시킴으로써 그들 호칭치수의 합이 되는 새로운 치수를 얻을 수 있다.

② 다이얼 게이지 : 측정자의 직선 또는 원호운동을 기계적으로 확대하여 그 움직임을 지침의 회전 변위로 변환시켜 눈금을 읽을 수 있는 측정기로, 측정범위가 넓고 직접 치수를 읽을 수는 없다.

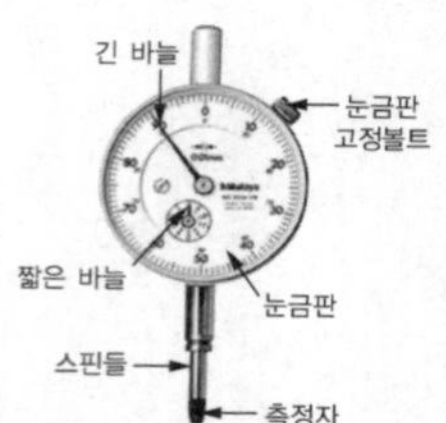

③ 오토콜리메이터 : 매우 정밀한 대물렌즈로 평행 광선을 만드는 장치인 시준기와 망원경을 조합하여 미소각도와 평면을 측정할 수 있는 광학적 각도측정기로, 망원경에는 계측기와 십자선, 조명이 장착되어 있다.

④ 레이저 측정기 : 수신부나 목표물을 향해 레이저를 발사한 뒤 반사되어 되돌아오는 레이저를 검출하여 정확한 거리를 측정하는 측정기로, 주로 거리 측정에 이용된다.

17 이미 치수를 알고 있는 표준과의 차를 구하여 치수를 알아내는 측정방법은?

① 절대 측정 ② 비교 측정
③ 표준 측정 ④ 간접 측정

해설

① 절대 측정 : 계측계에서 기본 단위로 주어지는 양과 비교함으로써 이루어지는 측정방법
③ 표준 측정 : 표준을 만들고자 할 때 사용하는 측정방법
④ 간접 측정 : 측정량과 일정한 관계가 있는 몇 개의 양을 측정함으로써 구하고자 하는 측정값을 간접적으로 유도해 내는 측정방법

18 게이지블록 중 표준용(Calibration Grade)으로서 측정기류의 정도검사 등에 사용되는 게이지 등급은?

① 00(AA)급 ② 0(A)급
③ 1(B)급 ④ 2(C)급

16 ① 17 ② 18 ② 정답

19 나사에 대한 설명으로 옳지 않은 것은?

① 나사산의 모양에 따라 삼각, 사각, 둥근 것 등으로 분류한다.

② 체결용 나사는 기계 부품의 접합 또는 위치 조정에 사용된다.

③ 나사를 1회전하여 축 방향으로 이동한 거리를 '리드'라고 한다.

④ 힘을 전달하거나 물체를 움직이게 할 목적으로 사용하는 나사는 주로 삼각나사이다.

해설

힘의 전달 및 물체를 움직이게 하는 이송용으로 사용하는 것은 톱니나사이다.

나사의 종류 및 특징

명칭		용도	특징
삼각나사	미터 나사 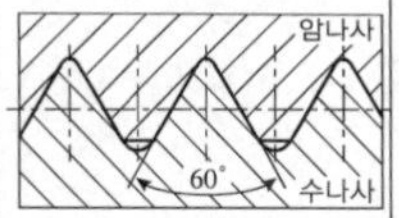	기계 조립	• 미터계 나사 • 나사산의 각도 : 60° • 나사의 지름과 피치를 mm로 표시한다.
	유니파이 나사 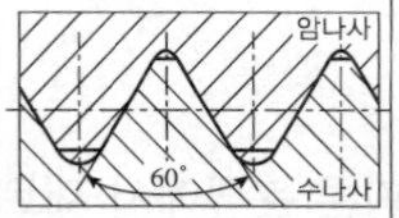	정밀 기계 조립	• 인치계 나사 • 나사산의 각도 : 60° • 미국, 영국, 캐나다의 협정으로 만들어 ABC 나사라고도 한다.
	관용 나사 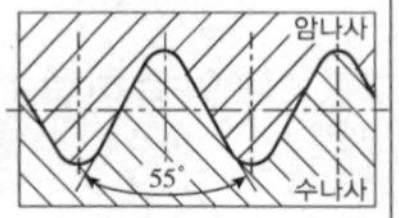	유체 기기 결합	• 인치계 나사 • 나사산의 각도 : 55° • 관용평행 나사 : 유체 기기 등의 결합에 사용한다. • 관용테이퍼 나사 : 기밀 유지가 필요한 곳에 사용한다.
사각 나사 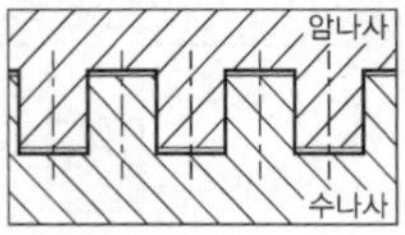		동력 전달용	• 프레스 등의 동력전달용으로 사용한다. • 축방향의 큰 하중을 받는 곳에 사용한다.
사다리꼴 나사 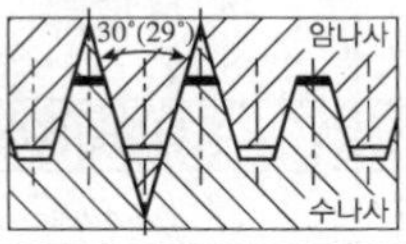		공작 기계의 이송용	• 나사산의 각도 : 30° • 애크미 나사라고도 한다.
톱니 나사 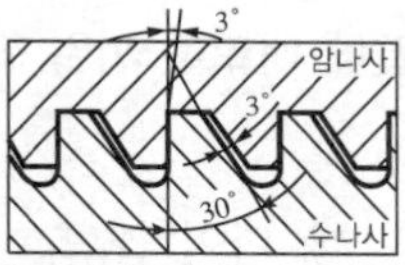		힘의 전달	• 힘을 한쪽 방향으로만 받는 곳에 사용한다. • 바이스, 압착기 등의 이송용 나사로 사용한다.
둥근 나사 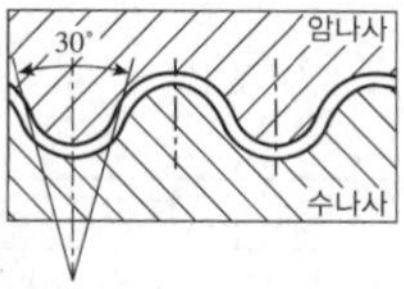		전구나 소켓	• 나사산이 둥근 모양이다. • 너클 나사라고도 한다. • 먼지나 모래 등이 많은 곳에 사용한다. • 나사산과 골이 같은 반지름의 원호로 이은 모양이다.
볼 나사 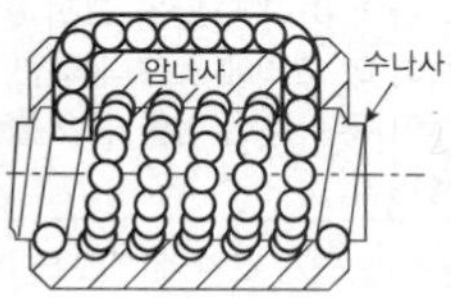		정밀 공작 기계의 이송 장치	• 나사축과 너트 사이에 강재 볼을 넣어 힘을 전달한다. • 백래시를 작게 할 수 있고, 높은 정밀도를 오래 유지할 수 있으며 효율이 가장 좋다.

20 스프링의 용도에 대한 설명으로 옳지 않은 것은?

① 힘의 측정에 사용된다.

② 마찰력 증가에 이용한다.

③ 일정한 압력을 가할 때 사용한다.

④ 에너지를 저축하여 동력원으로 작동시킨다.

해설

마찰력 증가를 위해 스프링을 사용하지는 않는다.

정답 19 ④ 20 ②

21 양쪽 끝이 모두 수나사로 되어 있으며, 한쪽 끝에 상대 쪽에 암나사를 만들어 미리 반영구적으로 나사 박음하고, 다른 쪽 끝에 너트를 끼워 죄도록 하는 볼트는?

① 스테이 볼트 ② 아이 볼트
③ 탭 볼트 ④ 스터드 볼트

해설

볼트의 종류 및 특징

종류 및 형상		특징
스테이 볼트		두 장의 판의 간격을 유지하면서 체결할 때 사용하는 볼트이다.
아이 볼트		나사의 머리 부분을 고리 형태로 만들어 이 고리에 로프나 체인, 훅 등을 걸어 무거운 물건을 들어올릴 때 사용한다.
나비 볼트		볼트를 쉽게 조일 수 있도록 머리 부분을 날개 모양으로 만든 것이다.
기초 볼트		콘크리트 바닥 위에 기계 구조물을 고정시킬 때 사용한다.
육각 볼트		일반 체결용으로 가장 많이 사용한다.
육각 구멍 붙이 볼트		볼트의 머리부에 둥근머리 육각 구멍 홈을 판 것으로, 볼트의 머리부가 밖으로 돌출되지 않는 곳에 사용한다.
접시머리 볼트		볼트의 머리부가 접시 모양으로, 머리가 노출되지 않는 곳에 사용한다.
스터드 볼트		양쪽 끝이 모두 수나사로 되어 있으며, 한쪽 끝을 반영구적인 나사 박음하고, 다른 쪽에는 너트를 끼워 조인다.

22 길이가 1m이고, 지름이 30mm인 둥근 막대에 30,000N의 인장하중을 작용하면 얼마 정도 늘어나는가? (단, 세로탄성계수는 $2.1\times10^5\text{N/mm}^2$이다)

① 0.102mm ② 0.202mm
③ 0.302mm ④ 0.402mm

해설

$\sigma = E \cdot \varepsilon$

$$42.44 = 2.1\times10^5 \times \frac{\Delta l}{1{,}000\text{mm}}$$

$$\Delta l = \frac{42.44}{2.1\times10^5}\times 1{,}000 = 0.202\text{mm}$$

여기서, $\sigma = \dfrac{F}{A} = \dfrac{30{,}000\text{N}}{\dfrac{\pi\times(30\text{mm})^2}{4}} = 42.44\text{N/mm}^2$

23 하중의 작용 상태에 따른 분류에서 재료의 축선 방향으로 늘어나게 하려는 하중은?

① 굽힘하중 ② 전단하중
③ 인장하중 ④ 압축하중

해설

재료의 축선 방향으로 늘어나게 하는 것은 인장하중이다.

응력(하중)의 종류

인장응력	압축응력	전단응력
W, W	W, W	W, W, W, W

굽힘응력	비틀림응력
W	W, W

21 ④ 22 ② 23 ③ 정답

24 유니버설 조인트의 허용 축 각도는 몇 도 이내인가?

① 10°　　② 20°
③ 30°　　④ 60°

해설

유니버설 커플링(조인트)은 두 축이 같은 평면 내에서 일정한 각도로 교차하는 경우에 운동을 전달하는 축이음으로 허용 축의 각도는 30°이다.

커플링의 종류

종류		특징
올덤 커플링		두 축이 평행하고 거리가 아주 가까울 때 사용한다. 각속도의 변동 없이 토크를 전달하는 데 가장 적합하며, 윤활이 어렵고 원심력에 의한 진동 발생으로 고속 회전에는 적합하지 않다.
플렉시블 커플링		두 축의 중심선을 일치시키기가 어렵거나 고속 회전이나 급격한 전달력의 변화로 진동이나 충격이 발생하는 경우에 사용한다. 고무, 가죽, 스프링을 이용하여 진동을 완화한다.
유니버설 커플링		두 축이 만나는 각이 수시로 변화하는 경우에 사용되며, 공작기계나 자동차의 축이음에 사용된다.
플랜지 커플링 (고정 커플링)		일직선상에 두 축을 연결한 것으로 볼트나 키로 결합한다.
슬리브 커플링	키, 중공축, 슬리브, 원동축	주철제의 원통 속에서 두 축을 맞대기 키로 고정하는 것으로, 축 지름과 동력이 매우 작을 때 사용한다. 단, 인장력이 작용하는 축에는 적용이 불가능하다.

25 기어의 잇수가 40개이고, 피치원의 지름이 320mm일 때 모듈의 값은?

① 4　　② 6
③ 8　　④ 12

해설

기어의 지름은 일반적으로 피치원 지름(PCD ; Pitch Circle Diameter)으로 나타낸다.

$PCD = mZ$

$320 = m \times 40$

$\therefore m = 8$

여기서, m : 모듈
Z : 기어 이의 수

26 다양한 형태를 가진 면 또는 홈에 의하여 회전운동이나 왕복운동을 발생시키는 기구는?

① 캠　　② 스프링
③ 베어링　　④ 링크

해설

캠 기구란 다양한 형태를 가진 면 또는 홈에 의하여 회전운동이나 왕복운동을 함으로써 주기적인 운동을 발생하는 기구로, 내연기관의 밸브 개폐장치 등에 이용된다. 캠 기구는 원동절(캠), 종동절, 고정절로 구성된다.

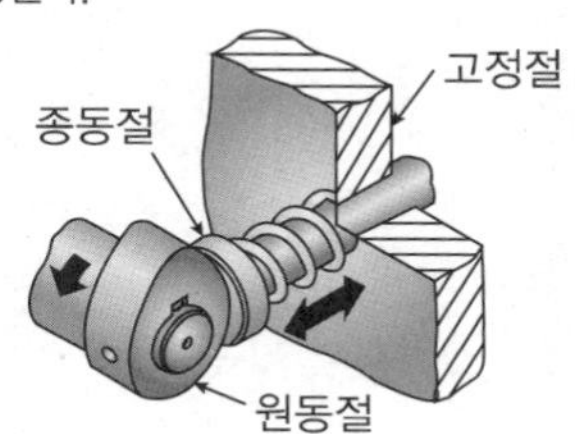

정답 24 ③ 25 ③ 26 ①

27 깊은 홈 볼베어링의 호칭번호가 6208일 때 안지름은 얼마인가?

① 10mm ② 20mm

③ 30mm ④ 40mm

해설

볼 베어링의 안지름 번호는 앞에 2자리를 제외한 뒤 숫자로서 확인할 수 있다. 04부터는 5를 곱하면 그 수치가 안지름이 된다.

예 호칭번호가 6208인 경우

- 6 : 깊은 단열 홈 베어링
- 2 : 경하중형
- 08 : 베어링 안지름 번호(08 × 5= 40mm)

베어링의 호칭방법

형식번호	• 1 : 복렬 자동조심형 • 2, 3 : 상동(큰 너비) • 6 : 단열홈형 • 7 : 단열앵귤러콘택트형 • N : 원통 롤러형
치수기호	• 0, 1 : 특별경하중 • 2 : 경하중형 • 3 : 중간형
안지름 번호	• 1~9 : 1~9mm • 00 : 10mm • 01 : 12mm • 02 : 15mm • 03 : 17mm • 04 : 20mm 04부터 5를 곱한다.
접촉각기호	• C
실드기호	• Z : 한쪽 실드 • ZZ : 안팎 실드
내부 틈새기호	• C2
등급기호	• 무기호 : 보통급 • H : 상급 • P : 정밀 등급 • SP : 초정밀급

28 치수 보조기호의 설명으로 옳지 않은 것은?

① 구의 지름 – $S\phi$

② 구의 반지름 – SR

③ 45° 모따기 – C

④ 이론적으로 정확한 치수 – (15)

해설

치수 보조기호의 종류

기호	구분	기호	구분
ϕ	지름	p	피치
$S\phi$	구의 지름	$\overset{\frown}{50}$	호의 길이
R	반지름	$\underline{50}$	비례척도가 아닌 치수
SR	구의 반지름	$\boxed{50}$	이론적으로 정확한 치수
□	정사각형	(50)	참고치수
C	45° 모따기	~~50~~	치수의 취소 (수정 시 사용)
t	두께	–	–

29 진원도 측정법이 아닌 것은?

① 지름법 ② 수평법

③ 3점법 ④ 반지름법

해설

형상공차에서 진원도 측정방법

- 3점법
- 직경법(지름법)
- 반경법(반지름법)

27 ④ 28 ④ 29 ② 정답

30 다음 그림은 어떤 기계요소를 나타낸 것인가?

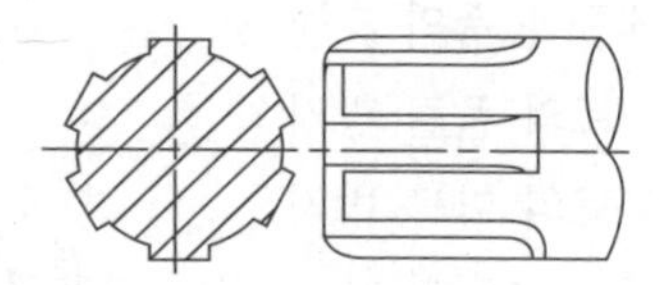

① 원뿔 키
② 접선 키
③ 세레이션
④ 스플라인

해설

스플라인 키는 보스와 축의 둘레에 여러 개의 사각 턱을 만든 키(Key)를 깎아 붙인 모양으로, 세레이션 다음으로 큰 힘의 동력 전달이 가능하다. 축 방향으로 자유롭게 미끄럼 운동도 가능하다.

키의 종류 및 특징

키의 종류	키의 형상	특징
안장 키 (새들 키)		축에는 키홈을 가공하지 않고 보스에만 키홈을 파서 끼운 뒤 축과 키 사이의 마찰에 의해 회전력을 전달하는 키로 작은 동력의 전달에 적당하다.
평 키 (납작 키)		축에 키의 폭만큼 편평하게 가공한 키로 안장 키보다는 큰 힘을 전달한다. 축의 강도를 저하시키지 않으며 $\frac{1}{100}$ 기울기를 붙이기도 한다.
반달 키		반달 모양의 키로 키와 키홈을 가공하기 쉽고 보스의 키홈과의 접촉이 자동으로 조정되는 이점이 있으나 키홈이 깊어 축의 강도가 약하다.
성크 키 (묻힘 키)		가장 널리 쓰이는 키로 축과 보스 양쪽에 모두 키홈을 파서 동력을 전달한다. $\frac{1}{100}$ 기울기를 가진 경사 키와 평행 키가 있다.
접선 키		전달토크가 큰 축에 주로 사용되며 회전 방향이 양쪽 방향일 때 일반적으로 중심각이 120°가 되도록 한 쌍을 설치하여 사용하는 키이다. 90°로 배치한 것은 케네디 키라고 한다.
스플라인		보스와 축의 둘레에 여러 개의 사각 턱을 만든 키를 깎아 붙인 모양으로, 큰 동력을 전달할 수 있고 내구력이 크며, 축과 보스의 중심을 정확하게 맞출 수 있다. 축 방향으로 자유롭게 미끄럼 운동도 가능하다.
세레이션		축과 보스에 작은 삼각형의 이를 만들어 조립시킨 키로, 키 중에서 가장 큰 힘을 전달한다.
미끄럼 키		회전력을 전달하면서 동시에 보스를 축 방향으로 이동시킬 수 있다. 키를 작은 나사로 고정하며 기울기가 없고 평행하다. 패더 키, 안내 키라고도 한다.
원뿔 키		축과 보스 사이에 2~3곳을 축 방향으로 쪼갠 원뿔을 때려 박아 축과 보스가 헐거움 없이 고정할 수 있도록 한 키이다.

31 다음 중 나사의 피치가 일정할 때 리드가 가장 큰 것은?

① 4줄 나사
② 3줄 나사
③ 2줄 나사
④ 1줄 나사

해설

나사의 리드(L)

나사를 1회전시켰을 때 축 방향으로 진행한 거리이다. 나사의 리드를 구하는 식은 $L = n$(줄 수)$\times p$(피치)이므로 나사의 줄 수가 많을수록 리드는 더 커진다.

정답 30 ④ 31 ①

32 맞물리는 한 쌍의 평기어에서 모듈이 2이고, 잇수가 각각 20, 30일 때 두 기어의 중심거리는?

① 30mm ② 40mm
③ 50mm ④ 60mm

해설
두 개의 기어 간 중심거리(C)

$$C = \frac{D_1 + D_2}{2} = \frac{mZ_1 + mZ_2}{2}$$
$$= \frac{(2 \times 20) + (2 \times 30)}{2}$$
$$= \frac{40 + 60}{2}$$
$$= 50\text{mm}$$

33 지름이 6cm인 원형 단면의 봉에 500kN의 인장하중이 작용할 때 이 봉에 발생되는 응력은 약 몇 N/mm²인가?

① 170.8 ② 176.8
③ 180.8 ④ 200.8

해설
인장응력 구하는 식

$$\sigma = \frac{F(W)}{A}$$
$$= \frac{500,000\text{N}}{\frac{\pi \times 60^2}{4}\text{mm}^2}$$
$$= \frac{500,000\text{N}}{2,827.43}$$
$$= 176.8\text{N/mm}^2$$

여기서, F : 작용 힘
A : 단위면적

34 다음 중 핀(Pin)의 용도가 아닌 것은?

① 핸들과 축의 고정
② 너트의 풀림 방지
③ 볼트의 마모 방지
④ 분해 조립할 때 조립할 부품의 위치 결정

해설
핀(Pin)은 목적에 맞게 고정용으로 테이퍼핀을, 너트의 풀림 방지용으로 분할핀을, 부품의 위치결정용으로 평행핀을, 연결 부위의 각운동을 위해서는 너클핀을 사용한다.

35 코터이음에서 코터의 너비가 10mm, 평균 높이가 50mm인 코터의 허용전단응력이 20N/mm²일 때, 이 코터이음에 가할 수 있는 최대하중(kN)은?

① 10 ② 20
③ 100 ④ 200

해설
코터(Cotter)는 피스톤 로드, 크로스 헤드, 연결봉 사이의 체결과 같이 축 방향으로 인장 또는 압축을 받는 2개의 축을 연결하는 데 사용하는 기계요소이다. 평판 모양의 쐐기를 이용하기 때문에 결합력이 크다. 코터가 전단응력에 의해 파단이 될 때 1개의 코터는 3개의 조각이 나므로 파단면은 2개를 적용한다.

$$\text{허용전단응력} = \frac{\text{최대하중}}{\text{단면적}}$$
$$20\text{N/mm}^2 = \frac{F}{2(10\text{mm} \times 50\text{mm})}$$
$$\therefore F = 20,000\text{N} = 20\text{kN}$$

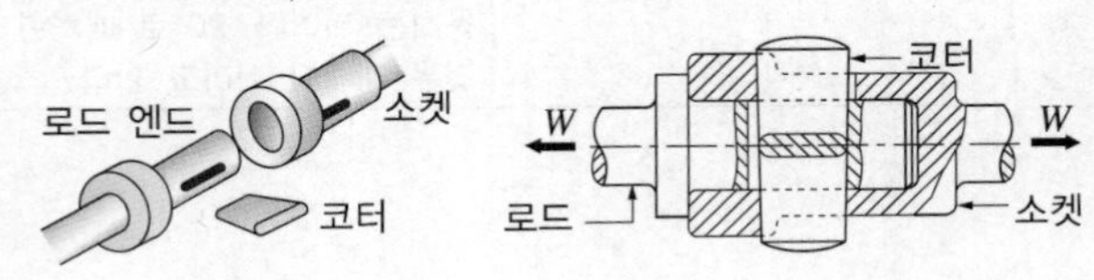

32 ③ 33 ② 34 ③ 35 ② 정답

36 **구멍의 최대허용치수가 50.025, 최소허용치수가 50.000이고, 축의 최대허용치수가 50.050, 최소허용치수가 50.034일 때 최소죔새는 얼마인가?**

① 0.009　　② 0.050
③ 0.025　　④ 0.034

해설
최소죔새 = 50.034mm − 50.025mm = 0.009mm
틈새와 죔새값 계산

최소틈새	구멍의 최소허용치수 − 축의 최대허용치수
최대틈새	구멍의 최대허용치수 − 축의 최소허용치수
최소죔새	축의 최소허용치수 − 구멍의 최대허용치수
최대죔새	축의 최대허용치수 − 구멍의 최소허용치수

틈새	죔새
틈새 틈새	죔새 죔새
축의 치수 < 구멍의 치수	축의 치수 > 구멍의 치수

37 **다음 중 선의 용도에 의한 명칭과 종류를 바르게 연결한 것은?**

① 외형선 − 굵은 1점쇄선
② 중심선 − 가는 2점쇄선
③ 치수보조선 − 굵은 실선
④ 지시선 − 가는 실선

해설
선의 종류 및 용도

명칭	기호명칭	기호	설 명
외형선	굵은 실선	———	대상물이 보이는 모양을 표시하는 선
치수선	가는 실선	———	치수기입을 위해 사용하는 선
치수 보조선			치수를 기입하기 위해 도형에서 인출한 선
지시선			지시, 기호를 나타내기 위한 선
회전 단면선			회전한 형상을 나타내기 위한 선
수준 면선			수면, 유면 등의 위치를 나타내는 선
숨은선	가는 파선(파선)	– – – –	대상물의 보이지 않는 부분의 모양을 표시
절단선	가는 1점쇄선이 겹치는 부분에는 굵은 실선		절단한 면을 나타내는 선
중심선	가는 1점쇄선	—·—·—	도형의 중심을 표시하는 선
기준선			위치 결정의 근거임을 나타내기 위해 사용
피치선			반복 도형의 피치의 기준을 잡음
무게 중심선	가는 2점쇄선	—··—	단면의 무게중심을 연결한 선
가상선			가공 부분의 이동하는 특정 위치나 이동 한계의 위치를 나타내는 선
특수 지정선	굵은 1점쇄선	—·—·—	특수한 가공이나 특수 열처리가 필요한 부분 등 특별한 요구사항을 적용할 범위를 표시할 때 사용하는 선
파단선	불규칙한 가는 실선		대상물의 일부를 파단한 경계나 일부를 떼어낸 경계를 표시하는 선
	지그재그선		
해칭	가는 실선(사선)	//////	단면도의 절단면을 나타내는 선
개스킷	아주 굵은 실선	▬▬▬	개스킷 등 두께가 얇은 부분을 표시하는 선

정답 36 ① 37 ④

38 **치수공차 및 끼워맞춤에 관한 용어의 설명으로 옳지 않는 것은?**

① 허용한계치수 : 형체의 실 치수가 그 사이에 들어가도록 정한 허용할 수 있는 대소 2개의 극한의 치수

② 기준치수 : 위 치수허용차 및 아래 치수허용차를 적용하는 데 따라 허용한계치수가 주어지는 기준이 되는 치수

③ 치수 허용차 : 실제 치수와 이에 대응하는 기준치수와의 대수차

④ 기준선 : 허용한계치수 또는 끼워맞춤을 도시할 때 치수허용차의 기준이 되는 직선

해설

치수 허용차 : 최대 및 최소 허용한계치수와 기준치수와의 차이

위 치수 허용차	최대 허용한계치수 – 기준치수
아래 치수 허용차	최소 허용한계치수 – 기준치수

39 **치수보조선에 대한 설명으로 옳지 않은 것은?**

① 필요한 경우에는 치수선에 대하여 적당한 각도로 평행한 치수보조선을 그을 수 있다.

② 도형을 나타내는 외형선과 치수보조선은 떨어져서는 안 된다.

③ 치수보조선은 치수선을 약간 지날 때까지 연장하여 나타낸다.

④ 가는 실선으로 나타낸다.

해설

외형선과 치수보조선은 약 1mm 정도로 반드시 떨어뜨려야 한다.

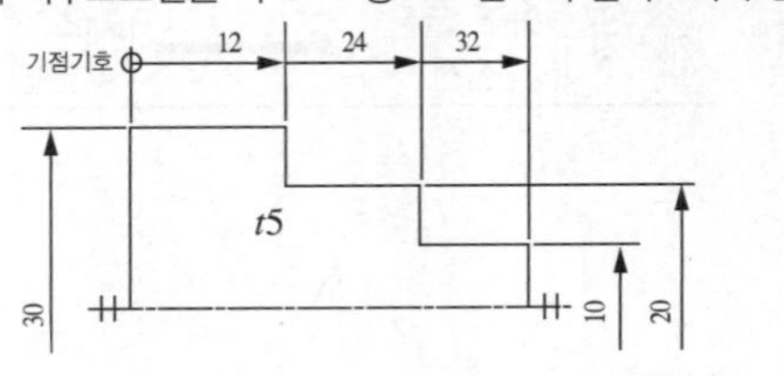

40 **주로 금형으로 생산되는 플라스틱 눈금자와 같은 제품 등에 제거가공 여부를 묻지 않을 때 사용되는 기호는?**

① ② ③ ④

해설

가공면을 지시하는 기호

종류	의미
	제거가공을 하든, 하지 않든 상관없다.
	제거가공을 해야 한다.
	제거가공을 해서는 안 된다.

41 **다음 그림에서 모따기가 C2일 때 모따기의 각도는?**

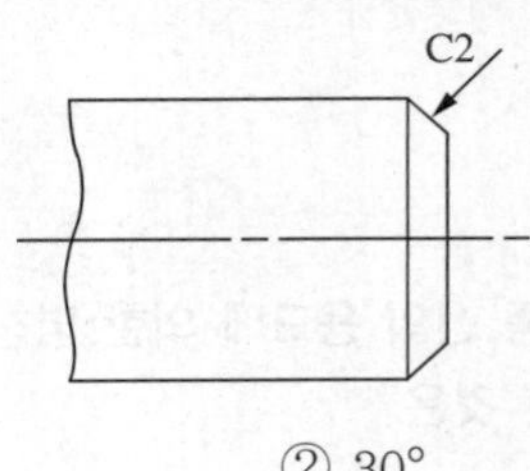

① 15° ② 30°
③ 45° ④ 60°

해설

모따기인 챔퍼(Chamfer)의 각도는 특별히 지정하지 않는 한 45°로 표시한다.

38 ③ 39 ② 40 ② 41 ③ 정답

42 경사면부가 있는 대상물에 대해서 그 대상면의 실형을 도시할 필요가 있는 경우 다음과 같이 투상도를 나타낼 수 있는데 이 투상도의 명칭은?

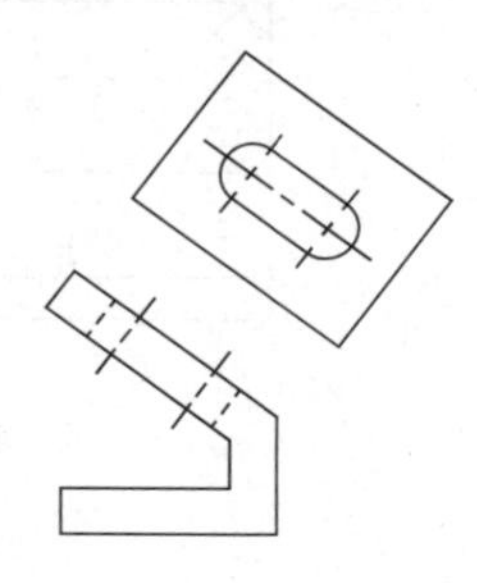

① 부분투상도　　② 보조투상도
③ 국부투상도　　④ 특수투상도

해설

투상도의 종류

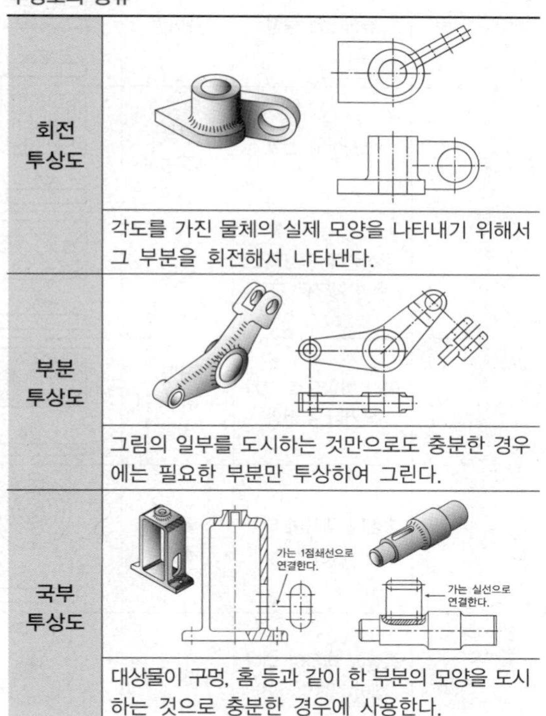

회전 투상도	각도를 가진 물체의 실제 모양을 나타내기 위해서 그 부분을 회전해서 나타낸다.
부분 투상도	그림의 일부를 도시하는 것만으로도 충분한 경우에는 필요한 부분만 투상하여 그린다.
국부 투상도	대상물이 구멍, 홈 등과 같이 한 부분의 모양을 도시하는 것으로 충분한 경우에 사용한다.

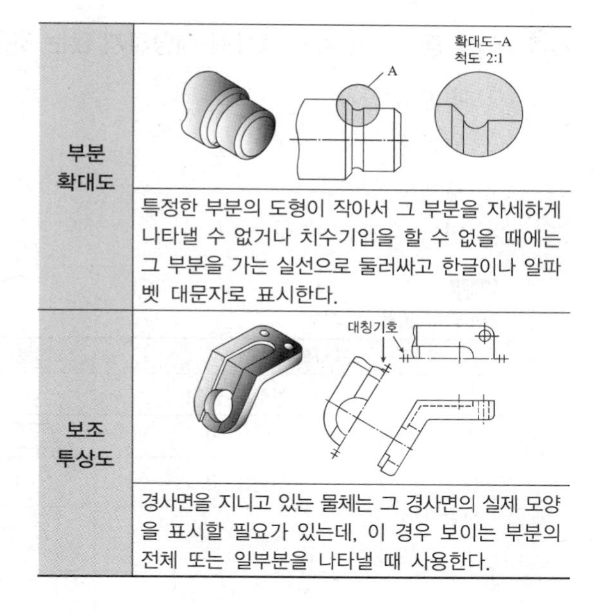

부분 확대도	특정한 부분의 도형이 작아서 그 부분을 자세하게 나타낼 수 없거나 치수기입을 할 수 없을 때에는 그 부분을 가는 실선으로 둘러싸고 한글이나 알파벳 대문자로 표시한다.
보조 투상도	경사면을 지니고 있는 물체는 그 경사면의 실제 모양을 표시할 필요가 있는데, 이 경우 보이는 부분의 전체 또는 일부분을 나타낼 때 사용한다.

정답 42 ②

43 다음 중 모양공차의 종류에 해당하지 않는 것은?

① 평면도 공차
② 원통도 공차
③ 평행도 공차
④ 면의 윤곽도 공차

해설

기하공차 종류 및 기호

공차의 종류		기호
모양공차	진직도 공차	—
	평면도 공차	▱
	진원도 공차	○
	원통도 공차	⌭
	선의 윤곽도 공차	⌒
	면의 윤곽도 공차	⌓
자세공차	평행도 공차	//
	직각도 공차	⊥
	경사도 공차	∠
위치공차	위치도 공차	⌖
	동축도 공차 또는 동심도 공차	◎
	대칭도	⌯
흔들림 공차	원주 흔들림 공차	↗
	온 흔들림 공차	⌰

44 가공에 의한 커터의 줄무늬 방향이 다음 그림과 같을 때, (가) 부분의 기호는?

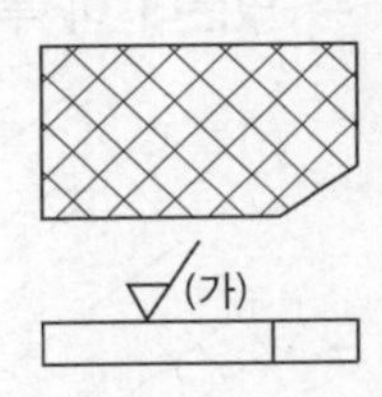

① X
② M
③ R
④ C

해설

줄무늬 방향기호와 의미

기호	커터의 줄무늬 방향	적용	표면형상
=	투상면에 평행	셰이핑	
⊥	투상면에 직각	선삭, 원통연삭	
X	투상면에 경사지고 두 방향으로 교차	호닝	
M	여러 방향으로 교차되거나 무방향	래핑, 슈퍼피니싱, 밀링	
C	중심에 대하여 대략 동심원	끝면 절삭	
R	중심에 대하여 대략 레이디얼(방사형) 모양	일반적인 가공	

43 ③ 44 ① 정답

45 다음과 같이 표시된 기하공차에서 A가 의미하는 것은?

//	0.011	A

① 공차 종류기호　② 데이텀 기호
③ 공차 등급기호　④ 공차값

해설
공차 기입틀에 따른 공차 입력방법

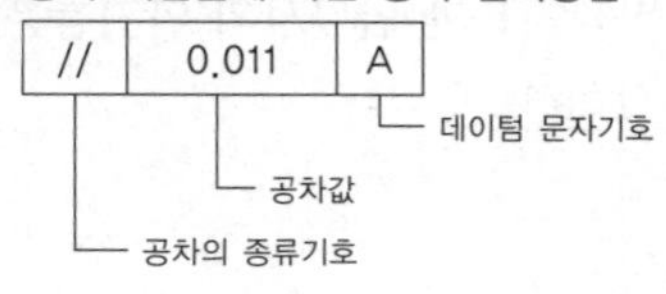

46 다음 중 플러그 용접의 기호는?

① 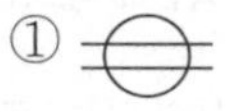　② ⊓
③ 　④ ||

해설
용접부 기호의 종류

명칭	도시	기본기호
심 용접		
플러그 용접 (슬롯 용접)		
스폿 용접		
평면형 평행 맞대기 용접		

47 물체의 모양을 연필만 사용하여 정투상도나 회화적 투상으로 나타내는 스케치 방법은?

① 프린트법　② 본뜨기법
③ 프리핸드법　④ 사진촬영법

해설
③ 프리핸드 스케치법 : 일반적인 스케치의 방법으로, 물체의 모양을 연필만으로 정투상도나 회화적으로 투상하며, 척도에 관계없이 적당한 크기로 부품을 그린 후 치수를 측정한다.
① 프린트 스케치법 : 스케치할 물체의 표면에 광명단 또는 스탬프잉크를 칠한 다음 용지에 찍어 실형을 뜨는 방법
② 본뜨기 스케치법 : 물체를 종이 위에 올려놓고 그 둘레의 모양을 직접 제도연필로 그리는 방법
④ 사진 촬영 스케치법 : 물체의 사진을 찍는 방법

48 다음 투상도에 표시된 'SR'이 의미하는 것은?

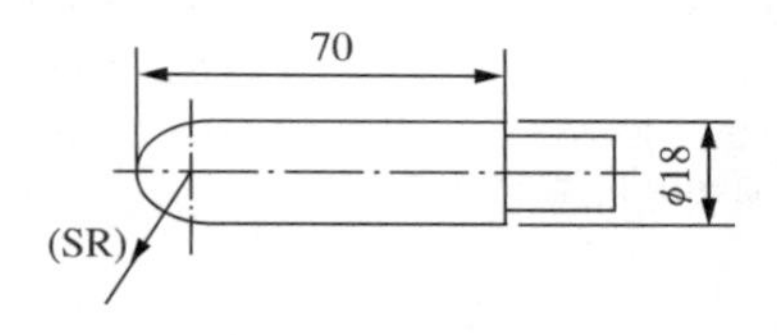

① 원호의 반지름
② 원호의 지름
③ 구의 반지름
④ 구의 지름

해설
치수 보조기호의 종류

기호	구분	기호	구분
ϕ	지름	p	피치
Sϕ	구의 지름	$\overset{\frown}{50}$	호의 길이
R	반지름	$\underline{50}$	비례척도가 아닌 치수
SR	구의 반지름	$\boxed{50}$	이론적으로 정확한 치수
□	정사각형	(50)	참고치수
C	45° 모따기	~~50~~	치수의 취소 (수정 시 사용)
t	두께	–	–

정답 45 ② 46 ② 47 ③ 48 ③

49 유체의 종류와 문자기호를 잘못 연결한 것은?

① 공기 - A　　② 연료 가스 - G
③ 일반 물 - W　　④ 수증기 - R

해설
파이프 안에 흐르는 유체의 종류
- A : Air, 공기
- G : Gas, 가스
- O : Oil, 유류
- S : Steam, 수증기
- W : Water, 물

50 롤러 베어링의 안지름 번호가 03일 때 안지름은 몇 mm인가?

① 15　　② 17
③ 3　　④ 12

해설
베어링의 안지름 번호가 03이면 17mm가 되는데 이는 KS 규격에 정해져 있으므로 암기해야 한다.
- 1~9 : 1~9mm
- 00 : 10mm
- 01 : 12mm
- 02 : 15mm
- 03 : 17mm
- 04 : 20mm

04부터는 5를 곱한다.

51 호칭지름 6mm, 호칭길이 30mm, 공차 m6인 비경화강 평행핀의 호칭방법이 옳게 표현된 것은?

① 평행핀 - 6×30 - m6 - St
② 평행핀 - 6×30 - m6 - A1
③ 평행핀 - 6 m6×30 - St
④ 평행핀 - 6 m6×30 - A1

해설
평행핀을 표시할 때 비경화강은 평행핀 - 6 m6×30 - St이다. 오스테나이트계 스테인리스강은 재료기호를 A1로 표시한다.

평행핀의 호칭방법

규격번호 또는 명칭	종류 (끼워맞춤 기호)	형식	호칭지름×길이	재료
KS B 1320 평행핀	6	m	6×30	St

52 나사의 도시에 관한 내용 중 나사 각부를 표시하는 선의 종류가 틀린 것은?

① 수나사의 골지름과 암나사의 골지름은 가는 실선으로 그린다.
② 가려서 보이지 않는 나사부는 파선으로 그린다.
③ 완전 나사부와 불완전 나사부의 경계는 가는 실선으로 그린다.
④ 수나사의 바깥지름과 암나사의 안지름은 굵은 실선으로 그린다.

해설
나사의 제도방법
- 단면 시 암나사는 안지름까지 해칭한다.
- 수나사와 암나사의 골지름은 모두 가는 실선으로 그린다.
- 수나사와 암나사 결합부의 단면은 수나사 기준으로 나타낸다.
- 수나사의 바깥지름과 암나사의 안지름은 굵은 실선으로 그린다.
- 완전 나사부와 불완전 나사부의 경계선은 굵은 실선으로 그린다.
  - 완전 나사부 : 환봉이나 구멍에 나사내기를 할 때, 완전한 나사산이 만들어져 있는 부분
  - 불완전 나사부 : 환봉이나 구멍에 나사내기를 할 때, 나사가 끝나는 곳에서 불완전 나사산을 갖는 부분
- 수나사와 암나사의 측면 도시에서 골지름과 바깥지름은 가는 실선으로 그린다.
- 암나사의 단면 도시에서 드릴 구멍의 끝 부분은 굵은 실선으로 120°로 그린다.
- 불완전 나사부의 골밑을 나타내는 선은 축선에 대하여 30°의 경사진 가는 실선으로 그린다.
- 가려서 보이지 않는 암나사의 안지름은 보통의 파선으로 그리고, 바깥지름은 가는 파선으로 그린다.

53 스퍼기어 도시법에서 잇봉우리원을 나타내는 선의 종류는?

① 가는 실선
② 굵은 실선
③ 가는 1점쇄선
④ 가는 2점쇄선

해설
스퍼기어의 이끝원(잇봉우리원)은 굵은 실선으로 그려야 한다.

49 ④ 50 ② 51 ③ 52 ③ 53 ② 정답

54 나사의 호칭에 대한 표시방법 중 틀린 것은?

① 미터 사다리꼴 나사 : R3/4

② 미터 가는 나사 : M8×1

③ 유니파이 가는 나사 : No.8-36UNF

④ 관용 평행 나사 : G1/2

해설

나사의 종류 및 기호

구분		나사의 종류		기호
일반용	ISO 표준에 있는 것	미터 보통 나사		M
		미터 가는 나사		
		미니추어 나사		S
		유니파이 보통 나사		UNC
		유니파이 가는 나사		UNF
		미터 사다리꼴 나사		Tr
		관용 테이퍼 나사	테이퍼 수나사	R
			테이퍼 암나사	Rc
			평행 암나사	Rp
	ISO 표준에 없는 것	관용 평행 나사		G
		30° 사다리꼴 나사		TM
		29° 사다리꼴 나사		TW
		관용 테이퍼 나사	테이퍼 나사	PT
			평행 암나사	PS
		관용 평행 나사		PF
특수용		미싱 나사		SM
		전구 나사		E
		자전거 나사		BC

55 용접부의 기호 도시방법에 대한 설명으로 옳지 않은 것은?

① 용접부 도시를 위해서는 일반적으로 실선과 점선의 2개의 기준선을 사용한다.

② 기준선에서 경우에 따라 점선은 나타내지 않을 수도 있다.

③ 기준선은 우선적으로는 도면 아래 모서리에 평행하도록 표시하고, 여의치 않을 경우 수직으로 표시할 수도 있다.

④ 용접부가 접합부의 화살표쪽에 있다면 용접기호는 기준선의 점선쪽에 표시한다.

해설

용접부(용접면)가 화살표쪽에 있을 때는 용접기호를 기준선(실선) 위에 기입하고, 화살표 반대쪽에 있을 때는 용접기호를 동일선(파선) 위에 기입한다.

화살표쪽 또는 앞쪽의 용접	화살표쪽	화살표의 앞쪽
화살표 반대쪽 또는 뒤쪽의 용접	화살표 반대쪽	화살표의 맞은편 쪽

정답 54 ① 55 ④

56 다음 중 센터 구멍이 필요하지 않은 경우를 나타낸 기호는?

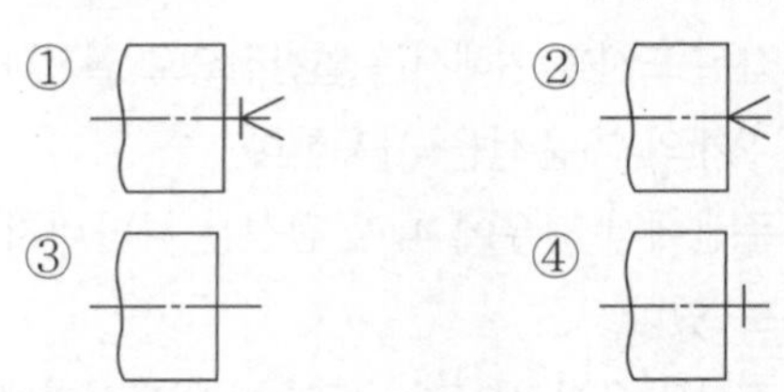

해설

센터 구멍의 도시방법

센터 구멍의 필요 여부	도시기호
필요하여 반드시 남겨 둔다.	
남아 있어도 좋으나 없어도 상관없다.	
불필요하므로 남아 있으면 안 된다.	

57 각 좌표계에서 현재 위치, 즉 출발점을 항상 원점으로 하여 임의의 위치까지의 거리로 나타내는 좌표계 방식은?

① 직교 좌표계　　② 극좌표계

③ 상대 좌표계　　④ 원통 좌표계

해설

CAD 시스템 좌표계의 종류

- 직교 좌표계 : 두 개의 직교하는 축 위 두 점의 교점을 이용해서 평면 공간상의 좌표를 표시하는 좌표계
- 극좌표계 : 평면 위의 위치를 각도와 거리를 써서 나타내는 2차원 좌표계
- 원통 좌표계 : 3차원 공간을 나타내기 위해 평면 극좌표계에 평면에서부터의 높이를 더해서 나타내는 좌표계
- 구면 좌표계 : 3차원 구의 형태를 나타내는 것으로 거리 r과 두 개의 각으로 표현되는 좌표계
- 절대 좌표계 : 도면상 임의의 점을 입력할 때 변하지 않는 원점(0, 0)을 기준으로 정한 좌표계
- 상대 좌표계 : 임의의 점을 지정할 때 현재의 위치를 기준으로 임의의 위치까지의 거리로 나타내서 사용하는 좌표계
- 상대 극좌표계 : 마지막 입력점을 기준으로 다음점까지의 직선거리와 기준 직교축과 그 직선이 이루는 각도로 입력하는 좌표계

58 다음 보기에서 설명하는 데이터 표준규격은?

보기

- 내부 처리구조가 다른 CAD/CAM 시스템으로부터 쉽게 변환 정보를 교환할 수 있는 장점이 있다.
- 모델링된 곡면을 정확히 다면체로 옮길 수 없다.
- 오차를 줄이기 위해 보다 정확히 변환시키려면 용량을 많이 차지하는 단점이 있다.

① STEP　　② STL

③ DXF　　④ IGES

해설

STL(Stereo Lithography) : 쾌속조형의 표준 입력파일형식으로 많이 사용되는 표준규격이다. STL 파일은 구조가 다른 CAD/CAM 시스템 간에 정보를 쉽게 교환할 수 있는 장점이 있으나, 모델링된 곡면을 정확히 삼각형 다면체로 옮길 수 없는 점과 이를 정확히 변환시키려면 용량을 많이 차지한다는 단점이 있다.

59 서로 다른 CAD/CAM 시스템 사이에서 데이터를 상호교환하기 위한 데이터 포맷 방식이 아닌 것은?

① IGES　　② STEP

③ DXF　　④ DWG

해설

④ DWG : 2차원 도면설계용인 Auto CAD의 작성파일로, CAD/CAM 시스템 간 데이터 교환을 위한 데이터 포맷 방식에 포함되지 않는다.

① IGES : CAD/CAM/CAE 시스템 간에 제품 정의 데이터를 교환하기 위해 개발한 최초의 표준 교환형식으로 ANSI 표준이다.

② STEP : 회사들 사이에 컴퓨터를 이용한 데이터의 저장과 교환을 위한 산업 표준이 되는 CALS에서 채택하고 있는 제품 데이터 교환 표준이다.

③ DXF : CAD 데이터 간 호환성을 위해 제정한 자료 공유 파일을 아스키 텍스트 파일로 구성한 형식이다.

56 ① 57 ③ 58 ② 59 ④ 정답

60 CAD에서 기하학적 형상을 나타내는 방법 중 선에 의해서만 3차원 형상을 표시하는 방법은?

① Line Drawing Modeling
② Shaded Modeling
③ Cure Modeling
④ Wire Frame Modeling

해설

3차원 CAD의 모델링의 종류

종류	형상	특징
와이어 프레임 모델링 (Wire Frame Modeling)	선에 의한 그림	• 작업이 쉽다. • 처리속도가 빠르다. • 데이터 구성이 간단하다. • 은선 제거가 불가능하다. • 단면도 작성이 불가능하다. • 3차원 물체의 가장자리 능선을 표시한다. • 질량 등 물리적 성질의 계산이 불가능하다. • 내부 정보가 없어 해석용 모델로 사용할 수 없다.
서피스 모델링 (Surface Modeling)	면에 의한 그림	• 은선 제거가 가능하다. • 단면도 작성이 가능하다. • NC 가공 정보를 얻을 수 있다. • 복잡한 형상의 표현이 가능하다. • 물리적 성질을 계산하기 곤란하다.
솔리드 모델링 (Solid Modeling)	3차원 물체의 그림	• 간섭 체크가 용이하다. • 은선 제거가 가능하다. • 단면도 작성이 가능하다. • 곡면기반 모델이라고도 한다. • 복잡한 형상의 표현이 가능하다. • 데이터의 처리가 많아 용량이 커진다. • 이동이나 회전을 통해 형상 파악이 가능하다. • 여러 개의 곡면으로 물체의 바깥 모양을 표현한다. • 와이어 프레임 모델에 면의 정보를 부가한 형상이다. • 질량, 중량, 관성모멘트 등 물성값의 계산이 가능하다. • 형상만이 아닌 물체의 다양한 성질을 좀 더 정확하게 표현하기 위해 고안된 방법이다.

정답 60 ④

참 / 고 / 문 / 헌

교육과학기술부, 기초제도, ㈜두산동아

교육과학기술부, 기계제도, ㈜두산동아

교육과학기술부, 기계설계, ㈜두산동아

교육과학기술부, 기계설계공작, ㈜두산동아

교육과학기술부, 기계일반, ㈜두산동아

교육과학기술부, 금속재료, ㈜두산동아

교육과학기술부, 재료가공, ㈜두산동아

교육인적자원부, 소성가공, ㈜대한교과서

교육과학기술부, 기계기초공작, ㈜두산동아

교육과학기술부, 기계공작법, ㈜두산동아

교육과학기술부, 공작기계Ⅰ, ㈜두산동아

교육과학기술부, 공작기계Ⅱ, ㈜두산동아

이승평, 간추린 금속재료, 청호

교육이란 사람이 학교에서 배운 것을 잊어버린 후에 남은 것을 말한다.

– 알버트 아인슈타인 –

우리 인생의 가장 큰 영광은 결코 넘어지지 않는 데 있는 것이 아니라

넘어질 때마다 일어서는 데 있다.

– 넬슨 만델라 –

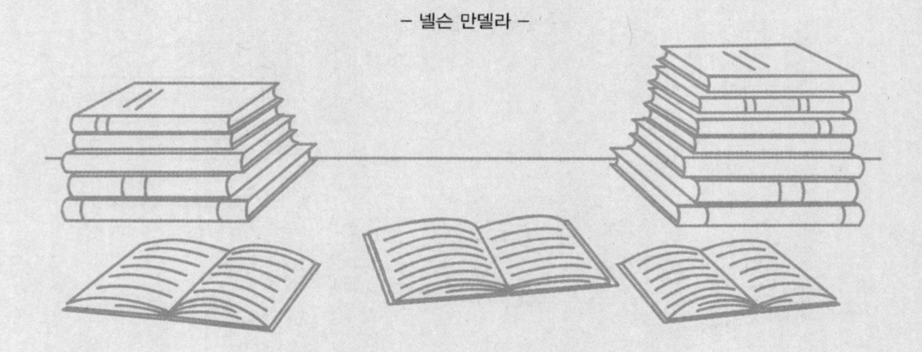

Win-Q 전산응용기계제도기능사 필기

개정11판1쇄 발행	2025년 01월 10일 (인쇄 2024년 10월 02일)
초 판 발 행	2014년 05월 15일 (인쇄 2014년 03월 20일)
발 행 인	박영일
책 임 편 집	이해욱
편 저	홍순규
편 집 진 행	윤진영, 최 영
표지디자인	권은경, 길전홍선
편집디자인	정경일, 심혜림
발 행 처	(주)시대고시기획
출 판 등 록	제10-1521호
주 소	서울시 마포구 큰우물로 75 [도화동 538 성지 B/D] 9F
전 화	1600-3600
팩 스	02-701-8823
홈 페 이 지	www.sdedu.co.kr

I S B N	979-11-383-7966-3(13550)
정 가	26,000원